JN261276

小動物の消化器疾患

遠藤泰之 監訳

文永堂出版

Small Animal Gastroenterology

with

Karin Allenspach · Roger M. Batt · Thomas Bilzer · Andrea Boari · John V. DeBiasio · Olivier Dossin · Frédéric P. Gaschen · Lorrie Gaschen · Alexander J. German · Edward J. Hall · Carolyn J. Henry · Johannes Hirschberger · Ann E. Hohenhaus · Albert E. Jergens · Michael S. Leib · Terry L. Medinger · Lisa E. Moore · Reto Neiger · Keith P. Richter · Jan Rothuizen · Craig G. Ruaux · H. Carolien Rutgers · Jan S. Suchodolski · David C. Twedt · Shelly L. Vaden · Robert J. Washabau · Elias Westermarck · Michael D. Willard · David A. Williams

schlütersche

© 2008, Schlütersche Verlagsgesellschaft mbH & Co.KG, Hans-Böckler-Allee 7, 30173 Hannover
E-mail: info@schluetersche.de

Printed in Germany

ISBN 978-3-89993-027-6

Bibliographic information published by Die Deutsche Bibliothek

Die Deutsche Bibliothek lists this publication in the Deutsche Nationalbibliografie; detailed bibliographic data are available in the Internet at http://dnb.ddb.de.

The author assumes no responsibility and make no guarantee for the use of drugs listed in this book. The author/publisher shall not be held responsible for any damages that might be incurred by the recommended use of drugs or dosages contained within this textbook. In many cases controlled research concerning the use of a given drug in animals is lacking. This book makes no attempt to validate claims made by authors of reports for off-label use of drugs. Practitioners are urged to follow manufacturers' recommendations for the use of any drug.

All rights reserved. The contents of this book both photographic and textual, may not be reproduced in any form, by print, photoprint, phototransparency, microfilm, video, video disc, microfiche, or any other means, nor may it be included in any computer retrieval system, without written permission from the publisher.

Any person who does any unauthorised act in relation to this publication may be liable to criminal prosecution and civil claims for damages.

目　次

Part I　消化器系疾患の診断法

1　診断ツール

1.1　病　歴　3
- 1.1.1　はじめに　3
- 1.1.2　消化器疾患に特異的な症状の病歴　3
  - 1.1.2.1　嚥下障害および吐出　3
  - 1.1.2.2　吐き気　4
  - 1.1.2.3　嘔吐　5
  - 1.1.2.4　むかつき　5
  - 1.1.2.5　下痢　5
  - 1.1.2.6　その他の便の異常　6
  - 1.1.2.7　鼓腸と腹鳴　7
  - 1.1.2.8　排便障害　7
  - 1.1.2.9　便秘　7
  - 1.1.2.10　大便失禁　7
  - 1.1.2.11　肛門掻痒　7
  - 1.1.2.12　腹痛　8
- 1.1.3　食歴　8

1.2　身体検査　9
- 1.2.1　はじめに　9
- 1.2.2　一般的な身体検査　9
  - 1.2.2.1　骨格の成長と発達　9
  - 1.2.2.2　ボディコンディション　9
  - 1.2.2.3　精神状態　9
  - 1.2.2.4　姿勢と運動における異常　9
  - 1.2.2.5　粘膜　9
  - 1.2.2.6　体表リンパ節　10
  - 1.2.2.7　皮膚と皮下組織　10
  - 1.2.2.8　体温　11
  - 1.2.2.9　心拍数　11
  - 1.2.2.10　呼吸数　11
- 1.2.3　消化管の検査　11

1.3　画像診断　14
- 1.3.1　はじめに　14
- 1.3.2　中咽頭　15
  - 1.3.2.1　構造上の異常　15
  - 1.3.2.2　機能的な障害　16
- 1.3.3　食道　18
  - 1.3.3.1　食道の全体的な拡張　20
  - 1.3.3.2　部分的な食道拡張　22
- 1.3.4　胃　22
  - 1.3.4.1　胃拡張と捻転　22
  - 1.3.4.2　慢性嘔吐を示す胃の原因　23
  - 1.3.4.3　胃からの排泄遅延の診断　24
- 1.3.5　小腸　26
  - 1.3.5.1　イレウス　26
  - 1.3.5.2　部分的な閉塞　26
  - 1.3.5.3　完全閉塞　26
  - 1.3.5.4　機能性イレウス　26
  - 1.3.5.5　超音波検査におけるイレウスの同定　26
  - 1.3.5.6　複雑性イレウス　30
  - 1.3.5.7　慢性の下痢　30
  - 1.3.5.8　腸管壁へのび漫性の細胞浸潤　30
  - 1.3.5.9　ドプラ超音波検査による胃腸管の血流動態の評価　32
- 1.3.6　大腸　33
- 1.3.7　肝臓と胆道　34
  - 1.3.7.1　肝実質の疾患　34
  - 1.3.7.2　非閉塞性の胆管疾患　35
  - 1.3.7.3　閉塞性の疾患　37
  - 1.3.7.4　肝臓と胆道系の介入手順　39
- 1.3.8　膵臓　39
  - 1.3.8.1　膵炎　39
  - 1.3.8.2　膵臓の腫瘍　39

1.4　臨床検査　43
- 1.4.1　胃の疾患の臨床評価　43
  - 1.4.1.1　はじめに　43
  - 1.4.1.2　寄生虫感染の評価　43
  - 1.4.1.3　スクロース透過性試験　43
  - 1.4.1.4　侵襲性が最も低い胃の疾患のマーカー　43
  - 1.4.1.5　胃液の分析　44
  - 1.4.1.6　胃排出時間の評価　44
- 1.4.2　腸管疾患の臨床検査　45
  - 1.4.2.1　はじめに　45
  - 1.4.2.2　血清コバラミンおよび葉酸濃度　45
  - 1.4.2.3　消化管からの蛋白喪失の評価　47
  - 1.4.2.4　消化管の吸収能およびバリア機能の評価　48
- 1.4.3　肝疾患を診断するための臨床検査　50
  - 1.4.3.1　はじめに　50
  - 1.4.3.2　通常の血液検査，尿検査および糞便検査　50
  - 1.4.3.3　腹水の分析　51

           1.4.3.4　古典的な血清パラメーター　51
           1.4.3.5　その他の血清マーカー　55
           1.4.3.6　凝固因子の異常　56
           1.4.3.7　その他の肝機能検査　56
           1.4.3.8　動物種差　56
      1.4.4　膵外分泌異常の診断における臨床検査　57
           1.4.4.1　はじめに　57
           1.4.4.2　膵炎　57
           1.4.4.3　膵外分泌不全　59
      1.4.5　分子遺伝学的に基づく臨床検査　61
           1.4.5.1　はじめに　61
           1.4.5.2　検査の発展　61
           1.4.5.3　食道および胃の疾患　62
           1.4.5.4　腸管疾患　62
           1.4.5.5　膵臓疾患　63
           1.4.5.6　肝臓疾患　63
 1.5　内視鏡検査　65
      1.5.1　はじめに　65
      1.5.2　適応　65
      1.5.3　内視鏡検査の基本的な原則　65
           1.5.3.1　内視鏡の選択　65
      1.5.4　食道胃十二指腸内視鏡　66
           1.5.4.1　準備と麻酔　66
           1.5.4.2　手技　66
           1.5.4.3　胃十二指腸内視鏡検査　66
      1.5.5　結腸回腸の内視鏡検査　67
           1.5.5.1　準備と麻酔　67
           1.5.5.2　手技　68
      1.5.6　直腸鏡検査　68
      1.5.7　診断的手技　69
           1.5.7.1　生検　69
           1.5.7.2　組織サンプルの封入と取り扱い　70
      1.5.8　上部消化管の外観　71
           1.5.8.1　異常所見　72
      1.5.9　治療的介入手技　76
           1.5.9.1　異物の除去　76
           1.5.9.2　経皮胃瘻チューブ　78
           1.5.9.3　食道狭窄の拡張　78
           1.5.9.4　電気焼灼的手技　79
 1.6　腹腔鏡診断　80
      1.6.1　はじめに　80
      1.6.2　適応　80
      1.6.3　腹腔鏡検査の器具および手技　81
           1.6.3.1　基本的な装置　81
           1.6.3.2　手技上の考察　81
      1.6.4　生検手技　82
           1.6.4.1　肝生検　82

           1.6.4.2　膵臓生検　83
           1.6.4.3　腸生検　84
           1.6.4.4　その他の生検手技　85
      1.6.5　補助的な手技　85
           1.6.5.1　胆囊穿刺術および胆囊造影術　85
           1.6.5.2　門脈造影検査　85
           1.6.5.3　その他の手技　86
      1.6.6　腹腔鏡の合併症　86
 1.7　細胞診断学　87
      1.7.1　はじめに　87
      1.7.2　手技　87
      1.7.3　肝臓　87
           1.7.3.1　正常な肝細胞　87
           1.7.3.2　過形成　87
           1.7.3.3　炎症　87
           1.7.3.4　腫瘍　88
           1.7.3.5　肝臓におけるその他の異常　89
           1.7.3.6　胆汁　91
      1.7.4　膵臓　91
      1.7.5　胃と腸管　91
 1.8　病理組織学　93
      1.8.1　はじめに　93
      1.8.2　消化管生検法の種類　93
           1.8.2.1　内視鏡下生検　93
           1.8.2.2　全層生検　93
           1.8.2.3　針生検　93
           1.8.2.4　ブラシ法と搔爬法　93
      1.8.3　各生検手技における利点と欠点　94
      1.8.4　組織の取り扱いと処理　94
      1.8.5　消化管生検の解釈と誤解　95
 1.9　消化管運動性の評価　97
      1.9.1　消化管の運動障害　97
      1.9.2　消化管の運動性評価のための方法　97
           1.9.2.1　単純X線検査　97
           1.9.2.2　造影X線検査 - 液体バリウム　97
           1.9.2.3　造影X線検査 - バリウムフード　98
           1.9.2.4　造影X線検査 - BIPS　98
           1.9.2.5　超音波検査　98
           1.9.2.6　核シンチグラフィー　98
           1.9.2.7　トレーサー試験　100
           1.9.2.8　検圧法　100
           1.9.2.9　機能的MRI　100

2　特異的な臨床症状を呈する犬と猫の臨床的評価

2.1　急性の消化器症状を呈する患者の臨床評価　103
      2.1.1　はじめに　103
      2.1.2　嘔吐の診断　103

        2.1.2.1 嘔吐と吐出 103
        2.1.2.2 嘔吐反射 103
        2.1.2.3 嘔吐の病態 103
        2.1.2.4 病歴と身体検査 103
        2.1.2.5 検査と追加検査 104
    2.1.3 急性下痢の診断 105
        2.1.3.1 急性下痢の病態 105
        2.1.3.2 急性下痢に伴う病態生理学的な変化 105
        2.1.3.3 病歴と身体検査 105
        2.1.3.4 検査と追加検査 106
2.2 慢性嘔吐を呈する患者の臨床評価 108
    2.2.1 はじめに 108
    2.2.2 初期評価 109
    2.2.3 診断的アプローチ 110
    2.2.4 二次性の消化器疾患 111
        2.2.4.1 甲状腺機能亢進症 111
        2.2.4.2 肝胆管系疾患 111
        2.2.4.3 腎不全 111
        2.2.4.4 副腎皮質機能低下症 112
        2.2.4.5 膵炎 112
        2.2.4.6 犬糸状虫症 112
    2.2.5 原発性の消化器疾患 112
2.3 慢性下痢を呈する患者の臨床評価 113
    2.3.1 はじめに 113
    2.3.2 一般的な検査 114
        2.3.2.1 病歴 114
        2.3.2.2 身体検査 115
        2.3.2.3 臨床検査 115
    2.3.3 初期の所見に基づいた患者の分類 115
        2.3.3.1 明らかな異常を呈している患者（A） 115
        2.3.3.2 その他の明らかな異常を認めない下痢を呈している患者（B） 115
    2.3.4 画像診断（C） 119
        2.3.4.1 腹部超音波検査 119
        2.3.4.2 内視鏡検査 119
        2.3.4.3 腹部X線検査 119
2.4 慢性的な体重減少を呈する患者の臨床評価 120
    2.4.1 はじめに 120
    2.4.2 病態生理 120
    2.4.3 病因 120
    2.4.4 診断 121

Part II　消化器系の疾患

3　食道

3.1 解剖 125
3.2 生理学 125
3.3 食道疾患 126
    3.3.1 輪状咽頭部アカラシア 126
    3.3.2 食道炎 126
    3.3.3 胃食道逆流 127
    3.3.4 食道内異物 128
    3.3.5 食道狭窄 129
    3.3.6 食道憩室 130
    3.3.7 気管支食道瘻 131
    3.3.8 巨大食道 131
    3.3.9 裂孔ヘルニア 132
    3.3.10 胃食道重積 132
    3.3.11 血管輪異常 133
    3.3.12 食道の腫瘍 136

4　胃

4.1 はじめに 139
4.2 解剖 139
4.3 胃の生理 139
    4.3.1 胃腺 139
    4.3.2 胃酸分泌 140
    4.3.3 胃粘膜バリア 140
4.4 胃の疾患 142
    4.4.1 胃炎 142
        4.4.1.1 急性胃炎 143
        4.4.1.2 慢性胃炎 144
            4.4.1.2.1 リンパ球プラズマ細胞性胃炎 145
            4.4.1.2.2 好酸球性胃炎 145
            4.4.1.2.3 肥厚性胃炎 145
            4.4.1.2.4 萎縮性胃炎 146
            4.4.1.2.5 ヘリコバクター感染症 146
            4.4.1.2.6 寄生虫性胃炎 149
            4.4.1.2.7 慢性胃炎の治療 149
        4.4.1.3 胃潰瘍 150
    4.4.2 胃拡張 - 捻転 152
    4.4.3 運動性障害 154
    4.4.4 胃の腫瘍 158

5　小腸

5.1 解剖 163
    5.1.1 はじめに 163

       5.1.2　腸管の肉眼解剖学　163
           5.1.2.1　小腸の解剖学的特徴　163
               5.1.2.1.1　有効表面積の拡大　163
               5.1.2.1.2　腸管の顕微解剖学　163
               5.1.2.1.3　部位による腸管構造の変化　164
   5.2　腸管の生理学　164
       5.2.1　はじめに　164
       5.2.2　分泌，消化および吸収：絨毛の機能　165
       5.2.3　分泌，吸収ならびに運動性の制御：
              消化器ホルモン　165
       5.2.4　腸管関連リンパ組織と免疫系　166
       5.2.5　腸内細菌　167
   5.3　小腸性疾患　168
       5.3.1　はじめに
       5.3.2　感染性腸疾患　168
           5.3.2.1　ウイルス感染　168
               5.3.2.1.1　犬のパルボウイルス性腸炎　168
               5.3.2.1.2　犬のジステンパー感染症　170
               5.3.2.1.3　猫コロナウイルス感染症　170
               5.3.2.1.4　猫汎白血球減少症　170
               5.3.2.1.5　猫白血病ウイルスおよび猫免疫不全
                          ウイルス　170
           5.3.2.2　細菌感染症　170
               5.3.2.2.1　*Campylobacter* spp.　171
               5.3.2.2.2　*Clostridium* spp.　172
               5.3.2.2.3　腸内細菌科　173
               5.3.2.2.4　病原性大腸菌　173
               5.3.2.2.5　*Salmonellae*（サルモネラ科）　173
               5.3.2.2.6　その他の細菌　173
           5.3.2.3　真菌および藻類感染症　173
               5.3.2.3.1　ヒストプラズマ症　173
               5.3.2.3.2　ピシウム症　174
           5.3.2.4　寄生虫性疾患　174
               5.3.2.4.1　蠕虫類　174
               5.3.2.4.2　原虫感染症　176
               5.3.2.4.3　その他の原虫寄生　178
       5.3.3　不適切な食餌（生ゴミによる中毒）　179
       5.3.4　腸閉塞－腸内異物，腸重責，腸捻転　179
       5.3.5　出血性胃腸炎（HGE）　179
       5.3.6　短腸症候群　179
       5.3.7　運動障害　180
       5.3.8　腸内細菌叢の異常（小腸内細菌異常増殖）　182
       5.3.9　蛋白漏出性腸症　187
       5.3.10　小腸の腫瘍性疾患　190

6　大　腸

6.1　はじめに　195

6.2　解剖　195
6.3　生理学　196
   6.3.1　運動性　196
   6.3.2　水分および電解質輸送　197
   6.3.3　粘液分泌　197
   6.3.4　結腸細菌叢　197
   6.3.5　免疫機能　198
6.4　大腸の疾患　198
   6.4.1　鞭虫　198
   6.4.2　結腸炎　200
       6.4.2.1　ボクサーの組織球性潰瘍性結腸炎　200
       6.4.2.2　クロストリジウム性腸炎　200
       6.4.2.3　トリコモナス感染症　202
   6.4.3　過敏性腸症候群　203
   6.4.4　線維反応性大腸性下痢　204
   6.4.5　猫の巨大結腸症　207
   6.4.6　大腸の腫瘍性疾患　212

7　肝　臓

7.1　解剖　217
   7.1.1　胆管系　217
   7.1.2　血液供給　218
   7.1.3　微小解剖　219
7.2　生理学　220
7.3　肝疾患が疑われる患者に対しての診断的
      アプローチ　221
   7.3.1　肝疾患の発生率　221
   7.3.2　肝疾患に関連する症状　221
   7.3.3　身体検査　222
   7.3.4　肝疾患の診断的検査　222
   7.3.5　肝生検　223
       7.3.5.1　一般的な留意点　223
       7.3.5.2　バイオプシー技術　223
           7.3.5.2.1　True-cut バイオプシー針　223
           7.3.5.2.2　メンギニー吸引針　224
           7.3.5.2.3　細針吸引　224
       7.3.5.3　外科的楔状生検　224
       7.3.5.4　胆嚢吸引　224
7.4　肝疾患の合併症　224
   7.4.1　腹水　224
   7.4.2　黄疸　225
   7.4.3　肝性脳症　226
       7.4.3.1　肝性脳症の管理　228
   7.4.4　凝固障害　228
   7.4.5　多飲多尿　229
7.5　犬の肝臓病　229
   7.5.1　犬の肝実質疾患　229

- 7.5.1.1 犬の肝炎　229
  - 7.5.1.1.1 急性肝炎　229
  - 7.5.1.2 レプトスピラ症　230
  - 7.5.1.3 慢性肝炎と肝硬変　231
  - 7.5.1.4 肝臓における銅蓄積による慢性肝炎　233
  - 7.5.1.5 小葉離断性肝炎　234
  - 7.5.1.6 非特異性反応性肝炎　234
- 7.5.2 全身性疾患の際の肝実質の変化　235
  - 7.5.2.1 ステロイド性肝症　235
  - 7.5.2.2 糖尿病における肝臓の脂肪変性　235
  - 7.5.2.3 低酸素性肝障害　236
  - 7.5.2.4 アミロイドーシス　236
- 7.5.3 肝臓の血管系の疾患　236
  - 7.5.3.1 先天性門脈体循環血管異常　236
  - 7.5.3.2 肝うっ血　239
  - 7.5.3.3 原発性門脈低形成　239
  - 7.5.3.4 門脈血栓症　239
  - 7.5.3.5 動静脈瘻　240
- 7.5.4 胆道疾患　240
  - 7.5.4.1 胆嚢炎　240
  - 7.5.4.2 胆管または胆嚢の破裂　241
  - 7.5.4.3 嚢胞性肝疾患　241
  - 7.5.4.4 肝外胆管閉塞（EBDO）　241
- 7.5.5 肝臓の腫瘍性疾患　242
  - 7.5.5.1 肝細胞癌および肝細胞腫　242
  - 7.5.5.2 血管肉腫　242
  - 7.5.5.3 悪性リンパ腫　243
  - 7.5.5.4 胆管癌　243

7.6 猫の肝疾患　243
- 7.6.1 猫の肝実質疾患　243
  - 7.6.1.1 肝リピドーシス　243
  - 7.6.1.2 急性中毒性肝障害　245
  - 7.6.1.3 猫伝染性腹膜炎（FIP）による肝障害　245
  - 7.6.1.4 甲状腺機能亢進症による肝臓の変化　245
  - 7.6.1.5 非特異性反応性肝炎とアミロイドーシス　246
- 7.6.2 猫の血管系肝疾患　246
  - 7.6.2.1 先天性門脈体循環短絡　246
- 7.6.3 猫の胆管系の疾患　246
  - 7.6.3.1 好中球性胆管炎　246
  - 7.6.3.2 リンパ球性胆管炎　247
  - 7.6.3.3 肝外胆管閉塞（EBDO）　248
- 7.6.4 腫瘍　248

8 膵外分泌

8.1 解剖　253
8.2 生理学　253
8.3 膵外分泌疾患　255
- 8.3.1 膵炎　255
- 8.3.2 膵外分泌不全　263
- 8.3.3 膵外分泌腫瘍　267
- 8.3.4 膵外分泌におけるまれな疾患　268
  - 8.3.4.1 膵偽嚢胞　268
  - 8.3.4.2 膵膿瘍　269
  - 8.3.4.3 膵臓の寄生虫感染　269
  - 8.3.4.4 膵胆嚢　270
  - 8.3.4.5 膵管石症　270
  - 8.3.4.6 膵結節性過形成　270

9 複数の消化器系臓器に影響を及ぼす疾患

9.1 食物有害反応—アレルギー対不耐性　275
- 9.1.1 はじめに　275
- 9.1.2 用語　275
- 9.1.3 食物アレルギーの病因　275
- 9.1.4 食物アレルギー　276

9.2 炎症性腸疾患　279
- 9.2.1 はじめに　279
- 9.2.2 IBDの基本原理　280
  - 9.2.2.1 病因　280
  - 9.2.2.2 臨床症状　282
  - 9.2.2.3 診断　283
  - 9.2.2.4 治療　286
- 9.2.3 リンパ球プラズマ細胞性腸炎（LPE）　289
- 9.2.4 リンパ球プラズマ細胞性大腸炎（(LPC)　290
- 9.2.5 バセンジーの腸症　290
- 9.2.6 ソフトコーテッドウィートンテリアの家族性PLEおよびPLN　291
- 9.2.7 好酸球性腸炎　291
- 9.2.8 肉芽腫性腸炎　292
- 9.2.9 組織球性潰瘍性大腸炎（HUC）　292
- 9.2.10 増殖性腸炎　292

9.3 消化器型リンパ腫　294
- 9.3.1 猫の消化器型リンパ腫　294
- 9.3.2 犬の消化器型リンパ腫　299

9.4 消化管の神経内分泌腫瘍　301
- 9.4.1 はじめに　301
- 9.4.2 インスリノーマ　301
- 9.4.3 ガストリノーマ　307
- 9.4.4 グルカゴノーマ　307
- 9.4.5 膵ポリペプチドーマ　310
- 9.4.6 カルチノイド　311
- 9.4.7 その他の消化管の神経内分泌腫瘍　312

索引　315

執筆者

Karin Allenspach Dr. med. vet., FVH, PhD, DECVIM-CA
 (Internal Medicine)
Lecturer in Small Animal Internal Medicine
Veterinary Clinical Sciences
Royal Veterinary College
University of London
Hawkshead Lane
North Mymms
Herts., AL97TA
UK

Roger M Batt BVSc, MSc, PhD, FRCVS, DECVIM-CA
Professor
Batt Laboratories Ltd.
University of Warwick Science Park
The Venture Centre
Sir William Lyons Road
Coventry CV4 7EZ
UK

Thomas Bilzer Dr. med. vet., Dr. habil.
Professor
Institut für Neuropathologie
Heinrich-Heine-Universität Düsseldorf
Moorenstr. 5
40225 Düsseldorf
Germany

Andrea Boari DVM
Professor and Head of Department
Department of Veterinary Clinical Sciences
University of Teramo
Viale f. Crispi 212
64100 Teramo
Italy

John V. DeBiasio DVM
Resident in Small Animal Internal Medicine
Department of Veterinary Small Animal Clinical Sciences
College of Veterinary Medicine
Texas A&M University
College Station, TX
USA

Olivier Dossin DVM, PhD, DECVIM-CA
 (Internal Medicine)
Assistant Professor of Small Animal Internal Medicine
University of Illinois at Urbana-Champaign
Department of Veterinary Clinical Medicine
College of Veterinary Medicine
1008 Hazelwood Drive
Urbana, IL 61802
USA

Frédéric P. Gaschen Dr. med. vet., Dr. habil., DACVIM
 DECVIM-CA
Associate Professor and Section Chief,
 Companion Animal Medicine
Veterinary Clinical Sciences
School of Veterinary Medicine
Louisiana State University
Baton Rouge, LA 70803
USA

Lorrie Gaschen DVM, Dr. med. vet., PhD, Dr. habil.,
 DECVDI
Associate Professor
Veterinary Clinical Sciences
School of Veterinary Medicine
Louisiana State University
Baton Rouge, LA 70803
USA

Alexander J. German BVSC (Hons), PhD, certsam,
 DECVIM-CA, MRCVS
Royal Canin Associate Professor in Small Animal Medicine
Department of Veterinary Clinical Sciences
University of Liverpool
Small Animal Teaching Hospital
Chester High Road, Neston, Wirral, CH64 7TE
UK

Edward J Hall MA, VetMB, PhD, DECVIM-CA
Professor of Small Animal Internal Medicine
University of Bristol
Department of Clinical Veterinary Science
Langford House
Langford
Bristol BS40 5DU
UK

Carolyn J. Henry DVM, MS, DACVIM (Oncology)
Associate Professor of Oncology
900 E. Campus Drive
Department of Veterinary Medicine and Surgery
University of Missouri
Columbia, MO 65211
USA

Johannes Hirschberger, Dr. med. vet., Dr. habil.,
   DECVIM-CA (Internal Medicine), DECVIM-CA
   (Oncology), Hon. DECVCP
Professor
Medizinische Kleintierklinik
Clinic of Small Animal Medicine
Universität München
Veterinärstr. 13
80539 München
Germany

Ann E. Hohenhaus DVM, DACVIM
   (Oncology and Internal Medicine)
   Chairman, Department of Medicine
   The Animal Medical Center
510 East 62nd Street, NY, NY 10065
USA

Albert E. Jergens DVM, PhD, DACVIM
Professor and Staff Internist
Department of Veterinary Clinical Sciences
CVM, Iowa State University
Ames, IA, 50010
USA

Michael S. Leib DVM, MS, DACVIM
C.R. Roberts Professor
Virginia Maryland Regional College of Veterinary
   Medicine
Virginia Tech
Blacksburg, VA 24061
USA

Terry L. Medinger DVM, MS, DACVIM (SA)
Department Head Internal Medicine
VCA Aurora Animal Hospital
2600 W. Galena Blvd.
Aurora, IL 60506
USA

Lisa E. Moore DVM, DACVIM
   (Small Animal Internal Medicine)
Staff Internist
Affiliated Veterinary Specialists
9905 South US Highway 17-92
Maitland, FL 32751
USA

Reto Neiger Dr. med. vet., PhD, DACVIM, DECVIM-CA
Professor of Small Animal Internal Medicine
Small animal clinic
Justus-Liebig-University
Frankfurter Straße 126
35392 Gießen
Germany

Keith P. Richter DVM, DACVIM
Hospital Director and Staff Internist
Veterinary Specialty Hospital of San Diego
10435 Sorrento Valley Road
San Diego, CA 92121
USA

Jan Rothuizen DVM, PhD
Professor of Internal Medicine
Chair, Department of Clinical Sciences of
   Companion Animals
Faculty of Veterinary Medicine
University Utrecht
P.O. Box 80.154, 3508 TD Utrecht
The Netherlands

Craig G. Ruaux BVSc, PhD, MACVSC
Research Associate
Dept of Clinical Sciences
Magruder Hall, College of Veterinary Medicine
Oregon State University
Corvallis, Oregon 97331
USA

H. Carolien Rutgers DVM, MS, MRCVS, DACVIM,
   DECVIM-CA, DSAM
Consultant for Scientific Writing
4 Prestwood Gate
Sandridge Road
St Albans
Hertfordshire AL1 4AE
UK

Jörg M. Steiner Dr. med. vet., PhD, DACVIM, DECVIM-CA
Associate Professor of Small Animal Internal Medicine and Director of the GI Lab
Gastrointestinal Laboratory
Department of Small Animal Clinical Sciences
College of Veterinary Medicine and Biomedical Sciences
Texas A&M University
4474 TAMU
College Station, TX 77843-4474
USA

Jan S. Suchodolski Dr. med. vet., PhD
Research Assistant Professor & Associate Director
Gastrointestinal Laboratory
Department of Small Animal Clinical Sciences
College of Veterinary Medicine and Biomedical Sciences
Texas A&M University
4474 TAMU
College Station, TX 77843-4474
USA

David C. Twedt DVM, DACVIM
Professor
Department of Clinical Sciences
College of Veterinary Medicine and Biomedical Sciences
Colorado State University
Fort Collins, CO 80523
USA

Shelly L. Vaden DVM, PhD, DACVIM
Professor, Internal Medicine
North Carolina State University
College of Veterinary Medicine
4700 Hillsborough St., Raleigh, NC 27606
USA

Robert J. Washabau VMD, PhD, DACVIM
Professor of Medicine and Department Chair
Department of Veterinary Clinical Sciences
College of Veterinary Medicine
1352 Boyd Avenue
University of Minnesota
St. Paul, Minnesota 55108
USA

Elias Westermarck DVM, PhD, DECVIM-CA
Professor of Small Animal Internal Medicine
Tammitie 1
02270 Espoo
Finland

Michael D. Willard DVM, MS, DACVIM
Professor of Small Animal Internal Medicine
Department of Small Animal Clinical Sciences
College of Veterinary Medicine and Biomedical Sciences
Texas A&M University
4474 TAMU
College Station, TX 77843-4474
USA
2806 Rayado Court North
College Station
TX 77845
USA

David A. Williams MA, vetmb, PhD, DACVIM, DECVIM-CA
Professor and Department Head
Veterinary Clinical Medicine
1008 West Hazelwood Drive
Urbana IL 61802
USA

監訳者

遠藤泰之（鹿児島大学農学部獣医学科）

訳　者（訳出順）

遠藤泰之（前述） --- （第1章：p.1 ～ p13）

水野拓也（山口大学農学部獣医学科） ------------------------------------ （第1章：p.14 ～ p.42）

福島建次郎（東京大学大学院農学生命科学研究科） ------------------ （第1章：p.43 ～ p.64）

中島　亘（東京大学大学院農学生命科学研究科） --------------------- （第1章：p.65 ～ p.86）

大参亜紀（東京大学大学院農学生命科学研究科） --------------------- （第1章：p.87 ～ p.102）

中嶋眞弓（東京大学大学院農学生命科学研究科） --------------------- （第2章）

塚本篤士（東京大学大学院農学生命科学研究科） --------------------- （第3章）

金子直樹（ファーブル動物医療センター） -------------------------------- （第4章）

平岡博子（山口大学農学部獣医学科） --------------------------------- （第5章）

下川孝子（鹿児島大学農学部附属動物病院） -------------------------- （第6章）

金本英之（東京大学大学院農学生命科学研究科） --------------------- （第7章）

瀬戸口明日香（鹿児島大学農学部獣医学科） --------------------------- （第8章）

髙橋　雅（東京大学大学院農学生命科学研究科） --------------------- （第9章）

（　）内は翻訳分担部分

序　文

　犬と猫の消化器疾患に関しては，まだ解明すべき点が多く残されていますが，それらに対する我々の理解は着実に進歩しています．本書は近年の進歩に焦点を当て集約することを目標としています．

　この企画を達成するために数年を費やしましたが，世界中の執筆者らとともに働いたことを大変幸運なことだと感じています．我々の目標は科学的かつ実用的な教科書を作り上げることでした．消化器疾患について検討するだけでなく，診断手順や共通な臨床的問題点についても独立させて述べています．我々はできるだけ簡潔に述べるように心がけましたが，我々の見解の背後にある科学的な根拠についても読者の皆さんに評価してもらえるよう，関連する参考文献も挙げてあります．

　本書が，読者の皆さんが患者に接する際の助けとなり，そして患者の利益となることを望むものであります．

College station, 2008年1月

Jörg M. Steiner

監訳者の序文

　消化器疾患と一言で言っても，多くの臓器，器官に関する疾患がこの範疇の中に含まれてきます．また，消化器症状という言葉に関しては，嘔吐や下痢など比較的すぐに思いつくものではありますが，そちらからアプローチをしていくと非常に多くの疾患，これは消化器に限らずそれ以外の臓器や器官の異常を鑑別していく必要があることは，読者の皆さんも重々ご承知のことだと思います．

　適切な診断をして，治療を行っていくためには，各臓器，ここでは消化器系器官になりますが，それらの解剖や生理，疾患に関して，その発生機序，病態生理，治療の原理，予後の評価などを理解しておくことが不可欠です．慌ただしい臨床現場に身を投じている読者の皆さんのご苦労は想像に難くありませんが，本書はそのようなニーズに応えるべく，消化器ならびに疾患に関する基礎的な情報から，科学的根拠に基づいた最新の診断方法，治療方法について述べています．近年の消化器系疾患の病態生理の理解，診断技術の進歩，新しい診断基準の確立などに関しては目を見張るものがありますが，消化器疾患の基礎から科学的根拠に基づく最新情報を提供している本書が，皆さんのお役に立つことを願っております．

平成23年6月

遠藤泰之

略語

13C-OBT	13C オクタン酸呼気試験	CPSS	先天性門脈体循環短絡
5-ASA	5 アミノサリチル酸	CPV	犬パルボウイルス
5-HT3	5 ヒドロキシトリプタミン	CRI	持続点滴
6MP	6 メルカプトプリン	CRT	毛細血管再充満時間
		CRTZ	化学受容器引き金領域
α1-PI	α1 プロテナーゼ阻害剤	CSF	脳脊髄液
		CT	コンピュータ断層撮影法
AC	腺癌	cTLI	犬トリプシン様免疫活性
Ach	アセチルコリン	CVP	シクロフォスファミド，ビンクリスチン，プレドニゾロン
ACTH	副腎皮質刺激ホルモン		
AgNOR	好銀性核構造体領域		
ALP	アルカリフォスファターゼ	Da	ダルトン
ALT	アラニンアミノトランスフェラーゼ	DDAVP	酢酸デスモプレシン
APUDoma	アミン前駆体再取り込みおよび脱炭酸機構細胞の腫瘍	DIC	播種性血管内凝固
		DSH	ドメスティックショートヘアー
ARD	抗生剤反応性下痢		
AST	アスパラギン酸アミノトランスフェラーゼ	EBDO	肝外胆管閉塞
AT-III	アンチトロンビンIII	ECG	心電図
		ECL	クロム親和性
BIPS	バリウム含浸ポリエチレン球	ED	平衡透析
BUN	血中尿素窒素	EE	好酸球性腸炎
BW	体重	EEG	脳電図
BZ	ベンゾジアゼピン	EGE	好酸球性胃腸炎
		EGEC	好酸球性胃腸結腸炎
CAV1	犬アデノウイルス1型	EGF	上皮成長因子
CBC	全血球計算	ELISA	酵素結合免疫吸着法
CCK	コレシストキニン	EPEC	腸管毒素原性大腸菌
CCNU	ロムスチン	EPI	膵外分泌不全
CD	クローン氏病	ERCP	逆行性胆道膵管造影
cDNA	相補的 DNA	ETEC	腸管毒素産生性大腸菌
CDV	犬ジステンパーウイルス		
CFU	コロニー形成単位	FeCoV	猫コロナウイルス
CIBDAI	犬の炎症性腸疾患の臨床指標	FeLV	猫白血病ウイルス
CK	クレアチンキナーゼ	FIP	猫伝染性腹膜炎ウイルス
CLO	カンピロバクター様生物	FIV	猫免疫不全ウイルス
CNS	中枢神経系	FNA	細針吸引生検
COX	シクロオキシゲナーゼ	FO	異物
CPE	Clostridium perfringens enterotoxin	FOS	フルクトオリゴ糖
cPL	犬膵リパーゼ	FPA	糞便蛋白分解活性
cPLI	犬膵リパーゼ免疫活性		

fPLI	猫膵リパーゼ免疫活性	LI	大腸
FPV	猫パルボウイルス	LP	固有層
FRLBD	線維反応性大腸性下痢	LPC	リンパ球プラズマ細胞性結腸炎
fTLI	猫トリプシン様免疫活性	LPE	リンパ球プラズマ細胞性腸炎
		LSA	リンパ肉腫
GABA	γアミノ酪酸		
GALT	腸管関連リンパ系組織	MAb	モノクローナル抗体
G-CSF	顆粒球コロニー刺激因子	MALT	粘膜関連リンパ系組織
GDV	胃拡張捻転	MCT	肥満細胞腫
GER	胃食道逆流	MCT	中鎖中性脂肪
GERD	胃食道逆流性疾患	MEN	複合型内分泌腫瘍
GES	胃食道括約筋	MER	維持エネルギー要求量
GGT	γグルタミルトランスフェラーゼ	MHC	主要組織適合遺伝子複合体
GHLO	胃ヘリコバクター様生物	MRI	磁気共鳴画像法
GhRH	成長ホルモン放出ホルモン	MST	中央生存時間
GI	胃腸	MVD	微小血管異形成
GIT	胃腸管		
GN	糸球体腎炎	NET	神経内分泌腫瘍
GSE	グルテン過敏性腸炎	NK1	ニューロキニン1
		NME	壊死性遊走性紅斑
H&E	ヘマトキシリン・エオジン	NO	一酸化窒素
H2-RA	ヒスタミン2レセプター阻害剤	NPO	絶飲絶食
HAS	血管肉腫	NSAID	非ステロイド系抗炎症剤
HE	肝性脳症	NTZ	ニタゾキサニド
HGE	出血性胃腸炎		
HGF	肝細胞成長因子	PAA	膵腺房萎縮
HLA	ヒト白血球抗原	PABA	パラアミノ安息香酸
Htc	ヘマトクリット	PAFANT	血小板活性化因子阻害剤
HUC	組織球性潰瘍性結腸炎	pANCA	核周囲抗好中球抗体
		PAS	過ヨウ素酸シッフ
IBD	炎症性腸疾患	PCR	ポリメラーゼ連鎖反応
IBS	過敏性腸症候群	PCV	充填赤血球容積
IEL	上皮内リンパ球	PEG	経皮内視鏡下胃瘻造設術
IF	内因子	PGE1	プロスタグランジンE1
IFA	免疫蛍光法	P-gp	P糖タンパク
IFCR	内因子コバラミンレセプター	PI	拍動性指数
IFN-γ	インターフェロンγ	PIVKA	ビタミンK誘導性蛋白
IGF	インスリン様成長因子	PLE	蛋白喪失性腸症
IHC	免疫組織化学	PLI	膵リパーゼ免疫活性
IL	インターロイキン	PLN	蛋白漏出性腎症
		PO	経口
KCS	乾性角結膜炎	PPI	プロトンポンプ阻害剤
KIT	CD117	PP	パイエル板
		PSS	門脈体循環シャント
L/R ratio	ラクツロース/ラムノース比	PSTI	膵分泌トリプシン阻害剤
LES	下部食道括約筋	PT	プロトロンビン時間

PTT	部分トロンビン時間	SUCA	血清非共役型コール酸
PU/PD	多飲多尿	T4	サイロキシン
		TAP	トリプシノーゲン活性化ペプチド
q	～ごとに	TFF	三葉型因子
Q-PCR	定量的 PCR	TGF	形質転換成長因子
		Th1	ヘルパー T 細胞 1 型
RAST	吸引性アレルギー吸着試験	Th2	ヘルパー T 細胞 2 型
RBC	赤血球	THV	終末肝静脈
RI	抵抗指数	TLI	トリプシン様免疫活性
RIA	放射免疫法	TNF	腫瘍壊死因子
ROS	活性酸素種	TPMT	チオプリンメチルトランスフェラーゼ
RT-PCR	逆転写 PCR	TRD	タイロシン反応性下痢
		TS	総固形物
SAF	酢酸ナトリウム / 酢酸 / ホルムアミド		
SAME	S アデノシルメチオニン	UA	尿検査
SBA	血清胆汁酸	UC	潰瘍性結腸炎
SI	小腸		
SIBO	小腸細菌過剰増殖	VIPoma	血管作動性腸管ポリペプチド産生腫瘍
sIgA	分泌型 IgA	VLDL	超低密度リポ蛋白
SLE	全身性紅斑性狼瘡	vWF	フォンヴィルブランド因子
SND	表在性壊死性皮膚炎		
SNP	一塩基多型	WSAVA	世界小動物獣医協会
SPF	特定病原体未感染		
Spp.	属	X/M ratio	キシロース /3-O- メチルグルコース比
SRS	ソマトスタチン受容体シンチグラフィー		
sst2	ソマトスタチン受容体 2 型	ZSC	硫酸亜鉛濃度遠心分離法
STEC	志賀毒素産生性大腸菌	ZSFC	硫酸亜鉛糞便遠心沈殿法

Part I
消化器系疾患の診断法

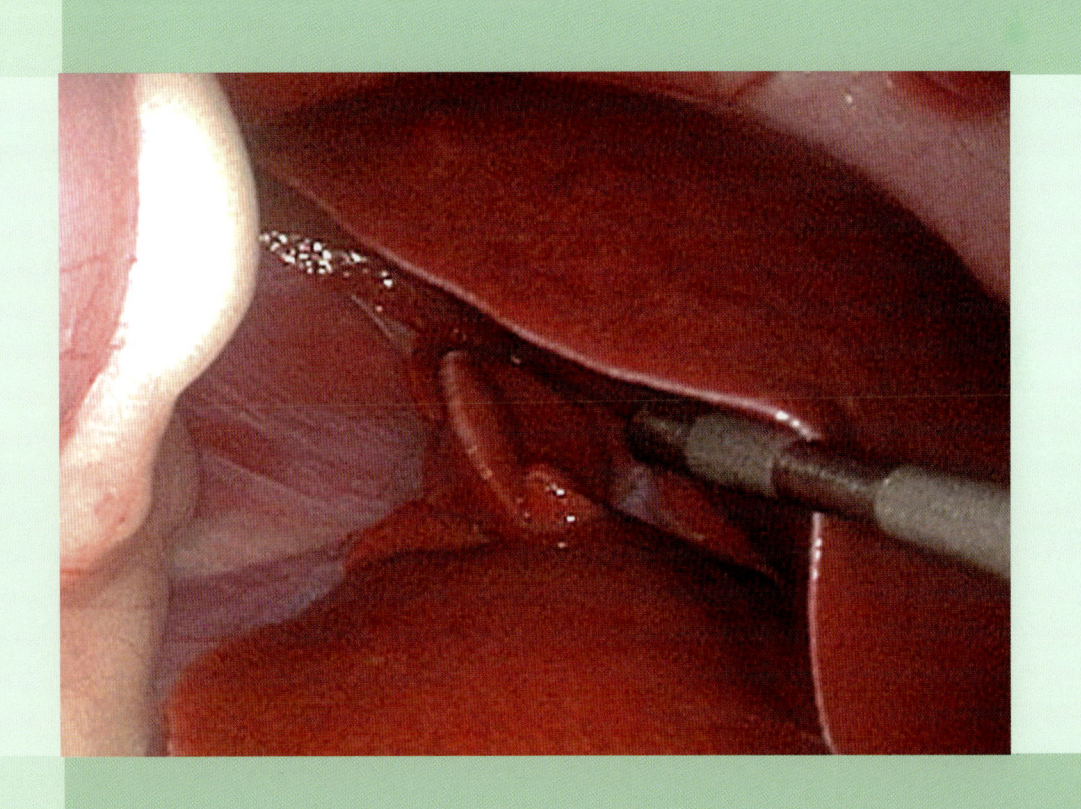

1 診断ツール

1.1 臨床病歴

Olivier Dossin

1.1.1 はじめに

多くの臨床的問題において正確な病歴を得ることは，身体検査における臨床所見と同様に重要である．このことは症状が臨床検査を実施する際にみられず，飼い主の報告によってのみ明らかになる消化器疾患において特にあてはまる．よって，臨床家はそれぞれの症例に応じた質問によって飼い主から正確な情報を得る技術を習熟しなければならない．

望ましい病歴を得るための手順と一般的な指針を表 1.1 および表 1.2 に示した．飼い主による観察は有益であるが，彼らの結論や解釈はしばしば誤りであることもあるため，鑑別しなければならない．例えば，嘔吐と吐出という用語はしばしば飼い主によって同意義で用いられている．混乱をさけるために，飼い主には患者の症状を彼らの言葉で説明させることが重要である．

ある一定の年齢や品種素因（表 1.3 および表 1.4）はさまざまな消化器疾患に関係するため，シグナルメントの情報は有益である．また，完全なワクチン接種歴や投薬歴も重要である．多くの薬が消化器疾患を起こし得る（例：NSAIDs は胃潰瘍の原因となり得るし，いくつかの抗生剤は下痢と関連がある）．抗生剤に対する不耐性は肝疾患，特に門脈体循環奇形の患者において報告されている．[1]

記録された病歴は経過観察において不可欠である．一般原則として，病歴の聴取において問題の重症度や経過の評価に有益であるため，定量化できるものはすべきである．

1.1.2 消化器疾患に特異的な症状の病歴

この節では主に消化器疾患に特異的な症状に焦点をあてるが，その他に食欲不振や体重減少，多飲多尿などのより非特異的な症状も見逃されるべきではない．

1.1.2.1 嚥下障害および吐出

嚥下障害は嚥下が困難または痛みを伴う状態と定義され，口，咽頭または食道の疾患に分類される．確かな病歴は臨床家が嚥下困難の様式を特徴づけるのに役立つ．飼い主への質問表は嚥下困難を特徴づけるために評価され，口の嚥下困難を除外し，食道の嚥下困難を検出するのに役立つ．しかし，食道の嚥下困難の評価に対する感度と特異性はより低い．[2]

口の嚥下困難は食物を落とす，水をこぼす，または食餌中に食物を拒否し，噛むのを異常に中断することによって特徴づけられる．口の嚥下困難は口腔の障害や，正常な咀嚼を妨げる神経筋または骨の構造の障害と関連している．

食後すぐに唾液の混ざった食餌をそのまま吐き戻し，異常な嚥下を繰り返そうとする動作は食道の嚥下困難の顕著な特徴である．努力して飲み込もうとする動作は高い頻度で咳やむせること，安静時の吐き気と結びついている．

食道の嚥下困難は未消化の食物を一気に吐くという受動的な過程である吐出と関連している．時に吐物は円筒型のソーセー

表 1.1 消化器症状を示す患者の病歴聴取のための手順 [2,7,8]

扱う項目
■ シグナルメント
■ 主訴
■ 現病歴（経過や治療歴を含む）
■ 既往歴
■ 系統的検査
■ 最近の健康状態（環境や食餌歴を含む）

表 1.2 消化器症状を示す患者の病歴聴取のための指針 [10,11]

病歴聴取のための指針
■ いつも主訴から始める
■ 広い質問から
■ 前の回答を確認するために狭い質問をする（はい，いいえ，分からないなどの少しの言葉で答えられる質問）
■ 混乱をさけるため，飼い主が意味することについて飼い主の言葉を使うようにする
■ 飼い主を質問攻めにしない
■ 必要があれば安心させる
■ 飼い主を病歴の主な要点に集中させる
■ 病歴聴取の段階で断定的な答えや判断は避ける
■ 外から介入することは避ける

表 1.3 消化器疾患の疑わしいまたは確定された犬の品種素因 [3,6,12]

品 種	疾 患
オーストラリアン・キャトルドッグ	門脈体循環奇形
バセンジー	免疫増殖性リンパ球プラズマ細胞性腸炎
ベドリントン・テリア	銅関連性慢性肝炎
ベルジアン・シェパード	胃癌
短頭種	食道裂孔ヘルニア，幽門狭窄
ボーダー・コリー	選択的コバラミン吸収不良
ボストン・テリア	幽門筋狭窄，血管輪異常
ブーヴィエ・デ・フランドル	嚥下困難関連性筋ジストロフィー
ボクサー	組織球性潰瘍性結腸炎，好酸球性腸炎，リンパ球プラズマ細胞性結腸炎，幽門筋狭窄
ケアン・テリア	門脈体循環奇形
コッカー・スパニエル	慢性肝炎および肝硬変
ダルメシアン	銅関連性慢性肝炎
ドーベルマン・ピンシャー	パルボウイルス性腸炎，好酸球性腸炎，慢性肝炎
イングリッシュ・ブルドッグ	血管輪異常，便秘，便失禁
ジャーマン・シェパード	膵外分泌不全，巨大食道，パルボウイルス性腸炎，リンパ球プラズマ細胞性腸炎，特発性肝線維症，肛門周囲瘻，小腸細菌過剰増殖
ジャイアント・シュナウザー	選択的コバラミン吸収不良
グレート・デーン	胃拡張捻転
アイリッシュ・セッター	巨大食道，胃拡張捻転，グルテン過敏性腸症，血管輪異常
アイリッシュ・ウルフハウンド	門脈体循環奇形（肝内シャント）
ラブラドール・レトリーバー	巨大食道，門脈体循環奇形，慢性肝炎
ラサ・アプソ	肥大性幽門
マルチーズ	肥大性幽門，門脈体循環奇形
ミニチュア・シュナウザー	膵炎，門脈体循環奇形
ノルウェージアン・ランドハウンド	蛋白喪失性腸症，リンパ管拡張症
ペキニーズ	肥大性幽門
ロットワイラー	パルボウイルス性腸炎
ラフ・コリー	膵外分泌不全
シャーペイ	肝アミロイドーシス，食道裂孔ヘルニア，蛋白喪失性腸症，リンパ球プラズマ細胞性腸炎，好酸球性腸炎，コバラミン欠乏症
シーズー	肥大性幽門
スカイテリア	銅関連性慢性肝炎
ソフトコーテッド・ウィートン・テリア	蛋白喪失性腸症および腎症
スタンダード・プードル	小葉解離性肝炎
ウエストハイランド・ホワイト・テリア	銅関連性慢性肝炎
ヨークシャー・テリア	急性膵炎，門脈体循環奇形，腸リンパ管拡張症，肥大性幽門

ジ状であり，粘膜に覆われている（図1.1）．食物を飲み込んでから吐出するまでの経過時間はさまざまであり，特に重度の食道拡張が認められる場合にはかなり長いこともある．食道炎，食道狭窄，食道閉塞の患者ではその経過時間は概して短い．咽頭の嚥下困難とは対照的に，食道の嚥下困難は努力して飲み込もうとする動作とはあまり結びつかない．病歴は，咳や鼻からの分泌物などの呼吸器系の症状も明らかにし，原発性の問題でさえも明らかにし得る．病歴聴取の主要な課題は吐出と嘔吐を鑑別することである（表1.5）．

1.1.2.2 吐き気（Gagging）

吐き気は食塊の存在なしに嚥下を試みることと定義される．吐き気は咽頭の疾患をもつ患者において嚥下困難の臨床徴候となるが，鼻腔や，喉頭，気管，気管支のある特定の呼吸器障害にも関係する．吐き気は唾液過多や，あるいは咽頭の嘔吐受容体の活性化によるむかつき（retching）とも関係する．

表 1.4　消化器疾患の疑わしいまたは確定された猫の品種素因[3,6,13]

品　種	なりやすい病気
アビシニアン	肝アミロイドーシス
マンクス	便失禁，便秘
東洋短毛種	肝アミロイドーシス
ペルシャ	門脈体循環血管異常
シャム	巨大食道，肝アミロイドーシス，幽門狭窄，消化管腫瘍

表 1.5　吐出と嘔吐の鑑別

臨床症状	吐　出	嘔　吐
努力性腹部	なし	あり
頚部の食塊	±	なし
前兆症状（吐気，むかつき）	なし（まれな唾液過多を除く）	あり
排出物の特徴	未消化	一部消化（摂取と嘔吐との時間による）
	胆汁なし	胆汁±
	pH 変動しやすい	pH＜5
	管状形	さまざまな形
排出時間	確かではない	確かではない
嚥下時の痛み	±	なし

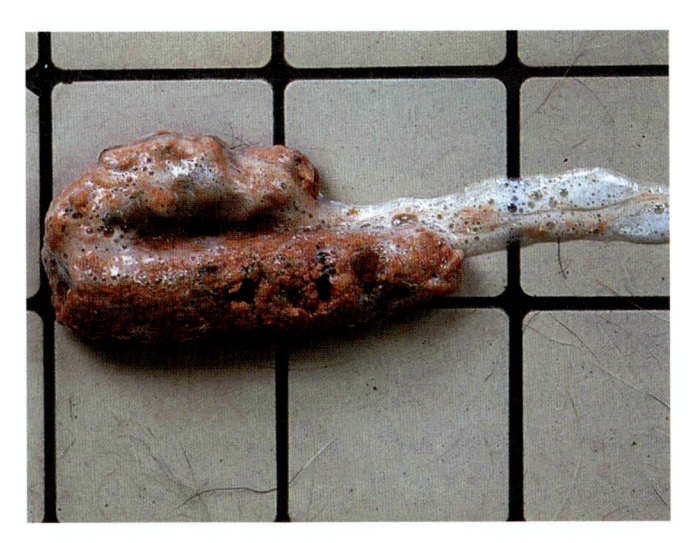

図 1.1　吐出された餌．この写真は，犬において避妊のための一般的な麻酔後，食道狭窄により吐出された餌を示す．粘液がソーセージ様の食塊の周りについていることに注目．

1.1.2.3　嘔　吐（Vomiting）

嘔吐は原発性の胃腸系障害にいつも関係するとは限らない．嘔吐は吐出および咳と区別しなければならない（表 1.5）．嘔吐は前兆症状を伴う活動的な行為であり，3 つの相を持つ．第一の相は悪心であり，しばしば過流涎，興奮，沈鬱，あくび，口唇をなめる行為，何度も嚥下を試みる行為と関連する．第二の相はむかつきで，腹壁の収縮力での嘔吐が試みられるが，吐物の排出はなく，おくび（げっぷ）を引き起こす．最後の相は嘔吐で胃内容物を勢いよく排出し，非常に強い腹壁収縮を繰り返す．

嘔吐は急性あるいは慢性に分類され，3 週間以上持続すると慢性と定義される．吐物の内容，特に食べ物や，寄生虫，異物の存在もまた記載されるべきである．吐血は，鮮血あるいはコーヒーかすに似た消化した血液を含む血色の嘔吐物のことである．吐血は，胃あるいは十二指腸のびらんに関連し，重度の疾患の症状であると考えられている．しかしながら，少量の鮮血は，嘔吐の間の静脈圧の上昇に起因した毛細血管の破裂によってまれに起こる．[4] 胃炎は，胃が空のときの胆汁の嘔吐やあるいは普通は食後まもなく（30 分から数時間）の食べ物の嘔吐によって引き起こされる．[4,5] 液状の大量の嘔吐物はイレウスや小腸障害，ガストリノーマのような分泌過多によって引き起こされる．[4]

糞便のようなにおいのする嘔吐物は，ときどき患者の腸管の通過障害や慢性的な小腸の細菌の過成長をあらわす．胆汁を含む嘔吐は，小型犬種で朝に十二指腸逆流による胃炎に関連しているかもしれない．食後 8 〜 12 時間以上後に起こる食べ物を含んだ嘔吐は，胃の排出障害が強く疑われる．[3,5] 噴出性嘔吐は患者の胃の排出障害をあらわすが，単に激しい嘔吐はさまざまな要因で起こり得る．[6]

多数の嘔吐があるときはいつでも定量化されるべきである．これは急性嘔吐の患者の輸液治療の計画の助けにもなり，腸炎症状による慢性的な嘔吐の患者における病気の深刻さ（犬の炎症性腸疾患の進行度；CIBDAI）の評価の助けにもなる．[7]

1.1.2.4　むかつき（Retching）

むかつきは嘔吐物の排出のない嘔吐の繰り返しと定義される．むかつきの診断アプローチは嘔吐と似ている．しかしながら，いくつかの症例では，健康な経歴でさえ，むかつきや咳による唾液や粘液の逆流，あるいは吐出の区別は困難である．
急性のむかつきと腹部の膨張がある症例においては，胃の拡張／捻転（GDV）はすぐに除外すべきである．[4]

1.1.2.5　下　痢

下痢は正常より多くの水分を含んだ糞便の通過と定義され，

1日の糞便量は増加する．嘔吐がある場合は，最初に下痢が急性か慢性かを区別する．次に，糞便中の血液や異物，未消化物や粘液（図1.2）についての質問をして糞便の特徴を描写する．糞便の色や量，におい，粘度もまた鑑別診断の手助けになる．例えば，腐ったにおいで多量の灰茶色の牛糞のような糞便は，膵外分泌不全やそのほかの消化不良を疑わせる（図1.3）．1日の排便回数も数えるべきである．下痢の原因が小腸か大腸のどちらに局在しているのかが重要である．下痢の原因の局部解明の手助けとなる特徴を表1.6に示した．しかしながら，それらの特徴は絶対的ではなく，大腸性疾患の臨床症状がある患者はより深刻な小腸性疾患を有しているかもしれない．

表1.6 小腸・大腸性下痢の特徴[3,5,6,11]
（これらのパラメーターは絶対ではないので注意すること．）

パラメーター	小　腸	大　腸
便		
排便毎の量	増加	減少または正常
粘液	なし（回腸炎を除く）	しばしばあり
メレナ	±（おそらくあり）	ほとんどない
血便	急性出血性下痢を除いてなし	しばしばあり
脂肪便	消化不良あるいは吸収不良の患者においてあり	なし
排　便		
しばしば	ふつう4回/日までわずかに増加．しかし重度の急性腸炎では激しく増加	増加（少量を頻回排便）
排便障害	なし	あり
しぶり	なし	しばしばあり
緊迫（切迫）	なし；重度の場合を除く	ふつうあり；ときどき室内を汚す
その他の症状		
鼓腸/腹鳴	おそらくあり	おそらくあり
体重減少	おそらくあり	まれ
肛門掻痒	なし	おそらくあり
嘔吐	おそらくあり	急性大腸炎でおそらくあり

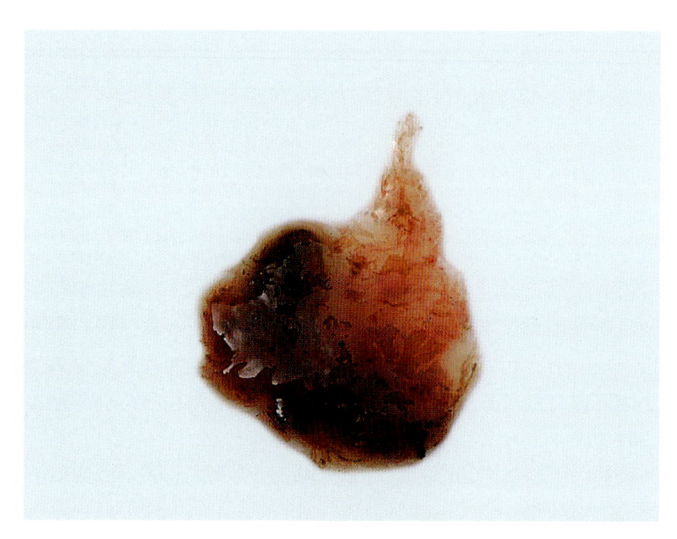

図1.2 粘液便．これは鞭虫感染による重度の大腸炎の犬の糞便の写真である．糞便はほとんど粘液と血液だけで構成されている．

図1.3 膵外分泌不全（EPI）．EPIの犬の牛糞のような黄色い糞便．

写真の糞便のスコアリングチャートの利用は，下痢の特徴づけの手助けとなるかもしれない（図2.4参照）．

1.1.2.6　その他の便の異常

　メレナは，黒色でタール状の便が特徴的であり（図1.4），ときどき下痢と関連する．メレナは消化管における血液の存在を示すサインである．出血はふつう消化管からであるが，気管からの出血を患者が飲み込むこともあり得る．メレナはほとんど上部消化管からの出血が原因であるが，黒色タール様粘性便は腸管からの血液が通過することによって起こる．[3] それゆえ，大腸の上部からの血液も黒色タール便になり得る．そして，血液を消化する時間が十分になければ，小腸からの血液は新鮮である．[3] メトロニダゾールや硫酸鉄，ビスマスなどのいくつかの薬剤や食べ物の成分（レバー，ホウレンソウ）は暗色便になりやすく，メレナと混同しやすい．特にNSAIDsのような潰瘍誘発性薬剤の使用や抗凝血剤の曝露，あるいは最近の外傷について尋ねることも重要である．

　鮮血が付着した便は血便と呼ばれ，大腸あるいは直腸－肛門の出血と一致する．血便は局所の障害（大腸炎，直腸炎，異物あるいは腫瘍）あるいは凝固障害によって起こる．それはいつ

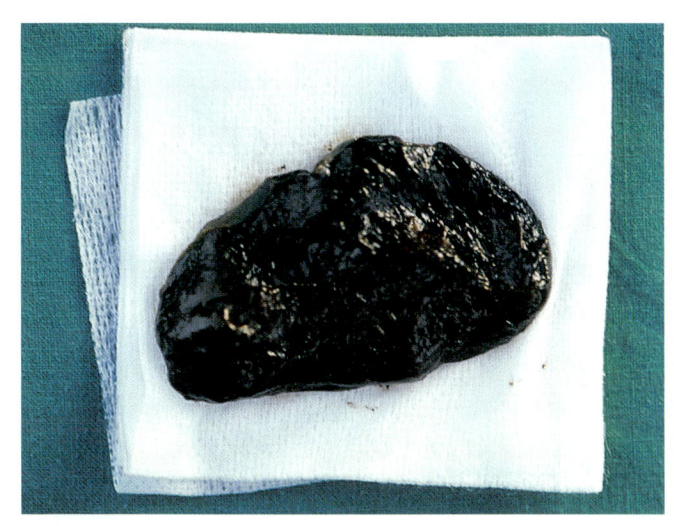

図1.4 メレナ．重度の胃出血の犬のメレナを示す．

図1.5 会陰ヘルニア．会陰ヘルニアの犬の馬糞のような丸い便．

起こる．過剰なガスは腹部の不快感をも引き起こす．ある食べ物のタイプ（マメ科植物，大豆や余分な脂肪）は一般に腸管腔に過剰なガスを形成するので，そのような患者において食歴は重要である．

1.1.2.8 排便障害

排便障害は，排便の有無にかかわらない排便時の緊張によるのを特徴とする排便困難あるいは疼痛と定義される．排便困難は大腸性下痢と関連して観察されるが，便秘や直腸の疾患，あるいは肛門せつ腫症のような肛門の疾患や，腺の球形腫，雄犬における前立腺肥大のような他のさまざまな状態でも観察され得る．

しぶりは排便時の緊張と，排便困難，あるいは結腸や直腸－肛門の不快の臨床徴候である．

1.1.2.9 便　秘

便秘は乾燥した硬い便の通過によると定義され，腸蠕動の回数と排便時の緊張が減少することによって起こる．便秘が疑われる場合には，ある患者とくに下部尿路疾患の猫においては，排便の緊張と排尿の緊張とを混同しやすいので，排尿行為について尋ねることは重要である．排便前の緊張は，ふつう閉塞あるいは便秘を含む機能障害によって起こる．対照的に，排便中の緊張あるいは排便完了後に持続する緊張は，しばしば結腸および直腸の炎症性疾患での下痢によって起こる．[3]

便秘の症例は下痢を呈して来院することもある．飼い主に下痢と認識される便は，結腸あるいは直腸内に貯留している糞塊の周囲にある水様のものが排泄されたものである．

1.1.2.10 大便失禁

大便失禁は排便姿勢を取ることなく，制御できずに便を漏出することを特徴とする．大便失禁と切迫性排便はしばしば混同するため，飼い主に注意深く質問することによって区別しなければならない．大便失禁の患者において，便は一般に正常で，しばしば興奮時や発咳時に便を漏出する．排便時の神経－筋肉のコントロールが機能的かどうかを評価するために，飼い主に，制御できる正常な排便があるかどうかを尋ねなければならない．大便失禁はしばしば，肛門周囲の内科あるいは外科的状態と同様に外傷歴（特に猫の尻尾の外傷）によって起こる．

1.1.2.11 肛門掻痒

肛門掻痒は会陰部を舐めたり噛んだり，肛門を掻いたりすることによって明らかである．一般に肛門せつ腫症や，肛門腺障害，あるいは瓜実条虫感染のような直腸－肛門疾患によって起こるが，食物アレルギーや便秘，腸炎疾患もまた肛門掻痒を引き起こし得る．

も排便障害やしぶりと関連するとは限らない．それゆえにときどき飼い主が観察していないこともある．

リボンのような便は結腸や直腸あるいは肛門の通過が狭窄している状態で観察され，しばしば排便障害や便秘を引き起こす．時々，馬糞様の，丸いまたはボールのような便（図1.5）が会陰ヘルニアや肛門憩室で観察される．

無胆汁便は，粘土の様な便で肝外胆管閉塞や細胆管炎の破壊の患者で観察される．[1]

1.1.2.7 鼓腸と腹鳴

鼓腸と腹鳴（消化管がゴロゴロ鳴る音）は，結局のところ，多くの消化障害による腸のガスが大量に存在することによって

1.1.2.12 腹痛

飼い主は木挽き台のような姿勢あるいは祈りの姿勢（前肢を伸ばして胸骨を床に接触させ，後肢は立った姿勢）のような特定の行動を見る．それは頭側の腹痛が強く疑われる．[4] 歯ぎしり（歯をすり合わせること）あるいは情動不安もまたときどき犬や猫で重度の腹痛と関連する．情動不安は胃拡張/捻転の初期段階でもときどき観察される．[8] 極度の腹痛の場合は，ペットはひどく意気消沈あるいは攻撃的にさえなるであろう．

1.1.3 食歴

徹底的な食歴の聴取は消化器系疾患の診断において重要であり，与えられている特定の市販食や，市販のお菓子あるいはごちそうや，サプリメント（栄養補助食品），チュアブル錠，チュアブルの玩具や人間の食べ物（特に人間の食事の残り物）も含むべきである．また，食べ物の原料（家に他にペットを飼っているか，あるいはペットに余分に食べ物をあげる人間がいるか）についても知ることは重要である．[9] 多くのメディカルサプリメント，あるいは蛋白質や添加物を含んだある薬剤（特にビタミン，脂肪酸や皮膚用サプリメント）はアレルギーや副作用を引き起こしたりする．ある食べ物やサプリメントあるいは薬剤のタイプと関連するいくつかの可能性のある臨床症状とを一致させようと試みることもまた重要である．

異常な給餌法は記録するべきである．食糞は膵外分泌不全や高用量コルチコステロイド治療のような多食によって起こる障害において観察される．また，食糞や異食症は，栄養学的欠乏をもつ患者あるいは問題行動の患者においても観察される．犬と猫で，草を食べて吐き気や嘔吐を引き起こすことはしばしば報告されている．[5] 草を食べることは消化管疾患の原因あるいはより一般的には消化管疾患の結果であると考えられる．

🔑 キーポイント

- 正確な病歴を知ることは，消化器疾患と関連する臨床症状をより特徴づけるために必要不可欠である．
- 吐出と嘔吐を区別することはそれぞれの患者に対して最適な検査を決定するために必要である．
- 猫において，便秘を尿のしぶりと間違えてはいけない．
- 食歴は消化器疾患の診断と管理において不可欠である．

参考文献

1. Rothuizen J, Meyer HP. History. Physical examination and signs of liver disease. *In*: Ettinger SJ, Feldman EC (eds.), *Textbook of veterinary internal medicine, 5th ed.* Philadelphia, WB Saunders, USA, 2000; 1272-1277.
2. Peeters ME, Venker van Haagen AJ, Wolvekamp WThC. Evaluation of a standardised questionnaire for the detection of dysphagia in 69 dogs. *Vet Rec* 1993; 132: 211-213.
3. Guilford WG. Approach to clinical problems in gastroenterology. *In*: Guilford WG et al (eds.), *Strombeck's small animal gastroenterology, 3rd ed.* Philadelphia, WB Saunders, USA, 1996; 50-76.
4. Elwood C. Investigations and differential diagnosis of vomiting in the dog. *In Practice*, 2003; 25: 374-386.
5. Tams TR. Gastrointestinal symptoms. *In*: Tams TR (ed.), *Handbook of small animal gastroenterology, 2nd ed.* Philadelphia, WB Saunders, 2003; 1-50.
6. Hall E. Introduction to investigating gastrointestinal diseases. *In*: Thomas D et al (eds.), *BSAVA Manual of Canine and Feline Gastroenterology, 1st ed.* Shurdington, UK, BSAVA, 1996; 9-19.
7. Jergens AE et al. A scoring index for disease activity in canine inflammatory bowel disease. *J Vet Intern Med*, 2003; 17: 291-297.
8. Houston DM. Clinical examination of the alimentary system — Dogs and cats. *In*: Radositits OM, Mayhew IGJ, Houston DM (eds.), *Veterinary Clinical Examination and Diagnosis.* Philadelphia, WB Saunders, 2000; 349-369.
9. Roudebush P, Guilford WG, Shanley KJ. Adverse reactions to food. *In*: Hand MS et al. (eds.), *Small Animal Clinical Nutrition, 4th ed.* Topeka, USA, Mark Morris Institute, 2000; 431-453.
10. Drosman DA, Chang L. Psychosocial factors in the care of patients with gastrointestinal disorders. *In*: Yamada T (ed.), *Textbook of Gastroenterology, 4th ed.* Philadelphia,. Lippincott Williams and Wilkins, 2003; 636-654.
11. Rijnberk A. The History. *In*: Rijnberk A, de Vries HW (eds.), *Medical History and Physical Examination in Companion Animals.* Dordrecht, Netherlands, Kluwer Academic Publishers, 1995; 49-56.
12. Hoskins JD. Congenital defects of the dog. *In*: Ettinger SJ, Feldman EC (eds.), *Textbook of Veterinary Internal Medicine, 5th ed.* Philadelphia, WB Saunders, 2000; 1983-1996.
13. Hoskins JD. Congenital defects of the cat. *In*: Ettinger SJ, Feldman EC (eds.), *Textbook of Veterinary Internal Medicine, 5th ed.* Philadelphia, WB Saunders, 2000; 1975-1982.

1.2 身体検査

Andrea Boari

1.2.1 はじめに

獣医師が利用できる最も重要な診断ツールは，正確な病歴を得ることができる能力と，十分な身体検査を実施できる自らの能力である．身体検査の目的は，動物の種，品種，年齢，性別，性的状態において，正常な身体状況と行動から著しく逸脱しているものを認識することである．

臨床検査と器具の使用は増加傾向にあるが，それは診断的な可能性を付加するが，そのような技術は身体検査が注意深く行われてはじめて診断に役立つ補助的なものである．それゆえ，検査・診断用の画像処理による情報収集も用手による検査の代用ではなく，補足的なものとみなさなければならない．患者の視診，触診，打診，聴診は全てそれぞれの検査に存在している．緊急の生死にかかわる状態のときだけ，動物の状態が安定するまで最初の検査は手短にする．実際に，もし患者がショックや出血，胃拡張／捻転の状態であったら，すぐに支持療法を開始し，その後に正確な病歴と注意深い検査を得ることが最も重要である．

この章では，ボローニャ大学の獣医内科で最初に行われる，系統だった基本的な消化管の身体検査の一部を記す．[1]

この章で議論していることは主として特異的で直接消化器系に関連する身体検査のパラメーターに限られているが，臨床医は，患者が明らかな消化器疾患の症状を示していても，全ての身体系の検査をしなければならないことに注意する．眼科と神経学的検査はこの章には含まれないが，ときどき消化器の機能不全を起こす重要なヒントを得ることがあるので，忘れてはならない．

1.2.2 一般的な身体検査

1.2.2.1 骨格の成長と発達

発育不全の犬や猫では，しばしば低ソマトトロピン症や甲状腺機能低下症などの内分泌障害がみられ，血管輪あるいは食道奇形，吸収不良，門脈系シャントもまた起因する（図1.6）．

1.2.2.2 ボディコンディション（身体状態）

体重測定は費用がかからず，簡易で非常に有用である．体重減少は，不十分な栄養素の同化作用（食欲不振，吐出，嘔吐，消化不良，吸収不良），栄養素の損失増加（蛋白漏出性腎症［PLN］および蛋白漏出性腸症［PLE］），あるいは甲状腺機能亢進症の猫や発熱している患者に起こるようなエネルギー要求の増加などにより起こる．熱による悪液質は感染（FIP, FeLVなど）や，炎症（膵炎など），腫瘍（消化器系腫瘍，リンパ腫など）に起

図1.6 膵外分泌不全．この写真は膵外分泌不全による発育不全の2匹の子犬と真ん中の健康な同腹子との比較を示している（これらの犬の詳細は：Boari A. et al. Observations on exocrine pancreatic insufficiency in a family of English setter dogs.J Small Animal Practice 1994,35:247-250).

因し得る．

体重減少は一般に大腸性障害による下痢の患者ではみられないが，組織球性潰瘍性大腸炎（HUC）や，盲腸結腸の腸重責，あるいは漫性結腸直腸の腫瘍などの重度の長期大腸炎の患者ではみられる．[2] しかしながら，これは飼い主がペットの下痢に早く気づく傾向によるものでもある．

急性の疾患による体重減少は水分の喪失によるもの（すなわち嘔吐または下痢）であり，体重測定は脱水の正確な評価ができるということを覚えておくことは重要である．

1.2.2.3 精神状態

沈うつあるいは昏睡は代謝（肝性脳症，酸‐塩基と浸透圧の不均衡など）や，炎症（犬ジステンパー，FIP，敗血症など），血管疾患（凝固異常，高血圧）による脳機能の異常と関係する．

1.2.2.4 姿勢と運動における異常

猫において頚部の腹側屈曲は低カリウム症の症状であり，低カリウム症は嘔吐や下痢，食欲不振による胃腸管でのカリウムの喪失によって起こる．背部をアーチ状あるいは"お祈り"の姿勢（図1.7）のように見せる異常は腹痛の特徴的な症状であり，背痛と区別する必要がある．[3]

1.2.2.5 粘膜

粘膜の色と毛細管再充満時間（CRT）は末梢循環の評価に有用である．CRTの延長は脱水や末梢交感神経の興奮状態あるいは血管収縮が疑われる．心拍出量の低下も関連する．嘔吐や

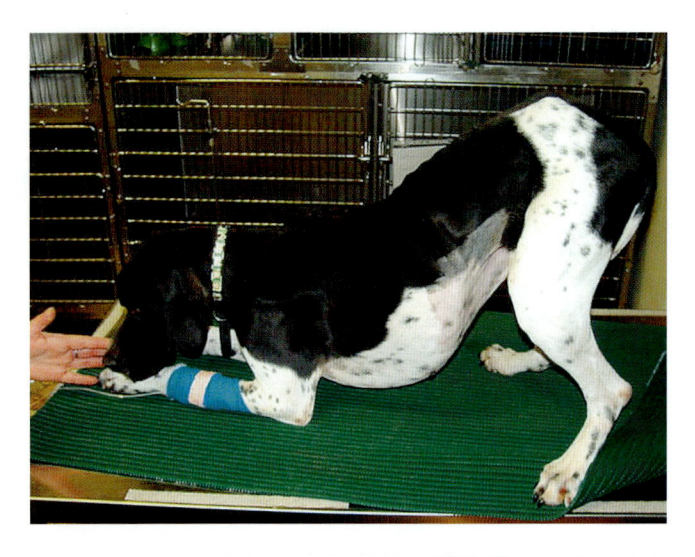

図1.7 "お祈り"姿勢．この写真は急性膵炎による急性腹痛の犬を示している．この犬は前肢を胸骨の前に，後肢を立たせて"お祈り"の姿勢をとっている．

下痢，あるいは食欲不振を示す患者において，患者の全般的な水和状態に対応することは重要である．そのためには，臨床医は体重，皮膚の膨張あるいは柔軟性，粘膜の水分や色，CRT，眼窩における眼球の位置，心拍，呼吸数や患者の特徴に対応しなければならない．

粘膜蒼白は大量の赤血球の減少や末梢循環の減少の現れである．後者の場合では，ショック（すなわち循環血液量減少性，心臓性，血管運動性のショック）が循環血液量減少や心不全，血管収縮を引き起こす．内毒素性（エンドトキシン）ショックの患者では，粘膜は触ると冷たい可能性がある．

粘膜蒼白は消費の増加による肝胆汁性疾患あるいは慢性疾患による非再生性貧血も関連する．内臓の血管肉腫（HSA）による急性の腹部への血液の喪失は，犬においてよく起こり，粘膜蒼白，衰弱，腹部膨満，心拍数と呼吸数の増加を引き起こす．貧血の患者で，低循環がなければCRTは正常である．

口腔と眼球の粘膜はよく黄疸がみられる最初の場所である．重度の黄疸の場合，たいていいつも黄色の口腔粘膜が観察され，免疫介在性溶血性貧血あるいは肝胆道系疾患によって引き起こされる．

敗血症の患者はしばしば充血しており，真性赤血球増加症や肝臓・膵臓の疾患あるいは重度の高窒素血症の患者のような高度の粘膜血流（赤レンガ）が起こる．粘膜の充血は一般に脱水の徴候のような消化器疾患の患者において起こる可能性がある．出血の症状でも粘膜はチェックするべきである．皮膚や粘膜での表在性の出血と強膜と硝子体の出血は原発性止血異常の一般的な徴候である．点状出血や血腫に加えて，血尿と同様に吐血やメレナは動物にも存在する．まれではあるが，重度の肝疾患の患者は，凝固因子欠乏や播種性血管内凝固（DIC），門脈高血圧による出血素因をもつ．DICの患者における複数の止血因子の不足のせいで，さまざまなタイプでさまざまな場所（腔内や表在性）で出血する可能性がある．

1.2.2.6　体表リンパ節

下顎，浅頚，膝窩のリンパ節は一般に触知でき，サイズ，形，一貫性において評価できる．腋窩と鼠径のリンパ節は常に識別できるとは限らない．下顎リンパ節と下顎の唾液腺は位置が近いので，臨床医はこの2つを区別する必要がある．特に猫では，周囲皮下脂肪で膝窩リンパ節が実際のサイズよりも大きく感じる．一方で，やせた成熟した動物は，膝窩リンパ節の正常な大きさは筋肉と脂肪が少ないのでより顕著である．

一般的なリンパ節腫脹は全身性の疾患を示す（例えば，免疫介在性疾患，全身性の感染あるいはより一般に腫瘍）．特に犬では，目に見えて体表リンパ節が腫大し，硬く痛みを伴わない場合，リンパ腫の可能性が高い．[4]

1.2.2.7　皮膚と皮下組織

皮膚は脱毛や，炎症，結節や痂皮の部分は注意深く検査しなければならない．皮膚粘膜移行部の検査も全身性免疫介在性疾患の証拠を示す可能性がある．犬の全身性紅斑性狼瘡は巨大食道やPLEを伴う慢性小腸性下痢，慢性肝炎を引き起こすと報告されている．[5-7]

犬と猫の両者において，非季節性の掻痒，紅斑および丘疹は，食物過敏症あるいは"不寛容"が原因である．犬と猫において，消化器と皮膚の症状が同時にみられた場合は，食物過敏症が強く疑われる．[8-12]

劇的な皮膚病変（すなわち紅斑，痂皮，びらん，潰瘍，脱毛，テカテカ光る皮膚）は過接触部位と表在性壊死性皮膚炎の患者で胸部と腹部の背側にみられ，これは肝腫瘍やグルカゴノーマによって起こる．犬や猫において，膵腫瘍もまた脱毛を起こすと報告されている．[13]

外皮もまた皮膚膨張の変化の評価に用いられるべきであり，一貫した方法と場所で評価し，一般的に胸部側面で行われる．皮膚膨張の評価では，皮膚膨張は間隙容量と同様に皮下脂肪やエラスチンの量によって決まるので，臨床医は実際の評価を取り入れなくてはならない．それゆえ，痩せたり年老いた動物はより脱水が実際より顕著となる可能性がある．一方，肥満の動物は，皮膚をテント上につまむ検査で誤った水和状態の評価になる可能性がある．

一般的な軟部組織の腫脹や四肢を含む腫大は，しばしば腹水と関連し，浮腫による可能性がある．浮腫はその部位を押して短時間そのままへこんでいることから，そのほかの皮下の液体蓄積とは簡単に区別できる．皮下浮腫はPLEやPLN，あるいは重度の肝不全による低アルブミン血症の犬でたまにみられる．

1.2.2.8 体　温

体温を測定するとき，臨床医は直腸部位がきれいかどうか，下痢などで汚れていないか，肛門嚢は膨張していないかどうかにも注意を払うべきである．会陰もまた，条虫の片節がみられることがある．検査の終わりには，体温計に血液やメレナ，粘液が付着していないか検査するべきである．糞便中の血液の存在は，出血部位や，消化管の通過時間，失血量によってまざまである．[14]

血便（すなわち糞便中の鮮血）は大腸性疾患，特に大腸炎が強く疑われる．しかしながら，全腸，盲腸結腸の腸重積や，結腸直腸腫瘍，凝固異常，特に血小板障害など，一般的ではないが考えられる．メレナは血液を消化したことによりタール状あるいは石炭状でアスファルトの色をした便で，咽頭，食道，胃あるいは上部小腸での出血が示唆される．メレナがあるときは，正確な鼻孔，口頭咽頭，肺を含む慎重な身体検査で出血の原因を探すべきである．外部への血液喪失の症状がわずかか，あるいは目に見えなくても，消化管内で命にかかわる血液量が蓄積されることを心得ておくことが重要である．消化管内での血液の喪失がその原因にかかわらず，急性下痢に関連していたら，正常な消化管粘膜の喪失を示唆する．このバリアを喪失すると，正常な腸内微生物叢が血流にのり，敗血症を引き起こす．この場合，臨床医はその原因が決定されるまで，命にかかわる下痢の合併症について対応する必要がある．

消化器疾患の患者での発熱の原因は感染症（例えばFeLV，FIV，FIP，犬ジステンパー，猫汎白血球減少症，犬パルボウイルス，レプトスピラ症，サルモネラ症，トキソプラズマ症，リューシュマニア症，ヒストプラズマ症，ブラストミセス症，クリプトコックス症，コクシジオイデス症，リケッチア感染）から肝臓，膵外分泌，腹膜の疾患あるいはリンパ腫や癌のような腫瘍まで多数に及ぶ．

対照的に，重度の尿毒症の患者では，敗血症やショックあるいはいくつかの重度の全身性疾患の最終ステージの患者で，低体温となる．

1.2.2.9 心拍数

多くの全身性の代謝性疾患は心臓の構造と機能に影響を与えることが分かっている．それらは臨床的に重要な関連を示す場合もあるが，それらの影響はわずかあるいはほとんど重要でない場合もある．一般的な頻脈の原因は興奮や発熱，貧血，ショック，低血圧であり，電解質濃度や酸-塩基平衡，うっ血性心不全，感染において重要な変化である．

胃の拡張/捻転（GDV）の患者はしばしば心機能障害を呈するが，特に外科的減圧術の後にみられる．これはしばしば頻脈性不整脈あるいはまれに徐脈性不整脈に関連する．

敗血症性ショックはしばしばグラム陰性菌によって起こるが，初期ステージでは強拍で赤レンガ色の粘膜，また最終ステージでは弱拍で粘膜蒼白となる．

電解質と酸-塩基の異常は心機能に重要な変化を生じる．それらはしばしば心拍の検査中に見つかるが，ECGを用いて記録するのがより良い．重度の高カリウム血症（一般に＞8mEq/L）は重度の心機能障害を引き起こす．副腎皮質機能低下症に加えて，低ナトリウム血症にともなう高カリウム血症（Na/K比＜27：1）もまた鞭虫症やサルモネラ症あるいは十二指腸潰瘍の穿孔による消化器疾患の犬，まれではあるが腹膜出血の患者で認められる．[15]低ナトリウム血症を伴わない高カリウム血症はほとんど常に，腎不全での尿量減少あるいは無尿による腎臓の排出障害に関連する．

不整脈が低カルシウム血症の患者で観察される．低カルシウム血症はときどきアルカリ血症に関連するが，胃腸でのカリウムの喪失あるいは腎不全での多尿による腎での喪失に起因することの方が多い．

1.2.2.10 呼吸数

呼吸の数と質は重要な検査を実施する前に記録しておくべきである．運動や高体温，不安による呼吸数の増加と病気によるものの区別は重要である．吸息性の呼吸困難は軟口蓋の過長あるいは浮腫性の患者，あるいは咽頭ポリープの猫の患者で観察される．

食道疾患あるいは嘔吐がみられる動物は，吸引性肺炎による呼吸困難で来院することがある．もし，飼い主が呼吸器症状が進行する前に吐出や嘔吐を繰り返していたと言うなら，巨大食道あるいはその他の食道疾患の疑いが強い．重度あるいは命に関わる呼吸困難は，しばしば胸膜の出血，低蛋白血症や非特異的な感染（すなわちFIP）による胸水および腹水を呈する患者でみられる．

呼吸促拍は，腹部の腫瘤や腹水，あるいはガス（例えば胃捻転），による横隔膜の頭側転位または酸-塩基の不均衡に起因する．代償的換気亢進は重度の下痢，慢性腎臓病，糖尿病性ケトアシドーシスあるいは副腎皮質機能低下症による代謝性アシドーシスの動物でしばしばみられる．

1.2.3　消化管の検査

胃腸あるいは消化管の検査は頭部（すなわち口腔）から始まって，頚部，腹部へ，そして直腸の検査で最後となる．口や咽頭の検査ではしばしば食欲不振，嘔吐，吐出，流涎の病因の重要な手がかりが得られる．特に流涎は，偽性唾液過多（すなわち口腔内に蓄積していた唾液が滴ること）ではなく，唾液過多（すなわち唾液の生産過剰）と定義され，動物が嚥下できなくなったり，嚥下時に疼痛を伴うと起こる．同様に吐き気や肝性脳症（特に猫），発作，胃炎，舌炎，歯肉炎，咽頭炎，扁桃腺炎，そして口頭咽頭の嚥下障害でも起こる．鼻腔からの排液もまた嚥下障害や吐き気，ときどき嘔吐にも関連する．

嚥下と咽頭反射は，舌根に人差し指を押しあてること，ある

いは動物が飲水や飲食しているときの観察によって評価する．扁桃腺炎あるいは扁桃腺の腫脹は主に犬で食欲不振や嘔吐，嚥下障害を引き起こし，たまに全身性疾患（例えばリンパ腫）の症状となる．舌は色や動きを検査する．舌の裏面は腫瘍や糸のような異物（猫において），あるいは糸による舌小帯の裂傷がないかチェックする．

口臭は，尿毒症やケトン体血症だけではなく，歯あるいは歯周の疾患も示唆する．

甲状腺機能亢進症は高齢の猫に高頻度でみられ，臨床医は甲状腺が結節上に腫大しているかどうか検知するために咽頭尾部から胸部入り口に至るまで，注意深く気管周囲を触診しなければならない．正常な猫の甲状腺は触知できない．

腹囲膨満はガスや液体，臓器腫大あるいは腹部筋肉の萎縮などによって起こる．嘔吐や下痢，腹痛，多渇多飲，多食，浮腫のようなその他の臨床症状は潜在的な病因の手がかりとして役立つ可能性がある．犬において，胃の膨張は肋骨の後部と下肋部の発赤を引き起こす．胃の膨張が進行すると腹部後部もまた目に見えるほど膨張する．もし腹囲膨満が腹部の液体のせいなら，液体波があるかどうか検出するために浮球法（バロットマン）を注意深く行うべきである．経験的に，偽陽性の結果はまれである．

腹部滲出液は一般的に低アルブミン血症や門脈高血圧，腹膜炎によって起こる．消化器疾患による滲出液は，原発的にPLEや肝不全，消化管の破裂あるいは吻合部漏出によって起こる．[16,17] 鉤虫の寄生のない間欠的な下痢のある若齢犬のPLEは，慢性の腸重積の疑いがあるため，腹部超音波検査を行うべきである．[18]

腹腔あるいは胸腔の特徴的な滲出液に関連し，化膿性肉芽腫性炎は典型的な滲出型FIPである．

悪性の腹部**腫瘍**はリンパ管の流れを障害し，血管の浸透圧が増加して，変性漏出液を蓄積させ，非敗血症の腹膜炎を進行させる．変性漏出液は肝あるいは心疾患によっても起こる．肝胆管系の悪性腫瘍あるいはその他の腹腔内の悪性腫瘍は，腹膜に広がり，炎症性反応を引き起こし，その結果リンパ液，フィブリン，血液が滲出する．この液体は外見上，滲出液や出血あるいは偽性乳び液の可能性がある．

臓器腫大はしばしば肝臓，脾臓，まれに腎臓にみられ，これらによって腹部のサイズが増加する．その他の臓器の1つの腫瘤もまたしばしば腹部膨満を引き起こす．

腹部触診は消化器疾患の症状を示している犬や猫での身体検査では不可欠である．猫では内臓の触診が容易であるため，特に多くの情報が得られる．

ガスによる腹部膨満が疑われる場合，指での腹部打診を行い，共鳴音を聞くべきである．突然のガスによる腹部膨満およびショックや死は腸捻転の犬でよくみられる．

触診に反応して，腹部の筋肉を緊張させてしまう動物もいる．これが痛みや不安，あるいは触診時の力が強いことへの努力性の緊張かどうかを決定することは必要である．痛みへの反応が平然とした様子の動物では，痛みを局所的に繰り返して最小限の触診で明らかにすることがより重要である．疾病を示す領域が表層にあるのか，頭側あるいは尾側に存在するのか，あるいは臓器特異的に観察されるかどうかを明らかにすることが必要である．腹部頭側の疼痛は，一般に膵炎の犬において観察されるが，猫ではあまり観察されない．広範囲な腹部の筋肉の硬直を伴う腹痛は，腹膜炎である可能性を示す．

腹部触診の間，動物が背部を弓状に反らせていれば，第一の問題は脊髄にある可能性がある．空の胃を触知できるのはやせた犬や猫だけであるが，食べ物で拡張していればほとんどの動物で腹部の上部左側の4分の1に触知できる．胆嚢と膵臓はふつう触知できない．しかしながら，膵炎や膵腫瘍，膵偽性嚢胞の患者では，腹部腫瘤や触診に関連した疼痛は腹部の頭側右側の4分の1に観察される．

小腸は，腹部を占める薄い壁の滑らかな充満した物体で，指でスライドさせて簡単に触知される．猫で回盲部はしばしば腹部頭側中央に固い緊張した構造として触知される．腹部腫瘤と混同しないようにしなければならない．腸は，厚さや硬さ，不規則な腫瘤など，注意深く評価しなければならない．小腸への炎症や腫瘍細胞が浸潤した患者や，小腸の平滑筋肥大の患者で，小腸壁を厚いと感じる可能性がある．[19]

腫瘤（例えばリンパ節腫大，異物，大網脂肪織炎，腫瘍，腸重積，非滲出型FIPの患者にみられるような肉芽腫性病変）は，一部あるいは全ての小腸の障害を引き起こすが，サイズが小さいので，身体検査では検知できない可能性がある．[20] 液体貯留による拡大した小腸のループは，急性腸炎の患者でよく触知される．塊状あるいはアコーディオン状の小腸ループは，猫の典型的なひも状異物の症例で特徴的である．腸管膜リンパ節の腫大はしばしば腫瘍や肉芽種，小腸炎（異物の有無に関わらず）に関連する．腸管膜リンパ節腫大はしばしば犬や猫の典型的な消化器型リンパ腫で観察されるが，軽度のリンパ節腫大は炎症性腸疾患（IBD）の患者やその他の小腸性疾患の患者でもみられる．

腹部の触診後すぐに嘔吐をする動物は，消化管閉塞や重度の消化管炎症あるいは膵炎を疑わなければならない．

横行および下行結腸は，しばしば糞便で満たされており，腹部中後部のちょうど脊髄の腹側に触診で簡単に確認できる．ぎっしり詰まった結腸（巨大結腸であれば，結腸は少なくとも正常な直径の2倍となっているにちがいない）は，腸内の閉塞物あるいは腸管運動障害によって引き起こされる．

肝臓は通常，犬も猫もちょうど肋骨のアーチに沿った尾部で，体壁の腹側に触知されるが，触知されない場合もある．もし肝臓が触知されなかった場合に，自動的に肝臓が異常に小さいと考えてはならない．小肝症は主に先天性の門脈体循環シャントあるいは肝細胞の喪失が進行している慢性的な肝疾患の患者でみられる．しかしながら，肝臓のサイズはX線で評価するのがよい．痩せた猫では，肝臓の横隔膜表面を触知することが可

能である．胸膜滲出あるいはその他の疾患で胸郭が広がっている動物では，肝臓が尾側に移動しているため，腫大しているようにみえる可能性がある．肝腫大のパターンはその原因により全体的あるいは限局的に起こる．浸潤性うっ血性疾患は滑らかで，硬く，び満性に肝腫脹する傾向がある．原発性あるいは転移性腫瘍，結節性過形成，結節性再生に関連する慢性肝疾患は限局性あるいは非対称性に腫大する．

黄疸の犬や猫における肝脾腫大症は，単核食細胞の過形成と免疫介在性溶血性貧血による二次性の髄外造血あるいは全身性肥満細胞疾患やリンパ腫，骨髄性白血病のような浸潤性の病変による可能性がある．

脾臓の触診はいつも可能というわけではないが，ときどき腹部の上～中部で部分的に指で触診できる．脾臓はその大きさや，腫瘤や結節がが存在していないか識別するために触診される．重度の脾腫の患者では，脾臓は腹部上部を占拠している．[21] 腫大した脾臓が折り重なったような状態になると，腫瘤と間違える可能性がある．経験により，臨床医は折り重なった脾臓を親指によって広げて臓器の正確な形を評価することができる．

腎臓は猫でのみ簡単に触知できる．なぜなら，犬に比べて腎臓がより固定されていないからである．腎臓は正常では後腹膜の部位に位置し，右腎は左側のすぐ頭側に位置する．腎臓はサイズ，形，位置，堅さ，痛み，表面の不規則さを評価する．左腎（犬で触知できる唯一のもの）は特に可動性で腹部腫瘤と間違えやすい．腫大した異常な形の腎臓は，急性腎不全や腎腫瘍，腎嚢胞，膿瘍，FIPによる肉芽腫性腎炎，水腎症，あるいは血腫によって起こる可能性がある．対照的に，小さな腎臓のサイズはしばしば慢性腎臓疾患と関連する．

未避妊動物では，腹部触診で正常な非妊娠の子宮はふつう触知されない．妊娠や子宮蓄膿症，内膜症，子宮水腫によって起こる著しい子宮の腫大は，ときどき腹水と間違えるので，注意して区別しなければならない．

最後に，腹部聴診もときどき手助けになる可能性がある．聴診を2，3分して小腸の音を聞くことができなかったら，腸閉塞を疑う．

会陰部は，被毛への下痢の付着，腫瘤，あるいはヘルニアを検査をしなければならない．**直腸検査**はいつも行わなければならない．臨床医は結腸粘膜や肛門括約筋，肛門孔，骨盤管骨，泌尿生殖器，管腔内容物の識別と評価ができなければならない．粘膜ポリープは粘膜ひだと誤りやすく，また指1本通過するのに十分な大きさがあるということで，部分的な狭窄を見逃す可能性もある．

先天的あるいは後天的な原因による骨盤管の障害は，特に猫で便秘と巨大結腸を引き起こす．

前述したように，直腸不快感，粘血便は大腸炎や直腸炎，あるいは大腸性腫瘍の患者でみられる．

直腸検査の時，成熟した全ての雄犬の前立腺のサイズや対称性，表面の構造や痛みについても評価するべきである．もし大きければ，前立腺は骨盤上縁をやや越えるように広がり，あるいは腹部に入り込む可能性がある．後者の場合，前立腺は腹部尾側の結腸腹側と膀胱の尾側に触知できる．直腸の触診を手助けするために，検査者のもう一方の手で，やさしく前立腺を腹部触診を通して背部および尾部へ押す．

身体検査を正確にするために，特に排便障害やしぶりの病歴がある場合には，可能であれば臨床医は排便の行動も観察するべきである．

しぶりが排便の前あるいは後に起こるかどうかは，潜在的な病気の進行の区別の手助けになる．閉塞性障害はより一般的に排便前のしぶりに関連する．ところが，炎症性障害はしばしば排便後の持続性のしぶりに関連する．

🔑 キーポイント

- 外部の出血症状がわずかあるいはほとんどみられない場合でも，命にかかわる量の出血が消化管内に蓄積し得る．
- 腹囲膨満はガス，液体，臓器腫大あるいは腹部筋肉の萎縮による可能性がある．
- 蛋白漏出性腸症（PLE）の若齢の犬で鉤虫の寄生がなく，慢性間欠性下痢を示すなら，すぐに腸重積を疑うべきである．
- 腹部触診での塊状（アコーディオン状）の小腸ループは，猫におけるひも状異物による閉塞で特徴的である．
- 腹部触診後すぐに嘔吐する吐き気がみられる動物は消化管閉塞や重度の消化管炎症あるいは膵炎が疑われる．
- 直腸検査は消化器疾患の評価のために全ての患者に行われるべきである．

参考文献

1. Messieri A, Moretti B. *Semiologia e diagnostica medica veterinaria* [Veterinary clinical examination and diagnosis], *6th ed.* Tinarelli (ed.), Bologna, 1982; 1-1150.
2. Hostutler RA, Luria BJ, Johnson SE et al. Antibiotic-responsive histiocytic ulcerative colitis in 9 dogs. *J Vet Intern Med* 2004; 18: 499-504.
3. Franks JN, Howe LM. Evaluating and managing acute abdomen. Vet Med 2000; 1: 56-69.
4. Vail DM, MacEwen EG, Young KM. Canine lymphoma and lymphoid leukemias. *In*: Withrow SJ, MacEwen EG (eds.), Small

5. Guilford WG, Strombeck DR. Diseases of swallowing. *In*: Guilford WG, Center SA, Strombeck DR, Williams DA, Meyer DJ (eds.), *Strombeck's Small Animal Gastroenterology, 3rd ed*. Philadelphia, WB Saunders, 1996; 211-238.
6. Williams DA. Malabsorption, small intestinal bacterial overgrowth, and protein-losing enteropathy. *In*: Guilford WG, Center SA, Strombeck DR, Williams DA, Meyer DJ (eds.), *Strombeck's Small Animal Gastroenterology, 3rd ed*. Philadelphia, WB Saunders, 1996; 367-380.
7. Center SA. Chronic hepatitis, cirrhosis, breed-specific hepatopathies, copper storage hepatopathy, suppurative hepatitis, granulomatous hepatitis, and idiopathic hepatic fibrosis. *In*: Guilford WG, Center SA, Strombeck DR, Williams DA, Meyer DJ (eds.), *Strombeck's Small Animal Gastroenterology, 3rd ed*. Philadelphia, WB Saunders, 1996; 705-765.
8. White SD. Food hypersensitivity in 30 dogs. *J Am Vet Med Assoc* 1986; 188: 695-698.
9. White SD, Sequoia D. Food hypersensitivity in cats: 14 cases (1982-1987). *J Am Vet Med Assoc* 1989; 194: 692-695.
10. Guilford WG, Markwell PJ, Jones BR, Harte JG, Wills JM. Prevalence and causes of food sensitivity in cats with chronic pruritus, vomiting or diarrhea. *J Nutr* 1998; 128: 2790S-2791S.
11. Guilford WG, Boyd RJ, Markwell PJ, Arthur DG, Collett MG, Harte JG. Food sensitivity in cats with chronic idiopathic gastrointestinal problems. *J Vet Intern Med* 2001; 15: 7-13.
12. Paterson S. Food sensitivity in 20 dogs with skin and gastrointestinal signs. *J Small Anim Pract* 1995; 36: 529-534.
13. Byrne KP. Metabolic epidermal necrosis-hepatocutaneous syndrome. *Vet Clin North Am (Small Anim Pract)* 1999; 29: 1337-1355.
14. Guilford WG. Approach to clinical problems in gastroenterology. *In*: Guilford WG, Center SA, Strombeck DR, Williams DA, Meyer DJ (eds.), *Strombeck's Small Animal Gastroenterology, 3rd ed*. Philadelphia, WB Saunders, 1996; 50-76.
15. Bissett SA, Lamb M, Ward CR. Hyponatremia and hyperkalemia associated with peritoneal effusion in four cats. *J Am Vet Med Assoc* 2001; 218: 1590-1592.
16. Hinton LE, McLoughlin MA, Johnson SE et al. Spontaneous gastroduodenal perforation in 16 dogs and 7 cats (1982-1999). *J Am Anim Hosp Assoc* 2000, 38: 176-187.
17. Ralphs SC, Jessen CR, Lipowitz AJ. Risk factors for leakage following intestinal anastomosis in dogs and cats: 115 cases (1991-2000). *J Am Vet Med Assoc* 2003; 223: 73-77.
18. Peterson PB, Willard MD. Protein-losing enteropathies. *Vet Clin North Am (Small Anim Pract)* 2003; 33: 1061-1082.
19. Diana A, Pietra M, Guglielmini C et al. Ultrasonographic and pathologic features of intestinal smooth muscle hypertrophy in four cats. *Vet Radiol Ultrasound* 2003; 44: 566-569.
20. Harvey CJ, Lopez JW, Hendrick MJ. An uncommon intestinal manifestation of feline infectious peritonitis: 26 cases (1986-1993). *J Am Vet Med Assoc* 1996; 209: 1117-1120.
21. de Morais HA, O'Brien T. Non-neoplastic disorders of the spleen. *In*: Ettinger SJ, Feldman EC (eds.), *Textbook of Veterinary Internal Medicine, 6th ed*. Philadelphia, Elsevier Saunders, 2005; 1944-1951.

1.3 画像診断

1.3.1 はじめに

さまざまな画像診断装置を獣医師も利用できるようになり、超音波検査（ultrasound），コンピューター断層撮影（CT），核シンチグラフィー，磁気共鳴画像法（MRI）などについて幅広い専門知識が必要になってきた．しかし，これまでのX線装置や超音波装置は，犬や猫の多くの胃腸管疾患を診断するのに不可欠であり，コストパフォーマンスのよい簡単に利用できる方法である．過去10年間で超音波検査は貴重な診断方法となり，嘔吐や下痢で来院する動物においてバリウム造影検査の必要性に実質的に取って代わるようになった．歴史的には，単純X線撮影およびバリウム造影検査を組み合わせることが，胃腸管の検査の黄金律であると考えられている．しかし，現在では超音波検査と内視鏡検査を組み合わせることが，より頻繁に用いられる手段となった．

腹部のX線検査と超音波検査は，それぞれから相補的な情報が得られるため，一緒に実施するべきである．単純X線撮影では，超音波検査などの断面像では得られないような腹部全体の像が得られる．また，腸閉塞のあるような場合では，迅速に診断することが可能となる．**単純X線検査**の適応となるのは，嚥下困難，吐出，嘔吐，急性腹症，便秘，腹痛，腹部膨満や触診できる腫瘤などの場合である．慢性の下痢や腹水が著しいときなどは，腹部のX線検査はあまり有用ではない．**超音波検査**によって検出される胃腸管疾患は，腸重積，膵炎，腹膜の浸潤性病変，胃腸管壁への浸潤，腹腔内の腫瘍，肝胆道系疾患などである．超音波検査によって，腸の運動や血行動態の異常についての機能的な情報が得られる．さらに，細胞学的または病理組織学的検査のためのサンプルを採取するために，超音波ガイド下での経皮的組織生検も実施可能である．しかし，超音波検査の臨床的な有用性は，検査を行う者にかなり依存しており，変化を検出し解釈できるかは，超音波技師の熟練度によるところが大きい．

臨床的な情報，単純X線撮影検査，超音波検査の組み合わせで診断にたどりつけないときにのみ，**胃腸管のバリウム造影検査**が一般的に行われる．[1] バリウム造影検査を実施する際の禁忌は，単純X線検査によって閉塞性疾患や腹腔に遊離ガスや液体が認められたときである．ヨード系造影剤を用いたとしても，造影剤によって患者の状態が悪化したり，体液量を減らすことになるため，衰弱した動物や脱水した動物では行うべきではない．[2]

超音波内視鏡検査は，胃腸管を検査したり，ガイド下での経腔的生検を実施するために，ヒトの消化器病科において一般的

図 1.8 超音波内視鏡．この写真は Olympus GF-UC140-AL5 胃超音波電子内視鏡（OlympusOptical, Hamburg, Germany）の先端を示している．光学チャンネルと操作チャンネルは側面に斜めに装備されており，超音波振動子が先端に装備されている．振動子はガイド下での組織吸引のために考案された多周波（5-10MHz）の曲面型（180度）リニアアレイ振動子である．

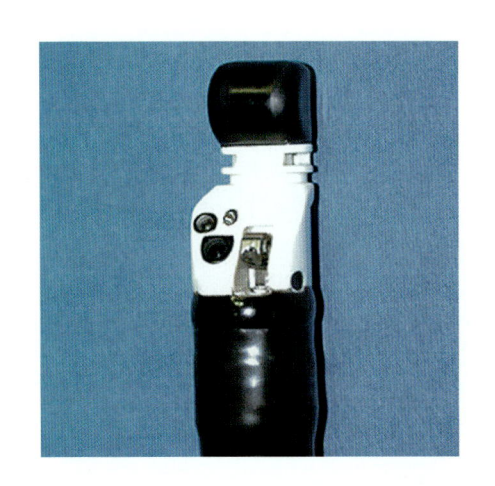

に用いられている．この技術は獣医学においては十分に用いられていないが，犬にも猫にも適用することが可能である．[3] 通常の電子内視鏡の先端に搭載した高周波の振動子（図 1.8）によって，食道壁，胃，肝臓，膵臓，リンパ節，副腎，腹腔内の血管系，腎臓，脾臓，十二指腸，空腸，近位結腸の高解像度の画像が得られる．

造影超音波検査は，獣医学において使用されることが増加してきている．現代の超音波造影剤は，空気を含んだ安定化されたマイクロバブルであり，静脈注射後数分間は血管内にそのままの状態でとどまっており，後方散乱の超音波の強度が増加する．[4] 人医学では，造影超音波検査は，限局性の肝臓の病変が悪性か良性かを鑑別するのに最も広く用いられている．[5] 犬の門脈体循環シャントを検出するのに，肝臓の造影ハーモニック超音波検査を用いることができることが最近報告された．[6]

犬や猫の腹部を検査するために，他に **CT，MRI，および核シンチグラフィー**がある．[7,8,9] しかし，小動物の消化器病学においてこれらの方法を用いた報告はわずかであり，これらの報告が胃腸管疾患を検査するのに一般的に用いられるには至っていない．CT は腹部の腫瘍や膵臓の画像を描出するためや，門脈体循環シャントを検出するのに実施される．[10,11] 犬や猫の腹部を検査するために MRI を使用したという報告はわずかであり[12]，この分野ではより多くの研究が必要である．核シンチグラフィーにより胃腸管疾患についての機能的な情報が得られるため，獣医学においてもすでに確立されている方法である．熟練した使用者のもとで，直腸のシンチグラフィーによって門脈体循環シャントを迅速に診断することが可能となったし，手術の前後でシャントの割合を定量することが可能である．[13,14] 核シンチグラフィーは，肝胆道系疾患の診断や胃が空になる時間を測定するのに使用されてきた．[7,15]

この章では，胃腸管疾患の犬や猫においてどのように画像診断を行っていくのかについて記載している．それぞれの項目では，特異的な臨床症状に従って，個々の臓器の画像について書かれている．肝胆道系および膵臓の疾患の画像評価については別の項目として記してある．X線検査と超音波検査について主に記されているが，その他の画像診断法の適応についても記してある．

1.3.2 中咽頭

嚥下障害や吐出，嘔吐のある動物は，どちらの症状がより強いかによってアプローチが異なる．嚥下障害や吐出は，しっかりと病歴の聴取と身体検査を行うことによって嘔吐と鑑別できることが多い．吐出は，口腔咽頭および食道の両方の疾患で生じる．しかし，飲水したり食物を飲み込もうとするときに，過剰に飲み込む仕草をしたり，吐き気を示したり，痛みを感じる動物は，多くの場合，中咽頭の嚥下障害である．嘔吐の動物は，強い腹部の力を伴って一部消化された食物を力強く吐き出すのに対して，吐出は未消化の食物を軽く吐き戻すことが特徴である．

舌骨装置の骨折や中咽頭部でのX線不透過性の異物のような構造上の異常を除外するために，常に単純X線検査実施するべきである．咽頭および喉頭部や食道全体は，側面像および腹背像で観察する．嚥下困難の動物では，吸引性肺炎が存在することを除外するために，二方向から胸部のX線撮影を行うことが強くすすめられる．

1.3.2.1 構造上の異常

単純X線検査では，口咽頭，鼻咽頭，喉頭，気管の気道を侵す，または押しのけるような不透過性が亢進した軟部組織がないかを，咽頭，咽頭後部，頚部において検査するべきである（図 1.9）．占拠性の軟部組織の病変は，リンパ節腫脹，膿瘍，ポリープ，腫瘍，異物反応性肉芽腫などによる．X線不透過性の異物は簡単に明らかになる．しかし，X線透過性の場合は，占拠性の軟

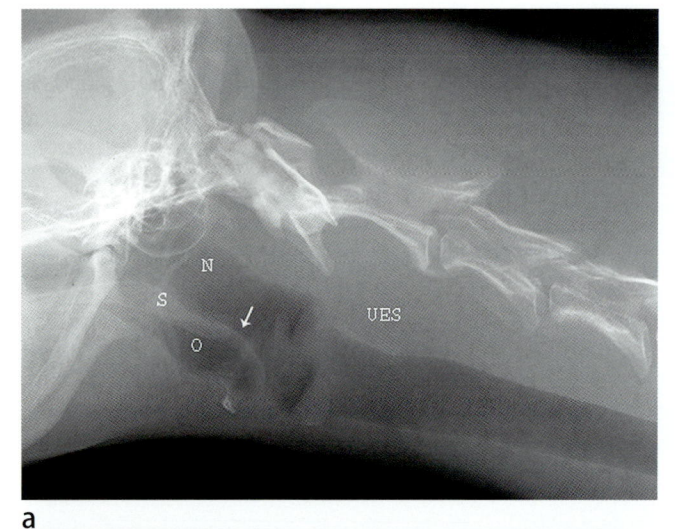

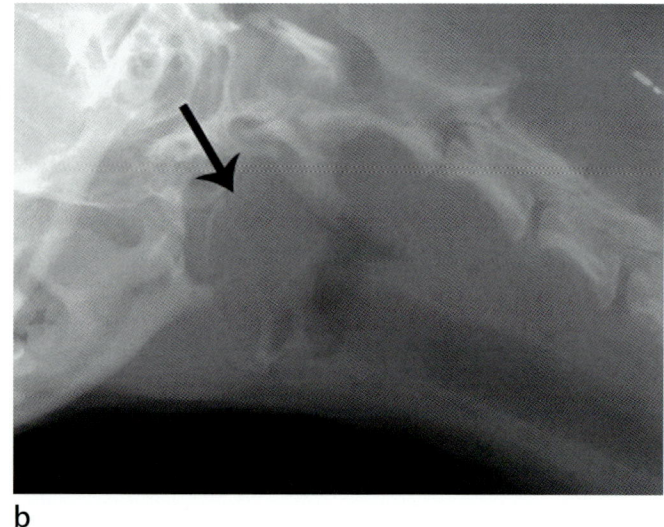

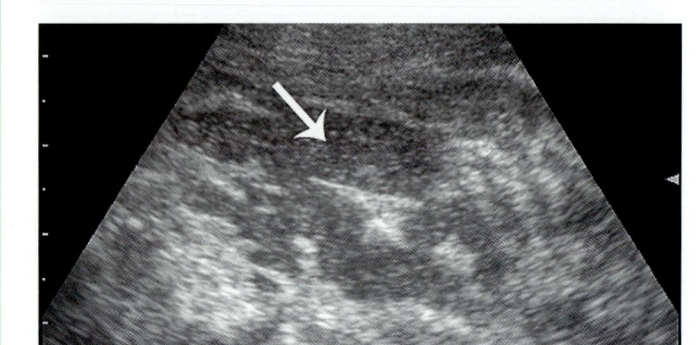

図1.9 a-c 咽頭部の画像.
(**a**) 正常な咽頭．N ＝鼻咽頭，O ＝中咽頭，S ＝軟口蓋，UES ＝上部食道括約筋，矢印＝喉頭蓋
(**b**) 呼吸困難で来院した 11 歳齢のコトン・ド・テュレアールにおける咽頭部の斜位像．この犬では，占拠性の不透過性の軟部組織により，鼻咽頭は圧迫され，咽頭は背側へ変位している（矢印）．
(**c**) 図 9b の動物の軟部組織病変の超音波像．中央部には液体で満たされた腔のある空洞性腫瘤が認められる（矢印）．腫瘤は外科的に切除され，膿瘍と診断された．

部組織の不透過物としてのみ明らかとなる．膿瘍や経皮的に異物が貫通した場合，軟部組織内に空気が存在しているのが認められる．

頚部や咽頭後部の軟部組織の腫脹の根源を明らかにするために，超音波検査を行う．大部分の組織は非常に表層にあるため，頚部の検査には高周波のリニアアレイ振動子が最もよい．しかし，曲面型リニアアレイ振動子もまた使用できる．[16] 炎症，膿瘍，原発性または転移性の腫瘤によって，甲状腺と唾液腺，および咽頭後または下顎リンパ節は全て腫大する可能性がある．異物が貫通していると，音響陰影を伴ったさまざまな大きさの高エコーの構造物として認識される（図 1.10）．[17] 反響を伴った小さな高エコーの構造は空気の存在を示しているため，異物と間違ってはならない．舌の異物と膿瘍は，腹側の下顎の間からのアプローチによって超音波で診断できる（図 1.11）．[18]

1.3.2.2 機能的な疾患

口腔，咽頭，輪状咽頭の嚥下障害の原因が神経筋による場合，X線検査では一般的には何もみつからない．輪状咽頭の嚥下障害で起こりうる吸引性肺炎が存在しないことを確認するために，胸部の X 線検査を行うべきである．輪状咽頭と頚部の X 線側面像は，構造上の異常を除外するために必要である．食道炎や機能的な疾患のどちらかによって近位の食道においてガスが局所的に貯留していることが検出されることもある．括約筋が陽性の静止圧を保つことができないために，輪状咽頭アカラシアでは，空気で満たされた開いた上部食道括約筋と空気で満たされた食道が認められる（図 1.12）．しかし，鎮静や麻酔下の動物において食道に空気が認められるのは珍しくなく，注意して解釈するべきである．

単純 X 線検査によって何も得られなければ，X 線透視，X 線連続撮影，または静止 X 線像のどれかを用いて造影検査を実施することが奨められる．しかし，透視および動画取り込みを利用できないのであれば，X 線静止画像のみでは，食物塊が流れていく詳細については，通常観察することはできない．

鎮静により嚥下が阻害され誤嚥の可能性が増すため，嚥下の

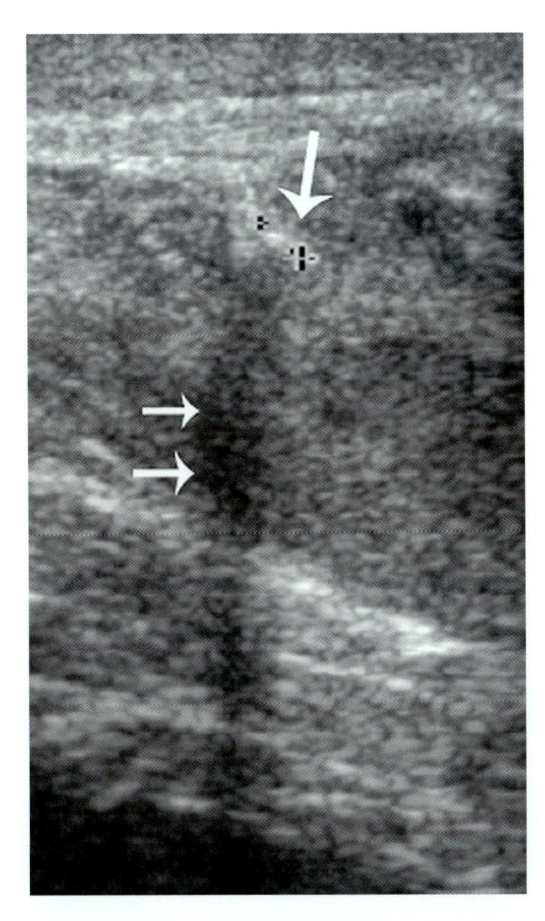

図1.10 頸部の異物．慢性の排液性瘻孔の犬の頸部の超音波像．3 mm の長さの高エコーの線状の構造物（矢印）が，音響陰影を伴って（2本の小矢印）軟部組織中に認められる．診断は膿瘍を伴う木片であった．

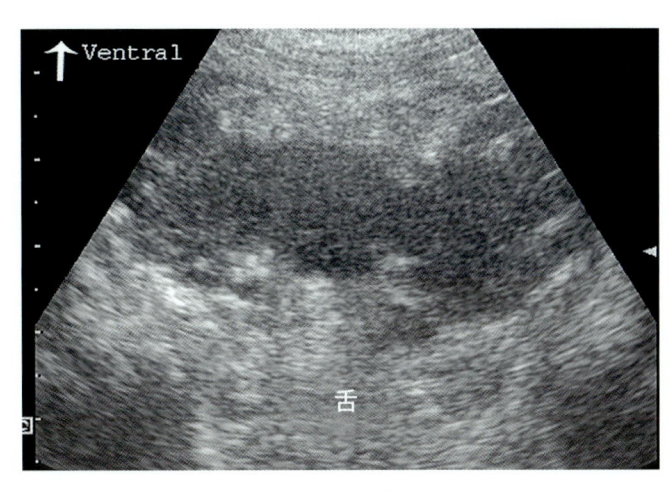

図1.11 舌の異物．急性の呼吸困難，チアノーゼ，咽頭の腫脹を示す犬において，下顎の角突起の口腔尾側の腹側からの横断像．舌根部における複雑なエコー構造を伴う占拠性病変が同定された．舌の両側には無エコーの構造として下顎骨が認められた．病変は，外科的に切除され，おそらく穿孔した異物による膿瘍であると考えられた．

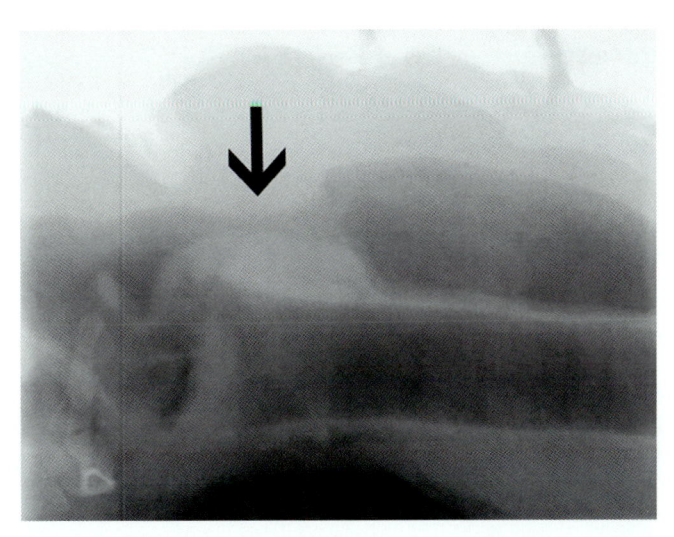

図1.12 巨大食道．巨大食道による吐出が認められた4歳齢のジャーマン・シェパードの咽頭部のX線側面像．上部食道括約筋は弛緩しており，空気で満たされている（矢印）．頸部食道も拡張しており，空気で満たされている．こうした部位において空気が存在していることは機能的または構造的な疾患の可能性を示している．この犬の診断は，重症筋無力症による噴門弛緩症であった（画像は Dr. Johann Lang, Division of Radiology, Faculty of Veterinary Medicine, University of Bern, Switzerland の好意による）

検査は意識下での動物において実施する．最初に，液体の造影剤を口腔内に投与する．バリウムを飲ませるには，液体の硫酸バリウム溶液（45～80％）が好ましく，動物の大きさによって5～20 mL の溶液を投与する．動物が液体ではなく食べ物を飲み込むのが難しいという病歴がある場合，バリウムを混ぜた食餌でもう一度検査を行う．動物を横臥位にして，飲み込む動作を，透視により即座に観察し，ビデオテープに録画するか，即座にX線連続撮影を行う（図1.13）．

口腔の嚥下障害であれば，口腔内に造影剤が残っており，咽頭と食道には存在しないことが確認できる．舌への直接の損傷が除外できれば，根底にある原因として脳幹の病変（舌下神経）が疑わしい．咽頭期の嚥下障害においては，食塊を飲み込んだ後に咽頭にかなりの量の造影剤が残っているのが観察される．喉頭での誤嚥が観察されることもある．機械的な閉塞が除外できれば，通常は，特発性の神経筋の機能不全が原因である．

輪状咽頭または鼻咽頭に造影剤が逆流して咽頭に造影剤が残る，喉頭へ吸引される，頸部食道に残る，上部食道括約筋の肥

図1.13 a-c 正常な犬のバリウムの嚥下．正常な犬におけるバリウムの嚥下のX線透視デジタル静止像．咽頭部（**a**），輪状咽頭部（**b**），食道部（**c**）を示している（画像はDr. Johann Lang, Division of Radiology, Faculty of Veterinary Medicine, University of Bern, Switzerlandの好意による）．

図1.14 輪状咽頭部のアカラシア．嚥下障害と成長不良の5ヵ月齢のアメリカン・スタッフォードシャー・テリアのバリウム嚥下のX線透視デジタル静止画像．この犬は，輪状咽頭嚥下障害の臨床症状を示し，間欠的にしか食物を飲み込むことができない．咽頭には造影剤が残存している．透視下では，咽頭の収縮は明らかであり，造影された食塊は繰り返し閉じられた上部食道括約筋（黒矢印）に向かって進もうとしていた．時には，いくらかの造影剤が括約筋を通って流れ，食道でも認められた（白矢印）．診断：輪状咽頭アカラシア．

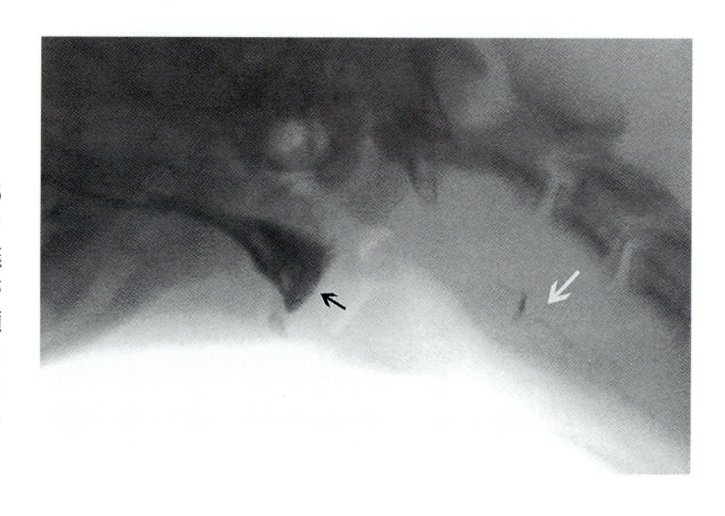

大または彎曲などが輪状咽頭の嚥下障害の特徴である．多くの場合，非常に少量の造影剤が肥大した括約筋を通って行くのが観察される．この疾患は，多くの場合は若齢の犬に認められ，輪状咽頭アカラシアと呼ばれている（図1.14）．一方，輪状咽頭噴門弛緩症の動物では，上部の食道括約筋は開いたままであり，開いた括約筋を通って食道と咽頭を造影剤が自由に行き来するのが観察される（図1.15）．これによって臨床医は，重症筋無力症のような神経筋の疾患があることに気づく．

1.3.3 食 道

食道疾患で認められるX線検査上の特徴を表1.7に挙げてある．X線検査は巨大食道の診断において中心的役割を果たす．それによって異常のある部位が簡単に同定でき，食道拡張の程度も評価可能となる．X線撮影の際にパンティングしていたり神経質になっていたり，鎮静や全身麻酔下の犬においては，食道腔に少量の空気が認められる（図1.16）．胸部のX線によって腹側の肺の硬化と胸水が認められたなら，縦隔炎およびまたは吸引性肺炎の疑いがもたれる（図1.17）．

食道疾患が疑われるが，胸部の単純X線検査によって問題がなければ，硫酸バリウムクリームまたは溶液を用いた食道造影を行うべきである．縦隔気腫または縦隔炎がある場合，水溶性ヨード剤を経口投与できるが，もし誤飲してしまったら，浸透圧が高いため肺水腫を起こしてしまう．食道造影の目標は，食道の異常の部位とどういった異常であるかを明らかにすることである．しかし，食道造影は，内腔の病変を粘膜内の病変や食道周囲の疾患とを鑑別することができるだけであるため，限られた情報しか得られないこともある．液体のバリウム溶液によって狭窄が認められなかった場合は，バリウムを混ぜた食物塊を与える．

食道の粘膜に変化を与えないような食道周囲や粘膜内の病変は，通常の食道内視鏡検査では気づかれないこともある．それと比較すると，超音波内視鏡を用いることによって粘膜内の腫瘍や食道を圧迫するような食道周囲の縦隔の占拠性病変が明らかになる．著者は，犬および猫の両方において超音波内視鏡を

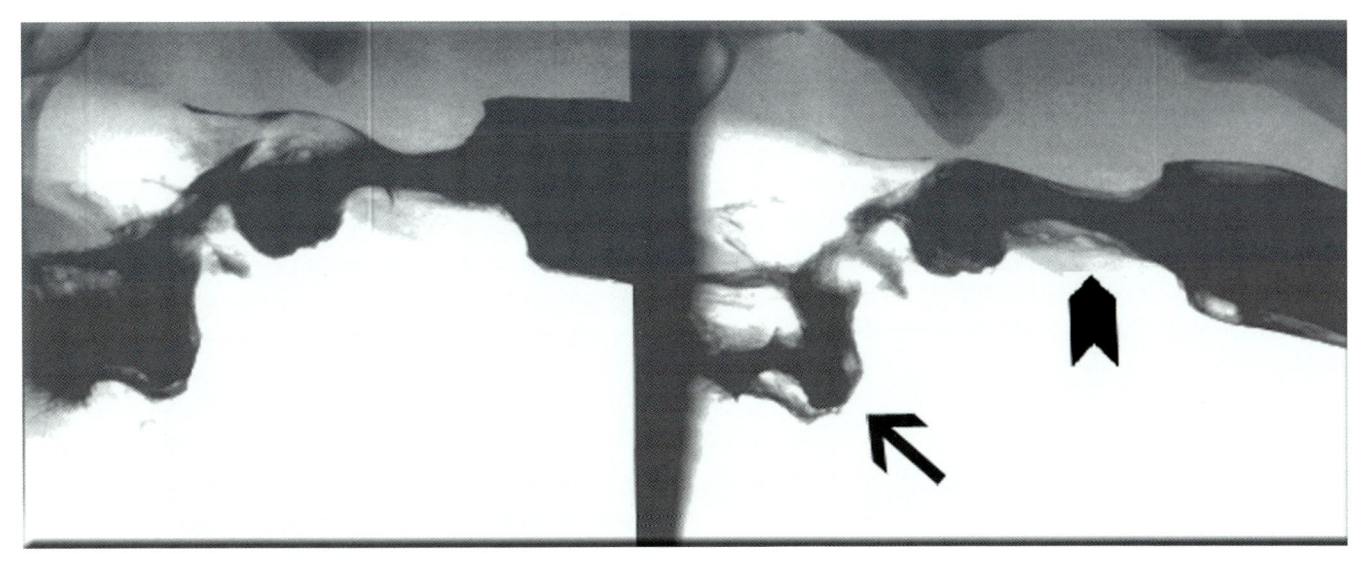

図 1.15 重症筋無力症の犬におけるバリウムの嚥下．この図は，図 1.12 で示された同じ犬におけるバリウムの嚥下を表している．咽頭（矢印）には造影剤が残存しており，上部食道括約筋は開いており（矢頭），造影剤で満たされている．（画像は Dr. Johann Lang, Division of Radiology, Faculty of Veterinary Medicine, University of Bern, Switzerland の好意による）

表 1.7　食道疾患の X 線所見

■ 食道が明瞭に見える	■ 気管と心臓が腹側に変異する
■ 気管の縞模様	■ 胸部背側の透過性の亢進
■ 空気，液体または食物により拡張	■ 背側に位置する境界不明瞭な肺の虚脱
■ 縦隔気腫	■ 胸水
■ 縦隔の占拠性病変	

図 1.16 正常な犬の食道の X 線像．正常な犬の胸部側面像．X 線撮影を行う際に神経質になっていたりパンティングしている犬や猫では，食道に少量の空気が認められることがある．空気は，心基底部のちょうど頭側に認められるのが典型的である（黒矢印）．尾側の食道は，大動脈と後大静脈の間の軟部組織の透過性の帯（白矢印の間）として見える．

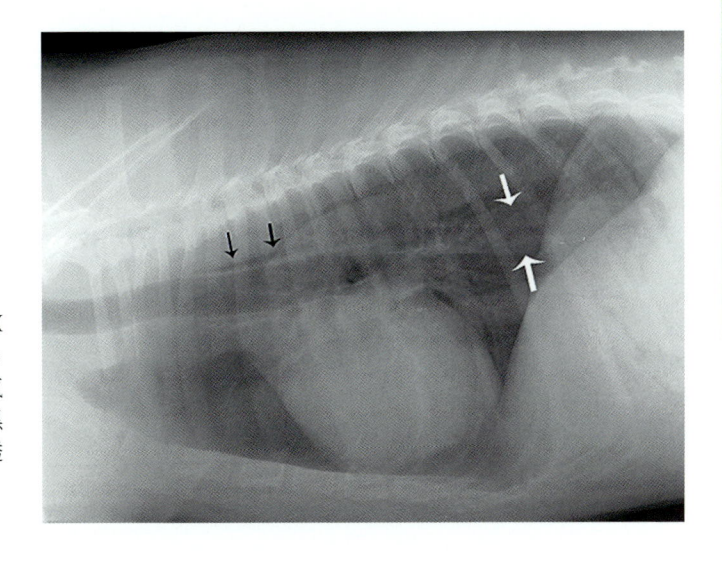

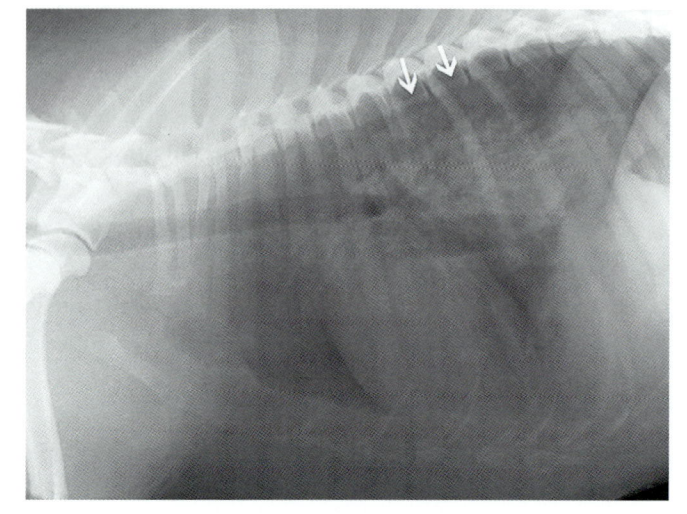

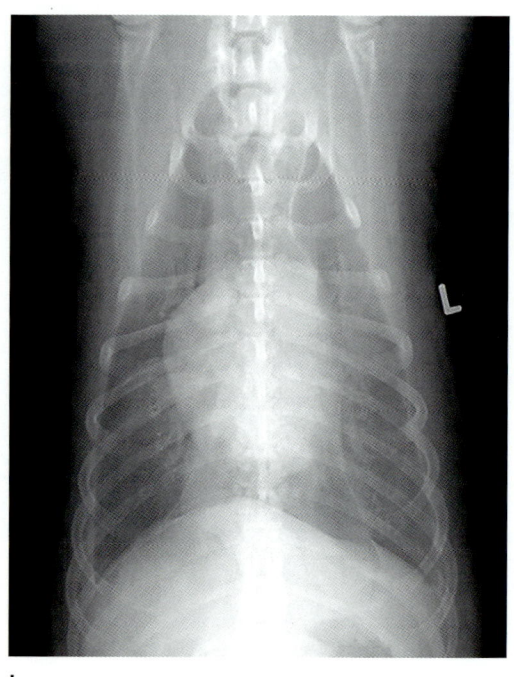

図 1.17 a, b 穿孔した食道の異物．重度な腹痛のために横臥してショック状態で来院した 2 歳齢のアメリカン・スタッフォードシャー・テリアの側面像（**a**）および腹背像（**b**）．尾側食道の位置に混合性の放射線不透過像が認められる．他の所見として，胸水と膿胸が認められる．背側にそれを取り巻くフリーエアーを伴って肺後葉（矢印）の後方の境界が認められる．鑑別診断は，外傷，肺疾患，縦隔炎である．生皮を食道から外科的に除去したが，穿孔していた．

用いて食道の腫瘍も食道周囲の病変も診断したことがある（図1.19）．

1.3.3.1 食道の全体的な拡張

全体的な巨大食道は，単純 X 線検査で食道全域にわたり拡張した空気で満たされた腔が存在することによって可視化できる．食道壁と気管壁が第五胸椎と第六胸椎の腹側の頭長筋と重なり合うことによって気管の縞模様が生じる（図1.18）．尾背側胸部は，食道に空気が存在することによって過剰に透過したように見える．食道が全体的に拡張している場合の鑑別診断は多い．若齢の動物では，巨大食道が最も一般的な特発性の要因である．成長した動物であれば，重症筋無力症，猫の自律神経

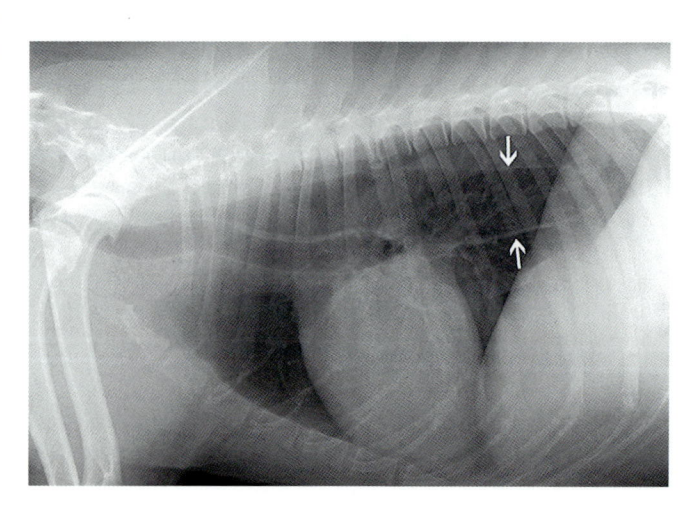

図 1.18 巨大食道．全体的な巨大食道を示している胸部側面像．食道は空気で満たされ，背側の胸部は透過性があるように見え，食道の薄い壁が認められた（矢印）．

食　道　21

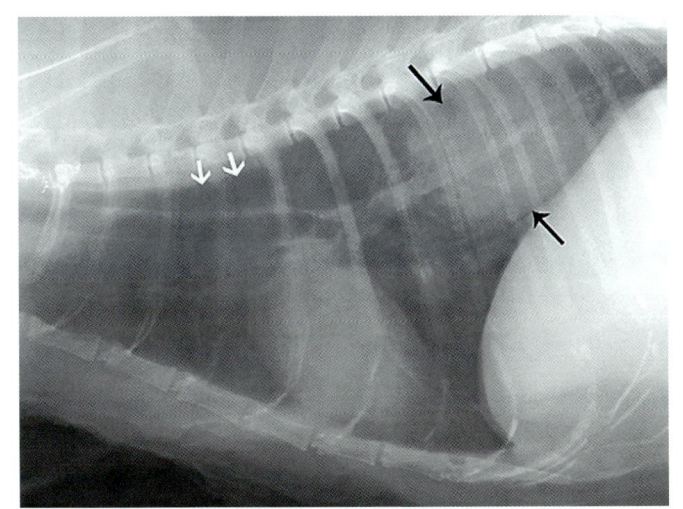

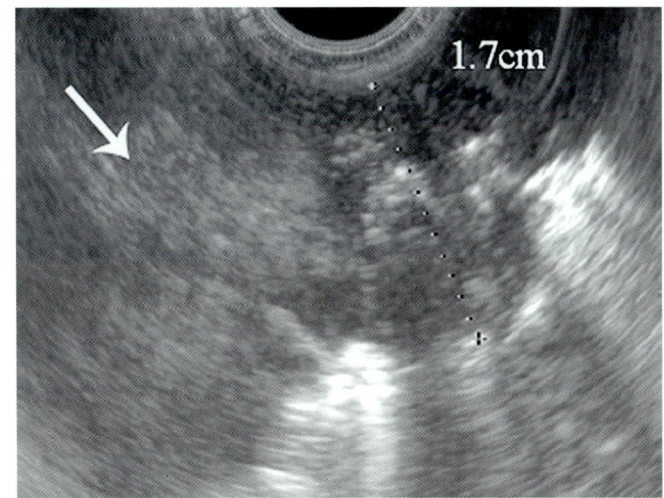

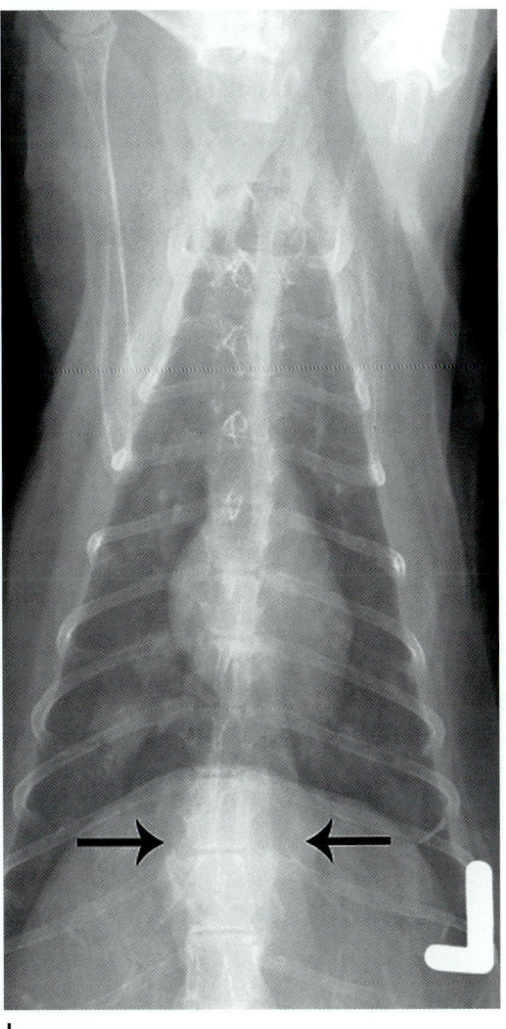

図1.19a-c　食道の腫瘤.
(a+b) 慢性の呼吸困難，食欲低下，体重減少で来院した16歳齢のヨーロピアン短毛猫の胸部側面像および腹背像．尾側縦隔の部位に円形の軟部組織の不透過像が認められる（黒矢印）．病変の頭側の食道は部分的に拡張している（白い矢印）．肺の右後葉にはさらに肺結節が認められる．腫瘤の発生部位は，肺だけではなく，食道の内腔，粘膜内，食道周囲の可能性がある．鑑別診断として，腫瘍，肉芽腫，膿瘍，食道異物などが挙げられる．
(c) 食道内視鏡によって，1.7 cmの直径の層をもつ食道壁の破壊を伴う結節の浸潤が認められた（点線は距離を示している）．病変は，反響を伴う高エコーの病巣を含む（腫瘤内の空泡）複雑なエコー構造である．病変の別の部位（矢印）は直径2 cmで均一であり，食道壁を貫通して食道周囲へ浸潤している．ドプラ超音波では，病変内に多発性に動脈血流をもつ血管が描出された．病理組織学的診断：食道腺癌．

失調症，多発性神経炎，多発性筋炎のような中枢神経系および神経筋疾患が原因としてあることが多い．甲状腺機能低下症および副腎皮質機能低下症のような内分泌疾患，中毒，外傷，破傷風，胸腺腫はその他の鑑別診断にあげられる．拡張は，裂孔ヘルニアや胃捻転においても認められる．さらに，空気で満たされた巨大食道は，呼吸困難や呑気症を起こしている猫の下部気道疾患においても認められる．全体的な拡張の機械的な要因としては，管腔内，粘膜内，食道周囲のいずれかに位置する異物や狭窄による．

1.3.3.2 部分的な食道拡張

限局的または部分的な食道の拡張は，食道のどの部位にも生じる（図1.19）．可能性のある要因としては，異物，部分的な運動性の低下，食道炎，憩室，ヘルニア，異物，後天性の狭窄，炎症や腫瘍による粘膜内または壁外性の病変などがある．異物や狭窄は，限局的な拡張というより縦隔の軟部組織の不透過物としてX線上は認められる．食道狭窄の起こりやすい部位は，胸腔の入り口，心臓基底部，胃食道接合部である．若齢の犬や猫では，食道狭窄は右大動脈弓遺残のような血管輪の異常によることが多い．胸部頭側の気管が腹側に変位し，心基底部の頭側で食道がさまざまな程度に拡張していることが特徴である．大量の液体または食物で満たされた食道の拡張が存在する場合は，バリウム食道造影は禁忌である．血管輪による異常が疑われる子犬や子猫では血管輪の異常を確実に除外するために，血管造影を実施するべきである．

1.3.4 胃

嘔吐がある犬と猫においては，臨床病歴，身体検査，検査室のデータが得られた後に，単純X線検査と超音波検査が重要な診断方法となる．X線検査は，腹腔外の構造，腹壁，横隔膜，脊椎の評価だけではなく，閉塞性の病変やX線不透過性の異物があるかを評価するのに迅速な方法である．胃腸管においてX線不透過性のものが存在した場合，異物の種類，大きさ，動物の臨床症状と併せて評価する．診断方法による限界はあるものの，造影検査，超音波検査，内視鏡検査を行う前に，側面および腹背の単純X線検査は常に実施するべきである．

緊急時には不可能かもしれないが，X線検査および超音波検査の前に，最低12時間以上動物を絶食させるべきである．X線検査所見によっては，超音波検査および内視鏡検査を組み合わせることが必要となることもある．腸に空気が過剰に存在していたり，硫酸バリウムが存在していると，超音波のアーチファクトを生み出し腹部の検査ができなくなるために，超音波検査は，常に内視鏡検査やバリウム検査の前に実施するべきである．

胃腸管の超音波上の評価する上で，高周波数の曲がったリニアアレイ型振動子またはセクタ型振動子が推奨される．高周波の振動子は，胃腸管の壁の層構造を評価するのに最も良い解像度が得られる．さらに，リニア型振動子は，小腸の層構造とエ

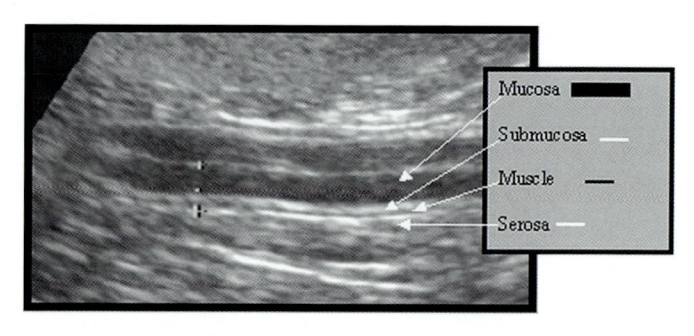

図1.20 腸の粘膜層．7.5 MHzリニア振動子を用いた正常な十二指腸の超音波像で，正常な壁層を示している．
Mucosa：粘膜，Submucosa：粘膜下織，Muscle：筋層，Serosa：漿膜層

コー源性について最もよい解像度が得られる（図1.20）．5〜7.5 MHzの振動子は，大きな犬に対して適しており，小さい犬に対しては，7.5 MHz以上の振動子が適している．胃や小腸の超音波検査では，体網，腸間膜，リンパ節の評価も実施する．

胃腸管の内容物，とくに空気やバリウムによって超音波検査が実施しにくくなる．理想的な条件であっても，とくに大型犬や胃が重度に拡張しているときは，腹部の超音波検査によって胃の全体を検査するのは難しい．胃の描出を改善するためには，動物に飲水させるか，胃チューブによって水を与え，少量の水で満たしてみるとよい．こうすることによって胃の壁の検査が可能となるが，胃が収縮しているときは難しい．

胃腸管の超音波検査では，壁の厚さ，層構造，対称性，肥厚している部位の局在や分布，運動性，管腔の内容物を評価するべきである．

1.3.4.1 胃拡張と捻転

重度な胃の拡張は，空気，食物，液体が胃の中に過剰にあることによって起こる．胃が拡張しており食物で満たされているが，位置が正常な場合は，おそらく胃拡張が最も疑わしい（図1.21a）．胃の変位を伴った重度な拡張は，胃捻転の徴候である．胃捻転では，胃は空気で満たされた部分が帯状の軟部組織の不透過物で区切られているか分けられている（図1.21b, c, d）．X線上の幽門の位置が診断の鍵である．幽門は通常は背側の左に向かって位置する．通常，胃捻転を診断するのに右横臥位X線像があれば十分であり，幽門は空気で満たされ背側に位置する．循環障害によって脾臓も腫大していることが多く，変位していることもある．食道と小腸は拡張しており，空気で満たされていることが多い．重度の拡張がなく，胃捻転がある場合もある．そのため，臨床所見と照らし合わせてX線検査所見を解釈することが常に重要である．以前に胃腹壁固定術を実施された犬が再発性の嘔吐で来院した場合，X線検査上はある程度しか胃の拡張と変位は認められない．

胃　23

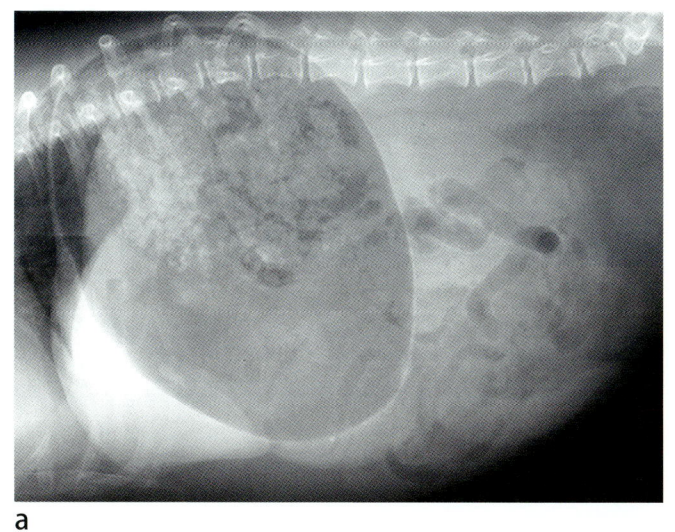

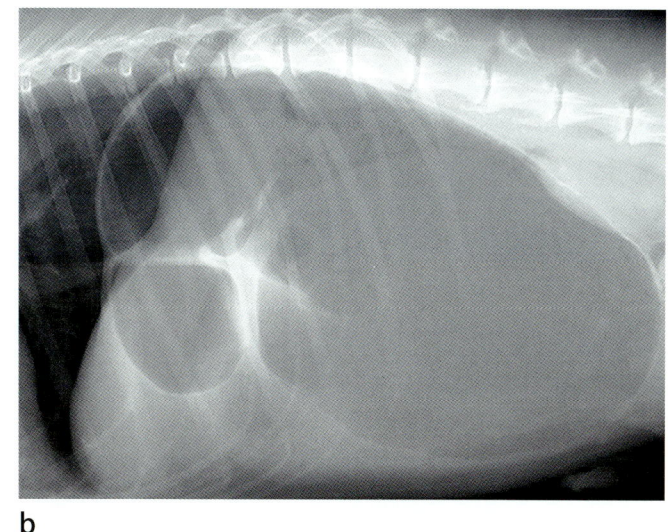

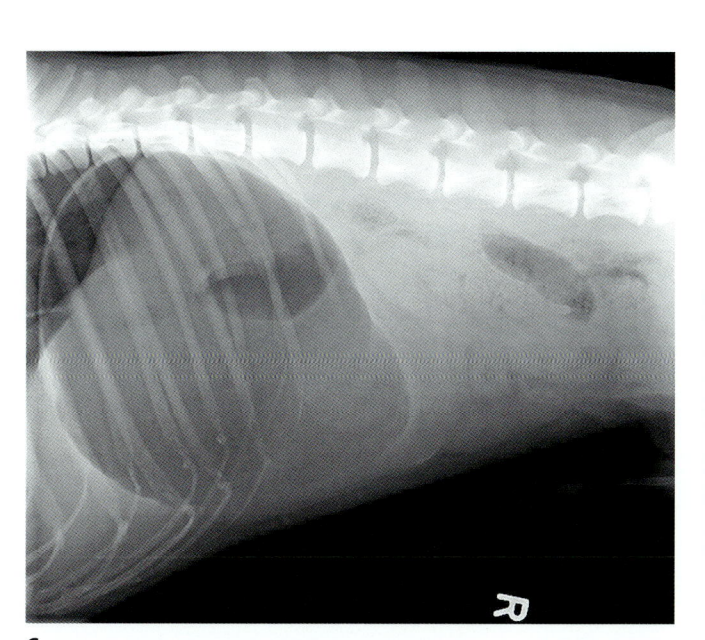

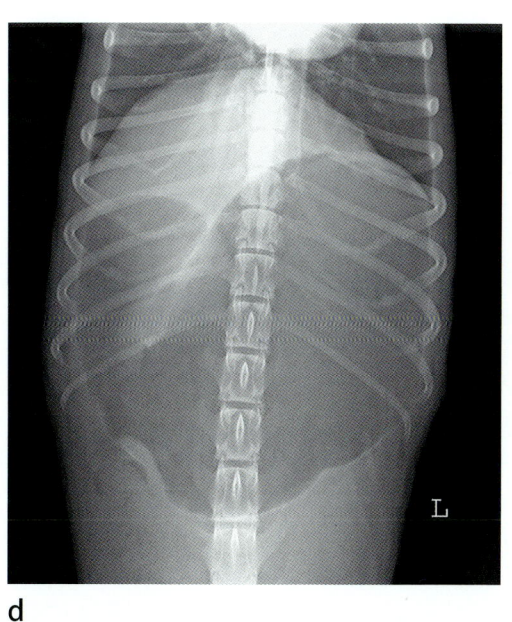

図 1.21 a-d　胃拡張および胃拡張捻転.
(a) 捻転を伴っていない胃拡張. 胃底は頭背側に存在している.
(b) 胃拡張捻転. 胃底は尾腹側に, 幽門は頭背側に存在している. 胃は折りたたまって分けられている.
(c+d)　360℃の胃の捻転. 胃底は正常な位置に存在する. 腹背像では胃体と幽門の間に軟部組織の帯が認められる. この犬において胃チューブは通らず, 捻転が 360℃ 生じていることが外科的に確認された.

1.3.4.2　慢性の嘔吐を示す胃の原因

慢性の嘔吐を示す胃の原発性の要因としては, び漫性の炎症の浸潤, 腫瘍, 異物, ポリープ, 潰瘍, 幽門の肥厚, 胃運動性低下などがある. こうした診断は難しく, X線検査, 超音波検査, 内視鏡検査を組み合わせることが必要となることが多い. 胃壁の肥厚は慢性の嘔吐に関連していることが多く, 単純X線検査で最も多く過大評価されている所見のうちの1つである. 液体と胃壁が重なり合わさることで, 壁が厚いような印象を与える. 小腸内の液体でも同じことが言える. 同じ理由で慢性の胃炎の場合に皺襞部の肥厚を単純X線検査で評価するのは難しい. 液体のバリウム造影検査が, またはより好ましいのは超

音波検査であるが，X線検査から疑われる壁の厚さを確定するのに必要である．空気を胃に満たし，さまざまな体位で撮影することによって陰性造影検査が可能である．この方法によって限局性の壁の浸潤を同定することができる．しかし，胃の陽性造影も陰性造影も非常に時間がかかり，解釈が難しいため，超音波検査が胃壁を評価するのに一般的に用いられる方法である．

超音波検査上，胃壁の肥厚は，限局性または汎性，中心性または非対称性として評価できる．胃壁を斜めにスキャンすると，壁の層構造の肥厚や破壊と見誤るため，注意して実施する必要がある．[19] こうした誤りを避けるために，胃壁に対して垂直にいくつかの面でスキャンする必要がある．壁の層構造の破壊を伴う限局的な肥厚は，腫瘍，肉芽腫，潰瘍によって生じる．全体的な肥厚は，炎症性疾患でより多いが，び漫性の腫瘍の浸潤によっても生じる．壁の厚さが犬においては5mm以上，猫においては3mm以上のときに，胃壁が肥厚していると考えられる．

骨片などX線不透過性の異物が，偶然見つかる所見として最も多い．最初の検査の後1～2日後も胃の中に異物が存在しているならば，さらに検査するべきである．X線透過性の異物は内視鏡検査，超音波検査，造影検査によって明らかになる．大量のバリウムによって壁の浸潤と異物の両方が曖昧になってしまうため，少量のバリウムのみを投与するか，二重造影のバリウム排泄試験が実施されるべきである．

壁への浸潤によって管腔が狭まるまたは機能的に腔が詰まることのどちらかによって，慢性的な幽門閉塞が生じる．通常，単純X線検査では胃の拡張がある程度存在することが分かる．バリウム検査が幽門の閉塞性疾患を同定するのに役立つこともある．しかし，炎症による浸潤や腫瘍と，肥厚性の幽門狭窄を鑑別することは難しいことが多い．なぜならそれらは全て環状に肥厚することによって幽門の孔が狭まるため，X線上は全て同様に見えるからである．幽門部において粘膜内の充填欠損が検出される可能性もある．これらは，異物，ポリープ，または重度の炎症浸潤および腫瘍によって生じる．

胃十二指腸の接合部は，犬において超音波によって検査できる．先天性の肥厚性の幽門狭窄および慢性の肥厚性の胃の疾患は，同様の超音波所見を示す．筋層が全周にわたって肥厚し（3mm以上）低エコーの層として認められ，横断面では輪のように見える．慢性の肥厚性胃炎では，粘膜もまた肥厚する．肥厚した幽門に対して強い蠕動収縮が観察されることもある．この収縮によっても幽門から十二指腸へ食べ物は送られず，胃の内容物が逆流しているのが認められる．

胃潰瘍は粘膜表面の欠損となるが，それらは単純X線検査のみでは診断できないのが普通である．これらの診断には，造影検査，超音波検査，内視鏡検査が必要となる．胃壁の潰瘍はさまざまな要因で起こるため，根底にある疾患を明らかにするために，できる限り超音波で胃壁を徹底的に検査するべきであることを忘れてはならない．超音波検査上，良性の潰瘍は，限局した壁の肥厚として認められる．不整な表面をもった粘膜のクレーターと気泡の付着が検出されることもある．[20] 残念なことに，空気や食物が存在する場合や，大型犬や肥満犬では超音波ビームの透過が悪いため，それらを描出するのが難しい．良性の潰瘍は，腫瘍に関連した場合と同様に見える．肥厚した胃壁で壁の層構造が喪失しているときは胃の腫瘍が疑わしい．

胃の腫瘍は，それらが十分大きく増殖している部分が空気で満たされた管腔内に侵入しているときには，一般的には単純X線検査で診断できる．胃の中に空気がなければ，粘膜の病変を見落とすことがある．び漫性の胃壁への浸潤は，X線上診断するのがより難しい．全体的な胃壁の肥厚は，慢性の肥厚性胃炎，好酸球性胃炎，真菌の浸潤，悪性組織球症などさまざまな場合に認められる．び漫性でも限局性でも胃壁の浸潤は超音波によって検出でき，造影検査が必要となることはあまりない．腹部の超音波により，壁の肥厚および正常な壁の層構造が破壊され，エコー源性が低下し，偽の層構造が存在することが観察された場合，腫瘍が明らかとなる．[21] また，局所のリンパ節は腫大していることが多い．胃のリンパ腫は，犬でも猫でも起こり，壁の層構造を失った胃壁全体の低エコー性の肥厚を起こす．[22]

血管の増加した腫瘍は，ドプラ超音波によって診断される．しかし，腫瘍と炎症性の胃壁への浸潤の血管パターンを記した犬および猫で実施された大規模な研究はない．造影超音波は，胃の腫瘍を同定するのに将来的に期待されるが，さらなる研究が必要である．

腫瘍と炎症の浸潤を鑑別するのに，超音波ガイド下での胃壁の経皮的細針吸引または生検が実施される．著者は，胃壁の病変が粘膜下に存在しているときは，経皮的な組織の採取を実施するようにしている，なぜなら内視鏡検査による生検が多くの場合はうまくいかないためである．細針吸引は20ゲージの針で実施し，生検は18ゲージのバネが内蔵された生検器具で行う．胃壁が2cm以上であるときには，true-cut生検が実施可能である．

超音波内視鏡は，胃の病変に対する新たに選択可能な画像検査である．高画質のビデオ内視鏡によって胃壁と胃の周囲の組織の光学画像および超音波画像の両方が得られる．著者は，腹部の超音波検査のみよりも，胃の超音波内視鏡の画像検査によってより詳細にわたる検査が可能であると考えている（図1.22）．しかし，獣医消化器学における超音波内視鏡の役割を確立するためには，犬および猫においてより多くの研究が実施されなければならない．

1.3.4.3 胃からの排泄遅延の診断

幽門内の異物，胃の腫瘍，幽門肥厚，幽門洞粘膜肥厚，幽門洞ポリープによる機械的な閉塞は，一般的には，X線検査，超音波検査，内視鏡検査を組み合わせることによって除外できる．胃の排泄遅延のその他の要因を診断するのは，より難しい．X

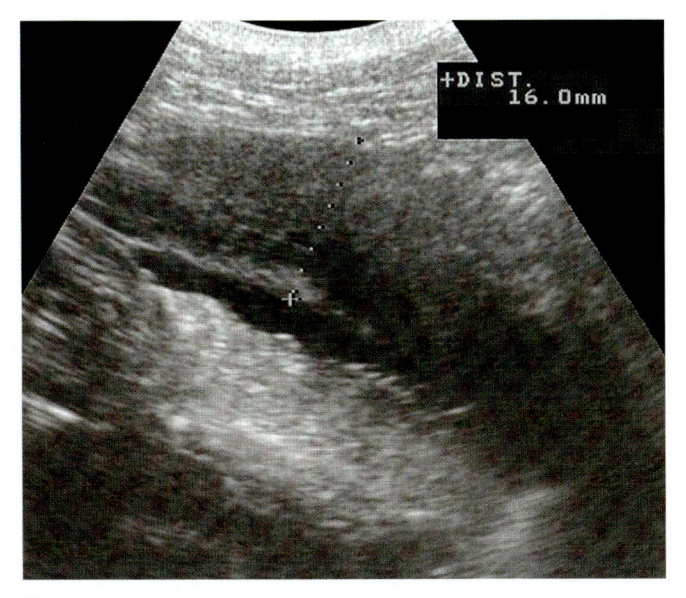

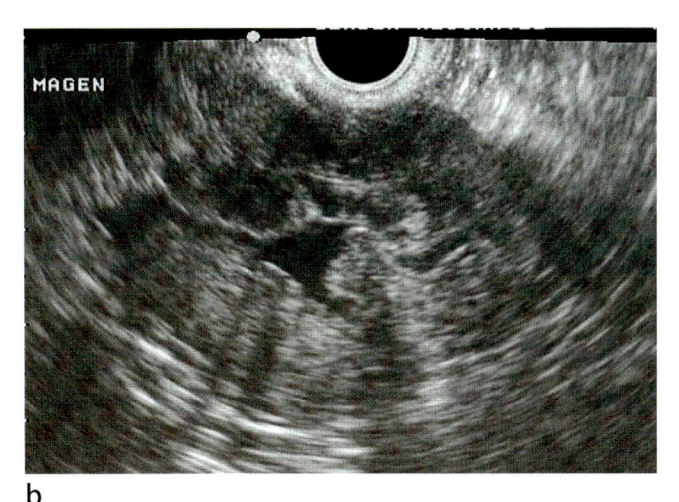

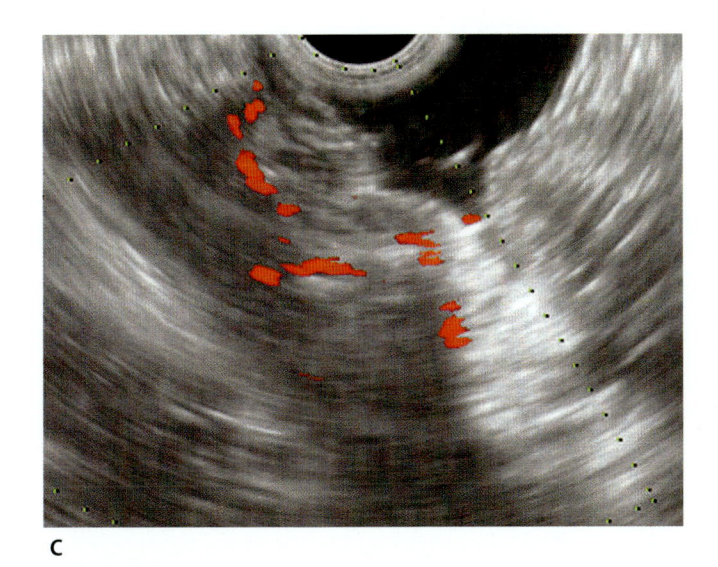

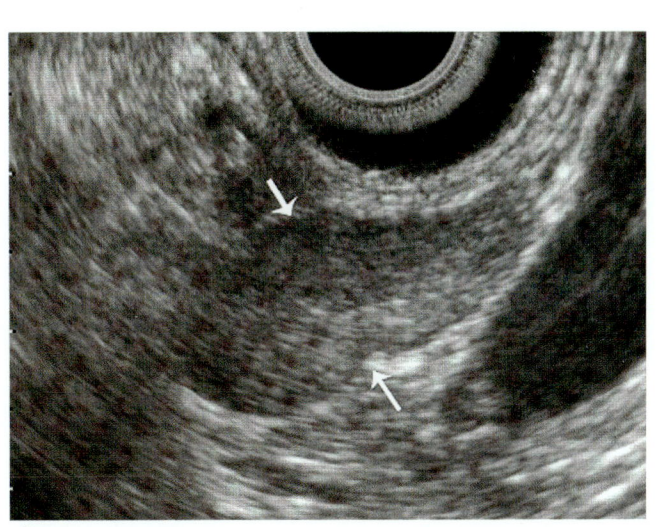

図 1.22 a-d 胃癌.
(a) 慢性の嘔吐と体重減少を示した 45 kg のレオンベルガー犬の 7.5 MHz 曲面型アレイ振動子を用いた腹部超音波像. 層が壊れている胃壁は局所的に肥厚（1.6 cm）していることが確認された.
(b) 胃内視鏡を行うために全身麻酔を施した犬に胃の超音波内視鏡検査を行った. 浸潤は胃の小弯の方により限局している.
(c) さらに，ドプラによって血管がよく入り込んだ病変が描出された.
(d) 胃のリンパ節が腫大して丸くなっていた（矢印の間）. 手術で腫瘍は切除できなかった. 胃癌と診断された.

線連続撮影画像が必要となることが多い．こうした方法は，時間がかかる上，保定や鎮静が必要であり，それらが結果に影響を与える可能性がある．X線検査には，消化しにくいX線不透過性マーカー，バリウムを含んだ食物，液体の造影剤（バリウムまたはヨード系）を用いる．[15, 23, 24, 25] しかし，現在では，胃の排泄遅延を同定するのに選択される方法として放射線シンチグラフィーが考慮される．[15, 23]

猫においては飲水量，食事の量，食事の種類（ドライか缶詰か），食物の形が胃の排泄の割合に影響を与えることが示されている．[26, 27] 正常な動物では胃からの排泄の割合は，動物におけるストレスや鎮静だけではなく，胃の充満具合や造影剤の種類に主に依存している．動物は，検査の間は静かな環境におき，可能であれば鎮静しない方がよい．ヨードを含む造影剤は，硫酸バリウムより，より迅速に通過する．さらに，造影剤が少なすぎると排泄時間がより遅くなってしまう．バリウム溶液の量は，犬では6 mL/kg，猫では10 mL/kgであり，胃が空であるときに投与するべきである．硫酸バリウムは，犬では15分以内に，猫では5分以内に十二指腸に存在するはずである．犬では1〜4時間後に，猫では20分後に胃からバリウムがなくなるべきである．検査の前に胃の中に食物があると胃からの排泄が15時間かそれ以上遅れることもある（缶詰よりもドライの方が長い）．

1.3.5　小　腸

1.3.5.1　イレウス

イレウスとは腸の内容物を送ることができないことであり，X線検査によって拡張した腸管が存在することによって認識される．イレウスがあることが疑わしい動物においては，腹部の単純X線検査を常に実施するべきである．そのような状況で，超音波検査のみでは腹部全体をみることは不可能であり，時間も非常にかかり，二次的な異常だけではなく動物の臨床症状を起こしている胃腸以外の原因が見落とされることもある．X線検査上のイレウスの見え方は，どの程度続いているか，部位，種類によって異なる．急性や非常に近位の閉塞であれば，X線検査上の腸管の拡張は非常にわずかであり，慢性でより遠位に閉塞が存在すると，より重度に拡張した腸管が認められる．イレウスの2つの主要なタイプは，閉塞性（機械性）または機能性である．閉塞性イレウスは，部分的な場合も完全な場合もあり，異物，捻転，ヘルニア，腸重積，癒着，肉芽腫，腫瘍などによって生じる．

非閉塞性または部分的な閉塞を示す病変だけではなく，管腔内，粘膜内，管腔外の閉塞を明らかにするのに，バリウムが小腸を通過することを用いる．しかし，時間のかかる手技である上，臨床医の技術と経験に依存するため解釈が難しいこともある．バリウムはまた，音波および音響陰影を著しく減衰させてしまうため，内視鏡検査や超音波検査の前には禁忌である．

1.3.5.2　部分的な閉塞

12時間以上絶食していたり，食欲不振の動物では，食物に類似した粒状の物質を含む小腸は認められない．粒状や，より不透過性の亢進した小腸内容物は，部分閉塞の動物において認められる．そのような場合は，閉塞部の近位において小腸は軽度に拡張しているか（第二腰椎の1〜1.5倍），または正常な径である（図1.23）．液体は狭まった管腔でも通過するため，部分閉塞の近位に残っている内容物はより濃くなり，そのため，X線検査上では，不透過性がより亢進する（図1.24）．

1.3.5.3　完全閉塞

完全閉塞がある動物では，通常は空気によってより重度に拡張している（図1.25）．閉塞している部位の近位において拡張が認められ（第二腰椎の幅の1.5〜2倍），それより遠位の分節は，通常は空か収縮しているようにみえる．このため，空腸の分節は，かなりさまざまな径であるように見える．これは，遠位の分節においては，持続的に蠕動運動が起こることによる．閉塞の持続している期間によっては，大腸に便が残っていることもある．近位の十二指腸や幽門の閉塞では，X線検査上の異常は認められない．遠位の空腸の閉塞は，全体的な拡張を起こすため，X線検査上は機能的なイレウスに類似する．

1.3.5.4　機能性イレウス

もう1つのイレウスの型は，蠕動運動がなくなることによって，全体的に一様に腸管が軽度に拡張する場合である（図1.26）．これは，無力性イレウス，機能性イレウス，または麻痺性イレウスとして知られている．胃腸管の異常のある部位に腸管の内容物が滞留してしまうため，機能性イレウスによって閉塞が生じる．胃，小腸，大腸のどこでも生じる可能性がある．腸が液体で満たされているか，もしくは液体とガスが混在する場合は，X線検査では均一の軟部組織の不透過性を示す．そのような無力性のパターンを示す小腸は，副交感神経遮断薬や鎮静剤のような薬剤を投与することによっても生じる．他の原因としては，腹膜炎，腹部の鈍的外傷，電解質の不均衡，さまざまな要因による腸炎などである．自律神経失調症は，犬でも猫でも胃腸管の全体的な拡張を引き起こす自律神経系の疾患である[28]．遠位の空腸や回盲部での完全閉塞は，同じようなX線検査所見に見える．膵炎の動物においては，蠕動の低下は十二指腸に限局している．

1.3.5.5　超音波検査によるイレウスの同定

一般的に，動物の臨床状態をX線検査で得られた所見と併せて考えることによって，外科手術を必要とする閉塞性の疾患があるのかどうかに関して決断をするのに適切な情報が得られる．しかし，腹部のX線検査で得られる所見が明らかではないと閉塞は除外できず，X線検査所見によって臨床症状の重症

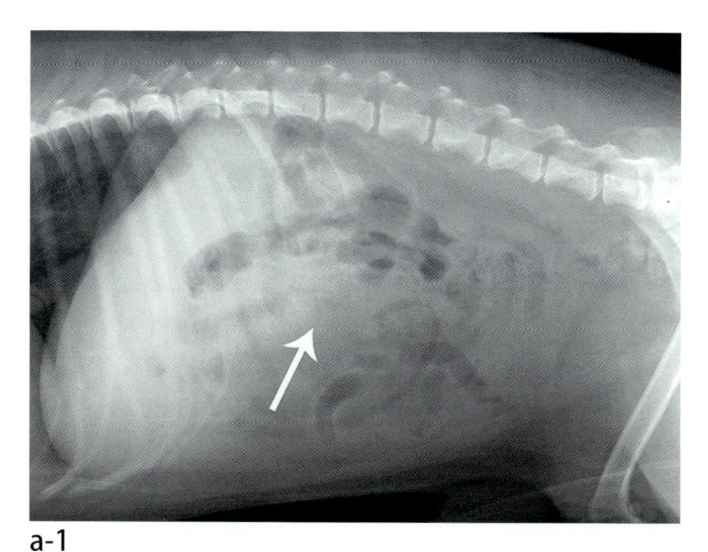

小　腸　27

a-1

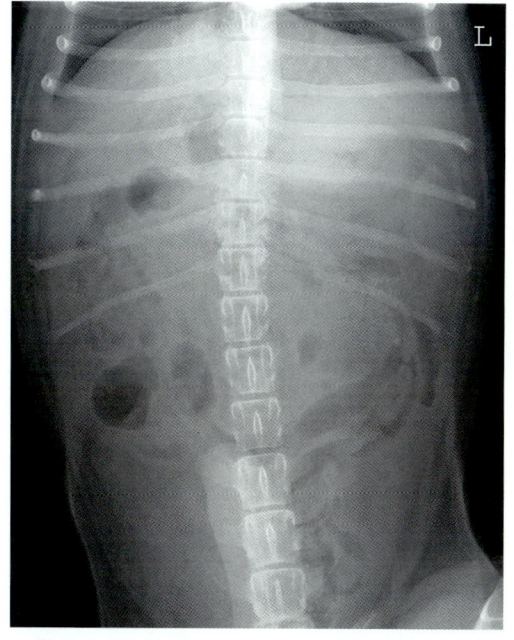

a-2

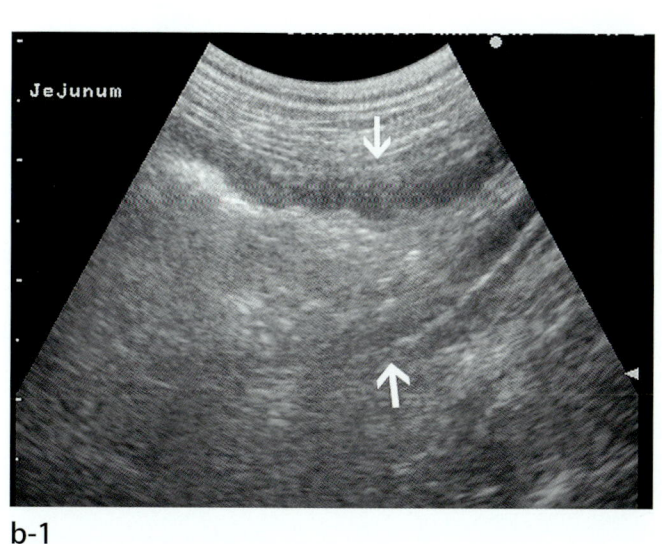

b-1

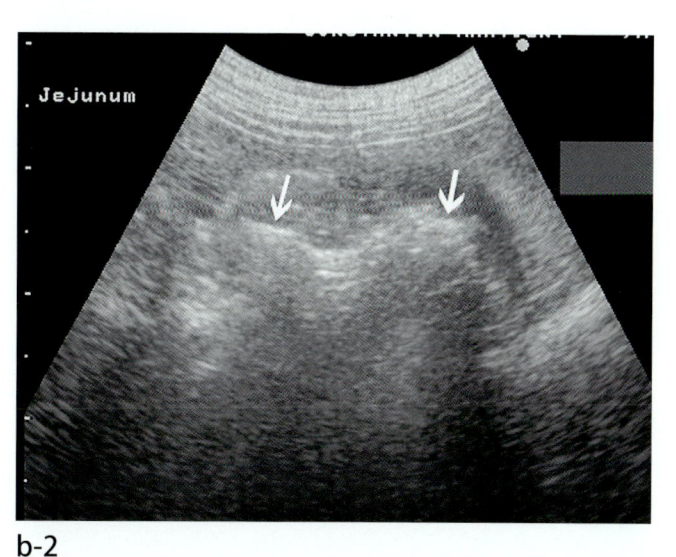

b-2

図 1.23 a, b　小腸の異物．嘔吐と体重減少の病歴がある 6 歳齢のウエスト・ハイランド・ホワイト・テリアの X 線検査および超音波検査．臨床検査によって犬の腹部には痛みを認めた．
（a）デジタル X 線の腹部側面像および腹背像．軽度に拡張した小腸と腹部中央の不鮮明さがある（白い矢印）．犬は 12 時間以上絶食したにもかかわらず，小腸には粒状の成分をもつ部分もあり，この犬では大腸の便との鑑別は困難であった．
（b）超音波検査によって高エコーの波を打った表面と音響陰影効果をもった管腔内構造の近位に拡張した液で満たされた十二指腸が明らかとなった．そこから識別不能な異物が外科的に除去された．

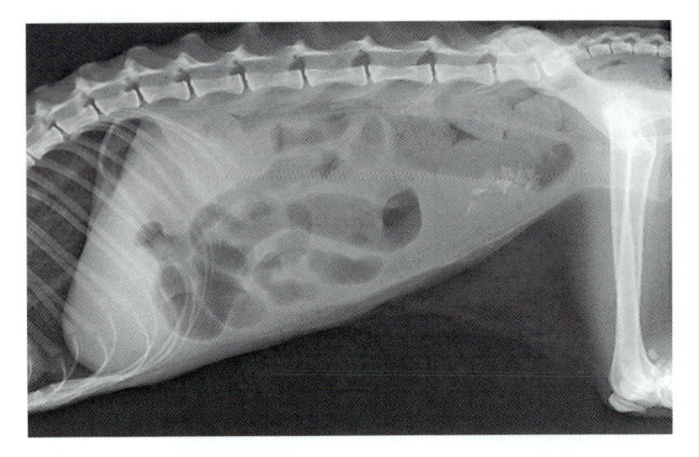

a-1

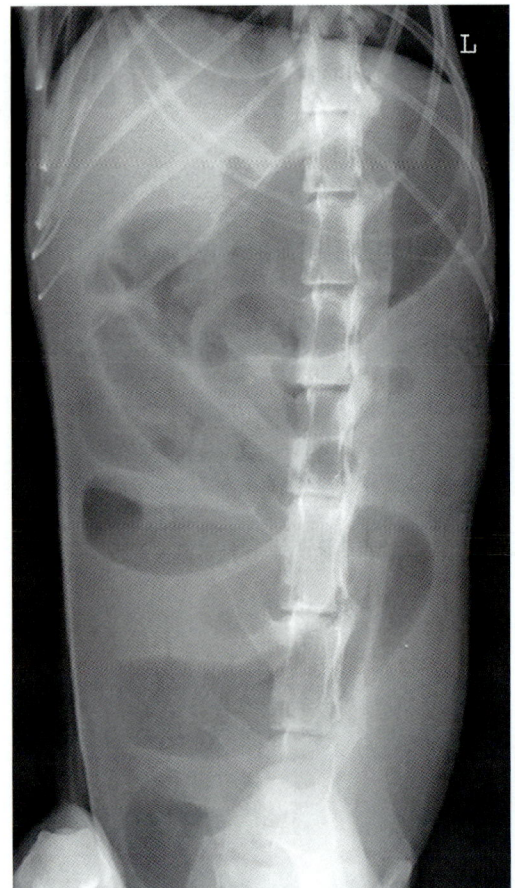

図 1.24 a-c 小腸の腫瘍．
（a）5ヵ月にわたる食欲不振と体重減少の病歴をもつ9歳齢の去勢雄のヨーロピアン短毛猫の腹部のデジタルX線側面像（左）および腹背像（右）．来院3日前に猫の状態は悪化した．X線像は腹部の詳細が不鮮明で悪液質を示している．小腸の大部分は重度に拡張しており，空気で満たされている．腹部尾側において，多数の不透過性の構造物が集まっているのが認められる．下行結腸が明らかであり，便が滞留している．
（b）遠位の十二指腸が拡張し，液体で満たされている（矢印の間）．壁は肥厚しており（x-x），層構造は破壊されている．遠位のきれいなシャドウを伴った不整な高エコーの構造は，長期にわたる閉塞の近位に集まった石である．
（c）狭窄部位は，外側の低エコーと内側の高エコーの層によって壁が肥厚していることを表している．局所のリンパ節は腫大しており不均一であった（表示していない）．病理組織学的診断：腺癌．

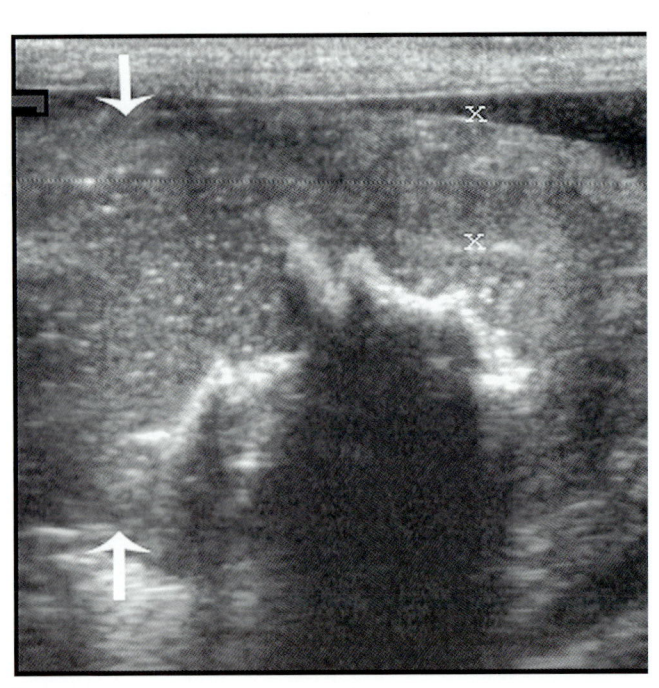

a-2

b

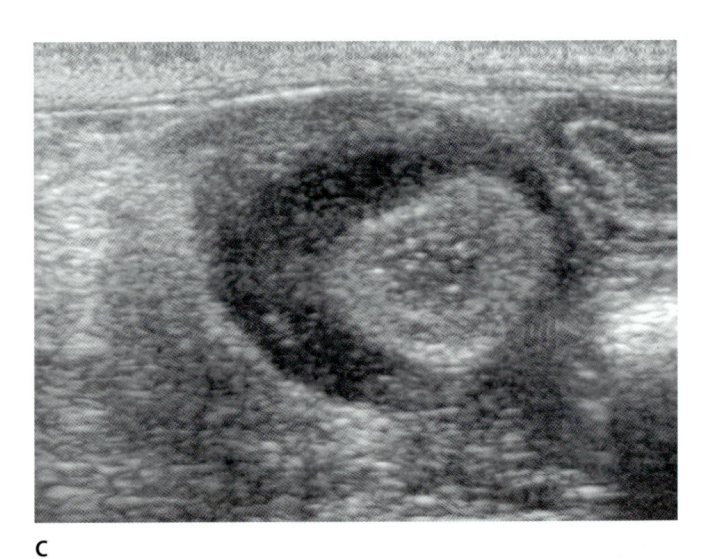

c

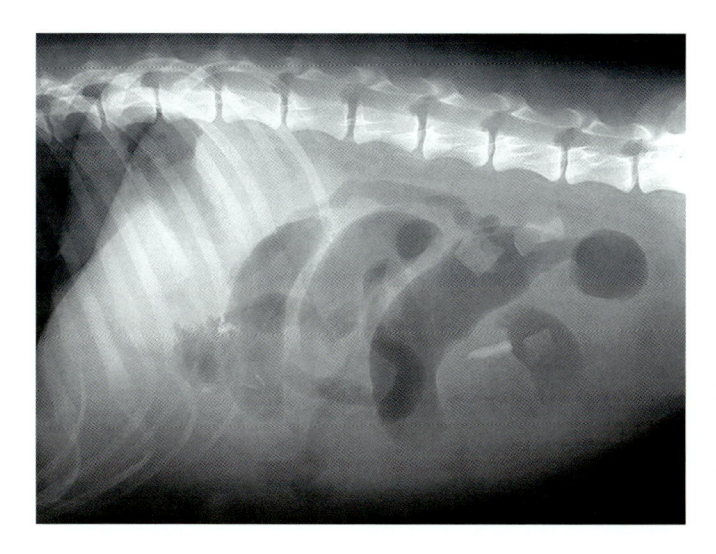

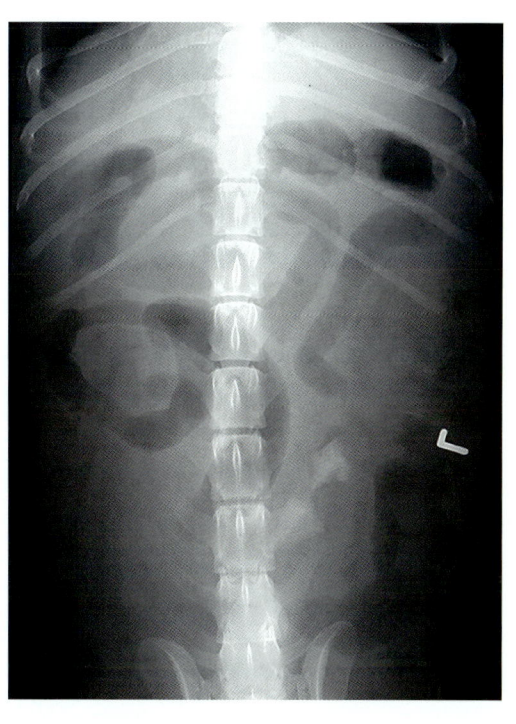

図 1.25　腸閉塞．嘔吐のある犬の腹部の側面像および腹背像．軽度にしか拡張していない小腸もあるが，一部は重度に拡張しており，空気で満たされている．空腸には無機物の透過性を示す異物も認められるが，閉塞の原因にはなっていない．診断：X 線透過性の異物による空腸中央部の機械性イレウス．

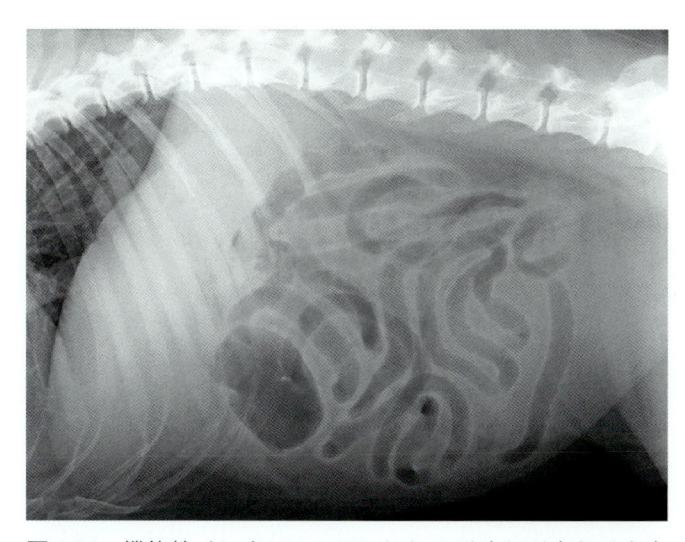

図 1.26　機能性イレウス．2 日にわたる嘔吐と下痢を示す犬の腹部のデジタル X 線側面像．小腸は中等度に拡張しており，一定の径を示し空気で満たされている．診断：機能性イレウス．

度を説明できないため，さらなる診断的検査を行うこととなる．

超音波検査は，電離放射線を必要としないことが利点であり，管腔内，粘膜内，管腔外の閉塞の原因だけではなく，小腸の壁の層構造，厚さ，拡張度，蠕動運動を検査するのに使用される．機能性イレウスの場合には，小腸の全体的な拡張と同時に蠕動運動の欠如が生じる．[29] 二次元のリアルタイム画像で，収縮が観察でき，胃では，1 分間で約 5 回ずつ，小腸では，1～3 回ずつ収縮するのが正常であると考えられる．

とくに機能性イレウスを起こしているときに，X 線透過性の小腸内の異物が，超音波検査によって検出できる．固形物は，一般的に高エコーの境界面に見え，小腸粘膜から音響陰影を生じる．[30] ボールは，丸いか曲線のある表面をもち，桃の種は不整であり，骨は一般的には滑らかで均一な表面を示す．線状の異物は，時には，小腸の襞状の分節において同定されることもある．異物は，同じ場所に固定され残ることが多いため，少し後に繰り返し検査することで，それらが動かないことを明らかにできる．空腸の 1 つ以上の分節および胃が重度に拡張し，離れた部位で空の収縮した腸分節を伴っている所見は，完全または部分的な閉塞を示唆している．拡張した腸管分節における空気と液体の接合面を閉塞と誤認しないように注意を払うべきである．これらは，音響陰影を伴った線状で高エコーな管腔内の構造に見える．しかし，腸管は多くの場合，このアーチ

ファクトの近位でも遠位においても同じ径を持っていることが多い．こうした場合，通常は，閉塞を起こすような管腔内の異物ではない．

炎症または腫瘍が局所の粘膜に浸潤していることにより，腸管の管腔は徐々に狭まる．腸管の拡張がある程度認められ，小さな石のような固形の異物は狭窄の近位に集まる．超音波上，腫瘍の浸潤は，多くの場合は層構造の喪失を伴って腸管壁の肥厚を起こす．[31] リンパ腫は，猫において最も多い腸の腫瘍であるだけではなく犬においても好発する．一般的には，対称性または非対称性に，壁を貫通して円周状に肥厚する．壁の層構造は同定しにくくなり，全体的に低エコーあるいは無エコーに見える．腸管の壁への浸潤は，孤立性，び漫性，多発性のどれでもありうるし，局所のリンパ節が腫大していることもある．多くの場合，腸管の完全閉塞は起こらない．腸管の癌は，ポリープ，平滑筋腫，平滑筋肉腫と同様，孤立性の腸管の腫瘤を起こすことが多い．癌は，管腔に浸潤し，閉塞を起こすような，環状で不整な浸潤を起こしやすい．[32] 局所のリンパ節腫大もみつかることが多い．真菌感染による肉芽腫性の浸潤は，腸管壁のび漫性または限局性の浸潤を引き起こし，超音波上は腫瘍と区別するのが困難である．[33] 例えば，ヒストプラズマ症は，限局性で重度な壁への浸潤を起こすため，リンパ腫に類似している．空腸の平滑筋の肥大が猫において知られており，限局性の壁の肥厚を起こすが，壁の層構造は保たれている．[34] 腸管壁のみの超音波所見では鑑別診断には十分ではなく，真菌疾患の確定診断には，腸管壁の全層生検，超音波ガイド下での経皮的生検，または吸引細針生検のうちのいずれかが必要となる．

1.3.5.6 複雑性イレウス

イレウスの複雑なものには，腹膜炎に伴う腸管の穿孔，腹腔における遊離ガス，血栓塞栓による腸管の虚血，腸重責，腸間膜根における捻転などがある．線状の異物もまた，複雑性イレウスを起こすことがある．腹部のX線において腹水が認められるとともに，気腹が存在する場合，臨床医は腸管の穿孔が存在していたという事実に気づくべきである．腹腔内の遊離ガスを見るためには動物を左横臥位にし，腹背水平方向のX線ビームを使用する必要がある．遊離ガスは，右の腹壁の真下，十二指腸の外側に認められる．捻転や腸間膜の血栓塞栓症は，全体的に重度に拡張した空気で満たされた空腸の分節が存在することによって認識される．線状異物によって，犬においても猫においても腹部のX線検査において特徴的な変化を起こす（図1.27）．小腸ループは，ある部位（通常，腹部の真ん中の右側）において巻き込んで集まっているか，またはお互いに凝集しており，管腔の気泡が非対称性に不整な形で認められる．超音波検査上は，線状の異物が一緒になって結合して小腸分節は集まっているように見える．破裂を示唆するようなエコー源性の増加や自由水がないかについて周囲の腸間膜を検査するべきである．

通常，腸重責は超音波検査によって容易に診断される．同心円上に多層性の輪として腸管が認められる（図1.28）．通常，外側の腸分節は肥厚しており，浮腫があり，低エコーとなる．内側の分節は，より正常にみえる．陥入した腸間膜の脂肪を表す高エコーの組織も検出される．腸重責には腫瘍性の疾患が根底に潜んでいることがあるため，高齢の動物では，腸管壁の結節性の浸潤がないか，問題のある腸と局所のリンパ節腫大を注意深く検査することが重要である．

1.3.5.7 慢性の下痢

犬や猫において小腸の疾患による慢性の下痢は一般的である．単純X線検査では非特異的であることが多く，嘔吐がなく慢性の下痢を示す動物においては，胃腸管の造影検査はやりがいがないことが多い．小腸壁への細胞浸潤を検出するには，超音波検査が単純X線検査や造影検査よりも勝っている．腹部の超音波検査によって，壁の肥厚や層構造，病変の部位，運動性，局所のリンパ節が関与している可能性が評価できる．近年，健常犬において体重と腸管壁の厚さの関連づけを試みている研究者がいる．[35] その報告によれば，空腸の壁の厚さの正常値は，20 kgまでの犬では4.1 mm，20〜39.9 kgでは4.4 mm以下，40 kg以上では4.7 mm以下であるとされている．正常な十二指腸の壁の厚さは，20 kgまでの犬では5.1 mm，20〜29.9 kgでは5.3 mm以下，30 kg以上では6.0 mm以下であると報告されている．

1.3.5.8 腸管壁へのび漫性の細胞浸潤

多くの胃腸管疾患によって小腸壁へのび漫性の細胞浸潤が生じる．各々の浸潤性疾患を鑑別できるような超音波検査上の特異的な所見は知られていない．しかし，胃腸管の病変部を同定し，壁の厚さと壁の層の見え方から推察される浸潤の程度をよりはっきりさせるのに，超音波検査は重要である．粘膜，粘膜下，筋層が最も侵されやすい（図1.29）．粘膜は，拡散した一点の高エコー性の病巣から全体的な高エコーまで重症度によってさまざまなエコー源性を示す．エコー源性の増加を伴う重度な粘膜の肥厚は，PLEやリンパ管拡張症の動物において認められる．さらに，小腸は一般的に，液体と空気である程度は拡張しており，運動性の低下や柔軟性がないように見える．

炎症性疾患によって腸管壁全体やある層が肥厚したりする場合は，腫瘍の浸潤と鑑別するのが難しい．例えば，筋層のみの肥厚は，炎症でも腫瘍のどちらでも生じるし，平滑筋の肥大によっても生じる．リンパ節が丸く不均一にみえ，それぞれの疾患の動物において標的病変を表していることもある．ヒストプラズマ症，ピシウム症，クリプトコックス症のような真菌疾患は限局性の浸潤性の病変を起こすため，超音波上の所見が限局性の腫瘍に類似している．[33] しかし，腫瘍は，炎症性疾患と比較すると壁の層がより破壊されると考えられている．[36] 腹腔のリンパ肉腫の動物における超音波上の所見は，胃や腸の壁が肥

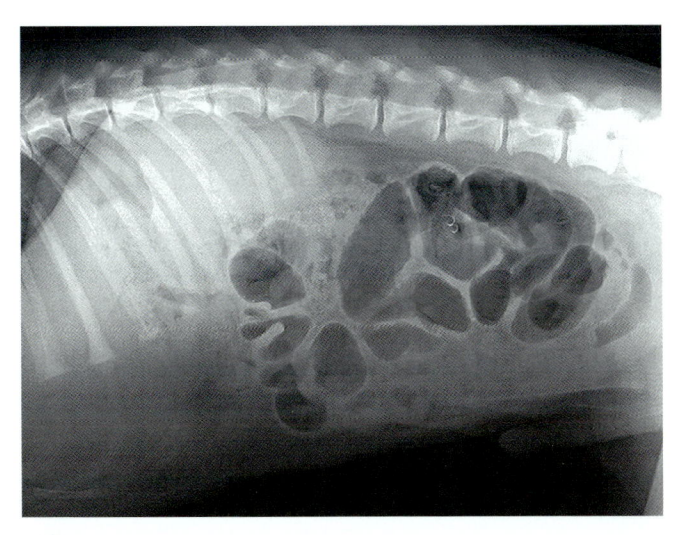

小 腸

a-1

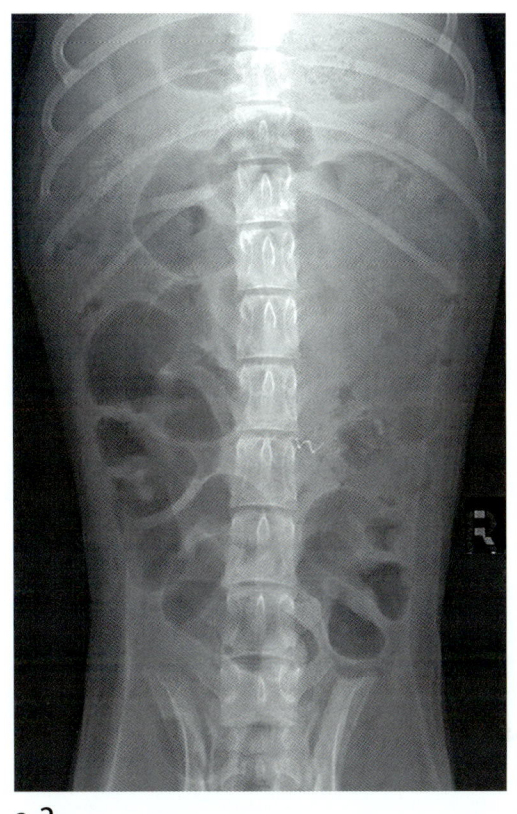

a-2

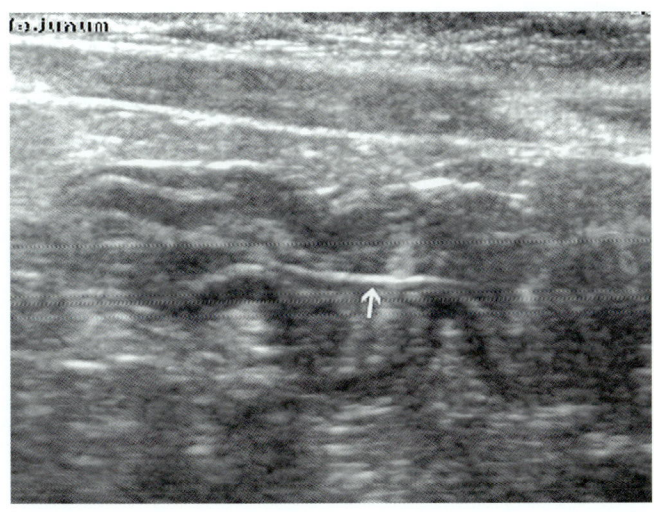

b

図 1.27 a, b　線状異物
（a）嘔吐で来院した犬の腹部の側面像および腹背像．拡張し空気で満たされた小腸の「キャンディのリボン」様の外観が認められる．隣接する小腸において不均一な形をしたガス陰影が認められる．
（b）線状異物の超音波像．小腸は襞があり集まっているように見える．常に認められるわけではないが，この症例では糸が超音波でも確認できた（矢印）

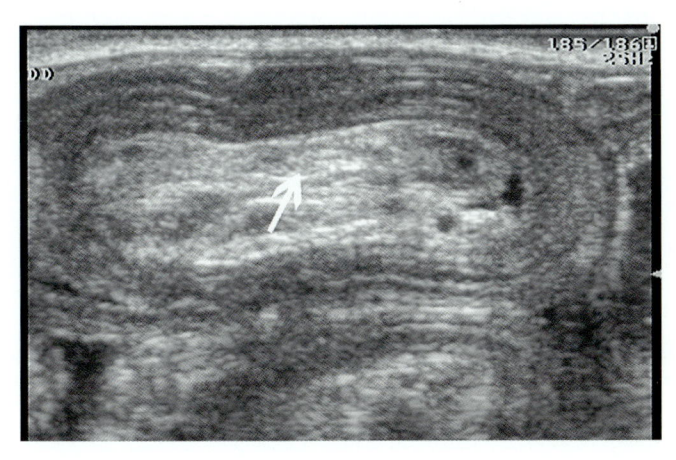

図 1.28　腸重責．下痢の若齢の犬に認められた空腸の重責の超音波像．同心様の小腸の層が認められる．中心の高エコーは陥入した脂肪を表している．

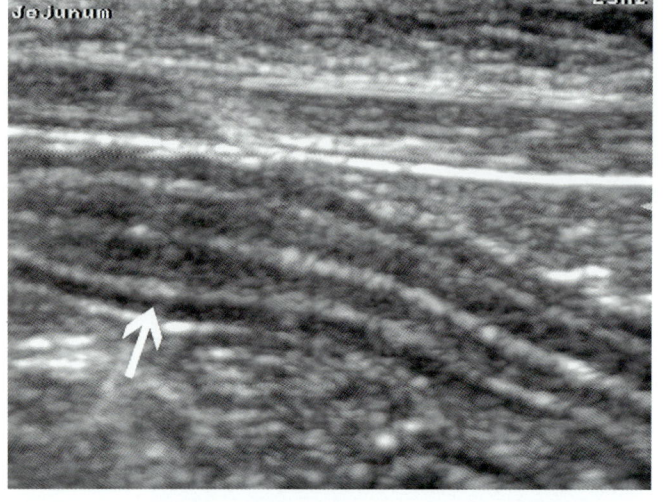

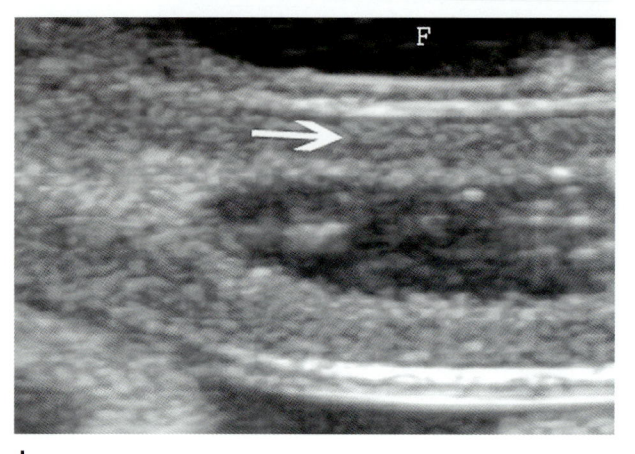

図1.29 a, b：好酸球性腸炎および蛋白漏出性腸症.
(a) 小腸の好酸球性の炎症細胞の浸潤が認められる猫の空腸の超音波像. 筋層（矢印）が非常に目立っている.
(b) リンパ管拡張症による蛋白漏出性腸症の犬の空腸の超音波像. 壁の厚さは正常（3.8 mm）であるが, 粘膜は高エコーであり, 腹水も認められる. 空腸全域が罹患していた. これらの超音波所見は, この疾患の犬において一般的に認められる.

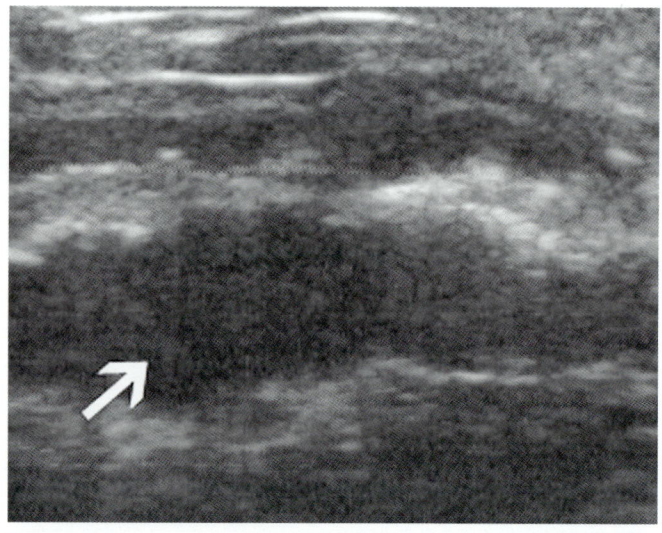

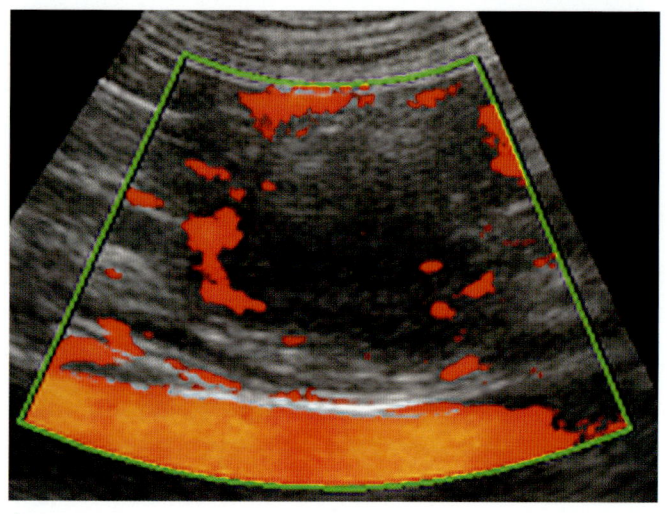

図1.30 a, b 小腸のリンパ腫.
(a) 慢性の下痢, 貧血および衰弱を示した9歳齢の雑種犬の超音波像. 空腸の大部分にわたって, 多巣性で低エコーの1.2 cmの厚さの腸壁の浸潤が同定された.
(b) ドプラ検査によって最初は血管が認められなかったが, 1 mLの超音波造影剤Sonovueを静脈内投与した後に, 多くの病変周囲と病変内の血管が認められた. 経皮的な超音波ガイド下の腸壁の細針吸引を実施した. 診断：リンパ腫.

厚していること, 正常な層構造がないこと, 腸管壁に低エコーの腫瘤が存在していたり, 腹部のリンパ節腫大があることなどである（図1.30）.[37,38]

1.3.5.9　ドプラ超音波検査による胃腸管の血流動態の評価

　慢性の下痢で来院した犬には, ドプラ超音波検査を行う. 腹腔動脈と頭側腸間膜動脈のスペクトラルドプラ波形を絶食時および食後20分, 40分, 60分, 90分に得る.[39] これらの波形から算出された抵抗指数（RI）および拍動指数（PI）により, 腸管の遠位の血管床における血流の抵抗の程度を推察する. 食物アレルギーを示すソフトコーテッド・ウィートン・テリアのコロニーにおいて, 粘膜のアレルゲンによる刺激に応じて血流に対する抵抗（低いRIおよびPI値）が長期にわたって低下していることが明らかとなった.[40] 慢性の胃腸管疾患の犬を評価する際, この方法が臨床的に有用かを判断するために, より多くの研究がなされる必要があるであろう.

1.3.6 大腸

便秘，血便，痛みを伴う排便を示す犬や猫において，骨盤域の側面および腹背X線像によって有用な情報が得られる．閉塞，巨大結腸，便秘などの大腸の異常は，通常X線検査によって明らかになる．排便前には正常な動物においても大腸内に大量の便が存在しているので，X線検査上大腸が拡張している所見があったとしても，患者の臨床症状と比較して評価するべきである．一般的ではないが，重度な拡張と正常な位置からの変位を起こすような大腸の捻転が生じることもある（図1.31）．過去の骨盤の外傷や占拠性病変による機械的な閉塞はX線検査によって除外可能である．腰下リンパ節の腫大，後腹膜の腫瘍の拡大，雄の前立腺肥大，雌の子宮の腫瘍，会陰ヘルニアがあることなどもX線検査によって明らかとなる．X線不透過性が亢進した宿便によって大腸が拡張しているのは，便秘，巨大結腸などによる．軟部組織の不透過性が亢進していたり，骨盤腔内の大腸が圧迫もしくは変位している場合は，超音波検査のようなさらなる画像検査が必要であることを示唆している．

超音波検査では，回腸，回盲部，盲腸，上行結腸，横行結腸，下行結腸が同定できる．膨満していれば，壁は3層で厚さ1～2 mmに見える．空の大腸は収縮しているように見えるため，多くの層が厚く評価される．これは，大腸の壁の肥厚と間違ってはならない．空気と便が存在するために，超音波検査によって大腸全体を評価するのは難しいことが多い．大腸の評価をするのに骨盤が妨げとなるが，直腸周囲や会陰部だけではなく直腸も会陰からのアプローチによって評価できる．しかし，犬および猫において骨盤腔内の直腸のある部分は検査することができない．骨盤腔内の見たい部位が骨に覆われ評価できないのであれば，大腸の変位や圧迫を起こすような軟部組織の腫瘍の原因を決定するのにX線造影検査が有用である．大腸の陽性あるいは陰性造影検査を実施したとしても，腸管の内容物が存在していたり，手技の経験不足などにより解釈が難しいこともある．回結腸の腸重積，盲腸の反転，狭窄，壁の浸潤を診断するにはバリウム浣腸が有用である．

大腸炎による下痢のある犬においては，形の上では大腸は正常に見えたり不整に見えたりし，空気がたまっていたり，液体がたまっていたりする．び漫性の，軽度から中等度の炎症の浸潤による大腸炎は，X線検査上または超音波検査上の変化を示していないことが多く，大腸内視鏡検査が犬および猫の両方において選択される診断方法である．大腸の腫瘍など軟部組織の病変は，X線検査で限局的な軟部組織の不透過像の亢進として認められる．しかし，それらは常に単純X線検査によって明らかになるわけではなく，大腸の陽性または陰性造影検査のどちらかが必要となることもある．超音波検査上は，大腸壁への限局的な浸潤や壁内の腫瘍が検出されたり，腫瘍や肉芽腫のどちらかに関連している（図1.32）．MRIおよびCTの両方とも，骨盤域を検査したり結腸や周辺組織を罹患しているかを決定したりするさらなる方法であり，とくにその部位に占拠性病変が存在するときには適応となる．

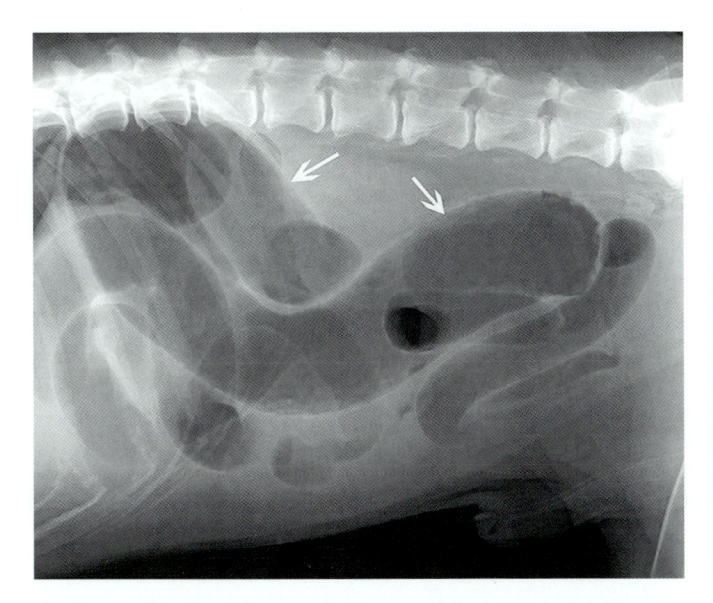

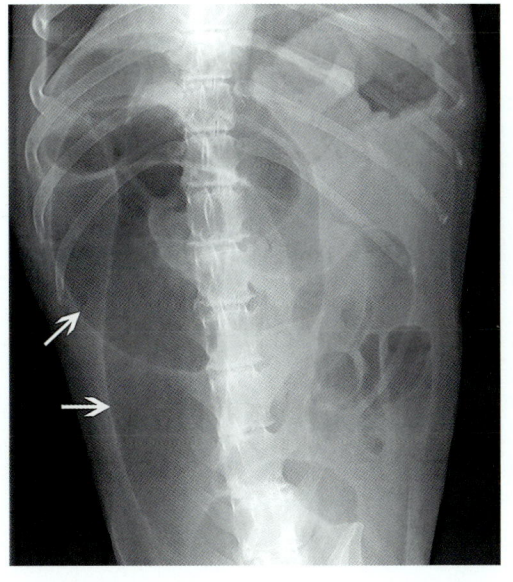

図1.31 大腸の捻転．5日にわたる食欲不振と後肢の虚弱を示していた13歳齢のジャーマン・シェパードの腹部の側面像および背腹像．他に腹鳴と太鼓腹が認められた．大部分の胃腸管は拡張しており空気で満たされている．大腸全体（矢印）は重度に拡張しており，空気で満たされている．骨盤の入り口において，結腸の空気は突然消失している．診断：大腸捻転．

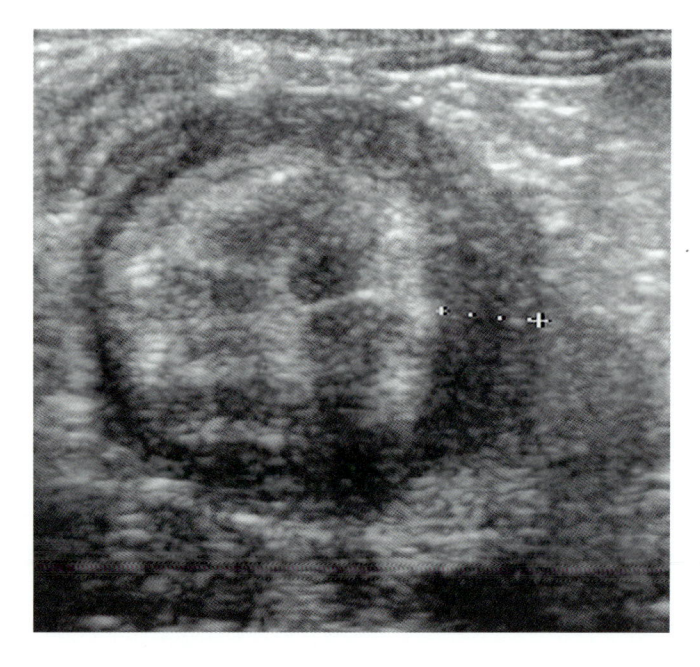

図 1.32 結腸の腫瘍. 便秘と血便の病歴のある 12 歳齢のヨーロピアン短毛種の猫の下行結腸の超音波像. 超音波では, 骨盤のちょうど頭側の結腸の壁は不均一に限局的に肥厚 (4 mm) していた. 壁の層構造は破壊されており, エコー構造は複雑であった. 局所リンパ節は腫大しており, 丸くなっている. 病理組織学的診断：粘液癌.

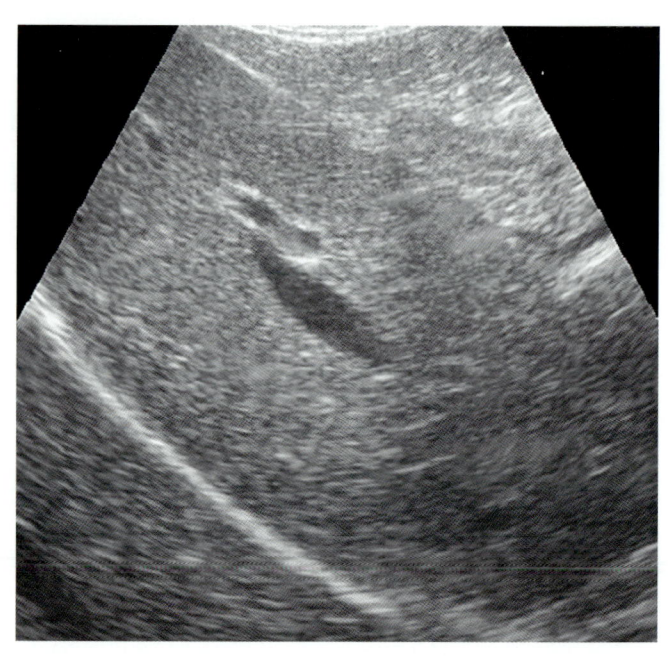

図 1.33 正常な犬の肝臓. 肝臓は中等度のエコー源性をもっている. 門脈（高エコーの壁）も肝静脈（壁が映らない）も認められる.

1.3.7 肝臓と胆管

肝胆道系の疾患の臨床症状は非特異的であり, 食欲低下, 無気力, 嘔吐, 下痢, 多尿, 多飲, 黄疸などである. 貧血が認められず, 黄疸がある際には, 犬でも猫でも肝胆道系の疾患があることが示唆される. 腹部超音波検査は, 肝性黄疸, 肝後性黄疸の鑑別に最も有用な非侵襲的な診断方法である. 猫においては, 肝リピドーシスのような肝性の黄疸の原因が, 肝前性や肝後性よりもより多い. 肝臓, 胆嚢, 胆管, 十二指腸乳頭, 膵臓が, 高周波数の振動子で検査できる. 肋骨の彎曲のちょうど後方または真下に位置するために, これらの構造を検査する際には, 一般的に, 接地面が小さい曲面型アレイ振動子が適している. 超音波によって肝臓の大きさが見積もられ, 実質のエコー源性と質感に加えて門脈, 静脈, 動脈, 胆管の脈管構造を含む内部構造が評価される（図 1.33）. 胆嚢や胆管の大きさだけではなく, 胆嚢の壁の厚さや内容も評価する. さらに, 閉塞の徴候がないか近位の十二指腸乳頭を評価する. 最後に, 疾患の進行において膵臓が関与していないかを評価する.

1.3.7.1 肝実質の疾患

肝実質の疾患がある動物では, 超音波上の変化は一般的には限局性か, び漫性のどちらかになる. び漫性の場合, 限局性や多発性よりも同定するのが難しく, 肝臓のエコー源性の変化が主な超音波検査上の変化となる. 肝臓は, 正常に見えたり, エコー源性が増加, 減少または混合パターンであったりする.

急性の肝疾患の動物では, 肝臓はエコー源性の全体的な低下を伴って正常または腫大しているようにみえる. エコー源性が低下すると門脈はより明らかとなり, すなわち通常よりエコー源性が増す（図 1.34）. この所見は非特異的であり, 鑑別診断として, 中毒による傷害, 感染性肝炎, 代謝性疾患, 外傷, 血流うっ滞, 胆管肝炎, アミロイドーシス, リンパ腫, 受動性うっ血などが挙げられる.

肝臓のエコー源性の増加は, 脂肪の浸潤, ステロイド肝症, 肝炎, 肝硬変, 悪性組織球症, リンパ肉腫のような慢性の肝疾患など多くの場合に認められる.[41,42,43]

猫の肝リピドーシスは, 超音波検査上明らかになる肝内胆汁うっ滞の主な原因である（図 1.35）. 罹患した猫の肝臓は腫大し, 丸みを帯び, 脾臓と同じか, それ以上のエコー源性の増加が認められる. さらに, 大網の脂肪と比較すると肝臓は等エコーまたは高エコーであり, 鎌状脂肪と比較すると高エコーである.[44] ビームの減衰が生じることもあり, 肝臓の背側は描出するのが難しく, 血管構造も見えにくくなる. 細針吸引による細胞診が肝リピドーシスの診断には適切である.

肝硬変および**慢性炎症性疾患の末期**は, 犬と比較すると猫においてはまれであるが, 線維症が猫においても認められる. 肝硬変および慢性の肝炎は超音波検査によって診断するのが難し

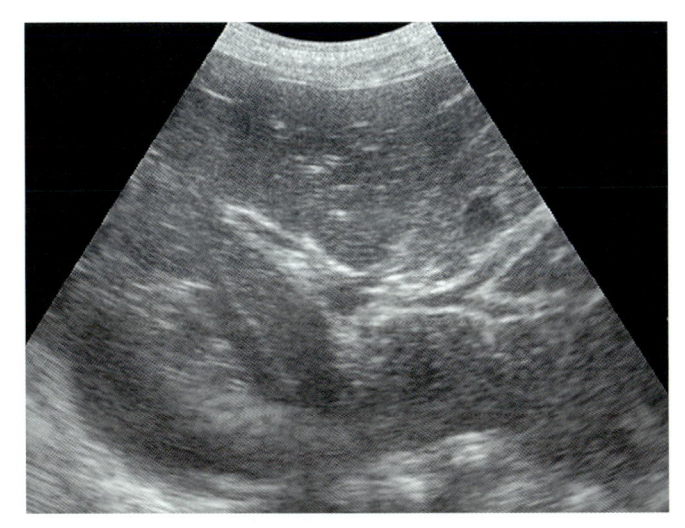

図1.34 胆管肝炎．黄疸と嘔吐の2.5歳齢のケアン・テリアの低エコーな肝臓の超音波像．肝臓は腫大しており，低エコーで，肝臓全体にわたって門脈が非常に高エコーで目立っている．病理組織学的診断：胆管肝炎．

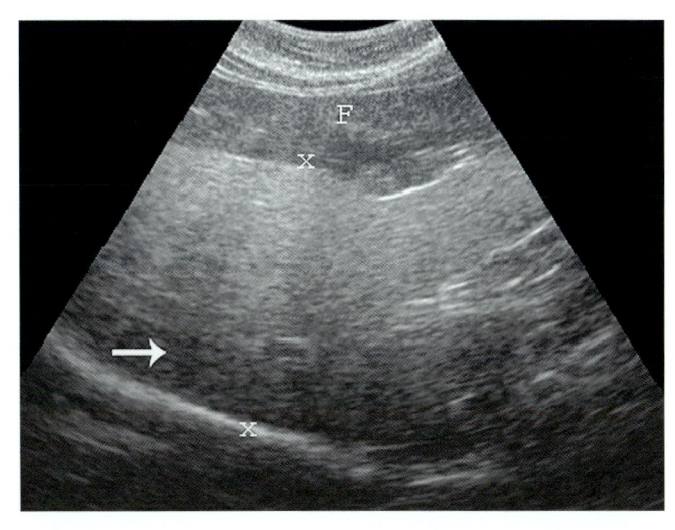

図1.35 肝リピドーシス．食欲不振で来院した16歳齢の雄のヨーロピアン短毛猫における高エコーな肝臓の超音波像．高エコーな肝臓（x-x）は均一であり，血管はほとんど認められない．エコー源性は脾臓や周囲の腸間膜や鎌状間膜の脂肪（F）と同じかそれより高い．ビームの減衰による肝臓の腹側は低エコーに見えている（矢印）．鑑別診断は，肝リピドーシス，糖尿病，腫瘍である．細胞学的診断：肝リピドーシス．

い．さらに，それらは腫瘍性疾患と同じように見える．肝臓は，小さいもしくは正常な大きさを示し，結節が認められることもある．腹水は認められたり認められなかったりする．結節は丸みを帯びてはっきりと見えることが多く，周囲の肝臓は，エコー源性が正常もしくは増加している．結局，より確実に診断するには，生検または細針吸引が必要となる．

　肝静脈のうっ血がなく**腹水**が存在しているならば，スペクトラルドプラによる門脈の評価が，門脈高血圧を除外するのに用いられる．肝硬変の動物では，門脈の血流の速度が一般的には低下する．[45] 門脈高血圧と腹水が存在すると，二次性の門脈体循環シャントが検出される．二次性のシャントは，腹部において多くの蛇行血管が存在することによって明らかになる．ドプラ超音波によってこれらの血管の中において血流が単相で速度が遅いことが明らかになり，それらが門脈由来であることが判断できる．そのような場合，外科的に腸間膜門脈造影やシンチグラフィーによる門脈造影が行われる（図1.36）.[46] ヘリカルCTは門脈体循環シャントとそれが疑われる動物に対する診断法として新たな方法である．[47] また，ハーモニック超音波造影検査も，先天性門脈体循環シャントを検出するために犬で用いられる．[6]

　混合性のエコーパターンを示す**び漫性の肝臓の変化**が認められる動物もいる．肝実質がエコー源性増加または低下したあまり限局していない領域を伴って，び漫性に複雑または破壊されているように見えるときは，腫瘍が最もありうる原因である．肝臓における複雑なエコー像を起こす他の原因としては，炎症，中毒，壊死などがある．

　造影超音波検査がヒトにおいては良性と悪性の肝疾患を鑑別するのに非常に有用であることが判明している．[5, 48] しかし，肝疾患の犬や猫を評価するのにそれらを用いた報告は非常に少ない．

1.3.7.2 非閉塞性の胆管疾患

　胆嚢炎は，非閉塞性の胆管疾患の1つであり，細菌感染による炎症でみられるのが普通である．感染は肝臓にまで広がり，胆管肝炎を起こす．胆嚢炎が壊死性になると，感染は最終的には胆嚢破裂および胆汁性腹膜炎を引き起こす．

　胆嚢壁の肥厚は，胆嚢炎と胆管肝炎の動物においてよくある超音波上の所見である．[49] 胆泥の量はさまざまであり，この所見は非特異的である．胆石や胆嚢壁の石灰化が認められることもあるが，意味があるかは臨床所見に依存している．肥厚した壁は一般的には高エコーであり，不整な内表面である可能性もある．ポリープは，慢性の胆管肝炎の動物では起こり，限局性または多発性の壁の浸潤または結節として認められる．腫瘍も同様に見えるが，胆嚢の腫瘍はまれである．

　胆嚢は，2つのエコー源性のある二重の縁で間が低エコーの領域にみえることがある（図1.37）．胆嚢がこのように二重の壁に見えるのは，低アルブミン血症，腹水，敗血症，急性の炎症疾患，腫瘍のときである．ほんの少量の腹水があっても，胆嚢壁は肥厚しているようにみえる．そのため，腹水のある動物で胆嚢壁を解釈するのには注意が必要である．

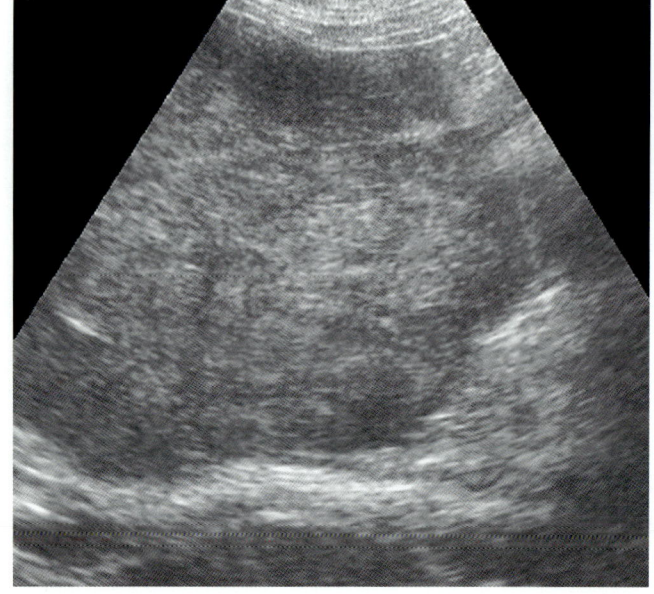

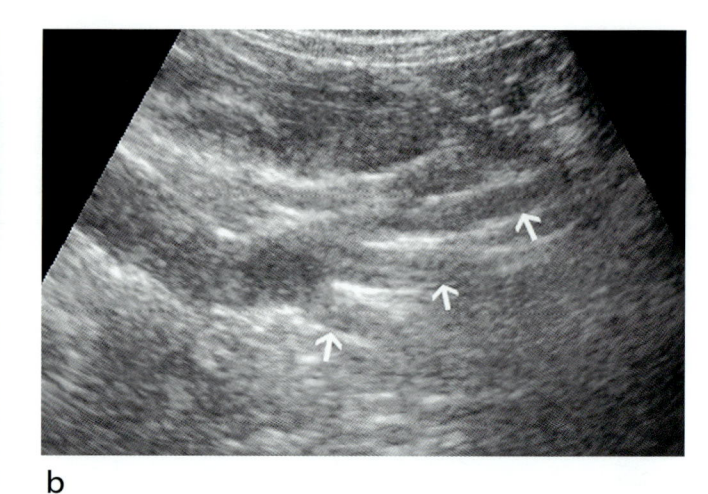

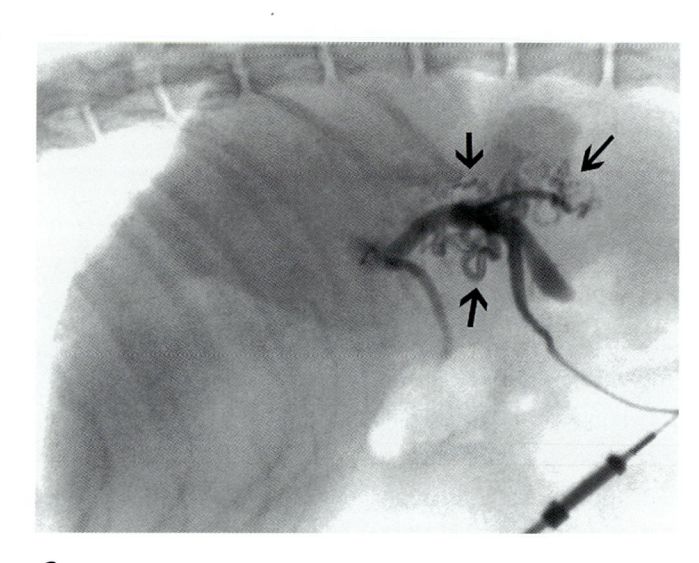

図 1-36 a-c 肝外門脈体循環シャント．2歳齢，メス，体重 10 kg の雑種犬が，無気力と間欠的な下痢で来院した．血清化学検査では，低血糖，低アルブミン血症，食前食後の胆汁酸濃度の上昇が認められた．
（a）肝臓の超音波像．肝臓は鈍化しており，不均一で，表面が不整である．
（b）速度の遅い単相の血流をもつ多くの異常な血管が胃の後ろに同定され，腹水も貯留していた．肝静脈の血流は，5 cm/sec にまで低下していた．さらに膀胱内には尿石が認められた．
（c）術中の腸間膜静脈門脈造影．複数の蛇行したシャント血管（矢印）が認められる．この肝臓では正常な門脈の血管は認められない．診断：慢性肝疾患による二次性の肝外門脈体循環シャント．

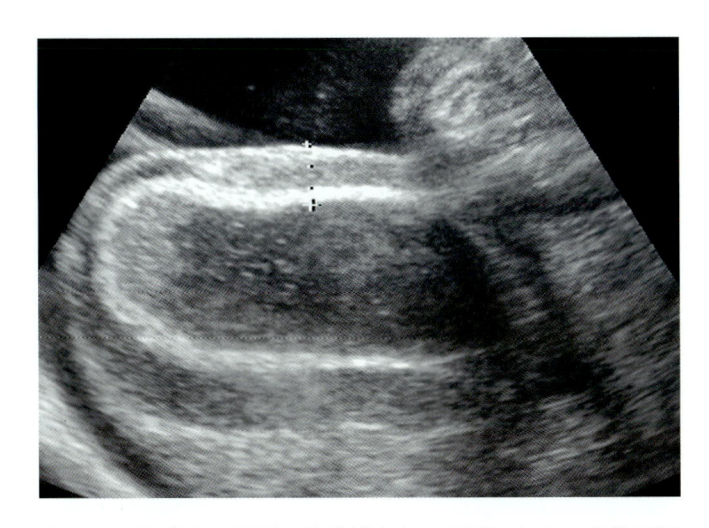

図1-37 胆嚢壁の浮腫．体重減少と3週間にわたる食欲不振で来院した5ヵ月齢の雑種犬の胆嚢の超音波像．血清肝酵素活性とビリルビン濃度は上昇しており，臨床的には肝炎の疑いがあった．超音波検査上，肝臓は低エコーで門脈壁が目立っていた．胆嚢は，"2重の壁"を持っていた．胆嚢壁は8mmの厚さであり，中央部分が低エコーで内側と外側は高エコーであった．腹水も認められた．この例では，二重に見える壁は，厚くなった壁自体が描出されており，腹水のためではなかった．診断：胆嚢壁の浮腫．

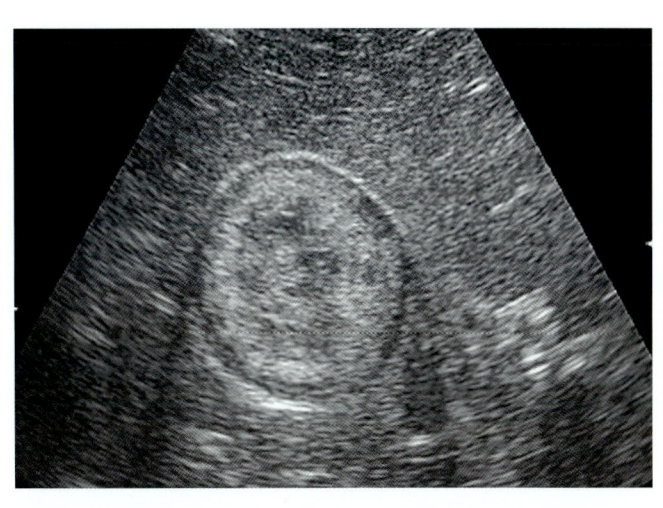

図1-38 胆嚢粘液嚢腫．2日にわたる嘔吐と腹痛で来院した8ヵ月齢の雄のローデシアン・リッジバックにおける胆嚢の超音波像．腹部のX線検査では，閉塞性のイレウスの徴候があり，超音波検査を実施した．腸重責症と診断された．さらに肝臓と腎臓は腫大しており，胆嚢の内容物は，肥厚した壁とともに複雑なエコー構造を示した．この犬は，レプトスピラ症，胆管肝炎，胆嚢粘液嚢腫と診断された（画像は，Dr.Johann Lang, Division of Radiology, Faculty of Veterinary Medicine, University of Bern, Swizerlandの好意による）．

気腫性胆嚢炎はX線検査上，肝臓の右頭腹側に透過性亢進の部位として検出される．超音波検査上は，胆嚢の管腔または壁のどちらかの中に反響エコーが認められる．こうした「汚い」シャドウは，胆石で認められる「きれいな」シャドウと鑑別することができる．

胆嚢粘液嚢腫は，胆管疾患や黄疸の動物では重要な所見であり，さまざまな超音波上の異常が認められる（図1.38）．[50] 胆嚢粘液嚢腫は破裂する可能性があり，胆汁性腹膜炎を引き起こす可能性がある．一般的には，胆嚢壁は肥厚し，複雑なエコー構造およびエコー源性の内容物が観察される．超音波検査上で腹水が認められることは，破裂と胆汁性腹膜炎が存在していることを示唆している．

1.3.7.3 閉塞性の疾患

拡張し，蛇行した総胆管および肝内胆管，胆石または胆管および胆管周囲の閉塞を検出するために超音波検査が用いられる．胆管の石，膵炎，腫瘍，肉芽腫または膿瘍などが閉塞を起こす要因となりうる．[51] 熱帯および亜熱帯の気候においては，猫の肝吸虫がその他の要因となりうる．動物が食欲がなかったり，検査の前に絶食されていたら，胆嚢は非常に大きいため，胆管の閉塞と間違わないようにするべきである．閉塞していれば，肝内胆管の前に胆嚢が腫大するが，拡張するのに数日〜数週かかる．また，総胆管は閉塞から拡張するまでに数日かかる．

肝門部や十二指腸頭側は，超音波で検査するのに難しい部位である．消化管に食物やガスが存在していることが，主な弊害の1つである．しかし，高周波の振動子を使用することで，正常な犬と猫において，十二指腸乳頭と胆管が確認できる（図1.39a,b）．そのため，胆管が見えることが，胆管閉塞の1つの基準と考えられるべきではない．正常な胆管の直径は犬では4mm，猫では3〜4mmを超えることはない．[52]

肝外胆汁うっ滞は，拡張した胆嚢と胆管によって認識される（図1.39c）．膵臓と十二指腸乳頭が超音波検査上評価され閉塞の元である（図1.39d）．膵炎だけではなく，膵臓の膿瘍，シスト，腫瘍，胆石などが胆管の機械的閉塞を引き起こす（図1.39e）．猫においては，胆管の腺癌，膵臓の腺癌，リンパ肉腫などが他の要因である．長期にわたる閉塞によって肝内胆管の拡張を引き起こす（図1.39f）．それは，超音波検査で肝臓において「血管が多すぎる」と見えることがあるが，カラードプラ検査では血流が認められない．肝臓における液体で満たされた管状の構造は，鑑別診断として，閉塞，胆管シスト，偽嚢胞，胆管嚢胞腺腫，胆管癌が挙げられる．

核シンチグラフィーと造影X線検査は，犬や猫において肝胆道系の疾患を診断するのに一般的には実施されないが，肝外胆管閉塞を診断するのに定量的な胆道シンチグラフィーが使用される．[53] さらに，テクネチウム（99 mTc）メブロフェニンを用いた核シンチグラフィーが肝臓の機能を評価するのに犬にお

38   1 診断ツール

a

b

c

d

e

f

いて期待できる.[54] 内視鏡的逆行性胆道膵管造影（endoscopic retrograde cholangio pancreatography, ERCP）は，胆道系と膵管のX線造影検査に内視鏡とX線透視検査を組み合わせたものである．この方法に熟練している技師であれば，腫大した総胆管，管内を埋めるような異常，蛇行した総胆管の流れ，主十二指腸乳頭の狭窄が，罹患した犬で同定可能であることがある．この画像検査は，特別な装置とトレーニングを必要とするが，将来的に犬において胆道系および膵臓の疾患の診断をするのに期待される.[55,56]

1.3.7.4 肝臓と胆管系の介入手順

肝臓と膵臓の細針吸引や生検のような介入手段は，動物の大きさに応じて 16 〜 18 ゲージの生検針を用いて実施する．手動式でもバネが内蔵された自動式の両方が用いられる．最近，細針吸引で採取された組織サンプルの細胞診と病理組織学検査の感度と特異性について議論の対象となっている.[57] 経皮的な true-cut 生検の前に凝固系検査を実施するべきであるが，凝固障害が臨床的に認められないのであれば，細針吸引の前には必要ない．肝臓の生検の後の併発症は非常にまれである．細胞学的および細菌学的な検査をするために経皮的な超音波ガイド下での胆汁採取が犬と猫において非常に安全に実施できる．12 mL シリンジに 22 ゲージで 1.5 インチ（3.81 cm）の針を右側の肝臓を通して使用する．または，胆嚢底への右の腹側からのアプローチも使用される.[58]

1.3.8 膵 臓

膵臓の超音波検査は，検査者に高度に依存しており，超音波検査の経験だけではなく，血管の解剖を含めた解剖をよく理解していることが，膵臓を同定し，その見た目を解釈するのに必要である．健常動物において膵臓を描出するには，高周波の振動子が必要である．胸郭が深いということだけではなく，胃腸管にガスが過剰にあると，膵臓を完全に描出するのが難しくなる．経験のある超音波技師にとってでさえ，肥満動物ではそれ以上に難しくなる．さらに，膵臓疾患のある動物は，腹痛があることが多いため，膵臓の部位に振動子を押し付けることを嫌がり，徹底的に検査するためには鎮痛が必要となることもある．

肥満していたり痛みのある動物においては膵臓を検査する他の超音波検査方法は超音波内視鏡である．超音波内視鏡を用いると，高周波の振動子を胃の中に挿入することにより，膵臓が胃を通して描出される.[59] 通常の腹部超音波検査と比較すると超音波内視鏡による画像にとって，肥満や空気が問題となることはそれほどない．筆者は，犬と猫でこの方法を用いて膵臓を常に検査することができている．

1.3.8.1 膵 炎

超音波検査は，犬の膵炎を診断するのに有益な方法であると考えられているが，膵炎の猫においてはその感度はさまざまである.[60] 急性膵炎の動物では，膵臓の実質は低エコーになり腫大する．膵臓の周囲の腸間膜は，び漫性に高エコーとなり，境界が不明瞭となる．しかし，こうした変化は猫においてはわずかである．腸間膜は炎症を起こし，腸ループはガスで拡張し，膵臓自体が超音波で描出するのが難しくなる（図 1.40）．腹部頭側では自由水が軽度から中等度に貯留していることもある．高エコーの腸間膜と合わせて，こうした変化は，限局性の腹膜炎が存在していることを示唆している．そうした場合，小腸のループとくに十二指腸は，機能性のイレウスによって拡張している．そのため，水とガスが貯留して膵臓を描出できなくなる．高周波の振動子（7.5 MHz 以上）を用いると，猫においては，数 mm の多発性の低エコーの丸い病巣が認められる．これらの所見は，結節性の過形成または拡張した膵管を示している.[61]

犬や猫において慢性膵炎の超音波上の所見は，あまり知られていない．膵炎が再発することによって，超音波検査上同定できる慢性の変化につながり，それは主に線維化による．膵臓は，不均一な様子で正常な大きさであるか腫大している．石灰化が存在し，音響陰影が認められることもある．

典型的には，膿瘍や偽嚢胞によって膵実質の空洞が生じ，無エコーまたは低エコーの空洞でおそらくは肥厚した壁を伴って検出される．細針吸引による細胞診が鑑別診断には有用である．

1.3.8.2 膵臓の腫瘍

膵臓の腫瘍は，犬でも猫でも膵炎ほど一般的ではない.[62] 神

図 1-39 a-f 胆管の超音波検査.
(a) 猫の正常な十二指腸乳頭.
(b) 犬の十二指腸乳頭に注ぎ込む正常な総胆管.
(c) 肝外胆管閉塞の犬における腫大した胆嚢と胆管.
(d) 十二指腸乳頭の部位で胆管の閉塞が生じた犬で認められた膵炎で，胆石と黄疸が認められた．
(e) 慢性の胆嚢炎と胆石の犬において胆管を閉塞する管腔内の胆石.
(f) 肝外胆管閉塞による慢性の胆汁うっ滞を示す猫における肝内胆管の囊状拡張.

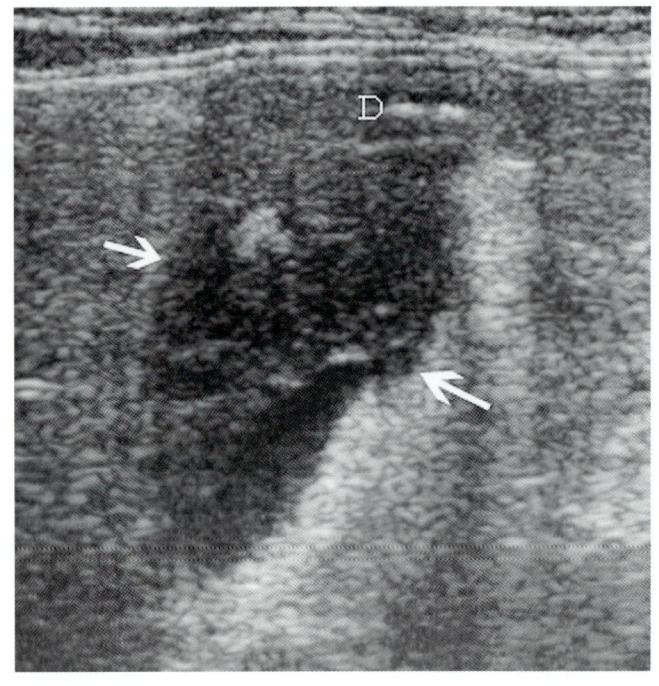

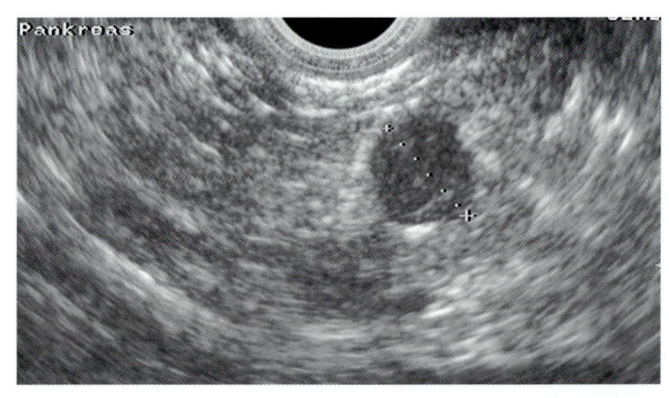

図 1-41 犬のインスリノーマ．低血糖を示した 7 歳齢の雌のベアデッド・コリーの膵臓の超音波内視鏡像．経腹的超音波検査において膵臓は正常であった．しかし，超音波内視鏡では 8.6 mm の直径で丸い低エコーの結節が同定された．結節は，外科的に除去し，病理組織学的にインスリノーマと診断された．

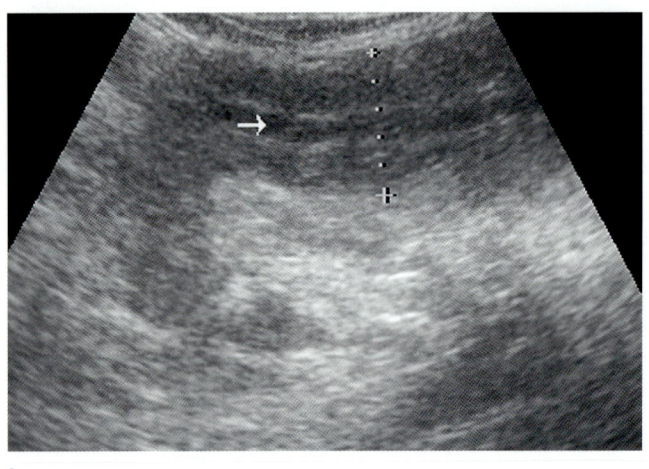

図 1-40 a, b 猫における急性膵炎．
（a）膵臓の右葉が腫脹しており（矢印），非常に低エコーである．周囲の腸間膜は高エコーであり，膵臓周囲の脂肪壊死の徴候である．D＝十二指腸．
（b）同じ猫の膵臓の左葉はより小さく低エコーである．膵管（矢印）は軽度に拡張している

経内分泌腫瘍が最も一般的な膵臓の腫瘍であり，腺癌，転移性の腫瘍がそれに続いて多い．膵炎と膵臓の腫瘍の超音波検査による鑑別は，それらの見た目が一致していることが多いため必ずしも容易ではない．[62] 両者ともリンパ節腫大が認められ，周囲の組織は多くの場合，同じように変化する．細針吸引や true-cut，腹腔鏡，外科的な生検が，確定診断には必要となることが多い．重度な化膿性膵炎でも，原発性の肝臓，膵臓，胆管の腫瘍でも多発性に臓器が冒されることがある．[62] これらの部位のどの腫瘍でも隣接する臓器に波及し，炎症や肉芽腫性の病変を刺激する．そのような場合，肝臓も膵臓も生検することが必要となる．膵臓，肝臓さらには胃，十二指腸，脾臓，リンパ節といったその他の臓器のび漫性の浸潤性の疾患は，腫瘍性疾患だけではなく，化膿性疾患および肉芽腫性疾患においても認められる．

インスリノーマや腺癌といった膵臓の腫瘍は，超音波検査で検出するのが難しく，膵結節の大きさ，胃腸管のガスの量，患者の胸郭の大きさに依存している．胃を通しての膵臓の超音波内視鏡検査は，犬において膵臓全体をより評価しやすくする（図 1.41）．[59] 筆者は，通常の腹部超音波検査によって検出できない数多くのインスリノーマを超音波内視鏡検査によって診断することができている．最近になって，CT や放射線ラベルされた白血球を用いた核シンチグラフィーは，犬や猫の膵臓を評価するのに価値が認められている．[11, 63] 正常な猫の膵臓の MRI 所見も報告されているが，臨床的な有用性についての報告はない．[64] このような方法が，膵臓の疾患を診断するのに将来的に可能性があるが，さらなる臨床データが必要である．

> 🔑 **キーポイント**
> - X 線検査と超音波検査は，犬と猫における胃腸管疾患を診断する最も価値のある診断方法のうちの 2 つである．
> - 食道を評価し，吸引性肺炎を除外するために，逆流のある患者では必ず胸部の X 線検査を実施するべきである．しかし，嚥下障害の原因を診断するためには動的な造影検査が必要となることが多い．
> - 嘔吐を示している患者においては，2 つの直交面で腹部の良質な X 線画像を撮影するべきであり，閉塞性イレウスを除外するのに重要である．X 線検査によって閉塞性の病変を除外診断できない場合は，腹部の超音波検査およびまたはバリウムによる検査を行う．
> - 黄疸を示している犬や猫において超音波検査が必要となる．肝性または肝後性の原因を検査し，超音波ガイドによる肝臓や膵臓の生検を実施する．
> - 犬と猫の両方において膵臓の診断を行うのに，腹部の超音波検査は臨床的に有用である．病変が多臓器に及んでいることを除外するために，肝臓，胆嚢，腸間膜および局所リンパ節を評価する．

参考文献

1. Mahaffey E, Barber D. The Stomach. *In:*Trall DE. *Textbook of Veterinary Diagnostic Radiology 4th ed.* WB Saunders, Philadelphia, 2002, (47): 615-638.
2. Williams J, Biller DS, Myer CW, Miyabayashi T, Leveille R. Use of iohexol as a gastrointestinal contrast agent in three dogs, five cats, and one bird. *J Am Vet Med Assoc* 1993; 202 (4): 624-627.
3. Gaschen L, Kircher P, Lang J. Endoscopic ultrasound instrumentation, applications in humans, and potential veterinary applications. *Vet Radiol Ultrasound* 2003; 44 (6): 665-680.
4. Correas JM, Bridal L, Lesavre A, Mejean A, Claudon M, Helenon O. Ultrasound contrast agents: properties, principles of action, tolerance, and artifacts. *Eur Radiol* 2001; 11 (8): 1316-1328.
5. Solbiati L, Tonolini M, Cova L, Goldberg SN. The role of contrast-enhanced ultrasound in the detection of focal liver lesions. *Eur Radiol* 2001; 11 Suppl 3: E15-E26.
6. Salwei RM, O'Brien RT, Matheson JS. Use of contrast harmonic ultrasound for the diagnosis of congenital portosystemic shunts in three dogs. *Vet Radiol Ultrasound* 2003; 44 (3): 301-305.
7. Newell SM, Graham JP, Roberts GD, Ginn PE, Greiner EC, Cardwell A, Mauragis D, Knutsen C, Harrison JM, Martin FG. Quantitative hepatobiliary scintigraphy in normal cats and in cats with experimental cholangiohepatitis. *Vet Radiol Ultrasound* 2001; 42 (1): 70-76.
8. Samii VF, Biller DS, Koblik PD. Normal cross-sectional anatomy of the feline thorax and abdomen: comparison of computed tomography and cadaver anatomy. *Vet Radiol Ultrasound* 1998; 39 (6): 504-511.
9. Samii VF, Biller DS, Koblik PD. Magnetic resonance imaging of the normal feline abdomen: an anatomic reference. *Vet Radiol Ultrasound* 1999; 40 (5): 486-490.
10. Frank P, Mahaffey M, Egger C, Cornell KK. Helical computed tomographic portography in ten normal dogs and ten dogs with a portosystemic shunt. *Vet Radiol Ultrasound* 2003; 44 (4): 392-400.
11. Jaeger JQ, Mattoon JS, Bateman SW, Morandi F. Combined use of ultrasonography and contrast enhanced computed tomography to evaluate acute necrotizing pancreatitis in two dogs. *Vet Radiol Ultrasound* 2003; 44 (1): 72-79.
12. Muleya JS, Taura Y, Nakaichi M, Nakama S, Takeuchi A. Appearance of canine abdominal tumors with magnetic resonance imaging using a low field permanent magnet. *Vet Radiol Ultrasound* 1997; 38 (6): 444-447.
13. Forster-van Hijfte MA, McEvoy FJ, White RN, Lamb CR, Rutgers HC. Per rectal portal scintigraphy in the diagnosis and management of feline congenital portosystemic shunts. *J Small Anim Pract* 1996; 37 (1): 7-11.
14. Daniel GB, Bright R, Ollis P, Shull R. Per rectal portal scintigraphy using 99mtechnetium pertechnetate to diagnose portosystemic shunts in dogs and cats. *J Vet Intern Med* 1991; 5 (1): 23-27.
15. Wyse CA, McLellan J, Dickie AM, Sutton DG, Preston T, Yam PS. A review of methods for assessment of the rate of gastric emptying in the dog and cat: 1898-2002. *J Vet Intern Med* 2003; 17 (5): 609-621.
16. Wisner ER, Mattoon JS, Nyland TG. Neck. *In: Small Animal Diagnostic Ultrasound, 2nd ed.* Philadelphia, WB Saunders, 2002; 285-304.
17. Armbrust LJ, Biller DS, Radlinsky MG, Hoskinson JJ. Ultrasonographic diagnosis of foreign bodies associated with chronic draining tracts and abscesses in dogs. *Vet Radiol Ultrasound* 2003; 44 (1): 66-70.
18. Rudorf H. Ultrasonographic imaging of the tongue and larynx in normal dogs. *J Small Anim Pract* 1997; 38 (10): 439-444.
19. Easton S. A retrospective study into the effects of operator experience on the accuracy of ultrasound in the diagnosis of gastric neoplasia in dogs. *Vet Radiol Ultrasound* 2001; 42 (1): 47-50.
20. Penninck D, Matz M, Tidwell A. Ultrasonography of gastric ulceration in the dog. *Vet Radiol Ultrasound* 1997; 38 (4): 308-312.
21. Penninck DG, Moore AS, Gliatto J. Ultrasonography of canine gastric epithelial neoplasia. *Vet Radiol Ultrasound* 1998; 39 (4): 342-348.
22. Richter KP. Feline gastrointestinal lymphoma. *Vet Clin North Am (Small Anim Pract)* 2003; 33 (5): 1083-98.
23. Goggin JM, Hoskinson JJ, Kirk CA, Jewell D, Butine MD. Comparison of gastric emptying times in healthy cats simultaneously evaluated with radiopaque markers and nuclear scintigraphy. *Vet Radiol Ultrasound* 1999; 40 (1): 89-95.

24. Agut A, Sanchezvalverde MA, Torrecillas FE, Murciano J, Laredo FG. Iohexol as a gastrointestinal contrast-medium in the cat. *Vet Radiol Ultrasound* 1994; 35 (3): 164-168.
25. Lester NV, Roberts GD, Newell SM, Graham JP, Hartless CS. Assessment of barium impregnated polyethylene spheres (BIPS (R)) as a measure of solid-phase gastric emptying in normal dogs-comparison to scintigraphy. *Vet Radiol Ultrasound* 1999; 40 (5): 465-471.
26. Armbrust LJ, Hoskinson JJ, Lora-Michiels M, Milliken GA. Gastric emptying in cats using foods varying in fiber content and kibble shapes. *Vet Radiol Ultrasound* 2003; 44 (3): 339-343.
27. Goggin JM, Hoskinson JJ, Butine MD, Foster LA, Myers NC. Scintigraphic assessment of gastric emptying of canned and dry diets in healthy cats. *Am J Vet Res* 1998; 59 (4): 388-392.
28. Detweiler DA, Biller DS, Hoskinson JJ, Harkin KR. Radiographic findings of canine dysautonomia in twenty-four dogs. *Vet Radiol Ultrasound* 2001; 42 (2): 108-112.
29. An YJ, Lee H, Chang D, Lee Y, Sung JK, Choi M, Yoon J. Application of pulsed Doppler ultrasound for the evaluation of small intestinal motility in dogs. *J Vet Sci* 2001; 2 (1): 71-74.
30. Penninck D, Mitchell SL. Ultrasonographic detection of ingested and perforating wooden foreign bodies in four dogs. *J Am Vet Med Assoc* 2003; 223 (2): 206-9, 196.
31. Penninck D, Smyers B, Webster CR, Rand W, Moore AS. Diagnostic value of ultrasonography in differentiating enteritis from intestinal neoplasia in dogs. *Vet Radiol Ultrasound* 2003; 44 (5): 570-575.
32. Paoloni MC, Penninck DG, Moore AS. Ultrasonographic and clinicopathologic findings in 21 dogs with intestinal adenocarcinoma. *Vet Radiol Ultrasound* 2002; 43 (6): 562-567.
33. Graham JP, Newell SM, Roberts GD, Lester NV. Ultrasonographic features of canine gastrointestinal pythiosis. *Vet Radiol Ultrasound* 2000; 41 (3): 273-277.
34. Diana A, Pietra M, Guglielmini C, Boari A, Bettini G, Cipone M. Ultrasonographic and pathologic features of intestinal smooth muscle hypertrophy in four cats. *Vet Radiol Ultrasound* 2003; 44 (5): 566-569.
35. Delaney F, O'Brien RT, Waller K. Ultrasound evaluation of small bowel thickness compared to weight in normal dogs. *Vet Radiol Ultrasound* 2003; 44 (5): 577-580.
36. Penninck D, Smyers B, Webster CR, Rand W, Moore AS. Diagnostic value of ultrasonography in differentiating enteritis from intestinal neoplasia in dogs. *Vet Radiol Ultrasound* 2003; 44 (5): 570-575.
37. Penninck DG. Characterization of gastrointestinal tumors. *Vet Clin North Am (Small Anim Pract)* 1998; 28 (4): 777-797.
38. Grooters AM, Biller DS, Ward H et al. Ultrasonographic appearance of feline alimentary lymphoma. *Vet Radiol Ultrasound* 1994; 35: 468.
39. Kircher P, Lang J, Blum J, Gaschen F, Doherr M, Sieber C, Gaschen L. Influence of food composition on splanchnic blood flow during digestion in unsedated normal dogs: a Doppler study. *Vet J* 2003; 166 (3): 265-272.
40. Kircher P, Spaulding KA, Vaden S, Lang J, Gaschen L. Doppler investigations of gastrointestinal blood flow in a canine model of food allergy. *J Vet Intern Med* 2004; 18: 605-611.
41. Newell SM, Selcer BA, Girard E, Roberts GD, Thompson JP, Harrison JM. Correlations between ultrasonographic findings and specific hepatic diseases in cats: 72 cases (1985-1997). *J Am Vet Med Assoc* 1998; 213 (1): 94-98.
42. Ramirez S, Douglass JP, Robertson ID. Ultrasonographic features of canine abdominal malignant histiocytosis. *Vet Radiol Ultrasound* 2002; 43 (2): 167-170.
43. Biller DS, Kantrowitz B, Miyabayashi T. Ultrasonography of diffuse liver disease. A review. *J Vet Intern Med* 1992; 6 (2): 71-76.
44. Yeager AE, Mohammed H. Accuracy of ultrasonography in the detection of severe hepatic lipidosis in cats. *Am J Vet Res* 1992; 53 (4): 597-599.
45. Szatmari V, van Sluijs FJ, Rothuizen J, Voorhout G. Ultrasonographic assessment of hemodynamic changes in the portal vein during surgical attenuation of congenital extrahepatic portosystemic shunts in dogs. *J Am Vet Med Assoc* 2004; 224 (3): 395-402.
46. White RN, Macdonald NJ, Burton CA. Use of intraoperative mesenteric portovenography in congenital portosystemic shunt surgery. *Vet Radiol Ultrasound* 2003; 44 (5): 514-521.
47. Thompson MS, Graham JP, Mariani CL. Diagnosis of a porto-azygous shunt using helical computed tomography angiography. *Vet Radiol Ultrasound* 2003; 44 (3): 287-291.
48. Leen E. The role of contrast-enhanced ultrasound in the characterisation of focal liver lesions. *Eur Radiol* 2001; 11 Suppl 3: E27-E34.
49. Hittmair KM, Vielgrader HD, Loupal G. Ultrasonographic evaluation of gallbladder wall thickness in cats. *Vet Radiol Ultrasound* 2001; 42 (2): 149-155.
50. Besso JG, Wrigley RH, Gliatto JM, Webster CRL. Ultrasonographic appearance and clinical findings in 14 dogs with gallbladder mucocele. *Vet Radiol Ultrasound* 2000; 41 (3): 261-271.
51. Fahie MA, Martin RA. Extrahepatic biliary-tract obstruction − A retrospective study of 45 cases (1983-1993). *J Am Anim Hosp Assoc* 1995; 31 (6): 478-482.
52. Leveille R, Biller DS, Shiroma JT. Sonographic evaluation of the common bile duct in cats. *J Vet Intern Med* 1996; 10 (5): 296-299.
53. Boothe HW, Boothe DM, Komkov A, Hightower D. Use of hepatobiliary scintigraphy in the diagnosis of extrahepatic biliary obstruction in dogs and cats − 25 Cases (1982-1989). *J Am Vet Med Assoc* 1992; 201 (1): 134-141.
54. Matwichuk CL, Daniel GB, Denovo RC, Schultze AE, Schmidt DE, Creevy KE. Evaluation of plasma time-activity curves of technetium-99m-mebrofenin for measurement of hepatic function in dogs. *Vet Radiol Ultrasound* 2000; 41 (1): 78-84.
55. Spillmann T, Schnell-Kretschmer H, Dick M, Grondahl KA, Lenhard TC, Rust SK. Endoscopic retrograde cholangio-pancreatography in dogs with chronic gastrointestinal problems. *Vet Radiol Ultrasound* 2005; 46 (4): 293-299.
56. Spillmann T, Happonen I, Kahkonen T, Fyhr T, Westermarck E. Endoscopic retrograde cholangio-pancreatography in healthy Beagles. *Vet Radiol Ultrasound* 2005; 46 (2): 97-104.
57. Cole TL, Center SA, Flood SN, Rowland PH, Valentine BA, Warner KL, Erb HN. Diagnostic comparison of needle and wedge biopsy specimens of the liver in dogs and cats. *J Am Vet Med Assoc* 2002; 220 (10): 1483-1490.
58. Savary-Bataille KCM, Bunch SE, Spaulding KA, Jackson MW, MacLaw J, Stebbins ME. Percutaneous ultrasound-guided cholecystocentesis in healthy cats. *J Vet Intern Med* 2003; 17 (3): 298-303.
59. Morita Y, Takiguchi M, Yasuda J, Kitamura T, Syakalima M, Eom KD, Hashimoto A. Endoscopic ultrasonography of the pancreas in the dog. *Vet Radiol Ultrasound* 1998; 39 (6): 552-556.
60. Saunders HM, VanWinkle TJ, Drobatz K, Kimmel SE, Washabau RJ. Ultrasonographic findings in cats with clinical, gross pathologic, and histologic evidence of acute pancreatic necrosis:

60. Head LL, Daniel GB, Tobias K, Morandi F, Denovo RC, Donnell R. Evaluation of the feline pancreas using computed tomography and radiolabeled leukocytes. *Vet Radiol Ultrasound* 2003; 44 (4): 420-428.
61. Wall M, Biller DS, Schoning P, Olsen D, Moore LE. Pancreatitis in a cat demonstrating pancreatic duct dilatation ultrasonoraphically. *J Am Anim Hosp Assoc* 2001; 37 (1): 49-53.
62. Bennett PF, Hahn KA, Toal RL, Legendre AM. Ultrasonographic and cytopathological diagnosis of exocrine pancreatic carcinoma in the dog and cat. *J Am Anim Hosp Assoc* 2001; 37 (5): 466-473.
63. Head LL, Daniel GB, Tobias K, Morandi F, Denovo RC, Donnell R. Evaluation of the feline pancreas using computed tomography and radiolabeled leukocytes. *Vet Radiol Ultrasound* 2003; 44 (4): 420-428.
64. Newell SM, Graham JP. Roberts GD et al.Quantitative megnetic resob\nance imaging of the normal feline cranial abdomen. *Vet Radiol Ultrasound* 2000;41:27-34

1.4　臨床検査

1.4.1　胃の疾患の臨床評価

Jan S. Suchodolski

1.4.1.1　はじめに

日常的に行うような臨床検査で，胃の疾患に特異的な所見が得られることはないが，胃の疾患の臨床症状を有する患者に対してはそれらの検査を常に実施すべきである．それによって同様の臨床症状を引き起こすような状態や胃に影響を及ぼすような全身的な疾患を除外する（例：腎不全）．充填血球容積（PCV）および血清総蛋白（TP）を測定することで，胃潰瘍のある患者における血液および蛋白の漏出を，また嘔吐のある患者における脱水の程度を評価することができる．胃潰瘍のある動物では再生性貧血や血清総蛋白濃度の低下がみられる可能性がある．慢性的な嘔吐は電解質（主にナトリウムとカリウム）の喪失を招き，酸-塩基平衡の乱れ（代謝性アルカローシスもしくはアシドーシス）を招く可能性がある．胃の腫瘍を有する動物では貧血，低血糖，肝酵素の上昇がみられる可能性がある．

胃の内視鏡は現在胃の疾患の診断の黄金律となっている（1.5参照）．近年，胃の疾患を診断するいくつかの検査法が発達してきている．しかしながら，現段階ではそれらの新しい検査法のほとんどが主に研究段階で用いられているにすぎない．

1.4.1.2　寄生虫感染の評価

猫胃虫（*Ollulanus tricuspis*）は吐瀉物を顕微鏡で観察することで検出することができる．猫および犬胃虫（*Physaloptera rara*）の虫卵は糞便塗抹もしくは糞便の沈渣で検出することができる．[1]

ヘリコバクター属（*Helicobacter* spp.）を分離するための細菌培養はあまり有用ではない．胃の内視鏡により胃の病変を直接的に目視することができ，また間接的にそれらの生物を検出するための採材も行うことができる．ヘリコバクター属は胃の内視鏡によって得られた生検材料を用いて病理組織学的手法（Warthin Starry もしくは modified-Steiner 染色），免疫組織化学的手法，ポリメラーゼ連鎖反応法（PCR法）もしくは迅速ウレアーゼテストの手法を用いて検出することができる．[2] また，細胞診用ブラシを用いて胃粘膜の押印塗抹を作成することもできる．ブラシはスライドグラスの上を転がすように押印し，そのスライドグラスをメイ・グリュンワルド・ギムザ（May-Grunwald-Giemsa），グラムもしくは Diff-Quick のいずれかの方法で染色する．[2] 多くの動物ではヘリコバクター属はまばらに分布しているため，生検材料や押印塗抹材料を胃の複数箇所から採材することが重要である．[3]

ヘリコバクター属の感染を検出する最も侵襲性が低い方法はとても簡便ではあるが，胃の疾患の存在を証明することはできないという制限がある．血清抗ヘリコバクター属抗体の検出は比較的感度が低い．加えて，抗体はヘリコバクターを除菌した後も 6ヵ月間に渡って循環しており，このような抗体検査は治療効果の判定には用いることはできない．[4] ^{13}C-尿素呼気もしくは血液検査は，ヘリコバクター属の代謝活性に基づいた検査である．[5] ヘリコバクターはウレアーゼという酵素を産生し，この酵素は経口的に摂取された ^{13}C-尿素の代謝を触媒する．^{13}C は尿素から遊離し，$^{13}CO_2$ へと取り込まれ，呼気でも血液サンプルでも定量できるようになる．[5] この検査は診断にも治療効果判定にも用いることができるが，現段階で商業的に取り扱われてはいない．

1.4.1.3　スクロース透過性試験

胃の透過性増大はヒトの胃潰瘍，NSAID もしくはヘリコバクターピロリ関連性胃炎に伴って認められる．胃の透過性は従来，放射活性マーカー（^{51}Cr-EDTA）を用いて評価されてきた．それに代わって，二糖スクロースが胃の透過性の特異的非放射性マーカーとして用いられるようになった．[6] 経口的に投与されたスクロースは大きすぎて正常な胃の粘膜を通過できない．そのためスクロースの濃度が尿中（犬，猫で実証済み）や血清（犬のみで実証済み）で増加していれば，それは胃の透過性が亢進している指標となり，胃の粘膜傷害を強く示唆する．

1.4.1.4　侵襲性が最も低い胃の疾患のマーカー

ヒトの血清ガストリン濃度を測定するために開発された方法を用いて，犬よび猫の血清ガストリン濃度を測定することが可

能である．ガストリンは非常に不安定であるため，血清は迅速に血球から分離し，凍結し，冷凍輸送する必要がある．犬において24時間絶食後の血清ガストリン濃度が参考値の上限の10倍以上に上昇していればガストリノーマの疑いが示唆されている．しかしながらこの示唆は，ヒトにおいて萎縮性胃炎がしばしば血清ガストリン濃度の中程度の上昇の原因となっていることに基づいたものである．一方，犬における萎縮性胃炎はノルウェジアン・ルンデフンドで報告されているのみであり，また犬において血清ガストリン濃度を上昇させるようなその他の疾患は容易に除外することができる．しかしながら，もし結果がはっきりとしないならば，セクレチン刺激試験を行うべきである（9.4参照）．

C-反応性蛋白は非常に高感度だが非特異的な炎症マーカーである．実験的に引き起こした胃粘膜の傷害の程度とよく相関する．[7] また，血漿乳酸濃度の上昇（＞6.0 mmol/L）は，犬の胃拡張-捻転症候群の術後生存期間の予後不良因子となる．[8] 血漿乳酸濃度と長期生存期間との関連性を評価するさらなる研究が望まれる．免疫反応性ペプシノゲンの測定は犬の胃炎を診断する研究ツールとして有用であるが，自然発症の個別の患者における診断的価値はない．[9]

1.4.1.5 胃液の分析

獣医療においては胃液の分析を行うことはまれである．それは手技が複雑であることと標準化がなされていないことに起因している．また，胃液の分析は内視鏡所見や病理組織学的所見と関連性が乏しい．胃液のpHや塩酸およびペプシンの濃度はベースラインでもペンタガストリン刺激後でも評価可能である．胃十二指腸逆流は胆汁に排泄される放射活性マーカーを用いて証明することができる．[10]

1.4.1.6 胃排出時間の評価

シンチグラフィーが現在のところ胃排出時間の評価における黄金律となっているが，放射活性マーカーを用いる必要がある．それに代わってバリウムを染み込ませたポリエチレンボール（BIPS）などの放射線不透過性マーカーを用いることもできる．これらのマーカーは，胃からの排出時間がボールそのものの大きさに依存し，固形もしくは液状の食物のどちらか一方の胃からの排出を示しているにすぎない，などといったデメリットがある．[11] 近年，犬猫における胃排出時間評価法として^{13}C-オクタン酸呼気試験が紹介された．[12] これらの試験はさまざまな食物を^{13}C-オクタン酸で標識することを可能とした．^{13}C-オクタン酸は中鎖脂肪酸であり，十二指腸で吸収され，肝臓で酸化され，そこで^{13}Cが遊離する．呼気中の$^{13}CO_2$の上昇は胃からの排出が起こったことを意味する．

🔑 キーポイント

- 普段行うような臨床検査は胃の疾患に対しての特異性はないが，胃の疾患と同様の臨床症状を呈するような他の疾患や胃に影響を及ぼすような全身性の疾患を除外するために実施されるべきである．
- 現在のところ胃の疾患に特異的な臨床検査は存在しない．
- 胃内視鏡は現在のところ胃の疾患の確定診断を下す黄金律である．

参考文献

1. Hasslinger MA. Der Magenwurm der Katze, Ollulanus tricuspis (Leuckart, 1865) - zum gegenwärtigen Stand der Kenntnis. *Tierärztl Prax* 1985; 13: 205-215.
2. Happonen I, Saari S, Castren L et al. Comparison of diagnostic methods for detecting gastric Helicobacter-like organisms in dogs and cats. *J Comp Pathol* 1996; 115: 117-127.
3. Neiger R, Simpson KW. Helicobacter infection in dogs and cats: Facts and fiction. *J Vet Intern Med* 2000; 14: 125-133.
4. Strauss-Ayali D, Simpson KW, Schein AH et al. Serological discrimination of dogs infected with gastric Helicobacter spp. and uninfected dogs. *J Clin Microbiol* 1999; 37: 1280-1287.
5. Cornetta AM, Simpson KW, Strauss-Ayali D et al. Use of a 13C-urea breath test for detection of gastric infection with Helicobacter spp. in dogs. *Am J Vet Res* 1998; 59: 1364-1369.
6. Meddings JB, Kirk D, Olson ME. Non-invasive detection of canine NSAID-gastropathy. *Am J Vet Res* 1995; 56: 977-981.
7. Otabe K, Ito T, Sugimoto T et al. C-reactive protein (CRP) measurement in canine serum following experimentally-induced acute gastric mucosal injury. *Lab Anim* 2000; 34: 434-438.
8. dePapp E, Drobatz KJ, Hughe, D. Plasma lactate concentration as a predictor of gastric necrosis and survival among dogs with gastric dilatation-volvulus: 102 cases (1995-1998). *J Am Vet Med Assoc* 1999; 215(1), 49-52.
9. Suchodolski JS, Steiner JM, Ruaux CG, Willard MD, Davis MS, Williams DA. Concentrations of serum pepsinogen A (cPG A) in dogs with gastric lesions. *J Vet Intern Med* 2002; 16: 384 (abstract).
10. Happé RP, Van den Brom WE, Van der Gaag I. Duodenogastric reflux in the dog, a clinicopathological study. *Res Vet Sci* 1982; 33: 280-286.
11. Lester NV, Roberts GD, Newell SM et al. Assessment of barium

impregnated polyethylene spheres (BIPS) as a measure of solid-phase gastric emptying in normal dogs - comparison to scintigraphy. *Vet Radiol Ultrasound* 1999; 40:465-471.

12. Wyse CA, Preston T, Love S et al. Use of the 13C-octanoic acid breath test for assessment of solid-phase gastric emptying in dogs. *Am J Vet Res* 2001; 62: 1939-1944.

1.4.2　腸管疾患の臨床検査

Graig G. Ruaux

1.4.2.1　はじめに

　消化管の大部分には到達することができず直接的な検査を行うことができないため，腸管疾患の臨床的検査や確定診断は困難である．消化管の内視鏡検査は明瞭な病変，粘膜や構造の肉眼的な変化に関して情報を得ることができるが，内視鏡には高価な装置が必要であり，高度な訓練，そして患者への全身麻酔が必要となる．消化管の組織学的検査は一般的に腸管疾患の診断における黄金律であると考えられているが，消化管病理組織切片の解釈に関する系統だった統一見解は未だ報告されていない．最近の研究では，診断医によって病理組織学的解釈が大きく異なっており，腸管の病理組織学的所見に基づいた診断の信頼性や一貫性が疑問視されている．[1]

　消化管の臨床試験（検査室検査）は，内視鏡や試験的腹腔鏡に伴う病理組織検査と比較して安価で侵襲性も低い．そのため多くの臨床家は，より侵襲性の高い検査に進む前に，いくつかの消化管の臨床試験を実施する．

　第5章の5.1で示したように，消化管は全体として5つの主要な機能を持っている．分泌，消化，吸収，運動そしてバリア機能である．最初に小腸において液体，イオン，酵素の分泌，栄養素の消化と吸収が起きる．大腸は水とイオンの吸収が起きる主要な部位である．腸管疾患の臨床症状は，これらの主要な機能の1つもしくはいくつかが変化する，あるいは乱れることによって引き起こされる．消化や吸収の低下，もしくは液体分泌の増加は，腸管疾患の特徴的な徴候の1つである下痢を引き起こす．

　消化管の正常な機能は健常な上皮の存在に依存する．消化管上皮の機能の大半は，通常の病理組織学的な手法では評価することのできない，刷子縁の微絨毛や細胞間密着結合などの細胞内構造分子に依存している．

　消化管粘膜の機能評価の手法が比較的最近になって発達し，報告されている．評価される機能として一般的なものは粘膜のバリア機能，吸収能力といった機能のみである．消化管の吸収能力は血清コバラミンや葉酸濃度を測定することによって，また糖質プローブを使った消化管機能試験で評価することができる．消化管のバリア機能は糞便中 α_1-蛋白分解酵素阻害物質濃度によって，また糖質プローブを用いた透過性試験によって評価することができる．消化管運動性はX線または超音波などを使って評価することができるが，分泌や消化などの機能は非侵襲的な方法で簡便に評価することはできない．

1.4.2.2　血清コバラミンおよび葉酸濃度

　コバラミン（ビタミン B_{12}）および葉酸は水溶性ビタミンであり，吸収のメカニズムおよび部位が特異的であるため，そこから小腸粘膜や小腸内の現在の細菌叢に関する情報を得ることができる．

　コバラミンはコバルトを含有するビタミンであり，細菌のみがこれを合成している．真核生物はこの物質を合成することができず，そのためこのビタミンは不可欠なものとなっている．コバラミンの由来はほぼ全てが細菌であるが，伴侶動物における食事由来のコバラミンは主に動物性蛋白質複合体に依存している．市販の食物はコバラミンが強化されており，これらの食物を食べているペットにおいては，食事に起因するコバラミンの欠乏は極めて起こりにくい．手作りの食物であっても通常は動物性蛋白質をベースにしたものであるため，ほとんどの場合，十分な量のコバラミンを供給することができる．このように食事に起因するコバラミン欠乏は起こりにくく，血清コバラミン濃度の変化はその動物の消化管におけるコバラミンの吸収能の変化に依存していることがほとんどである．それゆえ，血清コバラミン濃度は消化管疾患の指標として用いることができる．

　コバラミンは，受容体を介した機構で複合体として吸収される（図1.42）．食物性のコバラミンは，最初は食物中の蛋白質と複合体を形成しており，ペプシノーゲンと胃酸の作用により胃で遊離する．コバラミンは急速に胃および唾液中のR-蛋白質と結合し，この蛋白質はコバラミンを十二指腸へと運搬する．十二指腸では，R-蛋白質-コバラミン複合体は膵臓由来の蛋白分解酵素にて分解され，遊離したコバラミンは新たに別の輸送蛋白質である内因子と結合する．内因子の産生および分泌部位は動物種ごとに異なる．ヒトでは，内因子は胃粘膜から主に産生される一方，犬では胃と膵臓両方から産生される．[2] 猫において内因子はもっぱら膵臓の外分泌腺で産生される．[3,4]

　現時点で調べられている全ての動物種において，コバラミンが最終的に吸収される部位は回腸である．非常に特異性の高いコバラミン-内因子複合体受容体が回腸の腸粘膜細胞に発現している．コバラミンはたとえ経口的に高用量で投与されても，内因子と結合していなければ容易には吸収されない．

　膵外分泌腺は猫においては内因子を産生する唯一の，そして

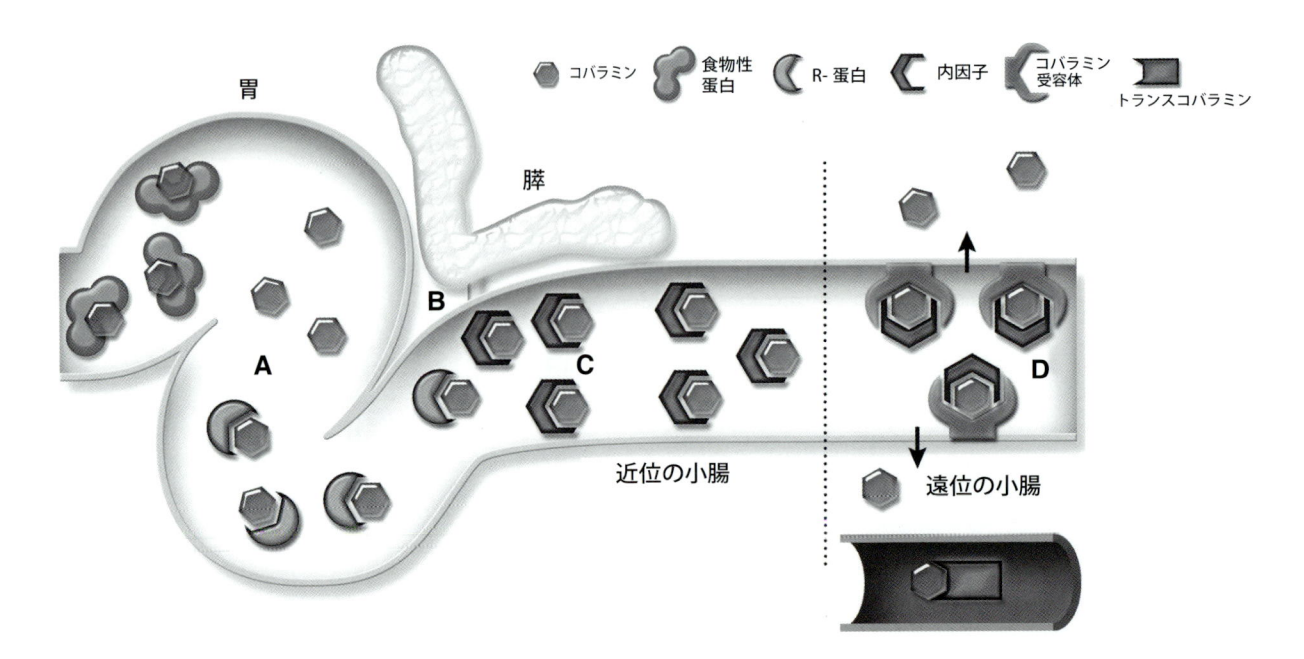

図1.42 コバラミンの吸収．食物性のコバラミンは食物性の蛋白と結合する．胃において，ペプシンと塩酸は食物性蛋白を変性させ，コバラミンを遊離させる（A）．コバラミンは胃の粘膜で合成されるR-蛋白とすぐに結合する．十二指腸では膵臓の蛋白分解酵素がR-蛋白を分解し，コバラミンが遊離する．遊離コバラミンは十二指腸で内因子と結合する（B）．犬およびヒトでは，内因子は胃と膵臓で合成されるが，猫では内因子の99％が膵外分泌腺で合成される．残ったコバラミンも近位の小腸を通過するまでの間に内因子と結合する（C）．遠位の小腸において，コバラミン/内因子複合体は回腸の腸細胞にのみ認められる特異的な受容体によって吸収される（D）．これらの腸細胞はコバラミン/内因子複合体を処理し，コバラミンを循環中に放出する．そこで最終的な結合蛋白（トランスコバラミン）複合体ビタミンとなり，細胞内へと運ばれる．

犬においても重要な部位であるため，コバラミン欠乏の犬そして特に猫において膵外分泌不全（EPI）の関与がしばしば認められる．そのため，消化器症状を呈し，血清コバラミン濃度の低下が認められる症例においては膵外分泌不全を除外すべきである（1.4.4参照）．[5]

その他に，小腸におけるコバラミンの吸収を低下させる2つの主要な要因として，粘膜の吸収能力の低下，そして消化管内微生物によるコバラミンの過剰利用があげられる．消化管内に一般的に存在するいくつかの細菌種，特に特定の種類のクロストリジウム属およびバクテロイデス属は内因子と結合した後のコバラミンを吸収し，利用することができる．正常な消化管内細菌叢を持つ健常な個体では，生体および消化管内細菌の必要とするコバラミン量が食物によって十分に供給されている．もし消化管内の細菌，特にクロストリジウム属やバクテロイデス属の細菌が小腸の近位の部分で増殖したら，利用可能なコバラミン（内因子と結合したコバラミン）に関して消化管内細菌は宿主である生体と効率よく競合し，最終的には宿主の血清コバラミン濃度の低下を招く．

回腸粘膜の疾患はコバラミン-内因子複合体受容体の発現を減少させる．この受容体の減少により，回腸における粘膜からのコバラミンの取り込みが減少し，コバラミン吸収不全を招き，体内での貯蓄コバラミンが枯渇し，最終的には血清コバラミン濃度が低下する．同様のことはび漫性の消化管疾患がその進行に伴って回腸を侵せば起こりうる．コバラミンは正常では腸管循環している．胃腸の疾患では，胆汁中に排出されたコバラミンの腸における再吸収能が低下しており，コバラミンの循環における半減期は，特に猫において劇的に短縮する．[6]

血清コバラミン濃度は診断的に重要なだけではない．コバラミンは多くの細胞の機能に必要不可欠であり，コバラミンの欠乏は，粘膜への炎症細胞浸潤，絨毛の萎縮，コバラミンの吸収不全など消化管の異常を招くのみならず，末梢性および中枢性神経障害や免疫不全などの全身症状を引き起こす．そのため，コバラミン欠乏の患者はコバラミンの補充なしには原疾患に対する治療に反応しないことがあり，血清コバラミン濃度の測定はこういった患者に対する合理的な治療法を計画する上で重要である．

葉酸吸収の正常な機構を図1.43に示す．食物中の葉酸のほとんどは吸収の悪いポリグルタミン酸塩の形で存在する．十二指腸の葉酸脱共役酵素によって多くのグルタミン酸塩が取り除かれ，モノグルタミン酸型葉酸となる．そうして小腸上部の葉

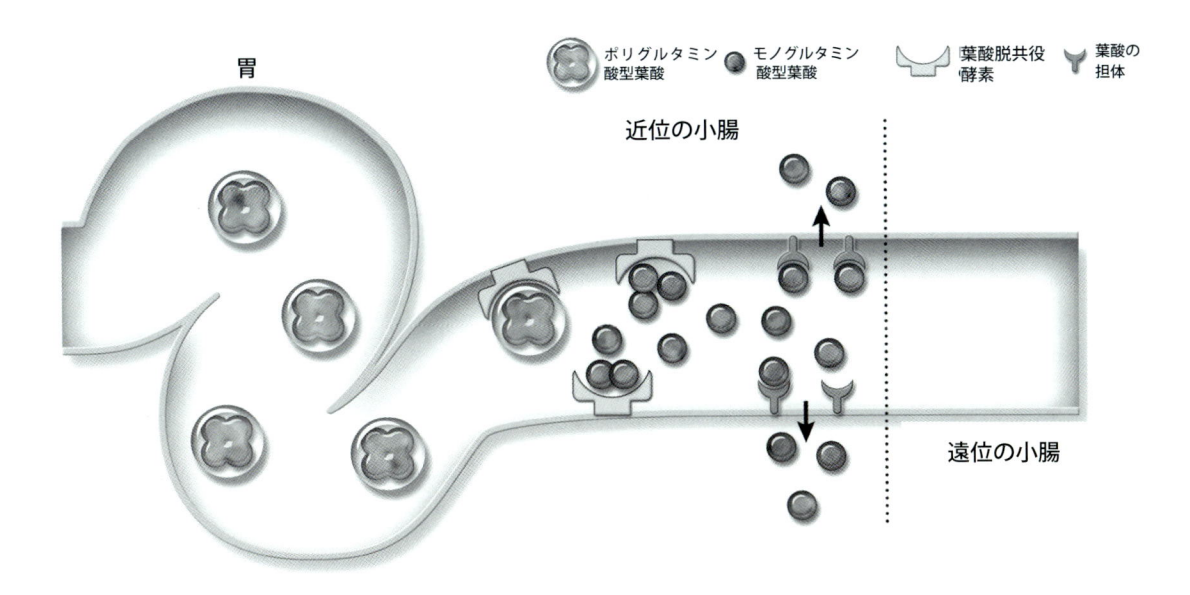

図 1.43 葉酸の吸収．食物性の葉酸はほぼ全てポリグルタミン酸型として消化管の中に入る．小腸上部の刷子縁酵素である葉酸脱共役酵素によって，ポリグルタミン酸型葉酸がモノグルタミン酸型葉酸へと分解される．近位小腸の腸細胞に存在する葉酸特異的担体によって，モノグルタミン酸型葉酸が吸収される．脱共役酵素も葉酸の担体もその存在は近位小腸に限られている．遠位小腸や結腸では葉酸はほとんど吸収されない．

酸特異的な担体がモノグルタミン酸型葉酸を吸収する．

消化管の疾患は，その存在する病態の種類によって血清中の葉酸濃度を増加させることも減少させることもある．小腸上部の粘膜疾患もしくは小腸上部を含むび漫性の腸疾患では，ポリグルタミン酸型葉酸の脱共役の減少，もしくは葉酸の担体となる蛋白の減少などにより，葉酸の吸収が低下する．また，多くの消化管内細菌，特に下部消化管に存在する細菌は葉酸を合成することができる．これらの微生物は消化管内に過剰な葉酸を放出する．それゆえ，小腸内における過剰な細菌の増殖は血清中葉酸濃度を上昇させる．[7]

慢性的な下痢を呈している患者において，特に臨床徴候と病歴から小腸疾患が疑われるような症例を評価する際に，血清コバラミン濃度および葉酸濃度の測定は臨床的に適応となる．血清コバラミン濃度および血清葉酸濃度に変化がみられた際に考慮に入れるべき鑑別疾患を表 1.8 に示した．膵外分泌不全を除外するために，血清トリプシン様免疫活性濃度を同時に測定することが強く推奨される．赤血球の細胞内葉酸濃度は極めて高いため，誤った結果を招かぬよう血清葉酸濃度測定用のサンプルは溶血を避けるべきである．

1.4.2.3　消化管からの蛋白喪失の評価

多くの小腸疾患は消化管管腔内への蛋白質の喪失を引き起こす．その例として，炎症性腸疾患，リンパ腫などといった粘膜/粘膜下織への浸潤性の疾患，リンパ管排出異常（リンパ管拡張症）などがあげられる．消化管内への蛋白質の喪失は患者にとって深刻な代謝産物の漏出であり，細菌の増殖に利用可能な基質が増加することにより消化管内の細菌数を変化させる可能性がある．小腸における過剰な蛋白質の喪失は，血漿膠質浸透圧の低下を招き，腹水や胸水の貯留，浮腫などといった全身的な病態を引き起こす．

小腸管腔内への蛋白質の喪失の評価は，消化管の消化機能や細菌の蛋白分解酵素が存在するため困難である．アルブミンは血漿膠質浸透圧を担う主要な要素であるため，消化管内へのアルブミンの喪失を測定することは重要である．困ったことに，消化管内においてアルブミンは生体自身の蛋白分解酵素や細菌の持つ蛋白分解酵素によって速やかに分解されてしまう．それゆえ，糞便中や消化管内容物のアルブミンを正確に測定することは不可能である．

消化管におけるアルブミンの喪失を評価する従来の黄金律は，^{51}CR-EDTA テストである．[8] EDTA に結合した放射活性を持つクロムを患者に経口的に投与すると，循環している血漿蛋白と結合するが，その大部分はアルブミンである．72 時間以上経過した後の糞便を採取し，糞便中の放射活性を測定することにより，消化管内における総蛋白喪失量を測定することができる．この手法は方法論として煩雑であり，放射性物質および放射性排泄物の取り扱いに関する安全性にも配慮する必要があるうえ，高価である．したがってこの試験は通常は企業や研究レベルで行われているのみである．

表 1.8 消化管疾患をもつ小動物における血清中コバラミンおよび葉酸濃度の解釈

		血清コバラミン		
		上昇	正常	低下
血清葉酸	上昇	■ 小腸上部における細菌数の増加 ■ 小腸内細菌過剰増殖症を考慮	■ 小腸上部における細菌数の増加 ■ 小腸内細菌過剰増殖症を考慮	■ 小腸内細菌過剰増殖症もしくは回腸粘膜疾患 ■ EPIの除外のため血清TLI濃度を測定する
	正常	■ 血清コバラミンが上昇しており血清葉酸が正常な場合は特に意義はない	■ 血清コバラミンおよび葉酸が正常であっても小腸疾患を除外はできない	■ 空腸粘膜疾患
	低下	■ 小腸上部における疾患 ■ IBD，リンパ腫，もしくは真菌疾患を考慮	■ 小腸上部における疾患 ■ IBD，リンパ腫，もしくは真菌疾患を考慮	■ び漫性粘膜疾患 ■ IBD，リンパ腫，もしくは真菌疾患を考慮

　α_1-蛋白分解酵素阻害剤（α_1-PI）は分子量や分子の大きさがアルブミンと類似した血清蛋白質であり，それゆえアルブミンと同様の比率で消化管内へと失われる．この蛋白質は蛋白分解酵素阻害物質であるため，消化管における蛋白分解に耐えることができ，分解されずに糞便中へと排泄される．[9] α_1-PIを糞便中から抽出すれば，酵素免疫測定法（ELISA法）を用いて測定することができる．α_1-PIに対する動物種特異的な測定法は犬と猫で利用可能である（www.cvm.tamu.edu/gilab）．

　α_1-PIの喪失は24時間の全ての糞便を収集し，完全にホモジナイズして抽出してから，測定するのが理想的である．しかしながら臨床の現場ではそれを実行することは不可能である．そのため，最近では1グラムずつ3つのサンプルを異なった排便時に採取する方法が推奨されている．サンプルを採取してから検査室に持っていくまでの間，サンプルを凍結させておくことが重要である．そして3つのサンプルにおける糞便中のα_1-PIの平均および最大濃度を測定する．本稿を書いている時点では，犬において平均α_1-PI濃度が$\geq 9.4\,\mu g/g$であれば，またはサンプルのうち1つでも$\geq 15\,\mu g/g$を示したら，蛋白喪失性胃腸症が疑われると考えられている．糞便中のα_1-PI試験は，血清/血漿蛋白が著しく低下するよりも早い段階で，また低蛋白血症に伴う重度の臨床症状が発現するよりも早く，顕著な蛋白の喪失を検出することができる．例として，家族性の蛋白喪失性腸症（PLE）/蛋白喪失性腎症（PLN）を有するソフトコーテッド・ウィートン・テリアでは，あらゆる臨床症状が発現するよりもはるか以前に糞便中のα_1-PI濃度の増加が認められる．また，PLEで消化器症状を呈していないような患者においても，糞便中のα_1-PI濃度の測定が消化器疾患の存在の証明に有用である可能性がある．

1.4.2.4　消化管の吸収能およびバリア機能の評価

　近年，糖質プローブを用いた消化管粘膜の透過性および吸収能の測定法が犬と猫において報告された．これらの研究で用いられている最も一般的なプローブはショ糖の混合物で，尿，もしくは血清からそれらの糖質プローブを回収して定量する．[10-12]

　ラクツロースやラムノースなどの糖類の相対的な回収量を測定することで，小腸の透過性を評価することができる．この方法は犬・猫両方で報告されている．[10-12] ラムノースは，消化管上皮において粘膜細胞表面にある小孔から侵入し，細胞内を通過して吸収されると考えられている（図1.44）．より大きな分子であるラクツロースは，それらの細胞内への小孔を通過することができない．ラクツロースの内のほんの一部は，おそらく細胞間密着結合の領域に存在すると思われる傍細胞の間隙から吸収される（図1.44）．ラクツロースとラムノースの吸収と回収量はラクツロース/ラムノース比（L/R比）で現すことができる．粘膜に病変があるとき通常は粘膜の表面積は減少し（そのため細胞内へと続く小孔からの吸収も減少する），細胞間密着結合における透過性は亢進する（図1.44）．そのため消化管粘膜の疾患があるときはL/R比は増加する．

　粘膜の吸収機能は，担体介在性の機構（carrier-mediated mechanisms）で吸収される糖類の取り込みを測定することで評価することができる．キシロースと3-O-メチルグルコースは，それぞれフルクトースとグルコースの消化管吸収能を評価するために用いられてきた．[12] 吸収能はキシロースと3-O-メチルグルコースそれぞれで評価することもできるし，X/M比として表すこともできる．

　消化管の透過性および粘膜機能の試験に際して，尿中の糖質マーカーの回収量を評価するのであれば理想的には糖質の投与

後6時間全ての尿を採取することが今までは必要とされてきた．それに代わり，糖質投与後4〜6時間の一点での尿サンプルで，尿中糖質回収率を算出することが可能となった．一点の採血で測定することのできる血清糖質濃度の測定法が現在開発中である．

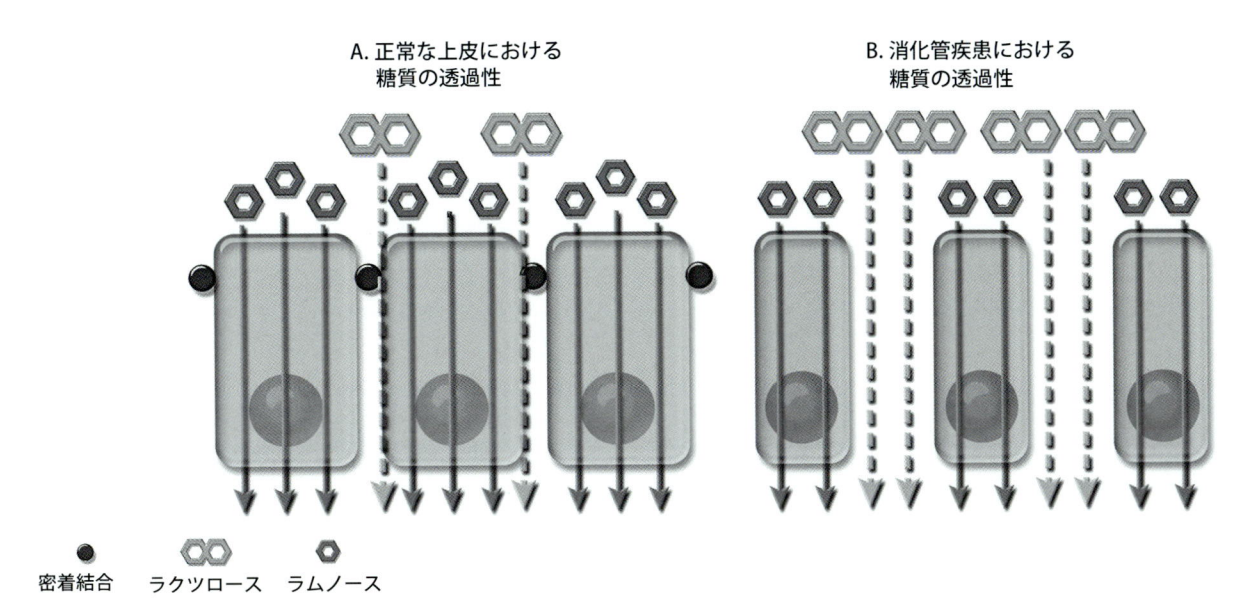

図1.44 ラクツロース/ラムノース透過性試験．（**A**）正常な胃腸粘膜では，細胞間密着結合に関連した傍細胞の間隙におけるラクツロースの透過性は限られている．一方，ラムノースは細胞を透過することで吸収される．（**B**）消化管疾患では，ラムノースの吸収のための粘膜表面積は減少しており，細胞間密着結合は変化している．その結果ラクツロースの透過性は上昇し，ラムノースの透過性は減少するため，血清および尿中のL/R比は上昇する．

🔑 キーポイント

- 非侵襲的な血清および尿検査によってしばしば小腸を評価するにあたって臨床的に有用な情報を得ることができる．
- 消化管の機能評価によって病理組織学的には正常であっても疾患を明らかにできる可能性がある．
- 血清コバラミンおよび葉酸濃度は消化管疾患の局在を知る助けとなり，消化管内細菌叢の変化を示唆することができる可能性がある．
- 糞便中のα_1蛋白分解酵素阻害物質（α_1-PI）濃度は，蛋白喪失性腸症の動物においてしばしば低蛋白血症が進行するより以前に上昇していることがある．

参考文献

1. Willard MD, Jergens AE, Duncan RB et al. Interobserver variation among histopathologic evaluations of intestinal tissues from dogs and cats. *J Am Vet Med Assoc* 2002; 220: 1177-1182.
2. Batt RM, Horadagoda NU, McLean L et al. Identification and characterization of a pancreatic intrinsic factor in the dog. *Amer J Physiol* 1989; 256: G517-G523.
3. Fyfe JC. Feline intrinsic factor (IF) is pancreatic in origin and mediates ileal cobalamin (CBL) absorption. *J Vet Intern Med* 1993; 7: 133.
4. Ruaux CG, Steiner JM, Williams DA. Metabolism of amino acids in cats with severe cobalamin deficiency. *Amer J Vet Res* 2001; 62: 1852-1858.
5. Steiner JM, Williams DA. Feline exocrine pancreatic disorders. *Vet Clin North Amer* 1999; 29: 551-575.
6. Simpson KW, Fyfe J, Cornetta A et al. Subnormal concentrations of serum cobalamin (Vitamin B12) in cats with gastrointestinal disease. *J Vet Intern Med* 2001; 15: 26-32.
7. Batt RM, Needham JR, Carter MW. Bacterial overgrowth

associated with a naturally occurring enteropathy in the German shepherd dog. *Res Vet Sci* 1983; 35: 42-46.
8. Hall EJ, Batt RM, Brown A. Assessment of canine intestinal permeability, using 51Cr-labeled ethylenediaminetetraacetate. *Amer J Vet Res* 1989; 50: 2069-2074.
9. Melgarejo T, Williams DA, Asem EK. Enzyme-linked immunosorbent assay for canine a1-protease inhibitor. *Amer J Vet Res* 1998; 59: 127-130.
10. Rutgers HC, Batt RM, Proud FJ et al. Intestinal permeability and function in dogs with small intestinal bacterial overgrowth. *J Small Anim Pract* 1996; 37: 428-434.
11. Papasouliotis K, Gruffydd-Jones TJ, Sparkes AH et al. Lactulose and mannitol as probe markers for in vivo assessment of passive intestinal permeability in healthy cats. *Amer J Vet Res* 1993; 54: 840-844.
12. Steiner JM, Williams DA, Moeller EM. Kinetics of urinary recovery of five sugars after orogastric administration in healthy dogs. *Amer J Vet Res* 2002; 63: 845-848.

1.4.3　肝臓疾患を診断するための臨床検査

David A. Williams, Jan Rothuizen

1.4.3.1　はじめに

　肝臓疾患の確定診断はしばしば問題となる．多くの疾患が肝臓に二次的な変化を及ぼし（表1.9），通常の生化学検査によって臨床的には正常にみえる動物の肝臓の疾患が明らかとなることもある．臨床医は異常値を示した検査結果が臨床的に意味のある肝臓疾患を反映しているのかどうかを判断しなければならない．病歴，身体検査所見，画像診断所見，臨床病理学的評価を注意深く考察し，それらを総合的に判断して臨床医は決断を下す[1-3]．

　いったん原発性の肝臓疾患を疑ったならば，その臨床的疑いが，特定の臨床検査のみの結果によってではなく，全ての臨床像や利用可能な情報に基づいて導かれたものであるということが極めて重要である．認められた異常値の変化を2～4週間の間隔で測定することは，特にその検査結果があいまいであるときにしばしば有用である．そういった期間を設けることにより非特異的な変化であれば数値は低下し，二次的な変化であれば原疾患の進行に見合った値を保ち，そして原発性肝臓疾患に関連した異常値はしばしばより明瞭となる．もし初めの検査値があいまいで臨床徴候もはっきりとしなければ，疾患が十分に発現するまで時間がたってから続きの検査を行う必要がある．

　確定診断には最終的には肝生検が必要となるが，病理組織検査でもはっきりとした診断がつかないこともある．組織学的異常の局在がまばらであったり，病理診断医の間で診断基準の標準化が不十分であること，そして生検サンプルの大きさや質が不適切であったりするためである．小動物における肝臓疾患の標準化マニュアルが近年利用可能になったことは注目に値する[4]．このマニュアルではまた肝臓生検サンプルの組織学的評価の基準が記載されており，これはWSAVA肝臓疾患標準化グループの努力の結果である．最終診断はしばしば臨床検査の結果のみでなく，画像診断（X線検査，超音波検査，シンチグラフィー）の情報と，組織学的な変化を総合的に合わせてなされる．

表1.9　二次性の肝臓の異常に関連する疾患

- 副腎皮質機能亢進症（犬）
- 副腎からの性ホルモンの過剰産生（犬）
- 薬剤
  ― フェノバルビタール（犬）
  ― コルチコステロイド（犬）
- 甲状腺機能亢進症（猫）
- 低酸素症
  ― 免疫介在性溶血性貧血
  ― ショック
- 慢性小腸疾患
- 急性膵炎
- 糖尿病
- 歯周病
- 敗血症

1.4.3.2　通常の血液検査，尿検査および糞便検査

　血球の変化で肝胆道疾患を示唆するものはわずかしかない．そのほとんどは赤血球の変化であり，断片化もしくは細胞の大きさの変化，赤血球膜の構造変化である．正色素性もしくは軽度の低色素性の小赤血球症は，犬の先天性門脈体循環シャントである程度多く認められ（≧60%），猫の先天性門脈体循環シャントではより少ない（≧30%）．このような動物のほとんどは貧血を呈してはいない．小赤血球症の原因はあまり分かっていない．どういった機序であるかに関わらず，ヘモグロビン補充の完了が遅れることにより赤血球の過剰な細胞分裂を招き，正常な成熟細胞よりも細胞は小さくなる．外科的な門脈体循環シャントの治療が成功すると，赤血球の状態は正常化する．もし，非再生性貧血が同時に起こっていれば，小赤血球症は慢性疾患（この中に肝臓疾患も含まれる）に伴う貧血，相対的な鉄の欠乏，慢性的な消化管からの出血による鉄の欠乏と鑑別する必要がある．

黄疸を呈している犬で強い再生性貧血，低いヘマトクリット値（＜20％），小赤血球症，網状赤血球数の高値，そして血清蛋白濃度は正常から軽度の上昇を示しており，特に球状赤血球症が認められたならば，黄疸の原因としてビリルビン産生を伴う溶血性貧血が示唆される．溶血性貧血の犬や猫の典型例では，血清肝酵素活性および胆汁酸濃度が高値を示し，重度の溶血の影響で二次的に引き起こされる低酸素血症や血栓塞栓症などといった肝内胆汁うっ滞を引き起こすような病態の存在を示唆している．

肝胆管系疾患の犬や猫において，発症要因が病原体である場合（例：ヒストプラズマ症，細菌性胆管炎，犬のレプトスピラ症），もしくは感染が原発性の肝胆管系疾患に合併している場合（例：犬の肝硬変に伴うグラム陰性菌による敗血症，敗血性胆汁性腹膜炎）を除いて，白血球分画の変化はあまりみられない．好中球増多症は以下の場合にみられることがある．典型例は汎血球減少であるが播種性ヒストプラズマ症，猫における重度のトキソプラズマ感染症，犬の感染性肝炎の初期などである．門脈体循環シャント（先天性もしくは後天性）の犬や猫では，消化管由来のエンドトキシンや細菌が肝臓で濾過されないため全身循環へと到達する可能性がある．そのため，これらの疾患では好中球増多症が起こることがある．しかしながら，好中球増多症は門脈体循環血管異常の犬や猫において一貫してみられる所見ではない．

血小板数は正常から軽度に減少している可能性がある．肝臓疾患の患者で重度の血小板減少症を呈することはまれである．

肝臓疾患の患者において，一般的に尿検査および糞便検査の結果は有用ではない．慢性肝胆管系疾患の犬，もしくは門脈体循環シャントの犬において，しばしば多飲多尿による希釈尿（低比重，1.005）が認められる．肝胆管系疾患における尿検査で認められるその他の一般的な所見としては，過剰なビリルビン尿（比重≦1.025の尿でビリルビンが≧2＋），猫の尿中におけるビリルビンの検出，そして尿酸アンモニウム結晶尿などが含まれる．犬において過剰なビリルビン尿は高ビリルビン血症や黄疸に先んじて起こることがある．雄犬の腎臓は，ビリルビンの産生および結合に必要な全ての酵素をもっている．そのため，雄犬において尿中のビリルビンが1～2＋程度存在するのは異常ではなく，正常な雄犬の濃縮された尿中では少数のビリルビン結晶が認められることもある．しかしながら，排泄されたばかりの新鮮な尿中における尿酸アンモニウム結晶は正常ではない．これらの結晶は，肝臓における尿酸のアラントインへの代謝が低下し腎臓の閾値を超えることによって高尿酸血症となり，それと高アンモニウム血症が同時に起こった際に尿酸アンモニウムが沈殿を起こして生じる．尿中でのそれらの結晶の存在は不安定であるが，尿サンプルに水酸化ナトリウムを数滴滴下してアルカリ化すると，尿酸アンモニウム結晶が沈殿することがあり，沈渣検査に際して視覚化することができる．先天性門脈体循環シャントの犬のおよそ半数がこれらの結晶をもっている．しかしながら，ダルメシアンなどある種類の犬種は，先天的に尿酸をアラントインへと代謝することができず，門脈体循環シャントがなくとも尿酸アンモニウム結晶を有することがある．

肝外胆管閉塞の存在を評価するために，尿中ウロビリノーゲンの測定が従来用いられてきた．しかしながら，結果を混乱させる要因が非常に多く存在し（例：消化管内細菌叢，腎機能，尿のpHと比重，そして尿サンプルの光への暴露などの影響），この検査は現在では診断的価値がなく，時代遅れの検査であると考えられている．

ステルコビリン（糞便の色素）を欠いた無胆汁性の糞便および脂肪便は，重度の，そして通常は肝外での胆汁うっ滞の患者で非常にまれに認められる．重度の溶血はビリルビン産生および排出の亢進を招き，便をオレンジ色にする．

1.4.3.3　腹水の分析

もし腹水が検出されたなら，臨床検査のために材料を採取すべきである．肝内門脈高血圧を引き起こすような慢性肝疾患の犬では，腹水は透明無色の単純漏出液である．細胞成分は非常に少なく（＜2500 /mL）蛋白濃度も低い（＜2.5 g/dL）．したがって比重は1.016よりも低い．対照的に，右心不全に伴う類洞後門脈高血圧の犬では，腹水はほとんど常にやや赤みを帯びている．典型的な変性漏出液であり，蛋白量はより多く（≧2.5 g/dL），比重は1.010～1.033の範囲となる．浸出液（腹腔内腫瘍や腹膜炎に伴う）は細胞および蛋白含有量が多い．血液（例：血管肉腫の破裂），そして胆汁（例：胆嚢もしくは胆管の破裂）が典型的であるが，慢性肝疾患や門脈高血圧による漏出液とはまったく異なった特徴を持つ．急性の門脈閉塞（血栓症）の場合，腹水は右心不全の際にみられるものと類似する．尿管破裂に伴う腹腔内における尿は，黄色の変性漏出液に似ているが，関連した高窒素血症や高カリウム血症がみられる．

1.4.3.4　古典的な血清パラメーター

非常に多くの肝疾患の血清マーカーが存在するが，以下の章ではまずビリルビン，アルカリフォスファターゼ（ALP），アラニンアミノ基転移酵素（ALT），そして血清胆汁酸（SBA）に焦点をあてる．これら4つのマーカーは広く使われており，肝疾患が疑われる患者の評価に際して常に最も有用である．

血清ビリルビン濃度

ビリルビンは細網内皮系におけるヘム蛋白の代謝に由来する．血清中に存在するビリルビンの最も多くはヘモグロビンに由来し，一部はミオグロビンなどその他のヘムの分解によって発生する．ヘムの代謝産物は非抱合型ビリルビンであり，アルブミンと結合して肝臓へ向かい，そこで抱合を受け，胆汁中へ排泄される．高ビリルビン血症は，ビリルビンの代謝および/もしくは排泄といった正常な機能の破綻を反映しており，そ

表1.10 肝前性，肝性，肝後性高ビリルビン血症の原因

肝前性
- 免疫介在性
- 寄生虫関連性もしくは毒物誘導性の溶血性貧血
- 輸血副反応
- 先天的赤血球異常

肝性
- 急性および慢性肝炎，胆管炎，胆管肝炎
- 肝臓壊死
- 肝線維症もしくは肝硬変
- 肝リピドーシス（猫）
- 肝腫瘍
- 細菌および真菌感染症

肝後性
- 胆管閉塞（例，膵炎，腫瘍，異物による）
- 胆道系の破裂（例，外傷もしくは壊死性胆管炎による）

の病因は肝前性，肝性，肝後性に分類される（表1.10）.[1] 肝臓はヘム蛋白の代謝および排泄に関して膨大な予備能力を有しており，溶血単独では必ずしもビリルビン濃度の上昇を引き起こさない．貧血によって二次的に肝臓が低酸素に陥り，肝細胞の機能不全が起きた時のみ，ビリルビンの排泄不全が起こる．ビリルビン濃度の上昇の原因が肝前性であった場合には，CBCの評価を行うべきである．胆管閉塞や胆道系からの漏出など，肝後性の高ビリルビン血症を引き起こす原因は，しばしば超音波検査によって特定するとができる．腹水中のビリルビン濃度を測定し，血清中の濃度と比較することも診断的に有用である．腹水中のビリルビン濃度がより高ければ，それは胆道系からの漏出の存在を意味する．

非抱合型もしくは抱合型ビリルビンが相対的に増加する（通常はファンデンベルグテスト van den Bergh's test で評価される）特定の病態というものがあるかもしれないが，それら2つの型の相対的な比率によって区別をする際に大きく重複する部分があり，診断学的に信頼はできない．そのため，それらを測定することは臨床的に有用ではない．[1] このようにファンデンベルグテストが有用ではないということに関して，高ビリルビン血症を伴う溶血性疾患では肝臓の低酸素によって二次的に肝臓が影響を受けるという事実が関連している．中心性肝細胞壊死は胆汁の肝リンパへの胆汁の漏出を招き，抱合型の胆汁色素（および胆汁酸）が血中で増加する．そのため，非常に早期の溶血性黄疸でのみ，血清ビリルビン濃度の上昇が非抱合型ビリルビンの上昇によるものであると検出することができる．対照的に原発性の肝臓/胆汁うっ滞性疾患に伴う高ビリルビン血症では，必然的に循環血液中に抱合型色素が存在することが特徴的である．しかしながら，これらの疾患では溶血や非抱合型ビリルビンのクリアランスの低下なども起きており，そのため抱合型と非抱合型色素が混在することとなる．

赤血球膜の変化はしばしば多くの原発性肝胆管系疾患に付随してみられ，そのために起こる赤血球（RBC）破壊の亢進によってしばしば血清ビリルビン濃度が上昇する．これらのケースでは臨床病理学的に胆汁うっ滞を示唆する明らかな証拠が認められる（例：ALT活性の中等度の高値を伴うALP活性の高値）．もしそれが貧血と関連していたならば，それは軽度であり，しばしば再生像が弱い．中等度から重度の貧血（ヘマトクリット値＜15%）が認められ，強い再生像を伴うときの高ビリルビン血症は溶血に起因することがある．こららの犬は臨床病理学的に二次的な胆汁うっ滞の所見を伴うことがある．

血清アラニンアミノトランスフェラーゼ活性

アラニンアミノトランスフェラーゼ（ALT）は肝臓由来の最も特異的な酵素である．しかしながら，これは完全に肝臓特異的というわけではなく，重度の筋の壊死を伴う患者でも上昇することがある．この酵素は肝細胞の細胞質に存在し，肝細胞が傷害を受けると容易に血液中に漏出する．残念なことにALTの数値の上昇の程度が，肝臓の傷害の重症度を常に正確に反映しているわけではない．ALT活性は進行中の肝細胞傷害がある時のみならず，肝臓が傷害を受けた後の修復過程における肝細胞の再生時にも上昇する．それに対し，重度の肝不全の状況下では，肝疾患の終末期で肝細胞が減少していることにより，血清ALTは正常値を示すこともある．

血清ALT活性の上昇が臨床的に有為なものであるかどうかを評価する際には，そのALTの上昇は慢性的なものか，上昇の程度，そして全体的な臨床像を考慮に入れるべきである．重要な点は，血清酵素活性が正常もしくは軽度な上昇しか認めない患者においても重度の肝疾患が存在し得るということである．それゆえ，特に臨床徴候もしくは他の臨床検査から肝胆道系疾患の存在が疑われるような場合，そういった低い数値が得られたからといってさらなる検査の必要性を除外するべきではない．特に慢性肝疾患においては，単位時間当たりの肝細胞の傷害が少ない時間帯においては，血清ALT活性は重度に上昇していない可能性があるが，最終的にはこの疾患は肝臓の機能的能力を著しく低下させる．対照的に，急性の疾患では，短期間に多くの細胞が傷害を受け，酵素を放出するため，通常は血清肝酵素活性が著しく上昇する．肝機能は予備能が大きいため，これらケースでは通常，肝臓の機能的能力は重度の障害を受けてはいない．こういった所見は，スクリーニングを目的とする際に肝酵素活性検査および肝機能検査の両方を評価することの重要性を示唆している．肝臓疾患があると確定するもしくは除外する際に有用な検査の組み合わせは，血清ALT活性とSBA濃度の組み合わせである（以下を参照）．もし両方とも正常範囲内であれば，臨床的に有意な肝疾患が存在する確率は極めて低い（＜0.5%）．対照的に片方もしくは両方のパラメーターの上昇は肝疾患の存在を示唆し，追加検査へと進む指標となる

(例：超音波検査もしくは肝生検).

アルギナーゼ，ソルビトール脱水素酵素，グルタミン酸脱水素酵素，乳酸脱水素酵素などといったその他の酵素活性も，肝細胞の傷害のマーカーとして利用可能ではあるが，ALT に勝る診断的価値はなく，通常感度も特異性も低い．これらの酵素活性の測定は一般的に商業的に可能ではなく，診断的有用性も低いことからこれらの使用は推奨されない．

血清アルカリフォスファターゼ活性

アルカリフォスファターゼ（ALP）は，肝内もしくは肝外の閉塞があって胆汁の流れが滞ったときはいつでも，もしくはある種の副腎ステロイドホルモンまたは他の薬剤の血中濃度が上昇している犬において，胆管に誘導される酵素である．そのため，ALP 活性の上昇は，昔から一般的に肝後性の閉塞性疾患の際，副腎皮質機能亢進症の際，そして医原性のステロイド投与に際して認められる．老齢犬における特発性のグルココルチコイドではない他のステロイドホルモンの過剰産生は，ALP 活性の上昇のその他の原因として近年認識されるようになった．[5]

ALP 活性はまた，骨芽細胞，消化管粘膜，腎皮質そして胎盤など，肝胆道以外の組織でも認められる．しかしながらこれらの組織の産生する ALP の半減期は非常に短い．それゆえ，これらのアイソザイムは血中から迅速に消失し，血清中で測定される ALP 活性に強い影響は及ぼさない．骨由来のアイソザイムだけは肝臓および胆管上皮由来のアイソザイムと同等の長い半減期を有し，そのため骨由来のアイソザイムが幼若な成長途上の子犬や子猫における血清 ALP 活性にいくらかの影響を及ぼす．進行性の骨溶解性の骨腫瘍を持つ犬においても血清 ALP 活性が上昇することがある．これらのケースではその酵素の由来はすぐに明確となる．

健康なシベリアン・ハスキーの子犬のあるグループにおいて，骨由来の血清 ALP 活性が高値であったという報告がある．[6] これは良性で家族性があると考えられており，ハスキーにおいて肝疾患の有無を評価する際に考慮にいれるべきである．

抗痙攣薬（例：フェニトイン，フェノバルビタールおよびプリミドン）やコルチコステロイドは ALP の産生を誘導し，それは血清中の活性上昇（最大 100 倍の ALP 値）という形で反映される．これは犬のみで発生し，猫では起こらない．抗痙攣薬は肝臓由来の ALP アイソザイムの産生を刺激する．対照的に，経口的，注射または塗布により投与された薬理学的な用量のコルチコステロイド，もしくは自然発症の副腎皮質機能亢進症の患者における内因性ステロイド産生の上昇のような場合では，犬において特有の ALP アイソザイムの産生が刺激される．ステロイド誘導性のアイソザイムは電気泳動や特異的免疫アッセイによって特定することができる．このアイソザイムは 65℃ に加温しても安定であるが，正常な肝臓由来の ALP はこの温度で速やかに失活する．肝臓由来の ALP はサンプルを 2 分間加熱することで完全に失活する一方，ステロイド誘導性のアイソザイムはほとんど影響を受けない．コルチコステロイド誘導性アイソザイムの検査（電気泳動や加熱不活化による検査）はいくつかの研究所ではルーティーンとなっている．血清 γ-グルタミントランスフェラーゼ（GGT）活性もまたコルチコステロイドに反応して上昇する．しかし，ALP の上昇ほどではなく，その測定によって ALP 単独の測定以上の情報が得られることはない．

猫の肝臓由来 ALP は犬の肝臓胆管由来 ALP に比べて半減期が短い．それゆえ血清中のこの酵素の活性は同程度の胆汁うっ滞のある犬と猫では猫の方が低く，そのため肝臓，胆道疾患の診断における酵素マーカーとしての ALP の感度は猫では低い．しかし逆に，猫で血清 ALP 活性が高値を示せば，それは有意な情報であると考えるべきである．

血清胆汁酸濃度

血清胆汁酸（SBA）検査は犬と猫の肝機能検査における最も有用で特異的な検査の 1 つである．肝臓における門脈血からの胆汁酸の抽出と回腸からの抱合型胆汁酸の再吸収が効率的であるため，正常では血清中の胆汁酸の濃度は低くなっている．食物摂取後の胆嚢の収縮によって消化管内の胆汁酸濃度は著しく上昇するが，肝細胞による再吸収された胆汁酸の回収は極めて効率的であるため，空腹時と比較して軽度（約 2 〜 3 倍）の，そして一過性の SBA 濃度の上昇しか起こらない．しかし，著しい肝機能不全もしくは胆管閉塞が存在する場合，胆汁酸のクリアランスが減弱し，門脈循環から溢れ出し，SBA 濃度の増加を招く．それは特に食後でより顕著となる．食前そして食後の SBA 濃度の測定は肝胆汁性疾患の診断において感度の高い検査である．しかし，胆道閉塞や肝機能不全においても SBA 濃度の上昇が起こりうるということには注意をしておくべきである．[7,8] そのため，胆道閉塞が認められる状態で SBA 濃度を測定することに臨床的な有用性はない．実際，もし肝細胞の機能不全によってもしくは胆道閉塞によって血清ビリルビン濃度が上昇していれば，SBA 濃度を測定する必要はない．なぜならビリルビン濃度の上昇が単独で認められる場合でも，それは重度の肝機能不全もしくは胆道閉塞を示唆しており，そのいずれの場合においても SBA 濃度を測定することで有用な情報が新たに得られることはないからである．しかしながら，溶血性貧血を呈する犬においては，SBA 濃度は正常値でありながら血清ビリルビン濃度が上昇することがある．そういった症例においてはほとんどの場合 PCV を評価することによって容易に診断をくだすことができる．ビリルビン濃度測定を上回る SBA 濃度測定の意義は，それが血清ビリルビン濃度の測定よりも肝機能の評価においてより感度が高いということである．

胆汁酸は血清およびヘパリン加血漿の両方で全く同じ値で測定することができるが，ほとんどの論文は血清の濃度で報告されている．コール酸およびケノデオキシコール酸（一次胆汁酸）はもっぱら肝臓で合成そして抱合（主にタウリンで）されてい

る．胆汁の一部は胆嚢に貯蔵され，そこで10倍に濃縮される．食後，十二指腸より分泌されるコレシストキニンが胆嚢を収縮させる主要な引き金であり，収縮は緩徐にそして段階的に起こる．抱合型胆汁酸は小腸において脂質を乳化することでその吸収を容易にしている．それら乳化された脂質は遠位小腸において非常に効率的に再吸収され，門脈血に入る．胆汁酸は肝臓で除去され，胆汁中へと再分泌される（いわゆる腸肝循環）．健常な動物は1日あたり10～15サイクル繰り返すが，胆汁酸の喪失は非常にわずかである．吸収を受けなかった数パーセントは，小腸の細菌によってデオキシコール酸やリトコール酸といった二次胆汁酸へと変換される．そのうちのわずかな一部が再吸収され，腸肝循環へと入る．特に，リトコール酸は細胞に対する毒性が非常に強く，胆汁うっ滞によって胆汁酸の蓄積が起こったとき，リトコール酸は肝障害を引き起こす．絶食状態にある動物は全身循環におけるSBA濃度は低い（肝臓において門脈血からのクリアランスを逃れる割合は，酵素測定法で＜5 mmol/L）．食事摂取後では，小腸へと到達する胆汁酸の量が多く，食後の濃度（食後1～2時間）は絶食時の濃度よりも高値を示す．食後のSBA濃度は絶食時の値よりも3,4倍高値を示す（15～20 mmol/L）．SBA濃度における年齢の関連性は認められていない．

異常に高い食前および/もしくは食後のSBA濃度は，肝臓での胆汁酸の除去（クリアランス）を低下させる門脈体循環シャント（先天性もしくは後天性），肝臓のリンパ管を介して胆汁の全身循環への逆流を引き起こす胆汁うっ滞（肝内もしくは肝外）のどちらが起こっても認められる．肝内胆汁うっ滞は多くの肝臓疾患でしばしば認められ，そのためSBA濃度は犬と猫におけるほぼ全ての肝臓疾患において上昇する可能性がある．

SBAを評価する一般的な方法は，12時間の絶食をした動物から血液サンプルを採取する．続けて，少量の食事を与えることによって胆嚢の収縮を促す．食事を与えて2時間後に血液サンプルをもう一度採取する．肝臓性脳症の症状を起こしやすい患者においても，この検査でその症状が悪化する危険性は極めて低い．血清を採取したら，冷蔵で数日間，冷凍ではほぼ永久にSBAの濃度を低下させることなく保存できる．

空腹時SBA濃度は肝臓疾患の検出感度が高い検査である．しかしながら，食後のSBA濃度は食前のSBA濃度と比べより高頻度に，そしてより異常な増加を示す．そのため，食前と食後両方の検査を実施することが推奨される．もし片方の検査しかできず，なおかつその動物が食物の摂取もしくは強制給餌が可能であるならば，食後の数値を評価するのが，犬や猫の臨床的に意味のある肝胆道系疾患の有無を判断するのに最も有用である．著者らは後天性の肝胆道系疾患を有する患者において，食後のSBA濃度が猫で20 mmol/L以上，犬で25 mmol/L以上であれば肝臓の生検を考慮すべきであると考えている．特定の肝疾患に特異的な食前・食後の値のパターンは存在しないが，パターンがその患者に次に実施すべき検査を示唆することもある．

特に先天性門脈体循環シャントの診断において，SBA検査の感度を上昇させるために食前および食後両方のSBAの評価を実施することが推奨される．先天性の血管異常を持っている犬や猫において，食前のSBA濃度は参考値内もしくはわずかな上昇を示すのみで，食後の濃度は著しい高値を示すといったことは珍しくない．こういった食後にSBAの上昇を示すパターンは実質性の胆汁うっ滞や胆管疾患の患者よりも，門脈体循環血管異常の患者においてより頻繁に認められる．

SBAの酵素アッセイが日常的に利用可能になったため，SBAの検査は犬と猫において肝胆道の機能を評価する便利で臨床的な検査となっている．しかしながら食後のSBA濃度の上昇は動物ごとに著しく異なることには注意が必要である．これは，検査に用いる食餌の適切な量や組成が定められ標準化されていないこと，全ての動物が与えられた食餌を残さずに摂取するわけではないといったことが，一部反映されている可能性がある．こういった要因は胃排出時間や腸管の輸送に影響を及ぼす可能性がある．患者によっては消化管疾患の存在（特に回腸）や消化管内微生物の変化などが予測不能な数値の変化をもたらすこともある．食物摂取に対する胆嚢の収縮は，必ずしも瞬時にそして完全に起こる訳ではないことが知られており，それがまた数値に影響を与える．胆嚢は数時間で圧が上昇してゆき，胆汁を十二指腸へと段階的に放出する．それ故，胆汁酸は一気に十二指腸へと到達する訳ではなく，不規則なタイミングで緩やかにそして遅れて到達する．非常に特異性の高い刺激剤であるコレシストキニンを注入しても，胆嚢収縮の程度と持続時間は犬ごとに著しく異なる．最終的には，食間に周期的に起こる生理的な胆嚢の収縮に伴う胆汁の排出によって食前のサンプルの結果の解釈が困難となることもある．要約すると，食前および食後のSBA濃度のばらつきには非常に多くの要因が存在するということである．こういった制限はあるものの，食前および食後の両方のパラメーターを評価することは通常，臨床的に意味のある肝胆道系疾患の存在の有無を調べるにあたって強い指標となり，SBA濃度が異常なものは常に特異的な疾患を特定するための追加検査を実施すべきである．

胆汁酸はまた尿においても測定することができ，肝疾患を有する犬や猫において高い異常値を示すことが近年報告されている．[9,10] 尿中胆汁酸の測定は採血が困難であるような非常に小型の症例におけるスクリーニングに有用である可能性がある一方，この手法にSBA測定を超える利点はなく，食前および食後のSBA濃度測定と比較して得られる情報量は少ない．

最近の研究で，小腸の疾患やEPIに関連して起こる小腸細菌叢の変化によって，肝臓疾患のない犬における胆汁酸が増加することが示唆された．[11] これらの患者では，消化管内細菌叢の異常によって非抱合型胆汁酸が大量に産生され，それらは速やかに消化管内腔から吸収されるが，門脈血からの除去は相対的に不十分となる．SBAは高値でありながら他の検査で肝疾患の

存在を示唆する所見が得られない時，小腸疾患が基礎疾患として存在する可能性を考え追加検査を実施すべきである．

1.4.3.5　その他の血清マーカー

　肝疾患を疑う患者の評価に有用な多くのマーカーが報告されているが，それらは上に述べられてきた検査と比較してその利点は少ない．しかし特定の状況下においては，それらは有用なものとなりうる．とりわけ肝不全を伴う重度の肝疾患の患者においては低アルブミン血症，低血糖，高グロブリン血症，低カリウム血症，低コレステロール血症，血中尿素窒素値の低下，そして高アンモニウム血症などが認められることがある．肝臓はそれらの物質の合成および／もしくは代謝に重要であるため，肝機能不全が重度であればそれらの血中濃度に変化が現れる．

血中アンモニアおよび血中尿素窒素（BUN）

　アンモニア解毒の手段としての尿素の生成は肝臓に特異的な機能である．しかし，BUNの濃度は肝臓以外のいくつかの因子によって低下する．血清BUN濃度の低下を引き起こす最も一般的な原因は蛋白摂取の減少（例：食欲不振，低蛋白食による減少）および持続的な多飲多尿による腎髄質からの漏出である．そのため，蛋白摂取の減少もなく多飲多尿のないBUN濃度の低値は肝機能不全を示唆する可能性がある．

　血漿アンモニア濃度は肝臓におけるアンモニア解毒の非常に高感度で特異性の高い指標である．他の多くの肝臓の機能と同様に，肝臓はその機能に豊富な予備能を有しており，そのためアンモニアの上昇もしくはBUN濃度の減少が肝臓実質の機能不全によって起こることはまれで，門脈体循環シャントによることの方が多い．実際のところ，ほぼ全てのアンモニアは消化管内で産生され，門脈血流を介して肝臓へと到達する．もし門脈血が肝臓を迂回すれば（例：先天性もしくは後天性門脈体循環シャント），その門脈血は全身循環に入り，アンモニアは上昇する．シャントのBUNに対する影響はより少ない．肝臓への門脈血供給の減少に伴い，肝臓への動脈血の供給が増加する．アンモニアの豊富な全身血流は動脈を介して肝臓へと到達し，尿素へと変換される．そのため，血中アンモニア濃度は先天性もしくは後天性門脈体循環シャントの患者において，特に給餌後もしくは硫酸アンモニウムの経口，直腸投与（アンモニア耐性試験を目的とする）後に上昇する．血中アンモニア濃度はその他の原因によって肝性脳症を呈する患者においても上昇しており，この検査は神経症状を呈する原因として肝性脳症を診断するにあたって有用である．

　血漿アンモニアは以前までは特定の動物病院もしくはヒトの病院の検査室でしか測定できなかった．しかしながら今日では信頼できるそして手頃なアンモニアを分析する器械があり，獣医学臨床においても適用されている（Menarini Diagnostics, Blood Ammonia Checker II）．[12] 健常犬における空腹時血漿アンモニア値は≦100 mg/dL（45 μmol/L）であり，健常猫で≦90 mg/dL（40 μmol/L）である．サンプル収集の前に少なくとも6時間は絶食させるべきである．血液はEDTAでコーティングされたチューブにいれ，速やかに溶けかけの氷に浸けるべきである．アンモニアはアミノ基から自然に遊離することからアンモニア高値のアーティファクトを招くことがあるため，血液もしくは血漿サンプルは保存することができない．

　もしサンプルを直ぐに測定せず，外部の専門検査室に輸送するのであれば，血液は速やかに冷却遠心機で遠心し，血漿を新品のあらかじめ冷やしておいたチューブに移し，氷上で保存する．冷却された血漿は検査前に45分しか保存できず，輸送できるのは近隣の検査室に限られる．赤血球は血漿の3倍の濃度のアンモニアを有しているため，溶血は避けるべきである．血液サンプルがタバコや汗，唾液などサンプル以上にアンモニアを含んでいるようなものと接触する可能性がないよう気をつけることも重要である．ゴム栓付きの真空管を用いることはこういったコンタミネーションを防ぐのに有効である．

　もしアンモニアが150 mg/dL（75 μmol/L）よりも高値を示していたら，神経症状は肝性脳症によるものだという，もしくは門脈体循環シャントが存在するという裏付けとなる．しかしながら，まれなケースではあるが，そして特にシャントフラクションが低い場合に限って（例：軽度の門脈低形成），空腹時アンモニアが正常範囲内であることがある．こういった症例はアンモニア耐性試験の適応となり，それによって確信を持って門脈体循環シャントの存在の確定もしくは除外をすることができる．

　アンモニア化合物の経口投与は嘔吐を引き起こすことがある．直腸投与は，5％硫酸アンモニウム液もしくは塩化アンモニウム液を2 mL/kgで浣腸投与し，可能な限り結腸の近位まで注入するが，こちらの方が耐容可能である．血中アンモニアをアンモニウム塩の投与後30分で測定する．健常動物と実質性もしくは胆汁うっ滞性の肝臓疾患をもち門脈体循環シャントは存在しない患者におけるアンモニウム塩投与後のアンモニア値は基準濃度の2倍を超えることはない．過剰な反応がみられたらそれは先天性もしくは後天性の門脈体循環シャントを示唆している．考えられるまれな例外としては先天性アンモニア代謝異常，猫の肝リピドーシス，劇症肝臓壊死を起こした動物などが考えられる．経験的には直腸アンモニア耐性試験によって肝性脳症が悪化することはまれである．

血清コレステロール濃度

　血清コレステロール濃度は商業検査センターの一般生化学検査の項目に含まれていることが多いが，それが肝胆道系疾患の診断における有用な情報を提供することはあまりない．コレステロールの上昇はほぼ全ての胆汁うっ滞および実質性肝臓疾患において認められ，コレステロールの低値は門脈体循環血管異常の犬や猫において認められることがあるが，それは診断的で

血清グルコース濃度

低血糖は肝疾患の患者であまり一般的ではない所見であり，その存在は肝機能の重度の喪失を示唆する．慢性肝疾患で機能的な肝細胞が 20％以下しか残っていないような患者や重度の肝壊死を伴う劇症肝炎の患者などで低血糖がみとめられることがある．また，先天性門脈体循環シャントの犬で低血糖を認めることがある．それは一般的には重度ではないが，患者が術前に絶食になった際に重要となる可能性がある．また，肝臓腫瘍の中にはインスリン様の蛋白を産生するものもあり，そういった場合，低血糖となることがある．

血清電解質濃度

血清電解質異常は先天性もしくは後天性門脈体循環シャントに伴う食欲不振や低アルブミン血症を呈する犬や猫において認められることがある．低カルシウム血症は通常軽度で，低アルブミン血症に伴う偶発的な所見である．

低カリウム血症は肝性脳症の進行の危険因子であり，腎臓や消化管からの喪失，摂取量の減少，二次性高アルドステロン血症によって引き起こされる．低カリウム血症は低カリウム性アルカローシスを引き起こす．それはアンモニアから非イオン性 NH_3 への変換を促進し，非イオン性 NH_3 は細胞膜の機能を速やかに乱すことにより，肝性脳症を助長する重要な因子である．

1.4.3.6 凝固因子の異常

凝固因子産生に障害がでると，凝固時間の延長もしくはまれに出血を引き起こすことがある．肝疾患の患者では，ビタミン K の吸収不良，肝臓における凝固因子産生の低下，もしくは基礎疾患の結果として DIC を生じ，凝固異常が起こることがある．犬や猫における重度の実質性肝疾患において APTT のわずかな延長（正常の 1.5 倍），フィブリン分解産物の異常（10 〜 40 μg/mL もしくは ＞ 40 μg/mL），フィブリノゲン濃度の変化（＜ 100 〜 200 μg/mL）などがもっとも一般的に認められる所見であると思われる．重度の肝疾患を持ち，通常の凝固系検査において比較的普通の結果を示す動物において，ビタミン K 拮抗蛋白（PIVKA）が誘導され，その血清濃度が上昇していることがあり，それによって出血傾向が引き起こされることがある．明らかな出血はまれだが，それは重度にも，そして生命を脅かすものにもなり得る．また，より重要な点として，消化管内腔への重度の出血は肝性脳症を助長することがある．ビタミン K の経口投与によって凝固異常を補正することができる患者もいる．血漿もしくは凝固因子の投与はビタミン K の投与に反応しない，もしくはより重度の基礎疾患がある患者における急性の出血をおさえるのに有用であることがある．最近ようやく抗凝固蛋白であるプロテイン C の血漿中の活性が肝臓疾患の犬で減少していることが報告され，さまざまな肝臓疾患のサブグループを区別するのに有用なのではないかと考えられている．[13]

1.4.3.7 その他の肝機能検査

過去に肝機能を評価するのに用いられてきたその他の肝機能検査としては，肝臓から排泄される合成色素，特にブロモスルフタレインもしくはインドシアニングリーンなどの静脈内投与があげられる．これらの検査は感度が高いわけでもなく，実際の臨床の現場において実用的であるわけでもない．そして決してその適応範囲が広いわけでもない．将来的には，アミノピリンなどといった安定でアイソタイプ標識された検査試薬のクリアランスを調べれば，それらは肝細胞によって代謝されるため，より高感度で，特異性が高く，実用的な肝機能評価の検査法となりうる可能性がある．

1.4.3.8 動物種差

犬と猫では肝臓の構造や機能に関して多くの特徴において顕著な相違点が認められる．またそれぞれの動物種において遭遇する疾患のタイプや頻度に関しても相違が認められる．各種マーカーの検査結果値に関しても特異的な相違点が認められる．例として猫においては，血清 ALP は副腎皮質ステロイド剤や他の薬剤によって誘導されないが，それは犬においては一般的に酵素活性の上昇の原因として認められる．また，猫における ALP の肝臓の濃度は低く，半減期は短いため，猫におけるその値の増加は常に臨床的な意義を持つと考えるべきである．GGT はその発生は ALP と類似しており，肝胆道系疾患が認められる際は一般的には ALP と類似した変動を示す．犬においては GGT は ALP と比較して胆汁うっ滞や薬剤の影響を受けにくいが，猫においては ALP よりも胆汁うっ滞の影響を受けやすい．1 つの特徴的な所見としては，他の肝疾患をもたない肝リピドーシスの猫においては，血清 ALP 活性は非常に高いが，GGT 活性は正常範囲内である．前述の通り，ビリルビン尿は肝疾患の指標となる可能性がある．しかしながら，健常な犬において尿中ビリルビン濃度が軽度から中等度に上昇することは珍しいことではない．対照的にそれは猫においては誤りであり，そのため猫においてビリルビン尿が認められたならそれは常に肝疾患の指標となり，さらなる検査を進めるべきである．

キーポイント

- 血清アラニンアミノトランスフェラーゼ活性は肝細胞の傷害を反映しているが肝機能は反映しない．
- 猫における血清アルカリフォスファターゼ活性の上昇は必ずといってよいほど臨床的に意義のある肝疾患を示唆しているが，犬においては副腎皮質機能亢進症や骨疾患など，多くの肝臓以外の疾患によって異常値を示すことがある．
- 犬と猫において食前および食後の血清胆汁酸濃度は最も臨床的に有用な肝機能の評価法である．
- 血中アンモニア濃度は患者の肝性脳症を診断するのに有用である．
- 肝臓の臨床検査結果は画像診断と合わせて評価するべきであり，肝疾患が疑われる患者をそれ単独で評価してはならない．

参考文献

1. Bunch SE. Jaundice. *In*: Hall EJ, Simpson JW, Williams DA (eds.), *BSAVA manual of canine and feline gastroenterology*. Quedgeley, British Small Animal Veterinary Association, 2005; 103-108.
2. Watson P. Diseases of the liver. *In*: Hall EJ, Simpson JW, Williams DA (eds.), *BSAVA Manual of canine and feline gastroenterology* Quedgeley,. British Small Animal Veterinary Association, 2005; 240-268.
3. Rothuizen J. Diseases of the biliary system. *In*: Hall EJ, Simpson JW, Williams DA (eds.), *BSAVA Manual of canine and feline gastroenterology*. Quedgeley, British Small Animal Veterinary Association, 2005; 269-278.
4. Rothuizen J. Bunch SE, Charles JA, et al. WSAVA Standards for clinical and histological disgnosis of canine and feline liver disease. 1st ed. Philadelphia, Saunders Elsevier, 2006; 1-130
5. Hill KE, Scott-Moncrieff JC, Koshko MA et al. Secretion of sex hormones in dogs with adrenal dysfunction. *J Am Vet Med Assoc* 2005; 226: 556-561.
6. Lawler DF, Keltner DG, Hoffman WE et al. Benign familial hyperphosphatasemia in Siberian huskies. *Am J Vet Res* 1996; 57: 612-617.
7. Center SA, Baldwin BH, Erb HN et al. Bile acid concentrations in the diagnosis of hepatobiliary disease in the dog. *J Am Vet Med Assoc* 1985; 187: 935-940.
8. Center SA, Baldwin BH, Erb H et al. Bile acid concentrations in the diagnosis of hepatobiliary disease in the cat. *J Am Vet Med Assoc* 1986; 189 (8): 891-896.
9. Balkman CE, Center SA, Randolph JF et al. Evaluation of urine sulfated and nonsulfated bile acids as a diagnostic test for liver disease in dogs. *J Am Vet Med Assoc* 2003; 222: 1368-1375.
10. Trainor D, Center SA, Randolph F et al. Urine sulfated and nonsulfated bile acids as a diagnostic test for liver disease in cats. *J Vet Intern Med* 2003; 17: 145-153.
11. Williams DA, Ruaux CG, Steiner JM. Serum bile acid concentrations in dogs with exocrine pancreatic insufficiency. Proc 14th ECVIM-CA Congress, Barcelona, Spain 2005; 200 (abstract).
12. Gerritzen-Bruning MJ, van den Ingh TS, Rothuizen J. Diagnostic value of fasting plasma ammonia and bile acid concentrations in the identification of portosystemic shunting in dogs. *J Vet Intern Med* 2006; 20: 13-19.
13. Toulza O, Center SA, Brooks MB, et a;. Evaluation of plasma protein C activity for detection of hepatobiliary disease and portosystemic shunting in dogs. *J. Am Vet Med Assoc* 2006;229; 1761-1771.

1.4.4　膵外分泌異常の診断における臨床検査

1.4.4.1　はじめに

　膵外分泌疾患は犬と猫において一般的である．剖検所見に関するある研究では，剖検に際して検査された犬の膵臓 9,342 個のうちの 1.5％，猫の膵臓 6,504 個のうち 1.3％が明らかな病理学的病変を有していたと報告されている．[1] 両方の動物種において膵外分泌疾患の最も一般的なものが膵炎であり，それに膵外分泌不全，膵外分泌腫瘍，そして膵外分泌のまれな疾患が続く．膵炎はヒトにおいても一般的である．最近の研究では米国だけで毎年 30 万人の患者が膵炎と診断されて病院から退院している．[2] この数には軽度の膵炎しか認められなかった患者，病院を訪れていない患者，重度の疾患によって斃死した患者は含まれていない．さらに，ヒトの膵炎の患者の約 90％が診断されていないと推測されている．犬や猫においても少なくともヒトと同じくらい多くの診断されていない膵炎が存在することが予測される．膵外分泌疾患の診断を困難にしている理由は，特徴的な臨床像がないこと，ルーチンの血液検査で特異的な異常がないこと，確定診断をくだす画像診断がないこと，そして最近まで高感度で特異的な膵臓機能および膵臓病変に関するマーカーが存在しなかったことがあげられる．

1.4.4.2　膵　炎

血清アミラーゼおよびリパーゼ活性

　血清アミラーゼとリパーゼ活性は，ヒトおよび犬において数十年間膵炎の診断に用いられてきた．しかし残念ながら，この診断検査はどちらも膵炎に対する感度も特異性も低い．膵臓を完全に摘出した犬においても十分な血清アミラーゼおよび

リパーゼ活性は残っており，このことは膵外分泌腺以外にも血清アミラーゼやリパーゼを分泌する器官があることをはっきりと示している．[3] この特異性の低さはまた臨床研究でも示唆されており，血清アミラーゼおよびリパーゼの特異性はわずか約50％程度であったと報告している．[4] 腎臓，肝臓，消化管，腫瘍疾患などといった多くの膵臓以外の疾患も，血清アミラーゼおよびリパーゼ活性の上昇を招く可能性がある．[5] ステロイドの投与もまた血清リパーゼ活性を上昇させ，血清アミラーゼ活性はさまざまな反応を示す．[6,7] そのため犬において血清アミラーゼおよびリパーゼ活性の膵炎の診断に対する臨床的な有用性は限られており，腹部超音波検査，血清犬特異的膵リパーゼ免疫活性（cPLI）濃度もしくは試験開腹といったより確定診断的な検査と合わせてのみ，利用しても良い．血清アミラーゼおよび／もしくはリパーゼ活性が参考値の上限の3〜5倍の数値を示し，なおかつ膵炎と一致する臨床症状を呈している場合は，膵炎の存在が疑われる．しかしながら，膵炎でない犬のおよそ50％で血清リパーゼおよび／もしくはアミラーゼ活性が上昇しているということを把握しておくことは重要である．猫においては血清アミラーゼおよびリパーゼ活性は膵炎の診断において臨床的な価値はない．[8] 実験的に膵炎を起こした猫では血清リパーゼ活性は上昇し，血清アミラーゼ活性は減少するが，自然発症の猫においてはこういった変化は認められない．[8,9]

血清トリプシン様免疫活性（TLI）

TLI濃度は膵外分泌機能の特異的なマーカーである．血清TLIでは，健常な個体においてトリプシンの中で血管内を循環する唯一のタイプであるトリプシノーゲンを主に測定している．さらに，血清TLI検査では，もし血清中に存在すれば，トリプシンおよび蛋白分解酵素阻害物質と結合したトリプシンの一部を測定することができる．健常な動物では，膵臓の腺房細胞で合成されたトリプシノーゲンのほとんどが膵管中に分泌され，血管腔には達しないため血清TLI濃度は低値を示す（図1.45）．膵炎の状況下では，血管腔内に漏出するトリプシノーゲンの量が増加するため，血清TLI濃度は上昇する．[10] トリプシンは膵炎に際して早期に活性化されるが，それもまた血清TLI濃度の上昇に寄与している．しかしながら，トリプシノーゲンもトリプシンも小さな分子であり，腎臓から速やかに排泄される．さらに早期に活性化されたトリプシンはα_1-蛋白分解酵素阻害物質（α_1-PI）およびα_2-マクログロブリンなどといった蛋白分解酵素阻害物質によって速やかに除去される．α_2-マクログロブリン-トリプシン複合体は主に脾臓や肝臓において網内系によって除去される．そのため，血清TLIの半減期は短く，血清TLI濃度が上昇するにはある程度の炎症の存在が必要となる．また，甚急性で重症の患者の中には血清TLI濃度が正常値を示すことがある．この現象の原因として，腺房細胞に血管腔まで到達するのに十分なトリプシノーゲンが残っていないということが考えられる．犬の膵炎の診断における血清犬TLI

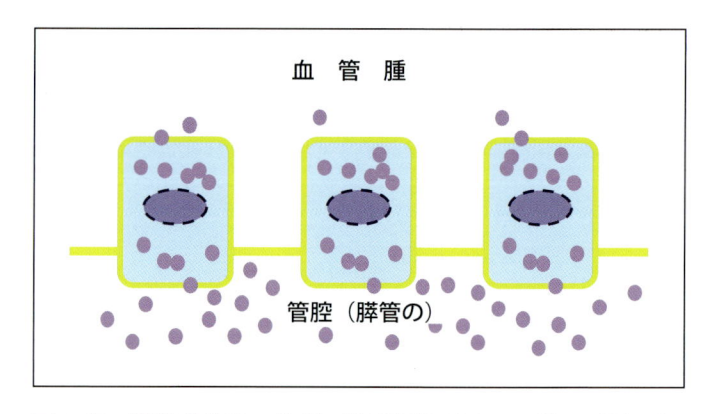

図1.45 膵酵素分泌の生理．腺房細胞がチモーゲン（例：トリプシノーゲン）および膵酵素（例：膵リパーゼ）を膵外分泌の膵管内へ分泌，最終的に十二指腸へと到達する．しかしながら，微量のチモーゲンと酵素は血管腔内へと分泌され，それを種特異的免疫測定法で測定することができる．

（cTLI）濃度の臨床的有用性には限界がある．血清TLIは血清アミラーゼおよびリパーゼ活性に比べて特異性は高いが，その感度は低く，検査結果が帰ってくるのは血清アミラーゼおよびリパーゼよりも遅いため，膵炎の診断法として血清cTLIを測定することはあまり魅力的ではない．[4] 犬と猫における血清TLI濃度の特異性および感度は類似しており，特異性は約90％，感度は約30〜40％とされている．これらの検査の成績指数は理想的とは言いがたいが，最近まで，血清猫TLI（fTLI）濃度は利用可能な猫の膵炎の診断検査法として最も高感度で特異性も高いものであるとされてきた．[10] 腹部超音波検査もまた厳格な基準に則って実施すれば膵炎に対して特異性が高い検査である．しかし，猫における腹部超音波検査の感度は10〜35％の間でしかない．その感度は2つの検査法を評価したあらゆる論文において，血清fTLI濃度の感度よりも低い．[10,11]

膵リパーゼ免疫活性（PLI）

血清PLIは血清中の膵リパーゼの動的な活性ではなく，質量濃度を特異的に測定している．犬および猫の血清におけるPLIの測定法は，近年になって発達し，その有用性も報告されている．[12,13] 犬および猫において血清PLI濃度は膵外分泌機能に関して非常に特異性が高いことが示されている．[14] また血清cPLI濃度は膵炎の診断において，利用可能な他のどの検査よりも遥かに感度が高いことも報告されている．[15] 血清PLI濃度の感度は犬において82％そして猫において67〜100％と報告されている．[15,16] 現在のところ，血清fPLI濃度の測定はテキサスA&M大学の消化器学研究室でのみ測定可能である．しかしながら，近年cPLI濃度の測定が商業的に導入されており（Spec cPL®；Idexx Laboratory），測定法も元のcPLIのELISA法と同じものを用いている．また近い将来，cPLIおよびfPLI測定用

の臨床検査キットが利用可能となるであろう．現在のところ，Spec cPL によって測定された血清 cPLI 濃度の測定可能域は≧200 μg/L であり，犬の膵炎の診断におけるカットオフ値は 400 μg/L である．ラジオイムノアッセイ（RIA）によって測定された猫の fPLI 濃度の測定可能域は現在のところ 1.2 〜 6.8 μg/L であり，猫の膵炎の診断におけるカットオフ値は 12 μg/L である．血清 PLI 濃度が犬で 200 〜 399 μg/L，猫で 6.9 〜 11.9 mg/L の間であればそれは疑わしい範囲内であり，検査を繰り返すことおよび/もしくはさらなる診断検査が必要となる．慢性腎不全は血清 cPLI 濃度に関して臨床的に意味のある影響を及ぼすことはない．[17] それゆえこの検査は腎不全を有する犬の膵炎の診断に用いることができ，そのことがこの新しい検査の特異性の高さを強調している．このことは猫においては証明されていないが，これが動物種によって異なることを示す理由は少ない．また，ステロイドの長期にわたる高用量の経口投与（2.2 mg/kg 1 日 1 回を 4 週間）も血清 cPLI 濃度を変化させることはない．

犬および猫の膵炎を診断する他の検査も検討されてきた．しかしながら，血漿トリプシノーゲン活性化ペプチド（TAP）濃度，尿中 TAP 濃度，尿 TAP/クレアチニン比，血清 α_1-PI/トリプシン複合体濃度などは，犬や猫の自然発症膵炎の診断における有用性はほとんど認められなかった．

1.4.4.3 膵外分泌不全

以前は膵外分泌不全（EPI）の診断にいくつかの糞便検査が用いられてきた．顕微鏡による糞便検査で脂肪および/もしくは未消化のでんぷんもしくは筋線維が認められれば消化不良が疑われるといった程度のものであった．EPI の診断において非常に精度の高い検査法が幅広く利用可能となってきたことから，顕微鏡による糞便検査は臨床的な信頼性は低くなってきている．小動物の EPI の診断において，ここ数十年の間糞便中の蛋白分解活性が用いられてきた．この検査に関していくつかの方法が紹介されてきたが，もっとも簡単なものは細かく切った X 線フィルムを用いたゼラチン乳剤の消化検査である．こういった検査法のほとんどが，そして特に X 線フィルムのクリアランス検査はまったく信頼性に欠けている．[18] 1 つだけ，ゼラチン寒天を投与するようにあらかじめ作られた錠剤を用いる方法が，最も有用であるといわれている．[18] しかしながらその検査の結果に関しては偽陽性や偽陰性も報告されており，糞便中蛋白分解活性検査の臨床的な応用は，膵臓機能を評価するより特異的な検査法が存在しない動物種に限られる．

血清トリプシン様免疫活性（TLI）

血清 TLI は犬および猫における EPI の診断において最適な検査である．[19,20] TLI 検査では，循環血液中においてトリプシンの酵素原であるトリプシノーゲンを測定している．健常な動物では血清中に少量のトリプシノーゲンが存在する（図 1.45）．

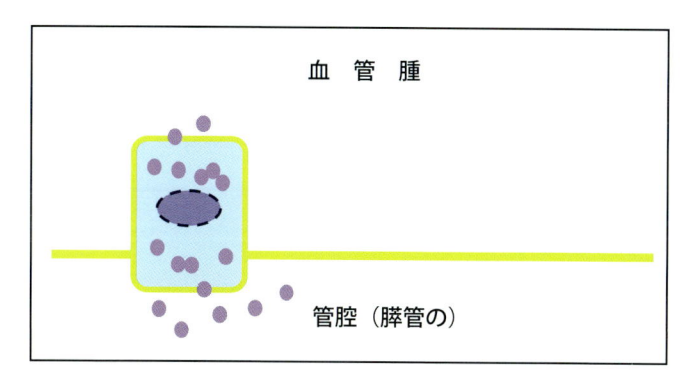

図 1.46　EPI の犬および猫における血清 TLI．EPI の犬と猫は膵外分泌の機能が著しく損なわれている．結果として消化酵素の分泌が低下し，それによって消化不良が続き，EPI の臨床症状が現れる．それと同時に血管腔内へのトリプシノーゲンの漏出が減少し，血清 TLI 濃度は EPI のカットオフ値以下に減少する．

EPI の犬および猫では，血清 TLI 濃度は著しく減少し，検出不可能となることがある（図 1.46）．犬の血清 TLI（cTLI）濃度の参考値は 5 〜 35 μg/L であり，EPI のカットオフ値は≦ 2.5 μg/L である．同様に，猫の TLI（fTLI）濃度の参考値は 12 〜 82 μg/L であり，EPI のカットオフ値は≦ 8.0 μg/L である．まれに，EPI の臨床症状は呈していないのに血清 TLI 濃度がカットオフ値以下である動物に遭遇することがある．これはおそらく，消化管の豊富な予備能によるものであろう．対照的に，慢性的な下痢および体重減少を呈しているにも関わらず，血清 TLI 濃度は軽度の低下しか示さない犬や猫がしばしば認められる（犬で 2.6 〜 4.9 μg/L，猫で 8.1 〜 11.9 μg/L）．これらの動物のほとんどは慢性的な小腸疾患を有しており，それに応じた対応をとるべきである．こういった犬や猫の一部は EPI である可能性があり，もし小腸疾患の診断がつかなければ数カ月後に血清 TLI 濃度を再評価すべきである．

血清膵リパーゼ免疫活性（PLI）

血清 TLI 濃度と同様に，血清 PLI 濃度も膵外分泌機能に対しての特異性は高く，EPI の診断に用いることができる．[14] しかし，血清 cPLI においては健常犬と EPI の犬でその数値に若干重なっている部分があり，そのことが EPI の確定診断において PLI の測定が TLI の測定に劣るゆえんとなっている．ただ，ごくまれにみられる膵リパーゼ欠損症に関しては例外である．膵リパーゼは脂質の分解に不可欠であるため，こういったまれな症例では消化不良の臨床症状を伴うはずである．猫の EPI の診断における fPLI 濃度の有用性に関しては，現在までのところ評価されてはいない．

糞便エラスターゼ

近年，糞便エラスターゼの測定法が発達し，その有用性が示されてきた．糞便エラスターゼ濃度の特異性は血清 cTLI 濃度に比べて低い．[21] 慢性的な下痢と体重減少を呈する犬における EPI の罹患率はわずか 10% 程度であるが，糞便エラスターゼ濃度における疑陽性は許容できない程高い（最近の研究では 23.1%）．また，糞便エラスターゼの測定は，血清 cTLI 濃度測定と比較してより煩雑であり，高価である．糞便エラスターゼ濃度が臨床的に有用である唯一のケースは，患者の EPI が膵管の閉塞に起因する場合のみである．しかしながら，犬と猫におけるそういった報告は現在までのところない．

🗝 キーポイント

- 血清アミラーゼおよびリパーゼ活性は猫の膵炎の診断に有用ではない．
- 犬の膵炎の診断における血清アミラーゼおよびリパーゼ活性の臨床的有用性は制限されており，診断は他の検査によって検証してからくだすべきである．
- 血清 PLI 濃度は犬と猫の膵炎の診断における最も高感度で特異性の高い検査である．
- 血清 TLI 濃度は犬と猫における EPI の診断において未だに最適の検査である．

参考文献

1. Hänichen T, Minkus G. Retrospektive Studie zur Pathologie der Erkrankungen des exokrinen Pankreas bei Hund und Katze. *Tierärztl Umschau* 1990; 45: 363-368.
2. Lowenfels AB. Epidemiology of diseases of the pancreas: clues to understanding and preventing pancreatic disease. *In*: Grendell JH, Forsmark CE (eds.), *Controversies and clinical challenges in pancreatic diseases.* American Gastroenterological Society, Bethesda, 1998; 9-13.
3. Simpson KW, Simpson JW, Lake S et al. Effect of pancreatectomy on plasma activities of amylase, isoamylase, lipase and trypsin-like immunoreactivity in dogs. *Res Vet Sci* 1991; 51: 78-82.
4. Mansfield CS, Jones BR. Trypsinogen activation peptide in the diagnosis of canine pancreatitis. *J Vet Intern Med* 2000; 14: 346 (abstract).
5. Strombeck DR, Farver T, Kaneko JJ. Serum amylase and lipase activities in the diagnosis of pancreatitis in dogs. *Am J Vet Res* 1981; 42: 1966-1970.
6. Parent J. Effects of dexamethasone on pancreatic tissue and on serum amylase and lipase activities in dogs. *J Am Vet Med Assoc* 1982 180: 743-746.
7. Fittschen C, Bellamy JE. Prednisone treatment alters the serum amylase and lipase activities in normal dogs without causing pancreatitis. *Can J Comp Med* 1984; 48: 136-140.
8. Parent C, Washabau RJ, Williams DA, Steiner JM, Van Winkle TJ, Saunders TJ, Noaker LJ, Shofer FS. Serum trypsin-like immunoreactivity, amylase and lipase in the diagnosis of feline acute pancreatitis. *J Vet Intern Med* 1995; 9: 194 (abstract).
9. Kitchell BE, Strombeck DR, Cullen J et al. Clinical and pathologic changes in experimentally induced acute pancreatitis in cats. *Am J Vet Res* 1986; 47: 1170-1173.
10. Gerhardt A, Steiner JM, Williams DA et al. Comparison of the sensitivity of different diagnostic tests for pancreatitis in cats. *J Vet Intern Med* 2001; 15: 329-333.
11. Swift NC, Marks SL, MacLachlan NJ et al. Evaluation of serum feline trypsin-like immunoreactivity for the diagnosis of pancreatitis in cats. *J Am Vet Med Assoc* 2000; 217: 37-42.
12. Steiner JM, Gumminger SR, Williams DA. Development and validation of an enzyme-linked immunosorbent assay (ELISA) for the measurement of canine pancreatic lipase immunoreactivity (cPLI) in serum. *J Vet Intern Med* 2001; 15: 311 (abstract).
13. Steiner JM, Wilson BG, Williams DA. Development and analytical validation of a radioimmunoassay for the measurement of feline pancreatic lipase immunoreactivity in serum. *Can J Vet Res* 2004; 68: 309-314.
14. Steiner JM, Gumminger SR, Rutz GM, Williams DA. Serum canine pancreatic lipase immunoreactivity (cPLI) concentrations in dogs with exocrine pancreatic insufficiency. *J Vet Intern Med* 2001; 15: 274 (abstract).
15. Steiner JM, Broussard J, Mansfield CS, Gumminger SR, Williams DA. Serum canine pancreatic lipase immunoreactivity (cPLI) concentrations in dogs with spontaneous pancreatitis. *J Vet Intern Med* 2001; 15: 274 (abstract).
16. Forman MA, Marks SL, De Cock HEV et al. Evaluation of serum feline pancreatic lipase immunoreactivity and helical computed tomography versus conventional testing for the diagnosis of feline pancreatitis. *J Vet Intern Med* 2004; 18: 807-815.
17. Steiner JM, Finco DR, Gumminger SR, Williams DA. Serum canine pancreatic lipase immunoreactivity (cPLI) in dogs with experimentally induced chronic renal failure. *J Vet Intern Med* 2001; 15: 311 (abstract).
18. Williams DA, Reed SD. Comparison of methods for assay of fecal proteolytic activity. *Vet Clin Pathol* 1990; 19: 20-24.
19. Steiner JM, Williams DA. Serum feline trypsin-like immunoreactivity in cats with exocrine pancreatic insufficiency. *J Vet Intern Med* 2000; 14: 627-629.
20. Williams DA, Batt RM. Sensitivity and specificity of radioimmunoassay of serum trypsin-like immunoreactivity for the diagnosis of canine exocrine pancreatic insufficiency. *J Am Vet Med Assoc* 1988; 192: 195-201.
21. Spillmann T, Wittker A, Teigelkamp S et al. An immunoassay for canine pancreatic elastase 1 as an indicator for exocrine pancreatic insufficiency in dogs. *J Vet Diag Invest* 2001; 13: 468-474.

1.4.5 分子遺伝学に基づく臨床検査

Roger M. Batt, H. Carolein Rutgers

1.4.5.1 はじめに

分子遺伝学に基づく検査はすでに小動物におけるいくつかの疾患で発達しており，これらは獣医療における診断法の新たな分野として強力な診断ツールを提供している．これらの検査はDNAの先天的な変異を検出することに基づいており，変異のある症例ではそれに伴って特異的な蛋白の構造，機能もしくは量が変化することにより罹患し，もしくは疾患にかかりやすい状況になる．これら新たな検査法は，臨床的な疾患の正確な診断をくだすことを容易にするため，非常に強力なツールであり，選択的な繁殖を可能にし，罹患しやすい動物を特定し予防的介入をすることによって発病を遅らせたり，防ぐことができる可能性がある．

外貌に基づく選択的な繁殖は系統の犬種内における遺伝的な多様性を減少させ，偶発的に疾患の原因となる，もしくは疾患を発病しやすくなる遺伝子の頻度を増加させる．犬において400以上の遺伝性疾患がすでに特定されており，今後さらに多くの遺伝子が明らかとなるであろう．[1,2] 犬のゲノム全体の塩基配列の解読とマッピングが進んでおり，犬における先天性疾患を特定する材料を提供している．[3,4] 猫においてはまた状況が異なっており，猫のほとんどは短毛種のドメスティック・ショートヘアである．その結果，選択的な繁殖はあまりなされておらず，猫における先天性疾患において分かっていることは少ない．[5]

犬の消化管疾患において分子遺伝学的検査の応用はかなり有望視されており，遺伝子に関する新たな知見と多くの品種特異的な病態発生の関連がすでに報告されている（表1.11）．現在のところ，遺伝形式はいくつか特定されており，遺伝的異常が特定されているのは一例だけである．[6] この分野の発展の障害となるものとしては，多くの消化器疾患が複雑であり，疾患の要因として遺伝的素因とともに環境要因も関わっているということが含まれる．

1.4.5.2 検査の発展

分子遺伝学に基づいた検査は，典型的には特異的な形質または疾患の鍵となる遺伝子，もしくはその近傍におけるDNAマーカーあるいは変異を検出することを目的としている．これらの検査は頬粘膜のスワブもしくは全血よりゲノムDNAを抽出して実施する．遺伝子もしくはその遺伝子に関連する領域における変異を検出することは，極めて信頼性の高い検査結果を提供できると考えられる．こういった方法は，他の動物種で同様の病態を引き起こす遺伝子を調べたり，その疾患の病態生理を調べたりすることで候補遺伝子をあげることによって実現することができる．あるいは，異常な遺伝子を検出するためにその遺伝子内のもしくはその近傍のDNAマーカーを用いることもできる．連鎖解析によって有用なマイクロサテライトマーカーが特定できることがあり，それが疾患の特定のマイクロサテライトマーカーの特異的なアレルと関連していることがある．この手法は，候補遺伝子が分かっていないときもしくは不確かなときに用いられる．または，関連研究によって有用なSNPs（一遺伝子多型）が特定できる可能性もある．

犬の消化器疾患における分子遺伝学的検査の発展について，現実的には考慮すべき問題が沢山ある．最も重要な点は，目的とする表現型の正確な特徴付けと特定であり，それは厳密に区

表1.11 疑われているもしくは証明されている犬の遺伝性消化器疾患

疾患	犬種	遺伝形式
消化管		
■ バセンジーの腸症	バセンジー	不明
■ グルテン過敏性腸症	アイリッシュ・セッター	常染色体劣性
■ 組織球性潰瘍性大腸炎	ボクサー	不明
■ 特発性小腸過剰細菌増殖症	ビーグル ジャーマン・シェパード	不明
■ リンパ管拡張症	ノーウェジアン・ルンデフンド	不明
■ 蛋白漏出性腸症	ソフトコーテッド・ウィートン・テリア	不明
■ 選択的コバラミン吸収不良	ビーグル ボーダー・コリー ジャイアント・シュナウザー シャーペイ	常染色体劣性
膵臓		
■ 膵外分泌不全	ジャーマン・シェパード	常染色体劣性
肝臓		
■ 銅による肝障害	ベドリントン・テリア	常染色体劣性
	ダルメシアン	不明
	ラブラドール・レトリーバー	不明
	スカイ・テリア	不明
	ウエスト・ハイランド・ホワイト・テリア	不明
■ 門脈血管奇形		
―肝内シャント	アイリッシュ・ウルフハウンド	常染色体劣性（単一遺伝子）
―肝外シャント	ケアン・テリア	常染色体劣性
	ヨークシャー・テリア	不明
■ 微小血管異形成	テリア種	不明

別されるべきである（例：EPIもしくは肝臓における銅毒性）．はっきりとした表現型は，遠い家系における遺伝性の検討や連鎖解析のデータの蓄積を可能にする．遺伝子検査の発達は，炎症性腸疾患（IBD）の様にその表現型がはっきりとしない状態であったり，多因子性であったならより困難となることは明らかである．しかし，もし遺伝性の要素が認められたならば，関連性のない犬を用いて大規模な他の種類の分子遺伝学的研究を実施することができる．例えば，マイクロサテライトデータの不均衡連鎖解析，SNPs，もしくは候補遺伝子の塩基配列解読などである．これらの研究の結果が，実際は表現型の再定義に役に立つかもしれない．

遺伝的形質の複雑性もまた重要である．単一遺伝子異常の検査は最も簡単に発達し，疾患の特定だけでなく選択的な交配によって疾患を排除するためにも用いられている．複合遺伝子疾患はその対極にあるものであり，多くの遺伝子が罹患しやすさや疾患に関わっており，その発現はアレルゲンや病原体といった環境要因に関わっている．複合遺伝子疾患においては，疾患の排除を目的とした選択的交配は現実的な選択肢ではないが，遺伝子検査は治療や予防戦略の指標にはなりうる．

1.4.5.3　食道および胃の疾患

犬におけるこれらの疾患に対する遺伝的特徴はほとんど知られていない．胃拡張/捻転症候群の品種的素因は，解剖学的特徴に最も関連しているようである（大型，胸郭の深い犬）．胃内腔の肥厚は小型の短頭種で先天性として報告されているが，この疾患が遺伝的形質であることを示す十分な情報はない．

1.4.5.4　腸管疾患

選択的コバラミン吸収不良

蛋白尿を伴う消化管の選択的コバラミン（ビタミンB_{12}）吸収不良は，単純な常染色体劣性遺伝としてジャイアント・シュナウザーで報告されており，またビーグル，ボーダー・コリー，シャーペイでも報告されている．[7,8,9] 罹患した子犬は慢性的な食欲不振，成長不良，血清コバラミン濃度の低値，巨赤芽球性貧血，メチルマロン酸尿症を呈する．臨床症状は，経口ではなく，経静脈からのコバラミン補充によって改善させることができる．これらの患者は回腸刷子縁における内因子-コバラミン-受容体（IFCR）の発現が欠如しており，それは内因子-コバラミン複合体のエンドサイトーシスを介在する2つの蛋白（キュビリン，アムニオンレス）の変異に起因するものである．[10]

グルテン過敏性腸症（GSE）

GSEはアイリッシュ・セッターのよく知られた小腸疾患であり，他の犬種においても潜在的に認められ，下痢を伴い，もしくは伴わずに体重減少を呈する．[11,12] GSEは小腸が免疫介在性に傷害を受けるヒトのセリアック病との類似点がいくつか認められる．しかし，MHC IIハプロタイプとの関連性が認められない点で異なっている．[11] アイリッシュセッターのGSEは単一の常染色体劣性遺伝子座の遺伝性が示されているが，現在のところ利用可能な遺伝子検査はない．[12]

リンパ管拡張症

この疾患は，ヨークシャー・テリア，ソフトコーテッド・ウィートンテリア，ノーウェジアン・ルンデフントなどで罹患率が高いが，その他の多くの犬種でも認められる．ノーウェジアン・ルンデフントでの家族性の発症が証明されているが，[13] その遺伝形式などはまだ分かっていない．

蛋白漏出性腸症（PLE）

PLEは多くの品種で，また多くの疾患の過程で発生し得るが，PLEおよび/もしくはPLNの明らかな家族性の素因がソフトコーテッド・ウィートンテリアで認識されている．[14] 家系分析によって共通の雄の祖先の関連が示唆されているが，その遺伝形式は依然として分かっていない．

バセンジーの腸症

バセンジーの腸症は，バセンジーにおける重度のIBDであり，ヒトの非分泌性の免疫増殖性小腸疾患に酷似している．[15] 無症候性のバセンジーにおいて，消化管機能は異常であり，生検によって消化管病変がみられることもある．この疾患は遺伝的素因がありそうだが，遺伝形式ははっきりとしていない．

小腸細菌過剰増殖症（SIBO）

SIBOは上部消化管内腔における細菌数の相対的な増加として特徴づけられる．これはしばしば，好気性細菌叢から嫌気性細菌叢への変化としてしばしば認められる．[16] SIBOは近年ある著者達によって「抗生剤反応性下痢」として名付けられた．[17] SIBOは特発性の異常として，他の消化管疾患の二次的な変化として，もしくは外見上は正常なビーグルやジャーマン・シェパードの無症候性の所見として認められる．[16] ジャーマン・シェパードにおいてSIBOの素因はありそうだが，その遺伝性に関しては分かっていない．そういった素因の分子マーカーが発達すれば，IgA分泌の欠損や調節異常に伴う消化管防御能の低下などといった，疾患の鍵となるような素因の特定ができるようになるかもしれない．

組織球性潰瘍性大腸炎

この疾患は炎症性大腸疾患の1つであるが，ボクサーに主に発生し，フレンチ・ブルドッグや他の犬種においても報告されている．遺伝性は証明されていないが，品種特異性が強いことから，遺伝的な素因が疑われている．病理学的には結腸粘膜の慢性的な潰瘍と，特徴的なPAS陽性マクロファージを含む炎症細胞の混合性の浸潤が認められる．最近の研究で，抗生剤

反応性の感染性因子がこの疾患の臨床病態の発生に重要な役割を果たしていることが示唆されている.[19]

炎症性腸疾患（IBD）

この疾患の発現には非常に多くの潜在的な原因が関与している．それは複合的な遺伝的素因や，消化管内細菌叢や食餌性抗原などといった環境要因も含まれる．犬における遺伝的な背景はあいまいであるが，ヒトでは罹患しやすくなる遺伝子変異に関する知見が出始めている．[20]

1.4.5.5　膵臓疾患

膵腺房萎縮（PAA）

PAA は犬の EPI の最も一般的な理由であり，主にジャーマン・シェパードおよびラフコーテッド・コリーで認められる．最近の研究では，PAA はリンパ球性膵炎の終末像として起こることが示唆されている.[21] PAA はジャーマン・シェパードの遺伝性疾患であることが示されており，主に常染色体の劣性遺伝として起こる.[22]

膵炎

遺伝性の膵炎はヒトで報告されており，いくつかの変異が膵炎のリスクを増加させることが示されている．慢性膵炎はミニチュア・シュナウザーで一般的に認められ，それはこの犬種で空腹時の高脂血症と高トリグリセリド血症が多いことに関連している可能性がある．しかし，陰イオン性および陽イオン性トリプシノーゲン遺伝子変異のスクリーニングでは，関連性を見いだすことはできなかった．

1.4.5.6　肝臓疾患

銅に関連する肝障害

銅に関連する肝障害は，原発性の肝臓における銅代謝不良もしくは銅の胆汁排泄の変化のどちらによっても起こりうる．遺伝性の銅蓄積性肝症はベドリントン・テリアで報告されており，家族性の銅蓄積性肝疾患がウエスト・ハイランド・ホワイト・テリア，スカイ・テリア，ダルメシアン，ラブラドール・レトリーバーで証明されており，ドーベルマン・ピンシャーでもその可能性が示唆されている．長期間にわたる胆汁うっ滞性肝疾患による二次的な銅の蓄積（銅関連性肝症）は多くの犬種で認められるが，肝毒性を示すほどのレベルに達することはない．胆汁うっ滞性肝疾患伴う銅の蓄積は非常に多くの犬種で報告されているが，それは二次的な変化である．ベドリントン・テリアの銅関連性肝障害は，肝臓における銅の原発性代謝異常に関して最もよく分かっている例である．肝臓における銅の毒性を示すレベルでの蓄積は，肝細胞の壊死や肝炎を起こし，最終的には肝硬変へと至る．この疾患は常染色体劣性遺伝であり，この犬種においてその遺伝子頻度が高いことが分かっている．診断は組織学的評価と肝臓生検サンプルにおける銅の含有量を測定することでなされてきた．最近では，銅の毒性遺伝子と密接に関連しているマイクロサテライトマーカー C04107 が，ベドリントン・テリアのスクリーニングに用いられるようになったが，この検査にはまだ議論の余地がある.[23] 近年，銅の毒性に関連する遺伝子は，第 10 染色体の CFA 10q28 遺伝子座にあることが分かり，この疾患は MURR1 遺伝子の欠損変異に起因することが示唆されたことから，より正確な DNA 検査が発達するようになってきている.[6] マイクロサテライト C04107 は MURR1 遺伝子のイントロンに位置し，この疾患に強くかかわっているが，ハプロタイプ多様性をもっている.[24] この疾患の分子生物学的診断において唯一安定している検査は，肝臓組織から抽出した cDNA を用いてエクソン-2 の欠損を証明する方法である．末梢血白血球から抽出した RNA では MURR1 の発現レベルが弱く，この検査に耐えうるものではない．ゲノム DNA を用いた定量的 PCR（Q-PCR）は，マイクロサテライトマーカーおよび血液サンプル，頬粘膜スワブ，および肝臓生検サンプルの RT-PCR のデータと相関していることが示されている.[25]

近年ダルメシアンにおいて報告されている家族性の銅関連性肝疾患もまた，原発性の銅の代謝欠損が関連している可能性があるが，その疾患の機序や遺伝的な素因は評価されていない．またウエスト・ハイランド・ホワイト・テリアやスカイ・テリアの家族性銅関連性肝疾患は異なるタイプであることが分かっている．これらの犬種では銅の蓄積に先行して炎症性変化が起こることから，ベドリントン・テリアやダルメシアンの疾患とはその病態発生が異なることが示唆されている．

門脈血管奇形

先天性門脈体循環シャントは門脈と体循環における単一の異常血管が肝臓の類洞をバイパスする疾患である．肝内単一シャントは大型犬で認められ，単一遺伝子の常染色体劣性遺伝であると考えられている.[26] アイリッシュ・ウルフハウンドは遺伝性に，尿素サイクル酵素であるアルギニノコハク酸合成酵素の欠損による一過性の高アンモニア血症を呈することがあり，門脈血管異常であると誤診してはならない.[27,28] 肝外単一の門脈体循環シャントは小型犬で多く，特にテリアの遺伝子を持つ犬で多く認められる．ケアン・テリアを用いた試験交配によって，肝外門脈体循環シャントは常染色体劣性遺伝であることが示されており，ほぼ間違いなく多遺伝子性もしくは単一遺伝子性で発現が変化するものであると考えられている.[29] また，門脈体循環シャントはヨークシャー・テリアにおいても遺伝性であると考えられている.[30]

肝微小血管異形成（MVD）

MVD は先天性そしておそらくは遺伝性の肝臓の微小構造の異常であり，小型犬種とくにテリア種においてよく認められる

（例：ヨークシャー・テリア，ケアン・テリア，マルチーズ・テリア）．MVDと門脈血管異常の遺伝的な関連性は明らかではないが，特定の犬種との関連性，組織学的特徴の類似，そしてそれらが同時に起こることがあるといったことから，それらが関連性を持っている可能性が考えられている．

> **キーポイント**
> - 消化器疾患における犬種の偏りは犬では一般的に認められるが，猫ではまれであり，それらの疾患の病態発生における遺伝的素因や影響が示唆されている．
> - 今のところ犬や猫の遺伝性消化器疾患において分子生物学に基づく診断法のうち，唯一利用可能なものはベドリントン・テリアにおける銅蓄積性肝障害のみである．
> - 近い将来，この分野における大いなる進歩が期待されており，遺伝性の消化器疾患の新たな診断検査が利用可能となるはずである．

参考文献

1. Aguirre, GD. DNA testing for inherited canine diseases. In: Bonagura, JD (ed.), *Current Veterinary Therapy XIII*. Philadelphia, WB Saunders, 2000; 909-913.
2. Meyers-Wallen VN. Ethics and genetic selection in purebred dogs. *Reprod Domest Anim* 2003; 38: 73-76.
3. Guyon R, Lorenten TD, Hutte C et al. A 1-MB resolution radiation hybrid map of the canine genome. *Proc Natl Acad Sci USA* 2003; 100: 5296-5301.
4. Dukes-McEwan J, Jackson IJ. The problems and promise of linkage analysis by using the current canine genome map. *Mamm Genome* 2002; 13: 667-672.
5. Malik R. Genetic diseases in the cat. *J Feline Med Surg* 2001; 3: 109-113.
6. Klomp AE, van de Sluis B, Klomp LW et al. The ubiquitously expressed MURR1 protein is absent in canine copper toxicosis. *J Hepatol* 2003; 39: 703-709.
7. Fyfe JC, Ramanujam KS, Ramaswamy K et al. Defective brush-border expression of intrinsic factor-cobalamin receptor in canine inherited intestinal cobalamin malabsorption. *J Biol Chem* 1991; 266: 4489-4494.
8. Fordyce HH, Callan MB, Giger U. Persistent cobalamin deficiency causing failure to thrive in a juvenile beagle. *J Small Anim Pract* 2000; 41: 407-410.
9. Morgan LW, McConnell J. Cobalamin deficiency associated with erythroblastic anemia and methylmalonic aciduria in a Border Collie. *J Am Anim Hosp Assoc* 1999; 35: 392-395.
10. Fyfe JC, Madsen M, Hojrup P et al. The functional cobalamin (vitamin B12)-intrinsic factor receptor is a novel complex of cubilin and amnionless. *Blood* 2004; 103: 1573-9.
11. Polvi A, Garden OA, Houlston RS et al. Genetic susceptibility to gluten sensitive enteropathy in Irish setter dogs is not linked to the major histocompatibility complex. *Tissue Antigens* 1998; 52: 543-549.
12. Garden OA, Pidduck H, Lakhani KH et al. Inheritance of gluten-sensitive enteropathy in Irish Setters. *Am J Vet Res* 2000; 61: 462-468.
13. Flesja K, Yri T. Protein-losing enteropathy in the Lundehund. *J Small Anim Pract* 1977; 18: 11-23.
14. Littman MP, Dambach DM, Vaden SL et al. Familial protein-losing enteropathy and protein-losing nephropathy in Soft-Coated Wheaten Terriers. *J Vet Intern Med* 2000; 14: 68-80.
15. De Buysscher EV, Breitschwerdt EB, MacLachlan NJ. Elevated serum IgA associated with immunoproliferative enteropathy of Basenji dogs: lack of evidence for alpha heavy-chain disease or enhanced intestinal IgA secretion. *Vet Immunol Immunopathol* 1988; 20: 41-52.
16. Rutgers HC, Batt RM, Elwood CM et al. Small intestinal bacterial overgrowth in dogs with chronic intestinal disease. *J Am Vet Med Assoc* 1995; 206: 187-192.
17. German AJ, Day MJ, Ruaux CG et al. Comparison of direct and indirect tests for small intestinal bacterial overgrowth and antibiotic-responsive diarrhea in dogs. *J Vet Intern Med* 2003; 17: 33-43.
18. German AJ, Hall EJ, Day MJ. Relative deficiency of IgA production by duodenal explants from German Shepherd dogs with small intestinal disease. *Vet Immunol Immunopathol* 2000; 76: 25-43.
19. Hostutler RA, Luria BJ, Johnson SE et al. Antibiotic-responsive histiocytic ulcerative colitis in 9 dogs. *J Vet Intern Med* 2004; 18: 499-504.
20. Mathew CG, Lewis CM. Genetics of inflammatory bowel disease: genetics and prospects. *Hum Mol Genet* 2004; 13: R161-R168.
21. Wiberg ME, Saari SA, Westermarck E. Exocrine pancreatic atrophy in German Shepherd Dogs and Rough-coated Collies: an end result of lymphocytic pancreatitis. *Vet Pathol* 1999; 36: 530-541.
22. Moeller ME, Steiner JM, Clark LA et al. Inheritance of pancreatic acinar atrophy in German Shepherd Dogs. *Am J Vet Res* 2002; 63: 1429-1434.
23. Haywood S, Fuentealba IC, Kemp SJ et al. Copper toxicosis in the Bedlington terrier: A diagnostic dilemma. *J Small Anim Pract* 2001; 42: 181-185.
24. van de Sluis B, Peter AT, Wijmenga C. Indirect molecular diagnosis of copper toxicosis in Bedlington Terriers is complicated by haplotype diversity. *J Hered* 2003; 94: 256-259.
25. Favier RP, Spee B, Penning LC et al. Quantitative PCR method to detect a 13-kb deletion in the MURR1 gene associated with copper toxicosis and HIV-1 replication. *Mamm Genome* 2005; 16: 460-463.
26. Ubbink GJ, van de Broek J, Meyer HP et al. Prediction of inherited portosystemic shunts in Irish Wolfhounds on the basis

of pedigree analysis. *Am J Vet Res* 1998; 59: 1553-1556.
27. Meyer HP, Rothuizen J, Tiemessen et al. Transient metabolic hyperammonaemia in young Irish wolfhounds. *Vet Rec* 1996; 138: 105-107.
28. Rothuizen J, Ubbink GJ, Meyer HP et al. Inherited liver diseases: New findings in portosystemic shunts, hyperammonemia syndromes, and copper toxicosis in Bedlington Terriers. *Proc 19th ACVIM Forum* 2001; 637-639.
29. van Straten G, Leegwater PA, de Vries M et al. Inherited congenital extrahepatic portosystemic shunts in Cairn terriers. *J Vet Intern Med* 2005; 19: 321-324.
30. Tobias KM. Determination of inheritance of single congenital portosystemic shunts in Yorkshire terriers. *J Am Anim Hosp Assoc* 2003; 39: 385-389.

1.5 内視鏡検査

Michael D. Willard

1.5.1 はじめに

内視鏡検査は，内腔や開口部の中を見るための機器（すなわち内視鏡）を用いて行う検査である．内視鏡検査は粘膜表面の構造的変化を観察することや異物の除去にも有用であるが，獣医消化器病学におけるその主な有用性は，外科手術を行うことなく組織サンプルを採取できることである．結腸回腸の内視鏡検査も重要であるが，胃十二指腸の内視鏡検査は軟性内視鏡検査の最も重要な手技である．

1.5.2 適応

食道胃十二指腸の内視鏡検査の主な適応は，a) 嘔吐，下痢，体重減少，食欲不振などの消化器症状，もしくは低アルブミン血症をもつ症例の胃腸粘膜を生検すること，b) 消化管内異物を検出および摘出すること，c) 胃幽門狭窄の検出とその原因の確定，d) 上部消化管の出血部位を探すこと，e) 食道炎や食道の解剖学的異常が疑われる症例における食道の検査と生検，f) 食道の良性狭窄の拡張処置，g) 胃瘻チューブ設置の補助，h) ポリープの摘出である．[1-3] 結腸回腸の内視鏡検査の主な適応は，a) 小腸疾患をもつ症例における回腸の生検，b) 試験的治療に反応しない，もしくは低アルブミン血症，体重減少，全身性の症状などが認められる慢性大腸性疾患をもつ症例における結腸の生検，c) 持続的な血便や排便困難の原因を確定すること，d) 大腸のポリープや腫瘤をもつあるいはもつことが疑われる症例の検査である．しかし，大腸疾患に対してはより侵襲性の低い検査がしばしば診断と治療に有用であるため，結腸内視鏡検査は胃十二指腸の内視鏡検査よりも行われる頻度は低い．

一般に画像検査が胃十二指腸内視鏡検査や結腸回腸内視鏡検査の直前に行われる．X線検査そして特に腹部超音波検査は内視鏡が届かない部位（例；空腸の中央部）の浸潤性病変，遊離ガスや液体貯留（例；穿孔を示唆），比較的非侵襲的な方法（例；超音波ガイド下での針吸引生検）で診断可能である広範な浸潤性病変（例；転移性疾患）を明らかにすることがある．腹部超音波検査は浸潤性疾患を診断するのに比較的特異的であるが，感度は高くない．そのため IBD や消化管のリンパ腫の多くの症例がそうであるように，たとえ超音波検査において浸潤性病変の所見が得られなくても，内視鏡下での消化管の生検が適応となる．もし び漫性疾患もしくは全身性疾患の所見が認められるか，直腸検査にて腫瘍が疑われる場合には，結腸内視鏡検査の前に超音波検査が必要となる．

1.5.3 内視鏡検査の基本的な原則

1.5.3.1 内視鏡の選択

十二指腸への挿入と生検が，胃十二指腸内視鏡検査で最も重要で，最も難しい手技である．外径の細い内視鏡スコープは十二指腸への挿入を容易にする．しかし外径の細い内視鏡スコープは生検チャネル（例；2.0〜2.2 mm）も細くなってしまう．より径の太い生検チャネル（すなわち 2.8 mm）は良質な組織サンプルを採取したり，異物の除去を行ったりすることを容易にする．猫およびほとんどの犬では挿入部が 1m の内視鏡スコープで十二指腸および回腸の観察と生検を行うことができるが，大型で体格が長い犬では 1.4〜1.6m の挿入部の内視鏡スコープが必要となることがある．残念なことに猫および中〜小型犬に内視鏡を行う際に，余分に長くなった 0.4〜0.6 m は非常に使用しづらい．ビデオ内視鏡はファイバースコープ内視鏡と比べて一般に画像が優れており，さらに除去が困難な異物を除去する際に二人の術者が協力することもできる．しかし，ファイバースコープ内視鏡は比較的安価であるし，有能な内視鏡医であればビデオ内視鏡で行うことができるほとんど全てのことがファイバースコープでも実施可能である．

内視鏡の選択が最も重要である．（例；小児用の胃十二指腸内視鏡スコープは外径 7.9 mm，挿入部 1.0 m で 2.2 mm の生検チャネルをもつ；標準的な胃十二指腸内視鏡スコープは外径 9 mm 以下，挿入部 1.0 m で 2.8 mm の生検チャネルをもつ；小児用の結腸内視鏡スコープは外径 11 mm，挿入部 1.4 m で 2.8〜3.0mm の生検チャネルをもつ）．もし内視鏡スコープを 1 本だけ購入するのであれば，最も頻繁に内視鏡検査を行う動物のサイズ（犬もしくは猫），および 1 週間に行う内視鏡検査の回数によって内視鏡スコープを決めるべきである．もし 1 ヵ月に 2, 3 回しか胃十二指腸内視鏡を行わないのであれば，お

そらく細い外径の内視鏡スコープ（例；外径 7.9 mm）を購入するのが最も良いであろう．なぜなら内視鏡医が猫や小型犬の十二指腸に内視鏡スコープを挿入するような高いレベルの技術を得られるかどうか疑問だからである．もし最低でも週に2回の内視鏡検査を行うのであれば，内視鏡医はほとんどの成猫の十二指腸に太い生検チャネル（すなわち 2.8 mm）をもったやや太い内視鏡スコープ（外径 8.6～9.0 mm）を挿入できるほど熟練するであろう．

1.5.4 食道胃十二指腸内視鏡検査

1.5.4.1 準備と麻酔

消化器疾患を有し，特に嘔吐している患者では，胃が空になるまでの時間が延長している．そのため内視鏡検査の前の最低 24 時間は食事を与えるべきではない．バリウムやスクラルファートは内視鏡検査の最低 1 日，できれば 2 日前から与えるべきではない．さまざまな麻酔前投与薬，麻酔薬を使用することが可能であり，グリコピロレートにブトルファノールもしくはアセプロマジンを加えると有効である．しかし，麻薬（例；モルヒネ，オキシモルホン，フェンタニル）や消化管運動改善薬（例；メトクラプラミド）の使用は避けるべきである．ケタミンは猫の幽門を弛緩させ十二指腸への挿入を容易にするかもしれないが，下部食道括約筋をも弛緩させるため，内視鏡検査の間は胃の拡張を維持するためにしばしば誰かが食道をふさがなくてはならない．プロポフォールによる麻酔導入やイソフルランによる麻酔維持は有効である．セボフルランも特に重症患者に対して有効であるが，送気によって胃を拡張させると肺の換気量が減少し，内視鏡検査の途中で麻酔から覚める可能性があるため，セボフルランを用いる場合には呼吸を補助することが重要となる．症例は頭部をややのばして左側横臥位にする．内視鏡スコープを一度噛まれただけで高額な修理費が必要な重度の損傷を受ける可能性があるため，信頼性のある開口器を常に使用する．

1.5.4.2 手技

検査を行う消化管は十分に送気すべきであり，そうすることで粘膜面の全てが観察できるようになる．しかしながら，胃拡張の症状を起こすような胃への過度の送気は避けるべきである．また，広範囲な視野は，近すぎる視野よりも多くの場合で有効である．これは"赤くらみ"（内視鏡スコープが粘膜面に近づきすぎて，全てに焦点が合わない）となる時，特に感じられる．消化管内腔を見ることができるときのみ，内視鏡スコープを進めるべきである．結局，内視鏡スコープを進めている間は，スコープの先端を消化管内腔の中心に保つようにするのがたいてい最も良い．

1.5.4.3 胃十二指腸内視鏡検査[2,7]

挿入する内視鏡スコープに少量の潤滑剤を塗り，経口胃チューブの様にゆっくりと口腔内に入れる．内視鏡が喉頭に届くと気管チューブが気管内に入っているのが見え，内視鏡スコープの先端を少し背側に向けゆっくりと輪状咽頭筋に向けて進める．下部食道括約筋（LES）と胃に内視鏡スコープを進めている間は，食道を中等度に拡張し，食道粘膜を観察するため，輪状咽頭筋に入ったらすぐに術者は送気しなくてはならない．LES は時に開いているが，通常は"切れ込み"のように見える．もし LES が閉じていたら，術者は LES の中心に向けて内視鏡スコープを激しく押して先端を胃に入れるのではなく，ゆっくりと挿入すべきである．次のステップは症例のサイズ，および検査を行う範囲によって決める．小型犬や中型犬では，最初に胃を拡張させ検査すべきである（"典型的な胃十二指腸内視鏡検査"）．十二指腸の検査と生検が重要な大型犬や体長の長い犬では，胃の検査の前に十二指腸に挿入し，検査するのが多くの場合で有効である（"改良胃十二指腸内視鏡検査"－下記参照）．

典型的な胃十二指腸内視鏡検査

胃の病変は限局性となりうるため，胃粘膜の全てを系統立てて検査することが不可欠である．胃の中に入ったら，全ての胃粘膜表面を検査できるまで胃を空気で拡張させる．もし開いた LES から空気がもれて胃が拡張できない場合，助手は頚部食道の両側を優しく押えて頚部食道をふさぎ，上部消化管に空気を溜めなくてはならない．しかし過度の胃拡張を起こさないように送気は制限しなければならない．中等度の胃拡張であっても酸素と吸入麻酔薬の換気を妨げるため，麻酔を維持するために胃内の空気を抜くことが必要となることがある．

胃が拡張された後は，胃を四つの部位に分けて検査すべきである．LES の近くに内視鏡スコープの先端を位置させて検査を始め，先端を 10 時方向から 2 時方向，5 時方向，7 時方向へと四角形に動かす．2 番目に LES と胃底部を検査できるように内視鏡スコープの先端を進め，最大限に反転させる（術者は内視鏡スコープが LES を通って胃に入っているのを見ることができる）．胃底部の検査が不十分となるのは不慣れな術者の一般的なミスであり，ここは多くの異物やいくつかの浸潤性病変がみられる部位でもある．完全に胃底部を観察した後に内視鏡スコープの先端を真っ直ぐにし，幽門洞に押し進める．この方法ではスコープの先端が大弯に沿ってすべり，幽門洞に入り幽門へ向かう．胃粘膜ひだに引っかかることなく幽門洞に進めるためには，内視鏡医は内視鏡の先端を少しだけ上に向けなくてはならないかもしれない．幽門洞に入ると，奥の左側に幽門が見える．内視鏡の先端を幽門に進めている間，幽門洞の粘膜面の全てを観察すべきである．

十二指腸に入るためには内視鏡の先端を進めている間，幽門が視野の中央になるように維持しなければならない．内視鏡ス

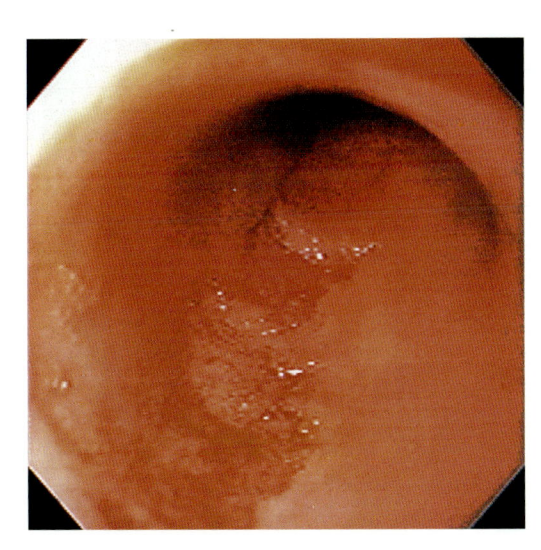

図1.47 十二指腸粘膜の擦過傷．内視鏡スコープによって起こった十二指腸粘膜の線状の擦過傷の内視鏡像．このような医原性病変は自発的な病変と区別しなくてはならない．

コープの先端は内視鏡医が見ている視野よりも大きいことに注意する必要があり，なぜなら内視鏡スコープの先端の観察レンズは一般にスコープの直径の20％以下だからである．そのため幽門が内視鏡を入れるのに十分な"大きな穴"のように見えても，実際はスコープの直径よりも小さいかもしれない．視野の中央に幽門があれば，内視鏡の先端を適度な力で幽門に押し進めてもよい．内視鏡を進めると，粘膜面とスコープが近づくことによって視野がぼやける．幽門を押している際に空気を送ることで，幽門が開くのが見える．内視鏡を回転させても視野の中央に幽門を維持できない場合には，内視鏡鉗子を幽門に5～10 mm入れてガイドワイヤーとして使うと時に役立つことがある．このアプローチはびらんや出血を起こすこともあるが，有効なときもある．内視鏡医は猫と3 kg以上の犬の十二指腸に9 mmの内視鏡スコープを入れることができるように訓練すべきである．

潰瘍によって粘膜の浮腫が起きている場合は，幽門に入ってすぐの粘膜面を検査するのはとくに難しい．幽門に入ったらすぐに十二指腸は（画面上で見ると）右に曲がる．十二指腸粘膜を観察するためには，空気を送りながらスコープの先端を1～2 mm引き戻すとよい．ひとたび十二指腸内に入ったら術者は視野の中心に管腔を維持し，スコープをできるだけ十二指腸の遠位に進める．十二指腸粘膜はもろいため，スコープを進める際には十二指腸粘膜の全周を見えるようにすることが特に重要である．十二指腸粘膜を内視鏡スコープの先端で押すことで簡単にアーティファクト（線状びらん）ができてしまうことを常に意識しておかなくてはならない（図1.47）．

超大型犬および体が長い犬のための改良胃十二指腸内視鏡検査手技

胃が空気によって拡張すると，内視鏡の先端を大弯に沿って幽門まで進める際の距離が長くなる．小型犬や中型犬ではこれは問題にならない．しかし大型犬（例えば，30 kg以上）や体の長い犬（例えば，グレイハウンド）においては，送気することで内視鏡を十二指腸に挿入するのにスコープが短すぎることがある．もし，これが心配であったら，食道への送気を最小限にして検査を始めるべきである．胃内に入ったら内視鏡スコープの先端を30度ほど上方へ曲げ（盲目的に）ゆっくりと進めることで幽門洞に入れる．少量の送気を行うことで幽門への方向が分かるため（胃のひだが幽門洞の方向を示す），ほとんどの症例でこの方法を行うことが可能である．このアプローチが行われた場合には，十二指腸の検査と生検を終えるまでは胃を検査することができない．

幽門洞に挿入することが難しい症例

時に内視鏡スコープの先端を幽門洞に進めるのが不可能となることがある．これは胃の形態が原因であることや，腹腔内臓器（例；脾腫）が胃を圧迫することで内視鏡の先端が胃大弯を進む際にずれるために起こる．これは通常，大型の犬で起こる．胃内に内視鏡スコープを入れた状態で犬の体位を仰臥位に変更すると，通常，内視鏡医はスコープの先端を幽門洞に進めることができるようになる．その後，内視鏡スコープの先端が幽門洞にある状態で動物の体位を左側横臥位に戻すと，幽門に挿入することができる．

手術中の胃十二指腸内視鏡検査

開腹下で漿膜面から確認できない病変の位置を正確に示すため，開腹手術中に胃粘膜を観察することが時に必要となる．開腹手術時の内視鏡検査では，症例は通常，仰臥位にされており，幽門洞や十二指腸への挿入がより困難となる．しかし，そのような症例でも，外科医は内視鏡スコープを支持し，方向を定めることができる．

1.5.5 結腸回腸の内視鏡検査

1.5.5.1 準備と麻酔

食事は検査前の最低24時間，可能であれば36時間は与えるべきではない．胃腸洗浄液（例；Colyte®, Schwarz Pharma, Milwaukee, WI），および／または浣腸を用いることによって，結腸を完全にきれいに洗浄しなければならない．浣腸は比較的簡単で安価であり，検査前に何回か浣腸を行うことは非常に重要である．浣腸チューブを可能な限り結腸の先に挿入し，多量の温水（石鹸は混ぜない）を用いて徹底的に浣腸を行う．体重10 kg以上の犬に浣腸を行うのに，最低1リットルの温水を使う．大型犬（30 kg以上）に対しては2リットルの温水を用い

ることがある．浣腸が終わる前にしばしば肛門から水が出はじめるが，全ての量の水を入れるべきである．このような浣腸を検査前夜に3～4回，さらに翌朝の検査の2～3時間前に1～2回行うべきである．ビサコジル（5 mg）を検査の前夜に内服することも有用である．猫の結腸は特に浣腸できれいにするのが難しい．猫では浣腸により吐いてしまう可能性があるため，浣腸で結腸を拡張させすぎないようにする．通常，猫は軟らかなラテックスカテーテルとシリンジを用いて，50～60 mL温水を投与する．

洗浄液の経口投与は，浣腸だけ行うよりも結腸をきれいにするのに効果的である．これら溶液は特に大型犬（30 kg以上）や直腸に痛みのある症例において有効である．25～30 mL/kgの洗浄用液を検査の前夜に最低2時間の間隔をあけて投与する．通常は検査当日の朝にもう一度，同量の溶液を投与する．その後，洗浄用液を洗い流すために浣腸を行う．非常にまれに，このような大量の洗浄用液を投与した後に胃拡張捻転が起こることがある．

ほとんどのいかなる麻酔でも結腸内視鏡検査に用いることができる．回腸内視鏡検査も同時に行わないのであれば，重度の疾患を持った症例では鎮静もしくは保定のみで実施することができるかもしれない．一般に回腸の生検には麻酔が必要であり，オキシモルホンやフェンタニルのような薬は避けるべきである．

1.5.5.2　手　技[4]

軟性の結腸内視鏡検査は胃十二指腸内視鏡検査に比べて簡単であり，さらに硬性の結腸内視鏡検査はさらに簡単である．潜在する問題（例；会陰ヘルニアもしくはマス）を検出するため，そして直腸内腔を真っすぐにし結腸に挿入するのを簡単にするため，内視鏡検査の前に指を用いた直腸検査を必ず行うべきである．硬性の結腸内視鏡を行う際には，症例を右側横臥位に保定すると，結腸内の液体が上行および横行結腸に貯留する．閉塞具と共に結腸内視鏡の先端を直腸に3 cmほど入れる．その後に閉塞具を取り出し，ガラス窓を閉めて結腸内に空気を注入する．結腸の内腔が広がったら，術者はスコープの長さ全て，もしくは下行結腸を曲がり横行結腸になる手前まで，結腸内腔を口側に向かって進めることができる．硬性の結腸生検鉗子は，軟性の生検鉗子よりも遥かに優れた組織サンプルを採取することができる．しかし，硬性の結腸内視鏡は下行結腸に限定される．幸いなことに，全てではないがほとんどのび漫性結腸病変が下行結腸に病変を認める．

もし，結腸全てを検査するのであれば，軟性の結腸内視鏡検査が必要である．他の腹腔内臓器が回結腸弁部位を押しつぶさないように，症例は左側横臥位にする．内視鏡は回結腸弁が見えるまで内腔に沿って進める．もし空気が直腸から抜けてしまい結腸が拡張しなければ，助手は直腸と内視鏡とがぴったりと接するよう保持して，空気を閉じ込める．

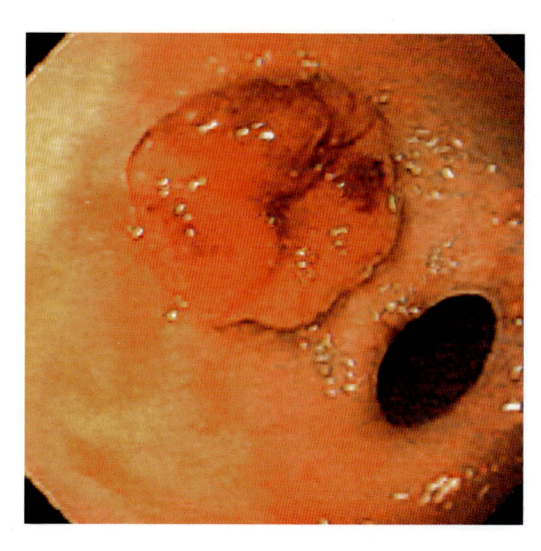

図 1.48　犬の回結腸弁．写真の中心近くのマシュルーム型の構造物が回結腸弁である．右下の穴が開口している盲腸である．

小腸の内容物が連続的に結腸に流入するため，しばしば回結腸弁領域はその他の結腸ほどきれいではない．犬においては内容物で被われた回結腸弁を簡単に迂回してしまい，うっかりと内視鏡の先端を盲腸に入れて内視鏡がまだ結腸内にあると思ってしまう．もし結腸がらせん状に曲がって見え内視鏡を進めることができなければ，術者は内視鏡を引き抜きながら回結腸弁を見逃がしていないか注意深く探さなくてはならない．

犬の回結腸弁は動的な構造をしている．中央に切れ込みの入った"マシュルーム"のように見えるか（図1.48），結腸壁に収縮して開口しているように見えるか，もしくはこれら2つの間でどのようにでも見える．猫の回結腸弁領域は異なっている．盲腸は単純な囊状の行き止まりであり，通常，回結腸弁は粘膜に開口している切れ込みである（図1.49）．この領域は下行結腸と上行／横行結腸の間の弯曲を内視鏡の先端が通り抜けるとすぐに見える．いくつかの症例ではスコープの先端が回結腸弁を通り抜けるため，弁を見るためにスコープを引き抜かなくてはならない．体重が7 kg以上の犬では，一般に外径9.8 mm以下の内視鏡スコープを回腸に入れることができる．手技は十二指腸に挿入するのと似ている．小型犬や猫では，術者は盲目的に生検鉗子を回結腸弁に挿入し，粘膜を観察せずに回腸を生検することができる．

1.5.6　直腸鏡検査

直腸鏡検査は直腸病変を評価するのに最良の診断的検査である．直腸鏡検査は送気を必要とせず，単純で容易で短時間に行える．検査の約一時間前に浣腸を1回もしくは2回行い，遠位直腸をきれいにする．必要に応じて鎮静もしくは麻酔を行う．指を用いた直腸検査を行い，その後に直腸内腔へ直腸鏡を注意

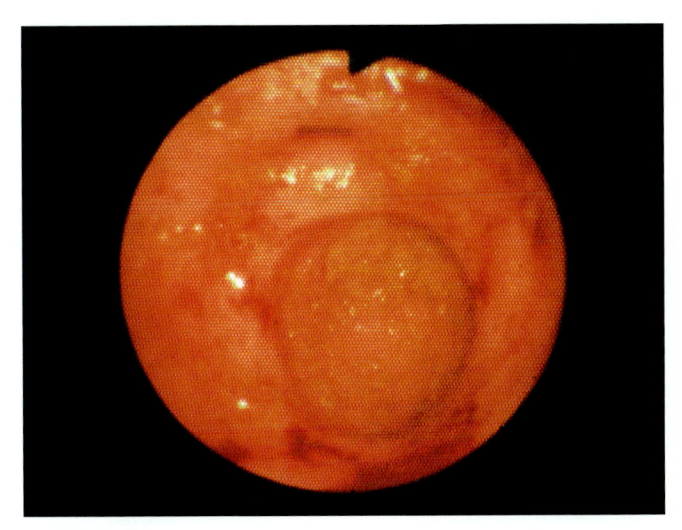

図1.49 猫の盲腸と回腸．盲腸は行き止まりの盲嚢で，回結腸弁は盲腸の上にみられる水平な"切れ込み"である．

深く最大限に挿入する．閉塞具を取り除き，スコープをゆっくりと引き抜きながら粘膜を観察する．

1.5.7　診断的手技

1.5.7.1　生　検

一般に食道胃十二指腸内視鏡検査では生検を始める前に食道，胃，十二指腸を注意深く検査する．これには例外もあるが（例；"改良胃十二指腸内視鏡検査"の項を参照），生検は出血を起こし，病変を隠す可能性がある．

できるだけ90度の角度で胃粘膜にアプローチし，粘膜に生検鉗子の歯を十分な圧で押し込み，粘膜表面で鉗子が滑らないように少し食い込ませ，しっかりと鉗子の歯を閉じ，鉗子を内視鏡内に引き戻すことで，良質な胃の組織サンプルを採取するのは比較的簡単である．胃を拡張させすぎないほうが，より良いサンプルを採取できる．幽門洞や幽門の粘膜はその他の胃の部位よりも硬く，良質な組織サンプルを得るために時に鉗子をきつく閉じ，勢いよく内視鏡内に鉗子を引き戻さなくてはならない．病変部はしばしば限局しているため，胃幽門，大弯，小弯，および胃底を生検することが重要である．それぞれの部位で2つのサンプルを採取することが望まれる．もしも明らかな病変（例；潰瘍，腫瘤，びらん，変色部位）がみられたら，他の生検部位からの出血によって隠れないように病変部を最初に生検すべきである．そのような病変部からの生検サンプルは区別してホルマリン容器に入れるべきである．潰瘍がみられたら，潰瘍の中心（胃を穿孔するほど強く押さないよう気を付ける）と辺縁の両方から組織を採取すべきである．潰瘍中心は壊死している可能性があるが，診断的なサンプルがしばしばこの部位から採取される．硬性腫瘍による潰瘍はとても硬いことがあり，軟性内視鏡の鉗子を用いた生検では診断的なサンプルが採取できないかもしれない．粘膜下の腫瘤に対しては，生検によってできたくぼみに再び生検鉗子を入れ，同じ部位を繰り返し生検することによる"掘り下げ"手技を用いる．[10]

十二指腸粘膜は良質な生検サンプルを一貫して採取するのが最も困難な部位である．筆者は丸型のものよりも楕円型で，有窓カップの，のこぎり状の顎を持つ，針無しの生検鉗子を好んでいる（図1.50）．しかし，どの生検器具が最も良いかに関しては多くの意見がある．質の悪い生検サンプルは時に切れ味の悪い鉗子が原因であると説明されることがある．これは幽門洞からの生検であれば事実かもしれないが，十二指腸，結腸，回腸，および胃体部の生検が不良となる理由にはならない．一般に使い捨ての生検鉗子は最も切れ味が鋭いが，筆者の経験ではこれらの鉗子で得られたサンプルは，標準的な再利用できる鉗子で採取したサンプルよりも粗悪である．

素晴らしい十二指腸粘膜サンプルは一般に以下の特徴を持っている：a）質が最悪であるサンプルが赤茶色からとても暗い褐色であるのとは対照的に，白もしくは白に近い色の傾向があ

図1.50 内視鏡生検鉗子．4つの軟性の内視鏡生検鉗子．最も左の鉗子は2.0mm生検チャネル用である．この鉗子は2.8mm生検チャネル用である他の3つの鉗子よりも小さなサンプルが採取される．左から2つ目の鉗子は楕円，有窓，鋸歯状の顎を持ち，より望ましい鉗子である．左から3つ目の鉗子は丸い顎を持ち，比較的小さな組織サンプルを採取する．最も右の鉗子は使い捨ての生検鉗子であり，これも他のものより小さなサンプルが採取される．

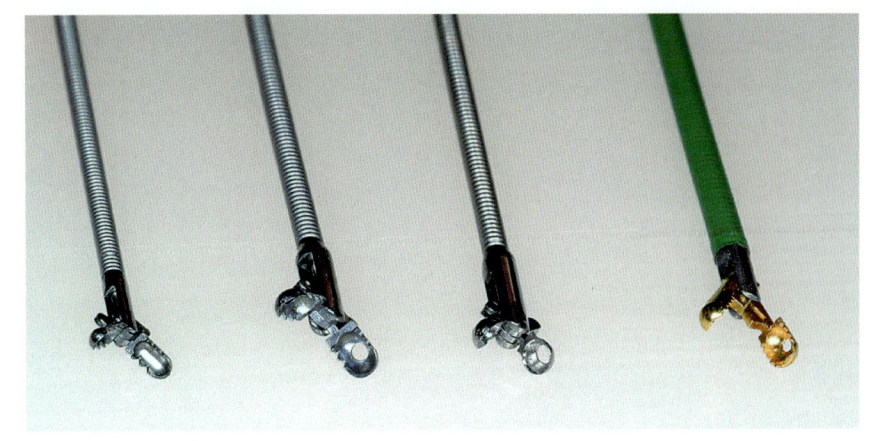

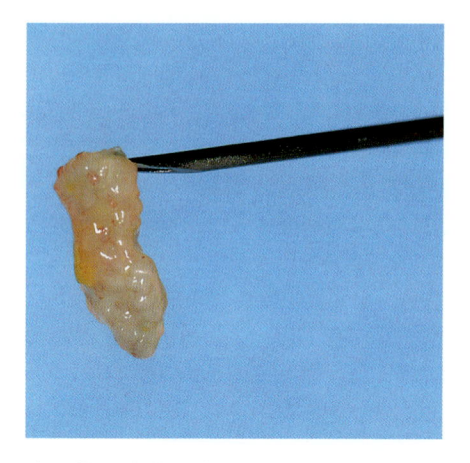

図1.51 十二指腸生検．良質な十二指腸生検サンプルの例．絨毛先端の集まりから成る"ねばねばした"もしくは"ゼリーブディング"模様のサンプルとは対照的に，この粘膜サンプルは完全でありヒレ肉のように持ち上げることができる．

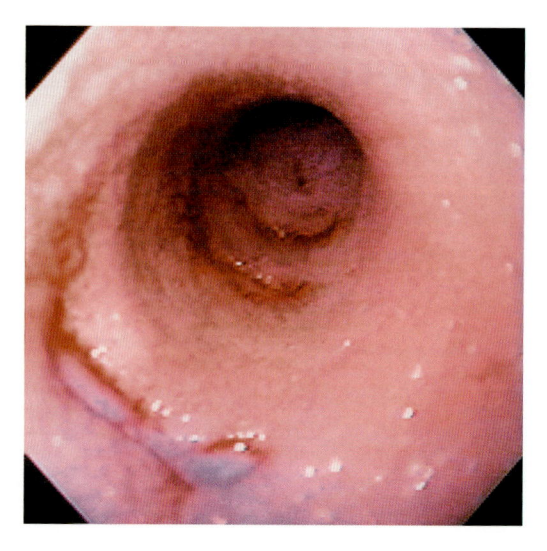

図1.52 生検部位．生検を行った部位の内視鏡像．粘膜の全層が採取されたことを示す白い粘膜下織に注目．

る．b) 明らかに完全な組織片であり（絨毛先端からなるサンプルの特徴である，はっきりとしない組織と対照的に）広げたり，掴んだりできる（図1.51），c) 生検鉗子のカップの中にサンプルが満たされている．粘膜に対してできるだけ90度に近い角度で（より鋭角であるのとは対照的に）生検鉗子を押しつけることが望ましい．"弯曲させ，そして吸引する"として知られる1つの手技は，まず生検鉗子の顎がスコープの先端から数mm出るまで挿入する．その後に生検鉗子の顎を開き，開いた顎がスコープの先端にあたるまでゆっくりと引き戻す．スコープの先端を上または下に最大限に曲げ，スコープの先端が粘膜に対して可能な限り垂直に近くなるようにする．この手技は"赤くらみ"（すなわち，スコープの先端が粘膜に当たると内視鏡医は赤くかすんでいる画像を見ることになる）を起こす．次に吸引を行い，その後に生検鉗子を粘膜に向かって2〜4mm進める．進めた生検鉗子の先端からしっかりとした抵抗が得られたら鉗子を閉じる．生検チャネルを損傷しないようにスコープを真っ直ぐにし，鉗子を引き戻す．素晴らしい生検が行われた後の粘膜を見ると，時に粘膜の全層が生検されたことを示す"白い粘膜下織"がみられることがある（図1.52）．ここには記さないが"push-off"という別の手技もある．もし十二指腸にスコープが入らなければ，生検鉗子を幽門に入れ，盲目的に十二指腸粘膜を生検する．しかしこのような生検では一般に非診断的でアーティファクトにより評価が困難となった組織サンプルが採取される．生検サンプルの1つもしくは2つが病理医に評価されるのに最適な方向となるのを期待して，十二指腸からは最低8個の素晴らしい組織サンプルを採取すべきである．

結腸と回腸の軟性内視鏡生検は同じ手技で行う．もし，硬性内視鏡を用いるのであれば，軟性内視鏡よりも優れた組織サンプルを採取することができる．内視鏡をゆっくりと前後に少し動かすことで結腸粘膜にしわを作り，その後にしわの先端を硬性の鉗子にて生検する．結腸粘膜を採取するための最良の生検鉗子は"ダブルスプーン"型ではなく，小さな上顎のパンチとより大きな下顎のカップがはさみの対のように組織を切り取る鉗子である（図1.53）．

直腸粘膜下の高密度の浸潤性病変（例；硬性の腺癌）を診断するためには，粘膜上層だけでなくその下層にある粘膜下織を生検しなくてはならない．このような組織サンプルを採取するためには，重たい硬性の鉗子を用いて上記の採取法を行う必要がある（図1.54）．稠密な浸潤性の粘膜下織からサンプルを採取するのはとても難しく，スコープが肛門から抜けてしまう場合には，最も肥厚した病変部位にグローブをした指で鉗子を誘導するとうまくいくことがある．顎を開いた鉗子を肥厚した部位に注意深く置き，病変にしっかりと押し込み力強く閉じる．稠密な深部組織が切れると，よく"クラック音"が聞こえる．組織は鉗子から取り出した後によく調べなくてはならない．もし粘膜下織が明らかにみられなければ，生検を繰り返すべきである．

1.5.7.2 組織サンプルの封入と取り扱い

サンプルをどのように提出するか，また病理検査ラボでどのようにサンプルを処理するかを臨床医が病理医と相談することが重要である．特に十二指腸サンプルを正しく包埋するのはとても難しいが，そのサンプルからはしばしば貴重な情報を最も多く得ることができる．筆者は組織サンプルを病理組織カセットにぴったりの非吸収性のプラスチック・スポンジの上に置い

図 1.53 生検鉗子．上のものは"ダブルスプーン"鉗子であり，腹腔鏡下肝生検に用いる．下のものはハサミの対のように小さなパンチが下のカップと合わさり，結腸粘膜の生検に用いる．

図 1.54 生検鉗子．重たい硬性の鉗子は非常に高密度の浸潤性病変を切りとることができる．

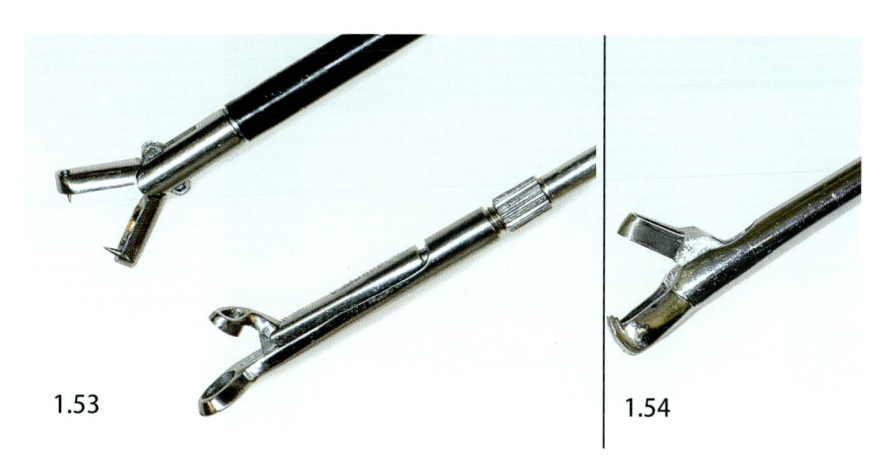

ている．十二指腸と回腸のサンプルは粘膜下織側がスポンジに接するように方向を定めて，絨毛がスポンジに触れないようにする（図 1.55）．組織サンプルを乾燥させないようにすることは非常に重要である．組織サンプルを張り付けたスポンジは上側を下にしてホルマリンに入れ病理研究室に提出する．研究室はこれらの組織を 90 度回転させ，パラフィンの中に包埋すると，組織を長軸で薄切することになる．こうすることで絨毛先端から粘膜と粘膜筋板との接合部までの粘膜層を適切な方向性の切片で病理医に見てもらえるようにしなくてはならない（図 1.56）．胃と結腸の粘膜サンプルは，どちら側がスポンジについていても問題ではない．しかし，スポンジにサンプルを載せる際には，結腸と胃の粘膜が伸びていないか気を付けるべきである．

1.5.8 上部消化管の外観

正常な食道粘膜は平滑であるが，猫の遠位食道は横紋筋でなく平滑筋により構成されることにより波状の粘膜面となる．チャウチャウやシャーペイでは黒色の色素沈着がよくみられる．下部食道括約筋は食道側へ赤い領域が少しはみ出している

図 1.55 生検サンプルの取り扱い．固定前に組織サンプルをスポンジもしくは他のものの上にどのように置くべきかの例．生検鉗子から取り出された後，生検サンプルを優しく広げていることに注目する．

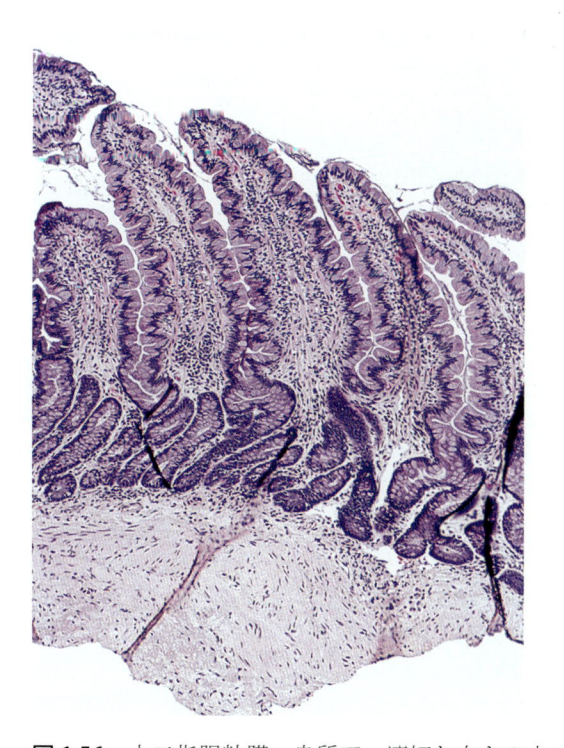

図 1.56 十二指腸粘膜．良質で，適切な向きの十二指腸粘膜標本の写真．完全な厚さの粘膜を見ることができ，いくらかの粘膜下織が含まれていることに注目する．全ての内視鏡生検がこのように良質とはならないが，臨床医と病理医は全ての症例で少なくともいくつかのサンプルが適切な向きとなるようにすべきである．

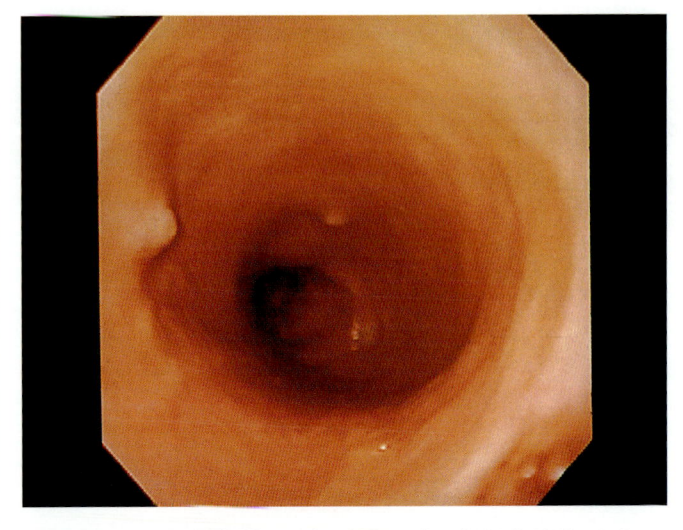

図1.57 十二指腸乳頭．9時の位置に十二指腸乳頭がみられる十二指腸の内視鏡像．(Fossum T (ed.) Small Animal Surgery, 2nd ed. 2002, p113; より許可を得て転載)

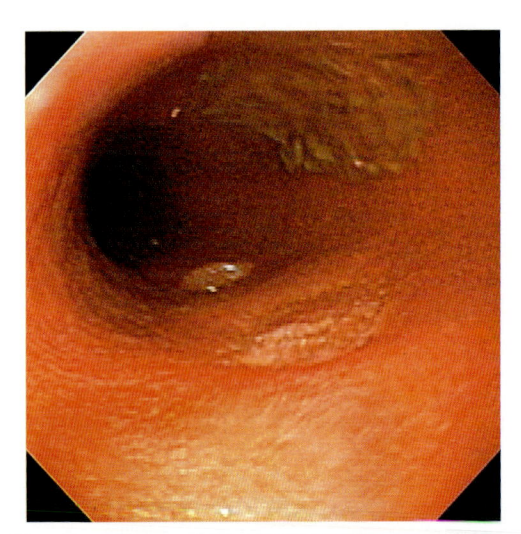

図1.58 リンパ濾胞．5時の位置に正常なリンパ濾胞と思われるクレーター様のくぼみがみられる内視鏡像．

が，それは正常である．胃粘膜は平滑であるべきである．いくつかの症例では粘膜に多数の点を認めることがある．十二指腸粘膜は絨毛により鮮明できめ細かい．典型的には十二指腸乳頭（図1.57），およびリンパ濾胞（図1.58）を見ることができる．ビデオ内視鏡を用いると，内視鏡医はしばしば個々の絨毛を識別することができる．

1.5.8.1 異常所見

食道

　内視鏡検査は食道の重度拡張（巨大食道症）の検出を助けるかもしれないが，内視鏡検査は食道のぜい弱性を診断するにはよい手段ではない．内視鏡検査では著しく拡張した食道をもつ症例しか明らかに診断されないが，X線透視検査は食道のぜい弱性を検出するのにより感度が高い検査である（侵襲性がより低い）．またいくつかの麻酔前投与薬（例；ケタミンもしくはキシラジン）は食道，胃，および腸を弛緩させる原因となる．

　いくつかの食道腫瘍は明瞭な腫瘤状となるが，一方で他のものは狭窄を起こす．*Spirocerca lupi* は肉腫の原因となる可能性がある．*Spirocerca lupi* 肉芽腫は赤い虫体が出ているいくつかの小さな"噴火口"もしくは"乳頭"を持った結節のように見える．肉腫，腺癌，および黒色腫は全て生検により容易に診断される．平滑筋腫は典型的には粘膜下に存在し，正常な粘膜に覆われている（図1.59）．これらの腫瘍を軟性内視鏡鉗子で診断するのは多くの場合で不可能であり，それはなぜならこれらの鉗子が食道粘膜層を切断することができないためである．下部食道括約筋の平滑筋腫をもついくつかの症例においては，胃内からスコープを反転しないと見えないものもある．最後に，食道のポリープはまれであり，良性の腺腫性病変の下に潜在した悪性腫瘍があるかもしれない．粘膜下織を含めた深層生検（外科的または硬性生検鉗子を用いた生検）が診断には必要である．

　食道炎は通常は明瞭であり，術者は粘膜の不整，充血，出血を見つけることができる（図1.60）．過度で荒っぽい内視鏡の

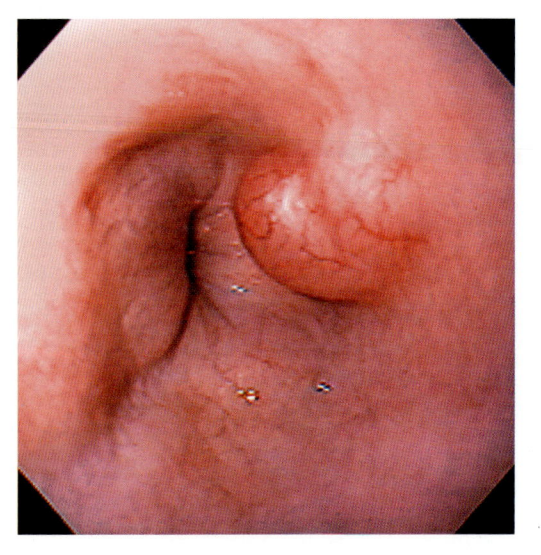

図1.59 犬の粘膜下の平滑筋腫．(Nelson R, Couto G (eda.), Small Animal Internal Medicine, 3rd ed. 2003, p416; より許可を得て転載)

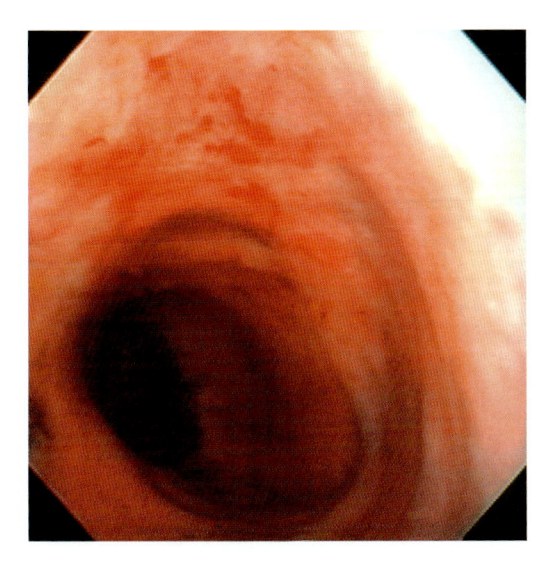

図 1.60　食道炎．明らかな充血の領域に注目する．

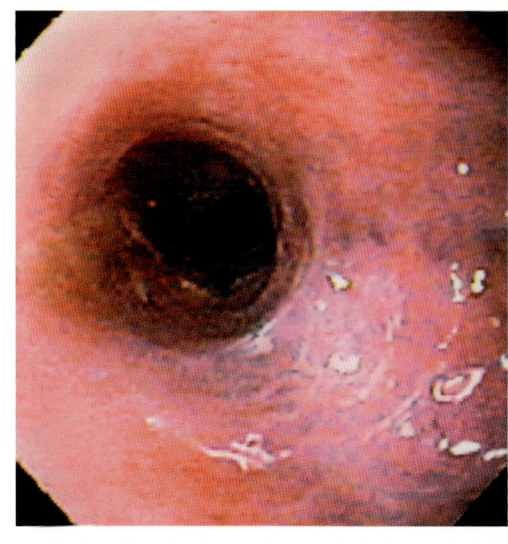

図 1.61　食道狭窄．内腔の狭窄と 4 時方向の白色組織（瘢痕組織）に注目する．

手技で食道にさらなる損傷を与えないよう気を付けなければならない．確定診断のために食道粘膜の生検を行うこともある．まれに真菌感染を起こす症例もいる．臨床家は食道炎の原因を常に検索すべきであり，症例の胃腸に併発病変がないか注意深く検査しなければならない．時に裂孔ヘルニアは食道炎の原因となり，内視鏡検査で明らかとなったり隠れたりする．明瞭な裂孔ヘルニアは下部食道括約筋が広く開いており，胃粘膜がその中にはみ出している．しかし裂孔ヘルニアの全ての症例が食道炎を起こしているわけではない．

　食道炎による二次的な食道狭窄は通常は明らかである（図 1.61）．食道狭窄はどこにでも起こり得るが，下部食道括約筋の近くがより一般的である．大型の動物は食道内腔の 75％以上を狭窄しても内視鏡スコープが簡単に通り抜けてしまう．内視鏡スコープがたやすく狭窄を通過するのなら，下部食道括約筋の直前の狭窄は下部食道括約筋と間違われるかもしれない．

胃

　中等度から重度の胃炎を持つ多くの動物では，胃粘膜の見た目は正常である．そのため嘔吐や食欲不振を呈し，胃内視鏡検査を行った全ての症例において胃粘膜を生検すべきである．ほとんどの胃病変は胃全体に均一に分布していない．そのため，術者は胃粘膜表面の全てを注意深く観察し，生検しなくてはならない．胃内の食物や液体はいずれも吸引し，毛玉や異物も取り除くべきであり，そうすることで粘膜表面全体を検査することができるようになる．もし血液が存在していたらできる限り吸引すべきであり，そうすれば全ての出血部位を同定し，さらに詳しく検査できる．胃を洗うために術者は内視鏡スコープの先端から胃内に水を注入することが可能である．幽門の内側は適切に観察するのがおそらく最も難しい部位であるが，潰瘍や

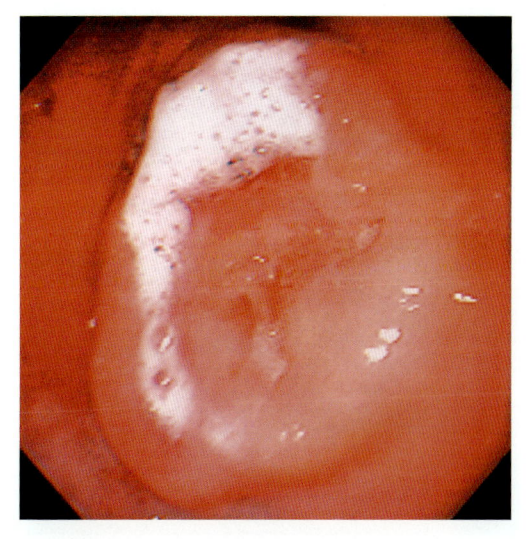

図 1.62　胃腫瘍．これは胃大弯の平滑筋腫である．

胃虫（Physaloptera）は時にこの部位で認められる．

　腫瘍は明らかな増殖性病変を形成しうる（図 1.62）．しかしながら胃幽門粘膜の肥大（図 1.63）や良性の胃ポリープはそれらの外観によく似ることがある．腫瘍は明らかな増殖性病変を認めず，粘膜潰瘍を形成することがある（図 1.64）．リンパ肉腫は軟性生検鉗子を用いて生検することで通常は簡単に診断されるが，硬癌，平滑筋腫，ピシオーシスは軟性生検器具で診断するのは不可能かもしれない．過去の胃の手術部位も細長い粘膜腫瘤のように見え，腫瘍と間違われることがある（図 1.65）．時に胃が送気によって拡張されずに虚脱したままにな

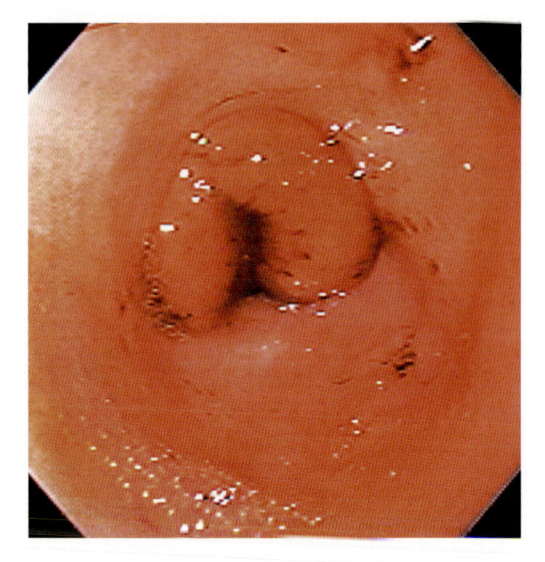

図 1.63　幽門粘膜過形成．犬の幽門領域の内視鏡像．

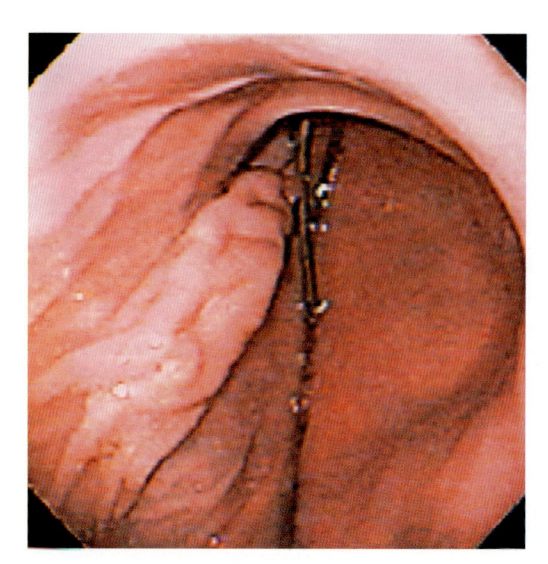

図 1.65　大弯と幽門洞．手術創が幽門洞へ伸びている大弯と幽門洞の入り口の内視鏡像．手術創は隆起し，浸潤性病変と間違える可能性があった．

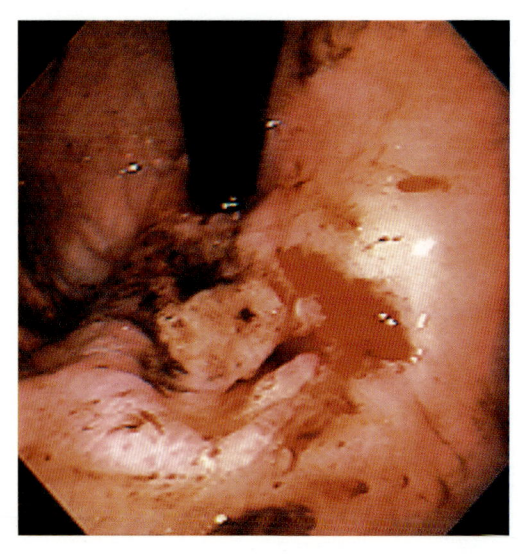

図 1.64　腫瘍性潰瘍．下部食道括約筋に近い大きな潰瘍の内視鏡像．これは硬性腺癌による腫瘍性潰瘍である．そこから生検するには組織が硬く高密度すぎるため，この腫瘍は内視鏡生検で診断することができなかった．

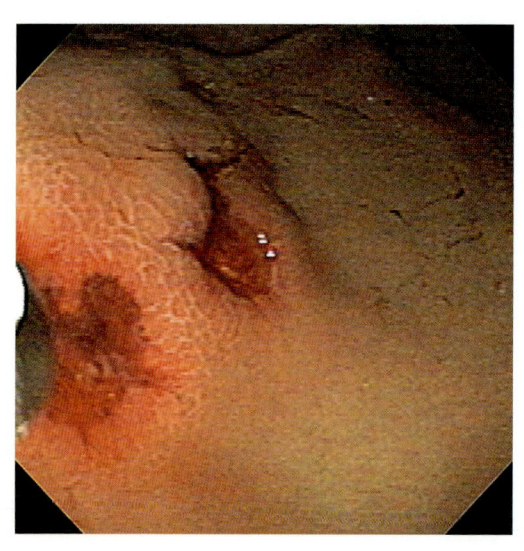

図 1.66　非腫瘍性潰瘍．潰瘍における明らかな粘膜の欠損と著しい充血に注目する．

ることから，び漫性の粘膜下織の浸潤性病変の領域が検出されるが，これは胃幽門洞においてより明らかである．

　潰瘍とびらんは驚くほど簡単に見落とす可能性がある．消化された血液は暗褐色から黒色で光を吸収し，術者が粘膜の検査を行うのを困難にする．また残屑がしばしばびらんや潰瘍の頂点に蓄積するため，残屑の吸引が必要である．胃が十分に拡張されないと，びらんや潰瘍が胃のひだの間に隠れてしまう．潰瘍は粘膜深層の欠損であり，しばしば変色してみられるが（図1.66），一方でびらんは軽度の粘膜欠損がみられ充血している領域である（図1.67）．[2] 治癒した潰瘍は中心の平坦な領域からひだが周囲に放射線状に広がる"星状"の外観となる．粘膜下出血（図1.68）は血液凝固障害により起こるか，もしくは潰瘍形成の前兆かもしれない．線状の胃病変は病的な胃を過剰に膨張させるか，もしくは胃壁を内視鏡スコープが過剰な圧で押

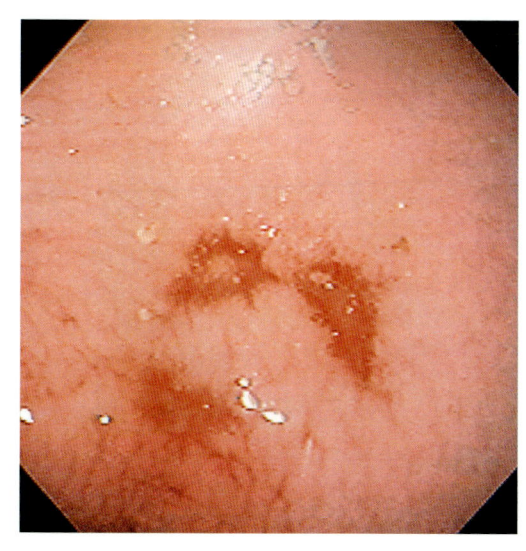

図 1.67　胃のびらん．充血は著しいが粘膜欠損は明らかではない．

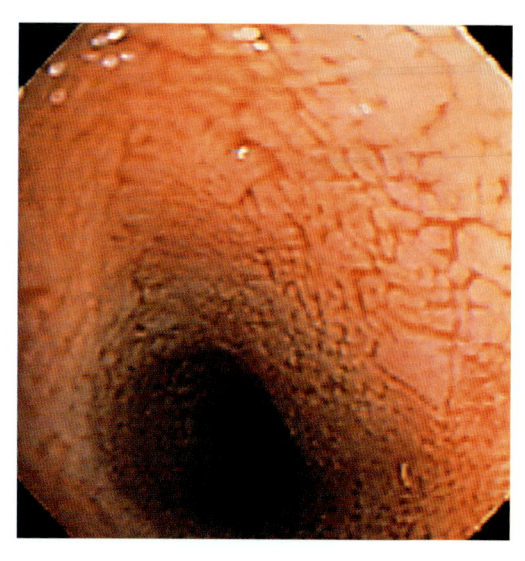

図 1.69　十二指腸の浸潤性疾患．著しい浸潤による非常に目の粗いパターンの十二指腸粘膜の内視鏡像．細かい模様の敷物様の外観ではなく，乾燥したぬかるみのひび割れの様である．この猫は消化器型リンパ腫を有していた．しかしながら重度のIBDも同様に見える．

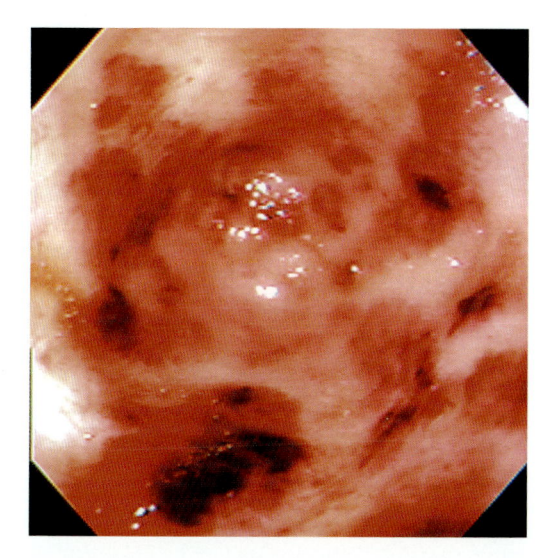

図 1.68　粘膜下の出血．粘膜下出血の内視鏡像．この病変は凝固障害によって起こったが，すぐに潰瘍化する可能性があった．

すことによって起こることがある．

　内視鏡医が幽門洞への入り口を発見できない場合，過去に疑われていなかった拡張の無い胃捻転がまれに診断されることがある．

十二指腸

　十二指腸粘膜は典型的にはきめ細かい模様をしている．浸潤性疾患は粘膜面を粗造にし，重度の浸潤では粘膜面が乾燥してひび割れたぬかるみのように見えることがある（図1.69）．十二指腸潰瘍は明らかな噴火口状となるか，もしくは限局性の滲出領域に見えるか，もしくは出血斑となる．幽門の近くに発生する大きな深い潰瘍は過度の胃酸分泌による損傷を意味する．広範囲なびらん性病変は絨毛の欠損により平坦な外観となる．充血している領域は細胞浸潤，びらん，もしくは血液凝固障害を示唆する．腫瘤や狭窄は明らかであるが，時に限局した浸潤性疾患（例；腫瘍，もしくは真菌性肉芽腫）のヒントが腸管を拡張させる際に粘膜が平滑にならず，でこぼこであることだけとなることがある．しかしながら術者はこれらの所見が不十分な送気によるものではないことを確実に気付かなくてはならない．

　大きな白い点が粘膜上に散在している所見（図1.70）はリンパ管拡張症を示唆している．[24] 白い点は拡張した乳び管であり，高脂肪食を食べたばかりの健常犬でみられるび漫性の細かな白い絨毛とは異なる．大きな白い乳び管はしばしばリンパ濾胞の領域にみられるが，リンパ管拡張症と診断してはならない．生検は拡張したリンパ管を破裂させ消化管内腔に乳びを漏出させるため，生検中やその後に十二指腸内にかなりの量の白い泡がみられる所見もリンパ管拡張症を示唆している．

結　腸

　時折，結腸に明らかな炎症（例；ヒストプラズマ症，ピシオーシス）や潰瘍（例；組織球性潰瘍性大腸炎）がみられることがある．しかし，劇的な結腸病変のほとんどは肛門の近くでみられ，腫瘍やポリープが最も一般的である（図1.71）．[4] 腫瘍は時

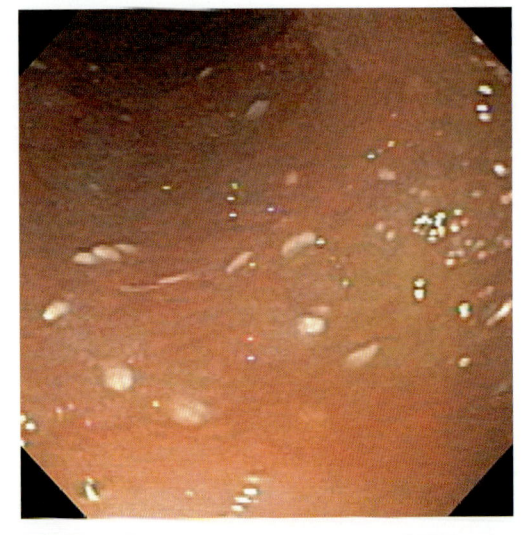

図 1.70　リンパ管拡張症．リンパ濾胞と関係のない，多数の大きな白い絨毛を持つ犬の内視鏡像．これはリンパ管拡張症を強く示唆している．

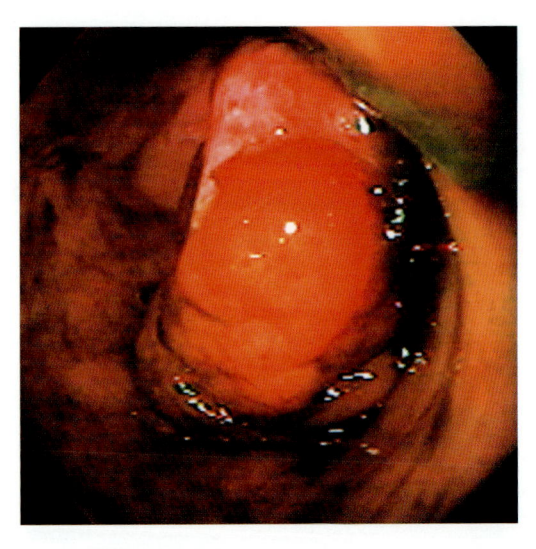

図 1.72　犬の回結腸弁領域．突き出ているマスは重積を起こした盲腸である．

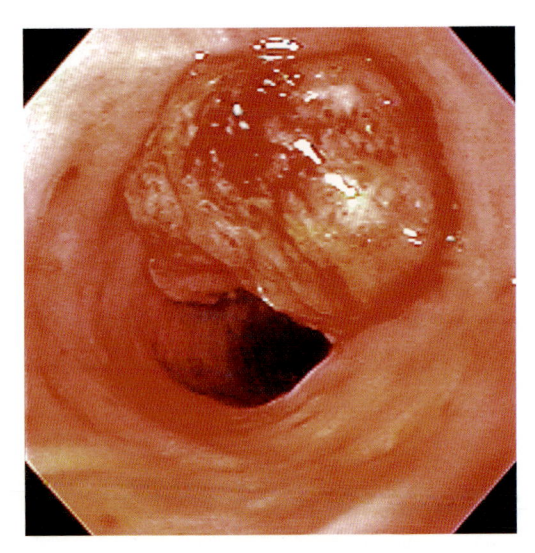

図 1.71　ポリープ状マス．犬の遠位結腸におけるポリープ状マスの内視鏡像．ポリープ状の外観にもかかわらず，この病変は腺癌であった．

に結腸のさらに奥にみられることがある．外観のみから良性ポリープと悪性腫瘍を区別することはできない．時々ポリープは多発性で小さく，炎症性疾患と似ていることがある．時折，疑われていなかった鞭虫の寄生がみられる．回腸もしくは盲腸の結腸への重積は時にみられることがある（図 1.72）．

1.5.9　治療的介入手技

1.5.9.1　異物の除去

食　道

　食道内異物は軟性の器具を用いてしばしば除去することができる．しかし，硬性の結腸鏡と硬性の鉗子は，多くの症例において軟性の内視鏡よりも優れている．硬性鏡の長さは主な制限因子である．幸いなことに食道内異物を有するほとんどの犬は小型から中型である．食道穿孔を示唆する気胸，縦隔気腫，胸水を探すために内視鏡前に単純X線写真を撮る（造影手技はまれにしか適応とならない）．硬性内視鏡を注意深く異物に進める．明らかでなくても異物の辺縁はしばしば粘膜内に浸食していることがある．そのため異物を単純に引っ張ると食道穿孔を起こすことがある．その代わりとして異物を引っ張る前に異物の辺縁が粘膜をさらに浸食しないように，術者はやさしく異物を扱わなければならない．骨の症例では（特に家禽の骨）内視鏡スコープの先端が骨をすこし押すまで，術者はスコープを進める．その後に硬性の把持鉗子を用いて骨を掴み，硬性内視鏡の先端まで引き，破片になるまで砕くことで除去し易くする．ひとたび異物を浸食から引き出すと，異物を体外に摘出するまで異物を内視鏡スコープの中に部分的もしくは完全に引き込んでもよく，そうすることで残りの食道を保護し，破片が輪状咽頭筋を通過することが簡単になる．

　釣り針はしばしば除去できるが，釣り針のかえしの大きさや位置による．小さなかえしは硬性スコープを用いて粘膜から簡単に引き抜くことができるが，大きなかえしを持つ針はしばし

ば不可能である．もし針が完全に食道を貫いても針が主要血管に隣接していなければ，針を食道内に引き戻すことで内視鏡による除去が可能である．もし針先が尾側を向いていたら針の弯曲部を硬性鉗子でしっかりと把持し，針をできるだけ真っ直ぐに保持しながら頭側に引き抜く．針先が頭側を向いていたら硬性スコープを針の弯曲部まで進める．針が真っ直ぐになるように針穴を鉗子にて把持し，スコープと鉗子を食道の奥へ 1cm ほど押し込む．この動作は食道粘膜の外へ針を押し出す．

異物を除去できないいくつかの症例では，胃の中に押し込んでもよく，胃の中から除去することもできるし，骨であれば溶けるのを待つこともできる．辺縁が鋭利な異物は食道穿孔を起こすかもしれないため，この手技は異物の辺縁が鋭利ではないと確信できる時のみ行われるべきである．表面がザラザラとした異物（例；ラケットボール）の症例では，下部食道括約筋へ押し込むために異物の周りに潤滑剤を塗ることが必要となるかもしれない．

食道内異物を内視鏡で除去している間，術者は送気にかなり注意すべきである．もし食道に送気したことで胃拡張を起こし，胃までスコープを入れることができなければ，胃の圧を軽減するために胃を穿刺しなくてはならないかもしれない．また過剰の送気は重度の食道潰瘍を破裂させ緊張性気胸を起こすかもしれない．いずれの症例においても深い潰瘍を起こした異物を除去した後は，穿孔を示唆する気胸の所見を探すために胸部X線ラテラル像を必ず撮影すべきである．食道が重度に障害された場合は，内視鏡下での胃瘻チューブの設置も有用かもしれない．

胃および腸

いくつかの優良な異物除去鉗子を所有していることが重要である．[25] いくつかの鉗子は 2.2 mm チャネルから使えるが（W型コイン鉗子），より有用な鉗子のいくつかは 2.8 mm チャネルが必要である（サメの歯型，ワニの顎型；図 1.73）．W型コイン鉗子はコインの他にも多くの異物に有用である．粘膜上を引っ張る際に強い抵抗を生じる異物を除去するためには堅固な "グリップ" が必要であり，サメの歯型および／もしくはワニの顎型の鉗子がおそらく最も強く把持できる（図 1.73）．4本ワイヤーのバスケット鉗子はボールや石に対してとても有用である．しかしほとんどの異物を確実に捕まえるためには，ワイヤーがとても軟らかく，曲がりやすく，広く（最低でも 2cm）開かなくてはならない（図 1.74）．単純なスネアも有用である．3本ワイヤーの把持鉗子は内視鏡下にてしばしば用いられるが，推奨される鉗子の代わりとしては不十分である（図 1.74）．

異物が認められたら，除去するための最良の方法を最初に検討すべきである．下部食道括約筋を通り抜けて異物を引き出すのが通常は最も難しい仕事であり，どちら側を把持して食道内に最初に引き入れるべきか注意深く決めなければならない．鋭利な部位を持つ異物は，鋭利な部位や縁が口から出るように鋭利な部位を把持しなくてはならない．a) 胃内ガスを部分的に抜く，および b) 異物を引っ張って下部食道括約筋を通過させる際にスコープを優しく回転させることが時に助けになる．

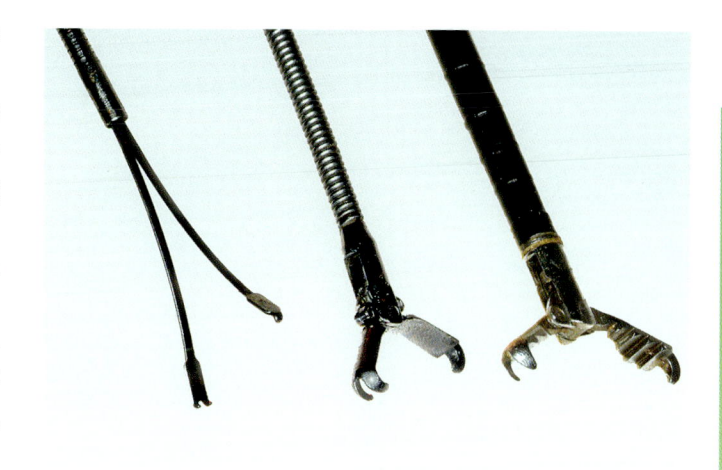

図 1.73 異物除去装置．左のものは W 型コイン鉗子である．中央は "サメの歯" 鉗子で，右は "ワニの顎" 鉗子である．左の鉗子は 2.0 mm 生検チャネル用であるが，他の 2 つは 2.8 mm チャネルが必要である．

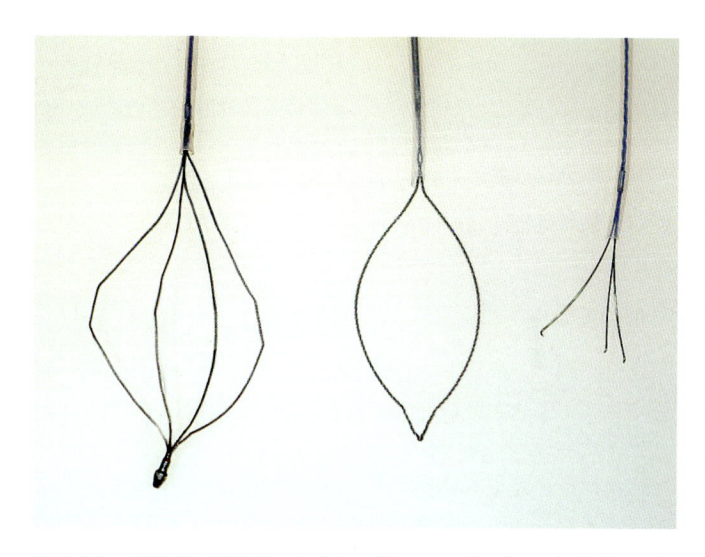

図 1.74 異物除去装置．4本ワイヤーのバスケットを左に示している．どのくらいの幅で広がるかに注目する．中央はスネアであり，異物回収もしくは電気的焼灼によるポリープ除去に用いることができる．右は 3 つの爪のワイヤースネアで，図 1.73 で示した装置のような把持する力はない．

オーバーチューブも異物除去の助けになる．[25] 内視鏡スコープをより大きな径のオーバーチューブに通す．鋭利な異物を把持した後，内視鏡スコープと鋭利な異物をオーバーチューブ内に引き寄せることで食道を保護する．さらにオーバーチューブ

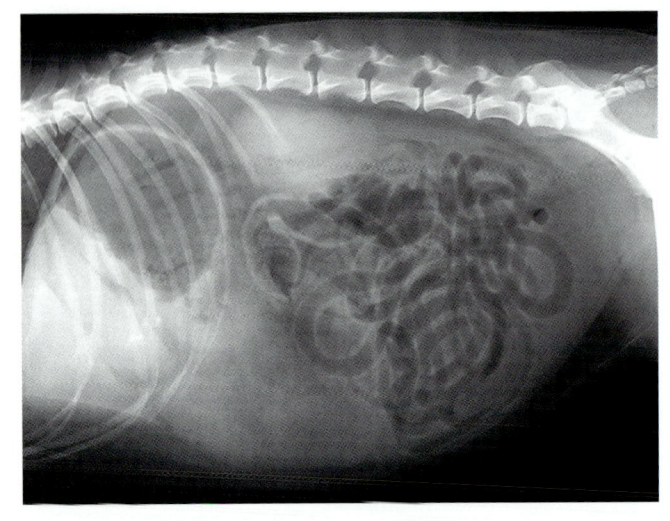

図 1.75 十二指腸穿孔．深い十二指腸潰瘍を生検し穿孔を起こした犬のX線ラテラル像．胃の漿膜面と粘膜面の両方を見ることができることが遊離ガスを示している．

は内視鏡スコープよりも太いため，内視鏡単独よりも下部食道括約筋を広げることができる．下部食道括約筋をさらに数mm広げることで，下部食道括約筋を通過できなかった異物を引き出すことができるかもしれない．またケタミンもしくはキシラジンの投与は下部食道括約筋を弛緩させ，時に異物が下部食道括約筋を通過するのを助ける．

ひも状異物

　幽門に引っかかり十二指腸に流れているひも状異物は特に難題である．筆者の経験ではこれらのひも状異物の約20％は内視鏡下にて除去可能である．最初に十二指腸に挿入するとよい．その後に注意深く内視鏡スコープの先端を異物の末端の近くまでできるだけ進める．これは非常に時間がかかる可能性があり，内視鏡スコープの先端を繰り返し進めたり引き戻したりしなければならない．できるだけ遠位（口から遠いほうの）の異物の端をつかまえ，その後に十二指腸から胃内に引き出すことが目的である．まれに（幽門に引っかかった）ひも状異物の口側の端を十二指腸内に押し入れることができるかもしれない．これを行うことでしばしば問題を軽減することがある．なぜならひも状異物は一端が引っ掛かり（通常は舌の根元か幽門に），残りの部位が腸へ下っていくことによってのみ問題を起こすからである．穿孔の危険があるため，内視鏡下でひも状異物を除去した後は，穿孔の所見である遊離ガスを確認するために腹部X線ラテラル像を撮影する（図1.75）．

1.5.9.2　経皮胃瘻チューブ

　内視鏡を必要としない装置を含めて，経皮内視鏡的胃瘻チューブ（PEGチューブ）を造設するための多くの手技がある．PEGチューブは不適切に設置され易く（下部食道括約筋に近すぎる，もしくは尾側すぎる），"盲目的な"装置を用いると腸管膜や他の臓器を傷害もしくは突き刺す可能性があるため，内視鏡は有利である．

1.5.9.3　食道狭窄の拡張

　良性の食道狭窄はブジー拡張法もしくはバルーン拡張法を用いて拡張させることができる．[19,20] バルーン拡張法は剪断効果が少ないため不必要な外傷を減らすことが示唆されているが，ヒトの研究においては術者が熟練していれば，ブジー拡張法およびバルーン拡張法の両方が有効であることが示されている．現在，小動物においてはバルーン拡張法がより一般に行われているため，ここではバルーン拡張法について述べる．この目的のために作られたバルーン・カテーテルを用いる必要がある．フォーリー・カテーテルや気管チューブのような丸いバルーンはこの目的を十分に果たすことはできない．カテーテルのバルーンはこの目的のために長く作られており（図1.76），バルーンの中央を狭窄部位に設置し易く，拡張時にバルーンがずれにくい．最初にガイドワイヤーを内視鏡スコープと狭窄部に通す．その後，内視鏡スコープを抜いている時もワイヤーを送り続けることにより，スコープを引き抜いた後もワイヤーをその場に保持する．次に内視鏡スコープと並んで走るガイドワイヤーと狭窄が見えるように，もう一度スコープを食道内に入れる．ワイヤーの上をバルーン・カテーテルが進んで狭窄を通り，バルーンの中央に狭窄を位置させる．最初は小さな径のバルーンを選択し，その後はバルーン拡張術のたびに段々とサイズを大きく

図 1.76 バルーンカテーテル．このバルーンカテーテルは食道狭窄の拡張に用いられる．バルーンの長さに注目する．その長さはバルーンを拡張させる時に狭窄の中心にバルーンを維持するのに役立つ．

する．バルーンは最高で数秒間拡張させる．もし狭窄が裂けたら，症例は通常，心拍数と呼吸数が増加し，少し出血する．どれくらい拡張させるかは議論があり，個人の選択となる．目標は食道内腔を必ず元のサイズに戻すことではなく，通常食もしくは軟らかくした食物を食べることができるようにすることである．ほとんどの猫と小型犬が15〜20 mmのバルーンによって十分に拡張される．

再狭窄を予防するため，過度の障害が起こらないようにすることが重要である．食道内腔の血液や液体を吸引する際，食道粘膜を吸引して剥がさないように注意すべきである．食道粘膜が障害されればされるほど再狭窄しやすくなる．いくつかの症例は1回のバルーン拡張術で永久に治癒する．しかし，特に食道炎を併発している症例，高密度の成熟した狭窄を持つ症例では狭窄が再発し，バルーン拡張術を繰り返し行うことが必要となる．だいたい1〜20回のバルーン拡張術が必要となるが，ほとんどの症例は3〜4回以下である．[21,22] 再発性の狭窄をもつ症例では，1週に2〜3回のバルーン拡張術を1〜4週間繰り返すと問題が解決する．全身性のステロイド剤投与は炎症の防止に役立つが，再狭窄の防止における有効性には論争の余地がある．人においては狭窄部位への内視鏡下でのステロイド剤注射が有効であるが，犬と猫においてそれをルーチンに行うことを支持するもしくは否定する客観的なデータはない．[21,28]

もし拡張が十分な頻度で行えたら，大多数の症例は機能的に元に戻るであろう（しかし食物を軟らかくする必要があるかもしれない）．

非常に肥厚し，成熟した狭窄をもついくつかの症例では，拡張処置を行うことで狭窄の一部に重度の深い裂傷を作ることがある．そのような深い裂傷は狭窄の再形成を促進する．狭窄が1箇所だけでなく3〜4ヵ所で均等に裂けるように，電気焼灼スネア（下記参照）や乳頭切開術用ナイフを用いて狭窄部を3〜4等分に切開する手技がある．[19] 拡張処置後，まれにかなり出血することがある．胃拡張を起こすかもしれないため，異物除去のときのように術者は食道内に過剰に送気しないよう気を付けるべきである．最後に，もし重篤な障害が食道にある場合，PEGチューブの設置も有効である．

1.5.9.4　電気焼灼的手技

簡単に電気焼灼器に接続することができる多くの内視鏡器具があるが（生検鉗子，切断スネア，凝固プローブ，もしくは乳頭切開ナイフ），これらの手技は個人の訓練が行われたうえで実施されるべきである．これらの器具を間違って用いると，症例に重大な障害を引き起こしたり，内視鏡ビデオプロセッサーを壊したりすることが簡単に起こる．主な適応はa) 胃もしくは結腸ポリープの除去，b) 良性食道狭窄の拡張前に3〜4等分した切れ込みを入れること，c) 外科的な病変切除を待つ間，重度で潜在的に命の危険がある出血を止めることである．

🔑 キーポイント

- 消化器症状を呈している全ての犬と猫に胃腸の内視鏡検査が必要となるわけではない．胃腸の内視鏡検査を行う症例は注意深く選択すべきである．
- 通例，安全に処置することができる最も太い径の生検チャネルを持った最も太い径の内視鏡スコープが，最良の選択である．
- しばしば正常な組織と異常な組織はその見た目だけでは区別できないため，生検を行わねばならない．
- 内視鏡で胃腸粘膜の適切なサンプルを取るには訓練が必要である．
- ほとんどの異物を摘出するためには3〜5本のバスケット，スネア，鉗子を組み合わせることが必要である．

参考文献

1. Sherding RG et al. Esophagoscopy. *In*: Tams TR (ed.), *Small Animal Endoscopy, 2nd ed.* Philadelphia, Mosby, 1999; 39-96.
2. Tams T. Gastroscopy. *In*: Tams TR (ed.), *Small Animal Endoscopy, 2nd ed.* Philadelphia, Mosby, 1999; 97-172.
3. Tams TR, Endoscopic Examination of the Small Intestine. *In*: Tams TR (ed.), Small Animal Endoscopy, 2nd ed. Philadelphia, Mosby, 1999; 173-215.
4. Willard MD. Colonoscopy. *In*: Tams TR (ed.), *Small Animal Endoscopy, 2nd ed.* Philadelphia, Mosby, 1999; 217-245.
5. Donaldson LL, Leib MS, Boyd C, Burkholder W, Sheridan M. Effect of preanesthetic medication on ease of endoscopic intubation of the duodenum in anesthetized dogs. *Am J Vet Res* 1993; 54(9): 1489-1495.
6. Matz ME, Leib MS, Monroe WE, Davenport DJ, Nelson LP, Kenny JE. Evaluation of atropine, glucagon, and metoclopramide for facilitation of endoscopic intubation of the duodenum in dogs. *Am J Vet Res* 1991; 52 (12): 1948-1949.
7. Twedt DC. *Gastrointestinal Endoscopy in Dogs and Cats.*

8. Willard MD. Colonoscopy, proctoscopy, and ileoscopy. *Vet Clin N Am* 2001; 31: 657-669.
9. Burrows CF. Evaluation of a colonic lavage solution to prepare the colon of the dog for colonoscopy. *J Am Vet Med Assoc* 1989; 195 (12): 1719-1731.
10. Golden DL. Gastrointestinal endoscopic biopsy techniques. *Sem Vet Med Surg* 1993; 8: 239-244.
11. Danesh BJZ, Burke M, Newman J, Aylott A, Whitfield P, Cotton PB. Comparison of weight, depth, and diagnostic adequacy of specimens obtained with 16 different biopsy forceps designed for upper gastrointestinal endoscopy. *Gut* 1985; 26: 227-231.
12. Woods KL, Anand BS, Cole RA, Osato MS, Genta RM, Malaty H, Gurer IE, De Rosi D. Influence of endoscopic biopsy forceps characteristics on tissue specimens: results of a prospective randomized study. *Gastrointest Endoscop* 1999; 49: 177-183.
13. Jergens AE et al: Endoscopic biopsy specimen collection and histopathologic considerations. *In*: Tams TR (ed.), *Small Animal Endoscopy, 2nd ed.* Philadelphia Mosby, 1999; 323-340.
14. Mansell J, Willard MD. Biopsy of the gastrointestinal tract. *Vet Clin N Am* 2003; 33: 1099-1116.
15. Willard MD, Lovering SL, Cohen ND, Weeks BR. Quality of tissue specimens obtained endoscopically from the duodenum of dogs and cats. *J Am Vet Med Assoc* 2001; 219: 474-479.
16. Wilcock B. Endoscopic biopsy interpretation in canine or feline enterocolitis. *Sem Vet Med Surg* 1992; 7 (2): 162-171.
17. Willard MD, Jergens AE, Duncan RB, Leib MS, McCracken MD, DeNovo RC, Helman RG, Slater MR, Harbison JL. Interobserver variation among histopathologic evaluations of intestinal tissues from dogs and cats. *J Am Vet Med Assoc* 2002; 220: 1177-1182.
18. Hall JA, Watrous BJ. Effect of pharmaceuticals on radiographic appearance of selected examinations of the abdomen and thorax. *Clin Rad* 2000; 30: 349-375.
19. Gualtieri M. Esophagoscopy. *Vet Clin N Am* 2001; 31: 605-630.
20. Sellon RK, Willard MD. Esophagitis and esophageal strictures. *Vet Clin N Am* 2003; 33: 945-967.
21. Melendez LD, Twedt DC, Weyrauch EA, Willard MD. Conservative therapy using balloon dilation for intramural, inflammatory esophageal strictures in dogs and cats: a retrospective study of 23 cases. *Eur J Com Gastroenterol* 1998; 3: 31-36.
22. Leib MS, Dinnel H, Ward DL, Reimer ME, Towell TL, Monroe WE. Endoscopic balloon dilation of benign esophageal strictures in dogs and cats. *J Vet Intern Med* 2001; 15: 547-552.
23. Leib MS, Saunders GK, Moon ML, Mann MA, Martin RA, Matz ME, Nix B, Smith MM, Waldron DR. Endoscopic diagnosis of chronic hypertrophic pyloric gastropathy in dogs. *J Vet Intern Med* 1993; 7: 335-341.
24. Peterson PB, Willard MD. Proteinlosing enteropathies. *Vet Clin N Am* 2003; 33: 1061-1082.
25. Tams TR. Endoscopic removal of gastrointestinal foreign bodies. *In*: Tams TR (ed.), *Small Animal Endoscopy, 2nd ed.* Philadelphia, Mosby, 1999; 247-295.
26. Houlton JEF, Merrtage ME, Taylor PM, Watkins SB. Thoracic oesophageal foreign bodies in the dog: a review of ninety cases. *J Small Anim Pract* 1985; 26: 521-536.
27. Michels GM, Jones BD, Huss BT, WagnerMann C. Endoscopic and surgical retrieval of fishhooks from the stomach and esophagus in dogs and cats 75 cases 19771993. *J Am Vet Med Assoc* 1995; 207 (9): 1194-1197.
28. Kochhar R, Makharia GK. Usefulness of intralesional triamcinolone in the treatment of benign esophageal strictures. *Gastrointest Endoscop* 2002; 56: 829-834.

1.6　診断的腹腔鏡検査

1.6.1　はじめに

　診断的腹腔鏡検査は腹腔内臓器の観察と生検のための手技である．その手技はガスで腹腔を拡張し，その後に腹腔内臓器を検査するため腹壁に通したポートから硬性鏡を入れることである．さまざまな診断的手技を行うために，その後に近接したポートを通して腹腔内に生検鉗子もしくは他の器具を入れる．

　検査室の新しい検査や画像手技の出現と同様に，腹腔鏡検査も適切に行えば多くの消化器疾患を有する症例に対して価値のある診断的手段となる．侵襲性が限られており，診断が正確で，そして症例の回復が早いことから，腹腔鏡検査は組織生検もしくは選抜した補助的な手技を行う理想的な手技である．現在，腹腔鏡を用いた診断的および外科的手技が増えているが，この章では胃腸，肝臓，膵臓に関する腹腔鏡手技だけに集中したい．

1.6.2　適　応

　消化器疾患における診断的腹腔鏡検査の一般的な適応は，腹腔臓器もしくは腫瘍の検査と生検である（表1.12）．腹腔鏡検

表1.12　小動物消化器病学における腹腔鏡手技

診断的手技	外科的手技
■ 肝生検	■ 給餌チューブの設置
■ 胆嚢穿刺	■ 胃固定術
■ 膵生検	■ 胃内異物除去
■ 腸生検	

査は肝臓，膵臓，腎臓，脾臓，および腸を生検するための手段としてよく行われる.[1,2] また，腹腔鏡検査は腹腔内の腫瘍性疾患の診断や進行度を病期分類することにも用いられる.[3] 他の検査では簡単には観察できないような小さな（0.5 cm もしくはそれ以下）転移性病変，腹膜の転移性病変，もしくは他の臓器への浸潤が腹腔鏡検査で明らかになるかもしれない．他の診断的検査で原因を明らかにすることができない，説明がつかない腹水は腹腔鏡のもう1つの適応となる．腸の全層生検も腹腔鏡の補助により行うことができる．腹腔鏡のガイドを用いた他の補助的診断手技として，胆嚢の針吸引（胆嚢穿刺術）や脾臓門脈造影術がある.[1]

通常の外科的開腹術に勝る利点は，手術創が小さいため症例の回復がよい，手術後の合併症罹患率の低下，および感染率，術後疼痛，入院期間の減少である．他の腹腔鏡の利点は外科処置よりもストレス要因が少ないことである.[4]

腹腔鏡は侵襲性が限られているため，禁忌がほとんどない．しばしば，外科手術のリスクの高い症例が腹腔鏡の良い候補者となる．腹水，血液凝固時間の異常，および状態の悪い症例だけが比較的禁忌となる．腹水は腹腔鏡検査の前もしくは最中に除去することができるため，手技の成功率にほとんど影響しない．血液凝固時間の異常も腹腔鏡検査を中止する決定的な要因とはならない．肝不全による血液凝固異常は生検部位からの過度の出血と常に関連しているわけではない.[2] さらに腹腔鏡では血管が少ない部位を視覚的に選択し，生検後の過度の出血を監視することができる．もし出血が過剰であると考えられれば，多くの腹腔鏡手技で出血をコントロールすることができる．

腹腔鏡の絶対的な禁忌は，細菌性腹膜炎，もしくは明らかに外科的処置が適応となる疾患である．相対的な禁忌は症例の状態，小さな体格，そして肥満である．非常に小さい（体重2kg未満）もしくは肥満している症例では手技が困難となる．

1.6.3 腹腔鏡検査の器具および手技

1.6.3.1 基本的な装置

診断的腹腔鏡検査に必要な基本的な器具は硬性鏡，対応するトロッカー・カニューレ，光源，気腹装置，ベレス針（送気のため），そしてさまざまな鉗子，および補助的な器具である．小動物の腹腔鏡検査で最もよく用いられる硬性鏡の一般的な径は 2.7 〜 10 mm である．筆者は通常の診断的腹腔鏡検査には 5 mm 径で視野角度 0 度の硬性鏡を推薦しており，また使用している.[1]

視野角度 0 度とは，硬性鏡がその正面を 180 度の範囲で直接見ることを意味する．角度のついた硬性鏡は術者が臓器の頂上を越えてその奥を観察したり，小さな部位を見ることを可能にするが，経験のない術者にとっては方向を定めるのがより難しくなる．

硬性鏡は光ファイバー・ケーブルを用いて光源に接続する．腹腔鏡にはキセノン光源のような高強度の光源が一般に勧められている.[1] 消化管の内視鏡検査に用いている光源が一般に腹腔鏡にも利用できる．硬性鏡にビデオカメラを接続すると，ビデオ画面で画像を見ることができるようになる．外科的な手技を行う場合には，ビデオ映像補助下にて腹腔鏡を行うことが必須である．

ベレス針は腹腔へ最初に送気するために用いる．ベレス針は先端が鋭利な外筒と，中にばねを装備し，腹壁を通過する際に外筒の中に引っ込む閉塞針から成る．ひとたび腹腔内に入ると，閉塞針は再び鋭利な先端を越えて出て，針が腹腔内臓器を損傷するのを防ぐ．その後に針を自動気腹装置に接続する．ほとんどの自動気腹装置は似た機能を持ち，前もって設定した腹腔内圧を維持するのと同時に規定の速度でガスを送る．空気塞栓および焼灼術中の発火を防ぐために，二酸化炭素が最もよく用いられるガスである.[1]

トロッカーとカニューレは腹腔に入るために必要であり，硬性鏡と生検器具に一致した大きさでなくてはならない．いくつかの異なる型のカニューレ・ユニットを入手することができるが，最も一般的なものは外側のカニューレの中に鋭利なトロッカーを入れたものである．それらを一緒にして腹壁を貫通する．いったん腹腔内に挿入すると，カニューレを腹壁に刺さった部位に残したままトロッカーのみを除去し，気腹している間はそれが腹腔内に硬性鏡や器具を挿入するためのポートとなる．

一般的に用いる補助的な器具として，腹腔内臓器を動かし触診するための触診プローブ，および生検鉗子がある．筆者は肝臓，脾臓，腹腔内腫瘤，およびリンパ節の生検に 5 mm 径の楕円形カップをもつ生検鉗子を好んで用いている．さまざまな他の生検鉗子，組織把持器具，吸引針も診断的腹腔鏡検査に用いることができる．"true-cut" 型もしくは似たような生検針が両腎臓や深部組織の生検に必要である．生検針はカニューレを通す必要はなく，腹壁を直接穿刺し，採取部位に誘導する．

1.6.3.2 手技上の考察

症例は検査前の最低 12 時間は絶食し，膀胱を空にしなければならない．通常，腹腔鏡は一般的なガス麻酔を用いて行われ，ほとんどの症例は麻酔と腹腔鏡によく耐える.[5,6] いくつかの状況では，筆者は穿刺部位の局所麻酔と強い鎮静だけで診断的腹腔鏡検査を行うことがある．

適切なカニューレ設置部位を選択するためには，腹腔鏡検査の目的を最初に決めなければならない．2 つの最も一般的なアプローチは，右側側方および正中のアプローチである．右側側方アプローチは肝臓，胆嚢，膵右葉，十二指腸，右腎，右副腎の診断的検査に薦められる．腹側アプローチは多くの手術手技に有用であり，肝臓，胆嚢，膵臓，胃，腸，生殖器系，膀胱，そして脾臓が良好に観察される．腹側アプローチでは鎌状靱帯が時に観察を邪魔する．腹腔鏡手技を一歩一歩完全に記述することはこの章の範囲を超えており，過去に記述されている.[1]

1.6.4 生検手技

1.6.4.1 肝生検

多くの臨床家が，腹腔鏡下の肝生検は好ましい肝生検の方法であると考えている.[7] 他の診断的手法はしばしば肝臓の十分な組織，もしくは肝臓と近接臓器の外観に関する情報が得られない（図 1.77，図 1.78，図 1.79）. 一般に右側側方アプローチは肝臓，肝外胆道系，膵右葉の評価に用いる. このアプローチでは肝臓表面の 85% 以上を検査することができる. 腹腔鏡下肝生検は培養，金属分析，もしくはその他の診断的検査に十分な組織を採取することができる.[8]

肝生検の前に，頬粘膜出血時間を含めた血液凝固パラメーターを評価する. 軽度の凝固障害は一般に肝生検の相対的な禁忌と考えられているが，なぜなら症例が肝生検部位から出血するかどうかを凝固状態は必ずしも予測しないからである. 筆者は軽度の凝固パラメーター異常もしくは血小板減少をもつ犬や猫をよく生検するが，過度の出血による問題が明らかとなることはまれである.

ひとたび肝臓および肝外胆道系を検査し触診を行い，肝生検を行うことを決めると，触診プローブを除去する（図 1.80，図 1.81）. 肝生検を行うために筆者は 5 mm の楕円カップ型の生検鉗子を用いることを薦めている. 小さな針生検で得られた病理組織学的所見が大きな腹腔鏡下カップ生検によってて得られた所見と約 50% の症例でしか相関しなかったという報告から，最近の研究では 18 ゲージの針生検と比べて腹腔鏡下でのカップ型鉗子による"くさび型"生検が有益であると強調している.[8] 筆者は肝臓の辺縁，もしくは肝臓の平滑な表面かどちらを楕円カップ型鉗子を用いて生検している. 異常に見える部位と同様に，正常に見える部位も生検することが重要である. ある著者は，肝臓の辺縁から得た生検サンプルはしばしば深部の病変を反映せず，肝臓の辺縁の被膜下の病理組織像が通常より反応性であることを示唆している. しかしながら筆者は腹腔鏡カップ生検により採取したサンプルはとても大きいので，これは主な懸念として考慮すべきではないと信じている. 肝臓表面に明らかな病変がなく，肝臓の深部に病変があることが疑われるようなまれな症例では，コア生検針を病変に向けることができる. 適切な大きさの標本を得るには，16 ゲージもしく

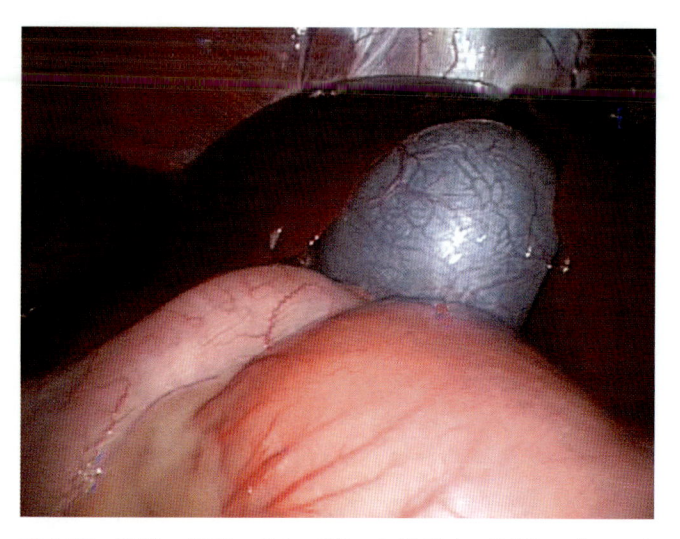

図 1.77 肝臓，胆囊，そして腸. 右側側方の腹部アプローチからの腹腔鏡像が正常犬の肝臓，胆囊，および腸を示している.

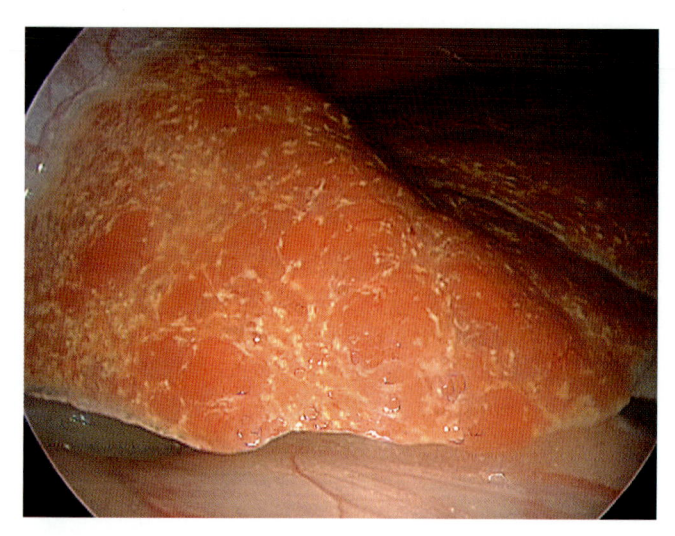

図 1.78 結節性の肝臓. 肝皮膚症候群を有した犬における結節性の肝臓.

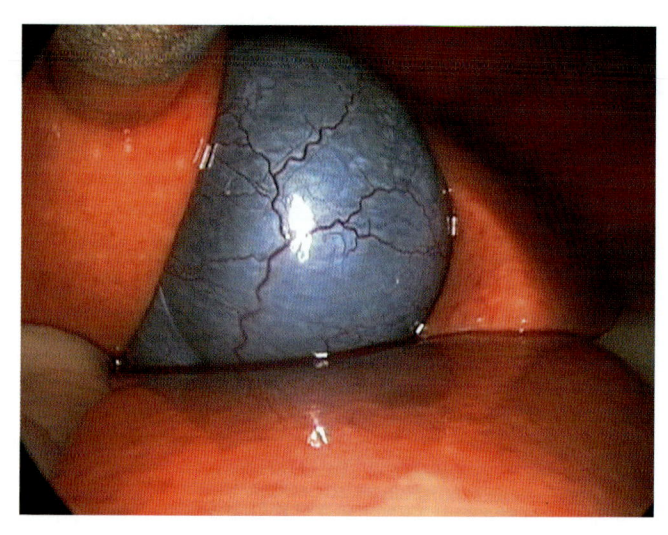

図 1.79 特発性肝リピドーシス. 特発性肝リピドーシスを有した猫の肝臓と胆囊.

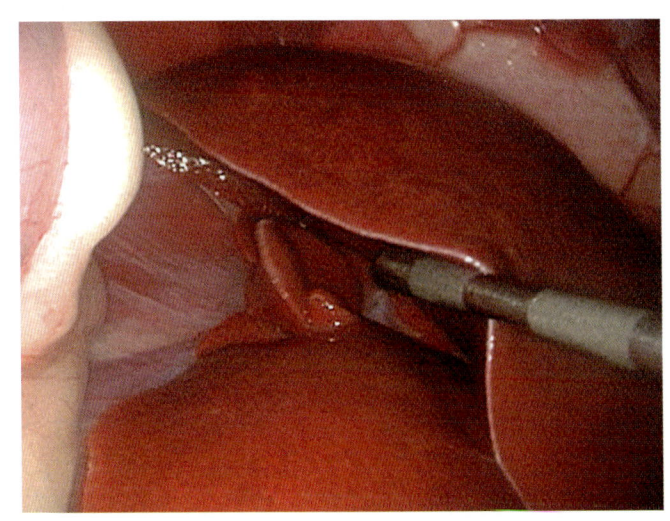

図1.80　触診プローブ．正常犬において肝葉を持ち上げるために，センチメートルでマーキングされた触診プローブを用いている．

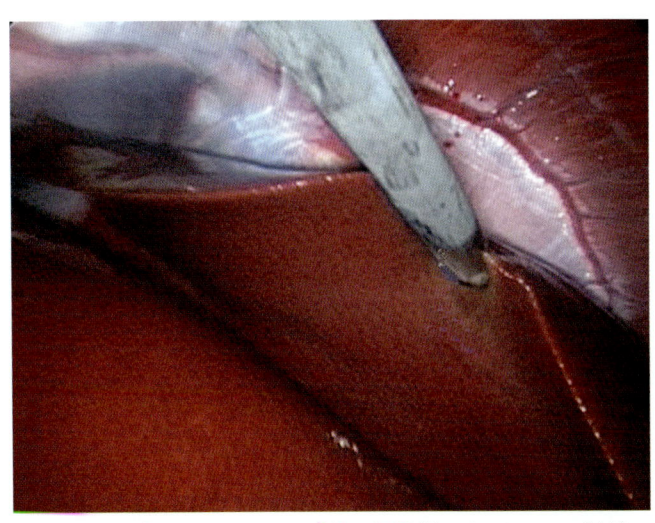

図1.82　肝生検．楕円カップ型の生検鉗子を用いて，肝葉の辺縁を生検している．

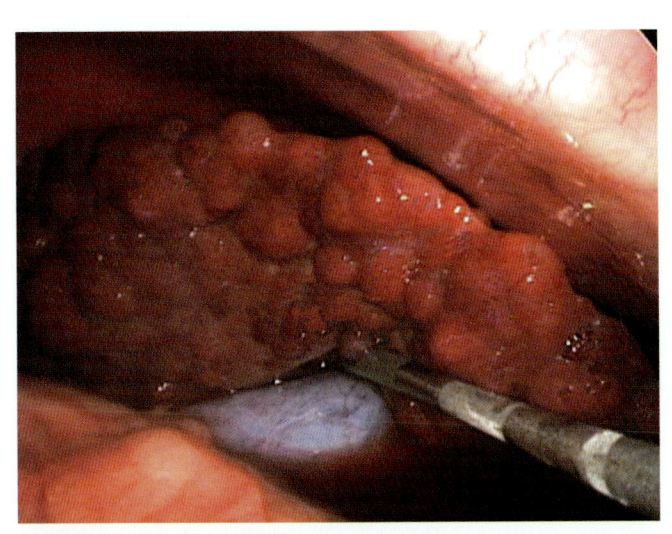

図1.81　肝硬変．肝硬変および腹水を有した犬において，触診プローブが肝葉を持ち上げている．

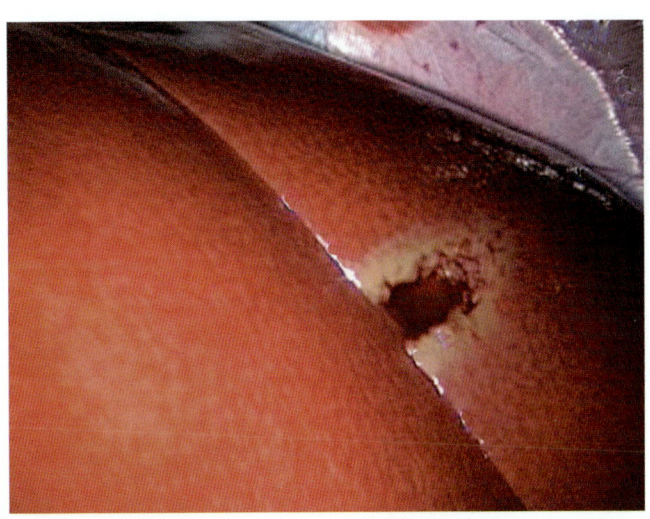

図1.83　生検後の肝臓．正常犬にて楕円形生検カップを用いて生検した後の肝臓．

はより太い針が必要となる．

ひとたび生検部位を選んだら，生検カップを開き，その後にサンプル採取部位にて閉じる（図1.82）．筆者は肝臓から組織を引きちぎる前に，一般にカップを約30秒間しっかりと閉じたままに保持する．一般に肝臓の病変部位から3つないし4つの生検サンプルを採取する．その後，生検部位から多くの出血が起こらないかしっかりと監視する（図1.83）．もし生検部位から出血したとしても，通常は少量である．もし出血が多量になりそうであれば，いくつかのステップをとることができる．第一に出血部位を圧迫するため，触診プローブを生検部位に押し当てることができる．もう1つの方法としては，腹腔鏡把持鉗子か生検鉗子を用いて生理食塩水を浸したGel-Foam®を生検部位に置くことができる．これでほとんど全ての症例において出血をコントロールできる．もし多量の出血が続いた場合，電気的凝固，結紮クリップ，結紮輪設置が必要となるかもしれない．

1.6.4.2　膵臓生検

腹腔鏡鉗子は膵臓の生検にも用いることができる（図1.84, 1.85）．[7] 筆者は膵臓の生検が一般に合併症を起こさないと理解

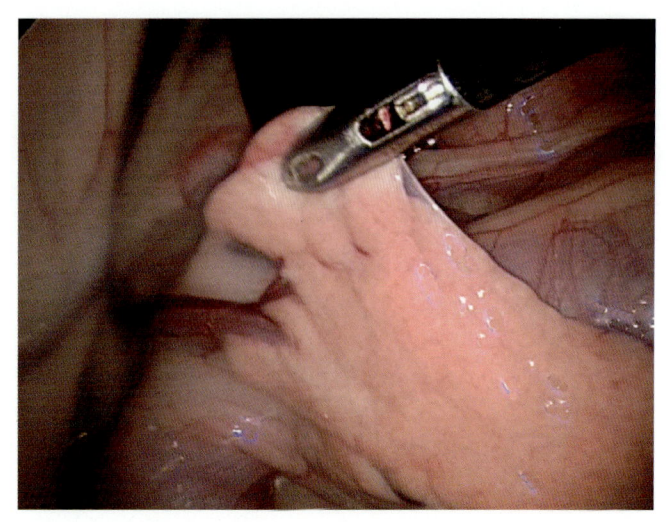

図 1.84 膵臓生検．楕円カップ型生検鉗子による正常犬の膵臓の生検．

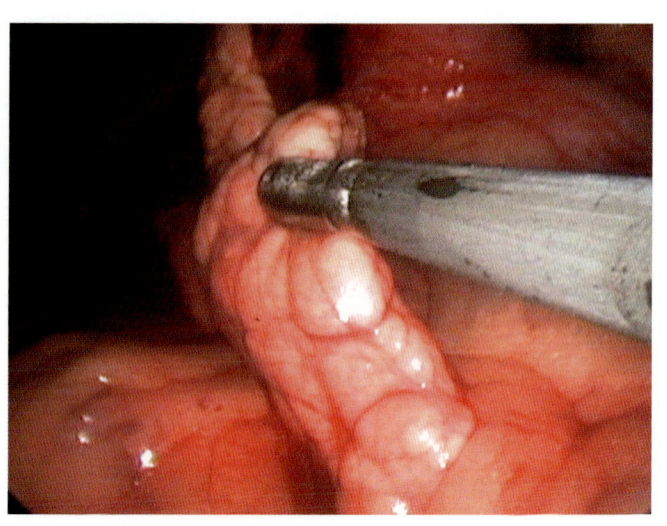

図 1.86 慢性線維性膵炎．楕円カップ型生検鉗子による慢性線維性膵炎を有する猫の膵臓の生検．

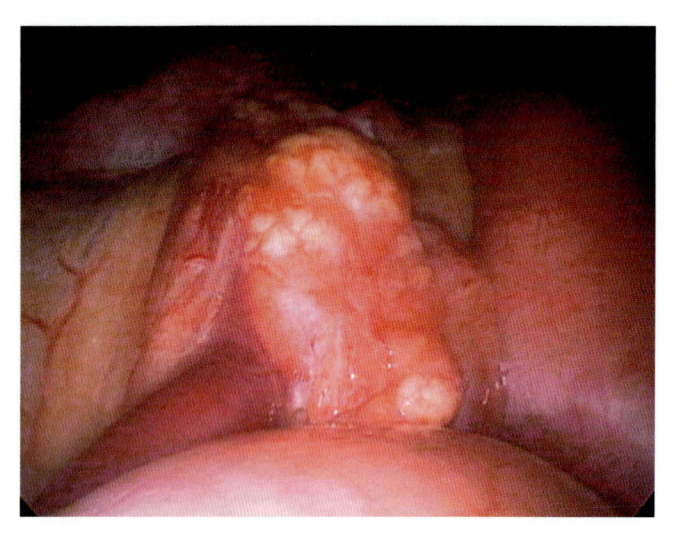

図 1.85 膵臓の萎縮．臨床および検査にて膵外分泌不全と診断された犬における膵臓萎縮の腹腔鏡像．

しており，また正常犬に腹腔鏡下で膵臓生検を行った研究において，術後の合併症や二次性の膵炎の所見は認められていない．[9] 膵生検の適応は急性，もしくは慢性の膵炎，もしくは膵臓腫瘍が疑われる症例である．筆者は時に急性膵炎の存在を確かめるのと同時に，空腸チューブを設置するために腹腔鏡を行う．洗浄および吸引装置を用いて，腹腔鏡ガイドにて膵臓の領域を洗浄することもできる．慢性膵炎は猫において一般に認められるが，しばしば胆管肝炎および炎症性腸疾患と関連している（図 1.86）．腹腔鏡は3臓器全てを生検し，これらの疾患を診断するのに非常に適している．

一般に"パンチ型"の生検鉗子が膵臓の生検に適している．膵臓の評価を行うためには，右側側方アプローチが好まれている．このアプローチでは十二指腸，膵臓右葉，そして肝外胆道系，および肝臓をよく観察することができる．このアプローチでは膵臓左葉の検査は困難であり，腹側アプローチにて大網を後方に引くことが必要となる．提唱されている生検部位は，膵臓の中心を走り，十二指腸に流入している膵管から離れた膵臓の辺縁である．もし多発性の病変がなければ，筆者は一般に膵臓の生検サンプルを1つもしくは2つだけ採取する．

1.6.4.3　腸生検

小腸の一部を腹壁から体外に出し，標準的な外科生検により組織を採取することによって，腹腔鏡を用いて小腸全層生検を行うことができる．[1] 多数の歯を持つ無傷性鉗子が生検部位の腸を把持するのに用いられる．腸の生検する部位を選択するために，2つの把持鉗子を用いて腸を探査する必要があるかもしれない．その後に鉗子で腸管膜付着部の反対側をしっかりと把持する．腸をカニューレのほうに引っ張る（図 1.87）．腸管を外に出すのに十分な大きさになるよう，外科用メスを用いて把持鉗子カニューレの挿入部を広げる．カニューレと平行に外科用メスが中に入るのを確かめなくてはならない．その後にカニューレから離れるようにメスで切開し，腹部の切開部を長く広げる．次に切開部を通して，カニューレ，鉗子，腸を一緒に引き抜く．3～4 cmの腸管が外に出たら，腹腔内に腸が戻るのを防ぐために支持糸を腸に縫合する．その後，試験開腹時と同じ手法を用いて，小さな全層生検サンプルを得ることができる．腸を生検し閉鎖した後に，腸管を腹腔内に戻す．

この手技の間に気腹が失われてしまうため，腸生検は常に腹腔鏡手技の最後に行うべきである．さらにもう1ヵ所の腸を

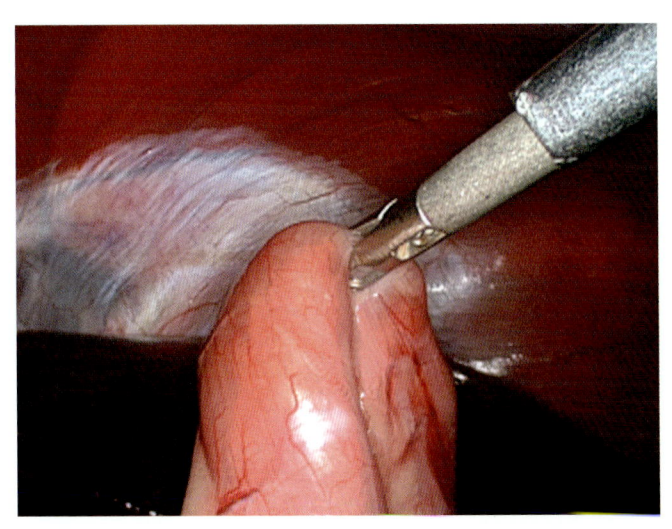

図1.87 小腸生検．全層生検のために体外に引き出すため，把持鉗子が小腸の一部を保持している．

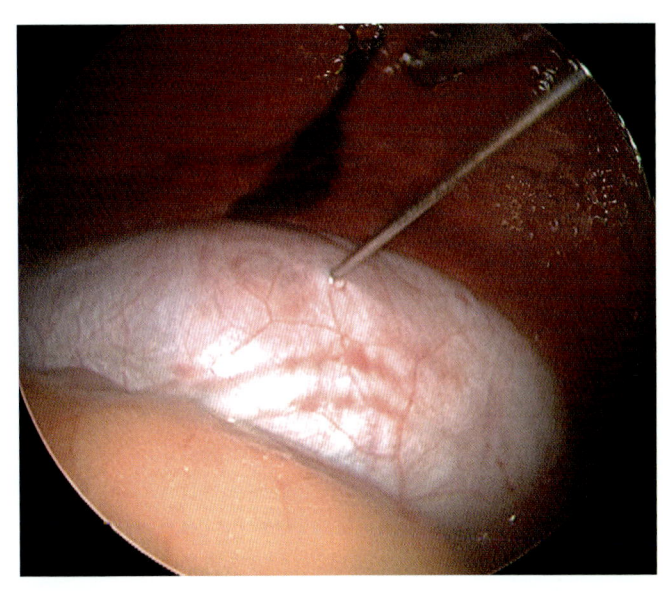

図1.88 胆嚢穿刺術．20ゲージ針を用いて腹腔鏡ガイドの胆嚢穿刺術を行っている．

生検するか，他の腹腔鏡手技を行う場合には，トロッカー・カニューレを再び腹壁の切開部から挿入し，カニューレの周りの切開部を密封し，再び気腹しなくてはならない．漿膜パッチグラフトを用いて腸の複数個所を生検する技術も報告されている．[10] 腸生検を行う部位どうしを支持縫合にて保持し，その後に漿膜パッチグラフトを作るために全ての生検部位を一緒に縫合する．

1.6.4.4 その他の生検手技

腫瘍性病変，リンパ節，脾臓，および他の臓器の生検を含めた，いくつかの他の生検手技も腹腔鏡を用いて行うことができる．脾臓の生検はカップ型生検鉗子を使って行うと一般に安全である．手技，予防的処置，血清凝固の管理は肝生検の際と同様である．腹腔鏡は説明のつかない腹水の原因を調べるためにも行われることがある．腹腔内臓器を検査できるようにするために，腹腔鏡下で液体を吸引する．

1.6.5 補助的な手技

胆嚢穿刺術，胆嚢造影術，そして門脈造影術を含めて，腹腔鏡ガイドを用いて補助的な診断的手技も行うことができる．

1.6.5.1 胆嚢穿刺術および胆嚢造影術

胆嚢は右側側方もしくは腹側アプローチにて最もよく評価することができる．正常な胆嚢は軟らかく，波動感があり，胆管系は拡張していない．閉塞性胆道疾患はしばしば堅固な胆嚢と胆管系の拡張を呈する．これらの症例においては，肝臓と胆管はしばしば胆汁色に染まっており，一般に胆管リンパ管が拡張している．

炎症性もしくは感染性胆道系疾患が疑われる場合，細菌培養および細胞診のためのサンプルを採取するために，22ゲージ，10 cmまたはより長い注射針を用いて腹腔鏡ガイドの胆嚢穿刺術を行う．注射針は腹壁を通り，胆嚢を穿刺し，内容物を吸引する（図1.88）．針を抜き去る時に胆汁をできるだけ吸引し，胆嚢を空にすることで胆汁の漏出を防ぐことが重要である．胆汁は培養と細胞診の両方を行うべきである．吸引針が腹壁を通り，横隔膜の尾側に位置することを確認することも重要である．もし横隔膜を刺すと，横隔膜の穿刺部位を通して腹腔のガスが胸腔に流入し，気胸を起こす．

胆嚢吸引のもう1つの手技は，針を肝臓右中葉に穿刺して，肝臓と癒着している部位の胆嚢に針を進める方法である．この手技では胆汁が肝臓内に漏出し，腹腔内に流出しないため，胆汁の漏出が最小限である．しかしながら，一般に針の角度が横隔膜と交差する必要があるため，この手技を行うのは難しい．もし肝外胆道系の閉塞が疑われる場合，胆嚢穿刺術の後にヨウ素系造影検査を行うこともできる．胆嚢造影検査を行うために，針は胆嚢内に設置し，胆汁を抜去し，さらに静脈注射用のX線不透過性ヨウ素系造影剤を胆嚢内に注入する．通常，5〜15 mLの量が異常を描出するために必要である．漏出を予防するために，胆嚢を拡張させすぎないように注意する．その後，静的X線検査もしくはX線透視検査が胆管系の閉塞の評価に用いられる．造影剤は自由に十二指腸へ流入しなくてはならない．

1.6.5.2 門脈造影検査

腹腔鏡ガイドを用いて，門脈系を評価することが可能である．この技術を用いて，先天性もしくは後天性の門脈体循環シャントを診断することができる．この手技は常に肝生検と共に行わ

れるべきである．脾静脈造影は，門脈血流が脾静脈から門脈に流入する部位を描出するために，門脈血管内へヨウ素系Ｘ線造影剤を注入する．造影剤の注入後すぐにＸ線撮影できるように腹腔鏡下門脈造影検査はＸ線検査室にて行う．

脾静脈門脈造影検査は左側側方にて行われる．脾臓の位置を確認し，18〜20ゲージ，10 cmのスパイナル針とスタイレットを脾臓の位置の近くの腹側側方の腹壁を穿刺する．針は脾臓長軸と平行になるように，脾体部に1〜3 cm穿刺すべきである．ひとたび針が脾臓内にしっかりと設置されたら，硬性鏡を引き抜き，腹腔内のガスを抜去する．その後，針に延長チューブを接続し，ヘパリン加生理食塩水を数mLゆっくりと注入する．延長チューブに標準水マノメーターを接続し，水柱センチメートルにて脾髄圧を測定することも可能である．脾実質内圧は門脈圧を反映している．正常な脾髄圧は10〜15水柱センチメートルの範囲である．門脈高血圧の動物では，より高い圧を呈する．

圧測定の後に，静脈注射用のヨウ素系造影剤を約10〜20秒以上かけて体重あたり0.25〜0.5 mL/kgの用量で注入する．注入中および注入終了後すぐにＸ線検査を行う．ほとんど全ての症例において，先天性もしくは後天性のシャントを証明するための門脈血流が描出できる．我々はこの手技が安全で，合併症が最小限であると理解している．

門脈造影検査のもう1つの方法は，静脈内に直接カテーテルを設置するために空腸静脈を腹腔外に出すことである．空腸静脈を腹腔外に出す方法は腸管生検法と同様である．

1.6.5.3 その他の手技

その他のいくつかの腹腔鏡手技として，胃もしくは空腸チューブの設置，そして予防的胃固定術がある．これら3つの手技のために，トロッカー・カニューレの挿入部位を通して胃腸を体外に出す．その後にチューブを設置するか，予防的胃固定術のために幽門洞の筋肉を腹壁に縫合する．

1.6.6 腹腔鏡の合併症

腹腔鏡の合併症発生率は低い．[13] 筆者が診断的腹腔鏡検査を行った症例の検討では，合併症発生率は2％以下であった．[1] 潜在的な合併症を表1.13に記す．重篤な合併症は麻酔もしくは心血管関連死，出血，もしくは空気塞栓である．軽症の合併症は一般に手術によるもの，また経験不足もしくは限界や潜在的な合併症を理解していないことに関連している．

表1.13 腹腔鏡の潜在的合併症

麻酔関連
　ベレス針／トロッカー挿入
■ 腹壁血管の損傷
■ 臓器の穿刺
■ 内臓の穿孔
　送気
■ 皮下気腫
■ 腹腔の挙上
■ 不適切な送気
■ 気胸
■ 空気塞栓
手術の合併症
■ 出血
■ 組織損傷
手技の問題
■ 経験不足
■ 設備に関連した問題

キーポイント

- 腹腔鏡は小動物消化器病において重要な診断的手段である．
- 腹腔鏡は腹腔臓器から生検サンプルを得るのに，試験開腹手術よりも侵襲が少なく，合併症発生率が低い．
- 腹腔鏡は肝臓の病理検査，細菌培養，金属解析のための生検サンプルを得るのに最良の手技である．
- 腹腔鏡下での膵生検は膵炎および／もしくは膵臓腫瘍を確定することができ，合併症はまれである．
- 腸の全層生検は腹腔鏡の補助下にて行うことができる．

参考文献

1. Monnet E, Twedt DC. Laparoscopy. *Vet Clin North Am (Small Anim Pract)* 2003; 33: 1147-1163.
2. Richter KP. Laparoscopy in dogs and cats. V*et Clin North Am (Small Anim Pract)* 2001; 4: 707-727.
3. Johnson GF, Twedt DC. Endoscopy and laparoscopy in the diagnosis and management of neoplasia in small animals. *Vet Clin North Am* 1977; 7: 77-92.
4. Bessler M, Whelan RL, Halverson A, Treat MR et al. Is immune function better preserved after laparoscopic versus open colon resection? *Surg Endosc* 1994; 8: 881-883.

5. Bufalari A, Short CE, Giannoni C, Pedrick TP, Hardie RJ, Flanders JA. Evaluation of selected cardiopulmonary and cerebral responses during medetomidine, propofol, and halothane anesthesia for laparoscopy in dogs. *Am J Vet Res* 1997; 12: 1443-1450.
6. Duke T, Steinacher SL, Remedios AM. Cardiopulmonary effects of using carbon dioxide for laparoscopic surgery in dogs. *Vet Surg* 1996; 1: 77-82.
7. Twedt DC. Laparoscopy of the liver and pancreas. *In*: Tams TR (ed.), *Small Animal Endoscopy, 2nd ed.* St. Louis, MO, CV Mosby Co, 1999; 44-60.
8. Cole TC, Center SA, Flood SN, Rowland PH et al. Diagnostic comparison of needle and wedge biopsy specimens of the liver in dogs and cats. *J Am Anim Hosp Assoc* 2002; 220: 1483-1490.
9. Harmoinen J, Saari S, Rinkinen M, Westermarck E. Evaluation of pancreatic forceps biopsy by laparoscopy in healthy beagles. *Vet Ther* 2002; 3: 31-36.
10. Rawlings CA, Howerth EW, Bement S, Canalis C. Laparoscopic-assisted enterostomy tube placement and full-thickness biopsy of the jejunum with serosal patching in dogs. *Am J Vet Res* 2002; 63: 1313-1319.
11. Rawlings CA, Foutz TL, Mahaffey MB, Howerth EW, Bement S, Canalis C. A rapid and strong laparoscopic-assisted gastropexy in dogs. *Am J Vet Res* 2001; 6: 871-875.
12. Rawlings CA. Laparoscopic-assisted gastropexy. *J Am Anim Hosp Assoc* 2002; 38: 15-19.
13. Freeman LJ. Complications. *In*: Freeman LJ (ed.), *Veterinary Endosurgery*. St. Louis, MO, CV Mosby Co, 1999; 93-101.
14. Gilroy BA, Anson LW. Fatal air embolism during anesthesia for laparoscopy in a dog. *J Am Vet Med Assoc* 1987; 5: 552-554.

1.7　細胞診断学

Johannes Hirschberger

1.7.1　はじめに

細針吸引（FNA）による細胞診は最小限に侵襲的な手技である．肝臓や膵臓，腸管における細針吸引は，鎮静や局所麻酔なしで実施された場合でさえも，ほとんど全ての小動物患者においてよく許容されるものである．細針吸引による細胞診は超音波検査にて異常所見が確認されたあと即座にでも実施することができる．いくつかの制限はあるが（例えば，肝疾患の鑑別など），本手技は非常に有用な診断ツールである．細針吸引による細胞診は，例えば腫瘍やび漫性の空胞性肝症などといった特定の疾患における診断に対して，高い感度と特異性を示す．[1-5]

1.7.2　手　技

細針吸引は超音波ガイド下にて実施されるべきである．血液供給の豊富な組織（脾臓や肝臓など）からFNAサンプルを採材する際，多量の血液混入を避けるために，吸引を行う時間は可能な限り短くしなくてはならない．術者は肝臓へ針を鋭く進めた瞬間，およそ1秒間の吸引のみを行うべきである．あるいは吸引を行わずに肝臓に針を進めるだけの方法でも良い．しかしながら，ごく短時間のみの吸引を行う前者の方法がより好まれる．

1.7.3　肝　臓

肝臓における細胞診所見は，正常，過形成，腫瘍性，炎症性，変性／代謝性，あるいは胆汁うっ滞性異常，髄外造血，またそれらの複合として分類される．[4,6,7]

1.7.3.1　正常な肝細胞

正常な肝細胞はごくわずかな細胞の大小不同性のみを示す．細胞質にはしばしば微細な顆粒が含まれる．核：細胞質比は1：4から1：5の範囲である．核小体は核内に明瞭に観察される．正常な肝細胞のなかには2核を有するものもある．肝臓のFNAサンプルでは胆管上皮細胞や中皮細胞が認められることもある．FNAによる細胞診における白血球の出現は血液の混入に由来する場合もあり，必ずしも肝臓への炎症細胞の浸潤を示唆するものではない．曖昧な場合には，末梢血とFNAサンプルの両者における白血球：赤血球比を比較する必要がある．また，FNAサンプルには化膿性腹膜炎の存在に起因する好中球の混入が生じることがあり，肝臓の細胞診を誤って解釈する可能性があるため，留意しなくてはならない．

1.7.3.2　過形成

過形成病変には多形性をともなう細胞はごく少数のみしか含まれない．過形成を正常な肝細胞や高分化型の肝細胞癌と鑑別することは困難な場合もある．

1.7.3.3　炎　症

主体となる白血球の割合にもとづいて，炎症性病変はさまざまな種類に分類される．好中球の増加は化膿性肝炎によって引き起こされる可能性がある．細菌感染が一般的な原因であり，鏡検において細菌が見つかる場合もある．細菌の毒素はしばしば好中球を変性させる．また，抗生物質による治療がすでに開始されている場合には，多くの症例において細菌はもはや認められないこともある．こういった症例においては，変性好中球の存在はあまり観察されない．

リンパ球形質細胞性の炎症は小型リンパ球や形質細胞の存在によって特徴づけられる．細胞内あるいは細胞外の胆汁色素の

存在，空胞性変性，胆管上皮細胞の過形成もしくは増殖といった所見によって，肝炎がわずかに示唆される．肝炎を示唆するその他の所見としては，線維化（わずかな線維細胞の浸潤を伴い，桃色を呈し，蛋白質に富む物質の存在）や，肝細胞の再生が挙げられる．

好酸球の存在は非特異的であり，他のさまざまな種類の細胞が主体となる炎症病変に付随してみられたり，あるいは好酸球性腸炎や全身性の肥満細胞腫，米国のいくつかの州でみられる猫の肝蛭感染（*Amphimerus pseudofelineus*）などで起こるような原発性の好酸球の浸潤を意味したりすることもある．

1.7.3.4 腫瘍

悪性腫瘍は原発性（肝細胞癌もしくは胆管癌）あるいは続発性（悪性リンパ腫，肉腫や癌腫の転移，肥満細胞腫，悪性組織球症，骨髄増殖性疾患）に分類される．犬における最も一般的な肝臓腫瘍は，肝細胞癌，悪性リンパ腫，肉腫，未分化癌である．猫で最も一般的にみられる肝臓腫瘍は，胆管癌と悪性リンパ腫である（図 1.89 〜図 1.93）．[4,6,7]

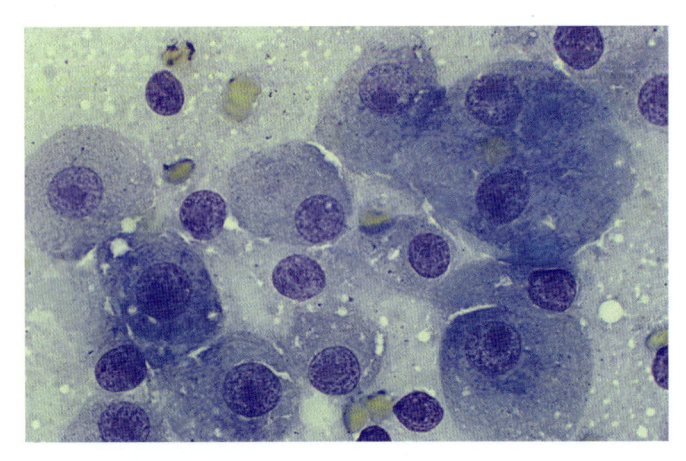

図 1.89 肝細胞腫．コリーに発生した 20 cm 大の肝臓腫瘍の FNA における細胞診標本．肝細胞には細胞の大小不同，軽度の核の大小不同，核：細胞質比のばらつき，わずかに凝集したクロマチンが認められる．時おり細胞膜の濃染が観察される．

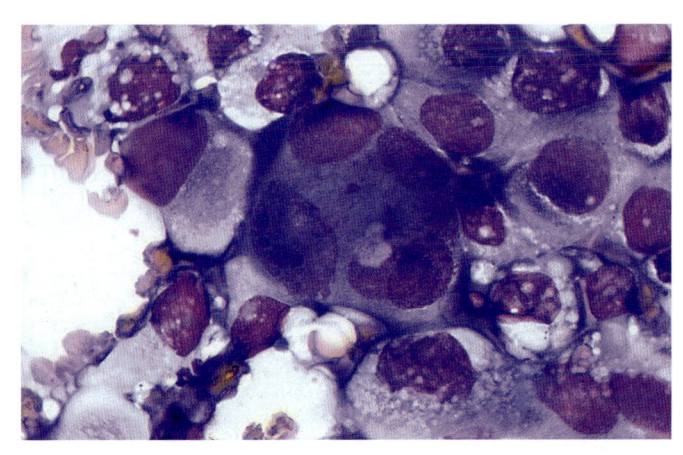

図 1.91 肝臓の転移性癌腫．このドーベルマンから採材された肝臓 FNA の細胞診標本には，数多くの悪性所見の基準を満たす上皮細胞がみられる．本症例では原発性腫瘍は特定されなかった．

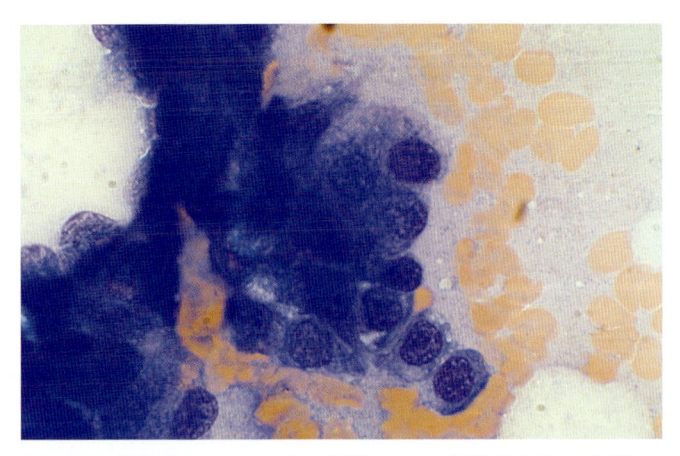

図 1.90 肝細胞癌．この犬の肝臓 FNA の細胞診標本は非常に細胞成分に富む．腫瘍細胞には軽度から中程度の細胞の大小不同，核の大小不同，核：細胞質比のばらつきがみられる．クロマチンは不整で凝集している．核小体は顕著に角張った形態を示す．腫瘍細胞は表現型的に肝細胞であると判断可能である．

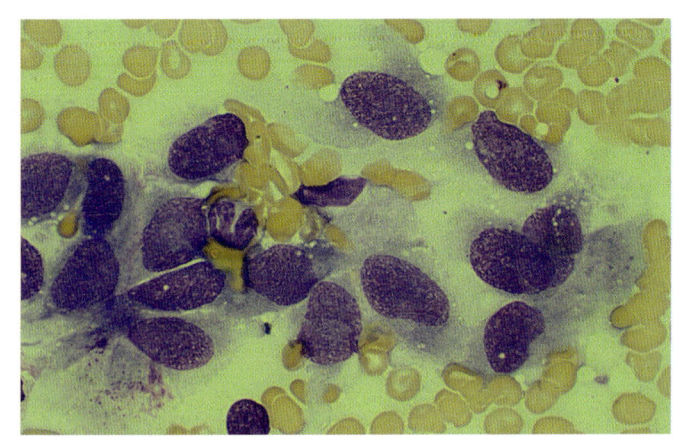

図 1.92 肝臓の肉腫．ダックスフントの肝臓に発生した悪性紡錘細胞腫瘍における FNA の細胞診標本．大型で円形の核を有する紡錘細胞には数多くの悪性所見が認められる．

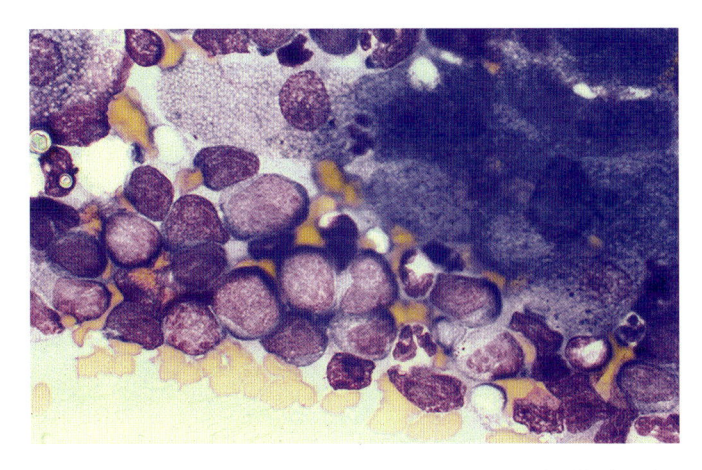

図1.93 悪性リンパ腫．この猫の肝臓FNAの細胞診標本は細胞成分に富み，大型で未熟なリンパ系細胞が数多く認められる．リンパ系細胞に混ざって正常な肝細胞が観察される．

1.7.3.5　肝臓におけるその他の異常

髄外造血では造血前駆細胞やさまざまな成熟段階にある造血系細胞の存在が認められる（図1.94）．代謝性あるいは変性性の異常としては肝リピドーシスやステロイド誘発性肝症が含まれる．肝リピドーシスは主に猫で発生し，円形の細胞質内空胞が特徴的である（図1.95）．ステロイド誘発性肝症は犬で一般的に発生するが，細胞の辺縁から始まる虫食い状の様相を呈することが特徴とされ，これはグリコーゲンの蓄積によって生じる（図1.96）．

壊死は細胞質の空胞化や核の変性，断片化によって特徴づけられる．さまざまな種類の色素，たとえば暗緑色の胆汁色素（胆汁うっ滞や肝炎）や，金褐色のヘモジデリン，淡緑色の銅（主にベドリントン・テリアにて）がみられることもある．リポフスチン顆粒は，老齢の猫の肝細胞では正常所見であり，細胞質内の胆汁色素と混同してはならない（図1.97）．さまざまな染色法を用いることで，個々の細胞質内の異常所見を鑑別できる

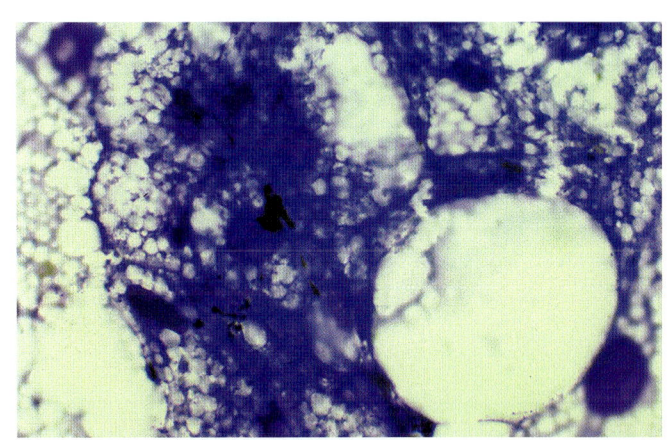

図1.95 肝リピドーシス．この猫の肝細胞には空胞が充満している．大型の脂肪滴や脂肪細胞が細胞間に認められる．この猫から採材された肝臓FNAの全てにおいてこのような重度の変化がみられ，重度の肝リピドーシスと診断された．脂肪滴はズダンIII染色法を用いることで鑑別できる．

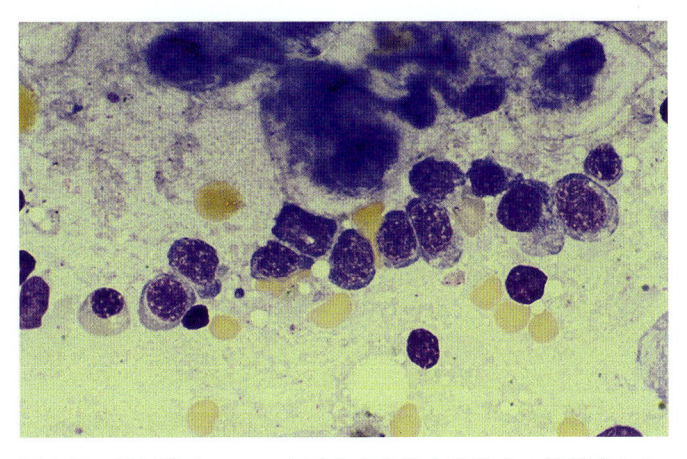

図1.94 髄外造血．この自己免疫性溶血性貧血の雑種犬から採材されたFNAの細胞診標本では，造血系細胞がみられる．肝細胞の細胞質へのグリコーゲン蓄積はグルココルチコイド治療に起因するものである．

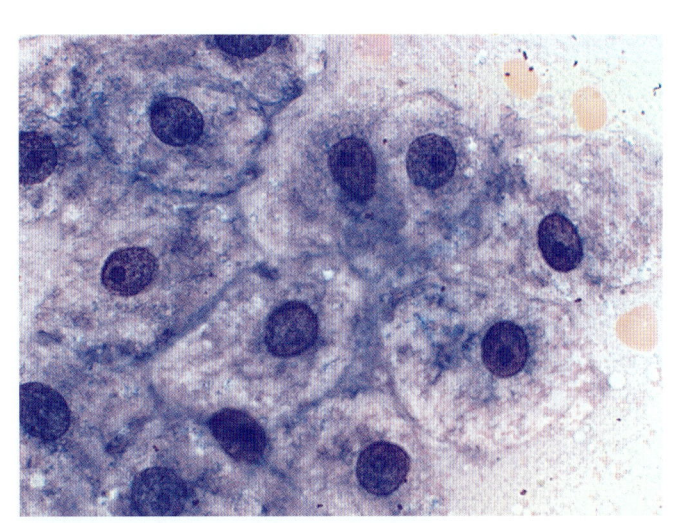

図1.96 ステロイド誘発性肝症．この犬の肝細胞は虫食い状の様相を呈し，その変化は核の周囲にも及んでいるが，細胞の辺縁でより重度である．これらの異常所見の発生には規則性は認められない．同じ塗抹のある領域では頻繁にみられるが，別の領域では全くみられないということもある．この細胞質の変化はステロイド誘発性のグリコーゲン蓄積に伴って典型的にみられる所見であるが，虚血や肝毒素によっても発生する．グリコーゲン蓄積はPAS染色法によって同定することができる．

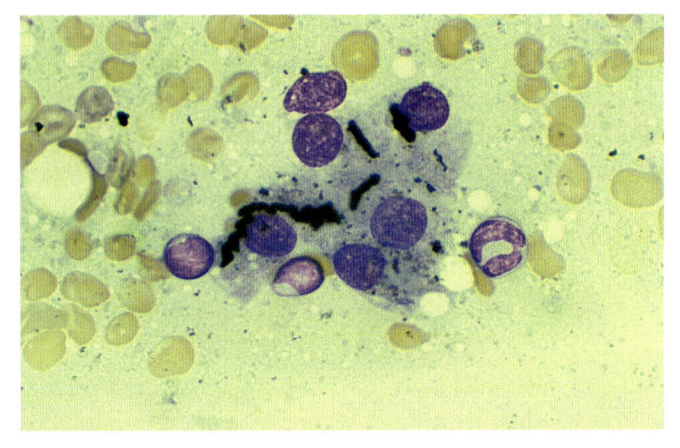

図 1.97　胆汁色素うっ滞．胆汁うっ滞性疾患を呈するこの猫では，細胞内あるいは細胞外胆汁色素が黒緑色の顆粒として認められる．

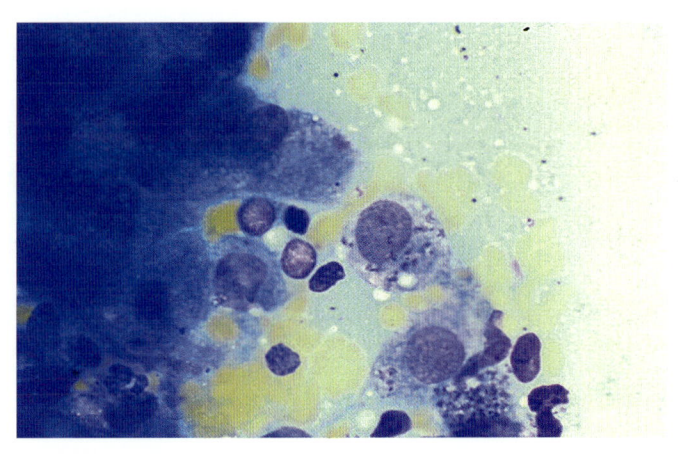

図 1.98　リーシュマニア症．この犬の肝臓ではマクロファージ（クッパー細胞とも呼ばれる）が寄生虫を貪食している．リーシュマニアは明るい細胞質と楕円形の核，小型で暗色のキネトプラストをもつ．

表 1.14　肝臓でみられる色素の鑑別のために用いられる特殊染色法[4,8]

色素	染色法
銅	ルベアン酸染色
脂肪	ズダンⅢ染色
グリコーゲン	PAS 染色
ヘモジデリン	プルシアンブルー染色
リポフスチン	ルクソールブルー染色

可能性がある（表 1.14）.[4,8] 肝硬変は組織構造の変化（小葉構造，線維化，再構築や再生領域）こそが特徴とされるため，この病態は肝臓の細胞診では診断することができない．[9,10] 時おり微生物の存在が FNA による細胞診で観察される（図 1.98）．

肝臓の細胞診における診断の精度は観察者の経験に大きく左右される．表 1.15 には比較的経験の少ない観察者でも診断が容易な種々の疾患が挙げられている．さまざまな種類の炎症性病変と高分化型の肝細胞癌を診断したり鑑別したりするためには，相当な経験を要する．[1,2,4]

表 1.15　FNA による細胞診によって容易に診断することが可能な疾患[1,2,4,6,7]

診断	細胞診の特徴	起こり得る問題点
ステロイド誘発性肝症	肝細胞の虫食い状所見	
肝リピドーシス	空胞性の細胞質の異常	
肝臓や膵臓のリンパ腫；および消化管壁に限局性病変が認められるリンパ腫の症例	多くの場合はおよそ 50％の幼若リンパ球，ときにわずか 5％程度のみの幼若リンパ球	リンパ球性胆管肝炎とリンパ腫を鑑別することが困難な場合もある．
肥満細胞腫	肥満細胞	高分化の肥満細胞の存在により細胞集塊が形成されることもある．
転移性腫瘍	正常な肝細胞を背景に，悪性所見が認められる上皮系あるいは間葉系細胞が存在	中皮細胞や胆管上皮細胞との鑑別が困難な場合もある．
化膿性肝炎	主に変性した好中球，ときに細胞内あるいは細胞外に細菌が存在	

1.7.3.6 胆 汁

胆汁はFNAにより採材し，顕微鏡下にて評価することができる．胆汁内での好中球や細菌の存在はそれぞれ炎症性あるいは感染性疾患の根拠となる．

1.7.4 膵 臓

膵臓の細胞診は，超音波ガイド下でのFNAや外科手術中の押捺標本や掻爬標本として採材され，患者がまだ麻酔下にある状況においても迅速な診断が可能となる．本手技における合併症の危険性は最小限である．しかしながら，超音波ガイド下でのFNAには経験を要する．

超音波検査において説明の付かない膵臓の腫大が認められたときに，膵臓のFNAによる細胞診が適応となる．腫瘍性あるいは嚢胞性疾患は炎症性変化と鑑別する必要がある．炎症性病変には多量の好中球がみられ，またその多くは変性し，その他にはマクロファージや壊死組織の存在が特徴的である．炎症によって膵臓細胞にはわずかな異形成が生じる（図1.99）．しかしながら膵炎はしばしば限局性であるため，単回のFNAにおける陰性所見は必ずしも膵炎の存在を除外するものではないということに留意するべきである．

悪性腫瘍は，核の大小不同や細胞の多形性，多量の細胞の存在などといった，いわゆる悪性基準を満たす細胞の存在によって特徴づけられる．低分化型の膵臓癌は容易に診断される（図1.100）．しかし，悪性腫瘍は二次性の強い炎症性変化を引き起こすこともあり，特に炎症を伴いながら膵臓細胞がわずかな異形成のみしか示さない場合には，細胞診による膵炎と膵臓癌の鑑別は非常に困難なものとなる．原発性腫瘍に加え，FNAによる膵臓の細胞診では転移性の腫瘍もまた診断されうる．嚢胞や偽嚢胞は細胞成分をほとんど含まない被包性の液体の存在によって診断される．[5]

1.7.5 胃と腸管

直腸の掻爬が診断に結びつく場合もある．好酸球は好酸球性結腸炎や好酸球性胃腸炎の患者において認められる．好中球はその他の炎症性疾患の患者にて観察される．まれに，直腸の掻爬により腫瘍が診断されることもある．直腸の掻爬は，ヒスト

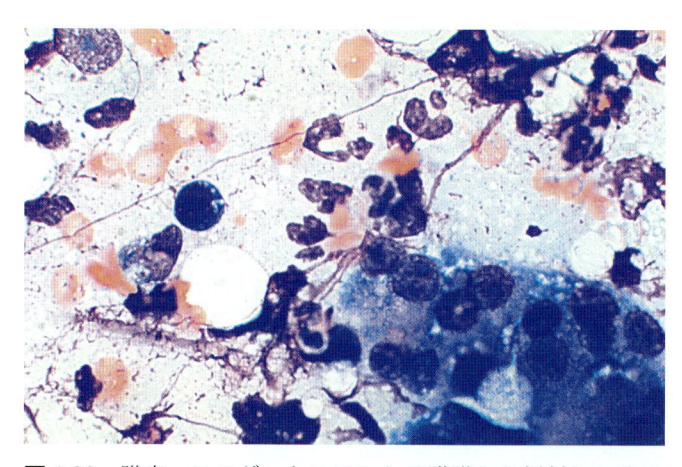

図1.99 膵炎．このダックスフントの膵臓から採材したFNAの細胞診標本では，マクロファージやリンパ球に混ざって，ほとんど変性してしまった好中球が数多く認められる．膵臓の腺房細胞には軽度の異形成性変化（軽度の細胞質の大小不同，核の大小不同，空胞化）がみられる．脂肪滴が認められるが，これは脂肪織炎や脂肪融解によるものである．脂肪貪食マクロファージが認められることもある（この標本ではみられない）．

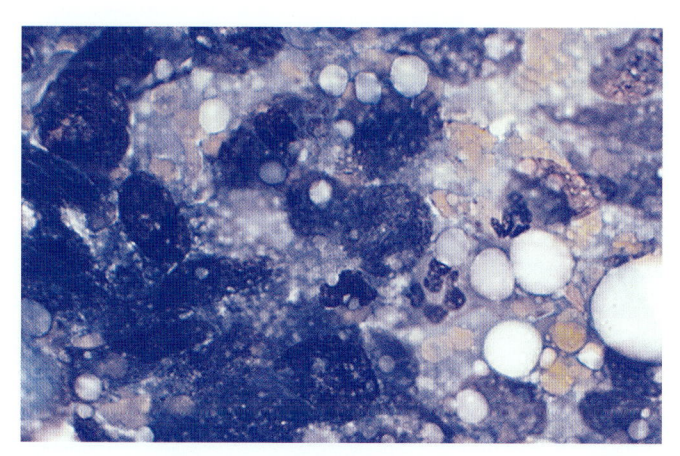

図1.100 膵腺癌．この膵臓腫瘍から採材したFNAの細胞診標本では，さまざまな悪性所見（重度の細胞の大小不同，核の大小不同，巨大な細胞，核：細胞質比のばらつき，異型な核や核小体）をもつ上皮細胞が数多く認められる．背景には炎症細胞がごく少数のみ認められる．

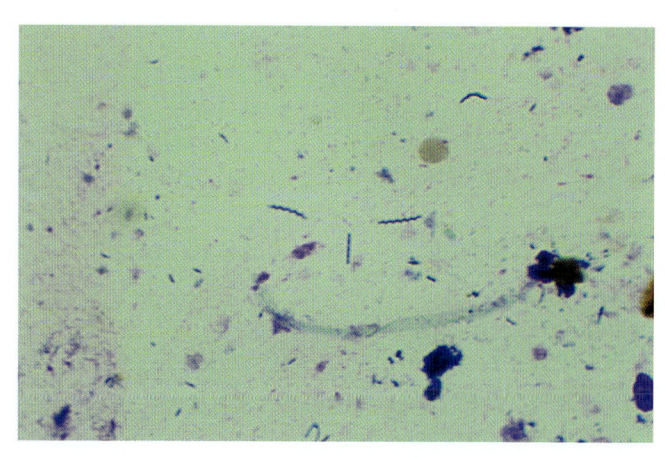

図1.101 ヘリコバクター感染症．猫から採材された胃生検サンプルの押捺標本．大型で螺旋状の微生物が認められる．細胞診はヘリコバクター様微生物の検出において最も感度の高い方法の1つである．[13]

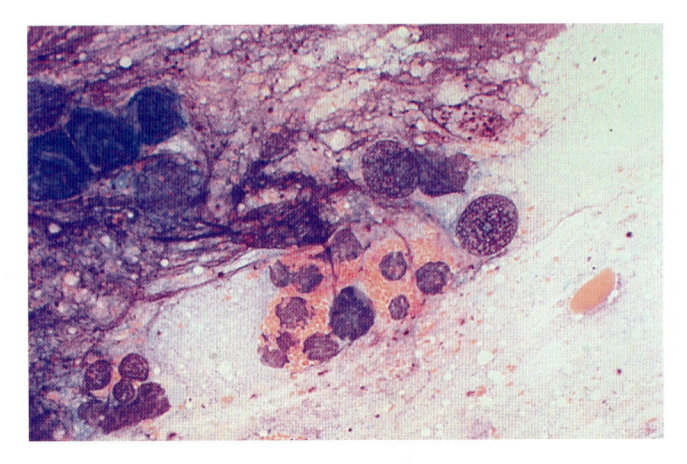

図 1.102 猫の小腸生検サンプルの押捺標本．この細胞診標本には数多くの好酸球がみられる．この小腸生検サンプルの病理組織学的検査ではリンパ球形質細胞性腸炎が示唆された．消化管サンプルでは細胞診の所見と病理組織学的所見が必ずしも一致するとは限らないということの好例である．

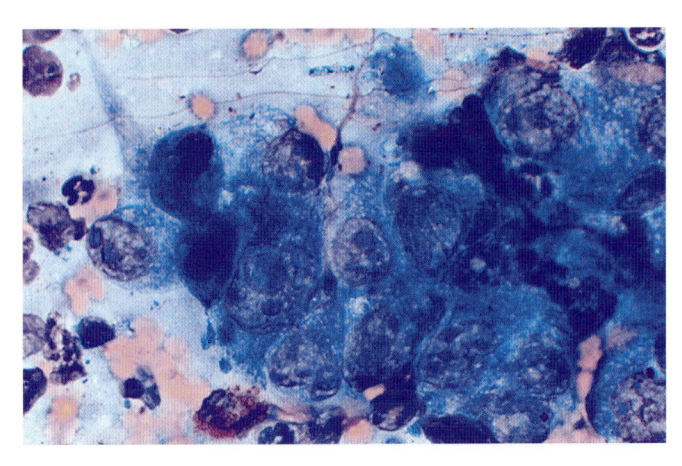

図 1.103 胃癌．この胃粘膜生検サンプルの押捺標本には，多くの悪性所見を有する未分化な上皮細胞が観察される．背景には好中球や少数のリンパ球，肥満細胞が認められる．

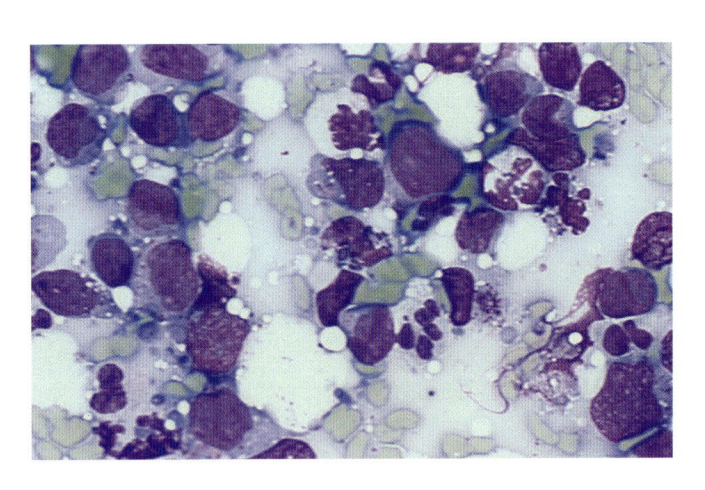

図 1.104 消化管のリンパ腫．この消化管腫瘤におけるFNAの標本では，主に変性した好中球をはじめとする多数の炎症細胞や細胞内外の細菌とともに，大型で未分化なリンパ球の均一な集団が認められる．消化管の悪性リンパ腫では，しばしば細菌による感染をともなうため，FNAの細胞診標本では多数の微生物や炎症細胞が認められることが多い．

プラズマやクリプトコックス，プロトテカ，トリコモナス，大腸バランチジウムや赤痢アメーバなどの感染性微生物の診断に最も有用であると考えられる．[11,12]

超音波検査の際に発見された消化管腫瘤におけるFNAの細胞診標本や，内視鏡下にて採材された生検サンプルの押捺標本は，感染性微生物の同定や腫瘍の診断に役立つ（図 1.101 ～ 図 1.104）．

🔑 キーポイント

- 細針吸引は合併症を引き起こすことはまれである．
- 消化管の腫瘍はしばしば細胞診により診断することができる．
- 変性性の肝臓疾患は多くの場合に特徴的な細胞診断学的所見を示す．
- 肝炎や肝硬変は細胞診のみでは正確に診断を下すことができない．
- 細胞診によって微生物が同定される場合もある．

参考文献

1. Hirschberger J. Organzytologie. *In*: Kraft W, Dürr UM (eds.), *Klinische Labordiagnostik in der Tiermedizin.* Stuttgart, Schattauer, 1997; 260266.
2. Stockhaus C, Teske E. Klinische Anwendbarkeit der Leberzytologie bei Hund und Katze. *Kleintierpraxis.* 1997; 42: 687-701.
3. Stockhaus C, van den Ingh TS, Rothuizen J, Teske E. A multistep approach in the cytologic evaluation of liver biopsies of dogs with hepatic diseases. *Vet Clin Pathol* 2002; (in press).
4. Weiss DJ, Moritz A. Liver cytology. *Vet Clin North Am (Small Anim Pract)* 2002; 32: 1267-1291.
5. Bjorneby JM, Kari S. Cytology of the Pancreas. *Vet Clin North Am (Small Anim Pract)* 2002; 32: 1293-1312.
6. Bolliger Provencher A. Cytology of the liver. *Proc of the 6th ESVIM Forum.* 1996; 66-67.
7. Blue JT, French TW, Meyer DJ. The liver. *In*: Cowell RL, Tyler RD, Meinkoth JH (eds.), *Diagnostic Cytology and Hematology of the Dog and Cat, 2nd ed.* St. Louis, Mosby, 1999; 183-194.
8. Teske E, Brinkhuis BG, Bode P, van den Ingh TS, Rothuizen J. Cytological detection of copper toxicosis in Bedlington terriers. *Vet Rec* 1992; 131: 30-32.
9. Lundquis A, Akerman M. Fine needle aspiration biopsy in acute hepatitis and liver cirrhosis. *Ann Clin Res* 1970; 2: 197-203.
10. Perry MD, Johnston WW. Needle biopsy of the liver for diagnosis of nonneoplastic liver disease. *Acta Cytol* 1985; 29: 385-390.
11. Rakich PM, Latimer KS. Rectal mucosal scrapings. *In*: Cowell RL, Tyler RD, Meinkoth JH (eds.), *Diagnostic Cytology and Hematology of the Dog and Cat, 2nd ed.* St. Louis, Mosby, 1999; 249-253.
12. Baker R, Lumsden JH. The gastrointestinal tract-intestines, liver, pancreas. *In* Baker R, Lumsden JH (eds.), *Color Atlas of Cytology of the Dog and Cat, 1st ed.* St. Louis, Mosby, 2000; 177-197.
13. Kuffer-Frank M, Gerres A, Neuhaus B, Hirschberger J. Vergleich diagnostischer Methoden zum Nachweis von Gastric Helicobacter-like Organisms bei Hund und Katze. 9. Jahrestagung der Fachgruppe Innere Medizin und Klinische Laboratoriumsdiagnostik der *Deutschen Veterinärmedizinischen Gesellschaft,* München, 6.- 8. 3. 2000; 64-65.

1.8 病理組織学

Thomas Bilzer

1.8.1 はじめに

近年における病理組織学は理論的な治療計画を立てるための生前診断,あるいは疾患の予防に重きを置いている.内視鏡によって消化管を直接観察できるようになったことで,生検を行う機会は増加しており,小動物医療における技術革新と治療の質の向上により,その傾向は今後もさらに続くと考えられる.臨床獣医師は消化管粘膜の生検標本から詳細で正確かつ意義のある情報が得られることを求めている.そのためには病理診断医が消化管生検サンプルの解釈について十分に精通することが必要となる.しかし同時に,臨床情報なくしては生検標本の解釈は困難となるため,関連する臨床情報を提供するのはもちろんのこと,病変を代表する標本を提出することが臨床獣医師に求められる.

1.8.2 消化管生検法の種類

消化管を評価するためのいくつかの生検手技が確立されている.[1,2,3] どのような生検法を選択するにせよ,病変を代表する十分な量の組織を採材し,適切に保存することが重要となる.

1.8.2.1 内視鏡下生検

内視鏡鉗子による標本の採材は,消化管の生検法における最も一般的な方法である.本手技により多くの部位を正確に採材することができ,侵襲性は最小限ながらも評価のために十分な量の組織を採材することが可能となる.内視鏡の処置チャンネルは一般的に直径2.2〜2.8 mmの範囲であり,チャンネルの大きさによってサンプルを採材する生検鉗子の大きさが決定される.胃のさまざまな部位(噴門,胃底,胃体,幽門洞,幽門)および十二指腸,さらに必要であれば結腸から生検サンプルを採材するべきである.ただし,症例の体格や主訴となる臨床症状によっては不可能な場合もあり,さらには推奨されない場合さえもある.

1.8.2.2 全層生検

外科的な切除あるいは切開生検では,直径数ミリのパンチ生検サンプルから,直径数センチにおよぶ腫瘍病変までと,そのサンプルの大きさにはかなりの幅がある.理想的には,サンプルは病変全体か,あるいは少なくとも病変を代表する部位が含まれるべきである.び漫性病変の場合には数カ所以上の病変を採材する必要がある.また,病変を適切に評価するためには消化管壁の全ての層が含まれなくてはならない.

1.8.2.3 針生検

内視鏡下生検では病変を代表するサンプルが完全には採材できないような場合には,針生検によって採材することも可能である.広口径の針を用いた針生検はFNAによる生検よりも診断的価値は高い.

1.8.2.4 ブラシ法と掻爬法

これらの方法ではサンプルは剥離した個々の細胞や細胞集塊によって構成される.サンプルは細胞診によって評価される(**1.7**を参照).

1.8.3 各生検手技における利点と欠点（表1.16）

　内視鏡下生検の主な利点は目視下で生検サンプルを採材できることである．そのため，胃や十二指腸，遠位回腸，結腸の内視鏡検査の際に観察された粘膜病変を代表するサンプルが採材される．[4] サンプルは比較的小さいが（最大で直径3 mm），数多くのサンプルの採材が可能となるため，あまり問題にならない．内視鏡下生検の主な欠点は挫滅によるアーティファクトが生じることや十分な深さのサンプルが採材されない可能性があることであり，そのため粘膜内でサンプルが分離してしまう場合もある．このことは特に十二指腸において顕著であり，とりわけ盲目的にサンプルが採材されたときに，絨毛の歪曲や崩壊が主な問題となる．その他の欠点としては空腸や回腸へは内視鏡が到達できないことが挙げられる．さらに，内視鏡下生検では粘膜下の構造を評価するために十分な深さのサンプルを採材することはできない．最後に，組織切片作成の前に粘膜の方向性を正しく揃えることは困難である．しかしながら我々の経験では，良質な内視鏡下生検サンプルが採材されれば，全てではないものの多くの疾患での典型的な組織構造上の変化をとらえることは十分に可能である．病理組織学的な診断が可能となる理想的な内視鏡下生検サンプルは，全層生検に比べ絨毛や陰窩の関連性や大きさの正確な評価はできないとしても，粘膜筋板や粘膜下織の一部が付着した状態の，完全な状態の粘膜を含むべきである．

　全層生検の利点は内視鏡下生検に比べより大きなサンプルが得られるため，サンプルの取り扱いや粘膜の方向性の確認が容易となることにある．また，平滑筋腫や神経叢の病変などのように粘膜の外側に異常部位が存在する際や，あるいは内視鏡下生検で得られたサンプルが小さかったり，質が悪かったり，病変を代表していなかったために確定的な診断を下すことができなかった際にも，全層生検では診断に結びつく場合もある．さらに，全層生検では挫滅や崩壊にともなうアーティファクトはまれである．全層生検の欠点としては，採材できるサンプルの数が限られていることや，侵襲性の程度であり，これらのことは術後合併症の発生リスクの増大と関連する．

　FNAやブラシ法，掻爬法による生検の利点は，容易に，かつ安価に実施できることである（1.7を参照）．しかしながら，これらの手技では組織構造上の変化は評価できない．

1.8.4　組織の取り扱いと処理

　最も重要なことは，サンプルの破壊や乾燥，自己溶解を防ぐことである．また，病理組織学的，免疫組織化学的，あるいは生化学的評価など，それぞれ実施される評価法ごとに適切な方法で生検サンプルを処理する必要がある．形態学的な評価を行う際には，組織構造を維持してアーティファクトを避けるために，サンプルを非常に注意深く採材し，細心の注意をもって扱わなくてはならない．また，生検鉗子や針，その他の生検器具は最適な状態のものを用いることや，7％の緩衝ホルマリン入り容器にて適切に浸漬させて迅速に固定を行うことが重要である．大きなサンプルは切開したり分割したりする必要がある．針生検や内視鏡下生検で得られたサンプルを器具から取り外す際には，注射針を用いるか，あるいは生理食塩水でのフラッシュが推奨される．過剰な，あるいは粗雑な組織標本の取り扱いによってアーティファクトが生じ，診断的価値の低下につながる．生検サンプルには関連する臨床的情報についての詳細な記述と，サンプルを採材した部位を示す図を添えるべきである．小さなサンプルは挫滅を防ぎ，組織の位置決めや方向性の確認を容易にするために，レンズペーパーやスポンジ，薄いカード，あるいはスライスしたキュウリの上におくことを推奨する研究者もいる．しかしながら，こういった処理はアーティファ

表1.16　消化管の全層生検と部分生検における利点と欠点の比較

試験開腹や腹腔鏡下にて採材した全層生検	内視鏡下にて採材した部分生検
■ 消化管や肝臓，膵臓，リンパ節の目視と触診ができる	■ 組織の方向性の肉眼的確認は不可能，関連する臓器は目視できない
■ 採材は盲目的で，ときに不適切な部位が採材される（漿膜面から病変が確認できる場合を除く）	■ 消化管粘膜の病変が目視できる
■ 十分なサンプルのサイズと適切な方向性の確認が可能	■ サンプルのサイズは小さく，方向性の確認がときに不適切となる
■ 採材されるサンプルの数は制限される	■ 多数のサンプルが採材できる
■ 病変を代表するサンプルが採材可能	■ サンプルは病変を代表しない場合もある
■ 消化管の全ての層を含む	■ 粘膜や，あるいは粘膜下織のみに限られる
■ 関連する臓器からも生検できる	■ 関連する臓器からの生検は不可能
■ 高い危険性	■ 侵襲性は最小限
■ 経験豊かな病理診断医が要求される	■ 非常に経験豊かな病理診断医が要求される

クトを防ぐどころか，さらなるアーティファクトの発生につながることもあるため，細心の注意を払って行うべきである．サンプルを支持体表面に短時間固着させる研究者もいるが，この処理によってさらに損傷が生じることもあるため，推奨されない．我々の経験では，異なる部位や特定の病変からのサンプルは別々に分け，また同一領域のサンプルは1つにまとめて保存すれば十分である．消化管の異なる部位からのサンプルを1つにまとめて保存することは勧められない．鉛筆書きのラベルを入れたり，容器にラベル書きしたりしてサンプルを識別することは非常に重要である．容器は保存や輸送に対し安定かつ適切なものを用い，不慮の事故による内容物の漏出を防ぐ必要がある．ねじ式の蓋がついた飛散防止設計のものが勧められる．容器は緩衝梱包剤に包んで発送するべきである．

サンプルを電子顕微鏡に供する際には固定液として2.5％グルタルアルデヒド溶液に浸漬する必要がある．生化学的，免疫学的，分子生物学的検査を目的とした生検サンプルは－135℃のイソペンタンにて瞬間凍結したのち液体窒素中に保存し，取り扱いや輸送，その後の処理はドライアイスの上で行わなくてはならない．組織サンプルが乾燥から守られた状態で（1cm^{3}未満の容器を用い，添加剤は加えない），数時間以内に病理診断医のもとへ確実に輸送される場合には，病理組織学的評価のためのサンプルは未固定のまま発送することも可能である．

細菌学的検査のためのサンプルは小さな無菌容器にそのまま採材し，検査機関に可能な限り早く輸送する必要がある．ウイルス学的検査のためのサンプルの処理については検査機関のガイドラインに従って行うべきである．

通常の病理組織学的評価のためには，同一の生検部位からのホルマリン固定組織材料は1つのパラフィンブロックに埋包されたのち，連続的に薄切され，同じスライド上にのせられる．小さな内視鏡サンプルでは埋包前に組織の方向性を揃えることが不可能であるため，その方向性をよりしっかりと確認するために，顕微鏡での評価の際にはスライドの向きを変えたり回転させたりすることは有用である．

ほとんどの診断はヘマトキシリン・エオジン（H&E）染色によるスライドのみで可能ではあるが，臨床獣医師の関心は高まっており，その他の追加検査がしばしば求められている．さまざまな特殊染色法，例えば結合組織（エラスチカ・ワンギーソン染色，マッソン／ゴールドナー・トリクローム染色など）やムコ多糖類（過ヨウ素酸シッフ［PAS］染色など），病原体（ギムザ染色など），細網線維（ティボー・パップ鍍銀染色など），肥満細胞（ギムザ染色など）に対する特殊染色法や，白血球の表現型や神経内分泌マーカー，腫瘍マーカー，病原体の同定に用いる免疫組織化学的検査は，確定診断に至るために非常に役立つ．分子遺伝学的検査，例えばin-situハイブリダイゼーション法やポリメラーゼ連鎖反応（PCR）法，さらにその組み合わせ（in-situ-PCR法）などもまた同じく有用である．これらの特殊な手技には特別なサンプル処理が必要となることも多いため，あらかじめ病理診断医に指示を仰ぐべきである．

1.8.5　消化管生検の解釈と誤解

病理組織学的な病変を正しく分類するためには，体系的な分類を行わなくてはならない．（図1.105）

正常な消化管粘膜における肉眼的，内視鏡的，組織学的所見は極めて多様である．[1]この事実は，正常所見と異常所見の

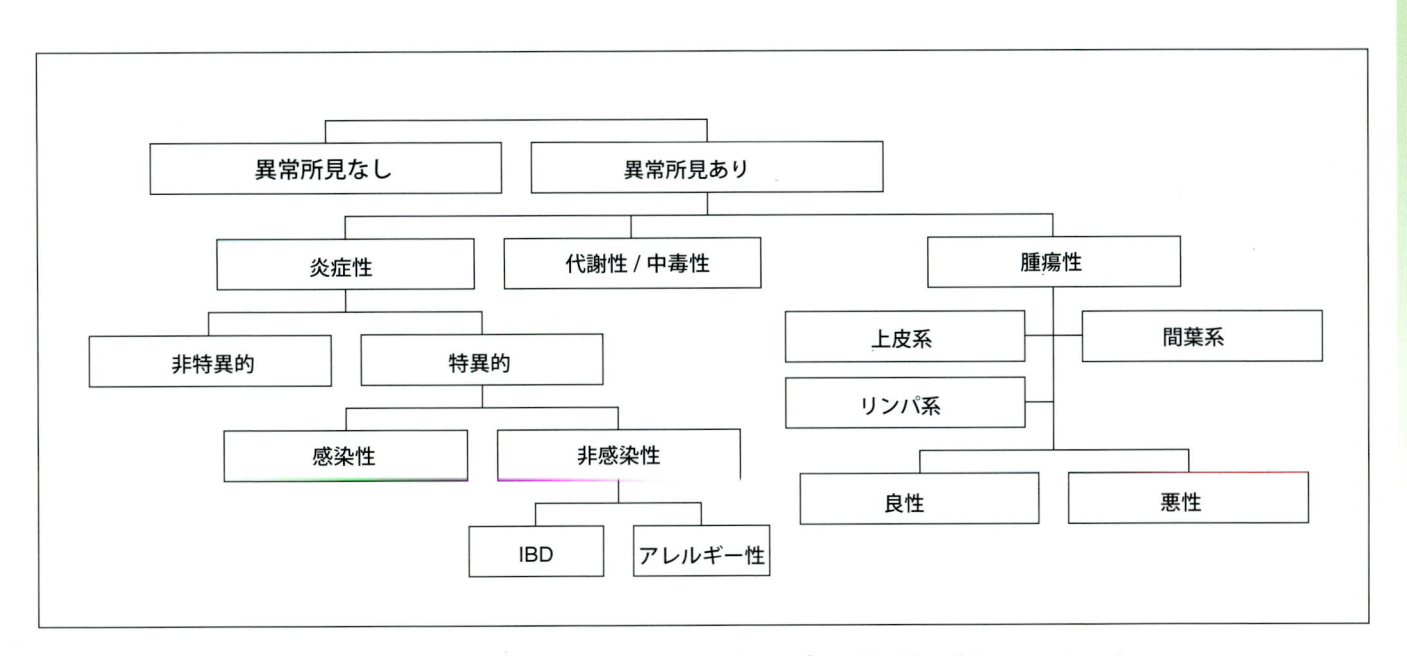

図1.105　病変の分類．この図は消化管から採材された病理組織学的サンプルの体系的な分類ツリーを示す．

境界を評価するための明確な指針を確立することができないことの一因となっている。[5] 特に胃や小腸においては，正常所見の多様性を考慮しなくては，その病理組織学的所見の意義は評価できない．そのため，生検材料は可能な限り消化管全体から採材しなくてはならない．また，明らかに正常な組織から採材することが非常に役立つ場合もある．十分な臨床情報と検査所見を病理診断医に提供することが極めて重要である．その他のしばしば遭遇する問題としてはサンプルの質が悪い場合である．不十分な組織の量や挫滅によるアーティファクトは，サンプルの採材手技の価値を減少させるか，あるいは無駄にさせてしまうことにつながる一般的な要因である．さらに，特に小腸においては生検の深さが不十分である場合も多い（絨毛は崩壊し，十分な厚さの粘膜が採材されない）．小さな生検材料では固定にともなうアーティファクトはまれであり，多くは不適切な固定液（アルコールや非緩衝ホルマリン，アセトンなど）を用いることによって生じる．

胃の各部位における粘膜の組織学的所見はそれぞれ異なり，また，胃の疾患は限局性病変を呈する場合もあるため，さまざまな部位から多数の小さなサンプルを採材するべきである．十二指腸組織における異常所見については，この部位における正常所見の多様性や，小腸粘膜の生検ではアーティファクトが生じやすいことを考慮した上で評価を行わなくてはならない（さまざまな程度の浮腫，新鮮な出血病変，血管やリンパ管の拡張，上皮の平坦化など）．評価の際の一般的な問題としては，病理組織学的所見で正常とされる範囲は病理診断医ごとにさまざまである，という事実が過小評価されていることが挙げられる．このことは特に，炎症性病変の特徴や，組織の変形，萎縮，上皮化生，核や細胞質の異染性などで顕著である．このように，非特異的な炎症性病変の明確な同定は非常に困難なものとなりうる．IBD におけるグレード分類体系が報告されており，これは浸潤する細胞の数は関係なく，主に粘膜組織の障害の程度や上皮の変化に基づくものである．[5,6]

- 軽度の IBD：細胞の浸潤はあるが，組織の障害や，腺あるいは上皮の壊死をともなわず，粘膜固有層における線維化や未分化性は認められない．
- 重度の IBD：細胞の浸潤があり，粘膜構造の破壊，広範囲の潰瘍，壊死，絨毛の萎縮，腺の過形成や消失，粘膜固有層における線維化が認められる．
- 中程度の IBD：軽度と重度の IBD の中間の所見．

浸潤する主な細胞の種類によって，例えば好酸球性や化膿性，あるいは肉芽腫性などのようにさらに細かく分類される．しかしながら，病理組織学的な変化は臨床症状には反映されず，逆もまたしかりである．

炎症性病変と腫瘍性病変は通常は容易に区別できるが，例えば老齢の猫における炎症性腸疾患と消化器型リンパ腫のような疾患の鑑別診断を行うことは時に困難であり，しばしば免疫化学染色法が必要となる．[3,7,8] 一般的に，猫の消化管疾患の解釈における病理診断医の知識は限られたものである．消化管の生検サンプルの評価には，かなりの専門性や，この分野に対する関心，継続的な訓練が要求される．臨床情報により病理組織学的所見の検索や解釈がより容易なものとなるため，病理診断医と臨床獣医師との密な情報交換が非常に重要である．内視鏡下生検ではサンプルのサイズの小ささゆえに個々の病変や全体的な疾患の同定が困難となるため，このことは特に当てはまる．もし病理診断医がいかなる病変も同定することができなかった場合には，さらなる切片を作成するべきである．最終的な診断はしばしば臨床獣医師と病理診断医との議論にもとづいて下される．臨床獣医師と病理診断医は臨床症状と消化管生検サンプルの病理組織学的所見との間に矛盾がないかどうか注意を払う必要がある．病理組織学的変化の評価においては診断医の間でかなりのばらつきがあり，消化管組織の病理組織学的な記述に関する国際的な標準化が早急に望まれる．[9] そのため，2004 年には胃腸疾患の国際的な標準化を目指す団体が WSAVA により設立される見通しである．

🗝 キーポイント

- 内視鏡下生検サンプルの病理組織学的評価により，消化器疾患をもつ多くの犬や猫にて確定診断が可能となる．
- 内視鏡下生検サンプルの取り扱いにはきめ細かな配慮が要求され，検者には豊かな経験が必要である．
- 生検サンプルにおける意義のある評価のためには，臨床獣医師と病理診断医の間のコミュニケーションが極めて重要である．

参考文献

1. Else RW. Biopsy collection, processing and interpretation. *In*: Thomas D, Simpson JW, Hall E. J. (eds.), *BSAVA Manual of canine and feline gastroenterology*. Shurdington, British Small Animal Veterinary Association, 1996; 37-56.
2. Mansell J, Willard MD. Biopsy of the gastrointestinal tract. *Vet Clin North Am (Small Anim Pract)* 2003; 33: 1099-1116.
3. Zoran DL. Gastroduodenoscopy in the dog and cat. *Vet Clin North Am (Small Anim Pract)* 2001; 31: 631-656.
4. Moore LE. The advantages and disadvantages of endoscopy. *Clin Tech Small Anim Pract* 2003; 18: 250-253.
5. Jergens AE, Schreiner CA, Frank DE et al. A scoring index for disease activity in canine inflammatory bowel disease. *J Vet Intern Med* 2003; 17: 291-297.
6. Jergens AE. Inflammatory bowel disease: Current perspectives. *Vet Clin North Am (Small Anim Pract)* 1999; 29: 501-521.
7. Willard MD. Feline inflammatory bowel disease: a review. *J Feline Med Surg* 1999; 1: 155-164.
8. Richter KP. Feline gastrointestinal lymphoma. *Vet Clin North Am (Small Anim Pract)* 2003; 33: 1083-1098.
9. Willard MD, Jergens AE, Duncan RB et al. Interobserver variation among histopathologic evaluations of intestinal tissues from dogs and cats. *J Am Vet Med Assoc* 2002; 220: 1177-1182.

1.9 消化管運動性の評価

Robert J. Washabau

1.9.1 消化管の運動障害

消化管の運動障害の診断および治療は非常に困難なものである．消化管の運動障害は，通過遅延や通過促進，あるいは拡張不全や弛緩として発生する．[1] 通過遅延は小動物において最も重要な消化管の運動障害であり，食道（特発性巨大食道症など）や，胃（胃の排出遅延など），小腸（イレウスや偽腸閉塞症など），結腸（便秘など）といったそれぞれの部位で認められたり，あるいはより広範囲でび漫性の消化管の運動障害（自律神経失調症など）として認められたりする．[2]

特発性巨大食道症．特発性巨大食道症は犬における最も一般的な吐出の原因である．この疾患は食道の運動性低下や拡張，進行性の吐出，体重減少によって特徴づけられる．先天性，後天性二次性，あるいは後天性特発性などのように，いくつかの病型が知られている．[1,2]

胃の排出遅延．胃の排出遅延は犬や猫においてとても一般的であり，悪心や嘔吐の重要な原因である．胃の排出遅延に関連する原発性の疾患としては，感染性や炎症性疾患（IBDなど），胃潰瘍，外科手術後の胃不全麻痺などがあり，二次性の原因としては電解質異常や代謝性疾患，薬剤の使用（コリン拮抗薬，アドレナリン作動薬，オピオイド作動薬など），急性ストレス，急性の腹腔内の炎症などが挙げられる．[2] 犬の胃拡張・捻転症候群（GDV）からの回復時には，ほとんどの場合に消化管の顕著な筋電的あるいは運動的異常が認められる．[2]

小腸の通過障害．IBDや，手術後の偽腸閉塞症，線虫寄生，消化管の硬化症，放射線腸炎などをはじめとする，消化管での移送運動の変調が生じるさまざまな小腸の疾患が犬や猫において知られている．[2] 嘔吐や下痢はこれらの疾患に関連する最も重要な臨床症状である．これらの臨床症状がみられる原因の1つとしては，消化管運動の変調によって一般的に発生する，小腸内の細菌の過剰増殖も考えられる．

結腸の運動障害．軽度から重度の便秘，巨大結腸症は猫において主要な疾患である．[2,3] 鑑別診断のリストは非常に多岐にわたるが（神経筋性，機械的，炎症性，代謝性，内分泌性，薬物性，環境性，行動性疾患など），ほとんどの症例（＞96％）において，特発性巨大結腸症（62％），骨盤腔狭窄（23％），神経障害（6％），マンクスの仙髄奇形（5％）といった疾患が原因となっている．[1,3]

自律神経失調症．自律神経失調症は当初は英国の猫において報告された全身性の自律神経障害であり，現在では犬および猫での発生が西欧諸国や米国のいたるところで報告されている．臨床症状は全身性の自律神経機能障害によるものであり，巨大食道症や食道の運動性低下，胃拡張や胃の排出遅延，イレウスや偽腸閉塞症，巨大結腸症や便秘などを呈する．

1.9.2 消化管の運動性評価のための方法

消化管の運動性を評価するために利用可能な方法としては，1）X線検査 - 単純撮影，バリウム造影検査，X線不透過性で非消化性の物体（バリウム含有ポリエチレン小球［BIPS］など）を用いる方法，2）定量的ビデオ蛍光観察法，3）超音波検査，4）核シンチグラフィー，5）トレーサー試験，6）検圧法，7）機能的MRIなどが挙げられる（表1.17）．

1.9.2.1 単純X線検査

腹部の単純X線検査は消化管運動に関する情報はほとんど得られないが，消化器疾患を有するどんな症例においても初期評価としてまず選択される画像診断法である．物理的閉塞と機能的な運動障害を区別する手がかりとなる消化管の位置や内容物についての情報を入手するために，単純X線検査は有用である．また，単純X線検査はその他の腹腔内臓器（脾臓，肝臓，胆道系，泌尿生殖器など）の大きさや形，消化管との関連性を評価するためにも役立つ．

1.9.2.2 造影X線検査 - 液体バリウム

バリウム造影検査は食道の蠕動や胃の排出（表1.18），腸の

表 1.17　犬と猫において消化管通過時間の評価のために利用可能な方法

	食道	胃	小腸	結腸
単純X線検査	＋	＋	＋	＋
液体バリウム造影X線検査	＋	＋	＋	＋ *
バリウムフード造影X線検査	＋	＋	＋	－
BIPS造影X線検査	－	＋	＋	＋
超音波検査	－	＋	－	－
核シンチグラフィー	＋	＋	＋	＋
トレーサー試験				
胃内容	－	＋	－	－
血漿	－	＋	＋	－
呼気	－	＋	＋	－
血液	－	＋	－	－
検圧法	＋	－	－	－
機能的MRI	－	＋	－	－

＊めったに実施されない

通過（表 1.19），結腸の運動性の総体的な異常を検出するために臨床現場でしばしば用いられる検査であるが，この手技には明らかな限界もある．[4] 例えば幽門過形成をもつ犬の集団における胃からの排出を評価した研究では，放射性核種で標識した固形フードを用いた場合には胃からの排出は顕著に遅延したが，液体バリウムではその排出は正常であった．[5] また，食道の蠕動能評価のために現在用いられるバリウム嚥下検査は，定量的ビデオ蛍光観察法と併用できない限り，定性的な評価しか行うことができない．定量的ビデオ蛍光観察法を実施するためには，臨床現場では一般的に利用困難である精密な機器やコンピューターソフトウェアが必要となる．バリウムによる浣腸は現在では臨床現場でほとんど実施されなくなった手技であり，その他の画像診断法に取って代わられている．一般的に，液体バリウム造影検査は消化管運動の巨視的な異常をとらえる場合のみに役立つと考えられる．

1.9.2.3　造影X線検査 - バリウムフード

食道の蠕動や胃からの排出（表 1.18），腸の通過（表 1.19）は，食餌の物理的特性（固体と液体），摂取された粒の大きさ（大粒と小粒），化学的組成（脂肪や蛋白質，炭水化物）によって影響を受ける．[1,2] 食餌と混合したバリウムは消化管運動を評価するためにより優れた造影剤であると考えられている．しかしながら，バリウムは食餌と分離して，摂取された食餌の液体相に再分散することもあり，本手技を用いた場合に報告されている通過時間にばらつきが大きいことの一因となっている．例えば，硫酸バリウム懸濁液（5～7 mL/kg）と混合したドライフード（8 g/kg）の場合ではビーグル成犬における胃からの排出時間は5～10時間の範囲であると報告されているが，別の研究

では胃からの排出時間は合計7～15時間であると報告されている．[6,7] また，液体バリウムを用いたときと同じように，胃腸の運動障害は通過時間や排出時間が顕著に延長している場合のみに診断できる．

1.9.2.4　造影X線検査 -BIPS

バリウム含有ポリエチレン小球（BIPS）などのような，小型で非消化性，X線不透過性のマーカーは犬や猫における胃の排出時間（表 1.18）や腸の通過時間（表 1.19）を定量化するために用いられている．[8] メーカーの添付文書の指示通りにBIPSを投与したのち，13～24時間にわたり2～4枚の腹部X線撮影を実施する．[8] 胃や腸を通過したBIPSの割合を計算し，排出・通過時間の標準曲線（メーカーの添付文書に記載）と比較する．残念ながら，BIPSの排出および通過時間の解釈には，液体バリウムやバリウムフードを用いた場合と同じような限界がある．しかし，X線撮影機器が広く普及しており，臨床獣医師が手技に熟練していることから，液体バリウムやバリウムフード，あるいはBIPSを用いたX線検査はこれからも多くの臨床獣医師によって選択される検査手技でありつづけるであろう．

1.9.2.5　超音波検査

獣医臨床現場において超音波検査機器は現在ますます普及しており，近年の研究では超音波検査は犬や猫の胃の排出（表 1.18）を定量的に評価するために有用な非侵襲的方法であることが示唆されている．[9] ^{13}C-オクタン酸で標識した固形フードを給餌された健康な犬において，超音波検査によって評価した胃の固体相排出率と ^{13}C-OBT（炭素13標識オクタン酸呼気試験）との間には強い相関が認められた．[9] 本手技を核シンチグラフィーイメージ法によって評価し，健常犬および疾患犬での参照範囲を決定するためには，さらなる研究が必要であろう．

1.9.2.6　核シンチグラフィー

核シンチグラフィーイメージ法は消化管の運動性評価のために非常に有用な検査であり，現在では標準的評価法となる手技であると考えられている．[7,8,12] テクネチウム99m（硫酸，アルブミンコロイド，ジソフェニン，あるいはメブロフェニン結合性）とインジウム111（ジエチレントリアミン5酢酸［DPTA］結合性）が安全で取り扱いが容易，かつ非吸収性であるため広く用いられている放射性同位体である．2種の放射性核種を同時に追跡することも可能であり，固体と液体の排出を一度の検査で評価することもできる．動物を12～24時間絶食させたのち，1ないし2種の放射性同位体を加えた試験食を給餌する．ガンマカメラにて左側横臥位，右側横臥位，および腹側位の画像を撮影し，核シンチグラフィー用のソフトウェアを用いて画像を統合する．検査対象となる胃や小腸，結腸領域を同定し，6～9時間（胃の排出），12～24時間（小腸の通過），ある

表 1.18 犬と猫における固形および液体の胃排出時間

50% GET (時間)	75% GET (時間)	95% GET (時間)	試験物質	方法	動物種	n	参考文献
固 体							
—	—	—	Hill's P/D + ^{99m}Tc	核シンチグラフィー	犬	6	13
2.5 ± 0.3	—	—	Dinty Moore + ^{99m}Tc	核シンチグラフィー	犬	6	14
1.1 ± 0.3	—	—	卵, デンプン, グルコース	核シンチグラフィー	犬	27	15
1.3 ± 0.34	—	—	Mighty Dog + ^{99m}Tc	核シンチグラフィー	犬	6	10
2.5 ± 0.71	—	—	Purina + ^{99m}Tc	核シンチグラフィー	猫	10	16
1.9 ± 0.78	—	—	パン, 卵, 牛乳	超音波検査	犬	10	9
6.5 ± 1.2	—	—	フード + 1.5mm BIPS	X線検査	犬	24	17
6.5 ± 3.2	—	—	フード + 1.5mm BIPS	X線検査	犬	11	18
6.9 ± 1.3	—	—	フード + 1.5mm BIPS	X線検査	犬	6	19
7.7 ± 0.7	—	—	フード + 1.5mm BIPS	X線検査	犬	7	20
3.5	5	5	Hill's Sci. Diet + マーカー	X線検査	犬	26	21
—	—	7.0 ± 1.86	固形フード + バリウム	X線検査	犬	5	6
—	—	5.43 ± 1.0	ビーフシチュー + バリウム	X線検査	犬	29	22
—	—	10.9 ± 0.76	Purina + バリウム	X線検査	犬	9	7
7.7	—	12	Whiskas + 1.5mm BIPS	X線検査	猫	12	23
8.1	—	10	Whiskas + 5mm BIPS	X線検査	猫	12	23
5.36 ± 3.62	5.89 ± 4.06	6.54 ± 3.68	Hill's R/D + 1.5mm BIPS	X線検査	猫	10	8
3.4 ± 0.50	—	—	パン, 卵, マーガリン	^{13}C呼気試験	犬	11	24
3.4 ± 0.48	—	—	パン, 卵, 牛乳	^{13}C呼気試験	犬	10	9
液 体							
0.2 ± 0.05	—	—	生理食塩水 + ^{99m}Tc	核シンチグラフィー	犬	4	25
—	—	0.66 ± 0.15	生理食塩水	超音波検査	犬	14	26
—	—	1.05 ± 0.29	12.5%スープ液	超音波検査	犬	14	26
—	—	0.90	3%フェノールレッド	色素希釈法	犬	6	27
0.16 ± 0.02	—	—	生理食塩水	十二指腸液回収	犬	4	28
0.67 ± 0.12	—	—	3%サイリウム + 生理食塩水	十二指腸液回収	犬	4	28
0.57 ± 0.08	—	—	1.5%グァー + 生理食塩水	十二指腸液回収	犬	4	28
		1.27 ± 0.29	60%硫酸バリウム	X線検査	犬	5	4
		3.5	液体バリウム	X線検査	犬	6	29

50% GET = 50%胃排出時間, あるいは摂取/給餌された食餌の50%を排出するために要した時間
75% GET = 75%胃排出時間
95% GET = 95%胃排出時間
100% GET = 100%胃排出時間
BIPS- バリウム含有ポリエチレン小球

(訳者注)
Dinty Moore：シチューなどの缶詰のブランド
Hill's P/D, Mighty Dog, Purina, Hill's Sci. Diet, Whiskas, Hill's R/D：全てペットフードのブランド

表1.19　犬と猫における口-盲腸通過時間

OCTT	試験物質	方　法	動物種	n	参考文献
3.4 ± 0.75 時間	マッシュポテト	スルファピリジン通過時間	犬	8	11
3.7 ± 0.9 時間	犬用フード	スルファピリジン通過時間	犬	18	30
3.0 ± 0.9 時間	犬用フード	スルファサラジン通過時間	犬	6	12
2.3 ± 0.8 時間	犬用フード	H_2 呼気試験	犬	6	12
1.6 ± 0.4 時間	ラクツロース	H_2 呼気試験	猫	10	31
2.8 ± 0.34 時間	猫用フード	1.5mm BIPS	猫	10	8
3.0 ± 0.23 時間	猫用フード	1.5mm BIPS	猫	10	32

OCTT-口-盲腸通過時間は試験食を経口的に与えてから，その食餌の一部が最初に結腸に到達するまでに要する時間を表す
BIPS-バリウム含有ポリエチレン小球

いは24〜36時間（結腸の通過）の間にわたり定期的にそれらの領域における放射性強度を記録する．本手技は高価であること，利用が限られていること，放射線暴露の危険性（症例よりむしろスタッフにおいて）があることから，犬や猫での臨床的適応は広くは普及していない．

1.9.2.7　トレーサー試験

胃内容物，血漿，呼気，血液トレーサーをはじめとする，いくつかの種類のトレーサー試験が胃の排出や腸の通過を評価するために開発されている（表1.18，表1.19）．

胃のトレーサー試験は，既知の濃度の非吸収性物質を食餌とともに与えるか，あるいは胃チューブを用いて投与したのち，胃内容を経時的に吸引することで実施する．酸化クロムやポリエチレングリコール，フェノールレッドなどは全て，固体相（酸化クロム）あるいは液体相（ポリエチレングリコールやフェノールレッド）の胃からの排出を評価するために用いられる．本手技は侵襲的な性質を持つため，その適応は研究目的のみに限定される．

血漿トレーサー試験は，経口的に投与された薬剤が胃からの排出後（アセトアミノフェン）や盲腸通過後（スルファサラジン）に特定の場所で吸収されることを利用している．アセトアミノフェンは胃ではほとんど吸収されないが，十二指腸では急速に吸収されるため，血漿中へのアセトアミノフェンの出現はアセトアミノフェンの胃からの排出時間を反映する．スルファサラジンはスルファピリジンと5-アミノサリチル酸がアゾ結合によって結合した化合物である．経口投与されたのち，ほとんどのスルファサラジンは代謝を受けないまま遠位消化管へと運ばれ，盲腸と結腸に存在する細菌がそこで薬剤をそれぞれの構成成分に分解する．スルファピリジンは大部分がそのまま結腸粘膜から吸収されるが，ほとんどの5-アミノサリチル酸は結腸内腔にとどまり，そこで粘膜のシクロオキシナーゼ活性と炎症カスケードを阻害する．そのため，血漿中へのスルファピリジンの出現はスルファサラジンの口-盲腸通過時間を反映する．アセトアミノフェンとスルファサラジンを用いた血漿トレーサー試験は犬においてその有用性が評価されているが，健常犬と疾患犬で比較した研究は発表されていない．[11,12]

呼気トレーサー試験は，経口的に投与された物質が胃からの排出後に特定の部位で吸収されること（[13]C オクタン酸）や，経口的に摂取された食物や炭水化物が盲腸通過後に特定の部位で発酵されること（水素分子 [H_2] の発生）を利用している．どちらも呼気中に検出可能であり，前者（[13]C）は胃からの排出時間を，後者（H_2）は口-盲腸通過時間を反映する．[13]C-OBT は犬の胃からの固体相排出時間の測定において有用性が評価されているが，健常犬と疾患犬で比較した研究はこれまでにない．[9] H_2 呼気試験は犬と猫の両方において口-盲腸通過時間の測定に有用であることが示されている．[12] 最後に，胃からの排出は [13]C オクタノイド血液試験によっても評価可能である．しかし，本試験の臨床的な有用性に関するデータは限られたものしかない．

1.9.2.8　検圧法

検圧法は，輪状食道あるいは胃食道アカラジアや，胃食道逆流，無神経節性巨大結腸症（ヒルシュスプルング病）などの診断に適応が限られており，現在この方法は主要な二次診療施設や大学の教育病院のみで実施されている．

1.9.2.9　機能的 MRI

機能的 MRI は人医療領域で胃からの排出を定量化するために用いられているが，犬や猫においてはこの方法は未だ有用性は検討されていない．高価であり，専門的な設備が必要となることから，今後も MRI の利用は限られたものとなると思われる．

> **キーポイント**
> - 消化管の運動障害は犬や猫における消化器症状（悪心，嘔吐，下痢，腹部の不快感，便秘など）の重要な原因である．
> - 消化管の運動障害は，食道（特発性巨大食道症など）や，胃（胃の排出遅延など），小腸（イレウスや偽腸閉塞症など），結腸（便秘など）において単独で発生したり，あるいはより全身性でび漫性の消化管運動障害（自律神経失調症など）として発生したりする．
> - 消化管の運動性は，単純あるいは造影X線検査，超音波検査，核シンチグラフィー，トレーサー試験，検圧法，MRIなどの数多くのさまざまな方法で評価される（表1.17）．

参考文献

1. Washabau RJ, Holt DE. Pathophysiology of gastrointestinal disease. *In*: D. Slatter (ed.), *Textbook of Veterinary Surgery, 3rd ed.* Philadelphia, WB Saunders, 2003; 1142-1153.
2. Washabau RJ. Gastrointestinal motility disorders and gastrointestinal prokinetic therapy. *Vet Clin North Am* 2003; 33: 1007-1028.
3. Washabau RJ, Holt DE. Diseases of the large intestine. *In*: Ettinger SJ, Feldman EC (eds.) *Textbook of Veterinary Internal Medicine, 6th ed.* Philadelphia, WB Saunders, 2005; 1378-1408.
4. Miyabayashi T, Morgan JP, Atilola MAO et al. Small intestinal emptying time in normal beagle dogs: a contrast radiographic study. *Vet Radiol* 1986; 27: 164-168.
5. Hornof WJ, Koblik PD, Strombeck DR et al. Scintigraphic evaluation of solid-phase gastric emptying in the dog. *Vet Radiol* 1989; 30: 242-248.
6. Miyabayashi T, Morgan JP. Gastric emptying in the normal dog: a contrast radiographic technique. *Vet Radiol* 1984; 25: 187-193.
7. Burns J, Fox SM. The use of a barium meal to evaluate total gastric emptying time in the dog. *Vet Radiol* 1986; 27: 169-172.
8. Chandler ML, Guilford WG, Lawoko CR et al. Gastric emptying and intestinal transit times of radiopaque markers in cats fed a high fiber diet with and without low-dose intravenous diazepam. *Vet Radiol Ultrasound* 1999; 40: 3-8.
9. McLellan J, Wyse CA, Dickie A et al. Comparison of the carbon 13-labeled octanoic acid breath test and ultrasonography for assessment of gastric emptying of a semisolid meal in dogs. *Am J Vet Res* 2004; 65: 1557-1562.
10. Theodorakis MC. External scintigraphy in measuring rate of gastric emptying in beagles. *Am J Physiol* 1980; 239: 1285-1291.
11. Mizuta H, Kawazoe Y, Ogawa K. Effects of meals on gastric emptying and small intestinal transit times of a suspension in the beagle dog assessed using acetaminophen and salicylazosulfapyridine as markers. *Chem Pharm Bull* 1990; 38: 2224-2227.
12. Papasouliotis K, Gruffydd-Jones TJ, Sparkes AH et al. A comparison of orocaecal transit times assessed by the breath hydrogen test and sulphasalazine/sulphapyridine method in healthy beagle dogs. *Res Vet Sci* 1995; 58: 263-267.
13. Orihata M, Sarna SK. Contractile mechanisms of action of gastroprokinetic agents: cisapride, metoclopramide, and domperidone. *Am J Physiol* 1994; 266: G665-G676.
14. Gullikson GW, Virina MA, Loeffler R et al. Alpha-2 adrenergic model of gastroparesis: validation with renzapride, a stimulator of motility. *Am J Physiol* 1991; 261: G426-G432.
15. van den Brom WE, Happe RP. Gastric emptying of a radionuclide-labelled test meal in healthy dogs: a new mathematical analysis and reference values. *Am J Vet Res* 1985; 47: 2170-2174.
16. Steyn PF, Twedt DF, Toombs W. The scintigraphic evaluation of solid phase gastric emptying in normal cats. *Vet Radiol Ultrasound* 1995; 36: 327-331.
17. Weber MP, Stambouli F, Martin LJ et al. Influence of age and body size on gastrointestinal transit time of radiopaque markers in healthy dogs. *Am J Vet Res* 2002; 63: 677-682.
18. Allan FJ, Guilford GW, Robertson ID et al. Gastric emptying of solid radiopaque markers in healthy dogs. *Vet Radiol Ultrasound* 1996; 37: 336-344.
19. Lester NV, Roberts GD, Newell SM et al. Assessment of barium-impregnated polyethylene spheres (BIPS) as a measure of solid phase gastric emptying in normal dogs - comparison to scintigraphy. *Vet Radiol Ultrasound* 1999; 40: 465-471.
20. Nelson OL, Jergens AE, Miles KG et al. Gastric emptying as assessed by barium-impregnated polyethylene spheres in healthy dogs consuming a commercial kibble ration. *J Am Anim Hosp Assoc* 2001; 37: 444-452.
21. Hall JA, Willer RL, Seim HB et al. Gastric emptying of non-digestible radiopaque markers after circumcostal gastropexy in clinically normal dogs and dogs with gastric dilatation-volvulus. *Am J Vet Res* 1992; 53: 1961-1965.
22. Papageorges M, Breton L, Bonneau NH. Gastric drainage procedures: effects on normal dogs. II. Clinical observations and gastric emptying. *Vet Surg* 1987; 16: 332-340.
23. Sparkes AH, Papasouliotis K, Barr FJ et al. Reference ranges for gastrointestinal transit of barium-impregnated polyethylene spheres in healthy cats. *J Small Anim Pract* 1997; 38: 340-343.
24. Wyse CA, Preston T, Morrison DJ et al. The ^{13}C-octanoic acid breath test for assessment of solid phase gastric emptying in dogs. *Am J Vet Res* 2001; 62: 1939-1944.
25. Chaudhuri TK. Use of 99mTc-DTPA for measuring gastric emptying time. *J Nuc Med* 1974; 15: 391-395.
26. Choi M, Seo M, Jung J et al. Evaluation of canine gastric motility with ultrasonography. *J Vet Med Sci* 2002; 64: 17-21.
27. Leib MS, Wingfield WE, Twedt DC et al. Gastric emptying of liquids in the dog: serial test meal and modified emptying-time techniques. *Am J Vet Res* 1985; 46: 1876-1880.
28. Russell J, Bass P. Canine gastric emptying of fiber meals: influence of meal viscosity and antroduodenal motility. *Am J Physiol* 1985; 249: G662-667.
29. Scrivani PV, Bednarski RM, Meyer CW. Effects of acepromazine and butorphanol on positive contrast upper gastrointestinal

examination in dogs. *Am J Vet Res* 1998; 59: 1227-1233.
30. Weber MP, Martin LJ, Biourge VC et al. Influence of age and body size on orocecal transit time as assessed by use of the sulfasalazine method in healthy dogs. *Am J Vet Res* 2003; 64: 1105-1109.
31. Papasouliotis K, Muir P, Gruffydd-Jones TJ et al. Decreased orocecal transit time, as measured by the exhalation of hydrogen, in hyperthyroid cats. *Res Vet Sci* 1993; 55: 115-118.
32. Chandler ML, Guilford WG, Lawoko CRO. Radiopaque markers to evaluate gastric emptying and intestinal transit times in healthy cats. *J Vet Intern Med* 1997; 11: 361-364

2 特徴的な臨床症状に基づく犬と猫の臨床的評価

2.1 急性の消化器症状を呈する患者の臨床評価

Keith P. Richter

2.1.1 はじめに

犬および猫の急性の消化器疾患は一般的に獣医の処置を必要とする．臨床症状は軽度で生命の危険性のないものから，重篤で生命を脅かすものまでさまざまである．これらの症状は吐出，嘔吐，下痢，あるいはこれらが複合した症状に分類される．はじめに臨床評価する際には，動物の状態の重症度を見極めなければならない．このことは，診断的評価の幅を広げたり初期治療の方針を立てる際に役に立つであろう．症状が軽度の場合，評価により診断できることは限られ，症状に合わせた治療を行うことしかできない．動物が重篤な症状を呈している場合，より入念な評価を行い入院治療が必要になるかもしれない．嘔吐や下痢の合併症として，脱水，電解質の乱れ，酸-塩基平衡障害，吸気性肺炎，栄養失調やそれに伴う異化亢進が認められる場合もある．多くの場合，確定診断を下すことは重要だが，常に必要というわけではなく，また診断を下すことが可能であるとは限らない．

2.1.2 嘔吐の診断

2.1.2.1 嘔吐と吐出

診断や治療方針が大きく異なるために，病歴を聴取した際には嘔吐，吐出，胃食道の逆流を鑑別しなくてはならない．嘔吐とは活動的な腹部収縮運動を前駆症状とする反射的な行動である．[1] 前駆症状として行動の変化，流涎そして繰り返される嚥下徴候が認められる．[1] これらの症状は変化しやすく見逃してはならない．対照的に，吐出は受動的な行動でありしばしば自発的あるいは体位の変化と関連して認められる．吐出の場合には前駆症状や，繰り返される腹部の収縮運動がみられない．吐出は一般的に食道疾患に関連して認められる（3.3 参照）．これら2つの臨床症状は類似しており，鑑別する最善の方法として，嘔吐を呈している患者には繰り返す腹部収縮運動が認められるということである．食餌の時間帯や，吐物の量あるいは内容物（嘔吐を疑わせる胆汁でない限り）で嘔吐か吐出かを確実に鑑別することはできない．

2.1.2.2 嘔吐反射

嘔吐反射は臓器（消化管，膵臓，心臓，肝臓，尿生殖器，腹膜を含む）や咽頭に分布する求心性受容体から始まる．[1] 求心性の刺激は迷走神経あるいは交感神経を介して，髄質に存在する嘔吐中枢に伝達される．嘔吐は髄質の最後野と呼ばれるところに存在する化学的受容器引き金領域（CRTZ）の刺激によっても引き起こされる．[1] CRTZ は血液由来物質に感受性がある．嘔吐反射は大脳皮質（人間と比べると動物ではまれ）や前庭器（例えば乗り物酔いなど）からの入力によっても引き起こされる．したがって，嘔吐は CRTZ を刺激する血液由来物質による"液性"経路，また迷走交感神経系や，CRTZ，前庭器あるいは大脳からの嘔吐中枢への刺激が原因となり引き起こされる．例えば，嘔吐の原因として化学療法の薬物，ジキタリス，尿毒症物質，アポモルフィンなどの液性経路の活性化により引き起こされることがある．胃腸炎，膵炎，腹膜炎，乗り物酔いや興奮（大脳への入力）といった神経経路の活性化も原因となる．嘔吐はこれらの両経路が刺激されることにより起こると考えられている．[1] 嘔吐の原因を知ることで，最も適切な制吐薬を選択することができるであろう．

2.1.2.3 嘔吐の病態

急性嘔吐はさまざまな障害が原因となる．消化器疾患と消化器疾患以外の原因に分けることができる（表 2.1）．本誌の別の部でも解説しているが，この章では各疾患の詳細な臨床徴候や治療法について述べていく．

2.1.2.4 病歴と身体検査

上記に述べたように，嘔吐と吐出を鑑別することは重要である．さらに，いくつかの他の病歴上の特徴を知ることで，原因や直接的な診断を決定する際の助けとなる．現在の問題点に関連したいかなる既往歴についても疑問に思うべきである．現在の食餌内容（あるいは食餌の変更），ワクチン接種の有無，駆虫歴，発症時の症状，その他の全身性の症状，薬物投与歴，毒物の暴露歴，残飯，異物の誤食歴がないかどうか詳細に尋ねるべきである．病歴を知ることは，嘔吐の重症度や頻度，状況など臨床症状の重症度を決定する際にも重要である．食欲不振，大量の嘔吐，吐血を呈している場合には時により慎重な診断，治療方針をたてる必要がある．入念な腹部の触診，糸状の異物の可能性もあるので舌の下側を調べたり，直腸の丁寧な触診

表 2.1　急性の嘔吐の病因

消化器系の病因	消化器系以外の病因
炎　症	**肝胆道系疾患**
■ 炎症性腸疾患（IBD）	**腎臓疾患**
■ 感染（ウイルス，細菌，寄生虫）	**内分泌系疾患**
■ 出血性腸炎（HGE）	■ 副腎皮質機能低下症
■ 非特異的（誤食による中毒）	■ 猫の甲状腺機能亢進症
■ 潰瘍	■ 糖尿病性ケトアシドーシス
薬物や毒物	**膵外分泌系疾患**
機械的な要因	■ 急性膵炎
■ 異物	**生殖器系疾患**
■ 胃拡張‐捻転	■ 子宮蓄膿症
■ 腸捻転	■ 前立腺炎
■ 腸重積	■ 精巣捻転
■ 腫瘍	■ 精巣炎
■ 幽門狭窄	**その他の疾患**
機能性の要因	■ 中枢神経系疾患
■ 原発性運動障害	■ 薬物
■ 消化管の炎症あるいは腹膜炎による二次的な運動障害	■ 毒物

など身体検査は全身的に行うべきである．身体検査は患者の重症度を決定する際にも有用である．衰弱，脱水，重度の一般状態低下，発熱，腹部膨満，重度の腹部痛，腹部腫瘤，ショック症状を呈している患者に対してはより集中的な治療が必要である．このような所見が認められる際には，診断を下すために可能であれば一般検査や補助検査を行い，そして電解質や酸‐塩基平衡など代謝異常がないかどうか評価すべきである．早期に内科的治療の介入（重度のウイルス性腸炎など）あるいは外科的治療の介入（胃拡張／捻転あるいは小腸閉塞など）が必要かどうか見極める必要がある．

2.1.2.5　検査と追加検査

一般検査や補助検査の項目は，上記に示した要因による問題点の重症度で決定される．全血球計算（CBC），血液生化学検査，尿検査は最低限必要である．いくつかの消化器疾患以外で起こる嘔吐をスクリーニングすることができる．赤血球異常および異常な白血球分画はウイルス性あるいは炎症性の障害が疑わしい．猫では血清総 T4 濃度，副腎皮質機能低下症を疑っているのであれば犬では ACTH 刺激試験といった内分泌試験を行ってみるのも良いかもしれない．胃拡張／捻転，胃内異物，小腸閉塞など機能的な原因で嘔吐を呈している可能性がある場合には腹部 X 線検査を行う．もしこれらの障害が疑われるのであれば，単純 X 線撮影を行い外科的治療を検討すべきかもしれない．小腸閉塞の場合，別のところでも述べているが最も一般的には消化管内ガスと貯留液で充満された腸がループ状につらなって認められる．[2] ガスが充満して拡張した腸は，小腸か（閉塞を疑わせる）あるいは，大腸（正常所見）か鑑別が困難なときがある．大腸と小腸とを見分ける安価で容易な検査方法として，結腸内ガス貯留試験がある．これは Foley カテーテル（あるいは大きな赤いゴム製のカテーテル）を直腸に挿入し，ゆっくりと空気を 20mL/kg 注入するという方法である．そして直ちに側面像や腹背像の X 線撮影を行う．もしも拡張している腸が小腸のものであれば，空気が注入され拡張した結腸とは別に拡張した腸のループ状の所見が認められる．もし大腸の拡張であれば，注入した空気は消失し，拡張した結腸と"混ざり"見分けがつかなくなる所見が得られる．閉塞が疑われる場合には，上部消化管の連続バリウム造影が必要になってくる．適切な量のバリウムを注入（10 ～ 12 mL/kg）することが重要である．[3] ヨード系造影剤は消化管穿孔が疑われる場合，あるいは胃の内視鏡検査を行う可能性がある場合に用いる．内視鏡検査は一般的に胃や十二指腸内異物や，これらの領域の潰瘍が疑わしい場合に実施する．腹部超音波検査は，胃腸以外の臓器を含めスクリーニングする際に有用である．肝臓，胆管系，腎臓，生殖器，膵臓は腹部横断面の所見で描出することができる．超

音波検査によって評価することができる消化管疾患は、腸重積、腫瘍や異物による小腸閉塞、腹膜炎、膵炎などである。最後に、必要に応じては特殊検査を実施することが望ましい場合がある。血清膵リパーゼ免疫活性を測定することは、膵炎を診断する上で有用である（1.4.4.2 を参照）。感染性疾患の検査として、*Salmonella* spp.、*Campylobacter* spp.、*Yersinia* spp. に関しては特異的糞便培養、*Clostridium* spp. に関しては糞便中のエンテロトキシン検出試験、犬パルボウイルス、*Giardia* spp. や *Cryptosporidium parvum* に関しては特異的糞便抗原試験を実施することは有用かもしれない。

2.1.3 急性下痢の診断

急性下痢は一般的に臨床的な問題であり、原因により重症度はさまざまである。急性下痢はしばしば自然に治癒することがあり、治療が必要である場合とそうでない場合がある。時に病態は不明であり、診断的な検査を行わずとも動物の状態が改善する場合や、診断的検査を行っても原因を明らかにできない場合がある。その他、急性下痢は重篤で生命を脅かす状況になり得る場合もある（急性パルボウイルス性腸炎あるいは出血性腸炎など）。このような場合、病態や電解質や酸-塩基平衡、栄養障害、潜在的な敗血症、そしてその他の代謝性合併症を認識するためにより慎重に診断、治療方針をたてる必要がある。慢性の胃腸疾患（IBD など）は急性に症状が再燃することがあるということも心に留めておく必要がある。

2.1.3.1 急性下痢の病態

急性嘔吐の場合と同様に、急性下痢の原因は消化器疾患と消化器疾患以外の原因に分けることができる（表 2.2）。また、各疾患の臨床徴候や治療方法について詳細に述べることはこの章の範囲を超えているが、それらについては本書の他のセクション述べられている。

2.1.3.2 急性下痢に伴う病態生理学的な変化

急性下痢の起こるメカニズムにはさまざまなものがある。浸透圧性下痢、分泌性下痢、滲出性下痢、運動異常による下痢がある。[4,5] 浸透圧性下痢が最も一般的で、腸管腔内で活性化した浸透圧性分子が増加することで栄養素の吸収不良が起こり、水分や電解質が喪失する。例えば乳糖不耐性、過食、吸収不良を起こす食べ物、パルボウイルス性腸炎が挙げられる。細菌の腸毒素や吸収不良物質（吸収されない胆汁酸など）、腸の炎症、ある種の薬物が原因で過剰分泌が起こり下痢になる。[5] 滲出性下痢は通常ウイルス性腸炎、重度の細菌性腸炎を含む感染が原因によって起こる。機能異常により急性下痢を呈することは一般的でない。下痢により機能障害が起こるというのが一般的である。小腸における最も多い機能障害は、分節収縮運動のリズムを欠いた運動性の低下であり流れが悪くなる。[5] このような状況において、弛緩した腸では腸内容物を前進させるためにわずかな蠕動運動しか必要としない。大腸における機能異常の病態生理も炎症によるものが含まれる。よって排便の反射が刺激となってより排便回数が頻繁になる。多くの場合、同じ患者においても複数のメカニズムが重なり合って下痢を呈している。

通常、下痢は血漿成分と等張な液体の喪失の結果起こり、結果としてナトリウム、クロール、陰イオン、カリウムの喪失が起こる。はじめにナトリウム、水分の喪失が起こることで脱水や循環血液量減少性ショックを引き起こす（ウイルス性腸炎のように）。通常、等張液の喪失が起こるので、血清中の電解質濃度ははじめのうちはしばしば正常である。最終的にはカリウムの減少も起こる（消化管や尿路系からの喪失を通じて）。特に、遠位小腸疾患では重炭酸イオンの喪失も起こり（重炭酸イオンの分泌部位であるため）、結果として代謝性アシドーシスを引き起こす。よって、重篤な急性下痢の患者は低カリウム血症や代謝性アシドーシスを呈するかもしれない。重度の嘔吐も同時にみられる場合には、代謝の乱れがより複雑になる。重度の粘膜障害に続いて、細菌叢の変化が起こり、エンドトキシンショックを呈する。出血性下痢、白血球減少症、血管障害、低血糖が起きうることを心得なければならない。消化管からの重度の蛋白喪失も重度の滲出性下痢によって生じる。蛋白喪失は血漿中の浸透圧を低下させ、末梢の浮腫を引き起こす。複数の病態生理学的な障害が重なり合うために、これらの変化を評価することは非常に重要である。

2.1.3.3 病歴と身体検査

初期の病歴は診断医が急性下痢の原因を探るだけでなく、診断のアプローチ方法や治療方針をたてる必要があるか病気の重症度を決定する上で助けになる。急性嘔吐を呈している患者における同様な病歴の情報は、急性下痢の患者においても過去の既往歴、現在の食餌、食餌の変更、ワクチン摂取歴、駆虫歴、症状がいつから発現したか、前進症状の有無、薬物、毒物の投与歴、異物摂取歴やそれに伴って下痢が発症したかどうかについて聴取する必要がある。子犬や子猫では寄生虫感染やウイルス性腸炎、腸重積、残飯、異物摂取あるいは食餌内容の変更に伴う有害反応がよく起こる。下痢の特徴から大腸性か小腸性の問題による下痢かどうか決定することにも役立つ。そして診断医が適切な検査や治療薬を選択する上で助けとなる。小腸性下痢は典型的には排便回数は正常からしばしば増加し、しぶりや便意を欠き、便の量が増加するが、鮮血や粘膜の付着はみられない。大腸性下痢は典型的には排便回数の増加、しぶり、切迫感、便意の増加が認められる。便は通常少量で、しばしば鮮血や粘膜の付着を伴っている。しかし、必ずしもそうではなく、小腸性、大腸性下痢の両症状が認められ複雑化していることはよくある。

身体検査は直腸検査を含め全身的に行うべきである。このことは追加検査を実施するための新鮮便の採取につながる。患者の水和状態、全身的な体積の置換の必要性についても評価すべ

表 2.2　急性下痢の病因

消化器系の要因	消化器系以外の要因
ウイルス ■ 犬パルボウイルス ■ 猫汎血球減少ウイルス ■ 犬コロナウイルス ■ 猫腸内コロナウイルス ■ 犬ジステンパー ■ FeLV あるいは FIV 関連性	**肝胆道系疾患** **膵外分泌系疾患** ■ 急性膵炎 **腎疾患**
細菌 ■ サルモネラ（*Salmonella* spp.） ■ カンピロバクター（*Campylobacter* spp.） ■ クロストリジウム（*Clostridium* spp.） ■ エルシニア（*Yersinia* spp.） ■ 腸管毒素原性大腸菌（*Enterotoxigenic E.coli*） ■ 細菌性腹膜炎	**内分泌系疾患** ■ 副腎皮質機能低下症状 ■ 猫の甲状腺機能亢進症 **その他の原因** ■ 薬物 ■ 毒物
蠕虫 ■ 鞭虫（*Trichuris vulpis*） ■ 鉤虫（*Ancylostoma/Uncinaria*） ■ 糞線虫（*Strongyloides*） ■ 回虫（*Toxascaris/Toxocara*）	
原虫 ■ ジアルジア（*Giardia* spp.） ■ クリプトスポリジウム（*Cryptosporidium* spp.） ■ その他のコクシジウム類 ■ ペンタトリコモナス（*Pentatrichomonas*）（通常，慢性感染） ■ 大腸バランチジウム（*Balantidium coli*） ■ 赤痢アメーバ（*Entamoeba*）	
その他の感染要因 ■ ネオリケッチア（*Neorickettsia* spp.）サケ中毒 ■ ヒストプラズマ（*Histoplasma*）（通常，慢性感染） ■ プロトテカ（*Prototheca*）（通常，慢性感染）	
その他の原因 ■ 出血性胃腸炎（HGE） ■ 生ごみや異物の誤食 ■ 食餌内容の変更/過食 ■ 腹膜炎	

きである．下痢の量が大量であったり，出血性下痢，低体温，高体温，重度衰弱，虚弱，脱水あるいはショック症状を呈している場合にはより集中的な診断アプローチと治療方針をたてる必要がある．

2.1.3.4　検査と追加検査

感染性や寄生虫性疾患は急性下痢の中で最も多い原因であり，糞便検査は重症度に関わらず最低限行うべき検査である．直接糞便塗抹標本の作成は直腸検査により採取した糞便を用い簡便にできる検査である．少量の糞便をスライドグラスの上にのせ，生理食塩水1〜2滴と混ぜカバーグラスを被せる．標本は顕微鏡で100倍に拡大し，*Giardia* spp., *Entamoeba histolytica*, *Pentatrichomonas hominis* や猫では *Tritrichomonas foetus* といった動いている原虫の栄養体を観察する．[4,6,7] 糞便の浮遊法もまた虫卵，オーシスト，シストを見つけるために有用である．硫酸亜鉛を用いた遠心法では特に *Giardia* spp. のような原虫だけでなく，線虫類などの外部寄生虫の検出にも優れている．[8] 遠心法は糞便の浮遊法を改良した方法である．[8] 糖を用

いた遠心法は線虫類の検出に適しており，*Giardia* spp. のシストの検出はやや困難である．[4] *Trichuris* spp. や *Giardia* spp. のようにある種の寄生虫の中には，間欠的に検出されるものもいる．ゆえにこれらの寄生虫を検出するために浮遊法は複数回行う必要がある（5～7日間の間で最低限3回は行うことが望ましい）．[7] 直腸のスクラッチ標本や，糞便塗抹標本が有用であることもある．*Campylobacter* spp. や *Clostridium* spp. のシストのような細菌の検出に有用である．直腸のスワブは湿らせた綿棒を用い，丁寧に数回直腸粘膜の上を転がしサンプルを採取する．または，手袋を着用し，指で丁寧に直腸粘膜をこすり採取することもできる．[7] スワブをスライドの上で転がして，風乾し Diff-Quik のような簡易染色を行う．標本では白血球，細菌，*Clostridium* spp. のシスト，真菌などを評価する．*Clostridium* spp. の芽胞の存在は，この菌が急性あるいは慢性下痢の原因となっている可能性を示すが，[9] 芽胞の存在だけでは必ずしもクロストリジウム毒素に関連した下痢を起こしているとは言えないとの近年の報告もある．[10,11] 糞便塗抹の抗酸菌染色では直径4～6μmでピンクから赤色に染まる *Cryptosporidium parvum* を検出できるかもしれない．[4] 糞便培養は特に子犬や子猫において，また直腸の掻爬検査で好中球の増加を認める際に実施し，*Salmonella* spp., や *Campylobacter* spp., *Yersinia* spp. のような病原体を検出する．これらの検査に加えて特異的な免疫学的な手法は腸内病原体の検出に有用なこともある．犬のパルボウイルス，*Giardia* spp., *Cryptosporidium parvum* や *Clostridium* spp. の細菌毒素を検出する酵素免疫測定法（ELISA 法）がある．蛍光抗体法もまたこれらの病原体の検出に有用である．*Tritrichomonus foetus* 感染症では通常，慢性的な経過をたどるため，急性の消化器症状を呈している猫では *Tritrichomonus foetus* 感染の可能性を考慮し，糞便培養あるいは PCR 法を実施するのも良いであろう．

全身的な症状を呈している動物に対しては，CBC，血液生化学検査，尿検査，血液ガス測定を含めた追加検査を行うべきである．消化器疾患以外の原因で下痢を呈しているのかどうか，そして代謝性，酸-塩基平衡，電解質の乱れを評価するため有用であろう．猫における血清総T4濃度の測定や副腎皮質機能低下症を疑う犬での ACTH 刺激試験といった内分泌系検査も実施される．腹部 X 線検査や超音波検査は急性の下痢を呈している犬や猫ではそれほど重要ではない．しかし，腹膜炎，腸重積，部分閉塞のような異常を検出できるかもしれない．このような状況では，通常下痢に伴い，嘔吐も認められる．

キーポイント

- 症状が軽度である場合，診断的評価は限定的にし，外来で症状のケアを行うだけでよいかもしれない．
- 重度の症状を呈する動物では，重篤な電解質の乱れや酸-塩基平衡の障害をきたしており，より徹底的な評価や治療が必要になってくる．
- 診断や治療が大きく異なってくるため，病歴から嘔吐と吐出を区別することは重要である．
- 急性嘔吐や下痢には消化器疾患が原因である場合と消化器疾患以外が原因である場合がある．
- 急性の下痢はしばしば自然治癒し，治療が必要，あるいは必要としない場合もある．病因はしばしば明らかにならない．

参考文献

1. Washabau RJ, Elie MS. Antiemetic therapy. In: Bonagura JD, Kirk RW (eds.), *Current Veterinary Therapy XII*. Philadelphia, WB Saunders, 1995; 679-684.
2. O'Brien TR, Biery DN, Park RD et al. *Radiographic Diagnosis of Abdominal Disorders in the Dog and Cat*. Philadelphia, WB Saunders, 1978; 302-311.
3. Wallack ST. *The Handbook of Ceterinary Contrast Radiography*. Solana Beach, California, 2003, 62-67.
4. Triolo A, Lappin MR. Acute medical diseases of the small intestine. *In*: Tams TR (ed.), *Handbook of Small Animal Gastroenterology*. Philadelphia, WB Saunders, 2003; 195-210.
5. Guilford WG, Strombeck DR. Classification, pathophysiology, and symptomatic treatment of diarrheal disease. *In*: Guilford WG, Center SA, Strombeck DR et al (eds.), *Strombecks' Small Animal Gastroenterology. 3rd ed*. Philadelphia, WB Saunders, 1996; 351-366.
6. Lappin MR, Calpin JP. Laboratory diagnosis of protozoal infections. In: Greene CE (ed.), *Infectious Diseases of the Dog and Cat, 2nd ed*. Philadelphia, WB Saunders, 1998; 437-441.
7. Matz ME, Guilford WG. Laboratory procedures for the diagnosis of gastrointestinal tract diseases of dogs and cats. *NZ Vet J* 2003; 51: 292-301.
8. Zajac AM, Johnson J, King SE. Evaluation of the importance of centrifugation as a component of zinc sulfate fecal flotation examinations. *J Am Anim Hosp Assoc* 2002; 38: 221-224.
9. Twedt DC. Clostridium perfringens-associated enterotoxicosis in dogs. In: Kirk RW, Bonagura JD (eds.), *Current Veterinary Therapy XI*. Philadelphia, WB Saunders, 1992; 602-4.
10. Marks SL, Melli A, Kass PH et al. Evaluation of methods to diagnose Clostridium-perfringens-associated diarrhea in dogs. *J Am Vet Med Assoc* 1999; 214: 357-60.
11. Cave NJ, Marks SL, Kass PH, et al. Evaluation of a routine diagnostic fecal panel for dogs with diarrhea. *J Am Vet Med Assoc* 2002; 221: 52-9.

2.2 慢性嘔吐を呈する患者の評価

John V. De Biasio

2.2.1 はじめに

嘔吐は獣医師が遭遇する犬や猫での最も多い問題の1つである．嘔吐は髄質に存在する嘔吐中枢を介して起こる複雑なメカニズムからなる．腹部臓器（二次的な炎症，膨張，薬物刺激あるいはオスモル濃度の移動など），CRTZ（血液により運ばれた毒素により二次的に起きる），前庭器の半規管，大脳皮質や辺縁系（興奮，ストレス，恐れあるいは頭蓋内の圧が上昇するなど）からの刺激が引き金になり，腹部や内臓筋の協調的な収縮運動により胃や近位小腸から内容物が排出される．[1,2] 間欠的あるいは連続して10日間以上認められる場合に慢性嘔吐と定義される．重大な症状が認められないまま進行し，慢性化するだけでなく，急性期の初期治療に反応しなかった場合，あるいは治療法が確立していない際にも慢性化する．慢性嘔吐にはさまざまな鑑別疾患が挙げられ，獣医師および飼い主にストレスがたまるのと同時に診療アプローチを困難なものにする（表2.3）．さらに，この一般的な問題は病気の重症度，正確な診断の適応，病気の発生率における地域差により非常にさまざまで

表2.3 慢性嘔吐の原因

薬 剤
- 非ステロイド系抗菌薬
- 抗菌剤（例えばメトロニダゾール）
- その他多数（通常，急性）

消化管閉塞
- 胃の流出障害
  - 良性幽門狭窄
  - 異物
  - 胃前庭部肥大
  - 腫瘍
  - 慢性の胃の変位（胃拡張／捻転）
- 小腸の閉塞
  - 異物
  - 腫瘍
  - 瘢痕化
  - 非腫瘍性浸潤性疾患（ピシウム感染症など）
  - 腸重積
  - 腺腫様ポリープ（猫）

胃腸炎
- 炎症性腸疾患（IBD）
- 小腸内細菌過剰増殖
- ヘリコバクター感染
- 食物過敏症
- 食物不耐性
- 慢性胃炎±潰瘍
- 胆汁性嘔吐症候群
- 寄生虫－フィサロプテラ属，胃虫，回虫，ジアルジア，*Aonchotheca putorii*
- ウイルス－FIV, FeLV, FIP
- 慢性大腸炎

腹部の炎症性疾患
- 慢性腹膜炎
- 慢性膵炎
- 胆嚢炎

内分泌疾患
- 副腎皮質機能低下症
- 甲状腺機能亢進症
- 糖尿病

代謝性疾患
- 腎不全
- 肝胆道系疾患
- 高カルシウム血症

毒 物
- 鉛
- 亜鉛
- 植物性毒素
- ブドウや干しブドウ

神経系疾患
- 辺縁系てんかん
- 腫瘍
- 髄膜炎／脳炎
- 脳圧上昇
- 水頭症
- 心因性
- 前庭疾患

その他
- 腹部脂肪織炎
- 自律神経失調症
- 猫の糸状虫症
- 裂孔ヘルニア
- 特発性胃排出遅延
- 特発性胃腸運動低下
- 肥満細胞腫
- 便秘
- 過食
- 唾液腺炎／唾液腺症
- その他

ある．もし他に症状がなく1ヵ月間嘔吐が続いているならば，検査をはじめる段階であると言える．もし患者が数週間にわたって体重減少，食欲不振やあるいは脱水を伴い頻回嘔吐を呈しているのであれば，できる限り早く治療を行うためにもより積極的なアプローチが必要である．慢性嘔吐を呈している患者には，患者に注目し特異的な治療を行うためにも診断を確立する必要があり，病歴，身体検査所見，診断的試験に関する情報を得ていく．この章では慢性嘔吐を呈している患者における合理的な全身的アプローチの方法を述べたいと思う．

2.2.2 初期評価

実際はじめの段階としていかなる臨床問題においても病歴の聴取は大切である．慢性嘔吐を呈している患者において，吐出をしているのではなく本当に嘔吐であると断定することは重要である（図2.1）．嘔吐は通常，吐き気が先行し一定のリズムを持ち，消沈し，唇を舐め，飲み込み，唾液分泌が過剰になり，時に声をあげる（猫）．何も吐かないがリズミカルに吐き気を催し，通常腹部の収縮が起こり，嘔吐という行為につながる．一方，吐出は受動的であり，管状の未消化物や泡状になった白い液体をほとんどあるいは全て受動的に吐き出す．嘔吐物は胆汁を含んでおり，一方，吐出物は含まない．両者ともに"消化された"もののように見えるが，吐出物であっても長時間食道内に留まっていた際には消化されたものかどうか見分けがつかなくなる．

その動物が本当に嘔吐をしていると確定すれば，より詳細な評価を実施すべきである．はじめに，食餌内容について尋ねる．机を齧ったり，ごみ，異物（大量の被毛を含む），毒物あるいは植物（特に猫では）の摂取の可能性がないかどうか食餌上の問題点について飼い主に尋ねることは特に重要である．現在の食餌内容を継続していたか，あるいは内容の変更があったかどうかについても尋ねる．吐物の内容を調べ，胆汁，未消化な食べ物あるいは透明な液体が認められるか調べる必要がある．新鮮あるいは消化された血液が混ざっている場合には消化管の潰瘍が疑われ，毛が見つかる場合は胃内の毛球の存在，あるいは運動障害が疑われる．さらに，期間，頻度，進行しているかどうかも病態を考える上で重要である．健康な猫でも時に週に1回の嘔吐が認められる．しかし，頻度が増し，食欲不振のような症状が認められる際にはさらなる検査をすることが望ましいであろう．嘔吐と食餌の時間帯で関連性があるかどうかも重要である．特徴的な所見はないが，食後8～10時間に未消化あるいは部分的に消化された食べ物を嘔吐する場合は，胃からの排出障害あるいはその他の胃の運動異常が示唆される．

現在，動物に投薬されている薬に関する情報は重要である．ほとんどの薬剤（抗生物質，化学療法剤，ジゴキシンなど）は急性嘔吐の原因になるが，投薬と嘔吐が時期的に当初は一致していない場合や，嘔吐が軽度で散発的な場合は，薬剤が慢性嘔吐に関連していることがある．非ステロイド系抗炎症薬（NSAIDs）やステロイドが慢性的に使用された場合には，慢性嘔吐や消化管潰瘍による二次性の出血がみられることがあり，これらの薬剤の潜在的使用についても特に注意して尋ねる必要がある．

シグナルメントや既往歴もまた有用な情報である．例えば，過去に膵炎を発症したことのあるミニチュア・シュナウザーでは膵炎が再燃した可能性を考慮する．全身状態をみることは診断上有用である．下痢，排便障害，発咳，多尿，排尿困難，食欲不振および嗜眠のようなその他の症状を同時に呈していないかどうかも重要な情報であり，嘔吐の原因を探ることに限らず，診断を下すためにどの程度積極的な検査が必要か検討する助けになる．患者のワクチン接種歴，駆虫薬の投与歴，渡航歴も感染性の疾患を除外する上で重要な情報となる．

病歴に基づき"頭の先から尾まで"身体検査を行い問題点を探す．身体検査は症状の原因となる部位を特定したり，病気の

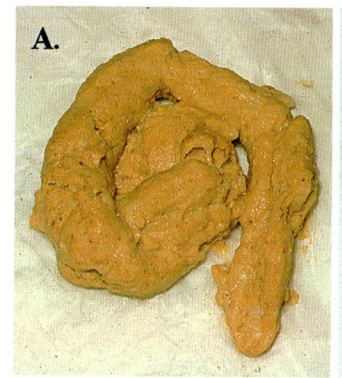

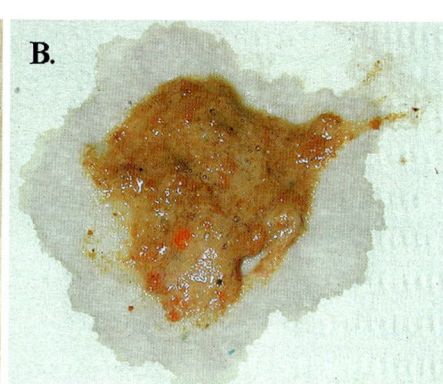

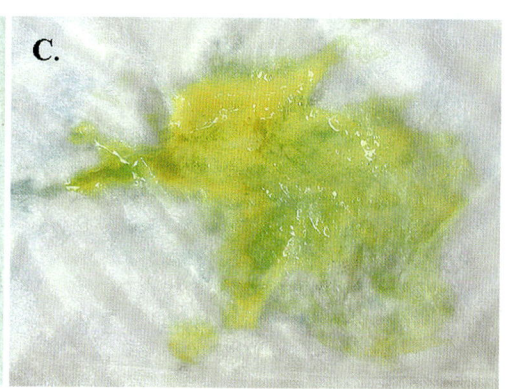

図2.1 嘔吐と吐出の相違点，（A）逆流した未消化物の典型例．（B）もまた逆流した物質の一例を示している．しかし，この症例では食物は消化されていた．（C）胆汁色素のついた嘔吐物．

重症度を見極める上で重要である．はじめに，精神状態や歩様状態と共に体型を離れたところから評価する．上腹部痛あるいは不快感の有無，結腸の膨張（特に猫において），舌の周りに糸状の異物がないかどうか（特に猫で），腎臓の不整や圧痛，臓器腫大，甲状腺の腫大（猫），腹部腫瘤そしてその他体重減少，脱水，精神状態の変化，黄疸，不整脈，可視粘膜蒼白，発熱あるいは口腔内の潰瘍のような全身性の症状の有無について検査する．慢性的な嘔吐を呈している犬や猫の多くは水和されている．もし動物が頻回に嘔吐しているのであれば顕著な脱水が認められるが，通常急性であることが多い．指での直腸検査は特に，糞便の形状や出血の有無を知るために非常に重要な検査である．神経疾患の場合，慢性嘔吐や斜頚，運動失調あるいは眼振のような前庭障害を呈する．徹底的な神経学的検査が中枢神経系異常を検出する上で重要になってくる．シグナルメント，病歴，身体検査所見から，診断医は鑑別疾患や必要な検査を挙げ，方針を立てられるようになる臨床像がみえてくる．

2.2.3　診断的アプローチ（図2.2）

慢性嘔吐を呈している患者ではシグナルメント，病歴，身体検査により得られた情報により診断的アプローチはさまざまである．もし動物がNSAIDsを投与され，現在血液を嘔吐しているのであれば，病気の重症度を決定したり，治療方針を立てるためにさらなる診断が必要である．慢性嘔吐の患者では，最低限CBC，電解質を含む血液生化学検査，尿検査（UA），糞便検査そして腹部X線検査は実施しておくべきであろう．これらの検査からの情報が得られない場合，ヘマトクリット値（PCV），総蛋白（TP），血糖値，血中尿素窒素，そしてもし可能であれば，尿比重を測定することは初期治療を決定する上で有用であろう．もし嘔吐が間欠的で軽度であり動物の一般状態が良いのであれば，次の診断手順を進め，当初の検査結果が得られるまでは経験的な治療（例えば，24時間の絶食絶飲，給餌を再開する際には消化し易いもの±胃腸保護剤，制吐剤）を行ってもよい．症状に基づいた治療を行うことで嘔吐は改善し，特にもし一過性の原因であったり，あるいは原因を除くことができた

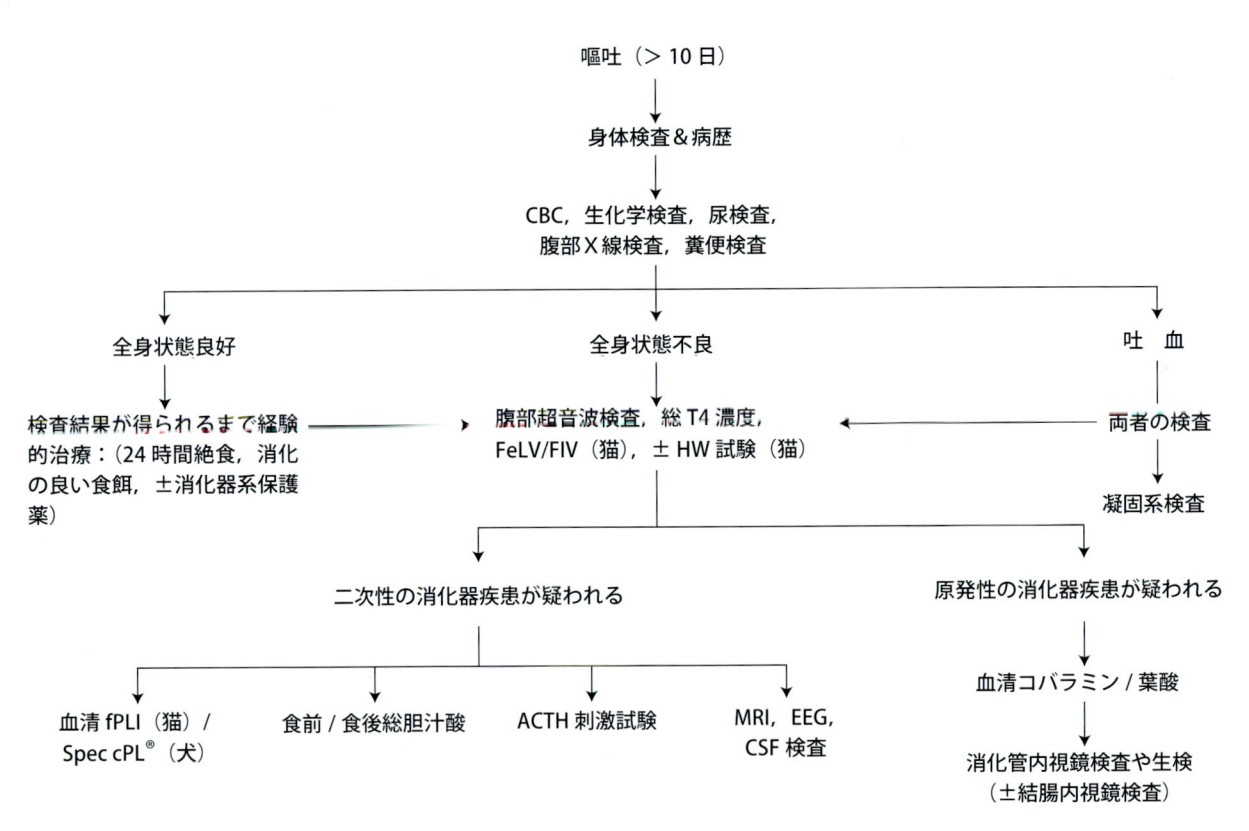

図2.2　慢性嘔吐を呈している患者に対する全身的な診断アプローチ．この図では慢性嘔吐を呈している犬や猫に対するアプローチ法を提示している．CBC＝完全血球計算，UA＝尿検査，FeLV＝猫白血病ウイルス，FIV＝猫免疫不全ウイルス，HW＝犬糸状虫，NPO＝絶飲絶食，MRI＝磁気共鳴画像検査，EEG＝脳波，CSF＝脳脊髄液，ACTH＝副腎皮質刺激ホルモン，fPLI＝猫膵リパーゼ免疫活性，Spec cPL®＝犬膵特異的リパーゼ

のであれば（例えば薬物や食餌上の問題点），これ以上の精密検査は必要ないかもしれない．

嘔吐が改善しない患者あるいは全身症状を呈している患者に対してはより積極的なアプローチが必要になってくる．いずれの患者も嘔吐の二次的な原因（例えば内分泌系，代謝，感染性の問題）を探る必要がある．それと同時に酸 - 塩基平衡や電解質の乱れなど嘔吐による併発症についても調べるべきである．CBC，電解質を含めた血液生化学的検査，尿検査，そして猫ではFeLV/FIV検査を行うべきであろう．消化器疾患が原因で嘔吐している動物では臨床病理的所見はしばしば正常である．しかし，腎疾患，肝疾患，あるいは内分泌系の疾患（例えば副腎皮質機能亢進症，糖尿病など）であればしばしば特異的な変化が認められる．初期の治療を始める前に基準となる尿検査を実施していないという失敗がよくみられる．治療の中に通常輸液療法が組み込まれるが，腎機能を評価するための尿検査の有用性は，輸液療法を開始した後では著しく低下する．5歳以上の全ての猫では血清総チロキシン濃度（T4）も測定すべきである．もし可能であれば，後々追加検査ができるように血清を凍結保存しておくべきであろう．吐血している動物では血漿輸血が必要になるかもしれないので，凝固系異常がないかも調べておいた方が良いかもしれない．

糞便検査では特に下痢を併発している若齢動物では回虫，猫ではジアルジア感染といった消化管への寄生虫感染の有無を知ることができる．直接糞便塗抹や浮遊法ではいずれも，虫卵や原虫のシストや虫体を検出することができる．しかし，標準的な浮遊法は，胃虫（*Physaloptera* spp.や *Ollulanus tricuspis* など）の検出にはあまり適していない．これらの線虫の検出には，吐物や内視鏡検査によって得られたサンプルでベールマン法により検出する．[3] ジアルジアに関しては直接顕微鏡で糞便を観察することや，標準的な浮遊法だけでは診断をつけることは困難である．ジアルジアを除外するための標準的な方法は，3〜5日間にわたって糞便を採取し，硫酸亜鉛遠心法（ZNC）を実施することである．市販のELISAキットを用いた犬，猫の糞便の *Giardia* spp. 抗原の検出はZNC法に比べ低感度ではあるが高特異性であり，変わりに行うのも良いかもしれない．[4]

慢性嘔吐の患者において画像検査も有用である．犬や猫では腸閉塞，便秘（特に猫），異物，腫瘤，腹膜炎，臓器の偏移や腹水，遊離ガスの貯留がないかどうかを，はじめに腹部X線検査を行って調べるべきである．[5] 犬において小腸が腰椎の中央部分の2倍以上の幅に拡張，あるいは肋骨の3〜4倍に拡張している時には，閉塞か機能的なイレウスが起きていることを示唆する．[6] 胃の排出時間の遅延は，食後12時間以上経過しても胃内に食物を検出することで証明できる．[5] 胃炎やIBDなどの炎症性疾患を有する患者では，一般的に腹部X線検査では正常である．消化管造影検査で潰瘍，基質的な閉塞あるいは胃壁や腸壁の肥厚が明らかになるかもしれないが，超音波検査や内視鏡検査の方が多く行われている．全ての患者に対して腹部超音波検査のみ，あるいは腹部X線検査を組み合わせて行い，嘔吐の原因として他の疾患で見落としているものがないか，またそのことに関して腹部臓器のさらなる検査が必要ではないか検討すべきである（例えばX線検査で腹部腫瘤が見えないか，腎臓の尿窒素や肝酵素の上昇など）．超音波検査では肝胆管系や膵臓疾患の検出，胃や腸の壁の肥厚や蠕動運動の評価，閉塞部位の評価，腹部腫瘤の探索を可能にする．また超音波ガイド下で腹部腫瘤，囊胞，リンパ節の腫脹に対して針生検を実施することも有用である．

2.2.4　二次性の消化器疾患

多くの疾患では二次性の胃炎を起こす．多くの二次性の消化器疾患は前述した診断法をもとに鑑別していかなければならない．もし診断がつけられないのであれば，嘔吐の原因を探るためにさらなる検査が必要になるかもしれない．

2.2.4.1　甲状腺機能亢進症

甲状腺機能亢進症の猫の約40％で慢性の嘔吐がみられる．[7] 猫における甲状腺機能亢進症については，通常，頸部の注意深い触診，現在起きている症状（例えば体重減少，多食，活動亢進や興奮）や，血清総T4濃度の測定を行い検討する．血清総T4濃度の上昇は，甲状腺機能亢進症の診断において感度が高く，ほぼ100％の特異性があると言われている．[7] 猫の中には，甲状腺の疾患ではないが総T4濃度が正常値の上限ぐらいの値を示すものもいる．数週間にわたり繰り返し検査を行ったり，あるいはFT4濃度の測定（平衡透析法は唯一信頼性がある）は，甲状腺機能亢進症を診断する助けになる．[8]

2.2.4.2　肝胆管系疾患

肝不全や肝リピドーシス，胆囊粘液囊腫，胆管肝炎，胆囊炎や門脈体循環シャントのような肝胆管系疾患でもいずれも慢性嘔吐の原因になる．[9,10,11] 肝疾患の犬や猫の多くは一般的に食欲不振，下痢，体重減少やある時には肝性脳症，神経症状といった臨床症状も合わせて認められる．血清生化学検査では肝酵素の上昇や高ビリルビン血症がみられるかもしれない．正常な機能を持つ肝臓領域が減少すると，血清尿窒素，コレステロールあるいはアルブミン値は全て低下するかもしれない．肝胆管系疾患は通常これらの臨床病理学的な異常がみられない場合には除外される．しかし，もし疑いが残るのであれば，食前および食後の総胆汁酸濃度を測定したり，腹部X線検査や超音波検査，横行結腸あるいは脾臓シンチグラフィが必要かもしれない．最終的には肝生検が確定診断をつけるために必要かもしれない．

2.2.4.3　腎不全

もし尿毒症性胃疾患があるならば，腎不全は犬猫いずれにおいても慢性的な嘔吐の原因となる．腎不全を除外する最も重要なパラメーターは，血清クレアチニン濃度や尿素窒素値，尿

2.2.4.4 副腎皮質機能低下症

副腎皮質機能低下症も犬における慢性嘔吐の潜在的な原因であり（猫ではまれ），一般的にその他の疾患に類似しており鑑別が難しい．副腎皮質機能低下症の犬では間欠的な食欲不振，嗜眠，嘔吐，下痢そして/あるいは衰弱が認められる．高カリウム血症や低ナトリウム血症は血液生化学検査でナトリウム：カリウム比が 27：1 より低値であることで診断する．しかし，非典型的なアジソン病であるグルココルチコイドのみが不足している犬においては，血清中の電解質は正常である．[13] 患者における白血球百分比ではストレスパターンを示さないか，あるいはまれに CBC で "逆" ストレスパターン（リンパ球増加症やまれに好酸球増加症など）を示す場合には，グルココルチコイド不足である可能性を疑うべきである．もし副腎皮質機能低下症がいかなる度合いでも疑われる際には，ACTH 刺激試験を実施すべきである．

2.2.4.5 膵炎

膵炎もまた慢性的な嘔吐を引き起こすが，多くの場合しばしば他の症状と合わせて認められる（嗜眠，食欲不振や/あるいは下痢など）．膵炎を呈している猫ではたいてい食欲不振を呈しているため，食欲に問題のない猫に対してはその他の原因を疑うべきである．[14] 慢性膵炎が疑われるのであれば，腹部超音波検査や動物種特異的血清膵リパーゼ免疫活性濃度（犬では Spec cPL® や猫では fPLI）を合わせて評価すべきであろう．[15]

2.2.4.6 犬糸状虫症

最後に，犬糸状虫症は猫におけるまれな慢性嘔吐の原因となる．Dirofilaria immititis 感染に関して猫で調査したある研究では，34％で嘔吐歴があり，10％でいかなる呼吸器症状もみられず嘔吐が主症状であったと報告している．[16] 猫において少数感染や雌虫の産生する抗原量が少ない場合においても犬糸状虫の感染を評価するために，通常抗原および抗体を検出する試験が必要になってくる．

2.2.5 原発性の消化器疾患

はじめの検査で二次的な消化器疾患の大多数を除外して，原発性の胃腸疾患による疑いを強めるべきである．このような疑いが存在する場合や，腹部画像検査で明らかにできないとき，あるいは嘔吐の原因を完全に特徴づける所見が得られなければ追加検査を行うべきであろう．

胃の排出障害による慢性嘔吐の原因は一般的であり，機能的な閉塞（腫瘍，過形成あるいは異物など）や機能障害によっても起こりうる．[18] 後者は感染，炎症，潰瘍を含めた消化器疾患に関連して起こる．原発性の機能的な消化器疾患は除外診断によって診断される．胃からの排出に関する正確な評価はかなり困難であり，多くの方法が述べられている（1.9 参照）．放射線シンチグラフィは依然として黄金律として考えられている．しかし，胃からの排出の評価法として呼気や血液中の ^{13}C-オクタン酸試験も利用できると言われており，将来的にはより簡便な方法として実施されるようになるかもしれない．[19]

内視鏡検査は慢性嘔吐の原因が原発性の消化器疾患によるものであれば，最も推奨される検査法の 1 つである（1.5 参照）．二次性の消化器疾患が除外されたのであれば，内視鏡は慢性嘔吐を評価するうえで最も信頼性があり，費用に対しての効果が高い検査の 1 つである．内視鏡検査は早く，安全性が高く，そして侵襲が少ない．粘膜面の状態を見ることができ，胃や腸の生検を実施することができる．[20] 内視鏡検査は幽門洞粘膜の肥厚，異物あるいは腫瘍のような胃の流出障害の原因も明らかにすることができる．びらん/潰瘍病変，出血，リンパ濾胞過形成，胃停滞や胃粘膜の脆弱性が見つかることもある．胃の腫瘍（癌，平滑筋肉腫あるいはリンパ腫など）あるいはピシウム感染では不整な形をした腫瘤病変，肥厚として認められ生検により鑑別される．しかし，硬性癌は生検するのが困難かもしれない．というもの，深く生検鉗子を粘膜に押し当てても，非常に厚いため表層のみが採取されてしまうからだ．もしも説明のできない胃のびらん，潰瘍，大量の貯留液の存在あるいは粘膜の肥厚が存在するのであれば，ガストリノーマの診断のために血清中のガストリン濃度を測定すべきであろう．

胃炎や慢性嘔吐における Helicobacter spp. の役割はいまだ犬や猫では分かっていない．しかし，もし他の原因が見つからない慢性的に嘔吐している動物で本菌が存在しているのであれば，Helicobacter spp. を根絶するための特異的な治療を行うべきかもしれない．胃のブラシ細胞診は Helicobacter spp. を検出する最も有効な方法であり，生検サンプルの急速ウレアーゼ検査よりもより感度が高い．らせん菌の診断は胃の生検サンプルの組織学的検査が最も有用である．らせん菌の病態はまだ分かっておらず，これらが認められる際にどのような治療を行っていくべきかまとまった意見が存在しない．[21]

最後に，たとえ臨床症状が嘔吐のみであっても小腸に対しても同様に検査を行うことは重要である．炎症性腸疾患は犬や猫における嘔吐の一般的な原因であり，胃における原因のみを追求している場合には見落すかもしれない．炎症性腸疾患の猫の中には，嘔吐が目立った症状としてみられ，下痢が軽度である場合がある．もし内視鏡検査を行うのならば，生検サンプルは胃と十二指腸から得るべきである．さらに，回腸や下行結腸の生検を行うことは胃腸粘膜の軽度から中等度の炎症の浸潤を伴う消化器型リンパ腫のような原発性の疾患を診断する上で有用かもしれない．

確定診断が依然として下せない場合には，特に漿膜疾患が疑われるときや，外科的な治療の見込みがある際には試験的な腹腔鏡検査も検討すべきであろう．

> **キーポイント**
> - 慢性嘔吐を呈している患者に対して評価を行う上で病歴の聴取や身体検査所見は特に有用である．
> - 甲状腺機能亢進症や犬糸状虫の寄生は猫における慢性嘔吐の原因となりうる．
> - 副腎皮質機能低下症は他の多くの疾患に類似しており，特に低ナトリウム血症，高カリウム血症を呈している慢性嘔吐の患者においては常に可能性を考えるべきである．
> - 内視鏡検査は二次性の嘔吐の原因が除外できた患者において，慢性嘔吐を評価する上で非常に有用で，費用に対する効果が高い．
> - 炎症性腸疾患を呈している犬や猫における臨床症状は，一般的に慢性で間欠的な嘔吐を示す．

参考文献

1. Ganong WF. Central regulation of visceral function. *In: Review of Medical Physiology.* New York, Magraw-Hill Co, 2005; 232-255.
2. Hall JA. Clinical approach to chronic vomiting. In: August JR (ed.), *Consultations in Feline Medicine, 3rd ed.* Philadelphia, WB Saunders, 1997; 61-67.
3. Broussard JD. Optimal fecal assessment. *Clin Tech Small Anim Pract* 2003; 18: 218-230.
4. Barr SC. Giardiasis. In: Greene CE (ed.), *Infectious Diseases of the Dog and Cat.* St. Louis, Elsevier Inc, 2006; 736-742.
5. Kantrowitz B, Biller D. Using radiography to evaluate vomiting in dogs and cats. *Vet Med* 1992; 87: 806.
6. McNeel SV, Riedesel EA. The small bowel. *In:* Thrall DE (ed.), *Textbook of Veterinary Diagnostic Radiology.* Philadelphia, WB Saunders, 1998; 540-60.
7. Feldman EC, Nelson RW. Feline hyperthyroidism (thyrotoxicosis). *In: Canine and Feline Endocrinology and Reproduction.* Elsevier Science, St. Louis, 2004, 152-218.
8. Peterson ME. Diagnostic methods for hyperthyroidism. In: August JR (ed.) *Consultations in Feline Medicine, 5th ed.* St. Louis, Elsevier Inc, 2006; 191-198.
9. Center SA. Feline hepatic lipidosis, *Vet Clin North Am (Small Anim Pract)* 2005; 35: 225-269.
10. Pike FS, Berg J, King NW et al. Gallbladder mucocele in dogs: 30 cases (2000-2002). *J Am Vet Med Assoc* 2004; 224: 1615-1622.
11. Edwards M. Feline cholangiohepatitis. *Compend Contin Educ Pract Vet* 2004; 26: 855-862.
12. Peters RM, Goldstein RE, Erb HN, Njaa BL. Histopathologic features of canine uremic gastropathy: A retrospective study. *J Vet Intern Med* 2005; 19: 315-320.
13. Feldman EC, Nelson RW. Hypoadrenocorticism (Addison's disease). In: *Canine and Feline Endocrinology and Reproduction.* St. Louis, Elsevier Science, 2004; 394-439.
14. Washabau RJ. Feline acute pancreatitis: important species differences. *J Feline Med Surg* 2001; 3: 95-98.
15. Steiner JM. Is it pancreatitis? *Vet Med* 2006; 101: 158-167.
16. Atkins CE, DeFrancesco TC, Coats JR et al. Heartworm infection in cats: 50 cases (1985-1997). *J Am Vet Med Assoc* 2000; 217: 355-358.
17. Atkins CE, Litster AL. Heartworm disease. In: August JR (ed.), *Consultations in Feline Medicine, 5th ed.* St. Louis, Elsevier Inc, 2006; 323-330.
18. Washabau RJ. Gastrointestinal motility disorders and gastrointestinal prokinetic therapy. *Vet Clin North Am (Small Anim Pract)* 2003; 33: 1007-1028.
19. Wyse CA, McLellan J, Dickie AM et al. A review of methods for assessment of the rate of gastric emptying in the dog and cat: 1898-2002. *J Vet Intern Med* 2003; 17: 609-621.
20. Mansell J, Willard MD. Biopsy of the gastrointestinal tract. *Vet Clin North Am (Small Anim Pract)* 2003; 33: 1099-1116.
21. Leib MS, Duncan RB. Diagnosing gastric Helicobacter infections in dogs and cats. *Compend Contin Educ Pract Vet* 2005; 27: 221-228.

2.3　慢性下痢を呈する患者の臨床的な評価

Elias Westermarck

2.3.1　はじめに

下痢は水分を多く含んだ糞便の排泄と定義され，一般的に診断のために特異的な検査が勧められ，また診断的治療を行っていった方がよいような下痢が2〜3週間継続する場合，慢性的あるいは間欠的であると考えられている．多くの診断医は診療の中でも最も挑戦的な試みが必要で，挫折を受けることが多い慢性的で間欠的な，あるいは慢性的で継続する下痢に対する確定診断や治療法を決定していく．慢性的あるいは間欠的な下痢を呈している患者に対してどのような手順で対応すべきか推

奨されたものは一般的にない．国ごとで鑑別疾患はさまざまであり，世界的に行える一般的な検査方法を統一することは難しいかもしれない．しかし，慢性下痢の患者に対して一般的なガイドラインに基づき，系統だったアプローチにより診断を進めていくべきである．例として，ヘルシンキ大学獣医学部のプロトコールを図 2.3 に示してある．慢性下痢の患者に対しては，特異的な治療を行う上での診断を下すために最善の努力をはたすべきである．不運にも，必ずしも達成できるとは限らず，経験的な試験的治療が行われる場合もある．どの程度の期間，試験的治療を試みるべきか議論が続いている．我々は，慢性下痢を呈している場合，あるいは間欠的な下痢が数日間認められる犬であれば，試験的治療を 10 日間行うことを推奨している．経験的な治療を行っている間に下痢の症状が消失するか和らいだ場合，後者の場合には少なくともさらに 2〜6 週間は続けるべきである．例えば 1 週間以上の間隔で間欠的な下痢の症状が続くのであれば，試験的治療の期間は延長すべきである．

慢性あるいは間欠的な下痢を呈している患者に対する精密検査を実施することはほとんどの場合可能である．また典型的な大腸あるいは小腸疾患の臨床症状の有無にかかわらず有用である．小腸疾患と大腸疾患は高い割合で同時に発症する．ヒトで一般的な大腸炎は，猫では一般的でなく，犬ではまれである．

2.3.2 一般的な検査

2.3.2.1 病　歴

全ての患者において経過を追って病歴を聴取することは重要である．（1.1 参照）広範囲にわたって質問をすることが最も良い．最も重要な質問は，臨床症状の発症期間やそれらの特徴について聴取することである．加えて，既往歴や過去に受けた治療を含めた臨床病歴についても聴取すべきである．最後に旅行歴やこれまでどのような食餌を食べていたかについても聞くべきである．糞便の特徴は小腸性あるいは大腸性下痢かを判断

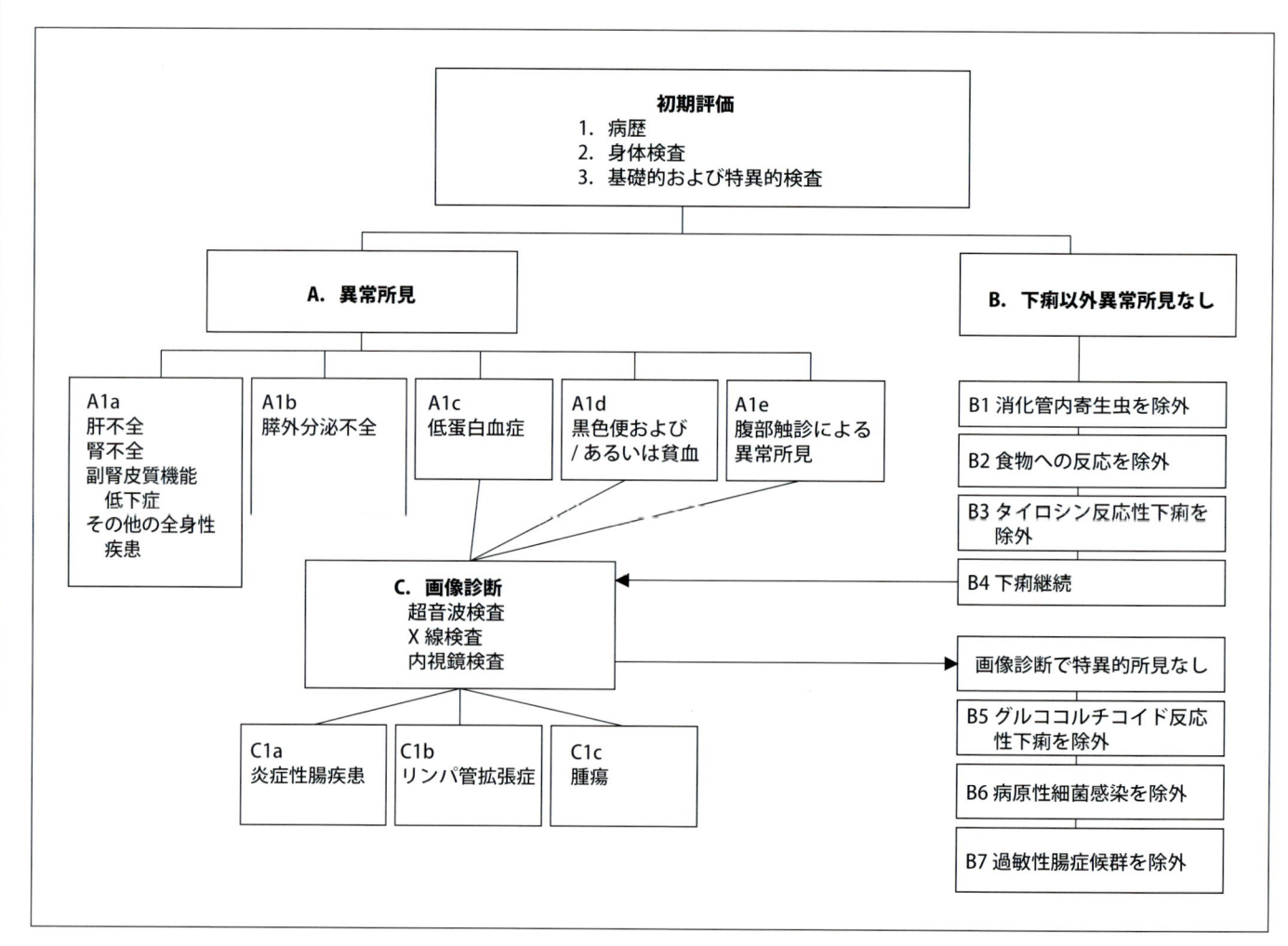

図 2.3 慢性下痢を呈している患者への診断アプローチ．この図はフィンランドのヘルシンキ大学で用いられている慢性下痢を呈する犬と猫に対する診断的アプローチを示している．

する上で助けとなる．小腸性下痢の場合は，ほとんどが軟らかく，大きくあるいは水分を多く含んだ量の多い糞便である．脂肪便も認められる．慢性的な小腸性下痢を示す症例は体重減少をしばしば呈していることもある．一方，大腸性下痢は粘液を多く含んでいるためしばしば軟便で，粘稠性がある．鮮血がすじ状に付着し，しぶりも存在する．

2.3.2.2 身体検査

身体検査は患者が床で自由にしている状態を観察することから始めるべきである．その動物の大きさ，体重，精神状態，姿勢や行動を評価すべきである．

身体検査の中でも腹部触診は重要である．触診は全身的に，そして慎重に実施する．両方の手を患者の腹部に平行にしっかりと押し当て離す．動物の前方では上腹部の臓器を触診していく．腸管は軟らかく，滑らかであり，指で触れるとスライドする．

直腸の検査も重要である．これにより糞便を採取し，形状，色調や臭気を評価することも可能である．糞便サンプルから鮮血の付着，粘液あるいは血便を呈していないかといったことも評価できる．

2.3.2.3 臨床検査

基本的な検査にはCBCや，血中尿素窒素，クレアチニン，血糖値，ALT，ALP，総蛋白，アルブミン，コレステロール，ナトリウム，カリウムの評価を含めた血清生化学的検査などが含まれる．慢性下痢を引き起こす多くの二次的な原因を調べるための一般的な血液検査に加え，血清トリプシン様免疫活性（TLI），膵特異的リパーゼ（PLI），葉酸やコバラミンの測定などを含む特殊検査を追加する．

2.3.3　初期の所見に基づいた患者の分類

患者を病歴，身体検査所見や検査結果から2つのグループに分ける（図2.3）．1つ目の群は下痢の症状に加えて臨床的な異常所見が認められる患者である（グループA）．一方，2つ目の群は下痢以外に明らかな臨床症状を呈していない群である（グループB）．

2.3.3.1　明らかな異常を呈している患者（A）

二次性の下痢を呈する全身性疾患（A1a）

いくつかの全身性疾患は二次的に慢性の下痢を起こす．肝不全の患者において慢性下痢がみられ，血清ALTあるいはALP，ビリルビン値の異常な高値，アルブミン，コレステロールあるいは尿素窒素値の低下が認められる場合にはさらなる検査が必要になる．腎不全においても慢性の下痢が認められる場合があり，クレアチニン値，尿素窒素値の上昇がある際には腎不全を呈しているかもしれない．犬での副腎皮質機能低下症は高カリウム血症や低ナトリウム血症と関連性があるが，患者の中には電解質に異常を示さない者もいる．慢性下痢を呈している犬での白血球分画ストレスパターンの欠如は副腎皮質機能低下症の可能性があり，診断医はACTH刺激試験を行うべきである．犬の甲状腺機能低下症や猫での甲状腺機能亢進症のようなその他の全身性疾患もまた慢性的な下痢を引き起こす．

膵外分泌不全（A1b）

膵外分泌不全（EPI；8章参照）は，消化不良の症状（過食，体重減少や／あるいは黄色味のある軟便）とともに重度の血清トリプシン様免疫活性（TLI）濃度の低値（犬ではcTLI≦2.5μg/L，猫ではfTLI≦8μg/L）がみられれば診断される．もし血清TLI値が疑わしい範囲の値（犬では2.5〜5.0μg/L，猫では8〜12μg/L）である場合には，おおよそ1ヵ月後に再度測定を行うべきである．もし繰り返し血清TLI濃度の低値（＜5.0μg/L）が認められるのであればジャーマン・シェパードやラフ・コーテッド・コリーの無症候性EPIが強く疑われる．[1]

低蛋白血症（A1c）

蛋白漏出性腸症（PLE）は腸管腔内への血清蛋白の過剰な漏出によって特徴づけられる疾患である．血液生化学検査上でアルブミンとグロブリンが同様の割合で減少し，しばしば総蛋白濃度が＜5.5g/dLになることがある．消化管の炎症，浸潤，うっ血あるいは出血をまねくような状態は，PLEの原因となり得る．内視鏡によって得られた生検サンプルで，原因が明らかになる場合もある．

メレナと貧血（A1d）

メレナは血液が消化されたことによる黒色タール状の便であり，一般的に胃や上部小腸での出血が原因になる（潰瘍，びらんあるいは腫瘍）．血液を含んだ便の通過時間が長い場合には，下部小腸あるいは上部大腸の出血においても黒色便は認められる．小球性，低色素性貧血は一般的に消化管出血が長期間にわたり続く場合に認められる．黒色便は健康な動物においても肉主体の食餌を与えている場合にはまれに認められる．故に，始めの問診では幅広く聴取する必要がある．内視鏡検査は上部消化管の出血部位の検出に必要な検査である．

腹部触診での異常（A1e）

炎症細胞あるいは腫瘍細胞の腸管への浸潤は，腹部触診によってその肥厚として触れることができるかもしれない．消化管の腫瘍，異物や重積もまた時に腹部触診により確認できることがある．

2.3.3.2　その他の明らかな異常を認めない下痢を呈している患者（B）

初期検査により診断が下すことができず，慢性あるいは間

糞便スコアリングシステム

スコア1：液状．

液状便はいかなる内容物も含まれていない便．液状便はしばしばまとまった便ではなく複数個所に点在して排泄されている．液状便は粘液あるいは血液を含むこともある．液状便のサンプル採取は困難であり，残渣はいつでも床や手袋の上に残ってしまう．

糞便スコア"1"．液体状の糞便が飛び散っていることに注目．また，排便されている領域が広いことにも注目．

スコア2：形状のない軟便．

この便は柔らかく円筒状の形状をしていない．形状のない軟便はしばしば牛糞のようでもある．この便は採取する際にもともとの形状がくずれ，残渣が床や手袋に残ってしまう．この便スコアはしばしばその他の糞便スコアの便と同時にみられるが，全体から評価する．

糞便スコア"2"．この糞便は明らかに軟らかく，円筒状の形状をしていない．糞便の表面は広く，しばしば牛糞のようでもある．

スコア3：形状のある軟便

この便は軟らかいが，形状は保っている．この便は容易に崩れやすく残渣は床や手袋に残ってしまう．糞便はしばしば採取する際にもともとの形状が崩れてしまう．形状のある軟らかい便はしばしばその他の糞便スコアの便と同時にみられるが，全体から評価する．

糞便スコア"3"．この糞便は軟らかいが，形状はまだ保っている．

糞便スコア"3/1"．軟らかく，液体の部分を含んでいる．

糞便スコア"3/2"．この糞便はある部分は軟らかく，その他の部分では形状を保っていない．

図2.4 糞便スコアリングシステム．犬の飼い主が一貫して糞便の評価するためのスコアリングシステムを示す．(the Iams Company, Dayton, OH, USA によるシステムに基づく)

初期の所見に基づいた患者の分類　117

糞便スコアリングシステム

スコア4：硬い便（理想的な便）

硬い便は非常に良い形状をしており円柱状をしている．この糞便は拾い上げても容易には崩れないが，床や手袋に残渣が残るかもしれない．硬い便はしばしば一塊の便で採取した後もその形状を維持している．

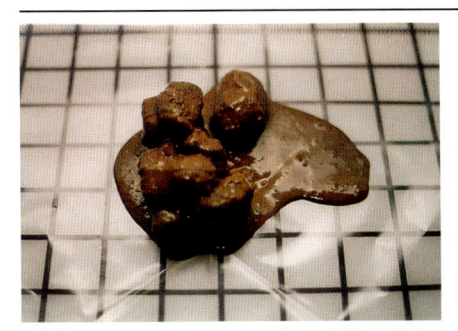

糞便スコア"4"．この糞便は一般的には円筒状をしている．また全ての糞便の高さが同じぐらいであることに注目．

糞便スコア"4/1"．この糞便は円筒状の形状である部分（スコア4），またそれだけでなく液体状の部分（スコア1）も含まれている．

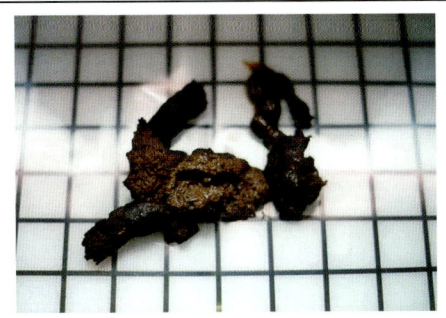

糞便スコア"4/2"．この糞便はあるものは暗い色調をした円筒状の糞便であり，またあるものは液状あるいは形状のない糞便であり，明らかな違いが認められる．

糞便スコア"4/3"．この便は円筒状の部分と軟らかく形状のない部分を混じている．

スコア5：極度に乾燥した便

極端に乾燥した糞便は硬く，表面は粘り気がない．糞便は押すと転がる．糞便を拾い上げた際にへこみがつかず，採取後もその形状を保つ．極度の乾燥した糞便は一塊ではなくしばしば複数のボール状の糞便として排泄される．

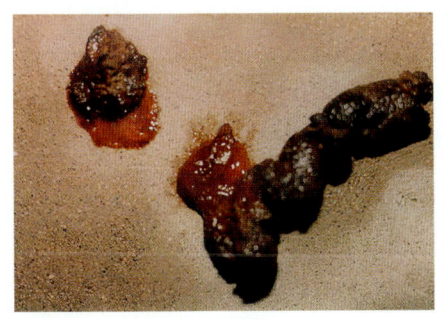

糞便スコア"5"．一塊ではなく複数のボール状の糞便である．

追加糞便コード

11- 糞便中血液
15- 糞便中異物
40- 糞便中粘液

糞便スコア"粘液"．いずれのスコアの糞便も透明あるいは血様液を伴っている可能性がある．粘液は糞便全体あるいはわずかに一部分を覆っているかもしれない．

欠的な下痢の原因となる鑑別疾患を順序だって除外するために追加検査が必用であると獣医師は飼い主に説明をする必要がある．さらなる精密検査を行っている間に，飼い主にスコアリングに基づいた毎日の糞便の状態の評価について尋ねる．（図2.4）[2] どのように精密検査を進めるべきか決定するために，毎回の試験的治療のたびに，飼い主は獣医師に患者の健康状態について告げるべきである．以下に述べる方法により原因となる要因を除外していくべきである．

消化管内寄生虫（B1）

消化管内寄生虫の感染は下痢の原因となり，より複雑な診断的治療に進む前に除外すべきである．特に若齢の犬での下痢の原因になる．ある地域では，*Giardia* spp. は間欠的あるいは慢性的な下痢の最も一般的な原因になる．消化管内寄生虫は硫酸亜鉛の浮遊液により直接診断することができる．栄養型より産生される *Giardia* 抗原は，商品化されているELISAキットにより糞便を用いて検出することができる．偽陰性になることは一般的になく，糞便の採取や検査はいくらか手間がかかる作業だが，糞便を用いた検査を行う代わりに，その他の方法としてフェンベンダゾール50 mg/kg，PO，24時間毎，5日間を患者に対して投薬することも良いであろう．

食物への反応（B2）

食餌はおそらく最も多い下痢の原因であり，薬剤による経験的な試験的治療を行う前に除外すべきである．突然の食餌の変更，不適切な食餌，食餌不耐性，食餌過敏症あるいは食餌中毒などが原因になり得る．既往歴に基づき，下痢の原因としての食餌の占める重要性を見つけ出すことがしばしば可能である．

どのようにして食餌療法を行うべきか議論はさまざまである．不幸にも，現在推奨されている方法は健康な動物を対象とした試験に基づいてというより，大半は経験に基づいた方法で行われている．推奨されている方法の1つに，消化が良く，脂肪を制限した食餌に変更するというものがある．その他には，単一の新規蛋白や炭水化物を含む食餌が推奨されている．時に，缶詰のフードからドライフードへ変更すること，市販のフードから手作りフードに変更することも有用である．しかし，手作りフードはしばしば完全ではなく，栄養士の指導なしで長期間給餌すべきではない．

タイロシン反応性下痢（B3）

メトロニダゾール，オキシテトラサイクリンやドキシサイクリンのような抗生物質は慢性あるいは間欠的下痢の治療薬として使用されてきた．そしてこのような治療に対する反応性から抗生剤反応性下痢と経験的に診断されてきた．

タイロシンはフィンランドでは最も慢性下痢の治療薬として一般的に使用されている抗生物質である．最近の研究では，タイロシン25 mg/kgを経口的に1日に1回投与することで犬の慢性あるいは間欠的な下痢に対して効果が認められることが分かり，タイロシン感受性下痢（TRD）と診断される．[2] その他の研究では，タイロシン投与や食餌管理を行うことは相乗効果があるとの報告がなされている．[3] タイロシン療法に反応する犬は通常，3日以内に効果がみられ，治療を続けている間は下痢はみられない．多くの犬では，治療中止後1〜2週間で再び症状が認められる．タイロシンの効果は年単位で投与していてたとしても消失せず，副作用はめったにみられない．TRDの病態ははっきりと分かっていない．慢性あるいは間欠的な下痢を呈する猫におけるタイロシンの効果はほとんど知られていない．

持続性下痢を呈する患者（B4）

食餌関連性の下痢あるいはTRDに関しては画像診断はあまり有効ではなく，これら2つの腸炎を除外した後にのみ画像診断に進むのが良いであろうと思われる．

コルチコステロイド反応性下痢（B5）

たとえ腸管の生検の組織学的な検査を含めた画像診断で非常に軽度な病変あるいは全く病変が認められない場合でも，慢性的な下痢を呈している患者に対してステロイドが効果を示す可能性を除外出来ない．腸管の炎症性変化は限局性あるいは消化管の粘膜面深層部に限局して認められるかもしれない．

経験に基づくステロイド療法は，犬ではプレドニゾロン1〜2 mg/kg，1日2回の投与を行う．もし副作用（重度の多尿/多渇，パンティングあるいは不眠など）が認められる場合には，ブデソニドのような局所的に作用する他のステロイド剤を使用する方法が推奨されている．

病原性細菌（B6）

糞便培養，特に *Salmonella* spp.，*Campylobacter* spp.，および *Yersinia* spp. の培養は，特に他の犬とともに集団飼育されていた後に慢性下痢を発症した犬では行った方がよい．しかし，これらの病原性細菌は時に健常犬でも認められることに注意しなければならない．クロストリジウム属（*Clostridium perfringens* や *Clostridium difficile*）もまた慢性下痢の原因になる．しかし，原因と発症機序との関連性ははっきりと確立されていない．これらが産生するエンテロトキシンを検出する免疫学的検定法は商品化されており使用可能である．

過敏性腸症候群（B7）

ストレスや精神的な障害は，改善の期間が一定しない間欠的な下痢の原因になる可能性がある．本疾患における症状は患者によってさまざまである．大型犬，特に使役犬（レース犬あるいは猟犬など）や，気性の激しいあるいは神経質な動物でよく認められる．ストレスを与えないことが最も良い治療効果が得られる．もしこのことが不可能であるならば，クリジニウ

ム‐塩酸クロルジアゼポキシド（Librax）のような抗コリン作用薬や中枢神経抑制薬の混合薬を使用するのが効果的である．もし全ての治療に効果がみられないのであれば，ロペラミド（Imodium）のようなオピオイド性消化管運動改善薬を用いることもできる．

2.3.4　画像診断（C）

2.3.4.1　腹部超音波検査（1.3 参照）

消化管壁の肥厚の評価や，診断医が腹部腫瘤の針吸引や臓器への浸潤の評価を行う際に実施する．

2.3.4.2　内視鏡検査（1.5 参照）

消化管の内視鏡検査は肉眼的に評価することができると共に，胃，十二指腸，遠位回腸，結腸や直腸からの生検を可能にする．内視鏡検査は潰瘍，びらん，炎症，リンパ管拡張症などを評価するのに優れている．

2.3.4.3　腹部 X 線検査（1.3 参照）

腹部 X 線検査や造影検査は，慢性下痢を呈している患者の現在起きている問題に対する診断を下す方法としてはあまり有用ではない．しかし X 線検査は，腫瘤や異物の存在を明らかにすることができ，診断の助けとなるであろう．

炎症性腸疾患（C1a；9.2 参照）

腸の生検は本疾患の診断のために必須である．炎症性腸疾患（IBD）は特発性に消化管粘膜や時に粘膜下織に炎症細胞の浸潤を伴う慢性腸炎に対して用いられる用語である．単一あるいは混合型の細胞集団の浸潤が認められるかもしれない．しばしば，1 種類あるいは 2 種類の細胞が優位に認められる（例えば，好酸球あるいはリンパ球プラズマ細胞性腸炎・大腸炎などのように）．

小腸リンパ管拡張症（C1b；5.3.9 参照）

小腸のリンパ管拡張症は小腸におけるリンパ系の閉塞障害である．リンパ管の閉塞の原因としてさまざまなことが考えられるが，特発性に起こることが最も多い．ヨークシャー・テリア，ノルウェージャン・ランドハウンドやソフト・コーテッド・ウェスタン・テリアは好発犬種である．低アルブミン血症，低コレステロール血症，およびリンパ球減少症が共通の検査所見である．小腸の生検サンプルによる組織学的検査ではしばしば典型的な所見を得ることができる．状況によっては，全層生検が必要になってくる．

消化管腫瘍（C1c）

リンパ肉腫や腺癌は犬の消化管腫瘍の中で最も多く発生する．臨床症状としては通常，体重減少，食欲不振，下痢，黒色便，嘔吐や腹部不快感などが認められる．超音波検査は消化管壁の肥厚の評価や触診することが困難な腫瘍の存在を明らかにするために最も有用である．

> 🔑 **キーポイント**
> - 犬や猫における慢性下痢の病態はしばしば不明である．
> - 慢性下痢の患者において進行状況をモニターするために，糞便スコアリングシステムを利用して飼い主に毎日評価してもらうことは重要である．
> - 食餌関連性の下痢は薬による治療を始める前に除外すべきである．
> - タイロシンは慢性下痢を呈している犬において効果的である．

参考文献

1. Westermarck E, Wiberg M. Exocrine pancreatic insufficiency in dogs. *Vet Clin Small Anim* 2003; 33: 1165-1179.
2. Westermarck E, Skrzypczak T, Harmoinen J et al. Tylosin-responsive chronic diarrhea in dogs. *J Vet Intern Med* 2005; 19: 177-186.
3. Westermarck E, Frias R, Skrzypczak T. Effect of diet and tylosin on chronic diarrhea in beagles. *J Vet Intern Med* 2005; 19: 822-827.

2.4 慢性的な体重減少を呈する患者の臨床評価

Terry L. Medinger

2.4.1 はじめに

原因不明の体重減少だけが問題となっている患者の診断はかなり困難なものである．幅広い身体検査と合わせて，完全なるまた詳細な病歴を聴取することは重要である．これらの基本的な検査を正確に実施することで，しばしば適切で効率良く診断に結びつけることができる．洞察力のある診断医は重要な病歴を飼い主が意図せず話さないことに気付くかもしれない．徹底的な質問を行うことでこれを回避することができる．

体重減少は患者の通常体重の10%あるいはそれ以上であるときに臨床的に顕著であると判断される．削痩は健常時の20%以上の体重減少が認められるときであると定義され，最も重篤な体重減少を呈する悪液質とは，重度の衰弱，食欲不振や精神状態の変化によって特徴づけられる．

2.4.2 病態生理

主訴として体重減少を示す疾患の種類は非常に多いため，診断を下すのは困難かもしれない．基本的に体重減少は，代謝エネルギーの要求や栄養素の喪失が，吸収されるエネルギーを上回る際に生じる．この定義を心に留めておくことで，全身的にそして順序だって，潜在的な原因を除外し，多くの状況で正確な診断を下すことができるかもしれない．

低い生物活性の栄養素を含む不適切な食餌を与えた結果，不十分な栄養摂取を引き起こす．あるいは維持エネルギー要求量（MER）に見合わないカロリー量を摂取しているかもしれない．[1]

- 犬：MER（代謝 kcal/day）= 2 [70 ($wt_{kg}^{0.75}$)]
- 猫：MER（代謝 kcal/day）= 1.4 [70 ($wt_{kg}^{0.75}$)]

体重減少のその他の原因として食欲不振，吐出，嚥下困難，嘔吐，消化不良あるいは吸収不良などの栄養学的な同化不良が考えられる．これらの全ての状況で，患者にとっての必要エネルギー量を満たすことに対して妨げとなり，適切なカロリーを摂取できない．

PLE，PLN，消化管出血，糖尿（例えば糖尿病）あるいは火傷をおって広範囲にわたり皮膚の外傷による蛋白の大量の滲出が認められる患者では栄養素の喪失が強く認められる．

最後に，体重減少は猫の甲状腺機能亢進症や腫瘍の存在などにより代謝が亢進するような状況でも認められる．

2.4.3 病因

体重減少の原因を確定するには，多くの経験を持つ獣医師にとっても困難であり，手腕を問われる．病歴や身体検査所見をもとに鑑別疾患をリストにあげることで，診断医は論理的な方法で診断を進めていくことができるだろう．

はじめに，体重減少が急激に起きたのか，あるいは徐々に進んでいったのか見極めるべきである．急激な体重減少はエネルギーの要求が増すこと，あるいは栄養素の過剰な喪失によって起こる．いずれの状況においても，エネルギー摂取量は患者の必要量と見合っていない．

次に，体重減少を呈している患者での食欲の状態は確認しておく必要がある．患者の食欲がないのであれば，一時的なのかあるいは現在も続いているのかどうか確認する．もし一時的なのであれば，期間，間隔やその頻度が増してきているのかどうか確認する．特に，もし頻度が増し，期間が長くなり，間隔が短くなってきているのであれば確実な対応が必要である．

食欲不振とともにみられる体重減少の原因としては，消化管障害（胃腸の潰瘍，腫瘍あるいはIBDなど）や，感染性疾患（子宮蓄膿症，敗血症，肺炎あるいは全身性真菌感染症など），炎症性疾患（免疫介在性疾患あるいは膵炎など），口腔内疾患（腫瘍，異物，尿毒症に伴う口腔内潰瘍，歯肉炎あるいは舌炎など），副腎皮質機能低下症，心疾患やさまざまな全身性疾患（腎臓，肝臓，膵臓あるいは腫瘍など）がある．食餌に関連して起こることもある．低嗜好性あるいは腐った食餌は食欲不振に伴う体重減少の原因になる．

多食の患者で体重減少が認められる場合は，代謝が亢進してエネルギー要求が増加していることを示唆する．猫の甲状腺機能亢進症や食欲不振に陥る前の腫瘍症例や癌悪液質症候群の症例で認められる．[2,3] もし体重減少を呈している患者が発熱しているならば，異化亢進しているかもしれない．あるいは妊娠，授乳期，成長期あるいは激しい運動を行う動物では生理的にエネルギー要求量が増しているかもしれない．またMERは常温環境で計算されることを覚えておくべきである．極端な気温の変化（低温あるいは高温など）はMERを増加させるであろう．

体重減少は多食の症例にみられることもあり，その場合はエネルギーの過度の喪失によって二次的に起こる．PLE，PLNあるいは糖尿病のような疾患でこの状況が起こる．蛋白漏出性腸症は消化管腔内に蛋白の漏出をみるほど小腸の障害が重度の場合にみられる．透過性の亢進やリンパ液の流出異常あるいはその両者が同時に起こることで重度の粘膜障害を呈することが原因となる．蛋白合成よりも消化管からの蛋白の漏出が過剰な時には，低蛋白血症が認められる．リンパ管拡張症はPLEの一般的な原因である．原発性リンパ管拡張症はリンパ液の正常な吸収や流れが阻害される特発性の障害である．[4,5] 二次的なリンパ管拡張症は成獣で発症する．リンパ液のうっ滞は閉塞部位に二次的に起こる．重篤なIBD，消化器型リンパ腫（LSA）またはリンパ管内あるいは周囲で脂肪肉芽腫[6,7]のような浸潤性の消化器疾患の認められる患者では，局所の現象としてみられる．加えて，IBDや消化器型LSAでは小腸粘膜の損傷によりPLEの原因ともなり得る．あるいは，右心不全による全身性高血圧

症により，リンパ液の血液循環への流入が阻害され，うっ滞が起こることもある．

糸球体の障害により蛋白漏出性腎症は起こる．PLNを起こす最も一般的な糸球体の障害は糸球体腎炎（GN），糸球体硬化症，およびアミロイドーシスである．

糖尿もまたエネルギー喪失が増加している状況である．糖尿が一般的に認められるのは糖尿病である．糖尿病に関連した体重減少は複数の要因があるが，尿中への糖の喪失もその1つである．また，糖尿はファンコニー症候群あるいは先天的原発性腎性糖尿のような遠位尿細管の障害でも認められる．

消化器疾患が原因で栄養学的な吸収不良が起こるかもしれない．確認されている原因はIBD，小腸細菌増殖性疾患（SIBO），EPI，腫瘍や消化管内寄生虫などである．加えて，栄養学的な生物活性の低下した低品質の食餌により，適切な栄養の吸収ができなくなるかもしれない．

症状の頻度が少ない場合や，消化器症状が明らかでない場合には，飼い主から正確な情報が得られない可能性を考慮すべきである．嘔吐，下痢，鼓張，腹鳴，腹部疼痛（祈りの姿勢あるいは猫背で歩くなど），おくびあるいは異食といった症状がときどき認められるかもしれない．もし消化器症状が存在するのであれば，発生頻度が時々か継続して認められるのかどうか再度確認すべきである．消化器症状が認められる期間以外は通常どおりであるか，あるいは嗜眠や衰弱といった症状も同時に認められるのかについても確認すべきである．

もし，下痢が存在するならさらに分類し，詳しく検査をすべきである．（2.1.3 および 2.3 参照）

もし発熱が認められるのであれば，より詳細に鑑別疾患を検討すべきである．もしも発熱に伴い体重減少がみられるのであれば，炎症，感染，免疫介在性疾患あるいは腫瘍などを考慮すべきである．

膵炎，犬ジステンパーウイルス（CDV），FIP，FeLVやFIVのようなウイルス感染で二次感染や腫瘍などが同時に認められるといった炎症や感染は，体重減少の原因になる．腎盂腎炎や心外膜炎や肺炎などの慢性細菌感染が原因で体重減少が認められる場合もある．さまざまな種のリケッチアやエールリヒアのような細胞内寄生虫の慢性感染もまた体重減少を引き起こす．ヒストプラズマ症，コクシジオイデス症，クリプトコッカス症，ブラストミセス症は全身性の真菌感染症であり，発熱や体重減少がさまざまな臨床症状とともに認められる．

発熱や体重減少を伴う全身性エリテマトーデス（SLE）や円形性ユリテマトーデスや免疫介在性多発性関節炎のような免疫介在性疾患も存在する．

消化器型LSA，腺癌や平滑筋肉腫は消化管で最も一般的に発生する原発性悪性腫瘍である．[8-11] 原発性消化管腫瘍や消化管への腫瘍の転移はいずれも体重減少を引き起こす．腫瘍による栄養素の吸収不良あるいは癌悪液質症候群により体重減少が起こる．

腎臓，肝臓あるいは膵臓のようなより主要な一臓器あるいは複数の臓器における代謝性障害も体重減少の原因になる．尿毒症における生化学的あるいは全身的な変化としては腎性二次性上皮小体機能亢進症，代謝性アシドーシス，貧血，口腔あるいは胃の潰瘍，蛋白尿，全身性高血圧症などがあり，これらの全てが体重減少に潜在的に関連する．炎症（胆管肝炎や慢性活動性肝炎など），感染（犬アデノウイルス，レプトスピラなど），腫瘍（原発性あるいは転移性）や血管系異常（先天性あるいは後天性）のような肝臓疾患も体重減少を引き起こす．膵臓における炎症（急性あるいは慢性膵炎など），腫瘍や外分泌・内分泌腺の異常も体重減少を引き起こす．

さまざまな心疾患は体重減少を引き起こす．この状態は心臓悪液質症候群として認識される．[12] 感染（心内膜炎など），炎症（心筋炎あるいは特発性心膜炎など），腫瘍（原発性あるいは転移性），寄生虫（*Dirofilaria immitis*，*Borrelia burgdorferi* あるいは *Trypanosoma cruzi* など）や原発性の心筋障害のさまざまな病態は心臓悪液質を引き起こす．

2.4.4 診　断

患者の食餌内容，渡航歴，および一緒に飼育しているペットに関する情報も聴取すべきである．患者の両親や同腹子に関する情報も有用であろう．

どのような内容の食餌を主体としているか，市販食かあるいはホームメイドかについても聴くべきである．さらに，おやつの種類と量，市販品なのか食べ残しなのかについても確認すべきである．市販食の保存状況や賞味期限についても確認する．もし，ドッグフードあるいはキャットフードが馴染みがないものであったら，獣医師はフードの成分を示している表示を調べるべきである．また，患者が与えられているサプリメントや薬についても確認すべきである．これらには市販のもの，ホリスティックなもの，薬局で処方箋なしで買えるもの，処方箋が必要なものなどが含まれる．これらの情報は，体重減少が栄養学的にバランスの悪い食餌によるものなのかあるいは薬の影響によるものなのかを証明する有用な情報になるであろう．状況によっては，獣医薬理の専門家，栄養士あるいは補完医療法の専門家に相談する必要があるかもしれない．

感染が疑われるのであれば患者および家族の正確な渡航歴に関する情報は非常に重要である．旅行した地域で認められる特定の病気も確認する．患者が室外に出ていたのであれば，囲いのなかにいたのか，あるいは自由に歩きまわっていたのかどうかを確認すべきである．患者が地域の公園に出入りしていたか，水辺に近づいたか，および地域の野生動物に接した可能性があれば，地方病を考慮すべきである．

外部寄生虫に感染したことがあるかどうかを確認することは重要で，ダニ媒介性疾患が地方病として存在する地域においてはとくに重要である．また，同居の動物がいるかどうか，とくにエキゾチック・アニマルと同居しているか，およびそれらの

動物の病歴も全て確認すべきである．全ての同居動物のワクチン接種歴，フィラリアの感染状況，そして外部寄生虫ならびに犬糸状虫を含めた内部寄生虫の予防についても記録すべきである．

シグナルメントや病歴，身体検査所見を通しても診断がつけられないのであれば，最小限の臨床検査を行い情報を得るべきである．これには CBC，血清生化学的検査，尿検査そして浮遊法や直接塗抹検査を含めた糞便検査がある．

更なる糞便検査方法として *Giardia* のシストや *Clostridium* のエンテロトキシンの検出，および直腸粘膜掻爬による細胞診の検査がある．直腸粘膜の細胞診検査で化膿性病変の存在が考えられた場合には，特異的な腸内病原性微生物の検出のために糞便の細菌培養を行うべきであろう．異型なリンパ球の出現は消化器型リンパ腫を疑う．真菌あるいは藻類の存在は全身感染を示唆する所見である．直腸粘膜の掻爬は安全で，侵襲性がなく，費用もかからず，容易に実施できる．加えて，診断医がしばしば細胞診により仮診断を下すことができる．

尿サンプルの細菌培養検査や尿中のアルブミン濃度の測定も追加検査として挙げられる．これらの検査結果から，より特異的な追加検査項目を決定する．患者のそれぞれの臨床情報に基づき，もしも必要であれば胸部と腹部のX線検査，心臓の評価（超音波検査，ECG など），針吸引生検あるいは組織生検も含めた腹部超音波を行い，肝臓，(**1.4.3** 参照)，膵臓（**1.4.4** 参照)，副腎（ACTH 刺激試験)，あるいは腎臓（核シンチグラフィ）のような臓器の機能を評価する．消化器疾患の検出には血清コバラミン濃度測定，葉酸濃度測定（**1.4.2**），糞便 α-1-プロテアーゼインヒビター（α$_1$-PI）濃度測定（**1.4.2**），あるいは細胞診や組織病理学検査のために組織を採取することも含めて消化管の内視鏡検査が必要かもしれない（**1.7** および **1.8** 参照）．

🔑 キーポイント

- 全身的で詳細な身体検査を実施するとともに，徹底的で詳細な病歴に関する情報を得ることが重要である．
- エネルギー吸収を上回る代謝性のエネルギー要求あるいは栄養素の喪失が起きた際に体重減少が生じる．
- 患者の通常体重の 10% あるいはそれ以上の減少が起きた際に，臨床上顕著な体重減少が認められると考えられている．

参考文献

1. *Nutrient Requirements of Dogs*. Washington DC, National Academy of Sciences, 1985; 1-79.
2. Ogilvie GK. Alterations in metabolism and nutritional support for veterinary cancer patients: Recent advances. *Comp Cont Ed Prac Vet* 1993; 15: 925.
3. Sigal RK, Daly JM. Enteral nutrition in the cancer patient. In: Rombeau JL and Caldwell MD (eds.), *Clinical Nutrition: Parenteral Nutrition*. Philadelphia, WB Saunders, 1992; 263.
4. Sherding RG. Canine intestinal lymphangiectasia. *Proc ACVIM* 1988; 406-408.
5. Mattheeuws D, De Rick A, Thoonen H et al. Intestinal lymphangiectasia in a dog. *Small Anim Pract* 1974; 15: 757-761.
6. Meschter CL, Rakich PM, Tyler DE. Intestinal lymphangiectasia with lipogranulomatous lymphangitis in a dog. *J Am Vet Med Assoc* 1987; 190: 427-430.
7. Van Kruiningen HJ, Lees GE, Hayden. Lipogranulomatous lymphangitis in canine intestinal lymphangiectasia. *Vet Pathol* 1984; 21: 377.
8. Cotchin E. Some tumors of dogs and cats of comparative veterinary and human interest. *Vet Rec* 1959; 71: 1040-1050.
9. Head KW. Tumors of the lower alimentary tract. *Bull WHO* 1976; 53: 167-186.
10. Birchard SJ, Couto CG, Johnson S. Nonlymphoid intestinal neoplasia in 32 dogs and 14 cats. *J Am Anim Hosp Assoc* 1986; 22: 533-537.
11. Bruecker KA, Withrow SJ. Intestinal leiomyosarcoma in six dogs. *J Am Anim Hosp Assoc* 1988; 24: 281-284.
12. Freeman LM. The role of cytokines in cardiac cachexia. *Proc 14th Ann Vet Med Forum* 1996; 240.

Part II
消化器系の疾患

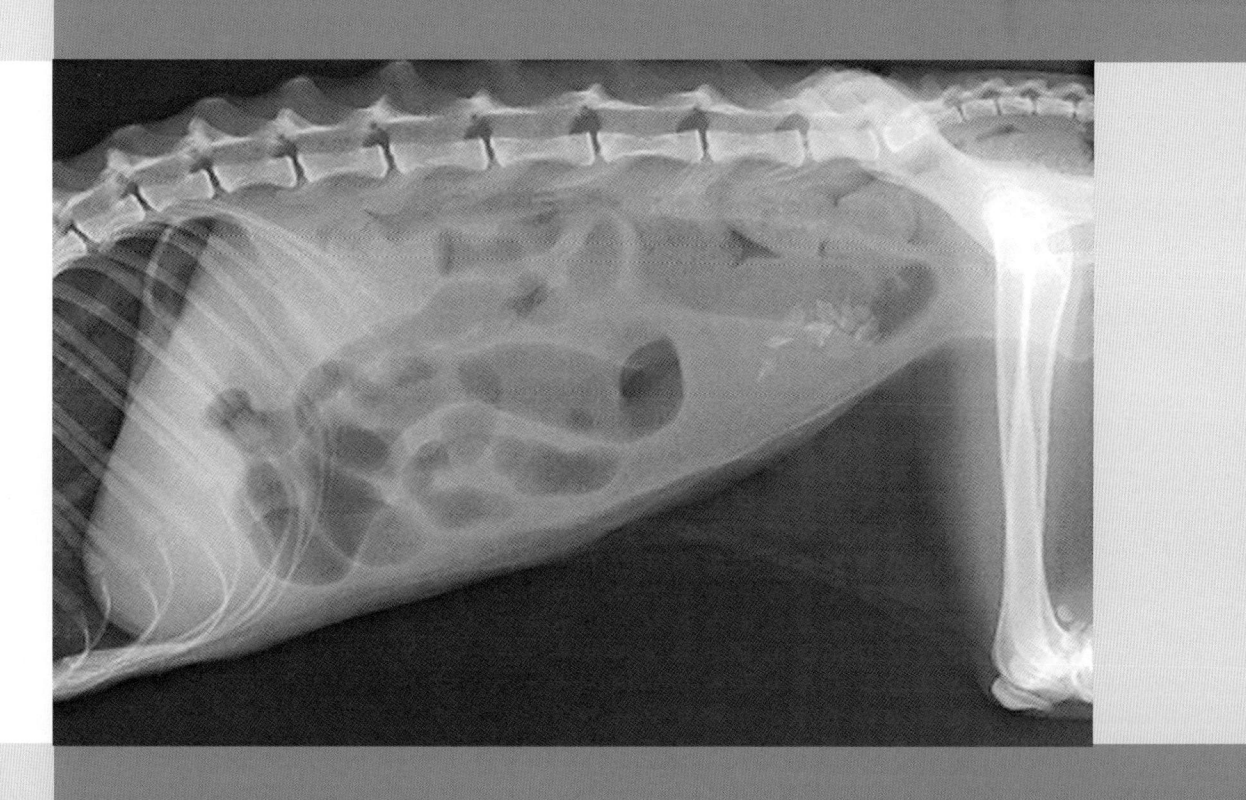

3 食　道

3.1 解　剖 [1,2]

Lisa E. Moore

　食道は口腔咽頭部と胃をつなぐ器官であり，その主な機能は口腔咽頭部から胃への食物の輸送である．また部位により，頚部食道，胸部食道，腹部食道に分かれる．食道は輪状咽頭筋および甲状咽頭筋よりなる上部食道括約筋（咽頭食道括約筋）よりはじまる．頚部食道は気管の左背側を走行し，胸部食道では胸部入り口から横隔膜裂孔へと伸長する．気管竜骨部においては気管の背側を走行し，その後中央部で交差し，大動脈弓の右側に位置するようになる．以降，正中に沿いながら肺の葉間を走行する．その終末は横隔膜と胃の間に位置する．

　食道は複数の層により構成されており，外膜，筋層，粘膜下組織および粘膜から成る．犬の筋層は螺旋状の線維によって形成された斜めに走行する2層の横紋筋により構成される．これらの連続した斜めに走行する筋束は螺旋状に走行し，互いに直角に交差することで2層の筋層を構成する．噴門より5〜10 cmの部位から，内側は輪走し，外側は縦走する．胃食道括約筋は内層の輪走平滑筋および外層の縦走横紋筋より成る．これらの縦走横紋筋束は連続し，胃の平滑筋に一部交わる．猫では心基底部より頭側においては横紋筋で，尾側では平滑筋で構成されている．猫の胃食道括約筋は平滑筋のみにより構成される．

　粘膜下層は粘膜および筋層と緩やかに付着しており，粘液腺を含む．犬ではこの緩やかな結合により比較的弾力性を欠く粘膜層から縦襞が形成される．猫においては心底部付近の食道遠位の筋層が縦襞および横襞を含む．猫の食道はこの縦襞および横襞が組み合わさることにより"ヘリングボーン状"として特徴づけられる（図3.1）．粘膜層は重層扁平上皮より成り，粘膜下腺の開口部を含む．

　頚部食道の血液供給は上甲状腺動脈枝および下甲状腺動脈枝より受ける．胸部食道の頭側2/3は，食道部における気管食道動脈より血液供給を受ける．残り1/3の胸部食道は背側肋間動脈枝より血液供給を受ける．食道終末部においては左胃動脈枝より血液供給される．静脈環流は血液が供給される動脈の付随体を介して行われる．これらの血管の大半は奇静脈に向かい流れる．食道からのリンパ管はさまざまなリンパ節へと向かい，それには咽頭後リンパ節，縦隔リンパ節，気管支リンパ節，門脈リンパ節などが含まれる．食道におけるリンパ管は粘膜下

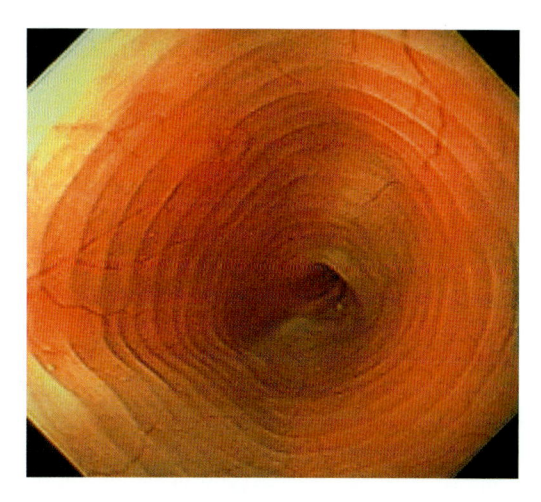

図3.1　健常猫の食道．内視鏡では遠位食道において"ヘリングボーン"状の粘膜襞が観察される（Dr.David Twedt, Colorado State University, Ft. Collins, CO. の好意による）．

織に存在する．

　上部食道括約筋および食道体部における横紋筋は迷走神経の神経枝により支配を受ける．また迷走神経は，食道平滑筋や知覚受容器からの内臓知覚に対する自律神経を含む．食道の知覚支配はC1-L12の脊髄分節より分配されて支配されており，頚部食道ではC2-C6およびT2-T4，胸部食道ではT2-T4およびT8-T12，下部食道括約筋ではT1-L3の脊髄分節がそれぞれ支配している．交感神経もまた食道の神経支配を行っている．

3.2 生理学 [3,4,5]

　飲み込む行為，すなわち嚥下は口腔から胃へ食物を輸送するための一連の協調した動作である．嚥下は3つの相からなるとされている．最初に，口腔咽頭相は口腔咽頭部における食物あるいは食塊をつかむことから始まり，その後に舌底に移動する．この食塊が咽頭の収縮を刺激し，咽頭喉頭部へと移動する．この時，開口していた咽頭（口腔，鼻咽頭，気管開口部）はさまざまな筋群および舌の運動により閉鎖する．嚥下反射は咽頭喉頭部において三叉神経，舌咽神経，喉頭神経の分枝に位置する神経線維などのさまざまな知覚受容器の刺激により開始される．食塊が口腔咽頭部に入ると輪状咽頭筋および甲状咽頭筋は弛緩し，食道上部への通過が可能となる．この括約筋は食塊が通過後直ちに閉鎖し，通常は閉鎖した状態である．食塊が食道に移動すると，嚥下の2段階目である食道相が開始され

る．咽頭で始まった蠕動波は食道に伝播し，胃へと食塊を輸送する．この蠕動波を第一蠕動波と言う．食塊の胃への輸送を行う上で，第一蠕動波では不十分な場合，局所の食道の拡張により第二蠕動波が生じる．嚥下の最後の相である第三相は，胃食道括約筋（GES）の拡張であり，これにより食塊が胃へと輸送される．そしてGESの再度の収縮により，食道への逆流を防ぐ．

嚥下は長く複雑な神経弓によって引き起こされる．嚥下反射は食道における三叉神経，迷走神経および舌咽神経の求心性神経線維が引き金となって引き起こされる．これらのインパルスは外側網様体における嚥下中枢とともに孤束核および疑核において統合される．迷走神経運動核背側からの遠心性神経は，咽頭と食道の筋組織を三叉神経，顔面神経，舌咽神経，迷走神経，舌下神経を介して通過する．

3.3 食道疾患

3.3.1 輪状咽頭部アカラシア

輪状咽頭部アカラシアすなわち嚥下障害は，咽頭食道部括約筋（上部食道括約筋）の障害に分類されるものであり，嚥下の第一相における弛緩不全によって特徴づけられる．[6,7] 本疾患の病因および病態は不明である．本疾患は多くの犬種で報告されている．[8,9] 罹患犬は何度嚥下を試みるも口腔より食物がこぼれ落ちるといった症状が特徴的な嚥下困難を呈する．また，鼻咽頭逆流，流涎，発咳，悪心，体重減少などとともに吐出も認められる．多くの犬は出生時より症状が認められるが，高齢犬でも自然発症することがある．高齢の罹患犬はしばしば重症筋無力症，喉頭麻痺，食道狭窄などの後天性疾患を併発する．[9] 身体検査において削痩など異常が認められることがあるが，併発疾患がない場合には異常は顕著でないことが多い．診断には造影X線透視検査が必要となる（図3.2）．[6-9] 透視検査では嚥下時における複数回の嚥下異常が認められる．食塊は形成されるが，何度嚥下を試みても食道まで通過しない．最終的には小さな食塊として食道を通過することがある．診断された患者の多くは輪状咽頭部の切除術により治療され，比較的奏功するとされている．[7-9] 通常術後直ちに症状の軽減が認められる．誤嚥性肺炎が認められる場合，必要に応じて治療を行うべきである．

3.3.2 食道炎

食道炎は急性あるいは慢性の炎症による食道粘膜の障害である．重度な場合，炎症は粘膜下組織および筋層へと波及する．食道炎の原因には腐食性物質，苛性物質の摂取あるいは異物による閉塞，火傷，感染性物質，持続的な嘔吐などがあるが，おそらく最も多いのは胃食道逆流（GER）である．[9-14] 食道粘膜は胃酸を含むさまざまな物質による障害に対して防御機能を持つ．この防御機能は重層扁平上皮，上皮細胞間のタイトジャンクション，粘液層，プロスタグランジンの産生，表面の重炭酸イオン，蠕動による食道からの物質の除去によってもたらされる．[15]

臨床症状は多くの場合，炎症の重症度および深度と関連する．特徴的な臨床徴候としては嚥下困難，流涎，吐出，悪心，さまざまな程度の食欲低下，頭頸部を伸展し嚥下を繰り返すこと，嚥下痛，嗜眠，体重減少などが含まれる．[11,13,14] 身体検査では明らかな所見は得られないことが多いが，誤嚥性肺炎の徴候（例：発熱，肺音増加のいずれかあるいは両方）が認められることがある．一般に診断法にはミニマムデータベース（CBC，血液生化学検査，尿検査，胸腹部X線検査）が含まれるが，通常明らかな異常所見を認めない．重度の食道炎あるいは誤嚥性肺炎がみられる場合，CBCで白血球増多症を認めることがある．X線透視下でのバリウム食道造影ではGER，食道の部分的拡張，粘膜の不整，運動性の低下などが認められることがあ

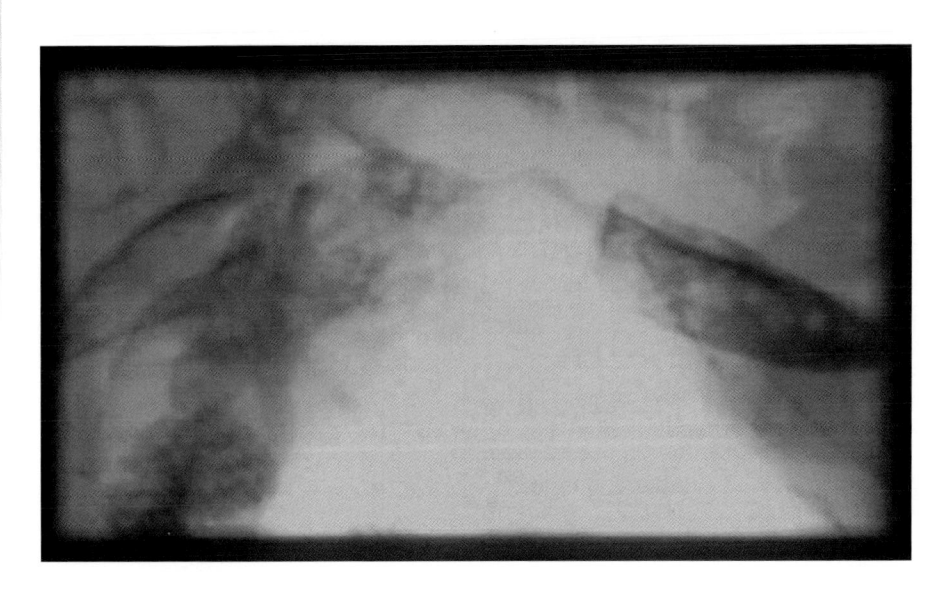

図3.2 犬の輪状咽頭部アカラシアのX線透視画像．6歳齢，去勢雄の雑種犬の成犬期における輪状咽頭部アカラシア．頭部が左側．嚥下を繰り返し試みた後，バリウムが咽頭部に残存することに注目．上部食道括約筋が弛緩できず，バリウムが通過できない．

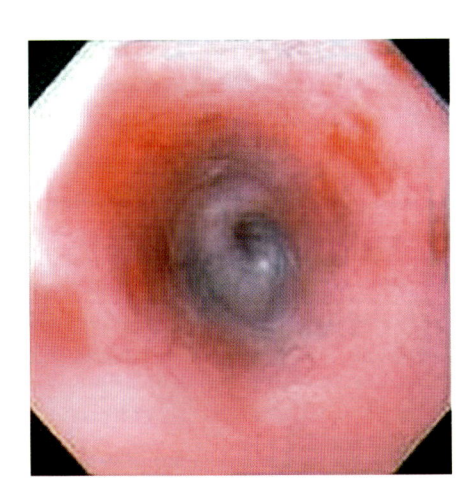

図3.3 食道炎．5日間持続的な嘔吐が認められた5歳齢，避妊雌のドメスティック・ショート・ヘアにおける遠位食道の内視鏡画像．食道炎を示唆する充血およびびらんの領域に注目．

る．[13,14] 確定診断は内視鏡検査および病理組織学検査により行われる．内視鏡検査では粘膜の充血および不整，ポリープ，結節病変などや，潰瘍に伴う出血が認められることがある（図3.3）．[11,13,14,16] 食道の拡張不全は慢性食道炎の特徴所見である．[16] 食道の重層扁平上皮は硬く，通常の器具では生検が困難なことがある．しかし，粘膜の異常病変，びらん病変，潰瘍病変，増殖性病変などは通常容易に生検が可能である．[14,16] 病理組織学検査では上皮のびらん，潰瘍，過形成あるいは異形成，などや粘膜下織におけるリンパ球，形質細胞あるいは好中球の浸潤が認められる．[13,14]

軽度の食道炎に対しては2～3日間の絶食による，保存療法を行うことができる．中等度～重度の食道炎に対しては，より積極的な治療を行うべきである．これまで，中等度～重度の急性食道炎に対しては経口給餌を控え，胃造瘻チューブより栄養補給をすることが推奨されていた．[17] しかし，著者の中には経口給餌を継続することを推奨している者もいる．[13,14,18] 胃造瘻チューブを設置するかは個々の症例に応じて選択すべきである．食欲廃絶状態，全身状態が悪い場合や，穿孔の危険のある食道炎に対しては胃造瘻チューブを設置するべきである．

食道炎に対してはさまざまな内科的治療法が推奨されている．スクラルファート懸濁液の経口投与は最も重要な治療法の1つとされている．スクラルファートはびらん部位および潰瘍部位において細胞保護作用を有する．[19,20] しかし，食道炎に対するスクラルファートの有効性に関する臨床研究はこれまでない．胃酸分泌抑制もまた食道炎の治療法として推奨されている．H_2受容体拮抗薬（例：シメチジン，ラニチジン，ファモチジン）あるいはプロトンポンプ阻害剤（例：オメプラゾール）を使用することで効果が得られる．薬剤の選択は食道炎の重症度およびGERの有無により決定する．重度のびらん性食道炎に対してはプロトンポンプ阻害剤が有効なことがある．[21] 消化管運動改善薬もまた，下部食道括約筋の緊張および胃排出能を亢進することによりGERを軽減させる．[12-14] この目的で，メトクロプラミドとシサプリドが使用されてきた．シサプリドに関しては人医領域での副作用の問題のため，市場に出回らなくなっており，獣医臨床領域での使用目的として入手することは困難である．しかし，シサプリドのさまざまな配合薬剤が提供されている．ラニチジンおよびニザチジンはアセチルコリンエステラーゼ阻害作用により消化管運動を刺激し，食道炎症例に対する胃排出亢進作用として有効である．[22]

3.3.3　胃食道逆流

胃食道逆流性疾患（GERD）は，医学領域で最もよく診断される胃腸障害の1つである．一方，犬および猫において本疾患は，これまであまり一般的ではないとされてきたが，以前考えられていたよりも多くみられるようになっているようである．[13,14,18,23] GERは下部食道括約筋の弛緩による胃内容物の食道への逆流により引き起こされる．その結果として，さまざまな程度の食道炎が起こる．逆流した内容物には酸，ペプシン，さらにトリプシンや胆汁酸も含まれ，食道粘膜障害を起こす．重症度は逆流頻度および逆流内容物により決まる．[24] 胃酸単独の場合，食道炎は軽度であるが，ペプシン，トリプシン，あるいは胆汁酸を含む場合は重度の食道炎が起きることがある．内容物と食道の接触回数が多いほど食道炎が進行する．[24] 最も多い原因は全身麻酔であり，特に開腹手術の過程における動物で認められることが多い．[14,18,23,25] その他，慢性嘔吐，裂孔ヘルニア，食道内異物などがGERの素因となることがあるが，特発性の場合もある．[13,18,23]

GERの臨床症状は，食道炎と同様であることがある．軽度のGERを認める症例では，少量の内容物の吐出，嚥下時の吐き出し，あるいは完全に無症候性のこともある．中等度から重度の症例では，吐出，嚥下痛，嚥下時における頭頚部の伸展，流涎などいずれの症状も中等度から重度の症例において認められる．[13,14] 飼い主には動物が最近全身麻酔をかけられたかを注意深く聴取するべきである．身体検査では顕著な所見はなく，胸部X線検査を含めた最小限のデータベースは正常であることが多い．確定診断は造影X線透視検査および内視鏡検査を組み合わせて行う．造影X線透視検査では食道遠位における胃内容物の逆流，食道の運動性低下を認め，裂孔ヘルニアのような基礎疾患が明らかとなる可能性がある．[13,14] 内視鏡検査では異常を認めないこともあるが，食道炎が認められる場合，さまざまな程度の粘膜充血，粘膜不整，びらん，潰瘍が認められることがある．[13,14] 麻酔前投与や導入に使用されるさまざまな薬剤が食道の緊張を低下させることから，内視鏡検査にて下部食道括約筋の開口を認めた場合，考慮に入れる必要がある．[26]

GERの治療は食道炎と同様である．食道括約筋を緊張させること，胃排出能を亢進させることが重要であるように，食道

の損傷に対して治療することも重要となる．そのため，びらんおよび潰瘍が認められる場合，あるいはそれを予防する目的で，スクラルファート経口懸濁液が使用される．[20] さらに，消化管運動改善薬と同時にH₂受容体拮抗薬あるいはプロトンポンプ阻害剤を投与するべきである．[13,14,22,21] 脂肪が胃の排出能および下部食道括約筋の緊張を低下させるため，以前は低脂肪食あるいは脂肪制限食が推奨されていたが，[17] 近年の人医における報告では，全ての患者に対して当てはまるわけではないとされている．[27,28] 脂肪制限食は最初に使用されることがあるが，体格が維持できない場合，適量の脂肪を含有した食餌を選択すべきである．またいずれの基礎疾患が認められた場合も適切に対処するべきである．しかし獣医領域で原発性GER患者に対して人医のように外科的治療を行うことは推奨されない．[29]

3.3.4 食道内異物

犬では食道内異物が比較的よく認められるが，猫では犬ほどはみられない．犬において最も遭遇する機会の多い食道内異物は骨や釣針，食餌，圧縮されたおやつ用ガムなどである．[30-34] 猫では釣針，針，毛髪石が最もよく認められる．[30,35] 異物は通常，食道内の拡張能の低い部位，すなわち胸郭入口，心基底部および噴門部付近に留まることが多い．[16,30-32] 異物による食道に対する損傷の程度は，閉塞の期間，異物のサイズおよび鋭度による．[17] 食道壁の圧迫壊死が起こることがあり，異物が大型の場合や長期間滞留している場合に重度となる傾向がある．食道壁全層に損傷が起きることもあり，その結果，食道穿孔，縦隔炎，胸膜炎，致死性の出血が起こりうる．[33] 臨床症状は食道閉塞と同様であり，吐出，嚥下痛，流涎，食欲低下，嚥下困難，口臭，悪心，吐き気などがみられる．[30,32,34] 飼い主が動物の異物摂取を目撃していることもある．身体検査では異常を認めないこともあるが，頭頚部進展時の繰り返される嚥下，流涎，また時として前傾姿勢をとるようになど，食道の疼痛の徴候がみられることがある．診断は病歴および胸部X線検査所見によりしばしば行われる（図3.4）．X線透過性異物の場合，造影検査が必要となるかもしれない．食道穿孔の所見が認められることがあり，それには縦隔気腫，気胸，縦隔あるいは胸膜の液体貯溜などが含まれるが，これらの所見が当てにならないこともある．[36]

食道異物の除去は直ちに，あるいは患者の状態の安定後すぐに実施すべきである．穿孔が認められない場合，内視鏡による除去が望ましい（図3.5）．[30,32,34,35,37] 異物は口腔内より取り出す，あるいは胃内にそっと押し込んだ後，胃切開により取り除く，あるいは消化させることがある（骨，食渣など）．内視鏡による食道異物の除去を行う際には細心の注意を払う必要がある．内視鏡による異物除去の際に穿孔を起こす可能性がある．異物が除去されたならば食道粘膜に障害がないかを十分観察するべきである（図3.5b）．通常，粘膜の紅斑および軽度のびらん病変が認められる．穿孔が疑われる場合，内視鏡による異物除去後，胸部X線検査を再度実施することが必要である．X線透視下における異物除去が奏功した症例もある．[31] 内視鏡による除去が不可能な場合や，食道穿孔が起きた場合は外科的除去が必要となることがある．[32,34,36,37]

異物除去の際，食道粘膜に損傷がない場合やわずかに損傷を

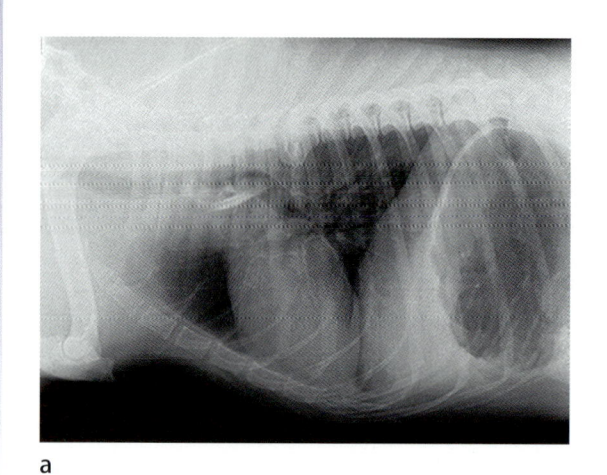

図3.4 a, b 食道内異物．X線側方像および腹背像．3歳齢，避妊雌のアメリカン・スタッフォードシャー・テリアで，3日間の吐出および食欲低下が認められた．骨状の食道内異物が，側方像では第三，第四肋間における気管の腹側で，腹背像では正中左側第三肋骨の位置において認められる．

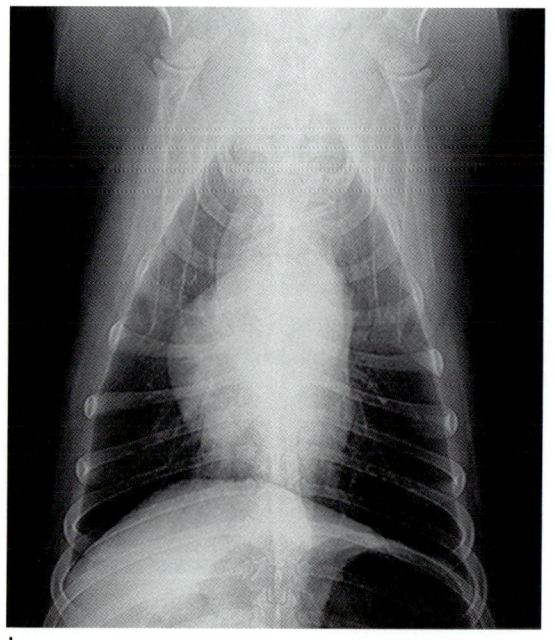

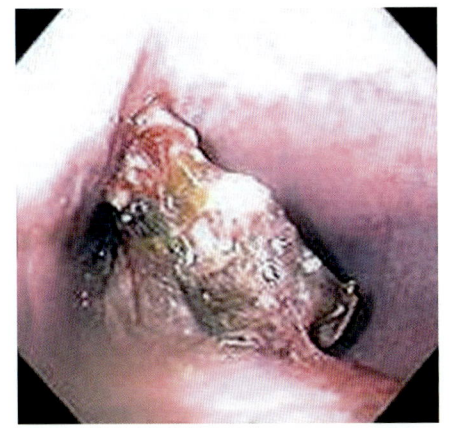

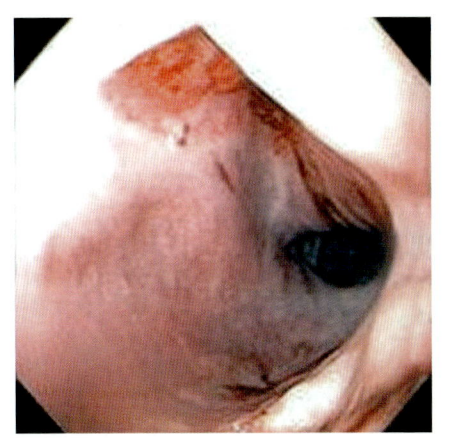

図 3.5 a, b　食道内異物．図 3.4 と同一の犬で，骨状異物の除去前および除去後における内視鏡画像．

認めるだけの場合は，内科的治療の必要はない．軽度から重度の損傷が認められる動物に対しては，食道炎に対する治療をすべきである．[17] また食道粘膜のバリアー機能の損傷に対して広域スペクトラムの抗生物質の予防的投与を行うこともある．食道狭窄の形成を予防するために抗炎症用量のコルチコステロイドの使用が推奨されることもあるが，その効果に関してはまだ証明されていない．重度の食道粘膜の損傷がある場合は食道粘膜を休めるため，胃造瘻チューブを介しての給餌が望まれるかもしれない．予後は一般的には良好だが，合併症を起こす動物もおり，最も一般的な合併症は食道狭窄である．[18,23,32]

3.3.5　食道狭窄

食道狭窄は食道の粘膜下織および筋層における損傷に付随して起こる．これらの部位における損傷は線維性結合組織の産生を刺激する．[38] 粘膜層のみの損傷の場合，通常食道狭窄の形成は起こらない．良性の食道狭窄は犬，猫において報告されており，原因には異物や苛性物質の摂取があるが，麻酔時におけるGERに付随して起こることが最も多い．[18,23,32,39,40] また猫においては，ドキシサイクリンの経口投与による二次的食道狭窄の発生が報告されている．[41]

食道狭窄を呈する症例の臨床症状には，吐出，流涎，嚥下困難，嚥下痛，食欲不振，体重減少が含まれる．[18,23,38] 身体検査では誤嚥性肺炎発症の場合，発熱，発咳が認められることがあるが，通常は異常を認めないことが多い．

胸部 X 線検査を含めた最小限の診断データベースでは異常所見は認められないことが多い．狭窄部の頭側に一部拡張した食道が胸部 X 線により認められることがあるかもしれない（図 3.6）．確定診断は X 線透視検査（図 3.7），内視鏡検査（図 3.8）のいずれかあるいは両方によりなされる．[23,40] 食道の内視鏡検査により食道粘膜の評価を行うことが可能となり，治療指針の一助となる．

現在，食道狭窄の治療の第一選択となるのがバルーン拡張術である（図 3.9）．[12,18,23,39,40] バルーン拡張術は通常内視鏡下で実施するが，X 線透視下で行うこともある．[18,23,39,40] 狭窄部位は数，位置，重症度などが多様である．[13,23,39,40] バルーン拡張術は典型的には症例一頭に対し，平均 2〜4 回繰り返して実施する必要がある．[18,23,39,40] 実施間隔もまた症例ごとに変わるが通常 4〜7 日である．[18,23] バルーン拡張術の合併症には食道穿孔や食道

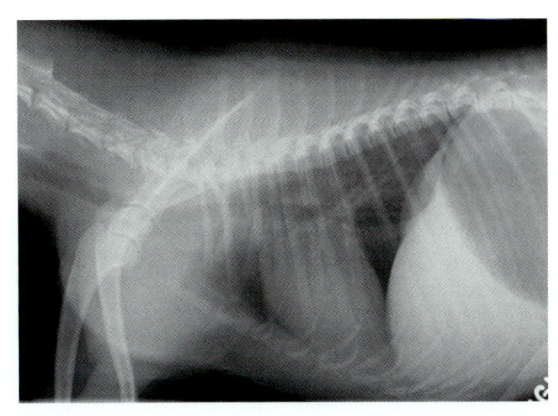

図 3.6　食道狭窄．吐出，嚥下困難，食欲低下を認めた 2 歳齢，去勢雄のミニチュア・ピンシャーにおける胸部 X 線側方像．この犬は 2 週間前に異物を食べたところをみられている．少量の空気が食道中部に認められる．

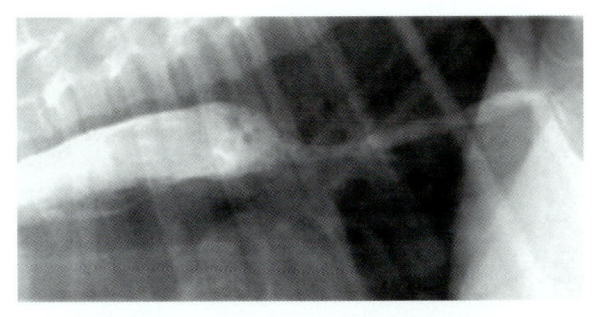

図 3.7　食道狭窄．図 3.6 と同一の犬における食道バリウム造影像．食道中部から遠位部において狭窄が認められる．

図 3.8（左）：食道狭窄．図 3.6 および図 3.7 と同一の犬における食道狭窄の内視鏡画像．蒼白から白色の線維性組織に注目．狭窄部の直径はおよそ 3mm であった．

図 3.9（右）：バルーン拡張術後の食道狭窄．図 3.6〜図 3.8 と同一の犬における食道狭窄に対して，バルーン拡張術を実施した後の内視鏡画像．狭窄部の直径はおよそ 15mm になっている．バルーン拡張術実施後しばしば認められる，出血および粘膜の裂傷に注目．この犬では合計で 3 回のバルーン拡張術が実施され，缶詰食を吐出することなく食べられるようになった．

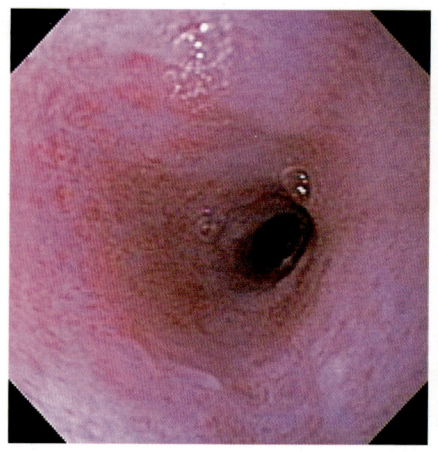

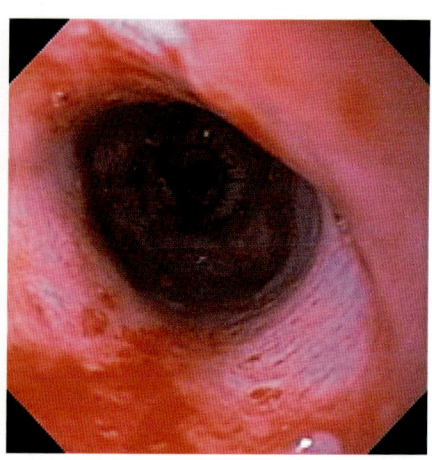

断裂がある．[18,23,40,42] 胃造瘻チューブの設置は必ずしも全ての症例に対して必要ではないが，食道の障害が重度な場合に推奨される．[17,18,39] 食道炎に対する治療はバルーン拡張術実施後に開始するべきである．コルチコステロイドの使用は食道狭窄の再形成の予防に対して推奨される．[10] コルチコステロイドなどの治療は臨床的にその効果は証明されていないが，補助的治療として有効性を示唆する報告がある．[18,23] ブジーもまた食道狭窄部位を拡張する手法として報告されているが，すでに良好な成績が得られているバルーンカテーテルと比較すると使用頻度は低い．[12] 狭窄部位の外科的切除，あるいはその他の外科的手法も報告されているが，通常これは再発時や穿孔した場合に限って行われる．[43,44] 臨床試験の結果で，バルーン拡張術は 70〜88％の食道狭窄症例において良好な結果が得られており，缶詰やドライフードを給餌する際の吐出は認められないか，認められても最小限で済むまでに回復するとされている．[18,23,39,40]

3.3.6　食道憩室

食道憩室は，食道壁が囊状に拡張したものである．憩室は先天的にも後天的にも形成され，圧出性憩室および牽引憩室とに分類される．圧出性憩室は，筋層および外膜を欠く食道粘膜の袋状の突出である．[37,45] 圧出性憩室は通常後天性であり，食道内圧の上昇および重度の炎症に付随して形成される．食道炎，食道狭窄，異物，食道裂孔ヘルニアが罹患素因となる．[10] 牽引憩室は通常後天性であり，食道近位に隣接する胸腔内における炎症に付随する．この胸腔内における炎症は線維組織を形成し，収縮して食道壁を外側に牽引する．[10] このタイプの憩室は食道壁の 4 層全てを巻き込み，異物による食道穿孔に付随して起こるのが最も一般的である．[10] 犬ではいずれのタイプの食道憩室についても報告があるが，猫においては 1 症例で報告されているのみである．[45-47] 小型の憩室の場合，臨床症状は明らかでないこともある．大型の憩室では食物が滞留し，食後の呼吸困難，吐出，嚥下痛，食欲不振などを引き起こす．

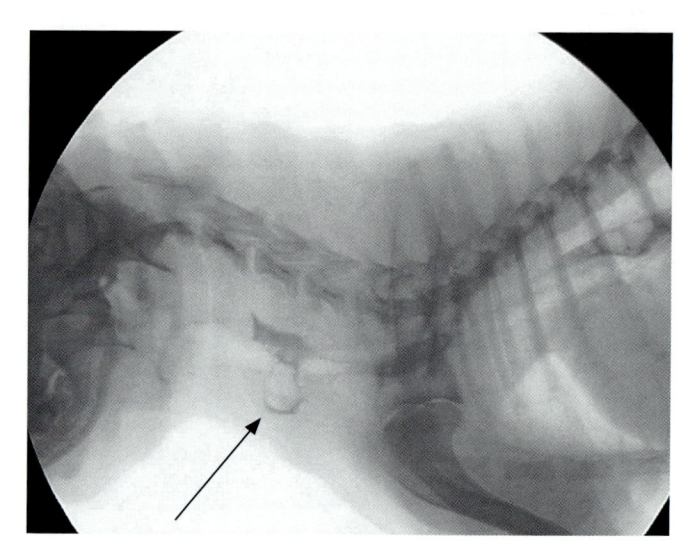

図 3.10　食道憩室．小型の食道憩室を認めた 1 歳齢，去勢雄のシーズーにおける造影 X 線透視画像．この検査は内視鏡による骨状異物除去後 1 ヵ月後に経過観察のため実施された．この犬は無症候性の食道憩室であった．

最小限の診断データベースでは通常顕著な所見は認められない．胸部 X 線検査では通常，気体，液体，あるいは食物を含む囊状物が明らかとなる．小型の憩室は，特にチャイニーズシャーペイ，若齢犬，短頭種では正常の食道の撓みと区別しなければならない．[10,17] 造影 X 線検査は憩室の輪郭を描出し，他の胸部軟部組織との区別の補助となる（図 3.10）．内視鏡は確定診断のために用いられ，潰瘍および瘢痕を確認することができる．[16] 小型の憩室に対しては刺激の少ない，軟らかい食餌を立位で与えることで管理され，予後は通常良好である．大型の憩室に対しては外科的切除が必要となり，予後不良であるが外科的管理による成功例も報告されている．[45,46]

3.3.7 気管支食道瘻

気管支食道瘻は，食道と気管，または主気管支幹が開通したものをいう．犬，猫では先天性，後天性のいずれもあまり報告がされていない．[48-51] 後天性の気管支食道瘻は異物による食道の貫通に付随して形成されるのが最も一般的である．[50] 先天性の気管支食道瘻についても述べられており，おそらくケアン・テリアで好発するとされる．[49,50] 最も一般的な臨床症状は食後，または飲水後の発咳と呼吸困難である．[49] その他の臨床症状には吐出，食欲不振，発熱，嗜眠などが挙げられ，これらの症状のいくつかは誤嚥性肺炎と関連する．

最小限の診断データベースでは通常，肺炎に付随した白血球増加が認められ，左方移動を伴う場合と伴わない場合がある．X線検査ではX線不透過性異物が明らかになることがある．しかし，異物はすでに除去されていることもあり，肺炎のみが異常所見として認められるかもしれない．確定診断には食道造影検査が必要であり，食道と気道の交通を確認できることがある．ヨード系造影剤は高浸透圧なため気道に到達すると肺水腫を引き起こす可能性があることから，造影には少量のバリウムを使用することが推奨されている．[17,49-51] 内視鏡と気管支鏡は補助診断ツールとして使用されることがある．[50]

治療には外科的整復が必要である．通常，食道壁の整復に加え肺葉切除が必要となる．[49,50] 外科手術後生存した動物に関しては完治が見込め，予後は良好である．

3.3.8 巨大食道

巨大食道は食道の蠕動の低下，あるいは停止を伴う食道体部の拡張を言う．巨大食道は先天性特発性，後天性特発性，あるいは後天性二次性の障害として表される．[52-66] 先天性巨大食道は犬および猫で報告されており，遺伝的背景の存在が示唆されている．[52,53,55] 二次性巨大食道の原因となる最も一般的な基礎疾患は重症筋無力症である．[63,64,67,68] その他の基礎疾患としては多発性神経症，鉛中毒，多発性筋症，胸腺腫（腫瘍随伴性重症筋無力症による），副腎皮質機能低下症，自律神経障害などであり，また甲状腺機能低下症やその他の疾患も基礎疾患となり得る．[57-62,65,66] 成犬での特発性巨大食道は，以前はその原因が下部食道括約筋の弛緩異常と関連すると考えられていたため，食道アカラシアと呼ばれていた．しかし，この説は今では否定されており，現在のところ原発性巨大食道の病因および病態は明らかになっていない．犬において，嚥下に対する上部および下部食道括約筋の反応は正常であるが，管腔内の刺激に対する食道括約筋の反応が消失あるいは低下した例が報告されている．[69] この報告および他の報告により，犬の特発性巨大食道の根本的な異常は食道の求心性迷走神経支配にあることが示唆されている．[70]

原因にかかわらず，吐出が巨大食道の最も一般的な臨床症状である．巨大食道の患者は誤嚥性肺炎を起こさない限り，通常食欲は保持される．吐出は食後直後，あるいは数時間後に起きることがある．流涎および体重減少もよく認められる．身体検査では基礎疾患が存在しない限り顕著なものは認められないことが多い（重症筋無力症において全身性の虚弱が認められることがある）．最小限の診断データベースでは正常であることが多い．胸部X線検査では通常，び漫性に拡張した食道における気体，食物，液体の充満が認められる（図3.11）．疑わしい症例においては造影X線透視検査が食道運動の程度および障害部位の検出の助けとなる．確定診断は血清抗アセチルコリン受容体抗体価，ACTH刺激試験，鉛濃度，あるいはその他の適切な検査によって，巨大食道の原因と知られている他の疾患を

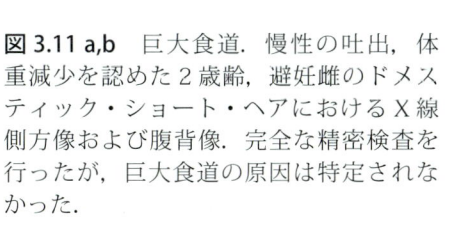

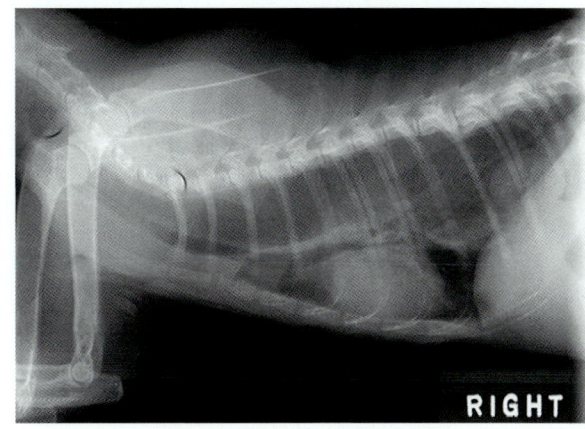

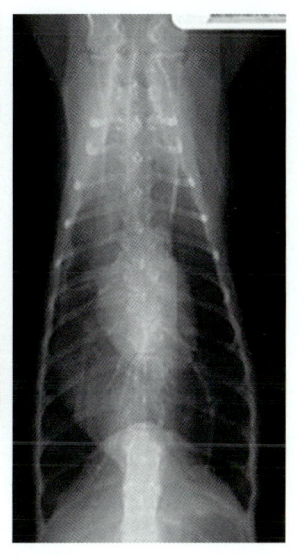

図3.11 a,b 巨大食道．慢性の吐出，体重減少を認めた2歳齢，避妊雌のドメスティック・ショート・ヘアにおけるX線側方像および腹背像．完全な精密検査を行ったが，巨大食道の原因は特定されなかった．

除外することによりなされる.[68] 内視鏡検査は閉塞性疾患の除外の補助となるが,一般的に必ずしも必要ではない.

もし基礎疾患が存在する場合ならば,適切に治療すべきである.例えば,重症筋無力症の動物は免疫抑制剤やコリンエステラーゼ阻害剤により良好な反応が得られることがある.[64,71] 他の症例,特に限局性の病変を有している場合,支持療法により症状の自然治癒が認められることがある.[67] 残念ながら現在,先天性あるいは後天性の特発性巨大食道の確実な治療法はなく,これらの症例に対しては支持療法で治療するしかない.誤嚥性肺炎が認められた場合,直ちに治療すべきである.食餌管理は,頻回少量を立位で給餌するか,あるいは胃造瘻チューブを介して高品質,高カロリーの食餌を与えるべきである.粥状にした食餌が良い動物もいれば,缶詰食をミートボール状にすることで吐出の頻度が減少する動物もいる.消化管運動改善薬(例;メトクロプラミド,シサプリド)は,犬では食道が全層に渡り骨格筋で構成されていることから食道収縮を刺激しないであろう.[72] 猫では食道遠位が平滑筋により構成されていることからこれらの薬剤が有効であるかもしれないが,これらの有効性を検証した臨床研究あるいは実験は報告されていない.巨大食道に対する外科的治療(筋切開術)は良好な結果が得られないとされている.[10]

先天性,あるいは後天性の特発性巨大食道の予後は慎重に判断しなければならない.若齢犬では成長するにつれて食道の機能が回復することがある.[53] 成長後に発症した巨大食道症は予後不良であるとされているが,一過性の症例もまれではあるが報告されている.[73]

3.3.9 裂孔ヘルニア

裂孔ヘルニアは横隔食道靱帯の異常および伸展によって起こり,腹部食道,胃食道接合部,胃の一部などや,あるいは他の腹腔臓器がヘルニア孔を介して胸腔に脱出するものである.滑脱型ヘルニアは腹部食道および胃の一部が1つのまとまりとして胸部へ脱出したときに起こる.傍食道型ヘルニアは,胃の一部やあるいは他の腹部臓器が食道の傍から胸部に脱出したときに起こる.[74] 先天性の滑脱型ヘルニアはチャイニーズ・シャーペイで報告されており,これが最も一般的なタイプのようである.[74,75] 滑脱型の裂孔ヘルニアは猫でも起こることがあるが,全体としてはまれである.[76,77] 傍食道型裂孔ヘルニアの発生はまれである.裂孔ヘルニアは外傷により後天的に発生することもある.裂孔ヘルニアの最も一般的な臨床症状は GER により引き起こされ,それには散発的,あるいは持続的な吐出,嘔吐,嚥下困難,呼吸困難や流涎などが含まれる.[75-77] しかし,軽症例の動物では無症候であることもある.[74] 診断は,胸部 X 線検査によって明らかになることがある.軟部組織の不透過性が胸部後背側の食道領域に認められることがある(図 3.12).遠位食道の拡張がみられることもある.裂孔ヘルニアはしばしば動的な状態にあり,診断のために複数回の X 線暴露が必要とな

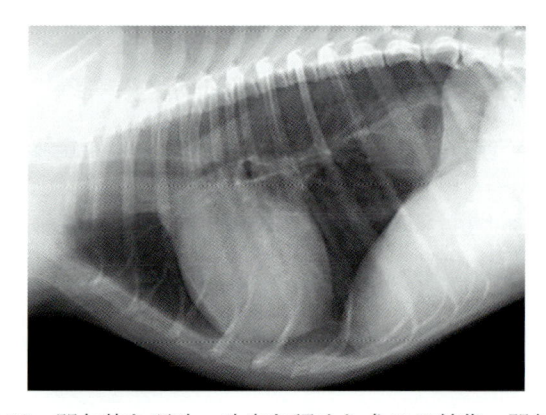

図 3.12 間欠的な嘔吐,吐出を認めた犬の X 線像.間欠的な発作性の嘔吐,吐出を認めた 4 歳齢,去勢雄のビーグルにおける胸部 X 線側方像.

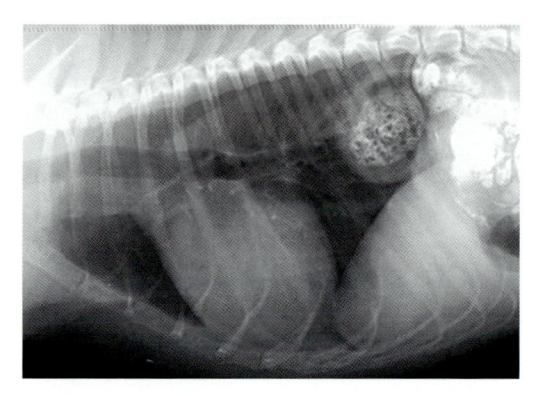

図 3.13 裂孔ヘルニア.図 3.12 と同一の犬の造影 X 線検査像で,裂孔ヘルニアが描出されている.

るかもしれない.症例によっては診断を確認するために造影 X 線透視検査が必要となることがある(図 3.13).そのような状態では,内視鏡下での診断はより困難となる.外科的整復は先天性ヘルニアを呈した動物に対して通常必要となる.[74-77] 後天性ヘルニアでは,少量頻回の給餌,H_2 受容体拮抗薬,消化管運動改善薬などや,あるはスクラルファート懸濁液などによる内科的管理に反応を示すことがある.[74,77]

3.3.10 胃食道重積

胃食道重積は胃全体あるいは一部が胸部食道に陥入するものである.一般的にその発生はまれであるが,幼犬において最も多くみられるとされ,成犬,成猫においても発生が報告されている.[70-80] 罹患素因としては巨大食道,食道括約筋の機能不全が含まれるであろう.臨床症状は食道閉塞の症状であり,吐出,疼痛,嚥下困難,呼吸困難,吐血などが含まれ,それらは通常急性で,重篤である.死亡する場合もあり,その原因は主に静脈環流量の低下によると考えられている.X 線検査が診断に用いられ,通常,遠位食道における軟部組織様腫瘤陰影,近位食

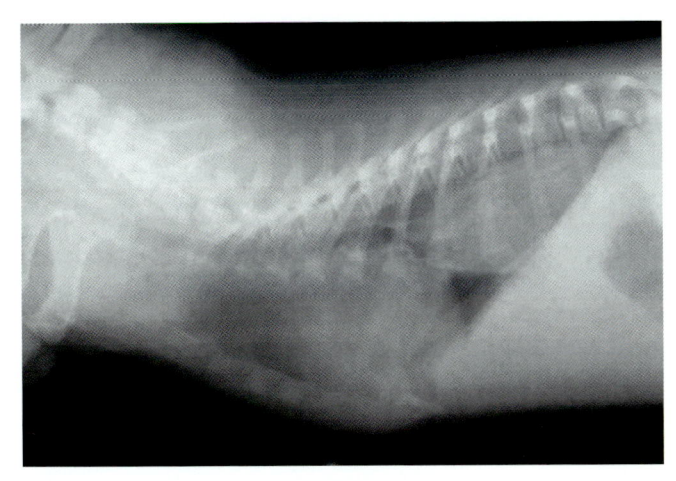

図 3.14 胃食道重積．軟部組織腫瘤陰影を認めた，4ヵ月齢，雄のレトリーバーにおける胸部 X 線側方像．この子犬は内視鏡および外科手術の際に胃食道重積と診断された．

道の拡張が認められる（図 3.14）．また胃粘膜襞が食道内にみられることもある．内視鏡は補助診断ツールとして使用されることがあり，遠位食道内における胃粘膜襞が明らかになるであろう．[16] 通常，外科手術は患者の状態が安定した後に必要とされる．[79] ある報告では，内視鏡による持続的な送気が功を奏したとされている．[10]

3.3.11 血管輪異常

血管輪異常は胎子期の大動脈弓が異常に形成さることにより生じ，血管輪が形成されることで食道を狭窄する．最もよく認められる奇形は右大動脈弓遺残であり，そこにおいて心臓，異常に形成された大動脈の右側，肺動脈，そして大動脈と肺動脈を接続する動脈管索の間において食道が絞扼される．[81,82] 犬および猫で報告されている他の血管輪異常には，重複大動脈弓，右動脈管開存症，左鎖骨下動脈による大動脈狭窄症が挙げられる．[83-86]

臨床症状は食道狭窄や誤嚥性肺炎に関連し，離乳期における吐出，発咳，嗜眠などの発現が挙げられる．食物で拡張した食道は頚部領域において触知されることがある．診断は胸部 X 線検査で行われ，食道の局所的な拡張および心基底部における食道の狭小化が認められる．食道周囲の血管輪の外科的切除は治療選択肢の 1 つである．[82,83,85] 最近では胸腔鏡を用いた手術手法が奏功したとされている．[87] 完全に回復した際の予後は良好であるが，中には食道のサイズや機能が正常に戻らず，持続的な食道拡張が認められる犬もいる．[82,83,85,86]

> 🔑 **キーポイント**
> - 診断に関わらず，食道疾患の臨床症状はしばしば類似しており，それには吐出，流涎，嚥下困難などが挙げられる．
> - X 線透視検査は，食道運動障害の診断する上で，検査の選択肢になる．
> - 食道鏡検査はさまざまな食道疾患の診断および治療のための貴重なツールとなる．
> - 食道炎は通常 H_2 受容体拮抗薬やプロトンポンプ阻害剤，スクラルファート懸濁液，消化管運動改善薬などで治療される．症例によっては栄養補助のために胃造瘻チューブが必要となることもある．

参考文献

1. Evans HE. *Miller's Anatomy of the Dog.* Philadelphia, WB Saunders, 1993; 420 – 425.
2. Hudson LC, Hamilton WP. *Atlas of Feline Anatomy for Veterinarians.* Philadelphia, WB Saunders, 1993; 149 – 155.
3. Ganong WF. Regulation of gastrointestinal gunction. *In*: *Review of Medical Physiology. 16th ed.* Norwalk, CT, Appleton and Lange, 1993; 438 – 467.
4. Doty RW. Neural organization of deglutition. *In*: Code CF (ed.) *Handbook of Physiology.* Sec 6; Alimentary canal, Vol 4. Washington, DC, American Physiological Society, 1968; 1861 – 1902.
5. Miller AJ. Deglutition. *Physiol Rev* 1982; 62: 129 – 184.
6. Suter PF, Watrous BJ. Oropharyngeal dysphagias in the dog: a cinefluorographic analysis of experimentally induced and spontaneously occurring swallowing disorders. *Vet Radiol* 1980; 21: 24 – 39.
7. Goring RL, Kagan KG. Cricopharyngeal achalasia in the dog: radiographic evaluation and surgical management. *Compend Contin Educ Pract Vet* 1982; 5: 438 – 444.
8. Niles JD, Williams JM, Sullivan M et al. Resolution of dysphagia following cricopharyngeal myectomy in six young dogs. *J Small Anim Pract* 2001; 41 (1): 32 – 35.
9. Warnock JJ, Marks SL, Pollard R et al. Surgical management of cricopharyngeal dysphagia in dogs: 14 cases (1989 – 2001). *J Am Vet Med Assoc* 2003; 223 (10): 1462 – 1468.
10. Guilford WG, Strombeck DR. Diseases of swallowing. *In*: Guilford WG, Center SA, Strombeck DR et al (eds.) *Strombeck's Small Animal Gastroenterology.* Philadelphia, WB Saunders, 1996; 211 – 238.
11. Mylonakis ME, Rallis TS, Koutinas AF et al. A comparison between ethanol-induced chemical ablation and ivermectin plus prednisolone in the treatment of symptomatic esophageal spiro-

cercosis in the dog: a prospective study on 14 natural cases. *Vet Parasit* 2004; 120: 131 – 138.
12. Sellon RK, Willard MD. Esophagitis and esophageal strictures. *Vet Clin North Am (Small Anim Pract)* 2003; 33 (5): 945 – 967.
13. Han E, Broussard J, Baer KE. Feline esophagitis secondary to gastroesophageal reflux disease: Clinical signs, radiographic, endoscopic, and histopathological findings. *J Am Anim Hops Assoc* 2003; 39: 161 – 167.
14. Han E. Diagnosis and management of reflux esophagitis. *Clin Tech in Small Anim Pract* 18 (4): 231 – 238.
15. Galmiche JP, Janssens J. The pathophysiology of gastro-oesophageal reflux disease: an overview. *Scand J Gastroenterol* 1983; Suppl 211: 201 – 208.
16. Gualtieri M. Esophagoscopy. *Vet Clin North Am (Small Anim Pract)* 2001; 31 (4): 605 – 630.
17. Washabau RJ. Diseases of the Esophagus. *In*: Ettinger SJ, Feldman EC (eds.) *Textbook of Veterinary Internal Medicine, 4th ed.* Philadelphia, WB Saunders, 2000; 1142 – 1154.
18. Leib MS, Dinnel H, Ward DL et al. Endoscopic balloon dilation of benign esophageal strictures in dogs and cat. *J Vet Intern Med* 2001; 15: 547 – 552.
19. Clark S, Katz PO, Wu WC et al. Comparison of potential cytoprotective action of sucralfate and cimetidine: studies with feline esophagitis. *Am J Med* 1987; 83: 56 – 60.
20. Katz PO, Geisinger KR, Hassan M et al. Acid-induced esophagitis in cats is prevented by sucralfate but not synthetic prostaglandin E. *Dig Dis Sci* 1988; 33: 217 – 224.
21. Maton PN, Orlando R, Joelsson B. Efficacy of omeprazole versus ranitidine for symptomatic treatment of poorly responsive acid reflux disease – a prospective, controlled trial. *Aliment Pharmacol Ther* 1999; 13: 819 – 826.
22. Hall JA, Washabau RJ. Diagnosis and treatment of gastric motility disorders. *Vet Clin North Am (Small Anim Pract)* 1999; 29 (2): 377 – 395.
23. Adamama-Moraitou KK, Rallis TS, Prassinos NN et al. Benign esophageal stricture in the dog and cat: a retrospective study of 20 cases. *Can J Vet Res* 2002; 66: 55 – 59.
24. Evander A, Little AG, Riddell RH et al. Composition of the refluxed material determines the degree of reflux esophagitis in the dog. *Gastroenterology* 1987; 93 (2): 280 – 286.
25. Galatos AD, Raptopoulos D. Gastro-oesophageal reflux during anaesthesia in the dog: the effect of age, positioning, and type of surgical procedure. *Vet Rec* 1995; 137 (20): 513 – 516.
26. Strombeck DR, Harrold D. Effects of atropine, acepromazine, meperidine, and xylazine on gastroesophageal sphincter pressure in the dog. *Am J Vet Res* 1985; 46 (4): 963 – 965.
27. Penagini R, Mangano M, Bianchi PA. Effect of increasing the fat content but not the energy load of a meal on gastro-oesophageal reflux and lower oesophageal sphincter motor function. *Gut* 1998; 42: 330 – 333.
28. Pehl C, Waizenhoefer CD, Wendl B et al. Effect of low and high fat meals on lower esophageal sphincter motility and gastroesophageal reflux in healthy subjects. *Am J Gastroenterol* 1999; 94 (5): 1192 – 1196.
29. Metz DC. Managing gastroesophageal reflux disease for the lifetime of the patient: evaluating the long-term options. *Am J Med* 2004; 117 Suppl 5A: 49S – 55S.
30. Michels GM, Jones BD, Huss BT et al. Endoscopic and surgical retrieval of fishhooks from the stomach and esophagus in dogs and cats: 75 cases (1977 – 1993). *J Am Vet Med Assoc* 1995; 207 (9): 1194 – 1197.
31. Moore AH. Removal of oesophageal foreign bodies in dogs: use of the fluoroscopic method and outcome. *J Small Anim Pract* 2001; 42 (5): 227 – 230.
32. Kaiser S, Forterre F, Kohn B et al. Oesophageal foreign bodies in dogs: a retrospective study of 50 cases (1999 – 2003). *Kleintierpraxis* 2003; 48 (7): 397 – 400.
33. Cohn LA, Stoll MR, Branson KR et al. Fatal hemothorax following management of an esophageal foreign body. *J Am Anim Hosp Assoc* 2003; 39: 251 – 256.
34. Spielman BL, Shaker EH, Garvey MS. Esophageal foreign body in dogs: a retrospective study of 23 cases. *J Am Anim Hosp Assoc* 1992; 28: 570 – 574.
35. Squires RA. Oesophageal obstruction by a hairball in a cat. *J Small Anim Pract* 1989; 30: 311 – 314.
36. Parker NR, Walter PA, Gay J. Diagnosis and surgical management of esophageal perforation. *J Am Anim Hosp Assoc* 1989; 25: 587 – 595.
37. Ryan WW, Greene RW. The conservative management of esophageal foreign bodies and their complications: a review of 66 cases in dogs and cats. *J Am Anim Hosp Assoc* 1975; 11 (3): 243 – 249.
38. Weyrauch EA, Willard MD. Esophagitis and benign esophageal strictures. *Comp Cont Ed Pract Vet* 1998; 20 (2): 203 – 212.
39. Melendez LD, Twedt DC, Weyrauch EA et al. Conservative therapy using balloon dilation for intramural, inflammatory esophageal strictures in dogs and cats: a retrospective study of 23 cases [1987 – 1997]. *Eur J Comp Gastroenterol* 1998; 3 (1): 31 – 36.
40. Harai BH, Johnson SE, Sherding RG. Endoscopically guided balloon dilatation of benign esophageal strictures in 6 cats and 7 dogs. *J Vet Intern Med* 1995; 9 (5): 332 – 335.
41. Melendez LD, Twedt DC. Esophageal strictures secondary to doxycycline administration in 4 cats. *Feline Pract* 2000; 28 (2): 10 – 12.
42. Willard MD, Delles EK, Fossum TW. Iatrogenic tears associated with ballooning of esophageal strictures. *J Am Anim Hosp Assoc* 1994; 30 (5): 431 – 435.
43. Johnson KA, Maddison JE, Allan GS. Correction of cervical esophageal stricture in a dog by creation of a traction diverticulum. *J Am Vet Med Assoc* 1992; 201 (7): 1045 – 1048.
44. Gregory CR, Gourley IM, Bruyette DS et al. Free jejunal segment for treatment of cervical esophageal stricture in a dog. *J Am Vet Med Assoc* 1988; 193 (2): 230 – 232.
45. Lantz GC, Bojrab MJ, Jones BD. Epiphrenic esophageal diverticulectomy. *J Am Anim Hosp Assoc* 1976; 12 (5): 629 – 635.
46. Faulkner RT, Caywood D, Wallace LJ et al. Epiphrenic esophageal diverticulectomy in a dog: a case report and review. *J Am Anim Hosp Assoc* 1981; 17 (1): 77 – 81.
47. Fukata T. Esophageal diverticulum-like pouch in a cat with allergic bronchitis. *Vet Med Small Anim Clin* 1984; 79 (2): 175 – 178.
48. Park RD. Bronchoesophageal fistula in the dog: literature survey, case presentations, and radiographic manifestations. *Comp Cont Ed Pract Vet* 1984; 6 (7): 669 – 677.
49. Basher AW, Hogan PM, Hanna PE et al. Surgical treatment of a congenital bronchoesophageal fistula in a dog. *J Am Vet Med Assoc* 1991; 199 (4): 479 – 482.
50. Nawrocki MA, Mackin AJ, McLaughlin R et al. Fluoroscopic and endoscopic localization of an esophagobronchial fistula in a dog. *J Am Anim Hosp Assoc* 2003; 39: 257 – 261.
51. Freeman LM, Rush JE, Schelling SH et al. Tracheoesophageal fistula in two cats. *J Am Anim Hosp Assoc* 1993; 29 (6): 531 – 535.
52. Clifford DH, Soifer FK, Wilson CF et al. Congenital achalasia of the esophagus in four cats of common ancestry. *J Am Vet Med*

Assoc 1971; 158 (9): 1554 – 1560.
53. Cox VS, Wallace LJ, Anderson VE et al. Hereditary esophageal dysfunction in the Miniature Schnauzer dog. *Am J Vet Res* 1980; 41 (3): 326 – 330.
54. Boudrieau RJ, Rogers WA. Megaesophagus in the dog: a review of 50 cases. *J Am Anim Hosp Assoc* 1985; 21 (1): 33 – 40.
55. Knowles KE, O'Brien DP, Amann JF. Congenital idiopathic megaesophagus in a litter of Chinese Shar Peis: clinical, electrodiagnostic, and pathologic findings. *J Am Anim Hosp Assoc* 1990; 26 (3): 313 – 318.
56. Rogers WA, Fenner WR, Sherding RG. Electromyographic and esophagomanometric findings in clinically normal dogs and in dogs with idiopathic megaesophagus. *J Am Vet Med Assoc* 1979; 174 (2): 181 – 183.
57. Shell LG, Jortner BS, Leib MS. Familial motor neuron disease in Rottweiler dogs: neuropathologic studies. *Vet Pathol* 1987; 24 (2): 135 – 139.
58. Maddison JE, Allan GS. Megaesophagus attributable to lead toxicosis in a cat. *J Am Vet Med Assoc* 1990; 197 (10): 1357 – 1358.
59. Braund KG, Shores A, Cochrane S et al. Laryngeal paralysis-polyneuropathy complex in young Dalmatians. *Am J Vet Res* 1994; 55 (4): 534 – 542.
60. Jaggy A, Oliver JE, Ferguson DC et al. Neurological manifestations of hypothyroidism: a retrospective study of 29 dogs. *J Vet Intern Med* 1994; 8 (5): 328 – 336.
61. Evans J, Levesque D, Shelton GD. Canine inflammatory myopathies: a clinicopathologic review of 200 cases. *J Vet Intern Med* 2004; 18 (5): 679 – 691.
62. Klebanow ER. Thymoma and acquired myasthenia gravis in the dog: a case report and review of 13 additional cases. *J Am Anim Hosp Assoc* 1992; 28: 63 – 69.
63. Joseph RJ, Carrillo JM, Lennon VA. Myasthenia gravis in the cat. *J Vet Intern Med* 1988; 2: 75 – 79.
64. Dewey CW, Bailey CS, Shelton GD et al. Clinical forms of acquired myasthenia gravis in dogs: 25 cases (1988 – 1995). *J Vet Intern Med* 1997; 11: 50 – 57.
65. Lifton SJ, King LG, Zerbe CA. Glucocorticoid deficient hypoadrenocorticism in dogs: 18 cases (1986 – 1995). *J Am Vet Med Assoc* 1996; 209: 2076 – 2081.
66. Detweiler DA, Biller DS, Hoskinson JJ et al. Radiographic findings of canine dysautonomia in twenty-four dogs. *Vet Radiol Ultrasound* 2001; 42 (2): 108 – 112.
67. Shelton GD, Willard MD, Cardinet GH et al. Acquired myasthenia gravis: selective involvement of esophageal, pharyngeal, and facial muscles. *J Vet Intern Med* 1990; 4: 281 – 284.
68. Gaynor AR, Shofer FS, Washabau RJ. Risk factors for acquired megaesophagus in dogs. *J Am Vet Med Assoc* 1997; 211 (11): 1406 – 1412.
69. Tan BJ, Diamant NE. Assessment of the neural defect in a dog with idiopathic megaesophagus. *Dig Dis Sci* 1987; 32 (1): 76 – 85.
70. Holland CT, Satchell PM, Farrow BR. Selective vagal afferent dysfunction in dogs with congenital megaesophagus. *Auton Neurosci* 2002; 99 (1): 18 – 23.
71. Dewey CW, Coates JR, Ducote JM et al. Azathioprine therapy for acquired myasthenia gravis in five dogs. *J Am Anim Hosp Assoc* 1999; 35: 396 – 402.
72. Washabau RJ, Hall JA. Cisapride. *J Am Vet Med Assoc* 1995; 207 (10): 1285 – 1288.
73. Hendricks JC, Maggio-Price L, Dougherty JF. Transient esophageal dysfunction mimicking megaesophagus in three dogs. *J Am Vet Med Assoc* 1984; 185 (1): 90 – 92.
74. Bright RM, Sackman JE, DeNovo C, Toal C. Hiatal hernia in the dog and cat: a retrospective study of 16 cases. *J Small Anim Pract* 1990; 31 (5): 244 – 250.
75. Callan MB, Washabau RJ, Saunders HM et al. Congenital esophageal hiatal hernia in the Chinese shar-pei dog. *J Vet Intern Med* 1993; 7 (4): 210 – 215.
76. Prymak C, Saunders HM, Washabau RJ. Hiatal hernia repair by restoration and stabilization of normal anatomy. An evaluation in four dogs and one cat. *Vet Surg* 1989; 18 (5): 386 – 391.
77. Lorinson D, Bright RM. Long-term outcome of medical and surgical treatment of hiatal hernias in dogs and cats: 27 cases (1978 – 1996). *J Am Vet Med Assoc* 1998; 213 (3): 381 – 384.
78. Leib MS, Blass CE. Gastroesophageal intussusception in the dog: a review of the literature and a case report. *J Am Anim Hosp Assoc* 1984; 20 (5): 783 – 790.
79. Greenfield CL, Quinn MK, Coolman BR. Bilateral incisional gastropexies for treatment of intermittent gastroesophageal intussusception in a puppy. *J Am Vet Med Assoc* 1997; 211 (6): 728 – 730.
80. van Camp S, Love NE, Kumaresan S. Radiographic diagnosis: gastroesophageal intussusception in a cat. *Vet Radiol Ultrasound* 1998; 39 (3): 190 – 192.
81. Wowk BJ, Olson GA. Megaesophagus produced by persistent right aortic arch in a cat. *Vet Med Small Anim Clin* 1980; 75 (1): 80 – 83.
82. Muldoon MM, Birchard SJ, Ellison GW. Long-term results of surgical correction of persistent right aortic arch in dogs: 25 cases (1980 – 1995). *J Am Vet Med Assoc* 1997; 210 (12): 1761 – 1763.
83. Vianna ML, Krahwinkel DJ. Double aortic arch in a dog. *J Am Vet Med Assoc* 2004; 225 (8): 1196 – 1197.
84. Yarim M, Gultiken ME, Ozturk S et al. Double aortic arch in a Siamese Cat. *Vet Pathol* 1999; 36: 340 – 341.
85. Holt D, Heldmann E, Michel K, Buchanan JW. Esophageal obstruction caused by a left aortic arch and an anomalous right patent ductus arteriosus in two German Shepherd littermates. *Vet Surg* 2000; 29 (3): 264 – 270.
86. White RN, Burton CA, Hale JS. Vascular ring anomaly with coarctation of the aorta in a cat. *J Small Anim Pract* 2003; 44 (7): 330 – 334.
87. Isakow K, Fowler D, Walsh P. Video-assisted thoracoscopic division of the ligamentum arteriosum in two dogs with persistent right aortic arch. *J Am Vet Med Assoc* 2000; 217 (9): 1333 – 1336.

3.3.12 食道の腫瘍

Anne E. Hohenhaus

はじめに

食道腫瘍の発生は犬の全腫瘍の内の0.5％未満である.[1] 犬, 猫いずれにおいても食道腫瘍は発生し, いずれも典型的には悪性腫瘍である. Spirocerca lupi (血色食道虫) の感染と犬の食道肉腫の間に強い因果関係が, その寄生虫が風土病である地域において報告されている.[2,3] Spirocercosis 以外に関しては, 犬猫の食道腫瘍の疫学について不明である.

病理組織

食道原発腫瘍はこれまでに多くの組織学的タイプが認められており, それには扁平上皮癌, 腺扁平上皮癌, 食道腺癌, 神経内分泌癌, 形質細胞腫, 骨肉腫などが含まれる.[1-11] 平滑筋腫の様な良性腫瘍は犬において報告されている.[12,13] 二次性の食道腫瘍は, 甲状腺癌, 胃癌などの局所浸潤性腫瘍, あるいは遠隔転移に由来する.[1,14] ある報告では, 転移性の食道腫瘍は原発性食道腫瘍の3倍認められるとされている (図 3.16).[1]

臨床症状

犬と猫における食道腫瘍の臨床症状については表 3.1 にまとめてある. 食道腫瘍に関連する多くの臨床症状は, 腫瘍による食道管腔の狭窄や嚥下時の疼痛によって説明付けられる. 慢性上部気道症状と乳頭腫様食道炎の関連が猫において認められている.[15] この猫では咽頭, 鼻腔への逆流が認められており, それが結果として慢性上部気道症状につながったとされている. 原因不明の慢性上部気道症状が認められた場合, 食道腫瘍を疑うべきである.

診 断

通常, 頚部に腫瘤が認められない限り, 身体検査や一般血液検査は食道腫瘍の診断の助けにならない. 画像診断は食道腫瘍の位置の特定, 生検や治療への最良のアプローチを決定する上で必要となる.[14] 単純X線写真は, 食道腫瘍と思われる軟部組織腫瘤が認められる場合以外, 診断への有用性は限られている. したがって, 単純X線撮影の意義は, 異物, 巨大食道症などの他の食道疾患を除外することである. 嘔吐, 吐出に続発して食道内に空気が認められることがある. また, 誤嚥性肺炎に伴って肺に陰影が認められるかもしれない. 食道造影では腫瘍の近位における食道の拡張や腫瘍領域における欠損像, あるいは腫瘍による食道の欠損に伴った造影剤の漏出などがしばしば認められる (図 3.15). 食道造影を解釈する上で覚えておくべき重要なことは, 猫の遠位食道が横紋筋で構成されており, 正常時でもヘリングボーン状に見えるということである (図 3.16).

表 3.1 犬の食道腫瘍による臨床症状

臨床症状	犬	参考文献	猫	参考文献
吐出 / 嘔吐	✓	1,5,6,7,10,13	✓	4,6,8,9
食欲低下			✓	8
流涎			✓	6
体重減少	✓	1,6	✓	6,8
歯ぎしり			✓	9
嚥下困難			✓	9
吐血	✓	5		
失血性貧血	✓	1		
下痢	✓	1		

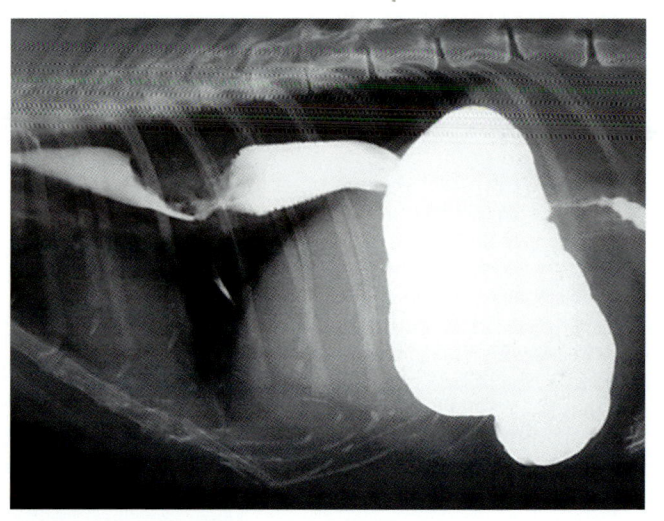

図 3.15 猫の食道腫瘍. この食道造影検査では食道腫瘍に随伴した陰影欠損が認められる.

食道腫瘍を診断する上で食道運動性評価が必要な場合以外は, X線透視下での食道評価は必ずしも必要ではない.

食道腫瘍は典型的には管腔内に生じる. 食道鏡は管腔表面からの生検が可能であり, 開胸術による生検と比較し, 侵襲性は低い (図 3.17). したがって, 食道腫瘍の病理組織評価のためのサンプルを得る方法として, 通常食道鏡が選択される. 病理組織評価を実施する上で, 十分な組織を確保するために複数の組織を内視鏡鉗子にて採材するべきである.

治 療

食道腫瘍の外科的切除は治療選択肢の1つとなるが, 食道は縦方向に伸縮できず, 張力のかかった状態での修復が不十分であることから, 腫瘍の完全切除はほとんどの場合に適応とならない. 結腸の移植あるいは骨格筋移植片を用いた食道の再建が試みられている.[16,17] しかし, いずれの手法も現在, 広くは実施されていない.

図 3.16 猫の食道における横紋筋の外観．この図では猫の転移性腎肉腫(矢印)が表されている．右側の食道遠位部における正常な横紋筋に注目．

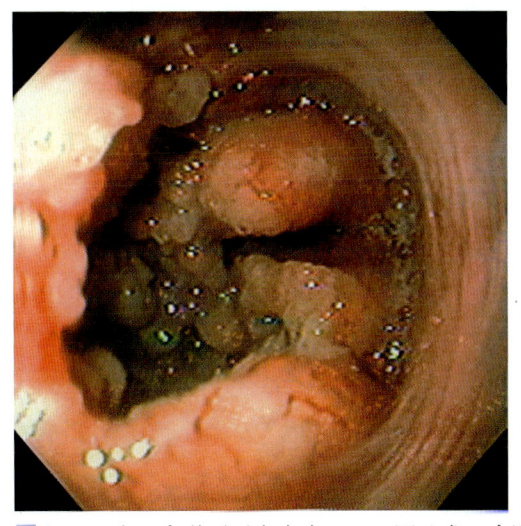

図 3.17 犬の食道扁平上皮癌．この図は犬の食道扁平上皮癌の内視鏡画像を表している．

化学療法，放射線治療，光線力学的療法などの食道腫瘍に対する他の治療法に関しては，1症例のみ報告されている．リンパ腫を除き，化学療法が食道腫瘍の治療に有効であることはあまりないようである．放射線治療は，胸腔正常組織における放射線誘発性副作用に対する耐性が乏しいことから，食道腫瘍の治療としてその有用性は限定的である．光線力学的療法はレーザー光源により活性化される感光色素を利用するもので，犬の食道扁平上皮癌に対して投与されている．[18] その犬では腫瘍が部分寛解を示し，吐出の再発および誤嚥性肺炎のため安楽死が実施されるまで9ヵ月間生存した．

支持療法

経口栄養は食道腫瘍により危険にさらされることがあり，十分な栄養供給と，吐出による誤嚥性肺炎のリスクを減らすために胃造瘻チューブを設置するべきである．経鼻栄養チューブや食道造瘻チューブは食道腫瘍の患者に対して適切でない．

食道腫瘍による全身性合併症

腫瘍随伴症候群は原発腫瘍から離れた部位で起こる悪性腫瘍の続発症である．肥大性骨症は食道骨肉腫および *Spirocerca lupi* 感染と関連する，原因不明の腫瘍随伴症候群である．[7,19] 肝静脈の受動的うっ血は腹水を引き起こし，尾側食道における食道平滑筋腫による大静脈の圧迫は後肢の浮腫の原因となるとされている．[20] その他に食道腫瘍の合併症として報告されているものには，気管浸潤，誤嚥性肺炎の2つがある．[1,6]

生 存

通常，食道腫瘍は診断時にはかなり進行しているため，治療が奏功しない．多くの場合，生存期間は報告されている通り1ヵ月未満である．例外は外科的治療を行った食道形質細胞腫の1例の報告であり，18ヵ月以上の生存を認めている．[5]

🗝 キーポイント

- 食道腫瘍は犬猫いずれにおいてもまれである．
- 転移性食道腫瘍は原発性食道腫瘍よりも多く認められる．
- *Spirocerca lupi* は犬の食道腫瘍の原因として知られている．
- 臨床症状は食道閉塞と関連していることが最も多い．
- 食道腫瘍の切除は，診断時には進行しており生存期間が短くなるため，ほとんどの場合実施することができない．

参考文献

1. Ridgway RL, Suter PF. Clinical and radiographic signs in primary and metastatic esophageal neoplasms of the dog. *J Am Vet Med Assoc* 1979; 174: 700–704.
2. Colgrove DJ. Transthoracic esophageal surgery for obstructive lesions caused by Spirocerca lupi in dogs. *J Am Vet Med Assoc* 1971; 158: 2073–2076.
3. Ivoghli B. Esophageal sarcomas associated with canine spirocercosis. *Vet Med* 1978; 47–48.
4. Patnaik AK, Erlandson RA, Leiberman PH. Esophageal neuroendocrine carcinoma in a cat. *Vet Pathol* 1990; 27: 128–130.
5. Hamilton TA, Carpenter JL. Esophageal plasmacytoma in a dog. *J Am Vet Med Assoc* 1994; 204: 1210–1211.
6. McCaw D, Pratt M, Walshaw R. Squamous cell carcinoma of the esophagus in a dog. *J Am Anim Hosp Assoc* 1980; 16: 561–563.
7. Randolph JF, Center SA, Flanders JA et al. Hypertrophic osteopathy associated with adenocarcinoma of the esophageal glands in a dog. *J Am Vet Med Assoc* 1984; 184: 98–99.
8. Gualtieri M, Monzeglio MG, Di Giancamillo M. Oesophageal squamous cell carcinoma in two cats. *J Small Anim Prac* 1999; 40: 79–83.
9. Shinosuka J, Nakayama H, Suzuki M et al. Esophageal adenosquamous carcinoma in a cat. *J Vet Med Sci* 2001; 63: 91–93.
10. Turnwald GH, Smallwood JE, Helman G. Esophageal osteosarcoma in a dog. *J Am Vet Med Assoc* 1979; 174: 1009–1011.
11. Vernon FF, Roudebusch P. Primary esophageal carcinoma in a cat. *J Am Anim Hosp Assoc* 1980; 16: 547–550.
12. Culbertson R, Branam JE, Rosenblatt LS. Esophageal/gastric leiomyoma in the laboratory beagle. *J Am Vet Med Assoc* 1983; 183: 1168–1171.
13. Rolfe DS, Twedt DC, Seim HB. Chronic regurgitation or vomiting caused by esophageal leiomyoma in three dogs. *J Am Anim Hosp Assoc* 1994; 30: 425–430.
14. Kleine LJ. Radiologic examination of the esophagus in dogs and cats. *Vet Clin North Am* 1974; 4: 663–686.
15. Wilkinson GT. Chronic papillomatous oesophagitis in a young cat. *Vet Rec* 1970; 87: 355–356.
16. Kuzma AB, Holmberg DL, Miller CW et al. Esophageal replacement in the dog by microvascular colon transfer. *Vet Surg* 1989; 18: 439–445.
17. Straw RC, Tomlinson JL, Constantinescu G et al. Use of a vascular skeletal muscle graft for canine esophageal reconstruction. *Vet Surg* 1987; 16: 155–163.
18. Jacobs TM, Rosen GM. Photodynamic therapy as a treatment for esophageal squamous cell carcinoma in a dog. *J Am Anim Hosp Assoc* 2000; 36: 257–261.
19. Brody RS. Hypertrophic osteoarthropathy in the dog: a clinicopathologic survey of 60 cases. *J Am Vet Med Assoc* 1971; 159: 1242–1256.
20. Rollois M, Ruel Y, Besso JG. Passive liver congestion associated with caudal vena caval compression due to esophageal leiomyoma. *J Small Anim Pract* 2003; 44: 460–463.

4 胃

4.1 はじめに

胃は筋肉と腺組織からなる臓器であり，主な働きは貯蔵，機械的および酵素的な消化，そして部分的に消化された食物の小腸への輸送である．胃は筋肉の働きにより機械的に食塊を細かくし，小腸での消化吸収を助ける．胃の腺組織は胃酸，ペプシノーゲン（蛋白分解酵素であるペプシンの前駆物質），胃リパーゼ，および胃酸の分泌に重要な役割を持つさまざまなホルモンを産生する．化学的な酵素による消化，特に蛋白やトリグリセリドの消化は胃で始まる．胃内の酸性環境は，食物性蛋白を変性し，ペプシンの活性化と蛋白分解活性に最適な pH である．液化した食物は徐々に小腸に送られさらに消化される．胃で吸収される薬物（例：NSAIDs）は数えるほどしかない．

4.2 解 剖

Jan S. Suchodolski

胃は近位部と遠位部に分けられる．近位部はさらに，噴門，胃底部，胃体部の3つの部位に区分できる（図4.1）．噴門は細くなっており，腹部食道とつながっている部位である．胃底部は噴門から続く部位であり，胃の左側に位置しており，腹部X線においてガスの貯留が認められることが多い．胃体部は胃の大部分を占めており，胃底部と幽門の間に位置する．胃底部と胃体部は，一定の胃内圧を保ちつつ，食物を貯留するための拡張機能を有する．胃液の大部分が胃の近位部から産生される．胃の遠位部は幽門洞，幽門管および二重の幽門括約筋からなる．しかしながら，3領域を全てまとめて幽門と称することが多い．胃の遠位部の主な機能は食塊を砕くことと，胃排出を助けることである．

空の状態の胃の粘膜と粘膜下織は襞状になっている．粘膜表面には無数の胃小窩が小孔として認められる．

胃の筋層は，縦層（胃の頭側と尾側の部位には認められない），最も厚く全域に存在する輪層，そして斜層の3層から構成される．斜層は最も発達が悪い．これらの筋層の働きは胃排出を助ける．幽門では，遠位幽門洞の部分の分厚い輪筋層が特徴的である．

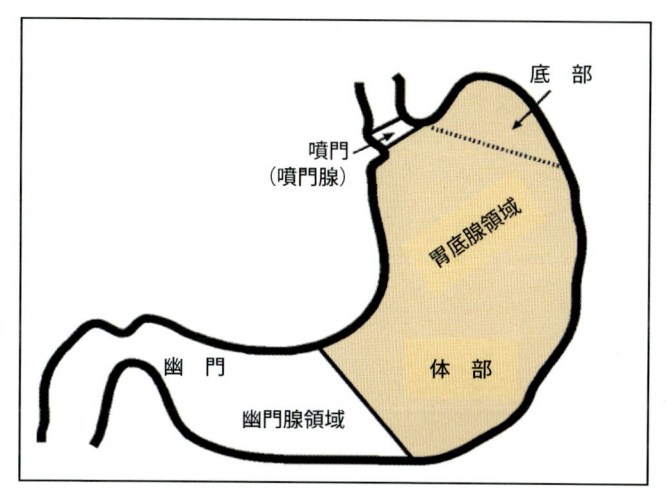

図 4.1 胃の解剖学的区分．この図は胃の解剖学的区分を分かりやすく図示したものである．

4.3 胃の生理

Jan S. Suchodolski

4.3.1 胃 腺

胃の粘膜は胃小窩と胃腺からなる．胃小窩の底部に胃腺が開口している（図4.2）．胃粘膜には3種類の腺が存在し，それらが位置する部位によって名前がつけられている：噴門腺は噴門に，胃底腺（胃酸分泌細胞とも呼ばれる）は胃底部と胃体部に，そして幽門腺は幽門に位置する．これらの腺は異なる分泌細胞を持ち，それらの細胞は分泌産物のタイプも胃腺内での分布も異なる．

噴門腺．噴門腺は主に粘液分泌細胞からなる．

胃底腺．胃底腺には頚部粘液細胞，主細胞および壁細胞が存在していることが特徴である．これらの細胞は全て共通の前駆細胞から分化しているようである．[1] 主細胞は胃底腺の基底部に位置しており，蛋白分解酵素ペプシンの前駆物質であるペプシノーゲンの種々のアイソフォームを分泌する．犬では2種類のペプシノーゲン，ペプシノーゲンAおよびBが特定されている．[2] 壁細胞は胃底腺の上部3分の1に存在し，塩酸およびR蛋白，さらに犬では内因子と呼ばれる糖蛋白を分泌する．

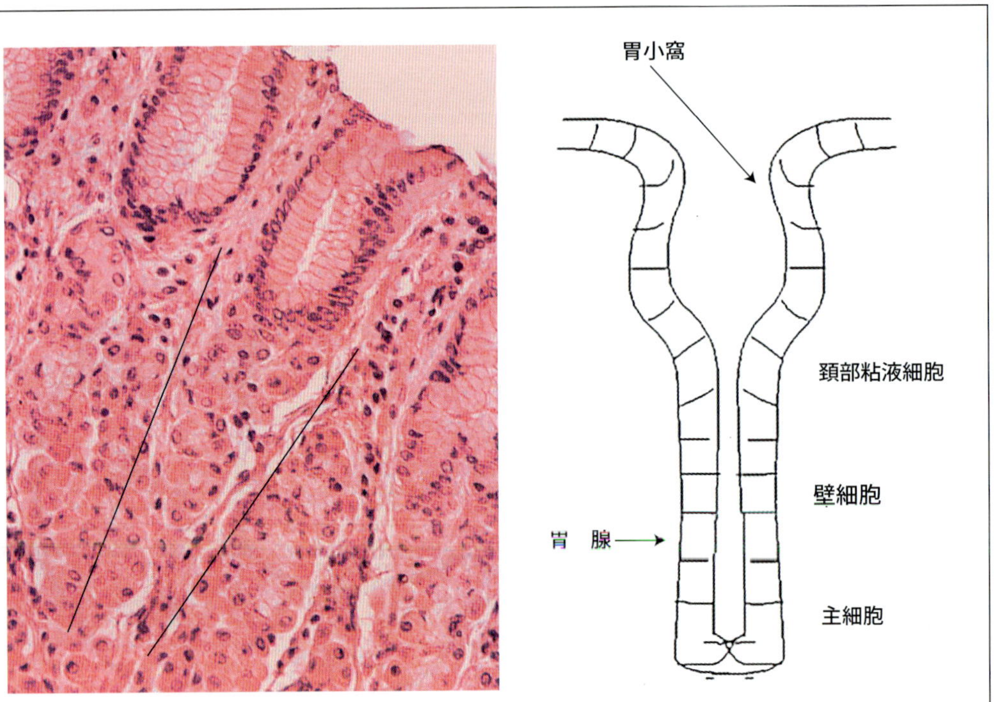

図 4.2 胃腺における分泌細胞の分布．この図は右に胃腺の模式図，左に組織像を示している．2 本の線は胃腺の向きを示している．

R 蛋白と内因子は小腸におけるコバラミン（ビタミン B_{12}）の吸収に重要である．ヒトと異なり，家畜では胃から産生される内因子は少ない．犬では内因子はもっぱら膵外分泌によって産生されており，多少は唾液腺からも産生されているようである．一方，猫ではほとんど全て膵外分泌によって産生されている．[3] 頚部粘液細胞は主細胞と壁細胞の間に散在している．犬では胃腺の頚部粘液細胞と表層粘液細胞は胃リパーゼも産生する．

グレリンは胃底部を覆っている上皮細胞で合成され，少量は消化管以外でも産生される．グレリンは下垂体前葉からの成長ホルモン放出を促すペプチドホルモンである．グレリンは食欲とエネルギーバランスに重要な効果を持っており，慢性の肥満は血漿グレリン濃度の有意な減少と関連があることが報告されている．[5]

トレフォイル因子 1 および 2（TFF1 および 2）は胃底と幽門洞の頚部粘液細胞および幽門腺によって胃内に放出されるペプチドである．トレフォイル因子は粘膜の損傷後または炎症時の上皮修復に重要な役割を果たしており，TFF 発現の減少は胃癌の発生に関与している．

幽門腺． 幽門腺には主に粘液分泌細胞およびガストリン産生内分泌細胞（G 細胞）が存在する．ガストリンは胃酸分泌刺激作用，および胃粘膜に対する重要な栄養効果を有する．

4.3.2 胃液分泌

壁細胞はアセチルコリン（ACh），ガストリン，およびヒスタミンに対する受容体を有しており，これらは全て塩酸の分泌を刺激する（図 4.3 および図 4.4）．胃液は頭相，胃相，腸相という 3 相により分泌される．頭相は食物の匂いや見た目によって誘発され，迷走神経刺激および神経ペプチド経由で活性化され，ACh およびガストリンによる壁細胞の直接的刺激を引き起こす．胃底部のヒスタミン含有クロム親和性細胞様細胞（ECL 細胞）もまた ACh およびガストリンにより活性化する．ECL 細胞から放出されたヒスタミンは壁細胞受容体に結合し，胃酸の分泌を増強している．

胃の拡張および部分的に消化された食物から放出されたペプチドやアミノ酸が胃相の開始を促す．この段階で，ガストリンは幽門洞と十二指腸の粘膜から放出される．胃の排出が始まると十二指腸の pH が低下し（腸相），小腸粘膜細胞からセクレチンが放出される．セクレチンは膵臓の重炭酸分泌を刺激する．胃の幽門洞における低い pH も（D 細胞からの）ソマトスタチン分泌をもたらし，それによりガストリンのネガティブフィードバックが起こり，その結果塩酸の分泌が起こる．コレシストキニン（CCK）の放出は十二指腸における脂肪酸およびオリゴペプチドやアミノ酸の存在によって刺激される．CCK はさらに胃酸分泌を阻害し，膵外分泌を刺激する．ペプシノーゲンの放出はおもにアセチルコリンと CCK，間接的にガストリンと迷走神経刺激によって刺激される．

4.3.3 胃粘膜バリア

胃粘膜は絶えず低 pH，機械的刺激および消化酵素などのダ

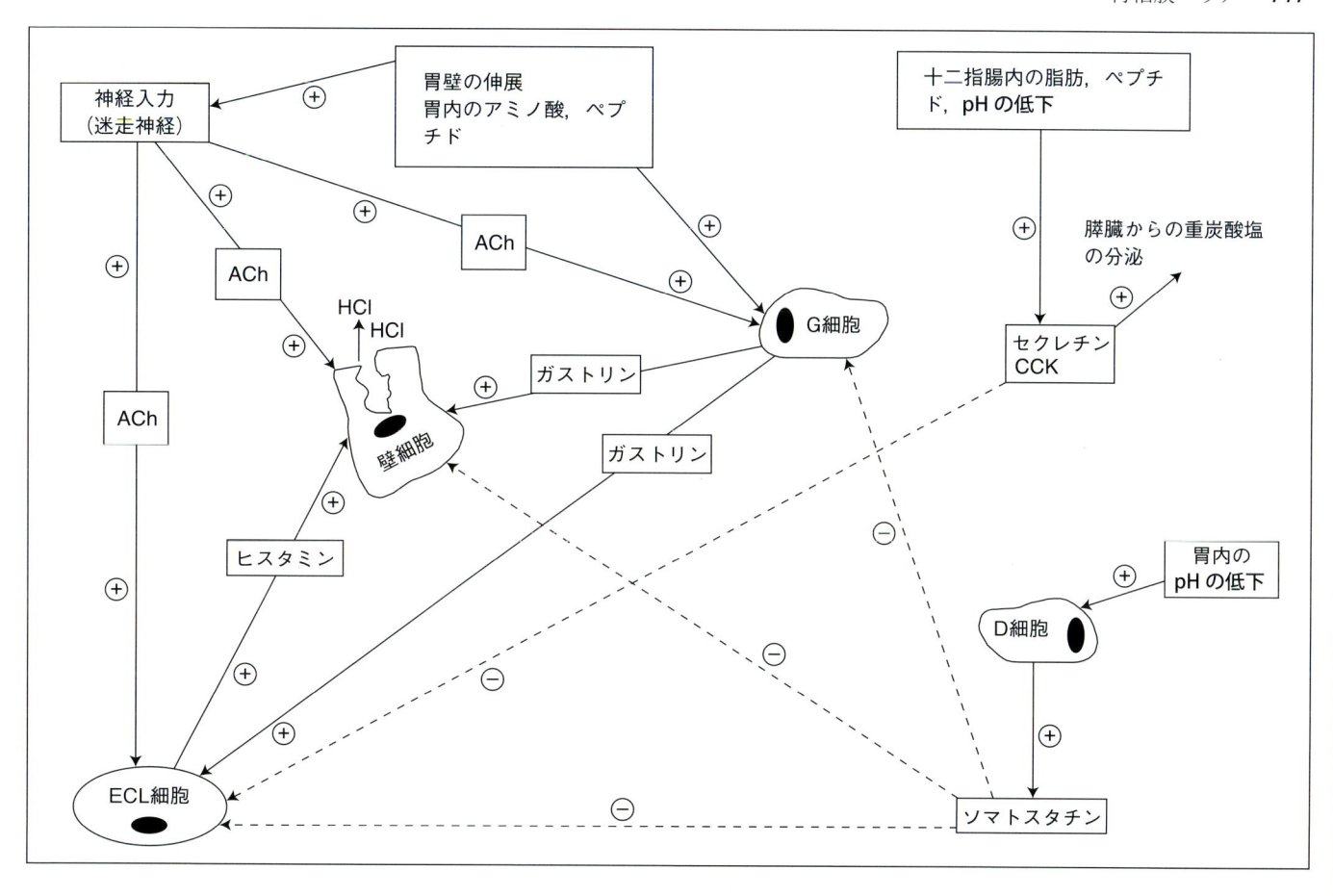

図 4.3 壁細胞による胃酸分泌の調節．壁細胞による胃酸分泌は刺激因子と抑制因子の複雑な相互関係によって調節されている．刺激因子は＋，抑制因子は－で示す．刺激因子と抑制因子が特に混在しているのは胃の消化相（消化途中，頭相，胃相，腸相）によって異なるからである．

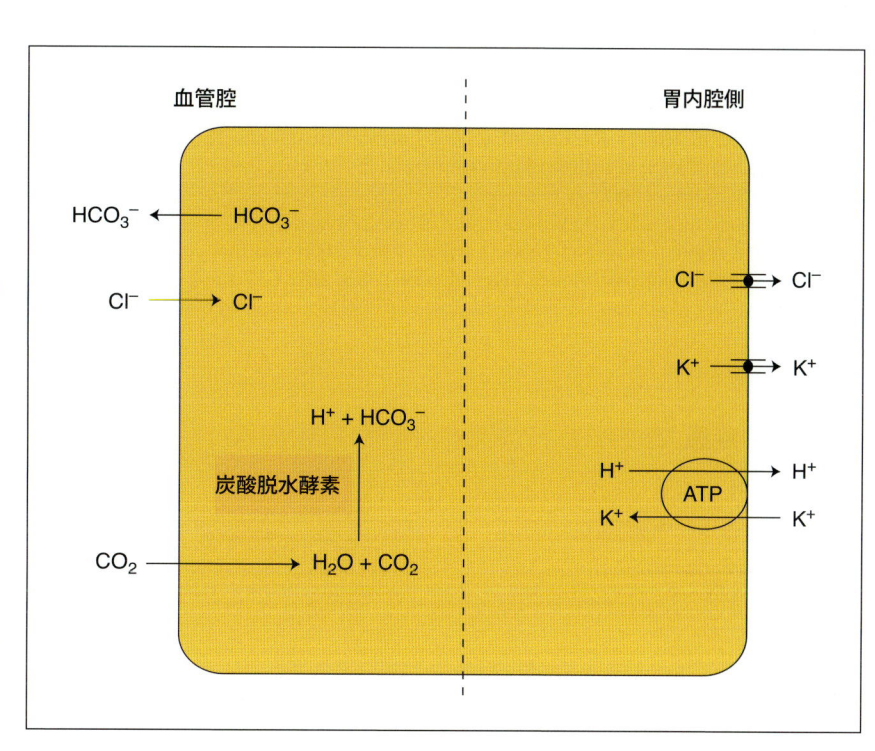

図 4.4 壁細胞における胃酸の分泌．壁細胞内において炭酸脱水酵素が H_2O と CO_2 から H^+ と HCO_3^- を産生する反応を触媒している．HCO_3^- イオンは壁細胞内から Cl^- イオンと入れ替わりで血管腔に拡散し，今度は Cl^- イオンが胃内腔に出て行く．この HCO_3^- の血管腔への拡散は胃酸分泌の間血液の pH を上昇させ，食後アルカリ尿を産生する．K^+ はその電気化学的勾配にしたがって胃内腔に移動する．H^+, K^+ ATPase は K^+ と引き換えに H^+ を胃内腔に分泌し，結果的に胃内腔に HCl が集積することになる．H^+, K^+ ATPase 阻害（例：オメプラゾール）は最も効果的な胃酸分泌阻害薬である．

メージにさらされている．胃粘膜はこれらの傷害に対する防御機構を持っている．防御機構の第一線は上皮細胞からの重炭酸塩および粘液の分泌である．壁細胞から胃小窩内に分泌されるH^+に対して，CO_2と結合し，HCO_3^-を形成する水酸基を産生する．このHCO_3^-はその後，壁細胞から毛細血管の血流に乗り内腔表面に到達し，表面の粘液層に広がる．頚部粘液細胞から産生される粘液は上皮細胞の内腔面に広がり，HCO_3^-と共にアルカリ環境を維持し，組織への胃酸やペプシンの拡散を防いでいる．

上皮細胞自身の構造は胃酸による自己消化に対する別の重要な防御機構を構成している．上皮細胞の先端面は疎水性のリン脂質を高比率で分布しており，胃酸をはじいている．さらに，上皮細胞は細胞内に多くの重炭酸を含有しており，胃内腔から上皮細胞内に逆拡散してくるあらゆる酸を中和する．上皮細胞間の毛細血管の血流は局所の酸‐塩基平衡を維持するのを助けている．さらに，胃粘膜は上記の防御機構が破綻し，細胞が傷害を受けた際の自己修復機能を有している．上皮細胞の早いターンオーバーは損傷細胞の迅速な再生を助ける．またダメージを受けた粘膜細胞が分泌する粘液は胃粘膜上に保護層を形成する．傷害を受けた細胞の近くの上皮細胞は損傷した領域に移動し，基底膜上で成長し損傷領域を覆う．この増殖は上皮成長因子（EGF），形質転換成長因子-α（TGF-α）および一酸化窒素（NO）の発現が増強されることによって生じる．プロスタグランジン，特にプロスタグランジンE_2およびプロスタサイクリンは胃粘膜バリアの完全性を保つために重要な役割を果たしている．プロスタグランジンは粘液と重炭酸の分泌を刺激し，胃粘膜の血流を増加させ，そして上皮細胞の細胞再生効果を有する．

キーポイント

- 食物の機械的消化および酵素的消化は胃で始まる．
- 犬の胃粘膜は塩酸，ペプシン，粘液，ガストリン，および内因子などのさまざまな産物を分泌するいくつかの分泌腺を有している．
- 胃酸はヒスタミン，ガストリン，およびアセチルコリン受容体の刺激に反応して分泌される．
- 胃粘膜バリアは胃酸や蛋白分解酵素によるダメージから胃を保護している．

参考文献

1. Ge YB, Ohmori J, Tsuyama S et al. Immunocytochemistry and in situ hybridization studies of pepsinogen C-producing cells in developing rat fundic glands. Cell Tissue Res 1998; 293: 121–131.
2. Suchodolski JS, Steiner JM, Ruaux CG et al. Purification and partial characterization of canine pepsinogen A and B. Am J Vet Res 2002; 63: 1585–1590.
3. Simpson KW, Alpers DH, De Wille J et al. Cellular localization and hormonal regulation of pancreatic intrinsic factor secretion in dogs. Am J Physiol Gastrointest Liver Physiol 1993; 265: G178–G188.
4. Steiner JM, Berridge BR, Wojcieszyn J et al. Cellular immunolocalization of gastric and pancreatic lipase in various tissues obtained from dogs. Am J Vet Res 2002; 63: 722–727.
5. Jeusette IC, Lhoest ET, Istasse LP et al. Influence of obesity on plasma lipid and lipoprotein concentrations in dogs. Am J Vet Res 2005; 66: 81–86.
6. Leung WK, Yu J, Chan FK et al. Expression of trefoil peptides (TFF1, TFF2, and TFF3) in gastric carcinomas, intestinal metaplasia, and non-neoplastic gastric tissues. J Pathol 2002; 197: 582–588.

4.4　胃の疾患

Reto Neiger

4.4.1　胃　炎

分　類

胃炎はその名のとおり胃の炎症性疾患である．嘔吐を呈する患者や上部消化管に問題を抱えた患者の多くは一種の粘膜傷害を受けていると考えられる．胃粘膜への炎症細胞の浸潤は診断できないかごくわずかであるため，これらの疾患は胃症という用語を用いるのがより正確かもしれない．

人医療における胃炎の分類には通常シドニー分類システムが用いられている.[1] 残念ながら今のところ同様のシステムは獣医療では利用できない．胃炎は一般的に組織学的分類ではなく，臨床症状の持続期間に基づいて急性と慢性に分類される．炎症が深層におよんでいれば消化性潰瘍が発生する可能性がある．

4.4.1.1 急性胃炎

急性胃炎の原因は数多く報告されているが，とりわけ食物過敏症と不適切な食餌が主な原因である．[2] 急性胃炎の発症に年齢は関係なく，全ての犬猫で起こり得る．最も多い原因は不適切な食餌（例：腐敗物や毒物の摂取）や異物（例：石，骨，木，雑草）である．その他に可能性のある原因としては薬物（例：NSAIDs，コルチコステロイド）や化学物質（例：肥料，除草剤），重金属（例：鉛，亜鉛）があげられる．ウイルス（例：パルボウイルス，ジステンパー，伝染性肝炎）や寄生虫（例：*Physaloptera* spp., *Ollulanus* spp.）などの感染性疾患も胃炎を引き起こす．人医療では，*Helicobacter pylori* 感染による細菌性胃炎の発見が消化器病学の分野に大きな変革をもたらした．[3] 一方，獣医療においては，*Helicobacter* spp. が実際に病原性をもつのか，それとも通常は嘔吐を引き起こさない単なる共生細菌なのかどうかは未だ不明である．[4] 多くの場合，シグナルメント，病歴，臨床症状，および身体検査所見などにより仮診断が下されるだけである．内視鏡検査ではびらんおよび浮腫による表面出血が認められる．

急性胃炎の治療

最初に，12～24時間の絶食絶水による食餌制限をする必要がある．臨床症状の程度（脱水，嘔吐の持続など）に応じて，電解質輸液（例：乳酸リンゲル液）の静脈投与が必要なこともあるが，それでも水分は経口的に与えてはならない．ほとんどの罹患動物は低カリウムであるため，実際の血清カリウム濃度に基づきカリウムの添加が必要となることが多い（表5.3参照）．嘔吐が24時間認められなければ飲水を再開できる．水を飲んでも吐かなければ，淡泊な市販食や手作り食（例：白身魚やチキンおよびライス，カッテージチーズ）を少量頻回で開始する．普段食べていた餌は嘔吐が治まった後3～5日かけて徐々に再開できる．

嘔吐を止めるために制吐剤による対症療法が必要なこともある．制吐剤は神経伝達物質と受容体の相互作用に基づいているため，これらのメカニズムを理解することは重要である（図4.5）．ドパミン（D_2-ドパミン作動性），ニューロキニン1（NK_1），ノルエピネフリン（α_2-アドレナリン作動性），5ヒドロキシトリプタミン（$5\text{-}HT_3$-セロトニン作動性），アセチルコリン（M_1-コリン作動性），ヒスタミン（H_1 および H_2-ヒスタミン作動性），エンケファリン（ENK μ-エンケファリン作動性）といった，いくつかの神経伝達物質とその受容体が化学受容器引き金帯（CRTZ）で確認されている．一方，嘔吐中枢に存在する受容体は，今のところ NK_1 受容体，5-ヒドロキシトリプタミン$_3$ 受容体，そして α_2 アドレナリン作動性受容体しか確認されていない．嘔吐中枢と CRTZ に存在する α_2-アドレナリン作動性受容体は，α_2 拮抗薬（例：ヨヒンビン，アチパメゾール）や α_1/α_2 拮抗薬（例：プロクロルペラジン，クロルプロマジン）により抑制できるかもしれない．前庭器官にはムスカリン性 M_1 受容体およびアセチルコリンが存在することが明らかにされており，M_1/M_2 拮抗薬（例：アトロピン，スコポラミン）またはピレンゼピンなどのムスカリン M_1 拮抗薬は犬や猫の動揺病を防ぐかもしれない．消化管には多くの受容体が存在するが，NK_1 受容体と $5\text{-}HT_3$ 受容体が嘔吐の開始に重要な役割を果たしているようである．細胞障害性薬物は消化管のクロム親和性細胞からの 5-HT の放出を引き起こし，求心性迷走神経線維の $5\text{-}HT_3$ 受容体を活性化する．したがって，$5\text{-}HT_3$ 受容体の活性化によって引き起こされる嘔吐は，ドラセトロンやオンダンセトロン，グラニセトロン，トロピセトロンなどの $5\text{-}HT_3$ 拮抗薬で治療することにより完全に抑えることができる．別の $5\text{-}HT_3$ 受容体拮抗薬にメトクロプラミドがあるが，高濃度でなければ拮抗作用はない．近年，サブスタンスPを投与すると NK_1 受容体に結合し，嘔吐を引き起こすことが確認されている．NK_1 受容体拮抗薬は犬とフェレットにおいて中枢性と末梢性両方の嘔吐を防ぐ．[5]

制吐剤は前述の神経伝達物質-受容体の系統ごとにまとめられる（表4.1）．これらの拮抗薬は，α_2-アドレナリン作動性，D_2-ドパミン作動性，NK_1，H_1-ヒスタミン作動性，H_2-ヒスタミン作動性，M_1-ムスカリン性-コリン作動性，$5\text{-}HT_3$-セロトニン作動性，$5\text{-}HT_4$-セロトニン作動性に分類されている．こ

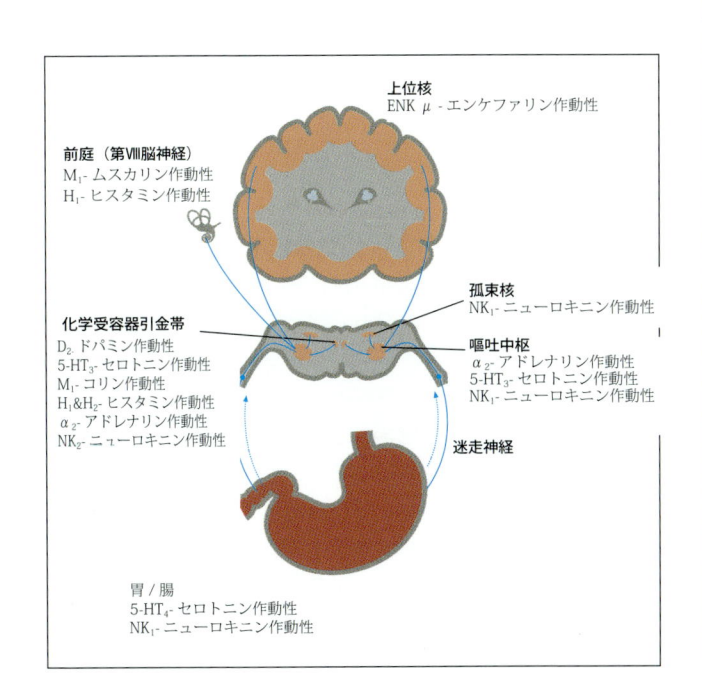

図4.5 嘔吐経路と受容体の概略図．嘔吐中枢は延髄に位置し，さまざまな刺激の入力を受けている．嘔吐中枢は末梢（例：胃や小腸）から交感神経や副交感神経経由で刺激を受ける．血液脳関門の外に位置する化学受容器引金帯からも刺激を受ける．さらに，前庭器官，上位核，孤束核からも刺激を受ける．

表 4.1 制吐剤．この表では制吐剤を一般的に推奨されている用量と共に示している

分類	例	作用部位	用量	副作用
$α_2$-アドレナリン拮抗薬	アチパメゾール	CRTZ, 嘔吐中枢	不明	低血圧, 鎮静
	クロルプロマジン	CRTZ, 嘔吐中枢	0.2～0.4 mg/kg SC, IM q8h	低血圧, 鎮静
	プロクロルペラジン	CRTZ, 嘔吐中枢	0.1～0.5 mg/kg SC, IM q6～8h	低血圧, 鎮静
	ヨヒンビン	CRTZ, 嘔吐中枢	0.25～0.5 mg/kg SC, IM q12h	低血圧, 鎮静
D_2-ドパミン拮抗薬	クロルプロマジン	CRTZ	0.2～0.4 mg/kg SC, IM q8h	振戦, 震え
	ドンペリドン	消化管平滑筋	0.1～0.3 mg/kg IM, IV q12h	報告なし
	メトクロプラミド	CRTZ, 消化管平滑筋	0.2～0.4 mg/kg PO, SC, IM q6h	錐体外路徴候
	プロクロルペラジン	CRTZ	0.1～0.5 mg/kg SC, IM q6～8h	鎮静, 低血圧
	トリメトベンザミド	CRTZ	3 mg/kg IM q8～12h	アレルギー反応
NK_1-受容体拮抗薬	マロピタント	CRTZ, 嘔吐中枢	2 mg/kg PO q24h 1 mg/kg SC q24h	報告なし
H_1-ヒスタミン拮抗薬	クロルプロマジン	CRTZ	0.2～0.4 mg/kg SC, IM q8h	振戦, 震え
	ジメンヒドリネート	CRTZ	4～8 mg/kg PO q8h	鎮静
	ジフェンヒドラミン	CRTZ	2～4 mg/kg PO, IM q8h	鎮静
	プロクロルペラジン	CRTZ	0.1～0.5 mg/kg SC, IM q6～8h	鎮静, 低血圧
M_1-コリン拮抗薬	クロルプロマジン	CRTZ	0.2～0.4 mg/kg SC, IM q8h	低血圧, 鎮静
	ピレンゼピン	前庭, CRTZ	不明	不明
	プロクロルペラジン	CRTZ	0.1～0.5 mg/kg SC, IM q6～8h	低血圧, 鎮静
	スコポラミン	前庭, CRTZ	0.03 mg/kg SC, IM q6h	鎮静, 口腔乾燥症
$5-HT_3$-セロトニン拮抗薬	ドラセトロン	CRTZ	0.3～0.6 mg/kg IV, SC, PO q8～12h	不明
	グラニセトロン	CRTZ, 求心性迷走神経	不明	鎮静, 頭部振戦
	メトクロプラミド	CRTZ, 消化管平滑筋	0.2～0.4 mg/kg PO, SC, IM q6h	錐体外路徴候
	オンダンセトロン	CRTZ, 求心性迷走神経	0.5～1 mg/kg PO q12～24h	鎮静, 頭部振戦
$5-HT_4$-セロトニン拮抗薬	シサプリド	腸管筋神経	0.1～0.5 mg/kg PO q8h	報告なし

IM＝筋肉内投与，IV＝静脈内投与，PO＝経口投与，SC＝皮下投与

れらの薬剤には制吐薬として複数の機構で作用するものもある．例えば，フェノチアジン（例：プロクロルペラジン，クロルプロマジン）は$α_1$および$α_2$-アドレナリン作動性，D_2-ドパミン作動性，H_1-およびH_2-ヒスタミン作動性，およびムスカリン性-コリン作動性の受容体を拮抗する．フェノチアジンはとても効力があるが，脱水や低血圧の動物に投与する場合は静脈内輸液で再水和しておかなければならない．また，これらの薬剤はてんかん発作の病歴がある動物には禁忌である．メトクロプラミドはCRTZにある受容体をブロックし，嘔吐中枢の閾値を上昇させ，さらに内臓にも効果を示す．メトクロプラミドは下部食道括約筋を緊張，幽門括約筋を弛緩させ，胃と十二指腸の収縮の頻度と強度を増加させる．これらの作用の組み合わせにより，メトクロプラミドは非特異的な胃炎や胃運動機能疾患による嘔吐をコントロールするのに有用である．メトクロプラミドの胃運動促進作用は胃排出の液相に限られており，ある研究では消化された固形物の胃排出率には効果がないことが示されている．[6] メトクロプラミドは経口，静脈内投与または定速注入で投与可能である．

新しいNK_1-受容体拮抗薬であるマロピタントがまもなく犬で認可され入手可能となる．さまざまな承認試験において，マロピタントはシスプラチン投与のような末梢性の催吐刺激や，アポモルヒネのような中枢性の催吐刺激により誘発される嘔吐を止めるのに非常に効果的であった．[7] マロピタントは乗り物酔いによる嘔吐でさえ抑制する．

4.4.1.2 慢性胃炎

犬猫の慢性胃炎の病因は十分には理解されていない．寄生虫や代謝性疾患（例：尿毒症，肝障害）のような原因が特定できるケースもある．バセンジー，ダッチ・パートリッジ・ドッグおよびノルウェージャン・ルンデフンドなどのいくつかの犬種は慢性胃炎のリスクが高い．[8] しかしながら多くのケースで慢性胃炎は原因不明であり，胃粘膜への炎症細胞浸潤は免疫介在性の機序によると推定されている．犬に実験的な粘膜刺激や，胃酸の全身投与，出生前の胸腺摘出を行うことで慢性

胃炎が誘発される．[9] しかしながら，これらの実験モデルはいずれも経口的投与を阻害している．慢性の特発性胃炎はおそらく炎症性腸疾患（IBD）症候群の類であり，食餌や細菌抗原に対する有害反応として生じているのかもしれない．犬では胃に Helicobacter spp. が存在していても慢性胃炎の原因とはならないようである．[4] 猫では胃の Helicobacter spp. の臨床的役割は犬ほど明らかとはなっていない．[10]

慢性胃炎の犬猫の臨床症状は，慢性的に持続もしくは間欠的に繰り返すさまざまな頻度と性質の嘔吐が特徴である．炎症により胃の運動性が損なわれ胃排出が遅延するため，慢性胃炎の動物では胃内に長時間食物が留まることがある．慢性胃炎の確定診断には粘膜生検が必要である．胃炎は組織学的所見に基づいてリンパ球プラズマ細胞性胃炎，好酸球性胃炎，肥厚性胃炎，萎縮性胃炎に分類される．

4.4.1.2.1 リンパ球プラズマ細胞性胃炎

大抵の慢性胃炎の患者でリンパ球やプラズマ細胞の胃粘膜へのある程度の浸潤が起こっている（図 4.6）．このタイプの胃炎はより広義の IBD の大部分を占め，同様の原因病理論を持つようである．異常な食物抗原や食物抗原の増加，腸内細菌抗原および動物側の耐性の異常もしくは低下が重要な役割を果たしているようである．胃炎の犬猫には，特徴的な臨床所見，検査結果，あるいは診断的画像所見はない．胃の生検組織を評価するための一貫した基準は今のところ存在しないため，生検組織の過大評価や過小評価が起こらないようにするために，臨床医と病理医間の十分な意思疎通が必要である．重度なリンパ球プラズマ細胞の浸潤は，特に生検組織が小さいときは，胃のリンパ腫と区別することが困難なことがよくある．

4.4.1.2.2 好酸球性胃炎

好酸球性胃炎は胃の遠位に好酸球がび漫性に浸潤する病因不明のまれな疾患であり（図 4.7），小腸や結腸への好酸球浸潤を伴うことが多い．胃の浸潤病変は通常粘膜に限局しているが，時には筋層や漿膜面にさえ及ぶことがある．粘膜の病変により胃の趨壁は肥厚する．粘膜の病変は潰瘍化することもあり，その結果胃内腔への出血や血漿蛋白の漏出が起こる．末梢血の好酸球増加症は一般的な所見であるが，程度はさまざまである．特定の食餌を摂取することによる蕁麻疹や嘔吐の病歴を持つ症例もいる．

4.4.1.2.3 肥厚性胃炎

慢性肥厚性胃炎はまれな疾患であり，粘膜全体にび漫性の肥厚が起こる場合と，より頻繁なものとして幽門粘膜に局所的な肥厚が起こり間欠的もしくは慢性的な幽門狭窄の原因となる場合がある．胃粘膜肥厚の原因として慢性の炎症や異物，プロトンポンプ阻害薬の長期服用などが上げられる．高ガストリン血症は，慢性腎不全，慢性の胃拡張，ガストリン産生腫瘍（ガストリノーマ）および幽門洞の G 細胞の特発性肥厚などで認められ，粘膜の肥厚を引き起こす．ボクサーとバセンジーはび漫性肥厚性胃炎に罹患しやすい．一方，限局するタイプは，ミニチュア種やトイ種（例：ラサ・アプソ，マルチーズ，ペキニーズ，シーズー）に好発する．肥厚粘膜には炎症が起こっており，

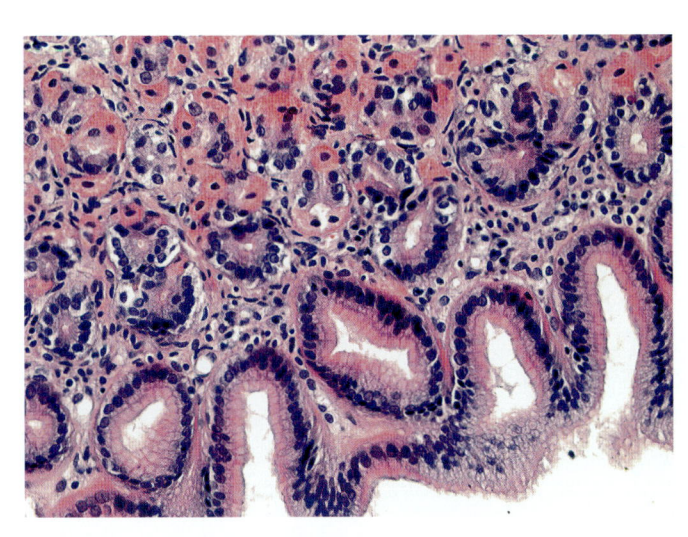

図 4.6 リンパ球プラズマ細胞性胃炎．この図はリンパ球プラズマ細胞性胃炎に罹患した 5 歳齢の雌の雑種犬の胃粘膜の組織病理学的画像である．胃粘膜に多くのリンパ球と少量のプラズマ細胞が浸潤している．（HE 染色．120×；画像はドイツのデュッセルドルフ大学の Dr. Thomas Bilzer の好意による）

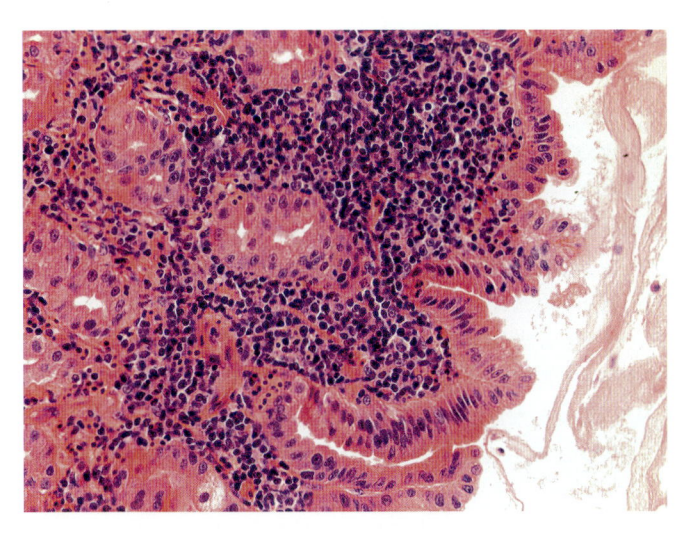

図 4.7 好酸球性胃炎．この図は食欲不振と体重減少が認められた 13 歳齢の雄猫の胃粘膜の病理組織学的画像である．胃粘膜に大量の好酸球が浸潤していることに注目．組織学的診断：好酸球性胃炎（HE 染色．120×；画像はドイツのデュッセルドルフ大学の Dr. Thomas Bilzer の好意による）

排出遅延，慢性嘔吐，食欲不振，沈うつを引き起こす．

4.4.1.2.4　萎縮性胃炎

萎縮性胃炎は胃粘膜が萎縮し，分泌機能を失ってしまうまれな疾患である．萎縮性胃炎はノルウェージャン・ルンデフンドで報告されている．原因は不明であるが，主に老犬で発症し，免疫システムが関与しているかもしれない．犬の萎縮性胃炎は慢性的な逆流性胃炎に続いて生じることもあるかもしれない．主な症状は慢性の間欠的な嘔吐である．粘膜の変性の結果塩酸欠乏症が生じると考えられており，その結果近位小腸での細菌の過剰増殖が起こりやすくなるかもしれない．それにより吸収不良，慢性下痢，体重減少とボディコンディションの減少を引き起こすことがある．

4.4.1.2.5　ヘリコバクター感染症

Helicobacter spp. はグラム陰性の微好気性の曲線から螺旋形の運動性を持つ細菌である．主に胃に存在するが小腸や肝臓でも検出されている．[11-13] 現在まで，*Helicobacter* spp. の代表的な特徴をもった生物が30種以上報告されており，今でも新種が絶えず報告されている．犬猫から検出された胃の *Helicobacter* 様生物（GHLO）の多くは大型螺旋菌（$0.5 \times 5 \sim 10 \mu m$）であり光学顕微鏡では区別が付かない．今のところ，*H. felis*, *H. bizzozeronii*, *H. salomonis*, *Flexispira rappini*, *H. bilis*, そして "*H. heilmannii*" が犬の胃から検出されたと報告されている．[14-16] 一方，猫の胃からは *H. felis*, *H. pametensis*, *H. pylori*, *H. bizzozeronii*, *H. salomonis*, "*H. heilmannii*" が検出されている（図4.8aおよび図4.8b）．[13,15,17,18] 2種以上の *Helicobacter* spp. の混合感染は犬猫では一般的なことのようである．[15,16]

さまざまな研究において犬猫におけるGHLOの高い罹患率が示されており（表4.2），実験動物間では100％の感染率におよぶ報告もあり，健康な飼育動物では50～100％，嘔吐を呈する飼育動物では41～100％の感染率が報告されている．感染率の高い犬舎や集団で生活する動物では飼育環境と年齢は重要な因子であり，若齢の動物は成犬ほど感染していないと考えられるが，これには賛否両論がある．[14-17]

Helicobacter spp. の感染経路は未だ不明である．*H. pylori* が猫の糞から分離培養されるため，糞口感染と推測するものもいる．*H. pylori* は感染した人間の唾液中に存在するため，口-口感染だと推測するものもいる．また，感染した人の配偶者も高い感染率を有することが示されている．

人医学領域では慢性表在性胃炎の病因として *H. pylori* の関与を示す論文が多数報告されている．抗菌薬を用いて *H. pylori* を治療することで胃炎が治癒し，時間と共に抗 *H. pylori* 抗体の抗体価は低下する．多くの研究により *H. pylori* が胃の生理機能におよぼすメカニズムが推測されている[19]；例：胃の炎症誘発（IL-8, 血小板活性因子，ウレアーゼの分泌など），胃粘膜バリアの破壊（ホスホリパーゼの分解，空胞性細胞毒素の分

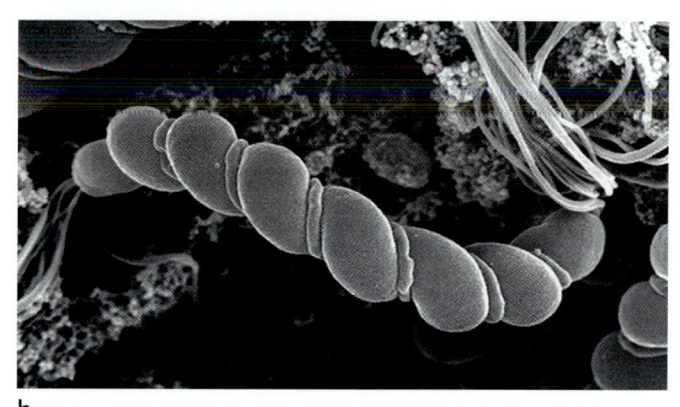

図4.8 *Helicobacter* spp. の電子顕微鏡像．**a**：この画像は実験感染させたマウスから得られた *Helicobacter felis* の走査型電子顕微鏡画像である．特有の細胞膜周囲の3本の鞭毛とらせん型の形状に注目．*H. felis* は全長4～6 μm，幅約0.5 μm．（画像はスイス，ベルンのDr. M. Stoffelの好意による）**b**：実験感染マウスから得られた *H. bizzozeronii* の走査型電子顕微鏡画像である．*H. bizzozeronii* は一般的には細胞膜周囲鞭毛がないが，鞭毛がらせんの溝に沿って走行するものもいる．（画像はスイス，ベルンのDr. M. Stoffelの好意による）

泌，アポトーシスの誘導など），胃分泌軸の変化（ソマトスタチン放出の減少，高ガストリン血症の誘導，壁細胞の反応性の低下など）などである．またヒトは *Helicobacter* spp. 感染により胃癌の発生率が上昇する．

しかしながら，*Helicobacter* が自然感染した飼育動物における本生物の病原的役割については未だに激しい議論がなされている．感染している猫や犬の大部分が明確な感染の臨床症状は無く，感染が細胞や免疫に及ぼす影響を詳細に調べた研究もほとんどない．犬では，胃粘膜におけるリンパ球とプラズマ細胞の浸潤を伴う軽度の胃炎が最も一般的であるが，[4,14] 組織病理学的変化とGHLOの存在には何の関連も報告されておらず，同様に胃小管の拡張や壁細胞の核凝集の原因としての明確な病理

表 4.2 犬猫における胃の *Helicobacter* 様生物の感染率

状 態	感染率（%）	動物数	種	参考文献
健 康	100	12	猫	Weber et al., *Am J Vet Res* 1958;19:677-680
	100	30	犬	Henry et al., *Am J Vet Res* 1987;48:831-836
	41	29	猫	Geyer et al., *Vet Rec* 1993;133:18-19
	86	55	猫	Otto et al., *J Clin Microbiol* 1994;32:1043-1049
	91	54	犬	Eaton et al., *J Clin Microbiol* 1994;34:3165-3170
	100	25	猫	El-Zataari et al., *J Med Microbiol* 1997;46:372-376
	100	15	猫	Papasouliotis et al., *Vet Rec* 1997;140:369-370
	90	10	猫	Yamasaki et al., *J Am Vet Med Assoc* 1998;212:529-533
	86	21	犬	Yamasaki et al., *J Am Vet Med Assoc* 1998;212:529-533
	94	32	猫	De Majo et al., *Europ J Comp Gastroenterol* 1998;3:13-18
	91	58	猫	Neiger et al., *J Clin Microbiol* 1998;36:634-637
	100	25	犬	Happonen et al., *J Vet Med Assoc* 1998;43:305-315
	100	15	猫	Norris et al., *J Clin Microbiol* 1999;37:189-194
	93	68	犬	Neiger et al., *Microbiol EcolHralth Dis* 1999;11:234-240
病 気	57	60	猫	Geyer et al., *Vet Rec* 1993;133:18-19
	74	42	犬	Geyer et al., *Vet Rec* 1993;133:18-19
	76	127	猫	Hermanns et al., *J Com Pathol* 1995;112:307-318
	82	122	犬	Hermanns et al., *J Com Pathol* 1995;112:307-318
	100	24	猫	Papasouliotis et al., *Vet Rec* 1997;140:369-370
	64	33	猫	Yamasaki et al., *J Am Vet Med Assoc* 1998;212:529-533

学的役割も GHLO の存在との関連は報告されていない．猫ではさまざまな GHLO が感染しているにもかかわらず胃粘膜が正常なこともあり，さらに GHLO 感染とは無関係の軽度の慢性胃炎も報告されている．[17,20,21] *Helicobactor* spp. が自然感染した犬において，ペンタガストリン刺激最大酸排出および滴定酸度だけではなく，無刺激時の胃の pH，空腹時，食後，ボンベシン刺激時の血漿ガストリン濃度などのさまざまな分泌機能テストは *Helicobacter* 非感染 SPF コントロール群と比較して，違いがなかった．[22]

犬猫に *Helicobacter* spp. を実験感染させた研究が若干報告されている．実験感染させたノトバイオート犬は慢性胃炎を示し，空腹時の胃酸 pH が上昇している犬もいたが，SPF 犬では 6 ヵ月後も *H. felis* 感染と胃の炎症に関連は認められなかった．[23] 空腹時と食餌刺激時の血漿のガストリン濃度ならびに粘膜のガストリンおよびソマトスタチン免疫反応，空腹時胃酸 pH，そしてペンタガストリン刺激胃産分泌により評価される胃の分泌軸は，感染 SPF 犬と非感染 SPF 犬とで同等の機能を有していた．[23] *H. pylori* を感染させた子犬は接種後程無く発症し，胃粘膜は初め急性胃炎を呈し，次第に慢性胃炎へと変化した．別の研究では，SPF の *Helicobactor* フリーの猫に *H. felis* を接種し，接種前と接種後 1 年間調査した．[24] 非感染猫が対照群として用いられた．その結果，感染猫では幽門において主にリンパ濾胞の過形成，萎縮そして線維化が認められた．

これらの研究全てで，実験感染させた犬猫で抗体産生が観察された．*H. felis* と *H. pylori* を感染させたノトバイオート犬は感染後 3 週間でかなり急速かつ一様に抗体産生を示し，*H. felis* 感染 SPF 犬は感染後 6 ヵ月以上かけてより緩徐に，さまざまな抗体産生を示した．[23]

GHLO に対する診断テストは生検材料が必要な侵襲的な方法（例：迅速ウレアーゼ試験，組織病理学検査，押捺細胞診，培養，生検材料のポリメラーゼ連鎖反応（PCR）検査，電子顕微鏡）と非侵襲的な方法（例：尿素呼気 / 血液試験，血清学的検査，便の PCR 検査）がある．

Helicobacter spp. に対する侵襲的検査法

迅速ウレアーゼ試験（*Campylobacter* 様生物試験として CLO 試験とも呼ばれる）は，全ての胃の *Helicobacter* spp. がウレアーゼを産生することに基づいている．組織材料を尿素および pH 指示薬としてフェノールレッドを加えた培養液中で培養する．ウレアーゼは尿素をアンモニアに分解するため，pH が上昇し，色の変化が起こる（図 4.9）．通常結果は 1 〜 3 時間で得られるが 24 時間かかることもある．

組織病理検査では，胃の生検材料中の *Helicobacter* を確認することで診断される．Warthin-Starry 銀染色，ギムザ染色，トルイジンブルー染色などの特殊染色により GHLO の観察が容易になる（図 4.10）．*Helicobacter* は点在するため，幽門洞および胃体部の生検は数ヵ所から採取し評価するべきである．グラム染色や Diff Quick 染色を用いた押捺細胞診は簡便で迅速な感度の高い方法であるが，細胞学的所見だけでは胃炎の程度は

図4.9 迅速ウレアーゼ試験．*Helicobacter* spp. の診断のために行った迅速ウレアーゼ試験の陽性例（赤）と陰性例（黄）を示す．迅速ウレアーゼ試験は，生検材料中のウレアーゼ産生菌によるアンモニウム産生による pH の変化がもたらす色の変化により判断される．

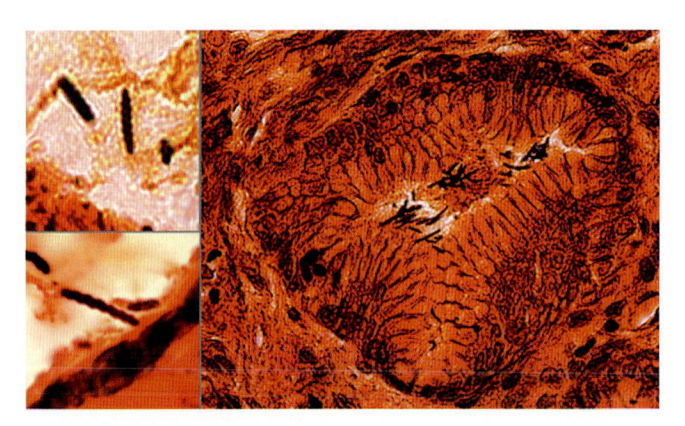

図4.10 胃生検組織の Warthin-Starry 銀染色により確認された *Helicobacter* spp..　この画像は胃生検材料を Warthin-Starry 銀染色を用いて染色したものである．この組織は自然感染した猫から採取された．胃小窩内に多数の大型らせん菌が認められる．らせん状の形態は高倍で明瞭に観察される．

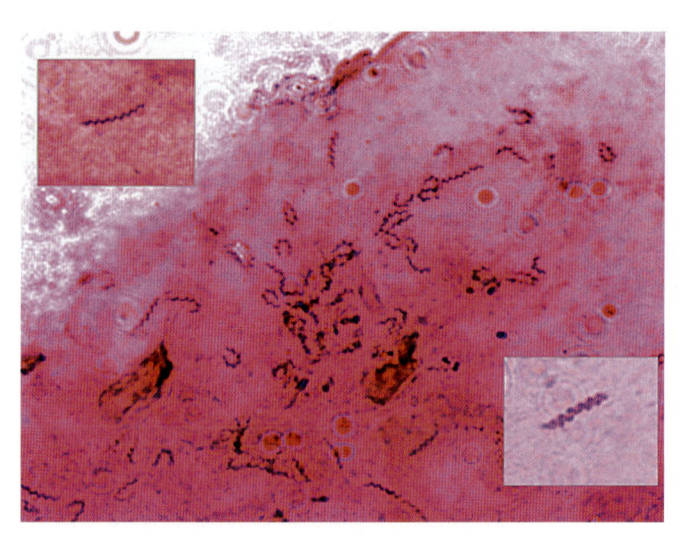

図4.11 この画像はグラム染色を行った胃の押捺細胞診に認められた多数の *Helicobacter* spp. を示している．背景の蛋白成分は胃粘液によるものである．拡大写真により菌のらせん構造が明瞭に観察できる．

表4.3 犬および猫の胃 *Helicobacter* spp. の診断における各種検査法の精度

検査法	感度	特異性
形態学的評価		
グラム染色	95%	92%
Warthin-Starry 染色	90%	100%
ウレアーゼ活性の検出		
迅速ウレアーゼ試験	93%	92%
尿素呼気試験	90%	73%
分子遺伝学的手法		
胃生検組織の PCR	94%	92%

評価できない（図4.11）．

　GHLO の培養は煩雑であり診断法としては最も感度が低い．しかしながら，培養陽性であれば非常に特異的である．胃の *Helicobacter* spp. は体外培養による分離は困難である．生検材料から抽出した DNA を用いたポリメラーゼ連鎖反応（PCR）は *Helicobacter* 種の存在を確定的に同定することが可能である．電子顕微鏡は代表的な形態の判定基準に基づいて *Helicobacter* spp. を分類するために用いられる．犬の培養された5種の *Helicobacter* spp. が透過型および走査型電子顕微鏡に基づいて分類可能である（図4.8a および4-8b）．[25] 概して，迅速ウレアーゼ試験，特殊染色を用いた組織病理検査および押捺細胞診が犬猫の *Helicobacter* spp. 感染の診断において精度の高い診断法である（表4.3）．

非侵襲的検査法

　尿素呼気／血液試験は標識した尿素（主に非放射性 ^{13}C で標識）を用いる．投与された尿素は胃で細菌のウレアーゼによりアンモニアに代謝され，放出された炭素原子は全身循環に吸収され，最終的に呼気中に排出される．呼気を回収し，$^{12}CO_2$ と $^{13}CO_2$ の割合を測定する．[17,26] 尿素呼気試験は *Helicobacter* spp. の実際の感染を示すので，ヒトでも動物でも菌の根治を確認す

るのに適した非侵襲的な方法である．

ELISAやウェスタンブロット法による血清学的検査はヒトの疫学研究に広く用いられており，血清と胃液の両方でIgGやIgAの定量が可能である．犬や猫は数種のHelicobacter spp. を保菌しているがH. pyloriではないため，動物の血清サンプルを市販の血清学的検査キットで調べることはできない．近年，犬の糞便からHelicobacterのDNAが増幅できることが報告されている[12]．この手法により，犬の胃と腸のHelicobacterのDNAが検出可能である．また，治療の成否もこの手法により非侵襲的に検査可能である．

4.4.1.2.6 寄生虫性胃炎

Physaloptera spp. は感染期虫への発育に中間宿主が必要な間接生活環をもつ線虫である．終宿主（例：猫，犬）が排泄した卵を，適切な中間宿主（例：ゴキブリ，コオロギ，コクヌストモドキ）が摂取する．第一期幼虫は中間宿主の腸内で孵化し，腸の外層に移動すると被囊し，脱皮して第二期幼虫になり，最終的には感染能を持つ第三期幼虫となる．中間宿主が待機宿主（例：カエル，ヘビ，ネズミ）や終宿主に摂取されると，成虫となり胃や十二指腸粘膜に鉤着する．[27]

Physalopteraが常に病原性を持つのか，何匹の胃虫が感染すると臨床症状を示すのかは不明である．胃炎の組織学的所見に加えて，これらの寄生虫は，おそらくは電気機械的な活性を変化させてしまうことにより胃の排出を遅延させる．[28] 他の臨床症状は慢性的あるいは間欠的な嘔吐，下痢，吐出，体重減少，メレナ，および沈うつである．[27] 糞便浮遊法では偽陰性が多いため診断は困難なことがある．原因として，成虫が少数の卵しか産まない，一方の性別の感染のため卵を産んでいない，糞便浮遊法の溶液の比重が卵の比重と近く虫卵が浮遊しにくいなどが考えられる．[28] 吐物中の虫体の確認や内視鏡での確認（全長1〜6cm，太く，クリーム色から白色，線状もしくはコイル状；図4.12）が本寄生虫の最も適した診断法のようである．

Ollulanus tricuspisは有病率が20％にも及ぶ一般的な猫の胃の線虫であり，まれではあるが犬に寄生することもある．[29] 第三期虫の経口摂取後，宿主の胃内で胃粘膜に付着し，完全な生活環を送る．感染幼虫は吐き戻され，環境中で15日まで生存し，別の動物に感染する．一般的な臨床症状は食欲不振，間欠的な嘔吐，体重減少である．組織病理学的には胃粘膜のびらん，粘液産生の増加，粘膜過形成，炎症細胞の浸潤が認められる．診断は吐物（可能ならばキシラジンやメデトミジンを用いた催吐処置）や胃洗浄液の検査が最適である．まれに組織病理学的な胃の生検組織中に寄生虫が認められることもある．糞便浮遊法ではめったに診断できない．

4.4.1.2.7 慢性胃炎の治療

可能ならば胃炎の根本原因（例：異物の除去，投与薬物の中止）を管理するべきである．胃虫の感染（犬のPhysaloptera spp.，猫のOllulanus tricuspis）の診断は困難であり，高価な診断的検査を実施する前に，胃虫を駆除できる広域駆虫薬でのルーチンな治療（犬：パモ酸ピランテル15 mg/kg PO 2〜3週後に再投与；猫：フェンベンダゾール50 mg/kg PO 24時間毎3日間）を行ったほうが賢明である．[27] しかしながら，慢性胃炎の多くのケースは特発性であり，上記のような基礎疾患の治療をできることはまれである．特発性の慢性胃炎の症例に対しては，食事管理，免疫抑制治療，胃酸分泌の抑制や中和療法が合理的な治療法である（4.4.1.3；表4.1；4.4.1.1を参照）．

食事管理は，過剰な免疫反応が食事中の抗原に対して起こるという考えに基づいて行う．動物がそれまでに食べたことのない単一の新奇蛋白と炭水化物がこの治療法の基本である．市販の"低アレルゲン"食は非常に有用であるが，まれに新奇蛋白（例：カンガルーの肉，馬肉）を用いた手作り食が必要となる．多くのケースで，厳密な食餌試験により2週間後には何らかの反応がみられるはずである．

食事管理だけでは効果が得られない犬猫は免疫抑制剤による治療が必要である（例：リンパ球プラズマ細胞性胃炎や好酸球性胃炎を伴う場合）．コルチコステロイドには免疫抑制作用や抗炎症作用だけでなく，胃壁細胞の再生効果もある．コルチコステロイドによる潰瘍形成は，潰瘍形成に関する強い相乗状態にある犬（例：NSAID投与や低血圧）でのみ注意が必要である．最初は，プレドニゾロンを1〜2 mg/kg PO 12時間毎に5〜7日間投与する．その後，数ヵ月かけて用量を50％ずつ徐々に漸減する．慢性胃炎の犬ではアザチオプリンやシクロフォスファミドなどの他の免疫抑制剤は必要になることは少なく，これらの薬剤をこの目的で猫に投与してはならない．

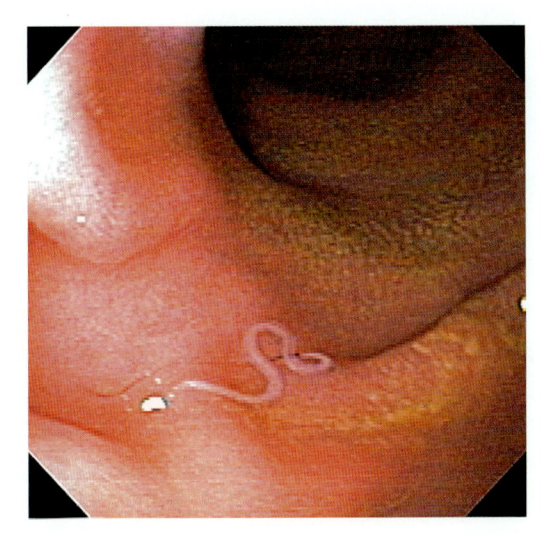

図4.12 Physaloptera．この画像は内視鏡下で犬の胃内に認められた一隻のPhysalopteraを示す．（画像はUSA，テキサスのDr. Mike Willardの好意による）

4.4.1.3 胃潰瘍

潰瘍は，胃粘膜から粘膜筋板もしくはそれより深い領域におよぶ損傷と定義され，より表層の損傷はびらんという．びらんや潰瘍は攻撃力（例：酸，ペプシン，傷）が防御力（例：粘膜の微小循環，上皮細胞のターンオーバー，胃粘液，プロスタグランジン）よりも強いときに生じる．上皮細胞は急速にターンオーバーしており，栄養成分と酸素の輸送や逆拡散した水素イオンの除去のために十分な血液循環が必要である．胃の表面は2〜3日ごとに全て入れ替わっている．上皮細胞は陰窩で産生され，その後胃管腔に移動し脱落する．胃腺頚部粘液細胞は粘膜の表面に付着する糖蛋白（5％）と水分（95％）からなる粘稠性のゲルを産生する．この粘液は物理的な磨耗から粘膜を守り，消化酵素に対するバリアとして働く．さらに，重炭酸イオンがこの層に盛んに分泌される．内腔から上皮にかけてpH勾配が形成され胃酸を中和している．最後に，シクロオキシゲナーゼ（COX）によりアラキドン酸から産生されるプロスタグランジンが腸粘膜の保護作用を有している．プロスタグランジンは胃粘液と重炭酸の分泌を亢進し，血管拡張によって粘膜の血流を維持し，酸の分泌を抑える．さらに，細胞間メッセンジャーとして働き，粘膜細胞のターンオーバーや移動を刺激するようである．NSAIDsなどのプロスタグランジン阻害薬はこれらの防御機構を全て妨げ，胃潰瘍形成の原因となる．

胃と十二指腸粘膜の消化性潰瘍は犬や猫ではあまりみられないが，いくつかの潜在的なメカニズムにより消化性潰瘍が形成される（表4.4）．NSAIDs（例：アスピリン，フルニキシン，イブプロフェン，インドメタシン，ケトプロフェン，メロキシカム，ナプロキセン，フェニルブタゾン，ピロキシカム）はCOX-1酵素を阻害し，プロスタグランジン産生を抑制する．これらの薬剤が犬における消化性潰瘍の一般的な原因であるとはいえ，動物におけるNSAID誘発性消化性潰瘍の報告は非常に少ない．[30,31] COX-2により産生されるエイコサノイドは胃粘膜の炎症や痛みの主な原因であるのに対し，COX-1によって産生されるエイコサノイドは防御機構の役割を担っている．非特異的なCOX阻害は潰瘍形成のリスクを劇的に上昇させる．しかしながら，新しいNSAIDsはCOX-2特異的（例：カルプロフェン）であり，完全ではないが潰瘍形成作用は低い．[32]

コルチコステロイドも保護作用のあるエイコサノイドの産生を減少させる．それでもやはり，重度の低血圧やNSAIDsの併用などの問題を抱えている犬でない限り消化性潰瘍の原因とはならない．[33] 肥満細胞腫は長い間，ヒスタミン含有顆粒が胃酸過多を誘発し，消化性潰瘍を引き起こすと考えられてきた．[34] しかしながら，今のところ肥満細胞腫の犬猫と消化性潰瘍の関連性どころか，肥満細胞腫と胃炎でさえ関連性を示す報告はされていない．急性椎間板疾患の犬の多くは内視鏡により胃のびらん所見が認められ，コルチコステロイドの投与の有無に関わらず外科的介入は消化性潰瘍のリスクを劇的に増加させる．[35] 消化管は犬のショック器官であり，それゆえに血液量減少，ショックそして敗血症は胃潰瘍の一般的な原因であるが見過ごされがちである．したがって全ての重症患者は胃潰瘍発生のリスクを考慮すべきである．[36] 膵臓に発生するガストリノーマ（9.4.3を参照）は過剰なガストリンを産生することにより，胃酸過多となり消化性潰瘍を引き起こすことがある．

幽門洞における大きな潰瘍は，大抵角切痕付近に起こり，胃腫瘍の犬では一般的に認められる（図4.13）．猫では33例の消化性潰瘍のうち14例が胃腫瘍によるものであり，大部分は消化器型リンパ腫か胃腺癌であった．[31]

臨床症状

消化性潰瘍の臨床症状は明確ではない．慢性嘔吐がおそらく最もよくある症状であり，吐血を伴うこともある．ヒトとは異なり，犬は常に胃酸を分泌しているわけではないため，吐物中の血液は必ずしも消化されているとは限らない．出血が重度である場合はメレナや蒼白な可視粘膜が認められることもある．食欲不振や食欲廃絶も一般的な症状である．薬物は重要な病因であるため，飼い主が動物に投与したあらゆる薬剤を尋ね，注意深く病歴を聴取すべきである．

通常の血液検査における変化も特異的ではない．しかしながら，通常の血液検査は他の嘔吐の原因を除外するために行われる．慢性出血は貧血を引き起こすことがあり，時には非再生性

表4.4 犬と猫の消化性潰瘍の原因

薬物
- NSAIDs
- コルチコステロイド（同時にリスクファクターが存在するときのみ；例：NSAID投与）

浸潤性疾患
- 胃腫瘍
- ピチウム症（感染が認められる地域）
- 炎症性腸疾患

代謝性疾患
- 肝障害
- 腎不全（高齢猫で一般的）

胃酸過多
- ガストリノーマ
- 肥満細胞腫（胃潰瘍の原因としてはまれ）
- APUD系腫瘍

その他の疾患
- 化学物質中毒
- 播種性血管内凝固
- 異物（すでに存在していた胃炎や潰瘍を悪化させるかもしれない）
- 循環血液量減少
- 膵炎
- 敗血症性ショック
- ストレス？

APUD系腫瘍＝アミン前駆物質取り込みおよび脱炭酸細胞腫瘍

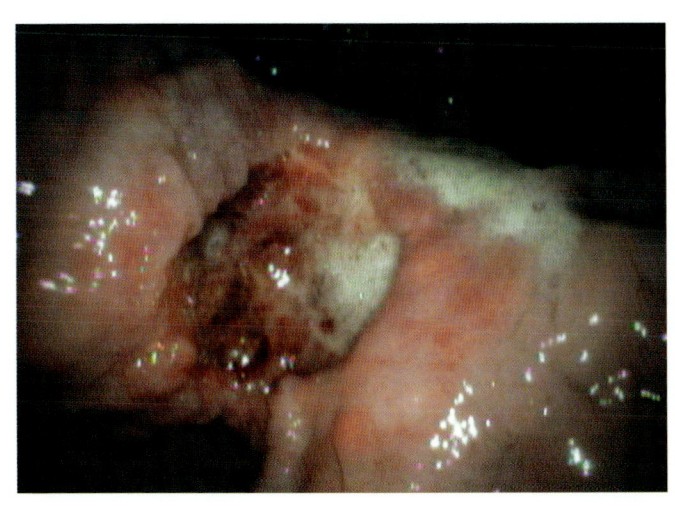

図4.13 角切痕に認められた巨大潰瘍．7週間続く吐血により来院した8歳の雄のバセット・ハウンド．消化管内視鏡により辺縁の不整な消化性潰瘍が認められた．生検組織の組織病理学的検査によりこの潰瘍は胃腺癌によるものであることが明らかとなった．

表4.5 胃の疾患に用いられる治療薬

一般名	分類	用量
水酸化アルミニウム	制酸剤	犬：100～200 mg PO q4～6h
		猫：50～100 mg PO q4～6h
次サリチル酸ビスマス	粘膜保護剤	0.25～2.0 ml/kg PO q4～6h
シメチジン	H_2受容体拮抗薬	5～10 mg/kg PO, IV q8h
ファモチジン	H_2受容体拮抗薬	0.5～1 mg/kg PO, IV q12～24h
ミソプロストール	プロスタグランジン類似物質	2～5 μg/kg PO q8～12h
ニザチジン	H_2受容体拮抗薬 運動促進剤	5 mg/kg PO q24h
オメプラゾール	プロトンポンプ阻害薬	0.7 mg/kg PO q24h
ラニチジン	H_2受容体拮抗薬 運動促進剤	1～2 mg/kg PO, IV q12h
スクラルファート	粘膜保護剤	0.5～1 g PO q8h

PO＝経口投与；IV＝静脈内投与

を示し，通常鉄欠乏性貧血（小球性低色素性）を呈する．血液生化学検査の結果，重度な嘔吐によりなんらかの電解質異常を示すかもしれない．

胃潰瘍からの出血が少量であれば明らかなメレナを呈さないこともあり，そのような症例では確認のために便潜血試験が必要かもしれない．しかしながら，いくつかの便潜血試験は食事中の赤身の肉の影響を受ける．便潜血試験のキットは2つの異なる原理のうちのどちらかに基づいている．グアヤク試験は，ヘモグロビンにより酸化し青色のキノンに変化するグアヤコン酸を利用している．o-トルイジン試験は，ヘモグロビンによる酸化により青色の化合物を生成するテトラメチルベンジジンを利用している．どちらのタイプのキットでも，食餌中の赤身の肉や，カブやカリフラワーのようなペルオキシダーゼが豊富な食材により陽性の結果が得られる．しかしながら，ある研究では，o-トルイジン試験は，グアヤク試験よりも食餌による偽陽性が少ないとされている．別の研究では，o-トルイジン試験はヘモグロビンの経口投与後12時間の時点で，グアヤク試験よりもわずかに感度が高いことが示されている．しかし，理想的には，症例は検査の前3日間は肉の含まれていない餌を給餌されているべきである．[37]

胃内視鏡は，胃潰瘍を診断するための最も良い手段であるが，病歴（例：NSAIDsの投与，吐血）と臨床所見が胃潰瘍を示唆していれば通常必要ない．造影X線検査や試験開腹により診断が下せることもある．試験開腹は，胃粘膜を漿膜面から評価するのは容易ではないため不都合な側面も持っている．

治療

胃潰瘍の治療の目的は臨床症状を抑え，合併症や再発を防ぐことである（表4.5）．そのためには潰瘍を誘発する薬剤を与えてはならない．消化性潰瘍が粘膜の血流減少によるものであるならば，十分な量の静脈内輸液を行うべきである．制酸剤は胃酸を中和する効果がある．炭酸カルシウム（$CaCO_3$），重炭酸ナトリウム（$NaHCO_3$），水酸化マグネシウム（$Mg[OH]_2$），水酸化アルミニウム（$Al[OH]_3$）は全てプロトン受容基を持っている．胃酸の中和反応により水と中性塩が生成される．制酸剤はさらに胆汁酸に結合したり，胃内でペプシンの活性を低下させたり，内因性プロスタグランジンの分泌を刺激する効果もある．しかしながら，制酸剤は頻繁に投薬する必要があり，不快な味であるため，動物には不向きである．

消化性潰瘍の治療の基本は胃酸分泌の抑制であり，Schwartzが1910年に提唱した"no acid, no ulcer"という言葉は現在も通用する格言である．多くの薬剤が存在するが，ヒスタミン$_2$受容体拮抗薬とプロトンポンプ阻害薬の2種類が獣医療で最も処方される薬剤である．H_2受容体拮抗薬（H_2-RA）は，胃腺内の酸産生壁細胞の表面に存在するH_2受容体を遮断することにより胃酸の分泌を抑制している（図4.14）．獣医療ではシメチジンとラニチジンがよく用いられる．ラニチジンはシメチジンより5～12倍の効力があり，半減期が長いために投与回数が少なくてすむのだが，最近の報告では通常量（2 mg/kg IV q12h）のラニチジンでは，胃内pHを上昇させる効果は生理食塩水と変わらないことが示唆されている．一方，ファモチジン（0.5 mg/kg IV q2h）は生理食塩水より明らかに効果がある．[38] 別のH_2-RAであるニザチジンはラニチジンと同様，胃の運動機能を持っている．H_2-RAは，壁細胞のヒスタミンH_2受

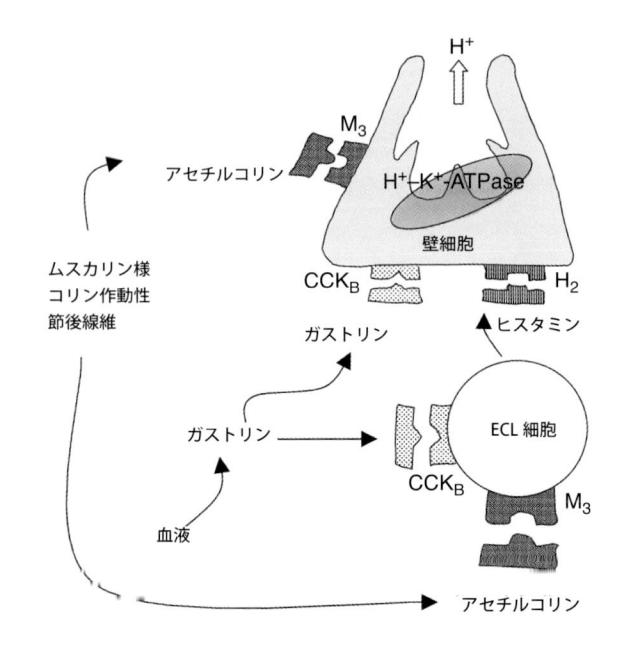

図 4.14 胃酸分泌の生理学的メカニズム．壁細胞はガストリン（CCK_B），アセチルコリン（M_3），ヒスタミン（H_2）に対する受容体を有している．さらに，ガストリンとアセチルコリンはクロム親和性細胞様細胞（ECL細胞）の同受容体にも作用し，ヒスタミンを放出する．

容体を遮断するだけではなく，重炭酸イオンと粘液の胃内分泌を増加させたり，粘膜の血流を増加させたりする．これらの効果はプロスタグランジン合成の刺激と関連しているかもしれない．さらに，シメチジンは in vitro でT リンパ球上の H_2 受容体を遮断することにより細胞性免疫を強化することが示唆されている．シメチジンは肝臓の還流を減少させ，肝臓のP-450酵素とP-488酵素を阻害することが分かっている．[39] これらの酵素系により代謝される薬物をシメチジンと同時に投与すると，代謝が遅くなり血漿濃度が上昇する可能性がある（例：シクロスポリン）．他のヒスタミン H_2-受容体拮抗薬はこのような作用は示さず，複数の薬剤を投与されている動物に使用しても問題ない．

ベンズイミダゾール誘導体であるオメプラゾールはプロトンポンプ阻害薬（PPIs）に属する薬物である．壁細胞の内腔側の細胞膜にある H^+/K^+-ATPase をブロックすることにより（図4.14），分泌促進物質（例：ヒスタミン，ガストリン，アセチルコリン）の存在に関わらず酸の分泌を抑制する．シメチジンと比較すると，オメプラゾールは20倍の効力を持ち，pHに依存して蓄積するため，より長い作用時間を持っている．新しいPPIs にはランソプラゾールやパントプラゾールがあるが，これらの新しいPPIs は獣医学領域での使用経験は少ない．[38]

スクラルファートは胃粘膜保護剤である．複数の水酸化アルミニウムとショ糖硫酸の塩基性塩である．スクラルファートは経口投与後，スクロースオクタスルフェートと H^+ を緩衝する水酸化アルミニウムに分離する．スクロースオクタスルフェートは胃内で塩酸と反応し，正常組織よりも損傷した組織に強い親和性をもつペースト状の複合体を形成する．この付着した複合体は，ペプシンや酸，胆汁によるさらなる胃粘膜の損傷を予防する．スクラルファートはプロスタグランジン合成を刺激することによりある程度の細胞保護効果も持っているかもしれない．スクラルファートの全身循環への吸収はごくわずかであり十分許容される範囲である．スクラルファートは酸性からほぼ中性のpHで効果を示すため，抗分泌薬を併用しても構わない．しかしながら他の経口薬は吸収に影響を受けるためスクラルファートとは2時間空けて投与すべきである．[39]

最後に，ミソプロストールはプロスタグランジン E_1（PGE_1）の合成アナログである．経口投与が可能であるが，全身循環に吸収されなければ効果は出ない．その効果は内因性プロスタグランジンと同様である．ステロイドを投与される犬や脊髄手術を受ける犬に対するミソプロストールの予防効果に関しては議論の余地があるが，この薬物はすでに生じている消化性潰瘍にはあまり用いられないようである．ミソプロストールは流産を起こすため，妊娠動物には避けるべきである．また，出産適齢期の女性はミソプロストールをペットに投与する際はグローブを着用すべきである．[40]

他にも胃酸濃度を低下させる薬剤が開発されているが，まだ日常的な使用には至っていない（例：ガストリン受容体拮抗薬，ガストリン放出ペプチド受容体拮抗薬）．将来的に有望な種類の薬剤としてカリウム競合酸遮断薬（P-CABs）がある．これらの薬物は K^+ と競合し，H^+-K^+ ATPase の働きを妨げる．[41] ソラプラザンおよびラベプラザンが現在研究中であるが，犬猫に関する情報はまだ報告されていない．

4.4.2 胃拡張‐捻転

急性胃拡張/捻転（GDV）は突然発症する死に到ることも多い胃腸疾患であり，特に大型の胸郭の深い犬種（例：グレートデン，ジャーマン・シェパード，スタンダード・プードル，大型雑種犬）に発症する．[42] 米国では毎年60,000件のGDVが発生していると推定されており，臨床症状の発生から治療までの時間にもよるが全体としては15%から20%の致死率であると推定されている．GDVはあらゆる年齢で生じる可能性があるが，高齢の犬ほど発生のリスクが高い．[43] 食餌や液体，特にガス（空気の嚥下や発酵による）による胃の急速な拡張は，捻転に進行するかもしれない．これは拡張した胃の力により食道と幽門括約筋を結ぶラインに対して直角に右か左に（大抵は時計回りに左に）回転することにより起こる．しかしながら，何をきっかけに胃が拡張するのか，そして捻転するのかは完全に解明されてはいない．[44]

急性GDV発症の病因は1つではない．いくつもの特徴的な生理的（例：体格，胸腹面積）および環境的（例：食餌，胃内

ガスの蓄積，麻酔，ストレス，睡眠）危険因子が特定されており，さらに，より特有の解剖学的（例：胃靱帯の緩み，胃容積と位置，ガストリンなどの胃ホルモン）および病理学的（例：胃のリズム，運動性，排出）な多くの危険因子の関与が疑われている．[43-45] しかしながら，多くの軍用犬を用いた研究では，食餌と運動パターンはGDVの発生率に変化をもたらさなかった．

臨床症状

通常，臨床症状は急性もしくは甚急性に発現する．腹部膨満に加え，進行性の不穏状態や吐物を伴わない吐気，流涎，呼吸困難，胃膨張が認められ，最終的に重度疼痛とショックを引き起こす．胃拡張が長時間におよぶと，粘膜の虚血性変化が不可逆性になるため予後が急速に悪化する．臨床症状の発生から数時間以内に循環血液量の減少や心原性ショックにより死亡することもある．

急速な胃の拡張は下部食道括約筋に悪影響を及ぼし，胃の運動性や排出を損なうようである．拡張により胃食道連結部が閉塞し，おくびや嘔吐による排出ができなくなってしまうと考えられている．拡張により胃の正常な収縮が損なわれるのに加え，反射性の神経抑制が起こり胃の運動性が低下する．拡張が起こると，胃粘膜に，後には胃の平滑筋に，不可逆性虚血性壊死が生じる．胃分泌液の貯留と隔離も起こる．拡張した胃は後肢や腹部から戻る静脈を閉塞してしまい，その結果循環血液量の減少と心原性ショックを引き起こす．乳酸やその他の代謝副産物が，循環の悪い後肢や内臓に蓄積することによって重篤な代謝性アシドーシスを引き起こす．特に胃拡張の解除後に顕著に現れる．虚血時には膵臓から"心筋抑制因子"が産生され，酸-塩基や電解質の不均衡と相まって心筋の収縮力の低下を引き起こす．[46] 再還流障害，エンドトキシン血症，DICそして致死的な心筋性不整脈が頻繁に認められる．梗塞と壊死を伴う脾捻転も一般的に認められる．[44] 還流低下により，腎前性乏尿および腎不全に陥ることもあり，乳酸性アシドーシスと内毒素血症が相まって多臓器不全を引き起こし最終的には死に至る．

診 断

診断は病歴，シグナルメント，身体検査所見により下される．吐物を伴わない嘔吐，吐気，過流涎が認められる犬で明らかな腹部膨満がよく認められる．より重篤な症例は横たわり，呼吸促迫およびショックの症状を示す．病気が進行すると最終的に代償不全になり，徐脈や低体温，可視粘膜蒼白，四肢の低温は予後不良につながる．緊急時の血液検査の必要性は低いが，酸-塩基と電解質の補正の方針を得るために基礎値を調べておくべきである．顕著な血液濃縮，低カリウム血症，高窒素血症そして肝酵素の上昇が一般的に認められる．血漿乳酸濃度の上昇はよく認められ，循環の指標として，あるいは生存率の指標として用いられる．[47] 凝固系検査により凝固系亢進（プロトロンビン時間と活性トロンビン時間の短縮）やDIC（凝固時間の延長と血小板減少）の所見が認められるかもしれない．[48]

治 療

緊急時のGDV治療の主な目的は循環血液量減少の管理（ショックの予防や治療のため）である．輸液は，電解質輸液（例：乳酸リンゲル）を大量静注用カテーテル経由で90 mL/kg/hrの流速で開始し，動物が安定化するまで続ける．その後，大量電解質輸液（例：20 mL/kg/hr）の投与に切り替える．電解質とコロイド（例：ヘタスターチ）の合剤も利用できる；コロイドはコロイド浸透圧の上昇によって電解質輸液の効果を延長するかもしれない．循環血液量減少の補正がうまくいって初めて胃の減圧処置を行う．

通常，胃の減圧は，大口径の横穴付きの馬用の鼻胃チューブを用いて，無鎮静下の症例に口胃挿管するとよい．口胃挿管がうまくいかなかった場合は，無菌的に右側もしくは左側から大径のカテーテルか注射針で胃穿刺を行うべきである．X線は胃拡張の診断には必ずしも必要ないが，胃捻転の診断には必要である（図4.15）．X線は患者が安定化した後に撮影すべきである．幽門が胃底部よりも頭背側かつ腹腔の左側に位置するため，典型的なdouble-bubble（2つの泡）像（幽門と胃底部のガス）を得るためには右側臥位のX線が必要である．腹腔内に遊離ガスが認められる場合は内臓破裂を疑う．

バイタルサインが安定していれば，できるだけ早く減圧や捻転の整復のための手術を行うべきである．少量の導入剤（例：チオペンタール，プロポフォール）を効果が出るまで投与し，麻酔は酸素とイソフルレンやセボフルレンで維持すべきであ

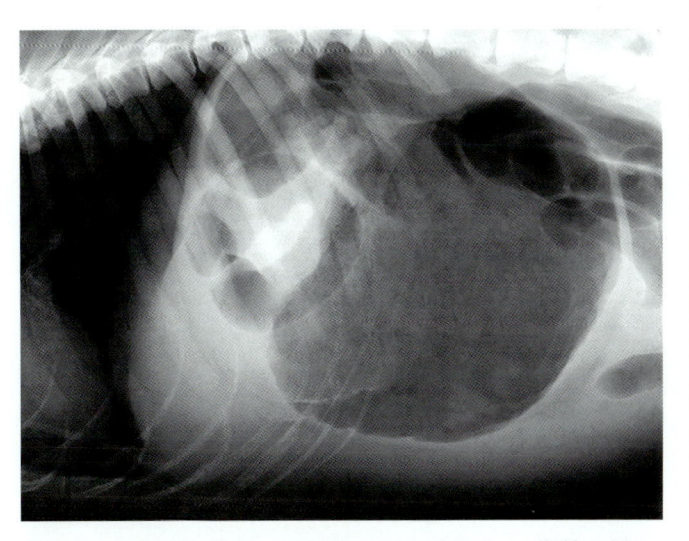

図4.15　胃拡張-捻転のX線像．この画像は10歳齢の雄のジャーマン・シェパードのX線像である．ガスで満たされた胃底部（背側の"泡"）と幽門洞（腹側の"泡"；"double-bubble is trouble（2つの泡は問題）"）の大量のガスと拡張した小腸ループが確認できる．

る．一酸化窒素を使う場合，完全に胃の減圧が完了するまでは用いてはならない．胃の減圧を行った後捻転を整復し，胃と脾臓の生存性を評価したうえで必要に応じて部分的胃切除や脾摘を行い，再発予防のために胃を固定する．術式として切開性胃腹壁固定術とベルトループ胃腹壁固定術がある．胃固定を実施しなかった場合の再発率は80％にも及ぶことが報告されている．[49,50]

GDVの症例で心室性期外収縮や心室性頻脈などの心室性不整脈が起こることは良くある．それらは外科的整復後3日以内に認められ，心臓の働きが不十分である場合は治療が必要となる．電解質と酸‐塩基の不均衡は見逃してはならず，異常があれば補正する必要がある．その後の管理として，肉を基本とした缶詰の消化しやすい餌を，少なくとも1日3回に分けて与える．幽門形成術は再発率に影響を与えないことは重要である．[44] 予防的胃固定はGDVのリスクが高いと考えられる犬で望ましいかも知れず，侵襲性が最も少ない腹腔鏡でも実施可能である．[51]

4.4.3 運動性疾患

胃排出は胃内の食物に対する高度に調和のとれた生理学的反応であり，さまざまな疾患により影響を受ける．一般的には3つの胃の運動性疾患が存在する．胃排出亢進，逆行性運動，胃排出遅延である．胃排出遅延は幽門の機械的あるいは機能的な障害による．機械的障害の原因には，幽門狭窄，慢性肥厚性幽門狭窄，異物，幽門または十二指腸の腫瘍，慢性肥厚性胃炎，幽門を外部から圧迫する腹腔内腫瘍がある．胃排出の機能性疾患は，胃の運動性に関する複数の異常の結果起こる．これらの運動性疾患は形態学的変化とは関係がないことも多い．炎症や浸潤性病変，胃潰瘍，IBD，電解質異常，酸‐塩基不均衡，開腹手術の直後，糖尿病，さまざまな薬物など，数多くの異なる疾患が胃の運動性に影響をもたらす．[52]

正常な単胃動物では，幽門は食後にふるいとして働く．液体は容易に幽門を通過し一次運動によって胃から比較的速やかに排出される．胃からの液体の排出速度はその量に応じて異なり，胃内の液体が多ければ多いほどより急速に排出される．固形物は別の処理を受け，幽門を通過する前に小片（直径＜2 mm）になる必要がある．[53] 通常，犬では食後，大きな食塊は胃に留まり，食間の時だけ十二指腸に排出される．この時，比較的大きな塊を，嚥下された唾液，少量の分泌粘液，細胞残渣と一緒に排出するために，伝播性消化管収縮運動またはハウスキーパー収縮と呼ばれる特別な機構が存在する．1回の伝播性消化管収縮運動はおよそ2時間持続し，4つの相から成る．3相で生じる激しい活動電位は，力強い遠位への胃の蠕動運動を引き起こし，大きな食物塊を排出させる．胃排出の異常は液体よりもむしろ固形の胃内容物に影響を与えると考えられている．

表 4.6 胃排出の評価法

検査法	得られる情報	動物での利用
単純X線	＋	＋＋＋
造影X線（バリウム）	＋＋＋	＋＋＋
造影X線（BIPS）	＋＋	＋＋＋
超音波	＋	＋＋
内視鏡	＋＋	＋＋
^{13}Cベース試験	＋＋	＋－＋＋
シンチグラフィ	＋＋＋	＋ 二次診療施設のみ
コンピュータ断層撮影（CT）	＋	＋ 二次診療施設のみ
マノメトリー	＋＋	＋ 二次診療施設のみ

BIPS＝バリウム含有ポリエチレン球

診 断

胃の機械的閉塞は通常容易に診断可能であるが，胃の運動低下を引き起こす機能性障害は確定が困難である．胃排出能を評価するためにさまざまな方法がある（表4.6）．造影X線検査は小動物医療において胃の運動性疾患を診断するための最も一般的に実施できる検査である．バリウム懸濁液などの液体の胃排出時間は比較的短い（猫：約1時間，犬：3時間以内）．フードとバリウムの混合物を用いた研究では，胃排出時間はフードの組成によって犬で4〜16時間，猫では4〜17時間とさまざまであった．[54] したがって，胃排出時間が顕著に延長しない限り，胃排出性疾患を診断することは難しい．さらに，固形の食餌をバリウム顆粒や懸濁液と混ぜても，バリウムはフードと分離し，胃内容物の液相に再分布してしまう．数年前バリウム含有ポリエチレン球（BIPS）が導入されており，BIPSを用いた犬と猫の胃排出時間の評価が報告されている．[55] BIPSは2種類の直径（1.5mmと5mm）のものが製造されている．小さなBIPSは小片の排出のために設計されており，固相の胃排出を模している．大きなBIPSは小さなBIPSに比べより長く胃に留まり，試験的に与えた食餌が十二指腸に到達した後も停滞していることが多いが，一旦伝播性消化管収縮運動が始まると胃から排出される．BIPSは閉塞部位のすぐ口側に留まるはずである．BIPSの胃排出能の解釈はバリウム検査の解釈と同様にいくつかの限界があり，BIPSは機能的閉塞よりもむしろ機械的閉塞を証明するのに役に立ちそうである．[54]

近年，超音波が胃排出時間を評価するための代替法として用いられている．[56] 犬では食後18時間経過しても少量の液体以上のものが認められたら胃排出遅延の証拠となる．胃排出は他に^{13}C呼気血液検査によって評価される．[52] ^{13}C試験の主な利点は放射線を必要とせず，非侵襲的であり，術者の影響を受けず，生物学的危険も一切なく，同じ被験者に複数回実施できることである．^{13}C呼気血液検査は，標識した食餌の摂取後もしくは標識物質の投与後に，$^{12}CO_2$と比較した$^{13}CO_2$分画の上昇

を検出する検査法である．物質や食餌は所定の部位で酵素や細菌によって急速に消化，吸収されるため，呼気や血液中の同位体の割合と出現は基質の消化管通過を直接反映する．^{13}C オクタン酸呼気血液試験（^{13}C-OBT）も ^{13}C 酢酸ナトリウム呼気試験も同様に，^{13}C を含む官能基を持つ基質を投与して行う．胃から排出された ^{13}C-オクタン酸や ^{13}C-酢酸ナトリウムは十二指腸で急速に吸収され肝臓で代謝される．酸化により生じた $^{13}CO_2$ は血液中に拡散し，呼気に排出されるため，血液と呼気のいずれかを採取し同位体質量分析により測定する．胃排出は標識物質の吸収と代謝における律速段階であるため，呼気や血液中の ^{13}C の出現は胃排出の割合とパターンを直接反映している（図4.16）．最後に，シンチグラフィは胃排出能を評価する

図4.16　健常犬における ^{13}C 酢酸ナトリウム呼気試験のグラフ．試験は同じ犬を用いて2日連続で行われた．両方の実験におけるカーブの再現性に注目．約90分で最初のプラトー相がありその後ほぼ直線的に排出されていく．胃排出は5時間後に完了する．

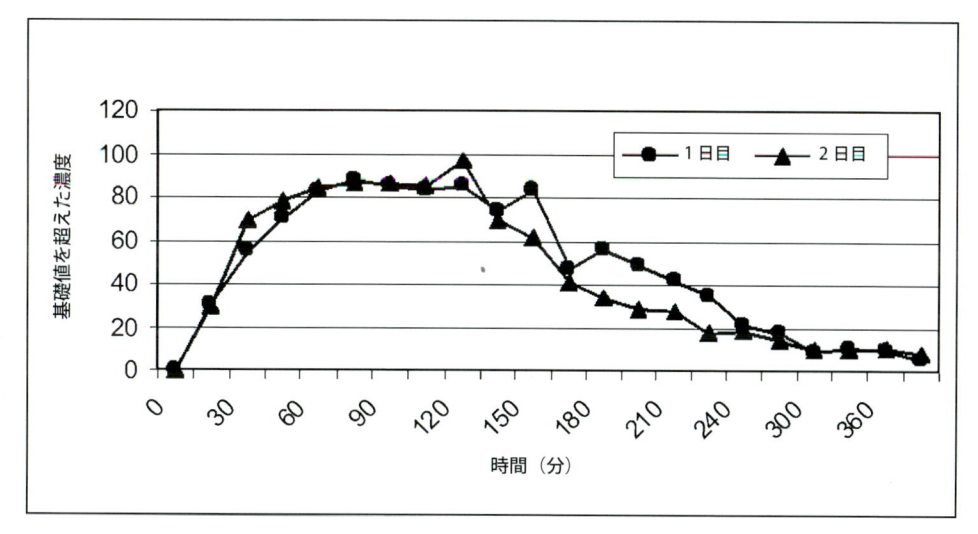

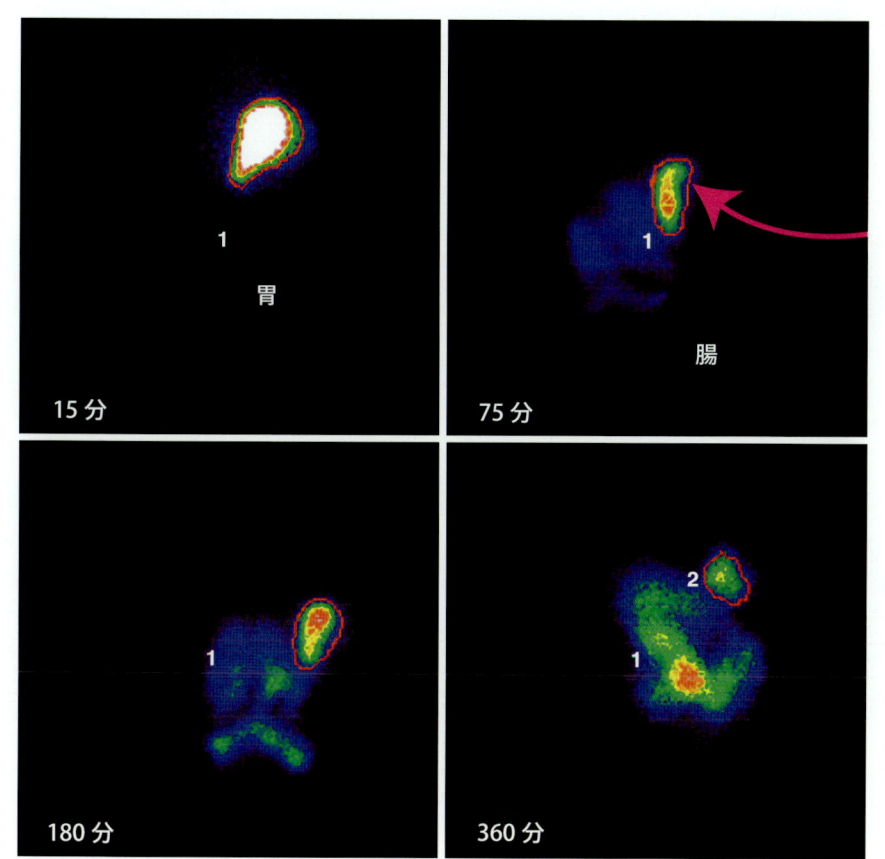

図4.17　健常犬におけるシンチグラフィによる胃排出能の評価．放射性標識フードの給餌15分後，放射能は胃内にしか認められない．時間と共に放射性標識フードは小腸に移動し，6時間後胃には少量の放射性物質が認められるだけである．関心領域（ROI；矢印）は，胃排出時間を測定するために胃の外形に沿って手作業で書き込んである．

ための黄金律だと考えられている（図4.17）.[52]

胃の運動性の異常な患者は間欠的な食後嘔吐を除いては正常である．吐物は未消化もしくは少しだけ消化しているのが特徴であり，時折粘膜が混じる．また，pHは酸性を示す，ただし胆汁が混じっていない場合に限る．幽門狭窄と幽門痙攣の正確な相互関係は不明である．胃の排出障害の症状は閉塞の程度によって異なる．嘔吐は主な臨床症状であり，食後何時間後でも起こりうる．普通の食物が胃から完全に排出される時間は，1日1回給餌されている犬では7～8時間である．食後10時間以上経過して食餌の全てもしくは一部を嘔吐した場合は，胃排出遅延および胃，膵臓，近位十二指腸の病変が疑われる．

治療

通常，食餌療法および運動促進治療が必要である．低脂肪で高消化性のミキサリーにかけた餌か流動食を複数回に分けて与えることで反応することがある．ドパミン受容体作動薬（例：メトクロプラミド）は末梢および中枢のドパミン受容体を抑制することにより，消化管運動促進作用と制吐作用をもつ．メトクロプラミドの運動機能亢進のメカニズムは完全には解明されておらず，他の薬理学的な特性（例：5-HT_3受容体や5-HT_4受容体拮抗作用）による可能性もある.[57] メトクロプラミドは幽門収縮の振幅と頻度を上昇させ，胃底の受入弛緩を抑制し，胃，幽門，十二指腸の運動を調整することによって胃排出を促進する．抗菌薬であるエリスロマイシンはモチリン様作用を持ち，低用量で食道胃括約筋を緊張させ，伝播性消化管収縮運動の第Ⅲ相に類似した幽門洞の収縮を引き起こすことによって胃排出を促進する.[57] 運動促進用量（1 mg/kg，PO，12時間毎）は抗菌用量よりはるかに少ない．いくつかのH_2受容体拮抗薬（例：ラニチジン，ニザチジン）もアセチルコリンエステラーゼ阻害作用を持ち，胃排出と小腸および結腸の運動性を刺激する．

シサプリドは1990年代犬猫でさまざまな消化管運動疾患の治療に用いられていた．ヒトで原因不明の死亡例が出たため，シサプリドは市場から撤退し，現在は調剤薬局でなければ入手できなくなってしまっている．テガセロド（Zelnorm [USA]，Zelmac [Europe]，Novartis）やプルカロプリド（R093877，Janssen）などの新しい運動機能改善薬はまだ臨床経験がほとんどない．テガセロドは5-HT_4受容体の強力な非ベンズアミド部分作動薬であり，犬の結腸において運動促進効果が知られている5-HT_{1D}受容体の弱い作動薬である．In vitroの実験ではテガセロドは，シサプリドで時折報告されていた心臓の再分極遅延や心電図でのQT間隔の延長は認められないことが示唆されている．ヒトの運動性疾患では臨床効果が認められている．犬ではテガセロドの胃と十二指腸に対する効果は報告されておらず，この薬物は小動物の症例では近位消化管運動刺激においてシサプリドほどの有用性は認められないかもしれない．プルカロプリドも5-HT_4受容体の強力なベンズアミド部分作動薬だが，他の5-HT受容体には効果を持たずコリンエステラーゼ酵素活性は有していない．テガセロドと異なり，プロカロプリドは犬の胃排出を刺激するようである．プロカロプリドは現時点では市販されていない．

キーポイント

- ドラセトロンとマロピタントは非常に効果的な制吐薬である．
- 胃の生検組織の組織病理学的検査を行わなければ胃炎の診断はできない．
- 胃潰瘍はNSAID治療の重要な合併症とはいえ，発生はまれであり，スクラルファートとヒスタミン$_2$受容体拮抗薬かプロトンポンプ阻害薬のいずれかを用いて積極的に治療すべきである．
- 胃拡張-捻転（GDV）の犬では，胃の減圧よりも先に積極的な静脈輸液療法を行うべきである．
- 胃の運動性疾患はシンチグラフィか^{13}C呼気血液試験による診断が最適である．

参考文献

1. Price AB. Classification of gastritis. *Verh Dtsch Ges Pathol* 1999; 83: 52–55.
2. DeNovo RC. Diseases of the stomach. In: Tams TR (ed.), *Handbook of Small Animal Gastroenterology, 2nd ed*. Philadelphia, WB Saunders Co, 2003; 159–194.
3. Marshall BJ, Warren JR. Unidentified curved bacilli in the stomach of patients with gastritis and peptic ulceration. *Lancet* 1984; 1(8390): 1311–1315.
4. Neiger R, Simpson KW. *Helicobacter* infection in dogs and cats: Facts and fiction. *J Vet Intern Med* 2000; 14: 124–133.
5. Watson JW, Gonsalves SF, Fossa AA et al. The anti-emetic effect of CP-99,994 in the ferret and the dog: role of the NK_1 receptor. *Brit J Pharmacol* 1995; 115: 84–94.
6. Gue M, Fioramonti J, Bueno L. A simple double radiolabeled technique to evaluate gastric emptying of canned food meal in dogs. Application to pharmacological tests. *Gastroenterol Clin Biol* 1988; 12: 425–430.
7. de la Puente-Redondo V, Clemence RG, Ramsey DS. Maropitant (Cerenia) provides robust preventative and therapeutic anti-emetic efficacy in dogs from 30 minutes to 24 hours after a sin-

gle dose. *J Vet Intern Med* 2006; 20: (abstract)
8. Kolbjornsen O, Press CM. Landsverk T. Gastropathies in the Lundehund. 1. Gastritis and gastric neoplasia associated with intestinal lymphangiectasia. *APMIS* 1994; 102: 647 – 661.
9. Whittingham S, Mackay IR. Autoimmune gastritis: historical antecedents, outstanding discoveries, and unresolved problems. *Int Rev Immunol* 2005; 24: 1 – 29.
10. Simpson KW, Neiger R, DeNovo R et al. ACVIM-Consensus statement: The relationship of *Helicobacter* spp. infection to gastric disease in dogs and cats. *J Vet Intern Med* 2000; 14: 223 – 227.
11. Fox JG, Lee A. The role of *Helicobacter* species in newly recognized gastrointestinal tract diseases of animals. *Lab Anim Sci* 1997; 47: 222 – 255.
12. Shinozaki JK, Sellon RK, Cantor GH et al. Fecal polymerase chain reaction with 16S ribosomal RNA primers can detect the presence of gastrointestinal *Helicobacter* in dogs. *J Vet Intern Med* 2002; 16: 426 – 432.
13. Greiter-Wilke A, Scanziani E, McDonough PL et al. Are *Helicobacter* spp. associated with inflammatory liver disease in cats? *J Vet Intern Med* 2002; 16: 328 (abstract).
14. Eaton KA, Dewhirst FE, Paster BJ et al. Prevalence and varieties of *Helicobacter* species in dogs from random sources and pet dogs: animal and public health implications. *J Clin Micro* 1996; 34: 3165 – 3170.
15. Jalava K, On SLW, Vandamme P et al. Isolation and identification of *Helicobacter* spp. from canine and feline gastric mucosa. *Applied Environ Micro* 1998; 64: 3998 – 4006.
16. Neiger R, Tschudi ME, Burnens AP et al. Diagnosis and identification of gastric *Helicobacter* species by polymerase chain reaction in dogs. *Microbial Ecol Health Dis* 1999; 11: 234 – 240.
17. Neiger R, Dieterich C, Burnens AP et al. Detection and prevalence of *Helicobacter* infection in pet cats. *J Clin Micro* 1998; 36: 634 – 637.
18. Handt LK, Fox JG, Dewhirst FE et al. *Helicobacter pylori* isolated from the domestic cat: Public health implications. *Infect Immun* 1994; 62: 2367 – 2374.
19. Kusters JG, van Vliet AHM, Kuipers EJ. Pathogenesis of *Helicobacter pylori* infection. *Clin Micro Reviews* 2006; 19: 449 – 560.
20. Norris CR, Marks SL, Eaton KA et al. Healthy cats are commonly colonized with "*Helicobacter heilmannii*" that is associated with minimal gastritis. *J Clin Micro* 1999; 37: 189 – 194.
21. Yamasaki K, Suematsu H, Takahashi T. Comparison of gastric lesions in dogs and cats with and without gastric spiral organisms. *J Am Vet Med Assoc* 1998; 212: 529 – 533.
22. Simpson KW, Strauss-Ayali D, McDonough PL et al. Gastric function in dogs with naturally acquired gastric *Helicobacter* spp. infection. *J Vet Intern Med* 1999; 13: 507 – 515.
23. Simpson KW, McDonough PL, Strauss-Ayali D et al. *Helicobacter felis* infection in dogs. Effect on gastric structure and function. *Vet Pathol* 1999; 36: 237 – 248.
24. Simpson KW, Strauss-Ayali S, Scanziani E et al. *Helicobacter felis* infection is associated with lymphoid follicular hyperplasia and mild gastritis but normal gastric secretory function in cats. *Infect Immun* 2000; 68: 779 – 790.
25. Stoffel MH, Friess AE, Burnens A et al. Distinction of gastric *Helicobacter* spp. in humans and domestic pets by scanning electron microscopy. *Helicobacter* 2000; 5: 232 – 239.
26. Cornetta A, Simpson KW, Strauss-Ayali D et al. Evaluation of a ^{13}C-urea breath test for detection of gastric infection with *Helicobacter* spp. in dogs. *Am J Vet Res* 1998; 59: 1364 – 1369.
27. Campell KL, Graham JC. Physaloptera infection in dogs and cats. *Comp Cont Edu* 1999; 21: 299 – 314.
28. Theisen SK, LeGrange SN, Johnson SE et al. Physaloptera infection in 18 dogs with intermittent vomiting. *J Am Anim Hosp Assoc* 1998; 34: 74 – 78.
29. Eckert J, Friedhoff KT, Zahner H, Deplazes P (eds.), Lehrbuch der Parasitologie für die Tiermedizin. *Stuttgart, Enke*, 2005; 259 – 260.
30. Stanton ME, Bright RM. Gastroduodenal ulceration in dogs. Retrospective study of 43 cases and literature review. *J Vet Intern Med* 1989; 3: 238 – 244.
31. Liptak JM, Hunt GB, Barrs VDR et al. Gastroduodenal ulceration in cats: eight cases and a review of the literature. *J Feline Med Surg* 2002; 4: 27 – 42.
32. Lascelles BDX, Blikslager AT, Fox SM et al. Gastrointestinal tract perforation in dogs treated with a selective cyclooygenase-2 inhibitor: 29 cases (2002 – 2003). *J Am Vet Med Assoc* 2005; 227: 1112 – 1117.
33. Neiger R. Gastric ulceration. In: Bonagura JD (ed.), *Kirk's Current Veterinary Therapy* XIV. Philadelphia, WB Saunders Co, (in press).
34. Misdrop W. Mast cells and canine mast cell tumours. A review. *Vet Quarterly* 2004; 26: 156 – 169.
35. Neiger R, Gaschen F, Jaggy A. Endoscopically detectable gastric mucosal lesions in dogs with acute intervertebral disc disease: prevalence and effects of omeprazole and misoprostol. *J Vet Intern Med* 2000; 14: 33 – 36.
36. Hinton LE, McLoughlin MA, Johnson SE et al. Spontaneous gastroduodenal perforation in 16 dogs and seven cats (1982 – 1999). *J Am Anim Hosp Assoc* 2002; 38: 176 – 187.
37. Tuffli SP, Gaschen F, Neiger R. Effect of dietary factors on the detection of fecal occult blood in cats. *J Vet Diagnost Invest* 2001; 13: 177 – 179.
38. Bersenas AM, Mathews KA, Allen DG et al. Effects of ranitidine, famotidine, pantoprazole, and omeprazole on intragastric pH in dogs. *Am J Vet Res* 2005; 66: 425 – 431.
39. Plumb DC (ed.), *Plumb's Veterinary Drug Handbook*. Iowa, Blackwell Publishing, 2005.
40. Zikopoulos KA, Papanikolaou EG, Kalantaridou SN et al. Early pregnancy termination with vaginal misoprostol before and after 42 days gestation. *Hum Repro* 2002; 17: 3079 – 3083.
41. Mössner J, Caca K. Developments of the inhibition of gastric acid secretion. *Europ J Clin Invest* 2005; 35: 469 – 475.
42. Brockman DJ, Washabau RJ, Drobatz KJ. Canine gastric dilation/volvulus syndrome in a veterinary critical care unit: 295 cases, 1986 – 1992. *J Am Vet Med Assoc* 1995; 207: 460 – 464.
43. Brockman DJ, Holt DE, Washabau RJ. Pathogenesis of acute canine gastric dilation-volvulus syndrome: is there a unifying hypothesis. *Compend Contin Educ Pract Vet* 2000; 22: 1108 – 1114.
44. Monnet E. Gastric dilation-volvulus syndrome in dogs. *Vet Clin North Am* 2003; 33: 987 – 1005.
45. Glickman LT, Glickman NW, Perez CM et al. Analysis of risk factors for gastric dilation and dilation volvulus in dogs. *J Am Vet Med Assoc* 1994; 204: 1465 – 1471.
46. Orton EC, Muir WW. Isovolumetric indices and humoral cardio-active substance bioassay during clinical and experimentally induced gastric dilation-volvulus in the dog. *Am J Vet Res* 1983; 44: 1516 – 1520.
47. De Papp E, Drobatz KJ, Hughes D. Plasma lactate concentration as a predictor of gastric necrosis and survival among dogs with gastric dilation-volvulus: 102 cases (1995 – 1998). *J Am Med Vet Assoc* 1999; 215: 49 – 52.

48. Millis DL, Hauptman JG, Fulton RBJ. Abnormal hemostatic profiles and gastric necrosis in canine gastric dilation-volvulus. *Vet Surg* 1993; 22: 93 – 97.
49. Eggertsdottir AV, Stigen YO, Lonaas L et al. Comparison of the recurrence rate of gastric dilation with and without volvulus in dogs after circumcostal gastropexy versus gastrocolopexy. *Vet Surg* 2001; 30: 546 – 551.
50. Wingfield WE, Betts CW, Greene RW. Operative techniques and recurrence rates associated with gastric volvulus in the dog. *J Small Anim Pract* 1975; 16: 427 – 432.
51. Rawlings CA, Mahaffey MB, Bement S et al. Prospective evaluation of laparoscopic-assisted gastropexy in dogs susceptible to gastric dilation. *J Am Vet Med Assoc* 2002; 221: 1576 – 1581.
52. Wyse CA, McLellan J, Dickie AM et al. A review of methods for assessment of the rate of gastric emptying in the dog and cat: 1898 – 2002. *J Vet Intern Med* 2003; 17: 609 – 621.
53. Ganong WF (ed.), *Review of Medical Physiology, 22nd ed.* New York, Lange Medical Books, 2005.
54. Lamb CR. Recent developments in diagnostic imaging of the gastrointestinal tract of the dog and cat. *Vet Clin N Am* 1999; 29: 307 – 342.
55. Sparkes AH, Papasouliotis K, Barr FJ et al. Reference ranges for gastrointestinal transit of barium-impregnated polyethylene spheres in healthy cats. *J Small Anim Pract* 1997; 38: 340 – 343.
56. Chalmers AF, Kirton R, Wye CA et al. Ultrasonographic assessment of the rate of solid-phase gastric emptying in dogs. *Vet Record* 2005; 157: 649 – 652.
57. Washabau RJ. Gastrointestinal motility disorders and gastrointestinal prokinetic therapy. *Vet Clin North Am* 2003; 33: 1007 – 1028.

幽門過形成に対する唯一の効果的な治療は幽門形成術である．どんな食餌でも栄養学的な恒常性が保てないほど排出障害がひどく，経腸栄養や非経口栄養が必要な症例もいる．

4.4.4 胃の腫瘍

Ann E. Hohenhaus

はじめに

犬では胃の腫瘍はまれな疾患である．通常，胃腫瘍の犬の年齢中央値は10歳と高齢であるが，5歳以下の犬でも報告されている．性差に関する報告は一貫していない．いくつかの症例集積研究では雄雌差が認められていないが，ほとんどの報告で雄に発生が多いとされている．[1-8] 胃腫瘍の好発品種は，胃癌ではチャウチャウ，スタッフォードシャー・ブルテリアおよびラフコリー，小湾の粘液性腺癌ではベルジアン・シェパードが報告されている．[1,4,6]

犬の胃腫瘍は胃のあらゆる部位に発生する可能性があり，発生部位に関する解剖学的好発部位はないようである．ある古い症例集積研究では，胃腫瘍をもつほとんどの犬で，腫瘍組織は胃体と幽門の両方に広がっていた．[7] より最近の報告では，腫瘍は胃の小湾に発生することが多いようである．[4,8,9] 癌，平滑筋腫，平滑筋肉腫は幽門洞に発生することが分かってきている．[2]

胃腫瘍は猫では非常にまれである．犬では胃腫瘍としてはまれなリンパ腫が，猫では最も一般的な胃腫瘍である．消化器腫瘍に関する3本の症例集積研究では，96頭の消化器腫瘍の猫のうち胃癌の猫は3頭であった．[8,10,11] このように症例数が少ないため，年齢，品種および性別に関する傾向は特定できない．

組織学

胃腫瘍には3つの主要な組織型が述べられている：癌，肉腫，そして円形細胞腫瘍である．円形細胞腫瘍としてはリンパ腫が最も一般的である．犬の胃腫瘍はほとんど悪性であるが，良性の胃腫瘍も報告されている．[2,9,12,13] 癌は形態的に，腸管型（管状とも呼ばれる）やび漫浸潤型として分類されている（表4.7）．[5] 胃癌の腸管型はさらに乳頭状，腺房状および充実性に分類される．び漫浸潤型の胃癌もさらに腺癌と未分化癌に分類される．ムチンを含む印環細胞は未分化癌の特徴である．悪性の上皮組織による線維形成の結果，胃癌は硬くなる．び漫浸潤型の腺癌はどちらの型も線維形成が起こるが，腸管型の胃癌は硬くなりにくい傾向がある．胃カルチノイド腫瘍は犬と猫で1頭ずつ報告されている．[14,15]

臨床症状

胃腫瘍の臨床症状は他の胃疾患でみられる症状と同様である．嘔吐は一般的な症状であり，多くの場合，胃の排出障害が原因である．悪性の潰瘍形成は胃癌の犬の50％以上で発生する（図4.18）．吐血，メレナおよび貧血による蒼白化もよく認められる．[5,7] 腫瘍による悪心が食欲不振，体重減少，悪液質および唾液過多を引き起こす．

表 4.7 胃癌の組織型

サブタイプ	形 態
腸管型（管状）	■ 腺房状
	■ 乳頭状
	■ 充実性
び漫浸潤型	■ 腺癌
	■ 未分化癌（印環）

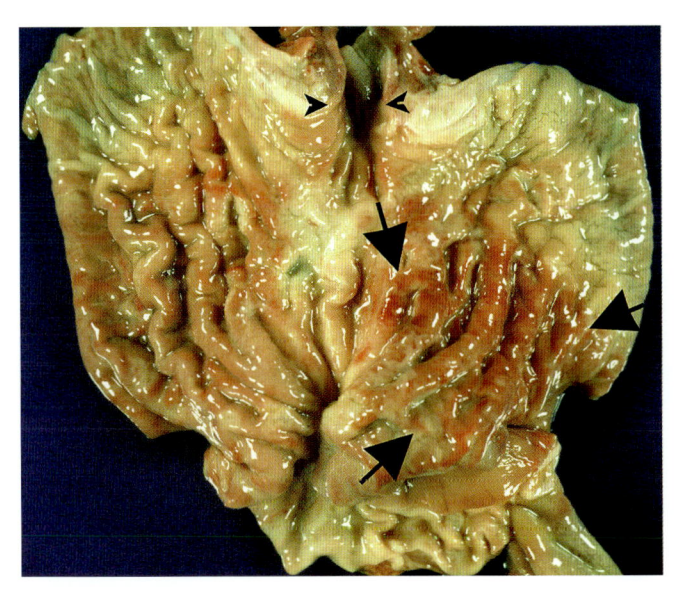

図4.18 犬に発生した胃腺癌．矢印は胃腺癌の外形を示している．矢頭は噴門を示している．

臨床病理

臨床病理学的検査では胃腫瘍全般もしくは特定の組織型に特異的な結果というものはない．臨床病理学的な異常は，通常，胃の炎症，胃流出障害，吸収不良あるいは失血に起因するものである．低蛋白血症および肝酵素の上昇はよく認められる．[1,3] 腫瘍による胃排出障害や嘔吐を呈する犬では，逆説的酸性尿を伴う低クロール血症性代謝性アルカローシスが生じることがある．[3] CBCでは炎症性白血球像および貧血が明らかとなることが多い．[1,3] 急性の胃出血が起これば再生性貧血が認められるが，出血が慢性的な場合は非再生性貧血を呈する．

画像診断

画像診断は胃の腫瘍の存在および周囲組織の関与を確認するために非常に重要である．残念ながら腫瘍の所見は，組織型だけではなく良性と悪性でも重複しており，腹部X線も腹部超音波も腫瘍の種類を特定するのに役に立たない．

X　線

胃腫瘍の症例でも単純X線で異常が認められないこともある．異常所見として，空腹時であるにもかかわらず胃内に過剰な液体やガスの貯留が認められることがある．[3] 胃腫瘍の犬において，側方向のX線で腫瘍や胃軸の尾側への変位が認められている．[2]

造影剤により胃壁の肥厚，胃内腔の変形，陰影欠損像および腫瘍浸潤による不整な皺壁の観察が容易になる．正常な胃排出時間は明確ではないが，胃排出時間の遅延は胃腫瘍では一般的である．[2,3] "形成性胃線維炎"または"革袋状胃"とよばれる，硬く膨張性の低下した胃が認められることもある．造影により潰瘍が確認できることもある．[7]

超音波

良性および悪性の胃腫瘍では，壁の肥厚，壁の正常な層構造の喪失および腫瘍領域の運動性の低下や欠如が認められる．[1,3,12,16] 胃腫瘍のエコー源性は組織型に関わらず低エコーや高エコーもしくは混合エコー像を呈する．[12,16] 癌やリンパ腫は定着性腫瘍もしくはび漫性に分布するのに対し，平滑筋腫や平滑筋肉腫は通常限局性に分布する．[12] 偽層構造と呼ばれる超音波所見は，胃癌の犬で組織学的に認められる壁内への腫瘍細胞の不均一な浸潤により得られるようである．[1] 癌では腫瘍が胃の漿膜面を超えて拡大している所見がみられることもある．[12]

超音波の精度は検査士の技量に応じて向上する．胃の腫瘍を確認する際，患者が非協力的な場合やガスや胃内容物が胃壁を分かりにくくしている場合は，超音波の有用性は低下する．さらに，胃炎のような非腫瘍性の胃疾患を胃の腫瘍と見間違うことがある．[9] 超音波は局所リンパ節の確認にも有用であるが，リンパ節腫大の所見は転移性胃癌に特異的なものではない．

生検手技

臨床症状，検査値および画像診断から胃腫瘍を疑ったとしても，確定診断のためには生検が必要である．試験開腹は生検のための組織を得るために行われる．複数のサンプルの採取が容易で，通常は正確な診断を得るのに十分なサイズの組織を得ることができるが，侵襲的な方法である．ファイバー製もしくはビデオタイプの内視鏡による消化管内視鏡は組織採取が可能であり，治療的手術の前に胃の病変を確認することもできる．得られる組織は比較的小さく，10〜20%の割合で正確な診断を得るのに不十分なことがある．細胞診のための胃腫瘍の超音波ガイド下での経皮的針生検が報告されており，この方法により胃腫瘍の診断に有用なようである．[1,3,17]

治　療

胃の腫瘍はまれであり，多くの場合診断の時点で進行しているため，治療報告は単発の症例報告だけである．ほとんどの症例で手術が主な治療法である．側側胃空腸吻合により胃排出障害の改善が認められた報告がある．[2] 完全に腫瘍を摘出するために胃全摘出術や胃十二指腸吻合術を試みた報告もある．[2,18] 胃十二指腸吻合術を施した一頭の犬に，空腸造瘻チューブを用いて栄養を与えながら，シスプラチン，5-フルオロウラシル，ドキソルビシンおよびシクロフォスファミドを組み合わせた化学療法を行った報告もある．[2] 胃癌に対して光線力学的な治療を行った一例報告もある．[4]

胃腫瘍の全身性合併症

胃癌の犬や重度の嘔吐を呈する犬では，低クロール性代謝性アルカローシスが生じ，逆説的酸性尿を示す．[3] 嘔吐は水素お

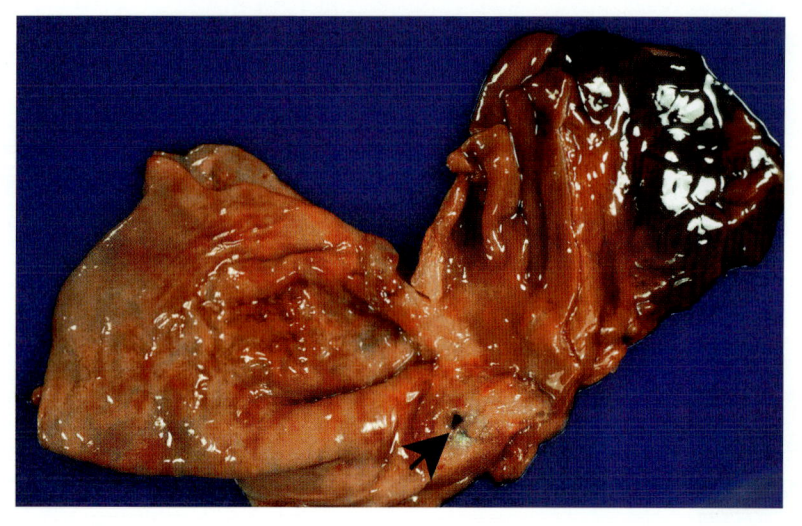

図 4.19　胃腺癌の犬における胃の穿孔．矢印は胃腺癌により生じた穿孔部位を示している．

よび塩素イオンの喪失，アルカローシス，循環血液量の減少を引き起こす．通常，アルカローシスや循環血液量の減少に対して，尿細管は塩素イオンと引き換えにナトリウムイオンを再吸収する．しかしながら，塩素が欠乏すると，腎臓は電気平衡を維持するために，ナトリウムを再吸収し，塩素の代わりに水素イオンを排出するために，逆説的酸性尿が認められる．

　胃腫瘍が潰瘍を形成し，慢性の消化管出血が起こると鉄欠乏性貧血が生じる．糞中への鉄の喪失が起こり，嘔吐や食欲不振による鉄の摂取が不十分であると，小球性低色素性の非再生性貧血を引き起こす．

　血清インスリン濃度が低値の腫瘍随伴性低血糖を示す胃の平滑筋肉腫の犬が報告されている．[19] この症例の検査結果から，腫瘍が未確認の低血糖因子を合成した可能性が考えられる．この症例のような低血糖を伴う非膵島細胞腫瘍は通常大きく，身体検査で触知可能である．[19] 腫瘍が胃の全層を貫いて侵食すると気腹症が起こる（図 4.19）．[20]

腫瘍の浸潤と転移

　胃腫瘍の全ての組織型が高い転移率を示す．胃癌は通常局所リンパ節に転移するが，他の腹腔臓器，中枢神経系，心筋，縦隔，長骨および精巣の結合組織などにも広範囲にわたって転移する可能性がある．[2,4,16,21,22] 猫の胃カルチノイド腫瘍の一例では，腎臓，脳，肝臓，脾臓，肺およびリンパ節への転移が認められた．[11] 胃の平滑筋肉腫が肝臓や十二指腸へ転移したとの報告もある．[2]

🗝 キーポイント

- 胃腫瘍はほとんどが悪性であり，高率に転移する．
- 画像診断，単純 X 線，造影 X 線および超音波は胃腫瘍の診断に有用であるが，確定診断，および良性，悪性の判定には生検が必要である．
- 組織サンプルは試験開腹や内視鏡により採取できる．
- 内視鏡で採取したサンプルの 10 〜 20％は胃癌の診断に適さない．
- 一般的に，胃腫瘍の犬および猫は診断の時点でかなり進行しているため，診断後の予後は悪い．

参考文献

1. Penninck DG, Moore AS, Gliatto J. Ultrasonography of canine gastric epithelial neoplasia. *Vet Radiol Ultrasound* 1998; 39: 342 – 348.
2. Swann HM, Holt DE. Canine gastric adenocarcinoma and leiomyosarcoma: a retrospective study of 21 cases (1986 – 1999) and literature review. *J Am Anim Hosp Assoc* 2002; 38: 157 – 164.
3. Rivers BJ, Walter PA, Johnston GR et al. Canine gastric neoplasia: utility of ultrasonography in diagnosis. *J Am Anim Hosp Assoc* 1997; 33: 144 – 155.
4. Fonda D, Gualtieri M, Scanziani E. Gastric carcinoma in the dog:

a clinicopathological study of 11 cases. *J Am Small Anim Prac* 1989; 30: 353–360.
5. Patnaik AK, Hurvitz AI, Johnson GF. Canine gastric adenocarcinoma. *Vet Pathol* 1978; 15: 600–607.
6. Sullivan M, Lee R, Fisher EW et al. A study of 31 cases of gastric carcinoma in dogs. *Vet Rec* 1987; 120: 79–83.
7. Sautter JH, Hanlon GF. Gastric neoplasms in the dog: a report of 20 cases. *J Am Vet Med Assoc* 1975; 166: 691–696.
8. Gualtieri M, Monzeglio MG, Scanziani E. Gastric neoplasia. *Vet Clin North Am* 1999; 29: 415–440.
9. Easton S. A retrospective study into the effects of operator experience on the accuracy of ultrasound in the diagnosis of gastric neoplasia in dogs. *Vet Radiol Ultrasound* 2001; 42: 47–50.
10. Brodey RS. Alimentary tract neoplasms in the cat: a clinicopathologic survey of 46 cases. *Am J Vet Res* 1966; 27: 74–80.
11. Turk MAM, Gallina AM, Russell TS. Nonhematopoietic gastrointestinal neoplasia in cats: a retrospective study of 44 cases. *Vet Pathol* 1981; 18: 614–620.
12. Lamb CR, Grierson J. Ultrasonographic appearance of primary gastric neoplasia in 21 dogs. *J Small Anim Prac* 1999; 40: 211–215.
13. Kapatkin AS, Mullen HS, Matthiesen DT et al. Leiomyosarcoma in dogs: 44 cases (1983–1988). *J Am Vet Med Assoc* 1992; 201: 1077–1079.
14. Albers TM, Alroy J, McDonnell JJ. A poorly differentiated gastric carcinoid in a dog. *J Vet Diagn Invest* 1998; 10: 116–118.
15. Rossmeisl JH, Forrester SD, Tobertson JL et al. Chronic vomiting associated with a gastric carcinoid in a cat. *J Am Anim Hosp Assoc* 2002; 38: 61–66.
16. Kaser-Hotz B, Hauser B, Arnold P. Ultrasonographic findings in canine gastric neoplasia in 13 patients. *Vet Radiol Ultrasound* 1996; 37: 51–56.
17. Crystal MA, Penninck DG, Matz ME et al. Use of ultrasound-guided fine-needle aspiration biopsy and automated core biopsy for the diagnosis of gastrointestinal diseases in small animals. *Vet Radiol Ultrasound* 1993; 34: 438–444.
18. Sellon RK, Bissonnette K, Bunch SE. Long-term survival after total gastrectomy for gastric adenocarcinoma in a dog. *J Vet Intern Med* 1996; 10: 333–335.
19. Bellah JR, Ginn PE. Gastric leiomyosarcoma associated with hypoglycemia in a dog. *J Am Anim Hosp Assoc* 1996; 32: 283–286.
20. Mellanby RJ, Baines EA, Herrtage ME. Spontaneous pneumoperitoneum in two cats. *J Small Anim Pract* 2002; 43: 543–546.
21. Esplin DG, Wilson SR. Gastrointestinal adenocarcinomas metastatic to the testes and associated structures in three dogs. *J Am Anim Hosp Assoc* 1998; 34: 287–290.
22. Wang FI, Lee JJ, Liu CH et al. Scirrhous gastric carcinoma with mediastinal invasion in a dog. *J Vet Diagn Invest* 2002; 14: 65–68.
23. Beck C, Slocombe RF, O'Neill T et al. The use of ultrasound in the investigation of gastric carcinoma in a dog. *Aust Vet J* 2001; 79: 332–334.

5 小 腸

5.1 解 剖

Craig G. Ruaux

5.1.1 はじめに

腸管は，動物へ取り込まれる全ての代謝エネルギーの入り口である．腸管が担う消化と吸収という過程は，表面積を広く取る必要がある．腸管の解剖学的特徴の多くは，曝される表面積を拡大させ，主要な腸機能の遂行を可能にするためのものである．

腸管は正常な消化過程に必要な数々の機能を有する．腸管における主な消化機能は以下の5つである：
- 運動 - 摂取物は胃から腸管を介して結腸/直腸へと運搬され，最終的に便として排出される．
- 分泌 - 水分，酵素および電解質を消化管内腔へ分泌する．
- 消化 - 摂取物の分解は，主に膵消化酵素によって上部小腸で行われる．小腸粘膜は，刷子縁においてさらに食物を消化する（後述）．
- 吸収 - 食物が消化されて生じた栄養素は，最終的に動物の血中に吸収され，取り込まれる必要がある．消化過程で分泌された水分と電解質は便を形成する段階で再吸収される．
- バリア機能 - 腸内細菌と消化酵素の血中への移行を阻止し，同時に血漿蛋白の漏出を防ぐ．

上記の消化機能に加え，腸管は正常な免疫機構における抗原処理や提示に関わる重要な役割を担っており，さらに膵臓など他の消化器官における消化酵素の合成や分泌などの内分泌調節にも携わっている．この項では腸管の解剖学的な構造，特に小腸表面積の拡大に関わる解剖学的特徴を述べる．腸管の内分泌機能ならびに免疫学的な機能の特徴は 5.2「腸管の生理学」で説明する．

5.1.2 腸管の肉眼解剖学

腸管は管状の筋肉によって形成され，その径や粘膜構造は部位によってさまざまである．太さや粘膜構造，およびその機能の違いは，各部位における生理学的役割の違いに関連している．例をあげると，胃は伸展しやすい部位であるが，小腸はそれほど拡張性が認められない部位である．

腸管壁は4つの層に分けられる．この4層構造は腸管の断面で観察可能となり，超音波検査でのエコー源性の違いによって容易に区別できる．

超音波検査で確認できる4層構造は，腸管内腔から外側の奨膜面に向かって：
- 粘膜層（わずかに低エコー）
- 粘膜下層（高エコー）
- 筋層（低エコー）
- 奨膜面（非常に高エコー）

上に示した物理的な4つの層に加えて，高エコーを示す非常に薄い層が粘膜層と内腔との間にみられることが多い．

5.1.2.1 小腸の解剖学的特徴

5.1.2.1.1 有効表面積の拡大

腸管上皮には有効表面積を拡大するためのさまざまな解剖学的特徴が備わっている（図 5.1）．

肉眼的にしわ状もしくはひだ状に折り重なった管腔側の粘膜によって，有効表面積は同等の径で平坦な管の約3倍以上に拡大する．さらにその粘膜表面には，絨毛と呼ばれる指の様な構造が並んでおり，これによって表面積はさらに約10倍にも拡大する．

さらに腸細胞は管腔側の細胞膜を，微絨毛と呼ばれる微細な刷子縁構造に変化させている．それら微絨毛によって，栄養素の消化と吸収に関わる有効表面積は20倍近く拡大する．

雛壁，絨毛，微絨毛というこれら3つの構造要素を組み合わせることで，腸粘膜の有効表面積は同径の平坦な管の約600倍にもなる．例えば絨毛を鈍化させるような，ある種のウイルス性腸疾患やIBDに罹患することで1つでもその要素が欠けると，小腸の機能は劇的に変化する可能性がある．

5.1.2.1.2 腸管の顕微解剖学

絨毛は小腸粘膜の機能単位である．腸細胞は，絨毛基底部にあたる陰窩の幹細胞の分裂によって生じる．その後腸細胞は，絨毛の長軸方向に沿って移動しながら成熟し，最終的に絨毛の先端から管腔へと脱落する．腸細胞の機能は絨毛を移動しながら変化し，陰窩や絨毛下部では主に分泌能を，成熟段階にある絨毛上部では主に吸収能を示す（5.2.2 を参照）．

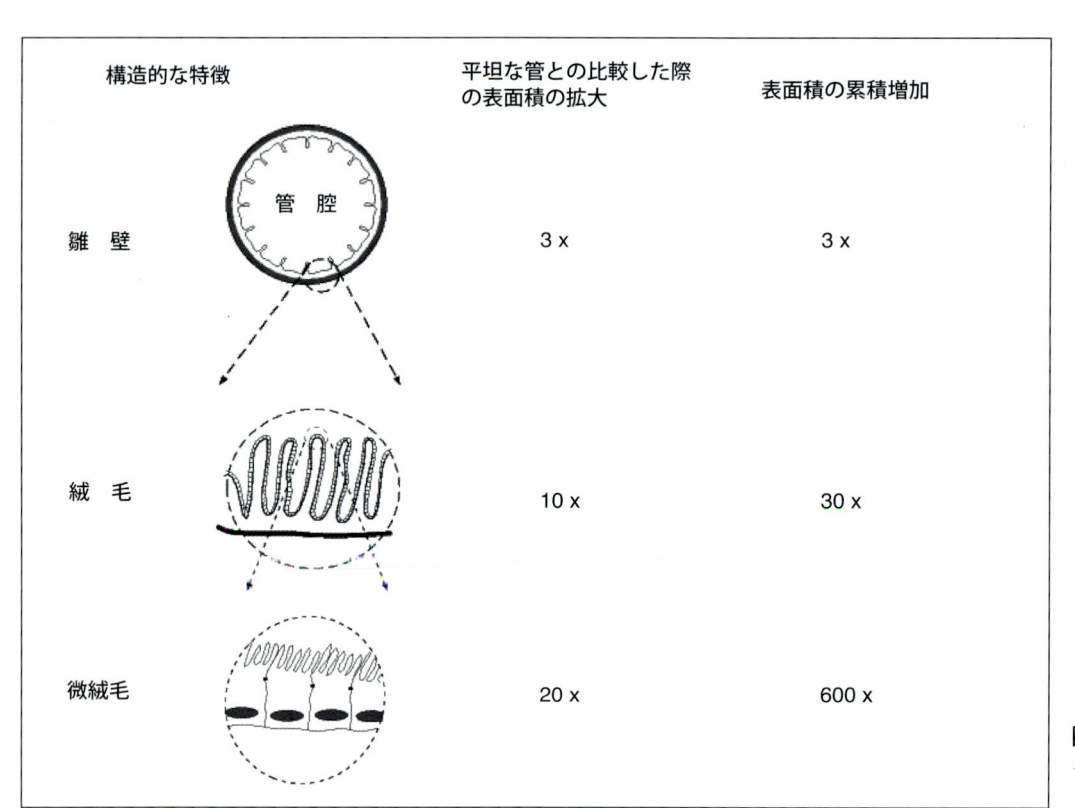

構造的な特徴	平坦な管との比較した際の表面積の拡大	表面積の累積増加
雛壁	3 x	3 x
絨毛	10 x	30 x
微絨毛	20 x	600 x

図 5.1 腸管表面積を拡大させる解剖学的微細構造.

5.1.2.1.3 部位による腸管構造の変化

小腸は解剖学上，3つの部位に大きく分けられる．吻側から後方に向かって十二指腸，空腸および回腸である．それぞれの部位で機能が異なっており，食物の消化は十二指腸から始まる．空腸は運搬能と吸収能を示し，さらに回腸はほとんど吸収のみを行う．絨毛の大きさと構造は，小腸後方に進むにつれて変化し，十二指腸絨毛は短くて丸みを帯びているが，空腸では長く尖っている．十二指腸では，絨毛の長さと陰窩の深さの比はほぼ等しいが，空腸および回腸では，絨毛の方が陰窩の深さより長い．この解剖学的な違いは，空腸や回腸での吸収過程における表面積拡大のさらなる必要性を反映している．

キーポイント
- 犬と猫の小腸は肉食性の食物が中心となるため，比較的短く単純である．
- 小腸は有効表面積を拡大させるためのさまざまな解剖学的特徴を持つ．
- 小腸の解剖学的構造が部位によって変化するのは，個々の領域において機能が異なるためである．

5.2 腸管の生理学

5.2.1 はじめに

小腸の正常な調節機構は，非常に複雑に絡み合った生理学的機序によって成り立っている．腸管が正常に機能するには，消化酵素や膵液，胆汁酸の産生と分泌，腸管とそれに関連した臓器の正常な運動性，腸内容物の混和と分断化，胃と膵臓のフィードバック調節機構，さらには食物摂取の調節が必要となる．この多様な機能を果たすため，消化管は多くのホルモン物質を産生し，さらにそれに反応する．

また消化管には複雑な腸神経系が存在し，中枢神経系（CNS:

central nervous system）から遠心性の入力を受け，さらに CNS へ求心性のシグナル伝達を行う．

消化管は広範な表面積を備えており，常に食物や環境抗原と接触している．腸管関連リンパ組織（GALT：gut-associated lymphoid tissue）という複合システムは，潜在的な病原体や食餌中のアレルゲンに対する消化管粘膜の免疫応答を制御するだけでなく，体内の他の粘膜部位における免疫応答ならびに抗体産生の調節にも関与している．

小腸はその構造と機能を正常に保つため，複雑な細菌叢を持つ．回りくどい言いかたをすれば，小腸は外部環境と直接つながっていることから細菌やウイルス，アレルゲンなどの主要な侵入門戸となり得る．

5.2.2　分泌，消化および吸収：絨毛の機能

絨毛は小腸粘膜の機能的単位である．腸細胞は，絨毛基部である陰窩の幹細胞によって産生され，絨毛の長軸方向に沿って移動，分化し，最終的には絨毛の先端部から内腔へと脱落する．さらに腸細胞は絨毛を移動するにつれてその機能を，陰窩および絨毛基部における分泌能主体のものから，成熟段階にある絨毛上部では吸収能主体のものへと変化させる．消化管上皮細胞の発生と成熟に関する標準生理学については，他の文献に詳細を委ねる．[1] 図 5.2 は，典型的な絨毛の模式図を示す．

腸細胞の管腔側細胞膜は，微絨毛と呼ばれる微細な刷子縁構造に変化している．それら微絨毛により食物の消化と吸収に関わる有効表面積は，約 20 倍以上にも拡大する．

腸細胞の機能は位置によって異なるため，小腸粘膜を侵す疾患の病状は絨毛のどの部位が主に障害されるかにより異なる．ロタウイルスやコロナウイルス性の下痢は，若い腸細胞ではなく成熟した腸細胞が侵されることから，小腸での吸収能は低下するものの，軽微で自然治癒することが多い．対称的にパルボウイルスでは，ロタウイルスやコロナウイルス性腸炎よりも若い腸細胞が標的となる．幼弱な腸細胞が失われることで粘膜透過性が障害をきたし，細菌の流入や腸管出血を生じ，さらに成熟腸細胞の喪失にもつながることから吸収能も失うこととなる．そのため猫と犬のパルボウイルス性腸炎は，高い発症率と死亡率を有する重症疾患である．

絨毛先端の腸細胞が有する刷子縁によって，絨毛の表面積は大いに拡大する．この刷子縁構造がもたらす広範な表面積が，部分的に消化された腸内容物と，消化の最終工程を担う刷子縁酵素との接触を促す．さらに利用可能な受容体と輸送体の数を増やし，単純化合物や水分，一部の電解質の受動拡散を促すことで，栄養素の吸収促進にも寄与している．

刷子縁を失うと，絨毛陰窩および幼弱な腸細胞によって分泌された水分の取り込みが減少し，管腔内の水分含有量が増加することになる．通常の病理組織学検査では刷子縁構造の観察は難しいため，形態や機能のわずかな変化を病理組織学的に検出することはできないだろう．

5.2.3　分泌，吸収ならびに運動性の制御：消化管ホルモン

消化管はホルモン産生細胞の総量においても，産生されるホルモン物質の数においても，体内で最大の内分泌器官である．[2,3] 消化管ホルモンの圧倒的多数は，性腺や副腎皮質で産生されるようなステロイド化合物ではなく，小さなペプチド分子である．性腺／副腎皮質ホルモンとは構造が異なるものの，消化管ホルモンは"真の"ホルモン化合物である．これらの化合物は，ホルモン産生細胞から循環血液中に放出され，産生細胞から離れた組織において生理学的作用を示す．代表的，また特徴的なホルモンを表 5.1 にまとめる．消化管は食物の流入に反応して自身の運動性と分泌工程を調節し，腸管内の環境を変化させる．

セクレチンは，十二指腸粘膜から分泌される 23 個のアミノ酸からなるペプチドホルモンであり，また初めて分離され，その機能が解析されたホルモンである．セクレチンは十二指腸内腔が酸性化すると十二指腸粘膜の"S"細胞から産生され，膵臓を刺激し，内腔の酸性環境を中和するための重炭酸塩を高濃度に含む膵液の分泌を促す．重炭酸塩を産生し，胃酸を中和

図 5.2　小腸絨毛の構造と機能．消化管上皮細胞（腸細胞）は腸粘膜陰窩の幹細胞から発生する．成熟するにつれ絨毛を上方に移動する．成熟段階によって機能が変化し，絨毛基部では主に分泌能を，上部では吸収能を示す．絨毛先端部まで移動すると腸細胞は管腔へと脱落する．

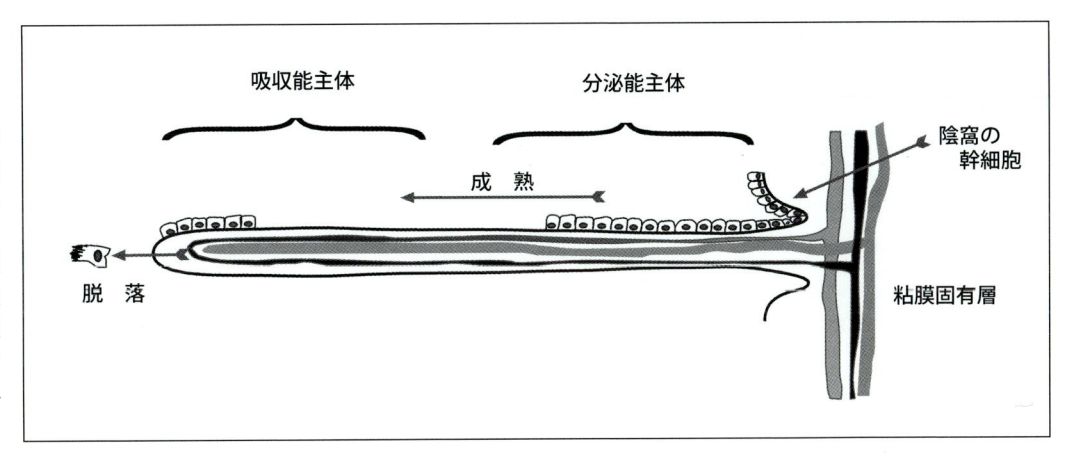

表 5.1　消化管における内分泌物質と主な作用

ホルモン	起源となる細胞	作　用
"古典的な" GI ホルモン		
コレシストキニン	十二指腸粘膜, "I" 細胞	胆嚢の収縮および膵酵素の分泌促進
ガストリン	胃前庭部, "G" 細胞	胃酸の分泌促進
セクレチン	十二指腸粘膜, "S" 細胞	膵重炭酸塩の分泌促進
"新規" GI ホルモン		
エンテログルカゴン	小腸遠位, "L" 細胞	グルコース反応性のインスリン分泌を促進
胃抑制ペプチド	小腸近位	胃の運動および胃酸の分泌を抑制
グレリン	胃の上皮細胞	成長ホルモンの放出を促進し, 食欲を調節
モチリン	小腸近位	migrating motor complex を促進
膵ポリペプチド	膵腺房細胞	膵分泌作用ならびに GI 運動性に複合的に作用
ソマトスタチン	膵臓, 腸神経系, GI 上皮細胞	他の GI ホルモン分泌を抑制

することは, 至適 pH が中性に近い（pH7.0）膵外分泌酵素や十二指腸粘膜消化酵素が, 最適な機能を示すために必要である．

十二指腸におけるセクレチンの作用が明らかにされた後, 他の研究者らによって, 胃酸分泌に関与する胃の幽門洞粘膜抽出物の内分泌作用が証明された. 当初その物質は "gastric secretin（胃のセクレチン）" と呼ばれていたが, その後ガストリンと省略されるようになった.[3] ガストリンは 17 個のアミノ酸ペプチドであり, 幽門洞遠位に蛋白質と脂質が流入することで, 幽門洞粘膜の "G" 細胞から産生される. ガストリンは, クロム親和性細胞様細胞に作用してヒスタミン産生を増大させる. クロム親和性細胞様細胞から放出されたヒスタミンは, 次いで主細胞による胃酸分泌を刺激する. 小腸へ食物が流入すると, コレシストキニン（CCK：cholecystokinin）の産生が促される. CCK は十二指腸 "I" 細胞から放出され, 胆嚢の収縮と膵腺房細胞からの消化酵素の産生を促す.

これら 3 つの "古典的な" 消化管ホルモンは, 20 世紀初頭の数十年で分離され, 主な機能が同定された. これら 3 つは全て促進性に働くため, 消化管とその関連組織に対する効果の解釈は比較的単純であった. それに比べて, 消化管の分泌能ならびに運動性を低下させる抑制性ホルモンを動物体内で立証することは難しく, 抑制作用を示す代表的なホルモンであるソマトスタチンが分離同定されるまでには, その後 40 年近くかかっている.

小腸粘膜は, 消化管運動を刺激するペプチドホルモンであるモチリンを産生する. モチリンは空腹時に循環血中に放出される. この規則的なモチリンの放出は, 小腸全体を押し進むような周期的な筋肉の収縮を促す. これらの周期的な "掃除" 収縮は migrating motor complex（MMC：遊走性運動群）と呼ばれる.

空腹感と満腹感は食物摂取の調節に重要な感覚である. 胃粘膜から分泌されるグレリンというペプチドホルモンは, 胃が空になると循環血中に放出される. グレリンの循環濃度は空腹時に増加し, 食後に急速に低下することで, CNS に作用し空腹感と満腹感を制御している. グレリンと言う名前は, このホルモンが併せ持つ下垂体に対する成長ホルモン放出ホルモン（GhRH：growth-hormone-releasing hormone）と同様の作用に由来している. グレリンはソマトスタチンならびに GhRH と協調して, 成長ホルモンの分泌制御を行う. グレリンは成長ホルモン分泌の強力な促進因子であり, 一方ソマトスタチンは, 成長ホルモン分泌の抑制因子である. グレリンおよびソマトスタチンの作用と放出パターンは, 視床下部からの GhRH と連携し, 非常に規則的な成長ホルモンの放出を促す. こうして胃粘膜と消化管における充満の程度は, グレリンの産生および放出を通して成長ホルモン産生を制御することによって, 全身的な生理体系を総合的に調節するという大切な役割を果たしている.

肥満傾向のヒトでは, 痩せたヒトに比べてグレリン濃度は低値を示す. ところが, グレリンの循環血中濃度が非常に高い Prader-Willi（プラダーウィリ）症候群の患者では, 異常に増大した, 抑制の効かない猛烈な食欲と, 極度の肥満を示す.[4] これまでのところ, 伴侶動物におけるグレリンの研究は不足しており, 肥満傾向にある犬や猫で同様の変化が生じているかは不明である.

5.2.4　腸管関連リンパ組織と免疫系

大半の粘膜組織は外部環境にさらされているため, 消化管が免疫系制御の上で重要な役割を果たしていることは理解できる. 消化管は "common mucosal immune system（汎粘膜免疫機構, [粘膜]循環帰巣経路などとも言う）" における主要な構成要素である. 消化管に対する抗原の暴露は, 他の粘膜部位における分泌型 IgA の産生, ならびに全身的な IgG 産生を増加さ

せる．逆に，消化管病原体によって他の粘膜部位が暴露されると，消化管粘膜における分泌型 IgA の産生増加が誘導されることとなる．[5]

免疫担当細胞は消化管全体に存在する．上皮内リンパ球は，消化管粘膜に広く分布しており，抗体依存性細胞障害に関与したり，ナチュラルキラー細胞として機能するとされる．さらに肥満細胞も粘膜，粘膜下組織ならびに粘膜固有層に広く散在している．特に回腸では，消化管免疫担当細胞はリンパ濾胞に集族し，パイエル板を形成する．パイエル板上部の上皮では，特殊化した粘膜細胞が抗原を取り込む．取り込まれた抗原は，リンパ濾胞内で抗原提示細胞として働いている樹状細胞やマクロファージに受け渡される．次いで，パイエル板で産生された免疫担当 T 細胞が，他の粘膜表面に移動し，IgA を産生する．T 細胞の中には，パイエル板で抗原に暴露された後に消化管粘膜に移動し，抗原に直接作用する細胞障害性 T 細胞となるものがある．

消化管は，おびただしい数の抗原に絶えず暴露されている．それらの抗原は，食物中の蛋白成分や小腸内細菌叢，さらには自身の生体成分に由来する．よって消化管は，正常であっても，一定の炎症状態にあると言えるが，炎症細胞の活動が過剰になると，IBD や大腸炎のような疾患が引き起こされると考えられている．抗原暴露に対する免疫反応は，サイトカインおよび抑制性細胞による複雑なシステムによって正常に調節されるが，その詳細は他の文献に委ねる．[5]

内因性抗原もしくは細菌蛋白に対する消化管免疫応答の増大が，多くの IBD 罹患動物における原因と考えられている．しかしながらその根本原因が不適切な免疫応答，すなわち免疫細胞に対する下方制御の抑制による，IgE 依存性のアレルギー疾患にあるのか，もしくは IBD と呼ばれる病的過程を引き起こす多角的な素因が組み合わされることにあるのかは明らかではない．

消化管で産生される主な免疫グロブリンのサブタイプは IgA である．二量体を形成する高分子 IgA は，粘膜固有層の形質細胞によって産生され，次いで腸細胞に取り込まれ，分泌成分と複合体を形成し管腔へと放出される．管腔内の IgA は，さまざまな病原体の表面蛋白と結合することで，病原体の粘膜への接着と，それに続く上皮への侵入阻止に働く．

分泌型 IgA 欠損症は，ヒトにおいて最も一般的な免疫不全症であるが，これはジャーマン・シェパードなどの特定の犬種においても報告されている．[6,7] ある研究者らによると，IgA 欠損症の犬と腸疾患発生率の増加が関連付けられており，[6] 健常犬と罹患犬における実際の IgA 欠損症有病率や，獣医胃腸病学における IgA 欠損症の意義に関しては，盛んに研究が行われている分野である．

5.2.5　腸内細菌

消化管には非常に多くの細菌が生息しており，特に腸遠位端ではより顕著に数が増加する．消化管細菌はある種のビタミン補給源として重要である．例えば，ヒトの体内における葉酸の約 1/4 は，腸の細菌叢由来とされている．さらに正常な消化管細菌叢の存在は，正常な消化管粘膜構造の発育に必要である．その上，多くの細菌は，食物線維の発酵と消化の助けにもなっている．例えば *Lactobacillus* や *Bifidobacter* spp. は，イヌリンやフルクトオリゴ糖などの複合多糖を発酵させ，腸細胞のエネルギー源となる短鎖脂肪酸を生成することができる．

腸内細菌叢は通性ならびに偏性嫌気性細菌と好気性菌，および微好気性菌が混在している．多くの嫌気性菌は消化管粘膜に強い親和性を示すため，再現性のある採取は困難である．

正常犬の腸内細菌叢は非常に複雑で個体差が激しく，さらに消化管の部位によっても異なっている．[8] 各個体は消化管内に固有の細菌叢を持っているが，さまざまな生物種を対象とした長期的な研究によると，この細菌叢は健常個体では極めて安定しているようである．

猫の小腸における正常な細菌含有量は，完全に解明されていないが，犬に比べて小腸内の総細菌数と偏性嫌気性菌の割合が多い．[9,10] 猫において，血清コバラミンや葉酸のような消化管細菌のバイオマスを反映する血清マーカーに対して，食餌と抗菌剤が与える影響を調べた実験研究によると，実際の病原体種は同定されていないものの，抗菌剤投与を中止することで血清マーカーが急速に投与前濃度に戻ることから，猫の正常な細菌叢は，安定した回復可能なものであることが示唆されている．[11]

消化管細菌叢は，腸管の正常な生理機構に不可欠なものであるが，病原性を示す可能性のある微生物も多く含まれている．消化管粘膜を介する細菌の侵入は，重症患者における敗血症の主な原因となる．消化管自体は，胃腸障害を引き起こす可能性のある *Salmonella* spp. など，汚染食物もしくは環境に認められるような特定の病原体の影響を受けやすい．

消化管における細菌バイオマスの増加は，腸疾患と関連することもある（5.3.8 参照）．このバイオマスの増加は，腸内細菌数を調節している正常な制御機構が破綻することによって生じる．胃酸の低下（例えば制酸薬の長期投与による），膵外分泌不全による抗菌性の膵分泌液の欠乏，分泌型 IgA の欠乏，さらに粘膜の細胞性免疫の抑制は，小腸内の細菌バイオマスを全体的に増大させる．増大したバイオマスは，限りある栄養素に対する競合性，さらに胆汁酸や栄養素からの毒性代謝産物の生成増加，また粘膜に対して直接的に障害を与えたり，細菌外毒素の産生によって宿主動物に悪影響を及ぼす．[12]

> **キーポイント**
> - 腸管の生理的な調節機構は，腸管に特有の内分泌系，神経系ならびに免疫系による複雑な相互作用によってもたらされる．
> - 絨毛は小腸の機能単位である．絨毛を侵す疾患は下痢や吸収不良につながる．
> - 腸管内の細菌叢は，正常な腸の生理機構に欠くことのできない存在である．

参考文献

1. Pageot LP, Perreault N, Basora N et al. Human cell models to study small intestinal functions：recapitulation of the crypt-villus axis. *Microsc Res Tech* 2000; 49：394406.
2. Holst JJ, Fahrenkrug J, Stadil F et al. Gastrointestinal endocrinology. *Scand J Gastroentero* 1996; 216：2738.
3. Rehfeld JF. The new biology of gastrointestinal hormones. *Physiol Rev* 1998; 78：10871108.
4. Korbonits M, Grossman AB. Ghrelin：update on a novel hormonal system. *Eur J Endocrinol* 2004; 151 Suppl 1：S67S70.
5. Castro GA. Gut immunophysiology：regulatory pathways within a common mucosal immune system. *News Physiol Sci* 1989; 4：5964.
6. Batt RM, Barnes A, Rutgers HC et al. Relative IgA deficiency and small intestinal bacterial overgrowth in German Shepard dogs. *Res Vet Sci* 1991; 50：106111.
7. German AJ, Hall EJ, Day MJ. Relative deficiency in IgA production by duodenal explants from German shepherd dogs with small intestinal disease. *Vet Immunol Immunop* 2000; 76：2543.
8. Suchodolski JS, Ruaux CG, Steiner JM et al. Application of molecular fingerprinting for qualitative assessment of small-intestinal bacterial diversity in dogs. *J Clin Microbiol* 2004; 42：47024708.
9. Johnston KL, Lamport A, Batt RM. An unexpected bacterial flora in the proximal small intestine of normal cats. *Vet Rec* 1993; 132：362363.
10. Johnston KL, Swift NC, Forster-van Hijfte M et al. Comparison of the bacterial flora of the duodenum in healthy cats and cats with signs of gastrointestinal tract disease. *J Am Vet Med Assoc* 2001; 218：4851.
11. Johnston KL, Lamport A, Proud J et al. The effect of diet and metronidazole on the bacterial flora and permeability of the feline small intestine. *J Vet Intern Med* 1994; 8：149.
12. Mathias J, Clench M. Review：Pathophysiology of diarrhea caused by bacterial overgrowth of the small intestine. *Am J Med Sci* 1985;289：243-248

5.3 小腸性疾患

5.3.1 はじめに

　小腸は，栄養素の消化と吸収に欠かすことのできない重要な役割を果たしている．吸収は，非常に大きな粘膜表面積を必要とする．小腸を侵す大半の疾患は，粘膜構造に障害を与え，結果として粘膜表面積が縮小することとなる．これにより吸収率が低下し，腸管はさらなる機能不全に陥り，下痢や嘔吐，脱水，体重減少，元気消失などの臨床症状を伴うようになる．小腸性下痢では，排便回数は正常もしくはわずかに増加し，さらに1回排便量の増加が認められる．糞便に血液が混入すると，一般的に暗黒色となる（メレナ）．

　消化管寄生虫は，犬や猫において最も一般的な消化管疾患であり，犬では見境のない摂食行動に起因する．またそれ以外にもウイルス，細菌，真菌などの病原体や食物有害反応（食物アレルギーや食物不耐性），IBD，腫瘍性疾患などの幅広い疾病過程が，小動物の消化管に影響を与える．本章ではこれら消化管疾患の概要を述べる．

5.3.2 感染性腸疾患

5.3.2.1 ウイルス感染

5.3.2.1.1 犬のパルボウイルス性腸炎

　犬パルボウイルス（CPV：canine parvovirus）は，小型でエンベロープを欠くDNAウイルスであり，環境に対して強い抵抗性を示す．汚染場所の消毒は，次亜塩素酸ナトリウム（すなわち家庭用漂白剤）で行う必要がある．CPVにはCPV-1およびCPV-2という，2つの型が認められている．[1,2] 臨床的に重篤な症状を引き起こすのは，6ヵ月齢未満の子犬へのCPV-2感染である．1980年代に入ると，CPV-2はさらにCPV-2aおよびCPV-2bという異なる2つの型に進化した．[2] この過程でウイルスはより病原性を強め，さらに標的組織での高い複製能力を獲得した．CPV-2は，主に汚染された糞便を介して伝播される，伝染性の高いウイルスである．潜伏期間は7〜14日である．ロットワイラー，ドーベルマン・ピンシャー，ラブラドール・レトリーバー，アメリカン・スタッフォードシャー・テリア，ジャーマン・シェパード，アラスカン・スレッドは感染のリスクが高い犬種として報告されている．[3]

　口鼻腔リンパ組織を介して侵入したウイルスは，リンパ組織

表 5.2　輸液療法．急性の消化器症状を呈した症例に用いる輸液療法のガイドライン．[78] どのような症例であっても全ての項目について評価する．1 時間当たりに必要な総輸液量は，3 項目における 1 時間当たりの用量を合計したものである．

不足分の補充
脱水（%）×体重（kg）× 10 ＝ 4 〜 6 時間以上かけて投与する輸液量（mL）

維持量
40 〜 60 mL/ 体重（kg）/24 時間

継続的喪失量
嘔吐や下痢による喪失量を概算し，維持量に加算する

表 5.3　カリウムの補充　急性の消化器疾患に対するカリウム補充のガイドライン[78]

血清 K 濃度 (mmol/L)	KCL mmol /250 mL	KCL mmol /500 mL	KCL mmol /1000 mL	最大輸液速度 mL/kg/ 時
< 2.0	20	40	80	6
2.0 〜 2.5	15	30	60	8
2.6 〜 3.0	10	20	40	12
3.1 〜 3.5	7.5	15	30	16

を経て，主に腸陰窩の上皮細胞や骨髄のような細胞増殖の盛んな組織に広がる．ウイルスは腸陰窩細胞を破壊するため，二次的な細菌感染（特にグラム陰性細菌による）のリスクを高める．[4,5] CPV-2 と接触しても，成長した子犬と成犬では不顕性感染を示す．深刻な感染症となるのは 12 週齢に満たない子犬がほとんどである．感染後 2 〜 5 日で，嘔吐，悪臭を伴う血様下痢，食欲不振，脱水が起こる．白血球減少ならびに腸バリア機構の破綻によって生じた二次的な細菌感染症に関連して，発熱を呈することも多い．[6] 子宮内もしくは生後 8 週齢以内に感染した子犬では，心筋炎が認められることがある．[7] ワクチン投与歴が不確定な若齢犬に，急性の嘔吐，血様下痢ならびに脱水という典型的な症状が認められた場合には，CPV-2 感染症との暫定診断を下す．

CPV 感染の診断には，院内の糞便 ELISA 検査が利用可能である．この ELISA 検査は，感染後 10 〜 12 日以内の，ウイルス排泄が認められる間だけ陽性となる．しかしながらこの検査法では，弱毒生ワクチンを接種された犬では疑陽性を示すことがある．[8] この場合，感染とワクチン株とを区別することができるのは，糞便中のウイルス DNA の PCR 検査だけである．[9]

治療は水和状態と電解質バランスを回復に向かわせることである（表 5.2 および表 5.3）．治療初期において，嘔吐が止まるまでは消化管を休ませること（すなわち NPO：絶食）が推奨されていたが，最近の研究によって，早期の経腸栄養摂取が，より早い体重の増加と死亡率の低下に有効であることが示された．[10] その他の対症療法としては，グラム陽性ならびにグラム陰性菌に対する広域スペクトラム抗生物質（例えばアモキシシリン・クラブラン酸 12.5mg/kg，IV，1 日 2 回）の投与があげられる．罹患動物が十分に再水和された後に，ゲンタマイシン（5 mg/kg，IV，1 日 1 回）を追加する臨床医もいる．しかしながら，腎毒性の早期徴候となる顆粒円柱の出現をモニターするため，尿検査を毎日行う必要がある．チカルシリン・クラブラン酸（40 〜 50 mg/kg，8 時間毎）は広域スペクトラムを示す上に，より安全とされる．嘔吐が続く場合には，制吐剤（例えば，マロピタント，1 mg/kg/day，SC，上限 5 日間；メトクロプラミド，0.1 〜 0.4 mg/kg/ 時，点滴静注；ドラセトロン，0.3 〜 0.6 mg/kg，IV もしくは SC，1 日 1 回もしくは 2 回）を投与する．重度の低アルブミン血症や貧血を呈する場合には，血漿輸注もしくは輸血を考慮する．さらなる治療の選択肢には，猫インターフェロンオメガ（現在のところヨーロッパと日本のみ入手可能），過免疫血清，ヒト組み換え顆粒球コロニー刺激因子（G-CSF），抗エンドトキシン血清などが含まれる．しかしながら，猫インターフェロンオメガを除き，これら治療法による生存率の改善もしくは入院期間の短縮は示されていない．[4,11,12,13]

CPV-2 感染から脱した子犬は，一生涯ではないが，最低でも 20 カ月は再感染から免れる．不活化 CPV-2 ワクチンは，ワクチン接種犬をほんの短期間（数週間程度）しか守れないため，防御を強化するためには，15 カ月を目処に繰り返し接種する必要がある．一方，単剤の弱毒生ワクチンは安全であり，接種犬を数年間は守ることができる．ワクチン接種の不手際は，ワクチンと接種された子犬が保持していた母犬の移行抗体との干渉によることがほとんどである．[4] 母犬の抗体価が非常に高い場合は，移行抗体による抗体価は生後 16 週間持続する．母犬の移行抗体による干渉を防ぐには，低力価の弱毒生ワクチンを用いて 8，12，16，20 週齢，その後毎年 1 回の接種が推奨される．高い免疫原性を有する高力価の弱毒生ワクチンに推奨される投与計画は，6 〜 8 週齢，その後 16 週齢まで 3 〜 4 週ごと，続いて 1 歳齢で追加免疫を行う．再接種は，3 年もしくはそれ以上の間隔で実施することで予防効果が見込める．

5.3.2.1.2 犬のジステンパー感染症

犬ジステンパーウイルス（CDV：canine distemper virus）は，エンベロープを有する一本鎖RNAウイルスである．感染は3〜6ヵ月齢で起こることがほとんどである．強い病原性を示す強毒株が存在することから，感染の重症度はその個体が感染したウイルス株による．[15] 感染後，ウイルスは，上部気道のマクロファージを介して胃や腸，肝臓のリンパ組織へと運搬される．この段階にある感染犬の多くは，白血球減少症ならびに発熱を呈する．感染から約14日経過すると，ウイルスは完全に体内から排除されるか，もしくは皮膚，外分泌および内分泌腺，消化管，さらには気道や泌尿生殖器などの上皮細胞に広がるかのどちらかとなる．大半の感染犬はこの時点で，侵された組織における持続性のウイルス感染を反映するような，深刻な臨床徴候を示す．CNSへの拡大は，感染犬の全身性免疫反応の程度に左右される．

CDV感染が疑われるのは，ワクチン未接種の3〜6ヵ月齢の子犬が呼吸器および消化器症状を呈し，さらに続いて神経症状が認められた場合である．母犬からの移行抗体は，生後14週齢まで継続する．[15] そのためCDVに対するワクチン接種計画として，16週齢に至るまでは3〜4週間ごとの追加接種が推奨される．

5.3.2.1.3 猫コロナウイルス感染症

猫コロナウイルス（FeCoV：Feline coronavirus）は，一過性の軽度な下痢症，もしくは播種性肉芽腫性疾患である猫伝染性腹膜炎（FIP：feline infectious peritonitis）という，2つの異なる病態を引き起こす．後者の播種性疾患は，FeCoVが変異し，マクロファージ指向性が高まることに起因すると考えられている．[16] さらにストレス下や多頭飼育環境下で，多量のウイルスに繰り返し感染することが，若齢猫にFIPを発症させるとも推測されている．[17] ウイルスは経口もしくは吸入によって伝播する．ウイルスは初め，腸管上皮細胞に感染するが，特有のスパイク蛋白をコードする遺伝子を保持している場合には，マクロファージに取り込まれる．その後，免疫複合体疾患が誘発され，FIPに発展すると考えられている．[16] 腸管への感染は，軽度で一過性である．時に嘔吐を認めることがあるが，補助療法のみで自然治癒することがほとんどである．

5.3.2.1.4 猫汎白血球減少症

猫汎白血球減少症は，猫パルボウイルス（FPV：Feline parvovirus）によって引き起こされる疾患である．FPVはエンベロープを持たない非常に安定したウイルスであり，環境中で一年は生存可能である．しかしながら，次亜塩素酸ナトリウム（家庭用漂白剤，希釈していないもの）や4％ホルムアルデヒド，1％グルタルアルデヒドによる消毒が有効である．感染後6週間は，糞便へのウイルス排泄が認められる．大半のFPV感染は不顕性である．ウイルスは，扁桃から他のリンパ組織や骨髄，腸陰窩細胞へと広がる．非常に重篤な症状は，ワクチン未接種の3〜5ヵ月齢の子猫で認められる．発熱，元気消失，食欲不振，嘔吐，重度の脱水，血様下痢，口腔内潰瘍が一般的に認められる．妊娠猫では，生殖不能，胎子ミイラ変性，流産などを生じることがある．妊娠後期に感染すると，発育胎児の小脳が侵され，新生児は測定過大や企図振戦を生じる可能性がある．[18]

FPV感染の仮診断は，重度の白血球減少症（50〜3,000個/mL）を伴う臨床徴候によって行う．ELISA検査はCPVの場合と同様に，感染を確認するために有効である．[19]

治療は非経口的な輸液療法を主体とする補助療法である．発熱と白血球減少症を呈する子猫には，広域スペクトラム抗生物質の投与が重要であり，アモキシシリン，セファロスポリンおよび/あるいはゲンタマイシンが推奨される．しかしながら，ゲンタマイシンは慎重に投与すべきであり，脱水症例においては禁忌である．さらにメトクロプラミド，ドラセトロン，もしくはチエチルペラジンなどの制吐剤投与が必要となることも多い．FPVに対する初乳中の移行抗体は12〜14週間は保持されるため，6週齢以前のワクチン接種計画として，16週齢までは3〜4週間ごとに接種し，続いて1歳時の追加免疫が推奨される．その後は，だいたい3年に1回の再接種によって防御できる．

5.3.2.1.5 猫白血病ウイルスおよび猫免疫不全ウイルス

猫白血病ウイルス（FeLV：Feline leukemia virus）もしくは猫免疫不全ウイルス（FIV：Feline Immunodeficiency virus）感染猫では，免疫不全，リンパ腫，白血病さらには非再生性貧血の症状を呈する．下痢は腸のウイルス，細菌もしくは真菌による二次感染に起因し，全身的な免疫不全の一症状としてみられることがほとんどである．[20] 積極的な対症療法によって，臨床症状を管理することは可能であるが，感染症例における長期的な予後は不良である．

5.3.2.2 細菌感染症

消化管内には，さまざまな細菌が数の制限を受けて自然に定着している．この固有細菌叢は，解剖学的構造の保持や，食物の適切な消化と吸収に必要となる生理的過程の促進に対し，重要な役割を担っている．さらに小腸の細菌叢は，病原性細菌の定着を阻止し，腸管免疫機構の発達にも良い影響を与える．固有細菌叢の構成は，食事内容および/あるいはプレバイオティクス，プロバイオティクスの摂取によって変化する．

小腸性疾患において最も一般的な原因ではないが，病原性細菌による感染症が小動物でも報告されている．原因となり得る腸病原体には *Campylobacter* spp., *Clostridium perfringens* および *C. difficile*, *Salmonella* spp., *Yersinia* spp. そしてある種の *E.coli* があげられる．しかしながらこれら細菌種の中には，下痢の犬や猫の糞便でのみ検出されるものではなく，健常動物において

認められるものもある。[21] さらに複雑なことに，病原性細菌は腸疾患症例において，その病因とは無関係に，ただ日和見的に存在しているだけの可能性がある．もし腸病原性細菌が実際の症状の原因ではなく，偶発的なものとされるならば，見境のない抗生物質投与は公衆衛生に関わる耐性株の出現を招くことになるため，推奨されない．これら細菌の多くは，その病原性に関して議論されているところであるが，感染動物と接触したヒトに対して，人獣共通感染症を引き起こす危険性は残されている．さらに重要なことに，感染動物は健康時であっても腸管病原体を排泄していることから，感染の危険性がある．実際，診断や治療の判断は困難である．犬と猫の腸疾患において，通常の小腸細菌叢，また特に腸管病原体の役割をより明確にするためには，さらなる研究が必要である．

5.3.2.2.1 *Campylobacter* spp.（カンピロバクター）

Campylobacter spp. は細長く，ねじ曲がったグラム陰性桿菌で，らせん状の菌体に特徴的な極性鞭毛を有する（図 5.3）．本属の細菌は運動性を有し，微好気性環境下で発育する．*C. jejuni* などの *Campylobacter* spp. は宿主腸細胞に接着，侵入し，腸内毒素様活性を示す可溶性成分を産生する．[22]

C. jejuni や *C. upsaliensis*，さらに他の腸内 *Campylobacter* spp. が下痢の犬や猫だけではなく，健常個体の糞便中にも認められることは，多くの研究によって示されている．[21, 23] 犬に比べて猫では，*Campylobacter* 感染症の発生は少ない．[24, 25] 興味深いことに，ヨーロッパで行われた研究では，北米で行われたものに比べ，調査対象となった伴侶動物における *Campylobacter* spp. 陽性率が高い．[26] 近年スイスで行われた疫学的調査によると，ワクチン接種のために来院した健常な犬と猫の糞便のうち，約 42％で *Campylobacter* spp. が検出されている．[27] 3ヵ月齢の健常犬を対象としたデンマークでの長期研究によると，60％の犬が糞便中に *Campylobacter* spp. を保有するとされている．さらに 1 歳齢になると 100％近い犬が陽性を示すようになり，2 歳齢になると 67％から検出された．[28] また 12 ヵ月齢未満の健常犬の 21％で *Campylobacter* spp. の排泄が示されており，さらにその排泄は，下痢の若齢犬では健常犬の 2 倍以上にもなる．[28]

犬や猫の臨床症状は，生じるとすればさまざまである．下痢は，時として緩い糞便を認めるような軽度なものから，中等度，さらには粘膜の混入を伴う，もしくは伴わない，水様あるいは血様性の重度なものまである．臨床的症状は，ストレスの多い環境下（舎飼い，併発疾患の存在など）で突然引き起こされる．直腸スワブの細胞診によって，典型的な細長い湾曲した棒状の，もしくはかもめ様の外観（図 5.3）を呈する *Campylobacter* 様の病原体が認められる．さらに白血球の存在により，腸の炎症が示唆される．診断は，新鮮便もしくは直腸スワブにおける *Campylobacter* spp. の培養同定によって行われる．*Campylobacter* spp. は室温では最低 3 日，冷蔵なら 1 週間は安定であるため，糞便サンプルの輸送は通常問題とならない．あるいは，糞便中の病原性 *Campylobacter* spp. を検出するための PCR 解析も利用可能である（www.cvm.tamu.edu/gilab）．

糞便中に *Campylobacter* spp. を排出する犬の治療方法は，罹患犬の健康状態（無症状か，消化器症状を呈するか）によって決まる．症状を示さない陽性犬であっても，免疫不全患者や乳幼児と同居している場合には，おそらく治療すべきである．それ以外の状況下で，無症状である犬への抗生物質投与の必要性に関しては，意見の分かれるところである．下痢や嘔吐，さらに小腸性疾患に合致する症状を呈する動物においては，*Campylobacter* 感染と臨床徴候との因果関係が立証できなくても，適切な抗生物質による治療が推奨される．犬と猫の *Campylobacter* 感染症の治療にはエリスロマイシン，もしくはフルオロキノロン系の抗生物質が選択される（表 5.4）．完全に回復した症例の予後は，たいてい良好である．基礎となる腸疾患に付随した二次感染である場合，症例の回復は基礎疾患の特定と治療に左右されると思われる．

Campylobacter spp. はヒトにも感染し，腹部不快感や発熱，血様下痢を引き起こす可能性がある．自然治癒することがほとんどであるが，抗生物質治療が必要となることもある．いくつかの国では，*Campylobacter* 感染症が現在，最も一般的な腸の感染症となっている．[27] 最近の研究によると，ヒトの感染における危険因子としては，家庭で加熱調理した鶏肉の摂食，泉や湖，川での飲水，日常的な犬との接触などが挙げられている．[29] そのため健康な状態にある感染動物からの *Campylobacter* spp. の糞便排泄が，ヒトの感染源となる可能性がある．3 歳齢未満の犬と猫は，糞便排泄の危険性が高いこ

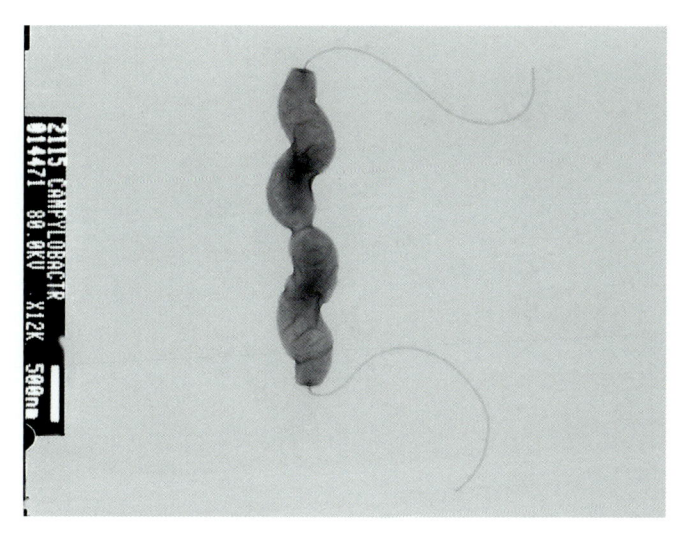

図 5.3 *Campylobacter* spp. の電子顕微鏡像．本病原体は鞭毛を有するらせん菌である（12,000 ×，画像は Dr. Mary Parker, Institute of Food Research, Norwich, UK の好意による）

とから，C. upsaliensis および C. helveticus（罹患率はそれぞれ 30 % および 35 %）の保有宿主に成り得る．しかしながら，C. jejuni 感染症の有病率は低く，これら病原体の疫学的役割は取るに足らないものと考えられる．[27]

5.3.2.2.2 Clostridium spp.

クロストリジウムは，大型のグラム陽性菌で芽胞を形成する．最も病原性の強いクロストリジウムは偏性嫌気性を示す．ある種のクロストリジウムは，正常な腸内細菌叢の一員であるが，C. perfringens type A および C. difficile は，犬や猫の消化器疾患や腸毒血症の原因となり得る．[30, 31]

Clostridium perfringens C. perfringens は環境に広く存在しており，健常動物の糞便中にも存在する．C. perfringens type A が産生する代表的な2つの毒素は，主要毒素αと腸管毒素（C. perfringens 腸管毒素，もしくは CPE とも言う）である．腸管毒素産生性 C. perfringens は，ヒトの食中毒に関与していることが多い．CPE は免疫測定法を用いることで糞便サンプルから検出することができる．C. perfringens は健常犬の 76～86 %，さらに下痢を呈する犬の 71～75 % の糞便サンプルから培養されているものの，そのうち腸管毒素産生株は健常犬からは 5～14 %，下痢を示す犬からは 15～34 % しか検出されていない．[30] 腸管毒素産生性株は，院内下痢症や出血性腸炎，急性もしくは慢性の，大腸性および／あるいは小腸性下痢を引き起こす．[32] CPE は健常で下痢を認めない犬の糞便中にも含まれていることから，十分量の CPE が腸管内に存在する場合にのみ，腸炎が生じる可能性がある．しかしながら現在利用可能な免疫測定法では，糞便中の CPE を定量的に評価することはできない．

糞便からの C. perfringens の分離により，C. perfringens による疾患と診断することはできない．糞便塗抹標本における芽胞も信頼できない．C. perfringens の病原性に関する正確なマーカーとしての CPE 測定法の臨床的価値は，明確にはされていないものの，前述の通り，下痢を呈する犬の糞便中 CPE は，健常犬に比べて高い割合で検出される．治療に用いられる抗生物質を表 5.4 にまとめる．

Clostridium difficile Clostridium difficile が産生する代表的な2つの毒素は，毒素 A および B である．毒素産生菌種の感染は，ヒトでは一般的に院内で起こる抗菌物質関連腸感染症の原因となる．ヒトでは無徴候性保菌者の報告もあるが，致死的になり得る偽膜性大腸炎を引き起こす可能性がある．さまざまな研究において C. difficile は，動物病院に来院した健常な子犬とその母親，健常な成犬および成猫，さらに下痢の犬および猫の糞便から培養されている．さらに C. difficile は，院内下痢症を呈する犬の糞便からも分離されており，院内クロストリジウム感染が起こった動物病院の環境調査でも回収されている．[32, 33] さらに毒素 A および／あるいは B は，健常個体に比べ下痢を呈する動物において，より高頻度に検出される．そのため毒素 A および／あるいは B が糞便サンプルから検出された

表 5.4 抗生物質．小腸細菌感染症に推奨される抗生物質．

	Campylobacter spp.	Clostridium perfringens	Clostridium difficile	E. coli	Salmonella spp.[5]
アモキシシリン 10～20 mg/kg PO 12 時間毎	no	yes	no	yes	no
アミノグリコシド（ゲンタマイシン） 4～6 mg/kg IV, SC 24 時間毎	no	no	no	yes	yes
エリスロマイシン[1] 20 mg/kg PO 12 時間毎（犬） 10 mg/kg PO 8 時間毎（猫）	yes[2]	yes	no	no	no
フルオロキノロン （例；エンロフロキサシン 5 mg/kg PO 12 時間毎）	yes	no	no	yes	yes
メトロニダゾール 8～15 mg/kg PO 8～12 時間毎	no	yes	yes[4]	no	no
テトラサイクリン 10～20 mg/kg PO 8 時間毎	yes[3]	no	no	yes	yes
トリメトプリム−サルファ剤 12～15 mg/kg PO 12 時間毎	no	no	no	yes	yes
タイロシン 10～20 mg/kg PO 12～24 時間毎	no	yes	no	no	no

[1] 犬と猫ではエリスロマイシン投与の副作用として嘔吐を生じやすい．[2] Campylopacter spp. に対する第一選択薬である．[3] エリスロマイシン，フルオロキノロンが使用できない場合には，テトラサイクリンも Campylopacter spp. に対して非常に有効である．[4] C. difficile が関与する下痢にはメトロニダゾールが最も効果的である．[5] 抗生物質投与は in vitro 感受性試験の結果に基づいて行うべきである．

際には，腸炎と C. difficile との因果関係が疑われる．治療に推奨される抗生物質は表 5.4 に示す．

5.3.2.2.3　腸内細菌科

グラム陰性桿菌による腸内細菌科には，さまざまな属ならびに種が含まれる．この科に属す小動物における主要な胃腸病原体には，Escherichia coli や Salmonella 亜種などがある．

5.3.2.2.4　病原性大腸菌

生後間もなく，環境中の E.coli は哺乳動物の腸管に定着し，正常細菌叢の重要な一員となる．毒性の低い株がほとんどであるが，時として泌尿生殖器などの腸管以外の部位に感染を引き起こすことがある．病原性大腸菌は，粘膜接着に機能するアドヘシン，宿主細胞の貪食能を妨げる莢膜多糖類，さらに内毒素やリポ多糖細胞壁成分などのさまざまな病原因子を持つ．[34]

シガ毒素産生性大腸菌（STEC：Shiga-toxin-producing E. coli）は，健常犬ならびに下痢を呈する犬において同程度の頻度で検出されるため，犬には病原性を示さないと考えられている．犬の病原性大腸菌（EPEC：enteropathogenic E. coli）は，若齢犬に下痢症を引き起こすとされてきたが，実際の臨床的意義は良く分かっていない．[35] 死亡時に下痢を呈していた 122 頭を対象とした研究では，うち 44 頭から EPEC が検出されている．これらの犬のうち 29 頭は，パルボウイルスなどの腸内病原体に同時感染していた．[35] 一方，エンテロトキシン（腸毒素）産生性大腸菌（ETEC：enterotoxin-producing E. coli）は，健常動物では認められず，下痢を呈した若齢犬からのみ分離される．数少ない報告によると，E. coli による腸感染症は，犬や猫にとって重要な役割をなさないようである．理論上，無症状性の STEC 保菌犬がヒトへの感染源となる可能性はある．しかしながら，人獣共通感染症としての一般的な危険性は低い．

5.3.2.2.5　Salmonellae（サルモネラ科）

さまざまな血清型のサルモネラは世界中に存在し，哺乳類，鳥類および虫類に感染する．獣医学上重要となる主要なサルモネラは，血清型 S. enterica subspecies（亜種）enterica である．ヒトにおける最も一般的な感染経路は，汚染食品，特に鶏卵や卵加工品，さらに豚肉や鳥肉加工品の摂取である．近年，犬のおやつとして市販されていた，乾燥させた豚の耳から培養された血清型 infantis が，カナダと米国でヒトに大流行した．[36] ヒトでは下痢，発熱，腹痛を生じるが，軽度から中程度のことが多く，自己限定性の転帰を取る．

一般的に，健康な肉食動物の成熟個体は，サルモネラ感染に耐性を示すとされている．近年の有病率に関する研究によると，サルモネラが健常個体，もしくは下痢を呈する犬や猫の糞便から培養されることは非常にまれであった．糞便中に Salmonella spp. の排泄が認められるのは，多くとも犬の 2.3％ および猫の 1％ 程度である．しかしながらベルギーのある報告によると，Salmonella spp. の検出頻度は非常に高い．[37] この研究は，多頭飼育の子猫（検出頻度：51.4％）や，難治性疾患のために死亡もしくは安楽死された猫（検出頻度：8.6％）を調査したものである．[37]

伴侶動物がヒトのサルモネラ症の感染源とみなされることはまれであるが，時として発生するサルモネラ感染症は，動物病院への来院に関連していると思われる．[38] そのため，特に高い感受性を示す乳幼児や高齢者，さらに免疫不全患者と接触する場合には，衛生状態を良好に保つことが強く推奨される．[39]

犬や猫におけるサルモネラ症の臨床症状は，発熱，嘔吐，下痢，食欲不振，体重減少や元気消失である．生肉の摂食によってサルモネラ症を発症した猫 2 例では，敗血症の併発が報告されている．[40] さらに汎白血球減少症の弱毒生ワクチン接種直後に，全身性のサルモネラ症を呈して死亡した数頭の猫の報告もある．[41]

診断は，臨床症状の合致する罹患動物の糞便からサルモネラを検出することによって行う．CBC（全血球計算）によって，敗血症を示唆する変化が明らかとなることがある．

治療は輸液療法と，その他の対症療法からなる．抗生物質の投与は，全身性感染症を呈した罹患動物に対してのみ推奨されており，さらに検出されたサルモネラ種の感受性結果に基づいて実施する（表 5.4）．臨床的にサルモネラ症から回復した罹患動物では，病原体が局所リンパ節に留まるために，回復後も数週間以上は慢性的に保菌状態にある可能性がある．そのような場合には，適切な抗生物質を長期的に非経口投与する必要がある．サルモネラの病原体は，さまざまな外的要因に抵抗を示すため，環境下でも長期生存が可能とされている．[42]

5.3.2.2.6　その他の細菌

カリフォルニアの 6 頭の猫において，Anaerobiospirillum 感染による回結腸炎が報告されている．[43] この病原体は，グラム陰性で運動性を有する小型らせん菌に属し，これまで健常犬および猫の咽喉頭部や糞便から検出されている．感染が認められたこれらの猫のうち 3 頭は消化器症状を，そのうち 2 頭は下痢を呈していた．また 1 頭は元気食欲の低下を，2 頭は消化器とは無関係の臨床症状を呈していた．これら全 6 頭の猫は，安楽死もしくは死亡したのち，組織学的に回腸炎および／あるいは結腸炎が確認された．光学および電子顕微鏡，さらに PCR 解析により，6 頭全ての猫の腸管内から Anaerobiospirillum spp. が検出された．[43] 腸管病原体としてのこれら細菌の正確な役割は，明らかになっていない．

5.3.2.3　真菌および藻類感染症

5.3.2.3.1　ヒストプラズマ症

Histoplasma capsulatum は，二形成性の土壌真菌で，世界中の温帯，亜熱帯地域で認められる．感染は小分生子を吸入もし

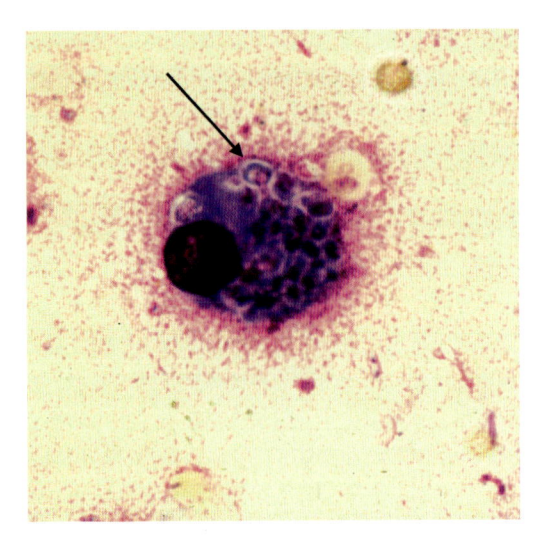

図5.4 *Histoplasma capsulatum*．犬の直腸掻爬法によって得られた *Histoplasma* 病原体．貪食された複数の *Histoplasma* 病原体が1個のマクロファージ内に認められる．病原体では，特徴的に偏在核を呈する（矢印）ことに注目（Wright's 染色，165×；写真は Dr. Steve Gaunt, Louisiana State University, Baton Rouge, LA の好意による）

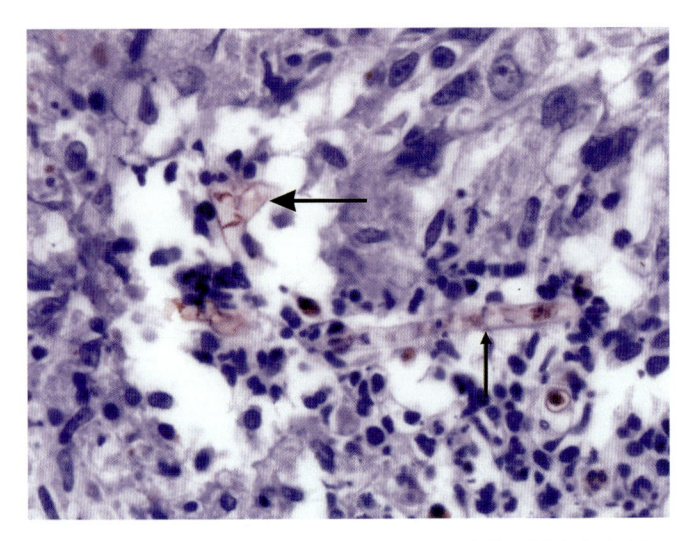

図5.5 ピシウム症．1ヵ月前からの嘔吐と体重減少を主訴に来院した，18ヵ月齢のボクサー犬の腸管壁病理組織像．腹部触診によって空腸に腫瘤が触知され，15〜20 cm の腸管が外科的に切除された．写真には3つの菌糸構造（うち2つを矢印で示す）が認められる．1つは有隔菌糸（大きな矢印）．壊死組織を背景にしてマクロファージ，顆粒球浸潤を伴う非常に複雑な炎症反応が認められる．H&E 染色によって顆粒球が好酸球であることが確認され，*Pythium insidiosum* 感染症と診断された．（抗 *P. insidiosum* ポリクローナル抗体による免疫組織化学染色，600×；写真は Dr. Andrew David, Louisiana State University, Baton Rouge, LA の好意による）

くは摂食することで起こり，その大半は若齢の犬や猫にみられる．犬の局所性 *H. capsulatum* 感染は呼吸器を侵すが，播種した場合は主に消化管が侵される．[44] 典型的な症状は大腸性下痢としぶり，血便，および粘膜便である．さらに小腸が侵されると，体重減少や難治性下痢，時として蛋白喪失性腸症（PLE：protein-losing enteropathy）を生じる可能性がある．ヒストプラズマ症の正確な診断は，リンパ節針吸引生検や直腸掻爬による細胞塗抹標本（図5.4）や，組織サンプルによる病原体の検出によって下される．治療はイトラコナゾール（10 mg/kg, PO, 24時間毎）の4〜6ヵ月間の投与であり，臨床症状の改善が認められた後も最低2ヵ月は投与を継続する．[44]

5.3.2.3.2 ピシウム症

ピシウム症は，卵菌網に分類される水生病原体 *Pythium insidiosum* によって引き起こされる．一般的に大型犬の雄犬が罹患することが多いが，これは暴露される危険性が高いためと思われる．米国の一部の地域では，消化器型の病型が優位であり，また別の地域では皮膚型が一般的である．[45,46] 病歴では，明白な腹部腫瘤病変を伴う上部消化管閉塞，もしくは慢性下痢，体重減少，さらに時として下部消化器疾患が疑われることもある．組織学的には，好酸球性肉芽腫性から化膿性肉芽腫性腸炎が腸壁の深層で認められる（図5.5）．診断は病原体の検出によって裏付けられる．ELISA や免疫ブロット法を用いた血清検査は，感度と特異性に非常に優れている．治療中の抗体価を測定すると，治療に反応した犬では明らかな減少が認められる．[45] しかしながら，侵された消化管領域を外科的に完全切除することができなければ，予後不良である．切除が不完全な場合には，イトラコナゾール（10 mg/kg, PO, 24時間毎）およびテルビナフィン（5〜10 mg/kg, PO, 24時間毎）の投与を行うが，治療は奏効しないことが多い．[45]

5.3.2.4 寄生虫性疾患

5.3.2.4.1 蠕虫類

寄生虫症は犬と猫でよく認められる疾患である．急性の嘔吐および/あるいは下痢を呈する全ての犬に対して，寄生虫の評価を行うべきである．蠕虫感染の診断は，糞便の浮遊法による虫卵の検出に基づく（図5.6）．いくつかの駆虫薬は，ある特定の蠕虫類に対し，より強く効果を示すと思われる（図5.5）．条虫類である *Taenia* spp.（テニア属）や *Echinococcus* spp.（エキノコックス属）では，小動物に対する病原性は高くはないが，人獣共通感染症としての脅威（特にヒトにおけるエキノコックス感染症）となる．線虫類は，犬や猫に臨床症状を引き起こしやすい．

胃虫（*Ollilanus tricuspis*）
感染吐物によって伝播される猫の胃線虫である．これらの線虫は，通常胃底部に定住し，食欲不振，嘔吐，体重減少および

感染性腸疾患　175

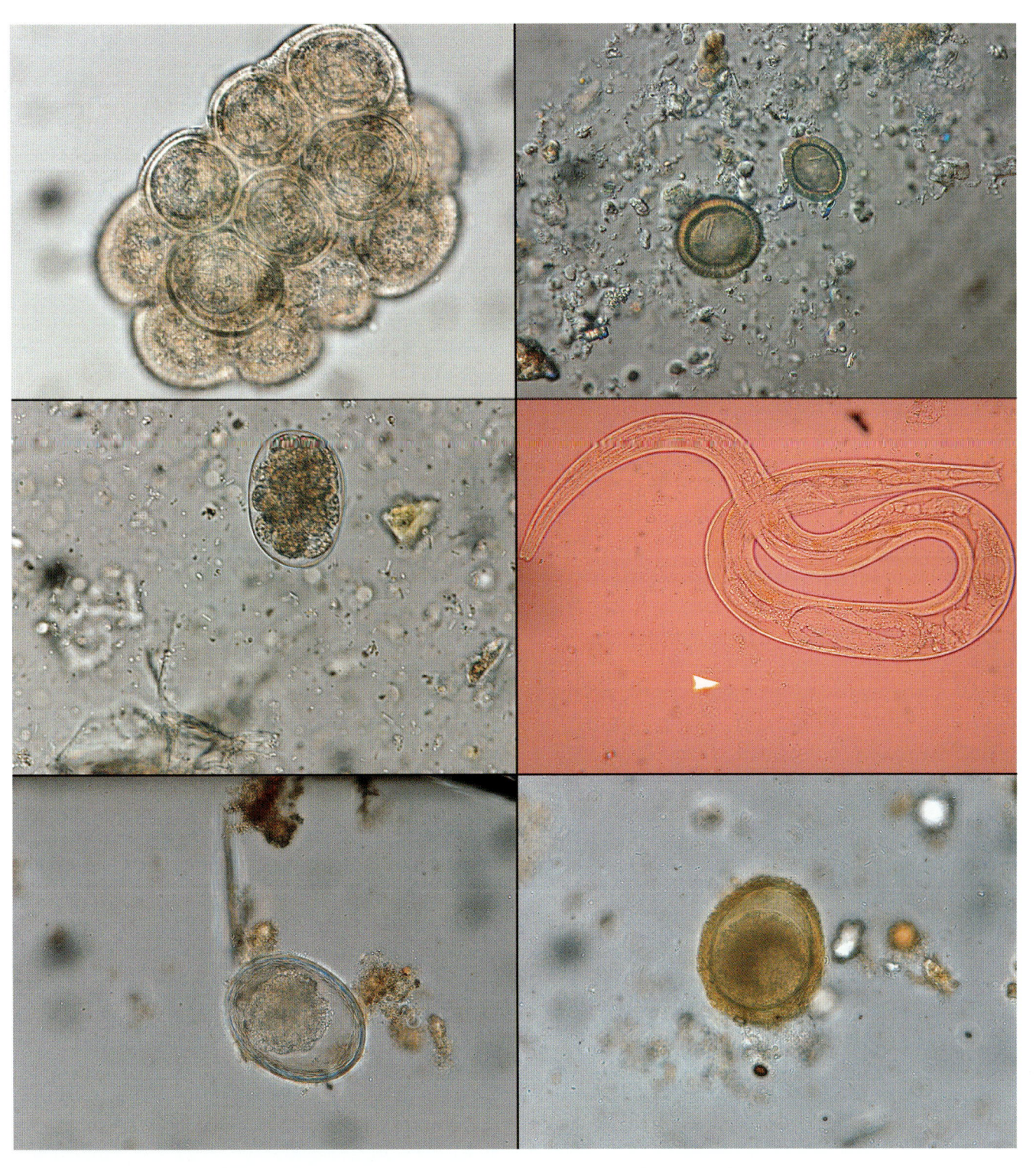

図 5.6　蠕虫類．犬と猫の糞便中に認められる蠕虫類の成虫と虫卵．上段左：瓜実条虫の卵嚢内の虫卵；上段右：エキノコックス属の虫卵；中段左：鉤虫属の虫卵；中段右：胃虫の成虫；下段左：犬小回虫の虫卵；下段右：犬回虫の虫卵．

下痢を引き起こす.[48]

犬鉤虫（Ancylostoma caninum）

鉤虫であるAncylostoma caninum（犬鉤虫）は，温暖な地域の子犬に重大な疾患を引き起こす．亜熱帯地域では，A. braziliense（ブラジル鉤虫）およびA. ceylanicum（セイロン鉤虫）も小腸寄生する．Uncinaria spp.（狭頭鉤虫）などの鉤虫類は，大腸に寄生することが多いが，時に小腸性疾患を引き起こすこともある．鉤虫の幼虫が経口感染すると，胃および十二指腸で成虫段階に発育する．幼虫は血管内へも侵入し，肺を経由し，咳をして吐き出され，再び飲み込まれることによって腸管に戻る．経皮感染は主に子犬で起こる．幼虫は，通常とは異なる臓器に迷入することがあり，そのような場所では，活動性の低い状態で生き残ることができる．この休眠状態にある虫が，妊娠期に再び活動を始め，母乳中に分泌されることがある．[49] 幼若な子犬における典型的な臨床症状は，失血，下痢，脱水，PLEおよび貧血である．効果的な駆虫薬を表5.5に挙げる．感染の危険性が高い地域ではミルベマイシン‐オキシム，0.5～1 mg/kg, PO, 30日毎の投与が予防的化学療法として行われる．

回虫（Ascarids）

犬回虫（Toxocara canis）と猫回虫（Toxocara mystax）
これら寄生虫は，子犬および子猫に重大な症状を引き起こす可能性がある．鉤虫感染と同様に，これら寄生虫は消化管壁から血管へ侵入し，肺やその他の臓器へ移行し，さらに初乳を介した伝播も起こる．事実，乳汁を介した感染が疫学的に最も重要な経路となる．臨床症状としては嘔吐，時に血便や粘膜が混入した下痢，腹囲膨満や腹痛，脱水，貧血，発熱などがみられる．T. canisが感染した子犬では，他臓器への幼虫移行に関連した症状や，肺炎および/あるいは肝疾患に関連した症状を呈することがある．

犬小回虫（Toxascaris leonina）
Toxascaris leonina（犬小回虫）は，犬や猫に小腸性疾患を引き起こす．この寄生虫は，腸管内で完全に発育する．臨床的には腸炎が認められるが，Toxocara感染と同じく，症状が重症化することはまれである．回虫感染に用いられる治療法は表5.5に示す．

線　虫（Strongyloides spp.）

犬ではStrongyloides stercoralis（糞線虫）ならびにS. planiceps（猫糞線虫）感染が，猫ではS. felisならびにS. tumefaciens感染が認められる．大半の感染は無症候性であるが，感染虫体数の多い子犬や子猫では，出血性腸炎を生じることがある．

5.3.2.4.2　原虫感染症

犬と猫の腸管に影響を及ぼす主な原虫は，Giardia spp.（ジアルジア属）およびCryptosporidium spp.（クリプトスポリジウム属）の2種である．近年，また別の原虫性病原体として，Tritrichomonas foetus（ウシ胎子トリコモナス：6.4.2.3を参照）が，猫の消化管病原体として報告されているが，この病原体は主に大腸を侵す．

Giardia spp.（ジアルジア属）

Giardia duodenalis（ランブル鞭毛虫）は2つの形態をとる．洋梨形から楕円形で，2つの核と，4対の鞭毛，1対の中央小体を有する運動性栄養型（図5.7a）と，環境中で強い抵抗性を持つシスト型（図5.7b）である．シスト型虫体は汚染食物や水を介して摂取され，小腸内腔で栄養型となり，粘膜上皮に付着し，上皮透過性を侵すことで症状を引き起こす．栄養型虫体は，細胞分裂によって増殖し，大腸で被嚢化する．シスト型のジアルジアは，4つの核と薄い外膜からなり，それを回旋状の鞭毛が取り囲んでいる．好適条件下であれば，3週間もしくはそれ以上，環境中で生存可能である．[50]

Giardia spp.は世界中に分布しており，全世界では年間約2億8000万ものヒトがジアルジア症を発症している．[51] ヒトにおけるジアルジア症の症状は，急性もしくは慢性の下痢，脱水，腹痛および体重減少である．本疾患は北米に住むヒトにとって，最も一般的な寄生虫疾患である．この原虫は犬や猫も侵すが，その感染は無症候性か，もしくは罹患したヒトと同様の消化器症状を示す．ヒトの主な感染源は，ジアルジアシストが汚染した水の摂取であるが，伴侶動物のジアルジア症が人獣共通感染能を示すかは，議論が残されている．ジアルジアはさらに，異なるいくつかの遺伝子型，もしくは特定の宿主域を有する群として分けられる．ヒトと伴侶動物では，感染する群が異なるにも関わらず，環境を共有する伴侶動物とヒトにおいて同じ遺伝子型による感染が逸話的にいくつか報告されている．[50]

犬や猫のジアルジア感染症の診断には，いくつかの方法が

表5.5　蠕虫感染症に対する治療　犬や猫の蠕虫感染症に一般的に用いられる抗蠕虫薬

抗蠕虫薬	一般的に用いられる用量
回虫類および鉤虫類	
■ フェンベンダゾール	50 mg/kg PO 1日1回，3日間連続投与
■ パモ酸ピランテル	5～10 mg/kg PO 1回；2～4週間後に再投与
■ フェバンテル	10～20 mg/kg PO 1日1回，3日間投与
■ モキシデクチン	
（1）鉤虫感染症の予防	（1）0.5 mg/kg SC（徐放剤；現在は入手困難）
（2）休眠状態にある犬鉤虫，犬回虫の幼虫の再燃，子犬への移行抑制	（2）1 mg/kg PO 妊娠55日（鉤虫），妊娠40と55日（犬回虫）に投与
■ ミルベマイシン・オキシム	0.5～1 mg/kg PO 1回
テニア属，エキノコックスならびに瓜実条虫	
■ プラジカンテル	5～10 mg/kg, PO SC；3週間後に再投与

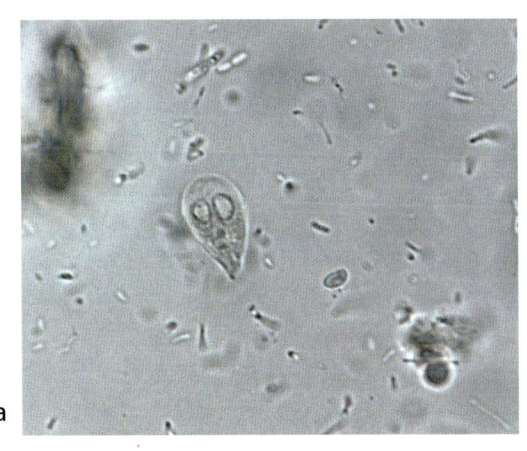

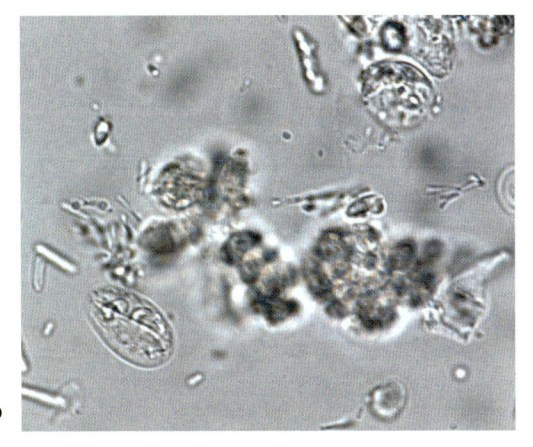

図5.7 ジアルジア病原体．**a.** 犬糞便中のジアルジア栄養体．**b.** 犬糞便浮遊液に含まれるジアルジアシスト．（写真はDr. Heinz Sager, Institute for Parasitology, University of Bern, Switzerland の好意による）

ある．それら診断法には，運動性栄養型を検出するための糞便塗抹の直接検査（低感度）や，シスト型検出のための硫酸亜鉛（ZSFC），酢酸ナトリウム/酢酸/ホルムアルデヒド（SAF）もしくはメルチオレート/ヨウ素/ホルムアルデヒド（MIF）を用いた遠心集積法（中から高感度），属特異的抗原を検出するための，ELISAやIFAによる糞便の免疫学的検査（中から高感度），糞便のポリメラーゼ連鎖反応（PCR：Polymerase chain reaction；高感度ではあるが日常検査には推奨されない）などが挙げられる．糞便浮遊法によるジアルジアの検出精度は，技術者次第である．2～3日おきに2つ以上の糞便サンプルを採取し，それを検査することで，シストの検出は70%から90%以上へと大幅に増大する．[52] SNAPジアルジア検査キット（Idexx Laboratories）は，糞便の免疫学的検査と同等の精度を示し，疑わしい臨床症状を呈した犬に対する院内スクリーニングとして有用である．[53]

犬や猫のジアルジア症罹患率は，健常個体，獣医師の治療を受けている個体，さらにシェルターで飼育されている個体によって異なる値が報告されている．カナダの動物病院に来院した犬の7.2%において，ZSF法によりジアルジアシストが検出されている．[54] 別の研究によると，ドイツのある研究所に集められた糞便サンプルのうち12%の猫，ならびに16%の犬からジアルジアシストが検出されたと報告されている．[55] また，イタリアのローマにある複数のシェルターの犬では，糞便中のELISA陽性率は21～74%と報告されている．[56] 推奨されている消毒法が適切に行われておらず，高密度で集団飼育されている動物では罹患率は非常に高くなる．このような場合，ジアルジアシストは環境中で容易に生き延び，さらに次から次へと新しい個体へ感染したり，治療した個体へ再感染したりする．

いくつかの薬剤が犬や猫におけるジアルジア症の治療に有効である．犬ではメトロニダゾール，25～30 mg/kg，PO，12時間毎，5～8日間，およびフェンベンダゾール，50 mg/kg，PO，24時間毎，3日間が最も一般的に用いられる．[57] アルベンダゾール（25 mg/kg，PO，12時間毎，4回投与）も効果的ではあるが，犬と猫に骨髄毒性を示すことがある．[58,59] 猫への安息香酸メトロニダゾール，25 mg/kg，PO，12時間毎，7日間の投与は許容範囲であり，投与後7～10日間でシストを排泄する．[60] 猫へのフェンベンダゾール投与に関する研究結果は，説得性に欠けている．[61] メトロニダゾールや，他の抗ジアルジア薬に耐性を示す*Giardia* spp.の増加が，人医領域で報告されている．しかしながら，犬や猫のジアルジア症における薬剤耐性に関しては，現在のところ報告されていない．集団飼育下にある犬は，飼育場から隔離，洗浄し，第四級アンモニウム含有の消毒液を塗布する．飼育場は清掃し，再利用する前に消毒を行う．第四級アンモニウムを含有する消毒液は，ジアルジアシストの不活化に短期間の高い有効性を示す．

北米では，犬や猫に対する*Giardia* spp.のワクチンが市販されている．ワクチンの予防効果は，子猫や子犬で認められてはいるが，現時点での日常的なワクチン接種は推奨されていない．[62] このワクチンは，感染を繰り返す犬舎や猫舎では実用的と思われる．いくつかの研究において，感染犬や感染猫に対し，ワクチンの治療的投与が試みられているが，その結果は特に猫では納得の行くものではない．[63]

Cryptosporidium spp.（クリプトスポリジウム属）

Cryptosporidium spp.は腸細胞に感染する偏性細胞内寄生虫である．この寄生虫の生活環は複雑であり，無性世代および有性世代からなる．オーシスト（接合子）は有性世代で形成され，壁で覆われた4つのスポロゾイトを含んでいる．オーシストは，この壁構造によって多くの環境因子に耐性を示すが，乾燥と60℃の熱には感受性を示す．スポロゾイト形成オーシストは，糞便と共に排泄され，好適宿主に感染する．[64] ヒトでは免

疫不全患者において，一般的に 4 〜 7 日間継続する自己限定型の感染を起こし，多量の水様下痢や，他の消化管症状を併発する可能性がある．寄生は小腸下部に限局してみられることが多い．しかしながら免疫不全患者では，腸全体に感染が拡大するため，慢性的および / あるいは生命に関わるような状況に陥ることがある．

米国のさまざまな地域の猫を対象とした血清罹患率の調査では，8.3％の猫が Cryptosporidium に陽性を示した．罹患率が最も低かったのは，米国中部大西洋沿岸地域（1.3％）であり，最も高かったのは，南東部地域（14.7％）であった．[65] また別の調査として，猫の罹患率は 0 〜 38.5％（中央値 5.4％），犬では 0 〜 44.8％（中央値 7.1％）との報告がある．[66]

ヒトと同様にクリプトスポリジウム感染症は，犬や猫に下痢を引き起こす可能性がある．慢性もしくは間欠的な下痢，食欲不振および体重減少などを呈することがある．しかしながら，症状に気付かれない症例が多い．Cryptosporidium spp. に対しては，いくつかの診断方法が利用でき，最近は子猫でも診断されている．[67,68]

オーシストは小さく（直径約 4 〜 6 mm：図 5.8），糞便標本では検出しにくい．1 つの糞便サンプルを対象として検査したところ，調査した 3 つの商業ベースの酵素免疫測定法のうち 2 つは最も感度が高かった（ProSpecT Cryptosporidium microplate assay, Remel Inc, Lenexa, KS および Premier Cryptosporidium enzyme immunoassay, Meridian Diagnostics Inc, Cincinnati, OH）．また，2 つの連続した糞便サンプルを用いて検査したところ，改良型 Ziehl-Neelsen 抗酸菌染色は，これら免疫測定法と同等の感度を示した．[67] さらに猫の糞便中から Cryptosporidium spp. を検出するために開発された PCR 検査法は，現行の免疫測定法よりも感度が高い．[68]

ヒトの感染は水系感染がほとんどであり，飲料水に関与した発生が多く報告されている．しかしながら Cryptosporidium spp. には厳密な種特異性がないことから，犬や猫などの伴侶動物を介した人獣共通感染症としての伝播が，免疫不全患者にとって深刻な問題となる可能性がある．ヒトでは，ニタゾキサニド（NTZ）やニトロチアゾールベンザミドが治療の選択肢としてあげられる．NTZ は，Cryptosporidium に自然感染させた実験猫に対して 25 mg/kg, PO, 12 時間毎の用量で投与が行われている．本薬剤は嘔吐や悪臭を伴う黒色下痢を引き起こしたが，投与開始後 Cryptosporidium の排泄が速やかに解消された．[69] パロモマイシン（150 mg/kg, PO, 12 〜 24 時間毎, 5 日間，犬および猫）が小動物において利用可能である．しかしながら，本薬剤によってオーシスト排泄が確実に治るとは限らず，そのうえ，猫に深刻な腎不全を引き起こす．[70]

Coccidia（コクシジウム）

コクシジウム感染は，成犬や成猫よりも子犬や子猫で発生しやすい．犬における一般的な罹患率は 3 〜 38％であり，さらに野良犬では高値を示すと報告されている．[71] しかしながら大半の症例報告では，ウイルスもしくは細菌感染と併発して認められるため，本病原体が健常犬に対して実際に下痢を引き起こすかは定かではない．犬で認められる Coccidia spp. には，Isospora canis や I. ohioensis などが含まれている．猫では，3 〜 36％の個体において，I. rivolta もしくは I. felis のオーシストの排出が報告されており，さらに野良猫では罹患率が高くなる．猫のコクシジウム症が，臨床的に問題となることは少ないと考えられている．さらに猫では，コクシジウム感染後に免疫を獲得する．

犬と猫のコクシジウム症の診断法には，Sheather's 糖液による糞便浮遊法がある．食糞癖のある犬では他の動物由来のコクシジウムオーシストが存在する可能性が高いので，特に注意を払うべきである．

治療は，スルファジメトキシン（50 mg/kg, PO, 24 時間毎，10 〜 14 日間），オリメトプリム（11 mg/kg, PO, 24 時間毎）とスルファジメトキシン（55 mg/kg, PO, 24 時間毎）との併用，もしくはトリメトプリム・スルファメトキサゾール（30 〜 60 mg/kg, PO, 24 時間毎, 6 日間）などのサルファ剤の投与による．[72] さらに抗コクシジウム薬であるトルトラズリル（15 mg/kg, PO, 12 時間毎, 3 日間）やジクラズリル（25 mg/kg, PO, 1 回投与）も，子猫や子犬の Isospora spp. の治療に効果的であるが，初回治療から 10 日後に再投与が必要となる場合がある．[73]

5.3.2.4.3　その他の原虫寄生虫

猫はその他にも腸の原虫 Toxoplasma gondii, Hammondia spp., Besnoitia spp., Sarcocystis spp.（住肉胞子虫属）などの

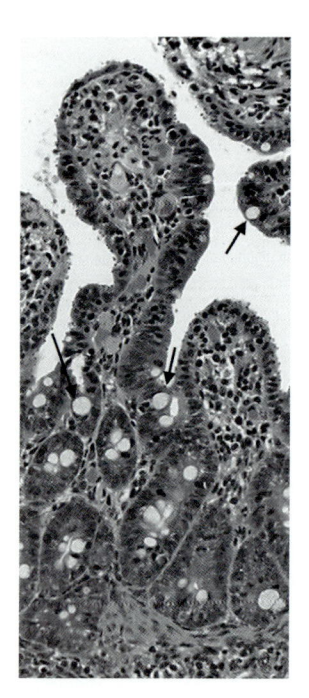

図 5.8　Cryptosporidium parvum. Cryptosporidium parvum 感染が認められる小腸絨毛．病原体は絨毛表面の直下で認められる（矢印）．Cryptosporidium のオーシストは透過性で非常に小さいため，直接糞便検査では検出しにくい．（H&E 染色；写真は Dr. Jody Gookin, North Carolina State University, Raleigh, NC の好意による）

終宿主となる．これらの原虫は，猫にとって問題となることは少ないが，中間宿主にとっては臨床的問題となることがある．

5.3.3　不適切な食餌（生ゴミによる中毒）

犬では，生ゴミの摂食による急性の嘔吐と下痢の発生が多い．臨床症状は細菌毒素に起因すると考えられている．治療は主に補助療法である．食餌の副反応に関する詳細は，9.1 で述べる．

5.3.4　腸管閉塞 - 腸内異物，腸重積，腸捻転

小腸における腸管閉塞は，腸内異物に起因することが最も多い．犬の異物としては，桃の種やトウモロコシの芯，玩具，釣り針などが，猫ではひも状異物などが認められる．腸内閉塞の鑑別診断には腸重積，腸捻転および腫瘍が挙げられる．腸管閉塞の臨床症状は，閉塞の部位や程度，さらにその原因による．上部消化管の完全閉塞は，重度で急性の嘔吐を引き起こし，次いで体液の損失と脱水を招くため，無治療のまま放置すると循環性ショックに陥る．部分閉塞の場合には，開始時期がはっきりとしない嘔吐や，間欠的な慢性下痢として現れることが多く，診断はより困難となる．病歴が異物を疑う助けとなることがある．腸重積は若齢犬，特にパルボウイルス感染（図 5.9）や回虫症などの重度の急性腸炎に併発して認められることが多いが，IBD などの慢性下痢を呈する症例においても認められる．[74] 腸管の腫瘍（5.3.10 および 9.3 参照）は中齢から高齢の個体でみられることが多いが，孤立性のリンパ腫病変は若齢個体，特に猫で認められる．腸捻転は犬ではまれな疾患であるが，腸間膜基部を支点として腸が回転するため，前腸間膜動脈の完全閉塞を伴う．そのため腸が壊死し，毒素が放出され，致命的なショックに陥る．報告されている症例の多くは，中型から大型で雄の成犬である．[75]

全ての症例において，徹底的な身体検査が重要となる．特に猫では，ひも状異物を確認するため，舌基部も注意深く検査する．腹部の触診によって腸管閉塞部位が明らかとなることがある．X 線検査および／あるいは超音波検査も有用である（1.3 を参照）．完全腸管閉塞および腸捻転は，腹部 X 線検査によって，び漫性に膨張した腸ループとして容易に検出される．漿膜細部構造の不明瞭化や腹腔内の遊離ガスなど，消化管穿孔を示唆する所見を確認する必要がある．試験開腹を実施する前に，体液ならびに電解質損失を明らかにするための最低限度の血液生化学検査を行い，輸液療法を開始するべきである．

腸管閉塞の治療は，閉塞の原因となるものを排除，もしくは切除することである．消化管穿孔の所見が認められた症例や，腸内細菌流出の危険性がある症例では，抗生物質の投与が必要となる．抗生物質の選択はさまざまであるが，例としてアンピシリンとメトロニダゾールの併用があげられる．予後は閉塞の原因次第であり，合併症の重症度も影響する．腸捻転の予後は，早急に試験開腹を行っても深刻なことが多い．[75]

5.3.5　出血性胃腸炎（HGE）

出血性胃腸炎（HGE：Hemorrhagic gastroenteritis）は，犬で認められる原因不明の急性胃腸疾患である．腸内毒素に対するアナフィラキシー反応が，病態の引き金と考えられている．臨床症状は小型犬種で認められることが多く，甚急性に起こる．初期症状は嘔吐，元気消失，吐血，血様下痢，極度の多血症（PCV が 70 〜 80％にもなる）である．治療はさらなる脱水を防ぐための積極的な輸液療法，ならびに症例の臨床徴候によって示唆される追加的な補助療法である．合併症として白血球減少症，敗血症，凝固異常を呈することもあるが，積極的に治療を行えばたいてい予後は良好である．

5.3.6　短腸症候群

短腸症候群は，小腸全体の 3 分の 2 以上を外科的に切除すると起こる．臨床的な特徴は難治性の下痢であるが，これは粘膜表面積が大幅に減少したことで生じた重度の吸収不良に起因する．さらに回腸が切除された場合には，胆汁酸塩とコバラミン（ビタミン B_{12}）の吸収不良が起こる．[76] さらに回腸乳頭が切除されると小腸内で細菌の異常増殖が起こるため，抗生物質による治療が必要となる．このような症例には，タイロシン（25 mg/kg，PO，12 時間毎）もしくはメトロニダゾール（10 mg/kg，PO，12 時間毎）が用いられる．術後早期は体液および電解質の補充が重要となるが，残存した粘膜上皮が飢餓状況に陥らないように，経口摂取はむしろ継続すべきである．食餌は，脂肪を制限した低分子量の流動食から開始し，徐々に固形食物に移行して行く．コバラミンは回腸において特異的に吸収されるため，この領域が切除された症例では，コバラミンの補充も必要となる．予後は，症例の治療に対する反応次第である．

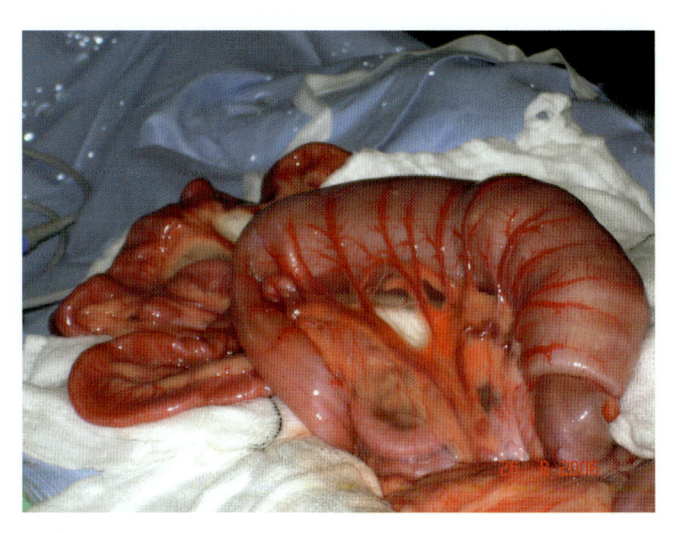

図 5.9　腸重積．重度のパルボウイルス感染犬に認められた小腸の腸重積．（写真は Dr. Bennito DeLaPuerta, Royal Veterinary College, London, UK の好意による）

中には生涯にわたって難治性の下痢を呈する症例もいる．

5.3.7 運動障害

　腸管の運動障害は，犬や猫の原発性小腸疾患として十分に明らかにされていない．しかしながら，二次的な小腸の運動障害は，多くの疾患に随伴して起こる．最も一般的である腸の運動低下およびイレウスは，腹部手術の後や，腹膜炎，膵炎，パルボウイルス感染など，腸が虚血状態もしくは炎症状態にある場合に認められる．一方，吸収不良性疾患では，未消化で浸透圧活性を持つ管腔内容物が，通過時間を短縮させる．運動障害では，食餌管理を最初に試みるべきである．低脂肪，低蛋白食を少量頻回給餌することで，胃からの排泄遅延に起因した症状を減弱させることができる．食餌管理のみで効果が得られない場合には，薬物治療を試みる（表5.6）．メトクロプラミドやドンペリドンは，末梢のドパミン作動性受容体に作用し（翻訳者注：D2受容体拮抗作用）幽門洞の収縮を促す．腸管閉塞が疑われる症例では，これらの化合物は禁忌となる．さらにシサプリドも胃の排泄遅延に対して有効である．本薬剤は市場から撤退しているが，調剤薬局を通して入手することはまだ可能である．用量は0.1〜0.5 mg/kg，PO，8時間毎に投与される．抗菌治療用量に比べて低用量のエリスロマイシン（1 mg/kg, PO，12時間毎）も，空腹時の運動パターンを誘発することで胃からの排泄を促進する．エリスロマイシンは小腸の運動機能も亢進させるので，運動障害が主に小腸部位に生じている場合

表5.6　運動促進薬　一般的に用いられている胃および小腸の運動促進薬．[79]

薬　剤	一般的な投与量
シサプリド	0.1〜0.5 mg/kg PO 8〜12時間毎
エリスロマイシン	0.5〜1 mg/kg PO 8時間毎
メトクロプラミド	0.2〜0.5 mg/kg PO もしくは SC 8時間毎
	0.01〜0.02 mg/kg/時 持続点滴
ニザチジン	2.5〜5 mg/kg, PO 24時間毎
ラニチジン	1〜2 mg/kg，PO もしくは IV 12時間毎

には，本薬剤の投与により正常な幽門洞の収縮による場合に比べ，大量の胃内容物がより早く十二指腸を通過することとなり，症状を悪化させる可能性がある．最新の消化管運動促進剤には，胃および小腸のアセチルコリンエステラーゼ阻害薬として作用するラニチジンおよびニザチジンがある．犬の甲状腺機能低下症や猫の甲状腺機能亢進症においても，腸の通過時間に異常をきたし下痢を生じることがある．

　猫の自律神経障害は自律神経節の変性によって生じるが，排尿障害や散瞳，嘔吐，吐出，下痢といった交感神経系および副交感神経系障害でみられるほかの症状に混じって，便秘や肛門の緊張低下が認められる．[77] 治療の大半は補助療法であり，一般的には予後不良である．

> 🔑 **キーポイント**
> - ワクチン未接種の子犬において，原発性の腸疾患を引き起こす重要なウイルス感染症は，犬パルボウイルスと犬ジステンパーである．敗血症を予防するための，抗生物質投与を含めた補助療法が，治療の選択肢としてあげられる．
> - 蠕虫による寄生虫感染症は犬や猫で良く認められる．鉤虫および回虫は小動物に症状を引き起こす可能性がある．
> - 多くの腸管病源性細菌は健常な犬や猫の糞便からも分離される．そのため下痢を呈した動物の糞便から，それら病原体が検出された場合には，原発性の感染か，それとも日和見感染かを区別することは難しい．
> - 腸管における細菌感染は自己限定的であり，見境のない抗生物質投与は推奨されない．
> - 犬や猫は，ヒトの消化管感染症において疫学的に中心的役割を担ってはいないが，細菌もしくは原虫などの病原体を排泄する伴侶動物と，免疫不全患者が濃厚接触する場合には注意が必要である．
> - 消化管原虫感染症の診断は困難であり，複数個の糞便サンプルを用いた検査，もしくは免疫学的検査，さらには糞便を材料としたPCR検査が必要となる．

参考文献

1. Parrish CR, Have P, Foreyt WJ et al. The global spread and replacement of canine parvovirus strains. *J Gen Virol* 1988; 69: 1111-1116.
2. Parrish CR, O'Connell PH, Evermann JF et al. Natural variation of canine parvovirus. *Science* 1985; 230: 1046-1048.
3. Glickman LT, Domanski LM, Patronek GJ et al. Breed-related risk factors for canine parvovirus enteritis. *J Am Vet Med Assoc* 1985; 187: 589-594.
4. Otto CM, Drobatz KJ, Soter C. Endotoxemia and tumor necrosis factor activity in dogs with naturally occurring parvoviral enteritis. *J Vet Intern Med* 1997; 11: 65-70.
5. Turk J, Miller M, Brown T et al. Coliform septicemia and pulmonary disease associated with canine parvoviral enteritis: 88 cases (1987-1988). *J Am Vet Med Assoc* 1990; 196: 771-773.
6. Pollock RV, Coyne MJ. Canine parvovirus. *Vet Clin North Am Small Anim Pract.* 1993; 23: 555-568.
7. Waldvogel AS, Hassam S, Weilenmann R et al. Retrospective study of myocardial canine parvovirus infection by in situ

hybridization. *Zentralbl Veterinarmed B.* 1991; 38: 353-357.
8. Hoskins JD Gourley KR, Taylor HW. Evaluation of a fecal antigen ELISA test for the diagnosis of canine parvovirus. *J Vet Int Med* 1996; 10: 159-164.
9. Senda M, Parrish CR, Harasawa R et al. Detection by PCR of wild-type canine parvovirus, which contaminates dog vaccines. *J Clin Microbiol,* 1995; 33: 110-113.
10. Möhr AJ, Leisewitz AL, Jacobson LS et al. Effect of early enteral nutrition on intestinal permeability, intestinal protein loss, and outcome in dogs with severe parvoviral enteritis. *J Vet Intern Med* 2003; 17: 791-798.
11. Otto CM, Jackson CB, Rogell EJ et al. Recombinant bactericidal/permeability-increasing protein (rBPI21) for treatment of parvovirus enteritis: a randomized, double-blinded, placebo-controlled trial. *J Vet Intern Med* 2001; 15: 355-360.
12. Rewerts JM, McCaw DL, Cohn LA et al. Recombinant human granulocyte colony-stimulating factor for treatment of puppies with neutropenia secondary to canine parvovirus infection. *J Am Vet Med Assoc* 1998; 213: 991-992.
13. De Mari K, Maynard L, Eun HM et al. Treatment of canine parvoviral enteritis with interferon-omega in a placebo-controlled field trial. *Vet Rec* 2003; 152: 105-108.
14. O'Brien SE, Roth JA, Hill BA. Response of pups to modified live canine parvovirus component in a combination vaccine. *J Am Vet Med Assoc* 1986; 188: 699-701.
15. Greene CE, Appel MJ. Canine Distemper. *In:* Greene CE (ed.), *Infectious Diseases of the Dog and Cat, 3rd ed.* St. Louis, MO, Saunders Elsevier, 2006; 25-31.
16. Rottier PJ, Nakamura K, Schellen P et al. Acquisition of macrophage tropism during the pathogenesis of feline infectious peritonitis is determined by mutations in the feline coronavirus spike protein. *J Virol* 2005; 79: 14122-14130.
17. Addie DD, Jarrett O. A study of naturally occurring feline coronavirus infections in kittens. *Vet Rec* 1992; 130: 133-137.
18. Inada S, Mochizuki M, Izumo S et al. Study of hereditary cerebellar degeneration in cats. *Am J Vet Res* 1996; 57 (3): 296-301.
19. Esfandiari J, Klingeborn B. A comparative study of a new rapid and one-step test for the detection of parvovirus in faeces from dogs, cats and mink. *J Vet Med B Infect Dis Vet Public Health* 2000; 47: 145-153.
20. Reinacher M. Diseases associated with spontaneous feline leukemia virus (FeLV) infection in cats. *Vet Immunol Immunopathol* 1989; 21: 85-95.
21. Burnens AP, Angeloz-Wick B, Nicolet J. Comparison of Campylobacter carriage rates in diarrheic and healthy pet animals. *Zentralbl Veterinarmed B* 1992; 39: 175-180.
22. Murinda SE, Nguyen NT, Nam HM et al. Detection of sorbitol-negative and sorbitol-positive Shiga toxin-producing Escherichia coli, Listeria monocytogenes, Campylobacter jejuni, and Salmonella spp. in dairy farm environmental samples. *Foodborne Pathog Dis* 2004; 1:97-104.
23. Hald B, Madsen M. Healthy puppies and kittens as carriers of Campylobacter spp., with special reference to Campylobacter upsaliensis. *J Clin Microbiol,* 1997; 35: 3351-3352.
24. Spain CV, Scarlett JM, Wade SE et al. Prevalence of enteric zoonotic agents in cats less than 1 year old in central New York State. *J Vet Intern Med* 2001; 15: 33-38.
25. Sandberg M, Bergsjo B, Hofshagen M et al. Risk factors for Campylobacter infection in Norwegian cats and dogs. *Prev Vet Med* 2002; 55: 241-253.
26. Hackett T, Lappin MR. Prevalence of enteric pathogens in dogs of north-central Colorado. *J Am Anim Hosp Assoc* 2003; 39: 52-56.
27. Wieland B, Regula G, Danuser J et al. Campylobacter spp. in dogs and cats in Switzerland: risk factor analysis and molecular characterization with AFLP. *J Vet Med B* 2005; 52: 183-189
28. Hald B, Pedersen K, Waino M et al. Longitudinal study of the excretion patterns of thermophilic Campylobacter spp. in young pet dogs in Denmark. *J Clin Microbiol* 2004; 42: 2003-2012.
29. Kapperud G, Skjerve B, Bean NH et al. Risk factors for sporadic Campylobacter infections: results of a case-control study in southeastern Norway. *J Clin Microbiol* 1992; 30: 3117-3121.
30. Weese JS, Staempfli HR, Prescott JF et al. The roles of Clostridium difficile and enterotoxigenic Clostridium perfringens in diarrhea in dogs. *J Vet Intern Med* 2001; 15: 374-378.
31. Marks SL, Kather EJ, Kass PH et al. Genotypic and phenotypic characterization of Clostridium perfringens and Clostridium difficile in diarrheic and healthy dogs. *J Vet Intern Med* 2002; 16: 533-540.
32. Weese JS, Armstrong J. Outbreak of Clostridium difficile-associated disease in a small animal veterinary teaching hospital. *J Vet Intern Med* 2003; 17: 813-816.
33. Weese JS, Staempfli HR, Prescott JF. Isolation of environmental Clostridium difficile from a veterinary teaching hospital. *J Vet Diagn Invest* 2000; 12: 449-452.
34. Turk J Maddox C, Fales W et al. Examination for heat-labile, heat-stable, and Shiga-like toxins and for the eaeA gene in Escherichia coli isolates obtained from dogs dying with diarrhea: 122 cases (1992-1996). *J Am Vet Med Assoc* 1998; 212: 1735-1736.
35. Beutin, L. Escherichia coli as a pathogen in dogs and cats. *Vet Res* 1999; 30: 285-298.
36. Clark C, Cunningham J, Ahmed R et al. Characterization of Salmonella associated with pig ear dog treats in Canada. *J Clin Microbiol* 2001; 39: 3962-3968.
37. Van Immerseel F, Pasmans F, De Buck J et al. Cats as a risk for transmission of antimicrobial drug-resistant Salmonella. *Emerg Infect Dis* 2004; 10: 2169-2174.
38. Cherry B, Burns A, Johnson GS et al. Salmonella typhimurium outbreak associated with veterinary clinic. *Emerg Infect Dis* 2004; 10: 2249-2251.
39. Tauni MA, Osterlund A. Outbreak of Salmonella typhimurium in cats and humans associated with infection in wild birds. *J Small Anim Pract* 2000; 41: 339-341.
40. Stiver SL, Frazier KS, Mauel MJ et al. Septicemic salmonellosis in two cats fed a raw-meat diet. *J Am Anim Hosp Asso,* 2003; 39: 538-542.
41. Foley JE, Orgad U, Hirsh DC et al. Outbreak of fatal salmonellosis in cats following use of a high-titer modified-live panleukopenia virus vaccine. *J Am Vet Med Assoc* 1999; 214: 67-4.
42. Wall PG, Davis S, Threlfall EJ et al. Chronic carriage of multidrug resistant Salmonella typhimurium in a cat. *J Small Anim Pract* 1995; 36: 279-281.
43. De Cock HE, Marks SL, Stacy BA et al. Ileocolitis associated with Anaerobiospirillum in cats. *J Clin Microbiol* 2004; 42: 2752-2758.
44. Greene CE. Histoplasmosis. *In:* Greene CE (ed.), *Infectious Diseases of the Dog and Cat, 3rd ed.* St. Louis, MO, Saunders Elsevier, 2006; 577-583.
45. Grooters AM, Foil CS. Miscellaneous Fungal Infections. *In:* Greene CE (ed.), *Infectious Diseases of the Dog and Cat, 3rd ed.* St. Louis, MO, Saunders Elsevier, 2006; 637-649.

46. Grooters AM. Pythiosis, lagenidiosis, and zygomycosis in small animals. *Vet Clin North Am Small Anim Pract* 2003; 33: 695-720.
47. Grooters AM, Taboada J. Update on antifungal therapy. *Vet Clin North Am Small Anim Pract* 2003; 33: 749-758.
48. Hasslinger MA. [Research on the cat stomach worm, Ollulanus tricuspis]. *Tierarztl Prax* 1985; 13: 205-215.
49. Stoye M. [Biology, pathogenicity, diagnosis and control of Ancylostoma caninum]. *Dtsch Tierarztl Wochenschr* 1992; 99: 315-321.
50. Thompson RC. The zoonotic significance and molecular epidemiology of Giardia and giardiasis. *Vet Parasitol* 2004; 126: 15-35.
51. Marshall MM, Naumovitz D, Ortega Y et al. Waterborne protozoan pathogens. *Clin Microbiol Rev* 1997; 10: 67-85.
52. Zimmer JF, Burrington DB. Comparison of four techniques of fecal examination for detecting canine giardiasis. *J Am Anim Hosp Assoc* 1986; 22:161-167.
53. Dryden MW, Pane PA, Smith V. Accurate diagnosis of Giardia spp. and proper fecal examination procedures. *Vet Ther* 2006; 7: 4-14.
54. Jacobs SR, Forrester CP, Yang J. A survey of the prevalence of Giardia in dogs presented to Canadian veterinary practices. *Can Vet J* 2001; 42: 45-46.
55. Barutzki D, Schaper R. Endoparasites in dogs and cats in Germany 1999-2002. *Parasitol Res* 2003; 90 Suppl 3: S148-S150.
56. Papini R, Gorini G, Spaziani A et al. Survey on giardiasis in shelter dog populations. *Vet Parasitol*, 2005; 128: 333-339.
57. Barr SC, Bowman DD, Heller RL. Efficacy of fenbendazole against giardiasis in dogs. *Am J Vet Res* 1994; 55: 988-990.
58. Barr SC, Bowman DD, Heller RL et al. Efficacy of albendazole against giardiasis in dogs. *Am J Vet Res* 1993; 54: 926-928.
59. Stokol T, Randolph JF, Nachbar S et al. Development of bone marrow toxicosis after albendazole administration in a dog and cat. *J Am Vet Med Assoc* 1997; 210: 1753-1756.
60. Scorza AV, Lappin MR. Metronidazole for the treatment of feline giardiasis. *J Feline Med Surg* 2004; 6: 157-160.
61. Keith CL, Radecki SV, Lappin MR. Evaluation of fenbendazole for treatment of Giardia infection in cats concurrently infected with Cryptosporidium parvum. *Am J Vet Res* 2003; 64: 1027-1029.
62. Olson ME, Morck DW, Ceri H. Preliminary data on the efficacy of a Giardia vaccine in puppies. *Can Vet J* 1997; 38: 777-779.
63. Olson ME, Morck DW, Ceri H. The efficacy of a Giardia lamblia vaccine in kittens. *Can J Vet Res* 1996; 60: 249-256.
64. Chappell CL, Okhuysen PC. Cryptosporidiosis. *Curr Opin Infect Dis* 2002; 15: 523-527.
65. McReynolds CA, Lappin MR, Ungar B et al. Regional seroprevalence of Cryptosporidium parvum-specific IgG of cats in the United States. *Vet Parasitol* 1999; 80: 187-195.
66. Lindsay DJ, Zajac AM. Cryptosporidium infections in cats and dogs. *Compend Cont Educ Pract Vet* 2004; 864-874.
67. Marks SL, Hanson TE, Melli AC. Comparison of direct immunofluorescence, modified acid-fast staining, and enzyme immunoassay techniques for detection of Cryptosporidium spp in naturally exposed kittens. *J Am Vet Med Assoc* 2004; 225: 1549-1553.
68. Scorza AV, Brewer MM, Lappin MR. Polymerase chain reaction for the detection of Cryptosporidium spp. in cat feces. *J Parasitol* 2003; 89: 423-426.
69. Gookin JL, Levy MG, Law JM et al. Experimental infection of cats with Tritrichomonas foetus. *Am J Vet Res* 2001; 62: 1690-1697.
70. Gookin JL, Riviere JE, Gilger BC et al. Acute renal failure in four cats treated with paromomycin. *J Am Vet Med Assoc* 1999; 215: 1821-1823.
71. Lindsay DS, Dubey JP, Blagburn BL. Biology of Isospora spp. from humans, nonhuman primates, and domestic animals. *Clin Microbiol Rev* 1997; 10: 19-34.
72. Kirkpatrick CE, Dubey JP. Enteric coccidial infections. Isospora, Sarcocystis, Cryptosporidium, Besnoitia, and Hammondia. *Vet Clin North Am Small Anim Pract* 1987; 17: 1405-1420.
73. Lloyd S, Smith J. Activity of toltrazuril and diclazuril against Isospora species in kittens and puppies. *Vet Rec* 2001; 148: 509-511.
74. Patsikas MN, Jakovljevic S, Moustardas N et al. Ultrasonographic signs of intestinal intussusception associated with acute enteritis or gastroenteritis in 19 young dogs. *J Am Anim Hosp Assoc* 2003; 39: 57-66.
75. Junius G, Appledoorn AM, Schrauwen M. Mesenteric volvulus in the dog: a retrospective study of 12 cases. *J Small Anim Pract* 2004; 45: 104-107.
76. Yanoff SR, Willard MD. Short bowel syndrome in dogs and cats. *Semin Vet Med Surg Small Anim 1989*; 4: 226-231.
77. Cave TA, Knottenbelt C, Mellor DJ et al. Outbreak of dysautonomia (Key-Gaskell syndrome) in a closed colony of pet cats. *Vet Rec* 2003; 153: 387-392.
78. DiBartola S. *Fluid Therapy in Small Animal Practice*. St. Louis, MO, Saunders Elsevier, 2000; 271-277.
79. Washabau RJ. Gastrointestinal motility disorders and gastrointestinal prokinetic therapy. *Vet Clin North Am Small Anim Pract* 2003; 33: 1007-1028.

5.3.8 腸内細菌叢の異常（小腸内細菌異常増殖）

Jan S. Suchodolski

はじめに

ヒトの小腸内細菌異常増殖（SIBO：small intestinal bacterial overgrowth）は，小腸内の細菌数増加によって引き起こされる症候群として位置づけられている．[1] ヒトで認められる SIBO が犬でも存在するか否かは，未だ議論されている問題である．Batt らによる初期の研究によると，下痢を呈する犬の細菌数は健常個体に比べて明らかに増加しており，この研究の著者らは，絶食時の十二指腸液中のコロニー形成単位（cfu；colony-forming units）/mL が，嫌気性細菌 > 10^4 cfu/ mL もしくは総細菌 > 10^5 cfu/ mL の場合を SIBO と定義している．[2] しかしながら Batt らの報告に続いて，[2] 健常犬の十二指腸液からも実

際に多くの細菌数が確認されたことから，この基準に関しては意見の分かれるところである．慢性腸疾患の犬を対象とした近年の研究によると，十二指腸の細菌コロニー数と臨床症状の間には相関が認められていない．SIBO が疑われる犬の中には，10^5 cfu/mL を実質的に下回る個体もいる．[3] 本病態は抗生物質投与にたいてい反応するため，SIBO ではなく"抗菌薬反応性下痢"（ARD：antibiotic-responsible diarrhea）という名称を提唱する著者もいる．[4] 近年，抗菌薬反応性下痢の中でも，特にタイロシンに対して反応を示す集団に対し"タイロシン反応性下痢"（TRD：tylosin-responsible diarrhea）という名称が付けられている．[5] しかしながら現時点では，古典的な SIBO の所見から SIBO と診断した犬が抗生物質治療に反応しない場合や，逆に抗生物質治療に反応した犬が，古典的な SIBO 所見を示さない場合に，これらの名称（SIBO，ARD および TRD）を同義的に用いることができるかは明らかではない．現在のところ，SIBO の定義と診断基準に関するコンセンサスは得られていない．小腸疾患を呈する犬の一部においては，腸内細菌叢に異常を示すことは一般的に受け入れられているが，この細菌数の異常増殖が真の病因となっているかは意見の分かれる所である．ヒトでは，SIBO の危険因子がいくつか知られている（表 5.7）．腸の運動機能低下は細菌数の増加を招くことから，危険因子の 1 つにあげられている．[1] 犬においても，ヒトと同様の機構が細菌の異常増殖に関与している可能性がある．*Salmonella* spp., *Campylobacter* spp., 腸管毒素産生性 *Clostridium perfringen* ならびに *C. difficile* などの病原性細菌による消化器疾患と SIBO/ARD/TRD とは，区別する必要がある．健常猫は健常犬と比べて十二指腸の細菌数が多く，腸疾患を呈する猫でもその数に違いが認められないため，猫の SIBO は報告されていない．[6]

腸内細菌叢

細菌培養の結果によると，臨床的に健常な犬の小腸内細菌数は，好気性菌が 0 ～ > 10^9 cfu/mL，嫌気性菌では 0 ～ > 10^8 cfu/mL であり，総菌数とその種類は十二指腸から回腸にかけて徐々に増加する．[7] 現在，大半の細菌種において，通常の細菌培養法による同定は適さないとみなされている．[8] 16S ribosomal DNA の同定に基づいた分子生物学的手法を用いることで，これまで特定できなかった犬の小腸細菌種が，今や特定されるようになってきている．[8] さらに最近，犬の GI 細菌叢の分子学的プロファイリングによって，犬の小腸細菌叢の多様性と特異性は，個体差が大きいことが示された．[9]

常在する腸管細菌叢は，粘膜の成長ならびに上皮の増殖を促す短鎖脂肪酸（酪酸塩，プロピオン酸塩および酢酸塩など）を産生し，栄養面で宿主に利益をもたらす．酢酸塩は，細菌の発酵によって産生され，宿主のエネルギー源としても役立つ．さらに正常な小腸細菌叢は，病原性微生物を排除することで，宿主を有害細菌の侵入から守るという重要な役割を果たしている．有害細菌に対する防御機構には，酸素ならびに栄養素の競合，粘膜接着部位の競合，非常在細菌種に対して生理的に制限した環境を形成する（他の細菌に対する毒性物質の産生，pH や酸化還元電位の変化，硫化水素塩の産生など），さらに抗菌物質の産生（例えばバクテリオシン）などがある．[10]

病態生理学

小腸内における細菌コロニー形成の調節には，胃酸分泌，抗菌性因子（すなわち膵液および胆汁）そして一番重要となる，腸の運動性などの，多様な生理学的機構が関与する．これらの調節機構のうち 1 つ以上が破綻すると，小腸細菌叢が異常をきたし，SIBO に関連した徴候が起こると考えられている．

SIBO は発症機序によって，原発性もしくは特発性 SIBO と，続発性 SIBO に分けられる．続発性 SIBO は原発性 SIBO より発生頻度が高い．表 5.7 に続発性 SIBO の原因をまとめる．

全てではないが，経口摂取された細菌の大半は胃酸によって死滅する．萎縮性胃炎の患者や胃酸抑制剤（プロトンポンプ阻害薬など）を投与されているヒトでは，小腸内細菌数の増加が認められる．[11] 膵液にも抗菌物質が含まれており，近位小腸における細菌の異常増殖を抑制する．実験的に発症させた膵外分泌不全（EPI：exocrine pancreatic insufficiency）の犬では，小腸内細菌数の有意な増加が認められている．[12] 犬において回腸乳頭は小腸と大腸の間の天然バリア機構として機能している．[13] このバリア機構は腸の運動性とともに，菌数の多い大

表 5.7　続発性 SIBO に関連する疾患

小腸のうっ滞
- ■ 解剖学的異常
  - — 先天性盲管係蹄
  - — 小腸の憩室，狭窄，癒着
  - — 回腸乳頭の外科的切除
  - — 外科的処置による盲管係蹄（側端吻合）
- ■ 小腸の部分閉塞
  - — 腫瘍
  - — 異物
  - — 長期経過した腸重積
- ■ 運動性障害
  - — 甲状腺機能低下症
  - — 糖尿病性自律神経障害
  - — 強皮症
  - — migrating motor complex（MMC）の異常

胃酸の産生低下
- ■ 萎縮性胃炎
- ■ 胃酸抑制剤（H_2 阻害剤，オメプラゾール）の投与

膵外分泌不全
- ■ 膵臓による抗菌因子の産生低下

その他
- ■ 粘膜免疫の低下

腸から菌数の少ない小腸への細菌の逆流を防いでいると思われる．さらに盲管形成や小腸ループでの滞留は，ヒトにおける細菌異常増殖の好発部位となる．[14]

小腸細菌叢の異常によって引き起こされるGI疾患には，さまざまな機構が関与している．多くの細菌種は胆汁酸を不活化するため，重症例では脂肪の吸収不良が起こる．さらに，ある種の細菌（すなわちClostridium hiranonisやC. scindens）は，7α/β-脱水酸化活性を有し，一次胆汁酸を上皮細胞に対して毒性の強い二次胆汁酸へと変換させる．[15] 細菌毒素や代謝産物は，腸細胞に障害を与える．細菌代謝産物は腸の刷子縁を破壊し，輸送蛋白に障害を与えることで，吸収不良を引き起こす．細菌と宿主細胞との間で栄養素（コバラミンなど）を競合することで，栄養不良となる可能性もある．消化管内で脂肪代謝が増加すると，強力な炎症誘発性物質として働く有毒な短鎖脂肪酸の産生が起こる．脂肪酸の水酸化は，さらに下痢を誘発する．SIBOはPLEの原因と成り得る程の粘膜障害を引き起こす．

ある犬種（ジャーマン・シェパードおよびチャイニーズ・シャー・ペイ）では，逸話的にSIBOの発生率が高いと言われているが，遺伝的背景はまだ明らかにされていない．さらにジャーマン・シェパードのSIBOでは，IgA欠損症の関与が示唆されているが，完全には立証されていない．ヒトの特発性SIBOは，正常腸管細菌叢に対する細胞性免疫応答に異常をきたした，ある遺伝的素因に起因すると推測されており，同様の機構が犬の慢性腸疾患を引き起こしている可能性がある．

臨床症状

腸内細菌叢の異常に関連する臨床症状は，慢性で間欠的な小腸性および/あるいは大腸性の下痢である．罹患犬は活動的であることが多いが，食欲は乏しいものから過剰なもの（過食）までさまざまである．体重減少と発育不良が良く認められる．飼い主は腹鳴（グル音）や鼓腸を訴えることもある．慢性的な脂肪の吸収不良によって，軽度から中程度の脂肪便を生じる症例もいる．時として，消化管腫瘍による慢性的な部分閉塞に続発する嘔吐など，SIBOの基礎疾患に関連した臨床症状を示すこともある．

診 断

生前にSIBOを確定診断することは困難である．臨床症状と血清コバラミンおよび/あるいは葉酸値，さらに抗生物質の試験的投与に対する反応性によって仮診断することができる．しかしながら，検出されなかった腸病原菌が抗生物質治療に反応している可能性や，治療への良好な反応性が必ずしもSIBOの存在を証明するものではないことに注意しなければならない．

鑑別診断としてEPIによる消化不良や，IBD，消化器型リンパ腫，リンパ管拡張症，食物不耐性などの吸収不良の原因となる疾患を除外する．Giardia spp.などの腸内寄生体や，既存の細菌性病原体（腸毒素産生性Clostridium spp., Campylobacter spp., Salmonella spp.もしくは腸毒素産生性E. coli）の評価も重要となる．

たいていSIBOでは，小腸粘膜に形態学的な変化をもたらさないため，注目すべき小腸粘膜の病理組織所見はない．[16] 時として，絨毛の鈍化や短縮が認められる場合がある．[17] 画像診断によって，解剖学的異常などの続発性SIBOの原因が明らかとなることがある．ほとんどの症例では，通常のCBC，血液生化学検査，また尿検査の所見は意味をなさない．血清コバラミンおよび葉酸の測定はSIBOの診断に役立つ．

血清コバラミン濃度および血清葉酸濃度

血清コバラミンならびに葉酸濃度の測定は，現在のところ，SIBOの診断において最も有用な手段である．罹患犬では，血清コバラミン濃度は低下し，血清葉酸濃度は増加している．これら2つの血清ビタミン濃度が同時に変化した場合には，SIBOが強く示唆される．しかしながら，SIBOの診断のためには，両者はいささか感度と特異性に劣る．[4] 血清コバラミン濃度の診断感度は25〜50％，また葉酸濃度では50〜66％と報告されている．[4]

小腸細菌叢が異常をきたすと，コバラミンの競合性が増し，このビタミンの吸収量が低下する．Bacteroides spp.はコバラミン—内因子複合体を利用することができるため，コバラミンの競合に関与する主要病原体である．[16] 一方，他の細菌は，腸内濃度の低い遊離コバラミンのみを取り込む．[16]

遠位小腸や大腸に存在する細菌は，多量の葉酸を産生する．しかしながら葉酸の吸収を担う葉酸輸送体は，近位小腸に限局して位置することから，遠位小腸で産生された葉酸は吸収されることなく，糞便とともに排泄される．葉酸産生性細菌が近位小腸に移動すると，細菌由来の葉酸が宿主に吸収され，血清葉酸濃度が上昇する．

小腸からのコバラミンと葉酸の取り込みは非常に複雑であり，さまざまな機構により影響を受ける（**1.4.2.2**を参照）．例えば，葉酸を多く含む食餌は，血清葉酸濃度の偽高値を招き，一方，回腸の炎症は，コバラミン受容体に障害を与えることでコバラミン吸収不良を引き起こす．EPI罹患犬では，抗菌物質の分泌が低下するため，小腸内細菌異常増殖が続発する．[17, 18] その結果，EPI罹患犬では血清葉酸濃度が上昇していることがある．このように，血清コバラミンおよび/あるいは葉酸濃度が異常値を示す犬では，続発性SIBOの原因となるEPIを除外するために，トリプシン様免疫活性（TLI：trypsin-like immunoreactivity）を測定すべきである．

近年，タイロシンを投与しても，期待されるほどの血清葉酸濃度の低下，ならびにコバラミン濃度の上昇が認められないとの結果が示されている．[19] よって，血清葉酸濃度は治療効果を反映していない可能性もあることから，この値は常に臨床像と合わせて評価すべきである．

定量細菌培養

定量的な好気性および嫌気性細菌培養は，かつてSIBOの診

断の際の判定基準であった．しかしながら現在は，細菌数と病態には関連性がないとされている．[4] さらに，個々の犬では固有の小腸細菌叢を有することから，それが正常か異常かを判断することは困難である．

その他の検査法

SIBO が疑われる症例を評価するため，さまざまな診断法が提案されている．しかしながら，血清非抱合型胆汁酸濃度（SUCA：serum conjugated cholic acid concentration）や，^{13}C-キシロース吸収試験，^{13}C-胆汁酸吸収試験，尿インジカン試験，水素呼気試験などの大半の試験は，健常動物でも個体差が大きいため SIBO の診断に有用とは言えない．[4]

治 療

一般的ガイドライン

症例にとって消化管細菌叢の変化は適切ではないが，固有細菌種は安定したものであり，短期的な抗生物質治療や一時的な食餌変更などの急な変化や侵襲に対し，耐えることができる点は知っておくべきである．治療的介入によって腸細菌叢は一過性に変化し，臨床的にある程度は改善するが，異常な細菌叢は短期治療の終了後に再び生息するようになる．[10] そのため，長期治療を必要とする症例が多い．[5]

SIBO に対する治療の選択肢は，好気性菌および嫌気性菌細菌に効果的な広域スペクトルの抗生物質の投与である．タイロシン，メトロニダゾール，オキシテトラサイクリンは SIBO の治療に最も良く用いられる抗生物質である（表5.8）．中には治療に反応を示すまで，数日〜数週間を要する症例もいる．しかしながら，2週間経過しても臨床的な反応が何ら認められない場合には，別の抗生物質を加えた投与計画を考慮すべきである．初期治療期間は最低でも6週間は設ける．その後，臨床症状が再発した際は抗生物質治療を再開する．

続発性 SIBO を発症しやすい犬では，その基礎的要因（表5.7）が特定されたなら治療すべきである．例として，EPI 罹患犬の多くで認められる SIBO 症状があるが，罹患犬は酵素補充療法を開始したのち，数週間以内に細菌叢が正常に戻る．しかしながら，中には抗生物質投与が必要となる症例もいる．

タイロシン

タイロシンは腸内細菌叢の乱れが疑われる症例に対して，最適な抗生物質とされることが多い．[5] タイロシンはマクロライド系抗生物質であり，50S リボソーム・サブユニットに結合して細菌の蛋白合成を阻害する．タイロシンはグラム陽性細菌（*Staphylococcus* spp., *Streptococcus* spp., *Clostridium* spp. など）および，ある種の *Mycoplasma* や *Chlamydia* spp. に対しても抗菌活性を示す．タイロシンはいくつかのグラム陰性細菌（*Campylobacter* spp., *Helicobacter pylori*, *Hemophilus* spp., *Pasteurella* spp., *Legionella* spp. など）に対しても効果を示すが，*Enterobacteriaceae*（腸内細菌科：*Escherichia coli* や *Salmonella* spp. など）には無効である．タイロシンは免疫調節作用を併せ持つと推測されているが，作用機序は明らかにされていない．[5]

タイロシンは長期投与に向いており，安全とされている．広い治療安全域に基づいた投与量がいくつか報じられている．家禽用の粉末剤として購入することが可能であり，食餌に混ぜて与えることができる．作用域および安全域が広いことから，用量は大雑把に見積もってよい．しかしながら小型犬では調剤が必要となる．最も一般的に用いられる用量は，15〜25 mg/kg, PO, 12時間毎である．しかしながら最近のデータによると，タイロシンの殺菌効果は高用量でのみ示されているため，筆者は 25 mg/kg, PO, 12時間毎で通常使用している．初期治療期間は最低でも6週間は設けるべきだが，タイロシンを加えた治療プロトコールが全く効果を示さない場合には，2週間投与したのち投薬を中止してよい．症例の中には投薬中止後に再発するものもいる．そのような症例では，SIBO を引き起こすような基礎疾患に関し，さらなる評価が必要となるが，それを確認することができなくても，長期投与を開始することは可能である．臨床症状が改善した後は，臨床症状の管理に必要な最低限度の投与回数および/あるいは用量となるよう減量を試みる．

オキシテトラサイクリン

オキシテトラサイクリンは独自の代謝経路を有し，SIBO 治療に対する優れた抗生物質の選択肢となる．オキシテトラサイクリン（20 mg/kg, PO, 8〜12時間毎）は胆汁中に分泌され，腸肝循環を経て，腸と胆汁中に多く浸透する．オキシテトラサイクリンの副作用が発現する可能性があるため，幼若個体や妊娠動物に投与してはならない．さらに本薬剤は食餌中のカルシウムによってキレートされ，効果を示さなくなる．そのためオキシテトラサイクリンは食餌と一緒に投与すべきではない．タイロシンと同様，投与によって臨床症状が改善するならば，初めの6週間はオキシテトラサイクリンの投与を続ける．オキシテトラサイクリンの経口製剤の入手は限られており，現在利用可能なのはいくつかのヨーロッパ諸国のみである．

メトロニダゾール

メトロニダゾール 10〜20 mg/kg, PO, 8〜12時間毎の投与は，嫌気性菌に有効であり，SIBO によく用いられる抗生物質である．本薬剤は抗菌性に加え免疫調節作用も示すことから，腸炎の治療にも有効である．しかしながら，本薬剤は副作用を発現させる恐れがあり，長期投与が必要となることの多い SIBO 症例にとっては，最適とは言えない．いくつかの *in vitro*

表5.8 ARD/SIBO の治療に用いられる抗生物質

■ タイロシン	25 mg/kg, PO 12時間毎を6週間
■ オキシテトラサイクリン	20 mg/kg, PO 8〜12時間毎を6週間
■ メトロニダゾール	10〜20 mg/kg, PO 8〜12時間毎を6週間

研究では，変異原性が示されている.[20] メトロニダゾールにおける変異原生に関して in vivo で示された決定的なデータはないが，実際，長期投与の際にはタイロシンが安全で効果的な代替薬となることから，メトロニダゾールの長期投与は，タイロシンでは臨床症状を調節することができない場合にのみ試みるべきである．

コバラミン補給

SIBO 罹患犬ではコバラミン（ビタミン B_{12}）が欠乏していることから，コバラミン（シアノコバラミン）の非経口投与が実施される．1 回投与量は体の大きさに基づき，小型犬（5～15 kg）ではコバラミンとして 500 μg，SC，＞15 kg の犬では，500～1,200 μg，SC で用いる．コバラミン補給は数週間行うべきであり，はじめの 6 週間は週に 1 回，次の 6 週間は 1 週間おきに 1 回，さらに 1 ヵ月後に 1 回の投与が，用いられる投与方法である．血清コバラミン濃度は，最終投与から 1 ヵ月後に再評価し，もしその値が参照範囲の下限域を示したならば，補給を継続すべきである．

食餌管理

SIBO 症例では食餌管理が有効なことがある．プレバイオティクスを含む，消化されやすい脂肪制限食が勧められる．最近のある研究では，プレバイオティクスであるフルクトオリゴ糖を含む食餌の給与によって，抗生物質治療と同等の効果が得られたとの報告がある.[21] プレバイオティクスを含む食餌の利用は，腸管内における有益細菌の増殖を促し，有害細菌種の増殖制限を目的としている．先の研究では，抗生物質治療群と食餌管理群の 2 つの治療群を比較しているが，臨床症例に対しては抗生物質投与と食餌管理を併用するのが賢明と思われる．これらを併用することで臨床徴候が改善したならば，抗生物質投与は 6 週間後に中止することができる．しかしながら食餌管理は長期的に継続すべきである．

プロバイオティクス

経験的なプロバイオティクス（*Lactobacillus* spp. や *Bifidobacterium* spp. など）の投与は補助療法の 1 つとみなされている．しかしながら，SIBO 罹患犬に対するプロバイオティクスの臨床的効果を明らかにした研究報告はないことに注意すべきである．

予後

続発性 SIBO 症例の予後は，基礎疾患が十分に治療されれば非常に良好である．しかしながら，SIBO 罹患犬の基礎疾患が検出されることはまれであることに留意しなければならない．治療に反応を示すものの，抗生物質治療を中止すると症状が再発するような原発性 SIBO 罹患犬では，抗生物質の長期投与によって症状が管理できることが多い．

キーポイント

- SIBO は確定診断が難しい臨床的な症候群である
- SIBO と診断された症例では基礎疾患を評価する必要がある．
- SIBO 症例では血清コバラミンは低下し，血清葉酸は上昇している可能性がある．どちらのビタミン濃度も異常値を示す場合には，SIBO が強く疑われる．
- 好気性および嫌気性菌に有効な，広域スペクトラム抗生物質の経験的投与と食餌管理の併用が，SIBO に対する治療の選択肢である．
- 治療は開始後およそ 6 週間で再評価する．罹患犬の多くは臨床症状を管理するために，繰り返しもしくは長期的な治療が必要となる．

参考文献

1. King CE, Toskes PP. Small intestine bacterial overgrowth. Gastroenterol 1979; 76: 1035-1055.
2. Batt RM, Needham JR, Carter MW. Bacterial overgrowth associated with a naturally occurring enteropathy in the German shepherd dog. Res Vet Sci 1983; 35: 42-46.
3. Johnston KL. Small intestinal bacterial overgrowth. Vet Clin North Am Small Anim Pract 1999; 29: 523-550.
4. German AJ, Day MJ, Ruaux CG et al. Comparison of direct and indirect tests for small intestinal bacterial overgrowth and antibiotic-responsive diarrhea in dogs. J Vet Intern Med 2003; 17: 33-43.
5. Westermarck E, Skrzypczak T, Harmoinen J et al. Tylosin-responsive chronic diarrhea in dogs. J Vet Intern Med 2005; 19: 177-186.
6. Johnston KL, Swift NC, Forster-van Hijfte M et al. Comparison of the bacterial flora of the duodenum in healthy cats and cats with signs of gastrointestinal tract disease. J Am Vet Med Assoc 2001; 218: 48-51.
7. Benno Y, Nakao H, Uchida K et al. Impact of the advances in age on the gastrointestinal microflora of Beagle dogs. J Vet Med Sci 1992; 54: 703-706.
8. Suchodolski JS, Ruaux CG, Steiner JM et al. Molecular identification of intestinal bacteria in healthy dogs. J Vet Intern Med 2005; 19: 473 (abstract).
9. Suchodolski JS, Ruaux CG, Steiner JM et al. Assessment of the qualitative variation in bacterial microflora among compartments of the intestinal tract of dogs by use of a molecular fingerprinting technique. Am J Vet Res 2005; 66:

10. Kanauchi O, Matsumoto Y, Matsumura M et al. The beneficial effects of microflora, especially obligate anaerobes, and their products on the colonic environment in inflammatory bowel disease. Curr Pharm Des 2005; 11: 1047-1053.
11. Camilo E, Zimmerman J, Mason JB et al. Folate synthesized by bacteria in the human upper small intestine is assimilated by the host. Gastroenterology 1996; 110: 991-998.
12. Simpson KW, Batt RM, Jones D et al. Effects of exocrine pancreatic insufficiency and replacement therapy on the bacterial flora of the duodenum in dogs. Am J Vet Res 1990; 51(2): 203-206.
13. Griffen WO, Jr., Richardson JD, Medley ES. Prevention of small bowel contamination by ileocecal valve. South Med J 1971; 64: 1056-1058.
14. Greenlee HB, Gelbart SM, DeOrio AJ et al. The influence of gastric surgery on the intestinal flora. Am J Clin Nutr 1977; 30: 1826-1833.
15. Kitahara M, Takamine F, Imamura T et al. Clostridium hiranonis sp. nov., a human intestinal bacterium with bile acid 7alpha-dehydroxylating activity. Int J Syst Evol Microbiol 2001; 51: 39-44.
16. Abrams GD. Microbial effects on mucosal structure and function. Am J Clin Nutr 1977; 30: 1880-1886.
17. Williams DA, Batt RM, McLean L. Bacterial overgrowth in the duodenum of dogs with exocrine pancreatic insufficiency. J Am Vet Med Assoc 1987; 191: 201-206.
18. Simpson KW, Morton DB, Sorensen SH et al. Biochemical changes in the jejunal mucosa of dogs with exocrine pancreatic insufficiency following pancreatic duct ligation. Res Vet Sci 1989; 47: 338-345.
19. Ruaux CG, Suchodolski JS, Berghoff N et al. Alterations in markers assessing the canine small intestinal microflora in response to altered housing and tylosin administration. J Vet Intern Med 2005; 19: 441 (abstract).
20. Mudry MD, Carballo M, Labal de V et al. Mutagenic bioassay of certain pharmacological drugs: III. metronidazole (MTZ). Mutat Res 1994; 305: 127-132.
21. Ruaux CG, Tetrick MA, Steiner JM et al. Fecal consistency and volume in dogs with suspected small intestinal bacterial overgrowth receiving broad spectrum antibiotic therapy or dietary fructo-oligosaccharide supplementation. J Vet Intern Med 2004; 18: 425 (abstract).

5.3.9 蛋白漏出性腸症

Shelly L. Vaden

はじめに

蛋白漏出性腸症（PLE：protein-losing enteropathy）は，腸管内へ非選択的に過剰量の蛋白が喪失する症候群である．この喪失は細胞障害や細胞の剥離，粘膜の侵食や潰瘍，さらにリンパ管還流の異常に続発する粘膜透過性の亢進に起因すると考えられている．低蛋白血症は，蛋白喪失量が蛋白合成量を上回った場合に起こる．腸疾患の臨床徴候を示す動物で認められる汎低蛋白血症は，この症候群の典型的所見である．しかしながら，PLE罹患動物の糞便回数と硬さは正常なこともある．重度の低アルブミン血症を示す罹患犬は急速に悪化し，血栓塞栓症や肺水腫などの生命に関わる合併症を引き起こす可能性があるため，PLEを迅速に診断，治療することが重要となる．

蛋白漏出性腸症の原因

PLEは猫よりも犬で多く認められる．これは，犬に比べて猫の有症率が低いことによるのか，それとも猫におけるPLE診断法の感度の低さによるものかは明らかではない．近年，猫のPLEと最も良く関連する疾患として，消化器型リンパ腫があげられている．一方，犬のPLEでは，さまざまな消化器疾患やある種の全身性疾患と関連している（表5.9）．PLEの好発犬種としては，バセンジー，チャイニーズ・シャー・ペイ，ジャーマン・シェパード・ドッグ，ノルウェイジアン・ルンデフンド，ロットワイラー，ソフトコーテッド・ウィートン・テリアおよびヨークシャー・テリアが報告されている．[1]

腸リンパ管拡張症（IL：intestinal lymphangiectasia）は，犬のPLEに関連するもっとも一般的な疾患の1つと信じられている．[2] 粘膜層深部もしくは粘膜層と粘膜下層との間に認められる拡張したリンパ管は，乳び管の破裂を引き起こし，蛋白やリンパ球，カイロミクロンを小腸内に漏出させる．[3] ILには原発性と続発性がある．ヒトの原発性もしくは先天性ILは，リンパ管形成異常に起因しており，さまざまなリンパ管疾患と関連している．[4] 同様に，犬のILと乳び胸との関連性が報告されている．[4] 原発性ILの犬では，小腸に沿って巣状の炎症細胞浸潤が認められる．脂肪肉芽腫性リンパ管炎は，粘膜下層，漿膜表面および腸間膜におけるリンパ管の拡張と関連している．[5] このような炎症病巣は，乳び液のうっ滞と，周囲組織への脂肪漏出に対する反応であり，原発性IL罹患犬で起こる．炎症性腸疾患（IBD：inflammatory bowel disease）もPLE罹患犬において一般的に認められる原因と考えられる（9.2を参照）．IBD症例における続発性ILは，炎症の波及や肉芽腫によってリンパ管流が閉塞された場合に生じる．

血清蛋白の異常に関する病態生理学

PLE症例では，全ての血清蛋白が分子サイズに関係なく，同程度に喪失する．消化管に失われた蛋白は，それぞれの構成アミノ酸に分解された後，再吸収され，蛋白合成に再利用される．この喪失が腸の再吸収能，さらに体内の合成能を越えると低蛋白血症が生じる．しかしながら，血清濃度の低下は，個々の蛋白によって著しく異なる．通常，半減期の長い蛋白（例えば

表 5.9 蛋白漏出性腸症（PLE）に関連する疾患

炎症性腸疾患
- リンパ球形質細胞性
- 好酸球性
- 肉芽腫性

食餌に対する副反応
- 食物アレルギー
- 食物不耐性
- グルテン性腸症

全身性免疫介在性疾患
- 全身性紅斑性狼瘡（SLE）

ウイルス性胃腸炎
- パルボウイルス症

細菌性胃腸炎
- 小腸内細菌異常増殖
- サルモネラ症

腸真菌感染
- ヒストプラズマ症
- ピシウム症

腸管腫瘍
- リンパ腫
- 腺癌

機能性腸症
- 長期経過した異物の停滞
- 長期経過した腸重責

消化管潰瘍
- 非ステロイド系抗炎症物質

リンパ液排泄経路の変化
- リンパ管拡張症
  - 原発性もしくは続発性

静脈高血圧
- 収縮性心内膜炎
- 右心不全
- 門脈血栓症
- Budd-Chiari 症候群

IgG，IgM および IgA）は，半減期の短い蛋白（インスリンや IgE）よりも明らかに影響を受けやすい．[6] 血漿蛋白濃度に影響を及ぼす他の要因として，肝臓における蛋白合成能，内因性の蛋白分解率，グロブリン産生刺激の程度があげられる．

　肝臓は，アルブミン合成を通常の約2倍量までしか増やすことができないため，PLE 症例において低アルブミン血症は一般的である．血清コロイド浸透圧の低下は，血清アルブミン濃度が1〜2 g/dL にまで減少すると，臨床的に問題となる．血清アルブミン濃度が1.5 g/dL 以下になると，末梢の浮腫，腹水もしくは肺水腫を生じることが多い．PLE 症例では，低グロブリン血症を呈することが多いが，血清グロブリン濃度は血清アルブミン濃度よりも変化しやすい．ソフトコーテット・ウィートン・テリアでは，低グロブリン血症が低アルブミン血症より前に明らかとなることがあるが（著者による未発表データ），これはグロブリンの再合成が，肝臓におけるアルブミン合成よりも遅れて起こるからである．一方で基礎疾患（すなわち，ヒストプラズマ症やバセンジーの免疫増殖性疾患）によって，グロブリン産生が増加し，正常な血清グロブリン濃度もしくは高グロブリン血症を示す PLE 症例もいる．

診　断

　低蛋白血症と消化器症状が認められる犬や猫では，PLE が疑われる（表5.10）．一般的に罹患動物は，慢性で間欠的な小腸性下痢を呈する．大半の罹患症例では，食欲低下，体重減少および嘔吐を呈する．しかしながら，このような臨床症状を示さない症例もいることに注意する．[1] PLE 罹患動物は，血栓塞栓症もしくは肺水腫に起因する呼吸困難の評価のために来院することもある．他に，腹水や末梢の浮腫を呈する症例もいる．神経筋疾患を疑うような症状が，血栓塞栓症もしくは低カルシウム血症に続発して起こる可能性もある．ヒトの IL では，ビタミン E 欠乏に続発した神経症状の報告があるが，獣医学領域

表 5.10　犬と猫の蛋白漏出性腸症（PLE）臨床症状

既往症
- 下痢（96％ *）
- 嘔吐（56％ *）
- 体重減少（＞52％ *）
- 食欲不振
- 多尿/多喝（5％ *）

身体検査所見
- 腹水（41％ *）
- 胸水（5％ *）
- 末梢の浮腫（7％ *）
- 血栓塞栓症の症状（10％ *）
- 神経筋症状（4％ *）
- 肥厚した腸ループ
- 頸静脈怒張**

臨床病理学的所見
- 低アルブミン血症
- 低グロブリン血症
- 低カルシウム血症
- 低マグネシウム血症
- 低コレステロール血症
- リンパ球減少症
- 糞便α1-蛋白分解酵素阻害物質の上昇

* 134頭の PLE 罹患犬における割合[1]
** 心疾患による静脈高血圧を伴う個体

における報告はまだない。[2] 腹部触診によって，腸ループの肥厚やリンパ節腫大，もしくは係留した異物や腸重積に一致する所見が明らかとなることがある．心疾患によって静脈高血圧が生じたPLE症例では，頚静脈の怒張ならびに胸部の聴診に異常を認めることがある．

上述した血清蛋白の異常に加え，PLE罹患動物は，腸管から過剰量のリンパ球とカイロミクロンを喪失するため，リンパ球減少症および低コレステロール血症を呈することがある．さらに低マグネシウム血症や，血清イオン化カルシウム濃度の低下を生じることもあり，これは特にヨークシャー・テリアで認められる所見である．[7] 推測される原因としては，これら無機化合物の腸への喪失と吸収不良および／あるいはビタミンDと上皮小体ホルモンの代謝異常があげられる．

PLE罹患動物の診断は，低アルブミン血症を引き起こす他の疾患を除外することによって行わなければならない．そのような疾患には，産生の低下（肝不全），喪失の増加（すなわち糸球体疾患，出血，重度の滲出性皮膚疾患）さらに，まれではあるが摂取不足（飢餓状態）などが含まれる．そのため食前―食後の血清胆汁酸濃度や尿検査，尿蛋白／クレアチニン比，さらにCBCを行う必要がある．PLEと蛋白漏出性腎症との併発が，ソフトコーテッド・ウィートン・テリアで報告されているが，他の犬種よりも高い頻度でヨークシャー・テリアでも生じるようである（著者による未発表データ）．[8]

^{51}Cr-アルブミン クリアランス試験は，^{51}Crの静脈内投与によって測定を行い，腸管における過剰な蛋白喪失を証明することができる．しかしながら放射性核種を使用し，3～5日分の糞便を集める必要があるため，PLE罹患犬の診断法として現実的ではない．

$Alpha_1$-蛋白分解酵素阻害物質（$α_1$-PI）は，アルブミンと同等の大きさを呈する血清中の蛋白分解酵素阻害物質である．そのためPLE症例では，アルブミンと同じ割合で喪失する．さらに$α_1$-PIは，蛋白分解酵素阻害物質であるため，消化酵素や菌体の蛋白分解酵素によって消化，分解されず，そのまま排泄される．[9] 糞便中の$α_1$-PI濃度は，ヒトや犬のPLEのマーカーとして用いられ，本疾患の早期診断に対し最も価値が高いと証明されているようである．糞便中の$α_1$-PI濃度は，個体内変動が激しい．[10] そのため自然排泄された糞便サンプルを3度に分けて採取し，検査機関（Gastrointestinal Laboratory, Texas A&M University, College Station, TX）の専門容器に容れる．室温では72時間以内で，かなりの量が分解されてしまうため，サンプルは採取後すぐに凍結し，冷凍検体として翌日配達で輸送する．3つのサンプルにおける平均濃度と最大濃度の両方を考慮する．平均濃度が8～9μg/糞便1g以上，最大濃度が15μg/糞便1g以上の場合を異常とする．糞便$α_1$-PI濃度が偽高値になるため，直腸から糞便を指で採取してはならない．最近，猫の糞便$α_1$-PI測定系が確立，承認されているが，猫のPLE診断における臨床的な有用性については，未だ確定していない．

消化管の生検は内視鏡や腹腔鏡，もしくは開腹手術によって行う．開腹手術では，内視鏡で到達できないような採取部位から全層生検することができる．腹腔鏡や開腹手術であれば，必要に応じて他の臓器（例えば肝臓や腎臓など）から生検材料を採取することができる．しかしながらPLE罹患動物は，創傷部の裂開や治癒遅延，さらに血栓症などの術後合併症が生じる危険性が高い．生検部位に漿膜パッチ法を用いると，裂開や腹膜炎の可能性が低下するようである．開腹手術や腹腔鏡の際は，腹水の喪失を最小限に留めるよう注意を払う．腹水が急速に再生されると，術後に急激な体液移動が起こり，中心血液量を低下させ，症例の回復をさらに困難にする．内視鏡は腹腔鏡や開腹手術に比べて合併症が少ないことから，大半の症例において有用な第一選択となることが多い．しかしながら，腹部超音波検査によって特定された部位が内視鏡の到達する範囲を越えている場合には（例えば空腸），意味をなさない可能性がある．胃，十二指腸，回腸および大腸などでは，それぞれ採取可能な部位から，最低でも8個の良好な生検材料を採取する．[11] 粘膜層がより下層の病変を反映していない場合には，内視鏡で得られた生検材料では診断できない可能性がある．拡張した白い絨毛が内視鏡で認められた場合には，リンパ管拡張症が示唆されるが，症例によっては内視鏡下で採取した生検材料では，診断できないリンパ管拡張症もある．内視鏡検査を実施する前の晩に，高脂肪食（コーンオイルやクリーム）を給餌することで，内視鏡下，さらに生検材料の病理組織診断においても，リンパ管拡張症をより明確にすることができる．

治療

PLEを管理する際の第一段階は，基礎疾患に基づいた適切な治療を行うことである．食餌管理は，ILとIBDの両疾患を管理する上での土台となる．[12] 食餌は，消化率の高い低脂肪食にすべきである．血清アルブミンが1.5 g/dL以下の場合には，腸粘膜の浮腫が更なる吸収不良を引き起こす．そのような症例では，状態が安定するまで，加水分解蛋白食もしくは成分栄養剤が必要となることがある．時に，中鎖脂肪酸トリグリセリド（MCT：medium chain triglyceride）オイルの給餌が推奨されることがあるが，投与が難しく，下痢を誘発する可能性があり，さらに基礎疾患が適切に管理されていれば，栄養状態の支持が必要となることはまれであるため，ほとんど使われることはない．糖質コルチコイド，あるいは他の免疫抑制剤は，IBDを基礎疾患とするPLE罹患犬に対して用いられるが，IL罹患犬であっても二次的な炎症を伴う場合には適応である．[13] クロモグリク酸ナトリウムの経口投与によって，腸の浸透圧が低下することが，ヒトの小児患者で示されている．[13] クロモグリク酸ナトリウムは肥満細胞の脱顆粒を阻害することによって，肥満細胞が持つ生化学メディエーターの放出を防ぐ．[14] 従来の治療では改善が認められなかった数頭のソフトコーテッ

ド・ウィートン・テリアでは，クロモグリク酸ナトリウム（100 mg，PO，1日3〜4回，：筆者による未発表データ）によって臨床的な改善が認められている．本薬剤は，正常な消化管からの吸収はわずかと考えられているため，毒性の発現率は低いが，PLE罹患犬における本薬剤の有効性ならびに安全性を立証するには更なる研究が必要である．

血漿輸注やヘタスターチ，もしくはデキストランの投与は，麻酔処置前に血漿膠質浸透圧を増加させるため必要となることがある．しかしながら長期的な効果は得られない．浮腫や滲出液に対する長期的な管理には，スピロノラクトンの方がフロセミドよりも有効性が高く安全である．

> **キーポイント**
> - PLEは粘膜透過性の増加，粘膜潰瘍，リンパ管流の異常を引き起こすいかなる疾患によっても生じる．
> - PLEを発症した犬と猫の多くは下痢，食欲不振ならびに体重減少を示すが，なかにはこれらの臨床症状を示さない犬もいる．
> - 大半の罹患動物は汎低蛋白血症を示すが，低アルブミン血症のみを示す症例もいる．
> - 低アルブミン血症を引き起こす他の原因として，肝不全，糸球体疾患，出血ならびに重度の滲出性皮膚疾患を除外する．
> - 重度の低アルブミン血症を呈するPLE罹患犬は，急速に衰弱し，命に関わる合併症を生じることから，迅速な診断，治療が重要となる．

参考文献

1. Peterson PB, Willard MD. Protein-losing enteropathies. *Vet Clin Small Anim* 2003; 33: 1061-1082.
2. Fossum TW. Protein-losing enteropathy. *Sem Vet Med Surg* 1989; 4: 219-225.
3. Suter MM, Palmer DG, Schenk H. Primary intestinal lymphangiectasia in three dogs: a morphological and immunopatholgical investigation. *Vet Pathol* 1985; 22: 123.
4. Fossum TW, Sherding RG, Zach PM et al. Intestinal lymphangiectasia associated with chylothorax in two dogs. *J Am Vet Med Assoc* 1987; 190: 61-64.
5. Van Kruiningen HJ, Lees GE, Hayden DW et al. Lipogranulomatous lymphangitis in canine intestinal lymphangiectasia. *Vet Pathol* 1984; 21: 377-383.
6. Kim KE. Protein-losing gastroeneropathy. *In*: Feldman M, Scharschmidt BF, Sleisenger MH (eds.), *Sleisenger & Fordtran's Gastrointestinal and Liver Disease Pathophysiology/Diagnosis/Management, 7th ed.* Philadelphia, W.B. Saunders, 2002; 446-375.
7. Kimmel SE, Waddell LS, Michel KE. Hypomagnesemia and hypocalcemia associated with protein-losing enteropathy in Yorkshire Terriers: Five cases (1992-1998). *J Am Vet Med Assoc* 2000; 217: 703-706.
8. Littman MP, Dambach DM, Vaden SL et al. Familial protein-losing enteropathy and/or protein-losing nephropathy in soft-coated wheaten terriers: 222 cases (1983-1997). *J Vet Intern Med* 2000; 14: 68-80.
9. Murphy KF, German AJ, Ruaux CG et al. Fecal α_1-proteinase inhibitor concentration in dogs with chronic gastrointestinal disease. *Vet Clin Path* 2003; 32: 67-72.
10. Steiner JM, Ruaux CG, Miller MD et al. Intra-individual variability of fecal α_1-proteinase inhibitor concentration in clinically healthy dogs. *J Vet Intern Med* 2003; 17: 445 (Abstract).
11. Willard MD, Lovering SL, Cohen ND et al. Quality of tissue specimens obtained endoscopically from the duodenum of dogs and cats. *J Am Vet Med Assoc* 2001; 219: 474-479.
12. Zoran DL. Nutritional management of gastrointestinal conditions. *In*: Ettinger SJ, Feldman EC (eds.), *Textbook of Veterinary Internal Medicine, 6th ed.* St. Louis, Elsevier Saunders 2005; 570-573.
13. Falth-Magnusson K, Kjellman NI et al. Intestinal permeability in healthy and allergic children before and after sodium cromoglycate treatment assessed with different sized polyethylene glycols. *Clin Allergy* 1984; 14: 277-286.
14. Sogn D. Medications and their use in the treatment of adverse reactions to foods. *J Allergy Clin Immunol* 1986; 78: 238-243.

5.3.10 小腸の腫瘍性疾患

Carolyn J. Henry

はじめに

小腸（SI：small intestinal）の腫瘍は一般的ではなく，剖検を行った犬および猫における発生率は，それぞれ毎年0.3％および0.7％と示されている．[1] 非リンパ系SI腫瘍（リンパ系腫瘍は9.3を参照）の中では，犬においても猫においても，癌腫が最も多い．[2] 次に多い非リンパ系胃腸管腫瘍として，犬では平滑筋肉腫があげられている．[2-4] 他に報告されている犬のSI腫瘍には，平滑筋腫，線維肉腫，未分化肉腫，肥満細胞腫（MCT：mast cell tumors），カルチノイド（9.4.6を参照），神経鞘腫，髄外性形質細胞腫がある．[1,2,5-7] 決して多くはないが，猫でも平滑筋肉腫の報告があり，さらにMCTs，血管肉腫，腺腫様ポリープ，骨外性骨肉腫が報じられている．[8-16]

発生率

　小腸は消化管全体の90％を占めるにも関わらず，犬の非リンパ系SI腫瘍の大半は，MCTを除いて，腸の近位部ではなく結腸もしくは直腸に形成される.[1,5,17] これはヒトでも同様であり，全ての消化管悪性腫瘍の中で小腸に発生するものは，たった3％程度である.[18] 一方，これまでの報告によると，猫の消化管腫瘍の90％は小腸に発生すると述べられている.[1] しかしながらごく最近のデータによれば，先に報告された猫の部位特異性は正しいとは言えないようである（筆者による未発表データ）．犬とヒトにおけるSI腫瘍発生率の低さに関して，さまざまな仮説が立てられている．推測される要因としては，結腸に比べ小腸では発癌物質の通過時間が早いこと，SIの細菌叢では前発癌物質を活性代謝物に変換できないこと，小腸のミクロソーム酵素による発癌物質の無毒化，さらに回腸遠位部のIgA分泌型リンパ球やB細胞による局所免疫的な監視などがあげられている.[19] しかしながら猫において，SIが好発部位とされる理由については，説明のつかないままである．猫の非リンパ系消化管腫瘍の病因として，レトロウイルス感染の関与は証明されていない.[1,2,20] 犬では，どのSI部位でも侵される可能性があるが，肉腫は他の部位よりも空腸に発生することが多い．猫では十二指腸に比べ，空腸と回腸が侵されることが多い.[1,11,20,21]

　通常，小腸の腫瘍は高齢動物の疾患であり，犬の発症平均年齢は約9歳，猫の発症平均年齢および中央年齢は，それぞれ8.7歳と11歳である.[2,3,11,20] 腫瘍の種類によって，特に平滑筋肉腫では，非常に若齢の個体でも発生が認められている.[22] したがって年齢によって，SI腫瘍を診断から除外するべきではない．犬のSI腫瘍では明らかな好発犬種は特定されていないが，MCTは例外であり，小型犬種，とくにマルチーズで発生率が高い.[5] シャム猫では，消化管腫瘍が発生しやすいと言われている.[2,11,20,21] 犬でも猫でも，性差に関しては対立する見解が報じられており，ある報告では雄に素因を認め，また雌では素因を認めないとする報告もある.[1-3,21,22] ヒトの悪性小腸腫瘍では，わずかに男性が優勢である.[19]

　犬と猫において最も一般的な原発性SI腫瘍は，リンパ腫を除くと上皮由来のものであり，そのほとんどは悪性である.[1] 4つの悪性上皮系腫瘍（腺癌，粘膜腺癌，印環細胞癌，未分化／固形癌）の中では，腺癌が圧倒的に多い．腫瘍は輪状の狭窄を引き起こし（図5.10），さらに臨床的に明らかとなる頃には，極めて大きくなっている可能性がある．猫の腸腺癌（ACA: adenocarcinomas）は組織学的に，管状，未分化型，さらに粘膜型へと亜型分類される.[11,20,23] このうち粘膜型ACAが最もまれである.[23] 猫の腸ACAの約3分の1は，骨もしくは軟骨転移を示す.[1] 細胞の分化程度に基づいた腫瘍のグレード分類は，臨床的な意味を持たない．猫の腸ACAsの中で，乳頭状ACAsは最も分化した腫瘍であるが，転移率は極めて高い.[21]

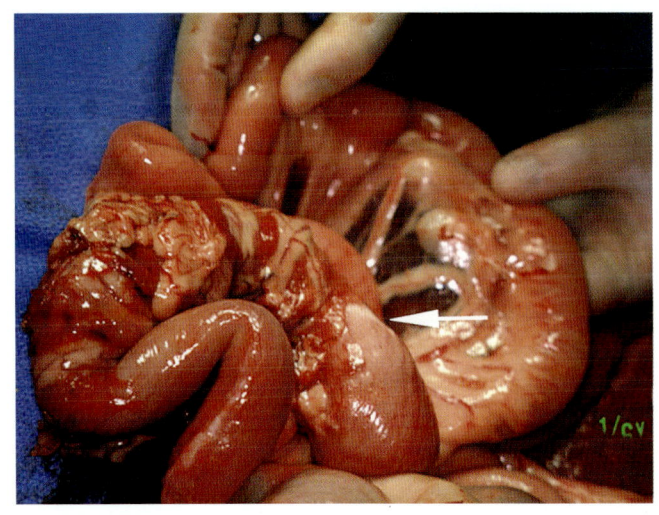

図5.10　腸腺癌．犬の回腸に発生した腺癌．腸間膜は病変部分に癒着している．もとより病変は管状であるため，白い拘束帯状の輪状狭窄を形成する（矢印）．

　平滑筋腫および平滑筋肉腫は平滑筋を起源とし，犬の消化管に発生する間葉系腫瘍の中でもっとも一般的である.[2,4,24] 腸の平滑筋肉腫を発症した50％以上の犬では，診断時に腹腔内転移が認められるため，術前の腫瘍病期分類の必要性が強調される.[25] 病変の転移は血行性やリンパ管行性に起こるが，さらに体腔内での拡散もしくは腫瘍の播種によっても生じる.[1] 時として精巣に転移性病巣を認めることがあるが，この際の転移経路は不明である.[7,26]

臨床徴候

　犬や猫ではSI腫瘍に関連した主訴として，体重減少，嘔吐ならびに食欲不振がもっとも多く認められる.[2,3,20,23] 十二指腸もしくは空腸に病変を有する犬では，体重減少ならびに嘔吐を示すことが多いが，猫では病変部位による病状の違いはない.[2] 下痢としぶりは，近位SI病変に比べて，回腸もしくは結腸病変において一般的な所見である.[2] SI腫瘍で認められる他の症状には，メレナ，腹部膨満，沈うつなどがある.[2,3,20,25,27] 平滑筋腫瘍では，低血糖症（平滑筋腫，平滑筋肉腫），腎性尿崩症（平滑筋肉腫）などの腫瘍随伴症候群の発生が報告されている.[25,27,28] 腫瘍随伴性低血糖症の犬では，発作や運動失調などのCNS徴候を示すことがある.[25,29,31] さらに低血糖は，腫瘍と関連した腹膜炎によって起こる可能性があるが，とりわけ平滑筋由来の腫瘍では，巨大化しやすく，破裂する危険性があり，その傾向が強い.[25] ある報告によると，多尿多渇（PU/PD）が，消化管平滑筋肉腫に罹患した犬の3分の1以上で認められており，このことは平滑筋腫瘍に関する他の報告でも述べられている.[25,28,31] このうちの1つではPU/PDの原因を，腫瘍関連性の腎性尿崩症に言及している．しかしながら，他の報告ではその

原因は確定されていない.[25,28,31]

診 断

約半数の症例で明白な腫瘍病変が確認されることから,身体検査は診断に有用と思われる.[2,3,20] 腸管腫瘍を検出するには,単純X線検査は触診や腹部超音波検査に比べ,猫では特に,感度が低い.[2,20] しかしながらある報告によると,65％の罹患猫では,単純X線撮影により外科的な試験開腹の必要性が十分評価できるとしている.[23] さらに造影X線検査を行うことで,15頭中13頭の罹患猫で腫瘍がより明瞭化し,腫瘍に起因する閉塞が診断可能となったとの報告もある.[20] 腹部超音波検査は,腸壁の層構造をより正確に評価することができ,さらに一般的な腸炎と腫瘍との区別に役立つことから,消化管腫瘍に対する画像の診断基準となっている.[32] ある2つの症例報告では,腹部超音波検査により,87〜90％の症例において消化管腫瘍を同定することが可能としている.[3,32] 腸管壁の層構造が不明瞭(図5.11)な犬が,一般的な腸炎ではなく,消化管腫瘍である可能性は,50倍以上だと言われている.[32] 猫で,混在パターンのエコー輝度を有し,部分的に腸管壁の肥厚が認められた場合には,リンパ腫よりもACAの診断が示唆される.[33] しかしながらその確定診断は,触診またはエコー下で検出された腫瘍病変の針吸引生検,もしくは腹腔鏡や試験開腹によって採取された組織生検材料の病理組織学検査によって行う.

術前の臨床検査としてはCBC,血清生化学検査,尿検査などを行うべきである.犬と猫で良く認められるCBCの異常は,貧血および白血球増多症である.[2,20] 白血球増多症は通常,好中球の増加によるものである.[2] ある報告では,11頭の罹患猫のうち7頭においてリンパ球減少症が認められている.[23] 変性性左方移動,もしくは好中球の中毒性変化を伴う白血球数の減少は,腫瘍の破裂もしくは腹膜炎を疑わせる所見であり,平滑筋肉腫の症例で報告されることが多い.[25] 罹患犬における生化学検査の異常としては,蛋白の喪失や産生低下による低蛋白血症や腫瘍随伴症候群,二次的な敗血症もしくは肝不全に起因した低血糖などがあげられる.[3,25] 猫では低蛋白血症,高血糖,高窒素血症,高コレステロール血症,アラニントランスアミナーゼ(ALT)およびアルカリフォスファターゼ(ALP)の上昇が報告されている.[2,20,23]

病期分類

術前の病期分類として,一般的ではない転移部位の評価も含めた詳細な身体検査,3方向からの胸部X線撮影ならびに腹部超音波検査を行う.腸間膜リンパ節は,消化管の癌腫が最も転移しやすい部位である.[2,7,23] 腸管ACAにおけるリンパ節,肝臓および腸間膜への腹腔内転移率は,犬で58％以上,さらに猫でも70％を越える.[3,7,20] 平滑筋肉腫の腫瘍転移率はやや低く,18〜54％と言われている.[3,25,27] どんなタイプの腸管腫瘍であっても,肺転移は一般的ではない.[3,7,20,23,27] 腸ACAでは精巣や皮膚など,通常とは異なる部位へ転移する可能性があるため,詳細な身体検査が重視される.[7,26,34]

治 療

非リンパ系腫瘍に対して有効性が証明されている治療法は,外科的手術のみである.[3,35] これとは対称的に,犬の内臓型MCTに対する外科的手術は無効であることが多く,報告されている中央生存期間(MST：median survival time)は18日である.[36] SI腫瘍が疑われる際の試験開腹は,1)確認された腫瘍病変の完全切除を助ける,2)鑑別診断ならびに病期分類を行うため,侵された臓器を確認し,生検を行うことを目的として行われる.理想的には外科的マージンとして,正常に見える組織を4〜8cm含めて切除する.[37] 転移性病巣を確認するため,徹底的な腹部検査を行う.さらに,病変部位から流れ込むリンパ節に対しても生検を行う.通常,十二指腸は肝および膵十二指腸リンパ節に,空腸では空腸血管の基部にある空腸リンパ節に,さらに回腸は空腸および結腸リンパ節にそれぞれ流入する.[38] 全体的な転帰を見れば,転移は負の因子となるが,いくつかの報告では,転移病巣の存在のみに基づいて,術中に安楽死を勧めることに対して警告している.特に平滑筋肉腫の罹患犬においては,実際に転移病巣を認めても,生存期間が3年を越えた症例が報告されている.[27] ACAで転移を伴う罹患犬の1年生存率は20％,罹患猫の平均生存期間は1年と報告されている.[3,20] 組織は病理組織学検査によって評価し,さらに腸管破裂が生じていた場合には,細菌培養ならびに感受性検査を実施する.

症例によっては,確定診断に免疫組織化学(IHC：immunohistochemistry)検査が必要となることがある.消化管腫瘍の評価に用いられるIHCマーカーには,上皮系腫瘍のためのサイ

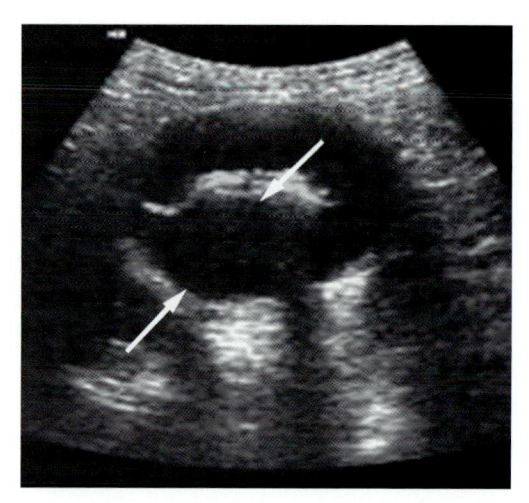

図5.11 小腸腫瘍の超音波所見.小腸の短軸像では,周縁に低エコー性の粘膜病変がみられる.中心部の高エコー部位は腸の内腔であり,矢印は腫瘍によって肥厚した腸壁を示す.

トケラチンや，紡錘形細胞を検出するビメンチン，デスミン，α-平滑筋アクチン，さらに MCTs に対する c-kit，肥満細胞トリプターゼなどがある．[17,39,40]．

犬と猫の非リンパ系 SI 腫瘍に対する化学療法，ならびに放射線療法の役割は明らかではない．化学療法を試みた内臓型 MCT 罹患犬では，効果が乏しかった．[36]

予 後

犬の SI 腫瘍の予後については，腫瘍の種類によるところが大きい．非リンパ系腫瘍のうち，平滑筋肉腫は最も予後が良好で，術後初期を乗り切った犬の MST は 12～21.3 ヵ月である．[25,30] ある報告によると，雌犬は腸 ACA の予後不良因子とされている．雄 MST が 233 日であるのに対し，雌犬では 28 日とされている．[41] 他の報告において，この所見に対する再現性は認められていない．腸 ACA 罹患犬の平均生存期間は 10 ヵ月であるが，猫の術後平均生存期間は 2.5～5 ヵ月程度とされている．[3,11,23] しかしながら，粘膜型および未分化型 ACA（4 ヵ月）に比べて，管状 ACA 罹患猫では，より良好な転帰（11 ヵ月）が報告されている．[23] 転移性病巣は腸 ACA の犬にとって重要な予後因子となる．ある報告によると，転移病巣を伴う犬の MST は 3 ヵ月，さらに 1 年生存率は 20％であるのに比べ，転移病巣を伴わない犬の MST は 15 ヵ月，さらに 1 年生存率は 66.7％と示されている．[3] ACA 罹患猫では，転移病巣の存在が予後に影響するとの報告はない．ある報告の中で，転移病巣を伴う猫の平均生存期間は 5 ヵ月，伴わない猫では 10 ヵ月と示されているが，別の報告によると，リンパ節転移が認められた 5 頭の猫では，12 ヵ月の平均生存期間を示している．[20] これらの報告における差と，癌腫で内臓転移病巣を伴う猫が 2 年以上生存したという事実から，転移病巣のみが予後因子として使われるべきではないことが示唆される．[20] 内臓型 MCT 罹患犬の予後は議論の余地がなく，MST は 18 日とされている．[36]

ポリープや平滑筋腫などの非悪性病変は，外科的手術によって治療可能である．十二指腸ポリープの猫に関する報告によると，外科手術によって 15 頭中 13 頭で症状が完全に改善し，再発例は認められていない．[14] 同様の良好な転帰が平滑筋腫の罹患犬でも報告されている．[31,42]

キーポイント

- 猫の消化管腫瘍のほとんどは小腸に発生するが，犬の非リンパ系腫瘍のほとんどは結腸および直腸に起こる．
- 腸平滑筋由来腫瘍を認める犬では，明らかな消化器症状ではなく，低血糖症に関連する症状を示すことがある．
- 超音波検査は腸における腫瘤病変の検出に推奨され，一般的な腸炎と腫瘍とを区別することができる．
- 犬において，腸の肥満細胞腫は予後不良であり，小型犬種，特にマルチーズに認められることが多い．
- 猫の腸腺癌では転移病巣が認められても，必ずしも予後に慎重を期す必要はなく，外科的切除後の生存期間を 1～2 年とする報告もある．

参考文献

1. Head KW, Else RW, Dubielzig RR. Tumors of the alimentary tract. In: Meuten DJ (ed.), *Tumors in Domestic Animals, 4th ed.* Ames, Iowa State Press, 2002: 401-481.
2. Birchard SJ, Couto CG, Johnson S. Nonlymphoid intestinal neoplasia in 32 dogs and 14 cats. *J Am Anim Hosp Assoc* 1986; 22: 533-37.
3. Crawshaw J, Berg J, Sardinas JC et al. Prognosis for dogs with nonlymphomatous, small intestinal tumors treated by surgical excision. *J Am Anim Hosp Assoc* 1998; 34: 451-456.
4. Patnaik AK, Hurvitz AI, Johnson GF. Canine gastrointestinal neoplasms. *Vet Pathol* 1977; 14: 547-555.
5. Ozaki K, Yamagami T, Nomura K et al. Mast cell tumors of the gastrointestinal tract in 39 dogs. *Vet Pathol* 2002; 39: 557-564.
6. Jackson MW, Helfand SC, Smedes SL et al. Primary IgG secreting plasma cell tumor in the gastrointestinal tract of a dog. *J Am Vet Med Assoc* 1994; 204(3): 404-406.
7. Patnaik AK, Hurvitz AI, Johnson GF. Canine intestinal adenocarcinoma and carcinoid. *Vet Pathol* 1980; 17: 149-163.
8. Barrand KR, Scudamore CL. Intestinal leiomyosarcoma in a cat. *J Small Anim Pract* 1999; 40: 216-219.
9. Brodey RS. Alimentary tract neoplasms in the cat: a clinicopathologic survey of 46 cases. *Am J Vet Res* 1966; 27: 74-80.
10. Engle CG, Brodey RS. A retrospective study of 395 feline neoplasms. *J Am Anim Hosp Assoc* 1969; 5: 21-31.
11. Turk MA, Gallina AM, Russell TS. Nonhematopoietic gastrointestinal neoplasia in cats: a retrospective study of 44 cases. *Vet Pathol* 1981; 18: 614-620.
12. Howl JH, Petersen MG. Intestinal mast cell tumor in a cat: Presentation as eosinophilic enteritis. *J Am Anim Hosp Assoc* 1995; 31: 457-461.
13. Sharpe A, Cannon MJ, Lucke VM et al. Intestinal haemangiosarcoma in the cat: clinical and pathological features of four cases. *J Small Anim Pract* 2000; 41(9): 411-415.
14. MacDonald JM, Mullen HS, Moroff SD. Adenomatous polyps of the duodenum in 18 cats (1985-1990). *J Am Vet Med Assoc* 1993; 202(4): 647-651.
15. Stimson EL, Cook WT, Smith MM et al. Extraskeletal osteosarcoma in the duodenum of a cat. *J Am Anim Hosp Assoc* 2000; 36: 332-336.
16. Alroy J, Leav I, DeLellis RA et al. Distinctive intestinal mast cell neoplasms of domestic cats. *Lab Invest* 1975; 33: 159-167.
17. Grandage J. Functional anatomy of the digestive system. In: Slatter D (ed.), *Textbook of Small Animal Surgery, 3rd ed.* Philadelphia, W.B. Saunders, 2003; 499-521.

18. Abu-Hamda EM, Hattab EM, Lynch PM. Small bowel tumors. *Curr Gastroenterol Rep* 2003; 5(5): 386-393.
19. Coit DG. Cancer of the small intestine. *In*: Devita VT, Hellman S, Rosenberg SA (eds.), *Cancer Principles & Practice of Oncology, 5th ed.* Philadelphia, Lippincott-Raven Publishers, 1997; 1128-1143.
20. Kosovsky JE, Matthiesen DT, Patnaik AK. Small intestinal adenocarcinoma in cats: 32 cases (1978-1985). *J Am Vet Med Assoc* 1988; 192: 233-235.
21. Patnaik AK, Liu, SK, Johnson GF. Feline intestinal adenocarcinoma: a clinicopathologic study of 22 cases. *Vet Pathol* 1976; 13: 1-10.
22. Laratta LJ, Center SA, Flanders JA et al. Leiomyosarcoma in the duodenum of a dog. *J Am Vet Med Assoc* 1983; 183: 1096-1097.
23. Cribb AE. Feline gastrointestinal adenocarcinoma: a review and retrospective study. *Can Vet J* 1988; 29: 709-712.
24. Bruecker KA, Withrow SJ. Intestinal leiomyosarcomas in six dogs. *J Am Anim Hosp Assoc* 1988; 24: 281-284.
25. Cohen B, Post GS, Wright JC. Gastrointestinal leiomyosarcoma in 14 dogs. *J Vet Intern Med* 203; 17: 107-110.
26. Esplin DG, Wilson SR. Gastrointestinal adenocarcinomas metastatic to the testes and associated structures in three dogs. *J Am Anim Hosp Assoc* 1998; 34: 287-290.
27. Kapatkin AS, Mullen HS, Matthiesen DT et al. Leiomysarcoma in dogs: 44 cases (1983-1988). *J Am Anim Hosp Assoc* 1991; 201(7): 1077-1079.
28. Cohen M, Post G. Nephrogenic diabetes insipidus in a dog with intestinal leiomyosarcoma. *J Am Vet Med Assoc* 1999; 215: 1818-1820.
29. Bagley RS, Levy JK, Malarkey DE. Hypoglycemia associated with intra-abdominal leiomyoma and leiomyosarcoma in six dogs. *J Am Vet Med Assoc* 1996; 208: 69-71.
30. ter Haar G, van der Gaag I, Kirpensteijn J. Canine intestinal leiomyosarcoma. *Vet Quart* 1998; 20 Suppl 1: S111-S112.
31. Beaudry D, Knapp DW, Montgomery T et al. Hypoglycemia in four dogs with smooth muscle tumors. *J Vet Intern Med* 1995; 9(6): 415-418.
32. Penninck D, Smyers B, Webster CR et al. Diagnostic value of ultrasonography in differentiating enteritis from intestinal neoplasia in dogs. *Vet Radiol & Ultrasound* 2003; 44(5): 570-575.
33. Rivers BJ, Walter PA, Feeney DA et al. Ultrasonographic features of intestinal adenocarcinoma in five cats. *Vet Radiol & Ultrasound* 1997; 38(4): 300-306.
34. Juopperi TA, Cesta M, Tomlinson L et. al. Extensive cutaneous metastases in a dog with duodenal adenocarcinoma. *Vet Clin Pathol* 2003; 32(2): 88-91.
35. Phillips BS. Tumors of the intestinal tract. *In*: Withrow SJ, MacEwen EG (eds.), *Small Animal Clinical Oncology, 3rd ed.* Philadelphia, W.B. Saunders, 2001; 335-346.
36. Takahashi T, Kadosawa T, Nagase M et al. Visceral mast cell tumors in dogs: 10 cases (1982-1997) *J Am Vet Med Assoc* 2000; 216: 222-226.
37. Thomson M. Alimentary tract and pancreas. *In*: Slatter D (ed.), *Textbook of Small Animal Surgery, 3rd ed.* Philadelphia, W.B. Saunders, 2003; 2368-2378.
38. Bezuidenhout AJ. The lymphatic system. *In*: Miller ME, Evans HE (eds.), *Anatomy of the Dog*, Philadelphia, W.B. Saunders, 1993; 717-757.
39. LaRock RG, Ginn PE. Immunohistochemical staining characteristics of canine gastrointestinal stromal tumors. *Vet Pathol* 1997; 34: 303-311.
40. Sandusky GE, Wightman KA, Carlton WW. Immunocytochemical study of tissues from clinically normal dogs and of neoplasms, using keratin monoclonal antibodies. *Am J Vet Res* 1991; 52(4): 613-618.
41. Paolini M, Penninck DG, Moore AS. Ultrasonographic and clinicopathologic findings in 21 dogs with intestinal adenocarcinoma. *Vet Radiol & Ultrasound* 2002; 43: 562-567.
42. Gibbs C, Pearson H. Localized tumours of the canine small intestine: a report of twenty cases. *J Small Anim Pract* 1986; 27: 507-519.

6 大腸

6.1 はじめに

Michael S. Leib

　大腸性疾患は，犬，猫のどちらにおいても一般的に認められる疾患である．臨床徴候は明白で，飼い主にとって好ましくないことが多いため，通常，早い段階で動物病院を受診する．大腸性疾患で最も多く認められる臨床徴候は下痢であり，通常，排便回数の増加，1回の排便量の減少，しぶり，鮮血便，および粘膜便が認められる．病変が小腸に及ぶ場合には，メレナや体重減少が認められる．また，嘔吐や食欲低下が認められることもある．大腸性疾患において，その次に多く認められる臨床徴候は，便秘であり，さまざまな食餌および環境因子，神経学的もしくは筋骨格系の異常などと関連し，巨大結腸症へ進行する可能性がある．本章では，大腸の正常解剖および生理機能，さらに，犬および猫において一般的な大腸性疾患について述べる．

6.2 解剖

　大腸の長さは犬では28〜90 cm，猫では20〜45 cmである．[1,2] 大腸の始点は回結腸接合部であり，終点は肛門である．大腸は解剖学的に，盲腸，結腸，直腸に細分される．盲腸は，近位結腸部にあるS字状の憩室であり，盲結口を経由して結腸へつながる．この接合部は回結口に近接しており，回盲弁とも呼ばれる（図6.1）．盲腸の長さはさまざまであり，犬では8〜30 cm，猫では2〜4 cmである（図6.2）．結腸は上行，

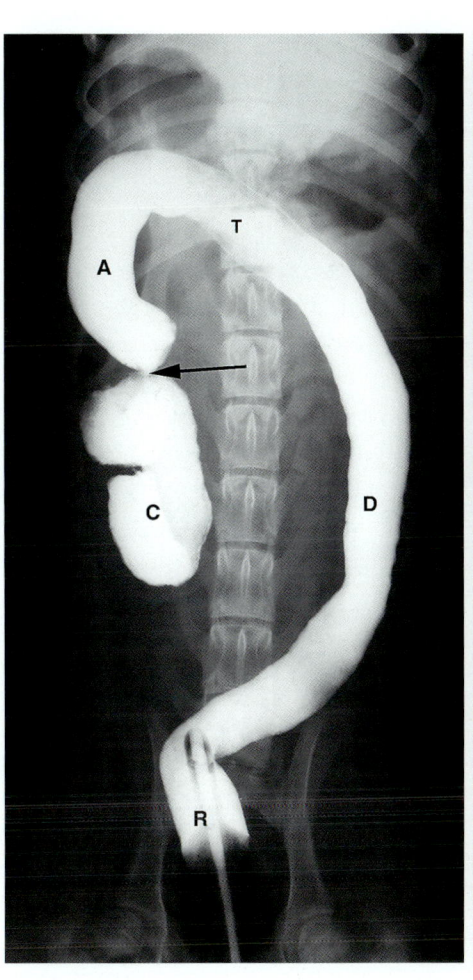

図6.1（左図）
犬におけるバリウム注腸像．バリウム注腸後の腹部X線腹背像であり，盲腸（C），上行結腸（A），横行結腸（T），下行結腸（D），直腸（R），および盲腸結腸接合部（矢印）が描出されている．

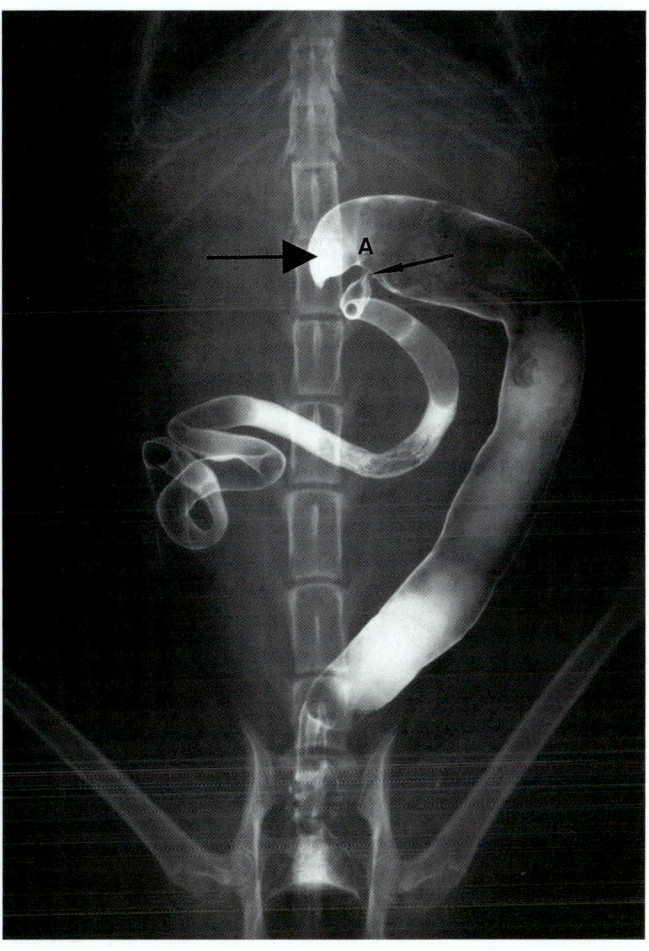

図6.2（右図）
猫におけるバリウム注腸像．バリウム注腸後の腹部X線腹背像であり，回盲部（細い矢印），短い盲腸（太い矢印），および短い上行結腸（A）が描出されている．

横行，下行部に分類され，各結腸間は曲部によって連結される．これらの部位は体内における相対的な位置関係によって決定される．上行結腸は短い分節であり，回結腸括約筋を起始部とし，頭側の右（肝）結腸曲へ続く．盲腸および上行結腸は正中から右寄りに位置し，十二指腸下行部，膵臓右葉および胃に近接している．横行結腸は右結腸曲から始まり，腸間膜起始部の頭側を経て，下行結腸との接合部である左（脾）結腸曲へ続く．横行結腸は膵臓左葉，胃，小腸ループに近接している．下行結腸は最も長い分節であり，左腹壁に沿って尾側へ向かい，直腸の起始部である骨盤上口に続く．下行結腸は通常大網に覆われ，十二指腸の上行部に近接している．子宮，前立腺，膀胱は，下行結腸末端の腹側に位置している．

大腸への血液は，頭側および尾側の腸間膜動脈から供給され，頭側および尾側の腸間膜静脈から吸収され，門脈へ環流する．リンパ液は，右，正中，左結腸リンパ節から吸収される．

組織学的に人腸は小腸と同様に，粘膜面，粘膜下組織，筋層，漿膜面で構成されている．結腸の粘膜面では，吸収面積を増やす様な解剖学的変位が認められるが，小腸ほどは顕著でない．結腸の粘膜面には腸絨毛がなく，上皮の微絨毛は小腸ほど豊富ではない．腸絨毛は存在しないが，無数の腸陰窩が吸収面から粘膜層全体に開口している．これらの腸陰窩は，リーベルキューン陰窩と呼ばれ，上皮，粘膜，および内分泌細胞で構成されている．小腸と比べて大腸は，粘膜細胞の数が多く，内分泌細胞の数は少ない．腸陰窩の深部は，主に未分化の細胞で構成されており，これらの細胞は，増殖および成熟するにつれて腸陰窩に沿って移動し，最終的には，前述の上皮，粘膜，内分泌細胞へと分化する．粘膜表面では，細胞のアポトーシス，変性が起こり，これらの細胞は管腔内に脱落する．結腸の細胞代謝は小腸よりも緩除であり，4～7日を要する．粘膜固有層には，中程度のリンパ球および形質細胞がび漫性に分布している．[3,4]

大腸の機能は，内在および外来神経系の両者によって制御されている．内在神経系支配は，縦筋層-輪筋層間の筋層間神経叢および粘膜下神経叢に存在する腸壁内のニューロンネットワークを介して起こる．大腸の機能は，腸管の拡張の程度や水分およびその他の管腔内容物の種類や量など管腔内状況に応じて，内在神経によって自律的に制御される．外来神経は，自律神経系を介して制御される．大腸近位の副交感神経支配は迷走神経を介して起こり，大腸の残りの部分は骨盤神経を介して支配される．交感神経支配は脊椎傍神経節から始まり，内臓神経を通じて，大腸壁へ及ぶ．副交感神経の節前神経線維および交感神経の節後神経線維は，それぞれ，神経細胞体と内在神経系のニューロンにシナプス形成する．

6.3　生理学

大腸の主な機能は，回腸の流出物からの水分および電解質の取り込み，便の貯留および排便である．さらに，大腸では小腸で消化・吸収されなかった有機物の細菌発酵も行われる．近位結腸の機能は吸収および微生物代謝である一方，遠位結腸の機能は，便の貯留および排出である．これらの機能的な差は，おそらく結腸の部位による運動性の違いによって生じる．

6.3.1　運動性

近位結腸における筋の収縮は主に逆行性蠕動運動であり，横行結腸に始まり盲腸へ向かって伝播する．[2] これらの運動は逆蠕動と呼ばれ，結腸内容物を緩除に通過させ，水分および電解質の粘膜面からの吸収を促進する．近位結腸の中でも横行結腸は，糞便の撹拌，貯蔵，水分吸収において重要な役割を担っている．

結腸全域で輪状筋の収縮による分節運動が認められる．分節運動は腸内容物を順行性および逆行性に短い距離動かすことで腸内容物の通過を遅らせ，残った水分や電解質の吸収を促進する．協調蠕動運動は，結腸の全ての部位において観察可能であるが，特に，結腸の中間部において活発な運動が認められる．蠕動波は緊張性の収縮輪となり，縦走筋層によって伝播され，その結果，結腸内容物は肛門側へ輸送される．

遠位結腸では，主に突発的な巨大移動性運動もしくは大蠕動と呼ばれる運動が認められる．このような強力な平滑筋の収縮は，近位結腸から始まり，分節もしくは結腸全域において肛門側へ伝播する．その結果，結腸内容物は直腸内へ輸送され糞便として排出される．[5]

平滑筋固有の特性や内在性ニューロン，外来神経，神経内分泌ペプチドは，結腸の収縮に影響を与える．結腸の蠕動運動および律動的な分節運動は，平滑筋固有の筋電位的な特性である徐波によって決定される．徐波は，平滑筋細胞を横切るイオンの移動によって発生する．徐波の頻度によって，収縮の回数が決まる一方，脱分極相に発生し，徐波に重なるスパイク電位の数によって収縮の強度が決まる．近位結腸における徐波は，遠位結腸よりも低頻度で発生し，近位結腸における食塊の輸送を遅らせ，水と電解質の吸収を促進する役割を担っている．小腸とは対照的に，大腸における徐波は，輪状筋から発生する．結腸には，徐波を短い距離だけ伝播させるようなペースメーカーが複数存在している．しかしながら，横行結腸には単一のペースメーカーしか存在しておらず，そこから発生する徐波は高頻度に吻側へ伝播し，逆蠕動に関与している．巨大移動性収縮（giant migrating contraction）は，電気的活動の延長が群発した結果生じ，いくつかの徐波周期にまたがるが，徐波の電気的活動とは独立して発生する．猫では結腸の縦走筋と輪状筋に特有の機械的特性の差が明らかにされており，局所の運動性の差に関与している．この差は近位結腸で最も明らかであり，近位結腸では縦走筋層による逆蠕動運動が輪状筋層による分節運動よりも優勢である．

内在神経系は，正常な結腸の運動に不可欠であり，外来神経系とは独立して機能することができる．遠心性のコリン作動性ニューロンを介した反射は，分節運動および蠕動運動を引き起

こす．拡張に対して反応する筋層の機械的受容器や管腔内の内容物に反応する粘膜の化学受容器が刺激されると筋は収縮する．

アセチルコリンおよびノルエピネフリンの他にも，内在神経系のニューロンから放出されるさまざまな神経伝達物質が同定されている．これらの多くは，ペプチドであり，ニューロテンシン，コレシストキニン，サブスタンスP，ソマトスタチン，5-ヒドロキシトリプタミンなどがある．[6,7] 神経伝達物質に対する結腸平滑筋の反応は結腸の部位毎にさまざまである．平滑筋の部位によってニューロテンシンやコレシストキニンに対する反応が異なることが知られており，いずれも，遠位結腸よりも近位結腸の平滑筋に対してより強力に作用する．[8] このような平滑筋の反応性の差によって，近位結腸と遠位結腸の運動性および機能の差は部分的に説明できる可能性がある．

結腸運動における外来神経およびホルモン性制御についてはほとんど分かっていない．一般的には，外来性副交感神経の活動が分節運動を刺激し，交感神経の活動が分節運動を抑制している．外来神経系は主に，遠位結腸に対して作用し，排便反射に関与している．排便反射は，食餌の摂取に反応して起こる（胃結腸反射）のと同様に遠位結腸および直腸の管腔の拡張に反応しても起こる．直腸壁の緊張が高まると，壁内の受容体が刺激され，活動電位は骨盤神経内の求心性副交感神経経路に沿って仙髄へ伝播する．反射弓は，陰部神経，下腹神経，骨盤神経内に存在する求心性神経線維によって構成される．これらの神経線維への刺激に対して運動器が反応した結果，結腸および直腸平滑筋の収縮と内外肛門括約筋の弛緩が起こり，直腸と遠位結腸からの便の排出が可能になる．排便の前には通常，遠位結腸の巨大移動性収縮が認められる[5]．排便反射は，外肛門括約筋の自発的な収縮によって阻害される．遠位結腸および直腸の受容性弛緩によって，次に排便反射が始まるまで，便を貯留しておくことができる．

6.3.2 水分および電解質輸送

大腸において吸収される水分量は通常，小腸よりも少ないが，大腸ではより効率よく水分が吸収される．大腸に送られる水分の約90％は吸収される．[2,9] 大腸では，主にナトリウムの吸収によって生じる浸透圧勾配によって受動的に水分が吸収される．大腸の水分吸収能は非常に優れている．もし，吸収能を超えた水分が小腸から流入した場合や結腸の水分分泌が過剰な場合，あるいは結腸の吸収能が低下した場合には下痢が認められる．そのため，小腸性もしくは大腸性疾患において下痢が認められるかどうかは，主に，大腸の水分吸収能力に左右される．

近位結腸においてナトリウムは，主にナトリウム塩素共役輸送を介して吸収される．この過程は，2つの別々のイオン輸送機構が上皮細胞の頂端膜を横切るナトリウムと塩素の移動を促進するように共役的に作用した結果である．ナトリウムとカリウム，塩素と重炭酸の交換が等しく起こり，電気的中性が維持されている．

大腸では，結腸細胞の頂端膜における能動輸送機構によってカリウムが分泌される．一方，遠位結腸では，K^+/H^+ 交換によって能動的にカリウムが吸収される．

鉱質コルチコイドや糖質コルチコイドは，遠位結腸におけるナトリウムの吸収とカリウムの分泌を促進する．これらの物質は，ナトリウムやカリウムに対する頂端膜の透過性を増加させ，Na^+/K^+ ATPポンプの活性を増大することによって，結腸の輸送機構に影響を与える．結腸上皮細胞からは，重炭酸も分泌されている．重炭酸は，結腸の細菌によって産生される粘膜の炎症の原因となる酸を中和する．重炭酸の分泌は，等価の塩素イオンの吸収と併せて起こるが，ナトリウムの吸収とは独立している．

6.3.3 粘液分泌

大腸の主な分泌物は粘液である．粘液は潤滑剤として作用し，大腸内容物の通過を助けると共に，機械的もしくは化学的傷害から粘膜を保護する役割がある．粘液はさまざまな物質（微生物，腸管毒素）と結合することで，これらの物質が粘膜へ接合，侵入し，副作用を引き起こすのを防いでいる．[9,10] 粘液の産生は主に管腔内容物の粘液細胞への直接接触による刺激や腸内反射によって制御されている．炎症が惹起された場合，大腸は大量の粘液，水分，電解質を分泌することができる．この反応によって，炎症性因子が希釈され，腸の拡張や腸管内容物の排出が促進される．粘液分泌の著しい増加は，副交感神経系の刺激によっても起こる．

6.3.4 結腸細菌叢

大腸には，消化管の中で最も高濃度の細菌が存在しており，糞便1グラムあたり10^{11}個もの細菌が存在している．[2] 糞便の乾燥重量の約50％は細菌である．主な細菌は嫌気性細菌（芽胞，無芽胞形成菌）であり，大腸細菌叢の90％を占めている．ビフィドバクテリウム属（*Bifidobacterium* spp.）およびバクテロイデス属（*Bacteriodes* spp.）細菌が最も多く，クロストリジウム属（*Clostridia* spp.）はより少ない．好気性細菌では，ラクトバシラス属（*Lactobacillus* spp.），腸内細菌科（*Enterobacteriacea* spp.），連鎖球菌属（*Streptococcus* spp.）が優勢である．

正常な結腸細菌叢を維持し，細菌過剰増殖や病原性細菌のコロニー形成によって引き起こされる疾患を予防するためには，正常な結腸の運動性の維持，粘膜バリアの維持，局所の免疫因子が重要である．常在細菌叢，食餌，経口投与もしくは腸管循環を介して吸収された抗菌剤も結腸の細菌叢に影響を与える．

正常な結腸細菌叢は，他の細菌の増殖を阻害するような代謝性産物を産生したり，粘膜への接着部位や栄養素を競合したりすることによって，病原性のある細菌に対して抵抗性を示す．嫌気性菌に対する抗菌剤や広域スペクトルの抗菌剤を使用することによって，この均衡が崩れ，潜在的な病原体が過剰増殖す

る可能性がある．

結腸の細菌は，炭水化物，蛋白質，脂質を代謝する．炭水化物は発酵によって，酸性の短鎖脂肪酸（酢酸，プロピオン酸，酪酸）とガス（水素，メタン，二酸化炭素）に変換される．管腔内の重炭酸によって，ほとんどの酸は中和され，二酸化炭素と水に変換される．管腔内の脂肪酸は，病原性細菌の複製を阻害している可能性がある．吸収された脂肪酸は，結腸上皮によって代謝される（酪酸）か，もしくは，他の組織へ輸送され，エネルギー源として使用される（酢酸，プロピオン酸，酪酸）．

6.3.5 免疫機能

腸管の免疫機能は非常に複雑であり，我々の知識も常に深まっている．[2,11] 腸管免疫の主な機能は，経口投与された抗原に対する免疫寛容，局所の防御反応，刺激されたBおよびTリンパ球の全身および粘膜への伝播である．[12] 自然な腸管防御機構では，機械的因子および免疫的因子の両者が共役的に宿主の防御のために働いている．[1] このような防御機構は，栄養素の摂取と消化，潜在的な病原体や病原性のある外的物質の摂取，腸管内の常在細菌叢の拡大の際に特に重要となる．重要な機械的因子としては，粘膜上皮バリア，腸管運動性，粘液産生，正常な常在細菌叢が挙げられる．

腸管関連リンパ組織（GALT）は，求心性部位と遠心性部位に分けられる．[12] 求心性GALTとしては，粘膜リンパ濾胞，パイエル板，腸間膜リンパ節が挙げられ，粘膜固有層や腸管上皮に対して作用する．[10,12] リンパ濾胞の機能は，抗原を捕らえ，適切な免疫反応が開始されるように処理することである．GALTには，B，T細胞，マクロファージや樹状細胞などの抗原提示細胞が含まれる．リンパ濾胞の胚中心には，IgA産生Bリンパ球が存在している．M細胞（membranous cell）と呼ばれる特殊な上皮細胞がリンパ濾胞を覆うように存在している．これらの細胞は，可溶性もしくは微粒子で存在する抗原や微生物自体を捕らえ，抗原提示細胞へ受け渡す．[11]

上皮細胞間リンパ球（IEL）の主体はサプレッサーT細胞であり，その多くはCD8陽性T細胞である．[12] 肥満細胞前駆細胞も，IELとして見つかっている．粘膜固有層では，B細胞サブタイプの中でも，IgA産生B細胞が優勢である．一方，T細胞の大部分は，ヘルパーT細胞であり，その多くはCD4陽性T細胞である．[12] 粘膜固有層には形質細胞，肥満細胞，マクロファージ，好酸球も存在している．肥満細胞は，即時型過敏症に加え，遅延型過敏症，炎症，細胞毒性，免疫調節にも関与していると考えられている．

粘膜内に存在する形質細胞は，IgAを産生しており，産生されたIgAは，上皮細胞の膜上に存在する分泌成分へ結合し，管腔側へ分泌される．分泌されたIgAは，抗原に結合することによって，抗原の粘膜への接着と侵入を阻害する．IgAは防御性の機械的因子と共に，抗原性因子を粘膜から排除するように働いている．

M細胞に捕らえられた抗原や粘膜上皮へ侵入した抗原は，免疫応答を誘導する．抗原提示の後，免疫系では細胞性免疫，液性免疫，免疫学的記憶，免疫調節に関与するクローン産生のための調節増殖が行われる．免疫応答の結果，抗原に対する感受性（排除）もしくは寛容が誘導される．

細胞性免疫は，細胞傷害とサイトカインの合成を含む過程である．Th1細胞は刺激により，IL-2，IFN-γ，TNF-αを分泌し，細胞性免疫に関与している．[12] 上皮および粘膜内のリンパ球は，潜在的に細胞傷害性である．マクロファージもまた，細胞傷害性となる場合がある．Th2細胞は，IL-4，IL-5，IL-10を分泌し，抗体産生に関与している．[12]

抗原が粘膜バリアを通過した後は，非IgA免疫グロブリンが液性免疫応答を担う．IgM，IgG，IgEは，オプソニン化，補体結合，炎症反応の促進などIgAとは異なる特性によって宿主の防御を担っている．IgEは，即時性過敏反応においても重要な役割を果たしている．抗原が肥満細胞表面のIgE分子に結合した場合，肥満細胞の脱顆粒が起こり，炎症性メディエーター（例；ヒスタミン，セロトニン，ロイコトリエンなど）が放出される．この肥満細胞による炎症性メディエーターの放出は，寄生虫の排除において重要である．

免疫寛容は消化管の免疫系において重要な役割を担っている．免疫寛容は，IgAの誘導，T細胞の欠失，アネルギー，免疫抑制の結果起こる．[11] M細胞によって処理されるほとんどの管腔内抗原は，免疫寛容を引き起こす．IL-10およびTGF-βは，抑制性サイトカインであり，免疫寛容の促進に働く．[12] しかしながら，粘膜バリアを通過した有害な抗原は，リンパ球のIgM，IgE，IgGおよびIFN-γ，IL-12，IL-6などの炎症性サイトカインの産生を刺激する．[11] 免疫寛容は，無害でありかつ持続的に存在している管腔内抗原に対して炎症が持続することによって生じる粘膜や全身の傷害を防ぐために必要不可欠な機構である．免疫寛容機構の崩壊は，炎症性腸疾患（IBD）の病因と関連している可能性がある．

6.4 大腸の疾患

6.4.1 鞭虫

犬鞭虫（*Trichuris vulpis*）感染症は，犬における急性および慢性大腸性下痢の一般的な原因の1つである．[2,13] 通常，子犬や不衛生な環境で飼育されている犬が罹患し，しばしば再発する．猫における鞭虫感染はまれである．

臨床徴候

多くの場合，鮮血および過剰な粘膜を伴う下痢が認められる．腹痛，嘔吐，食欲低下，体重減少が認められる場合もある[14]．慢性症例では，間欠的な下痢が認められることがある．貧血を伴う場合，粘膜蒼白および元気低下などの症状を呈する．

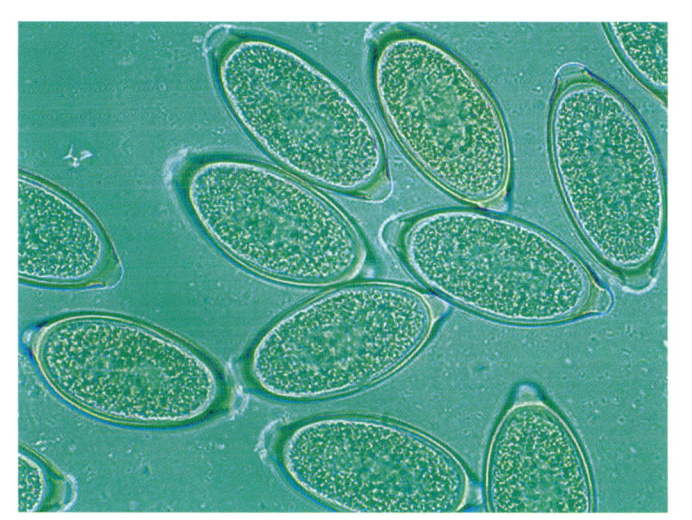

図 6.3　鞭虫卵．糞便浮遊液中に認められる鞭虫卵の強拡大像．

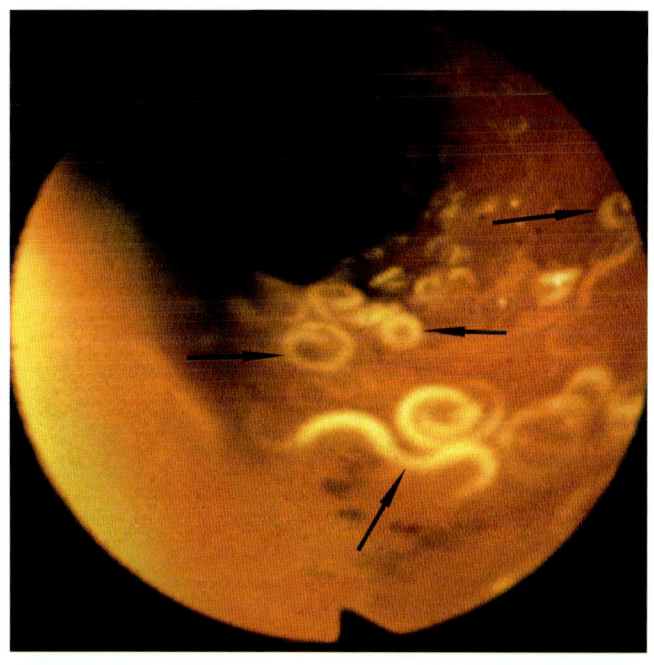

図 6.4　鞭虫．内視鏡像において，犬の上行結腸内に鞭虫の成虫（矢印）が認められる．

病態生理

　鞭虫の生活環は直接的である．成虫は間欠的に産卵するため，糞便検査で虫卵が検出されない場合もある．虫卵の大きさは 80 × 35 μm であり，厚い黄褐色の卵殻に覆われ，樽型で両端に栓を有する（図 6.3）．鞭虫卵は，環境中で数年生存可能であるが，長期の日光照射によって死滅する．芝生や床が土の犬小屋といった消毒が難しい場所は，一旦汚染されると感染源になる可能性がある．虫卵は，至適環境下では最短 10 日間で幼虫形成する．犬が感染性のある虫卵を摂取した場合，虫卵は小腸で孵化し，粘膜下で 2 ～ 10 日間トンネル形成した後，再び管腔内に現れ，盲腸および上行結腸の粘膜に接着し，成熟する[14]．雌虫は，感染 70 ～ 107 日後には産卵を開始する．1 日に産卵する虫卵の数は，1,000 ～ 4,000 個である．成虫の寿命は 18 ヵ月である．

　病原性は，成虫が細い頭部を盲腸もしくは上行結腸上皮内へ潜り込ませトンネルを形成することと関連しており，局所の炎症，粘膜の過形成を引き起こし，肉芽腫性病変が形成される場合もある．[14,15] 成虫の体長は 45 ～ 75mm であり（図 6.4），組織液，血液および細胞残屑を摂食している．犬では，大腸全域に大量の虫体寄生が認められることがある．

　感染犬の多くは臨床徴候を示さない．臨床徴候の発現に関与する因子として，寄生虫体の数，寄生部位，炎症の程度，貧血や低蛋白血症の程度，宿主の栄養状態，およびその他の消化管内寄生虫の存在が挙げられる．[14]

　まれではあるが，ヒトに対する犬鞭虫（*Trichuris vulpis*）感染も報告されている．[14,15] そのため，飼い主に対して公衆衛生上の重要性を警告するとともに，糞便を捨てる際には適切な衛生的処置を行う必要がある．

診 断

　鞭虫卵は，通常の糞便浮遊法において確認することができる．硫酸亜鉛遠心浮遊法は，鞭虫卵を検出する際，他の浮遊法と比較してより感度が高い方法である．[16] しかしながら，複数回の糞便検査において，虫卵が検出されなかった場合でも，追加検査を行う前に治療を始めるべきである．適切な駆虫薬の投与後 2 ～ 3 日以内に臨床徴候の改善が認められた場合，鞭虫症と仮診断することができる．治療を施されていない不顕性感染犬の場合，大腸内視鏡検査中に盲腸および上行結腸における成虫寄生が確認されることがある（図 6.4）．[17] 好酸球増加症が認められることがある．また，重度の感染では，貧血および低蛋白血症が認められることがある．

治 療

　犬では，多くの薬剤が鞭虫症に有効である．[15] 一般的に，フェンベンダゾール（Panacur®，50 mg/kg，PO，24 時間毎，3 日間）およびフェバンテル，パモ酸ピランテル，プラジカンテルの合剤（Drontal®，フェバンテルとして 25 mg/kg，PO，1 回）が用いられる．[18]

　フェンベンダゾールは，安全かつ効果的な広域スペクトルの駆虫薬であり，ジアルジアや条虫などの多くの消化管線虫に対して有効である．フェバンテルは，肝臓内でフェンベンダゾールに変換される．フェバンテルとピランテルは相乗的に働くため，単回投与での治療が可能である．さらに，両者とプラジカンテルと組み合わせた場合，多くの消化管線虫および条虫に対

して広く作用するようになる．

治療は，3週間後，3ヵ月後に繰り返し行うべきである．駆虫薬の幼虫に対する有効性は明らかになっていない．[14] 駆虫薬投与によって成虫を駆除した後，残った幼虫が発育し，成虫となって再び感染が成立する可能性がある．頻回に糞便を処理することによって，再感染の危険性は減少する．重篤な再発例では，犬糸条虫予防薬であるミルベマイシン・オキシム（Interceptor®，0.5 mg/kg，PO，月1回）が感染のコントロールに有効である．[19]

予後

適切な治療を行った場合，臨床徴候は速やかに消失する．汚染された環境で飼育されている犬の場合，再感染することが多い．

6.4.2 結腸炎

犬や猫において，急性もしくは慢性的な結腸の炎症（結腸炎）が存在する場合，一般的に大腸性の下痢が認められる．結腸炎の臨床徴候として，粘膜便，血便，しぶり，排便回数の増加，1回あたりの排便量の減少が挙げられる．また，嘔吐，食欲低下，脱水および腹痛が認められることもある．小腸の炎症が同時に存在する場合には，メレナ，体重減少（慢性例のみ）が認められることもある．

急性結腸炎の一般的な原因は，異嗜や食物不耐性（9.1 参照），毒物や異物摂取，薬物投与（抗生物質，NSAIDs），鞭虫感染（犬のみ），クロストリジウム性腸炎であるが，特発性の場合もある．サルモネラやカンピロバクター感染は，急性結腸炎の原因としては一般的ではないが，小腸性，大腸性両方の下痢を引き起こす可能性がある．診断は病歴，糞便検査，高消化性の低脂肪・低線維食を用いた食餌療法に対する反応，もしくは異嗜症の原因を除外した結果を基に行われる．大腸内視鏡検査および粘膜面の生検が行われることはまれであるため，大腸の炎症に対する組織学的所見が得られることは少なく，速やかな下痢の改善から急性結腸炎と仮診断される．

慢性結腸炎は，通常，IBD（9.2 参照）または，クロストリジウム性腸炎と関連して起こる（下記参照）．まれに組織球性潰瘍性結腸炎（下記参照），ピシウム感染症（ムコール症），ヒストプラズマ症や無色単細胞藻類（Protothecaspp.），やHeterobilharzia americana（住血吸虫症）に関連した結腸炎が認められる．

6.4.2.1 ボクサーの組織球性潰瘍性結腸炎

組織球性潰瘍性結腸炎（HUC）は，まれに認められる慢性特発性疾患であり，進行性の結腸炎と潰瘍形成（図6.5）を特徴とする．組織学的には，形質細胞，リンパ球，膨張した PAS 陽性マクロファージの粘膜への浸潤を伴う炎症性病変が認められる．[20,21] 近年，炎症反応の免疫組織学的特徴が明らかになっ

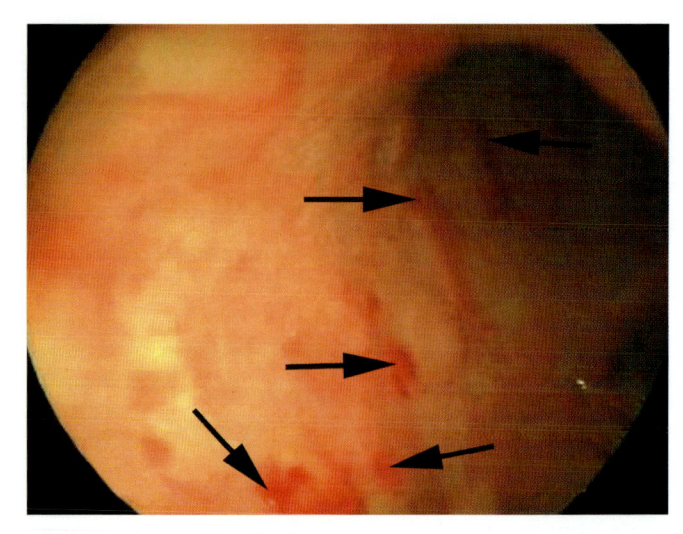

図6.5 組織球性潰瘍性結腸炎．組織球性潰瘍性結腸炎に罹患した2歳齢ボクサーの下行結腸における内視鏡像．結腸全域にびらん（矢印）および潰瘍が認められる．

た．[4] 本疾患は，若齢，特に2歳以下のボクサーにおいて多く認められるが，フレンチ・ブルドッグ，マスチフ，アラスカン・マラミュート，ドーベルマン・ピンシャーにおいても報告されている．[22]

慢性的な消化管からの血液および蛋白質の喪失によって，体重減少および衰弱が認められる．直腸指診によって，うね状の肥厚した粘膜，出血，痛みが確認されることがある．

従来の治療法としては，9.2.2.4 で述べたような IBD と同様の治療法が選択されており，それに加えて，スルファサラジンも選択肢の1つである．近年，エンロフロキサシンの有効性に関する知見が集積されており，2.5～5.0 mg/kg で12時間毎に4～8週間経口投与することによって，より高い治療効果が得られる可能性が示唆されている．[23] しかしながら，今後，より多くの症例に対して長期間経過観察を行う必要がある．HUC 診断時に重篤な臨床徴候が認められる場合，予後不良であるとされる．臨床徴候が軽度の場合には，従来の治療に対してよく反応する．[24]

6.4.2.2. クロストリジウム性腸炎

大腸性下痢と Clostridium perfringens A 型菌腸毒素の関連性を示唆する報告がある．[34] 本疾患は犬における発生が一般的ではあるが，猫においても時折発生が認められる．自然発生例および院内感染例の両方が報告されている．[35] 近年，いくつかの疫学的研究によって，下痢を呈している犬，入院中の下痢を呈していない犬，外来の健常犬の糞便中における Clostridium perfringens 腸毒素の保有率が明らかになった．[36-39] 本症候群は一般的に受け入れられているが，正確な病態は明らかになっておらず，特徴的な所見のいくつかについては意見の分かれると

ころである．筆者は，クロストリジウム性腸炎は犬の慢性大腸性下痢の一般的な原因となっており，急性下痢においても重要な原因の1つとなっている可能性があると考えている．確定診断を基に適切な抗生物質投与による治療を行い，臨床的予後を評価した症例の研究が進み，多くの疑問点が解決されることが期待される．

病態生理

 Clostridium perfringens は，嫌気性，芽胞形成性のグラム陽性桿菌である．[39] 4種の主要毒素の産生性により5つの型に分類される．さらに，それぞれの型がその他の毒素を産生することもできる．多くの腸管毒素はA型菌によって産生される．栄養型の *C. perforingens* は正常な結腸細菌叢にも存在している．[39] 腸管毒素は芽胞形成中に産生され，腸管内の液体貯留，粘膜面における炎症，密着結合の変化および細胞間隙の透過性増加や下痢を引き起こす．[40] 実験モデルを用いた研究では，腸管毒素は小腸に最も影響を与えると報告されている．芽胞形成および腸管毒素産生の引き金となる因子は明らかになっていない．

臨床徴候

 クロストリジウム性腸炎では，急性および慢性の大腸性下痢を呈することが多い．嘔吐，体重減少，鼓腸，腹痛が認められることはまれである．小腸性下痢が認められることもあるが，*C. perfringens* との関連性については意見が分かれる．急性出血性下痢を主徴とした症候群の犬では，糞便中の *C. perfringens* および *C. difficile* 腸管毒素との関連性が強く示唆されている．[36] この報告では，急性出血性下痢，吐血，重度の脱水，および剖検時の壊死性出血性腸炎，腸間膜リンパ節腫脹が本症候群の特徴として確認されている．

診 断

 確定診断のためには，典型的症状を呈する犬または猫の糞便から腸管毒素を同定し，その他の大腸性疾患を否定する必要がある．抗生物質投与によって臨床徴候は速やかに改善する．現在，利用可能な唯一の検査は，定性的なELISA法（Tech Lab, Blacksburg, VA）であり，いくつかの商業的な検査機関を通じて利用可能である．間欠的な臨床徴候を呈する動物において，症状が認められない期間は腸管毒素が検出できない可能性があるため，下痢を呈している時期に糞便材料を採取する必要がある．冷蔵検体については，検査の信頼性が低下する可能性がある．[41]

 これまでは，直腸の細胞診標本において，油浸を用いて1視野あたり3～5個の芽胞が認められた場合には，本菌に起因する腸炎を疑うべきであると考えられてきた．芽胞は，多くの細菌よりも大きく，'安全ピン'様の形態をとると考えられている（図6.6）．しかしながら，最近の疫学的研究では，糞便中の芽胞の数と腸管毒素の存在との間の関連性は証明されていない．[37,38] しかしながら，大腸性下痢を呈する犬では，直腸の細胞診において多量の芽胞が検出されることが知られている．[36] 筆者の経験でも，直腸の細胞診において多量の芽胞が検出された典型的な臨床徴候を呈する犬は，通常，糞便中の腸管毒素陽性であり，抗生物質治療によく反応する．しかしながら，糞便中の腸管毒素陽性，典型的な臨床徴候，抗生物質に対する反応性は，直腸細胞診における芽胞の増加がなくても認められる可能性がある．罹患犬に対して内視鏡検査が行われることはまれであるが，結腸は肉眼的，組織学的に正常であるか，もしくは，病理組織学的にカタル性または化膿性結腸炎の所見を伴う粘膜の充血，出血，潰瘍が認められる可能性がある．[34]

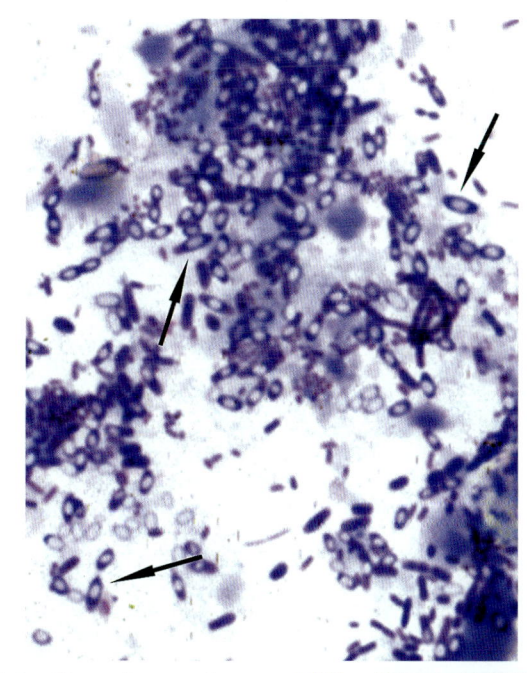

図6.6 *Clostridium perfringens* の芽胞．簡易ライト染色で染色した直腸細胞診標本においておびただしい数のクロストリジウムの芽胞（矢印）が観察される．

治 療

 急性例における臨床徴候は，自然寛解することがある．通常，罹患動物は抗生物質投与に対する反応が速やかであり，3～5日以内に臨床徴候の改善が認められる．メトロニダゾール（6 mg/kg, PO, 8～12時間毎），アンピシリン（22 mg/kg, PO, 8時間毎），もしくは，アモキシシリン（11～22 mg/kg, PO, 8～12時間毎）の7～10日間継続投与はいずれも有効である．[34] 治療後に臨床徴候の再燃が認められた場合には，同様の治療を繰り返す（1～2回）か，もしくは，タイロシン（Tylan® powder, 10～20 mg/kg, PO, 12時間毎）を3～6ヵ月間長期的に投与する．タイロシンの粉剤は，苦味があるため，少量の缶詰の餌と混ぜるか，ゼラチンカプセ

ルに入れて投与する必要があるかもしれない．慢性的に再発を繰り返す症例に対しては，高線維食の給餌が有効な場合がある．食物線維は，細菌発酵され，結腸内の酸性化を引き起こし，その結果，芽胞形成の阻害や C. perfringens の増殖を抑制するような腸内細菌叢の変化をもたらす可能性がある．

予後

クロストリジウム性腸炎に罹患した動物の予後は非常に良い．多くの動物は，数日以内に治療に反応する．現在のところ長期的な治療が必要かどうかを予測するための臨床的所見は明らかにされていない．

6.4.2.3 トリコモナス感染症

Jan S. Suchodolski

近年，鞭毛を有する原虫であり，牛の生殖器トリコモナス症の一般的な原因である Tritrichomonas foetus（図 6.7，図 6.8）が猫の消化器疾患の病原体として同定されている．[42,43] 本原虫は，猫において実験感染，自然感染のいずれにおいても下痢

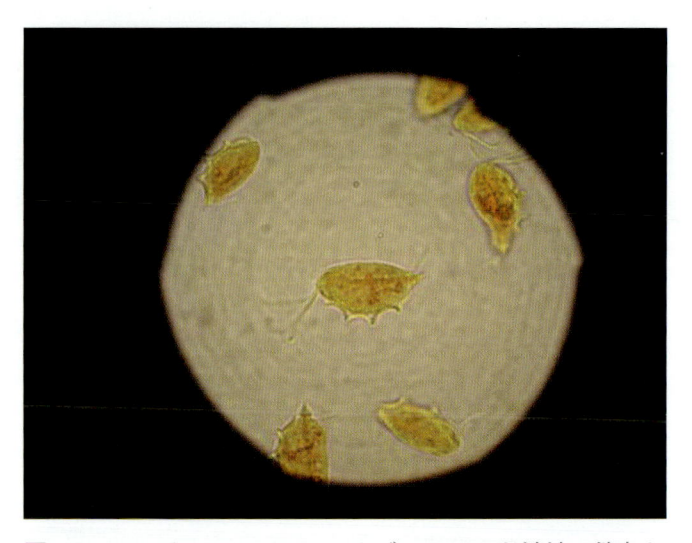

図 6.8 *Tritrichomonas foetus*．ルゴールヨード溶液で染色した *T. foetus* 外縁．3 本の前鞭毛および波動膜が体軸に沿って認められる（本図は www.fabcats.org の許可を得て掲載．写真 Andy Sparkes）

を引き起こすことが報告されている．*T. foetus* の猫における真の罹患率は不明であるが，比較的高率に感染されていることが予想される．国際的なキャットショーにおける調査では，117 頭中 31％の猫において *T. foetus* 感染が確認された．[44]

いずれの年齢，品種，性別の猫も感染する可能性があるが，過密環境で飼育されている猫（例；預かり施設，動物保護施設，多頭飼育環境）では，感染の危険性が高いようである．[43] 感染が最も多くみられるのは若齢猫（12 ヵ月齢未満の猫）であるが，それ以上の年齢の猫も感染する可能性がある．*Tritrichomonas foetus* は，主に結腸粘膜表層に寄生し，慢性的な大腸性下痢を引き起こす．通常，適切な治療を行わなかった場合には，感染は持続する．下痢は自然に改善する可能性があるが，ストレス下において再発することが多い．*T. foetus* 感染猫は健康そうにみえても，実際は排便回数の増加が認められ，便の性状は血液や粘膜を含む軟便〜液状便であることがある．しばしば便失禁が認められる．肛門周囲では，多くの場合，浮腫が認められ，重度の下痢により痛みを伴うこともある．また，直腸脱が起こることもある．

診断

T. foetus 感染の診断は，糞便の直接塗抹標本上における栄養体（trophozoite）の確認（図 6.8），糞便の培養，糞便材料を用いた PCR 法，もしくは，結腸粘膜生検によって行われる．糞便の直接塗抹標本の短所は，感度の低さ（14％），特異性の低さ（*T. foetus* は，*Giardia* spp. や非病原性の *Petatrichomonas hominis* と誤診されやすい），および新鮮糞便材料しか使用することができないことである．

Tritrichomonas foetus は，市販のキット In Pouch TM TF

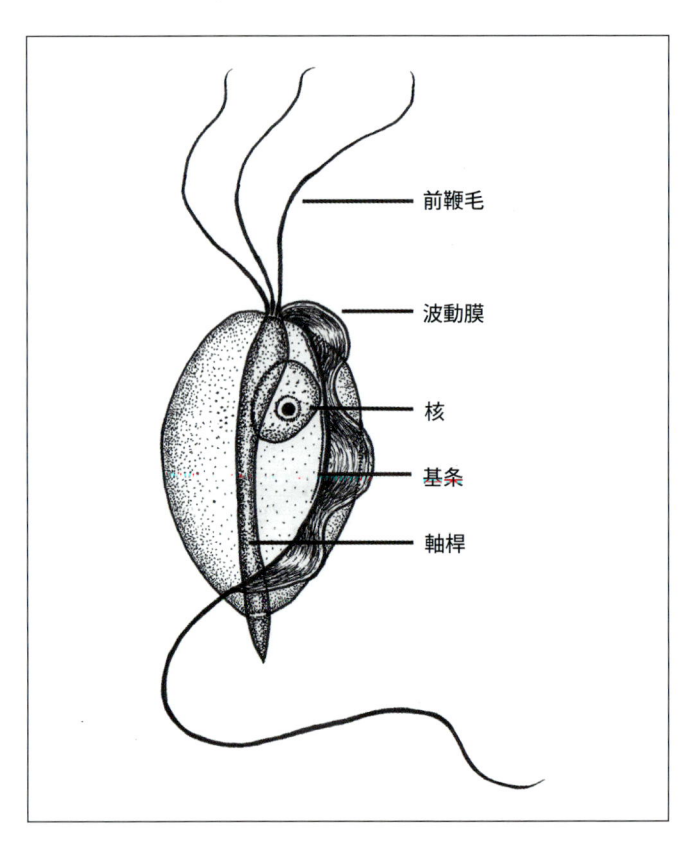

図 6.7 *Tritrichomonas foetus*．*Tritrichomonas foetus* の詳細な輪郭を線画で示した．糞便検査では図 6.8 で認められるような 3 本の鞭毛および波動膜が *T. foetus* とその他の原虫を見分けるために有用である（本図はインターネット上に投稿されたカンザス州立大学 Biology 625 の補助教材を許可を得て改変．Jarrod Wood 原図）．

（Biomed Diagnostics, San Jose, CA）を用いて培養することもできる．パウチに排便直後の新鮮な糞便0.1g未満を接種し，25℃で培養する．パウチは，顕微鏡下で2, 3日毎に評価する必要がある．通常，パウチに接種してから，1～11日以内に結果が得られる．糞便材料の培養は，直接塗抹標本よりも感度は高いが，結果の解釈の難しさ，新鮮な糞便の必要性，結果が得られるまでに最長で11日かかることが欠点である．

Tritrichomonas foetus のDNAはPCRによって，糞便材料から増幅可能である．[45] PCR法を用いた糞便材料からの *T. foetus* の検出は，最も感度の高い方法として知られており，*T. foetus* 感染の直接的診断に適している．[45] PCR法の利点として，培養法に比べて感度が高く，所要時間が短いこと，また，DNAはさまざまな温度で比較的安定であるため，検体の処理と保存が容易であることが挙げられる．

治療

最近まで，猫の *T. foetus* 感染症に対する確立した治療法はなかったが，近年，ロニダゾール投与（30～50 mg/kg, PO, 12時間毎に2週間）が，下痢および *T. foetus* の駆虫の両方に対して有用であることが明らかになった．[46] ロニダゾールが神経学的な副作用を引き起こすという報告もいくつかあるが，いずれも症例報告に留まる．しかしながら，これらの副作用は一旦治療を中止すると消失する．ロニダゾールは家畜に対する使用は承認されていないため，治療開始前に，飼い主から承諾書を得ることが推奨される．近年，数ヵ所の調剤薬局においてロニダゾールの販売が開始された．

6.4.3 過敏性腸症候群

過敏性腸症候群（IBS）という診断が下されることは多いが，犬における疾患の機能的側面についてはほとんど理解されていない．[2] 本疾患は，痙攣性結腸，神経性結腸炎，粘液性結腸炎とも呼ばれる．[25] 慢性的大腸性下痢を呈している犬の内，およそ10～15％がIBSであると考えられている．[26] 米国における調査では，成人の約15％がIBSに合致する症状を呈していると報告されている．[27] IBSとは，構造的，生化学的もしくは微生物学的な異常が確定できない場合に認められる結腸機能不全と定義される．獣医学領域では，本疾患に関する臨床的報告はなされていない．

犬において，IBSは除外診断であるため，診断前に大腸性下痢の考えられる原因を否定しなければならない．IBSと診断される犬は：1）真にヒトと同様の症候群を呈している可能性．2）他の結腸性疾患であるが診断が誤っている可能性．3）線維反応性大腸性下痢やクロストリジウム性腸炎などの最近認識された新たな疾患である可能性，などが考えられる．

病態生理

犬のIBSに関する病態生理学的な研究はなされていない．人医領域では，低線維食，食物アレルギー，食物不耐性，消化管運動の異常，痛覚と内臓知覚の変化，心理的要因，消化管神経伝達物質の不均衡などの役割について研究が行われている．[27] 異常な筋電位活性が，腸管運動の異常を引き起こし，最終的には臨床徴候の原因となると考えられている．[25]

臨床徴候

犬におけるIBSの最も多い臨床徴候は，間欠的な大腸性下痢であり，過剰な粘膜便，しぶり，切迫排便，排便回数の増加を伴う．[25] 間欠的な鼓腸，悪心，嘔吐，腹痛が認められる場合もあるが，鮮血便が認められることはまれである．しばしば，病歴からストレス性要因が聴取されることがあり，これらの要因によって，周期的な臨床徴候を呈している可能性がある．罹患犬は過度に興奮しやすく，手に負えない性格や異常な性格を有している可能性がある．しかしながら，このような異常がない場合でも，IBSが認められる可能性がある．[26]

診断

犬における診断は除外診断によってなされるといっても過言ではない．IBSの診断を確定する前に，綿密な診断計画を立てなければならない．糞便検査によって，寄生虫感染を否定し，臨床検査によって，可能性のある全身性疾患を除外する必要がある．さらに，IBSを診断する前には，高消化性低脂肪食を用いた食事制限や，鞭虫の駆虫を行うべきである．最終的に，結腸内視鏡検査および粘膜面の生検結果が正常でなければならな

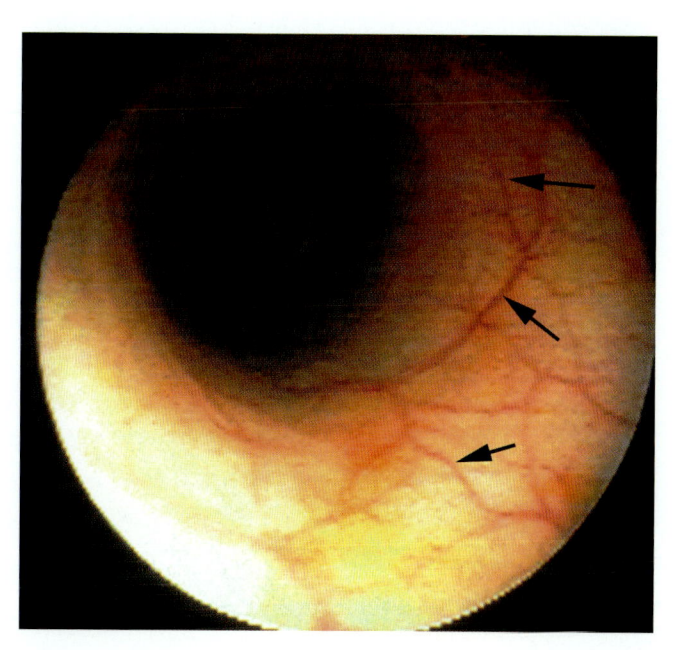

図6.9 正常な結腸粘膜．特発性大腸性下痢を呈した犬の正常な結腸粘膜の内視鏡像．粘膜は滑らかで光沢があり（glistening），粘膜下の血管が透けて見えている（矢印）．

い（図6.9）．IBS症例では，内視鏡の接触後に，結腸壁の痙攣が認められることがある．筆者の経験では，高線維食に対する反応だけでは，IBSの存在を否定することはできないが，その代わり，線維反応性大腸性下痢の存在が明らかになる可能性がある．IBSと線維反応性大腸性下痢の関係については，次項で述べる．

治療

臨床徴候が間欠的なため，治療に対する反応性の評価が難しいことが多い．通常，臨床徴候の改善のために，複数の治療方法を試みる必要がある．ストレス性の要因や性格の異常が確認できた場合には，行動治療が有効である可能性がある．残念ながら，ストレス性要因の多くは排除することができず，多くの飼い主は，自身の行動を改善したり，ペットの行動を変えたりすることができない，もしくは好まない．そのため，通常，食餌療法や薬物療法が行われる．筆者が推奨するのは，可溶性線維を含む高消化性食の給餌である．多くの症例では，高線維食の給餌によって，薬剤の投与回数や量を減らすことができるか，もしくは，薬剤投与を完全に中止できる可能性がある．食物線維についての詳細は次の「線維反応性大腸性下痢」の項で述べた．

下痢の程度や頻度はロペラミドやジフェノキシラートなどの消化管運動調節薬によっても改善される．これらの薬剤は，結腸の分節運動を増加させることによって症状を改善させる．通常，数日間投与し，下痢の改善が認められた後に投与を中止することが多い．[25] 痛みは通常，鎮痙薬によって緩和され，ストレス性要因による影響は鎮静薬によって改善される．Librax®は，鎮静作用のあるクロルジアゼポキシド（5 mg）と抗コリン薬である臭化クリジニウム（2.5 mg）の合剤である．報告されている投与量は，クリジニウムとして0.1〜0.25 mg/kgもしくは，Librax® 1〜2カプセルであり，8〜12時間毎の経口投与を行う．[25,28] 本薬剤は飼い主が腹痛や下痢に気づいた場合，動物にストレスがかかることが予測される場合，またはストレス下にある場合に投与することができ，通常，2，3日で投与を中止する．プロパンテリン（Pro-Banthin®，0.25 mg/kg，PO，8〜12時間毎），ヒヨスチアミン（Levsin®，0.003〜0.006 mg/kg，PO，8〜12時間毎），ジシクロミン（Bentyl®，0.15 mg/kg，PO，8〜12時間毎）といったその他の抗コリン薬の使用についても報告されている．[2,25] 抗コリン薬は，消化管運動を抑制もしくは阻害するため，下痢を増悪させる可能性があるが，その他に副作用がみられることはまれである．ヒトのIBS患者で報告されている副作用として，口腔乾燥，尿閉，視界のかすみ，頭痛，精神病，神経質，嗜眠が挙げられる．時折，悪心や嘔吐によって，経口投与が困難なことがある．制吐薬の非経口投与によって，悪心や嘔吐が軽減し，1〜2日後には，経口投与が可能になる．[25]

予後

犬におけるIBSの予後は注意が必要である．罹患犬は，何年間にもわたって，間欠的な臨床徴候を呈する可能性がある．多くの場合，環境の改善，食餌療法，薬物療法は，臨床徴候のコントロールや軽減に有効である．線維食に対して反応する症例では，臨床徴候が軽減，消失し，予後は良好である（次項参照）．

6.4.4 線維反応性大腸性下痢

慢性の特発性大腸性下痢を呈する犬の中には，可溶性食物線維を付加した高消化性の食餌を与えることによって，管理可能な症例が存在する．このような犬は，線維反応性大腸性下痢（FRLBD）と診断される．ほとんどの症例は，中年齢犬である．[29]

病態生理

FRLBD罹患犬（特に，病歴から性格異常や環境性のストレス因子が確認された場合）は，IBSと診断されることがある．現在のところ，IBSとFRLBDの関連性は明らかになっておらず，症例が重複している可能性がある．しかしながら，多くのFRLBD罹患犬では，鮮血便が認められるが，IBS罹患犬において，鮮血便が認められることはまれである．[25,26] さらに，IBS罹患犬において食物線維の食餌への付加だけで，臨床症状が改善することは非常にまれである．[25] このように，FRLBDは，IBSとは全く別の症候群と考えることも食物線維付加に反応するタイプのIBSであるとも考えられる．また，FRLBDとクロストリジウム性腸炎が併発していることもある（後述）．FRLBDの病態生理については明らかになっていない．

臨床徴候

FRLBD罹患犬では，鮮血便，粘膜便，しぶりを伴う慢性の間欠的な大腸性下痢が認められることが多い．しかしながら，持続的な下痢が認められることもある．時折，嘔吐や食欲低下が認められる．罹患犬のおよそ38％において，性格異常や環境性のストレス因子が確認されている．飼い主から，飼い犬が神経質であるということや非常にいらだっているということが聴取されることは非常にまれである．分離不安，服従的排尿，音に対する過敏反応，雷に対する恐怖，攻撃性が認められることはまれである．ほとんどの症例では，ストレス性因子や性格異常と下痢の進行または増悪を関連づけることはできない．ストレス性要因としては，訪問客，旅行，引っ越し，工事，透明の柵の設置，同居動物の死，外出（トリミング，獣医師，ドッグショーなど）が確認されている．

診断

FRLBDの診断のためには，結腸内視鏡検査（図6.9），粘膜生検を始めとした詳細な診断的検査を行い，既知の大腸性下

痢の原因を除外する必要がある．下痢の原因が確定できなければ，一旦は特発性大腸性下痢と仮診断し，食物線維付加に対して反応が認められれば，FRLBD に診断を改める．

治療

食物線維とは哺乳類の消化酵素に抵抗性の広範囲の植物性多糖類およびリグニンを指す集合的な用語である[30]．食物線維には多くの種類があり，それぞれ異なった化学的，物理的，生理的な性質を持つ．可溶性線維には，ペクチン，ガム，ムチン質（mucilages）および一部のヘミセルロースなどがある[30]．これらの線維質は，果実および野菜の実質やマメ科植物の種子の部分に含まれる．不溶性線維には，セルロース，リグニン，および一部のヘミセルロースなどがあり，穀物の粒子や種皮に含まれる．

ヒトでは，食物線維の付加によって，結腸の筋電位活性および運動性が正常化することが知られている．食物線維の付加によって FRLBD 罹患犬の臨床徴候が改善する機序としてはいくつかの可能性が考えられる．可溶性線維には大量の水分を吸収し，便を軟らかくする作用がある．結腸の細菌は乾燥した糞便容量の約 40 ～ 55 ％を占めており，可溶性線維を発酵することによって，細菌の数は著しく増殖し（細菌の種類は変わらない），さらに，細菌性副産物の量も増加する[31,32]．細菌による線維の発酵により産生される短鎖脂肪酸は，ブチル化され，結腸上皮のエネルギー源となる[31,32]．さらに，短鎖脂肪酸は，結腸上皮の分化増殖を促進し，水分・電解質の吸収および縦走筋の収縮を刺激する．不溶性線維は糞便の容量を大幅に増加させる．このように，食物線維による糞便量の増加は，結腸を拡張させ，正常な結腸運動ための重要な刺激となっている．FRLBD 罹患犬においては，結腸の拡張によって運動性が改善し，その結果，正常な排便を促し，臨床徴候の改善につながる可能性がある．

サイリウムは，インドオオバコ（*Plantago ovata*）の種子または殻を主成分とし，その，約 90 ％は可溶性線維である．下痢を呈した犬において可溶性線維の有効性を評価した報告はないが，人医領域では，サイリウムが小児の非特異的な特発性慢性下痢の治療群において有効性であったという報告がある[33]．この報告では，線維の添加を中止しても，効果が持続していたことから，サイリウムが結腸細菌叢の変化を引き起こした可能性が示唆された．さらに，サイリウムは，成人の非特異的慢性下痢，寛解期間中の潰瘍性結腸炎，一部の IBS 患者や経腸栄養で治療されている熱傷患者，チューブ栄養患者，およびその他の下痢を呈する疾患における有効性が報告されている[29]．

サイリウム親水性粘漿薬（Metamucil®，大さじ 1 ～ 3 杯 / 日）の高消化性低線維食への添加は，慢性特発性大腸性下痢を呈する多くの犬に対して有益である．報告されている症例の食餌に加えられた Metamucil® 量の中央値は，1.33 g/kg/ 日（0.31 ～ 4.9 g/kg/ 日）であった．通常の治療に加えて，IBS に対する薬物療法が必要となる場合がある．

罹患犬の食餌に添加する線維は，減量したり，完全に中止したりすることができる場合もあれば，長期間，添加し続ける必要がある場合もある．さらに，高消化性の食餌から通常の維持食へ変更しても下痢の再発がみられないこともある．

予後

可溶性線維添加に反応した場合，FRLBD 罹患犬の予後は非常に良好である．個々の犬が線維療法に反応するかどうかを予測するための特異的な臨床徴候は明らかになっていないため今後の治験が必要である．線維添加への反応が不十分であり，IBS に対しての治療が必要な症例の予後は警戒が必要である．

🔑 キーポイント

- 大腸の主な機能は，回腸排出物からの水分・電解質の吸収，糞便の貯蔵および排出である．
- 大腸性疾患において一般的に認められる臨床徴候は，下痢であり，通常，排便頻度の増加，1 回あたりの排便量の減少，しぶり，鮮血便，粘膜便が認められる．
- 鞭虫（*Trichuris vulpis*）感染は，犬における急性もしくは慢性大腸性下痢の最も一般的な原因の 1 つである．
- 犬における過敏性腸症候群は除外診断であるため，診断前に既知の大腸性下痢の原因を除外しなければならない．
- 犬の慢性特発性大腸性下痢の多くの症例に対して大さじ 1 ～ 3 杯 / 日のサイリウム親水性粘漿薬を添加した高消化性低線維食が有益である．

参考文献

1. Leib MS, Matz ME. Diseases of the large intestine. In: Ettinger SJ, Feldman EC (eds.), *Textbook of Veterinary Internal Medicine*. Philadelphia, WB Saunders, 1995; 1232 – 1260.
2. Leib M, Matz M. Diseases of the intestines. In: Leib M, Monroe W (eds.), *Practical Small Animal Internal Medicine*. Philadelphia, WB Saunders, 1997; 685 – 760.
3. Roth L, Walton AM, Leib MS. Plasma cell populations in the colonic mucosa of clinically normal dogs. *J Am Anim Hosp Assoc* 1992; 28: 39 – 42.
4. German A, Hall E, Kelly D et al. An immunohistochemical study of histiocytic ulcerative colitis in boxer dogs. *J Comp Pathol* 2000; 122: 163 – 175.

5. Karaus M, Sarna SK. Giant migrating contractions during defecation in the dog colon. *Gastroenterology* 1987; 92: 925–933.
6. Washabau R, Holt D, Brockman D. Mediation of acetylcholine and substance P induced contractions by myosin light chain phosphorylation in feline colonic smooth muscle. *Am J Vet Res* 2002; 63: 695–702.
7. Washabau R, Stalis I. Alterations in colonic smooth muscle function in cats with idiopathic megacolon. *Am J Vet Res* 1996; 57: 580–587.
8. Snape WJ, Tan ST, Kao HW. Effects of bethanechol and the octapeptide of cholecystokinin on colonic smooth muscle in the cat. *Am J Physiol* 1987; 252: G654–G661.
9. Strombeck DR. Small and large intestine, normal structure and function. *In*: Strombeck DR, Guilford WG, Center SA, Williams DA (eds.), *Small Animal Gastroenterology*. Philadelphia, WB Saunders, 1996; 318–350.
10. Willard MD. Normal immune function of the gastrointestinal tract. *Sem Vet Med Surg* 1992; 7: 107–111.
11. Cave N. Chronic inflammatory disorders of the gastrointestinal tract of companion animals. *NZ Vet J* 2003; 51: 262–274.
12. Jergens A. Understanding gastrointestinal inflammation - implications for therapy. *J Feline Med Surg* 2002; 4: 179–182.
13. Leib MS, Codner EC, Monroe WE. A diagnostic approach to chronic large bowel diarrhea in dogs. *Vet Med* 1991; 86: 892–899.
14. Campbell BG. Trichuris and other trichinelloid nematodes of dogs and cats in the United States. *Compend Contin Educ Pract Vet* 1991; 13: 769–780.
15. Hendrix CM, Blagburn BL, Lindsay DS. Whipworms and intestinal threadworms. *Vet Clin North Am Small Anim Prac* 1987; 17: 1355–1375.
16. Zajac A, Johnson J, King S. Evaluation of the importance of centrifugation as a component of zinc sulfate fecal flotation examinations. *J Am Anim Hosp Assoc* 2002; 38: 221–224.
17. Leib MS, Codner EC, Monroe WE. Common colonoscopic findings in dogs with chronic large bowel diarrhea. *Vet Med* 1991; 86: 913–921.
18. Lloyd S, Gemmell MA. Efficacy of a drug combination of praziquantel, pyrantel embonate, and febantel against helminth infections in dogs. *Am J Vet Res* 1992; 53: 2272–2273.
19. Zajac AM. Developments in the treatment of gastrointestinal parasites of small animals. *Vet Clin North Am Small Anim Pract* 1993; 23: 671–681.
20. Ewing GO, Gomez JA. Canine ulcerative colitis. *J Am Anim Hosp Assoc* 1973; 9: 395–-06.
21. Hall EJ, Rutgers HC, Scholes SFE et al. Histiocytic ulcerative colitis in boxer dogs in the UK. *J Small Anim Pract* 1994; 35: 509–515.
22. Stokes J, Kruger J, Mullaney T et al. Histiocytic ulcerative colitis in three non-boxer dogs. *J Am Anim Hosp Assoc* 2001; 37: 461–465.
23. Davies D, O'Hara A, Irwin P et al. Successful management of histiocytic ulcerative colitis with enrofloxacin in two Boxer dogs. *Aust Vet J* 2004; 82: 58–61.
24. Churcher R, Watson A. Canine histiocytic ulcerative colitis. *Aust Vet J* 1997; 75: 710–713.
25. Tams TR. Irritable bowel syndrome. *In*: Kirk RW, Bonagura JD (eds.), *Current Veterinary Therapy XI*. Philadelphia, WB Saunders, 1992; 604–608.
26. Burrows CF. Medical diseases of the colon. *In*: Jones BD, Liska WD (eds.), *Canine and Feline Gastroenterology*. Philadelphia, WB Saunders, 1986; 221–256.
27. Horwitz B, Fisher R. The irritable bowel syndrome. *N Engl J Med* 2001; 344: 1846–1850.
28. Johnson SE. Clinical pharmacology of antiemetics and antidiarrheals. *Proc of the Eighth Kal Kan Sym Treat Small Anim Dis*, Columbus, OH, 1984; 7–15.
29. Leib M. Treatment of chronic idiopathic large-bowel diarrhea in dogs with a highly digestible diet and soluble fiber: A retrospective review of 37 cases. *J Am Vet Med Assoc* 2000; 14: 27–32.
30. Dimski DS, Buffington CA. Dietary fiber in small animal therapeutics. *J Am Vet Med Assoc* 1991; 199: 1142–1146.
31. Cranston D, McWhinnie D, Collin J. Dietary fibre and gastrointestinal disease. *Br J Surg* 1988; 75: 508–512.
32. Eastwood MA. The physiological effect of dietary fiber: an update. *Ann Rev Nut* 1992; 12: 19–35.
33. Smalley JR, Klish WJ, Campbell MA et al. Use of psyllium in the management of chronic nonspecific diarrhea of childhood. *J Ped Gastroenterol Nut* 1982; 1: 361–363.
34. Twedt DC. Clostridium perfringens-associated enterotoxicosis in dogs. *In*: Kirk RW, Bonagura JD (eds.), *Current Veterinary Therapy XI*. Philadelphia, WB Saunders, 1992; 602–604.
35. Kruth SA, Prescott JF, Welch MK et al. Nosocomial diarrhea associated with enterotoxigenic Clostridium perfringens infection in dogs. *J Am Vet Med Assoc* 1989; 195: 331–334.
36. Cave N, Marks S, Kass P et al. Evaluation of a routine diagnostic fecal panel for dogs with diarrhea. *J Am Vet Med Assoc* 2002; 221: 52–59.
37. Weese J, Staempfi H, Prescott J et al. The roles of Clostridium difficile and enterotoxigenic Clostridium perfringens in diarrhea in dogs. *J Vet Intern Med* 2001; 15: 374–378.
38. Marks SL, Melli A, Kass PH et al. Evaluation of methods to diagnose Clostridium perfringens-associated diarrhea in dogs. *J Am Vet Med Assoc* 1999; 214: 357–360.
39. Marks S, Kather E, Kass P et al. Genotypic and phenotypic characterization of Clostridium perfringens and Clostridium difficile in diarrheic and healthy dogs. *J Vet Intern Med* 2002; 16: 533–540.
40. Niilo L. Clostridium perfringens in animal disease: A review of current knowledge. *Can Vet J* 1980; 21: 141–148.
41. Marks S, Melli A, Kass P et al. Influence of storage and temperature on endospore and enterotoxin production by Clostridium perfringens in dogs. *J Vet Diag Invest* 2000; 12: 63–67.
42. Foster DM, Gookin JL, Poore MF et al. Outcome of cats with diarrhea and *Tritrichomonas foetus* infection. *J Am Vet Med Assoc* 2004; 225: 888–892.
43. Gookin JL, Breitschwerdt EB, Levy MG et al. Diarrhea associated with trichomonosis in cats. *J Am Vet Med Assoc* 1999; 215: 1450–1454.
44. Gookin JL, Stebbins ME, Hunt E et al. Prevalence of and risk factors for feline *Tritrichomonas foetus* and *Giardia* infection. *J Clin Microbiol* 2004; 42: 2707–2710.
45. Gookin JL, Breitschwerdt EB, Levy MG et al. Single-tube nested PCR for detection of *Tritrichomonas foetus* in feline feces. *J Clin Microbiol* 2002; 40: 4126–4130.
46. Hookin JL, Copple CN, Papich MG, et al. Efficacy of ronidazole for treatments of feline *Tritrichomonas foetus* infection. *J Vet Intern Med* 2006; 20:536-543

6.4.5 猫の巨大結腸症

Robert J. Washabau

病因

猫における特発性巨大結腸症の病因は完全には明らかにされていない．いくつかの総説では，猫において便秘が認められた場合には，さまざまな原因（例；神経筋性，機械的，炎症性，代謝性・内分泌性，薬剤性，環境性，行動性）を考慮し，鑑別診断を行うことの重要性が強調されている（表6.1）.[1] 過去の報告をまとめた総説では，重度の便秘症例の96％は，特発性巨大結腸症（62％），骨盤狭窄（23％），神経損傷（6％），もしくは，マンクスの仙髄奇形（5％）が原因となって引き起こされている.[2] 個々の動物において，さまざまな原因を考慮し鑑別診断を行うことは重要であるが，ほとんどの症例は，特発性，形態異常，神経性疾患であることに留意する．

病態生理

巨大結腸は，結腸の拡張と肥厚という2つの病理学的機序

表6.1 猫における便秘の鑑別診断

神経筋機能不全
- 結腸平滑筋：特発性巨大結腸症，加齢
- 脊髄疾患：腰仙部髄損傷，馬尾症候群，仙髄変形（マンクス）
- 下腹神経もしくは骨盤神経性疾患：外傷，悪性腫瘍，自律神経不全
- 粘膜下もしくは壁内神経叢における神経障害：自律神経不全，加齢

機械的閉塞
- 管腔内：異物（骨，植物，被毛），腫瘍，直腸憩室，会陰ヘルニア，直腸肛門狭窄
- 壁内：腫瘍
- 管腔外：骨盤骨折，腫瘍

炎症
- 肛門周囲瘻，直腸炎，肛門腺膿瘍，直腸肛門部の異物，肛門周囲の咬傷

代謝性および内分泌性
- 代謝性：脱水，低カリウム血症，高カルシウム血症
- 内分泌性：甲状腺機能低下症，肥満，二次性栄養性上皮小体機能亢進症

薬物
- オピオイド作動薬，抗コリン作動薬，利尿剤，硫酸バリウム，フェノチアジン類

環境および行動
- 汚れたトイレ，活動性低下，入院，環境の変化

によって進行する．特発性症例においては，拡張した巨大結腸は結腸機能不全の末期の段階で認められる．特発性拡張性巨大結腸症の猫は，永久に結腸の機能と構造を喪失している．このような症例に対して内科的治療が行われることもあるが，最終的にほとんどの症例で結腸切除が必要となる．一方，肥厚性巨大結腸の原因は閉塞性病変（例；骨盤骨折の変形治癒，腫瘍，異物）である．肥厚性巨大結腸は，初期の骨盤骨切り術によって治癒する可能性があるが，適切な治療が行われなかった場合には，不可逆的な拡張性巨大結腸へ進行する可能性がある．

便秘は，軽度の便秘（constipation）および重度の便秘（obstipation）に分類されるが，いずれも根本原因は同じである.[3] "constipation"（以下，「便秘」とする）は，糞便の排出困難もしくは排便回数の減少として定義されるが，必ずしも永久的な機能の喪失を意味しているわけではない．多くの猫は1，2回の便秘を経験しているが，それ以上進行することは少ない．難治性の便秘が進行し，コントロール不能になった状態が"obstipation"であり，永久的な機能の喪失を意味する．継続した治療を数回行い，効果がみられなかった場合に初めて"obstipation"であると判断される．再発性の便秘や"obstipation"は，巨大結腸症候群を引き起こす可能性がある．

特発性拡張性巨大結腸症の病因は，結腸平滑筋の機能的異常であると考えられている．特発性巨大結腸症猫の結腸平滑筋を用いたin vitroでの等張性ストレスの測定実験から，本疾患は結腸平滑筋全域にわたる機能不全であり，結腸平滑筋の収縮促進を目的とした治療が結腸の運動性を改善する可能性があると考えられていた.[4,5] しかしながら，最近の研究から，病変部位は，下行結腸に始まり，時間が経つにつれて上行結腸へと進行していく可能性が示唆されている.[6]

臨床病歴

便秘（constipationおよびobstipation）と巨大結腸は，いずれの年齢，性別，品種の猫においても認められる可能性があるが，ほとんどの症例は，中年齢（平均5.8歳）であり，性別では雄（雄70％，雌30％）が多く，品種では，短毛家猫（46％），長毛家猫（15％），シャム（12％）において多く認められる.[2] 多くの場合，数日～数週間，もしくは数ヵ月に渡って，排便回数の減少，無排便もしくは排便時の痛みが認められる．罹患猫が猫用トイレの中で無意味な排便姿勢を繰り返しとっているのが観察されることもあれば，長時間，排便姿勢をとらずに座っているだけのこともある．猫用トイレの中や外で，硬く乾燥した便が認められる．慢性的な便秘の猫では，硬くなった便が腸粘膜を傷つけるため，時折，間欠的な鮮血便や下痢が認められることがある．そのため，飼い主は本質的な問題は下痢であるという誤った印象を持つ可能性がある．排便困難が長期にわたった場合には，食欲低下，元気低下，体重減少，下痢などの全身的な臨床徴候が認められるようになる．

臨床徴候

罹患猫に共通の身体検査所見は結腸の滞留便である．その他の所見は，便秘の重症度と病因によって異なる．重度の特発性巨大結腸症の猫では，脱水，体重減少，衰弱，腹痛，軽度〜中等度の腸間膜リンパ節の腫脹が認められることがある．結腸における便の滞留が重度の場合には，結腸，腸間膜，もしくはその他の腹腔内臓器から発生する腫瘍との鑑別が困難なことがある．自律神経障害が原因の便秘の場合には，尿失禁，便失禁，巨大食道による吐出，散瞳，涙液減少，瞬膜逸脱，徐脈などの自律神経系の臨床徴候が認められる．

診 断

直腸の指診は全ての猫において鎮静もしくは麻酔下で慎重に行うべきである．骨盤の外傷を伴う症例では，直腸検査によって骨盤の変形治癒が明らかになることがある．また，直腸検査によって，異物，直腸憩室，狭窄，炎症，腫瘍などのあまり一般的ではない原因も明らかになる可能性がある．会陰ヘルニアに関連して，慢性的なしぶりがみられることがある．便秘の神経学的原因（例；脊髄損傷，骨盤神経の傷害，マンクスの仙髄奇形）を明らかにするために，尾側脊髄機能の評価を主眼とした詳細な神経学的検査を行う．

重度の便秘（obstipation）や巨大結腸の症例では，臨床検査結果（例；CBC，血清生化学検査，尿検査）に顕著な異常が認められることはほとんどない．しかしながら，便秘が認められる全ての症例に対してこのような検査を実施するべきである（図 6.10）．臨床検査によって，脱水，低カリウム血症，高カルシウム血症などといった便秘の代謝性の原因が明らかになることがある．甲状腺機能低下症は，猫の便秘の原因としては一般的ではないが，甲状腺機能低下症の臨床徴候が認められる場合には，血清T4濃度の測定およびその他の甲状腺機能検査を行うべきである．理論的には，猫の甲状腺機能亢進症の治療後にも便秘が起こる可能性がある．

便秘が認められる全ての症例に対して腹部X線検査を行うべきである．腹部X線検査によって，結腸の滞留便の程度を確認し，管腔内のX線不透過性の異物（例；骨片），管腔内外の腫瘍性病変，骨盤骨折，脊髄の異常などの便秘の素因を明らかにすることができる．結腸の滞留便のX線所見からは，便秘の重症度や特発性巨大結腸症であるかどうかを判断することはできない．便秘が1回目や2回目であれば，たとえ，重症で広範囲に渡って滞留便が認められても，適切な治療を行うことで改善する可能性がある．

一部の症例では追加検査が必要となる場合がある．管腔外の腫瘍病変は，腹部超音波検査および超音波ガイド下での生検に

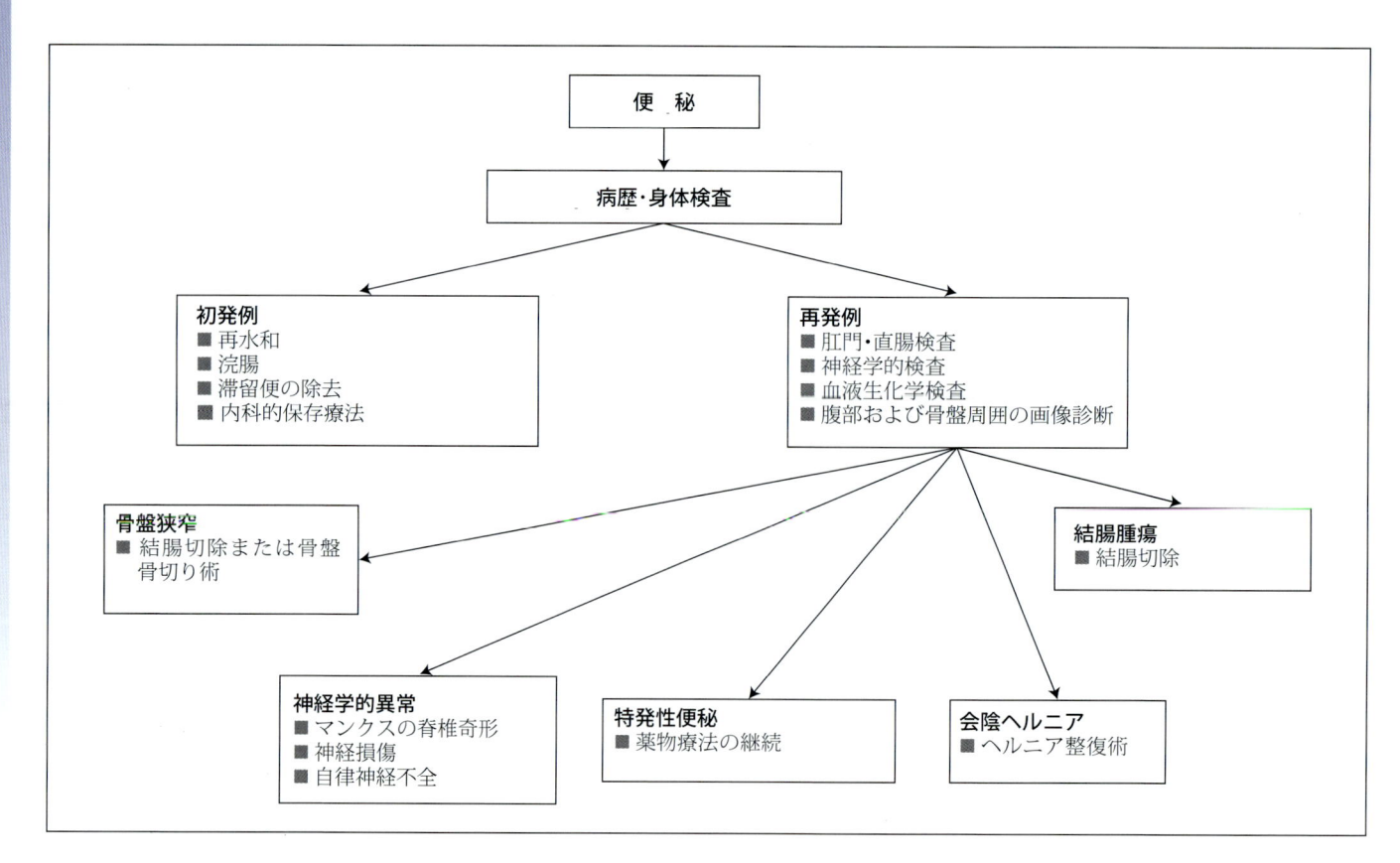

図 6.10 便秘．本図は便秘を呈した猫における体系的なまとめである．

よって，さらに，詳しく評価することが可能であり，管腔内病変に対しては，内視鏡検査が最適である．大腸内視鏡検査は，結腸および直腸肛門における炎症性病変，狭窄，小囊，憩室の有無を評価するために行われることもある．バリウム注腸造影検査は，結腸内視鏡検査を行うことができない場合に実施される．大腸内視鏡検査，バリウム注腸造影検査のいずれの場合も全身麻酔および滞留便の除去が必要である．神経学的異常が認められた症例に対しては，脳脊髄液の検査，CTまたはMRI検査および電気生理学検査を考慮する．最終的に，神経節細胞欠損性の巨大結腸が疑われる症例においては，結腸生検もしくは肛門直腸内圧測定が必要となる．

治療

治療方法は，便秘の重症度および潜在的な原因によって異なる．[1] 便秘が初発であれば，必ずしも内科的薬物療法は必要ではない．初発例の場合，便秘は一時的で，治療なしで回復することが多い．一方，軽度から中等度の便秘やもしくは再発例の場合には，通常なんらかの薬物治療が必要になる．このような症例の多くは通院での管理が可能であり，食餌の変更，水浣腸，経口もしくは坐剤の緩下剤，結腸の運動促進薬によって管理される．重症例では，短期間の入院が必要になることが多い．入院の目的は代謝異常を是正し，水浣腸や用手によって宿便の除去を行うことである．このような症例に対しては，その後，便秘の素因を取り除き，再発を予防するための治療が行われる．重度の便秘や特発性拡張性巨大結腸症の症例には結腸亜摘出術が必要になる．このような症例は，当然のことながら内科的治療には反応しない．骨盤狭窄や肥厚性巨大結腸症の症例に対しては結腸切除は行わず，骨盤骨切り術が有効な可能性がある．[7] 便秘および巨大結腸の猫に対する治療のアルゴリズムを図6.11に示した．

滞留便の除去

滞留便の除去は，直腸への坐剤注入，浣腸，または用手法を用いて行われる．

坐剤　小児用の坐剤の多くは，軽度の便秘に対して有効である．スルホコハク酸ジオクチルナトリウム（軟化性緩下剤），グリセリン（潤滑性緩下剤），ビサコジル（刺激性緩下剤）などが用いられる．

浣腸　軽度から中等度もしくは再発性便秘に対しては，浣腸や用手による宿便の除去が必要となることがある．浣腸液として，温水（5～10 mL/kg），温生理食塩水（5～10 mL/kg），スルホコハク酸ジオクチルナトリウム（5～10 mL/猫），鉱物油（5～10 mL/猫），ラクツロース（5～10 mL/猫）などが用いられる．浣腸液は，潤滑剤を塗布した10～12Frのゴム製カテーテルもしくは栄養チューブを用いてゆっくりと注入する．重度の高ナトリウム血症，高リン血症，低カルシウム血症を引き起こす可能性があるため，リン酸ナトリウムを含んだ浣腸液の使用は猫においては禁忌である．

用手による便の除去　浣腸に反応しない症例では，用手による滞留便の除去が必要である．十分に再水和後，麻酔下で気管挿管を行う．気管挿管は，用手法が引き起こす嘔吐による誤

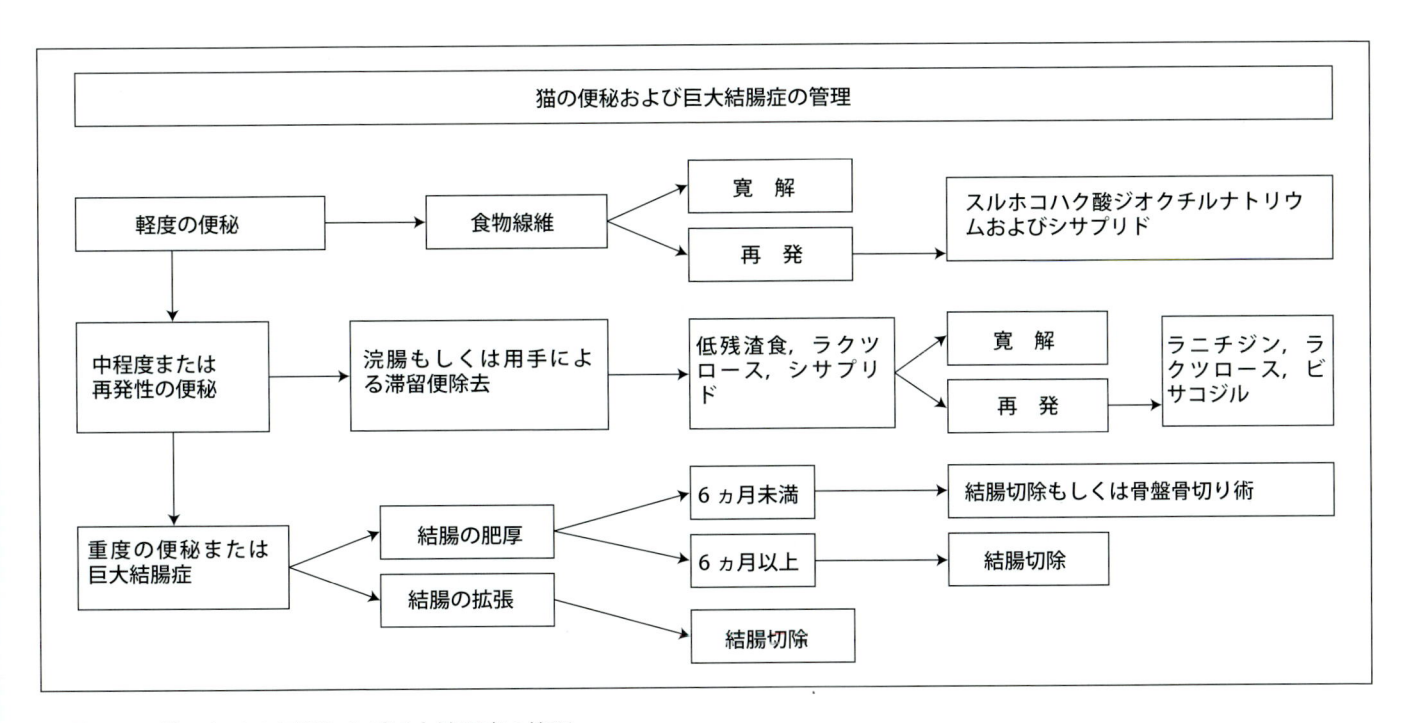

図6.11　猫における便秘および巨大結腸症の管理．

表6.2 便秘に対して用いられる薬剤の一覧

分類	例
坐剤	■ ビサコジル（Dulcolax, Boehringer In gelheim） ■ スルホコハク酸ジオクチルナトリウム（Colace, Mead Johnson） ■ グリセリン
浣腸剤	■ 温水 ■ 温等張生理食塩水 ■ スルホコハク酸ジオクチルナトリウム（Colace, Mead Johnson） ■ スルホコハク酸ジオクチルナトリウム（Disposaject, Pittman Moore） ■ ラクツロース（Cephulac, Merrell Dow または Duphalac, Reid Rowell） ■ 鉱物油
経口緩下剤	■ 膨張性緩下剤 　—缶詰のカボチャ 　—粗挽き小麦ふすま 　—オオバコ種子（Metamucil, Searle） ■ 軟化性緩下剤 　—スルホコハク酸ジオクチルカルシウム（Surfax, Hoechst） 　—スルホコハク酸ジオクチルナトリウム（Colace, Mead Johnson） ■ 潤滑性緩下剤 　—高張性緩下剤 　—ラクツロース（Cephulac, Merrell Dow または Duphalac, Reid Rowell） 　—鉱物油 　—ワセリン（Laxatone, Evsco） ■ 刺激性下剤 　—ビサコジル（Dulcolax, Boehringer In gelheim）
腸管運動促進剤	■ シサプリド（調剤薬局）[14] ■ ニザチジン（Axid, Eli Lilly） ■ ラニチジン（Zantac, Glaxo SmithKline）

嘔を予防するために行う．水または食塩水を結腸内に注入し，腹部触診によって手動で糞便の容積を減らす．便を砕くためにスポンジ鉗子を用いる場合には，慎重に直腸から挿入する．便を除去する際は，麻酔時間が延長し，弱った結腸が穿孔する危険性があるため，数日に分けて行うことが賢明である．

緩下剤による治療

緩下剤は，液体および電解質の輸送を刺激したり，運動性を高めたりすることによって，腸管からの便の排出を促進する．緩下剤は，作用機序によって膨張性，軟化性，潤滑性，高張性，刺激性に分類される．便秘の治療に用いられる緩下剤は，文献的には数百種類にもおよぶ．表6.2に，猫の便秘に対して有効な緩下剤を示した．

膨張性緩下剤　ほとんどの膨張性緩下剤は非消化性の食物線維である多糖類やセルロースであり，主に，穀粒や，小麦ふすま，サイリウムを原料としている．[8]市販の食物線維添加食を用いるか，もしくは，飼い主にサイリウム（1食あたり小さじ1～4杯），小麦ふすま（1食あたり大さじ1～2杯），カボチャ（1食あたり大さじ1～4杯）を缶詰の餌に添加してもらう．治療効果を最大にするには，食物線維の添加を開始する前に，動物が十分に水和されている必要がある．便秘が重篤になる前や巨大結腸症へ進行する前の症状が軽度の場合には，食物線維の添加は最も有用な方法である．重度の便秘や巨大結腸症の症例においては，線維質が有害なことがあるため，その場合，低残渣食が有効である．

軟化性緩下剤　軟化性緩下剤は，陰イオン界面活性剤であり，食物中の水と脂質の混和性を増加させ，脂質の吸収を促し，水の吸収を阻害する．スルホコハク酸ジオクチルナトリウムやスルホコハク酸ジオクチルカルシウムは，経口および浣腸剤として利用可能な軟化性緩下剤である．経験的に，スルホコハク酸ジオクチルナトリウムによる治療は，慢性ではなく急性の便秘症例に対して最も有効であると考えられている．膨張性緩下剤と同様に，軟化性緩下剤を投与する前には，動物が十分に水和されている必要がある．軟化性緩下剤の臨床的な有効性は，完全には明らかになっていないことを知っておくべきである．例えば，スルホコハク酸ジオクチルナトリウムは，実験的に分離された結腸分節において水分の吸収を阻害すると考えられているが，生体内では，結腸内で水分の吸収を阻害する程，組織濃度を上昇させることは不可能であると考えられている．便秘の猫の管理におけるスルホコハク酸ジオクチルナトリウムの臨床的，治療的意義を明らかにするためには，今後，さらに研究が必要である．

潤滑性緩下剤　便秘の治療に用いられる主要な潤滑性緩下剤は，鉱物油と白色ワセリンの2つである．これらの緩下剤は，結腸における水分の吸収を阻害し，便の通過性を促進する作用がある．このような作用は比較的強いが，一般的には軽度の便秘症例に対してしか用いられない．鉱物油の使用は，直腸からの注腸に限るべきである．鉱物油を経口投与した場合，特に，沈うつまたは衰弱した猫においては，吸引性肺炎の危険性が高まる．

高張性緩下剤　低吸収性多糖類（例；ラクトースまたはラクツロース），マグネシウム塩（例；クエン酸マグネシウム，水酸化マグネシウム，硫酸マグネシウム），ポリエチレングリコールは，高張性緩下剤に分類される．緩下剤としてのラクトースは全ての猫に対して有効なわけではない．[12]これらの緩下剤の内，最も効果が高いのはラクツロースである．ラクツロースの発酵によって産生される有機酸は，結腸における水分分泌を促進し，腸管運動を亢進させる．猫では，ラクツロースを0.5 mL/kgで8～12時間毎に適切に経口投与することによって，便の軟らかさが保たれる．このラクツロース療法は，再発性もしくは慢性便秘の多くの症例の管理において有用である．鼓張や下痢がひどくなった場合には，症例毎に，用量を漸減しなけ

ればならない．現在では，猫の重度の便秘や特発性巨大結腸症に対するマグネシウム塩の使用は推奨されていない．ポリエチレングリコールについては，経験的な成功例が報告されている．

刺激性緩下剤　消化管運動を亢進させる薬剤（ビサコジル，フェノールフタレイン，ヒマシ油，センナ）は刺激性緩下剤に分類される．例えば，ビサコジルは，一酸化窒素を介した上皮細胞分泌と腸管筋神経の脱分極を刺激する．その結果，粘膜分泌と結腸の運動性が亢進し，下痢が認められるようになる．猫においては，ビサコジル5 mg/猫を経口で24時間毎に投与した場合，刺激性緩下剤としての効果が最大になる．ビサコジルは長期的な便秘の管理のため単独もしくは食物線維と併せて投与される．しかしながら，ビサコジルの慢性的な投与によって腸管筋神経が傷害される可能性があるため，連日投与は避けるべきである．

結腸運動促進剤　猫の結腸平滑筋機能に関する過去の報告では，特発性拡張性巨大結腸症の猫において，結腸平滑筋収縮を刺激した場合，腸管の運動性が改善されることが示唆されている[4,5,9]．残念ながら，現在入手可能な消化管運動促進剤の多くは，重篤な副作用（例；ベサネコール）が認められることや運動促進作用が近位の消化管に限られる（例；メトクロプラミド，ドンペリドン，エリスロマイシン）ため，猫の便秘治療における有用性は証明されていない．5-HT$_4$セロトニン作用薬（例；シサプリド，prucalopride, tegaserod, モサプリド）は，胃食道括約筋から下行結腸の運動を刺激するのに有効な可能性があり，比較的副作用も少ない[10]．例えば，シサプリドは，胃食道括約筋の圧を上昇させ，胃からの排出を促進し，小腸および結腸の推進運動を増大させる．シサプリドは，さまざまな動物種において結腸神経もしくは平滑筋における5-HT受容体の活性化によって，結腸の推進運動を増大させることが示唆されている[11,12]．シサプリドは，実験的には猫の結腸平滑筋の収縮を刺激することが明らかにされているが，生体を用いた研究ではそのような結果は示されていない[5,12]．多くの獣医師は経験的に，シサプリドは猫における軽度から中等度の特発性便秘に対して結腸運動を刺激するのに有効ではあるが，長期的な重度の便秘や巨大結腸症に対しては，それ程有効ではないと考えている．1990年代には，犬や猫において胃からの排出促進，消化管通過促進，結腸の運動性疾患の管理のためにシサプリドが広く用いられていた[10,13,14]．しかしながら，ヒトにおいて想定外の心臓への副作用が報告されたため，2000年7月に，米国，カナダ，西ヨーロッパの一部の国における使用が中止された．心臓に対する同様の作用は，実験犬においても報告されているが，犬，猫の生体に対する影響については報告されていない．シサプリドは，西ヨーロッパの一部の国や米国全域の調剤薬局において入手可能ではあるが，使用中止によって，新しい消化管運動促進剤への期待が高まっている．

prucaloprideは，現在，製品開発ならびに臨床試験が行われている新規腸管運動促進剤であり，一部の動物種の消化管運動障害に対する治療において有効である可能性がある．

ミソプロストールは，プロスタグランジンE$_1$類似体であり，NSAID誘発性の胃傷害を予防する作用がある．ミソプロストールの主な副作用は，腹部不快感，腹痛，下痢である．犬における研究では，プロスタグランジンは巨大移動性収縮を開始させ，結腸の推進運動を促進させることが示唆されている．さらに，in vitroでの研究では，ミソプロストールは猫と犬の結腸平滑筋の収縮を促進することが確認された．ミソプロストールは，毒性が低く，猫（および犬）における重篤な難治性便秘に有用である可能性がある．

ラニチジンとニザチジンは，古典的なヒスタミンH$_2$受容体拮抗薬であり，犬と猫の結腸運動を促進する作用があると考えられている．これらの薬剤は，組織のアセチルコリンエステラーゼを阻害し，運動終板におけるアセチルコリンを蓄積させることによって，収縮を促進することが確認されている．これらの薬剤が生体内でどのように作用するかは明らかになっていないが，いずれの薬剤も猫の結腸平滑筋の収縮を促進することが実験的に示されている．シメチジンおよびファモチジンは，同じクラスの薬であるが，このような作用は持っていない．

外科手術

薬物療法に反応しない場合には，結腸切除術を考慮する．一般的に結腸切除後は順調な回復が認められるが，術後，軽度から中等度の下痢が数週間から数ヵ月続くこともある[15,16]．骨盤骨折後の変形治癒の症例や，持続期間が6ヵ月未満の肥厚性巨大結腸の症例に対しては，結腸切除術を行わず，骨盤骨切り術を行うことが推奨されている[17]．このような症例に対して，早期に骨盤骨切り術が行われた場合には，結腸の肥厚は可逆的である可能性がある．骨盤骨切り術は技術的難易度が高いため，執刀医によっては，結腸切除術を好んで行うこともある[18]．

予後

多くの猫は，1回や2回の便秘の経験があり，その後，再発することはないが，完全な結腸機能不全へ進行する症例も存在する．軽度から中等度の便秘であれば，通常，内科的保存療法（例；食餌の変更，軟化性または高張性緩下剤，結腸運動促進剤）に対して反応が認められる．早い段階で結腸運動促進剤（および1種類以上の緩下剤）を使用することによって，便秘の重症化や拡張性巨大結腸症への進行を予防できる可能性がある．このような治療に対して反応が悪くなった場合，中等度で再発性の便秘から重度の便秘もしくは拡張性巨大結腸へ進行していると考えられ，最終的には結腸切除術が必要となる．一般的に結腸切除後は，順調な回復が認められるが，術後，軽度から中等度の下痢が4～6週間持続する場合もある．

> **キーポイント**
> - 猫の巨大結腸症は，中年齢の雄猫における発生が最も多いが，どの年齢，性別，品種においても発生する可能性がある．
> - 治療として，結腸の滞留便の除去，緩下剤や腸管運動促進剤の投与，外科手術が行われる．
> - 結腸亜全摘出術後，一時的な下痢が認められることがあるが，ほとんどの症例の腸管機能は，術後正常まで回復する．

参考文献

1. Washabau RJ, Holt DE. Pathogenesis, diagnosis, and therapy of feline idiopathic megacolon. *Vet Clin N Am Small Anim Pract* 1999; 29: 589 – 603.
2. Washabau RJ, Hasler A. Constipation, obstipation, and megacolon. *In*: JR August (ed.), *Consultations in Feline Internal Medicine, 3rd ed.* Philadelphia, WB Saunders, 1997; 104 – 112.
3. Washabau RJ, Holt DE. Pathophysiology of gastrointestinal disease. *In*: Slatter D (ed.), *Textbook of Veterinary Surgery, 3rd ed.* Philadelphia, WB Saunders, 2003; 530 – 552.
4. Washabau RJ, Stalis I. Alterations in colonic smooth muscle function in cats with idiopathic megacolon. *Am J Vet Res* 1996; 57: 580 – 587.
5. Hasler AH, Washabau RJ. Cisapride stimulates contraction of feline idiopathic megacolonic smooth muscle. *J Vet Intern Med* 1997; 11: 313 – 318.
6. Washabau RJ, Holt DE. Segmental colonic dysfunction in cats with idiopathic megacolon. *Proc 15th ACVIM Forum* 1997; 664 (abstract).
7. Schrader SC. Pelvic osteotomy as a treatment for constipation in cats with acquired stenosis of the pelvic canal. *J Am Vet Med Assoc* 1992; 200: 208 – 213.
8. Rondeau M, Michel K, McManus C et al. Butyrate and propionate stimulate feline longitudinal colonic smooth muscle contraction. *J Feline Med Surg* 2003; 5: 167 – 173.
9. Washabau RJ. Gastrointestinal motility disorders and gastrointestinal prokinetic therapy. *Vet Clin North Am Small Anim Pract* 2003; 33: 1007 – 1028.
10. Washabau RJ, Hall JA. Clinical pharmacology of cisapride. *J Am Vet Med Assoc* 1995; 207: 1285 – 1288.
11. Graf S, Sarna SK. 5-HT-induced colonic contractions: enteric locus of action and receptor subtypes. *Am J Physiol* 1997; 273: G68 – G74.
12. Washabau RJ, Sammarco J. Effects of cisapride on feline colonic smooth muscle function. *Am J Vet Res* 1996; 57: 541 – 546.
13. Washabau RJ, Hall JA. Gastrointestinal prokinetic therapy: serotonergic drugs. *Compend Contin Educ Pract Vet* 1997; 19: 721 – 737.
14. LeGrange SN, Boothe DM, Herndon S et al. Pharmacokinetics and suggested oral dosing regimen of cisapride: a study in healthy cats. *J Am Anim Hosp Assoc* 1997; 33: 517 – 523.
15. Rosin E, Walshaw R, Mehlhaff C et al. Subtotal colectomy for treatment of chronic constipation associated with idiopathic megacolon in cats. *J Am Vet Med Assoc* 1988; 193: 850 – 853.
16. Gregory CR, Guilford WG, Berry CR et al. Enteric function in cats after subtotal colectomy for treatment of megacolon. *Vet Surg* 1990; 19: 216 – 220.
17. Matthiesen DT, Scavelli TD, Whitney WO. Subtotal colectomy for treatment of obstipation secondary to pelvic fracture malunion in cats. *Vet Surg* 1991; 20: 113 – 117.
18. Holt DE, Brockman DJ. Large intestine. *In*: Slatter DH (ed.), *Textbook of Small Animal Surgery, 3rd ed.* Philadelphia, WB Saunders, 2003; 665 – 682.

6.4.6　大腸の腫瘍性疾患

Carolyn J. Henry

　大腸癌は，主に中年齢から老齢犬において認められ，上皮系腫瘍の発生年齢の中央値は8歳，間葉系腫瘍の発生年齢の中央値は11歳である．[1-4] 犬における大腸腫瘍は，主に腺腫様ポリープや非浸潤性の癌腫であることが多く，小腸へ浸潤することはまれである．[1,5-8] 犬におけるその他の非リンパ性大腸腫瘍として，平滑筋腫，平滑筋肉腫，消化管間質腫瘍，肥満細胞腫（MCT），形質細胞腫，直腸神経節細胞腫，神経鞘腫，およびカルチノイドが報告されている（**9.4参照**）．[2-9,9-16] 犬の消化管悪性腫瘍のうち，平滑筋肉腫および消化管間質腫瘍は，盲腸に発生することが多い（図6.12）．一方，癌腫は，多くの場合，直腸や結腸に発生する．[7,8,15,16] 犬の腺癌は，結腸よりも直腸に発生することが多い．[8,17,18] ほとんどの報告では，大腸癌の発生は雌犬よりも雄犬の方がわずかに多いとされている．[8,17,18] 結腸・直腸腫瘍の発生が多い犬種として，純血種では，ジャーマン・シェパード，ウエスト・ハイランド・ホワイト・テリア，コリーが報告されている．[1,2,8,19] しかしながら，母集団の情報を伴った報告が少ないため，真の好発犬種を決定するのは困難である．内臓のMCTについての2つの研究では，小型犬，特にマルチーズが最も罹患率が高かったが，大腸の病変を伴う症例はわずかであった．[9,10]

　これまでの報告において，猫における非リンパ性腫瘍は大腸よりも小腸における発生率が著しく高いことが示唆されている．[20] しかしながら，より最近では，猫における好発部位は小腸ではない可能性が示唆されている（個人の未発表データ）．猫における結腸腫瘍の平均年齢は12.5歳であり，腺癌の発生率が最も高い．[7,21] その他の非リンパ性腫瘍としては，MCT，神

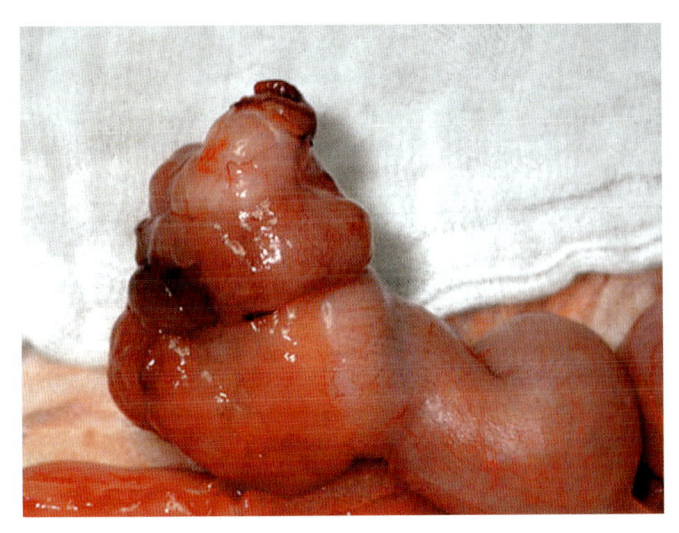

図 6.12 盲腸の平滑筋肉腫．犬において盲腸に発生する悪性腫瘍は一般的ではないが，大腸における平滑筋肉腫および消化管間質腫瘍の発生部位で最も多いのは盲腸である．

経内分泌癌（9.4 参照），平滑筋肉腫，線維肉腫，血管肉腫が報告されている．[7, 20-24] 本章では，発生率の高い非リンパ性腫瘍に焦点をあてて解説する．消化管のリンパ腫については 9.3 を参照していただきたい．

臨床徴候

犬では大腸腫瘍の臨床徴候として，鮮血便，しぶり，排便障害，排便と無関係の直腸からの間欠的な出血が一般的に認められる．[1, 6, 25] 大腸のポリープは，二次性の直腸脱を引き起こすことがある．[1, 19] 猫の大腸腫瘍は，大腸の近位（例；直腸よりは盲腸や結腸）における発生が多いため，犬でみられる様な明らかな臨床徴候を示さないことがある．[20] 猫の大腸における非リンパ性腫瘍の症状としては，体重減少，食欲低下，嘔吐，および下痢が一般的である．[21, 24] 猫において鮮血便やしぶりが認められることは少ない．[6, 21] 犬の大腸に発生する平滑筋肉腫，平滑筋腫，および消化管間質腫瘍は，盲腸において最も多く発生し，通常，粘膜面への浸潤は認められない．[3, 16] そのため，鮮血便の原因となることは少ないが，消化管の閉塞や腫瘍の破裂による二次性の敗血症性腹膜炎に起因する臨床徴候が明らかになることがある．大腸の平滑筋腫瘍の腫瘍随伴症候群として，低血糖，赤血球増加症が報告されている．[3, 11, 26] 犬の腫瘍随伴性低血糖では，発作や運動失調などの神経症状が認められる．[3] 犬の直腸腺腫様ポリープにおいて，腫瘍随伴性好中球増加症が報告されている．[25]

診 断

直腸検査は，犬と猫の半数以上の症例において結腸・直腸の腫瘍を検出するために有用な方法である．[1, 17, 21] 大部分の犬では，病変部はポリープ様の孤立性腫瘍もしくは輪状狭窄病変として確認されることが多いが，び漫性に浸潤する大腸の腺癌も報告されている．[1] 触知可能な腫瘍がない場合，腹部 X 線検査，超音波検査，CT，硬性直腸鏡や軟性結腸内視鏡などの画像診断が有用である．[1, 21, 27] 最初に，X 線検査を行うべきであり，その過程で腫瘍が発見されることがある．犬の結腸直腸平滑筋腫についての報告では，腫瘍の確認のために造影検査が必要だったのは，6 例中 1 例のみであった．[28] 一般開業において，超音波検査がより身近に利用できるようになったため，造影検査の代わりに超音波検査が用いられるようになってきた．消化管腺癌の猫における報告では，腹部超音波検査によって，84％の症例で腫瘍の位置を明らかにすることが可能であった．[21] 最終的な診断は，外科的もしくは内視鏡によって得られた生検材料に基づいて行われる．外科的に得られた生検材料と内視鏡によって得られた生検材料とでは，10 頭中 3 頭の犬で異なる結果が得られているため，確定診断を内視鏡生検だけに頼る場合には注意が必要である．これらの 3 頭全てにおいて，外科的に得られた材料に基づいた診断は，内視鏡材料を用いた結果と比べてより重篤であった．[1] 内視鏡もしくは外科手術時に観察される病変の外観は，予後を予測する上で有用である．結腸直腸の腺癌の犬における報告では，単一の有茎ポリープ様腫瘍症例の平均生存期間が最も長く（32 ヵ月），結節性もしくは敷石状の外観の場合は 12 ヵ月，狭窄を引き起こすような輪状の腫瘍の場合は 1.6 ヵ月であった．[17]

小腸腫瘍の場合と同様，免疫組織染色は，腸管腫瘍の種類を鑑別する上で有用である．犬の消化管平滑筋肉腫として報告されていた症例のほとんどは，実際には，消化管間質腫瘍であったことが最近の報告で明らかになった．[16] 犬の消化管腫瘍 50 例において，平滑筋腫，平滑筋肉腫，または紡錘細胞癌に分類されていた 21 頭（42％）は，組織学的な再検討および免疫組織染色の結果に基づいて，消化管間質腫瘍に再分類された．これらの症例の内，10 頭は大腸，7 頭は盲腸における発生であった．[16] 免疫組織染色によって，デスミン，平滑筋アクチン，および KIT（CD117）を検出することによって，真の平滑筋腫瘍と消化管間質腫瘍を鑑別することができる．

ステージ分類

犬における結腸・直腸癌のステージ分類を行うためには，内視鏡検査が不可欠である．[17] 術前の内視鏡検査を行わず，局所的な切除が行われた 4 頭の犬において，その後，手術部位の近位に病変が見つかったという報告がある．[17] ステージ分類のためには，局所的な病変の広がりを評価すると共に，転移の有無を評価する必要がある．猫において，大腸腫瘍を形成した非リンパ性腫瘍 19 例中 16 例で転移が確認されており，転移部位は結腸および腸間膜リンパ節，肝臓，大網，腹膜，脾臓，膀胱，尿道，結腸間膜，肺，十二指腸であった．[21] 犬の大腸癌における転移率は，報告によって大きな差がある．1975 年も

しくはそれ以前に行われた2つの大規模な症例研究によると，転移率は64％以上であったが，1973〜1984年に結腸・直腸の腺癌と診断された78頭においては，転移は確認されなかった．[14,17,18] 一般的な転移部位は領域リンパ節，肺，脾臓である．[14,18] 結腸・直腸腺癌症例では，遊離した腫瘍細胞が着床増殖し，肛門周囲部に病変を形成した例も報告されている．[18,27] ヒトと同様に，犬の消化管間質腫瘍は，腹腔内に転移しやすい傾向があり，転移部位としては，肝臓，脾臓，腸間膜，漿膜，腸間膜リンパ節が挙げられる．犬の消化管間質腫瘍の転移率は，29％であった．[16]

治療

外科的手術は，ほとんどの大腸腫瘍に対する治療の選択肢であり，腫瘍が孤立性の場合には，外科的切除によって長期の生存が期待できる．[29] 術式の選択は，腫瘍の部位によって異なるが，肛門から反転後の腫瘍の局所的切除，肛門引き抜き術（pull-out）または腹肛門式貫通切除術（pull-through）が行われる．また，腹腔鏡や矢状面での恥骨骨切り術が必要になることもある．後者の方法は，病変部への到達が難しい骨盤腔内の腫瘍を有する犬24頭において報告されている．[29] この方法を用いることで，結腸または直腸に腫瘍が認められた7頭の犬において，罹患部位の外科的探索が容易になった．切除が行われたのは，周辺部位への転移が確認できなかった症例のみである．また，良性もしくは探索困難な直腸の腫瘍を有する犬6頭に対して，経肛門的内視鏡下切除および焼灼を行った報告では，3頭が完治し，2頭で著しい改善が認められた．[30] しかしながら，本法もしくはその他の外科手術の合併症として，直腸穿孔を念頭に置いておく必要がある．

犬の結腸直腸腺癌の症例では，切除もしくは凍結切除を行った症例は，生検だけを行った症例と比較して生存期間が有意に長かった（平均7〜9カ月）．[17] 完全な腫瘍切除のために，周辺の正常腸組織の4〜8cmをマージンとして切除することが推奨されている．[25] 結腸直腸腫瘍の犬57頭における術後の平均生存期間は20.6カ月であり，生存期間は腫瘍の種類と外科的マージンの影響を受ける．腺腫や非浸潤性腺癌罹患犬の生存期間は浸潤性の癌腫症例と比較すると著しく長かった．さらに，十分なマージンが得られた症例では，マージン内に腫瘍細胞が含まれていた症例よりも有意に生存期間が長かった．[8]

猫においては，積極的な外科手術を行った場合，他の方法を行った場合よりも長期の生存が望める．結腸亜全摘出術を行った症例における生存期間の中央値は，138日であり，部分切除を行った症例の68日，生検のみを行った症例の10日と比較すると長かった．[21] 転移がある場合は予後不良であるため，手術の際には，腹腔内を徹底的に探索する必要がある．手術時にリンパ節や腹腔臓器への転移がみられた症例の生存期間の中央値は49日であり，転移がみられなかった症例では259日であった．[21]

犬の結腸・直腸腫瘍症例に対して，結腸造瘻術が行われることはまれである．[27,31] 直腸輪状腺癌切除後に自然排便式の単孔式結腸造瘻術が行われたという報告がある．術後，飼い主による1日2回の装置の管理が必要であったが，管理は比較的簡単であり，合併症も報告されていない．[27]

犬と猫の大腸癌に対する化学療法の報告は少ない．術後にサイクロフォスファミドおよび5-フルオロウラシルによって治療された慢性の結腸腺癌の犬は臨床徴候の改善は認められず，3カ月以内に死亡している．[32] 化学療法で治療された一部の猫においては，より期待できる結果が報告されている．結腸癌の補助的化学療法としてドキソルビシンを投与された4頭の猫における生存期間の中央値は，280日であり，化学療法が行われなかった12頭の生存期間の中央値は56日であった．[21] 補助的療法は，犬およびヒトの大腸癌の治療として研究されており，その1例として抗炎症作用および抗腫瘍作用を期待した，COX-2受容体選択的なNSAIDsの使用が挙げられる．COX-2受容体は，犬の結腸・直腸腫瘍症例の多くで増加が認められている．[33,34] 犬における管状乳頭状直腸ポリープの8症例では，1頭を除く全ての症例で，ピロキシカム（用量：0.24〜0.46 mg/kg/日を経直腸的に3日毎に投与もしくは0.34 mg/kg，PO，1日おき）投与後，鮮血便やしぶりの減少といった症状の改善が認められた．[33] 本治療法の猫の大腸癌症例における有用性は評価されていない．人医領域では，消化管間質腫瘍に対してチロシンキナーゼ受容体阻害薬を用いた治療が有望であるとされているが，伴侶動物においてはさらに研究が必要である．

経過観察および予後

犬における結腸・直腸の腫瘍を切除後の症例に対しては，再発もしくは新規病変を早期に検出するために3カ月毎の直腸検査および6カ月毎の結腸内視鏡検査が推奨される．[1,35] 臨床徴候が再発することは珍しくない．手術時に多発性の腫瘍が認められた犬の75％および，び漫性病変が認められた全ての症例で臨床徴候の再発が認められている．[1] 非浸潤性癌や単一の腫瘍を形成している犬では，臨床徴候の再発は少ない．再発は通常，手術から1年以内に認められる（術後270〜365日）．[1]

ヒトでは良性病変（腺腫様ポリープ）がより浸潤性の高い腫瘍（転移を伴わない癌腫もしくは浸潤性癌腫）へ悪性転化することが報告されており，これは，定期的な経過観察が必要な理由の1つである．同様の悪性転化が一部の犬（18％）においても報告されているが，その機序は明らかになっていない．[1]

犬における結腸・直腸の腫瘍全体の生存期間は，腫瘍の種類や発生部位によってさまざまである．犬において最も予後のよい腫瘍は直腸のポリープや平滑筋腫であり，また，最も予後の悪い腫瘍はMCTである（11日以下）．[10] 大腸癌の猫における生存期間の中央値は短い（3.5カ月未満）が，個々の生存期間は長いもので28カ月にも及ぶ．[6,25,32] 腫瘍の進行を予測するために最適な生物学的マーカーの検索が行われているが，臨床的に

有用なマーカーは見つかっていない．腫瘍組織における p53 過剰発現は，犬の結腸直腸の上皮系腫瘍や消化管の MCT においては，予後を左右する因子ではない．[8,9] 腫瘍の進行を予測するより正確な腫瘍マーカーが発見されるまでは，組織学的な分類，ステージ分類，外科的マージンの評価は予後を評価するために最も信頼性の高い方法であり，臨床的な再評価と共に信頼性の高い治療方法を確立するために用いられるべきである．

> **キーポイント**
> - 犬の大腸腫瘍で最も多いのは腺腫様ポリープおよび非浸潤性癌であり，猫では，腺癌が最も多い．
> - これまで，平滑筋腫や平滑筋肉腫に分類されていた犬の消化管間葉系腫瘍の多くは，最近では，消化管間質腫瘍に再分類された．
> - 鮮血便，しぶり，排便障害は犬の大腸腫瘍の典型的な臨床徴候である．
> - 猫における大腸腫瘍は，一般的に近位の大腸に発生する傾向があるため，直腸に腫瘤が形成されることの多い犬ほど明らかな臨床徴候が認められない可能性がある．
> - 他の病変部位を除外し，ステージ分類を行うために，外科手術前の結腸・直腸の内視鏡検査が推奨される．

参考文献

1. Valerius KD, Powers BE, McPherron MA et al. Adenomatous polyps and carcinoma in situ of the canine colon and rectum: 34 cases (1982-1994). *J Am Anim Hosp Assoc* 1997; 33: 156–160.
2. Holt PE, Lucke VM. Rectal neoplasia in the dog: a clinicopathologic review of 31 cases. *Vet Rec* 1985; 116: 400–405.
3. Kapatkin AS, Mullen HS, Matthiesen DT et al. Leiomysarcoma in dogs: 44 cases (1983-1988). *J Am Anim Hosp Assoc* 1991; 201 (7): 1077–1079.
4. ter Haar G, van der Gaag I, Kirpensteijn J. Canine intestinal leiomyosarcoma. *Vet Quart* 1998; 20 Suppl 1: S111–112.
5. White RAS, Gorman NT. The clinical diagnosis and management of rectal and pararectal tumors in the dogs. *J Small Anim Pract* 1987; 28: 87–107.
6. Birchard SJ, Couto CG, Johnson S. Nonlymphoid intestinal neoplasia in 32 dogs and 14 cats. *J Am Anim Hosp Assoc* 1986; 22: 533–537.
7. Head KW, Else RW, Dubielzig RR. Tumors of the alimentary tract. In: Meuten DJ (ed), *Tumors in Domestic Animals, 4th ed*. Ames, Iowa State Press 2002; 401–481.
8. Wolf JC, Ginn PE, Homer B, et al. Immunohistochemical detection of p53 tumor suppressor gene protein in canine epithelial colorectal tumors. *Vet Pathol* 1997; 34: 393–404.
9. Ozaki K, Yamagami T, Nomura K et al. Mast cell tumors of the gastrointestinal tract in 39 dogs. *Vet Pathol* 2002; 39: 557–564.
10. Takahashi T, Kadosawa T, Nagase M et al. Visceral mast cell tumors in dogs: 10 cases (1982-1997) *J Am Vet Med Assoc* 2000; 216: 222–226.
11. Cohen M, Post GS, Wright JC. Gastrointestinal leiomyosarcoma in 14 dogs. *J Vet Intern Med* 2003; 17: 107–110.
12. Reimer ME, Reimer MS, Saunders GK et al. Rectal ganglioneuroma in a dog. *J Am Anim Hosp Assoc* 1999; 35: 107–110.
13. Singleton WB. An unusual neoplasm in a dog (a probable neurilemoma of the caecum). *Vet Rec* 1956; 68: 1046.
14. Patnaik AK, Hurvitz AI, Johnson GF. Canine intestinal adenocarcinoma and carcinoid. *Vet Pathol* 1980; 17: 149–163.
15. Gibbons GC, Murtaugh RJ. Cecal smooth muscle neoplasia in the dog: report of 11 cases and literature review. *J Am Anim Hosp Assoc* 1989; 25: 191–197.
16. Frost D, Lasota J, Miettinen M. Gastrointestinal stromal tumors and leiomyomas in the dog: A histopathological, immunohistochemical, and molecular genetic study of 50 cases. *Vet Pathol* 2003; 40: 42–54.
17. Church EM, Mehlhaff CJ, Patnaik AK. Colorectal adenocarcinoma in dogs: 78 cases (1973-1984). *J Am Vet Med Assoc* 1987; 191: 727–730.
18. Schaffer E, Schiefer B. Incidence of canine rectal carcinomas. *J Small Anim Pract* 1968; 9: 491–496.
19. Sieler RJ. Colorectal polyps of the dog: a clinicopathologic study of 17 cases. *J Am Vet Med Assoc* 1979; 174: 72–75.
20. Turk MAM, Gallina AM, Russell TS. Nonhematopoietic gastrointestinal neoplasia in cats: a retrospective study of 44 cases. *Vet Pathol* 1981; 18: 614–620.
21. Slawienski MJ, Mauldin GE, Mauldin GN et al. Malignant colonic neoplasia in cats: 46 cases (1990-1996). *J Am Vet Med Assoc* 1997; 211: 878–881.
22. Barrand KR, Scudamore CL. Intestinal leiomyosarcoma in a cat. *J Small Anim Pract* 1999; 40: 216–219.
23. Patnaik AK, Liu SK, Johnson GF. Feline intestinal adenocarcinoma: a clinicopathologic study of 22 cases. *Vet Pathol* 1976; 13: 1–10.
24. Cribb AE. Feline gastrointestinal adenocarcinoma: a review and retrospective study. *Can Vet J* 1988; 29: 709–712.
25. Phillips BS. Tumors of the intestinal tract. In: Withrow SJ, MacEwen EG (eds.), *Small Animal Clinical Oncology, 3rd ed*. Philadelphia, WB Saunders, 2001; 335–346.
26. Sato K, Hikasa Y, Takehito M et al. Secondary erythrocytosis associated with high plasma erythropoietin concentrations in a dog with cecal leiomyosarcoma. *J Am Vet Med Assoc* 2002; 220: 486–490.
27. Kumagai D, Shimada T, Yamate J et al. Use of an incontinent end-on colostomy in a dog with annular rectal adenocarcinoma. *J Small Anim Pract* 2003; 44: 363–366.
28. McPherron MA, Withrow SJ, Seim IIB et al. Colorectal

leiomyomas in seven dogs. *J Am Anim Hosp Assoc* 1992; 28: 43 – 46.
29. Davies JV, Read HM. Sagittal pubic osteotomy in the investigation and treatment of intrapelvic neoplasia in the dog. *J Small Anim Pract* 1990; 31: 123 – 130.
30. Holt PE, Durdey P. Transanal endoscopic treatment of benign canine rectal tumors: preliminary results in six cases (1992 to 1996). *J Small Anim Pract* 1999; 40: 423 – 427.
31. Hardie EM, Gilson SD. Use of colostomy to manage rectal disease in dogs. *Vet Surg* 1997; 26: 270 – 274.
32. Feeney DA, Klausner JS, Johnston GR. Chronic bowel obstruction caused by primary intestinal neoplasia: a report of five cases. *J Am Anim Hosp Assoc* 1982; 18: 67 – 77.
33. Knottenbelt CM, Simpson JW, Tasker S et al Preliminary clinical observations on the use of piroxicam in the management of rectal tubulopapillary polyps. *J Small Anim Pract* 2000; 41: 393 – 397.
34. McEntee MF, Cates JM, Neilsen N. Cyclooxygenase-2 expression in spontaneous intestinal neoplasia of domestic dogs. *Vet Pathol* 2002; 39: 428 – 436.
35. Leib MS, Campbell S, Martin RA. Endoscopy case of the month: rectal bleeding in a dog. *Vet Med* 1992; 526 – 532.

7 肝臓

Jan Rothuizen

7.1 解剖

　肝臓は生体でもっとも大きい臓器の1つである．成犬および成猫では体重の約3％を占め，幼若で成長途上の動物では約5％を占める．犬と猫の肝臓の形態は牛，馬，ヒトなどの他の哺乳類と大きく異なっている．飼育されている食肉類は深く葉間が分かれ，それぞれの葉は識別可能であるが，他の動物種では各葉は大部分でつながっている．おそらくこれは犬と猫の横隔膜が凹んだ形状をしているためで，吸気呼気の間に比較的大きく変位するために，肝臓が横隔膜の後方で固定されたり遊離されたりすることができる必要があるためと思われる．大きく分けられた肝葉は，肝門部でつながっており，犬と猫では肝葉全体をとりはずすのは比較的簡単である．もっとも大きい肝葉は外側左葉であり，肝臓全体の大きさの30〜40％を占める．それゆえ，この最も大きい葉は，肝生検においては最もアプローチが容易である．外側左葉の末梢部分は大静脈，動脈，胆管などの重要な構造から離れてもいる．腹方向から見ると，肝臓の位置はやや右にねじれている．胆のう，大型の胆管，血管は右側上部四分の一で肝門部に入っていく．肝臓は横隔膜と腹部胸郭の後方に続いている．

　犬では，肝臓は胸郭内に全て入っており，通常は触知することができない．胸郭の形によって，肝臓が胸郭内に隠れる部分の大きさが変わってくる．短頭種では幅の広い胸郭とより平坦な横隔膜を有するため，少しでも肝臓が腫大すれば肝臓は触知できるようになる．一方，深い胸郭を有するレース用のハウンドは，重度に肝臓が腫大してはじめて最後肋骨の後方に触知できるようになる．健康な猫では肝臓の腹側は触知可能なことが多く，腫大すれば常に触知可能となる．猫の肝胆管系の疾患は肝腫大を起こすことが多く，肝疾患のある猫では触診はしばしば有用である．

　胃は肝臓の腹側面と接しており，肝臓の大きさや形状の変化は胃の変位をもたらす．このことは，肝疾患の患者において嘔吐がしばしば主要な臨床徴候になることの理由の1つである．

　肝臓を覆っている腹膜は索を形成しており，移動可能でありつつも肝臓を本来の位置にとどめている．鎌状間膜は中央線に沿って位置し，肝臓を腹部腹壁に固定しており，また，後腹膜脂肪を含んでいる．その他，左右の三角間膜，短い冠状間膜が，それぞれ側方および正中で横隔膜と肝臓をつなげている．最後に，右の肝腎間膜が肝臓と右腎をつなげている．

7.1.1 胆管系

　肝臓の主要な機能の1つは，多くの外因性および内因性物質の解毒および代謝である．多くの物質が肝細胞内で生体内変化を受ける．大分子（分子量が300以上），たとえばステロイドホルモン，ビリルビン，胆汁酸，および多くの毒素は胆管系を通して排泄される．一方，小型の外因性あるいは内因性物質（尿素やアラントイン）は尿によって排泄される．

　胆管系は枝分かれした樹状構造をなしており，各々の肝細胞からの胆汁を集めるシステムをなしている．それぞれの肝葉では肝細胞は肝細胞索となって配列していて，中心静脈から放射状に広がっている．これらの肝細胞系は，中心静脈といくつかの門脈域をつないでいる．血流は門脈域から中心静脈へと流れ，胆汁は中心域から門脈域，さらには総胆管へと流れる．Rappaportによって考案された別の見方をすると，門脈は肝葉の中心にあって，この門脈がこの領域内の血流を提供している．この考え方によれば中心静脈は小葉の辺縁に位置することとなり，末梢肝静脈（Terminal hepatic vein；THV）と呼ばれる．しかし，古典的な用語の中心静脈を用いる傾向もあり，中心静脈と末梢肝静脈は相互の同義語として用いられている．

　隣接する肝細胞を接続する外膜は，小管膜という特殊な領域をもっている．隣接する細胞の小管膜どうしの間隙はタイトジャンクションによって閉じられており，毛細胆管という胆管系の最も細かい分枝をなしている．肝細胞の細胞膜のうち排出部分は肝細胞表面の15％を占める．多くの分子は各々に特化した輸送体によってこの膜を通って排出され，非常に高い濃度勾配に逆らって，能動的に排出される．それゆえ，小管膜は肝細胞の細胞膜の高度に特化した部位となっている．

　胆汁は肝細胞から排泄され毛細胆管に入り，次いでヘリング管につながる門脈域へと運ばれる（図7.1）．この短い接続路は，一部は肝細胞によって，また一部は立方状の胆管上皮によって裏打ちされている．[2] ヘリング管を構成する細胞の一部は肝臓の幹細胞であり，肝細胞や胆管上皮細胞に分化することができ，肝細胞の全ての主要な細胞へと分化する幹細胞として機能する．これらの肝臓前駆細胞もしくは幹細胞は卵形細胞とも呼ばれる．全ての肝細胞は分裂する能力を豊富にもち，これによって肝臓は，傷害によって失われた後に再生する能力をもっている．それゆえ，全ての肝細胞は幹細胞様の特徴を有しているといえるが，大多数の胆管上皮細胞は卵形細胞によってしか補充

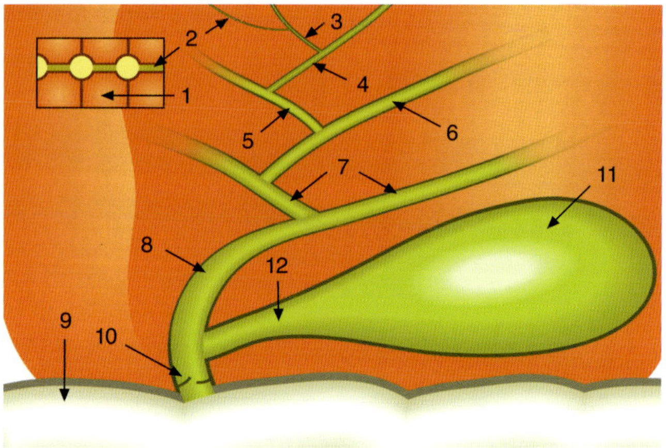

図7.1 胆汁の流れ．この図は犬と猫における胆汁の流れを図示したものである．胆汁は肝細胞（1）の毛細胆管膜を通過し毛細胆管（2）へ至る数多くの分子が通過することによって生成される．毛細胆管はヘリング管（3）に注ぎ，さらに肝内集合胆管（4）へ注ぐ．これらは小葉内導管（5），中隔内導管（6）および肝門部導管（7）に注ぎ，ここで1つの肝葉からの全ての胆汁が集まる．肝門部導管は合流して共通胆管（総胆管；8）を形成し，ファーター乳頭で十二指腸（9）に開口し，オッジ括約筋（10）によって十二指腸内容物の逆流を防いでいる．胆嚢（11）は胆嚢管（12）で総胆管と接続している．

され得ない．

ヘリング管は肝内胆管のもっとも小さな分枝に注ぎ込むが，肝内胆管は胆管上皮細胞によって完全に裏打ちされている．もっとも小さな集合胆管から，胆汁は小葉間胆管，隔壁胆管を流れ，各肝葉の肝門部胆管を経て，総胆管へと流れる．総胆管は犬と猫では直径2～3 mmで，超音波検査で確認するのは困難である．しかし，総胆管の閉塞のある患者では，超音波検査で拡張した総胆管を容易に視認でき，閉塞の指標となる所見となる．総胆管は十二指腸へと走行し，幽門から3～6 cm（動物の大きさによる）にある総十二指腸乳頭に入る．総胆管と十二指腸の接続部分ファーター乳頭（Vater's papilla）は，膵頭付近に位置し，オッジ括約筋がその周囲を取り囲んでいる．猫では膵管と総胆管はつながってから総十二指腸乳頭で十二指腸に入る．このことは，猫において膵炎と胆管肝炎／胆管炎が非常によく同時に起こることの1つの理由となっている．猫と異なり犬では胆管と膵管は通常，別々に終止する．胆嚢は短い胆嚢管によって総胆管とつながっている．

胆嚢は胆汁の貯蔵機能を果たす主要な部分であり，胆汁を約10倍に濃縮する．胆汁は大きな胆管内でも濃縮される．健常な犬と猫では完全に満たされた胆汁は体重当たり1 mLの胆汁を含む．産生された胆汁の約半分は貯蔵され濃縮される．残りはすぐに総胆管を通じて十二指腸に輸送される．胆嚢壁の筋肉を収縮させるような刺激（十二指腸粘膜から分泌されるコレシストキニン）により，胆汁は徐々に数時間かけて排泄される．さらに胆汁はオッジ括約筋の律動的な弛緩によって十二指腸内に入る．胆嚢の排出相は非常にばらつきがあり，完全に空になることはほとんどない[3]．超音波検査における空の胆嚢は異常所見である．オピオイドはオッジ括約筋を完全に閉鎖させるため，麻酔の間に胆嚢が拡張していることがあるが，通常，麻酔から覚めればもとにもどる．大きな胆管や総胆管の拡張は胆管炎や胆管閉塞などの異常を示唆する．

7.1.2 血液供給

肝臓は動脈性および静脈性の両方の血液供給を受ける．動脈血は肝動脈から，静脈血は門脈から供給される．肝臓から出ていく血液は多数の肝静脈によって集められ，横隔膜付近で後大静脈へと入る．肝臓への血流は心拍出量の約20～25％（100～130 mL/分/100 g肝組織）を占める．門脈は肝臓への血流の70％を占め，2つの主要な分枝に分かれてから肝門部で肝臓に入る．右の門脈枝は肝臓の右側に血液を供給し，より大きく長い左の門脈枝は肝臓の左側および中央に血液を供給する．肝内門脈枝は小さな分枝に分かれ，最も小さい分枝が門脈域へと入る．組織学的には門脈の終末枝は門脈域におけるもっとも大きな構造である．門脈終末枝は流入小静脈に終止し，限界板と呼ばれる門脈周囲の細胞層を貫通して，この部分で門脈血流が類洞に入っていく．肝動脈も肝門部で肝臓に入る．その分枝は肝静脈に並走し，終末動脈枝は門脈周囲の類洞に終止，静脈および類洞系に接続する．胆道系は動脈のみによって血液供給されるが，肝実質は門脈および動脈の2つの血流を受けるのである．類洞の血液は肝小葉では中心静脈，または終末肝静脈として知られる血管に入る．中心静脈はその後，肝静脈枝に注ぐ．最後に肝静脈のうちいくつかの分枝は後大静脈へと入る．[4]

門脈血と動脈血の血液供給の割合は一定ではなく，生理学的および病理学的な条件によって異なる．門脈血流は食物の摂取により増加し，動脈血供給は門脈血流が不十分であると増加し，肝静脈うっ血によって減少する．静脈血流の大幅な減少あるいは完全な遮断がみられるような疾患（すなわち先天性門脈体循環シャントや門脈血栓症）のある患者では動脈血流は100％にもなり得るが，それでも肝臓の血流全体としては依然として異常である．しかし，代償的な動脈血流がなければ，肝臓は機能し続けることはできないであろう．組織学的には肝臓の動脈化は，約2週間後から認められるようになる．肝動脈は肝臓の低灌流状態に反応し，その血流を増加させる．さらに肝動脈枝は蛇行し，肥厚する．組織学的にこの現象は門脈域における動脈断面の増加としてみられる．肝実質において門脈低灌流は肝細胞萎縮を引き起こす．

一方，動脈血流の変化は門脈血流には影響しない．[4] 飢餓状態においても，肝動脈および門脈は，肝臓における酸素需要のそれぞれ約50％を供給する．貧血の患者のような低酸素状態にあっても，肝臓の血液供給には変化は起こらない．赤血球の

酸素結合能の低下や血液灌流量の低下など，肝臓の酸素化が不十分な場合には，約40%から100%近く，酸素取り込みの効率を上げることで適応する．低酸素状態は肝臓の全還流量や動脈と門脈の血液供給の割合には影響しない．肝臓が大きいことと血管床のコンプライアンスにより，肝臓には全血液量の10〜15%が含まれている．これは重篤なうっ血性心不全になると2倍まで増加することもある．また，肝臓における血液の貯留は，急性の失血に対する代償機構としても働く．

組織学的なレベルで重要なことは，肝臓は解剖学的に記述されているにすぎない肝小葉とは異なった，機能的な血液動態単位あるいは細葉を含んでいるということである．この肝細葉概念はRappaportによって提唱されたもので，門脈を細葉の中心におき，中心静脈（またの名を終末肝静脈：THV）を末梢におくものである．動脈および門脈枝は門脈域を通って肝臓に入る．門脈血は大型の門脈から細葉全体に供給され，短い垂直流入小静脈を通って類洞へ注ぎ込むが，この血管は括約機能をもって毛細血管床へ流れる門脈血を制御している．THVは類洞の排出口で血液を集める．肝動脈の小さな支流は別の部位で類洞系へ流れる．これらの血流も括約機能によってコントロールされるが，動脈血流は持続的に流れ続けており，動脈系（100〜110mmHg），門脈系（0〜5mmHg），および類洞系（5〜10mmHg）の異なる血圧を調節している．

細葉の概念によれば，肝臓の循環単位は，門脈域周囲で酸素，成長因子，栄養素を最も多く含むZone 1から，門脈域から最も遠く，それらの物質がもっとも低濃度のZone 3まで，3つの層に分かれる．急激な低酸素やショック状態においては，赤血球の酸素結合能や肝臓における酸素取り込みの効率化のための十分な時間がなく，Zone 3に位置する肝細胞は壊死してしまう．これは結果として小葉中心性壊死（Zone 3壊死）となる．このような場合は通常，血清肝酵素活性が上昇する．

7.1.3 微小解剖

肝臓では多くの細胞は上皮系細胞すなわち肝細胞である．肝細胞は肝臓の全細胞の60%を占め，また肝臓におけるもっとも大型の細胞であるため，肝体積の80%（肝組織1 mgあたり200,000個の細胞）を占めることになる．肝全体では，約1,000億の肝細胞が含まれている．肝臓に存在するその他の細胞としては，内皮細胞，胆管上皮細胞，クッパー細胞，脂肪貯蔵細胞がある．脂肪貯蔵細胞はまた星細胞とも呼ばれる．[5]

肝細胞はただ一層の厚さの細胞索としてならんでおり，THVから放射状に伸びている．両側の自由膜は類洞と接している．細胞膜のこの部位にある数多くの微絨毛により，類洞膜は肝細胞表面全体の70%を占めている．隣接する細胞表面の側面は一部でタイトジャンクションに囲まれた微小胆管を形成していて，これによって肝細胞は両側の微小胆管に接続している．微小胆管の膜は肝細胞の約15%を占めており，特化した排出機能をもっている．類洞膜は類洞と，類洞細胞（肝臓細胞の7%

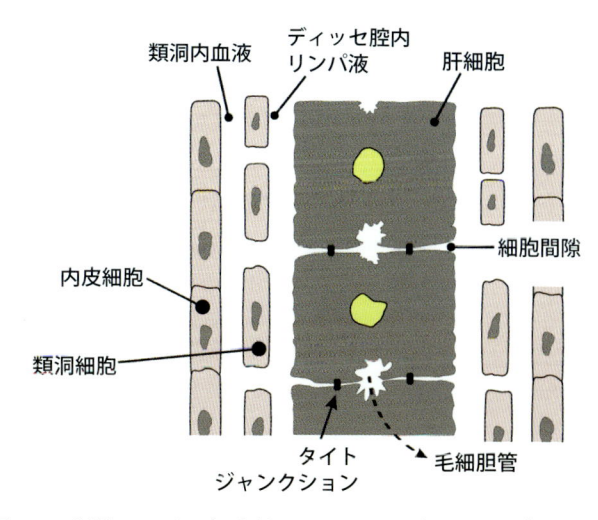

図7.2 肝臓における細胞種の配列．図は内皮細胞，類洞細胞，肝細胞の配列を示しており，これらの細胞はこの順に血液，リンパ，胆汁の導管を形成する．肝細胞の壊死が起こると，毛細胆管（胆汁が流れる部分）とディッセ腔が直接，接することになり，胆汁が循環中に漏出することになる（肝内胆汁うっ滞）．

にあたる）からなる一層の細胞層によって隔てられている．肝細胞と類洞細胞層のあいだにはディッセの類洞周囲腔がある（図7.2）．並んでいる内皮細胞は有窓で，穴があいていることで，除去されるべき大分子さえも類洞血液とディッセ腔の間で交換することができている．しかし，細胞は穴を通過することはできず，循環内にとどまる．類洞周囲腔は肝臓リンパ系の開始点でもあり，リンパ液を血流と逆の方向，胆汁と同じ方向へと運ぶ．類洞細胞（内皮細胞とクッパー細胞）はエンドトキシンや細菌などの粒子を効率的に除去し，肝細胞のさまざまな解毒および代謝機能と胆汁による毒素排泄とともに，肝臓は消化管から体内に入る毒性物質に対する重要な監視機構となっている．毛細胆管内で胆汁は血流と逆に流れ，短い集合管（ヘリング管）へ注ぎ，さらに胆汁は細葉から門脈域の集合胆管へと注ぐ．これらの毛細胆管および大型の胆管の内腔側は円柱状の胆管上皮細胞に覆われている．

通常，肝細胞は均一であり，ほとんどの代謝機能を発揮することができるが，いくつかの機能に関しては多様性がある．たとえば，尿素サイクルの一部の酵素は門脈周囲のzone 1に限局して認められる．また，グルタミンへのアンモニアの組み込みはグルタミン合成酵素によってなされるが，これは中心静脈（THV）周囲の肝細胞でのみ行われる．炭水化物の代謝にもある程度，局在がみられるが，アンモニアの代謝ほどは厳密ではない．脂肪と蛋白質の代謝は特定の領域に限局してはいない．チトクローム p450混合機能オキシダーゼを介した薬物代謝は中心静脈周囲に主として認められる．銅蓄積疾患の患者でみられる銅の蓄積は，全ての犬種で，ほとんどがzone 3にみられる（表7.1）．

表7.1 それぞれの小葉内領域における肝細胞の機能

脂肪と蛋白質代謝は1つの領域に限局していないということに注意

Zone 1：門脈周囲領域	Zone 3：小葉中心領域
ビリルビン排泄	銅排泄
胆汁酸排泄，胆汁塩依存性胆汁産生	胆汁塩非依存性胆汁産生
糖新生，解糖→グルコース産生	糖新生，解糖→グルコース産生
尿素サイクルによるアンモニアの解毒	グルタミン生成によるアンモニア解毒
グルタチオン産生→酸化ストレスに対する防御	生体内変化：チトクロム p450 依存性解毒，抱合反応

7.2 生理学

　肝臓は予備能が非常に豊富で，正常な肝臓の70％を除去しても臨床的な影響がまったく起こらない．肝臓はまた，肝細胞の喪失に対する再生能力も旺盛である．肝細胞は40回以上分裂可能で，理論的には組織自体が何度も全て新しくなることができるほどである．しかし，疾患にかかると，再生能力は減少し，同時に，非機能的なマトリックスを産生する傾向がある（肝線維化）．肝臓の発育および再生は成長因子によって制御されており，なかでも肝細胞成長因子（HGF）がもっとも重要なものの1つである．HGFは，門脈血流によって運ばれてくるインスリン様成長因子（IGF），インスリン，その他の刺激因子によって脂肪貯蔵細胞（伊東細胞または星細胞とも呼ばれる）から産生される．それゆえ，門脈血供給は肝臓の機能的容量の維持や再生に必要不可欠である．先天性門脈体循環シャントのある動物では肝臓の発育が抑制され，サイズが小さく，機能も劣る肝臓をもつことになるが，シャント血管の外科的な結紮をすると，2週間以内に通常の大きさおよび重量に発育する．肝臓が，需要が変化することに対してよく適応できることのもう1つの理由は，代謝あるいは輸送経路が，Michaelis-Menten の動力学カーブに従っているということである．そのため，これらのプロセスは基質の濃度変化にも対応することができる．しかし，飽和してしまうこともあり，無制限に濃度変化に対応できるわけではない．肝臓はさまざまな代謝経路およびさまざまなホメオスタシスにおいて中心的な役割を果たしており，一般的に，この臓器は肝外の臓器による代謝要求を検知し，それに対して代謝的に適応することで対応する．

　血漿中のグルコースやさまざまな蛋白質の濃度は肝臓によって調節され，肝機能不全のある患者では減少することがある．血管系によって輸送できるようにするため，脂肪組織からのトリグリセリド，消化管由来のカイロミクロンは肝臓でリポ蛋白に変換される．その他にも，肝臓は，アンモニアからステロイドホルモンまでさまざまな内因性物質の生体内変化や，外因性

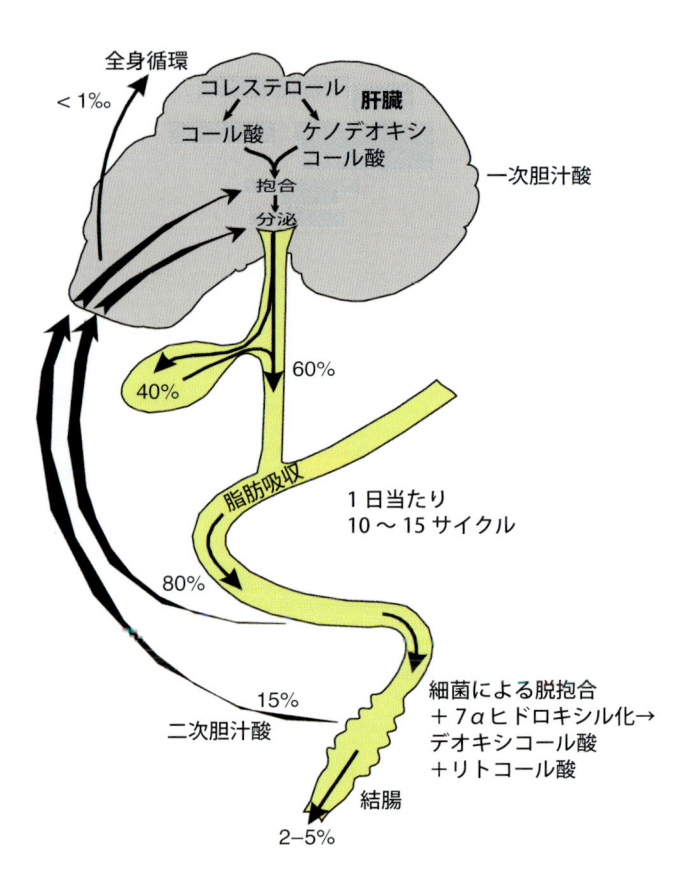

図7.3 胆汁酸代謝と腸肝循環．肝細胞はコレステロールから胆汁酸を産生する．この一次胆汁酸は肝臓によって抱合され胆汁中に排泄される．一次胆汁酸の約40％は胆囊内に貯留し，60％は直接小腸に至る．一次胆汁酸のうち80％は回腸で再吸収され，残りは脱抱合され，さらに水酸化されて大腸で二次胆汁酸となる．二次胆汁酸のほとんどは再吸収され，一部が糞便中へ喪失される．

の毒物（たとえば毒性化学物質，消化管内細菌由来のエンドトキシン）の除去などの代謝機能を果たしている．多くの毒性物質は肝臓から直接排泄され（たとえば重金属），その他の物質は肝臓で変換され，腎臓で排泄可能な形となって血中に放出される（たとえば尿酸はアラントインに，アンモニアは尿素に，ステロイドは変換され抱合される）．300ダルトン以上の大型の分子は，より水溶性を増すように抱合されたのち，選択的に胆汁へ排泄される．その他に重要な肝臓の代謝機能としては，コレステロールから一次胆汁酸を産生することである（図7.3）．

　これらの代謝機能以外にも，肝臓は将来的に利用するために多くの物質を貯蔵しておくことができる．例としてグリコーゲン，金属イオン，ビタミンなどがあげられる．肝臓はまた赤血球を産生することもでき，この機能は生理学的には胎生期に認められる．肝臓における髄外造血は再開することもあり，貧血の患者においてしばしば認められる．

膨大な機能的予備能，例外的な再生能，代謝的な柔軟性のため，肝臓疾患は，その疾患が慢性的に続いていて機能的に大部分が失われ，再生能の余力がなくなったときにはじめて臨床的な症状を引き起こすこととなる．急性もしくは亜急性の疾患はしばしば臨床的症状を呈することがなかったり，簡単に見過ごされてしまうような軽度の臨床症状を呈したりするにとどまる．

その他にも，肝臓は本来，多くの肝外組織とかかわりをもっていて，肝機能不全によって，しばしば他の臓器の機能不全を示唆するような臨床症状を呈する．結果として，肝疾患を患った患者の臨床症状は一般的に非特異的なものとなる．したがって，肝疾患は，肝臓を直接的に指し示すような臨床症状ではなく，重要臓器の一般的な機能不全を示すものとなる．また，多くの場合において，肝疾患のさまざまな原因を臨床的に区別することは不可能である．しかしながら，診断に役立つような肝細胞の小葉内局在はいくつかあり表7.1に示してある．

7.3 肝疾患が疑われる患者に対しての診断的アプローチ

肝臓，胆道，および門脈におけるある疾患に対する確定診断には，通常，いくつかのステップからなるアプローチをしなければならない．これらの疾患のある患者では，臨床症状はしばしば非特異的である．潜在的に肝疾患にかかわりのある症状を病歴としてもっている場合には，身体検査，臨床病理学的評価，超音波検査，細胞診検査，肝生検材料の組織学的検査，シンチグラフィー，肝機能検査が行われる．

7.3.1 肝疾患の発生率

病歴や身体検査から肝疾患があると気づくことは，症状が非特異的であるため，しばしば難しい．[6-8] このため，肝疾患の発生率を正確に見積もることも難しい．紹介外来における全症例に占める肝疾患および胆道系疾患の割合は，約1〜2%と報告されている．[9-12] しかし，一次診療を訪れる動物における信頼できる数値は分かっていない．品種特異的な疾患に関しても，別に考察が必要である．われわれがオランダ国内のアイリッシュ・ウルフハウンドおよびケアン・テリアにおける遺伝性の門脈体循環シャントの発生率を調べたところ，それぞれ4%，2%であった．[9,13,14] 一般的には，約30の好発品種における門脈体循環シャントの発生率は，生まれたての子犬で1〜4%である．肝疾患のもう1つの例として肝炎があげられるが，これも遺伝性疾患もしくは遺伝性の危険因子に影響を受ける．ベドリントン・テリアは，Murr1遺伝子の変異が発見されて以降，銅関連性肝炎の発生率が非常に高く（20〜50%），症状のない動物およびキャリアーもDNA検査によって同定できる．ラブラドール・レトリーバー（推定発生率は10〜15%），ドーベルマン・ピンシャー（推定発生率5%）においても銅関連性肝炎はよく発生する（**7.5.1.4**を参照）．このため，ある患者の鑑別診断リストを作成するにあたっては，品種特異性を常に考慮することが肝要である．

7.3.2 肝疾患に関連する症状

肝疾患特異的な臨床症状がないため，肝疾患が疑われる患者の臨床症状を解釈する場合に，いくつかの要素を考慮しなければならない．肝臓は多くの代謝経路において重要な役割を果たしている．肝機能が障害されれば他の臓器にも影響を与え，肝臓ではなくて別の臓器の疾患プロセスに注意が向いてしまうことがある．たとえば肝性脳症は中枢神経系に注意がいってしまうし，多飲は内分泌系や腎臓の疾患に注意がむいてしまう．また，肝臓は他の臓器系の疾患によって二次的な影響を受けることもあり，症状や臨床病理学的所見の異常が，一次性の肝疾患と同様に起こることもある．嘔吐はその一例であり，嘔吐は，一次性の肝疾患の患者でよく認められる症状であるが，同時に，消化管の異常がある患者にみられる症状でもあり，消化管の異常はまた二次的な（反応性の）肝炎となってしまうこともある．どちらの場合にも，臨床症状は同一で，血液生化学検査でも肝疾患を示唆するが，一時的な疾患プロセスは肝臓でない場合もあるということである．別の例は肝疾患の患者で頻繁に認められるが，二次的に肝臓にも影響する重篤な内分泌疾患あるいは腫瘍随伴症候群でも認められる，多飲多尿である．どの疾患の場合にも，血漿肝酵素や血清胆汁酸濃度はしばしば上昇する．

さまざまな肝疾患において，いろいろな組み合わせで認められる症状には，無気力症，倦怠感，食欲低下，嘔吐，体重減少，多飲，下痢，忍耐力の低下，腹水，神経症状，黄疸，無胆汁便，出血傾向，排尿時疼痛，頻尿，腹痛などがある．無気力症あるいは倦怠感は，食欲低下や嘔吐とともに，非常によく起こり，これらは吐き気を示唆することがある．体重減少は慢性の場合によく起こる．多尿は，胆汁うっ滞性疾患や門脈体循環シャントを含む慢性肝疾患の患者において50〜60%の発生率が報告されている．下痢は犬と猫の肝疾患においてはあまりよくみられるものではなく，通常は，原発性の肝疾患の患者においては主要な問題点とはならない．同様に，下痢だけを呈している犬と猫で，原疾患として肝疾患をもっていることも普通はない．腹水はまれにしか起こらず，重大な肝機能の喪失がある患者においてのみ，認められる．神経症状（運動失調や強制歩行）はとくに門脈体循環シャントの患者でとくによく認められる．これらの肝性脳症はふつう，増悪と寛解を繰り返す．黄疸はまれで，肝疾患の犬の90%は正常な血清ビリルビン濃度をもつ．しかし，肝疾患の猫はより黄疸になりやすい．明るい色の便（無胆汁便）も非常にまれに起こり，胆管閉塞の動物でしかみられない．出血傾向もまれである．しかし，臨床症状を呈さない凝固カスケードの異常はより多い．痛みを伴う頻尿は，尿酸やアンモニアを代謝できず，尿酸アンモニウム結石ができてしまった門脈体循環シャントの患者でのみまれに認められる．腹痛も

まれではあるが，胆石の患者ではときおり認められる．

留意すべき重要なことは，多くの肝胆道系疾患において異なった組み合わせでさまざまな症状が認められるが，通常，それらの症状を特定の肝疾患に関連づけることは不可能であるということである．上述の症状のどんな組み合わせがみられた場合にも，肝疾患および／または胆道系疾患の可能性を考慮した患者の評価をすべきである．

7.3.3　身体検査[6-8]

身体検査でもっとも肝疾患と関連性がある部分は，粘膜および強膜の評価と腹部触診である．粘膜は肝疾患の患者のほとんどで正常ではあるが，黄疸，蒼白，自然出血などの異常所見が認められることもある．赤血球寿命の短縮（溶血の増加）は肝疾患の患者では非常によく起こることである．一般的な慢性疾患に伴う造血抑制によって，慢性の肝疾患の患者では軽度の貧血と粘膜の蒼白がよく認められる．粘膜が非常に蒼白になっている場合（ヘマトクリット値は通常15〜20％以下）根底に，二次的な低酸素肝障害を伴う溶血性貧血があることが多い．そのような場合には，溶血の原因を注意深く調べることが必要であり，その場合には肝疾患についてそれ以上の精査は不要である．しかし，黄疸と中程度の粘膜蒼白（ヘマトクリット値20以上）の患者では，原発疾患はほとんど常に肝疾患であり，さらなる診断的検査を肝臓および胆道系に焦点をあてて行う必要がある．

肝腫大は，腫大の程度，胸郭の深さ，横隔膜の凹み具合によっては，腹部の触診で触知可能なことがある．肝疾患の犬では肝腫大はまれで，萎縮の方がよく認められる．しかし，原発性の肝疾患や，静脈のうっ血，脂肪肝（糖尿病に続発），グリコーゲン貯蔵（副腎皮質機能亢進症に続発），アミロイドーシス，リンパ腫，転移性腫瘍などでは肝腫大は起こる．犬とは対照的に，肝胆道系疾患の猫では肝腫大があることが多い．しかし，肝腫大がある場合には，原発性の肝疾患を除外するために，循環系の検査は必要である．

腹部の触診では，門脈高血圧の際の脾腫を触知することもあるが，この所見は非特異的であるし，門脈高血圧の患者で常に認められるものでもない．腹水も認められることがあり，門脈高血圧とアルブミン産生低下を示唆することにもなる．もちろん腹水にはほかにもさまざまな原因があるが，肝臓がかかわっているか否か，血清肝酵素活性，血清胆汁酸濃度，血清アルブミン濃度を測定すべきである．

ほとんどの肝胆道系疾患のある患者では，身体検査は非特異的な所見を示すに過ぎない．それゆえ，肝胆道系疾患の有無を知るためには，通常，基本的な臨床検査が必要となってくる．

7.3.4　肝疾患の診断的検査

肝疾患の診断のための診断的検査は1章（1.4.3を参照）でも記述してある．肝臓はさまざまな代謝機能を担っており，肝細胞，胆道系，クッパー細胞，脂肪貯蔵星細胞，そして動脈，静脈の血液供給からなっている．しばしば，肝臓は単一の臓器であると認識し，肝機能と一口で言ってしまいがちであるが，肝疾患やその根本の原因を調べるような検査は存在しない．しかし，肝疾患の有無やその性質を評価するような，さまざまな検査をすることができる．そのため，肝胆道系疾患の検査アプローチとしては，肝胆道系の傷害と機能を評価するスクリーニングテストがもっともよいものとなる．そして，もしそのようなスクリーニング検査によって肝胆道系疾患が示唆された場合に，より診断的価値の高い検査，たとえば画像診断（1.3を参照），細胞診（1.7を参照），肝生検材料の組織学的検査（1.8を参照）によって，診断をつける．診断がついたのちに，疾患のステージを決定するための特定の肝機能検査をし，予後判断や，その患者にもっとも適切な治療を選択する．

重要であるのは，血清肝酵素活性がわずかしか上昇していないが重篤な機能障害を呈する肝疾患や，また血清肝酵素活性の上昇が重度であるが有意な肝機能不全に関係しない肝疾患があるということである．肝疾患にはかなりの予備能があるため，少なくとも肝臓の55％が失われないと従来の手法によって肝臓全体の機能不全を検出することができない．肝機能評価のために通常用いられる生化学検査には，アルブミン，アンモニア，尿素窒素，ビリルビン，胆汁酸，[18-20]コレステロール，グルコースがある．これらの検査は，肝臓の蛋白質合成能，蛋白質分解産物の解毒能，有機アニオンや他の物質の排出能，正常血糖の維持能を評価するために用いることができる．

臨床検査の結果は，動的な変化の一点を反映するものである．検査結果がはっきりしたものでなく臨床症状も曖昧であれば，疾患が完全に発現するまでの時間を見越して，再検査をすることが必要になる場合もある．肝臓が二次的に影響を受けているに過ぎない場合（非特異的反応性肝炎など），肝臓の変化および対応する血液検査結果は3〜4週間以内に正常化するため，再検査までの期間としてはこれくらいがちょうどよい．原発性の肝疾患は，通常，より顕著になるだろうし，非特異的な変化は普通消失する．

病歴，身体検査所見，スクリーニングや肝胆道系特異的な臨床検査結果などを総合的に評価して，臨床家はその疾患が活動的なのかそうではないのか，肝原発なのか胆道系が原発なのか，その両方なのかを分類し，また肝胆道系の機能障害の程度を評価しなければならない．血清生化学検査結果はもとにある疾患プロセスを同定するものではないこと，また，確定診断に至るためにはほぼ常に肝生検材料を採取することが必要であるということも重要である．遺伝性の門脈体循環シャントなどの血管系異常の場合には，確定診断に到達するためには特異的な生化学検査と超音波検査および／またはシンチグラフィが必要となる．

7.3.5　肝生検

7.3.5.1　一般的な留意点

　前述したように，犬と猫と原発性の肝胆道系疾患において，確定診断を下し予後を判定するためには肝生検が必要となる．中には，胆汁培養が必要不可欠なものもある．[1] 生検は以下の場合に適応となる．1) 肝機能異常とその病理の原因を確認するため．とくに異常が1ヵ月以上続いているとき．2) 肝腫大の原因を確認するため．3) 全身性の疾患における肝臓の病変を確認するため．4) 肝臓の腫瘍性疾患のステージを判断するため．5) 肝胆道系疾患の患者における治療への反応性を客観的に評価するため．6) 特異的な治療法がないような疾患で，以前に診断した時からの疾患の進行の程度を評価するため．

　肝生検の採材にはいくつかの方法があり，その選択は患者とオペレーターの，両方の考え方に左右される．[1,21,22] 方法によらず，肝生検を実施する猫と犬は，少なくとも12時間は絶食しなければならない．一般的には，一ヵ所の空洞性もしくは固形の病変で，非リンパ球系の腫瘍が強く疑われる病変に対しては，飼い主が外科的完全摘出を希望しない場合を除いて，経皮的コアバイオプシーや（細胞診のための）吸引生検は行わない．多数の結節性病変が認められたり，一ヵ所しか病変が認められていなくても飼い主が治療に反対したりしている場合には，細胞診のための細針吸引生検が勧められる．転移性腫瘍は良性の過形成や再生性結節と同様の超音波所見を呈することがある．不幸なことに，ある報告によれば，肝臓の腫瘍性病変を評価する際，細胞診と病理組織学的検査の一致率は44％に過ぎなかった．非常に小さい肝臓および/または硬い，線維化した肝臓では，経皮的な針を使って採材することが困難なことがあり，解釈の難しい，小さく断片化した材料しか得ることができないことがある．このような場合，通常はtrue-cutバイオプシーによって診断価値のある材料を得ることができる．ガンタイプの採材機器は，固く線維化した肝臓でもしっかりした，断片化していない組織を得ることができる．またスピードがあるため，針先から肝臓が逃げてしまうようなことも避けられる．慢性肝炎，肝線維症，肝硬変，胆管炎，門脈血管異常などのいくつかの肝疾患において，18Gのtrue-cutバイオプシーと楔状生検では40％以下の相関しか得られなかったという報告がある．[17] 針生検手技を選ぶ場合，適切なサイズのサンプルを得るためには，大きいサイズのものを選ばなければならない（できれば14G，小さくとも16G）．また，肝臓の状態を反映したサンプルを得るためには，常に，少なくとも2ヵ所以上から採材しなければならない．ほとんどの肝臓病理学者は，これくらいのサイズのサンプルがあれば適切な評価を下すことができるであろう．18G針によって採材された1つのサンプルは，正しい評価には小さすぎるのである．[1]

　肝生検の術前には，その動物の凝固状態を調べなければならない．[23,24] 完全な凝固プロファイルを得ることが理想的である（一段階プロトロンビン時間（OSPTまたはPT），活性化部分トロンボプラスチン時間，フィブリン分解産物，フィブリノーゲン濃度，血小板数）．血小板数が40,000/μL以下，もしくはPTまたはOSPTの有意な延長があった場合に，超音波ガイド下生検後の出血が起こりやすくなる．しかし，参考値下限の50％以下の重篤なフィブリノーゲンの減少は肝生検の禁忌となる．可能であれば，通常一般的な凝固検査では正常となってしまうためフォンヴィレブランド（Von Willebrand）因子も，欠損病に罹患しやすい動物では測定しておく．頬粘膜出血時間は血小板機能を間接的に反映するため，肝生検の前にルーチンで測定しておく．フォンヴィレブランド病の動物では，フォンヴィレブランド因子活性を血管内皮細胞から血漿中にシフトさせるために，施術の30～60分前に酢酸デスモプレッシン（DDAVP）を投与しておくべきである（1mg/kg，SC）．

　凝固パラメーターの軽度の変化があった場合，必ずしも肝生検は禁忌とはならない．実際，ヒトの患者についてのある研究に示されたように，ルーチンの凝固検査は必ずしも生検部位の出血時間とは相関しない可能性がある．しかし，臨床的に出血の証拠が認められた場合や，凝固パラメーターの重度の異常が認められた場合には，肝生検は遅らせるべきである．完全な肝外胆管閉塞（EBDO）の患者ではビタミンK欠乏を有していることがあり，OSPTおよびAPTTの延長となって現れるため，生検の1日あるいは2日前にビタミンK_1（5mg SC 1日1回もしくは2回）を投与しておく．ビタミンK_1投与24時間後にもう一度OSPTやAPTTを測定すれば，正常か，それに近い値になるであろう．しかし，現在の臨床では，EBDOはほとんど超音波下の診断であり，多くの症例で肝生検は適応とはならない．肝疾患の動物では高い血清ビタミンK拮抗性誘導蛋白（PIVKA）濃度を示すことがあり，出血徴候を潜在的に示唆することがある．ビタミンK投与後も凝固パラメーターが改善しない場合，肝生検前に新鮮凍結血漿を投与しなければならない．生検中あるいは生検後に過度の出血が認められ，局所的な手技，たとえば直接的な圧迫止血や凝固促進剤などでコントロールできない場合，全血輸血を実施する．

7.3.5.2　バイオプシー技術[1,26,27]

7.3.5.2.1　True-cutバイオプシー針

　True-cutバイオプシー針は2cmの長さの陥入部と内針があり，内針を肝実質に刺入して，肝組織を陥入部に押し入れるものである．その後，刃先のついた外筒を内針の外側から進めて組織を切断したのち，器具全体を引き戻す．True-cutには鋭い針先がついているため，他の構造も容易に貫通してしまう．それゆえ，超音波ガイド下，もしくは外科手術中などの直接視認下でのみ用いるべきである．True-cut針には手動式，半自動式，生検銃用などがある．半自動式は猫に対して使用が勧められる．

生検銃は高価であるが，使い捨てのものであれば安価である．このため，生検銃は生検をよく行う中央診療機関に勧められる．生検銃の優れた点の1つは，非常に素早く組織を採取するため，液体で満たされた腹腔内で比較的自由に動いてしまう小さく硬結した線維肝でも容易に採材できる点である．先に述べたように，true-cut針は超音波ガイド下でのみ用いるべきである．しかし，true-cut銃のなかにはバネの力が強く，猫では肝実質への急激な圧波が致命的なショックを引き起こすことがある．犬ではこのようなことは認められていない．このことは，適切な器具を選択する際に非常に重要である．

7.3.5.2.2　メンギニー吸引針

このタイプの針は先端が鈍角で，肝臓のようなやわらかい組織は貫通するが，胃や腸などは貫くことができない．針先は肝臓を探知するために"触診"するように用いられる．メンギニー針は，通常，超音波ガイドを行わず，盲目的に用いられる．このため，局所の病変を採材するのには適さず，超音波が使用できない際にび漫性の肝疾患を検出するために用いられる．より多数の症例による集団的症例研究によると，メンギニーテクニックには多くの利点がある．興味のある読者は，さらなる情報のため，"WSAVA 犬と猫の肝疾患の臨床的・組織学的診断の基準"を参照して欲しい．[1,30]

7.3.5.2.3　細針吸引[31-34]

細針吸引（FNA）は20～22ゲージの針を用いて行う．吸引物はスライドグラスにのせ，乾燥し，メイ・グリュンワルド・ギムザ染色や，Diff-Quick染色（Harleco, Gibbstown, NJ）などの染色を行う．FNAは通常局所性の病変から細胞を採取するために超音波ガイド下で行う．しかし，第十肋間，肋骨から肋骨―軟骨接合部レベルで，盲目的な採材もできる．肝臓の細胞診は，非常に多くの肝疾患において重要な，肝臓の組織学的な構造の評価には適さない．しかし，腫瘍細胞や肝リピドーシスの検出には非常に有用である．肝臓のFNA検査前には凝固系の検査は必要ない．

7.3.5.3　外科的楔状生検

外科的な生検は針や鉗子による生検に比べ，より大型の材料を得ることができる．非特異的な，被包化された線維化の部位を避けるため，2 cm以上の深さで楔状に採材することが重要である．ヒトでは，多数の部位での針生検材料は，より浅い部位の楔状生検よりも優れるとされている．経皮的な生検手技は，肝腫と超音波上でび漫性の均質な肝実質疾患の証拠のある犬と猫で用いるべきである．細胞学的な評価のためのFNA検査を最初に行うことが多い．それは，空胞性肝症（すなわち肝リピドーシスもしくはステロイド性肝症）やリンパ球性の腫瘍などはこの方法で予見できることがあるからである．

もし，術者が生検手技に熟練していれば，鎮静と皮膚および腹壁の局所麻酔のみが必要であることもある．肝臓自体は大径の針による貫通などでも痛みを起こさない．しかし，猫では通常の麻酔下で実施することが勧められる．

超音波や改良された腹腔鏡器具などを使った視認下での経皮的針生検では最良の生検部位を選択でき，[36]また採材後に直接的あるいは間接的にその部位を調べることができる．び漫性，あるいは多発性の肝胆道系疾患の動物では複数部位からの生検が可能であるし，またそうすべきである．そのほうが安全である．改良された腹腔鏡を使用する際には，一般的な麻酔が必要である．しかし，超音波ガイド下のtrue-cut生検はより簡単に実施でき，ほとんどの症例で同様の結果を得ることができる．

経皮的な生検手技では，最初に，微生物学的な培養を行うための肝臓あるいは胆汁材料を無菌的に採取する．それから，病理組織検査のために固定する前に，細胞学的な分析のための捺印塗抹標本をスライドグラスにやさしくタッチさせて作成する．過剰な血液は捺印標本作製前に，ガーゼで材料を軽く押しつけるようにしてふき取る．肥満細胞やリンパ芽球のような異常な細胞集団は，Diff-Quickのような迅速染色法で簡単に検出できる．一般的な処理および病理組織学的な検査用には，肝組織を10%中性緩衝ホルマリンに浸漬する．迅速な固定が重要で，そのためには材料は厚すぎないということが必要である．外科手術材料の場合は2～3 mmの厚さにスライスする．銅の組織化学染色や定量のための材料は，採取後，アッセイを実施する病理検査ラボの指定の通りに，固定あるいは保存する．病原体や線維組織，アミロイド，グリコーゲン，その他の代謝物などの特殊染色も可能であり，それらを実施する際には組織を採取する前に担当の病理学者と話し合う必要がある．

7.3.5.4　胆囊吸引

胆囊は超音波ガイド下でFNAの手技によって安全に吸引できる．経肝臓的に胆囊にアプローチする必要はなく，どんな方法でも安全である．細胞学と培養のための胆汁の採取は猫ではとくに重要で，それは猫では感染性の胆管炎が最も多い慢性肝胆道系疾患の1つであるからである．

7.4　肝疾患の合併症

7.4.1　腹　水

腹水は低蛋白で細胞成分に乏しい腹腔内の液体として，肝疾患の患者で認められることがある．犬で比較的腹水はよく認められるが，猫ではまれである．肝内門脈圧の亢進は犬における腹水を引き起こす最も多い原因である．このような患者では，血清アルブミン濃度も低下しており，静水圧の低下と門脈圧亢進の両者が腹水の形成に寄与している．動静脈瘻や門脈血栓などの肝前性の原因では，門脈圧はふつう非常に高くなっており，慢性肝炎などの肝内性の腹水の原因とくらべて，アルブミン濃度は高くなっている．門脈の閉塞は腫瘍による圧迫や先天性門

脈低形成などによって起こる．犬では肝静脈内において後類洞括約筋が同定され，これが静脈流出抵抗を高めている可能性もある．また，副腎皮質機能亢進症によるナトリウムと水の貯留も腹水の形成を助長しているかもしれない．破裂した胆管や胆嚢からの胆汁の漏出は，リンパ液の滲出を伴う重篤な腹膜炎を引き起こす．このような症例では，腹水は典型的には濃い茶色や緑色で，炎症によって液体は不透明になる．この液体の細胞学的な評価をすれば，多数の好中球が含まれているのが分かる．胆管の破裂は，多くは嫌気性細菌の二次感染による敗血症性腹膜炎を引き起こすことがある．

7.4.2 黄疸

ビリルビンはヘムの分解産物の1つである（図7.4）．ヘムは主として赤血球中のヘモグロビンに由来するものであり（全ヘム産生量の65%），ミオグロビンや肝内のヘムを含む酵素に由来するものも少量存在する（30〜35%）．ヘムから産生されるビリルビンは血漿中から除去され，肝臓によって抱合され，胆汁中に排泄される．腸内では，抱合ビリルビンは細菌による脱抱合をうけ，最終的にウロビリノーゲンになる．ウロビリノーゲンは再吸収され，もう一度肝臓によって除去される（腸肝循環）．非常に少量が，この腸肝循環から逃れ，尿中に排泄される．結腸では，ウロビリノーゲンはステルコビリンに変換され，これが便を通常の茶色にしている．

肝臓によるビリルビンの処理（クリアランス，抱合，とくに胆汁への排泄）は，肝実質および/または胆道疾患によって障害をうける．十二指腸付近の総胆管の閉塞は近位でのビリルビン処理過程の全て（すなわち，排泄，抱合，クリアランス）に不具合を起こすが，結果として起こる抱合および非抱合の高ビリルビン血症は大部分が抱合型あるいは直接型ビリルビンによるものである．胆汁うっ滞もGGTとAP活性の上昇，総胆汁酸濃度の上昇につながる．胆道が破裂すると，胆汁は腹腔内へ漏出し，さらに，腹膜によってビリルビン色素が吸収され，重篤な黄疸にいたる．重度の溶血もビリルビン産生の増加をもたらす．これに加えて，肝臓は虚血による小葉中心性の壊死を引き起こす．溶血による黄疸は，溶血が急性で重篤な場合にのみ起こり，低酸素性の壊死とビリルビン産生の増加を伴う胆汁うっ滞によって，抱合型/非抱合型の混合した高ビリルビン血症を引き起こす．

犬と猫における血清総ビリルビン濃度は，検査会社によって異なるが，猫では0.3 mg/dL，犬では0.6 mg/dL以上であれば異常とみなされる．

犬では，特に雄で，ビリルビンを産生および抱合するために必要な酵素が腎臓にあり，犬の尿ではビリルビン尿が認められても正常な所見であることがある．一方，猫ではビリルビン尿は異常所見であり，高ビリルビン血症に関連したもので，常に病的な所見である．

無胆汁便は腸管で完全に色素がないという状態によるものである．便が正常な色になるために必要な胆汁色素の量はごく少量である．胆石や胆管内，膵頭，十二指腸壁での腫瘍などによる完全胆管閉塞によって，このような，胆汁を含まない，脂っぽい，灰色の糞便となることがある．

色素を含まず，濃縮された粘液様の胆汁は，重篤な慢性の肝外胆管閉塞の患者で認められることがある．この"白色胆汁症候群"は，犬と猫の両方で起こり得る．

抱合型ビリルビンは，循環中では，簡単に，そして不可逆的に（共有結合で），アルブミンと結合する．このように永久的に結合してしまったビリルビンはもはや，肝臓の血漿からの正常なクリアランスによって取り込まれず，アルブミンが分解されるまで循環中，他の組織にとどまることになる．その結果，黄疸の原因が改善された後も数週間の間，動物は黄疸であることがあるため，粘膜の黄疸所見は現状を正確に反映したものではなく，以前の病態を反映したものなのである．

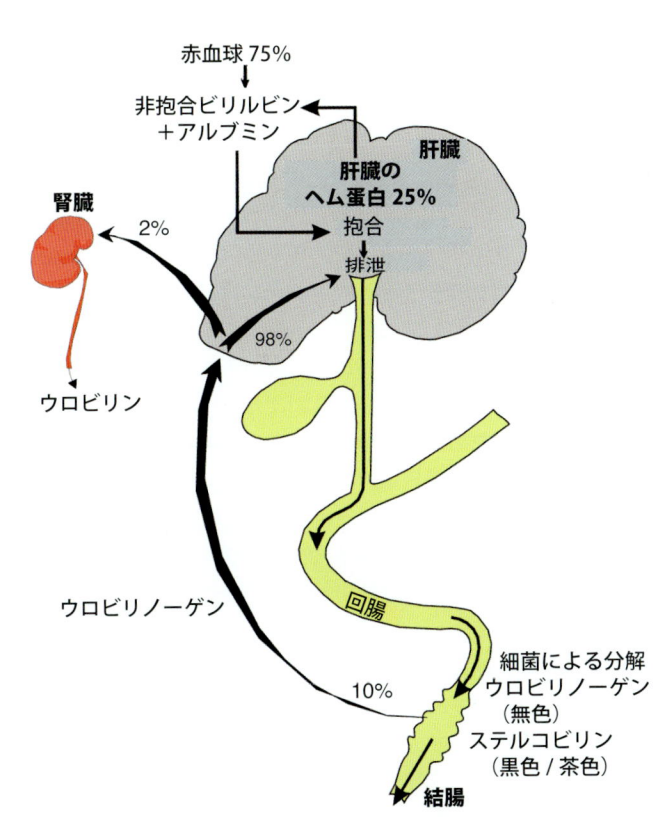

図7.4 ビリルビンの代謝．図はビリルビンの生理的な代謝を示している．非抱合ビリルビンの約75%は赤血球中のヘムによるもので，残りの25%は肝内のヘム蛋白に由来する．ビリルビンは肝細胞内で抱合され，胆汁とともに排泄される．腸管内では，抱合ビリルビンは細菌によって分解されてウロビリノーゲン，ステルコビリンとなる．ウロビリノーゲンの約10%は結腸で吸収され，うち2%は腎臓によって排泄される．

7.4.3 肝性脳症

肝性脳症（HE）は，肝機能不全に続発した脳の機能不全であると定義される．HE は重篤な肝機能不全のある犬と猫の両方で起こることがあり，さまざまな神経学的症状を呈する．黄疸と同様に，HE も診断名ではない．HE の原因は非常に多岐にわたるからである．HE は臨床的に異なる 2 つの経過によって起こる．1 つは急性の重篤な肝全体の不全（劇症肝不全とよばれる），もう 1 つは慢性のもので，この場合は症状のないものから重篤なものまで起こり得る．

劇症肝不全は急性で完全な肝臓の壊死によるものであり，犬アデノウイルス 1 型のような病原体，アセトアミノフェンのような毒物，真菌毒（アフラトキシンなど），キノコ毒（ファロイジン）などによって引き起こされる．劇症肝不全は重篤な HE や，場合によっては肝性昏睡までも引き起こす．重度の黄疸，嘔吐，播種性血管内凝固（DIC）による出血傾向なども起こる．血清中の肝酵素活性は非常に高くなり，このような患者はその多くが数日以内に死亡する．幸運なことに，慢性の肝性脳症が現在ではもっとも多いタイプである．慢性の HE は門脈血の短絡，つまり門脈血が門脈体循環短絡の経路を通ることで起こることがある．門脈体循環短絡は先天性あるいは後天性で，後者は門脈高血圧に続発して起こる．

猫には別のタイプの HE があり，必須アミノ酸の不足と肝リピドーシスに関連して起こる（7.6.1.1 を参照）．このタイプの HE は，治療を成功するためにアミノ酸が必要となる唯一の HE である．その他の HE では，食餌性の蛋白質を減らすことで治療される．HE の患者には，ネオマイシンなどの広域抗生物質に加えて，経口あるいは浣腸によるラクツロースの投与も効果的である．

犬でも猫でも，慢性の HE は肝臓を通過せずに門脈血が短絡してしまうことによって起こることが最も多く，それゆえ，門脈体循環脳症と呼ばれる．肝臓には大きな機能的予備があるため，重度の肝疾患であっても動物は HE から守られている．重篤な門脈体循環短絡だけでは，多くの場合 HE を引き起こすのに不十分であり，肝機能の低下と組み合わさってはじめて HE が発現する，ということが多い．このような状況は，たとえば，慢性肝炎の患者で門脈高血圧と後天性の門脈体循環短絡が起こってしまった患者などで起こり得る．先天性の短絡を持つ犬や猫でもしだいに肝機能は不十分になる．通常では，肝臓は，成長因子の発現によって大きくなる．そのためには，門脈循環からの刺激因子が必要になる．このため，それらの刺激因子がない状態で，先天性の短絡を持つ動物の肝臓は体全体の発育に見合った，正常な成長ができないこととなる．先天性の肝臓短絡をもつ犬の大部分で 6 ヵ月齢以上になってから症状を発現するのはこのようなことによるものである．

HE の臨床症状は多岐にわたり，それらは脳内での代謝のかく乱によるものである．もし基礎疾患が治癒すれば，重篤な神経学的症状も完全に消失する．非常によくあるのは，HE の経過として，グレード 1 から，さらに上のステージの症状まで，良くなったり悪くなったりするというものである（表 7.2）．通常，1 日から数日の重篤な HE の症状が出て，それが数日から数週間，より正常に近い状態へ変化する．HE の神経学的な症状を別にすると，基礎疾患による非神経学的な症状は認められることが多い．HE の患者では発作はあまり起こらない．表 7.2 に記載したような症状のない発作が HE によるものであることはほとんどない．

本質的には，慢性の HE はいくつかの神経伝達系の機能不全である．もっとも重要なものは，グルタミン酸，ドーパミン/ノルアドレナリン，ガンマアミノ酪酸/ベンゾジアゼピン（GABA/BZ）神経伝達系である．これらの神経伝達系を作り出し，恒常性を維持するために，脳は，腸管に由来し，肝臓によって変換された前駆物質を利用する．血液の門脈体循環短絡のある患者では，前駆体が，変換されないことで，脳へ調節されずに到達してしまうために，増加した未変換の神経伝達物質を調節することができなくなる．

グルタミンは脳におけるもっとも重要な興奮性の伝達物質であり，循環中のアンモニア濃度に直接影響を受ける（図 7.5）．アンモニアは主に腸管内で結腸内細菌の窒素源性物質（例：蛋白質，アミン，尿素）の分解と，腸管全体の粘膜におけるグルタミンの中間代謝によって産生される．正常な肝臓では，門脈血からのアンモニアの除去は非常に効率的であり，血液が肝臓内を一度通過しただけで，事実上全てのアンモニアは除去されてしまう．それゆえ，末梢でのアンモニア濃度は非常に低く維持されている．アンモニアは大部分が，肝小葉の門脈域周辺に位置する肝細胞内の尿素サイクル中の酵素によって尿素に変換されるが，このサイクルは肝臓だけに存在する．尿素は血液によって腎臓へ運搬され，のち，尿中に排泄される．その他に（肝臓に加えて）全ての臓器中の細胞で利用されているアンモニアの除去経路は，グルタミン酸およびグルタミンへの組み込みである．グルタミンは二分子の結合したアンモニアをもつ．グル

表 7.2　肝性脳症（HE）の犬と猫の神経症状

HE の犬と猫にみられる神経症状	
ステージ 1	元気低下，知力の低下，うろつき，注意の低下
ステージ 2	運動失調，旋回，障害物に対するヘッドプレス，盲目，流涎
ステージ 3	昏迷，重度の流涎，非活動的だが刺激には反応する
ステージ 4	昏睡，完全な無反応

HE を引き起こす肝疾患に関連した神経症状以外の症状	
全てのステージ	多飲多尿，嘔吐，耐久性の低下，非活動的，ときおり不十分な発育（先天性短絡のある犬）
全般的	周期的に症状が現れるのが非常に典型的である．

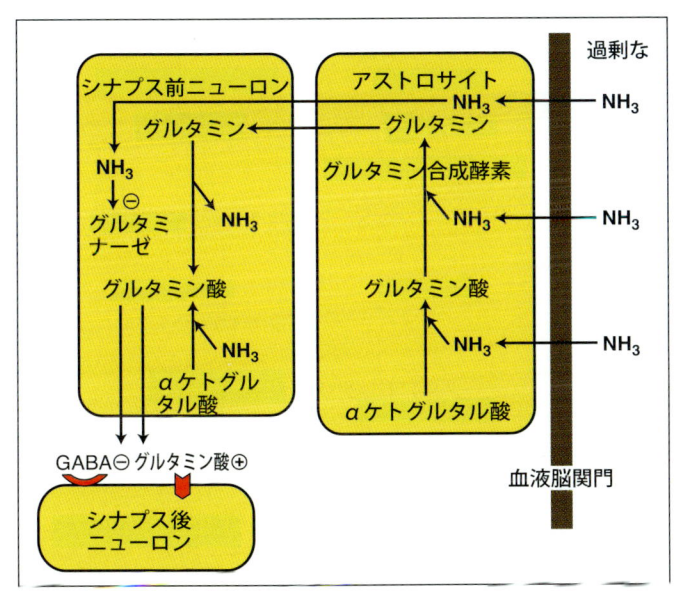

図 7.5 高アンモニア血症がグルタミン源性神経伝達物質に及ぼす影響．アストロサイトへ拡散して入ってくるアンモニアが多すぎてもはや全てのアンモニアをグルタミン酸とグルタミンに変換できなくなっている．過剰なアンモニアはシナプス前ニューロンに拡散し，さらなるグルタミン酸が生成，グルタミナーゼは阻害され，これによってシナプス前ニューロン中のグルタミン源性神経伝達物質の量はさらに増加する．結果，このシナプス前ニューロンにおける過剰なグルタミン源性神経伝達物質によってシナプス後ニューロンは過剰に刺激される．－の記号は阻害，＋の記号は活性化をあらわす．NH_3＝アンモニア

タミンは循環中に入り，腸管粘膜と腎臓で代謝されてアンモニアが放出される．腸管のアンモニアは再び循環中に入るが，腎臓では尿細管細胞で産生されたアンモニアは尿中に排泄される．しかし，アルカローシスでは，アンモニアは容易に腎静脈内に拡散して戻ってしまうため，腎臓は循環血液中のアンモニア濃度を上げてしまうこととなる．門脈血の門脈体循環短絡のある動物では，肝臓での効率的なアンモニアの取り込みは大部分がうまくいかず，血漿アンモニア濃度は顕著に増加する．

高アンモニア血症になると，神経系でのアンモニア濃度は中毒量に達する．アストロサイトによる生理的なアンモニアからの防御は不完全であるためである．ニューロンはアストロサイトの層によって血液と分断されていて，循環中の物質はニューロンに至るためにはアストロサイトを通過する必要がある．生理学的な状況下では，血中アンモニアはアストロサイト内に入るが，ATPを消費する，グルタミンシンセターゼによって触媒される経路によって，グルタミン中に組み込まれる．この酵素は機能的予備に乏しく，生理的な血中濃度を超える濃度のアンモニアを扱うことができない（図 7.5）．グルタミンは隣接するニューロンに拡散し，そこでグルタミナーゼによってグルタミン酸に変換される．ニューロンにおいてグルタミンは一部，GABAに変換される．興奮性のグルタミン酸と抑制性のGABAによってよく調和のとれた平衡がとられ，シナプス後ニューロンの興奮性を決定している．高アンモニア血症では，アストロサイトのグルタミン合成酵素は過剰に負担がかかっており，自由になったアンモニアはニューロン内に拡散する．ニューロンのアンモニア濃度が高くなると，グルタミナーゼ活性は阻害され，グルタミンの蓄積，神経伝達性グルタミン酸の枯渇をきたす．HEの病理発生において，このグルタミン酸・グルタミン・アンモニアシャトルの破たんが，1つの重要な因子であると考えられている．

イオン化されていないアンモニアであるNH_3だけが細胞膜を透過することができ，NH_4^+は透過できない．しかし，ニューロン中では両者が毒性をもつ．血中アンモニア濃度を測定すると，NH_4^+とNH_3の両方が測定される．細胞外液および細胞内液では，$NH_3 + H^+$とNH_4^+が平衡を保っている．この平衡はアルカローシスになればNH_3に傾くし，中間的な血中pH，もしくはアシドーシスの状態ではNH_4^+に傾く．それゆえ，アルカローシスの状態になるとアンモニアは容易にニューロン内に入ることができ，同様の血中アンモニア濃度であっても，血中pHが中性，もしくはアシドーシスの状態に比べてより重篤な脳症を呈することになる．このため，アルカローシスの状態は回避しなければならないし，また，そうなってしまった場合には補正しなければならない．アルカローシスの状態ではまた，アルカリ尿になり，非イオン化アンモニアはすぐに再吸収されてしまう．そして，腎臓はアンモニアを排泄するかわりに貯留させてしまうことになる．アルカローシスが最も重篤になるのは，低カリウム血症のときである（図 7.6）．血中カリウム濃度が低いと，細胞内カリウムがナトリウムおよび水素イオンに置換される．このような水素の交換によって，細胞外アルカローシスおよび細胞内アシドーシスが発現する．結果として，アンモニアは容易に細胞内に入ってきてしまうことになるが，細胞内ではアンモニアはイオン化され，今度は細胞の外へ出ることができなくなってしまい，ニューロンはさらにアンモニアを蓄積することになってしまう．このような状況では，アンモニア貯留のほとんどが細胞内に存在することになり，比較的少量の血中アンモニア濃度の上昇がより重度の神経症状につながってしまいかねない．このような状況は慢性肝疾患の患者で非常によく起こる．もっとも多い原因は門脈高血圧と，それによる腹水である．腹腔中の水分は循環水分量に由来するものであり，腹水のある動物は若干の脱水がある．とくにはじめに腹水が出てきたときはそうである．この軽い脱水によってレニン・アンギオテンシン系が活性化され，ナトリウム貯留とカリウム喪失を引き起こす．このような患者の場合，腹水を過剰に抜去することは禁忌である．腹水はすぐにまた貯留してきてしまうであろう．このため，とくに必要なカリウムの摂取ができないような食欲不振の患者では，カリウム保持性の利尿剤を用いるべきである．

図7.6 低カリウム血症の細胞内アンモニア濃度に及ぼす影響．低カリウム血症は細胞内カリウムを細胞外スペースに引き出す一方に、ナトリウムと水素イオンは細胞内に入っていく．結果として、細胞外アルカローシスが起こり、NH_4^+からさらにアンモニア産生が起こることになる．アンモニアは容易に細胞内に拡散する．細胞内では過剰な水素イオンとアンモニアによってNH_4^+がもう一度形成される．NH_4^+は細胞外に拡散して戻ることはできず、トラップされる．

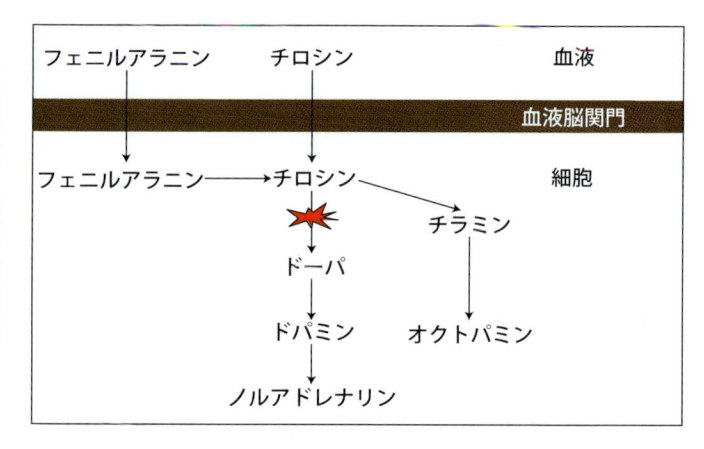

図7.7 門脈体循環短絡の患者における偽伝達物質の形成．門脈体循環短絡の犬では、芳香族アミノ酸は肝臓で十分に除去されない．結果として、それらの芳香族アミノ酸はより多くニューロンに到達することになり、ニューロンでの酵素の処理能力を超えてしまい、カテコラミンが形成、さらにチラミンとオクトパミンに代謝される．これらの"偽"伝達物質はカテコラミン受容体を塞いでしまうが、これらは非機能的であるため、モノアミン源性神経伝達を阻害することになる．

現在のところ、血中アンモニア濃度の測定がHEを診断する唯一の手段である．[14,43-46] 軽度から中等度の高アンモニア血症は、静脈血サンプルでは見逃されてしまうことがある．もし疑いがあるときは、アンモニア耐性試験を行うことで、より確定的な結果を得ることができることがある．[47] この検査はとくに、まだHEではない、門脈体循環短絡循環をもつ動物で有用である．この試験は5%塩化アンモニウムを経腸的に投与する（直腸から10〜20 cm, red-rubberカテーテルを進める）．門脈体循環短絡のある症例でのみ、アンモニアは肝臓をバイパスして、末梢でのアンモニア濃度は投与後20〜40分後にピークを迎える．短絡のある動物では、100以上、通常150 μmol/Lまで急激に上昇する（基準値< 45 μmol/L）．試験で使われるアンモニア負荷では普通は肝性脳症を悪化させず、また患者にはどんな危険を及ぼすこともない．しかし試験前の血中アンモニア濃度がすでに高い（> 150 μmol/L）場合は行うべきではない．HEの患者の約40％では尿検査で尿酸アンモニウム結晶が認められる．

HEの患者では、GABA/BZ受容体系の活性化も起こる．その背景にあるメカニズムはあまりよく分かっていない．しかし、この系を活性化させる薬剤であるベンゾジアゼピンとバルビツール酸の使用は、肝不全が疑われる症例には禁忌である．

さらに、門脈体循環短絡の患者では、芳香族アミノ酸であるチロシン、トリプトファン、フェニルアラニンは、腸管で吸収されたのち、肝臓で十分に代謝されない．異常に高い濃度のこれら芳香族アミノ酸が脳に到達すると、カテコラミン神経伝達系の失調が起こる．チロシンはカテコラミン（ドパミンと

ノルアドレナリン）の前駆体であるが、ニューロンにおいてチロシンを処理する酵素の処理能力には限りがある．チロシンがニューロンへ過剰に供給されると、それらはチラミンやオクトパミンへ代謝され、カテコラミン受容体に結合するが、それは非機能的である（図7.7）．そのため、血漿チロシン濃度の上昇は中枢神経系でのカテコラミン受容体の阻害を引き起こすことになる．

7.4.3.1 肝性脳症の管理

軽度のHEでは、低蛋白質、高炭水化物の食餌によって治療可能である．これらは、アンモニアとアミノ酸負荷を低減させるためである．その際、食餌性の炭水化物と脂肪によって、エネルギー要求を満たすということが重要で、肝性脳症の症例では同化作用は避けなければならない．猫は犬の約2倍の蛋白質要求があり、食餌を選択するときにそのことも考慮しなければならない．より重篤なHEでは、ラクツロース（1〜3 mL/kg/日を1日3回に分けて）の経口投与が必要になる．これは非常に効果的な治療である．ラクツロースは小腸では吸収されず、結腸の細菌によって揮発性脂肪酸に発酵される．それによって酸化が起こり、非吸収性のイオン化アンモニアの方向に平衡が傾き、直腸の運動性も増加、アンモニア産生性の結腸細菌叢となる．ネオマイシンのような非吸収性の抗生物質もHEの管理に有用であろう．

7.4.4　凝固障害

肝臓は止血機構全体において役割を果たしているため、非常

に重度の肝胆道系疾患がある犬と猫では，出血傾向が臨床徴候の1つとしてあらわれることがある．しかし，肝臓がもつ予備能が大きいことによって，最も重篤な肝疾患の症例においてさえ，ほとんど全ての症例で，出血傾向が起こらないようになっている．フォンヴィレブランド因子（vWF）と，おそらくは第Ⅷ因子を除くほとんどの凝固蛋白およびその阻害蛋白は肝臓で合成される．ビタミンK依存性の因子（第Ⅱ，Ⅶ，Ⅸ，Ⅹ因子）は，完全肝外胆管閉塞が起こると胆汁酸依存性の脂肪吸収がうまくいかず，それによる凝固障害が起こることがある．臨床症状を起こさない凝固異常は，肝実質疾患において起こり得る．[32,33]

肝胆道系疾患の患者でもっとも多い，無症候性の凝固不全は播種性血管内凝固（DIC）である．とくにび漫性肝細胞壊死の症例で起こりやすく，その他，肝炎，リンパ腫，転移性腫瘍などでも起こり得る．過程がどれくらい重篤であるかによって（すなわち壊死組織からのトロンボプラスチンの放出の量によって），凝固障害は無症候性になったり，臨床症状を呈したりする．DICを示唆する検査所見としてはフィブリノーゲン濃度の低下，血小板減少症，フィブリノーゲン分解産物の存在などがある．肝疾患が疑われる動物では凝固状態を確かめることは必須で，とくに肝生検を行う前に重要である．フィブリノーゲン濃度が100 mg/dL（1 g/L）以下の場合，肝生検は絶対的禁忌である．

DICは確かに出血につながるが，重篤な肝疾患における別の出血のメカニズムとしては，門脈高血圧によるうっ血と血管の脆弱性によるものである．このような場合には，出血は胃や十二指腸で起こり得る．

7.4.5 多飲多尿

渇欲の増加と尿量の増加は重篤な肝細胞の機能障害の患者で認められることがある．しかし，多飲多尿（PU/PD）は犬においてのみみられる肝疾患の症状であり，猫ではみられないということは重要である．渇欲の増加は肝性脳症の特徴の1つである．肝性脳症の犬では，異常な神経伝達物質の刺激による下垂体前葉からのACTHの過剰な放出も，副腎からの過剰なコルチゾール分泌を引き起こし，抗利尿ホルモン放出の閾値を変化させうる．[44] しかし，PU/PDは門脈体循環短絡と関係のない肝疾患の犬で多く認められる．いくつかの機序が提唱されているものの，病態発生に関しては完全には解明されていない．

7.5 犬の肝臓病

7.5.1 犬の肝実質疾患

7.5.1.1 犬の肝炎

犬では肝炎はよく起こる肝疾患であるが，猫では極めてまれである．このため，以下の肝炎に関する記述はとくに犬に焦点をあてたものである．猫における肝胆道系の炎症性疾患で最も多いのは胆管炎で，胆道系の炎症性疾患であるのに対して，犬では肝炎は主に肝実質において起こる．

肝実質が破壊されると，その原因がアポトーシスであっても壊死であっても，炎症反応，実質の再生，線維化，そして胆管の増生が起こる．肝細胞の破壊が限局したもので，細網線維のネットワークが無傷であれば，再生によって，肝組織構造が完全に元に戻ることもある．しかし，肝細胞が広範囲に喪失するような実質の重度の破壊が起こると，胆管の増殖が起こる．多くの再生した構造は肝実質と胆管の要素をもっていて，肝幹細胞の再生性の増殖と肝細胞の管状構造への形質転換の両者を反映している．このような再生構造は，通常は門脈周囲においてもっとも明らかである．慢性的な実質の破壊や広範な肝細胞の喪失が起こると，線維化し，壊死後瘢痕が形成され，肝内門脈・静脈短絡の形成に関与することもある．この場合，持続的に再生しようとすることで，再生性の実質結節が形成される．

肝炎の確定診断には肝臓の組織学的評価が必要になる．病理組織学的な診断には，壊死と炎症の種類とパターンおよび程度，考えられる原因，より慢性的な場合には線維化と再生像の有無やパターン，程度，などが含まれる．炎症の活動性は肝細胞の壊死と炎症によって定義され，炎症がどれくらい持続しているかということは，線維化の量によって定義される．

7.5.1.1.1 急性肝炎

病　因

急性の肝炎は化学物質（もっとも多いのは四塩化炭素（CCl_4）やリン化合物などの有機溶媒である），薬品（猫ではベンゾジアゼピン，哺乳類全てにおけるアセトアミノフェン，その他トリメトプリム・スルフォンアミド，カルプロフェン，抗生物質のナリジクス酸など），ウイルス感染（たとえば犬伝染性肝炎），真菌毒（とくにアフラトキシンB1）などによって起こることがある．敗血症による肝炎（すなわち反応性肝炎），レプトスピラ症，溶血については別の節で後述する．スルホンアミドを含む薬剤は重篤なタイプの肝炎を引き起こすことがあるが，多くの場合は慢性的な疾患となる．

病態発生

肝細胞がどれくらい壊死したかによって，さまざまな量の細胞内酵素が放出され，胆汁は循環中に漏れ出る．急性の肝炎においては，通常は全ての血清肝酵素活性が上昇する．壊死組織からの発熱物質と門脈血から除去されるエンドトキシンおよび細菌が減少することによって，必ずではないが，発熱することもある．DICも非常によく起こる．肝細胞の壊死が広範囲におよび，肝機能の多くの部分が失われた場合，劇症肝炎と分類されることになる．劇症肝炎は，肝性脳症，DIC，黄疸，低血糖を引き起こす．低血糖はグリコーゲン合成と糖新生ができなく

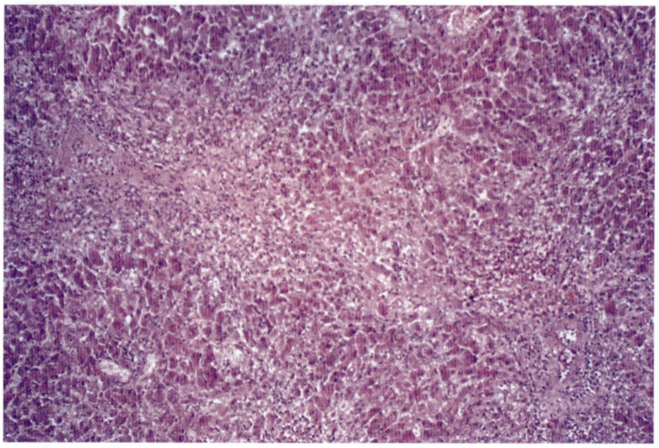

図 7.8 劇症肝炎．この劇症肝炎の犬の病理組織切片は，肝細胞全域にわたるび漫性の壊死を示している．

なることによる．劇症肝炎は，急激に昏睡状態へと進行し，死に至る．

急性肝炎の特徴は肝細胞の壊死とそれに続く炎症反応である（図 7.8）．肝炎の重症度によって，アポトーシス，限局性の壊死，塊状壊死，架橋壊死が認められることがある．炎症細胞浸潤は，円形細胞，好中球を含む．犬アデノウイルス 1 型感染では，小葉中心域における塊状もしくは架橋壊死，肝細胞とクッパー細胞における核内封入体の存在が特徴的である．ウイルスは，細胞内封入体もしくは免疫蛍光法によって，組織切片上で確認することができる．急性肝炎は，キノコ毒（Amanita spp. など），藍藻類毒素（Cyanophyceae など），特異体質による薬物の毒性（スルホンアミド，カルプロフェン，アミオダロンなど），容量依存性の薬物毒性（アセトアミノフェンなど）など，さまざまな毒物によっても起こり得る．[49-55]

症　状

肝炎は，急激な症状の悪化，反応性の低下，ときに発熱，嘔吐，脱水，ときに黄疸，重篤な症例では DIC などに関連する．最も重篤な病型である劇症肝炎では，全ての肝機能は不全状態になり，急速に悪化する肝性脳症，黄疸，出血傾向を呈する．しかし，臨床像は肝臓への障害の重篤度によって全く異なるものとなる．一般的には，肝炎は中等度のもので，多くの犬では完全に治癒する．

診　断

血清化学検査において，肝酵素活性，とくに ALT の上昇，場合によっては高ビリルビン血症を呈する．診断は，経皮的肝バイオプシーによって確定する．

治　療

肝炎の原因は多くの場合，同定することができないため，特異的治療を行うことはできないし必要としない場合が多い．より重篤な症例では，支持療法として低灌流状態，ショック，アシドーシスもしくはアルカローシス，低血糖，電解質異常を補正するための経静脈補液を行う．ステロイド剤は禁忌である．重度の肝障害のある患者では，抗生物質（アンピシリンなど）は，肝臓での門脈血流の浄化作用が減弱していることによる菌血症を除去するために役立つ．ファロイジンおよびアセトアミノフェンによる中毒では酸化的障害が起こっており，シリマリンなどで治療しなければならない（50 mg/kg/ 日，PO，24 時間ごと，3～5 日間）．シリマリンは中毒後数時間経過してしまうと効果が減弱してしまうことが報告されている．アセトアミノフェン中毒は，N - アセチルシステイン（140 mg/kg PO，6 時間毎，3 日間），ビタミン C（25～35 mg/kg PO，6 時間毎，2 日間），シメチジン（5 mg/kg PO 12 時間毎，4 日間）などを組み合わせても治療される．アセトアミノフェン中毒の犬では溶血していることもあり，輸血も必要となることがある．

経過観察

ほとんどの場合，急性肝炎の患者は自然に回復するが，約 10％の症例では，慢性肝炎へと移行する．慢性疾患では，通常，最初の数時間は臨床症状を呈さないが，肝機能不全がより進行した状態で臨床上明らかとなる．それゆえ，急性肝炎の診断後 4～6 週間後に 2 度目の肝生検を実施し，初期の慢性肝炎となっている患者を同定することがすすめられる．初期の慢性肝炎は，しばしば血清肝酵素活性や胆汁酸濃度に異常が認められないため，適切に生検がなされなければ見逃されてしまうことになる．

7.5.1.2　レプトスピラ症

病　因

Leptspira spp. は感染したラットもしくは犬の唾液と尿によって伝播する．感染した動物は自身が症状を呈することなしに，非症候性のキャリアーになりうる．実験的には，若齢の犬では発症しやすく，老齢の犬はしばしば症状を出さないままでいる．1～3 週間の潜伏後，急性に発症し，尿毒症と肝内胆汁うっ滞による黄疸が起こる．筋炎によって触診時疼痛および痛みのある歩様を呈する．治療しなければ腎不全は通常致死的になるが，感染を起こしている病原体の種によって，肝臓での病変が重度でない場合も多い．

肝臓では，レプトスピラ症は非特異的反応性肝炎を起こす．細菌の酵素がタイトジャンクションを解離させ，肝細胞の有糸分裂を刺激する．このため，もっとも特徴的な病理組織学的所見は，肝細胞の有糸分裂像の増加である（図 7.9）．広範な肝内胆汁うっ滞が起こり，ほとんど全ての患者は黄疸となる．

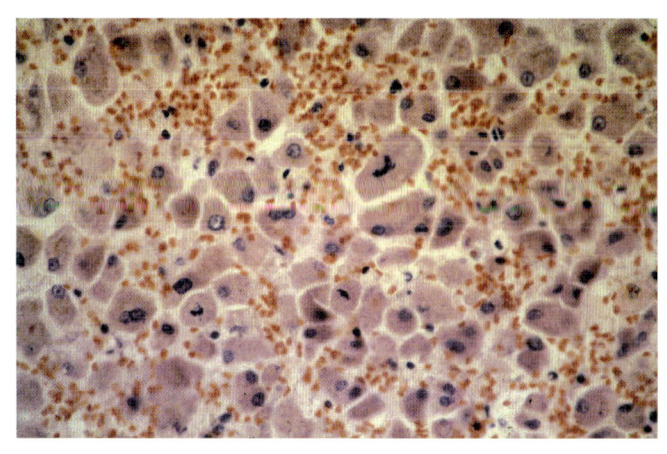

図7.9 レプトスピラ症．この病理組織像では肝細胞の分裂像が散見され，この所見はレプトスピラ症の犬に典型的なものである．

症状

レプトスピラの症状は主に腎機能不全あるいは腎不全によるもので，急激な状態の悪化，沈うつ，発熱，嘔吐，黄疸，筋疼痛，場合によっては下痢や血小板減少症による点状出血が起こる．

診断

ほとんどのレプトスピラ症の患者は黄疸である．血清化学検査では尿毒症と血清ビリルビン濃度の上昇，AP活性，胆汁酸濃度の増加を伴う胆汁うっ滞を示す．血清クレアチニンキナーゼ（CK）活性もしばしば上昇し，筋炎を反映する．多くの患者において血小板減少症がみられる．尿検査では腎炎を示す所見，たとえば沈渣中の上皮細胞および/または蛋白尿などが認められる．

肝生検の病理組織学的検査ではほとんどの場合，非特異的反応性肝炎が認められ，さまざまなタイプの敗血症でも同様のことが起こり得る．確定診断ができるのは血清学的検査のみである．急激なIgMの上昇があり，感染後4日後にピークとなり，続いて少なくとも10日以上あとにIgGがピークに達する．IgMのピークは2～3週間続くため，特異的IgMの測定は病気の初期における診断を確立する唯一の手段である．IgGは，ワクチン接種を受けていない動物か，もしくはIgG濃度が長期間にわたって上昇している場合にのみ，感染の指標となる．

治療

多くの場合，肝機能および腎機能が完全に回復するまで，ペニシリンが最初に投与され，回復後，ストレプトマイシンを二日間続けて投与する．このようにすることで，尿中へのレプトスピラの排泄を止めることができる．ペニシリン投与後2日以降，レプトスピラの排泄が止まり，その後，ペニシリンを続けている限り，それ以上排泄されることはなくなる．このことは特に重要で，レプトスピラは重要な人獣共通感染症であるためである．レプトスピラはヒトに感染し，急性の腎不全を起こすこともある．ペニシリンとストレプトマイシンのかわりに，ドキシサイクリンを標準的な用量で使うこともできる．

レプトスピラはワクチン接種によって防護することができ，とくに狩猟犬のような，危険のある犬では重要である．しかし，ワクチン接種はいくつかの血清型による感染しか防御することはできず，近年ではワクチン接種のできない血清型による感染症例の報告も増加している．

予後は，腎臓の障害の程度による．黄疸を伴う急性の発症においては，腎機能の評価をすべきである．抗菌物質による治療はすぐにはじめなければならない．適切な治療を行っても，感染によって命を落とす場合も多い．黄疸と尿毒症を呈する急性発症した患者は全て，レプトスピラ症が除外されるまでは，レプトスピラ症を疑って扱うべきである．

7.5.1.3 慢性肝炎と肝硬変

慢性肝炎と肝硬変は，ともにここで議論する．というのは，これらは共通の病理発生を有しており，臨床的および病理学的変化は重なっていることが多いからである．[5,10] 慢性肝炎は門脈周囲の線維化，肝実質へのリンパ球および形質細胞の浸潤，門脈周囲の肝細胞のアポトーシスおよび壊死が特徴である．アポトーシスを起こした肝細胞は小さくなり好酸性が増し，好酸性小体とも呼ばれる．炎症が広がり，門脈—門脈，門脈—中心静脈の架橋線維化を起こすこともある．線維が門脈と小葉中心を結ぶような隔壁を構成すると，肝小葉の正常な機能的構造は永久的に阻害されることになる．このような場合を肝硬変と呼ぶ．肝臓は非常に大きな予備能をもっており，この点は他の組織より明らかなのであるが，肝硬変の状態では再生は調和のとれたものではなくなり，過形成性の結節を形成することになる（図7.10）．これらの結節は，ほとんど機能していない肝組織を表していることになる．肝硬変は慢性肝炎の終末像を表す．犬では大結節性の肝硬変がもっとも一般的であるが，銅蓄積に関連した慢性肝炎においては小結節性のものもみられる（図7.10）．慢性肝炎は線維化に関連し，線維化が進行すればするほど，実質が再生できる容量は減少する．これによって肝細胞は恒久的に喪失し，肝臓は小さくなっていく．線維化，特に肝硬変では，正常な門脈血流も阻害される．門脈血は肝臓の成長因子を活性化させるために不可欠で，門脈灌流が減少することでも肝再生は減少することになる．これらが全て重なり，進行した線維化は悪循環を通して肝硬変に進行することになる．したがって，臨床家は慢性肝炎を初期に診断することが重要になり，そうすることで治療が可能になる．炎症細胞浸潤と肝細胞の喪失の程度は症例ごとに異なり，病態進行過程がどれくらい活発かということに依存する．慢性肝炎と肝硬変はさまざまな程度の肝内胆汁うっ滞をきたすが，ほとんどの症例では黄疸は認められない．

図7.10 小結節性肝硬変．この図は遺伝性銅蓄積病の犬の肝臓を示したものである．結節は肝臓全域にび漫性に広がっていて，大部分が非常に小さい．このような小結節性肝硬変の所見は犬における他の肝硬変の原因と異なり，銅蓄積病に典型的なものである．

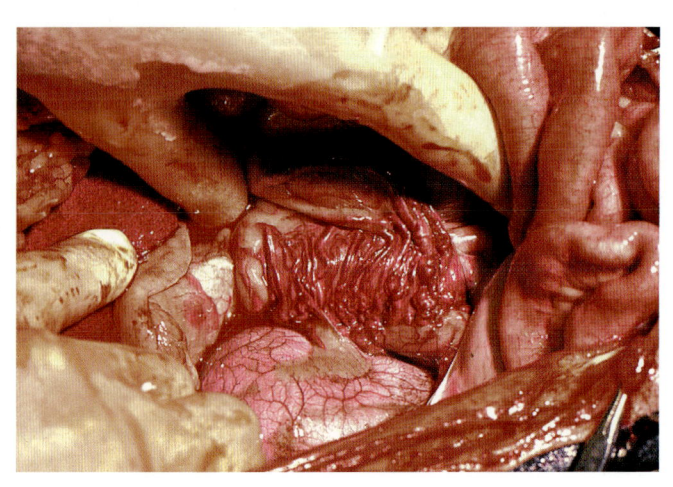

図7.11 門脈体循環短絡．肝硬変の患者では生理的な門脈血流を調整することができず，多発性門脈体循環短絡を生じることがある．ここで示した患者では左腎の付近にいくつかの短絡を形成している．

病因

慢性肝炎はウイルス感染が原因であることがある．[56] 犬アデノウイルス１型（CAV1）は犬において唯一知られている犬の肝炎ウイルスである．ワクチン接種されていない犬へのCAV1感染は，劇症肝炎を引き起こす．筆者は，ほとんどの慢性肝炎の犬でCAV1に対する高い抗体価を認めていない．他のウイルスが犬において慢性肝炎を引き起こしているという可能性もある．しかし，リンパ球および形質細胞性の炎症，および，免疫抑制剤に対する良好な反応性が認められることから，慢性肝炎では，自己永続的な自己免疫性の過程が役割を果たしていることが示唆される．

慢性肝炎と肝硬変は化学物質や毒物（アフラトキシンなど）によっても起こり得る．肝臓での代謝的な変化，原発性の遺伝性銅中毒によっても，肝細胞は傷害を受け，二次的な肝炎および線維化を引き起こす．しかし，このような場合には，門脈域ではなく肝小葉のZone 3から病変がはじまる．われわれのグループは，ドーベルマン・ピンシェルとラブラドール・レトリーバーで，遺伝的な銅蓄積疾患があることを示した（**7.5.1.4**参照）．これらの犬種は，肝炎にも罹患しやすい．ドーベルマン・ピンシェルでは，銅蓄積性の慢性肝炎は非常に進行が早く，性差があり雌で発生が多い．銅関連性の肝炎はさまざまなスパニエル種でもよく認められる．

病態発生

徐々に進行していく肝細胞の壊死によって，全ての血清肝酵素活性および血清胆汁酸濃度の上昇が起こる．しかし，それほど活動的でない肝炎や，肝硬変になるような終末期の疾病では，血流への肝酵素の漏出は有意でなく，血清肝酵素活性は正常であったり，わずかに上昇しているだけであったりする．黄疸は常に認められるとは限らない．

慢性肝炎は，常にび漫性の経過をとる．肝機能は，機能的な組織量の減少と，門脈血流の減少の両方によって低下する．低アルブミン血症，低フィブリノーゲン血症を呈することも多い．門脈体循環短絡が形成されれば，肝性脳症を起こすこともある（図7.11）．通常，末期の患者では肝硬変となっている．低アルブミン血症と門脈高血圧によって腹水が貯留する．

慢性肝炎はあらゆる年齢で起こり得る．異常な銅代謝による慢性肝炎が起こる犬種では，銅が徐々に蓄積することで，通常４〜７歳で発症がみられる．慢性肝炎はあらゆる犬種で起こり得るが，ラブラドール・レトリーバー（ゴールデン・レトリーバーはより少ない），ドーベルマン・ピンシェル，全てのコッカー種，ベドリントン・テリア，ウエスト・ハイランド・ホワイト・テリアなどが最もよく罹患する犬種である．（**7.5.1.4**も参照）

慢性肝炎の発生率は比較的高い．犬では肝疾患においてもっとも多い疾患であり，紹介病院では全症例の約１％にあたる．

症状

慢性肝炎の患者で最も多い症状は元気消失，食欲低下，易疲労性，多飲多尿，ときおり黄疸，などである．進行した症例では，腹水，肝性脳症が認められる．

診断

身体検査では通常，特異的な所見は認められない．全ての血清肝酵素活性は，程度の差はあれ，上昇している．進行した症例では低アルブミン血症が認められる．診断は，肝生検材料の

病理組織学的な評価によってのみ可能である．生検前に超音波検査を実施することが勧められる．肝硬変は，小肝症と不整な表面および構造から示唆される．しかし，慢性肝炎の大部分の症例では，腹部超音波検査では異常が認められない．

治療

プレドニゾロンまたはプレドニゾンを抗炎症剤（0.5～1 mg/kg，PO，12時間毎）あるいは免疫抑制剤（1～2 mg/kg PO，12時間毎）として使用する．ステロイド剤の副作用が許容できない場合には，プレドニゾン（0.5 mg/kg/日，PO）とアザチオプリン（1.0 mg/kg/日，PO）を組み合わせて使用することができる．肝生検を繰り返し行うことで（たとえば6ヵ月ごとに），治療に対する反応性を慎重に評価する必要がある．コルチコステロイドはそれ自体が肝臓に影響を与えるため，血液検査だけでは治療に対する反応を評価するのに不適切である．治療は組織学的に完全に回復が認められるまで続けなければならず，それには通常，8～12週間かかる．

治療しなければ，この疾患は肝硬変へと進展する．肝炎に対する特異的な治療以外にも，より進行した症例では，脱水と肝性脳症の危険性に対して支持療法が必要になる．肝性脳症に対するリスクはアンモニア負荷試験によって予見することができる．犬において治療の多くはあまり評価されていない．病態生理学的な考え方に基づき，肝炎の犬にはウルソデオキシコール酸（ursodiol，5～15 mg/kg，PO，24時間毎）および/またはS-アデノシルメチオニン（SAME，製造元の推奨する用量）を投与することができる．これらの治療の臨床的な効果は証明されていないが，臨床家のあいだではプレドニゾン，ursodiol，SAMEを多剤併用アプローチで使用するような方法も一般的になっている．

予後

慢性肝炎の犬の予後は疾病の段階によって異なり，要注意のものから予後良好のものまでさまざまである．病気が完全に治癒することも多い．再発することもあり，この場合治療を再開する必要がある．肝硬変の場合には，予後は現在の肝炎の活動性と肝臓の再生性の程度によって異なる．炎症細胞の数から判断して肝炎がいまだ活動的であれば，有意な改善が得られる場合がある．肝灌流状態が改善し，門脈高血圧も減少することがある．犬では線維化を抑制することが証明された治療はなく，慢性型の肝炎では治療が成功したのちも，線維化が残ることがある．短絡血管が形成しているか否かによって，慢性肝炎の犬では門脈血流異常が起こっている場合があり，この場合は処方食および/またはラクツロースをずっと投与し続けなければならない．

7.5.1.4 肝臓における銅蓄積による慢性肝炎

病因

銅蓄積による肝炎は，肝細胞の銅代謝における遺伝的な欠損によって胆汁への銅の排泄が障害されることによって起こる．多くの食餌は過剰な銅を含んでおり，それらは小腸から吸収されて，肝臓において門脈血から除去される．余分な銅は，正常であれば肝細胞によって胆汁中に排泄され，生体中から取り除かれる．銅は必須の元素であり，肝臓によってセルロプラスミンとして組み込まれたのち，全身に分布する．肝臓における正常な銅代謝経路については，一部しか分かっていない．銅の細胞内への移行は蛋白質と結合した形でしか起こらない．これは，遊離型の銅は細胞に酸化障害を与えるからである．遺伝性の銅蓄積病では，肝細胞へ徐々に銅が蓄積することによって酸化ダメージが起こり，最終的に，肝細胞が壊死し，炎症反応が引き起こされる．他のタイプの慢性肝炎が門脈内あるいは門脈周囲に集中するのに対し，銅の蓄積とそれによる炎症反応は主に中心静脈周囲で起こる．他の慢性肝炎と同様，銅関連性の肝炎も肝硬変へと進展しうる（図7.10）．銅が次第に蓄積していくことで，多くの犬種では4～7歳で臨床症状が発現する．肝臓内銅含有量が高ければ（＞1,000μg/g乾燥銅組織），遺伝性の銅蓄積性疾患を示唆する．銅は胆汁から排泄されなければいけないものの，胆汁うっ滞だけでは肝臓でこのような高い銅濃度にはならない．

銅蓄積はさまざまな犬種で起こる．アナトリアン・シェパード，ベドリントン・テリア，ダルメシアン，ドーベルマン・ピンシェル，ラブラドール・レトリーバー，スカイ・テリア，全てのスパニエル種，ウエスト・ハイランド・ホワイト・テリア，などである．[11,57-67] ドーベルマン・ピンシェルでは雌でのみ発症する．他の犬種では雌雄ともに発症するが，一般的には雌での発症が多い．背景にある遺伝子欠損はベドリントン・テリアにおいてのみ同定されており，常染色体劣性遺伝である．ヘテロ接合体のキャリアーはホモ接合体の健常な動物と区別がつかない．最近，この犬種において原因となるCOMMD1遺伝子の欠損を調べる，信頼できるDNA検査が報告された（この検査はVetgen，Ann Arbor，MIを通じて商業的に利用できる）．[11] 他の犬種では原因遺伝子はみつかっていない．このため，診断は肝生検サンプルの採取と組織化学的な銅染色，銅含有量の定量的な解析によって行う．罹患犬における肝臓での銅濃度の増加は1歳齢以上にならないと同定されない．それ以前には十分な量の銅を蓄積しないからである．

病態発生

細胞小器官に対する酸化障害によって細胞死が起こり，炎症反応がそれに続く．慢性持続性の肝炎が進展し，結果として肝臓は再生能力を失い，線維組織が形成される．最終的に，肝硬

変となる．

ベドリントンは急性の溶血性貧血を呈する．この溶血はおそらく肝細胞の壊死によって肝臓から血中に銅が放出されることによるものである．肝機能が既に低下しているため，この溶血によって重度の黄疸が起こる．

症　状

症状は他の型の肝炎患者と同様であり，元気消失，食欲低下，嘔吐，易疲労性，多飲，ときに黄疸などを起こす．

診　断

銅による肝毒性は，身体検査や血液検査だけでは，他の型の慢性肝炎や溶血と区別することができない．診断は肝生検の組織学的検査にもとづく．過剰な銅と肝炎との関連は，肝生検サンプルの組織化学的な染色と銅の定量的解析による．犬における正常な銅濃度は，50～300 μg/g 乾燥肝組織である．銅蓄積のあるベドリントン・テリアでは1歳の時点で1,000 μg/gを超える銅濃度となるが，他の犬種では銅の蓄積はよりゆっくりと進行し，最大濃度もベドリントン・テリアでみられる数値より低い．

治　療

銅蓄積病は，銅に結合するキレート剤によって治療する．[68] ペニシラミンが広く用いられており，20～35 mg/kg 1日2回を食事前30～60分に投与する．ペニシラミンは銅に結合し，その結合体は尿中に排泄される．過剰な銅が徐々に除去されることで，肝炎の程度も良化する．雌のドーベルマンは，かつて肝炎と診断されると予後不良であったが，銅キレート剤の投与によって完全に治癒することも多い．[68] 治療に対する反応性は繰り返し肝生検を行うことで評価しなければならない．銅蓄積病の多くの患者では，3ヵ月間，間をおいて生検するのがよい．

肝炎が回復したら，再発を防がなければならない．異常な銅代謝の遺伝学的背景は残っているためである．長期間の再発防止には亜鉛を用いる（15 mg/kg，PO，12時間毎，食餌とともに）．亜鉛は腸管においてメタロチオネインを誘導し，銅に結合することで銅吸収を抑制する．新しい低銅食が支持療法によいであろう．さまざまな犬種において銅蓄積病の犬に対してペニシラミンが有効であるという良好なエビデンスが二重盲検ランダム化試験によって示されている．別の銅キレート剤であるトリエンチンは，銅蓄積病の犬において限られたエビデンスしかなく，現時点でのルーチンの使用は勧められない．亜鉛の効果はさまざまな種において示されている．ペニシラミンと亜鉛によって，通常は完全に治癒するため，他の薬剤は必要でない．しかし，ursodiolとSAMEをこのような患者に対して用いることは禁忌ではない（7.5.1.3を参照）．

7.5.1.5　小葉離断性肝炎

病　因

小葉離断性肝炎の原因は知られていない．しかし，筆者はこのタイプの肝炎が，同一犬舎内のさまざまな年齢の何頭かの犬で発生したことを認めた．毒物の原因を示唆するようなことはなかったので，このことは，未だ知られていない何らかの感染性の病因を示唆しているのかもしれない．

病理発生

小葉離断性肝炎は，全ての肝細胞に細胞周囲の線維化が起こるび漫性の肝炎である．線維組織は量が非常に多く，重篤な門脈高血圧に至ることも多い．それによって，すぐに腹水，後天性門脈体循環短絡，そして肝性脳症が発現する．この病気の進行は通常の慢性肝炎に比べて非常に早く，月単位というより週単位での経過となる．小葉離断性肝炎の臨床像は肝硬変や先天性門脈低形成に非常によく似ている．実際，この病状は肝炎というより肝硬変と名づけるべきもので，その方が変わり果てた肝葉構造をよく表している．肉眼的には，肝臓は小さく平滑もしくは細かい顆粒性の表面を呈する．

症　状

小葉離断性肝炎は，体重減少，嘔吐，多尿と関連し，これらは腹水，肝性脳症へと続く．

診　断

小葉離断性肝炎の犬の腹水は，通常無色透明であるが，黄疸のある患者では黄色であることもある．血清生化学検査では肝酵素の上昇が認められることもそうでないこともあるが，胆汁酸濃度は通常は上昇している．血漿アンモニア濃度は上昇していることもあり，ほとんどの症例ではアンモニア負荷試験で異常がある．

肝生検によって小葉離断性肝炎の診断をすることができ，特徴的な組織学的変化が明らかになる．通常，メンギニー針を用いた経皮的肝生検は困難である（これらの患者では腹水中に小さく硬い肝臓が浮いているような状態であるため）．超音波ガイド下の生検銃が必要となる．

治　療

小葉離断性肝炎の治療は他の慢性肝炎と同様である．しかし，この病気の予後は慢性肝炎のそれより非常に悪い．

7.5.1.6　非特異性反応性肝炎

病理発生

非特異性反応性肝炎は，毒血症や敗血症による二次的な炎症性反応を伴う限局性もしくはび漫性の肝障害で特徴づけられる状況を表す．反応性肝炎は，毒血症，敗血症，炎症あるいは壊死性変化（腫瘍の壊死を含む）のあるあらゆる患者で起こり得る．もしこのような経過が門脈域の排出路において起これば，毒素は全て，肝臓へ到達する．それに加えて，全身性の敗血症

もこのタイプの肝炎を引き起こす．肝臓での毒素の吸収が増加することによって，胃腸炎の症例の多くが，反応性肝炎を起こす．腹膜炎や門脈灌流を受ける他の臓器での炎症によっても，反応性肝炎が起こる．

慢性的な下痢を主訴とする犬では，多くの場合，原発性の肝疾患はなく，反応性肝炎を伴った原発性の胃腸疾患がある．一方，嘔吐は，原発性の肝胆道系疾患，原発性の胃腸疾患の両方によって起こり得る．それゆえ，病歴を注意深く聴取することは重要で，それによって患者が原発性の胃腸疾患か肝疾患のいずれを患っているか決定するための証拠が得られる．

循環中の毒素，炎症メディエーター，細菌は細網内皮系の増殖および肝臓への好中球の浸潤を引き起こす．限局性の肝臓の壊死も起こる．慢性の症例では，リンパ球と形質細胞性の浸潤も起こる．反応性肝炎は軽度から重度の毛細胆管での胆汁うっ滞も引き起こす．敗血症に関連した一部の症例では，び漫性の壊死部，微小膿瘍，肉芽腫も認められる（例：Herpes canis 感染，トキソプラズマ症，ブルセラ症，結核，大腸菌感染，犬回虫の幼虫の移行など）．犬回虫の持続感染は び漫性の肉芽腫性好酸球性炎症反応を引き起こす．このような症例では，血液学的には末梢での好酸球増多症を呈することがある．

続発性の非特異性反応性肝炎の患者における炎症細胞の種類は（すなわち好中球が大部分で，ときおり好酸球がみとめられる），慢性活動性肝炎の患者におけるもの（すなわちリンパ球と形質細胞）とは異なっている．肝内での炎症反応の局在も，続発性反応性肝炎ではび漫性に，原発性の慢性肝炎では門脈域あるいは門脈周囲というように，異なっている．

症　状

続発性反応性肝炎における臨床症状は原発疾患によって決定する．このため，大部分の反応性肝炎の患者では下痢が認められる．敗血症の患者では，発熱が認められる場合もある．重度の反応性肝炎では黄疸も認められることがある．

診　断

原発性肝炎と続発性反応性肝炎を完全に鑑別するためには肝臓組織の組織学的な検査を行うしか方法がない．

治　療

肝機能は良好に保たれているため，反応性肝炎に対する特異的な治療はない．反応性肝炎と診断された場合，臨床家は原発の基礎疾患について調べなければならない．反応性肝炎の基礎疾患が良好に治療されれば，肝臓も約3週間程度で自然に回復する．

7.5.2　全身性疾患の際の肝実質の変化

7.5.2.1　ステロイド性肝症

病理発生

クッシング病と外因性コルチコステロイド投与は，肝細胞においてグリコーゲンを蓄積させ，空胞化または膨化を起こす．肝細胞は腫大し，肝腫を引き起こす．ステロイドはアルカリホスファターゼ（AP）活性を誘導する．しかし，ステロイド肝症は劇的には肝機能に影響を与えないため，症状は通常，肝臓内での変化ではなく，原発疾患によるものである．[5,70,71]

症　状

ステロイド性肝症において認められる症状は副腎皮質機能亢進症で認められる症状と同様である．

診　断

ステロイド性肝症の診断は肝臓の組織学的検査または細胞学的検査によって行う．ステロイド誘発性のAPは血漿を65℃で2時間加熱してもなお活性があることから他の原因によるAPと区別可能である．しかし，長い経過を示す場合は，ステロイド誘発性のものと肝性のAPはともに上昇することもある．

管　理

グルココルチコイド誘発性の肝臓の変化は，ステロイド剤投与の中止後約4〜12週間で，また，副腎皮質機能亢進症に対する治療が成功することでいずれも消失する．

7.5.2.2　糖尿病における肝臓の脂肪変性

病態発生

糖尿病の患者では，脂肪組織における脂肪分解が増え，肝臓へ送られる脂肪酸が増加する．これに加えて，トリグリセリドの産生も増加する．結果として，肝細胞内に脂肪が蓄積し，微小な，あるいは進行した症例では粗大な肝脂肪変性（リピドーシス）が起こる．[5]

症　状

肝脂肪変性は多くの場合臨床症状を呈さず，患者はPU/PDや体重増加などの糖尿病による臨床症状を呈することが多い．

診　断

肝脂肪変性の患者では血清肝酵素活性と胆汁酸濃度は軽度あるいは中程度に上昇する．高血糖に随伴した脂肪変性の組織学的および細胞学的な評価は，診断的な価値がある．実際に，FNAによって採取した肝臓の細胞診塗抹は，ほとんどの症例

で診断的である．

管理

肝臓の脂肪化に対する特異的な治療は必要ない．糖尿病がコントロールできれば自然に消失するからである．特発性の肝脂肪変性も存在し，慢性経過をとることもあるが，重度の肝機能不全は起こらない．これらの症例に対する治療は分かっていない．

7.5.2.3. 低酸素性肝障害

病因

肝臓の低酸素状態によって肝変性や肝臓における壊死が起こることがある．肝臓の低酸素の一般的な原因は溶血とショックである．肝臓が低酸素に陥ると小葉中心性の壊死が起こり，続いて多形核白血球による二次的な炎症反応と肝内胆汁うっ滞が生じる．

症状

低酸素性肝障害の動物が認識できる臨床症状を呈することは多くない．患者は原発疾患である溶血もしくはショックによって，明らかな臨床症状を呈しているからである．

診断

低酸素による肝臓の変化は特異的なものではあるが，組織学的検査によってのみ確かめることができる．しかし，重篤な溶血やショックのある患者の多くにおいて，二次的な肝臓の変化には注目されず，診断的な努力は溶血やショックなどの原因を突き止めることに主眼がおかれる．原発性の肝疾患では黄疸とともに貧血が認められることがあるが，低酸素性肝障害の場合は，原発性溶血性貧血の患者の場合よりも貧血が顕著ではない．

管理

治療は背景にある原因の治療を行うことにある．肝臓は通常は自然に治癒する．

7.5.2.4. アミロイドーシス

病態発生

肝臓のアミロイドーシスは犬では非常にまれで，シャーペイでもっとも多い．シャム猫でより多く認められる．肝臓でのアミロイド沈着は不定形の硝子体および好酸性物質としてディッセ腔内に確認できる．アミロイド沈着の程度により，触診で肝臓の腫大を認めることがある．血清あるいは血漿中の肝酵素活性と胆汁酸濃度は通常，上昇している．アミロイドーシスは同時に糸球体への障害と蛋白尿を引き起こす．肝臓は重度に腫大し，脆くなっている．患者の多くは突然の肝破裂によって斃死する．

症状

肝破裂および腹腔での出血による突然死が起こることがある．通常，腎病変が認められ，蛋白尿とネフローゼ症候群を呈する．

診断

アミロイドーシスは肝組織の吸引材料の細胞学的評価によって診断することができる．

治療

この病気に対する治療は分かっておらず致命的である．

7.5.3 肝臓の血管系の疾患

7.5.3.1 先天性門脈体循環血管異常

先天性の門脈体循環血管異常，あるいは短絡（PSS）は先天的に門脈と腸間膜静脈外の大血管，通常は後大静脈か奇静脈，とを結合する先天的な血管である．[4] 門脈体循環短絡はさまざまな犬種で認められる．ケアン・テリア，ヨークシャー・テリア，マルチーズ・テリア，ダックスフント，ラブラドール・レトリーバー，バーニーズ・マウンテン・ドッグ，ホファベルト，アイリッシュ・ウルフハウンドなどが好発犬種である．[72] いくつかの犬種では，発生率は生まれてきた犬の1〜5％と報告されており，この数字は，他の犬種にも当てはまるようである．[9,13-14] 小型犬種では肝外の短絡が多く，大型犬では肝内の短絡が多いが，おそらくこの病気は，全ての犬種で遺伝性である．短絡は猫でも生じる（**7.6.2.1** 参照）．犬でも猫でも，雌雄両方で発生する．

門脈体循環血管短絡は大径の血管で，門脈血流は短絡を通って，つまり，肝臓を迂回して血液が流れるようになる．定量的な測定によると，ほとんどの症例で門脈血の95％が肝臓を迂回している．その一部は動脈血供給の増加によって代償される．このため，肝実質における酸素供給は満たされている．しかし，アンモニアなどの毒性物質は門脈血から適切に除去されないため，本質的に自家中毒が起こってしまい，脳はこのような自家中毒にもっとも敏感であるため，神経症状へとつながる．これに加えて，エンドトキシンも肝臓によって除去されないため，嘔吐が起こる．門脈血は，正常な肝臓の発育に必要な局所性の肝細胞増殖因子（HGF）産生を誘導するホルモンや成長因子を含んでいる．肝臓の成長の調節が阻害されるため，肝臓は発育に乏しく，動物自体のからだ全体の成長がどちらかというと正常であるのに比べると，遅くなる．年齢とともに，このような不釣り合いはより重度になり，このことは6ヵ月齢以上にならないと臨床症状を呈さないことの理由である．組織学的には，肝臓は肝細胞の萎縮と門脈域における蛇行した細動脈の増加が認められる．門脈枝は発達が悪く，組織学的には通常，明らか

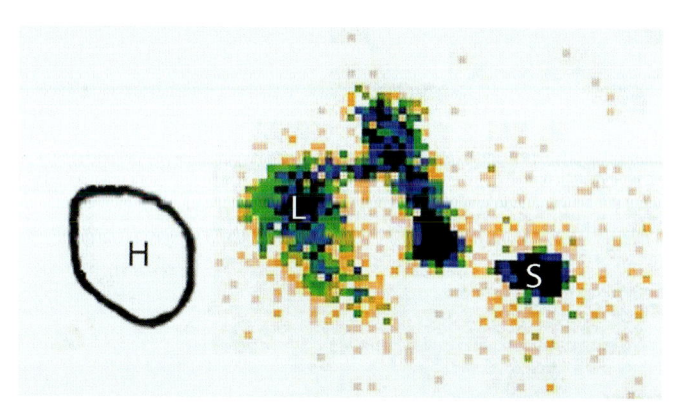

図7.12 脾臓シンチグラフィー．正常犬．少量の（2mCi）^{99m}-Tc を超音波ガイド下で脾髄（S）に投与し，4分間，画像化している．この画像は投与後はじめの7秒を再構築したものである．心臓（H）は画像上に描画してある．全ての放射能は肝臓（L）に到達しており，心臓（H）にはなく，正常な門脈血流を示している．（画像は Texas A & M University, Dr. Robert C. Cole の好意による）

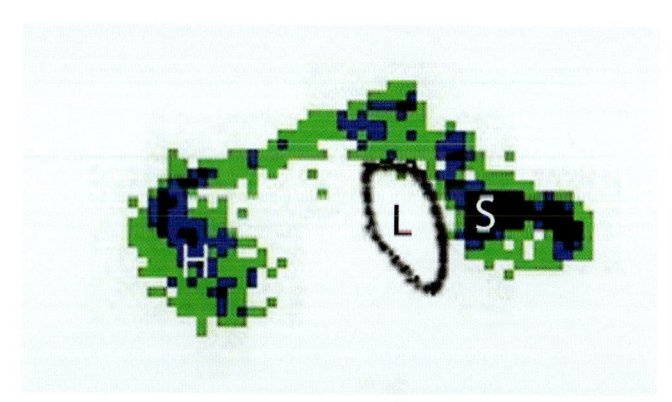

図7.13 シンチグラフィー．門脈奇静脈短絡．少量の（2mCi）^{99m}-Tc を超音波ガイド下で脾髄（S）に投与し，4分間，画像化している．肝臓（L）は画像上に描画してある．放射能は肝臓（L）を迂回し，心臓（H）にはじめに到達していて，門脈体循環短絡の存在を示している．この検査の場合，短絡血管が1つであるのか多発性であるのか，短絡血管が後大静脈と奇静脈のいずれに注ぐのか，明らかにすることが可能である．この症例の場合，門脈奇静脈短絡が疑われ，手術によって確定した．（画像は Texas A & M University, Dr. Robert C. Cole の好意による）

ではない．肉眼的には短絡血管より頭側の門脈とその分枝は非常に細い．[4]

PSSの大部分の症例では腎臓は腫大しており，機能も亢進している．肝機能の低下は低アルブミン血症を引き起こすことが多いが，腹水の原因となるほどではない．半数以上の症例ではほとんど溶解しない尿酸アンモニウム結晶が認められる．これらの結晶は膀胱結石，腎臓結石，および尿管結石を生ずることがある．これらの結石は小さく粗造で，黄色く，X線透過性である．

門脈体循環短絡は，肝内もしくは肝外に発生する．肝内短絡は門脈枝の左の主枝に由来する（静脈管残存）が，右の主枝から発生する症例もいる．肝内短絡は多くの場合，大型犬で発生する．肝外性の門脈後大静脈短絡は，トイ種や中型犬で発生し，胃十二指腸静脈，胃脾静脈，腸間膜静脈から発生する．ほとんどの犬の肝外短絡は右腎のすぐ頭側で後大静脈に終止するが，奇静脈や，半奇静脈に終止するものもある．奇静脈は後大静脈よりはるかに小さいため，門脈―奇静脈短絡での血流は非常に少なく，これらの犬ではあまり重度の臨床症状を呈さず，年齢を経てから明らかになることが多い．門脈奇静脈短絡の犬が5〜7歳になってから来院するということもめずらしいことではない．まれな例では，門脈が，短絡血管の頭側で肝臓に接合せずに，全身の静脈のみと連絡していることもある．

症　状

ほとんど全ての症例で，臨床症状は気力の低下，嗜眠傾向，易疲労性などである．動物は体重が通常より軽いこともあるが，矮小な発育であることはまれである．多飲は多くの症例で認められるが（>50%），嘔吐も時折認められ，また食欲はさまざまである．肝性脳症に関連した神経学的な異常を，ステージ1〜4までさまざま呈することがある．通常，症状は断続的で，症状のあった期間の後に徐々によくなり，1〜4週間症状の認められない期間が続く．肝性脳症の神経学的症状は7.4.3に詳述してある．雄の症例では尿酸アンモニウム結石による尿道閉塞が起こり，急性の排尿障害によって来院することもある．通常は6ヵ月齢程度で症状を呈するようになるが，10歳を超えてから症状を呈する症例もある．

診　断

血清肝酵素活性および血清アルブミン濃度は異常であることもそうでないこともあるが，異常の場合でもその変化はわずかである．門脈体循環短絡の犬ではまた，黄疸を呈することはない．腹部X線や超音波検査では，肝萎縮および腎腫大が明らかになる．[73,74] 血漿アンモニア濃度の測定は，診断を確定するための最初のステップであり，多くの症例で非常に高値を示す．[9,16] 患者がPSSであるという疑いが少しでもあれば，アンモニア負荷試験は診断を確定するために用いることができる．血清胆汁濃度，とくに食後のものは，多くの症例で上昇しているが，[75] 最近，この検査はアンモニアに比べて感度の低い検査であることが報告された．[16] 血清胆汁酸は，特異性も欠く．通常はPSSの犬猫両者において食後血清胆汁酸濃度には明らかな上昇が認められるが，このような上昇は胆汁うっ滞性の疾患でも認められる．一方，血漿アンモニア濃度は，短絡もしくは肝不全のある症例でのみ上昇が認められる．また，性能のよい卓上型の分析装置（たとえば血液アンモニアチェッカー，Menarini；http://www.menarini.com）が入手できることから，

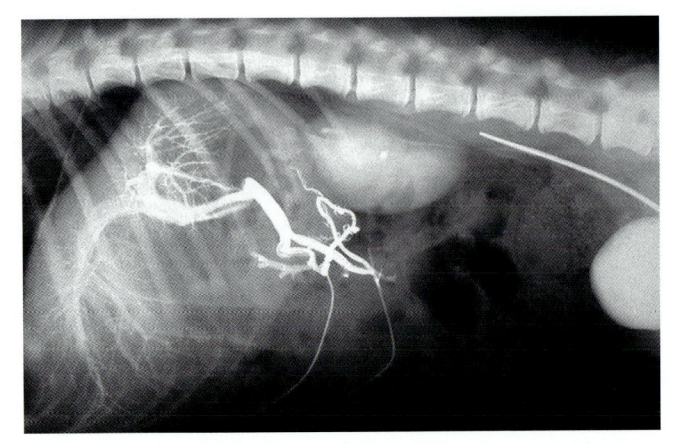

図7.14 正常な門脈血流．この図は健康な犬における正常な門脈血流の血管造影を示したものである．カテーテルから注入された造影剤が門脈に直接到達して，門脈の各分枝に均等に分配されている．

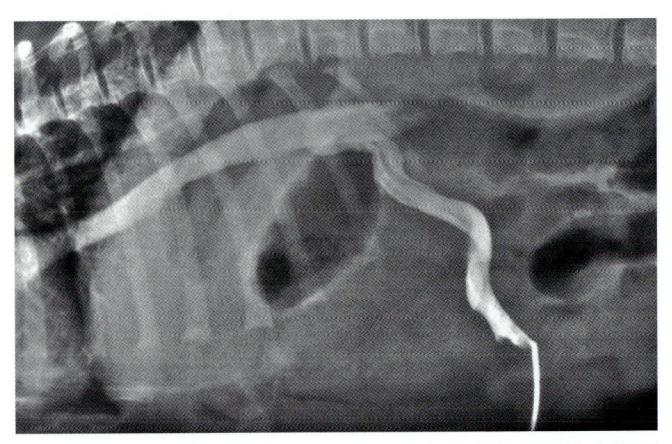

図7.15 門脈体循環短絡．この図は先天性肝外門脈後大静脈短絡の犬の血管造影を示している．注入された造影剤は肝臓に全く入らず，すぐに後大静脈に到達している．多くの場合，門脈後大静脈短絡は腹部超音波検査とシンチグラフィーによって診断され，通常，ルーチンの臨床症例では血管造影は必要ない．

アンモニアは測定が実用的な指標でもある．血漿アンモニア濃度の異常はPSSの診断に有用な診断ツールではあるが，単一の先天性短絡と後天性多発性短絡を区別できるものではない．[45]

腹部超音波検査によって，直接短絡血管を視認でき，外科手術前に短絡血管の部位を発見するように努めることが勧められる．[76-81] 超音波では判断がつかないとき，直腸あるいは脾臓のシンチグラフィーによって明らかになることがある．[76] 脾臓のシンチグラフィーは直腸シンチグラフィーに比べて，必要な放射性物質が少量で，外科手術による摘出まで，それほど時間が必要でない（図7.12，図7.13）．門脈や脾静脈へのカテーテル挿入による血管造影はより侵襲性が高く通常必要ではない（図7.14，図7.15）．肝組織で認められる変化はPSSに特徴的なものではなく，門脈低形成で認められるものと同様である．[4]

管理

PSSの患者では外科的な短絡血管の閉鎖が治療の第一選択となる．短絡血管は部分的に閉鎖し，門脈圧が急に上がりすぎないようにする．伝統的な，縫合結紮を設置する方法，セロファンバンド法，アメロイドコンストリクターを用いる方法など，さまざまな方法がある．いずれの方法でも，短絡血管の閉鎖は部分的に行い，通常は自然に（4〜8週間後），完全結紮にいたる．部分閉鎖によって，より多くの門脈血が肝臓に到達するようになり，局所性の成長因子が産生されて肝臓は急速に発育し，門脈血流における抵抗が減少し，肝臓の灌流状態と成長はさらに改善される．このような良い結果は，全症例の約60％で得ることができる．最善ではない結果は，門脈の発達が十分でない場合，および/または不完全な肝臓の発育によって起こる．[86]

術前，術中，および術後の血中グルコース濃度を評価することは重要で，肝機能が乏しいために低血糖を発症することがあるためである．血液凝固についても術前に評価し，必要であれば全血輸血または血漿輸血によって補正する．

猫では外科手術の結果は犬のものより悪い．[87] 猫は血流や血圧の大規模な変化において多くの問題が発生し，術後すぐに斃死してしまうことも多い．

とくに小型犬では，急速な脳機能障害（脳皮質壊死）が，術後2〜3日で起こることがある．この合併症の病態発生については知られていないが，脳内圧の上昇と脳浮腫が考えられる一番の原因である．われわれの経験では，マンニトールによってすぐに浸透圧利尿をかけることで永続的な脳へのダメージを回避できる場合がある．この合併症は，良好な術後回復のあとに突然の精神的異常として発症する．この合併症はすぐに発見し治療を行わないとHEで認められるのと非常によく似た重篤な神経症状に進行するが，周期的な変化があるものではなく，高アンモニア血症に随伴するわけでもない．

患者の約20％では，術後の肝臓の発育が不十分なために門脈圧が上昇し，後天性多発性短絡の発達がはじまることがある．このような患者では，症状は一部しか改善されず，約6〜8週間後に肝性脳症が再発する．これらの症例では，一生にわたる食事管理とラクツロースおよび/または抗生物質による治療が必要になることが多く，それらによってよく維持できることがある．完全な症状の改善は3〜4週後に得られる．ほとんどの症例で，重篤な症状があっても回復可能である．外科治療の予後は短絡のタイプによる．

外科手術の実施を希望しない飼い主もいて，それらに対する支持治療として，低蛋白質食，ラクツロース，および/または低吸収性の抗生物質などがある（ネオマイシンなど，**7.4.3**を参照）．[44,73,88] 保存療法を受けた患者における長期的な予後につ

いては研究されていないが，一般的には，保存的治療は理想的な治療方法ではないと考えられている．

7.5.3.2　肝うっ血

病態発生

通常，肝のうっ血は心房細動や心嚢水貯留などの慢性心不全によって起こる．腫瘍や血栓などによる胸部後大静脈の閉塞によっても，肝うっ血が生ずる．肝うっ血による腹水は出血性となる．これは，赤血球がうっ血した毛細血管床から漏れ出るためである．一方，原発性の肝疾患による腹水は，通常は無色透明である．

肝のうっ血は，肝臓の機能にはあまり重篤な影響を及ぼさない．肝酵素，胆汁酸，およびアルブミンには通常正常であるか，ごく軽度の異常値しか認められない．

うっ血肝は腫大し，暗色を呈し，被膜にフィブリン層の形成をみる．慢性例では，被膜が厚く線維化している．門脈と体循環において圧拡差は認められないため，門脈体循環側枝の形成はみられない．

症　状

肝うっ血の症状は基礎疾患によるものである．肝機能の大部分は残っているため，肝疾患や肝不全の症状を呈することはほとんどない．

診　断

超音波検査による変化は肝うっ血に特徴的で，肝静脈のうっ血した分枝が明らかになる．重篤なうっ血を呈する肝臓では出血のリスクが増えるため，生検すべきではない．

管　理

肝うっ血に対して治療は必要なく，原発疾患が治療されればうっ血も改善する．

7.5.3.3　原発性門脈低形成

病態発生

この病態に関しては，文献上で多くの混乱がみられ，それは主に，微小血管異形成，先天性肝線維症など，さまざまな名称がつけられているからである．しかし，最近，肝疾患に対するWSAVA標準化会議によって，原発性門脈低形成が採用されたため，この用語だけを用いるべきである．原発性門脈低形成は門脈の肝内末梢枝の発育不全によって特徴づけられる．結果として，門脈血は肝細胞に到達しない．この病気は末梢門脈枝の減少からその完全な消失までさまざまである．後者の場合は，通常，肝外門脈の異常も認められ，門脈は厚い線維性の外壁をもつことになる．門脈線維化が認められる傾向にあるが，これも全く認められなかったり，非常に重度であったりする．血液検査で血清胆汁酸濃度あるいは血漿アンモニア濃度の上昇が認められて，たまたま発見される症例も数多く存在する．より重篤な症例では腹水や肝性脳症を呈することもあり，腹部超音波検査で後天性の門脈体循環短絡が明らかになる場合もある．重篤な症例では若齢で発症することが多く，多くは生後一年以内での発症が認められる．病状の重症度によるが，肝臓への門脈血流が低下し，患者が成長しても増加しない．PSSの犬とは対照的に，原発性門脈低形成では腎臓は腫大しない．原発性門脈低形成は先天性であって，進行するものではない．

組織学的には，門脈終末枝の低形成と細動脈の過形成が認められる．さまざまな程度の門脈線維症も認められる．しかし，これらの変化は特異的なものではなく，PSSや動静脈瘻の犬でも認められることがある．

症　状

原発性門脈低形成の患者では，腹水，肝性脳症，多飲，ときおり嘔吐が認められる．症状は，軽度のものや無症候性のものでは軽度であったりまったくなかったりする．

診　断

血液検査では，低アルブミン血症，血清胆汁酸とおよび血漿アンモニア濃度の上昇，アンモニア負荷試験の異常などが認められることがある．肝酵素活性の上昇は，認められることもそうでないこともある．慢性肝炎/肝硬変との鑑別は，肝生検による組織学的な評価によってのみ可能である．門脈低形成の症例では，組織学的な所見はPSSと同様のものである．このため，PSSとの鑑別は組織学的な解釈と超音波および/またはシンチグラフィーの結果をあわせて行う．重度の門脈低形成の犬では，超音波ドプラ検査にて，遠肝性の血流（肝臓から遠ざかり，門脈に流れる血流；図7.16）が認められる．PSSの除外は診断過程の一部である．このためまた，超音波を実施する術者の経験にも左右される．腹水は門脈低形成（無色），動静脈瘻（無色），肝うっ血（出血性），門脈血栓症（出血性）などで認められることがあるが，先天性の短絡では認められない．

管　理

原発性門脈低形成に対する特異的な治療はなく，回復することはない．肝性脳症を予防し（食餌，ラクツロース，および/またはネオマイシン），腹水の産生を抑えるような（例：カリ保持性の利尿薬）対症療法を実施することしかできない．

7.5.3.4　門脈血栓症

病態発生

門脈血栓症はまれな疾患で，ネフローゼ症候群などでみられる凝固亢進状態の患者や，門脈内膜に異常のある患者で起こる

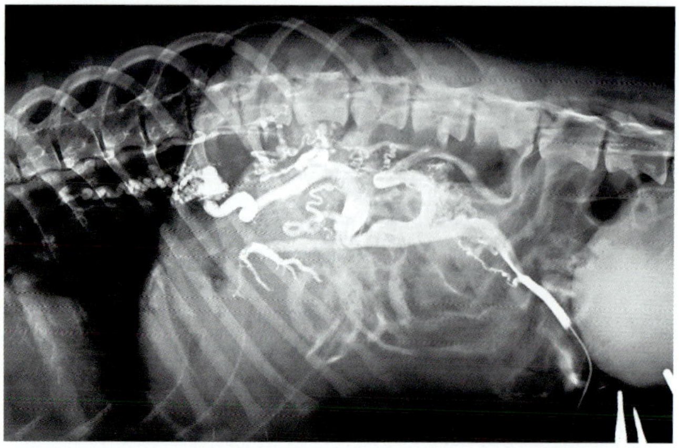

図7.16 原発性門脈低形成．この図は原発性門脈体循環短絡の犬における血管造影を示している．注入された造影剤は肝臓に到達せず，肝臓から短絡している．このような遠肝性の血流は腹部超音波検査でも確認できる．

ことがある．膵炎や，慢性的な（内因性/外因性）コルチコステロイドの暴露などに関連することもある．門脈の閉塞の程度により，閉塞が急速に起こった場合には急性の門脈高血圧が発生し，緩徐であった場合には門脈高血圧と短絡血流の形成が起こる．血栓は門脈の左枝にも右枝にも起こり得る．それによって片側性の肝萎縮と対側の代償性肥大が起こり，結果として胃の変異が起こる．門脈血を受けられなくなった肝臓では，門脈枝の萎縮と細動脈の過形成がみられる．通常，このような組織学的所見からだけでは，先天性短絡，原発性門脈低形成，動静脈瘻などと区別することはできない．

出血性の腹水は門脈血栓と肝うっ血の患者でしか認められない．慢性的な門脈血栓症の患者では門脈体循環短絡が発生し，肝性脳症の症状を呈することもある．

症 状

門脈血栓の患者の多くは出血性の腹水を呈する．慢性例では肝性脳症が起こっていることもある．急性期には，一般的な元気消失と沈うつ，しばしば吐き気や嘔吐が認められる．

診 断

血液検査では血清肝酵素活性と胆汁酸濃度の上昇が認められることが多い．慢性例で門脈体循環短絡に至った症例では，高アンモニア血症が認められることもある．診断は，超音波検査で直接血栓を確認することで行う．ドプラ検査では，門脈血流の低下が認められ，慢性例では遠肝性の血流が確認されることもある．片側性の門脈の主枝における血栓では，症状を表さないこともある．

管 理

治療は，背景にある疾患（ネフローゼ症候群など）によって異なる．急性の血栓症であれば，外科的に摘出できることもある．アスピリン（0.5 mg/kg，PO，12時間毎）による血小板不活性化も勧められるが，その効果に関しては報告されていない．片側性の血栓症の患者では，灌流している側の肝臓が肥大し，正常な肝機能が保持されれば自然回復する．慢性で肝性脳症のある症例では，肝性脳症のための対症療法が必要となる．

7.5.3.5 動静脈瘻

病態発生

動静脈瘻は肝動脈と門脈系の短絡であって，かなりまれな先天性疾患である．[4,94] 動静脈瘻は異常に高い動脈圧を門脈系にもたらし，門脈高血圧となる．瘻管は通常，肝葉内に発生し，腹部超音波検査によって認識でき，多くの蛇行した，拍動する血管として認められる．この疾患を有する犬では，しばしば同時に門脈低形成を呈していることがあり，その場合の外科的な修復の際の予後には注意を要するが，肝葉切除によって瘻管を摘出できることがある．門脈高血圧によって多発性の門脈体循環短絡と腹水を生じる．肝内の瘻管は門脈系への血液の逆流をもたらし，これは遠肝性血流とも呼ばれる．遠肝性血流（肝臓から遠ざかる血流）はドプラ超音波検査で診断できる．原発性門脈低形成や門脈血栓の患者でもこのような血流が認められることがある．

症 状

動静脈瘻の患者は肝性脳症，腹水，沈うつ，食欲不振や嘔吐など，門脈高血圧の患者と同様の症状を呈する．

診 断

動静脈瘻の患者に対する検査では，血清胆汁酸濃度の増加と門脈体循環短絡の形成による血漿アンモニア濃度の増加が認められる．超音波検査では蛇行し，拍動した血管がみられる．

管 理

罹患した肝葉もしくは肝外の瘻管を摘出することが有効であることが分かっている．しかし，先天性門脈低形成のある患者では，肝葉切除で症状は一部しか改善せず，低蛋白食，ラクツロース，および/または抗生物質による継続的な治療が必要となる．良好に管理された犬では年単位で維持することも可能である．

7.5.4 胆道疾患

7.5.4.1 胆嚢炎

病理発生

胆嚢炎および胆嚢粘液嚢腫は，犬におけるまれな疾患であ

る.[95] 十二指腸からの逆流による総胆管の感染が多いが，血液からの感染も起こり得る.[2] 培養される病原体は大腸菌が多く，ほかに連鎖球菌やブドウ球菌なども培養される．クロストリジウムは胆汁中に病気を引き起こすことなく常在することもあるが，病原性をもつこともある．胆嚢炎の誘因は犬ではまれにしか認められないが胆石，および肝外胆管閉塞である．急性の気腫性胆嚢炎を起こす症例もある．加えて，胆嚢が穿孔してしまうことがあり，腹水および無菌性腹膜炎が発症する．胆嚢粘液嚢腫の犬でも胆嚢炎になる．このような症例では，典型的な，異常に厚い胆嚢内の放射状の構造が超音波検査下で認められ，オレンジ，もしくはキウイフルーツ構造などと呼ばれる．

症　状

胆嚢炎で最もよく認められる症状は，上腹部疼痛，嘔吐で，ときおり発熱も認められる．全ての症例が黄疸を呈するわけではない．罹患した胆嚢内血管からの目に見えない出血によって，貧血を呈することもある．胆嚢破裂の症例では，重度の黄疸と腹膜炎による全身的な沈うつ状態が認められる．

診　断

胆嚢炎の患者では，黄疸，APとGGT活性の上昇，胆汁酸濃度の増加がよくみられるが，この病気に典型的なものではない．白血球増多症が認められることもある．肝生検では非特異性反応性肝炎が認められ，通常は診断的でない．超音波検査では，しばしばX線透過性の胆石が認められることがある．粘液嚢腫は超音波検査で非常に特異的な外観を呈する．超音波ガイド下の胆嚢のFNAで診断でき，通常麻酔は必要ない．胆汁の細胞診および培養では，炎症細胞および細菌が認められる．

管　理

胆嚢炎の犬では抗生物質による治療が第一選択となる．効果的に胆汁排泄される抗生物質（例：アンピシリンやクロラムフェニコール）を3〜4週間投与すべきである．アンピシリンは，通常，非常に効果的である（15mg/kg, IV, 1日3回, 4週間）．胆石，胆嚢出血，胆嚢粘液嚢腫，胆嚢破裂のある症例では，胆嚢摘出を行わなければならない．

7.5.4.2　胆管または胆嚢の破裂

病態発生

胆管破裂は胆道系からの胆管の断裂によって起こる．通常，胆管破裂は外傷によって起こり，罹患した肝葉から胆汁が腹腔内に漏出する．濃縮されていない胆汁が大量に漏出することで（胆汁はより遠位の胆嚢で濃縮される），臨床的に発見可能な腹水が生じる．腹腔からのビリルビンの再吸収によって，重度の黄疸が生じる．漏出した胆汁内の，高い濃度の胆汁酸によって，化学的な腹膜炎が起こり，全身状態の悪化および嘔吐を引き起こす．胆嚢の破裂は胆嚢炎や胆嚢粘液嚢腫によって起こる.[95]

症　状

胆道系の破裂が起こった患者では，重度の黄疸と腹水を数日中に起こす．嘔吐も一般的で，全身的な倦怠感や食欲不振もみられる．

診　断

黄疸と腹水を呈する患者における外傷歴は，胆道系の破裂を示唆する重要な病歴である．腹水中の胆汁の出現は診断的である．胆汁性腹膜炎によって，腹水は胆汁と赤血球および炎症性細胞を混じており，褐色の不透明な液体となっている．

治　療

胆道系破裂の治療は外科的に行い，その方法はどこで破裂が起こっているかによる．通常，予後は良好である．

7.5.4.3　嚢胞性肝疾患

肝臓内にはさまざまなタイプの嚢胞が認められ，それらは全て，通常は非症候性である．これらの嚢胞は極めてまれで，さまざまな肝および／または肝外での先天性の発達異常によるものである．Caroli病などの嚢胞性疾患では腎臓の嚢胞や線維化と関連する．嚢胞構造は多くの場合超音波検査で確認されるが，病変をさらに分類するためには，肝生検材料の病理組織学的な評価が必要になる．重度の嚢胞性肝疾患では肝機能不全を呈する．このまれな病態に対する治療は存在しない．

7.5.4.4　肝外胆管閉塞（EBDO）[2,98]

肝外胆管閉塞とは管外からの圧迫や管内での閉塞性病変による総胆管の閉塞である.[98] もっとも多いのは，膵臓や近位十二指腸から生じた腫瘍によるものである．胆道系の腫瘍は犬と猫ではまれである．膵臓，十二指腸，総胆管での重度の炎症によっても，閉塞を生じることがある．胆石も犬と猫でEBDOの原因となり得る．EBDOは猫より犬でより多い．

臨床的特徴

EBDOでの犬と猫における臨床症状，臨床病理学的所見，超音波検査上の変化は，リンパ球性胆管炎で認められるものと区別できない．（食欲不振，沈うつ，嘔吐，黄疸および／または肝腫大）．

診　断

完全肝外胆管閉塞を起こした犬と猫では，APとALTの上昇が認められる．空腹時血清胆汁酸とビリルビン濃度は非常に高くなっている．血清GGT活性の上昇も重度の胆汁うっ滞を示唆する．無胆汁便やビタミンK反応性凝固障害はまれではあるが重要な指標となる.[99] 超音波画像ではEBDOに一致する変化

が認められ，胆道シンチグラフィーでも裏付けとなる所見を得ることができる．[100] 腸管への胆汁の流れが閉塞しているため，閉塞部位より近位の大きい胆管は拡張し，蛇行する．これらの所見はリンパ球性胆管炎に一致するものである．このため，肝生検の組織学的な検査は，EBDOと慢性胆管炎を区別する唯一の方法である．EBDOが解除されなかった場合に認められる肝臓での二次的な変化には，細胆管における胆汁栓，胆管上皮の過形成，胆管の増殖，門脈周囲の線維化，さまざまな程度の好中球性の炎症反応と壊死などがある．

治 療

EBDOの犬と猫では，外科的および内科的治療アプローチを組み合わせて行うことが必要になる場合が多い．動物を安定させたのち（すなわち，正常な水分および電解質状態，ビタミンK投与など），外科手術が閉塞を解除するために必要になる．通常，超音波検査でEBDOの正確な原因を同定するのは困難で，確定診断のためには試験的開腹手術が必要になる．閉塞が解除できない場合には，胆嚢空腸吻合術を行い，胆汁の流れを再建することが必要になることもある．術後の支持療法の重要性は強調しすぎることはない．水分，電解質，栄養学的な需要を満たすことが良好な結果を得るために重要である．EBDOに関連した生化学的な異常も術後すぐに治まる．

猫における肝吸虫寄生に関しては限られた情報しかなく，プラジカンテルが有効な場合がある．症例報告ではいくつかの投与方法が報告されているが，現在ではプラジカンテル20mg/kg，POあるいはSC，24時間毎，3日間が勧められている．この状況ではプラジカンテルは適応外使用であるため，飼い主への説明が必要である．

7.5.5 肝臓の腫瘍性疾患

7.5.5.1 肝細胞癌および肝細胞腫

病態発生

肝臓の上皮系腫瘍は，通常老齢の犬（10歳齢以上）で認められ，猫では少ない．[102,103] 通常，腺腫および腺癌は孤立性で非常に大きくなることもある．これらはゆっくりと大きくなり，遠隔転移の傾向はあまりない．これらの腫瘍は局所性の腫瘤によって胃が重度に変位し，犬や猫が嘔吐し始めるまで多くは非症候性である．腫瘍細胞によるインスリン様成長因子の産生により，約半数の症例で低血糖が認められる．それによって，とくに運動時の一時的な脱力感が引き起こされることがある．組織学的には，これらの腫瘍はよく分化しており，細胞学的な検査やFNAでは診断することができない．正常な肝臓との区別が難しいためである．しかし，症例によっては，腫瘍に中心部壊死が起こり，その結果感染して敗血症の症状につながることもある．

症 状

肝臓の上皮系腫瘍の患者は慢性的な嘔吐や脱力感，運動不耐性などの症状を呈して来院する．腫瘍の大きさによっては，腹囲膨満を呈することもある．

診 断

腹部の触診によって，腹部頭側に腫瘤が触知されることがある．超音波検査では，腫瘤が肝臓由来であることが確認できる．腫瘤は正常な肝臓と等エコーか，やや低エコーであることがある．肝生検の組織学的検査は診断的である．肝酵素や胆汁酸は上昇していないこともある．肝臓に孤立性の膿瘍が認められた場合，細胞診や培養のために腫瘍の中心部を穿刺するだけでなく，膿瘍の辺縁部の組織学的な生検を行うことが重要であり，膿瘍化した潜在的な腫瘍性病変を見逃してはならない．

管 理

罹患した肝葉の外科的な切除（肝葉切除）が唯一の明らかな治療方法である．腫瘍が肝門部や大血管，総胆管の付近になければ，外科的切除しやすい．辺縁にできた癌は比較的良好に切除できる．肝細胞癌では多くがインスリン様成長因子を分泌するため，術前および術中に血中グルコース濃度を測定することは重要なことである．

7.5.5.2 血管肉腫

血管肉腫は肝臓における間葉系腫瘍では唯一，一般的なものである．血管肉腫は肝臓由来のこともあるし，脾臓から肝臓に転移したものであることもある．どちらの場合でも，腫瘍は肝臓全体に播種していることが多い．それによって，しばしば血清または血漿肝酵素活性や血清胆汁酸濃度が非常に上昇している．胆汁うっ滞によって，黄疸を呈することもある．血管肉腫は中齢から老齢の患者で認められることが多く，猫より犬においてはるかに多い．

症 状

間葉系腫瘍は通常，重篤で急速な経過をとり，食欲不振，嘔吐，体重減少や，ときおり黄疸などが認められる．腫瘍の破裂による急性の出血性腹水によって来院する場合もある．

診 断

血管肉腫の患者では，触知可能な肝臓腫瘤や黄疸が認められることがある．血清化学検査では，しばしば肝酵素活性の上昇，胆汁酸濃度の上昇が認められるが，特異的ではない．腫瘤はたいてい，腹部超音波検査によって視認することができ，超音波ガイド下でのFNAや生検を行うことができる．この腫瘍の場合には，細胞診より組織学的診断が好ましい．

治　療

間葉系腫瘍は通常は手術不可能であり，急速に進行する．生存期間はだいたい数週間以内である．

7.5.5.3　悪性リンパ腫

病態発生

肝臓は，しばしばさまざまタイプのリンパ腫に侵される．腫瘍細胞の浸潤によって，肝腫大や，場合によっては肝内胆汁うっ滞が起こることがある．肝臓の障害が汎慢性で広範囲にわたるため，リンパ腫は重篤な肝機能不全につながることが多い．通常，腫瘍の浸潤は門脈域と中心静脈周囲で強い．非常にまれではあるが，門脈高血圧と，それに続く腹水や門脈体循環短絡が生じることがある．肝臓はリンパ腫が浸潤するさまざまな部位の1つであるにすぎないが，診断のためにもっとも組織を採取しやすい場所の1つでもある．ほとんどの症例において，診断には細胞診で十分である．

症　状

リンパ腫の臨床症状は多岐にわたり，浸潤している他の臓器による．肝臓での浸潤は，黄疸，倦怠感，食欲不振や嘔吐を引き起こす．肝腫大や脾腫によって，腹囲膨満を生ずることがある．

診　断

肝臓リンパ腫の診断は肝臓の細胞診あるいは組織学的な診断による．血液凝固系はしばしば異常である．このことによって臨床家がFNAを行うのが不可能になるわけではないが，凝固系の異常は生検の禁忌となる．

治　療

化学療法を考慮するが，肝臓に病変が存在している場合には，他のタイプのリンパ腫に比べて予後は悪い．

7.5.5.4　胆管癌

病理発生

胆管癌は胆管上皮の腫瘍であり，まれに生じることがある．通常，胆管癌はリンパ管や胆管枝によって，急速に肝臓全体に転移する．これによって，重度の胆汁うっ滞と黄疸が生じる．

症　状

胆管癌の多くの症例では重度の黄疸，全身性の倦怠感，しばしば嘔吐を呈する．肝臓は腫大し，しばしば触知可能である．

診　断

身体検査と臨床検査では胆汁うっ滞が示唆される．腫瘍は通常，超音波検査で検出することができ，診断は超音波ガイド下のFNAによって確立できる．FNAと組織学的な生検は診断的である．

治　療

胆管癌は急速に播腫し，治療法はなく致命的である．

7.6　猫の肝疾患

7.6.1　猫の肝実質疾患

7.6.1.1.　肝リピドーシス

病理発生

全ての生物種で，糖尿病は肝臓への脂肪の蓄積を引き起こす．しかし，猫では，肝リピドーシスのもっとも多いタイプは特発性肝リピドーシス（肝脂肪変性）である．特発性肝リピドーシスは，かつて北米とヨーロッパにおけるもっとも一般的な疾患であった．最近では，この病気は劇的に減少している．肥満の猫は素因があるが，発症のきっかけとなるのは異化状態であり，猫は十分なカロリーを摂取できなかったり，さまざまな理由により摂食できなかったりした場合に肝リピドーシスを発症する．実験的に誘導した肝リピドーシスの猫では，アルギニンやメチオニンなどの，いくつかの必須アミノ酸の不足が肝臓での脂肪蓄積に重要なようである．また，体の維持に必要な，十分量の炭水化物を摂取できない場合に，体脂肪からの脂肪酸の動員が刺激される．脂肪酸は末梢で血中に放出されたのち肝臓で取り除かれ，脂肪は肝臓に蓄積し，リピドーシスとなる．さまざまな組織において，エネルギー源としてのトリグリセリドの利用は，VLDLのようなリポプロテインとしての脂肪に依存している．リピドーシスを発症する猫ではリポプロテインの代謝が正常ではないということも，いくつか示唆されている．[106,107] 飢餓状態の猫は，リポプロテインの構成成分のアポプロテインを産生するために必要な必須アミノ酸を供給できない．アルギニンは尿素サイクルに必須の中間代謝物で，アルギニンが不足すると肝臓での尿素サイクルの機能が低下する．重度のリピドーシスの猫では血漿アンモニア濃度の高値は非常によく認められる．このような猫ではしばしば肝性脳症の症状を呈し，結果として，食餌摂取量がさらに減って悪循環に陥り，介入を行わなければ致死的となる．

肝リピドーシスの猫では多くが軽度から中等度の高血糖を呈する．これは慢性疾患による二次的なストレスによるものであるとは考えられていない．なぜなら，これらの猫は耐糖能が低下しているからである．このようなインスリン抵抗性の正確な

図7.17 肝リピドーシスの病理組織．この図は肝リピドーシスの猫から得た肝生検サンプルの病理組織像を示している．図は，大胞性（実線矢印）・小胞性（点線矢印）の肝脂肪変性を示している．

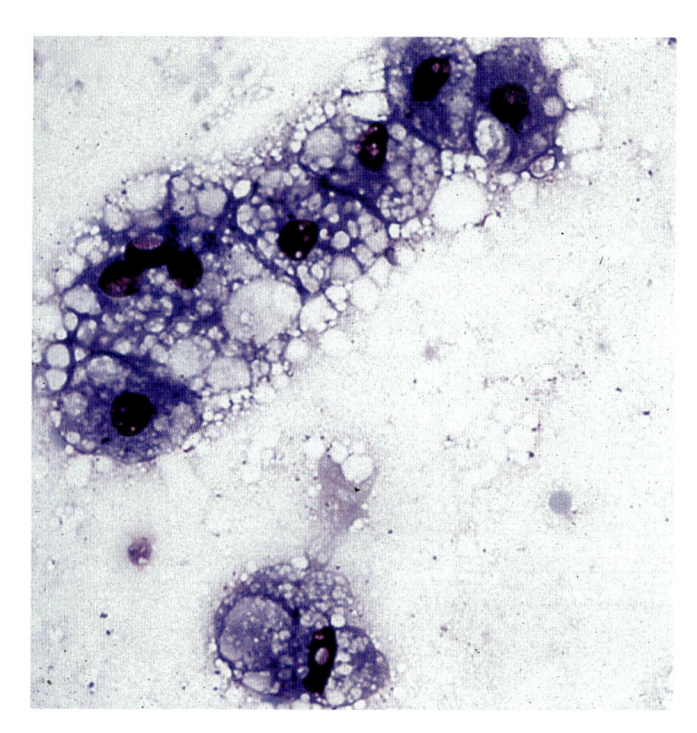

図7.18 肝リピドーシスの細胞診．この細胞診写真は，肝臓のFNAサンプルの塗抹を示したものである．少数の肝細胞が認められ，その多くは多数の明瞭な空胞と非常に拡大した細胞質を示している．猫の肝細胞におけるこのような脂肪浸潤の所見は肝リピドーシスの診断に一致するものである．（Diff Quick染色，150倍．画像はフロリダ大学のA. Rick. Allemanの好意による）

機序は知られていない．しかし原因が何であれ，高血糖は肝臓にトリグリセリドをさらに蓄積させるもう1つの要因となる．肝リピドーシスは細胞の浮腫，肝腫大，肝内胆汁うっ滞を引き起こす．多くの肝リピドーシスの猫では黄疸が認められる．

症状

肝リピドーシスの猫は，たいていの場合，食欲不振や倦怠感，黄疸の病歴で来院する．肝性脳症が起こることもあり，無気力感，流涎，運動失調が認められる．

治療

肝リピドーシスの猫では身体検査で，通常，黄疸と肝腫大が認められる．臨床病理学的な所見は胆汁うっ滞に一致するもので，総ビリルビン濃度は20 mg/dLまで増加し，また軽度から中等度の非再生性貧血も認められる．正常から高い（3～5倍の増加）ALT活性，高いAP活性（10～15倍の増加）も通常認められる．また，しばしば軽度から中等度の高血糖がみとめられ，重篤な症例では高アンモニア血症も認められることがある．超音波検査によって肝腫が確認されるが，しばしば全体的に高エコー源性を呈する．しかし，肝性脳症の猫では，腫瘍病変や拡張した胆嚢および／または胆管などの局所性の病変は認められない．肝リピドーシスの診断は肝細胞を評価することによってのみ可能である（図7.17）．FNAの細胞診塗抹はほとんどの場合診断的である．肝細胞の脂肪空胞を確かめるためにSudan III染色を行うこともできる（図7.18）．

管理

肝性脳症の猫の患者で最も重要な治療の目標は，さらなる脂肪蓄積と肝性脳症を防ぐために異化亢進状態から離脱させ，必須アミノ酸を投与することである．現在分かっている，あるいはさらに悪化することが分かっている状況に対する治療と並行して行う，完全な栄養支持療法は，回復のために不可欠なものである．猫が経口摂取できない状態であれば，鼻咽頭チューブ，もしくは胃チューブによるフィーディングが必要になる．肝リピドーシスの猫では脂肪を代謝したり効率的に同化したりすることができないため，高蛋白の食餌を選択することが重要である．重度に罹患した猫では，まず水分と電解質の要求（カリウムはたいてい低下していて，低カリウム血症は肝性脳症の危険因子になる）を満たすことで患者を安定させる．この時点で，鼻咽頭チューブや鼻胃チューブによって，液状の消化管療法食，たとえばCliniCare Feline Liquid diet（Abbott laboratories, North Chicago, IL）を投与することができる．家庭での投与のために，大径のPezzerマッシュルームチューブ（Bard urologenital cathether, Bard Urological Division, Covington, GA；GA；16-18 Fr；フォーリーカテーテルは用いるべきではない．）を設置すれば，混ぜ合わせた食餌（Feline p/dもしくはk/d Hill's Pet Products, Topeca, KS，一缶を1½カップの水と混ぜ合わせることで，0.9kcal/mLの半液状物を作ることができる）を与えることもできる．Feline k/dもしくはVeterinary Diet NF（Nestle Purina Company, St. Louis, MO）は，肝性脳症の猫に対する初期治療として好まれる．これら

の食餌は，肝性脳症が良化した場合，徐々に高蛋白の食餌に切り替える．希釈せずに使用できる食餌もあり（feline a/d, Hill's Pet products, Topeca, KS［1.3kcal/mL］），家庭での最初の数週間の給餌をより楽にすることができる．タウリン，カルニチン，アルギニンを添加することにより回復が早くなるのかどうかについては分かっていない．

給餌中に嘔吐してしまう場合や，次の食事までに 10 mL 以上の食餌や液体を繰り返しもどしてしまう場合など，胃停滞によって猫が十分な給餌に耐えられないときには，低カリウム血症があればカリウムの添加を，またメトクロプラミド（0.2〜0.5 mg/kg, SC, 6〜8 時間毎，もしくは給餌前 15〜20 分にチューブから）などの消化管運動改善薬の投与が有益なことがある．シサプリド（0.5 mg/kg, PO, 8〜12 時間毎）は効果の高い消化管運動改善薬であるが，獣医調剤薬局でしか手に入れることができない．再給餌の期間中には，低リン血症となることもあり，重篤な場合，溶血性貧血になり得る．凝固障害のある猫では，ビタミン K_1（0.5 mg/kg, SC, 12 時間毎）の投与が勧められる．

実験的に誘発した猫の肝リピドーシスに関する最近の報告では，高蛋白食は回復を早めることが示唆されている．肝リピドーシスは，肝性脳症を高蛋白食で治療する唯一の状態である．インスリンを投与することも勧められない．重篤な低血糖をもたらすことがあるためである．

食餌による治療は，しばしば，飼い主が家でできるだけ長い期間続けなければならない．肝性脳症になりやすい猫というのは，のちになってまた肝リピドーシスを呈することがある．入院した猫の約 60〜70％ が回復する．しかし，飼い主に，肝リピドーシスになりやすいということを認識してもらい，将来的な肝リピドーシスの発症を予防するということが重要である．

7.6.1.2. 急性中毒性肝障害

病理発生

ジアゼパムとスタノゾロールは猫で肝毒性があると報告されている．[52-54] 潜在的にはテトラサイクリンも猫での肝毒性があるが，その関連性についてはさらなる検討が必要である．これらの薬剤の毒性反応は確かに起こるが，これら 3 つの薬剤は非常によく用いられている薬剤で，毒性反応はまれであると考えられる．テトラサイクリンに対する肝臓への副作用は致死的ではないことが分かっており，肝臓での病変は比較的軽度であった．[55] ジアゼパムの毒性は通常致命的で，ジアゼパムの毒性を被った猫の肝臓は重度の小葉中心性壊死と滲出性の胆管炎を呈する．このような状況はまれではあるが，肝臓の壊死は非常に重度であるため，ジアゼパムに変わる治療を考えなければならない．猫でのスタノゾールの毒性は重度の小葉中心性の脂肪変性と著明な肝内胆汁うっ滞をきたす．罹患した猫の大部分ではスタノゾールの毒性は致死的であるが，それらの患者はもともと腎臓の機能不全がある．犬と同様，猫でも高用量のアセトアミノフェン摂取による用量依存性の重篤な肝壊死が認められることがある（**7.5.1.1.1** を参照）．[10,48,49] これらの毒性反応は全て重度の肝細胞の障害が特徴であり，たいていの場合，これらの患者では肝酵素が非常に上昇し，しばしば黄疸を呈している．

診 断

急性の肝障害が認められる猫の患者の飼い主には，肝毒性があることが知られている物質に最近暴露された可能性があるか聴取することが重要である．通常，肝毒性の出ている猫の肝臓は腫大しているが，これは多くの猫の肝疾患にもあてはまる．血清 ALT および AST 活性，血清ビリルビン濃度はしばしば非常に上昇している．肝生検の組織学的な変化は非特異的である．したがって，診断は病歴，経過，常に高い血清 ALT および / または AST 活性，そして病理組織学的な所見によって行う．

治 療

急性肝毒性の疑われる猫では，一般的な支持療法を行う．さらなる暴露を防止するため，水分および電解質異常の管理，制吐治療，および個々の症例に対して適応すべきその他の全身性の支持療法が必要である．多くの肝臓の中毒に対する特異的な治療はない．アセトアミノフェン中毒については **7.5.1.1.1** の項に記載した．

7.6.1.3 猫伝染性腹膜炎（FIP）による肝障害

病理発生

FIP の特徴は，慢性で，罹患した臓器によってさまざまであることである．腹水や胸水は認められることもそうでないこともある．肝臓は FIP の患者でしばしば侵され，肉芽腫性炎症反応を引き起こす．[10,110]

診 断

FIP の猫は一般的に高ガンマグロブリン血症を呈するが，リンパ球性胆管炎でも同様である．[10] FIP によって起こる肝臓の肉芽腫は小さすぎるため，超音波検査では検出することができない．しかし，肝生検の評価によって顕微鏡上では確認可能である．これらの肉芽腫は完全に FIP に特異的であるということはないが，それによって FIP の診断を強く疑うことができる．

管 理

FIP に対する効果的な治療は知られていない．

7.6.1.4 甲状腺機能亢進症による肝臓の変化

甲状腺機能亢進症は肝細胞に脂肪の浸潤を引き起こす．こ

の肝臓への脂肪浸潤は肝機能不全の臨床徴候は引き起こさないが，多くの症例で血清肝酵素活性と血清胆汁酸濃度は異常な高値を示す．[5,111] 肝臓の脂肪変性はあまり重度ではなく，ふつうは肝臓の腫大は起こさない．甲状腺機能亢進症に関連したさまざまな症状（多尿，嘔吐，下痢，体重減少など）が原発性の肝疾患に類似する．このため，これらの臨床所見によって臨床家は血清肝酵素活性と胆汁酸濃度を測定することになる．そのあとの肝生検で，甲状腺機能亢進症を示唆する組織学的な所見が明らかになる．多くの患者において，甲状腺機能亢進症の治療によって肝臓の病変は元に戻る．

7.6.1.5 非特異性反応性肝炎とアミロイドーシス

犬におけるこれらの病気についての記述 7.5.1.6 および 7.5.2.4 を参照．

7.6.2 猫の血管系肝疾患

7.6.2.1 先天性門脈体循環短絡

多数の血管系の肝疾患に罹患する犬と違って，猫で重要な血管系の異常は先天性門脈体循環血管異常，または先天性門脈体循環短絡（CPSS）のみである．[87,91]

猫にはさまざまな短絡がみられるが，通常それらは肝実質の外に位置する．このような肝外性の短絡は肝臓と横隔膜の間にみられることがあるが，骨盤近くまで尾側に認められることもある．しかし，犬と同様，猫でもCPSSが肝内に発生することもある．[87] 猫では品種や性別による素因はなく，CPSSの発生率は犬に比べて猫では非常に少ない．猫では，短絡修復の手術中や術後に血糖値だけをモニターすればいいわけではなく，必須アミノ酸の摂取が不十分になる危険性も気をつけなければならない．これらの必須アミノ酸の添加は経静脈あるいは経口で行う．先天性の短絡は猫で小肝症に関連する唯一の病態である．

症　状

CPSS の猫では明らかな行動異常や神経学的な異常（認知障害や運動失調）がよく認められる．また，猫では，間欠的な流涎が肝性脳症の徴候として，犬と比べてはるかによく認められる．

診　断

筆者の意見では，犬と同様，門脈体循環短絡を診断するためのもっとも正確な検査は，血漿アンモニア濃度測定である．血漿アンモニア濃度だけでは明らかな結果が得られない場合，アンモニア負荷試験は診断的価値がある．血清胆汁酸濃度も門脈体循環短絡を示唆することがあるが，特異的ではない．犬におけるPSSと同様，CPSSの猫にも低アルブミン血症と尿酸アンモニウム結石が認められることがある．

猫におけるCPSSの診断は，超音波検査，経直腸もしくは脾臓門脈シンチグラフィー，または門脈血管造影によって確認できる．通常，CPSSの猫では肝臓のサイズが正常のものより小さい．肝生検材料は常に採取し，CPSSに特徴的な肝臓の組織学的な変化，つまり肝細胞萎縮，不明瞭な門脈分枝，細動脈の増加，そしてときおりみられる軽度の脂肪変性や空胞化などを確認すべきである．ペルシャ猫では，嚢胞腎と肝線維症のある肝疾患が併存している場合には外科手術は禁忌である．

治　療

猫におけるCPSSの最終的な治療は，血液の再灌流を受けるのに十分なくらい肝内門脈枝が発達していれば，異常血管の外科的な結紮である．このような外科的な処置は，紹介病院や獣医科大学で行うのが最善である．成猫（5歳齢以上）やもともと神経症状がある場合には，CPSSの外科治療後の結果が悪くなる可能性がある．CPSSの外科手術を行う猫は術前に食餌やラクツロースで症状に対する治療を行い，術後1ヵ月，治療を続けることを推奨する．

猫におけるCPSSの手術成功率は犬より悪く，40〜50％の猫しか回復しない．猫では脳皮質の壊死が比較的よく起こる術後合併症であり，不可逆的な脳への傷害を引き起こす．

7.6.3 猫の胆管系の疾患

猫では肝炎はまれな疾患である．しかし，肝胆道系の炎症性疾患である胆管炎は猫では一般的である．78頭の炎症性肝疾患の猫に関する最近の回顧的研究によると，胆管肝炎の猫の80％以上が組織学的に IBD の所見があり，約半数が軽度の膵炎があったとされていて，これらの腹部臓器の炎症性疾患には関連があることが示唆されている．しかし，この関連性についてはさらなる検討が必要である．

猫はさまざまなタイプの胆管炎を起こすことがあり，文献ではさまざまな名称で呼ばれている．しかし，総合すれば，猫では3つのタイプの胆管炎があることになる．すなわち，好中球性胆管炎，リンパ球性胆管炎，肝吸虫による胆管炎である．（以下の 7.6.3.1 〜 7.6.3.3 を参照）

7.6.3.1 好中球性胆管炎

病理発生

好中球性胆管炎は腸管から胆管への上向性の感染によって起こる．組織学的な胆管炎の特徴は，胆管腔内および胆管枝の上皮における好中球の出現である．胆管周囲や門脈域においても好中球性の炎症が認められることがある．好中球性胆管炎は急性の疾患であることが多いが，慢性の場合もあり，その場合は好中球，リンパ球，形質細胞の混合した炎症細胞浸潤となる．胆管枝全体におけるび漫性の炎症によって，胆汁うっ滞が起こることもある．この場合，全てではないが，ほとんどの猫で黄疸が認められる．しかし，総胆管の十二指腸への開口部では閉

猫の胆管系の疾患　247

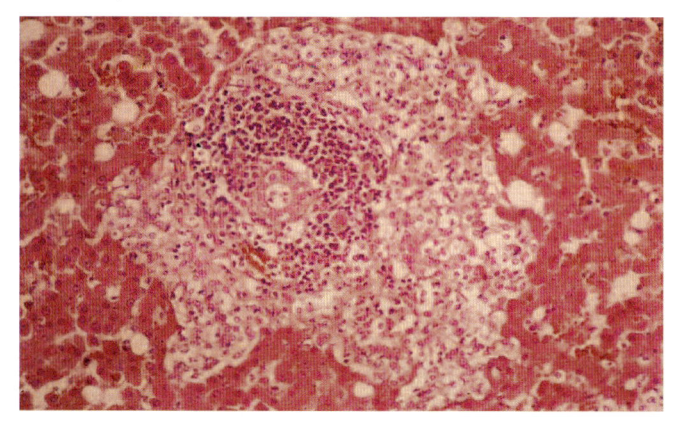

図7.19 リンパ球性胆管炎．リンパ球性胆管炎の猫から得た肝生検サンプルの病理組織像．この図は門脈域を中心に門脈胆管の中，および周囲に多数のリンパ球が認められる．（HE染色，100倍）

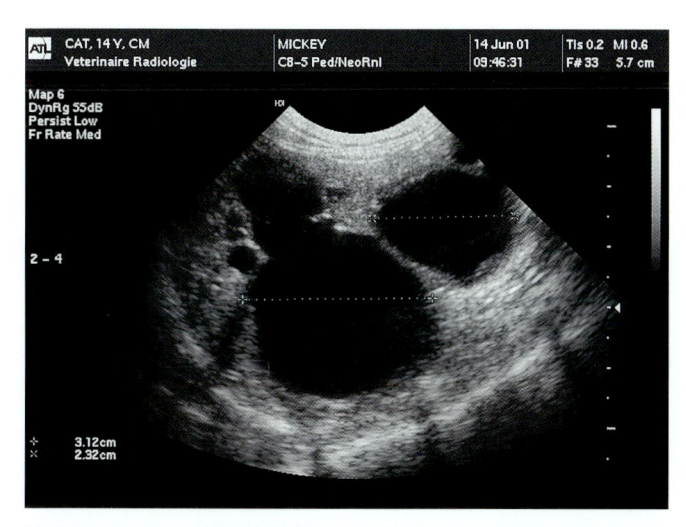

図7.20 リンパ球性胆管炎．この図はリンパ球性胆管炎の猫において得られた超音波画像を示している．多数の肝内および肝外胆管の拡張が認められる．

塞がないため，胆管の拡張は認められない．

症　状

好中球性胆管炎の臨床症状は，しばしば発熱や黄疸を伴う急性および亜急性の全身性炎症疾患の症状である．しかし，黄疸の程度はさまざまである．

診　断

血清胆汁酸濃度，および多くの症例で血清ALT活性が上昇するが，これらの所見は非特異的である．通常，血清肝酵素活性は，肝実質と胆管の傷害が混在したパターンを呈し，正常から2倍程度のAP活性の上昇と，10倍以上にもなるALT活性の上昇を伴う．超音波検査では通常は異常を呈さないが，胆嚢壁の肥厚が認められることがある．

好中球性胆管炎は胆汁を検査することによってのみ診断することができる．細い針を用いた胆嚢壁の穿刺は超音波ガイド下で実施すべきである．胆汁は細胞診および細菌培養を行い，同時に培養された病原体の感受性を調べることもできる．細菌培養では，*E. coli* などの腸内細菌が得られることが最も多く，*Pseudomonas* spp. や *Enterococcus* spp. などの場合もある．肝生検の評価も診断の補助にはなるが，胆汁の検査が不可欠である．

管　理

好中球性胆管炎の通常の治療は，胆汁へよく排泄される抗生物質の投与である．筆者は3～4週間のクラブラン酸アモキシシリン投与を好む．抗生物質の投与期間が完了したのちに胆汁を再評価し，治療についての客観的評価を行うことが望ましい．好中球性胆管炎の猫の予後は，病気の初期に診断がつけば非常に良好である．

7.6.3.2　リンパ球性胆管炎

病理発生

リンパ球性胆管炎の病理発生は，好中球性のものとは非常に異なっている．リンパ球性胆管炎は慢性疾患であり，数ヵ月あるいは場合によっては年単位で進行する．この疾患の過程に関与する炎症細胞はリンパ球および形質細胞である．炎症細胞は胆管の腔内や胆管上皮内に認められるが，門脈域の胆管周囲にも広がる（図7.19）．この状態における炎症反応は門脈線維化を引き起こし，異なる小葉の門脈域を架橋する線維化が起こり，重度の線維化に至る．胆管の慢性炎症は肝内および肝外での胆管の不整な拡張を引き起こす．腹部超音波検査では拡張した胆管（図7.20）や，通常は超音波検査でほとんど確認できない胆管壁の肥厚が認められる．

リンパ球性胆管炎の鑑別診断は肝外胆管閉塞である．後者はまれであり，リンパ球性胆管炎は猫ではかなりよく起こる．組織学的にはこれら2つの疾患は明らかに異なる．また，ほとんどの症例で高グロブリン血症があり，腹水が認められることもあるため，滲出性のFIPと簡単に誤診されてしまう．このため，これら2つの疾患を鑑別するためには，肝生検を行うことが重要になる．リンパ球性の炎症は自己免疫介在性の疾患過程を示唆する．しかし同時に，この疾患はスピロヘータ（ヘリコバクター様の病原体）の慢性感染が関与しているというエビデンスもある．血液検査においてもっとも目立つ所見はガンマグロブリン濃度の増加であり，FIPの猫で認められる所見に類似する．肝臓は腫大することが多く，多くの症例で触知可能となっている．胆管枝全体にわたるび漫性の炎症によって胆汁うっ滞が起こり，常にではないが，罹患猫は黄疸を呈する．

炎症細胞浸潤による胆管の慢性的な変形により，腸管由来の E. coli などの二次感染を起こしやすくなる．このように感染が重複することによって，より急性の悪化を来たすことがある．結果として，典型的なリンパ球性炎症がより混在した炎症細胞の浸潤に変化することがある．

症　状

他の胆管系疾患と同様，胆管炎の猫の主症状は吐き気や食欲不振，食欲不定，間欠的嘔吐，そして慢性的な体重減少などによるものである．胆汁うっ滞によって黄疸となるが，これは胆管炎の全てではないが多くの症例で認められる．

診　断

リンパ球性胆管炎で肝臓が触知可能なほど腫大することがある．血液検査では血清胆汁酸濃度の上昇がさまざまな程度の血清 ALT 活性の上昇を伴って認められる．最も共通する血液検査上の異常は血清ガンマグロブリン濃度の高値である．腹部超音波検査ではび漫性に腫大し，ときおりエコー源性を増した肝臓が認められるが，これらはともに特異的所見ではない．慢性例では，肝内および肝外胆管は不整に拡張する．これらの超音波検査所見と典型的な肝生検の組織学的所見を合わせて診断に至ることができる．

肝吸虫（Platynosomum concinnum）寄生は，猫ではかなりまれであるが，胆管炎を引き起こす．しかし，胆管系のこれら 2 つの疾患は，臨床経過と浸潤する炎症細胞のタイプによって鑑別可能である．

管　理

リンパ球性胆管炎は ursodiol（ウルソデオキシコール酸，10～15 mg/kg，PO，24 時間毎，1 日 2 回に分割投与してもよい）によく反応し，炎症は抑えられる．長期間同じ薬用量で治療することが必須である．治療開始後 8 週間後に再び肝生検を行い，治療反応性を評価することが重要である．治療のはじめ 4 週間は，感染が重なる可能性があるためクラブラン酸アモキシシリンも同時に投与することが勧められる．リンパ球性胆管炎にコルチコステロイドが勧められてきたが，ユトレヒト大学での症例を評価したところ，ステロイド投与の有効性は認められなかった．

栄養療法は胆管肝炎の猫における内科療法において重要な項目の 1 つである．肝性脳症（推奨される食餌療法については 7.6.1.1 を参照）の症状がない猫には高蛋白維持食（乾燥重量ベースで 30～40％の蛋白質）が投与される．最初の 1～2 ヵ月間生存した猫は治癒できる可能性あるいは長期生存の可能性が高い．リンパ球性胆管肝炎の猫は数ヵ月から年単位で良好に生きることができるようである．しかし，胆管系の拡張と線維化は不可逆的であり，これらの猫は異常な胆管における二次的な細菌感染（E. coli などの）を起こしやすい．

7.6.3.3　肝外胆管閉塞（EBDO）

犬の肝疾患の節の 7.5.4.4 も参照．

猫の肝外胆管閉塞は肝吸虫（Platynosomum spp., Amphimerus pseudofelineus, Metametorchis intermedius など）によって起こる．肝吸虫感染は，温暖で湿潤な地域でより多く報告されている．ほとんどの猫は無症候性であるが，重度に感染した猫では EBDO の原因となる．猫が感染した巻き貝，トカゲ，あるいは淡水魚を摂食することで感染が成立する．肝吸虫による肝胆道系のほとんどの病理組織学的な変化は，非特異的である．しかし，胆管内に横断された吸虫がたまたま病理組織学的にみつかることもある．診断は，糞便中の吸虫卵，および腹部精査でのしかるべき臨床病理学所見による．

猫の肝吸虫侵入に関する情報が乏しいことは，プラジカンテルが効果的であることを示唆しているかもしれない．臨床例でいくつかの投与方法が用いられているが，現在ではプラジカンテル 20mg/kg，PO もしくは SC，24 時間おきで 3 日間の投与が推奨されている．この病態でのプラジカンテルの使用は適応外使用であるため，飼い主に説明しておくことが勧められる．

7.6.4　腫　瘍

原発性の肝胆管系腫瘍は猫ではまれだが，胆管癌および肝細胞癌がもっとも多いと報告されている．[105] 猫で肝臓に浸潤する全身性の腫瘍でもっとも多いのはリンパ腫および関連する骨髄増殖性疾患である．乳腺，膵臓，腎臓，消化管の腫瘍の肝転移も猫で報告されている．

臨床症状

猫における肝腫瘍の臨床症状はさまざまであり，腫瘍のタイプや浸潤の程度による．肝実質における腫瘍は一般的には肝腫大を引き起こすが，胆管癌のような腫瘍の患者では，黄疸はまれな所見である．

診　断

腹部超音波検査で，肝臓のび漫性あるいは局所性の病変がみつかることがある．肝酵素活性の異常も一般的であるが，非特異的である．診断は肝生検材料の組織学的あるいは細胞学的な検査によって行うべきである．

治　療

1 つの肝葉に限局し，転移していない原発性の肝胆管系腫瘍は外科的な切除によって生存期間を延長することができる．予後を判断するにあたり，腫瘍の大きさは，浸潤の程度や局所あるいは遠隔の転移があるかないか，ということよりは重要でない．肝細胞あるいは胆管の良性腫瘍の猫では切除後の予後は良好である．

> **キーポイント**
> - 病理組織学的な診断は，true-cut やメンギニー針による 2 〜 3 個の生検サンプルによるものであれば正確である．生検器具として勧められるサイズとしては，中型もしくは大型犬では 14G，猫および小型犬では 16G が推奨される．
> - 猫では，肝性脳症は門脈体循環短絡か肝リピドーシスに起因する．肝リピドーシスによる肝性脳症の猫では蛋白制限は必要ない．
> - 犬の急性肝炎は慢性肝炎に進行することがあり，肝炎の急性病歴があったのち 4 〜 6 週後に肝生検して組織を再評価することが望ましい．
> - ほとんどの肝疾患の経過を評価するためには肝生検材料を繰り返し評価することが必要である．血液検査だけからでは十分な情報は得られない．
> - 犬における小葉中心性の銅蓄積は常に原発性（遺伝性）の銅蓄積病によるもので，胆汁うっ滞によるものではない．
> - 猫の好中球性胆管炎は胆汁の検査によってのみ確定診断される．疑われる猫では，胆嚢穿刺を実施すべきである．
> - 猫のリンパ球性胆管炎ではコルチコステロイドは長期的な効果がない．
> - 肝臓および胆道系の疾患に対するほとんどの治療戦略の有効性は経験的なものであり，研究によって裏づけられたものではない．

参考文献

1. Rothuizen J, Desmet VJ, van den Ingh T et al. Sampling and handling of liver tissue. In: WSAVA Standards for Clinical and Histological Diagnosis of Canine and Feline Liver Diseases. Edinburgh, Churchill Livingstone, 2006; 5-14.
2. van den Ingh T, Cullen JM, Twedt DC et al. Morphological classification of biliary disorders of the canine and feline liver. In: WSAVA Standards for Clinical and Histological Diagnosis of Canine and Feline Liver Diseases. Edinburgh, Churchill Livingstone, 2006; 61-76.
3. Bosje JT, Bunch SE, van den Brom W et al. Plasma ^{14}C-cholic acid clearance in healthy dogs and dogs with cholestasis or a congenital portosystemic shunt. Vet Rec 2005; 23: 109-112.
4. Cullen JM, van den Ingh T, Bunch SE et al. Morphological classification of circulatory disorders of the canine and feline liver. In: WSAVA Standards for Clinical and Histological Diagnosis of Canine and Feline Liver Diseases. Edinburgh, Churchill Livingstone, 2006; 41-59.
5. Cullen JM, van den Ingh T, van Winkle T et al. Morphological classification of parenchymal disorders of the canine and feline liver; reversible hepatic injury and amyloidosis. In: WSAVA Standards for Clinical and Histological Diagnosis of Canine and Feline Liver Diseases. Edinburgh, Churchill Livingstone, 2006; 77-84.
6. Rothuizen J, Meyer HP. History, physical examination, and signs of liver disease. In: Ettinger SJ, Feldman EC (eds.), Textbook of Veterinary Internal Medicine, 5th ed. Philadelphia, WB Saunders, 2000; 1272-1277.
7. Hughes D, King LG. The diagnosis and management of acute liver failure in dogs and cats. Vet Clin North Am Small Anim Pract 1995; 25: 437-460.
8. Hess PR, Bunch SE. Diagnostic approach to hepatobiliary disease. In: Bonagura JD (ed.), Kirk's current veterinary therapy XIII. Philadelphia, WB Saunders, 2000; 659-664.
9. Meyer HP, Rothuizen J, Ubbink GJ et al. Increasing incidence of hereditary intrahepatic portosystemic shunts in Irish Wolfhounds in the Netherlands (1984 to 1992). Vet Rec 1995; 136:13-16.
10. van den Ingh TSGAM, Van Winkle T, Cullen JM et al. Morphological classification of parenchymal disorders of the canine and feline liver; hepatocellular death, hepatitis and cirrhosis. In: WSAVA Standards for Clinical and Histological Diagnosis of Canine and Feline Liver Diseases. Edinburgh, Churchill Livingstone, 2006; 85-102.
11. Wijmenga C, Klomp LW. Molecular regulation of copper excretion in the liver. Proc Nutr Soc 2004; 63: 31-39.
12. Andersson M, Sevelius E. Breed, sex, and age distribution in dogs with chronic liver disease: a demographic study. J Small Anim Pract 1991; 32: 1-5.
13. van Straten G, Leegwater PA, de Vries M et al. Inherited congenital extrahepatic portosystemic shunts in Cairn Terriers. J Vet Intern Med 2005; 19: 321-324.
14. Ubbink GJ, van de Broek J, Meyer HP et al. Prediction of inherited portosystemic shunts in Irish Wolfhounds on the basis of pedigree analysis. Am J Vet Res 1998; 59: 1553-1556.
15. Sutherland RJ. Biochemical evaluation of the hepatobiliary system in dogs and cats. Vet Clin North Am Small Anim Pract 1989; 19: 899-927.
16. Gerritzen-Bruning MJ, van den Ingh TS, Rothuizen J. Diagnostic value of fasting plasma ammonia and bile acid concentrations in the identification of portosystemic shunting in dogs. J Vet Intern Med 2006; 20: 13-19.
17. Sterczer A, Meyer HP, Boswijk HC et al. Evaluation of ammonia measurements in dogs with two analyzers for use in veterinary practice. Vet Rec 1999; 144: 523-526.
18. Center SA. Serum bile acids in companion animal medicine. Vet Clin North Am Small Anim Pract 1993; 23: 625-657.
19. Trainor D, Center SA, Randolph F et al. Urine sulfated and non-sulfated bile acids as a diagnostic test for liver disease in cats. J Vet Intern Med 2003; 17: 145-153.
20. Center SA, Manwarren T, Slater MR et al. Evaluation of twelve-hour preprandial and two hour postprandial serum bile acids concentrations for diagnosis of hepatobiliary disease in dogs. J Am Vet Med Assoc 1991; 199: 217-226.
21. Gagne JM, Weiss DJ, Armstrong PJ. Histopathologic evaluation of feline inflammatory liver disease. Vet Pathol 1996; 33: 521-526.

22. Roth L, Meyer DJ. Interpretation of liver biopsies. *Vet Clin North Am Small Anim Pract* 1995; 25: 293-303.
23. Badylak SF. Coagulation disorders and liver disease. *Vet Clin North Am Small Anim Pract* 1988; 18: 87-92.
24. Bigge LA, Brown DJ, Penninck DG. Correlation between coagulation profile findings and bleeding complications after ultrasound-guided biopsies: 434 cases (1993-1996). *J Am Anim Hosp Assoc* 2001; 37: 228-233.
25. Dillon JF, Simpson KJ, Hayes PC. Liver biopsy bleeding time: an unpredictable event. *J Gastroenterol Hepatol* 1994; 9: 269-271.
26. Cole T, Center SA, Flood SN et al. Diagnostic comparison of needle biopsy and wedge biopsy specimens of the liver in dogs and cats. *J Am Vet Med Assoc* 2002; 220: 1483-1490.
27. Léveillé R, Partington BP, Biller DS et al. Complications after ultrasound-guided biopsy of abdominal structures in dogs and cats: 246 cases (1984-1991). *J Am Vet Med Assoc* 1993; 203: 413-415.
28. Partington BP, Biller DS. Hepatic imaging with radiology and ultrasound. *Vet Clin North Am Small Anim Pract* 1995; 25: 305-335.
29. Pechman RD. The liver and spleen. *In*: Thrall DR (ed.), *Textbook of Veterinary Diagnostic Radiology*. Philadelphia, W.B. Saunders, 1986; 391-400.
30. Rothuizen J. Seeking global standardization on liver disease. *J Small Anim Pract* 2001; 42: 424-425.
31. Cole TL, Center SA, Flood SN et al. Diagnostic comparison of needle and wedge biopsy specimens of the liver in dogs and cats. *J Am Vet Med Assoc* 2002; 220: 1483-1490.
32. Stockhaus C, Van Den Ingh T, Rothuizen J et al. A multistep approach in the cytologic evaluation of liver biopsy samples of dogs with hepatic diseases. *Vet Pathol* 2004; 41: 461-470.
33. Cohen M, Bohling MW, Wright JC et al. Evaluation of sensitivity and specificity of cytologic examination: 269 cases (1999-2000). *J Am Vet Med Assoc* 2003; 222: 964-967.
34. Stockhaus C, Teske E, Van Den Ingh T et al. The influence of age on the cytology of the liver in healthy dogs. *Vet Pathol* 2002; 39: 154-158.
35. Cole TL, Center SA, Flood SN et al. Diagnostic comparison of needle and wedge biopsy specimens of the liver in dogs and cats. *J Am Vet Med Assoc* 2002; 220: 1483-1490.
36. Richter KP. Laparoscopy in dogs and cats. *Vet Clin North Am Small Anim Pract* 2001; 31: 707-727.
37. Hess PR, Bunch SE. Management of portal hypertension and its consequences. *Vet Clin North Am Small Anim Pract* 1995; 25: 461-483.
38. Johnson SE. Portal hypertension. Part I. Pathophysiology and clinical consequences. *Comp Cont Edu Pract Vet* 1987; 9: 741-748.
39. Johnson SE: Portal hypertension. Part II. Clinical assessment and treatment. *Comp Cont Edu Pract Vet* 1987; 9: 917-928.
40. Steyn PF, Wittum TE. Radiographic, epidemiologic, and clinical aspects of simultaneous pleural and peritoneal effusions in dogs and cats: 48 cases (1982-1991). *J Am Vet Med Assoc* 1993; 202: 307-312.
41. Rothuizen J, van den Brom WE. Bilirubin metabolism in canine hepatobiliary and haemolytic disease. *Vet Q* 1987; 9: 235-240.
42. Rothuizen J, van den Ingh T. Covalently protein-bound bilirubin conjugates in cholestatic disease of dogs. *Am J Vet Res* 1988; 49: 702-704.
43. Rothuizen J, van den Ingh TSGAM. Arterial and venous ammonia concentrations in the diagnosis of canine hepato-encephalopathy. *Res Vet Sci* 1982; 33: 17-21.
44. Maddison JE: Newest insights into hepatic encephalopathy. *Eur J Comp Gastroenterol* 2000; 5: 17-21.
45. Szatmari V, Rothuizen J, van den Ingh TS et al. Ultrasonographic findings in dogs with hyperammonemia: 90 cases (2000-2002). *J Am Vet Med Assoc* 2004; 224: 717-727.
46. Meyer HP, Rothuizen J, Tiemessen I et al. Transient metabolic hyperammonaemia in young Irish Wolfhounds. *Vet Rec* 1996; 138: 105-107.
47. Rothuizen J, van den Ingh TS. Rectal ammonia tolerance test in the evaluation of portal circulation in dogs with liver disease. *Res Vet Sci* 1982; 33: 22-25.
48. Rothuizen J, Biewenga WJ, Mol JA. Chronic glucocorticoid excess and impaired osmoregulation of vasopressin release in dogs with hepatic encephalopathy. *Domest Anim Endocrinol* 1995; 12: 13-24.
49. Aronson LR, Drobatz K. Acetaminophen toxicosis in 17 cats. *J Vet Emerg Crit Care* 1996; 6: 65-69.
50. MacNaughton SM. Acetaminophen toxicosis in a Dalmatian. *Can Vet J* 2003; 44: 142-144.
51. Beasley VR. Toxicology of selected pesticides, drugs, and chemicals. *Vet Clin North Am Small Anim Pract* 1990; 20: 283-564.
52. Center SA, Elston TH, Rowland PH et al: Fulminant hepatic failure associated with oral administration of diazepam in 11 cats. *J Am Vet Med Assoc* 1996; 209: 618-625.
53. Hughs D, Moreau RE, Overall KL et al. Acute hepatic necrosis and liver failure associated with benzodiazepine therapy in six cats, 1986-1995. *J Vet Emerg Crit Care* 1996; 6: 13-20.
54. Harkin KR, Cowan LA, Andrews GA et al. Hepatotoxicity of stanozolol in cats. *J Am Vet Med Assoc* 2000; 217: 681-684.
55. Kaufman AC, Greene CE. Increased alanine transaminase activity associated with tetracycline administration in a cat. *J Am Vet Med Assoc* 1993; 202: 628-630.
56. Boomkens SY, Penning LC, Egberink HF et al. Hepatitis with special reference to dogs. A review on the pathogenesis and infectious etiologies, including unpublished results of recent own studies. *Vet Q* 2004; 26: 107-114.
57. Mandigers PJ, van den Ingh TS, Spee B et al. Chronic hepatitis in Doberman pinschers. A review. *Vet Q* 2004; 26: 98-106.
58. Mandigers PJ, van den Ingh TS, Bode P et al. Association between liver copper concentration and subclinical hepatitis in Doberman Pinschers. *J Vet Intern Med* 2004; 18: 647-650.
59. Speeti M, Stahls A, Meri S et al. Upregulation of major histocompatibility complex class II antigens in hepatocytes in Doberman hepatitis. *Vet Immunol Immunopathol* 2003; 96: 1-12. Erratum in: *Vet Immunol Immunopathol* 2005; 103: 295.
60. Spee B, Mandigers PJ, Arends B et al. Differential expression of copper-associated and oxidative stress related proteins in a new variant of copper toxicosis in Doberman pinschers. *Comp Hepatol* 2005; 4 (3): 1-13.
61. Webb CB, Twedt DC, Meyer DJ. Copper-associated liver disease in Dalmatians: a review of 10 dogs (1998-2001). *J Vet Intern Med* 2002; 16: 665-668.
62. Schultheiss PC, Bedwell CL, Hamar DW et al. Canine liver iron, copper, and zinc concentrations and association with histologic lesions. *J Vet Diagn Invest* 2002; 14: 396-402.
63. Kawamura M, Takahashi I, Kaneko JJ. Ultrastructural and kinetic studies of copper metabolism in Bedlington Terrier dogs. *Vet Pathol* 2002; 39: 747-750.
64. Favier RP, Spee B, Penning LC et al. Quantitative PCR method to detect a 13-kb deletion in the MURR1 gene associated with copper toxicosis and HIV-1 replication. *Mamm Genome* 2005; 16: 460-463.

65. Ubbink GJ, Van den Ingh TS, Yuzbasiyan-Gurkan V et al. Population dynamics of inherited copper toxicosis in Dutch Bedlington Terriers (1977-1997). *J Vet Intern Med* 2000; 14: 172-176.
66. Rothuizen J, Ubbink GJ, van Zon P et al. Diagnostic value of a microsatellite DNA marker for copper toxicosis in West-European Bedlington Terriers and incidence of the disease. *Anim Genet* 1999; 30: 190-194.
67. Bosje JT, van den Ingh TS, Fennema A et al. Copper-induced hepatitis in an Anatolian Shepherd dog. *Vet Rec* 2003; 152: 84-85
68. Mandigers PJ, van den Ingh TS, Bode P et al. Improvement in liver pathology after 4 months of D-penicillamine in 5 Doberman Pinschers with subclinical hepatitis. J Vet Intern Med 2005; 19: 40-43.
69. van den Ingh TS, Rothuizen J. Lobular dissecting hepatitis in juvenile and young adult dogs. *J Vet Intern Med* 1994; 8: 217-220.
70. Wiedmeyer CE, Solter PE, Hoffmann WE. Alkaline phosphatase expression in tissues from glucocorticoid-treated dogs. *Am J Vet Res* 2002; 63: 1083-1088.
71. Wiedmeyer CE, Solter PE, Hoffmann WE. Kinetics of mRNA expression of alkaline phosphatase isoenzymes in hepatic tissues from glucocorticoid-treated dogs. *Am J Vet Res* 2002; 63: 1089-1095.
72. Hunt GB. Effect of breed on anatomy of portosystemic shunts resulting from congenital diseases in dogs and cats: a review of 242 cases. *Aust Vet J* 2004; 82: 746-749.
73. Winkler JT, Bohling MW, Tillson DM et al. Portosystemic shunts: diagnosis, prognosis, and treatment of 64 cases (1993-2001). *J Am Anim Hosp Assoc* 2003; 39: 169-185.
74. Washizu M, Katagi M, Washizu T et al. An evaluation of radiographic hepatic size in dogs with portosystemic shunt. *J Vet Med Sci* 2004; 66: 977-978.
75. Center SA, Baldwin BH, Erb H et al. Bile acid concentrations in the diagnosis of hepatobiliary disease in the cat. *J Am Vet Med Assoc* 1986; 189: 891-896.
76. Szatmari V, Rothuizen J, Voorhout G. Standard planes for ultrasonographic examination of the portal system in dogs. *J Am Vet Med Assoc* 2004; 224: 698-699, 713-716.
77. Szatmári V, Rothuizen J. Ultrasonographic identification and characterization of congenital portosystemic shunts and portal hypertensive disorders. *In*: *WSAVA Standards for Clinical and Histological Diagnosis of Canine and Feline Liver Diseases*. Edinburgh, Churchill Livingstone, 2006; 15-40.
78. Lamb CR, Burton CA. Doppler ultrasonographic assessment of closure of the ductus venosus in neonatal Irish Wolfhounds. *Vet Rec* 2004; 155: 699-701.
79. Szatmari V, Rothuizen J, van Sluijs FJ et al. Ultrasonographic evaluation of partially attenuated congenital extrahepatic portosystemic shunts in 14 dogs. *Vet Rec* 2004; 155: 448-456.
80. d'Anjou MA, Penninck D, Cornejo L et al. Ultrasonographic diagnosis of portosystemic shunting in dogs and cats. *Vet Radiol Ultrasound* 2004; 45: 424-437.
81. Santilli RA, Gerboni G. Diagnostic imaging of congenital portosystemic shunts in dogs and cats: a review. *Vet J* 2003; 166: 7-18.
82. Havig M, Tobias KM. Outcome of ameroid constrictor occlusion of single congenital extrahepatic portosystemic shunts in cats: 12 cases (1993-2000). *J Am Vet Med Assoc* 2002; 220: 337-341.
83. Koblik PD, Hornof WJ. Transcolonic sodium pertechnetate Tc 99m scintigraphy for diagnosis of macrovascular portosystemic shunts in dogs, cats, and pot-bellied pigs: 176 cases (1988-1992). *J Am Vet Med Assoc* 1995; 207: 729-733.
84. Meyer HP, Rothuizen J, van Sluijs FJ et al. Progressive remission of portosystemic shunting in 23 dogs after partial closure of congenital portosystemic shunts. *Vet Rec* 1999; 144: 333-337.
85. Wolschrijn CF, Mahapokai W, Rothuizen J et al. Gauged attenuation of congenital portosystemic shunts: results in 160 dogs and 15 cats. *Vet Q* 2000; 22: 94-98.
86. Kummeling A, Van Sluijs FJ, Rothuizen J. Prognostic implications of the degree of shunt narrowing and of the portal vein diameter in dogs with congenital portosystemic shunts. *Vet Surg* 2004; 33: 17-24.
87. Levy JK, Bunch SE, Komtebedde J. Feline portosystemic vascular shunts. *In*: Bonagura JD, Kirk RW (eds.), *Kirk's Current Veterinary Therapy XII: Small Animal Practice*. Philadelphia, WB Saunders, 1995; 743-749.
88. Meyer HP, Chamuleau RA, Legemate DA et al. Effects of a branched-chain amino acid-enriched diet on chronic hepatic encephalopathy in dogs. *Metab Brain Dis* 1999; 14: 103-15.
89. Szatmari V, van den Ingh TS, Fenyves B et al. Portal hypertension in a dog due to circumscribed fibrosis of the wall of the extrahepatic portal vein. *Vet Rec* 2002; 150: 602-605.
90. Spee B, Penning LC, van den Ingh TS et al. Regenerative and fibrotic pathways in canine hepatic portosystemic shunt and portal vein hypoplasia, new models for clinical hepatocyte growth factor treatment. *Comp Hepatol* 2005; 4 (7): 1-11.
91. Zandvliet MM, Szatmari V, van den Ingh T et al. Acquired portosystemic shunting in 2 cats secondary to congenital hepatic fibrosis. *J Vet Intern Med* 2005; 19: 765-767.
92. Van den Ingh TS, Rothuizen J, Meyer HP. Portal hypertension associated with primary hypoplasia of the hepatic portal vein in dogs. *Vet Rec* 1995; 137: 424-427.
93. Schermerhorn T, Center SA, Dykes NL et al. Characterization of hepatoportal microvascular dysplasia in a kindred of cairn terriers. *J Vet Intern Med* 1996; 10: 219-230.
94. Schaeffer IG, Kirpensteijn J, Wolvekamp WT et al. Hepatic arteriovenous fistulae and portal vein hypoplasia in a Labrador Retriever. *J Small Anim Pract* 2001; 42: 146-150.
95. Pike FS, Berg J, King NW et al. Gallbladder mucocele in dogs: 30 cases (2000-2002). *J Am Vet Med Assoc* 2004; 224: 1615-1622.
96. Gorlinger S, Rothuizen J, Bunch S et al. Congenital dilatation of the bile ducts (Caroli's disease) in young dogs. *J Vet Intern Med* 2003; 17: 28-32.
97. Van den Ingh TS, Rothuizen J. Congenital cystic disease of the liver in seven dogs. *J Comp Pathol* 1985; 95: 405-414.
98. Schulze C, Rothuizen J, van Sluijs FJ et al. Extrahepatic biliary atresia in a Border Collie. *J Small Anim Pract* 2000; 41: 27-30.
99. van den Ingh TS, Rothuizen J, van den Brom WE. Extrahepatic cholestasis in the dog and the differentiation of extrahepatic and intrahepatic cholestasis. *Vet Q* 1986; 8: 150-157.
100. Boothe HW, Boothe DM, Komkov A et al. Use of hepatobiliary scintigraphy in the diagnosis of extrahepatic biliary obstruction in dogs and cats: 25 cases (1982-1989). *J Am Vet Med Assoc* 1992; 201: 134-141.
101. Buote NJ, Webster CRL, Freeman L et al. Cholecystoenterostomy in cats – etiology and prognosis: 22 cases (1994-2003). *J Vet Intern Med* 2004; 18: 246.
102. Liptak JM, Dernell WS, Monnet E et al. Massive hepatocellular carcinoma in dogs: 48 cases (1992-2002). *J Am Vet Med Assoc* 2004; 225: 1225-1230.
103. Carpenter JL, Andrews LK, Holzworth J. Tumors and tumor like lesions. *In*: Holzworth J (ed.), *Diseases of the Cat: Medicine and Surgery*. Philadelphia, WB Saunders, 1987; 500-505.
104. Thamm DH. Hepatobiliary tumors. *In*: Withrow RG, MacEwen EG (eds.), *Small Animal Clinical Oncology, 3rd ed.* Philadelphia,

WB Saunders, 2001; 327-334.
105. Charles JA, Cullen JM, van den Ingh TSGAM et al. Morphological classification of neoplastic disorders of the canine and feline liver. In: WSAVA Standards for Clinical and Histological Diagnosis of Canine and Feline Liver Diseases. Edinburgh, Churchill Livingstone, 2006; 117-124.
106. Biourge VC, Massat B, Groff JM et al. Effects of protein, lipid, or carbohydrate supplementation on hepatic lipid accumulation during rapid weight loss in obese cats. Am J Vet Res 1994; 55: 1406-1415.
107. Center SA, Crawford MA, Guida L et al. A retrospective study of 77 cats with severe hepatic lipidosis: 1975-1990. J Vet Intern Med 1993; 7: 349-359.
108. Armstrong PJ, Hardie EM. Percutaneous endoscopic gastrostomy: a retrospective study of 54 clinical cases in dogs and cats. J Vet Intern Med 1990; 4: 202-206.
109. Armstrong PJ, Hand MS, Frederick GS. Enteral nutrition by tube. Vet Clin North Am Small Anim Pract 1990; 20: 237-275.
110. Sparkes AH, Gruffyd-Jones TJ, Harbour DA. Feline infectious peritonitis: a review of clinicopathological changes in 65 cases and a critical assessment of their diagnostic value. Vet Rec 1991; 129: 209-212.
111. Broussard JD, Peterson ME, Fox PR. Changes in clinical and laboratory findings in cats with hyperthyroidism from 1983 to 1993. J Am Vet Med Assoc 195; 206: 302-305.
112. Weiss DJ, Gagne JM, Armstrong PJ. Relationship between feline inflammatory liver disease and inflammatory bowel disease, pancreatitis, and nephritis in cats. J Am Vet Med Assoc 1996; 209: 1114-1116.
113. Gagne JM, Armstrong PJ, Weiss DJ et al. Clinical features of inflammatory liver disease in cats: 41 cases (1983-1993). J Am Vet Med Assoc 1999; 214: 513-516.
114. Lucke VM, Davies JD. Progressive lymphocytic cholangitis in the cat. J Small Anim Pract 1984; 25: 249-260.
115. Boomkens SY, de Rave S, Pot RG et al. The role of Helicobacter spp. in the pathogenesis of primary biliary cirrhosis and primary sclerosing cholangitis. FEMS Immunol Med Microbiol 2005; 44: 221-225.
116. Day MJ. Immunohistochemical characterization of the lesions of feline progressive lymphocytic cholangitis/cholangiohepatitis. J Comp Path 1998; 119: 135-147.
117. Bielsa LM, Greiner EC. Liver flukes (Platynosomum concinnum) in cats. J Am Anim Hosp Assoc 1985; 21: 269-274.
118. Lewis DT, Malone JB, Taboada J et al. Cholangiohepatitis and choledochectasia associated with Amphimerus pseudofelineus in a cat. J Am Anim Hosp Assoc 1991; 27: 156-161.

8 膵外分泌

Jörg M. Steiner

8.1 解剖

犬と猫の膵臓は長く細い構造をしており，右葉と左葉に区別できる．これら2つの葉の間は膵臓の頭部であり，ヒトと比較して犬猫では分かりにくい構造である（図8.1）．膵臓の右葉は十二指腸のすぐ脇にあるが，左葉は脾臓の隣に存在する．膵臓は膵組織の小葉からなり，小葉は腺房細胞からなる（図8.2）．小葉間にはランゲルハンス島（図8.2）があり，これらは神経内分泌細胞の集合体である．これら神経内分泌細胞は膵臓の内分泌を司り，さまざまな制御性ポリペプチドを合成・分泌しており，中でも最も重要なのはインスリンとグルカゴンである．腺房細胞は消化酵素とチモーゲンを産生し，これらは膵管を通じて十二指腸に放出される．

犬は通常2本の膵管をもっている．主膵管は大十二指腸乳頭に総胆管とともに開口する．膵管内腔はオッジ括約筋により十二指腸と分離されており，この括約筋は十二指腸内容物が膵管に流入しないために重要な筋肉である．犬および猫の約20％は2本目の膵管を持っており，副膵管と呼ばれ，大十二指腸乳頭から1～3 cm遠位にある小十二指腸乳頭から十二指腸内腔に開口している．[1]

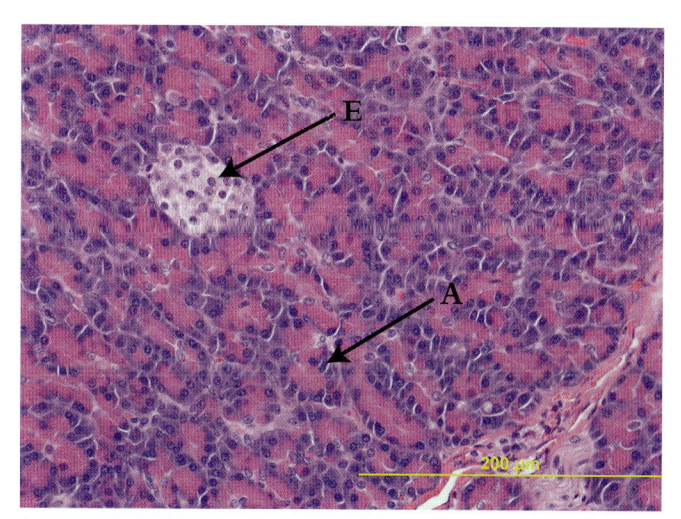

図8.2 膵臓の組織．この図は犬の正常な膵臓の組織像を示している．細胞のほとんどは腺構造をもつ外分泌細胞（A）であり，これらの腺構造が膵小葉を形成している．ランゲルハンス島は内分泌細胞の集合体であり（E），これらは小さな核とより空胞を有する細胞質からなる細胞である．（H&E, 40×；Dr. Shelly Newman, University of Tennessee, USA の厚意による）

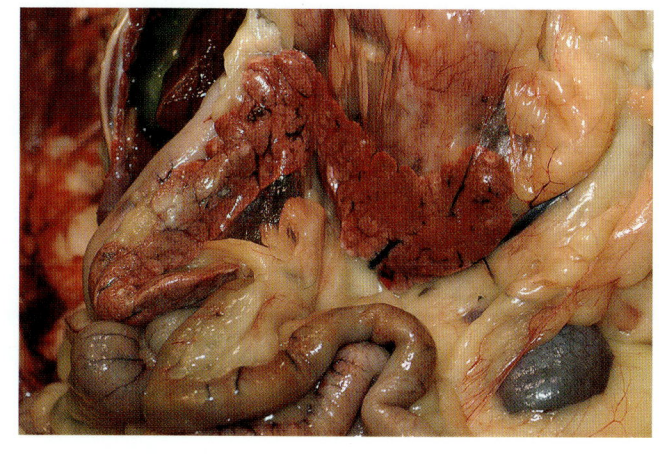

図8.1 正常な犬の膵臓．この図は剖検における犬の正常な膵臓を示している．膵頭をはさんで両側に左葉と右葉が存在することに注目．犬猫ではヒトの場合と異なり膵頭の境界が不明瞭であるが，膵頭部に入ってくる膵動静脈と膵管により認識することができる（Dr. Shelly Newman, University of Tennessee, USA の厚意による）

8.2 生理学

膵外分泌はいくつかの重要な機能を持つ．最も重要なものは，膵外分泌の集合体を形成する腺細胞による，多くの消化酵素やチモーゲンの合成・分泌である（表8.1）．[2] これらの消化酵素は膵臓で合成され，食物の消化に必要である．消化管は代理機能を多く有することが特徴であるが（すなわち，食物成分の消化は1つ以上の課程によって遂行されていくということ），多くの犬猫では少なくとも複数の膵機能が消化にとって必要である．しかし，個々の症例において，膵外分泌機能が事実上ほとんど残っていないにもかかわらず，消化不良の臨床徴候を示さない犬猫が存在することも事実である．膵消化酵素やチモーゲンの合成と分泌に加え，膵外分泌によりさまざまな物質が合成・分泌される．例えばコバラミンの吸収に必須である内在性因子；胆汁酸塩による膵リパーゼの阻害をさらに阻害する機能をもつコリパーゼ；トリプシンインヒビター；抗菌因子；および消化管粘膜の厚みに影響するとされている何らかの栄養素などであ

表 8.1 膵外分泌腺により分泌される物質

この表は膵外分泌腺により分泌される物質とその主な機能の一覧である．これらには3タイプの分泌物がある：膵消化酵素のチモーゲン，膵酵素，そのいずれでもない他の物質

チモーゲンとして分泌される物質	活性型として分泌される酵素	その他分泌物
トリプシノーゲン	リパーゼ	水分
キモトリプシノーゲン	アミラーゼ	重炭酸
プロエラスターゼ	カルボキシエステラーゼ	プロコリパーゼ
プロフォスフォリパーゼ	デスオキシリボヌクレアーゼ	内在性因子
カリクレイノーゲン プロカルボキシペプチダーゼ	リボヌクレアーゼ	PSTI 消化管に対する栄養素

PSTI：膵分泌性トリプシンインヒビター

る（表8.1）.[2,3]

活性型として合成・分泌される消化酵素もあるし，不活性型もしくはチモーゲンとして合成・分泌されるものもある．[2] 一般的には，蛋白質やリン脂質といった細胞膜の構成成分を消化する酵素はチモーゲンとして分泌されるが，細胞内小器官や核内に存在する物質を消化する酵素は，活性型酵素として分泌される．チモーゲンとして分泌される酵素（表8.1）の例としては，トリプシン（トリプシノーゲン），キモトリプシン（キモトリプシノーゲン），エラスターゼ（プロエラスターゼ），フォスフォリパーゼ（プロフォスフォリパーゼ）がある．[2] 一方，活性型酵素として分泌される酵素（表8.1）としては，リパーゼ，アミラーゼ，デスオキシリボヌクレアーゼやリボヌクレアーゼなどがある．[2]

膵酵素と膵酵素のチモーゲンは蛋白合成機構により産生される；つまり腺細胞の核においてDNAがmRNAに転写され，次にリボソームにおいてmRNAが翻訳されてポリペプチド鎖，すなわちプレプロエンザイムあるいはプレエンザイム（活性型酵素として分泌される酵素の場合）となる．プレエンザイムやプレプロエンザイムは粗面小胞体に取り込まれる．取り込まれる課程において，小さなシグナルペプチドが取り除かれ，プロエンザイムあるいはエンザイム（酵素）となる．チモーゲンと酵素はゴルジ体において，糖化やその他の翻訳後修飾といった処理を受ける．ゴルジ体の遠位端でチモーゲンと酵素はチモーゲン顆粒に取り込まれる．これらのチモーゲン顆粒はその後，管腔にエキソサイトーシスにより放出される．

ペプチド，アミノ酸，8個以上の炭素原子またはモノグリセリドを含む脂肪酸は，十二指腸および空腸の神経内分泌細胞からのコレシストキニン（CCK）の放出に最も重要な刺激となる．CCKは胆嚢の収縮を刺激し，同時に腺房細胞から膵管系へのチモーゲン顆粒の分泌をもたらす．少量のチモーゲン顆粒は血管腔にも放出される．

加水分解による膵トリプシノーゲンのトリプシンへの活性化は，腸内ペプチダーゼやその他の十二指腸粘膜より分泌されるセリンプロテアーゼにより触媒される．逆に，活性化されたトリプシンはさらにトリプシノーゲン分子や他のチモーゲンを活性化する．[2] 膵臓の消化酵素はほとんどの食物成分の消化に関して極めて重要であるが，口腔，胃および刷子縁からの消化酵素もこの過程に寄与している．これらの酵素が寄与していることは非常に重要である；例えば，生理的状態において，食物中の脂肪のある一定部分は胃から分泌されるリパーゼにより消化されている．[4]

前述のように，膵外分泌の主要な機能は食物成分の消化である．肉食あるいは雑食動物における重要な食物成分は肉であり，これは膵臓組織を含んでいる；つまり，膵臓は常にそれ自身を消化する危険にさらされていることになる．しかし，このような自己消化を回避するいくつかの機構が存在する．[5] まず1つ目は，膵臓は自身にとって危険となり得る全ての酵素を，プレエンザイムもしくはチモーゲンとして合成・分泌する．2つ目は，これらのチモーゲンは腺房細胞内でチモーゲン顆粒として貯蔵され，リソソームからは厳密に隔離されている．それは，リソソームはチモーゲンを活性化し得るため，この厳密な隔離が自己消化を防ぐために重要であるからである．[5] 3つ目は，膵臓のチモーゲンは，チモーゲン顆粒の中で自己活性化を起こさないように逆の状態（例えばpH）で保たれている．これは完全には自己活性化を抑えることはできないが，確実にある程度は自己消化を起こしにくくしている．4つ目は，小さな抑制性顆粒である膵分泌性トリプシンインヒビター（PSTI）の存在である．PSTIは膵臓からのチモーゲンと一緒に合成・輸送・貯蔵されている．PSTIは活性化される前のどのようなトリプシン分子も阻害し，それによって膵酵素の活性化カスケードを阻害する．PSTIは正常な個体を膵炎から保護するという点で，おそらく重要な役割を果たしているであろう．ヒトにおいて，遺伝性膵炎はPSTIをコードする遺伝子（すなわちSPINK遺伝子）もしくはトリプシノーゲンをコードする遺伝子の変異により引き起こされる．[6] これらの変異は非機能性のPSTIやPSTIによってその作用が阻害されない変異型トリプシノーゲンを産生する．近年，膵炎を起こしたミニチュアシュナウザーにおいて，SPINK遺伝子における変異が報告されている．[7] 5つ目に，膵管における膵液の流れが一方向に限られていることがあげられる．膵臓のチモーゲンは小腸で活性化され，この活性化された酵素が逆流して膵臓にもどり自己消化および膵炎が起こらないようになっていることが極めて重要である．最後6つ目に，これら全ての防御システムが破綻して，活性化した膵酵素が血管腔に漏出した場合，速やかにα_1-プロテアーゼインヒビター（α_1-PI）やα_2-マクログロブリンといったプロテアーゼインヒビターにより活性化した膵酵素は極めて効果的に除去される．[8] トリプシンはα_1-PIと結合し，速やかにα_2-マクログロブリン

へと運搬され，脾臓における細網内皮系システムに捕捉され，血流から除去される．おそらくこの他の未知の防御機構も存在するであろうが，膵臓が自身を保護するための防御機構がどれ位存在するかについては未だ興味深い点である．

8.3 膵外分泌疾患

犬猫における膵外分泌疾患の真の発生率は不明である．しかし，剖検所見に基づいた研究では，9,342頭の犬の膵臓のうち1.7%において，また6,504頭の猫の膵臓のうち1.3%において病理学的に有意な病変を認めたと報告されている.[9] 犬猫におけるこれらの病変のうち，ざっと50%が膵炎と分類され，膵炎が犬猫における最も発生頻度の高い膵外分泌疾患となっている．

8.3.1 膵炎

序論および定義

膵炎は膵臓の炎症と表現される．膵炎は犬および猫の膵外分泌疾患において最も発生頻度の高い疾患である．ヨーロッパの古い研究では，9,342頭の犬の1.0%において，また6,504頭の猫の0.6%において膵臓に病理組織学的に膵炎が認められている.[9] しかし，近年は膵炎の真の発生頻度はずっと高いことが示唆されている．ニューヨークのAnimal Medical Centerにおけるある研究では，剖検に供された73頭の犬のうち21%以上で膵炎を示唆する肉眼所見が認められたとしている.[10]

208頭の犬の膵臓の組織切片を2 cmごとに作成したところ，64%の組織切片において急性および/または慢性膵炎の病変が認められた（図8.3）.[11] 別の研究では，イギリスにおいて開業獣医師のグループから剖検に供された犬を無作為に200頭抽出したところ，25.6%において慢性膵炎が，また2.0%において急性膵炎の所見が認められた.[12] これらのデータは犬における膵炎の発生が以前考えられていたよりも一般的であることを示している．しかし，このデータはまた，膵臓への炎症細胞の浸潤が必ずしも臨床的に意義があるとは限らないことを示唆しており，臨床的に意義のある病態を明らかにする研究が必要である．

同様のデータが猫に関しても最近報告されている.[13] カリフォルニア大学デービス校において剖検に供された猫115頭の膵臓の3ヵ所（左葉，右葉，膵体部）から組織を採取し調べたところ，67.0%において急性および/または慢性膵炎を示唆する病理所見が得られた（図8.4）.[13] このデータは，犬と同様，猫においても以前考えられていたよりもかなり一般的に膵炎が発生していることを示唆しており，また臨床的に意義のある病態を明らかにする研究の必要性を示唆している．

他の臓器の場合と同様に，膵臓の炎症は異なったパラメータにより分類が可能である．人医領域では，膵炎に関する多面的な分類法について国際的に合意を得るための国際学会が開催されている.[14] この分類法は1993年にアトランタで開催された学会において最新のものになっている.[14] 獣医領域では同様の分類法がないために，筆者は大まかにヒトの分類法に基づいて分類を行っている．しかし，この分類法は，他の筆者らが提唱

図8.3 犬における病理組織学的病変の頻度．この図はNYのAnimal Medical Centerの病理学部門において剖検に供された犬73頭における膵臓の病理組織学的病変の発生頻度を示している．対象となった犬はさまざまな疾患および死因を有していた．膵臓は2 cmの厚さで分割され，分割された組織はそれぞれにおける好中球，リンパ球の浸潤の程度や膵壊死，周囲脂肪の壊死，浮腫，膵臓の線維化，膵臓の萎縮および膵臓の結節性過形成について評価された．結節性過形成以外の全ての病変は生前もしくは死亡時に膵炎を発症していた証拠とみなされた．

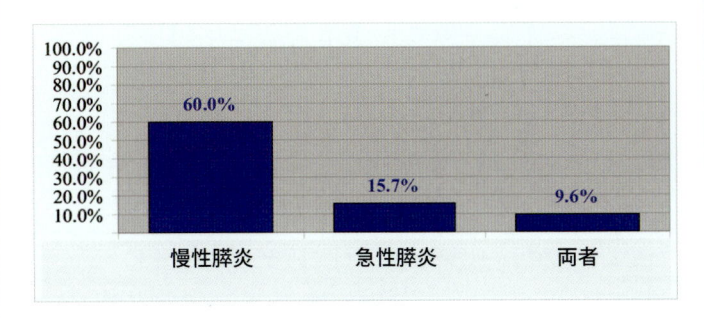

図8.4 猫における病理組織学的病変の頻度．この図はUniversity of California, Davisの病理学部門において剖検に供された猫115頭における膵臓の病理組織学的病変の発生頻度を示している．対象となった猫はさまざまな疾患および死因を有していた．それぞれの膵臓より3ヵ所のサンプルを採取し（左葉，右葉，膵頭），それぞれの組織において別々に急性または慢性膵炎の有無を評価した．急性膵炎を示唆する病変部としては，間質の浮腫および/または腸間膜脂肪の壊死，膵組織への好中球の浸潤が認められるものとした．慢性膵炎を示唆する病変部としては，リンパ球の浸潤，間質の線維化および腺房細胞の変性が認められるものとした．

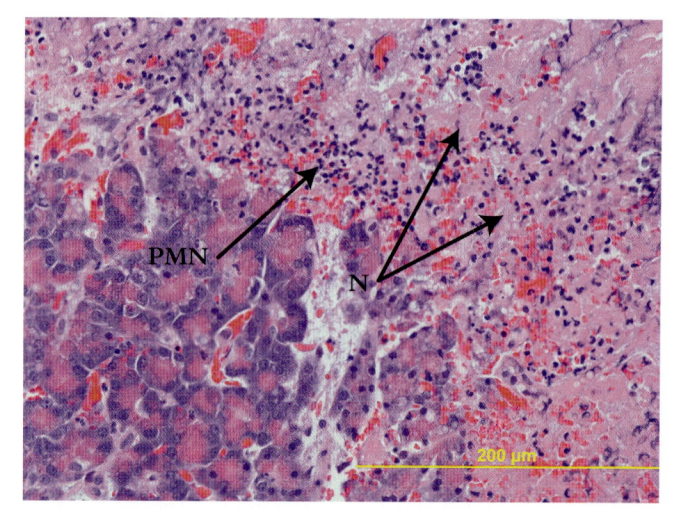

図8.5 急性膵炎．写真は急性膵炎の犬の膵臓の組織切片である．顕著な膵腺房細胞の壊死（N）と膵組織への好中球の浸潤（PMN）に注目．（H&E, 40×；Dr Shelly Newman, University of Tennessee, USA の厚意による）

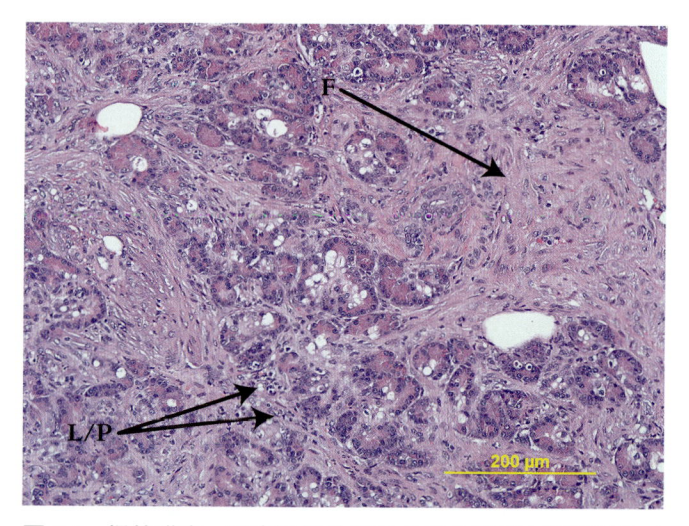

図8.6 慢性膵炎．写真は慢性膵炎の犬の膵臓の組織切片である．膵腺房細胞の欠如と広範囲にわたる浸潤性の線維化（F）により膵腺房萎縮が顕著である．リンパ球と形質細胞（L/P）の浸潤が散在性に認められる．（H&E, 40×；Dr Shelly Newman, University of Tennessee, USA の厚意による）

する定義と反対の分類になることがあると指摘されている．通常，膵炎は急性膵炎と慢性膵炎に分類される．[14,15] この分類は病理組織学的所見にのみ基づいて行われ，急性膵炎（図8.5）は不可逆的な病理組織学的変化を伴わないもので，慢性膵炎は不可逆的な変化を伴うものとされ，特に最も重要な変化は膵臓の萎縮と膵臓の線維化である（図8.6）．[15]

急性および慢性膵炎は局所的および全身的な合併症を伴うことがある．局所の合併症としては膵壊死，膵偽嚢胞，膵膿瘍が挙げられる．全身的な合併症としては，電解質バランスや酸-塩基平衡の異常，播種性血管内凝固（DIC），急性腎不全，肺機能不全，心筋炎，神経症状（膵臓性脳症として知られている）および多臓器不全が挙げられる．膵炎の重篤度と予後は，こういった局所的および全身的な合併症の有無による．

病因

膵炎の病因および発症機序は明らかになっていないが，膵炎を起こす危険因子は多数示唆されている．ミニチュア・シュナウザーは膵炎を発症するリスクの高い犬種と長い間考えられてきたが，最近になってこの膵炎のリスクが高いことに関与する遺伝子変異が報告された．[7] これはSPINK遺伝子（すなわち膵分泌性トリプシンインヒビターであるPSTIをコードする遺伝子）の3ヵ所の変異についての報告である．[7] 興味深いことに，ミニチュア・シュナウザーで認められた変異と同じ変異ではないものの，このSPINK遺伝子変異はヒトの遺伝性膵炎と関連があるとされている変異である．[6] 他の犬種でも膵炎のリスクが高いものが報告されており，ボクサー，キャバリア・キング・チャールズ・スパニエル，コッカー・スパニエル，コリーおよびヨークシャー・テリアなどが挙げられる．[12,16]

過食，特に脂肪を多く含む食餌の採り過ぎが，これまでは犬の膵炎の多くの症例で原因であると逸話的に言われてきた；しかし，近年になってようやく過食により犬の膵炎のリスクが統計学的に上昇することが報告された（Foley K, 私信, 2007）．高脂血症，より特異的にいうと高トリグリセリド血症も膵炎の危険因子と考えられている．ヒトでは，血清トリグリセリド濃度が1,000 mg/dLを越えると膵炎の危険性が劇的に上昇すると示唆されている．[17] 近年，犬においても血清トリグリセリド濃度が900 mg/dLを越えると膵炎の危険性が高まることが示されている．[18]

低血圧および膵臓の低灌流も膵炎の危険因子とされており，実際，ヒトにおいて，手術後に膵炎を発症するケースが多いのは手術による外傷というよりも膵臓の低灌流によると考えられている．[19] つまり，麻酔中の適切な輸液により組織灌流を維持することが膵臓の健全性を保つのに極めて重要である．しかし，膵臓の外傷（外科的あるいは別の原因による）も膵炎を引き起こす．[19-21] つまり外科的に膵臓を取り扱う際には極めて注意深く行わなくてはならないということである．[20]

ある種の感染も膵炎を引き起こすと示唆されている；しかしながら，犬においてこのような感染は極めてまれである．真菌感染により膵炎を発症した症例報告は存在するが（Newman SJ, 私信, 2007），犬における膵臓の細菌感染の報告は2報のみである．[22,23] 1つ目の報告では，6頭の犬において膵膿瘍と診断されている．これらの犬の1頭において，術中に膵臓の病変部から *Klebsiella pneumoniae* が培養されており，もう1頭からは *Pseudomonas aerginosa* が検出されている．[22] 残りの4頭では細菌培養検査は陰性であった．[22] 2つ目の報告では，膵

膿瘍の9頭の犬のうち2頭のみにおいて細菌培養検査が陽性であったとしている.[23] 猫においても膵臓の感染は非常にまれではあるが，膵膿瘍の猫1頭において感染が確認されている.[24] しかし，*Toxoplasma gondii* は猫の膵臓に感染し得る．ある研究において，トキソプラズマ症の猫45例中38例（84.4％）で膵臓にトキソプラズマが検出された[25]；しかし，膵臓に限局して病原体が観察されたのは1頭のみであった.[25] 肝吸虫，*Amphimerus pseudofelineus* は猫の膵臓に寄生し，膵炎を起こし得る.[26] その他の感染症，FIPや猫パルボウイルス，FIV，FeLVも膵炎を起こし得るとされているが，エビデンスは限られている．犬では *Babesia canis* の感染が膵炎を起こすことがある[27]．

薬剤も膵炎を起こし得る．ヒトにおいて約54の薬剤と薬剤クラスが膵炎を起こし得ることが示唆されている.[19,28] しかし，その原因と作用の関係を示すことは困難であり，このような因果関係はごく限られた薬剤でのみ証明されている.[29] 犬において膵炎を起こし得る薬剤として示されているのは，カルシウム，Lアスパラギナーゼ，臭化カリウム，フェノバルビタール，リーシュマニア症の治療に用いるアンチモン剤など数種の薬剤である.[8,30] 対照的にヒトではアザチオプリン，ビンカアルカロイド，利尿剤，数種のNSAIDs，抗生剤を含む多くの薬剤が膵炎を起こし得るといわれている.[19,28] しかし，ステロイドの投与は現在では膵炎の危険因子とは考えられておらず，膵炎の治療においてステロイドの投与が禁忌であるとも考えられていない．副腎皮質機能亢進症，糖尿病および甲状腺機能低下症といったいくつかの内分泌疾患は犬において膵炎の危険因子とされている.[16]

発症機序

膵炎は複雑な疾患であり，その発症機序は完全には理解されていない．上記に述べたように，膵炎には多くの危険因子が存在する．これらの危険因子は，腺房細胞内のチモーゲンを成熟前段階まで活性化し，局所的な障害を生じる．酵素のカスケードがどのように活性化されるのか詳細は不明である．しかし，膵炎を予測する指標の1つは膵酵素の分泌の減少とチモーゲン顆粒とリソソームの同時局在である.[32] これらの細胞内器官が同時に局在することで，新たに形成されたチモーゲン顆粒と比較して巨大液胞内のpHが低下し，これによりトリプシノーゲンがトリプシンに自己活性化しやすくなる．リソソームの酵素が直接トリプシノーゲンを活性化することも可能である．トリプシンは，速やかに捕捉されなかった場合，より多くのトリプシノーゲン分子と他のチモーゲンを活性化する.[5] 成熟前に活性化した消化酵素は局所の障害を引き起こす．ホスホリパーゼは腺房細胞のリン脂質2重膜を破壊し，膵壊死をもたらす．リパーゼは膵臓と膵周囲のトリグリセリドをリン脂質に加水分解し，脂肪の鹸化と膵周囲組織に黄色結節を形成する（図8.7）．キニンは血管作用性ポリペプチドであり，血管拡張と膵臓の

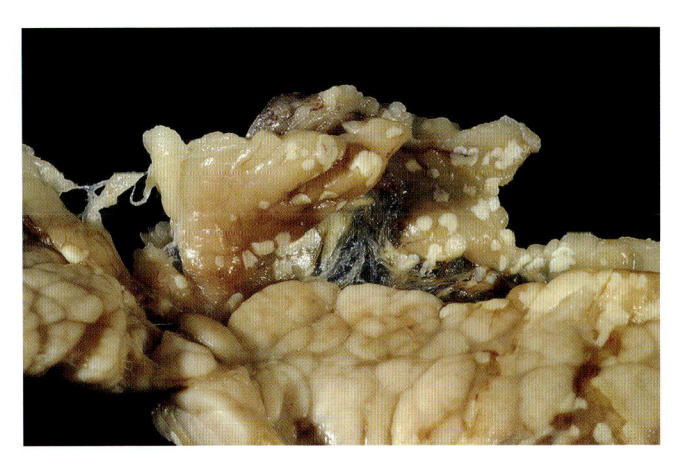

図8.7 膵臓周囲脂肪の壊死．この写真は犬の膵炎において認められた，膵臓周囲の脂肪壊死による多くの白色結節を示している．膵臓周囲のこの組織のトリグリセリドは脂肪酸により加水分解され，鹸化しカルシウムソープとなる（サポニン化）（Dr. Shelley Newman, University of Tennessee, USA の厚意による）

低灌流をもたらす．エラスターゼは毛細血管のエラスチンを消化し，出血をもたらす．こういった局所障害はサイトカインの放出を促し，炎症細胞の遊走を引き起こす．この炎症反応はさらなる局所のダメージをもたらすのみならず，低血圧，酸‐塩基平衡の異常，DIC，腎不全，肺機能不全あるいは多臓器不全といった全身的な合併症を引き起こす.[33] このような全身性合併症が血中を循環する膵酵素によるものかどうかについては議論が存在するが，これらの全身的な合併症が主として炎症反応によるものであることはいくつかのエビデンスが示唆している．1つの例外は全身性脂質萎縮であろう．これは播種性の脂質壊死を特徴とする.[34] この病態に膵リパーゼが関与する因子であると古くから考えられてきたが，今日，これは疑いの余地はあまりないとされている．しかし，実験的に証明されてはいない．

臨床徴候

致死的な膵炎に罹患した70頭の犬（すなわち膵炎が重篤であるために死亡した，または安楽死された犬）に関する研究において，最も一般的な臨床徴候は食欲不振（91％），嘔吐（90％），虚弱（79％），腹痛（58％），脱水（46％），下痢（33％）および発熱（21％）であった.[35] 対照的に，近年の猫の膵炎の症例159例では，食欲不振（87％），沈うつ（81％），脱水（54％），体重減少（47％），低体温（46％），嘔吐（46％），黄疸（37％），発熱（25％），腹痛（19％）および下痢（12％）が最も一般的な臨床徴候であった.[36] これらの報告によると，腹痛はヒトの膵炎において鍵となる臨床徴候の1つであるが，ヒトに比べて犬猫では発現頻度が低いことが分かる．膵炎を発症した犬猫において腹痛がヒトの場合と比べて発現頻度が低いのは確かであるが，これはヒトと比べて犬猫で腹痛を正確に認識するのが

困難であるためであろうと筆者は考えている．つまり，犬猫において膵炎と診断された場合，腹痛があることを疑うべきであるということである．明らかな腹痛の徴候を全く示さない動物もあるが，重度の腹痛という古典的な徴候を示すものもある．犬における重度の腹痛徴候としてはいわゆるお祈り姿勢があげられる（図1.7参照）．一般的に猫は特異的な臨床徴候を犬よりも示すことがかなり少ない．これは猫においては重度の急性膵炎よりは軽度の慢性膵炎が多いからであろう．

上記のように，膵炎の犬において下痢は比較的一般的な臨床徴候であり，膵炎の猫においても認められることがある．[35,36] したがって，膵炎は犬猫の下痢の鑑別診断として考慮するべき疾患である．

診　断

通常の臨床病理

全血球計算（CBC），血清化学検査および尿検査といった通常の臨床病理検査では，軽度あるいは非特異的な変化しか示さないことがしばしば認められる．[31,35] 重度の膵炎の動物で全身的な合併症を伴うものは，より重度の変化を示すことがある．したがって，通常の血液検査は膵炎の初期診断には有益ではないが，患者の全体的な健康状態をスクリーニングするために行うべきである．

重度の膵炎を呈する70頭の犬における研究では，最も多いCBCの異常は血小板の減少であり，全体の59％で認められている．[35] 左方移動を伴う好中球増加（55％）と貧血（29％）もしばしば認められる．好中球減少はまれにしか認められない（3％）．[35] 重度の膵炎を呈する猫40頭における研究では，貧血（26％），血液濃縮（13％），白血球増加（30％）および白血球減少（15％）がCBCによって認められた異常として挙げられている．[31]

通常の血液化学検査では軽度の肝酵素の上昇が認められる．[31,35] 電解質異常は重篤な症例でしばしば認められ，脱水と重度の嘔吐によるものである．高窒素血症が認められることがあるが，これは脱水による異常あるいは膵炎による2次的な急性腎不全を示唆すると考えられる．[31,35] 低アルブミン血症が認められることもある．低カルシウム血症は重度の場合に認められることがあり，低アルブミン血症に起因するものあるいは脂肪壊死を起こした組織周囲の鹸化によるものであろう．

尿検査においては，脱水による2次的な尿比重の上昇がしばしば認められる．しかし，重篤な症例では急性腎不全が引き続いて起こり，尿比重が低下し尿沈渣に尿円柱が認められることもある．

画像診断

腹部X線検査では，上腹部の詳細な陰影の欠如が認められることがある．[31,35,37] 上腹部に腫瘤があることを示唆している場合もある．腹腔内臓器の変位がある場合もあり，十二指腸が背側および外側に変位し，胃が左方に変位したり，あるいは横行結腸が尾側に変位したりする．[31,35,37] しかし，これらの所見は比較的主観的であり，腹部X線検査のみに基づき膵炎の確定診断を下すことはできない．

膵炎の患者における胸部X線検査は通常正常である；しかし，重篤な症例ではまれに胸水が認められることもある．

腹部X線検査とは対照的に，厳しい診断基準を用いさえすれば腹部超音波検査は膵炎にかなり特異的検査といえる（図1.40）．[38] この20年以上で，腹部超音波検査は偉大な進歩をとげ，現在も進歩を続けているが，画像診断上の解像度の改善につながった．この進歩により，腹部超音波による診断基準を繰り返し修正することが必要となった．20年以上前に犬の膵臓の超音波検査が導入された時には，腹部超音波検査において通常は膵臓を見ることはできず，膵臓が見えるということは膵炎が存在する重要なマーカーと考えられていた．超音波検査機器の改良と検査技術の向上により，膵臓は全ての犬猫において通常でも認識できるようになった．膵臓の腫大および／または膵臓周囲の液体の貯留が認められる場合に膵炎を強く示唆すると考えられてきた．しかし，診断技術の向上により，膵臓の腫大および／または膵臓周囲の液体の貯留という所見だけでは，膵炎の診断には不十分であると考えられるようになってきている．なぜなら，膵臓の浮腫は門脈高血圧や低アルブミン血症でも認められることがあるからである．[39] 膵炎の診断に特異的ではないものの，さまざまな程度の膵臓周囲の液体貯留は膵炎の動物においてしばしば認められる．[35,40] 膵壊死が存在する場合，膵臓は低エコー源性を示すことがある．[35,41] 急性膵炎の場合，膵臓は低エコー源性で，膵周囲脂肪の壊死により低エコー領域に囲まれて見える．[35,40] 慢性膵炎の場合，膵臓は高エコー源性を呈すことがあり，これは膵臓の線維化を示唆している（図8.8）．しかし，この所見は常に認められるものではない．[42] 近年の画像の質と解像度の向上により，膵炎に伴うエコー源性の変化と，犬猫において膵炎よりも極めて高い頻度で加齢性変化として認められる膵臓の結節性過形成におけるエコー源性の変化との鑑別は重要とされている．[43,44] 腹部超音波検査に関するより厳格な診断基準の必要性が近年強調されており，ある調査研究では3頭中2頭の猫において腹部超音波により膵炎が疑われたが，試験開腹や膵臓の生検による病理組織学的検査では膵炎が認められず，誤って診断されたことが報告されている[41]．その他，比較的頻度は低いものの，膵炎の患者で認められる所見としては，膵乳頭の腫大と膵管の拡張が挙げられる．重度の膵炎を呈する70頭の犬における腹部超音波検査の感度は68％とされている．[35] 犬における感度は猫の膵炎に対する感度よりも高く，猫では11～35％の間とされている．[40,45,46] これは犬の臓器の方が大きいことに起因する差であろう．

造影腹部CT検査はヒトにおいて，膵炎を疑う際に診断的価値の高い検査である．[47] この技術はヒトの膵炎の検出において高感度であるだけでなく，膵壊死の検出にも感度が高いため予後判定に有用である．しかし，近年の2つの報告では，膵炎が

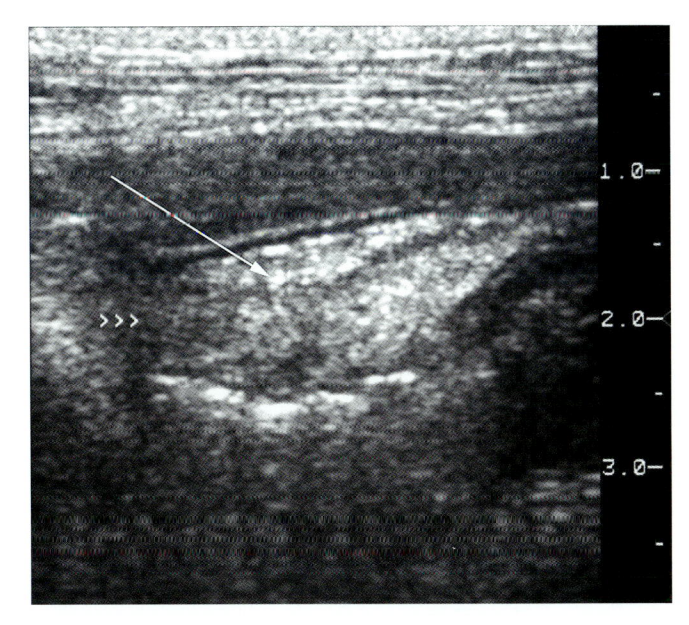

図8.8 膵臓の線維化．この超音波検査画像は猫のものである．膵臓は顕著な高エコー源性を示し（矢印），膵臓の線維化を示唆している．しかし，膵臓の線維化は超音波検査で分かるほど重篤でないことも多い．（Dr. Mark Saunders, Lynks Group, Shelburne, VT, USA の厚意による）

血清PLI濃度は膵外分泌機能に特異的である．ある研究では，血清cPLI濃度をEPIの犬で測定したところ，血清cPLI濃度の中央値は健康犬群と比較して有意に低く，EPI群のほとんどの犬で測定できなかった．[55] 血清PLI濃度測定は，犬および猫の膵炎に対して非常に感度の高い検査である．[10,41,51] 研究に用いられた動物群によって報告される感度に幅があるが，現在用いることができるどの検査よりも感度が高い．血清PLI測定は種特異的であり犬（Spec cPL™）と猫（fPLI）で別々の測定法が用いられる．現在fPLI測定はTexas A&MのGastrointestinal Laboratoryを通してのみ検査が可能である（www.cvm.tamu.edu/gilab）．犬では院内検査でcPLIを測定できるキット（SNAP cPL）が近年販売されるようになった．この測定法は半定量的であり，コントロールスポットと検体のスポットの色を比較して評価する．コントロールスポットよりも検体のスポットの色が薄い場合は，血清Spec cPL濃度は正常範囲内であり，膵炎は極めて考えにくいとされる（図8.9a）．検体のスポットがコントロールスポットよりも色が濃い場合，血清Spec cPLは正常範囲よりも高値であり，膵炎が存在することを示唆している（図8.9b）．この検査により異常な結果が疑われる猫において造影腹部CT検査は，腹部超音波検査よりも劣ることを示している．[41,46] 犬についての研究でも，個々の症例ではこの技術により膵炎を診断することは可能と報告されているが，膵炎を疑う犬における造影CT検査の診断的価値は示されていない．[48,49]

膵臓マーカー（1.4.4を参照）

血清アミラーゼとリパーゼ活性の測定は，猫の膵炎において臨床的意義はなく，犬においても限られた有用性しかない．これらのマーカーの特異性は厳格な診断基準を用いると約50%程度しかない．[50] つまり，血清アミラーゼとリパーゼ活性の測定は，犬の膵炎に対して，より確定的な診断的検査が行えるまでの検査としてのみ用いるべきである．

トリプシン様免疫活性（TLI）は膵外分泌機能に特異的な検査であるが，犬猫の膵炎に対する血清TLI濃度測定の感度は約30〜60%であり，そのために犬猫の両方において膵炎の診断的検査としては次善の検査という程度である．[41,45,46,51] しかしながら，血清TLI濃度測定はEPIに対しては確定診断を下せる検査である．

近年，犬猫において膵リパーゼ免疫活性の測定系が開発され，有用性が確認された（cPLIおよびfPLI）．[52,53] 体内の多くの異なったタイプの細胞がリパーゼを合成し分泌する．リパーゼ活性の測定に用いる触媒作用を利用した測定とは対照的に，免疫反応を利用して測定するため，膵臓の外分泌由来のリパーゼを特異的に測定できる．

図8.9 SNAP cPL．この図はSNAP cPLテストの検査結果を示している．(a) テストスポットがコントロールスポットよりも薄い場合は，血清Spec cPL濃度は基準値範囲であり，膵炎は疑いにくい．(b) テストスポットがコントロールスポットよりも濃い場合は，血清Spec cPL濃度は基準値以上であり，膵炎が存在することが示唆される．

膵生検

従来，膵生検は膵炎に対して最も確定的な検査と見なされてきた．膵生検は試験開腹あるいは腹腔鏡により実施できる．膵炎を有する多くの症例で，膵臓の肉眼所見により容易に膵炎は診断できる；しかし，膵炎が存在しないことを証明するのは困難である．近年の研究で，膵炎の犬の病理組織学的所見が評価された．膵臓を2cmごとに分割して検査を行った．[11] 膵炎を有する全ての犬の半数において，および慢性膵炎を有する2/3において，全ての切片の25%以下でしか膵臓の炎症は認められなかった．[11] つまり，複数の生検組織を採取しても，慢性膵炎の場合は特に膵臓の炎症を容易に見落とすということである．これらの所見は，膵臓の生検を行う場合，腹腔鏡の方が試験開腹よりも膵臓全体を評価することが困難であるために，生検には不向きであることを示唆している．膵臓の生検自体はそれほど多くの合併症を伴わないが，膵炎の患者の多くは麻酔のリスクが伴っている．

治療

原疾患に対する治療

他の多くの疾患と同様に，膵炎の原因となる基礎疾患を治療することが最初の目標である．[16,31] しかし，犬猫の膵炎のほとんどではないにせよ多くの場合が特発性とされている．膵炎の原因が明らかである場合（例えば，膵臓のインスリノーマのための膵臓切除後）は極めてまれである．膵炎の原因が明らかでなくとも，膵炎を起こす危険因子，例えば高トリグリセリド血症，高カルシウム血症，再発性の病歴，過食，麻酔歴，投薬歴などについては極めて慎重に評価しなくてはならない．[16] 可能性のある危険因子が判明したら，適切に対処するべきである．例えば，もし患者が臭化カリウムでの治療歴があり，抗痙攣薬の治療が必要な場合は代替薬を選択する（ゾニサミド，レベチラセタムなど）．

合併症の診断と管理

前述のとおり，膵炎はさまざまな局所的および全身的な合併症を引き起こす．いかなる局所的あるいは全身的合併症についても，患者を注意深くモニターすることが極めて重要である．脱水や電解質異常といった合併症のように簡単に補正できるものもあるが，診断した時点で対応するのが不可能ではないにしても，治療が非常に困難な合併症もある．ヒトの患者では，24時間以上の時間経過で膵炎の合併症として主要臓器不全がある場合は，予後に非常に大きく影響するとされている．これは小動物でもあてはまり得るが，いかなるこういった臓器不全の進行も，最終的な予後に対し，極めてネガティブな影響を与えるのがほとんどであろう．したがって，患者は注意深くモニターし，臓器不全が差し迫っている徴候が認められる場合は，このような合併症を予防するべく積極的な対処を行わなくてはならない．例えば，脱水がある場合は積極的に輸液を行い，急性腎不全を予防する．

栄養面で考慮すべき点

最近まで，急性膵炎の犬猫に対して膵臓を"休める"ために，NPO（Nothing per os：絶食絶水）を維持するとされてきた．しかし，このように膵臓を休めることは有効であるというエビデンスはほとんどなく，膵炎の患者に対して栄養面での支持を行うことは極めて重要であるというエビデンスが増加している．ヒトの膵炎において，初期からの栄養面での支持が治療成績に良好な影響をもたらすこと，および経静脈栄養よりも経腸栄養の方がより良いことが示されてきている．[56-58] 結論としては，動物が嘔吐しない限り経口で給餌することを筆者は推奨している．動物が嘔吐する場合は制吐剤を使用し，それでも嘔吐がコントロールできない場合にのみ絶食絶水にするべきである．動物が絶食絶水を維持しなくてはならない場合は，代替栄養として経空腸チューブ，経静脈栄養（一部あるいは全ての栄養を）を考慮しなくてはならない．[59] 消化管生理学の観点からは経空腸チューブを用いた方が好ましいが，チューブ設置に麻酔が必要であり，これが最終的な治療成績に悪影響を及ぼすことが考えられる．患者の嘔吐が止まって約12時間したら，少量の新鮮な水を経口で与えてみる．飲水により嘔吐が誘発されない場合は，少量の低脂肪食を与え，それでも嘔吐が認められない場合はこれを数時間おきに繰り返す．

膵炎の動物に嘔吐はみられないが食欲がない場合，給餌のために食道チューブか胃チューブを使用できる．しかし，いずれのチューブの設置の場合も，全身麻酔が必要であり，膵炎の患者の場合は鼻咽頭チューブの方がよい．ヒトの急性膵炎では，経鼻胃瘻チューブが一般的に用いられ，良好な成績をおさめている．どの経腸栄養ルートにかかわらず，用いる食餌は低脂肪でなくてはならない．これは特に犬において重要であり，超低脂肪食を選択するべきである．

鎮痛

ヒトの膵炎では，腹痛や不快感が鍵となる臨床徴候であり，90%以上の膵炎患者で認められると報告されている．[19] 犬猫における腹痛の発現頻度はヒトよりも低いが（犬は多くて58%，猫は多くて25%），この犬猫とヒトとの差は実際の腹痛の発現頻度の差ではなく，小動物において腹痛を正確に判断することができないためであろうと筆者は考えている．[31,35] したがって，膵炎の全ての犬猫は腹痛を伴うことを想定し，相応の管理を行うべきであると考えている．[60] 鎮痛を行っても臨床的に改善が認められない場合のみ鎮痛薬の投与を中止するべきである．

犬猫に対する鎮痛薬にはさまざまな選択肢がある．入院治療を行っている場合はメペリジン（犬では5～10 mg/kg，IMまたはSCを必要に応じて，猫では2～5 mg/kg，IMまたはSCを必要に応じて），ブトルファノール（0.2～0.4 mg/kg，IV, IMまたはSCを2～4時間毎），フェンタニル（初期用量4～

10 μg/kg, IV, その後 4 ～ 10 μg/kg/ 時, 持続点滴), モルヒネ（犬では 0.5 ～ 2.0 mg/kg, IM または SC を 3 ～ 4 時間毎；猫では 0.5 ～ 0.2 mg/kg, IM または SC を 3 ～ 6 時間毎), リドカイン（2 mg/kg, 50mL の温生理食塩水に希釈して IP 6 ～ 8 時間毎）やその他さまざまな鎮痛薬による治療が可能であろう.

外来患者への鎮痛薬の選択はより限られている. ブトルファノール（犬：0.55 mg/kg, PO, 猫：0.4 mg/kg, PO を 6 ～ 12 時間毎) やトラマドール（1 ～ 4 mg/kg, PO を 8 ～ 12 時間毎）が使用可能であるが, 患者の痛みがより重篤な場合は経皮的なフェンタニルパッチ（小型犬と猫[体重が< 5 kg の場合]には 2.5 mg のパッチの 1/2 量[パッチを切るのではなく半分だけ皮膚に接着するようにすること]), 体重 5 ～ 10 kg の犬には 2.5 mg のパッチを, 体重 10 ～ 20 kg の犬には 5.0 mg のパッチを, 体重 20 ～ 30 kg の犬には 7.5 mg のパッチを, 体重 > 30 kg 以上の犬には 10 mg のパッチを使用する); このようなパッチは 3 ～ 5 日間効果を示す.

制吐

膵炎の治療において制吐は 2 つの理由から非常に重要な治療である. 1 つは経腸で栄養を供給することが重要であるため, もう 1 つは嘔吐自体が動物を衰弱させるからである. さまざまな制吐剤が使用可能である. メトクロプラミドのようなドパミン受容体阻害剤はおそらく小動物領域で最も頻繁に使用される制吐剤である；しかしドパミンは内臓組織灌流の制御に不可欠であるため, この種類の薬剤は膵炎の動物にはよい選択ではない. 膵臓の組織灌流に対するドパミンの効果が明らかにされていないため, 別の種類の制吐剤を用いた方がよいであろう.

他の種類の制吐剤としては HT_3-阻害剤が挙げられ, オンダンセトロン（犬：0.11 ～ 0.176 mg/kg, IV, 12 ～ 24 時間毎, 猫：0.22 mg/kg, IV, 12 ～ 24 時間毎), ドラセトロン（犬猫ともに 0.3 ～ 0.6 mg/kg, IV, SC または PO, 12 ～ 24 時間毎) がある. これらの薬剤は非常に効果的であるが, 同時に高価でもある. ドラセトロンは注射薬を経口で用いることができるので便利であり, オンダンセトロンの錠剤よりも安価である.

近年, 欧米において犬に対する新しい制吐剤としてマロピタント（1 mg/kg, SC を 24 時間毎, あるいは 2 mg/kg, PO を 24 時間毎；猫に関する用量の知見はない）が認可された. この制吐剤は NK_1-阻害剤であり, 末梢および中枢を介した嘔吐を抑制するのに非常に効果的である. ヨーロッパにおいて, マロピタントは約 1 年ほど前から入手が可能となり, 効果が高いことを示してきた.[61] 猫に対する能書外使用についての知見は残念だが現在のところはない.

蛋白分解酵素阻害剤

膵炎は膵臓の消化酵素が活性化することにより引き起こされることを示した病態生理学的なエビデンスに基づき, 膵炎に対して蛋白分解酵素阻害剤による治療が試みられてきた. 初期の研究において評価されたのはアプロチニンであるが, アプロチニンで治療したところ, 犬における実験的膵炎を抑制し得ることが示された.[62] さらに, その他の蛋白分解酵素阻害剤であるメシル酸ガベキサートを犬の実験的膵炎に使用した初期の研究においても一定の効果が認められた.[63] しかし, ヒトの自然発生膵炎における研究では, 用いた蛋白分解酵素阻害剤のいずれにおいても有効性が示されなかった.[64,65] これは, ヒトにおける用量が, 犬の実験的膵炎における用量よりもかなり低かったことによるのであろう. しかし, 膵炎と診断された患者において蛋白分解酵素阻害剤を使用した場合, 単に効果を示すには投与が遅すぎるという問題の方が大きいかもしれない. 一方, 膵炎に移行する危険性が高い患者に対してあらかじめ投与したり, 内視鏡的逆行性胆膵管造影を行う患者に対して術前投与を行うことはより有効な可能性もある.[65] しかし, 現時点において獣医領域で蛋白分解酵素阻害剤の使用は推奨されていない.

血漿

血漿には凝固因子, 蛋白分解酵素阻害因子（$α_1$-PI, $α_2$-マクログロブリンなど), アルブミンなどさまざまな物質が含まれており, いずれも膵炎の患者に有効である.[66] しかし, ヒトの膵炎患者における臨床研究において, 血漿の使用は有効性を示していない.[67,68] ヒトにおけるこれらの知見にもかかわらず, 筆者を含めほとんどの獣医師は犬の重篤な膵炎に対して血漿の投与は有効であると信じている. 猫の場合, 多くの場合は血漿の使用は不可能であるが, 血漿やその他の血液製剤の使用の有効性は不明である. また犬における血漿の適切な投与量についても不明である. 重篤度や全身性合併症といった危険因子の存在, 特に血清アルブミンやアンチトロンビン -III（AT-III）濃度などを考慮して投与する. しかし, 膵炎の動物に対する血漿による治療の最終目的は, 血清アルブミンや AT-III 濃度を正常化することではない.

抗生剤

多くの獣医師は急性あるいは慢性膵炎の犬および猫に対して日常的に抗生剤を使用する；しかし, 抗生剤の使用についてのエビデンスはほとんどない. たとえばヒトの急性膵炎において, 膵炎で死亡した患者の 1/3 は感染症の併発によるとされているが, それでも抗生剤の使用は今でも疑問視されている.[69] ヒトの膵炎患者に対する抗生剤の使用に関して, 1970 年代に行われた初期の研究では有効性は認められなかったが, 1990 年代に行われた研究では有効性が認められている.[70-72] 膵炎における抗生剤の使用について, いくつかのメタ分析が近年行われたが, その結果は抗生剤の使用について否定的なものであった.[73-75] また, 最近発表されたヒトの急性膵炎の治療に関するコンセンサスでは, 日常的な抗生剤の使用を推奨していない.[56,76] さらに, 犬および猫の重篤な膵炎で, 感染症を併発することはほとんどないと考えられている. 実際, このような感染症の併発が報告されているのは犬で 4 頭および猫で 1 頭のみである.[22-24] これら 5 頭はいずれも感染性の膵膿瘍と診断された.[22-24]

以上をまとめると, 筆者は膵炎の犬と猫に対して日常的に

抗生剤で治療を行うことは避けるべきであると最近は考えている．そのかわりに，感染症の併発が認められた場合や，吸引性肺炎を起こしたときにのみ抗生剤の投与を行うべきである．

抗炎症剤

非ステロイド性抗炎症剤（NSAIDs）はその多くが膵炎を誘発する可能性があるために，膵炎患者に対して投与すべきではない．全てのNSAIDsは消化器障害の副作用を起こすことが知られており，膵臓の炎症に対する有効性は認められない．

グルココルチコイドは膵炎を誘発すると以前はヒトおよび動物において考えられていた．[16,77] しかし，これについての科学的根拠は薄く，実際，ヒトにおいてはグルココルチコイドの投与がもはや膵炎の危険因子にはならないと考えられている．[28] しかし，グルココルチコイドの投与を受ける患者は自身に膵炎の危険因子を持っていると考えなくてはならない．[28]

約20年前に，ヒトの膵炎において新しい概念が導入された：自己免疫性膵炎である．[78] 自己免疫性膵炎という病態が述べられるようになってからも，その特徴については変化し，現在はヒトの慢性膵炎の重要な原因と考えられている．[78,79] 自己免疫性膵炎は膵臓へのリンパ球プラズマ細胞の浸潤と線維化を特徴とし，その変化は主に膵管周囲の組織に分布している．[78,79] 犬猫の慢性膵炎のほとんどがリンパ球プラズマ細胞性炎症を伴っていることは興味深い．さらに，慢性膵炎を有する多くの犬や特に猫は，IBDおよび/または肝炎/胆管肝炎といったその他の腹腔臓器の炎症を併発している．[80] 全ての膵炎の犬猫にグルココルチコイド治療が有効なわけではないが，非常に良好に反応した例も報告されている．最近の症例報告ではリンパ球プラズマ細胞性膵炎の猫において，良好な反応が得られたとされている．[81]

筆者は慢性膵炎の動物に対して，危険因子と併発疾患の評価を行い，危険因子やグルココルチコイドの使用が禁忌である併発疾患（化膿性胆管肝炎など）が認められなかった動物に対してのみグルココルチコイドの投与を行うことを推奨する．さらに，筆者はグルココルチコイドの投与開始前にPLI（犬はSpec cPLI 猫はfPLI）を測定し，治療後10～14日でPLI濃度の再検査を行っている．臨床症状の改善が認められるか血清PLI濃度の減少が認められる，もしくはその両方である場合にのみグルココルチコイドによる治療を継続する．

ドパミン

ドパミンは内臓および膵臓の組織灌流に非常に重要であり，低血圧および膵臓の低灌流により膵炎を誘発し得る．猫における実験的膵炎の研究では，膵炎を惹起して12時間以内にドパミンの投与をうけた群では膵炎の進行が抑えられた．[82] これは自然発生の膵炎患者に明らかに適応できるわけではないが，膵臓の低灌流の危険因子を有する患者（膵炎の患者で全身麻酔が必要な場合など）に対しては，ドパミンによる治療は有効であろう．低用量（2.5μg/kg/分，持続点滴）で使用すれば末梢血管収縮を引き起こさず，膵臓の灌流量に影響しないので，低用量で用いるべきである．

抗酸化剤

活性酸素類（Reactive oxygen species：ROS）は膵炎の発生に関与するという証拠がいくつか挙げられている．[83] このようなROSは組織障害をもたらし，炎症反応を刺激する．それゆえ，抗酸化剤は膵炎の患者に対し，有効である可能性が示唆されてきた．ヒトの急性膵炎において抗酸化剤の有効性を示唆する研究がいくつか報告されている．[84-86] しかし，その他のコントロールを設定した研究においては，抗酸化剤の有効性を確認することはできなかった．[87] 犬の急性膵炎における研究では，亜セレン酸の投与により，死亡率が50％にまで減少したという報告が一報ある．[84] しかし，この研究はコントロール群が，研究に用いられた群よりも以前に研究に使用された歴史的なコントロールをとっているため，得られた所見は有効性を推測しているにすぎない．[84] さらに，研究期間が数年にわたっているため，研究期間の後半に研究に供された犬は，膵炎の診断技術の向上により，以前よりもより軽度な膵炎の犬が対象となっている傾向がある．まとめると，現時点では，犬および/または猫の急性かつ重度な膵炎に対して抗酸化剤の投与が効果的であるという証拠はあまりない．

近年，膵炎に対する抗酸化剤の投与は，軽度で慢性的な膵炎に対して有効性があるかもしれないと考えられている．[88] 無症候性の膵炎の犬5頭に対する試験的研究において，抗酸化剤の投与により血清cPLI，cTLI，CRP濃度の中央値の減少が認められており，さらなる研究の必要性が述べられている（Steiner JM，未発表データ，2007）．

炎症性メディエーターの調節

この10年以上の間に，膵炎の過程には2つのステージがあることが明らかとなり，最初のステージでは膵消化酵素が成熟前の段階で活性化し，次のステージにおいて体に対する炎症反応を惹起する．実際，膵炎による全身的な合併症は膵消化酵素の活性化よりも炎症反応によりもたらされる．いったん炎症反応が起こると，膵炎の病態に対して蛋白分解酵素阻害剤ははとんど効果を示さない．[64] したがって，炎症メディエーターの調節が治療を成功させる可能性をもつ．

炎症性メディエーターの調節剤のうちで，最初に研究されたのが血小板活性化因子阻害剤（PAFANTs）であり，このグループの薬剤で最初に研究されたのがレキシパファント（lexipafant）である．レキシパファントは実験的膵炎における研究がいくつか報告され，ヒトの膵炎において小規模臨床試験もいくつか行われており，その全てで有効性が報告されている．[89,90] 1,000症例以上を用いた大規模な国際的多施設研究では，ヒトの急性膵炎における本薬剤の有効性は認められなかった．[91] しかし，この研究成果はまだ発表されておらず，これはおそらく企業による制約があることと，結果が非常に思わしくなかったことによるのであろう．その他の炎症調整薬については現在研究されているところである．

外科的治療

急性および/あるいは慢性膵炎の患者に対する外科的治療についてはさまざまな手技が示唆されており，腹腔洗浄，膵臓部分摘出術，急性膵炎における壊死部の部分摘出術，慢性膵炎におけるシストや膿瘍の摘出術などがある．犬猫の急性あるいは慢性膵炎に対する外科手術の効果について系統立てて評価した研究は未だない．ヒトの膵炎における外科的治療に関して，このような手技はあまり良好な成績を上げておらず，現在は保存療法が好まれている．[76,92,93] 現在のところ，外科的治療が適応となるのは，感染性壊死，膵膿瘍あるいは改善の認められない膵偽囊胞に対してのみである．[93] 獣医領域における膵炎に対する外科的治療についての報告は，1例報告がいくつかあるが，成績は振るわず，犬猫の膵炎を治療する際は保存療法とよく比較検討したほうがよいであろう．[22,23]

予 後

犬猫の膵炎の予後は局所および全身的な合併症の有無による．膵壊死がなく，全身的な合併症がない場合，予後は良好であるが，重度の膵壊死と多臓器不全がある場合は予後不良である．[94] 犬猫において，急性腎不全や急性肺機能不全といった単一臓器の機能不全であっても，可逆的ではない．ヒトの膵炎患者では，臓器不全は主とした予後不良因子とはならないが，24時間以上たった時点での臓器不全は劇的に予後を悪化させる．ヒトと比べ，犬猫では単一臓器の機能不全も予後不良となる．

ヒトの膵炎についての重症度スコアリングシステムがいくつかある（例；ランソンによる初期予後不良兆候，急性病態および慢性健康評価 [the acute physiology and chronic health evaluation II; APACHE II] スコア，続発性臓器不全評価 [the sequential organ failure assessment; SOFA] スコアなど）が膵炎患者に対して用いられている．[95,96] 患者は初診時には臨床的にあまり重篤ではないように見えても，その後すぐに合併症を起こして多臓器不全に陥ることがあるため，このような重症度スコアリングシステムは重要である．初診時にスコアが高い患者に対しては，多臓器不全を予防するべく，より積極的な治療を行わなくてはならない．[97] ヒトにおいて用いられているさまざまなスコアリングシステムと独立した予後因子は，犬猫において修正を加え用いられているが，いずれも現在のところ臨床例において信頼性は認められていない．[94,98]

8.3.2 膵外分泌不全

序論および定義

膵外分泌不全（Exocrine pancreatic insufficiency：EPI）は，その名の通り膵酵素の合成および分泌機能不全により引き起こされる症候群である．EPIの最も一般的な原因は，膵腺房萎縮や慢性膵炎による，膵腺房細胞の欠如である（図8.10）．この状況において，全ての膵酵素は欠如する．まれな例として，

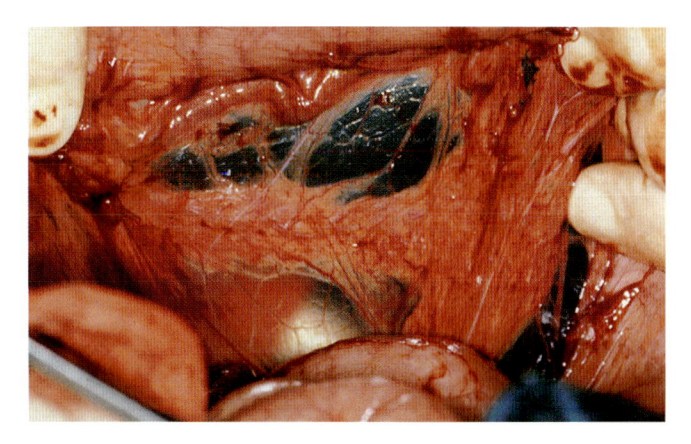

図8.10 膵外分泌不全．この写真は膵外分泌不全の犬の膵臓の肉眼所見である．非常に小さな膵左葉が認められ，残存した組織は腺組織よりもより線維化したような肉眼所見である．

単一の酵素のみ欠如することもあるが，単一の酵素のみ欠如する場合は，それが完全欠如であったとしても臨床症状を引き起こすことはほとんどない．ヒトおよび犬のEPIにおいて，膵リパーゼについては，膵リパーゼ欠乏症として報告があり，臨床症状を引き起こすようである．[99,100]

その他，あまり頻度は高くないがEPIの原因として考えられるのは，腫瘍による膵管の閉塞があげられる（Hill S，未発表データ 2007）．腫瘍による閉塞が膵管の完全閉塞をもたらした場合，小腸内腔への消化酵素の流入が欠如する．長期にわたって膵管が閉塞することにより，膵炎や膵萎縮のいずれか，あるいは両方が起こり，EPIの臨床症状が生じる．膵管閉塞の最も一般的な理由は，膵腺癌あるいはその他の膵腫瘍である．膵管閉塞はヒトにおいて報告されているが，犬においてこれまでに確定診断された例は報告されていない．猫では，膵萎縮をもたらす吸虫や *Eurytrena procynosis* 感染の報告がある．[101]

膵異形成と低形成は理論的には起こり得るし，EPIの臨床症状を起こし得る．これらの状態は時にEPIが極めて若齢の動物において診断された場合に考えられるが，これまで子犬や子猫においてEPIが確定診断された例は報告されていない．膵異形成や低形成の確定診断のためには，極めて若齢の犬猫においてEPIが診断され，膵臓の生検において炎症細胞の浸潤や線維化が認められないことが必要である．

病 因

古典的な考え方において，最も一般的なEPIの病因は，膵外分泌組織の欠如であり，この膵腺房細胞萎縮（Pancreatic acinar atrophy：PAA）はジャーマンシェパード，ラフコリー，ユーラシアンにおいて最も頻繁に認められる．[102,103] いくつかの研究において，PAAはジャーマン・シェパードとユーラシアンでは常染色体劣勢遺伝の遺伝形式をとることが報告されている．[102,103] しかし，マイクロサテライトマーカーを用いて犬の全

ゲノムを解析しても，この疾患の遺伝マーカーは現在のところ見つかっておらず，いくつかの候補遺伝子における変異も認められていない．[102] したがって，この状態は単一の遺伝子によるものではなく，多因子によって引き起こされるものであろう．PAA は遺伝性疾患であるが，引き起こされる膵萎縮は遺伝子異常の直接的な結果ではなさそうである．PAA は，最終的には膵腺房細胞が免疫介在性に破壊された結果であるということがいくつかの報告において示唆されている．[104,105]

猫の EPI における最も一般的な病因で，犬においては 2 番目に多い病因として挙げられるのが慢性膵炎である．[106] 他の臓器と同様，慢性炎症により萎縮と線維化が起こり，最終的には EPI の臨床症状を呈するまでの膵外分泌組織の破壊がもたらされる．前述のように，膵管の閉塞も膵萎縮をもたらすが，これは犬猫においては経験的に報告されているにすぎない．

発症機序

膵臓から分泌される最も重要な物質である膵酵素は，食物の消化と吸収に必要不可欠である．膵臓の腺房細胞が欠如した場合，その原因にかかわらず消化不良が起こる．消化管は非常に予備能をもつ機構を備えており，ほとんどの膵消化酵素は，他の臓器においても同等の機能を持つ酵素が合成・分泌されている．例えば，膵リパーゼは脂肪の消化に必須であるが，リパーゼは胃においても合成・分泌されており，胃リパーゼは犬の正常な脂肪消化において重要な役割を占めている．[4] 膵外分泌はきわめて可逆的なキャパシティーを有している．ヒトにおいて，EPI の臨床症状は 90％以上の膵外分泌機能が失われたときにはじめて生じるとされている．[107]

消化不良により消化管内腔に未消化な食物が残り，下痢，小腸細菌叢の増加，体重減少が引き起こされる．これらの臨床症状は消化不良によってのみ起こるのではなく，膵外分泌機能不全以外の因子も影響しているということが重要な点である．例えば，膵臓は大量の重炭酸を分泌しており，これは胃酸を中和するのに必須である．重炭酸の欠乏により十二指腸の pH が低下し，刷子縁や膵酵素活性，あるいは消化管細菌叢に影響する．さらに，膵臓は正常な消化管粘膜を維持するのに必要な局所因子を分泌していると考えられており，このような局所因子の欠乏により消化不良のみならず吸収不全も引き起こされる．膵外分泌は犬猫において内因性因子の主要な供給源である．[3] ヒトと大きく異なるのは，ヒトは内因性因子の分泌が主に胃からであるのに対し，犬猫は主に膵外分泌由来である点である．近年の研究では，82％の EPI の犬において血清コバラミン濃度の減少が認められ，36％は著明な低コバラミン血症を呈していた．[108] 別の研究において，EPI の猫 20 頭のうち 65％がコバラミン欠乏であったとされている．[109]

臨床徴候

EPI は無症候性のこともある．[110] ジャーマン・シェパードにおける 2 つの大規模研究では，臨床症状の全くない数頭の犬において血清 TLI 濃度が重度に低下した例が報告されている．[110] これらの犬の何頭かは試験開腹を行い，膵臓容積が重度に低下していることが明らかとなっている．[110] これは繰り返し述べるが，消化管が非常に高い予備能を有していることを改めて浮き彫りにしている．

EPI の犬および猫における最も一般的な臨床症状は体重減少である．[109,111] 軟便も一般的に認められるが，水様性下痢はあまり頻繁ではない．罹患動物はしばしば被毛が粗剛であり，腹鳴が認められ，鼓腸を呈する．[111] EPI の犬猫の多くは食欲が亢進しており，EPI の犬の多くに糞食や異嗜が認められる．[111] 猫の場合は，会陰部の被毛が脂っぽく汚れるのが認められることがある（図 8.11A）．しかし，近年の報告では 20 頭中 1 頭においてのみ，このような被毛の脂っぽい汚れが観察されたとしている．[109]

診 断

EPI の診断は膵臓の外分泌機能が欠如していることを証明することで下される．さまざまな膵外分泌機能を評価する試験が述べられており，血漿の濁度試験，PABA（Para-aminobenzoic acid）試験，糞便中の未消化でんぷんや筋線維についての試験，糞便中蛋白分解活性（Fecal proteolytic activity：FPA）試験などがある．[112] FPA 試験以外は，全て膵外分泌機能を間接的に測定したり，純粋に膵外分泌機能を評価するというよりも消化管全体の消化機能を推定する試験である．FPA 試験は，糞便中の主とした蛋白分解酵素が，トリプシンとキモトリプシンの 2 種の膵酵素に基づくという点において，他の検査と若干異なっている．しかし，偽陽性および偽陰性結果が観察される．FPA 試験に対しては異なる検査方法も存在する．最もシンプルな検査法は，現像していない X 線フィルム片を使用する方法である．理論的には，糞便中の消化酵素が X 線フィルムのでんぷんを消化し，フィルムが透明になるのが観察される．しかし残念ながら，この方法は信頼性が低く，臨床的には使用すべきではない．FPA を評価するためのその他の方法はより信頼性が高いが，多くの偽陽性や偽陰性が生じるために不備が残っている．したがって，FPA は，その他のより信頼性の高い診断方法がない場合にのみ推奨される検査である．

膵外分泌機能を評価するその他の方法については，血液や糞便中の膵酵素やチモーゲンを測定する方法がある．血清リパーゼ活性は EPI の犬と健常犬において有意差がない．[55] これは，さまざまな由来の細胞からリパーゼが合成分泌されていることが大きな理由であろう．そして，リパーゼ活性の測定では，これらの異なる細胞由来のリパーゼを鑑別することができない．血清トリプシン様免疫活性（Tripsin-like immunoreactivity：TLI）が犬猫の EPI の診断における究極の判断基準である．[109,113] TLI アッセイは種特異性が高く，陽イオン性トリプシノーゲン（カチオン性トリプシノーゲン），陽イオン性トリプシン，

蛋白分解酵素阻害分子に結合している陽イオン性トリプシン分子などの体内の総量を測定している．生理学的状態では，膵腺房細胞において合成された少量のトリプシノーゲンのみが血管内に放出される．トリプシノーゲンとトリプシンはかなり小さな分子であり，そのため腎臓からすぐに迅速に排泄される．よって，膵臓が正常に機能している場合は，血清中に微量のトリプシノーゲンが検出される．対称的にEPIの動物では，その原因にかかわらず血清中に放出されるトリプシノーゲンや，血清TLIは重度に減少し，検出不可能となる．一般的に，血清TLIは犬と猫の両方において，EPIの診断に対して感度も特異性も非常に高い．血清TLIが正常値にもかかわらず，動物がEPIであるというシナリオが2つ考えられる．1つは膵リパーゼ単独の欠乏の場合である．これまでに，膵臓による消化の律速段階は膵リパーゼであると知られている．したがって，リパーゼ単独の欠乏のある患者は，EPIの臨床症状を示すが，血清TLIは正常範囲を示す．近年，膵リパーゼ単独の欠乏症を呈する犬の最初の報告がなされたが，このようなケースは極めてまれであると考えられている．[100] 血清TLIが正常でEPIを示す動物のもう1つのシナリオは，膵管閉塞が認められる場合である．このようなケースは文献的には報告されていないが，最近膵管閉塞を起こした例でこのような状態を呈した犬が最近認められた（Hill S, 未発表データ, 2007）．このシナリオもまた，極めてまれであると考えられている．

近年，犬と猫における血清膵特異的リパーゼ免疫活性（PLI）の測定系が開発され，有効性が確認されている．PLI測定は種特異性が非常に高く，血清中の膵リパーゼ全体の濃度を測定する．膵リパーゼはトリプシノーゲンより分子量が大きく，陽電荷を帯びている．それ故，糸球体膜と反発するため，極めてゆっくりとしか腎臓から排泄されない．その結果，血管腔内に大量の膵リパーゼが残存し，EPIの診断としてはより感度が低くなる．これについては，EPIの犬25頭に関する最近の報告において示されており，血清PLI濃度はTLI濃度と比較して，健常犬と重複する度合いが高いことが報告されている．[55] PLI検査は膵炎の診断により優れていることが示されているため，現在の所は正常あるいは増加したPLI濃度測定に適した測定系となっており，EPI患者で認められるようなPLI濃度の減少を測定するには不適である．

糞便中の膵エラスターゼを測定する系が開発され，ヨーロッパでは販売されている．初期の研究結果では，検査として認容できる程度の感度と特異性を示した．[114] しかし推測される陽性適中率は60％未満である．[115] 別の報告では，糞便中エラスターゼ濃度測定は偽陽性の結果が多いとしている．[116] 後者の報告において，糞便中膵エラスターゼ濃度が重度に低下していた26頭中6頭において，血清cTLI濃度は正常であった．[116] 興味深いことに，EPIの診断として偽陽性を示した犬は，真の陽性であった犬と比べて，有意に血清CCK濃度が低下していたという報告がある．[117] これは慢性小腸疾患のある動物では，消化管粘膜の神経内分泌細胞が減少し，膵臓からの分泌を刺激する機能が低下したため，糞便中エラスターゼ測定検査で偽陽性が生じたと考えられる．糞便中エラスターゼ測定は，ヒトの患者においても偽陽性結果が高率に認められる．つまり，糞便中膵エラスターゼ濃度をEPIの診断に用いる場合は，陽性結果が出た場合でも全て血清cTLI濃度を測定して確認する必要がある．

治療

膵酵素の補充がEPIに対する治療の中心である．[106,118] 膵酵素の補充はさまざまな方法で行うことができる．[119] 牛豚の膵臓の乾燥抽出物の投与が，間違いなく最も一般的で効果的な補充方法である．治療は体重10 kgあたりティースプーン1杯の乾燥膵抽出物を食餌に加える．治療に完全に反応したら，最小有効量に達するまで徐々に減量していく．乾燥膵抽出物に含有している酵素活性は，内容物により異なる可能性が高いので，最小有効量はゆっくりと時間をかけて変えていく．膵酵素は錠剤やカプセルとしても利用可能であるが，ヒトおよび犬の研究では，散剤の方が剤形としては好ましい．[119-122] 最近の報告において，膵酵素剤の補充療法を受けていた25頭中3頭で口腔出血が認められたとしている．[123] 口腔出血が生じた場合，ビタミンK反応性凝固障害を除外するために血液凝固系検査を行う．ビタミンK反応性凝固障害はEPIの猫で1例報告されている．[124] 血液凝固系検査結果が正常であった場合，膵酵素剤を減量する．先の報告にある口腔出血が生じた犬のうち2頭は，膵酵素剤を減量することで良好に維持されたが，3頭中1頭は臨床症状が再発した．[123] 患者が食餌に膵酵素剤を混ぜることを嫌がる場合や，まれなケースではあるが膵粉末に食餌アレルギーがある場合は，さまざまな動物種から得た新鮮な生の膵臓を与えることもできる．[119] 牛，豚，羊あるいは狩猟で得た動物の膵臓が使用可能である．30～90 g（約1～3オンス）の生の膵臓を，膵臓乾燥抽出物ティースプーン1杯相当として与える．生の膵臓は1回の食事ごとの量に切り分けて冷凍保存する．冷凍した膵臓の組織内で膵酵素活性は長期に維持できる．生の膵臓を与えることで感染の危険性が懸念される．理論的には牛と羊の生の膵臓はBSE感染のリスクがあり，豚の生の膵臓はオーエスキー病の感染リスクがある．しかし，このリスクは，多かれ少なかれ乾燥膵抽出物でも同様である．狩猟動物と羊の膵臓はエキノコックスが寄生している可能性があり，エキノコックスの寄生により重篤で時に死に至る疾患を引き起こす可能性がある．これらのリスクについては治療を始める前に飼い主と話し合う必要がある．膵抽出物を混ぜる前に食餌を温めておくことは治療効果には必要でないと考えられている．[120]

EPIの患者に対して低脂肪食の給餌を推奨する向きもあるが，膵酵素補充療法を受けている犬では脂肪の消化能が正常には回復しないことが実験的に明らかとなっているため，脂肪給餌の制限により脂溶性ビタミンや必須脂肪酸欠乏のリスクを高めることが示唆される．[120] ある研究では，EPIの犬において脂

肪制限食は有効でないことを示している．また，別の2つの研究において，食餌療法はEPIの治療に有意な効果を示さなかったとしている．[125,126] 結果として，筆者は高品質の維持用食を使用するとよいと考えている．しかし，高線維食は食餌性線維が脂肪の吸収を阻害するので避けるべきである．

前述のように，EPIの患者の多くはコバラミン欠乏であり，それゆえEPIの犬と猫全てにおいてコバラミン欠乏の有無を評価するべきである．もしコバラミン欠乏が認められた場合は，コバラミンの補給を行う．コバラミンは水溶性ビタミンであるため，静脈内投与が必要である．犬と猫における正確な必要量は不明であるが，コバラミンの過剰投与は副作用がない；したがって，比較的高用量のコバラミン投与が選択される．猫では体の大きさにより150～250μgを皮下投与する．犬の場合は，犬のサイズにより250～1200μgを皮下投与する．これらの用量を週に1回6週間投与し，その後2週に1回6週間投与する．1ヵ月後に再度投与し，その1ヵ月後に血清コバラミン濃度を検査する．適切に治療されたEPI患者のほとんどが，再検査時に正常もしくは正常よりやや高いコバラミン濃度となり，コバラミンの補充を中止できる．

EPIの犬においてほとんどの脂溶性ビタミンの血清中濃度は低下しており，猫においても同様であると推測できる[125]．しかし，これらの患者における脂溶性ビタミン補充療法の必要性については検討されておらず，脂溶性ビタミンの過剰投与は副作用を起こし得る．症例報告では，ビタミンEの補充（400～500 IU，PO，24時間毎，1ヵ月間）を行っているが，有効性については明らかではない．

EPIの患者の多くは膵酵素とコバラミンの補充療法によく反応する．しかし，このようなスタンダードな治療に反応しない犬も少数ではあるが存在する．この場合は治療がうまくいかない原因について見直す必要がある．投与する膵酵素のタイプ，剤形，用量を見直し，膵酵素補充が不十分となる疑いがある点については，治療プロトコールを相応なものに修正する．患者についても炎症性腸疾患（IBD），糖尿病あるいは小腸細菌過剰増殖（SIBO）といった併発疾患がないか見直す．慢性膵炎が基礎疾患にある動物では，萎縮による膵島の予備能の低下から糖尿病が認められることがある．このような動物では併発する糖尿病の治療も必要である．

併発疾患が認められない場合，抗菌剤による治療を試みる．EPIの犬は一般的にSIBOも併発しており，SIBOの治療は害がないことが最近報告された．[127] 治療の選択肢はタイロシン（タイラン粉末 25 mg/kg，PO，12時間毎，6週間）であるが，メトロニダゾールやオキシテトラサイクリンといった他の抗菌剤も使用可能である．

それでも治療に対する反応が認められない場合，制酸剤による治療を試みる．経口で投与された膵リパーゼの大部分は，胃の低いpHにより破壊される．[128] 胃のpHを上げることで，破壊される膵リパーゼの量が減少し，治療反応性が上がるであろう．しかし，胃のpHが上昇すると経口投与された膵リパーゼが胃を通過する際に破壊される量は減少するが，胃リパーゼが破壊される量が増加するために，脂質の消化という観点では最終的な結果に有意差は生じない可能性もあることに注意しなくてはならない．制酸剤使用の試みはこの問題を克服できるかもしれない．H_2阻害剤を最初に使用してみるが，ヒトにおいては，オメプラゾールで治療されたEPI患者の方がH_2阻害剤による

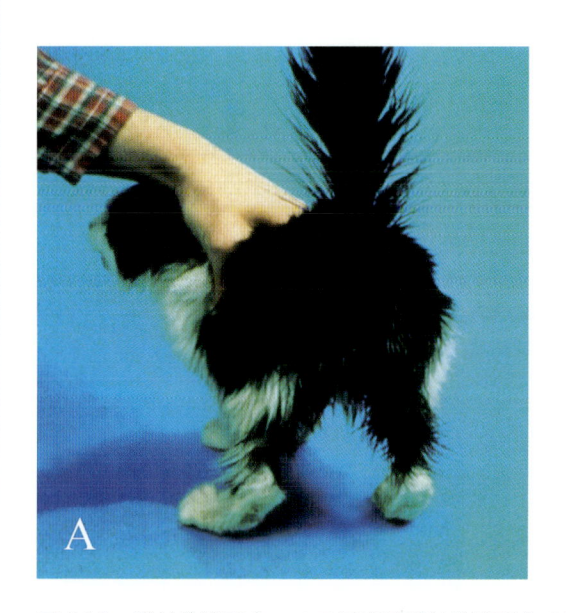

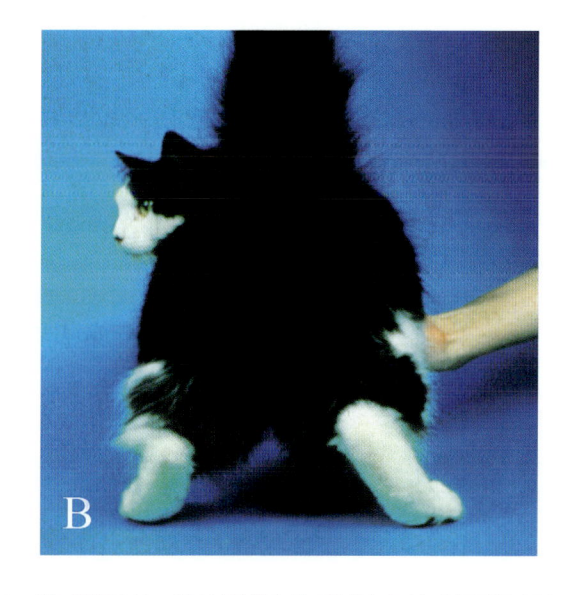

図8.11 膵外分泌不全．この写真は膵外分泌不全の猫である．A：治療開始前．猫は顕著な体重減少と被毛粗剛を呈していた．さらに，会陰部の被毛には脂っぽい便による汚れが付着していた．B：同じ猫の膵酵素剤補充療法による治療後．（Dr. David A. Williams, University of Illinois, USA の厚意による）

治療を受けた患者よりも良好な反応を示している.[129]

これらの治療のいずれもが臨床症状の改善をもたらさなかったら,食餌の脂質を制限することが効果的かもしれない.しかし,前述のように,低脂肪食の使用は併害も起こし得るため,最後の手段とするべきである.

予　後

膵腺細胞は一般的に再生しないので,通常,EPI は生涯にわたって続くと言われているが,個々の症例では EPI が治癒した例も報告されている.

EPI の犬と猫のほとんどは良好に維持され,通常の日常生活を送ることが可能であり,寿命を全うすることができる(図 8.11B).近年,犬の EPI の予後因子について検討した報告がなされた.[108] この研究において,唯一予後不良因子として認められたのがコバラミン欠乏の併発であった.[108] 結論としては,小動物の EPI 患者において血清コバラミン濃度の検査は必須であると筆者は考えている.

8.3.3　膵外分泌腫瘍

膵外分泌腫瘍には原発性のものと 2 次性のものがある.原発性膵外分泌腫瘍は良性と悪性腫瘍に分類される.膵腺腫は良性腫瘍であり,一般的に単一の腫瘤で,偽膜の形成により膵結節性過形成と鑑別可能である(図 8.12).ヒトと同様に膵腺癌(図 8.13)は犬と猫においても一般的な膵外分泌悪性腫瘍である.しかし,ヒトと比較して膵腫瘍による死因としては 4 番目に位置し,犬と猫においては比較的発生が少ない[130].腺房癌は悪性腫瘍であり,一般に膵管より生じるが,腺房組織からも発生し得る[131].膵臓肉腫(すなわち,紡錘細胞肉腫とリンパ肉腫)もまれではあるが報告されている[131,132].しかし,これらの腫瘍が原発性の膵外分泌腫瘍であるかどうかは疑問が残っており,他の組織由来腫瘍の転移巣である可能性や多中心型腫瘍の膵臓における病変である可能性がある.

病因および発症機序

ヒトと同様に,犬と猫における膵外分泌腫瘍の病因は不明である.腫瘍病変により前腹部の臓器の変位が生じる.しかしこれらの変化はほとんどの場合臨床症状を伴わず,剖検時の偶発所見として診断されることがしばしばである.少数ではあるがヒトにおいて,膵腫瘍により膵管の閉塞が起こり,残った膵外分泌機能の 2 次的な萎縮が引き起こされ EPI となることがある.猫においてこのような例は報告されておらず,犬においては 1 例の症例報告のみであるが,このような病態の可能性は考慮すべきであり,EPI の臨床症状に合致する症状を呈した動物に対しては注意深く腹部触診を行うべきである(Hill S, 私信, 2007).

腹部臓器の変位に加え,腺癌は腫瘍が血流の供給を越えて成長した場合に腫瘍の壊死が生じることがある.腫瘍の壊死により局所の炎症反応が惹起され,引き続いて膵炎の臨床症状を起こす.最終的に膵外分泌腫瘍は周囲組織や遠隔組織へと浸潤転移する.

臨床症状および診断

犬と猫の膵外分泌腫瘍の臨床徴候は非特異的である.58 頭の猫の症例報告において,最も多く認められた臨床症状は食欲

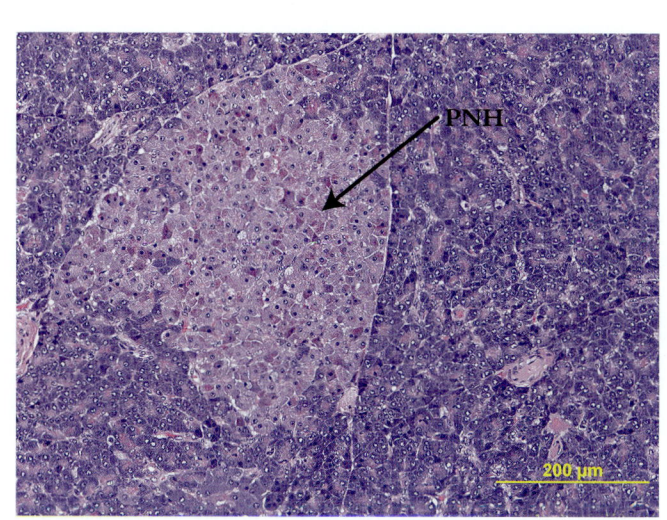

図 8.12　膵結節性過形成.この図は犬の膵結節性過形成(PNH)の病理組織学的所見である.犬と猫の膵結節性過形成では分化した膵上皮細胞の増殖が非常に一般的である.犬では膵結節性過形成の発生は加齢と関連がある.(H&E, 40 ×;Dr. Shelly Newman, University of Tennessee, USA の厚意による)

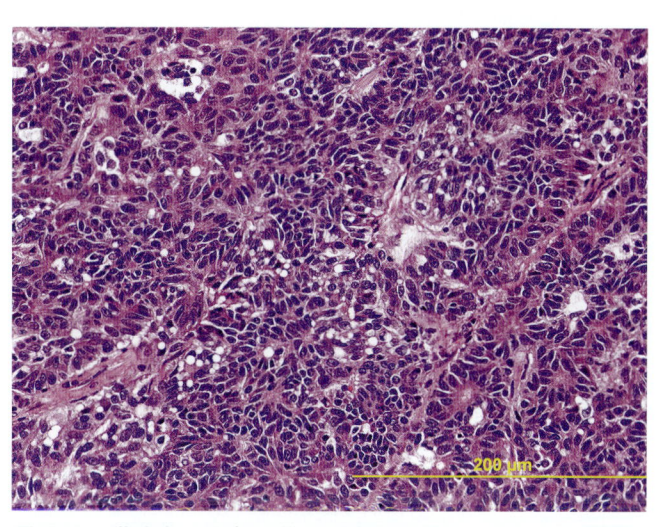

図 8.13　膵腺癌.写真は猫の膵腺癌の病理組織学的所見である.膵腺房細胞が無秩序に集塊を形成し,核および細胞質は多形性に富み,核小体は明瞭で,分裂像も散見されることに注目.(H&E, 40 ×;Dr. Shelly Newman, University of Tennessee, USA の厚意による)

不振（46％），体重減少（37％），沈うつ（28％），嘔吐（23％），黄疸（14％），便秘（9％）および下痢（3％）であった．[131] その他の症例で認められた臨床症状は多尿，発熱，脱水，前腹部の膨満，大量の白い軟便があった．[132] 多尿はおそらく併発する糖尿病によるものであろう．猫の膵腺癌において閉塞性黄疸が報告されている．[133] 多発性壊死性脂肪織炎の数例の犬において，最終的に膵腺癌と診断されたという報告もある．[134] 膵腺癌の転移巣に関連する臨床症状がいくつかの例において報告されており，跛行，骨の疼痛や呼吸困難などを呈している．近年，猫の膵腺癌の数例において，腫瘍随伴性脱毛を伴っていた報告がなされている．[135,136] この報告では，ほとんどの例で体幹，四肢および顔面の全身的な脱毛が認められており，そうではない症例でも広範な脱毛が認められている．[135,136]

好中球増加，貧血，低カリウム血症，高ビリルビン血症，高窒素血症，高血糖および肝酵素の上昇が報告された全ての症例で認められているが，ルーチンの血液検査では著明な変化が認められないかもしれない．[131,132] 血清肝酵素活性と血清ビリルビン濃度の上昇は最も一般的に認められる異常である．[137] 高血糖が存在する場合は膵β細胞の破壊が腫瘍に関連して生じている．血清リパーゼおよびアミラーゼ活性については，膵腺癌の犬および猫のいずれにおいてもあまり報告されていない．いくつかの症例報告において，膵腺癌の犬で血清リパーゼ活性が著しく上昇していたと報告されているが，他の報告では明らかとなっていない．膵腺癌と偽上皮小体機能亢進症（高Ca血症）を併発した1頭の犬についての症例報告も存在する．[138]

ほとんどの症例において，X線検査所見は非特異的であり，腹水を示唆する前腹部におけるコントラストの低下，腹部臓器の尾側への変位，幽門部の陰影の増強などがある．[132] しかし，腹部X線検査により前腹部に腫瘍の存在が示唆されることもある．[137] 腹部超音波検査は非常に有用であり，ほとんどの場合軟部組織の腫瘤が膵臓領域に認められる．[44,137,139] しかし，多くの症例で腫瘤と膵臓との連続性が確定できない．[137] 同様に，近傍組織の腫瘍性病変も膵臓の腫瘍のように見えることがある．[44] 重度の膵炎を呈する患者では，超音波検査において膵臓に腫瘤のような陰影が認められることがあり，これを膵腺癌と混同してはならない．[42,44]

腹部超音波検査において腹水が認められた場合，吸引して細胞診を行うべきである．しかし多くの場合，腫瘍細胞は腹水中に簡単に剥離して落ちてくることはなく，細胞診において腫瘍細胞が認められないことが多い．疑わしい腫瘤が認められた場合，超音波ガイド下の細針吸引生検や経皮生検を行うことが可能であり，全症例の25％において診断に成功すると報告されている．[137] 細針吸引生検の診断率が低いのは，おそらく膵腺癌細胞が剥離して落ちてきにくいためであろう．その他の症例では，癌細胞は認められるものの，由来を確定することができないことがある．[137] 超音波ガイド下で生検し，病理組織学的検査を実施した報告はそう多くないが，ある報告において，超音波ガイド下生検を実施した2頭のうち両者で膵腺癌の確定診断が可能であったとしている．[137] その他，3頭中2頭において肝臓の転移性癌が見つかっている．しかし，多くの例では診断は試験開腹あるいは剖検時に行われている．

治療および予後

膵腺腫は良性腫瘍であり，理論的には臨床症状を起こさない限り治療の必要はない．しかし，膵腺癌の確定診断は外科的切除後に下されることが多いので，膵腺腫が疑われる場合も膵臓の部分切除を実施するべきであろう．腺腫の症例の予後は良好である．

膵腺癌の症例はしばしば疾患が進行した状態で来院する．犬の膵腺癌の症例では診断時に転移が認められることも多く，猫では81％にのぼるとされている．[131,140] 転移巣が最も多く認められるのは肝臓，腹部および胸腔のリンパ節，腸間膜，消化管，肺である；しかし，その他さまざまな臓器への転移が報告されている．[137] これらのうち一部の症例では診断時に肉眼的な転移巣は認められず，腫瘍の外科的切除を試みることとなるが，飼い主には完全切除は極めて望みにくいことを告げておかねばならない．膵臓の全摘出と膵十二指腸摘出術は理論的には可能であるが，犬猫の自然発生腫瘍症例において実施された報告はない．しかし，ある報告では実験的な膵臓の全摘出術の維持管理について述べている．[141] ヒトの治療を犬と猫に外挿すると，これらの手技には高い合併症の発生率と致死率が伴っていることが推測される．合併症として術後から生涯にわたってつづくEPIと糖尿病の維持管理が必要となることを考えると，膵十二指腸全摘出術は決して望ましくない．ヒトの患者においても，膵腺癌の治療のため膵臓の手術を行うことは賛否両論であり，この手技を年間最低でも50症例以上行っている外科チームのみが行うべきであると推奨する外科医もいる．膵腺癌に対する化学療法や放射線療法は，人医および獣医学領域のいずれでも成果をあげていない．[142] 膵腺癌の犬猫の予後は総じて非常に悪い．

8.3.4 膵外分泌におけるまれな疾患

8.3.4.1 膵偽嚢胞

膵偽嚢胞は，ヒトにおいて膵炎の合併症とされているが，膵臓の外傷や膵腫瘍でも形成されることがある．[14] 近年，犬および猫において膵偽嚢胞の症例がいくつか報告された．[143,144] 膵偽嚢胞は，線維性あるいは肉芽腫性組織による壁に囲まれた無菌性の膵液貯留である．[14] 通常，臨床徴候は非特異的で膵炎の臨床徴候に似ている．[145] 膵偽嚢胞の犬と猫において最も多く認められるのは嘔吐である．前腹部において腫瘤が触知できる場合もある．腹部超音波検査では膵臓の頭側近傍に嚢胞性の構造物が認められる（図8.14）．[145] これまでの報告では嚢胞は膵臓の左葉に形成されている．[143] 偽嚢胞の吸引は比較的安全であり，

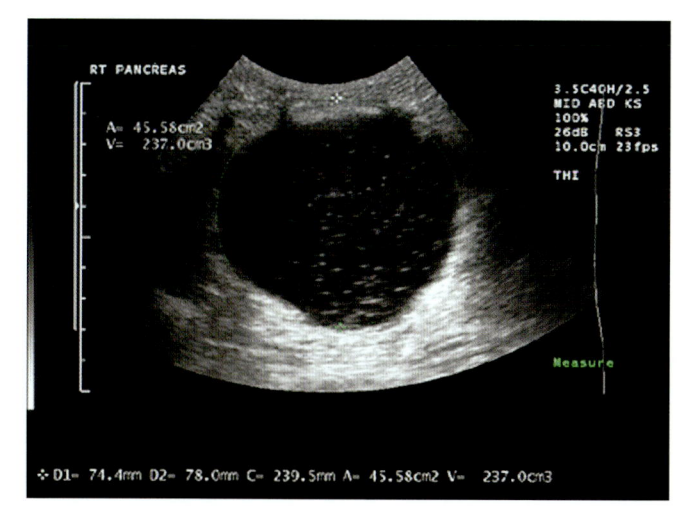

図8.14 膵偽嚢胞．この写真は犬の膵偽嚢胞の超音波検査所見である．偽嚢胞は膵臓と連続性のある，大きく，ほとんど無エコーな構造物として認められる．この患者の偽嚢胞内溶液は237mLあった（Dr. Kathy Spaulding, Texas A&M University, USA の厚意による）

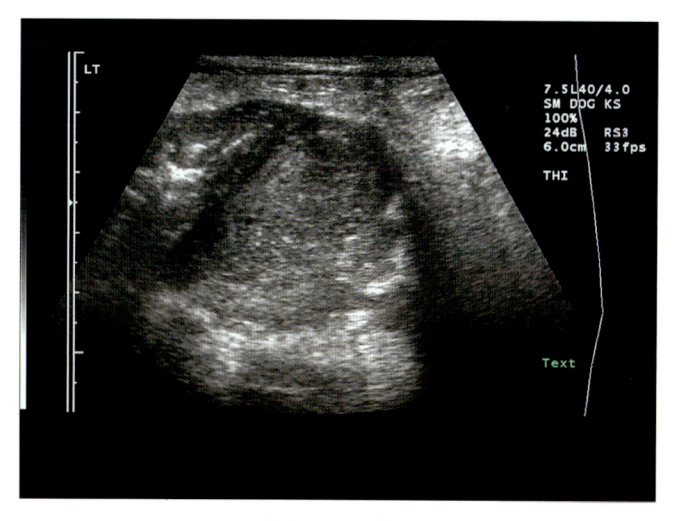

図8.15 膵膿瘍．この画像は犬の膵膿瘍の症例の超音波検査所見である．膿瘍は大きく低エコー源性を示す構造物として認められる．ほとんどの場合，膵膿瘍は膵偽嚢胞よりもエコー源性が高い．しかし，超音波検査では膿瘍と偽嚢胞の鑑別ができない例もある．ヒトと異なり，犬猫の膵膿瘍は通常無菌性である（Dr. Kathy Spaulding, Texas A&M University, USA の厚意による）

診断および治療目的で吸引を試みるべきである．膵膿瘍の内容液と比較して，膵偽嚢胞からの排液は細胞数が少ない．吸引液のアミラーゼ，リパーゼ活性を測定すると通常は非常に高い．膵偽嚢胞は内科的あるいは外科的に治療する．[145] 外科的治療は，膵偽嚢胞の摘出あるいは内容液のドレナージである．[146] 内容液のドレナージが好まれる外科的手技であり，ヒトでは膵偽嚢胞が小さいときのみ偽嚢胞の摘出が推奨されている．内科的治療は超音波ガイド下の経皮的嚢胞内液の吸引と偽嚢胞の大きさをこまめにモニターすることである．このアプローチは文献上いくつかの例において成功している[143]．しかし，臨床症状が持続する例や，時間がたっても偽嚢胞が縮小しない場合には外科的な摘出を考慮するのがよいであろう．

8.3.4.2 膵膿瘍

膵膿瘍はヒトにおいて膵炎のもう1つの合併症である．[14] 膵膿瘍は，通常膵臓の頭側近傍から膿汁が吸引され，膵組織の壊死はわずかもしくはほとんど認められない．[14] 細菌感染の有無はさまざまである．膵膿瘍の症例は犬で数例，猫で1例報告されており，そのほとんど全てが無菌性である．[22-24] 臨床症状は非特異的であるが，嘔吐，沈うつ，腹痛，食欲不振，発熱，下痢，脱水などを認める．[145] 触診において，前腹部の腫瘤を触知する場合もある[22]．一般的な臨床病理学的所見は左方移動を伴う好中球増加，血清アミラーゼおよびリパーゼ活性の上昇，肝酵素の上昇，高ビリルビン血症である．[22,23] 腹部超音波検査において，さまざまな大きさの不整形な低エコー源性構造物が認められる（図8.15）．ヒトの膵膿瘍では外科的なドレナージと積極的な抗生剤の投与が治療の選択肢となる．犬および猫も外科的なドレナージにより良好に維持されるであろう．[22] しかし，ある報告では膵膿瘍9例中56％だけが手術後生存していたとしている．[23] これらさまざまな結果およびリスク，外科的ドレナージの難易度，麻酔や手術に伴う経費，術後の管理などを考慮すると，膿瘍が拡大しているおよび/または内科的治療に反応しない敗血症が生じているという明らかな証拠がない限り，外科的な治療は避けるべきであろう．また，感染性病原体が認められない場合は，細菌培養検査で細菌感染がないかぎり抗生剤の使用も疑問が残る．しかしながら，犬および猫の膵膿瘍の治療を確立するためにはより多くの症例についての研究が必要である．

8.3.4.3 膵臓の寄生虫感染

Eurytrema procyonis *Eurytrema procyonis* は猫の膵吸虫であり，キツネ，アライグマ，猫の膵管において寄生が認められる．[147] これらの寄生虫は膵管系の肥厚と膵組織の線維化をもたらす．膵外分泌の有意な減少が生じるが，*E. procyonis* 感染により2次的にEPIの臨床徴候を起こす猫は極めてまれである．[101] 診断は新鮮便中に特徴的な虫卵を検出することで行う．治療はフェンベンダゾール（30 mg/kg, PO, 24時間毎，6日間）にて行う．

Amphimerus pseudofelineus *Amphimerus pseudofelineus* は猫の肝吸虫であり，膵臓にも寄生する．[26] 診断はホルマリンエチルアセテートを用いた沈殿法により糞便中の虫卵を検出す

る.¹⁴⁹ ある研究では，A. pseudofelinus 寄生に対し，プラジカンテル（40 mg/kg，PO，24 時間毎，3 日間）の治療により良好に管理されたとしているが，これらの症例では併発する膵炎による臨床徴候に対する前述のような対症療法の併用が必要であろう.¹⁴⁹ 寄生虫感染に対するプラジカンテルの推奨用量は非常に高用量であるが，ヒトの住血吸虫症の用量と同様であり，プラジカンテルは経口投与の場合，治療用量域が広いと考えられている.

8.3.4.4　膵胆囊

膵胆囊は膵偽胆囊と呼ばれることもあり，膵管の異常な拡張により生じる.¹⁵⁰,¹⁵¹ 膵胆囊は先天性または後天性に生じる．数例の猫でのみ報告があるが，犬での報告はない.¹⁵¹ これらの患者は胆管閉塞に相当する臨床徴候で来院している．どのような治療法が適切かは明らかではないが，臨床徴候を呈する症例では外科的な摘出が最も効果的であろう．

8.3.4.5　膵管結石

膵管系における結石の形成（膵管結石）は猫の 1 例において最近報告された.¹⁵¹ この猫は沈うつ，嘔吐，下痢，血尿，体重減少を主訴に来院した.¹⁵¹ 腹部超音波検査において，胆囊が別々に 2 個あるような所見が得られ，試験開腹により膵管の閉塞による 2 次的な膵胆囊と診断された.¹⁵¹ 膵管結石を外科的に取り除き，膵胆囊を切除した.¹⁵¹ 術後当初は状態の改善がみられたが，1 週間後に悪化して安楽死となった.¹⁵¹ 膵管結石はこれまでにヒトおよび牛において報告例がある．

8.3.4.6　膵結節性過形成

膵結節性過形成（図 8.12）は高齢の犬猫において非常に頻繁に認められる.¹⁵⁰ 近年の報告では，剖検を行った犬 101 頭中 81 頭（80.2%）において，少なくとも一切片以上で結節性過形成が認められたとしている.⁴³ 結節性過形成の発生頻度は年齢と関連があるが，膵臓の炎症，線維化，および / または萎縮とは関連がない.⁴³ 小さな結節が膵臓の外分泌部にび漫性に広がる．これらの病変は腹部超音波検査でも確認することができるが，膵炎や膵腺癌との鑑別は困難である.⁴⁴ 剖検において，膵結節性過形成の場合は被囊化されていないので膵腺腫と鑑別が可能である.¹⁵² 結節性過形成は機能的な変化をもたらさず，臨床徴候も引き起こさない．それゆえ高齢の犬および猫の剖検時に診断されることが最も多い．

キーポイント

- 膵炎は犬と猫の両方で頻繁に発生し，膵外分泌疾患の中で最も発生の多い疾患である．
- 膵炎の重症度はさまざまであり，無症候性から重症例まで存在する．膵炎の重症例では局所および全身的な合併症を併発する．
- 厳格な診断基準を用いた場合，腹部超音波検査は膵炎の診断において非常に特異的である．
- 血清 PLI 濃度（犬：Spec cPL™，猫：fPLI）は小動物の膵炎の診断において特異性，感度ともに高い．
- 犬猫の膵炎の治療はその重症度により異なり，基礎疾患が明らかな場合は基礎疾患の治療，支持療法，鎮痛，制吐，栄養管理，血漿輸注，併発疾患の管理からなる．慢性膵炎の患者ではコルチコステロイドの投与が奏効するかもしれない．
- 血清 TLI 濃度（犬：cTLI，猫：fTLI）は EPI の診断法の 1 つである．
- EPI の患者は膵酵素補充療法と，必要な場合はコバラミンの補給，抗生剤，症例によっては制酸剤の投与によりしばしば良好に維持できる．

参考文献

1. Freudiger U. Krankheiten des exokrinen Pankreas bei der Katze. *Berl Münch Tierärztl Wschr* 1989; 102: 37-43.
2. Pandol SJ. Pancreatic physiology and secretory testing. *In*: Feldman M, Friedman LS, Sleisenger MH (eds.) *Gastrointestinal and Liver Disease*. Philadelphia, WB Saunders, 2002; 871-880.
3. Fyfe JC. Feline intrinsic factor (IF) is pancreatic in origin and mediates ileal cobalamin (CBL) absorption. *J Vet Intern Med* 1993; 7: 133 (abstract).
4. Carrière F, Laugier R, Barrowman JA et al. Gastric and pancreatic lipase levels during a test meal in dogs. *Scand J Gastroenterol* 1993; 28: 443-454.
5. Steer ML, Perides G. Pathogenesis: how does acute pancreatitis develop. *In*: Domínguez-Muñoz JE (ed.) *Clinical Pancreatology for Practicing Gastroenterologists and Surgeons*. Malden, Blackwell Publishing, 2005; 10-26.
6. Sahin-Tóth M. Biochemical models of hereditary pancreatitis. En-docrinol Metab *Clin North Am* 2006; 35: 303-312.
7. Bishop MA, Xenoulis PG, Suchodolski JS et al. Identification of three mutations in the pancreatic secretory trypsin inhibitor gene of Miniature Schnauzers. *J Vet Intern Med* 2007; 21: 614 (abstract).
8. Williams DA, Steiner JM. Canine pancreatic disease. *In*: Ettinger SJ, Feldman EC (eds.) *Textbook of Veterinary Internal Medicine*. St.

Louis, Elsevier Saunders, 2005; 1482-1488.
9. Hänichen T, Minkus G. Retrospektive Studie zur Pathologie der Erkrankungen des exokrinen Pankreas bei Hund und Katze. *Tierärztliche Umschau* 1990; 45: 363-368.
10. Steiner JM, Newman SJ, Xenoulis PG et al. Comparison of sensitivity of serum markers in dogs with macroscopic evidence of pancreatitis. *J Vet Intern Med* 2007; 21: 614 (abstract).
11. Newman SJ, Steiner JM, Woosley K et al. Localization of pancreatic inflammation and necrosis in dogs. *J Vet Intern Med* 2004; 18: 488-493.
12. Watson PJ, Roulois AJ, Scase T et al. Prevalence and breed distribution of chronic pancreatitis at post-mortem examination in first-opinion dogs. *J Small Anim Pract* 2007; 28: 1-10.
13. DeCock HEV, Forman MA, Farver TB et al. Prevalence and histopathologic characteristics of pancreatitis in cats. *Vet Pathol* 2007; 44: 39-49.
14. Bradley EL. A clinically based classification system for acute pancreatitis. *Arch Surg* 1993; 128: 586-590.
15. Newman SJ, Steiner JM, Woosley K et al. Histologic assessment and grading of the exocrine pancreas in the dog. *J Vet Diagn Invest* 2006; 18: 115-118.
16. Hess RS, Kass PH, Shofer FS et al. Evaluation of risk factors for fatal acute pancreatitis in dogs. *J Am Vet Med Assoc* 1999; 214:46-51.
17. Yadav D, Pitchumoni CS. Issues in hyperlipidemic pancreatitis. *J Clin Gastroenterol* 2003; 36: 54-62.
18. Xenoulis PG, Suchodolski SJ, Swin E et al. Correlation of serum triglyceride and canine pancreatic lipase immunoreactivity (cPLI) concentrations in Miniature Schnauzers. *J Vet Intern Med* 2006; 20: 750-751 (abstract).
19. DiMagno EP, Chari S. Acute pancreatitis. *In*: Feldman M, Friedman LS, Sleisenger MH (eds.) *Gastrointestinal and Liver Disease*. Philadelphia, WB Saunders, 2002; 913-941.
20. Matthiesen DT, Mullen HS. Problems and complications associated with endocrine surgery in the dog and cat. *Problems in Veterinary Medicine* 1990; 2: 627-667.
21. Westermarck E, Saario E. Traumatic pancreatic injury in a cat - a case history. *Acta Vet Scand* 1989; 30: 359-362.
22. Salisbury SK, Lantz GC, Nelson RW et al. Pancreatic abscess in dogs: Six cases (1978-1986). *J Am Vet Med Assoc* 1988; 193: 1104-1108.
23. Stimson EL, Espada Y, Moon M et al. Pancreatic abscess in nine dogs. *J Vet Intern Med* 1998; 9: 202 (abstract).
24. Simpson KW, Shiroma JT, Biller DS et al. Ante mortem diagnosis of pancreatitis in four cats. *J Small Anim Pract* 1994; 35: 93-99.
25. Dubey JP, Carpenter JL. Histologically confirmed clinical toxoplasmosis in cats: 100 cases (1952-1990). *J Am Vet Med Assoc* 1993; 203: 1556-1566.
26. Rothenbacher H, Lindquist WD. Liver cirrhosis and pancreatitis in a cat infected with Amphimerus pseudofelineus. *J Am Vet Med Assoc* 1963; 143: 1099-1102.
27. Möhr AJ, Lobetti RG, Van der Lugt JJ. Acute pancreatitis: a newly recognised potential complication of canine babesiosis. *J S Afr Vet Assoc* 2000; 71: 232-239.
28. Frick TW, Speiser DE, Bimmler D et al. Drug-induced acute pancreatitis: Further criticism. *Dig Dis* 1993; 11: 113-132.
29. Badalov N, Baradarian R, Iswara K et al. Drug-induced acute pancreatitis: an evidence-based review. *Clin Gastroenterol Hepatol* 2007; 5: 648-661.
30. Aste G, Di Tommaso M, Steiner JM et al. Pancreatitis associated with N-methyl-glucamine therapy in a dog with leishmaniasis. *Vet Res Commun* 2005; 29 Suppl 2: 269-272.
31. Hill RC, Van Winkle TJ. Acute necrotizing pancreatitis and acute suppurative pancreatitis in the cat. A retrospective study of 40 cases (1976-1989). *J Vet Intern Med* 1993; 7: 25-33.
32. Simpson KW. Current concepts of the pathogenesis and pathophysiology of acute pancreatitis in the dog and cat. *Comp Cont Ed Prac Vet* 1993; 15: 247-253.
33. Norman J. The role of cytokines in the pathogenesis of acute pancreatitis. *Am J Surg* 1998; 175: 76-83.
34. Ryan CP, Howard EB. Systemic lipodystrophy associated with pancreatitis in a cat. *Feline Pract* 1981; 11: 31-34.
35. Hess RS, Saunders HM, Van Winkle TJ et al. Clinical, clinicopathologic, radiographic, and ultrasonographic abnormalities in dogs with fatal acute pancreatitis: 70 cases (1986-1995). *J Am Vet Med Assoc* 1998; 213: 665-670.
36. Washabau RJ. Acute necrotizing pancreatitis. *In*: August JR (ed.) *Consultations in Feline Internal Medicine*. St. Louis, Elsevier Saunders, 2006; 109-119.
37. Suter PF, Olsson SE. Traumatic hemorrhagic pancreatitis in the cat: A report with emphasis on the radiological diagnosis. *J Am Vet Radiol Soc* 1969; 10: 4-11.
38. Etue SM, Penninck DG, Labato MA et al. Ultrasonography of the normal feline pancreas and associated anatomic landmarks: a prospective study of 20 cats. *Vet Radiol Ultrasound* 2001; 42: 330-336.
39. Lamb CR. Pancreatic edema in dogs with hypoalbuminemia or portal hypertension. *J Vet Intern Med* 1999; 13: 498-500.
40. Saunders HM, VanWinkle TJ, Drobatz K et al. Ultrasonographic findings in cats with clinical, gross pathologic, and histologic evidence of acute pancreatic necrosis: 20 cases (1994-2001). *J Am Vet Med Assoc* 2002; 221: 1724-1730.
41. Forman MA, Marks SL, De Cock HEV et al. Evaluation of serum feline pancreatic lipase immunoreactivity and helical computed tomography versus conventional testing for the diagnosis of feline pancreatitis. *J Vet Intern Med* 2004; 18: 807-815.
42. Saunders HM. Ultrasonography of the pancreas. *Problems in Veterinary Medicine* 1991; 3: 583-603.
43. Newman SJ, Steiner JM, Woosley K et al. Correlation of age and incidence of pancreatic exocrine nodular hyperplasia in the dog. *Vet Pathol* 2005; 42: 510-513.
44. Hecht S, Penninck DG, Keating JH. Imaging findings in pancreatic neoplasia and nodular hyperplasia in 19 cats. *Vet Radiol Ultrasound* 2007; 48: 45-50.
45. Swift NC, Marks SL, MacLachlan NJ et al. Evaluation of serum feline trypsin-like immunoreactivity for the diagnosis of pancreatitis in cats. *J Am Vet Med Assoc* 2000; 217: 37-42.
46. Gerhardt A, Steiner JM, Williams DA et al. Comparison of the sensitivity of different diagnostic tests for pancreatitis in cats. *J Vet Intern Med* 2001; 15: 329-333.
47. Turner MA. The role of US and CT in pancreatitis. *Gastrointest Endosc* 2002; 56: S241-S245
48. Spillmann T, Litzlbauer HD, Moritz A et al. Computed tomography and laparoscopy for the diagnosis of pancreatic diseases in dogs. *Proc 18th ACVIM Forum* 2000; 485-487.
49. Jaeger JQ, Mattoon JS, Bateman SW et al. Combined use of ultrasonography and contrast enhanced computed tomography to evaluate acute necrotizing pancreatitis in two dogs. *Vet Radiol Ultrasound* 2003; 44: 72-79.
50. Mansfield CS, Jones BR. Trypsinogen activation peptide in the diagnosis of canine pancreatitis. *J Vet Intern Med* 2000; 14: 346 (abstract).
51. Steiner JM, Broussard J, Mansfield CS et al. Serum canine pancreatic lipase immunoreactivity (cPLI) concentrations in dogs

with spontaneous pancreatitis. *J Vet Intern Med* 2001; 15: 274 (abstract).
52. Steiner JM, Teague SR, Williams DA. Development and analytic validation of an enzyme-linked immunosorbent assay for the measurement of canine pancreatic lipase immunoreactivity in serum. *Can J Vet Res* 2003; 67: 175-182.
53. Steiner JM, Wilson BG, Williams DA. Development and analytical validation of a radioimmunoassay for the measurement of feline pancreatic lipase immunoreactivity in serum. *Can J Vet Res* 2004; 68: 309-314.
54. Steiner JM, Berridge BR, Wojcieszyn J et al. Cellular immuno-localization of gastric and pancreatic lipase in various tissues obtained from dogs. *Am J Vet Res* 2002; 63: 722-727.
55. Steiner JM, Rutz GM, Williams DA. Serum lipase activities and pancreatic lipase immunoreactivity concentrations in dogs with exocrine pancreatic insufficiency. *Am J Vet Res* 2006; 67: 84-87.
56. Nathens AB, Curtis JR, Beale RJ et al. Management of the critically ill patient with severe acute pancreatitis. *Crit Care Med* 2004; 32: 2524-2536.
57. Heinrich S, Schäfer M, Rousson V et al. Evidence-based treatment of acute pancreatitis - A look at established paradigms. *Ann Surg* 2006; 243: 154-168.
58. Kingsnorth A, O'Reilly D. Acute pancreatitis. *Br Med J* 2006; 332: 1072-1076.
59. Freeman LM, Labato MA, Rush JE et al. Nutritional support in pancreatitis: a retrospective study. *J Vet Emergency and Critical Care* 1995; 5:32-40.
60. Hansen B. Analgesics in cardiac, surgical, and intensive care patients. In: Kirk RW, Bonagura JD (eds.) *Current Veterinary Therapy XI*. Philadelphia, WB Saunders, 1992; 82-87.
61. De la Puente Redondo VA, Tilt N, Rowan TG et al. Efficacy of maropitant for treatment and prevention of emesis caused by intravenous infusion of cisplatin in dogs. *Amer J Vet Res* 2007; 68: 48-56.
62. Balldin G, Ohlsson K. Trasylol prevents trypsin-induced shock in dogs. *Hoppe-Seylers Z Physiol Chem* 1979; 360: 651-656.
63. Satoh H, Harada M, Tashiro S et al. The effect of continuous arterial infusion of gabexate mesilate (FOY-007) on experimental acute pancreatitis. *J Med Invest* 2004; 51: 186-193.
64. Imrie CW, Benjamin IS, Ferguson JC. A single center double-blind trial of Trasylol therapy in primary acute pancreatitis. *Br J Surg* 1978; 65: 337-341.
65. Kitagawa M, Hayakawa T. Antiproteases in the treatment of acute pancreatitis. *JOP* 2007; 8: 518-525.
66. Logan JC, Callan MB, Drew K et al. Clinical indications for use of fresh frozen plasma in dogs: 74 dogs (October through December 1999). *J Am Vet Med Assoc* 2001; 218: 1449-1455.
67. Leese T, Holliday M, Heath D et al. Multicentre clinical trial of low volume fresh frozen plasma therapy in acute pancreatitis. *Br J Surg* 1987; 74: 907-911.
68. Leese T, Holliday M, Watkins M et al. A multicentre controlled clinical trial of high-volume fresh frozen plasma therapy in prognostically severe acute pancreatitis. *Annals of the Royal College of Surgeons of England* 1991; 73: 207-214.
69. Bourgaux JF, Defez C, Muller L et al. Infectious complications, prognostic factors and assessment of anti-infectious management of 212 consecutive patients with acute pancreatitis. *Gastroent Clin Biol* 2007; 31: 431-435.
70. Howes R, Zuidema GD, Cameron JL. Evaluation of prophylactic antibiotics in acute pancreatitis. *J Surg Res* 1975; 18: 197-200.
71. Lankisch PG, Lerch MM. The role of antibiotic prophylaxis in the treatment of acute pancreatitis. *J Clin Gastroenterol* 2006; 40: 149-155.
72. Isenmann R, Büchler MW, Friess H et al. Antibiotics in acute pancreatitis. *Dig Surg* 1996; 13: 365-369.
73. Mazaki T, Ishii Y, Takayama T. Meta-analysis of prophylactic antibiotic use in acute necrotizing pancreatitis. *Br J Surg* 2006; 93: 674-684.
74. Dellinger EP, Tellado JM, Soto NE et al. Early antibiotic treatment for severe acute necrotizing pancreatitis - A randomized, double-blind, placebo-controlled study. *Ann Surg* 2007; 245: 674-683.
75. Zhou YM, Xue ZL, Li YM et al. Antibiotic prophylaxis in patients with severe acute pancreatitis. *Hepatobiliary Pancreat Dis Int* 2005; 4: 23-27.
76. Johnson CD, Charnley R, Rowlands B et al. UK guidelines for the management of acute pancreatitis. *Gut* 2005; 54: 1-9.
77. Cook AK, Breitschwerdt EB, Levine JF et al. Risk factors associated with acute pancreatitis in dogs: 101 cases (1985-1990). *J Am Vet Med Assoc* 1993; 203: 673-679.
78. Pezzilli R, Fantini L. Diagnosis of autoimmune pancreatitis: clinical and histological assessment. *JOP* 2005; 6: 609-611.
79. Toomey DP, Swan N, Torreggiani W et al. Autoimmune pancreatitis. *Br J Surg* 2007; 94: 1067-1074.
80. Weiss DJ, Gagne JM, Armstrong PJ. Relationship between inflammatory hepatic disease and inflammatory bowel disease, pancreatitis, and nephritis in cats. *J Am Vet Med Assoc* 1996; 209: 1114-1116.
81. Sakai M, Harada K, Matsumura H et al. A case of feline pancreatitis. *J Vet Med Sci* 2006; 68: 1331-1333.
82. Karanjia ND, Lutrin FJ, Chang Y-B et al. Low dose dopamine protects against hemorrhagic pancreatitis in cats. *J Surg Res* 1990; 48: 440-443.
83. Sweiry JH, Mann GE. Role of oxidative stress in the pathogenesis of acute pancreatitis. *Scand J Gastroenterol* 1996; 31: 10-15.
84. Kraft W, Kaimaz A, Kirsch M et al. Behandlung akuter Pankreatiden des Hundes mit Selen. *Kleintierpraxis* 1995; 40: 35-43.
85. Braganza JM, Scott P, Bilton D et al. Evidence for early oxidative stress in acute pancreatitis. Clues for correction. *Inter J Pancreatology* 1995; 17: 69-81.
86. Kuklinski B. Akute Pankreatitis - eine "free radical disease". Letalitätssenkung durch Natriumselenit (Na2SeO3) - Therapie. *Zeitschrift für die gesamte Innere Medizin* 1992; 47: 165-167.
87. Virlos IT, Mason J, Schofield D et al. Intravenous n-acetylcysteine, ascorbic acid and selenium-based anti-oxidant therapy in severe acute pancreatitis. *Scand J Gastroenterol* 2003; 38: 1262-1267.
88. McCloy R. Chronic pancreatitis at Manchester, UK - Focus on antioxidant therapy. *Digestion* 1998; 59: 36-48.
89. McKay CJ, Curran F, Sharples C et al. Prospective placebo-controlled randomized trial of lexipafant in predicted severe acute pancreatitis. *Br J Surg* 1997; 84: 1239-1243.
90. Kingsnorth AN, Galloway SW, Formela LJ. Randomized, double-blind phase II trial of lexipafant, a platelet-activating factor antagonist, in human acute pancreatitis. *Br J Surg* 1995; 82: 1414-1420.
91. Abu-Zidan F. Predicting severe pancreatitis. *Arch Surg* 2001; 136: 1210.
92. Hartwig W, Werner J, Muller CA et al. Surgical management of severe pancreatitis including sterile necrosis. *J Hepatobiliary Pancreat Surg* 2002; 9: 429-435.
93. Büchler MW, Gloor B, Müller CA et al. Acute necrotizing pancreatitis: Treatment strategy according to the status of infection. *Ann Surg* 2000; 232: 619-626.
94. Ruaux CG, Atwell RB. A severity score for spontaneous canine

acute pancreatitis. *Aust Vet J* 1998; 76: 804-808.
95. Domínguez-Muñoz JE. Early prognostic evaluation of acute pancreatitis: why and how should severity be predicted. *In*: Domínguez-Muñoz JE (ed.) *Clinical Pancreatology for Practicing Gastroenterologists and Surgeons.* Malden, Blackwell Publishing, 2005; 47-55.
96. Khwannimit B. A comparison of three organ dysfunction scores: MODS, SOFA and LOD for predicting ICU mortality in critically ill patients. *J Med Assoc Thai* 2007; 90: 1074-1081.
97. Banks PA. Medical management of acute pancreatitis and complications. *In*: Go VLW, DiMagno EP, Gardner JD et al. (eds.) *The Pancreas: Biology, Pathobiology and Disease.* New York, Raven Press, 1993; 593-613.
98. Kimmel SE, Washabau RJ, Drobatz KJ. Incidence and prognostic value of low plasma ionized calcium concentration in cats with acute pancreatitis: 46 cases (1996-1998). *J Am Vet Med Assoc* 2001; 219: 1105-1109.
99. Figarella C, De Caro A, Leupold D et al. Congenital pancreatic lipase deficiency. *J Pediatr* 1980; 96: 412-416.
100. Xenoulis PG, Fradkin JM, Rapp SW et al. Suspected isolated pancreatic lipase deficiency in a dog. *J Vet Intern Med* 2007; 21: 1113-1116.
101. Fox JN, Mosley JG, Vogler GA et al. Pancreatic function in domestic cats with pancreatic fluke infection. *J Am Vet Med Assoc* 1981; 178: 58-60.
102. Proschowsky HF, Fredholm M. Exocrine pancreatic insufficiency in the Eurasian dog breed - inheritance and exclusion of two candidate genes. *Anim Genet* 2007; 38: 171-173.
103. Moeller EM, Steiner JM, Clark LA et al. Inheritance of pancreatic acinar atrophy in German Shepherd dogs. *Am J Vet Res* 2002; 63: 1429-1434.
104. Wiberg ME, Saari SAM, Westermarck E. Exocrine pancreatic atrophy in German Shepherd dogs and Rough-coated Collies: An end result of lymphocytic pancreatitis. *Vet Pathol* 1999; 36: 530-541.
105. Westermarck E, Batt RM, Vaillant C et al. Sequential study of pancreatic structure and function during development of pancreatic acinar atrophy in a German Shepherd Dog. *Am J Vet Res* 1993; 54: 1088-1094.
106. Westermarck E, Wiberg M, Steiner JM et al. Exocrine pancreatic insufficiency in dogs and cats. *In*: Ettinger SJ, Feldman EC (eds.) *Textbook of Veterinary Internal Medicine.* St. Louis, Elsevier Saunders, 2005; 1492-1495.
107. DiMagno EP, Go VLW, Summerskill WHJ. Relations between pancreatic enzyme outputs and malabsorption in severe pancreatic insufficiency. *N Engl J Med* 1973; 288: 813-815.
108. Batchelor DJ, Noble PJ, Taylor RH et al. Prognostic factors in canine exocrine pancreatic insufficiency: prolonged survival is likely if clinical remission is achieved. *J Vet Intern Med* 2007; 21: 54-60.
109. Steiner JM, Williams DA. Serum feline trypsin-like immunoreactivity in cats with exocrine pancreatic insufficiency. *J Vet Intern Med* 2000; 14: 627-629.
110. Wiberg ME, Westermarck E. Subclinical exocrine pancreatic insufficiency in dogs. *J Am Vet Med Assoc* 2002; 220: 1183-1187.
111. Westermarck E, Wiberg M. Exocrine pancreatic insufficiency in dogs. *Vet Clin North Am Small Anim Pract* 2003; 33: 1165-1179.
112. Williams DA, Reed SD. Comparison of methods for assay of fecal proteolytic activity. *Vet Clin Path* 1990; 19: 20-24.
113. Williams DA, Batt RM. Sensitivity and specificity of radioimmunoassay of serum trypsin-like immunoreactivity for the diagnosis of canine exocrine pancreatic insufficiency. *J Am Vet Med Assoc* 1988; 192: 195-201.
114. Spillmann T, Wittker A, Teigelkamp S et al. An immunoassay for canine pancreatic elastase 1 as an indicator for exocrine pancreatic insufficiency in dogs. *J Vet Diagn Invest* 2001; 13: 468-474.
115. Spillmann T, Eigenbrodt E, Sziegoleit A. Die Bestimmung und klinische Relevanz der fäkalen pankreatischen Elastase beim Hund. *Tierärztliche Praxis* 1998; 26: 364-368.
116. Steiner JM, Pantchev N. False positive results of measurement of fecal elastase concentration for the diagnosis of exocrine pancreatic insufficiency in dogs. *J Vet Intern Med* 2006; 20: 751 (abstract).
117. Steiner JM, Rehfeld JF, Pantchev N. Serum CCK concentrations in dogs with severely decreased fecal elastase concentrations. *J Vet Intern Med* 2006; 20: 1520 (abstract).
118. Wiberg ME, Lautala HM, Westermarck E. Response to long-term enzyme replacement treatment in dogs with exocrine pancreatic insufficiency. *J Am Vet Med Assoc* 1998; 213: 86-90.
119. Westermarck E. Treatment of pancreatic degenerative atrophy with raw pancreas homogenate and various enzyme preparations. *J Vet Med A* 1987; 34: 728-733.
120. Pidgeon G, Strombeck DR. Evaluation of treatment for pancreatic exocrine insufficiency in dogs with ligated pancreatic ducts. *Am J Vet Res* 1982; 43: 461-464.
121. Somogyi L, Toskes PP. Conventional pancreatic enzymes are more efficient than enteric-coated enzymes in delivering trypsin to the duodenum of chronic pancreatitis patients. *Gastroenterol.* 1998; 114: A500 (abstract).
122. Marvola M, Heinamaki J, Westermarck E et al. The fate of single-unit enteric-coated drug products in the stomach of the dog. *Acta Pharm Fenn* 1986; 95: 59-70.
123. Rutz GM, Steiner JM, Williams DA. Oral bleeding associated with pancreatic enzyme supplementation in three dogs with exocrine pancreatic insufficiency. *J Am Vet Med Assoc* 2002; 221: 1716-1718.
124. Perry LA, Williams DA, Pidgeon G et al. Exocrine pancreatic insufficiency with associated coagulopathy in a cat. *J Am Anim Hosp Assoc* 1991; 27: 109-114.
125. Rutz GM, Steiner JM, Bauer JE et al. Effects of exchange of dietary medium chain triglycerides for long-chain triglycerides on serum biochemical variables and subjectively assessed well-being of dogs with exocrine pancreatic insufficiency. *Am J Vet Res* 2004; 65: 1293-1302.
126. Westermarck E, Junttila J, Wiberg M. The role of low dietary fat in the treatment of dogs with exocrine pancreatic insufficiency. *Am J Vet Res* 1995; 56: 600-605.
127. Westermarck E, Myllys V, Aho M. Intestinal bacterial overgrowth in dogs with exocrine pancreatic insufficiency: Effect of enzyme replacement and antibiotic therapy. *J Vet Intern Med* 1991; 5: 131 (abstract).
128. DiMagno EP. Medical treatment of pancreatic insufficiency. *Mayo Clin Proc* 1979; 54: 435-442.
129. Proesmans M, De Boeck K. Omeprazole, a proton pump inhibitor, improves residual steatorrhoea in cystic fibrosis patients treated with high dose pancreatic enzymes. *Eur J Pediatr* 2003; 162: 760-763.
130. Lockhart AC, Rothenberg ML, Berlin JD. Treatment for pancreatic cancer: Current therapy and continued progress. *Gastroenterology* 2005; 128: 1642-1654.
131. Andrews LK. Tumors of the exocrine pancreas. *In*: Holzworth J (ed.) *Diseases of the Cat.* Philadelphia, WB Saunders, 1987; 505-507.
132. Münster M, Reusch C. Tumoren des exokrinen Pankreas der

Katze. *Tierärztl Prax* 1988; 16: 317-320.
133. Larsson MHMA, Dagli MLZ, Xavier JG et al. Obstructive jaundice caused by a metastatic adenocarcinoma of the pancreas in a cat. *Ars Veterinaria* 1989; 5: 113-116.
134. Brown PJ, Mason KV, Merrett DJ et al. Multifocal necrotising steatitis associated with pancreatic carcinoma in three dogs. *J Small Anim Pract* 1994; 35: 129-132.
135. Brooks DG, Campbell KL, Dennis JS et al. Pancreatic paraneoplastic alopecia in three cats. *J Am Anim Hosp Assoc* 1994; 30: 557-563.
136. Godfrey DR. A case of feline paraneoplastic alopecia with secondary Malassezia-associated dermatitis. *J Small Anim Pract* 1998; 39: 394-396.
137. Bennett PF, Hahn KA, Toal RL et al. Ultrasonographic and cytopathological diagnosis of exocrine pancreatic carcinoma in the dog and cat. *J Am Anim Hosp Assoc* 2001; 37: 466-473.
138. Zenoble RD, Crowell WA, Rowland GN. Adenocarcinoma and Hypercalcemia in a dog. *Vet Pathol* 1979; 16: 122-123.
139. Lamb CR, Simpson KW, Boswood A et al. Ultrasonography of pancreatic neoplasia in the dog: A retrospective review of 16 cases. *Vet Rec* 1995, 137. 65-68.
140. Seaman RL. Exocrine pancreatic neoplasia in the cat: A case series. *J Am Anim Hosp Assoc* 2004; 40: 238-245.
141. Eloy R, Bouchet P, Clendinnen G et al. New technique of total pancreatectomy without duodenectomy in the dog. Am *J Surg* 1980; 140: 409-412.
142. Withrow SJ. Exocrine cancer of the pancreas. *In*: Withrow SJ, MacEwen EG (eds.) *Small Animal Clinical Oncology*. Philadelphia, WB Saunders, 2001; 321-323.
143. VanEnkevort BA, O'Brien RT, Young KM. Pancreatic pseudocysts in 4 dogs and 2 cats: Ultrasonographic and clinicopathologic findings. *J Vet Intern Med* 1999; 13: 309-313.
144. Hines BL, Salisbury SK, Jakovljevic S et al. Pancreatic pseudocyst associated with chronic-active necrotizing pancreatitis in a cat. *J Am Anim Hosp Assoc* 1996; 32: 147-152.
145. Coleman M, Robson M. Pancreatic masses following pancreatitis: Pancreatic pseudocysts, necrosis, and abscesses. *Compend Contin Educ Pract Vet* 2005; 27: 147-154.
146. Ephgrave K, Hunt JL. Presentation of pancreatic pseudocysts: implications for timing of surgical intervention. *Am J Surg* 1986; 151: 749-753.
147. Sheldon WG. Pancreatic flukes (Eurytrema procyonis) in domestic cats. *J Am Vet Med Assoc* 1966; 148: 251-253.
148. Roudebush P, Schmidt DA. Fenbendazole for treatment of pancreatic fluke infection in a cat. *J Am Vet Med Assoc* 1982; 180: 545-546.
149. Lewis DT, Malone JB, Taboada J et al. Cholangiohepatitis and choledochectasia associated with Amphimerus pseudofelineus in a cat. *J Am Anim Hosp Assoc* 1991; 27: 156-161.
150. Boyden EA. The problem of the pancreatic bladder. *Am J Anat* 1925; 36: 151-183.
151. Bailiff NL, Norris CR, Seguin B et al. Pancreatolithiasis and pancreatic pseudobladder associated with pancreatitis in a cat. *J Am Anim Hosp Assoc* 2004; 40: 69-74.
152. Jubb KVF. The Pancreas. *In*: Jubb KVF, Kennedy PC, Palmer N (eds.) Pathology of Domestic Animals. San Diego, Academic Press Inc., 1993; 407-424.

9 複数の消化器に及ぶ疾患

9.1 食物有害反応—アレルギー対不耐性
Albert E. Jergens, Elizabeth R. May

9.1.1 はじめに

食物有害反応は，さまざまな消化器症状，皮膚症状の潜在的な原因と考えられている．これらの疾患が実際にどれだけ発生しているかは不明である．誤診をしないため，また炎症性腸疾患（IBD：inflammatory bowel disease）などの他の消化器疾患の治療を不適切に行わないために，食物有害反応を正確に理解することが必要である．本章では，伴侶動物における食物有害反応についての病因，臨床症状，診断，治療，予後をまとめた．

9.1.2 用 語

食物有害反応は，免疫介在性と非免疫介在性の2つに分けられる（図9.1）．[1,2] 食物アレルギーは，食物をさらに摂取することで，必ず免疫学的な反応を起こす．それに対して食物不耐性とは，食物や食品添加物に対する非免疫介在性の反応を意味する．特異体質，食物の毒性，食中毒，アナフィラキシー様反応，薬理学的反応，代謝性反応などが臨床的に認められる食物不耐性である（表9.1）．実際には，食物アレルギーと食物不耐性は類似した食物による刺激，臨床症状，検査結果，治療からなるので区別するのは難しい．

9.1.3 食物アレルギーの病因

消化管粘膜のバリアと経口免疫寛容の相乗効果によって，食物過敏症のリスクは最小限にされる．粘膜のバリアは以下のいくつかの免疫学的，非免疫学的要素からなる．1）摂取した抗原の侵入の防御（上皮バリア，正常な蠕動運動，多糖外皮による），2）摂取した抗原の分解の促進（胃酸，膵酵素，刷子縁の酵素などを介して），3）粘膜から抗原の排除の促進（消化管腔内の抗原特異的な分泌型IgA [sIgA]）．経口免疫寛容とは，経口的に摂取された抗原に対して局所もしくは全身的に免疫学的な反応を起こさないことと定義される．[3] 免疫寛容は抗原特異的な制御性T細胞の産生（細胞性免疫）と粘膜表面へ分泌されるsIgA（液性免疫）による．これらの粘膜の防御機構が弱くなると，食物アレルギーを起こしやすくなる．

食物アレルギーの免疫学的な機序は完全には明らかになっていないが，I型（IgEを介した）過敏症が関与していると思われる．食物抗原に対する経口免疫寛容が獲得されずに，局所においてIgEが産生されて過敏になる．抗原の暴露により肥満細胞の脱顆粒が起こり，炎症メディエーター（例；炎症性サイトカイン）が放出され消化管の炎症が引き起こされる．これらのI型過敏症は抗原の摂取後数分から数時間で生じる．抗原が消化管から逸脱し，感作された好塩基球やIgEが結合した皮膚の肥満細胞におよぶと全身性の反応（例；皮膚症状）が起こる．犬や猫においてIgEを介さない食物過敏症も存在すると考えられている．[4]

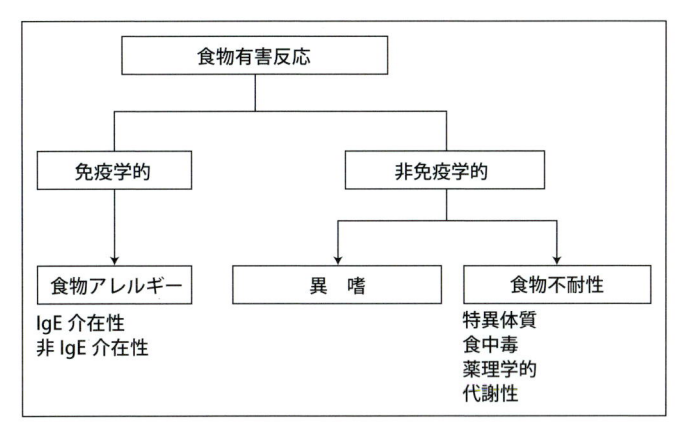

図9.1 食物有害反応．この図は獣医学領域でみられるさまざまな型の食物有害反応を示している．

表9.1 食物有害反応のタイプ

不耐性の種類	反 応
特異体質	食品の材料もしくは添加物に対する異常な反応．例として食物添加物に対する反応
中 毒	食物に含まれる有機物もしくは食物中の毒素に対する異常な反応．例としてアフラトキシンやボツリヌス
アナフィラキシー様反応	アナフィラキシーに類似した反応であるが，免疫学的な化学伝達物質の放出はしていない．
代謝性反応	食物摂取後の代謝の影響．例としてラクトース（二糖類分解酵素）不耐性
薬理学的反応	食物の薬剤のような効果．例としてチョコレート中毒．

9.1.4 食物アレルギー

アレルギーを起こす特異的な食物の蛋白についての記述は少ない．医学での食物アレルギーでは，食物抗原のほとんどは10～70kDaの分子量の糖蛋白である．[5] 犬や猫における食物抗原の分子量を明確にした報告はない．蛋白の安定性や免疫原性が，さまざまな食物の成分の抗原性の決定に重要な役割をしている．例として熱，酸，蛋白分解酵素で処理された時の安定性はさまざまである．[6] さらに食物蛋白の変性によるエピトープ（抗原決定基）の破壊や暴露などが，抗原性の増加や減少を起こす．[7]

市販のペットフードには多量の食物蛋白が含まれており，食物抗原を特定することは難しい．12報のメタアナリシスでは，食物有害反応として皮膚症状を呈した犬の3分の2にあたる265頭において，牛肉，乳製品，小麦が投与されていた．[8] 鶏肉，鶏卵，ラム，大豆などに対する副反応は食物アレルギーの約25％を占めていた．他の報告では食物アレルギーの犬において，牛乳，牛肉，ラムのIgGが唯一の抗原となっていた．[9] 犬においてトウモロコシ，豚肉，白米，魚に対して副反応を呈することはほとんどない．食物有害反応（例；皮膚症状，消化器症状）を呈した猫の80％において，食物に牛肉，乳製品，魚が含まれていた．[8]

動物の食物過敏症は複数のものに対して起こすのと，ある1つに対して起こすのはどちらが一般的かは明らかではない．Waltenらの報告によれば犬や猫では，複数の過敏症は一般的ではないとされる．[10] しかし，HarveyとPattersonの報告では35～48％の食物過敏症の犬で1つ以上の食物に対してアレルギーを呈していた．[11,12] 同様にGuilfordらの報告では，慢性的な消化器症状を呈した猫の50％以上において複数の食物抗原に過敏症を呈していた．[13] 食物抗原に対する交差反応は起こらないようである．

犬や猫での臨床症状

犬と猫での食物過敏症は，皮膚症状や消化器症状として臨床的にあらわれる．驚いたことに，どちらの動物でも消化器症状より皮膚症状の方が起こしやすい．

犬の食物アレルギー

食物過敏症は犬における全ての皮膚病の内の約1％を占める．[14] 食物アレルギーはノミアレルギー，アトピー性皮膚炎に続き3番目に多いアレルギー性皮膚疾患である．年齢，性別，犬種などの素因は明らかではない．症例の3分の1は1歳齢以下の若齢犬に発症する．過敏症を起こす食物抗原への接触は，最初に症状を呈する1～2年前に起こると報告もある．[6] 皮膚症状として典型的には非季節性の掻痒のある皮膚炎を起こし，時に消化器症状も併発する．掻痒の程度はさまざまであるが，しばしば激しい．病変の分布はアトピー性皮膚炎と類似しているが，顔面，足，腋窩，会陰，臀部，耳に病変を形成しやすい（図

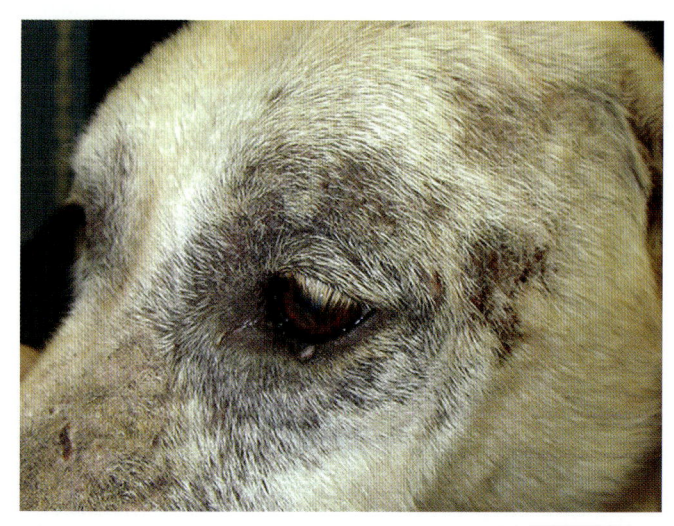

図9.2 食物有害反応．牛肉蛋白に対する皮膚の副反応による激しいかゆみに続発する眼周囲の脱毛，色素沈着，擦過傷がみられる．

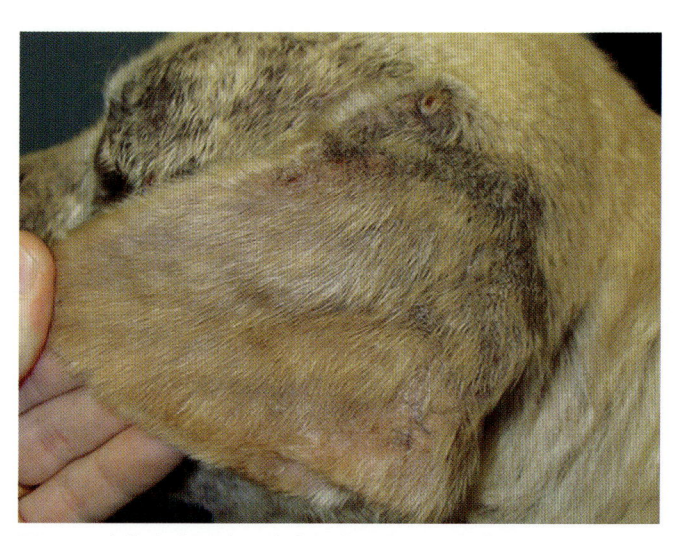

図9.3 食物有害反応．牛肉蛋白に対する皮膚の副反応による激しいかゆみに続発する耳翼の紅斑，脱毛，擦過傷がみられる．

9.2，図9.3，図9.4）．食物アレルギーの犬のうち20～30％で同時に，ノミアレルギーやアトピー性皮膚炎など他のアレルギー性疾患に罹患している．[15] 食物アレルギーの犬のうち，外耳炎が唯一の症状であることもある．食物アレルギーによる消化器症状には嘔吐，下痢，体重減少，腹部不快感などがある．[4,6,15]

猫の食物アレルギー

猫でも犬と同様に食物アレルギーは皮膚疾患のうち1％を占め，ノミアレルギーとならんでアレルギー性皮膚炎の一般的な原因である．[14,16] 年齢，性別などの素因に関する報告はない．しかし，シャム猫やシャム系雑種猫は全症例の3分の1を占めるので危険因子となる．症状は1）皮膚病変を伴わない全身

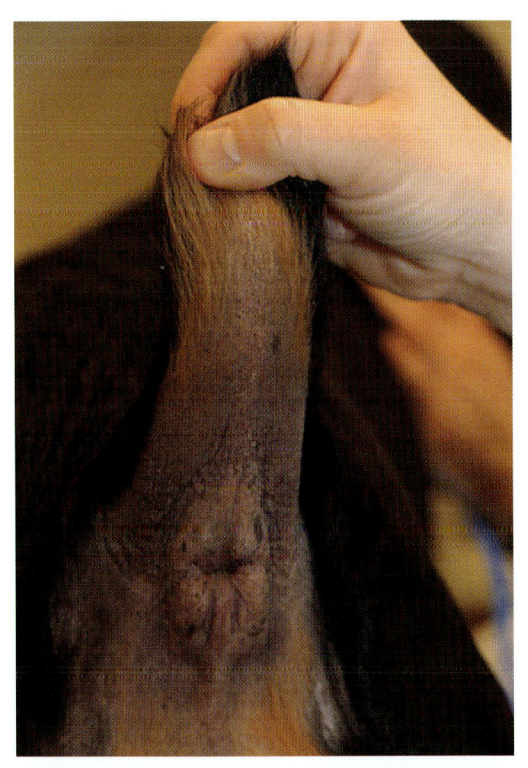

図9.4 食物有害反応．鶏肉蛋白に対する皮膚の副反応による激しいかゆみに続発する肛門周囲の脱毛，紅斑，苔癬化，色素沈着がみられる．

表9.2 腸疾患における食物関連免疫反応の役割

疾患	食物抗原の役割	治療
炎症性腸疾患	食物抗原がGIの炎症に寄与している可能性	除去食＋免疫抑制治療
グルテン過敏性腸症	グリアジンに対する粘膜の異常な免疫反応	グルテン除去食
SCWTの蛋白漏出性腸症	重度の食物アレルギーによる腸炎およびPLE	除去食＋免疫抑制療法

GI＝消化管の
PLE＝蛋白漏出性腸症
SCWT＝ソフトコーテッド・ウィートン・テリア

性の搔痒，2）粟粒性皮膚炎，3）頭部，頸部，耳周囲の自傷を伴う搔痒などである．外耳炎は単独で，あるいは他の皮膚病変とともにみられることがある．嘔吐，下痢などの消化器症状は10〜15％の症例で認められる．[14]

その他の疾患

犬および猫において食物関連の免疫学的反応により腸疾患が起こる（表9.2）．食物アレルギーとは違い，消化器症状のみを認める．

診断

食物有害反応が疑われる犬や猫おいては，除去食試験が最も重要である．試験管内での検査（例；RASTSやELISA），生検，皮内反応，胃内視鏡での検査は食物アレルギーの診断に信頼性はない．[6,15] 人腸内視鏡検査による食物抗原の注入，腸間膜動脈の血流の超音波ドプラ検査，核周囲型抗好中球細胞質抗体（pANCA）は犬の食物アレルギーの診断に有用であると示唆されている．[17-19] しかし，それらを証明するにはさらなる研究が必要である．

食物有害反応の治療

食物試験の概念

まず第一段階は，それまでの食餌（問題となる食餌）を中止して除去食を与え，その後に以前の食餌を試してみる（図9.5）．もし臨床症状が以前の食餌で再発し，除去食試験で改善するのであれば，食物有害反応であると診断できる．負荷試験により問題となる抗原を発見することができるが，臨床的にはしばしば実行できない．負荷試験の結果に基づいた適切な市販の除去食が推奨される．

除去食試験の定義

理想的な除去食は，1）加水分解蛋白もしくは新奇の高消化性の蛋白を含み，2）過剰な蛋白は制限され，3）添加物や血管作動性アミンを制限し，4）動物の生活や状態に適当な栄養を含むものである．[15] ホームメード除去食や市販の除去食などさまざまな食餌がある．

ホームメード除去食は一種類の蛋白や炭水化物で作成するべきである．なぜなら炭水化物はわずかではあるが少量の蛋白を含むからである．犬で推奨される原料は，魚肉，兎肉，鹿肉，白米，ジャガイモ，豆腐である．一方で，猫では蛋白源が子羊肉や兎肉などで，炭水化物源が白米などである離乳食の使用が推奨されている．ホームメード食は，食物アレルギーを疑う犬猫においてしばしば最初に推奨される．3週間以上のホームメード食を給与するときは，栄養が十分であるかに注意しなければならない．[15] ほとんどの市販の除去食は，食物有害反応が疑われる犬猫の長期管理に適応となる．市販の除去食は使いやすく，バランスもとれており，犬でも猫でも栄養的にも完璧である．加水分解食では蛋白を小さいペプチドやアミノ酸まで加水分解し，食餌の抗原性を低下させている．食物有害反応に対してどの除去食が臨床的に優れているかは，明確にはされていない．

食物試験の期間

最適な試験期間はについては議論されている．一般的には，皮膚症状を呈する症例に対しては長期間必要であり（6〜10週間），消化器症状を示す症例ではより短期間（3〜4週間）であるとされている．食物アレルギーの猫では3〜7日間で反応があるとされている．[13]

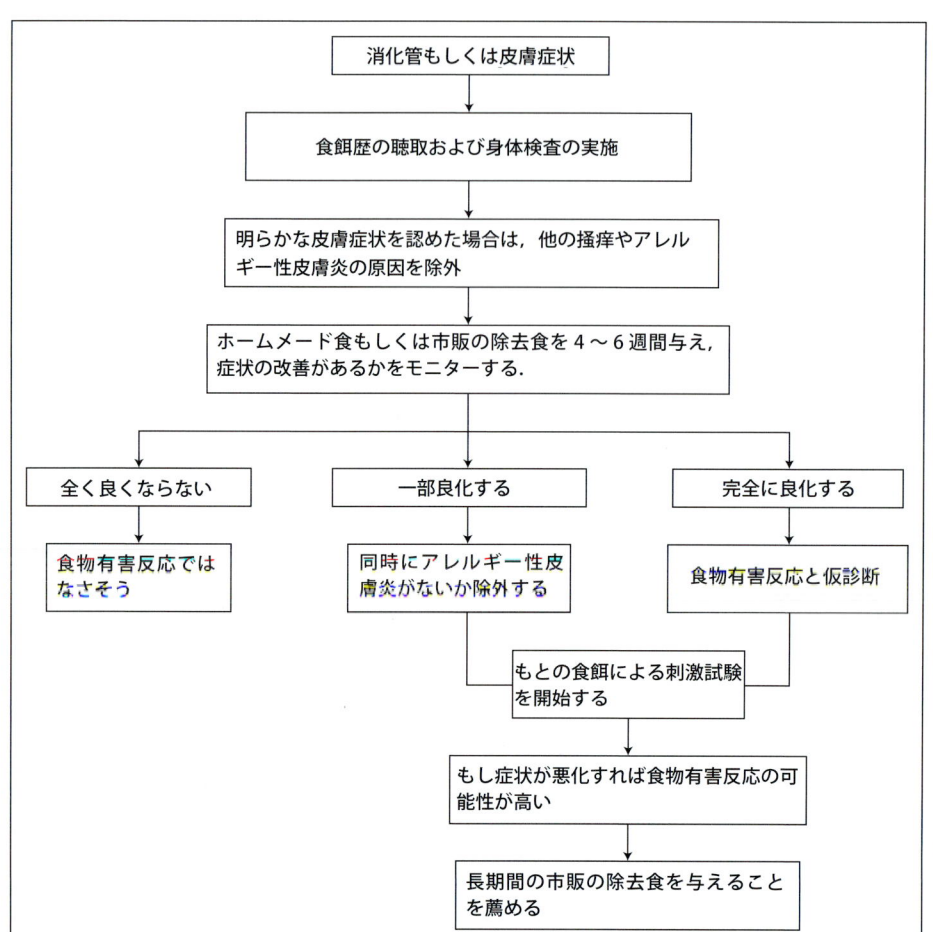

図9.5 食物有害反応を診断するための除去試験の実際のアプローチ（Roudwbush 2005[15] 改変）

```
消化管もしくは皮膚症状
      ↓
食餌歴の聴取および身体検査の実施
      ↓
明らかな皮膚症状を認めた場合は，他の掻痒やアレル
ギー性皮膚炎の原因を除外
      ↓
ホームメード食もしくは市販の除去食を4～6週間与え，
症状の改善があるかをモニターする．
   ↓       ↓       ↓
全く良くならない  一部良化する  完全に良化する
   ↓          ↓           ↓
食物有害反応では  同時にアレルギー性皮  食物有害反応と仮診断
なさそう       膚炎がないか除外する
                ↓
           もとの食餌による刺激試験
           を開始する
                ↓
           もし症状が悪化すれば食物有害反応の可
           能性が高い
                ↓
           長期間の市販の除去食を与えること
           を薦める
```

食餌療法の解釈

食物有害反応の仮診断は，食餌療法により掻痒の程度の変化や消化器症状の重篤度が改善することで行える．しかし，確定診断には元々の食餌を付加することが必要である．除去食試験はアレルギー性皮膚炎を併発している場合は解釈が難しくなる．それゆえ除去食試験に反応した症例の一部では，ノミアレルギー性皮膚炎やアトピー性皮膚炎を除外しなければならない．

予後

食物有害反応は，除去食試験により正確に診断して治療を行えば，予後は一般的に良好とされる．筆者の経験によると，ほとんどの飼い主が負荷試験を許容しないので，原因となる食物は判明しないことが多い．飼い主には臨床的な寛解を維持するには，長期間（無期限）の市販の除去食の投与が必要となることを説明しなければならない．

🗝 キーポイント

- 食物有害反応は，免疫学的機序による場合と（例；食物アレルギー），免疫学的機序を伴わない場合（例；食物不耐性）がある．
- 犬でも猫でも食物アレルギーの皮膚症状（掻痒性皮膚炎）は目立つ．
- 除去食試験が食物有害反応を疑う犬や猫において最も重要である．
- 一度正確に診断し，除去食により治療を行えば，一般に食物有害反応の予後は良好である．

参考文献

1. Anderson JA. The establishment of common language concerning adverse reactions to foods and food additives. *J Allergy* 1986 ; 78: 140-144.
2. Halliwell REW. Comparative aspects of food intolerance. *Vet Med* 1992 ; 87: 893-899.
3. Crowe SE, Purdue MH. Gastrointestinal food hypersensitivity: basic mechanisms of pathophysiology. *Gastroenterology* 1992 ; 103: 1075-1095.
4. Day MJ. The canine model of dietary hypersensitivity. *Proc Nutr Soc* 2005 ; 64: 458-464.
5. Taylor SL, Lemanske RF, Bush RK et al. Food allergens: structure and immunologic properties. *Ann Allergy* 1987 ; 59: 93-99.
6. Verlinden A, Hesta M, Millet S et al. Food allergy in dogs and cats: a review. *Crit Rev Food Sci Nutr* 2006 ; 46: 259-273.
7. Guilford WG. Adverse reactions to food. In: Guilford, WG, Center SA, and Strombeck DR (eds.), Strombeck's *Small Animal Gastroenterology*. Philadelphia, WB Saunders, 1996 ; 436-450.
8. Roudebush P. Ingredients associated with adverse food reactions in dogs and cats. *Adv Small Anim Med Surg* 2002 ; 15: 1-4.
9. Martin A, Sierra MP, Gonzalez JL et al. Identification of allergens responsible for canine cutaneous adverse food reactions to lamb, beef and cow's milk. *Vet Dermatol* 2004 ; 15: 349-356.
10. Walton GS. Skin responses in the dog and cat to ingested allergens. *Vet Rec* 1967 ; 81: 709-713.
11. Harvey RG. Food allergy and dietary intolerance in dogs: a report of 25 cases. *J Small Anim Pract* 1993 ; 34: 175-179.
12. Paterson S. Food hypersensitivity in 20 dogs with skin and gastrointestinal signs. *J Small Anim Pract* 1995 ; 36: 529-534.
13. Guilford WG, Jones BR, Markwell PJ et al. Food hypersensitivity in cats with chronic idiopathic gastrointestinal problems. *J Vet Intern Med* 2001 ; 15: 7-13.
14. Muller GH, Kirk RW, Scott DW. Food hypersensitivity. In: Dison J (ed.), *Small Animal Dermatology*. Philadelphia ; WB Saunders, 1989 ; 470-474.
15. Roudebush P. Adverse reactions to foods: allergies versus intolerance. In: Ettinger SJ, Feldman EC (eds.) *Textbook of Veterinary Internal Medicine*. Philadelphia, WB Saunders, 2005 ; 566-570.
16. Scott DW. Feline dermatology 1983-1985: the secret sits. *J Am Anim Hosp Assoc* 1987 ; 23: 255-274.
17. Allenspach K, Vaden SL, Harris TS et al. Evaluation of colonoscopic allergen provocation as a diagnostic tool in dogs with proven food hypersensitivity reactions. *J Small Anim Pract* 2006 ; 47: 21-26.
18. Kircher PR, Spaulding KA, Vaden S et al. Doppler ultrasonographic evaluation of gastrointestinal hemodynamics in food hypersensitivities: a canine model. *J Vet Intern Med* 2004 ; 18: 605-611.
19. Luckschander N, Allenspach K, Hall J et al. Perinuclear antineutrophilic cytoplasmic antibody and response to treatment in diarrheic dogs with food responsive disease or inflammatory bowel disease. *J Vet Intern Med* 2006 ; 20: 221-227.

9.2 炎症性腸疾患

9.2.1 はじめに

犬および猫の消化器学において，炎症性腸疾患（IBD）という単語は，持続性もしくは再発性の消化器症状を呈し，組織学的に消化管粘膜に炎症細胞が浸潤している症例に対して使用される．[1] しかし，IBD という言葉が小動物消化器学において無差別に使用されているのが問題である．炎症を起こす原因が認められない時のみ"特発性 IBD"と呼ぶ．慢性腸炎は他のさまざまな疾患においても起こる（表 9.3）．原因不明と定義されている特発性 IBD と診断する前に，臨床家は全身を検査して他の疾患を除外する必要がある．

特発性 IBD は複数の疾患群であり，さまざまな組織学的所見が存在する．IBD の組織学的分類は，主体となる炎症細胞や形態が基本となる（表9.4）．リンパ球プラズマ細胞性腸炎（LPE）は犬や猫で最も知られている特発性 IBD の 1 つであるが，この群の中でも病変の分布，重症度，固有層内の形態の変化（例；絨毛，陰窩），リンパ球と形質細胞の比などさまざまな違いがある．バセンジーにおいて重度の LPE が報告されている．孤立性のリンパ球プラズマ細胞性結腸炎（LPC）が数人の筆者から報告されているが，通常は同時にび漫性に腸炎（例；LPE）を起こしていると考えられている．[2]

好酸球性胃腸炎（EGE）は LPE に比べ一般的ではないが，IBD の中では二番目に高頻度に診断される．肉芽腫性腸炎はまれであると考えられているが，"限局性腸炎"と報告されているものはヒトの肉芽腫性腸炎にかなり類似している．組織球性潰瘍

表 9.3 慢性腸炎の原因

慢性感染
- ジアルジア
- ヒストプラズマ
- トキソプラズマ
- マイコバクテリア
- プロトテカ
- プチウム属などの接合菌

病原体
- カンピロバクター属，サルモネラ属，病原性大腸菌

食物アレルギー

他の消化器原発の疾患
- リンパ腫
- リンパ管拡張症
- 特発性

表9.4 特発性炎症性腸疾患の病理組織学的分類

病理組織学的所見	コメント
リンパ球プラズマ細胞性腸炎（LPE）	最も一般的な型
バセンジー腸疾患	LPEの亜型の1つの可能性
ソフトコーテッド・ウィートン・テリアの家族性PLEおよびPLN	LPEの亜型の1つの可能性
リンパ球プラズマ細胞性結腸炎	LPEと同時にも別にも起こる
好酸球性腸炎（EE），好酸球性胃腸炎（EGE），好酸球性小腸結腸炎（EEC），好酸球性胃腸結腸炎（EGEC）	好酸球が顕著に増加
肉芽腫性腸炎	特発性のものはまれであるが，猫ではFIP感染に伴い認められる
限局性腸炎	おそらく肉芽腫性腸炎と同様
好中球性腸炎	犬ではまれ，猫では一般的ではない
組織球性潰瘍性結腸炎	ボクサーで一般的である感染が原因である可能性

性腸炎はまれな疾患であり，ほぼボクサーにおいてのみ認められる（6.4.2.1参照）。

ヒトでは好中球の浸潤はクローン病（CD）や潰瘍性大腸炎（UC）と呼ばれる疾患の特徴である．好中球の浸潤は特発性IBDの猫では一般的ではなく，犬でもまれである．CDの特徴は寛解期間があること，好中球浸潤から始まる肉芽腫形成を伴う再発があることである．この疾患は消化管のどの部位にも起こりえるが，空腸の遠位と回腸に限局して起こるのが典型的である．さらに瘻管の形成や，肉芽腫の形成による消化管閉塞などが特徴であり，病変部位を外科的に切除する必要があることも多い．それに対してUCは結腸に病変が限局し，組織学的にも潰瘍や陰窩膿瘍などで，好中球性の炎症のあるCDとは異なる．犬猫のIBDと，ヒトのIBD（例；CDやUC）の類似している点はわずかだが，病因としては共通したものがあるかもしれない．

9.2.2 炎症性腸疾患（IBD）の共通原理

9.2.2.1 病因

小動物における特発性IBDの病因は当然知られていない．しかし，ヒトのIBDの原因との類似点があり，また腸管内の抗原（細菌や食物抗原）への免疫寛容の破綻が重要であると考えられている．

免疫寛容の破綻はおそらく，粘膜バリアの破壊，免疫システムの調節不良，小腸フローラの不均衡などの組み合わせによって起こる．IBDの症例において食餌療法が奏効するということは食餌が病因に関与していることを示唆しているが，げっ歯類のIBDモデルやヒトの自然発生性のIBDから推察すると内因性の細菌叢がより重要な抗原であると考えられる．腸管病原性物質に対する特異的な免疫反応とは対照的に，正常な腸管内の抗原に対する反応は寛容である．ほとんどの抗原は無害な食餌由来か消化管内細菌叢由来のものであり，それら広範な抗原に対する反応は無害なもののみならず有害となる可能性もあり，その結果制御できない炎症を引き起こす．

IBDでは遺伝的な要素が病因に関与しているようであり，ヒトでは主要組織適合遺伝子複合体（ヒト白血球型抗原：HLA）遺伝子と強い関係があるとされる．[4,5] さらに，CDの患者においてNOD2遺伝子の変異が知られている．[6,7] NOD2遺伝子の生成物は細菌のリポ多糖を認識し，炎症性核内転写因子NF-κBを活性化することができる．その結果，細菌への異常な免疫反応が起こる．IBDに罹患しやすい品種があることから，犬や猫のIBDにおいて遺伝的要因が重要であるようだが，研究は行われていない．粘膜の免疫寛容の機序が解明される一方で，腸関連リンパ組織（GALT）がいつ寛容し，いつ寛容しないかをどのように決定しているかは解明されていないままである．実際に特発性IBDが内因性の細菌叢に対する粘膜の寛容の崩壊によるものであったとしても，その原因はまだ不明である．それゆえIBDの病因を理解するためには，正常な小腸の細菌叢と，小腸免疫の相互作用を理解することが重要である．

細菌叢

正常な小腸内細菌叢は好気性，嫌気性，通性嫌気性細菌など多様であり，小腸に不可欠である．絨毛の大きさ，腸細胞のターンオーバー，刷子縁膜酵素のターンオーバー，消化管運動性などさまざまな機能に影響する．脂肪，炭水化物，アミノ酸（タウリンなど），ビタミン（コバラミンや葉酸）などの消化および吸収にも腸内細菌は関与している．

細菌数は十二指腸から大腸にかけて増加していくが，正常な動物における正常な細菌数に関して一致した意見はない．ある報告では健康な犬の小腸近位では，最大10^9CFU/mlの細菌が存在するとされており，健康なヒトにおいて報告されている数（$<10^5$CFU/ml）よりかなり多い．[8] 腸管内の細菌叢の存在は病原菌のコロニー形成を阻止するのに重要であるが，消化管が炎症を起こすのには細菌の絶対数はおそらく重要ではない．

粘膜の免疫機構

消化管粘膜にはバリア機構が存在するが，病原菌から防御するための免疫反応を起こすと同時に，共生する細菌や食餌内容物などのような無害な環境抗原に対しては寛容のままである．免疫システムの構造や機能の理解が最近進んでいるが，免疫システムがある特定の抗原に対してどうやって反応すべきかもしくは寛容であるべきかを決定しているかははっきりしていな

い.[9] 細菌に対する宿主の免疫反応が発症に重要であると考えられているが，正常な細菌叢に対する不寛容がIBDの根底にある機序である可能性がある．

GALTは最も大きな免疫組織であり，その構造や機能は複雑である．詳細な構造や機能については他に記してある.[10] 手短に表すと，GALTの誘導組織はパイエル板（PPs），孤立リンパ小節，腸間膜リンパ節（MLNs）からなり，実効組織は粘膜固有層（LP），上皮からなる．PPsは免疫反応を起こす主な組織であり，Bリンパ球を成熟させる機能もある．パイエル板を覆う円柱上皮組織には抗原輸送細胞（Microfold細胞，M細胞）に分化した集団が存在しており，免疫細胞が抗原を受け取る入り口として機能している．腸間膜リンパ節は小腸から輸入リンパを受け取り，免疫反応を起こす際に重要である．粘膜固有層は主としてリンパ球からなる大きな白血球の集団と結合組織で構成されている．腸管上皮細胞間リンパ球（IEL）は，腸細胞の間に存在する．

Bリンパ球はパイエル板にも粘膜固有層にも存在する．主にリンパ球はパイエル板では濾胞に存在するが，粘膜固有層では腸陰窩周囲に形質細胞として存在し，それらはほとんどが防御抗体を分泌するIgA型である．

小腸内のT細胞は，ほとんどが$\alpha\beta$T細胞である.[11] T細胞はCD4やCD8などの表面抗原によりさらに細かくわけることができる．CD4陽性細胞（ヘルパーT細胞）は，特にマクロファージや樹状細胞などのMHCクラスII分子上に提示される抗原ペプチドを認識する．それに対してCD8陽性細胞（細胞傷害性細胞）はMHCクラスI支配である．

犬の粘膜固有層の絨毛の上部ではT細胞がもっとも多く存在し，そのほとんどが$\alpha\beta$，CD4陽性である.[11,13] しかし，猫の粘膜固有層ではCD8陽性細胞の方がCD4陽性細胞より多い.[14] ほとんどの粘膜固有層のリンパ球は分化しており，内因性の細菌叢からの持続的な抗原性や分裂促進の刺激を受けていることを表している．IELsはほとんどがCD8陽性細胞であるが，$\alpha\beta$もしくは$\gamma\delta$のいずれも存在し，動物種ごとで異なる．IELsの機能として細胞溶解能やサイトカイン産生能などが知られ，上皮のサーベイランスや粘膜の免疫の恒常性の維持などの役割を果たす．

CD4陽性T細胞は主要なサイトカイン産生細胞であるが，それとは違ったサイトカインを産生する細胞群が存在し，液性免疫および細胞性免疫を調節する．Th1細胞がインターロイキン2（IL-2），インターフェロンγ（IFN-γ），腫瘍壊死因子β（TNFβ）を産生し，Th2細胞がIL-4, IL-5, IL-6, IL-10を産生すると考えられる.[15] トランスフォーミング成長因子（TGFβ）もしくはIL-10の分泌を主にダウンレギュレートする機能を持つ細胞群も存在する.[16] 小腸粘膜ではリンパ球や形質細胞が主に存在するが，他の免疫細胞も存在する．マクロファージはサイトカイン，ケモカインそしてTNF-α，エイコサノイド，ロイコトリエンなどの炎症メディエーターを介して，貪食能や抗原提示能，免疫調節作用を有している．好中球は少量存在しており，粘膜の炎症時には増加が認められる．肥満細胞も好酸球も存在し，炎症メディエーター（ヒスタミン，ヘパリン，エイコサノイド，サイトカイン）を活発に産生する．

腸細胞は消化する機能だけでなく，重要な免疫機能をもつ．まず粘膜バリアの重要な構成成分であり，抗原の取り込みを調節する．次にMHCクラスIIや非古典的抗原提示分子を介した抗原提示能をもつ.[17] 最後に，腸細胞は炎症メディエーター，ケモカイン，サイトカインを産生することが可能であり，上皮と粘膜固有層のどちらの免疫反応も調節する．

粘膜寛容

獲得免疫応答は抗原の取り込み，ナイーブリンパ球への提示，ヘルパー細胞による刺激，クローナルな増殖，実効組織へのホーミング，エフェクター機能などの一連の行程の後に起こる．詳細な機序は他を参照してほしい.[18] 小腸内ではさまざまなサイトカインの流れがあり，炎症誘発性，免疫調節性，ケモキネシスなどに分類される．さまざまな細胞が（上記の）サイトカインを産生することで，主体となる免疫反応を決定するサイトカイン環境ができる．

粘膜寛容は，（アポトーシスによる）抗原特異的T細胞のアネルギー/欠損，もしくは抗原特異的抑制細胞の抑制によって起こる.[19] CD4陽性$\alpha\beta$T細胞は抑制性サイトカイン（例；TGF-β，IL-10）の産生や，細胞間相互作用を通じて免疫抑制を担う.[16] TGF-βやIL-10はIgAの産生に重要であるため，粘膜寛容の成立が抗原特異的IgA反応と同時に起こっている可能性があり，免疫排除による免疫寛容の維持に役立っている．

前述した様に，粘膜の免疫機構はいつ特異的な免疫反応を起こすべきなのか（例；病原菌に対して），いつ寛容を維持するべきなのか（例；共生の細菌や食物）を決定しなければならない．もっとも有力な仮説としては，抗原が提示しているものによって反応を決定する"危険理論"である.[19] 粘膜が病原菌により障害を受けた時には，"危険信号"（例；炎症性サイトカイン，ケモカインなどの炎症メディエーター）を放出する．それゆえ，寛容であった免疫が活性化してTh1優位（例；細胞障害性，IgG）もしくはTh2優位（例；IgE）となり免疫反応が生じる．そのような免疫応答は病原体を完全に破壊するために起こるが，特に粘膜バリアが破綻していて病原体の侵入が続いたりするときや，腸管関連リンパ組織（GALT）の先天的な異常など，腸管内での病原体感染の危険が続くときには，宿主側の細胞を傷害する．慢性炎症の状態が一度成立すると，本来無害な抗原（例えば，食品の構成成分や共生細菌など）に対する免疫寛容の破綻につながる可能性がある．最終的には慢性炎症は，最初の原因にかかわらず組織学的には類似した変化を起こす．

粘膜の炎症

さまざまな原因（感染，虚血，外傷，毒素，腫瘍，免疫反応を含む）によって細胞や血管が反応を起こし，それらが集まったものが炎症として知られる．正常な粘膜は通常内因性の細菌や食物に対しては寛容であり，"制御された炎症"の状態にあると考えられる．粘膜バリアの破壊，免疫機構の調整不全，腸管細菌叢の阻害，あるいはこれらの組合せにより免疫反応が不安定になり，制御できない炎症の引き金となる．

粘膜の炎症の病因について，げっ歯類の消化管の炎症の実験モデルによってさらに理解が進められた．このように遺伝子工学で生み出された動物は，粘膜バリアや粘膜免疫系の破綻や内因性マイクロフローラの破綻を自然発生的にまたは誘導によって（簡単に）つくることができ，これらは全て同じような病理組織像を呈する慢性炎症を引き起こす．いかなるモデルでも，腸内細菌の存在が病気の発現には重要であり，げっ歯類を微生物がいない環境飼育すると，消化管の炎症は起こらないことが知られている．[20] これにより炎症を制御するには，内因性の細菌叢が重要であるといえる．これは健康なヒトにおいて自らの消化管の細菌叢に対しては免疫寛容であるが，IBD患者においてこの寛容が破綻していることで確認できる．[21]

9.2.2.2 臨床症状

特発性IBDは，犬や猫において最も一般的な慢性嘔吐や下痢の原因であると考えられているが，実際の罹患率は不明である．実際には過剰に診断しているようである．なぜなら消化管の内視鏡下での生検が簡単に行える様になったが，組織学的な解釈が（特に内視鏡で得られた場合）難しく，粘膜に炎症を起こす他の原因を適切に除外できないこともある．犬や猫では性差は報告されていなく，中年齢で最も一般的である．6カ月齢以下では，下痢の原因として解剖学的なものや，感染や，食餌などが多く，IBDはあまり起こらない．

特発性IBDはどの犬や猫でも起こる可能性はあるが，罹患しやすい品種も知られている．例として，LPEはジャーマン・シェパードやシャム猫，EGEではジャーマン・シェパード，リンパ球増殖性腸症ではバセンジーなどである．蛋白漏出性腸症（PLE）と蛋白漏出性腎症（PLN）を同時に併発するソフトコーテッド・ウィートン・テリアの報告がある．シャーペイは，しばしば低アルブミン血症や低コバラミン血症を伴う重度のLPEに罹患する．猫では"三重炎"と呼ばれているリンパ球形質細胞性炎症性腸疾患，リンパ球性胆管肝炎，および慢性リンパ球性膵炎を併発する症候群が知られている．[22]

IBDの症例では嘔吐と下痢が最も良く認められる症状であるが，個々の症例をみると表9.5に示した症状の一部もしくは全てを呈することがある．症状には波があり，症状を誘発する現象が明らかであることもある（例；ストレス，急性消化管感染，食餌の変更）．食欲の程度はさまざまである．体重減少を伴う

表9.5　炎症性腸疾患（IBD）における臨床症状

嘔吐
- 胆汁および/または食物
- 毛球（猫）
- 草（犬）
- 吐血

小腸性下痢
- 多量
- 水様性
- 黒色便

大腸性下痢
- 血便
- 粘液便
- 頻回，しぶり

腹部不快／痛み

腹鳴および放屁

腸壁の肥厚

体重減少

食むら，食欲不振

多食

草を食べる，異嗜

低蛋白血症　および/または　腹水

多食のこともあれば，重度の炎症を伴い食欲不振のこともある．中程度の炎症では食欲には影響しない，しかし他の症状がなくても食後の腹痛が明らかなことがある．

消化器症状にはどの部位が障害を受けているかが関係している．嘔吐，吐血は胃と上部消化管に病変が認められる場合に多く，猫では嘔吐が小腸のIBDの主な症状である．大腸性の下痢では，結腸の炎症，長期の小腸性の下痢，もしくは結腸の分泌を促進する物質（例；細菌，細菌毒素，非抱合型胆汁酸，ヒドロキシ化脂肪酸）によって起こる．嘔吐物と下痢便の中に血液が含まれるときはより重篤であり，好酸球浸潤によって起こることが最も多い．

重篤で慢性の場合は体重減少やPLEを起こして，低アルブミン血症や腹水を呈することもある．糞便中のα_1プロテアーゼインヒビターは，PLEの検査として，低アルブミンになる前に行うことができる感度の良い検査である．血清中のアルブミンとグロブリンの濃度は，PLEのほとんどの症例で減少している．典型的な汎血漿蛋白減少を起こさないものとして，免疫の刺激によるグロブリンの増加（例；バセンジーの小腸リンパ球

図9.6 PLEに罹患したコッカー・スパニエル．8歳齢，雌のコッカー・スパニエルで，PLEに罹患しており，下痢，体重減少，低アルブミン血症（1.2g/dL）に伴う腹水の徴候が認められる．ステロイドによる免疫抑制療法に反応が認められたが，3ヵ月後にステロイドを漸減すると，再び低蛋白血症が起こり，肺血栓塞栓症によると思われる重篤な呼吸困難を発症した後，安楽死が選択された．

増殖性疾患，9.25参照）によるものがある．腎性および肝性の低アルブミン血症を胆汁酸や尿中蛋白/クレアチニン比により除外しなければならない．低コレステロール血症や，リンパ球減少症が，PLEの症例で認められることがある．低イオン化カルシウム血症や低マグネシウム血症も報告されている．

身体検査所見は，浮腫，腹水，削痩，肥厚した消化管，黒色便，血便などである（図9.6）．血栓塞栓症によって他の臓器の障害が認められることがある．報告は少ないが，IBDによる血小板減少症など他の全身症状も起こす．[23]

9.2.2.3 診　断

臨床所見や身体検査所見がIBDを示唆しても，確定診断には最終的に消化管の生検が必要となる．なぜなら特発性IBDとは，他に明らかな原因を認めない消化管の炎症を呈する症例に限られるので，IBDと診断する前に全ての他の病因を除外しなければならない．それゆえ消化管の生検の前に，臨床検査や画像診断を行う必要がある．これの検査はIBDの確定診断のために行うわけではなく，消化管以外の疾患（例；膵炎，副腎皮質機能低下症，肝不全），解剖学的な消化器疾患（例；腫瘍，腸重積），消化管に炎症を起こす疾患を除外するのに役立つ．さらに，消化管の病変が局所性なのかび漫性なのかを決定し，最も適切な消化管の生検の方法を選ぶべきである．

臨床検査—血液検査

IBDの動物における血液検査が，完全に正常であることは少なくない．好中球増加症が時々認められ，左方移動を伴うこともある．さらにLPEの症例においては反応性異型リンパ球が認められることがある．好酸球増加症は好酸球性腸炎を示唆するが，疾患特有の所見ではない．貧血があるときは，慢性炎症もしくは慢性出血を反映しているかもしれない．出血による貧血のときは通常再生像は非常に強く，初期は正球性正色素性貧血である．しかし，徐々に小球性低色素性の鉄欠乏性貧血と血小板増多症を呈するようになる．

臨床検査—血清生化学検査

ほとんどのIBDの症例で血清生化学検査の値は正常値範囲内である．しかし他の疾患を評価したり，除外診断を行うために必要である．低アルブミン血症，低グロブリン血症がPLEの特徴であり，低コレステロール血症は吸収不良を示唆する．さらに犬における消化管の炎症は，中程度の肝酵素（ALT，ALP）の上昇を伴う反応性の肝障害を引き起こすこともある．それに対して猫では肝酵素の半減期が短いため肝酵素の上昇は肝臓原発の疾患を示唆する．しかし，猫のIBDでは胆管炎を同時に罹患していることが多い．

臨床検査—糞便検査

粘膜の炎症を起こす消化管寄生虫を除外するために，糞便検査は非常に重要である．例えば，線虫（例；鉤虫），ジアルジアなどが糞便検査（塗抹，浮遊法）で診断できる．しかし，これらを糞便検査やジアルジア抗原のELIZA検査で，常に検出できるわけではないことを考えると，全ての症例でフェンベンダゾールによる試験的な治療が推奨される．

サルモネラ，カンピロバクター，クロストリジウムなどのような菌の培養には問題がある．これらの菌体は正常な糞便中にも存在しているので，IBDの症例に存在していても関連性は分からないからである．

IBDの症例では，低蛋白血症が起こる前に消化管からの蛋白の喪失が始まる．臨床的に蛋白の喪失が明らかになる前に，糞便中のα₁プロテアーゼインヒビター濃度は上昇すると考えられている．

臨床検査—血清葉酸，コバラミン濃度

現在，犬や猫における血清葉酸濃度，コバラミン濃度は計測する事が可能である．IBDの症例における葉酸，コバラミンの欠乏が知られている．これらの水溶性ビタミンの血清中濃度はいずれも消化管の吸収不良の影響を受け，小腸の炎症により葉酸，コバラミンの濃度が低下する．これらの変化は特異的ではないが，IBD症例におけるこれらの欠乏は治療が必要になることもある．特にコバラミンの欠乏は，それ自体が全身性の代謝

a

b

c

d

e

f

結果によるものかもしれないし，消化管の機能障害を起こすこともある．[24] また逸話的ではあるが，コバラミン欠乏が改善するまでは，IBD は免疫抑制治療に対して反応しにくいと言われている．

画像診断

X 線検査や超音波検査は，局所もしくはび漫性の病変が存在しているか，他の解剖学的疾患が存在していないか，他の腹部臓器の疾患は存在しているかを評価するために行われる．画像診断の結果を臨床症状や臨床検査と関連づけて，確定診断に必要な適切な生検方法（上部，下部内視鏡検査，試験開腹）の選択を行うことができる．

X 線検査は解剖学的な疾患を評価するために有用であるが，造影検査が役立つことは滅多にない．超音波検査は X 線検査に比べ消化管の局所の病変を調べるのに有用である．さらに，超音波下での針吸引検査により細胞診を行うこともできる．

IBD の症例における腹部超音波検査は消化管壁の肥厚，腸間膜リンパ節の評価に役立つ[25,26]．IBD の症例では小腸壁の肥厚が認められると言われてきたが，多くの症例でそうではないことが分かってきた[27]．小腸壁の肥厚が起こるのは PLE による低蛋白血症により腸壁の浮腫が起こっている症例に限られる．壁の構造が消失している場合には，IBD というより腫瘍を示唆している．

消化管生検

消化管の生検は消化管の炎症を証明するために重要であり，それにより IBD を確定診断することができる．内視鏡による生検は最も簡単で，侵襲性も少ない方法ではあるが，サンプルのサイズが小さいこと，多くは断片化した表面のみのサンプルであること，採材できる部位が胃，小腸の近位，回腸の遠位，大腸に限られるなどの多くの制限がある．症例によっては試験開腹術および全層生検が必要となるが，これらは侵襲性が高く，また重度の低蛋白血症の時や副腎皮質ステロイドが緊急に必要な時には傷の治りが問題となりうる．猫では同時に肝臓や膵臓の炎症がある傾向や，内視鏡下で採材できるサンプルの大きさが小さいことを考えると開腹生検の方が適していることがある．

腸粘膜の内視鏡検査での肉眼所見は，粘膜の炎症の手がかり

表 9.6　消化管生検の組織学的診断の基準

上皮	陰窩および絨毛
■ 腸細胞の長さ	■ 陰窩膿瘍
■ びらん	■ 陰窩の深さ
■ 杯細胞の数と大きさ	■ 陰窩絨毛比
■ 上皮内のリンパ球の密度	■ 分裂頻度
	■ 絨毛の棍棒状肥大および融合
	■ 絨毛の長さと幅

粘膜固有層	その他
■ 免疫細胞の密度	■ 浮腫
■ リンパ管拡張症	■ 線維化
■ 主体を占めている細胞	■ 充血，うっ血
	■ 感染
	■ 腫瘍

となることがある．表面がざらつき，不整で，もろく，びらん，潰瘍や出血などが認められると IBD の可能性がある（図 9.7）．しかし，粘膜の肉眼所見の評価は非常に主観的であり，組織学的に明らかな炎症があっても肉眼所見は一定ではない．また，特に腫瘍などの他の消化管の疾患でも同様の変化が認められる．

IBD のタイプ毎で病理学的な変化はさまざまである（上記参照）．多くの消化器疾患において病理学的な評価が診断の黄金律である一方で，それにはさまざまな限界がある．例えば，慢性消化器症状があり IBD が疑われるほぼ半数の猫と犬において光学顕微鏡では組織学的には正常に見えてしまう．これは多くの症例が形態学的異常より機能的異常により引き起こされているか，もしくは採材や解釈に問題があることを示唆している．

組織学的診断の主な問題は病理医の間で基準の一致が得られていないことである．これは内視鏡下での生検サンプルの質，炎症の程度の解釈が主観的であること，炎症が斑状であることや，（低アルブミン血症による）浮腫で細胞の密度を評価しづらいことなどによる．[28] 最近の報告では，健康な犬の組織をリンパ腫と診断してしまうことさえあるとされている．[29]

重度の LPE とリンパ腫を見分けるのは，特に内視鏡生検で

図 9.7　炎症性腸疾患におけるさまざまな内視鏡の肉眼所見
（a）中程度のリンパ球プラズマ細胞性腸炎の犬における顆粒性の増加
（b）中程度のリンパ球プラズマ細胞性腸炎の猫における典型的な"敷石様"像
（c）重度のリンパ球プラズマ細胞性腸炎におけるびらんおよび潰瘍
（d）好酸球性胃炎の犬
（e）（d）と同犬における好酸球性腸炎
（f）組織球潰瘍性腸炎のボクサーにおける重度の潰瘍および出血

は難しい．なぜならリンパ腫を組織学的に診断するには，全層生検したサンプルにおいてリンパ球の筋層までの浸潤を確認することで行うからである．

組織学的なスコアリングや評価基準（表9.6）の必要性が提案されているが，まだかなり多様な解釈が存在している．世界小動物獣医師会（WASAVA）による消化器標準化グループがこれらの不一致を改善するために設立され，細胞の変化に加えて構造的な異常を評価する評価基準が考えられた．[23]

他にも生検標本の評価方法として実験的ではあるが有用な所見を得ることができるものもある．電子顕微鏡，刷子縁の酵素活性の生化学的測定，組織学的検査やフローサイトメトリーによるB細胞やT細胞，それらのサブセット（CD4,CD8など）の免疫細胞化学的検査，MHCの発現の免疫細胞化学的な局在，サイトカインのmRNA発現，T細胞クローナリティーなどがいくつかの研究機関では利用可能である．[11,13,30,31]

最終的に，臨床医はまず組織学的検査の解釈を注意深く行い，臨床徴候と関連づける必要がある．組織学的診断が臨床像と合わなかったり，治療に対して反応が悪い場合は，結果を疑問に思うべきである．症例によっては生検（例；試験開腹）を繰り返し行う必要がある．

ヒトではIBDの患者の重症度を評価するために活動性指数が利用され，治療に対する反応性の評価や論文間の比較を行うのに役立っている．最近，犬のIBDにおける活動性指数が提案され（表9.7），将来的には疾患分類に有用であるかもしれない．[32]

9.2.2.4 治 療

通常IBDの治療は，組織学的タイプに関わらず，食餌療法，抗生物質の投与および免疫抑制療法が行われる．推奨されている治療法のほとんどは個々の経験に基づくものであり，客観的に有効性を示したものは少ない．直ちに免疫抑制療法を行う必要がある重症例は除くが，筆者は可能ならばステージ化されたアプローチを推奨している．論理的で，ステージ化されたアプローチでは，寄生虫のオカルト感染を除外するために駆虫薬による治療を最初に行う．続いて除去食および抗生物質による試験的治療を行う．免疫抑制療法は最終手段としてのみ用いるべきである．臨床徴候が間欠的に生じている場合，本当に治療によって症状が改善しているかどうかの客観的な情報を得るために，飼い主に日記をつけさせるべきである．加えて，定期的にIBD活動性指数の変化を記録することで，その治療が成功しているのか，それとも失敗なのかの客観的な証拠を得ることができるだろう．

静脈内輸液療法は症例が脱水している場合は行うべきであるが，多くのIBD症例は慢性経過であり代償的な状態にあるため，輸液によるサポートは必要ないことが多い．PLEや低蛋白血症を呈している場合，腸バイオプシーのための周術期に血漿輸注を行うことがある．腹水の改善のためには利尿剤が投与さ

表9.7 Jergensら（2003）[32]により提唱された犬のIBDにおける活動性指数（CIBDAI）の評価基準

A. 態度 / 活動性

0＝正常
1＝軽度の減少
2＝中程度の減少
3＝重度の減少

B. 食 欲

0＝正常
1＝軽度の減少
2＝中程度の減少
3＝重度の減少

C. 嘔 吐

0＝なし
1＝軽度（1回/週）
2＝中程度（2〜3回/週）
3＝重度（＞3回/週）

D. 糞便の性状

0＝正常
1＝わずかに軟便または血便，粘液便，その両方
2＝非常に軟らかい便
3＝水様下痢

E. 排便の頻度

0＝正常
1＝わずかに増加（2〜3回/日）
2＝中程度の増加（4〜5回/日）
3＝重度の増加（＞5回/日）

F. 体重減少

0＝なし
1＝軽度（＜5％減少）
2＝中程度（5〜10％減少）
3＝重度（＞10％減少）

上記6項目の点数を合計し，CIBDAIは以下の通り割り当てられる

0〜3＝臨床的に重要ではない疾患
4〜5＝軽度のIBD

れる．スピロノラクトン1〜2 mg/kg, PO, 12時間毎の投与は，フロセミドよりも腹水の治療に効果的かもしれない．PLEの症例では血栓塞栓症が認められることがあり，低用量アスピリン（0.5 mg/kg PO q12h）の予防的投与が推奨されている．

食餌およびサプリメント

IBDの症例に推奨される食餌は，消化のしやすさ，または単一の蛋白質かつ単一の炭水化物でつくられているということで

選択される．単一の蛋白質かつ単一の炭水化物でつくられている食餌は，抗原が限られるであろうと考えられている．理想的には，その蛋白質は症例がこれまで食べたことのないものであり，除去食であるべきである．代替的なアプローチとして，加水分解された蛋白質を含む食餌を用いることもできる．筆者は，食物有害反応の可能性を除外するために，原因不明の腸炎の症例全てに試験的な除去食療法を推奨している．多くの飼い主は，免疫抑制療法には副作用があるために進んで食餌療法を試すが，重篤な動物においては免疫抑制療法と食餌療法を併用し，免疫抑制剤を漸減しても寛解が維持されるよう監視する必要がある．

消化性の高い新しい食餌によって，腸管での抗原提示を減少させることで粘膜の炎症を軽減する．粘膜バリアの破壊に続発する食餌過敏反応も改善するかもしれない．炎症が改善すれば，食餌過敏を気にせずに元の食餌に戻すことができる．米は，高い消化性のため炭水化物源として好ましく，ジャガイモ，コーンスターチおよびタピオカも選択肢に含まれる．犬および猫におけるグルテン感受性の罹患率は明らかではないが，食餌にグルテンが含まれていない方が良い．重度の吸収不良が明らかな場合，脂質の制限が症状を改善させるかもしれない．しかし脂質の制限が必要なことはまれであり，それを行うことにより体重維持がさらに困難になる可能性がある．n3:n6 の脂肪酸の比率の変更は免疫反応を調節し，治療および寛解の維持を良好にする可能性がある．[33,34] しかし，犬または猫の IBD においてそのような脂肪酸の変更が利益をもたらすことを証明した研究はこれまで行われていない．

プレバイオティクスおよびプロバイオティクス

食餌に含まれるプロバイオティクスまたはプレバイオティクスにより腸内細菌叢を調節することで IBD の症状を改善できる可能性がある．プレバイオティクスは，有益な細菌種に選択的に利用される基質であり，その投与により管腔内微生物叢の変化が起こる．ラクトース，イヌリン，フルクトオリゴサッカライド（FOS）およびマンナンオリゴサッカライドのような非消化炭水化物は最も頻繁に用いられているプレバイオティクスである．

プロバイオティクスは，有益な微生物を生きたまま経口投与することである．[35] プロバイオティクスは直接的に病原細菌に拮抗するが，自然免疫，貪食活性または分泌型 IgA 免疫反応を刺激することにより粘膜免疫反応の調節も行う．[36] 現在，最も適切な微生物が何かは明らかではないが，動物種によりおそらく異なるであろう．

ビタミンの補充

葉酸の吸収不良は重篤で長期にわたる IBD に伴い起こりうる．そのため，1 日に約 1 mg の葉酸の経口的な補充が行われる．IBD の症例において，コバラミンの吸収不良は葉酸の吸収不良よりも一般的であり，重大な代謝異常をもたらす．コバラミン不足によりメチルマロン酸血症が引き起こされ，それは病状の悪化や食欲不振の一因となりうる．加えて，実験的なコバラミン不足は腸管粘膜の異常を引き起こすため，栄養不足の補正が治療に対する最良の反応を得るために必須であるということは理にかなっているようである．コバラミンの補充後にのみ症状の大きな改善が認められたという多くのケーススタディが特に猫で報告されている．ビタミン B_{12} の経口投与は効果がなく，注射により投与しなければならない．毎週 250 μg（猫および小型犬）から 1 mg（大型犬）のビタミン B_{12} を 6 週間皮下投与し，その後の 6 週間は隔週で投与し，その次は 1 ヵ月後にもう一度同じ用量で投与する．血清コバラミン濃度は月に 1 回コバラミン投与後に測定し，その時点で基準値を上回っているべきである．基準値を上回っている場合，コバラミンの補充を中止することができる．血清コバラミン濃度が基準値または基準値以下の場合，コバラミンの補充は継続すべきである．

抗菌剤

IBD 症例における抗菌剤の使用は，腸管内病原体の除外や二次的な小腸内細菌過剰増殖の治療，および IBD の病因としての細菌抗原の重要性（上述）により正当化されている．筆者の経験によると，メトロニダゾールは小動物の IBD に好ましい抗菌剤である．その効果は抗菌活性だけが関連しているのではなく，細胞性免疫に対する免疫調節効果があると考えられている．オキシテトラサイクリンやタイロシンのような免疫調節効果があり，犬の IBD に効果があるとされる抗菌剤を好む人もいる．HUC に罹患したボクサー（**9.2.9** 参照）がエンロフロキサシンに反応したという最近の報告がある．[37,38] このことは，HUC が特発性 IBD の亜型ではなく特異的な感染が原因である可能性を示唆する．

5-アミノサリチル酸誘導体

大腸においてのみ活性のある 5-アミノサリチル酸誘導体（5-ASA）による治療は，小腸疾患に続発したものでも腸管全体の IBD による大腸炎に対しても行われる．5-ASA はメサラジンと呼ばれ，徐放剤のタイプのものがヒトの IBD 患者に利用されている．小腸での放出は 5-ASA の吸収による腎毒性を引き起こすようであるが，大部分の 5-ASA はヒトの腸管内の pH では大腸で放出される．犬および猫におけるメサラジンの経口剤型の安全性は不明であり，ルーチンの使用は推奨されていない．メサラジンの浣腸や座薬は安全であるが，一般的ではない．スルファサラジンは最も一般的に用いられる製剤であり，犬で 10～30 mg/kg，PO，8～12 時間毎，猫で 10～20 mg/kg，PO，24 時間毎の容量で用いられる．これはスルファピリジンと 5-ASA がジアゾ結合で連結したプロドラッグであり，大腸の細菌により分解されることで遊離 5-ASA が放出され，抗炎症剤として局所的に高濃度で作用する．肝毒性も認められ

るが, 主要な副作用は乾性角結膜炎（KCS）であり, シルマーティアーテストを定期的に行うべきである. KCS はサルファ剤の分解産物による合併症であると考えられている. しかし, サルファ剤の分解産物を含まないオルサルジンでも KCS が認められる.

オルサルジンは 2 つの 5-ASA 分子がジアゾ結合で連結した化合物である. これも同様に大腸の細菌により遊離 5-ASA が放出される. オルサルジンは KCS の発生を減弱する目的でつくられたが, この薬剤でも KCS の発生が報告されている. オルサルジンはスルファサラジンよりも二倍量の活性成分が含まれているため, 使用量は半分である. バルサラジンは最新のプロドラッグであり（4-アミノベンゾイル-β-アラニン-メサラミン）, スルファサラジンと同様のメカニズムにより活性化されるが, その安全性および効能は小動物ではまだ評価されていない.

免疫抑制剤

免疫抑制療法は, IBD の治療の最終手段として考慮すべきであるが, 最も重要な治療であることは明らかである. ヒトの IBD において, グルココルチコイドおよびチオプリン類（アザチオプリン, 6-メルカプトプリンなど）は最も一般的に用いられている.[39]

従来のグルココルチコイド療法

犬および猫において, グルココルチコイドは最も頻繁に用いられ, プレドニゾロン（米国ではプレドニゾンがより一般的である）が第一選択薬である. デキサメタゾンは他の種において腸上皮細胞の刷子縁における酵素発現に悪影響を与えることが証明されていることからおそらく避けたほうがよい. 重篤な IBD 症例で経口投与が不適切な場合, プレドニゾロンは注射により投与される. 標準的な初期投与量は 1～2 mg/kg, PO, 12 時間毎であり, 2～4 週間継続し, その後一ヵ月以上かけて漸減する. 多くのケースでは, 48 時間おきに低い維持量までの減弱しかできないが, 少数例では完全に投与を中止できる場合がある.

いくつかのケースではステロイドに対する初期反応に続いて再発が起こり, その後投与量を増やしても反応しなくなることがある. これらのケースでは, おそらくリンパ腫への移行や初期診断の誤りが考えられる. しかし, 多剤耐性遺伝子の誘導や P 糖蛋白質の発現のためにステロイド耐性になる可能性もある.

新しいグルココルチコイド療法

高用量のグルココルチコイドが投与されると, 医原性の副腎皮質機能亢進症（多食, 多飲多尿, 腹囲膨満および筋肉消耗）が特に犬で一般的に認められる. しかし, これらの症状の多くは一過性のものであり, 投与量の減量により改善する. 投与量の減量により再発が認められた場合,「ステロイド節約」効果のために代替薬剤を追加する（後述）. もう 1 つの方法として, より副作用の少ない新しいステロイドを用いることもできる.

腸溶性製剤であるブデソニドは局所的に活性のあるステロイドであり, 腸からの吸収後 90% が肝臓での初回通過効果で代謝されるため, 視床下部-下垂体-副腎抑制を最小限にしつつ, ヒトの IBD 症例において寛解を維持することに成功している. 予備実験により犬および猫の IBD 症例においてもブデソニドの明らかな有効性が証明されているが, この薬剤の使用に関する情報は限られている. ケーススタディにより, 犬において 3 mg/日以上, 猫において 1 mg/日以上の経口投与は意味がなく, 1 mg/m^2/日が推奨されている. しかし, ALP の上昇およびステロイド肝症の誘発が認められ, さらに犬において視床下部-下垂体-副腎抑制を引き起こすことが証明されている. 加えて, この薬剤の適切な用量はまだ決定されていない.

アザチオプリン

2 mg/kg, PO, 24 時間毎でのアザチオプリンの投与は, ステロイド療法に対する初期反応に乏しい場合や副作用が顕著でステロイド節約のための薬剤が必要な場合, 犬においてプレドニゾロンまたはプレドニゾンと共に用いられる. しかし, その効果の発現には 3 週間以上かかり, 骨髄抑制を誘発する可能性があるため, 定期的な血液検査が必須である. 体質的な骨髄毒性は, アザチオプリンの活性代謝産物である 6-メルカプトプリン（6MP）の分解に関与するチオプリンメチルトランスフェラーゼ（TPMT）の酵素活性と関連して起こる. しかし, 6MP の代謝には別の経路も存在しており, 骨髄毒性と TPMT 活性との間の関連は不明である.[42] アザチオプリンは猫には推奨されていない. 1 つの理由として猫の TPMT 活性は非常に低いこと, もう 1 つの理由としては錠剤を分割することができず, 適切な大きさに作り直す必要があるためである.

その他の細胞毒性製剤

クロラムブシル（2～6 mg/m^2, PO, 24 時間毎, 寛解まで継続し, その後漸減）は猫において第一選択薬となる細胞毒性免疫抑制製剤である. その他の免疫抑制細胞毒性製剤にはメトトレキサート, シクロフォスファミドおよびシクロスポリンがある. メトトレキサートはヒトの CD の治療に有効であるが, 伴侶動物においては一般的ではない.[43] メトトレキサートは犬のリンパ腫の治療に使用され, しばしば下痢を引き起こすが, 猫では副作用は少ない. シクロフォスファミドはアザチオプリンに勝る利点がほとんどなく, 使われることはまれである. しかし, シクロスポリンは T リンパ球特異的な効果により犬の肛門せつ腫症に効果的である.[44,45] しかし残念なことに, シクロスポリンは高価である. 予備実験によりシクロスポリンは IBD の犬において明らかな効果が証明されている.[46]（E. Hall, personal communication, 2005）

新しい治療法

IBD のメカニズムをターゲットとした新しい薬剤が人医学領域で使われ始めている.[47] 新たな免疫抑制剤, モノクローナル抗体療法, サイトカイン, 転写因子および食事管理がヒトの

表 9.8 ヒトの IBD の新規治療法

薬剤療法	予測されるメカニズム
抗拒絶薬	
Tacrolimus	免疫抑制性マクロライド
Mycophenolate	リンパ球の増殖抑制，IFN-γ 産生低下
ロイコトリエンアンタゴニスト	
Zileuton	経口的に活性のある 5-リポキシゲナーゼ阻害剤
トロンボキサン合成阻害剤	
Ridogrel	トロンボキサン A2 合成阻害
Picotamide	トロンボキサン A2 合成阻害および TxA2 レセプターのアンタゴニスト
TNF-α 発現阻害剤	
Oxpentifylline	TNF-α 発現の阻害
Thalidomide	TNF-α および IL-12 発現の阻害，白血球遊走減少，脈管形成減弱
骨髄および幹細胞移植	
骨髄移植片	不明；おそらく免疫調節
サイトカイン操作	
全身性 IL-10 療法	サイトカインのダウンモジュレーション
遺伝子組換え細菌による IL-10 産生	サイトカインのダウンモジュレーション
抗 IL-2 モノクローナル抗体（MAb）	炎症性サイトカイン効果の減弱
抗 IL-2R（CD25）MAb	IL-2 効果の阻害
抗 IL-12MAb	炎症性サイトカイン効果の減弱
抗 IL-11MAb	TNF-α および IL-1β のダウンレギュレーション
リコンビナント IFN-α 療法	抗炎症，抗ウイルス？
抗 IFN-γ MAb	Th1 細胞への免疫調節効果
抗 TNF-α MAb	炎症性サイトカイン効果の減弱，炎症細胞のアポトーシス誘導
内皮細胞接着分子の操作	
ICAM-1（抗センスオリゴヌクレオチド）	免疫細胞の遊走減弱
抗 α4β7MAb	免疫細胞の遊走減弱
転写因子の遮断	
NF-κB 抗センスオリゴヌクレオチド	炎症性サイトカイン発現の阻害
ICAM-1 抗センスオリゴヌクレオチド	免疫細胞の遊走減弱
その他の免疫系調節	
抗 CD4 抗体	免疫調節
免疫グロブリンの静脈内投与	Fc レセプターの飽和；その他のメカニズム
T 細胞交換	免疫調節
Verapamil	P 糖蛋白質の阻害剤，IL-2 産生および T 細胞増殖の減弱

IBD 患者で試みられており（表 9.8 参照），将来小動物の IBD にも適応されるであろう．

ミコフェノール酸モフェチルはヒトの IBD の治療に用いられているが，その効果はまちまちである．[48] TNF-α は重要な病原サイトカインであるため，TNF-α をターゲットにした薬剤（サリドマイドやオキシペンチフィリン）は犬の IBD の治療に適切かもしれない．しかし，抗 TNF-α モノクローナル抗体療法は，種特異的なモノクローナル抗体が利用できる場合のみ適応できるかもしれない．[49-51]

これらの最新の治療のいくつかは明るい未来を約束している一方で，犬の特発性 IBD の現在の治療はいまだに免疫抑制に基づいたものであり，その予後は注意を要する．

9.2.3 リンパ球プラズマ細胞性腸炎（LPE）

特発性 LPE は特発性 IBD の病理組織学的形態の中で最も一般的な形態であり，軽度の炎症から重篤な細胞浸潤まで伴う．LPE はリンパ球およびプラズマ細胞の粘膜浸潤を特徴とする（図 9.8）．しかし，リンパ球プラズマ細胞の小腸への浸潤はその他にも数多くの原因により起こるため，LPE と確定診断する前にそれらを除外しなければならない．加えて，LPE は最も一般的であると報告されているが，リンパ球プラズマ細胞性炎症は消化管のその他の部位にも起こる可能性があり，リンパ球プラズマ細胞性胃炎や大腸炎も引き起こす．

病因

特発性 LPE は免疫制御不全および腸内細菌叢に対する寛容消失を反映すると信じられている（前述）．犬の LPE における特徴的な免疫細胞集団の変化として，LP T 細胞（特に CD4＋細胞），IgG＋プラズマ細胞，マクロファージおよび顆粒球の増加がこれまで証明されている．猫において，MHC クラス II 分子発現の顕著な発現増加が認められている．犬の LPE 症例において CRP のような急性相蛋白濃度の上昇やサイトカイン mRNA パターンの顕著な変化が記録されている．[30] Th1 サイトカイン（IL-2, IL-12 および IFN-γ），Th2 サイトカイン（IL-5），炎症性サイトカイン（TNF-α）および免疫調節サイトカイン（TGF-β）の発現量の上昇がこれまで認められており，犬の LPE では粘膜免疫反応が亢進していることを示唆している．

臨床徴候

LPE の臨床徴候は下痢および体重減少である．また，特に猫において慢性的な嘔吐も主な症状である．典型的には LPE は老齢動物が罹患し，2 歳未満の動物では一般的ではない（しかし，あり得ないわけではない）．重篤な LPE は，ジャーマン・シェパード，シャー・ペイ，ノルウェージャン・ランドハウンドおよび純血種の猫で特に罹患率が高い．しばしば PLE を引き起こす非常に重篤な LPE（免疫増殖性疾患）がバセンジーで認められる（**9.2.5** 参照）[52]．PLE と PLN の併発がソフトコーテッド・

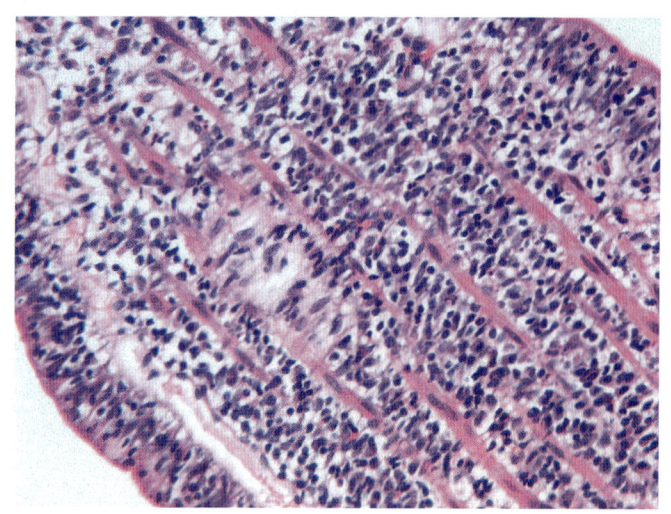

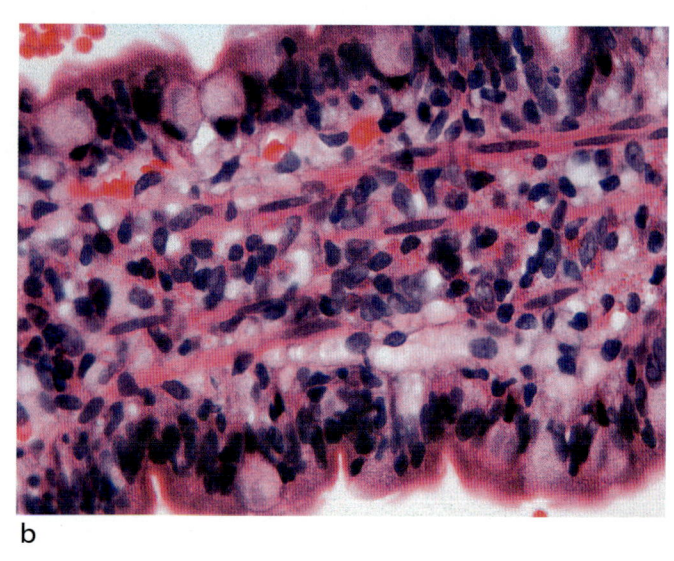

図9.8 特発性IBDに罹患した犬の十二指腸バイオプシー標本の組織学的所見．（a）リンパ球プラズマ細胞性腸炎（×20）において粘膜固有層に多数のリンパ球とプラズマ細胞が認められる．（b）好酸球性腸炎（×40）において絨毛の粘膜固有層にさまざまな炎症細胞の集団が認められるが，特に好酸球の数が有意に増加している．（H&E染色）

ウィートン・テリアで認められる（9.2.6参照）[53]．

診 断

LPEの診断アプローチは，その他のIBDのタイプと同様である（前述）．病理組織学的変化は，リンパ球およびプラズマ細胞の数の増加だけでなく腸管構造の破壊も伴う（表9.4参照）．完全ないし部分的な絨毛の萎縮が存在し，重篤なケースでは絨毛の融合や陰窩膿瘍が認められる．重篤なLPEと消化器型リンパ腫との区別は時として困難であり，内視鏡バイオプシーと剖検の結果が一致しないこともある．このような不一致は，腸管に両方の状態が併発して存在している場合や，低悪性度のリンパ腫を誤診している場合が理由として考えられる．クローナリティ検査はこのジレンマを解決し，低悪性度リンパ腫の認識に役立つが，一般的に用いられていない．その他，長期にわたる小腸の炎症は最終的にリンパ腫に進行するという仮説も提唱されている．

治療および予後

LPEの治療は，特発性IBDと同様である（上述）．治療の第一選択は通常，食餌療法である．メトロニダゾールは軽症例，特に猫では単独で効果的であり，免疫抑制療法はメトロニダゾールに反応しない症例，または重症例のための治療手段として残しておく．重篤なLPE症例の予後は警戒が必要であるが，治療に対して劇的に反応し，最終的には全ての投薬を完全に中止できる場合がある．しかしその他の症例では，低用量の維持療法を持続する必要がある．

9.2.4 リンパ球プラズマ細胞性大腸炎（LPC）

消化器科専門医の獣医師の中には，LPCがIBDの中で最も一般的であり，LPEとは区別すべきだという人がいる．しかし，このことは一般的には受け入れられておらず，軟性内視鏡が開発される以前，硬性内視鏡により大腸のバイオプシーサンプルは得ることができたが，小腸バイオプシーサンプルは外科的生検以外では得られなかった時代からの考え方を反映しているかもしれない．この矛盾は，大腸性下痢が優位な症例において上部消化管の内視鏡検査を大腸内視鏡検査と同時に行えなかったこと，組織学的にLPEと認識できなかったこと，潜在的な小腸疾患のマーカーとして血清中の葉酸およびコバラミン濃度を測定することができなかったことを反映しているのかもしれない．しかし，小腸のバイオプシーサンプルが内視鏡によりルーチンに行われるようになり，LPC単独で発症することは珍しいことが明らかになってきている．[2]

LPCの治療はLPEの治療と類似しているが，食物線維による食餌療法や5-ASA誘導体の使用が行われる．アレルゲン除去食を行うことで寛解の延長が認められたという報告がある．

9.2.5 バセンジーの腸症

バセンジーの腸症とは，重篤な遺伝性のLPEの一形態であり，遺伝様式はいまだによく分かっていないが，バセンジーによく認められる．ヒトの免疫増殖性腸疾患（IPSID）と関連があるとされており，どちらも極めて強い腸炎を引き起こすが，IPSIDで典型的なガンモパシー（アルファ鎖病）や，リンパ腫に進行しやすい傾向はバセンジーでは認められない．バセンジーの腸病変は，CD4＋およびCD8＋T細胞の増加により特

徴づけられている[52,54].

臨床徴候

高ガストリン血症や粘膜過形成を伴うリンパ球プラズマ細胞性胃炎による嘔吐が認められることもこともある．しかし，慢性難治性の下痢や衰弱が最も一般的であり，通常進行性である．PLEはしばしば続発性の低アルブミン血症をを引き起こすが，浮腫や腹水は一般的ではない．重篤な症例では消化管穿孔が起こる．

治療

一般的に治療は失敗に終わり，症状の進行で犬は診断から数ヵ月以内に死亡する．しかし，早期にプレドニゾロン，抗生物質および食事療法の積極的な併用治療（前述）を行うことで，寛解に至る症例もいる．

9.2.6 ソフトコーテッド・ウィートン・テリアの家族性PLEおよびPLN

特徴的な臨床的症候群がソフトコーテッド・ウィートン・テリアで報告されている[53]．罹患した犬はPLE，PLNの一方またはどちらかの症状を呈する．遺伝様式はいまだに明らかではないが，おそらく遺伝的背景があり，共通の雄の祖先が同定されている．

病因および病原

この病気は，炎症細胞浸潤の存在が分かっていることから，おそらく免疫介在性の疾患である．また，罹患した犬は食物刺激試験期間に有害反応を示し，糞便中の抗原特異的IgE濃度が変化していることが証明されているため，食物過敏症の潜在的な役割が提唱されている[55,56]．しかし，腸と腎臓の病理の一致を考えると，この疾患は細菌抗原に対する寛容の異常ではなく，共通の蛋白の遺伝的欠陥または共通の抗原に対する自己免疫であると推測される．尿細管細胞の刷子縁は，腸上皮細胞の刷子縁と類似しており，スクラーゼのような二糖類分解酵素を含む消化酵素は腎臓にも発現している．したがって，さらに研究が進むにつれて，この状態は特発性IBDの範疇に収まる可能性は低い．

臨床徴候

PLEの症状はPLNよりも若い時期に生じる傾向があり，その臨床徴候は嘔吐，下痢，体重減少，胸水，腹水である．罹患した犬は血栓塞栓症のリスクがある[57]．

診断

PLEを呈したほとんどの犬に低アルブミン血症および低コレステロール血症が認められる．対照的に，PLNでは低アルブミン血症，高コレステロール血症，蛋白尿および最終的に高窒素血症が認められる．腸管のバイオプシーの病理組織学的検査上で，腸炎，絨毛の鈍化，上皮のびらん，拡張したリンパ管，脂肪肉芽腫性リンパ管炎が認められる．

治療および予後

治療は一般的なIBDで記載したものと類似し（前述），食事療法および免疫抑制療法であるが，予後は通常悪い．

9.2.7 好酸球性腸炎（EE）

EEはLPEの次に一般的なIBDの一形態である．EEは腸だけでなく，胃（好酸球性胃腸炎，EGE）や，大腸（好酸球性全腸炎，EEC），またはその両方（好酸球性胃全腸炎，EGEC）に病変を形成する．さらに分節的なEEも報告されている[58]．病理組織学的に好酸球優位の多数の炎症細胞の浸潤とともにさまざまな粘膜構造の障害（絨毛の萎縮など）が存在する（図9.8b参照）．しかし，LPEと同様に診断基準は病理学者間でさまざまである．EEの定義は，粘膜における好酸球数の主観的な増加に基づく．厳密な基準には，LPにおいて好酸球が優位にある必要がある．そうでない基準として，絨毛や陰窩の上皮細胞間に好酸球が存在していることが挙げられ，これは上皮を通過して遊走したことを示す．しかし，健常な犬の中でも粘膜の好酸球数には著しい違いがあり，好酸球数の増加を過大評価してしまう可能性がある[12]．他のIBDの形態のように，EEは好酸球の浸潤する他の原因を除外することでのみ診断される．寄生虫およびアレルギー性疾患は常に鑑別疾患として考慮すべきである．

臨床徴候

EEは若年齢の動物で多いが，あらゆる年齢，種類の犬や猫にも認められる．ボクサー，ジャーマン・シェパードおよびドーベルマンは発症しやすいようである．EGEは猫と犬の両方において，全身性好酸球性疾患（例；好酸球増加症候群）に関連している可能性がある．臨床徴候は，消化管の病変部位によると考えられており，嘔吐や小腸性下痢および大腸性下痢が認められる．他のIBDよりもEEでは粘膜のびらんおよび潰瘍が頻繁に起こるため，吐血，メレナ，または血便が認められる．重篤なEGEによる消化管の穿孔はまれであるが，PLEおよび低蛋白血症は一般的に認められる[59]．

病因

好酸球浸潤は，局所的および全身性のサイトカイン（IL-5）およびケモカイン（エオタキシンファミリー）の産生により起こるようである[60]．好酸球の粘膜への浸潤は，食物，内部寄生虫または特発性EGEにより引き起こされる．

診断

EGEの診断は，寄生虫および食物アレルギーの除外後，腸管

の病理組織学的評価により行う．末梢血中の好酸球増加症は，EGE において特徴的な所見ではない．寄生虫感染，副腎皮質機能低下症，アレルギー性皮膚疾患，呼吸器疾患および肥満細胞腫において一般的に認められる．

治療

好酸球の粘膜への浸潤が寄生虫感染でも起こることを考えれば，試験的な駆虫薬および抗原虫薬の治療を最初に行うことが望ましい．それに反応がない場合は，食物過敏症の可能性を除外するために，免疫抑制治療を考慮する前に食事療法を行うべきである．特発性 EGE を呈した症例の予後はたとえ初期治療に反応しても注意が必要であり，再発しやすい．

9.2.8 肉芽腫性腸炎

肉芽腫性腸炎は IBD のまれな形態であり，マクロファージの粘膜への浸潤を特徴とする．肉芽腫の分布は斑状である．この状態はヒトの限局性腸炎と類似しているようであり，回腸での肉芽腫が報告されている．[61,62] 猫では FIP 感染と関連して化膿性肉芽腫性腸炎が認められる．犬における肉芽腫性腸炎はヒトの CD と組織学的特徴が類似しているが，腸閉塞や穿孔は多くない．従来の IBD の治療（前述）は，通常，効果的ではなく，予後は注意を要する．しかし，外科的切除および抗炎症療法の併用により治療に成功したケースが 1 例報告されている．[62]

9.2.9 組織球性潰瘍性大腸炎（HUC）

この一般的ではない IBD の一形態はほとんどがボクサーでのみ報告されているが，その他の犬種でも散発的に認められる（6.4.2.1 も参照）．2 例のフレンチ・ブルドッグにおける HUC の報告があり，また最近，マスティフ，アラスカン・マラミュート，およびドーベルマンにおいても報告がある．[63] この疾患が小腸にまでひろがった症例の報告も 1 つだけされている（A. Boari, personal communication, 2004）が，ほとんどが大腸に限局する．この大腸炎は，T 細胞および IgG ＋プラズマ細胞の混合した炎症反応が通常みられるが，PAS 陽性マクロファージの集積を特徴とする．この疾患はまれで散発的に起こり，実質的に感染症ではないかという仮説が長年たてられてきたが，感染を証明できない．しかし，最近エンロフロキサシンに反応があることが報告され，感染が原因であることが示唆されている[37,38]．

9.2.10 増殖性腸炎

増殖性腸炎は，腸管の部分的な粘膜過形成が特徴である．ブタで最も一般的に認められるが，犬での報告は非常にまれである．[64] *Lawsonia intracellularis* の感染が関連しているようだが，まだ証明はされていない．その他に *Campylobacter* spp. や *Chlamydia* の感染が可能性として考えられている．

> 🔑 **キーポイント**
> - IBD は犬と猫の慢性嘔吐および下痢の一般的な原因である．
> - 特発性 IBD は組織学的な炎症の証拠とその他の原因の除外をもとに診断される．
> - IBD の原因は正常な腸内細菌叢に対する粘膜寛容の崩壊であると仮定されている．
> - IBD の臨床徴候は炎症の種類，解剖学的部位，重篤度，および慢性性を反映する．
> - IBD の治療の主役は免疫抑制である．

参考文献

1. Hall EJ, German AJ. Diseases of the small intestine. *In*: Ettinger SJ, Feldman EC (eds.), *Textbook of Veterinary Internal Medicine, 6th ed.* Philadelphia, WB Saunders, 2005; 1332-1378.
2. Craven M, Simpson JW, Ridyard AE et al. Canine inflammatory bowel disease: retrospective analysis of diagnosis and outcome in 80 cases (1995-2002). *J Small Anim Pract* 2004; 45: 336-342.
3. Elson CO. Experimental models of intestinal inflammation: New insights into mechanisms of mucosal homeostasis. *In*: Ogra PL, Mestecky J, Lamm ME, Strober W, Bienenstock J, McGhee JR (eds.), *Mucosal Immunology, 2nd ed.* San Diego Ca, Academic Press, 1999; 1007-1034.
4. Karp LC, Targan SR. Ulcerative colitis: evidence for an updated hypothesis of disease pathogenesis. *In*: Ogra PL, Mestecky J, Lamm ME, Strober W, Bienenstock J, McGhee JR (eds.), *Mucosal Immunology, 2nd ed.* San Diego Ca, Academic Press, 1999; 1047-1053.
5. Duchmann R, Zeitz M. Crohn's disease. *In*: Ogra PL, Mestecky J, Lamm ME, Strober W, Bienenstock J, McGhee JR (eds.), *Mucosal Immunology, 2nd ed.* San Diego Ca, Academic Press, 1999; 1055-1080.
6. Hugot JP, Chamaillard M, Zouali H et al. Association of NOD2 leucine-rich repeat variants with susceptibility to Crohn's disease. *Nature* 2001; 411: 599-603.
7. Ogura Y, Bonen DK, Inohara N et al. A frameshift mutation in NOD2 associated with susceptibility to Crohn's disease. *Nature*

2001; 411: 603-606.
8. Johnston KL. Small intestinal bacterial overgrowth. *Vet Clin North Am Small Anim Pract* 1999; 29: 523-550.
9. Kelsall B, Strober W. Gut-associated lymphoid tissue antigen handling and T-lymphocyte responses. *In*: Ogra PL, Mestecky J, Lamm ME, Strober W, Bienenstock J, McGhee JR (eds.), *Mucosal Immunology*, 2nd ed. San Diego Ca, Academic Press, 1999, 293-318.
10. German AJ, Hall EJ, Day MJ. Chronic intestinal inflammation and intestinal disease in dogs. *J Vet Intern Med* 2003; 17: 8-20.
11. German AJ, Hall EJ, Moore PF et al. Analysis of the distribution of lymphocytes expressing α β and γ δ T cell receptors, and the expression of mucosal addressin cell adhesion molecule-1 in the canine intestine. *J Comp Pathol* 1999; 121: 249-263.
12. German AJ, Hall EJ, Day MJ. Analysis of leucocyte subsets in the canine intestine. *J Comp Pathol* 1999; 120: 129-145.
13. Elwood CM, Hamblin AS, Batt RM. Quantitative and qualitative immunohistochemistry of T cell subsets and MHC class II expression in the canine intestine. *Vet Immunol Immunopathol* 1997; 58: 195-207.
14. Waly N, Gruffydd-Jones TJ, Stokes CR et al. The distribution of leucocyte subsets in the small intestine of normal cats. *J Comp Pathol* 2001; 124: 172-182.
15. Mosmann TR, Cherwinski H, Bond MW et al. Two types of murine helper T-cell clone. 1. Definition according to profiles of lymphokine activities and secreted proteins. *J Immunol* 1986; 136: 2348-2357.
16. Groux H, OGarra A, Bigler M et al. A CD4+ T-cell inhibits antigen-specific T cell responses and prevents colitis. *Nature* 1997; 389: 737-742.
17. German AJ, Bland PW, Hall EJ et al. Expression of major histocompatibility complex class II antigens in the canine intestine. *Vet Immunol Immunopathol* 1998; 61: 171-180.
18. Mowat AM, Weiner HL. Oral tolerance: physiological basis and clinical applications. *In*: Ogra PL, Mestecky J, Lamm ME, Strober W, Bienenstock J, McGhee JR (eds.), *Mucosal Immunology*, 2nd ed. San Diego Ca, Academic Press, 1999; 587-618.
19. Matzinger P. Tolerance, danger and the extended family. *Ann Rev Immunol* 1994; 12: 991-1045.
20. Madsen KL, Doyle JS, Jewell LD et al. Lactobacillus species prevents colitis in interleukin 10 gene-deficient mice. *Gastroenterology* 1999; 116: 1107-1114.
21. Duchmann R, Kaiser I, Hermann E et al. Tolerance exists towards resident intestinal flora but is broken in active inflammatory bowel disease (IBD). *Clin Exp Immunol* 1995; 102:448-455.
22. Weiss DJ, Gagne JM, Armstrong PJ. Relationship between inflammatory hepatic disease and inflammatory bowel disease, pancreatitis, and nephritis in cats. *J Am Vet Med Assoc* 1996; 209: 1114-1116.
23. Jergens AE. Inflammatory bowel disease current perspectives. *Vet Clin N Am Small Anim Pract* 1999; 29: 501-521.
24. Morgan LW, McConnell J. Cobalamin deficiency associated with erythroblastic anemia and methylmalonic aciduria in a Border Collie. *J Am Anim Hosp Assoc* 1999; 35: 392-395.
25. Baez JL, Hendrick MJ, Walker LM et al. Radiographic, ultrasonographic, and endoscopic findings in cats with inflammatory bowel disease of the stomach and small intestine: 33 cases (1990-1997). *J Am Vet Med Assoc* 1999; 215: 349-354.
26. Goggin JM, Biller DS, Debey BM et al. Ultrasonographic measurement of gastrointestinal wall thickness and the ultrasonographic appearance of the ileocolic region in healthy cats. *J Am Anim Hosp Assoc* 2000; 36: 224-228.
27. Rudorf H, O'Brien R, Barr FJ, et al. Ultrasonographic evaluation of the small intestinal wall thickness in dogs with inflammatory bowel disease from the UK. *J Small Anim Pract*, in press
28. Willard MD, Lovering SL, Cohen ND et al. Quality of tissue specimens obtained endoscopically from the duodenum of dogs and cats. *J Am Vet Med Assoc* 2001; 219: 474-479.
29. Willard MD, Jergens AE, Duncan RB et al. Interobserver variation among histopathologic evaluations of intestinal tissues from dogs and cats. *J Am Vet Med Assoc* 2002; 220: 1177-1182.
30. German AJ, Helps CR, Hall EJ et al. Cytokine mRNA expression in mucosal biopsies from German shepherd dogs with small intestinal enteropathies. *Dig Dis Sci* 2000; 45: 7-17.
31. Vernau WM, Moore PF. An immunophenotypic study of canine leukemias and preliminary assessment of clonality by polymerase chain reaction. *Vet Immunol Immunopathol* 1999; 69: 145-164.
32. Jergens AE, Schreiner CA, Frank DE et al. A scoring index for disease activity in canine inflammatory bowel disease. *J Vet Intern Med* 2003; 17:291-297.
33. Hawthorne AB, Daneshmend TK, Hawkey CJ et al. Treatment of ulcerative colitis with fish oil supplementation: a prospective 12 month randomised controlled trial. *Gut* 1992; 33:922-928.
34. Belluzzi A, Brignola C, Campieri M et al. Effect of an enteric-coated fish-oil preparation on relapses in Crohn's disease. *N Engl J Med* 1996; 334:1557-1560.
35. Wagner RD, Warner T, Roberts L et al. Colonization of congenitally immunodeficient mice with probiotic bacteria. *Infect Immunity* 1997; 65:3345-3351.
36. Mitsuyama K, Toyobaga M, Sata M. Intestinal microflora as a therapeutic target in inflammatory bowel disease. *J Gastroenterol* 2002; 37 suppl.14:73-77.
37. Hostutler RA, Luria BJ, Johnson SE et al. Antibiotic-responsive histiocytic ulcerative colitis in 9 dogs. *J Vet Intern Med* 2004; 18:499-504.
38. Davies DR, O'Hara AJ, Irwin PJ et al. Successful management of histiocytic ulcerative colitis with enrofloxacin in two Boxer dogs. *Aust Vet J* 2004; 82:58-61.
39. Travis S. Recent advances in immunomodulation in the treatment of inflammatory bowel disease. *Eur J Gastroenterol Hepatol* 2003; 15:215-218.
40. Stewart A. The use of a novel formulation of budesonide as an improved treatment over prednisone for inflammatory bowel disease. *Proceedings of the 15th ACVIM Forum*, 1997; p. 662 (abstract).
41. Tumulty J, Broussard JD, Steiner JM et al. Clinical effects of short-term oral budesonide on the pituitary-adrenal axis in dogs with inflammatory bowel disease (IBD). *J Am Anim Hosp Assoc* 2004; 40: 120-123.
42. Salavaggione OE, Kidd L, Prondzinski JL et al. Canine red blood cell thiopurine S-methyltransferase: companion animal pharmacogenetics. *Pharmacogenetics* 2002; 12:713-724.
43. Fraser AG. Methotrexate: first-line or second-line immunomodulator. *Eur J Gastroenterol Hepatol* 2003; 15:225-231.
44. Sandborn WJ. Cyclosporine therapy for inflammatory bowel disease definitive answers and remaining questions. *Gastroenterology* 1995; 109:1001-1003.
45. Hawthorne AB. Ciclosporin and refractory colitis. *Eur J Gastroenterol Hepatol* 2003; 15:239-244.
46. Allenspach K, Rufenacht S, Sauter S. et al. Pharmacokinetics and clinical efficiency of cyclosporine treatment of dogs with steroid

refractory inlammation bowel disease. *J Vet Intern Med* 2006; 20: 239-244.
47. Forbes A. Alternative immunomodulators. *Eur J Gastroenterol Hepatol* 2003; 15:245-248.
48. Neurath MF, Wanitschke R, Peters M et al. Randomised trial of mycophenolate mofetil versus azathioprine for treatment of chronic active Crohn's disease. *Gut* 1999; 44:625-628.
49. Ehrenpreis ED, Kane SV, Cohen LB et al. Thalidomide therapy for patients with refractory Crohn's disease: an open-label trial. *Gastroenterology* 1999; 117:1271-1277.
50. Bauditz J, Haemling J, Ortner M et al. Treatment with tumour necrosis factor inhibitor oxpentifylline does not improve corticosteroid dependent chronic active Crohn's disease. *Gut* 1997; 40:470-474.
51. D'Haens G, Van Deventer S, Van Hogezand R et al. Endoscopic and histological healing with infliximab anti-tumor necrosis factor antibodies in Crohn's disease: A European multicenter trial. *Gastroenterology* 1999; 116:1029-1034.
52. Breitschwerdt EB, Halliwell WH, Foley CW et al. A hereditary diarrhetic syndrome in the Basenji characterized by malabsorption, protein losing enteropathy and hypergammaglobulinemia. *J Am Anim Hosp Assoc* 1980; 16:551-560.
53. Littman MP, Giger U. Familial protein losing enteropathy (PLE) and/ or protein losing nephropathy (PLN) in Soft-coated Wheaten terriers (SCWT) ; 222 cases (1983-1997). *J Vet Intern Med* 2000; 14:68-80.
54. Lothrop Jr CD, et al. Immunological characterization of intestinal lesions in Basenji dogs with inflammatory bowel disease. *Proceedings of the 15th ACVIM Forum*, 1997; p. 662 (abstract)
55. Vaden SL, Sellon RK, Melgarejo LT et al. Evaluation of intestinal permeability and gluten sensitivity in Soft-coated Wheaten Terriers with familial protein-losing enteropathy, protein-losing nephropathy, or both. *Am J Vet Res* 2000; 61: 518-524.
56. Vaden SL, Hammerberg B, Davenport DJ et al. Food hypersensitivity reactions in Soft-coated Wheaten Terriers with protein-losing enteropathy or protein-losing nephropathy or both: gastroscopic food sensitivity testing, dietary provocation, and fecal immunoglobulin E. *J Vet Intern Med* 2000; 14: 60-67.
57. Kovacevic A, Lang J, Lombardi CW. Thrombosis of the pulmonary trunk in a Soft-coated Wheaten Terrier as a complication of a protein-losing nephropathy; a case report. *Kleintierpraxis* 2002; 47: 549-552.
58. Regnier A, Delverdier M, Dossin O. Segmental eosinophilic enteritis mimicking intestinal tumors in a dog. *Canine Pract* 1996; 21: 25-29.
59. Van der Gaag I, Happ RP, Wolvekamp WTC. Eosinophilic enteritis complicated by partial ruptures and a perforation of the small intestine in a dog. *J Small Anim Pract* 1983; 24: 575-581.
60. Baggiolini M. Chemokines and leucocyte traffic. *Nature* 1998; 392: 565-568.
61. Bright RM, Jenkins C, DeNovo R et al. Chronic diarrhea in a dog with regional granulomatous enteritis. *J Small Anim Pract* 1994; 35: 423-426.
62. Lewis DC. Successful treatment of regional enteritis in a dog. *J Am Anim Hosp Assoc* 1995; 31: 170-173.
63. Stokes JE, Kruger JM, Mullaney T et al. Histiocytic ulcerative colitis in three non-Boxer dogs. *J Am Anim Hosp Assoc* 2001; 37: 461-465.
64. Cooper DM, Gebhart CJ. Comparative aspects of proliferative enteritis. *J Am Vet Med Assoc* 1998; 212: 1446-1451.

9.3　消化器型リンパ腫

Keith P.Richter

9.3.1　猫の消化器型リンパ腫

疫　学

リンパ腫は犬および猫において最も頻繁に診断される腫瘍であり，消化管における腫瘍の中で最も一般的である.[1-5] リンパ腫にはいくつかの解剖学的分類が存在するが，猫においては消化器型が最も一般的であると考えられている.[6-10] リンパ腫全体の32〜72％の症例が消化器型リンパ腫であるとされている. しかし，他の型のリンパ腫（例；白血病型，縦隔型，多中心型）を，猫における最も一般的なリンパ腫の型であると報告しているものもある. これらの報告によるリンパ腫の分類の発生率の相違は分類法の違い，長い年月による違い，地域によるFeLVのサブタイプの違い，FeLVワクチンにより消化器型以外のリンパ腫が減少していることなどによる.[15] 消化器型リンパ腫の増加は，ある病院の違う年代のデータを比較することで説明がつく. 例えば，New Englandでは消化器型リンパ腫の割合は1979年は8％，1983年は18％，1996年は32％となっている.[9,11,16] 同様にNew York Cityでは1989年に27％，1995年には72％となっている.[8,14]

猫おけるFeLV感染とリンパ腫の関連性は確立されてきている. 消化器型リンパ腫の猫におけるFeLV抗原血症は0〜38％で起きている.[10,13,17-21] しかし，感染率の評価は検査方法によってかなり影響を受けてしまう. PCRに比べて免疫組織化学ではFeLVの感染を過小評価してしまうことが示唆されている.[13] ある研究では消化器型リンパ腫の猫においてFeLV核酸はPCRによって最大63％で検出されたが，免疫組織化学で陽性が得られたのは38％であった.[13] 一般的に，白血病および縦隔型リンパ腫の猫は若齢でFeLV陽性であると考えられている. 一方で消化器型リンパ腫の猫は，典型的には老齢でFeLV陰性である.[6,10,16,17,20,21] またリンパ腫とFIVの関係についても提唱されている. FIV感染，FeLV感染，または両方の感染はそれぞれ5.6倍，62.1倍，77.3倍リンパ腫の危険度がある.[22]

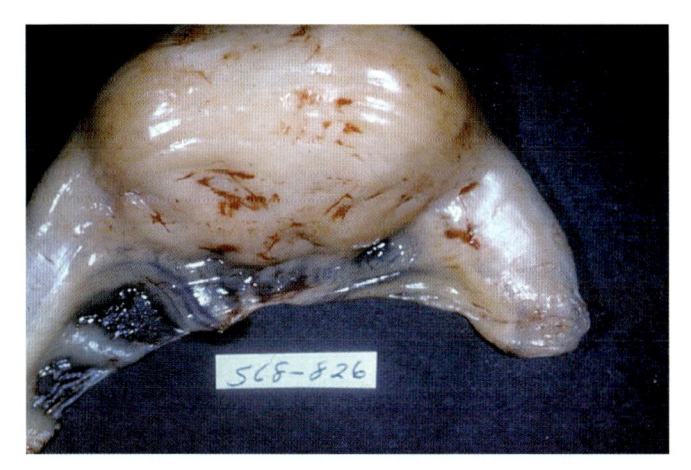

図9.9 消化器型リンパ腫．猫の小腸に認められた孤立性の腫瘤であり，組織学的に高悪性度リンパ腫と診断された．

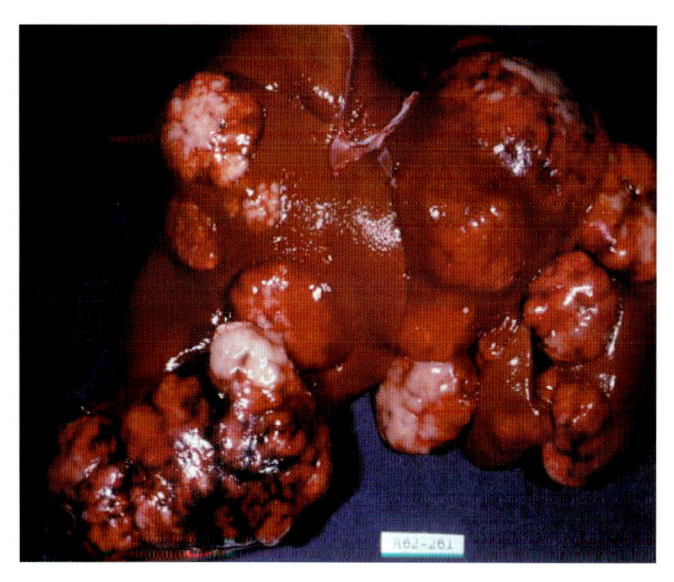

図9.11 肝臓リンパ腫．猫の高悪性度肝臓リンパ腫における多巣性の肝臓の結節．

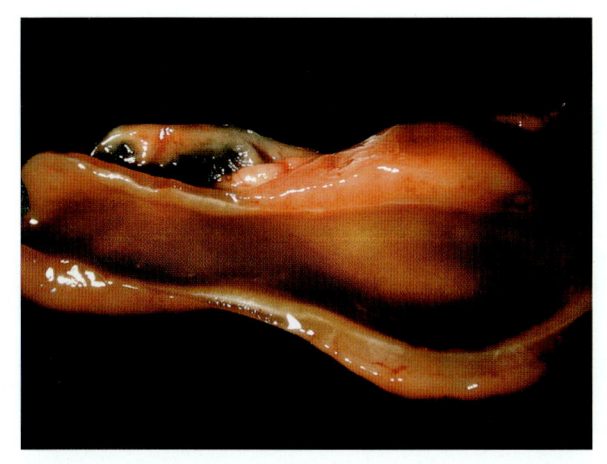

図9.10 消化器型リンパ腫．図9.9で認められた孤立性の腫瘤の割面．

ことがあり，空腸が最も好発する部位である．ある研究では，20頭中7頭（35％）で腸重積が起こったと報告されている．[23]

肝臓への浸潤の程度はさまざまである．肝臓は肉眼的に正常であることもあるが，小葉構造が強調されるもの，斑状を呈するもの，結節状のものもある（図9.11）．

リンパ腫における肉眼所見は，いずれの臓器においてもさまざまである．猫においてリンパ腫が一般的であることを考慮すると，臓器の見かけが正常でも異常でも鑑別疾患に入れておかなければならない．

肉眼病理学的所見

猫の消化器型リンパ腫の肉眼的所見は解剖学的な部位によって多様である．肝臓などを含む消化器の大部分が侵される．腫瘤を形成したり，び漫性に浸潤したりする．とくに低悪性度リンパ球性リンパ腫では肉眼所見は正常である．消化管に限局した腫瘤が存在する場合，腸壁の肥厚が通常認められ，粘膜の潰瘍がみられることもある（図9.9，図9.10）．壁の肥厚は，しばしば偏心性で管腔を保存できるが，機能的障害が起こることもある（図9.9，図9.10）．これに対して腸腺癌では，"ナプキンリング"のようにみえる管腔の狭小化により，機械的閉塞をしばしば起こす．び漫性に浸潤している際には，腸管壁の肥厚が肉眼的に確認できるか，もしくは触知することができる．腸間膜のリンパ節腫大は，肉眼的にも超音波検査上でも通常明らかである．消化器型リンパ腫では腸重積を二次的に引き起こす

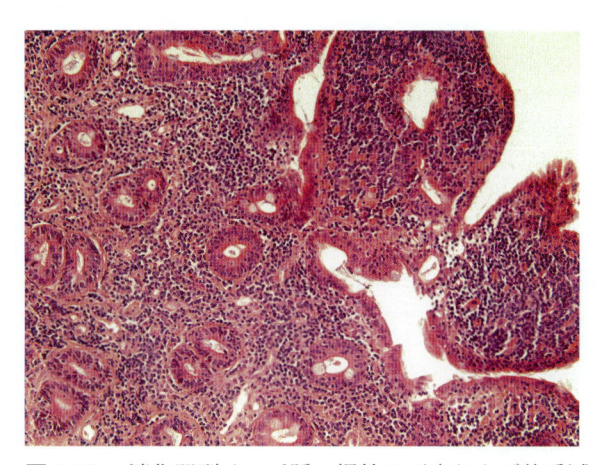

図9.12 消化器型リンパ腫．慢性の下痢および体重減少を呈したメインクーン，14歳齢，雌の十二指腸粘膜．絨毛は重度に平坦化し，粘膜固有層には大型の核小体をもつ均一なリンパ球の浸潤が認められ，典型的なネコの消化器型リンパ腫である．（HE染色，×200，写真はドイツDusseldort大学Dr.Thomas Blizerによる）

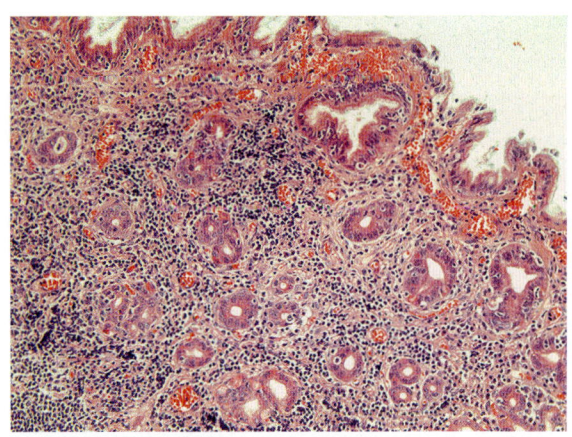

図9.13 炎症性腸疾患．慢性下痢を呈したイングリッシュ・セッター，6歳齢，雌の十二指腸粘膜．絨毛は平坦化し，固有層には重度のリンパ球と形質細胞の浸潤が多型性のある顆粒球を伴って認められた．本症例はIBDと診断され，コルチコステロイドの投与により1年以上良好に経過した．(HE染色，×200，写真はドイツDusseldort大学Dr.Thomas Blizerによる）

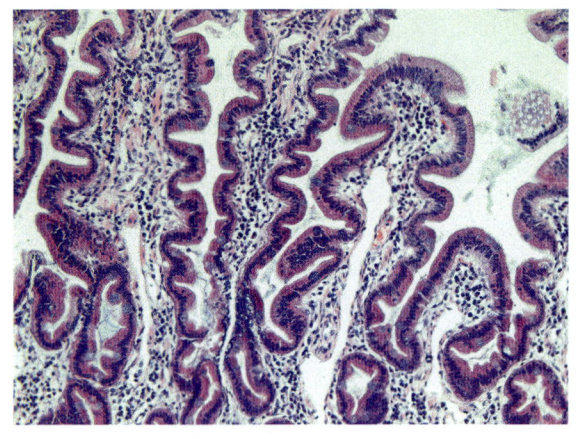

図9.14 正常な腸粘膜．健康なラブラドール・レトリーバー，7歳齢，雌の十二指腸粘膜であり，正常な絨毛，粘膜，固有層に中程度のリンパ球形質細胞の浸潤が認められる．(HE染色，×200，写真はDusseldort大学Dr.Thomas Blizerによる）

病理組織診断および免疫組織化学

　消化器型リンパ腫には異なったグレードがあり，一般的に低悪性度（リンパ球性もしくは小細胞性），高悪性度（リンパ芽球性，免疫芽球性，もしくは大細胞性），中悪性度と呼ばれる．[24] わずかではあるが，大顆粒リンパ球性リンパ腫なども存在する．[25-28] 報告のほとんどにおいて，グレードは未決定か，高悪性度リンパ腫である．しかし近年は，低悪性度のリンパ腫の大規模な症例報告もされてきている．[17,20,21] その報告では67頭中50頭（75%）が，低悪性度の消化器型リンパ腫と診断されていた．リンパ球性リンパ腫と診断するための基準は記載されていたが，最近はその基準は内視鏡生検サンプルでは解釈が困難なこと，病理医間での意見が違うこと，免疫組織化学を使用していないことなどから疑問視されている．したがってリンパ球性リンパ腫，リンパ球性の炎症やT細胞浸潤性の疾患を鑑別するような診断基準を定義し，これらの分類と臨床経過を関連づけるような研究が必要である．一方で習慣的にIBDからリンパ腫になる症例がいると考えられ，これを示唆するデータもわずかに存在する（図9.12，図9.13，図9.14）．

　最近では，猫の消化器型リンパ腫の分類に免疫組織化学が使用される．正常な小腸の粘膜内リンパ組織（MALT）をSPF猫において調べ，リンパ腫の猫における免疫学的表現型に応用した．[24,29-35] ある報告では，消化器型リンパ腫はT細胞よりB細胞の方が多いとされるが，別の報告ではほとんどがT細胞性であるとされる．[21,24,29,33] また，数は限られているが，免疫学的表現型は化学療法への反応性，生存期間などに関連がないとされている．[10,21,30] 免疫学的表現型の臨床的意義を決定するには，さらなる報告が必要である．

臨床徴候

シグナルメント

　雄の方が罹患しやすいようである．[6,17,20,21] 好発品種は明らかではないが，ほとんどがドメスティック・ショートヘアーである．[17,18,20,21] 年齢は1～18歳で報告され，論文によって中央値は9～13歳となっている．[6,12,17-21]

臨床徴候および身体検査所見

　消化器型リンパ腫のグレードに関係なく，体重減少，食欲不

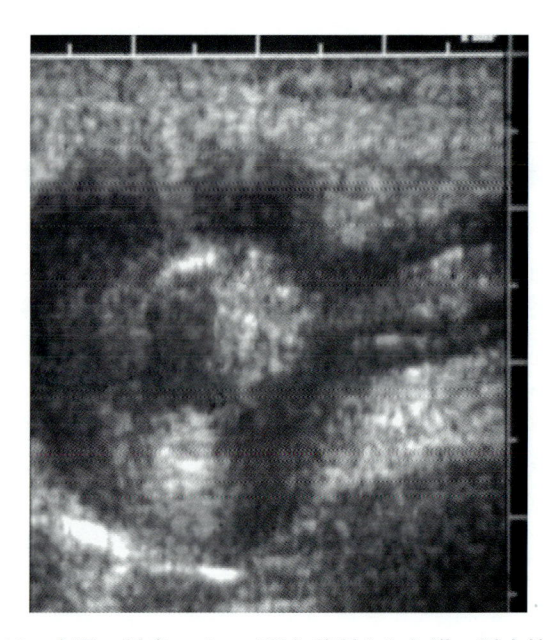

図9.15 小腸の腫瘤．リンパ腫と診断された猫の孤立性小腸腫瘤の超音波像．

振，嘔吐，下痢，嗜眠，多飲/多尿が認められる．重要なことは，猫は嘔吐や下痢の症状は少ないもしくは呈さないこともあり，食欲不振や体重減少だけが病歴であることが多い[17,20]．老齢の猫でこれらの症状に遭遇した場合，消化器型リンパ腫を鑑別疾患に入れなければならない．身体検査所見では削痩，腸管の肥厚などが認められ，腹部腫瘤を触知できることもある．腹部腫瘤の触知は高悪性度リンパ腫をさらに示唆する所見である．[17,20] とりわけ多くの猫が触診上は正常である．

補助検査所見

一般的に生化学検査は有用でなく，中等度の貧血，低アルブミン血症が認められる．腹部および胸部単純X線検査では異常がなく，また特異的でもない．腹部超音波検査は多くの症例において有用であり，X線検査より感度が良いとされている．[37,38] 病変は結節性（局所または多巣性）もしくはび漫性である．[37] 最も頻繁に認められる超音波検査の異常所見は胃や腸壁の肥厚であり，他にも正常な層構造の消失，消化管の腫瘤（図9.15），消化管壁のエコー源性の低下，限局性の運動性の低下，リンパ節の腫大，腹水などが重要な所見である．[18,37,38] 医学領域において内視鏡検査は消化管粘膜のリンパ腫の診断に有用であり，内視鏡が届く範囲に病変があれば犬や猫においても有用である．[17,39,40] ある研究では，消化器型リンパ腫67頭中61頭において確定診断のために内視鏡検査が行われ，56頭で病理学に診断に至ることが可能であった．[17] 内視鏡検査で認められる肉眼所見は非特異的で，IBDや他の消化器疾患と類似していた．多くの症例で内視鏡での肉眼的所見は正常であった．

治療（表9.9）

猫の消化器型リンパ腫に対する治療の報告は限られており，いくつかの報告で一般的な治療結果が報告されているだけである．[8,11,14,17,19-21,36] さらに，ほとんどの報告では組織学的悪性度の記述がない，完全な解剖学的分類がされてない，抗癌剤の組み合わせが報告毎で異なるなどの理由により，消化器型リンパ腫のみの治療結果は明らかではない．

Cotter らは，7頭の猫に対するサイクロフォスファミド，ビンクリスチン，プレドニゾロン（CVP）による治療を報告している．[11] 6頭は完全寛解し，寛解期間の中央値は19週間，生存期間の中央値は26週間であった．Jeglum らは，14頭の猫に対するサイクロフォスファミド，ビンクリスチン，メトトレキセートによる治療を報告した．[19] 生存期間の中央値は12週間であった．Mooney らは103頭のリンパ腫の治療の報告し，そのうち28頭（27%）で消化器病変が存在した．[14] CVPによる治療に加えてL-アスパラギナーゼ，メトトレキセートを使用し，62%で完全寛解が得られ，生存期間の中央値は7ヵ月であった．部分寛解もしくは反応が認められなかった猫の生存期間の中央値はそれぞれ2.5ヵ月，1.5ヵ月であった．しかし消化器型リンパ腫の症例のみの反応は記載されていなかった．同じ研究施設から Mauldin らが132頭の報告し，そのうちの95頭（72%）で消化器病変が存在していた．[8] これらの猫はCVPに加えドキソルビシン，メトトレキセート，L-アスパラギナーゼを投与されていた．67%が完全寛解し，無病期間は21週間，生存期間の中央値は30週であった．消化器病変をもつ症例のみの反応は記載されていなかったが，この報告では解剖学的な病変の部位は予後には関係がなかったとされていた．Zwahlen らは悪性度不明の消化器型リンパ腫に対して同様のプロトコール（CVP，ドキソルビシン，L-アスパラギナーゼ，メトトレキセート）で治療した21頭の猫の報告をした．[21] それらの猫のうち38%で完全寛解が得られ，57%で部分寛解が得られ，5%が維持病変もしくは進行性病変であった．無病

表9.9 猫の消化器型リンパ腫の治療に関する報告

著者	猫の数	消化器病変をもつ猫の数（割合）	グレード	治療プロトコール	CR率	寛解期間中央値	CRが得られた猫の生存期間中央値	全生存期間中央値
Cotter[11]	7	7（100）	NR	C, V, P	86	19週	NR	26週
Jeglum[19]	14	14（100）	NR	C, V, M	NR	NR	NR	12週
Mooney[14]	103	28（27）	NR	C, V, P, L	62	NR	7ヵ月	NR
Mauldin[8]	132	95（72）	NR	C, V, P, D, L, M	67	21週	NR	30週
Zwahlen[21]	21	21（100）	NR	C, V, P, D, L, M	38	20週	41.5週	40週
Malik[36]	60	14（23）	NR	C, V, P, D, L, M	80	NR	12週	17週
Mahony[20]	28	28（100）	89% HG, 11% LG	C, V, P	32	NR	NR	7週
Fondacaro[17]	29	29（100）	100% LG	P, Cl	69	20.5ヵ月	22.8ヵ月	17ヵ月
Fondacaro[17]	11	11（100）	100% HG	C.V.Por C, V, P, L, D	18	18ヶ月	18ヶ月	11週

CR＝完全寛解，NR＝報告なし，C＝サイクロフォスファミド，V＝ビンクリスチン，P＝プレドニゾン，M＝メトトレキセート，L＝L-アスパラギナーゼ，D＝ドキソルビシン，Cl＝クロラムブシル，HG＝高悪性度，LG＝低悪性度

期間の中央値は20週，生存期間の中央値は40週間であった．完全寛解が得られた症例では無病期間が40週間であったが，生存期間の中央値はわずか41.5週間であった．オーストラリアにおいてリンパ腫の猫60頭に対して同様の治療を行い，生存期間の中央値は17週間であった．また完全寛解は48頭で得られ，生存期間の中央値は27週間であった．[36] その48頭中14頭で消化器病変が存在していた．14頭中4頭（29％）は1年以上生存した．Mahonyらは28頭の猫のリンパ腫について報告し，そのうち高悪性度リンパ腫の25頭をCVPにより治療した．[20] 生存期間の中央値はわずか7週間であったが，完全寛解を得た症例（32％）の無病期間の中央値は30週であった．これらの結果はFondacaroらによる報告と一致しており，その報告では11頭の高悪性度リンパ腫の猫に対してCVPもしくはCVPに加えドキソルビシン，L-アスパラギナーゼによる治療を行い，18％の猫でしか完全寛解を得られず（いずれの猫もドキソルビシンには反応していた），生存期間の中央値は11週間であった．[17] 猫の消化器型リンパ腫に対して，これら以外の抗癌剤はあまり研究されていない．経口アルキル化剤のロムスチン（CCNU）の第一相試験では6頭中2頭でしか部分寛解を得られなかった．

これらの知見は低悪性度リンパ腫の猫では対照的であった．Fondacaroらの報告では50頭の低悪性度リンパ腫の猫についての記載があり，そのうち36頭で化学療法を行っていた．[17] リンパ球性リンパ腫の猫29頭に対してプレドニゾロン（10mg/猫/日），およびクロラムブシルの高用量パルス療法（ロイケラン®；15mg/m²，PO，1日1回4日間連続，3週間毎）を行った．69％の猫が完全寛解を得ることができ，完全寛解の症例の無病期間の中央値は20.5ヵ月（5.8～49.0ヵ月）であった．猫全体の生存期間の中央値は17ヵ月（0.3～50.0ヵ月），完全寛解した猫では22.8ヵ月（10.0～50.0ヵ月）であった．完全寛解した20頭のうち12頭においてサイクロフォスファミドを225mg/m²，PO，3週間毎に投与する"レスキュー"療法を行った．それらの猫では，無病期間の中央値が24ヵ月で生存期間の中央値が29ヵ月であった．データを集めた時点で7頭が生存していたが，一部の猫を除いてサイクロフォスファミドの投与がなされていた．クロラムブシルもしくはサイクロフォスファミドによる副作用はまれであるが，嘔吐，下痢，食欲不振，嗜眠，好中球減少などが認められた．入院や治療の中断が必要な症例は認められなかった．

これらの報告から言えることがいくつかある．通常，高悪性度消化器型リンパ腫の化学療法に対する反応性は悪く，低悪性度リンパ腫に対する反応はよい．高悪性度消化器型リンパ腫の猫にCVPやL-アスパラギナーゼなどを使用した治療に加えドキソルビシンを使用すると，ドキソルビシン単剤やCVPのみの治療と比較して，寛解期間や生存期間が延長する．低悪性度リンパ腫の猫においては，経口のプレドニゾロンおよびクロラムブシルの高用量パルス療法により良い結果が得られた．しかし，さらに強力な多剤併用プロトコールが良いかは不明である．化学療法は一般的に，自然に治る程度の食欲不振，嘔吐，下痢，骨髄抑制が認められる症例もいる．また，これらの症状が抗癌剤の副作用によるものなのか，リンパ腫の進行によるものなのかを見分けるのが難しいことがある．

以前より，消化器型リンパ腫の治療における外科手術の役割について議論されてきた．[17,20,21,36] これらの研究では，外科的介入は無病期間や生存期間には影響がないか，もしくは悪影響であると報告されている．しかし外科的介入自体によるものではなく，外科的介入が必要な症例（例；消化管閉塞）は重篤な状態にあり，生存期間が短くなるためであろう．主な外科手術の適応は消化管の部分もしくは完全閉塞，消化管穿孔，または確定診断のための生検である．

消化管壁の局所に病変がある症例は，急速な反応を起こす細胞傷害性の化学療法を行うと穿孔の危険性が高くなると考えられている．外科手術により消化管を吻合した部位が裂開する場合や，傷がしっかり治るまでに化学療法の開始が遅れてしまうことがある．消化器型リンパ腫では多くの症例でび漫性，多巣性に病変が存在していることや，ほとんどの症例において全身性疾患であると考えられていることから，消化管や腸間膜の局所の病変を摘出した後でも，化学療法を行う必要がある．

予後因子

猫の消化器型リンパ腫についての予後因子がいくつか報告されている．Fondacaroらは組織学的グレードが予後の指標となると報告している[17]．高悪性度リンパ腫の猫に対して多剤併用療法を行うことに比べ，低悪性度のリンパ腫の猫に経口のプレドニゾロンやクロラムブシルを投与した方が寛解率（69％ vs 18％），生存期間（17ヵ月 vs 2.7ヵ月）が優れていた．他の研究では低悪性度と高悪性度を比較していないため，このことが真実かどうかは明らかにされていない．低悪性度のリンパ腫と高悪性度のリンパ腫はいくつか違う点があるため，別の疾患とみなさなければならない．猫の消化器型リンパ腫に関する記述は一般化しすぎている場合もある．

ほとんどの報告において，最も良い予後因子は初期の治療に対する反応性であった．[7,8,10,14,17,20,21,36] 一般的に，寛解導入期を越えて寛解が得られた猫の長期的な予後は良い．これは直感的に明らかであるが，臨床家や飼い主が，完全寛解を得られた後にも化学療法を続けていくことの励ましになる．それ以外の患者あるいは腫瘍の特徴（例；性別，免疫表現型，臨床ステージ，年齢，体重）で予後を予測できるものはなかった．最近の報告では，FeLVウイルス血症は予後不良因子ではないとされている．[8,20,21,36] 予後の決定に役立つ因子は非常に限られているため，徹底したステージングを行ってもその利点はわずかしかない．[8,20,21,36]

最近では，予後因子として分子マーカーが注目されている．しかし，好銀性核小体形成領域（AgNOR）数や核内増殖抗原

陽性率（PCNA-LI）には化学療法に対する反応性や生存期間と相関は認められなかった.[10,42] 同様に，猫では腫瘍細胞の免疫学的表現型と予後とは相関が認められないようである.[10,21,36] これは犬においてT細胞由来ではこれまで化学療法に対する反応性や生存期間に対する予後不良因子であると考えられてきたことと対照的である．リンパ腫の猫における急性相蛋白である血清α1酸性糖蛋白濃度についての研究が最近行われたが，治療の反応性や生存期間の予測には役立たないようである.[43] 不完全なステージング，悪性度の不一致，生検をしていない多数の消化管病変，化学療法のプロトコルが前向きに無作為化されていないこと，対照群（無治療群）が存在していないこと，寛解が得られたことを再度生検して確認していないことなどが，これまでの報告の限界である．それぞれの悪性度の消化器型リンパ腫の猫に対する単剤の化学療法に対する反応性を調べるための無作為化比較前向きコホート大規模研究が望まれる．さらには予後と免疫学的表現型や分子マーカーの関連についての研究も必要である．

9.3.2 犬の消化器型リンパ腫

猫に比べて犬の消化器型リンパ腫は少ないようである.[44-46] 消化器型リンパ腫は犬のリンパ腫のうち5～20%であり，節外性の中では最も一般的である.[44-46] 犬の消化器型リンパ腫の原発巣は，多い順に小腸，肝臓，付属リンパ節，胃，結腸である.[44,45] 多中心型の様に胸腔内や体表リンパ節に浸潤することもある.[44] さまざまな年齢や品種の犬が罹患する.[44,45] ある2つの報告では，症例は1.5歳齢から14.7歳齢であった（中央値は6.7歳齢および7.7歳齢）．一方では90%の犬が雄で，もう一方では48%が雄であった.[44,45] 臨床徴候は頻度が高いものから沈うつ，嘔吐，食欲不振，下痢，体重減少，黄疸，しぶりであった.[44] 嘔吐と下痢はしばしば同時に起きており，約50%の症例でそれらに血液が混じっていた．臨床症状は通常，慢性および進行性であり，急に悪化することもある．身体検査所見では動物の状態の悪さ，腹部腫瘤，腹部痛，肝腫などの有無が分かる．血液検査所見では，肝臓に病変がある場合に肝酵素の上昇，血清ビリルビンの上昇などを認める．他の検査所見は非特異的であり，貧血，低アルブミン血症など（それぞれ約30%の犬）が最もよく認められる検査所見である.[44] 単純X線検査では肝腫，脾腫や腹腔内腫瘤が認められることがある.[44] 上部消化管のバリウム造影検査による粘膜面の不整，管腔の陰性欠損，不整な腸壁の肥厚などから消化管浸潤が示唆される.[44] 超音波検査では腹腔内腫瘤や胃壁，腸壁の肥厚，腹水（腹膜炎を示唆），肝臓の異常などが認められる．

肉眼病理所見はさまざまであり，臓器によって異なる．粘膜下層にある腫瘤は柔らかいものも堅いものもあり，クリーム色で，管腔内や漿膜面に浸潤していることもある.[45] また，び漫性に病変を形成することもある．ある報告中の15症例全てにおいて腫瘤は粘膜下層から生じており，ほとんどで非切れ込み型の細胞がび漫性に浸潤していた.[44] またリンパ腫の病変の近くや少し離れた部位において，リンパ球プラズマ細胞性の炎症が認められた.[44] 腫瘍と非腫瘍の境界は明瞭ではなく，粘膜下層の腫瘤の上に炎症を起こした粘膜が重なっているのがしばしば認められる.[44] よって内視鏡検査による生検の場合はリンパ腫を誤ってIBDと診断してしまう危険性がある．別の報告では粘膜上皮の表面に腫瘍細胞が浸潤する上皮向性が一般的であるとされる.[45] この報告では免疫組織化学によってほとんどの犬の消化器型リンパ腫はT細胞由来とされている.[45]

犬の消化器型リンパ腫の治療は通常困難である．いくつかの臓器に浸潤しており，外科的治療のみではほとんど効果はない．他の型のリンパ腫と同様に，ドキソルビシンを含む多剤併用化学療法が最も有効である．しかし完全寛解や長期寛解を得るのは少数のみである.[44,46]

> 🔑 **キーポイント**
> - 消化器型リンパ腫は，老齢の猫において嘔吐や下痢の有無にかかわらず，食欲不振や体重減少の一般的な原因となる．
> - 消化器型リンパ腫の猫のほとんどはFeLV，FIV感染は陰性である．
> - 猫の低悪性度消化器型リンパ腫は以前考えられていたより一般的な疾患であり，高悪性度リンパ腫に比べ化学療法への反応は良いようである．
> - 猫の消化器型リンパ腫におけるもっとも明らかな予後因子は初期の化学療法に対する反応性であり，寛解導入時に生存していれば通常長期間寛解を得ることができる．
> - 犬のリンパ腫は粘膜下層由来であるため，内視鏡検査では診断が難しい．
> - 消化器型リンパ腫の犬の化学療法に対する反応性はほとんどにおいて不十分もしくは一過性である．

参考文献

1. Brodey RS. Alimentary tract neoplasms in the cat: A clinicopathologic survey of 46 cases. *Am J Vet Res* 1966; 27（116）: 74-80.
2. Loupal VG, Pfeil C. Tumoren im Darmtrakt der Katze unter besonderer Berücksichtigung der nicht-hämatopoetischen Geschwülste. *Berl Münch Tierärztl Wschr* 1984; 97: 208-213.
3. Ogilvie GK, Moore AS. Lymphoma in cats. *Managing the Veterinary Cancer Patient.* Trenton, Veterinary Learning Systems, 1995; 249-259.
4. Schmidt RE, Langham RF. A survey of feline neoplasms. *J Am Vet Med Assoc* 1967; 151（10）: 1325-1328.
5. Vail DM, MacEwen EG. Feline lymphoma and leukemias. *In:* Withrow SJ, MacEwen EG（eds.）, *Small Animal Clinical Oncology, 3rd ed.* Philadelphia, WB Saunders, 2001; 590-611.
6. Gabor LJ, Malik R, Canfield PJ. Clinical and anatomical features of lymphosarcoma in 118 cats. *Aust Vet J* 1998, 76（11）: 725-732.
7. Kristal O, Lana SE, Ogilvie GK et al. Single agent chemotherapy with doxorubicin for feline lymphoma: A retrospective study of 19 cases（1994-1997）. *J Vet Intern Med* 2001; 15: 125-130.
8. Mauldin GE, Mooney SC, Meleo KA et al: Chemotherapy in 132 cats with lymphoma: 1988-1994. *Proc Vet Cancer Soc 15th Annual Conference,* Tucson, 1995; 35-36.
9. Moore AS, Cotter SM, Frimberger AE et al: A comparison of doxorubicin and COP for maintenance of remission in cats with lymphoma. *J Vet Intern Med* 1996; 10（6）: 372-375.
10. Vail DM, Moore AS, Ogilvie GK et al. Feline lymphoma（145 cases）: Proliferation indices, cluster of differentiation 3 immunoreactivity, and their association with prognosis in 90 cats. *J Vet Intern Med* 1998; 12: 349-354.
11. Cotter SM. Treatment of lymphoma and leukemia with cyclophosphamide, vincristine, and prednisone: II. Treatment of cats. *J Am Anim Hosp Assoc* 1983; 19: 166-172.
12. Court EA, Watson ADJ, Peaston AE. Retrospective study of 60 cases of feline lymphosarcoma. *Aust Vet J* 1997; 75（6）: 424-427.
13. Jackson ML, Haines DM, Meric SM et al. Feline leukemia virus detection by immunohistochemistry and polymerase chain reaction in formalin-fixed, paraffin-embedded tumor tissue from cats with lymphosarcoma. *Can J Vet Res* 1993; 57: 169-276.
14. Mooncy SC, Hayes AA, MacEwen EG et al. Treatment and prognostic factors in lymphoma in cats: 103 Cases（1977-1981）. *J Am Vet Med Assoc* 1989; 194（5）: 696-699.
15. Hardy WD Jr. Hematopoietic tumors of cats. *J Am Anim Hosp Assoc* 1981; 17: 921-940.
16. Francis DP, Cotter SM, Hardy WD, et al. Comparison of virus-positive and virus-negative cases of feline leukemia and lymphoma. *Cancer Res* 1979; 39: 3866-3870.
17. Fondacaro JV, Richter KP, Carpenter JL et al. Feline gastrointestinal lymphoma: 67 cases（1988-1996）. *Eur J Com Gastroenterol* 1999; 4（2）: 5-11.
18. Hittmair K, Krebitz-Gressl E, Kubber-Heiss A et al. Feline alimentary lymphosarcoma: Radiographical, ultrasonographical, histological and virological findings. *Eur J Compan Anim Pract* 2001; 11（2）: 119-128.
19. Jeglum KA, Whereat A, Young K. Chemotherapy of lymphoma in 75 cats. *J Am Vet Med Assoc* 1987; 190（2）: 174-178.
20. Mahony OM, Moore AS, Cotter SM et al. Alimentary lymphoma in cats: 28 cases（1988-1993）. *J Am Vet Med Assoc* 1995; 207（12）: 1593-1597.
21. Zwahlen CH, Lucroy MD, Kraegel SA et al: Results of chemotherapy for cats with alimentary malignant lymphoma: 21 Cases（1993-1997）. *J Am Vet Med Assoc* 1998; 213（8）: 1144-1149.
22. Shelton GH, Grant CK, Cotter SM et al. Feline immunodeficiency virus and feline leukemia virus infections and their relationships to lymphoid malignancies in cats: A retrospective study（1968-1988）. *J Acquir Immune Defic Syndr* 1990; 3: 623-630.
23. Burkitt JM, Drobatz KJ, Hess RS et al. Intestinal intussusception in twenty cats. *J Vet Intern Med* 2001; 15（3）: 313.
24. Gabor LJ, Canfield PJ, Malik R. Immunophenotypic and histological characterization of 109 cases of feline lymphosarcoma. *Aust Vet J* 1999; 77（7）: 436-441.
25. Darbes J, Majzoub M, Breuer W et al. Large granular lymphocyte leukemia/lymphoma in six cats. *Vet Pathol* 1998; 35: 370-379.
26. Endo Y, Cho KW, Nishigaki K et al. Clinicopathological and immunological characteristics of six cats with granular lymphocyte tumors. *Com Immun Microbiol Infect Dis* 1998; 21: 27-42.
27. Kariya K, Konno A, Ishida T. Perforin-like immunoreactivity in four cases of lymphoma of large granular lymphocytes in the cat. *Vet Pathol* 1997; 34: 156-159.
28. Wellman ML, Hammer AS, DiBartola SP et al. Lymphoma involving large granular lymphocytes in cats: 11 Cases（1982-1991）. *J Am Vet Med Assoc* 1992; 201（8）: 1265-1269.
29. Charney SC, Valli VE, Kitchell BE et al. Histopathological, phenotypic, and molecular assessment of feline infiltrative enteric disease - a pilot study. *Proc Vet Cancer Soc Mid-Year Conference,* Galena, IL, 2002; 18（abstract）.
30. Roccabianca P, Woo JC, Moore PF. Characterization of the diffuse mucosal associated lymphoid tissue of feline small intestine. *Vet Immunol Immunopathol* 2000; 75: 27-42.
31. Barrs VR, Beatty JA, McCandlish IA et al. Hypereosinophilic paraneoplastic syndrome in a cat with intestinal T cell lymphosarcoma. *J Small Anim Pract* 2002; 43: 401-405.
32. Callanan JJ, Jones BA, Irvine J et al. Histologic classification and immunophenotype of lymphosarcomas in cats with naturally and experimentally acquired feline immunodeficiency virus infections. *Vet Pathol* 1996; 33: 264-272.
33. Jackson ML, Wood SL, Misra V, et al. Immunohistochemical identification of B and T lymphocytes in formalin-fixed, paraffin-embedded feline lymphosarcomas: Relation to feline leukemia virus status, tumor site, and patient age. *Can J Vet Res* 1996; 60: 199-204.
34. Krecic MR, Black SS. Epitheliotropic T-cell gastrointestinal tract lymphosarcoma with metastases to lung and skeletal muscle in a cat. *J Am Vet Med Assoc* 2000; 216（4）: 524-529.
35. Rojko JL, Kociba GJ, Abkowitz JL et al. Feline lymphomas: immunological and cytochemical characterization. *Cancer Res* 1989; 49: 345-351.
36. Malik, R, Gabor LJ, Foster SF et al. Therapy for Australian cats with lymphosarcoma. *Aust Vet J* 2001; 79（12）: 808-817.
37. Grooters AM, Biller DS Ward H, et al: Ultrasonographic appearance of feline alimentary lymphoma. *Vet Radiol Ultrasound* 1994; 35（6）: 468-472.
38. Penninck DG, Moore AS, Tidwell AS et al. Ultrasonography of alimentary lymphosarcoma in the cat. *Vet Radiol Ultrasound* 1994; 35（4）: 299-304.
39. Arista-Nasr J, Jimenez A, Keirns C et al. The role of the endoscopic biopsy in the diagnosis of gastric lymphoma: A morphologic and immunohistochemical reappraisal. *Hum Pathol* 1991; 22（4）: 339-348.

40. Roth L, Leib MS, Davenport DJ et al. Comparisons between endoscopic and histologic evaluation of the gastrointestinal tract in dogs and cats: 75 Cases (1984-1987). *J Am Vet Med Assoc* 1990; 196 (4): 635-638.
41. Rassnick KM, Gieger TL, Williams LE et al. Phase I evaluation of CCNU (lomustine) in tumor bearing cats. *J Vet Intern Med* 2001; 15: 196-199.
42. Rassnick KM, Mauldin GN, Moroff SD et al. Prognostic value of argyrophilic nucleolar organizer region (AgNOR) staining in feline intestinal lymphoma. *J Vet Intern Med* 1999; 13: 187-190.
43. Correa SS, Mauldin GN, Mauldin GE et al. Serum alpha 1-acid glycoprotein concentration in cats with lymphoma. *J Am Anim Hosp Assoc* 2001; 37: 153-158.
44. Couto CG, Rutgers HC, Sherding RG et al. Gastrointestinal lymphoma in 20 dogs. A retrospective study. *J Vet Intern Med* 1989; 3: 73-78.
45. Coyle KA, Steinberg H. Characterization of lymphocytes in canine gastrointestinal lymphoma. *Vet Pathol* 2004; 41: 141-146.
46. Vail DM, MacEwen EG, Young KM. Canine lymphoma and lymphoid leukemias. *In*: Withrow SJ, MacEwen EG (eds.), *Small Animal Clinical Oncology, 3rd ed.* Philadelphia, WB Saunders, 2001; 558-590.

9.4 消化管の神経内分泌腫瘍

Jörg M. Steiner

9.4.1. はじめに

消化管は最も大きな内分泌臓器であるが，そのことはあまり知られていない．[1] 従来，細胞間の情報交換のメカニズムは自己分泌，傍分泌，神経分泌，内分泌，先体顆粒の放出に分けられるが，消化管でははっきりしていない．消化管で合成されるほとんどの調節物質はペプチドであるが，それらのうちいくつかは内分泌，神経分泌，傍分泌そして自己分泌ペプチドとして機能する．

1902年，セクレチンが最初の消化管ホルモンとして発見された，そして実は最初のホルモンでもある．[1] それ以来，さまざまな消化管調節ペプチドが同定されてきた（表9.10）．[1,2] 多くのこれらの調整ペプチドは真のホルモンと考えられているが，現在は6つのみがホルモンの生理学的な基準を満たす：インスリン，グルカゴン，ガストリン，セクレチン，コレシストキニン（CCK），モチリン．他の重要な調節性ペプチドの主な機能は表9.11に記載した．[2]

通常，内分泌疾患はホルモンの不足（例えば，副腎皮質機能低下症）や過剰（例えば，副腎皮質機能亢進症）によって起こる．現在，消化管ホルモンの不足による疾患は糖尿病のみであり，インスリンの絶対的もしくは相対的欠乏によって起こる．驚いたことに，どの種の動物においてもこれ以外の消化管調節ペプチドの不足による疾患は知られていない．しかし，消化管ペプチドの不足が疾患を引き起こさないと考える理由はないので，そういった疾患が発見されるのも時間の問題である．多くの慢性消化器疾患は特発性であると考えられており，これらの疾患のいくつかは消化管調節ペプチドの不足によって引き起こされているかもしれない．

消化管調節ペプチドの過剰に関連した疾患はよく知られており，神経内分泌腫瘍（NETs）によって起こる．GI NETsの人での罹患率は低く，100万人中に約3〜4例である．NETsの約55%はカルチノイド，25%はインスリノーマ，10%はガストリノーマ，2%は膵ラ氏島腫瘍（VIPomas），2%はグルカゴノーマ，ソマトスタチノーマは1%以下，そして残りの5〜6%が非機能性の腫瘍もしくは膵ポリペプチド腫瘍である．犬や猫における同様の疫学データはなく，これらGI NETsの多くは獣医臨床での報告がまだない．これまでに犬および猫においてGI NETsで報告されているものはインスリノーマ，ガストリノーマ，グルカゴノーマ，カルチノイドと，膵ポリペプチド腫瘍の症例報告のみである．

9.4.2 インスリノーマ

はじめに

インスリノーマは機能性β細胞の腫瘍で高インスリン血症を引き起こす疾患である．インスリノーマは犬でまれにみられるが，猫ではめったにみられない．[3-5] インスリノーマ細胞はインスリン，膵ポリペプチド，ソマトスタチン，グルカゴン，セロトニン，ガストリン，ACTHなどのさまざまな調節ポリペプチドを産生する．[6] それにも関わらず，ほとんどの症例においてインスリノーマと診断され，高インスリンの症状のみを呈する．ヒトのインスリノーマはときどき他の内分泌腫瘍も同時に認められ，多発性内分泌腫瘍（MEN）として知られる．[5] 最近，猫におけるMENが報告された．この猫は副甲状腺腺腫，副腎皮質腺腫，インスリノーマと診断された．

原因

インスリノーマの病因は知られておらず，また危険因子も報告されていない．β細胞はインスリンとは無関係に糖を取り込み，膵島細胞の細胞内グルコース濃度は血糖値を反映する．健康な動物では血糖値が約60 mg/dLを下回ると，インスリンの分泌が抑制される．同時に対抗制御的なホルモン（即時型：カテコラミン，グルカゴン，遅延型：コルチゾル，成長ホルモン）の分泌が増加する．インスリノーマでは血糖値の低下に対して

表9.10 消化管調節ペプチド
最も重要な消化管調節ペプチドを記載した．消化管には他にも調節ペプチドが多数存在しているが，それらの生理学的な働きは不明である．

調節ペプチドファミリー	調節ペプチドファミリーメンバー
ガストリン-コレシストキニンファミリー	■ コレシストキニン ■ ガストリン
セクレチン/グルカゴン/血管作動性腸管ペプチドファミリー	■ 胃抑制ペプチド ■ グリセンチン ■ グルカゴン ■ グルカゴン様ペプチド1 ■ グルカゴン様ペプチド2 ■ 成長ホルモン放出因子（GRF） ■ オキシントモジュリン ■ ペプチド HI/HM ■ セクレチン ■ 血管作動性腸管ポリペプチド（VIP）
膵臓ポリペプチドファミリー	■ ニューロペプチドY（NPY） ■ 膵ポリペプチド（PP） ■ ペプチドYY（PYY）
タキキニン/ボンベシンファミリー	■ ガストリン放出ペプチド（GRP） ■ GRPデカペプチド ■ ニューロメジンB ■ ニューロメジンK ■ サブスタンスK ■ サブスタンスP
オピオイドペプチドファミリー	■ 副腎皮質刺激ホルモン（ACTH） ■ βエンドルフィン ■ βネオエンドルフィン ■ ダイノルフィン ■ ロイシンエンケファリン ■ ロイモルフィン ■ メラニン細胞刺激ホルモン ■ メチオニンエンケファリン
インスリンファミリー	■ インスリン ■ インスリン様成長因子1
上皮成長因子ファミリー	■ 上皮成長因子 ■ トランスフォーミング成長因子α（TGFα）
ソマトスタチンファミリー	■ ソマトスタチン
カルシトニンファミリー	■ カルシトニン ■ カルシトニン遺伝子関連ペプチド
その他	■ エンドセリン ■ ガラニン ■ モチリン ■ ニューロテンシン ■ サイコトロピン放出ホルモン（TRH）

適切に反応しない．よって低血糖を起こし，さらには中枢神経症状を呈する．中枢神経系へのグルコースの取り込みは促通拡散により行われ，インスリン依存性ではないので低血糖時のグルコースの取り込みは少なくなる．さらに中枢神経ではグルコースを主要なエネルギー源として利用し，末梢神経を含む他の組織のように脂肪酸やケトン体を利用することはできない．高インスリン血症による臨床症状は，対抗制御的に起こる交感神経放電によって引き起こされるものもある．しかし，インスリノーマの動物は繰り返し起こるもしくは慢性的な低血糖に適合し，かなり低い血糖値であっても臨床症状を示さないで耐えることができるようになる．

さらに低血糖の程度に加え，血糖値の減少の速度や持続時間が臨床症状の程度を決定する．

病理と挙動

インスリノーマは膵臓内に褐色の結節として認められることが最も多い（図9.16）．腫瘍は通常小さい（例，直径1cm以下）．ほとんどが単発性であるが，129例をまとめた報告によると14％で複数の腫瘍がみられた．組織学的には腫瘍細胞は正常な膵島細胞がさまざまな密度の間質の増殖を伴い不規則な巣状，索状に認められる．

悪性腫瘍は，局所浸潤や遠隔転移巣を形成する腫瘍であると定義されている．さまざまな腫瘍疾患において，病理組織学的検査によって悪性であると予想することができる．しかし，インスリノーマなどの内分泌腫瘍では悪性所見を欠くことがあるために，これに当てはまらない．よってインスリノーマにおいて病理組織学的所見に基づく悪性度の評価は，誤解を招く恐れがあるため適応するべきではない．

シグナルメント

インスリノーマは主に老齢の犬および猫でみられる．報告された233頭の犬における年齢の平均は8.9歳で，128頭の報告での年齢の範囲は3.5～14歳であった．[3] 性別は133頭の報告においては，雄が45％，雌が55％であった．表9.12に222頭の犬の犬種を記載した．[3]

臨床徴候

インスリノーマの犬の症状は2つのタイプにわけられる．虚弱，運動失調，沈うつ，発作などの神経系糖欠乏による症状，または，交感神経系の過剰な刺激による震え，振戦，筋線維束収縮など症状にわけられる．[3,4] 113頭のインスリノーマの犬の症状で報告された症状を表9.13に示した．[3] インスリノーマの犬のほとんどは間欠的な症状しか呈さず，身体検査所見は大きな異常はない．発作重積，昏睡などを呈する犬もいる．罹患している動物は高齢なのでインスリノーマの有無にかかわらず，いくつか老齢性の症状が明らかなことがある．末梢の多発性神経障害を起こすことはまれである．無症候性の多発性神経障害が一般的である．

表 9.11 重要な消化管調節ペプチドの主な機能

最も重要な消化管調節ペプチドをアルファベット順に分泌の部位や細胞の種類，最も重要な機能，分泌の刺激因子，抑制因子を記載した．

調節ペプチド	分泌部位	細胞の種類	主要な機能	刺激因子	抑制因子
コレシストキニン	十二指腸，空腸	I	■ 膵酵素の分泌促進 ■ 胆嚢の収縮 ■ 膵臓の成長の調節	■ 脂肪，脂肪酸，蛋白，アミノ酸，H^+ ■ ボンベシン，GRP	■ ソマトスタチン
胃抑制ペプチド (GIP)	十二指腸，空腸	GIP	■ 胃酸分泌の抑制 ■ 腸液の分泌刺激 ■ インスリン放出刺激	■ 腸管内の全ての栄養素 ■ ボンベシン	
ガストリン	胃，十二指腸	G	■ 胃酸分泌の刺激 ■ 胃酸分泌粘膜への栄養作用 ■ ペプシノーゲン分泌の刺激	■ 胃の膨張 ■ 消化された蛋白やアミノ酸 ■ ボンベシン，GRP，Ca^{++}	■ 管腔の酸性化 ■ ソマトスタチン
グルカゴン	膵臓	A	■ グリコーゲン分解の刺激 ■ 乳酸，アミノ酸，グリセリンからの糖新生の刺激	■ 低血糖 ■ 血漿中の高濃度のアミノ酸もしくは低濃度の遊離脂肪酸	■ 高血糖
インスリン	膵臓	B	■ 末梢の糖の取り込みの刺激 ■ グリコーゲン生成の刺激 ■ 脂肪生成の刺激 ■ DNA, RNA, 蛋白合成の刺激	■ 高血糖 ■ グルカゴン	■ 低血糖
モチリン	十二指腸，空腸	M	■ 伝播性消化管収縮運動のフェーズⅢの開始	■ 絶食時に周期的に放出 ■ 管腔内の脂肪	
ニューロテンシン	回腸，結腸	N	■ 胃酸分泌の抑制	■ 管腔内の脂肪 ■ ボンベシン	
オピオイド	腸管全域		■ 腸液や電解液の分泌の抑制 ■ 消化管の運動性の調節	■ 不明	
オキシントモジュリン	回腸，結腸	L	■ 胃酸分泌の抑制 ■ 腸粘膜の成長の刺激	■ 管腔内の糖と脂肪	
膵ポリペプチド (PP)	膵臓	F	■ 膵酵素および膵液の抑制	■ 管腔内の蛋白 ■ 迷走神経刺激	
ペプチドYY	回腸，結腸	L	■ 膵分泌の抑制 ■ 胃酸分泌の抑制 ■ 胃内容排出	■ 管腔内の脂肪 ■ ボンベシン	
セクレチン	十二指腸，空腸	S	■ 膵臓からの重炭酸塩の分泌	■ 十二指腸の酸性化	
ソマトスタチン	腸管全域	D	■ 胃液や膵液の分泌の抑制 ■ 腸管内のアミノ酸や糖の吸収の抑制 ■ 消化管運動の抑制	■ 腸管内の脂肪，蛋白，胆汁	
タキキニン	腸管全域		■ 消化管運動の調節 ■ 痛みのインパルスの伝達	■ 管腔の膨張	
血管作動性ポリペプチド (VIP)	腸管全域		■ 平滑筋の弛緩 ■ 血管拡張 ■ 膵臓および腸の分泌刺激	■ 迷走神経刺激	

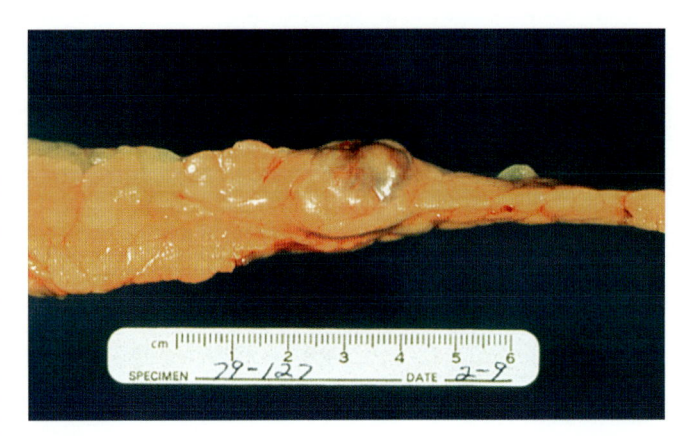

図9.16 インスリノーマ．犬のインスリノーマの写真．腫瘍のサイズが小さいことに注目．（ペンシルバニア大学のDr.Thomas J. Van Winkle による）

表9.12 インスリノーマに罹患した犬の犬種の頻度

インスリノーマに罹患した犬222頭の犬種，およびペンシルバニア大学の動物病院 (VHUP) を1991年から1992年の間に来院した各犬種の頭数を示す．ボクサー，アイリッシュ・セッター，ジャーマン・ショートヘアード・ポインター，ワイマラナーなどが好発のようである．この222症例はいくつかの動物病院を受診した症例をまとめたものである．VHUPの頭数が統計学的に妥当な基準ではないため，割合はカッコ内に示す．

犬 種	頭 数	インスリノーマ症例に対する割合	VHUP 症例に対する割合
雑種	62	28.6	(26.5)
ボクサー	21	9.7	(1.2)
ジャーマン・シェパード	18	8.3	(6.6)
アイリッシュ・セッター	17	7.8	(0.6)
ゴールデン・レトリーバー	10	4.6	(4.9)
ミニチュア・プードル	9	4.1	(2.5)
ラブラドール	8	3.7	(6.2)
ジャーマン・ショートヘアード・ポインター	7	3.2	(0.4)
コリー	6	2.8	(0.9)
スタンダード・プードル	6	2.8	(1.1)
ワイマラナー	6	2.8	(0.4)
ウエスト・ハイランド・ホワイトテリア	6	2.8	(0.8)
バセット	5	2.3	(0.8)
その他	36	16.6	(47.1)

（表はSteiner JM, Bruyette DS. Canine insulinoma. Compend Contin Educ Prac Vet 1996; 18:13-24 より転載）

表9.13 インスリノーマの犬113頭における臨床症状

臨床症状	症例数	症例の割合
発作	77	68
虚脱	38	34
全身脱力	37	33
後躯脱力	37	33
抑うつ状態／嗜眠	21	19
運動失調	21	19
筋線維束性収縮	20	18
奇異行動	17	15
多食	12	11
運動不耐性	11	10
ふるえ／振戦	11	10
多尿／多飲	8	7
体重増加	7	6

その他の臨床症状で報告されたものはいずれも5%以下であった

（図はSteiner JM, Bruyette DS. Canine insulinoma. Compend Contin Educ Prac Vet 1996; 18:13-24 より転載）

診 断

低血糖を疑う症例では空腹時の血糖値が必要であり，動物が症状を呈している時のものが望ましい．インスリノーマと診断された犬のほとんどは臨床症状がなくても低血糖を呈する．低血糖を認めた場合，臨床症状と低血糖に関連があるかを調べなければならない．これはWhippleの3徴によって証明される．Whippleの3徴とは，1) 血糖値の低下，2) 低血糖から起こる臨床症状，3) 低血糖の回復による臨床症状の改善，のことである．Whippleの3徴を確認した後に，低血糖の原因を同定しなければならない．基本的な検査として，CBC，生化学検査，尿検査を行う．インスリノーマの動物ではこれらの検査は通常正常である．まれに起こる異常に肝酵素の上昇がある．胸部，腹部のX線検査所見は通常異常は認められないが，他の低血糖を呈する疾患を除外するのに役立つことがある．腹部超音波検査はインスリノーマが疑われる動物において価値のある検査である．実際にはこの検査によってインスリノーマが検出されることはまれであるが，他の臓器への転移や腸間膜リンパ節の腫大などの有無を調べるのに役立つ．

インスリノーマが疑われる場合，医学領域でも獣医学領域でもさまざまな検査が必要である．インスリノーマにおいて最も信頼できる検査は，血糖値が低い時にインスリンの濃度が不適切に高値であることの証明で，insulin-glucose pair と呼ばれる．血糖値が低い時に，インスリンの測定のための血清を採取する必要がある．これは食餌を与えずに，連続して血糖値の測定することで行える．1日中近くで見ていられる早朝から開始するのが最も良い．血糖値は30〜60分毎に測定する．血糖値が

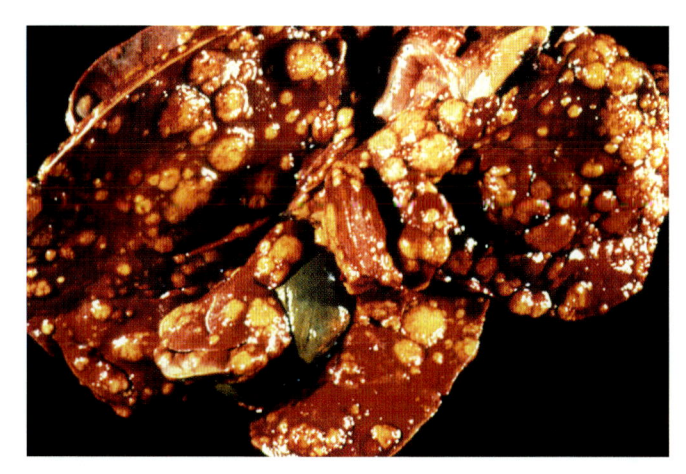

図9.17 インスリノーマの肝転移．犬のインスリノーマが肝臓にび漫性に転移している様子が認められる．（ペンシルバニア大学のDr.Thomas J. Van Winkleによる）

60 mg/dL以下に低下した時に，インスリン測定用の採血を行い，動物に食餌を与える．血糖値は化学分析器を使用して測定することが重要である．Insulin-glucose pairの解釈は，低血糖時にインスリン濃度が基準値（基準値は各研究施設による）より増加していれば容易に行える．しかし，インスリン濃度が基準値内ではあるが，血糖値に対して高値であることがある．不適切なインスリンの分泌を評価するものとしてグルコースインスリン比，インスリングルコース比，修正インスリングルコース比などの比率がいくつか調べられてきた．残念なことに医学領域でも犬においても，これらいずれの比もインスリノーマの診断の精度を改善したものはなく，これらの比率の使用は推奨されていない．Insulin-glucose pairのみがインスリノーマの診断に信頼できる検査である．

インスリノーマの診断の補助にさまざまな刺激試験が示されている．これにはグルカゴン負荷試験，静脈内糖負荷試験，L-ロイシン試験，経口糖負荷試験，トルブタミド負荷試験，エピネフリン刺激試験，カルシウム点滴試験などがある．これらの試験はいずれも時間がかかり，費用も高価で，少なくとも医学領域ではinsulin-glocose pairに比べ感度が低い．さらに，これらの試験のいくつかは，重度の低血糖を起こす可能性がある．低血糖の原因が不明で，血清インスリン濃度と血糖値の評価がはっきりしない場合には，食餌を与えないまま繰り返し測定を行うべきである．

ステージング

他の腫瘍性疾患と同様にインスリノーマもステージングする必要がある．不運なことに，犬および猫におけるインスリノーマのステージングに役立つ検査は限られている．腹部超音波検査所見は原発巣の検出よりも，局所の広がりや，遠隔転移の証明に役立つ．現在，獣医学領域でもっとも信頼できるステージングの方法は試験開腹である．

129頭のインスリノーマの犬において試験開腹を行った報告では，66頭（51％）において開腹時に転移巣を検出することができた．[3] 転移巣は29頭（22％）で肝臓（図9.17），19頭（15％）で付属リンパ節，7頭（5％）で肝臓と付属リンパ節，11頭（8％）ではその他の部位に認められた．[3]

治　療

救急治療

低血糖症状を呈している場合は，できるだけはやく治療を行うべきである．低血糖を確認したら，デキストロース（0.5g/kgを25％糖液で約1分かける）をボーラスで静脈内投与し，その後デキストロースの持続点滴を開始する．輸液剤は5％糖液もしくは糖質電解質輸液が適している．血糖値を正常に戻すことが目的というより，臨床症状を消失させることが救急治療の目的であることに注意しておくべきである．神経系糖欠乏による症状が消失しない場合は，脳浮腫を疑いマンニトールやコルチコステロイドなどによる治療を考慮する必要がある．発作が続く場合には，ジアゼパムなどの抗けいれん薬を開始する．

膵臓の外科手術

外科的介入がインスリノーマの犬および猫において有効である．外科手術の前に血糖値を安定させておくことがきわめて重要である．外科医は腫瘍に手を付けることがインスリンの放出を増加させることを認識しておくべきである．逆に腫瘍の摘出を行うと急激にインスリン濃度が低下する．それゆえ手術中は細かく血糖値を測定する必要がある．

病気のステージングを行うために，注意深く腹腔内を調べて，疑わしいリンパ節や肝臓などの部位は生検するべきである．

インスリノーマの病変の確認は難しい．129頭のインスリノーマが疑われた犬の試験開腹を行い，26頭（20％）において膵臓の結節が確認できなかった．[3] これらのうち数例は膵臓全体へび漫性に浸潤していた可能性もあるが，犬のインスリノーマの病変部位を特定する技術が必要であると思われる．ある研究者達はメチレンブルーの静脈内投与を提案している．[7] しかし，この方法はわずか5頭のみの報告であり，またこの薬剤はハインツ小体性の溶血性貧血を起こすので，さらなる研究が必要である．医学領域では，さまざまな部位決定の方法が報告され比較されてきた．現在，超音波内視鏡およびソマトスタチン受容体のシンチグラフィー（SRS）が最も感度が良いとされている．[8] 他の方法としては，術中の超音波，CT，MRI，選択的動脈造影法，術中迅速凍結切片，経肝臓静脈サンプリングなどがある．

医学領域で報告されている部位特定の方法のほとんどは，費用などの理由により獣医学領域で行うことは難しい．それゆえ獣医学領域では，術中に視診あるいは触診をすることがいまだに病変の部位を特定する主な方法である．しかし他の方法も利

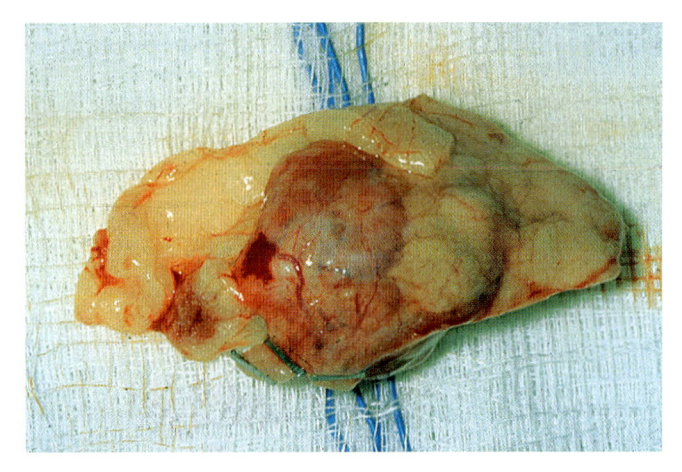

図9.18 インスリノーマ．部分膵臓摘出により取り出したインスリノーマ．この腫瘍の大きさや外観は典型的である．(Steiner JM, Bruyette DS. Canine Inslinoma. Compend. Contin. Educ. Pract. Vet 1996;18:13-24 より転載)

用されている．手術中の超音波検査は技術的にも可能で，比較的高価でもないが，獣医学領域ではその有用性はきちんと評価されていない．しかし，筆者らは手術中の肉眼所見や触診ではうまくいかない場合にこの方法を考慮すべきであると考える．またこの検査では肝臓の転移巣を調べるのにも役立つ．最近は病変の決定にCTが利用されるようになってきており，14頭中10頭（71％）で原発巣を視覚化することができた．[9] これは14頭中5頭（36％）で検出できた超音波検査に比べて優れていた．[9]

静脈内に[111]I-DTPA-D-Phe[1]-オクトレオチド（OctreScan, Mallinckrodt Medical）を投与し，その後に平面シンチグラフィーもしくは単一光子放射型CTを行うソマトスタチン受容体シンチグラフィーは犬においても検討されている．[9-11] ある報告では，検討した5頭全てで原発巣を見つけることが可能であった．[10] しかし，他の2つの報告では6/14（43％），4/17（24％）においてのみ検出が可能であった．[9,11] この不一致は腫瘍細胞が，オクトレオチドが優先的に結合するサブタイプであるソマトスタチンサブタイプ2（sst2）に対して，最初の5頭の報告では全頭で陽性であり，他の報告のうちの片方では7/17（41％）でのみ陽性であったことで説明ができる．[10,11] 有用である症例もいるが，sst2を発現していなければこの方法では視覚化できない．

手術時の膵臓の取り扱いは常に注意深く行うべきである．インスリノーマの位置を確認した後，部分膵臓切除術もしくは全膵臓切除±十二指腸切除術により摘出することが可能である．膵臓の全摘出術の術式は犬において報告されているが，この方法は術後の死亡率が高いため，他の治療方法がない時のみ考慮すべきである．局所のみの切除では，部分切除に比べ生存期間が短いことが報告されているため，膵体部に腫瘍があるか右葉の基部にある場合以外は考慮するべきではない．[12] よって外科的摘出の選択は部分膵切除となる（図9.18）．もし開腹時に病変が分からない場合は，膵臓の生検を少しだけ行い，組織学的にび漫性に浸潤しているかを評価する．左葉も右葉も同じ頻度で腫瘍を形成し，目に見えないインスリノーマの多くでは膵体部に病変があるので，ランダムに膵臓の摘出は行うべきではない．

膵臓外科における最も多い合併症は急性膵炎である．しかし，麻酔中の積極的な輸液療法や，術中に丁寧に膵臓を扱うことにより術後の膵炎のリスクを最小限にすることができる．それ以外の術後の合併症には，低血糖や高血糖がある．持続的な低血糖は，インスリノーマの摘出が完全ではないことを示唆している．いずれの場合でも再度の病変探索，あるいは薬物治療が必要となる．高血糖がある場合は，ほとんどが一時的であるが，血糖値をコントロールするためにインスリンを使用する必要がある症例もいる．

化学療法

外科的開腹を選択しない場合や，インスリノーマを完全には摘出できない場合には化学療法を考慮できる．ストレプトゾトシンは *Streptomyces achromogenes* から分離したニトロソウレア化合物である．この薬は約20頭のインスリノーマの犬に対して使用されたと報告されている．[13,14] ストレプトゾトシンは重度の腎毒性を有しており，肝毒性がでることもある．それゆえ治療前後の利尿がきわめて重要である．それらの犬では17頭の無治療の犬の報告に比べ，正常な血糖値の期間は有意には延長しなかった．それゆえインスリノーマの犬に対するストレプトゾトシンによる治療の有効性を評価するさらなる研究が必要である．

アロキサンは不安定な尿酸誘導体であり，膵島細胞選択的な細胞毒性と肝臓の糖新生の刺激作用の2つの作用をもつ．5頭のインスリノーマの犬におけるアロキサンの効果についての報告がある．[15] 5頭中2頭において，他の治療なしで数カ月高血糖を呈した．アロキサンはストレプトゾトシンのように腎毒性があるため，毒性を少なくするために最初の数日は同時に輸液療法を行う必要がある．医学領域ではこれら以外の化学療法もいくつか報告されているが，獣医学領域でのデータはない．

放射線療法

医学領域でインスリノーマに対して放射線療法が奏効した症例報告がある．しかしこれまで，犬および猫でのデータは存在しない．

対症療法

低血糖に対する治療

外科的な治療が選択にならない場合やうまくいかなかった場合には，対症療法を開始しなければならない．高蛋白，高脂肪，高炭水化物食を少量頻回で給餌するべきである（1日4〜6回）．虚脱が認められた場合は少量の食餌を与える必要がある．飼い

主に低血糖による症状について説明し，もし症状が認められた時には糖液（例；karo-syrup，蜂蜜）を歯肉に塗るように指導をしておくべきである．興奮は避け，運動はリードを用いての短い散歩のみにすべきである．

頻回の食餌の給与のみでは臨床症状をコントロールできない場合はグルココルチコイドを投与する．コルチゾルはインスリンの内在性の対抗制御性ホルモンである．そして末梢での脂肪分解，蛋白異化作用を亢進させ，肝臓の糖新生やグリコーゲン分解を増加させ，末梢の糖の利用を減少させる．また末梢でのインスリン受容体の感度も下げる．プレドニゾンもしくはプレドニゾロンは 0.25 mg/kg，PO，1 日 2 回投与で開始する．臨床症状がコントロールできなくなったら，最大 2〜3 mg/kg，1 日 2 回投与まで増量できる．医原性クッシングや消化器毒性（例：腸炎，消化管潰瘍，大腸炎）が生じた際にはステロイドによる治療を中止し，他の薬剤による治療が必要となる．

抗ホルモン治療

インスリノーマに対する他の治療の選択肢としてインスリン分泌を低下させる薬剤がいくつかある．ジアゾキシドは非利尿性ベンゾチアジアジンであり抗高血圧や血糖上昇作用をもつ．血糖上昇作用は β 細胞からのインスリンの分泌を低下させることによる．ジアゾキシドはインスリン合成阻害作用や，β 細胞傷害作用などはない．ジアゾキシドによる治療を行った症例の生存期間はむしろ短かった．これはほとんどの報告でジアゾキシドの投与は他の薬剤による治療後か，外科的治療がうまくいかなかった後に投与されていることによるのかもしれない．長期間反応している報告もあり，最長のものは 18 ヵ月であった．[16] 推奨初期用量は 5 mg/kg，PO，1 日 2 回投与であるが，徐々に最大 30 mg/kg まで増量可能である．薬剤は肝臓で代謝され，胆汁と腎臓から排泄されるので，投与量はそれぞれの症例の肝臓および腎臓をよく評価してから行うべきである．また同時に高血糖にならないように注意する．チアジド系利尿剤はジアゾキシドの効果を増強するため，ヒドロクロロチアジド（2〜4 mg/kg，PO，24 時間毎）を追加投与することができる．消化管毒性を減少させるために，薬は食餌と同時に投与すべきである．

ソマトスタチン（例；オクトレオチド酸）はインスリンを含む胃腸膵系のいくつかのポリペプチドを減少させる．オクトレオチドは血漿インスリン濃度を減少させるが，対抗制御性ホルモンには影響を与えないため，インスリノーマの治療に有効である．[17] しかし，約 20 頭の犬におけるオクトレオチドによる治療の報告では，臨床的に反応がみとめられたのはわずか 50％であった．[11,18] SRS のようにオクトレオチドに対する反応が限られているのは，インスリノーマの細胞が sst2 の発現を欠いているためである．オクトレオチドの投与量は 20〜100 μg，SC，8〜12 時間毎に行うと報告されている．[11,18]

予 後

長期予後は不良であるが，短期間の予後は良いとされる．インスリノーマの犬 114 頭において，外科治療および臨床症状が再発してから対症療法を行ったものでは生存期間の平均は 11.5 ヵ月であった．[3] 最後に確認した時点で 31 頭は生存しており無徴候であったため，再発や死亡のが決まっていない症例もいるため結果はさらに延長すると考えられる．インスリノーマの犬の年齢が 9 歳であるため，ほとんどの症例が他の疾患で亡くなっていることに注意しなければならない．ある報告では，診断時に転移巣のない症例の平均の生存期間は 17 ヵ月であり，一方で転移巣があった場合は 8.4 ヵ月であった．[19] それゆえ開腹手術時に転移を検出しておくことが予後因子としての役割を果たす．診断時の年齢，血清インスリン濃度が予後因子として提唱されているが，それを支持する報告はない．[19]

9.4.3. ガストリノーマ

序 説

ガストリノーマは小動物では非常にまれな腫瘍で，犬で 25 頭，猫で 5 頭でのみしか報告がない．それに対してインスリノーマはおおよそ犬 250 頭，猫で 4 頭報告されている．[20-22]

ガストリノーマは単発の小結節であることが多い（図 9.19）．しかし，多発するものも報告されている．ヒトのガストリノーマは悪性であるが，ほとんどの場合進行は緩徐である．最初にヒトで報告された時は，膵臓に限局しているものがほとんどであったが，現在では 50％以上で膵臓以外にも病変が認められており，十二指腸でみられることが最も多い．これはおそらく

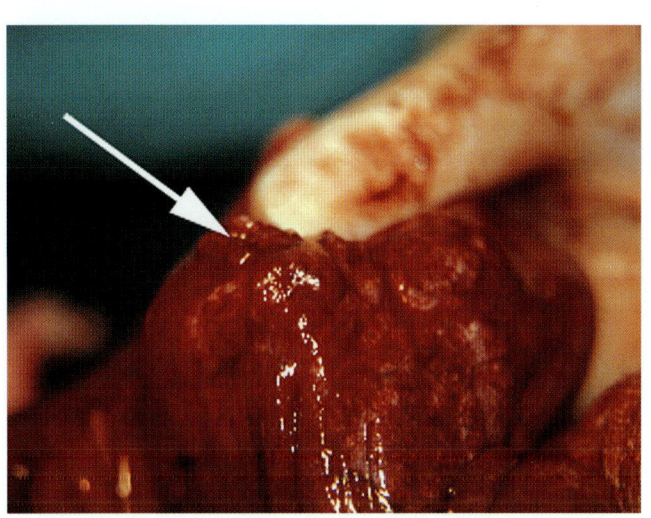

図 9.19 ガストリノーマ．犬の膵臓における小さな腫瘍（矢印）．腫瘍はやっと見える程度であり，免疫組織化学によりガストリノーマと診断された．（コーネル大学 Dr. Kenneth W. Simpson による）

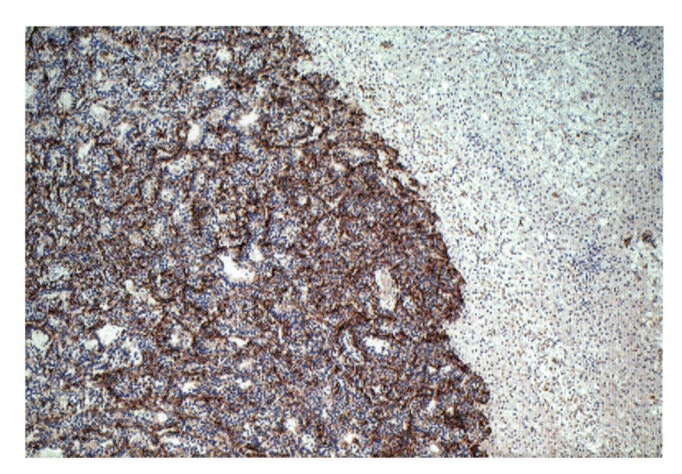

図 9.20 ガストリノーマの免疫組織化学検査．ガストリン陽性の膵臓腫瘍．写真の左半分が広範囲にわたって茶色に染色されていることに注目．茶色の染色はガストリンの存在を示唆し，この膵臓腫瘍がガストリノーマと分かる．（コーネル大学 Dr. Kenneth W. Simpson による．×10）

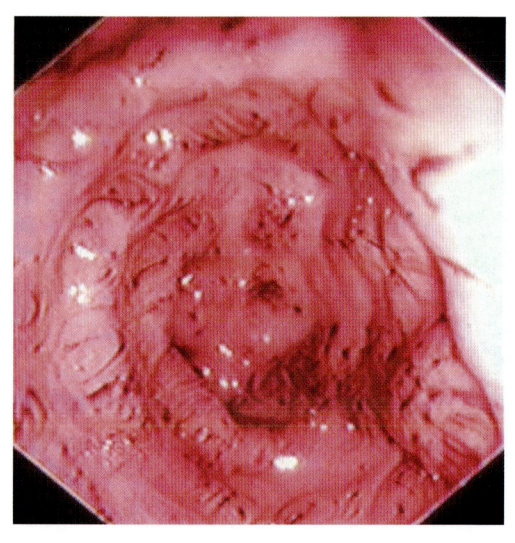

図 9.22 食道潰瘍．ガストリノーマの犬における食道遠位部の重度な潰瘍の内視鏡検査所見．（コーネル大学 Dr. Kenneth W. Simpson による）

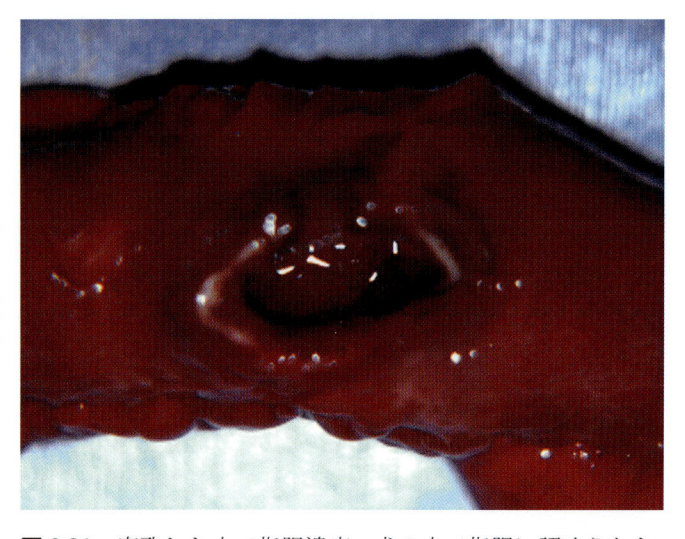

図 9.21 穿孔した十二指腸潰瘍．犬の十二指腸に認められた穿孔した潰瘍．ガストリン陽性に染色されガストリノーマと診断した．（コーネル大学 Dr. Kenneth W. Simpson による）

検査の進歩によるものと考えられる．犬猫においては対照的に，ほとんどの症例で正確な病変の部位を特定できないが，ガストリノーマが十二指腸に限局することはない．最近では，猫の胆管癌におけるガストリン染色が陽性であった．[24]

ガストリノーマは過剰な量のガストリンを合成し，放出する（図 9.20）．そして胃酸分泌過剰，胃粘膜の肥厚，最終的には胃や十二指腸潰瘍を引き起こす（図 9.21）．[23,25] 持続的な胃酸過多により十二指腸の pH が低下し，粘膜障害，消化酵素を失活させて消化不良を起こす．

臨床徴候

ガストリノーマは通常中年齢から高齢の犬（21 頭の報告における範囲は 3.5～12 歳），猫（5 つの報告における範囲は 8～12 歳齢）で認められる[22]．犬では雌の方が多く罹患すると逸話的に考えられているが（69% vs. 31%），これは症例数が少ないことによるかもしれない．

25 頭の報告において高頻度で認められる症状は嘔吐（92%），体重減少（88%），食欲不振（72%），嗜眠（64%），下痢（60%）であった．さらに多飲，黒色便，腹部痛が約 25% で認められ，吐血，血便，発熱，食欲亢進が約 10% において認められた．猫における臨床徴候も同様に嘔吐，体重減少，削痩が一定して報告されていた．

ルーチンの臨床検査では特異的な異常所見は認められない．しかし罹患している犬猫の約 50% において出血を示唆する再生性の貧血を呈していた．また，多くの症例で左方移動を伴う好中球増加症が認められた．低アルブミンを伴う低蛋白血症，低カリウム血症，肝酵素上昇，低クロール血症，高血糖なども一般的に認められる．粘膜の肥厚により幽門の通過障害や腹膜炎を伴う穿孔などの合併症が生じるとより重篤な症状が認められる．

腹部 X 線検査は，ほとんどの場合異常が認められない．近年はあまり行われていないが，上部消化管の造影 X 線検査では胃十二指腸において潰瘍を示唆する斑状の欠損像が認められることがある．腹部超音波検査は原発巣の検出はできなかったが，転移巣の発見に有用であったと少数の犬で報告されている．ガストリノーマと診断された猫 5 頭のうち，2 頭は経腹壁的超音波検査を行い，うち 1 頭は繰り返し超音波検査を行

うことで病変を検出できた.²² 上部消化管内視鏡検査は肉眼的に食道（図 9.22），胃，十二指腸の病変を検出できるが，原因は明らかにできない．ヒトのガストリノーマの患者で，病変を検出するための検査の感度と特異性が比較されている．腹部超音波検査，CT，MRI，選択的血管造影は，原発巣の検出感度はやや低い.²³ しかしこれらの検査は全て転移巣の検出に有用である．原発巣の検出に期待できる検査は超音波内視鏡や SRS である．これらの検査はヒトではほとんどの患者で原発巣を検出することができる．SRS はヒトでは原発巣と転移巣の検出のどちらも最も感度が良い．現在，超音波内視鏡は獣医学領域ではルーチンには行えない．¹¹¹In-DTPA-D-Phe¹- オクトレオチド（OctreoScan, Mallinckrodt Medical）を使用した SRS によって診断したガストリノーマの犬の一例が最近報告された.²⁶

診 断

ガストリノーマは非常にまれではあるが，慢性嘔吐，体重減少，食欲不振，下痢を呈する症例で他に診断がついていない時は，除外しなければならない．またリスクファクターが全くないにもかかわらず，重度の消化管潰瘍が認められたら，ガストリノーマを考慮しなければならない．

ガストリノーマの確定診断は病理組織学的検査なしでは困難である．ガストリンの種特異的な測定はできないが，ヒト用の検査方法が犬や猫にも利用できることを示した報告がいくつかある．いくつかの獣医領域の研究所では現在，血清もしくは血漿中のガストリン濃度の測定を提供している（現在の犬の基準範囲：10 〜 40 ng/L）．ヒトでは，24 時間絶食時の血清ガストリン濃度が基準範囲の上限の 10 倍以上に上昇していればガストリノーマと仮診断することが推奨されている．これはやや厳しい基準であるが，慢性萎縮性胃炎においてガストリン濃度が顕著に上昇することが影響している．犬や猫における血清ガストリン濃度の上昇を示す疾患には慢性腎不全，幽門閉塞，小腸切除，バセンジーの免疫増殖性腸疾患，胃拡張胃捻転症候群，プロトンポンプ阻害剤の投与などがある．これらの鑑別疾患を除外することは，萎縮性胃炎を除外するより容易である．それゆえ犬や猫においては，他の鑑別疾患を注意深く除外すれば，ガストリンの濃度が 10 倍以下の上昇でもガストリノーマと診断するのに十分である．

血清ガストリン濃度が著しく上昇していない症例では，誘発試験が有用であることがある．24 時間の絶食後に，セクレチンを 2U/kg で静脈内投与する．採血を 0，2，5，10，15，20 分後に行う.²⁰ 血清ガストリン濃度が一度でも 200ng/L 以上，もしくは 2 倍以上の増加が認められたらガストリノーマと診断する．あるいは，カルシウムを 5mg/kg/ 時で静脈内投与を行い，続けてガストリン濃度を 0，15，30，60，120 分後に測定する．2 倍以上の上昇がみられたらガストリノーマと診断する．ヒトでは，カルシウム誘発試験の感度は，セクレチン誘発試験に比べてやや低い．

治 療

ほとんどの症例において確定診断される前に対症療法が行われており，原因療法後も数週間は同治療を継続すべきである．ヒトでガストリノーマに対する対症療法で最も中心となるのはプロトンポンプ阻害剤である．プロトンポンプ阻害剤であるオメプラゾールは，犬および猫におけるガストリノーマの治療に有用である（0.7mg/kg，PO，24 時間毎）.²⁰,²²,²⁸ 次に潰瘍部位の露出した蛋白に対して接着して粘膜を保護するスクラルファートを治療プロトコルに加える（1g/ 犬，PO，8 時間毎；0.25 〜 0.5g/ 猫，PO，8 時間毎）．オメプラゾールの効果が認められない場合はラニチジンやファモチジンなどの H₂ ブロッカーを通常の 2 倍の投与量で投与する．長時間作用型ソマトスタチンアナログのオクトレオチドはガストリンの放出を抑制し，胃酸の分泌を直接抑え，腫瘍の成長を阻害し，症状を軽減することができる．これまで 2 頭の犬に投与して奏効している（2 〜 20 μg/kg，SC，8 時間毎）¹⁸,²⁰．この 2 頭はそれぞれ 10 ヵ月，14 ヵ月生存し，ガストリノーマの犬の平均生存期間の 5.5 ヵ月に比べて長期間であった.²⁰

原因療法を開始する前に，原発巣の決定，転移巣の評価などのステージングを行わなければならない．転移巣は長期の予後因子となり，約 85％の犬および猫において診断時には転移巣が認められる．原発巣を確認し，転移巣を除外した後に，試験開腹を行う．たとえ原発巣が簡単に発見できたとしても，膵臓の他の部位や腹腔内に原発巣や転移巣がないかを注意深く検査すべきである．十二指腸の触診も注意深く行う．原発巣が不明な場合は，術中の超音波検査や内視鏡で十二指腸壁を調べることが有用なことがある．それでも原発巣が不明な場合は，膵臓，リンパ節，肝臓の生検を行うべきである．原発巣が不明な場合は，膵臓の右葉を部分切除することを推奨している者もいる．なぜなら過去のガストリノーマの症例では 60％において右葉に原発巣があり，膵臓の左葉にあることはわずか 7％のみであった.² しかし，この統計はわずか 15 頭のものなので実際の分布を反映していないかもしれない．

もし原発巣が確認できた場合は，膵部分切除を行う．腫瘍は病理組織学的検査および調節ペプチドを染色する免疫組織化学検査が必要である．ほとんどの症例に存在する転移巣は，無理な摘出を行わずに切除できる場合のみ行う．術後 24 〜 48 時間は何も経口投与せず，その後に水や低脂肪で消化しやすいものから徐々に与える．

原発巣が不明で手術で摘出できない時や，広範囲の転移巣がある場合は別の治療法を考慮すべきである．犬や猫における化学療法は報告されておらず，ヒトでも奏効率は低い．OctreoScan® を使用した放射線療法はヒトで最大で 50％の反応率であるが，獣医学領域では試されていない.²³ しかし，有用であることが今後示されるかもしれない．

予後

犬および猫の長期予後は悪い．しかし，適切な投薬により短期の予後や生活の質は良くすることが可能である．診断してから1年以上良好に経過した犬や猫の報告もいくつかある．[22] 早期診断への意識が高まるにつれ，病変の検出やステージングの技術の向上，治療の選択の進歩，生存期間の延長がさらにみられる．

9.4.4 グルカゴノーマ

序説

1974年に，ヒトでグルカゴンを産生する膵臓腫瘍の9例についての報告が初めてされた．これまで犬のグルカゴノーマと確実に診断されたものはわずか7例のみであり，猫における報告はまだない．[2,29]

臨床徴候

ヒトにおけるグルカゴノーマは，著しい皮膚の紅斑，表皮の壊死，そして治癒後に別の部位に進行する皮膚症状などが典型的な症状である．これらは壊死性遊走性紅斑（NME）と呼ばれる．[30] 類似した皮膚症状が数頭において報告されており，表在性壊死性皮膚炎（SND）と呼ばれる．[31] しかし，約90％のSNDの犬は肝疾患，糖尿病，まれにそれ以外の疾患を併発している．

ヒトのグルカゴノーマではNMEと共に体重減少，糖尿病，舌炎，胃炎，口内炎が認められ，また血栓症を起こしやすい．わずかな報告におけるグルカゴノーマの犬では，パッド，踵関節，腹部，肘，会陰，鼻，皮膚粘膜境界部にしばしば痂皮や鱗屑が認められた（図9.23，図9.24，図9.25）．またこれらの犬で，沈うつ，末梢のリンパ節腫大，食欲不振などを認めた．高血糖は7頭中4頭で認められたが，ほとんどにおいて中程度であった．しかし数頭において，グルカゴノーマと診断した後に糖尿病と診断された．肝疾患が認められないSNDを呈する犬において，たとえ糖尿病に罹患していなくても，グルカゴノーマを疑うべきである．

診断

ほとんどの犬において低アミノ酸血症が認められる．確定診断に血清もしくは血漿中のグルカゴン濃度の測定が役立つことがある．動物用の測定系は確立されているが，筆者の知る限りでは現在，その測定を獣医の検査センターで行っているところはない．しかし，ヒトの検査センターに依頼することもできる．この場合は検査センターに，特別なサンプルの提出方法については問い合わせなければならない．血漿もしくは血清中のグルカゴンの高値の解釈については注意すべきである．なぜならヒトでは慢性腎不全，糖尿病ケトアシドーシス，飢餓，急性膵炎，副腎皮質機能亢進症，敗血症などほかの状態でも，グルカゴンの上昇が知られている．[30]

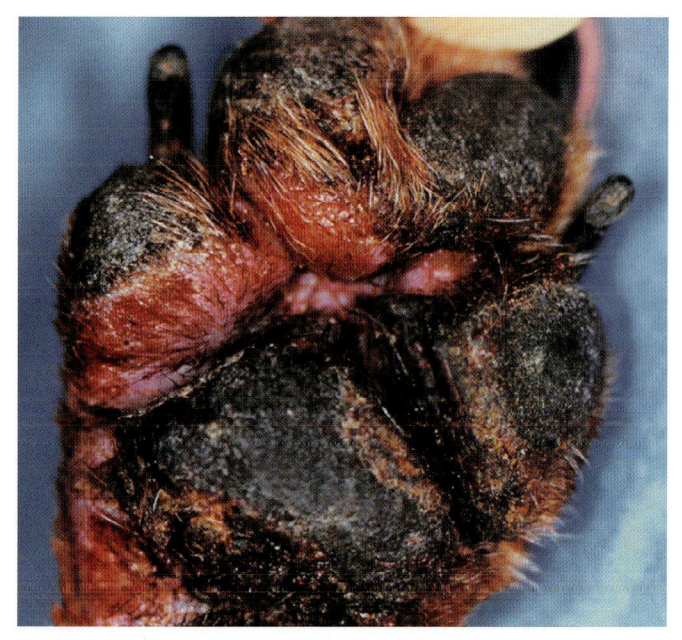

図9.23 足蹠のSND．趾間部の重度の潰瘍を伴う足蹠の痂皮病変．SNDの診断を確定するには生検を行う必要がある．SNDの犬のほとんどはグルカゴノーマを罹患しておらず，肝疾患に罹患している．（ルイジアナ州立大学のDr. Sandy Merchantによる）

グルカゴンの測定系を利用できない時には，病理組織学的にSNDを診断し，他の疾患を除外する．そして確定診断および治療のために試験開腹を考慮すべきである．

治療

病変の位置決定方法や外科手術などの治療のガイドラインをグルカゴノーマにおいても他のNETsと同様に適応できる．診断時の転移病変はグルカゴノーマの犬において一般的に認められる．グルカゴノーマの症例のほとんどが術前に低アミノ酸血症を呈しているため，完全もしくは部分静脈栄養により患者の状態が改善することがある．グルカゴノーマと診断された7頭の犬のうち4頭で試験開腹を行い3頭で腫瘤を取り除いたが，そのうちの2頭は膵炎により術後3日以内に死亡もしくは安楽殺された．もう1頭は9ヵ月間生存し，皮膚病変が改善する前に安楽殺された．[32]

グルカゴノーマの転移病変や再発などにより手術が治療の選択肢とならない場合は，内科的治療を考慮する必要がある．インスリンの投与，必須アミノ酸や脂肪酸の静脈内投与，亜鉛補給，オクトレオチド治療などがあげられる．[2] しかし，特異的な治療を行うには，さらなる臨床的な情報が必要である．

9.4.5 膵ポリペプチドーマ

膵ポリペプチドを分泌するGI NETsがヒトにおいて報告されている．[30] 特徴的な臨床的変化を伴わないが，水様性下痢，糖

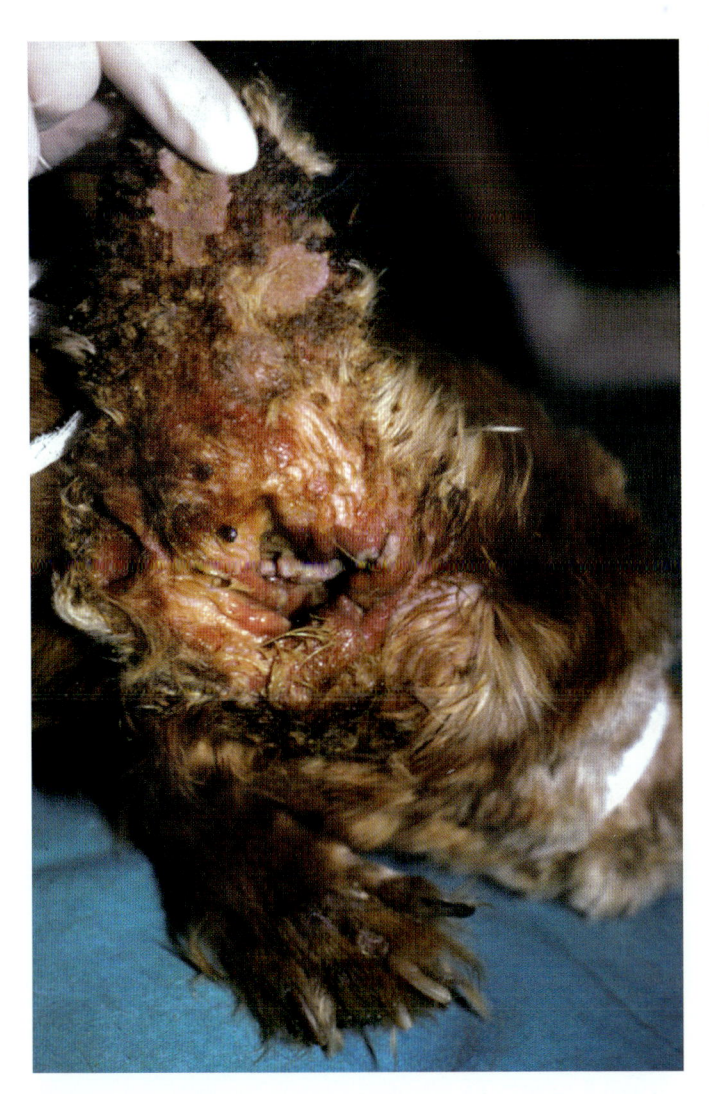

図9.24 耳のSND．犬の耳介の凹面の重度の痂皮および潰瘍．SNDの確定診断には生検が必要である．（ルイジアナ州立大学のDr. Sandy Merchantによる）

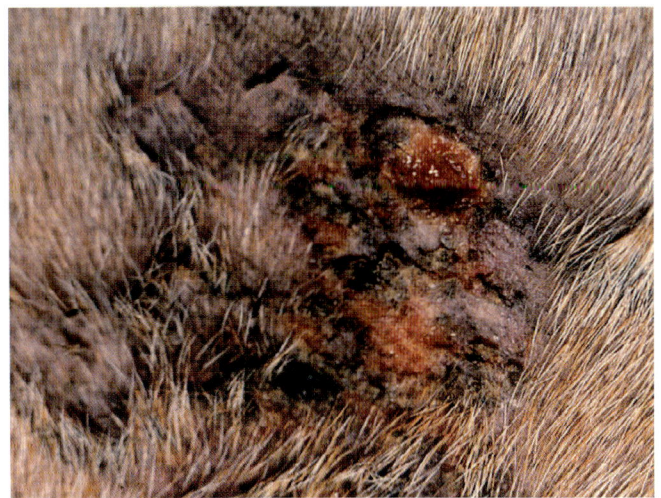

図9.25 皮膚のSND．犬の皮膚における潰瘍，痂皮の接近像．SNDの確定診断には生検が必要である．（ルイジアナ州立大学のDr. Sandy Merchantによる）

尿病，体重減少，胃酸分泌の減少，消化性潰瘍，紅潮，紅斑，急性精神病などの症状がヒトの膵ポリペプチドーマにおいて報告されている．[30]

獣医学領域では，膵臓のポリペプチドーマが疑われた1例に関する報告しかない．[33] その犬は慢性嘔吐，食欲不振，体重減少，嗜眠を呈していた．また低血糖時に高いインスリン濃度を呈していたため，同時にインスリノーマと診断された．ガストリン濃度のベースラインは基準値の上限の7倍であったが，セクレチンやカルシウムによる刺激の後には上昇は認められなかった．血清膵ポリペプチド濃度は基準値の上限の3500倍であった．試験開腹時に多数の膵臓の腫瘍を摘出し，それらは膵ポリペプチドに対する免疫染色で強陽性，インスリンに対して陽性，ガストリンなど他のGI調節性ペプチドに対しては陰性であった．

GI NETsの約75％において膵ポリペプチドに対して陽性であるが，それらにおける臨床的症状は他の神経内分泌物質によって生じる．[33] それゆえ実際には高い膵ポリペプチド濃度と症例に認められる症状と本当に因果関係があるかははっきりと分かっていない．

9.4.6 カルチノイド

消化管カルチノイドは消化管の神経内分泌システム由来に生じる不均一な腫瘍の集団である．ヒトの患者では，カルチノイドはヒスタミン，セロトニン，ガストリン，ソマトスタチン，タキキニン，ペプチドYY，膵ポリペプチド，カルシトニン，CCK，モチリン，ボンベシンなどのさまざまな調節性物質を分泌すると報告されている．

ヒトの胃カルチノイドは，しばしば多量のヒスタミンを分泌し，紅潮，低血圧，流涙，皮膚の浮腫，気管支収縮などの特徴的な症状を引き起こす．それと比較して小腸カルチノイドは，セロトニンを分泌し，紅斑，下痢，気管収縮を引き起こす．消化管カルチノイドは犬でも猫でも報告されている．[34,35] 最近，胃カルチノイドの犬および猫が報告された．いずれも老齢で，慢性の嘔吐を呈していた．また，その犬では虚弱，運動失調，咳もみられた．その後，悪化し安楽殺された．猫では外科的治療が行われ，21週間の間症状が消失したままであったが，その後慢性腎不全を呈した．

消化管カルチノイドと診断された犬もしくは猫では，紅潮，低血圧，気管収縮などは報告されていない．これは犬や猫の消化管カルチノイドでは，これらの調節性物質の合成や，種々の調節性物質の分泌を欠くことや，犬や猫のヒスタミンやセロトニンの濃度が高いことに対する抵抗性を反映しているのかもし

れない．今後，犬や猫におけるカルチノイドをより理解するためには，尿中ヒスタミンやセロトニン代謝物質の排出量などの測定，免疫組織学的な反応，腫瘍細胞の超微細構造などを含めて，注意深く調べる必要がある．

9.4.7 その他の消化管の神経内分泌腫瘍

VIP産生腫瘍，ソマトスタチノーマ，GRF産生腫瘍などいくつかの他のGI NETがヒトでは報告されているが，犬や猫では分かっていない．[30]

🔑 キーポイント

- インスリノーマは犬で最も一般的なNETであり，次はガストリノーマである．犬における他の消化管のNETは非常にまれ，猫における消化管のNETはかなりまれである．
- 低血糖時に血清インスリン濃度が上昇している症例ではインスリノーマを疑わなければならない．
- インスリノーマはほとんどの犬において悪性腫瘍である．しかし，多くの犬が1年以上良好に過ごす．
- 消化管のNETの病変部位を決定するのは難しい．
- 胃腸のNETの治療の選択肢は腫瘍の摘出と臨床症状に対する薬物療法である．

参考文献

1. Rehfeld JF. A centenary of gastrointestinal endocrinology. *Horm Metab Res* 2004; 36: 735-741.
2. Zerbe CA, Washabau RJ. Gastrointestinal endocrine disease. In: Ettinger SJ, Feldman EC (eds.), *Textbook of Veterinary Internal Medicine*. Philadelphia, WB Saunders, 2000; 1500-1508.
3. Steiner JM, Bruyette DS. Canine insulinoma. *Compend Contin Educ Pract Vet* 1996; 18: 13-24.
4. Kraje AC. Hypoglycemia and irreversible neurologic complications in a cat with insulinoma. *J Am Vet Med Assoc* 2003; 223: 812-814.
5. Reimer SB, Pelosi A, Frank JD et al. Multiple endocrine neoplasia type I in a cat. *J Am Vet Med Assoc* 2005; 227: 101-4, 86.
6. Hawkins KL, Summers BA, Kuhajda FP et al. Immunocytochemistry of normal pancreatic islets and spontaneous islet cell tumors in dogs. *Vet Pathol* 1987; 24: 170 179.
7. Fingeroth JM, Smeak DD. Intravenous methylene blue infusion for intraoperative identification of pancreatic islet-cell tumors in dogs. *J Am Anim Hosp Assoc* 1988; 24, 175-182.
8. Plöckinger U, Rindi G, Arnold R et al. Guidelines for the diagnosis and treatment of neuroendocrine gastrointestinal tumours - A consensus statement on behalf of the European Neuroendocrine Tumour Society (ENETS). *Neuroendocrinology* 2004; 80: 394-424.
9. Robben JH, Pollak YW, Kirpensteijn J et al. Comparison of ultrasonography, computed tomography, and single-photon emission computed tomography for the detection and localization of canine insulinoma. *J Vet Intern Med* 2005; 19: 15-22.
10. Garden OA, Reubi JC, Dykes NL et al. Somatostatin receptor imaging in vivo by planar scintigraphy facilitates the diagnosis of canine insulinomas. *J Vet Intern Med* 2005; 19: 168-176.
11. Vezzosi D, Bennet A, Rochaix P et al. Octreotide in insulinoma patients: efficacy on hypoglycemia, relationships with Octreoscan scintigraphy and immunostaining with anti-sst2A and anti-sst5 antibodies. *Eur J Endocrinol* 2005; 152: 757-767.
12. Mehlhaff CF, Peterson ME, Patnaik AK et al. Insulin-producing islet cell neoplasms: Surgical considerations and general management in 35 dogs. *J Am Anim Hosp Assoc* 1985; 21: 607-612.
13. Moore AS, Nelson RW, Henry CJ et al. Streptozocin for treatment of pancreatic islet cell tumors in dogs: 17 cases (1989-1999). *J Am Vet Med Assoc* 2002; 221: 811-818.
14. Bell R, Mooney CT, Mansfield CS et al. Treatment of insulinoma in a Springer Spaniel with streptozotocin. *J Small Anim Pract* 2005; 46: 247-250.
15. Meleo K. Management of insulinoma patients with refractory hypoglycemia. *Probl Vet Med* 1990; 2: 602-609.
16. Parker AJ, O'Brian D, Musselman EE. Diazoxide treatment of metastatic insulinoma in the dog. *J Am Anim Hosp Assoc* 1982; 18: 315 318.
17. Robben JH, Van den Brom WE, Mol JA et al. Effect of octreotide on plasma concentrations of glucose, insulin, glucagon, growth hormone, and cortisol in healthy dogs and dogs with insulinoma. *Res Vet Sci* 2006; 80: 25-32.
18. Lothrop CD. Medical treatment of neuroendocrine tumors of the gastroenteropancreatic system with somatostatin. In: Kirk RW (ed.), *Current Veterinary Therapy*. Philadelphia, WB Saunders, 1989; 1020-1024.
19. Caywood DD, Klausner JS, O'Leary TP et al. Pancreatic insulin-secreting neoplasms: Clinical, diagnostic, and prognostic features in 73 dogs. *J Am Anim Hosp Assoc* 1988; 24: 577-584.
20. Simpson KW, Dykes NL. Diagnosis and treatment of gastrinoma. *Seminars in Veterinary Medicine & Surgery (Small Animal)* 1997; 12: 274-281.
21. Liptak JM, Hunt GB, Barrs VR et al. Gastroduodenal ulceration in cats: eight cases and a review of the literature. *J Feline Med Surg* 2002; 4: 27-42.

22. Diroff JS, Sanders NA, McDonough SP et al. Gastrin-secreting neoplasia in a cat. J Vet Intern Med 2006; 20: 1245-1247.
23. Pisegna JR. Zollinger-Ellison syndrome and other hypersecretory states. In: Feldman M, Friedman PA, Sleisenger MH (eds.), *Gastrointestinal and Liver Disease.* Philadelphia, WB Saunders, 2002; 782-796.
24. Patnaik AK, Lieberman PH, Erlandson RA et al. Hepatobiliary neuroendocrine carcinoma in cats: A clinicopathologic, immunohistochemical, and ultrastructural study of 17 cases. *Vet Pathol* 2005; 42: 331-337.
25. Lurye JC, Behrend EN. Endocrine tumors. *Vet Clin North Am Small Anim Pract* 2001; 31: 1083-1101.
26. Altschul M, Simpson KW, Dykes NL et al. Evaluation of somatostatin analogues for the detection and treatment of gastrinoma in a dog. *J Small Anim Pract* 1997; 38: 286-291.
27. Gabbert NH, Nachreiner RF, Holmes-Word P et al. Serum immunoreactive gastrin concentrations in the dog. Basal and postprandial values measured by radioimmunoassay. *Am J Vet Res* 1984; 45: 2351-2353.
28. Brooks D, Watson GL. Omeprazole in a dog with gastrinoma. *J Vet Intern Med* 1997; 11: 379-381.
29. Allenspach K, Arnold P, Glaus T et al. Glucagon-producing neuroendocrine tumour associated with hypoaminoacidemia and skin lesions. *J Small Anim Pract* 2000; 41: 402-406.
30. Jensen AL, Norton JA. Pancreatic endocrine tumors. In: Feldman M, Friedman PA, Sleisenger MH (eds.), *Gastrointestinal and Liver Disease.* Philadelphia, WB Saunders, 2002; 988-1016.
31. Gross TL, O'Brien TD, Davies AP et al. Glucagon producing pancreatic endocrine tumors in two dogs with superficial necrolytic dermatitis. *J Am Vet Med Assoc* 1990; 197: 1619-1622.
32. Torres SM, Caywood DD, O'Brien TD et al. Resolution of superficial necrolytic dermatitis following excision of a glucagon-secreting pancreatic neoplasm in a dog. *J Am Anim Hosp Assoc* 1997; 33: 313-319.
33. Zerbe CA, Boosinger TR, Grabau JH et al. Pancreatic polypeptide and insulin-secreting tumor in a dog with duodenal ulcers and hypertrophic gastritis. *J Vet Intern Med* 1989; 3: 178-182.
34. Carakostas MC, Kennedy GA, Kittelson MD et al. Malignant foregut carcinoid tumor in a domestic cat. *Vet Pathol* 1979; 16: 607-609.
35. Sykes GP, Cooper BJ. Canine intestinal carcinoids. *Vet Pathol* 1982; 19: 120-131.

索引 (t＝表，f＝図)

あ

アイソザイム 53
悪性リンパ腫 89f, 243
アザチオプリン 288
アセトアミノフェン 226
アミロイドーシス 236, 246
アラニンアミノトランスフェラーゼ 52
アルカリフォスファターゼ 53
アンモニア 55
アンモニア濃度 226

い

胃
 —からの排泄遅延 24
 —の遺伝性疾患 62
 —の運動性 154
 —の運動促進薬 180t
 —の解剖 139
 —の画像検査 22
 —の疾患に用いられる治療薬 151t
 —の腫瘍 24, 158
 —の排出異常 112
 —の排出遅延 97
 —のびらん 75
 —の臨床検査 43
胃液
 —の分析 44
胃液分泌 140
胃炎 73, 112, 156
 萎縮性— 146
 寄生虫による— 149
胃潰瘍 24, 150, 156
胃拡張 22, 23f, 152
胃拡張‐捻転 23f, 156
胃癌 25f, 92f, 158t
胃酸 142
 —の産生低下 183t
胃酸分泌
 —の生理学的メカニズム 152f
胃酸分泌 141f

胃十二指腸
 —の内視鏡検査 65, 66
萎縮性胃炎 146
胃腫瘍 73f, 158, 160
胃食道逆流 127
胃食道重積 132
胃腺 139
胃腺癌 159f, 160f
胃虫 174
胃腸
 —の内視鏡 79
胃腸管
 —の画像検査 22
 —の血流動態 32
 —のバリウム造影検査 14
胃底腺 139
遺伝性消化器疾患 61t, 64
胃内視鏡 44
犬回虫 176
犬鉤虫 176
犬糸状虫症 112
犬ジステンパーウイルス 170, 180
犬小回虫 176
犬パルボウイルス 168, 180
犬鞭虫 198
胃捻転 22, 152
胃粘膜 142
胃粘膜バリア 140, 142
胃排出
 —の評価 154t
胃排出時間 99t
 —の評価 44
異物
 —の除去 76
胃壁
 —の肥厚 24
イレウス 26, 29f, 30
 複雑性 30
インスリノーマ 40, 301, 306f, 312
 —と犬種 304t
 —の肝転移 305f
咽頭部の画像 16f

え

会陰部
 —の検査 13
会陰ヘルニア 7f
液状便 (F) 116f
X線検査 14, 41
エラスターゼ 60
嚥下 11, 125
嚥下困難 3
嚥下障害 3, 41
炎症性腸疾患 63, 113, 119, 279, 296f
 —における臨床症状 282t
 —の画像診断 285
 —の治療 286
 —の内視鏡所見 285f
 —の臨床検査 283
炎症メディエーター 281

お

"お祈り"姿勢 10f
黄疸 41, 225
嘔吐 3, 5, 8, 41, 103
 —と吐出の相違点 109f
 —の診断 103
 —の病因 104t
 —の病態 103
 急性の— 104t
 慢性の— 23, 108
嘔吐中枢 143f
嘔吐反射 103
オキシテトラサイクリン 185

か

回結腸弁 76f
回虫 176
核シンチグラフィー 98
ガストリノーマ 307
ガストリン 166
画像診断 14

硬い便　117f
化膿性肝炎　87
過敏性腸症候群　118，203
カリウム
　　―の補充　169t
カルチノイド　311
肝うっ血　239
肝　炎　92
　　犬の―　229
肝外胆管閉塞　241，248
肝外胆汁うっ滞　37
肝外門脈体循環シャント　36f
緩下剤　210
肝機能検査　56
肝硬変　34，83f，92，231
肝細胞
　　―の機能　220t
肝細胞癌　242
肝細胞腫　87f
肝疾患　34，221
　　―の合併症　224
　　―の身体検査　222
　　―の診断的検査　222
　　猫の―　243
肝実質
　　―の疾患　34，229
肝性脳症　226
肝腫大　222
肝障害
　　銅に関連する―　63
肝生検　82，83f，223，249
肝性脳症　249
　　―の管理　228
乾燥した便　117
肝　臓　34
　　―の炎症　87
　　―の解剖　217
　　―の過形成　87
　　―の細胞診　87
　　―の脂肪変性　235
　　―の腫瘍　88
　　―の触診　12
　　―の転移性癌腫　88f
　　―の腹腔鏡像　82f
　　結節性の―　82f
　　生検後の―　83f
肝臓疾患　50，63

原発性の―　50
変性性の―　92
肝臓病
　　犬の―　229
肝臓リンパ腫　295f
肝胆管系疾患　51，111
肝胆管系腫瘍　248
肝胆道系
　　―の疾患　34
浣　腸　209
浣腸剤　210t
肝微小血管異形成　63
カンピロバクター　171
肝リピドーシス　34，35f，82f，89f
　　243

き

気管支食道瘻　131
気腫性胆嚢炎　37
寄生虫感染　43，180
　　膵臓の―　269
寄生虫性疾患　174
機能性イレウス　26，29f
機能的MRI　100
急性胃炎　143
急性胃拡張　152
急性肝炎　229，249
急性結腸炎　200
急性下痢　105
　　―の病因　106t
　　―の病態　105
急性膵炎　39，40f，256
急性中毒性肝障害　245
凝固因子
　　―の異常　56
凝固障害　228
巨大結腸症　207
　　猫の―　212
　　―の管理　209f
巨大食道　17f，20，131

く

口‐盲腸通過時間　100t
クリプトスポリジウム　177
グルカゴノーマ　310
グルタミン　226，227
グルテン過敏性腸症　62

グレリン　166
クロストリジウム　172
　　―性腸炎　200
クローン病　280

け

頚部の異物　17f
劇症肝炎　230f
劇症肝不全　226
血液検査　50
血管系肝疾患（猫）　246
血管肉腫　242
血管輪異常　133
血清アミラーゼ　57，60
血清アラニンアミノトランスフェラーゼ
　　活性　52
血清アルカリフォスファターゼ活性
　　53
血清ガストリン濃度　43
血清グルコース濃度　56
血清コバラミン　45，48t
　　―濃度　184
血清コレステロール濃度　55
血清膵リパーゼ免疫活性　59
血清胆汁酸濃度　53
血清蛋白
　　―の異常　187
血清電解質濃度　56
血清トリプシン様免疫活性　58，59
血清パラメーター　51
血清非抱合型胆汁酸濃度　185
血清ビリルビン濃度　51
血清葉酸　283
血清葉酸濃度　184
血中アンモニア　55
血中尿素窒素　55
結　腸　12，75
　　―の運動障害　97
　　―の腫瘍　34f
結腸亜全摘出術　212
結腸運動促進剤　211
結腸炎　200
結腸回腸
　　―の内視鏡検査　67
結腸細菌叢　197
結腸・直腸
　　―の腫瘤　214

―の内視鏡検査　215
結腸・直腸癌　213
結腸粘膜
　　　正常な―　203f
血　便　6, 11
ケモカイン　281
下　痢　5
　　　過敏性腸症候群による―　118
　　　コルチコステロイド反応性―　118
　　　持続性―　118
　　　消化管内寄生虫による―　118
　　　食餌関連性の―　119
　　　食物への反応による―　118
　　　タイロシン反応性―　118
　　　二次性の―　115
　　　病原細菌による―　118
　　　慢性の―　30
検圧法　100
原　虫　178
原虫感染症
　　　消化管の―　180
原発性門脈低形成　239, 240f

こ

高アンモニア血症　227f
抗炎症剤
　　　膵炎と―　262
高カリウム血症　113
好酸球性胃炎　145
好酸球性胃腸炎　279
好酸球性腸炎　32f, 291
口　臭　12
甲状腺機能亢進症　12, 111, 113
　　　―による肝臓の変化　245
鉤　虫　176
好中球性胆管炎　246, 249
高張性緩下剤　210
咽頭反射　11
高ビリルビン血症　52t
抗ホルモン治療　307
肛門掻痒　7
呼吸困難　11
呼吸促拍　11
コクシジウム　178
鼓　腸　7
骨　片　24
コバラミン　45, 186

　　　―欠乏　266
　　　―濃度　283
　　　―の吸収　46f
コルチコステロイド反応性下痢　118
コレシストキニン　166
コンピューター断層撮影　14

さ

細菌感染症　170
細針吸引　87, 92, 224
サイトカイン　281
細胞診　92
細胞診断学　87
サイリウム　205
坐　剤　209, 210t
サルモネラ　173

し

ジアゼパム　245
ジアルジア　176
GIホルモン　166t
シガ毒素産生性大腸菌　173
磁気共鳴画像法　14
刺激性緩下剤　211
シサプリド　211
姿勢の異常　9
失　禁　7
しぶり　13, 215
シメチジン　152
重症筋無力症
　　　―におけるバリウム嚥下　19f
十二指腸
　　　―の浸潤性疾患　75
十二指腸生検　70f
十二指腸穿孔　78f
十二指腸乳頭　39f, 72f
十二指腸粘膜　71f
　　　―の擦過傷　67f
絨　毛　165
宿　便
　　　―の除去　209
出血性胃腸炎　179
腫瘍性潰瘍　74f
腫　瘤　12
潤滑性緩下剤　210
消化器型リンパ腫（猫）
　　　―の治療に関する報告　297t

消化管
　　　―における内分泌物質　166t
　　　―の運動障害　97, 101
　　　―の検査　11
　　　―の疾患　47
　　　―の腫瘍　92
　　　―のリンパ腫　92
消化管運動性
　　　―の評価　97
消化管カルチノイド　311
消化管細菌叢　167
消化管腫瘍　119
消化管生検　285
消化管生検法　93
消化管調節ペプチド　302t, 303t
消化管通過時間
　　　―の評価　98t
消化管内寄生虫　118
消化管ホルモン　165
消化器型リンパ腫　294
　　　犬の―　299
　　　猫の―　294
消化器疾患
　　　遺伝性―　61t, 64
　　　原発性の―　112
　　　二次性の―　111
　　　―の品種素因（犬）　4t
　　　―の品種素因（猫）　5t
消化器症状
　　　急性の―　103
消化性潰瘍
　　　―の原因　150t
小結節性肝硬変　232f
小　腸　12
　　　―の異物　27f
　　　―のうっ滞　183t
　　　―の運動促進薬　180t
　　　―の解剖　163
　　　―の画像診断　26
　　　―の完全閉塞　26
　　　―の腫瘍　28f
　　　―の腫瘤　296f
　　　―の通過障害　97
　　　―の部分的閉塞　26
　　　―のリンパ腫　32f
小腸細菌過剰増殖症　62
小腸細菌感染症

―に推奨される抗生物質　172t
小腸絨毛　165f
小腸腫瘤
　　　―の超音波所見　192
小腸性下痢　6t
小腸生検　85f
小腸生検サンプル　92f
小腸性疾患　168
小腸内細菌異常増殖　182
小腸内細菌叢　280
小腸リンパ管拡張症　119
小腸ループ　13
上皮細胞間リンパ球　198
上部消化管　71
小葉離断性肝炎　234
除去食試験　277
食餌管理　186
食餌療法　278
触診プローブ　83f
食　道　125
　　　―の遺伝性疾患　62
　　　―の異物　20f
　　　―のX線像　19f
　　　―の腫瘍　136
　　　―の腫瘤　21f
　　　―の内視鏡検査　72
食道胃十二指腸
　　　―の内視鏡検査　65，66
食道炎　73f，126，127，133
食道拡張　22
食道鏡検査　133
食道狭窄　73f，129
食道憩室　130
食道疾患　18，126
　　　―のX線所見　19t
食道内異物　76，128
食物アレルギー　275，276
　　犬の―　276
　　猫の―　276
食物過敏症　276
食物試験　277
食物有害反応　275
　　　―の治療　277
食　歴　8
自律神経失調症　97
自律神経障害　180
真菌感染症　173

神経内分泌腫瘍
　　消化管の―　301
針生検　93
腎　臓
　　　―の触診　13
迅速ウレアーゼ試験　148f
身体検査　9
診断的腹腔鏡検査　80
シンチグラフィー　237f
心拍数
　　　―の検査　11
腎不全　111

す

膵　炎　39，57，63，91f，112，255
　　致死的な―　267
　　　―と栄養　260
　　　―と鎮痛　260
　　　―と非ステロイド性抗炎症剤　262
　　　―における制吐　261
　　　―の合併症　260
　　　―の診断　60，258
　　　―の治療　260
　　　―の病因　256
髄外造血　89f
膵外分泌　253
　　　―の解剖　253
　　　―の生理　253
膵外分泌異常　57
膵外分泌疾患　255
膵外分泌腫瘍　267
膵外分泌腺
　　　―により分泌される物質　254t
膵外分泌不全　6，9，46，59，115，
　　　263f
膵管結石　270
膵偽嚢胞　268
膵結節性過形成　267f，270
膵酵素分泌　58f
膵生検　260
膵腺癌　91f，267f，268
膵腺腫　268
膵腺房萎縮　63
膵　臓
　　正常な犬の―　253f
　　　―の萎縮　84f
　　　―の外科手術　305

　　　―の細胞診　91
　　　―の腫瘍　39
　　　―の線維化　259f
　　　―の組織　253f
膵臓疾患　63
膵臓生検　83，84f
膵臓肉腫　267
膵臓マーカー　259
膵胆嚢　270
膵膿瘍　269
膵ポリペプチドーマ　310
膵リパーゼ免疫活性　58
スクラルファート　152
スクロース透過性試験　43
スタノゾロール　245
ステロイド誘発性肝症　89f

せ

生検鉗子　71f
生検サンプル　71f，96
　　　―の取り扱い　94
生検手技　94
精神状態　9
制吐剤　144t
セクレチン　165
舌の異物　17f
線維反応性大腸性下痢　204
鮮血便　215
腺腫様ポリープ　215
線状異物　31f
全層生検　93
選択的コバラミン吸収不良　62
線　虫　176
蠕虫感染症
　　　―に対する治療　176t
蠕虫類　175f
先天性門脈体循環血管異常　236
先天性門脈体循環シャント　54，63
先天性門脈体循環短絡　246

そ

造影X線検査
　　―液体バリウム　97
　　―バリウムフード　98
　　― BIPS　98
造影超音波検査　15
臓器腫大　12

増殖性腸炎　292
掻爬法　93
藻類感染症　173
組織
　—の取り扱い　94
組織球性潰瘍性結腸炎　200
組織球性潰瘍性大腸炎　62, 292
ソマトスタチン　166

た

タール状の便　6
体温
　—の検査　11
体重減少　120
　—の病因　120
大腸　195
　—の画像診断　33
　—の機能　205
　—の疾患　198
　—の腫瘍性疾患　212
　—の生理学　196
　—の粘液分泌　197
　—の捻転　33f
大腸炎　33
大腸癌　212
大腸菌　173
大腸腫瘍　215
　猫の—　215
大腸性下痢　6t, 200
大腸性疾患　195
大便失禁　7
滞留便
　—の除去　209, 212
タイロシン　119, 185
　—反応性下痢　118
多飲多尿　229
胆管　34
　—の超音波検査　39f
胆管癌　243
胆管肝炎　35f
胆管系　217
　—の疾患　246
胆管疾患　35
胆管破裂　241
胆汁　91
　—の流れ　218f
胆汁酸　53, 54

胆汁酸代謝　220f
胆汁色素うっ滞　90f
単純X線検査　14, 97
胆石　39f
短腸症候群　179
胆嚢　218
　—の腹腔鏡像　82f
胆嚢炎　35, 39f, 240
胆嚢吸引　224
胆嚢穿刺術　85
胆嚢造影術　85
胆嚢粘液嚢腫　37
胆嚢壁
　—の肥厚　35
　—の浮腫　37f
蛋白分解酵素阻害剤　261
蛋白漏出性腸症　13, 32f, 62, 187
　—に関連する疾患　188
　—の臨床症状　188t

ち

腸
　—の粘膜層　22f
　—の腹腔鏡像　82f
超音波検査　14, 41, 98
超音波内視鏡　14, 15f
腸管
　—における細菌感染　180
　—の運動障害　180
　—の解剖　163
　—の生理学　164
　—の免疫機能　198
腸管運動促進剤　210t
腸管関連リンパ組織　166, 198
腸管疾患　62
　—の臨床検査　45
腸肝循環　220f
腸管表面積　164f
腸管閉塞　179
腸管壁
　—の細胞浸潤　30
腸重積　13, 179, 30, 31f
腸生検　84
腸腺癌　191f
腸内異物　179
腸内細菌科　173
腸内細菌叢　167, 183

腸捻転　179
腸粘膜　296f
腸閉塞　29f
腸リンパ管拡張症　187
直腸
　—の指診　208
　—の掻爬　91
直腸鏡検査　68
直腸検査　13, 213

つ

釣り針　76

て

低カリウム血症　56, 228f
低血圧　256
低血糖　56, 304
低酸素性肝障害　236
低蛋白血症　115
低ナトリウム血症　113
定量細菌培養　184
転移性食道腫瘍　137
電気焼灼的手技　79

と

動静脈瘻　240
銅蓄積　249
　—による肝炎　233
銅蓄積性肝障害　64
糖尿病　235
特発性肝リピドーシス　82f
特発性巨大食道症　97
吐血　5
吐出　3, 8, 15, 103
　—された餌　5f
　—と嘔吐の相違点　109f
吐出　5t
ドパミン　262
ドプラ超音波検査　32
ドラセトロン　156
トリコモナス感染症　202
トリプシノーゲン　59
True-cut バイオプシー　223
トレーサー試験　100

な

内視鏡
　　—による食道内異物の除去　76
　　—の選択　65
内視鏡下生検　93
　　—の利点　94
内視鏡検査　65, 113
　　胃十二指腸の—　66
　　結腸回腸の—　67
　　食道胃十二指腸の—　66
　　食道の—　72
　　—の手技　66
内視鏡生検鉗子　69f
生ゴミ
　　　による中毒　179
軟化性緩下剤　210
軟　便　116f

に

肉芽腫性腸炎　292
ニザチジン　211
尿検査　50

ね

猫胃虫　43
猫回虫　176
猫コロナウイルス感染症　170
猫伝染性腹膜炎　170
　　—による肝障害　245
猫白血病ウイルス　170
猫パルボウイルス　170
猫汎白血球減少症　170
猫免疫不全ウイルス　170
粘液便　6f
粘　膜
　　—の炎症　282
　　—の免疫機構　280
粘膜下
　　—の出血　75f
粘膜寛容　281
粘膜蒼白　10
粘膜の検査　9

の

囊胞性肝疾患　241

は

バイオプシー　223
敗血症　10, 180
排　便　6t
排便障害　7, 215
バセンジー
　　—の腸症　290
バセンジーの腸症　62
発育不全　9
バリウム
　　—の嚥下　18f
バリウム造影検査　14, 97
パルボウイルス性腸炎　168
バルーンカテーテル　78f

ひ

皮下組織
　　—の検査　10
肥厚性胃炎　145
ピシウム症　174
非腫瘍性潰瘍　74f
ヒストプラズマ症　173
脾　臓
　　—の触診　13
脾臓シンチグラフィー　237f
ビタミンの補充　287
非特異性反応性肝炎　234, 246
皮　膚
　　—の検査　10
病原性大腸菌　173
病理組織学　93
病　歴　8
　　慢性下痢の—　114
病歴聴取　3
ビリルビン　51, 225
品種素因
　　消化器疾患の—　4t, 5t

ふ

フォンヴィレブランド病　223
フォンヴィレブランド因子　229
腹囲膨満　12, 13
副腎皮質機能低下症　112, 113
腹　水　224
　　—の分析　51
腹　痛　8

腹部触診　12, 13
腹部滲出液　12
腹　鳴　7
腹腔鏡
　　—の合併症　86
ブラシ法　93
プロバイオティクス　186, 287
分子遺伝学
　　—に基づく検査　61
糞　便　6
糞便エラスターゼ　60
糞便検査　50
糞便スコアリングシステム　116f, 119
噴門腺　139

へ

平滑筋腫　72f
ベドリントン・テリア　64
ヘリコバクター感染症　146, 91f
鞭　虫　198, 205
便の除去
　　用手による—　209
便　秘　7, 8
　　軽度の—　207
　　重度の—　207, 208
　　—の鑑別診断　207
　　—の管理　209f
　　—に対して用いられる薬剤　210t

ほ

膨張性緩下剤　210
ボクサー
　　—の組織球性潰瘍性結腸炎　200
ボディコンディション　9
ポリープ状マス　76f

ま

マロピタント　156
慢性胃炎　144
　　—の治療　149
慢性嘔吐　113
　　—の原因　108t
　　—の診断的アプローチ　110
慢性肝炎　231
慢性結腸炎　200
慢性下痢　113
　　—の画像診断　119

—の病態　119
　　—の臨床検査　115
慢性膵炎　39, 112, 256
慢性線維性膵炎　84f
慢性腸炎
　　—の原因　279t

み

ミソプロストール　152, 211

む

むかつき　5

め

メトロニダゾール　185
メレナ　6, 7f, 115
免疫機能　198
メンギニ吸引針　224

も

盲腸
　　—の平滑筋肉腫　213f

モチリン　166
門脈血管奇形　63
門脈血栓症　239
門脈血流　238f
門脈造影検査　85
門脈体循環短絡　228f, 232, 237, 238f

ゆ

幽門洞
　　—への内視鏡スコープの挿入　67
幽門粘膜過形成　74f
輸液療法　169t

よ

葉酸
　　—の吸収　47f
葉酸濃度　45

ら

ラクツロース　48
ラクツロース透過性試験　49f

ラニチジン　211
ラムノース　48
ラムノース透過性試験　49f

り

リーシュマニア症　90f
リパーゼ活性　57, 60
輪状咽頭アカラシア　18f, 126
臨床検査　9, 43
リンパ管拡張症　62, 76f
リンパ球性胆管炎　247, 249
リンパ球プラズマ細胞性結腸炎　279
リンパ球プラズマ細胞性胃炎　145
リンパ球プラズマ細胞性大腸炎　290
リンパ球プラズマ細胞性腸炎　289
リンパ節　10
　　—の検査　10
リンパ濾胞　72f

れ

裂孔ヘルニア　132
レプトスピラ症　230

略語索引

A
ALP 53
ALT 52

B
BUN 55

C
CDV 170
CPSS 246
CPV 168
CT 14

E
EBDO 241, 248
EGE 279
EPI 59, 60, 263

F
FeCoV 170
FeLV 170
FIP 170, 245

FNA 87, 224
FPV 170
FRLBD 204

G
GALT 198
GDV 152
GER 127

H
HE 226
HGE 179
HUC 292

I
IBD 63, 275
IBS 203
IL 187

L
LPC 290
LPE 279, 289

M
MRI 14
MVD 63

P
PAA 63
PLE 62, 187, 282
PLI 58, 59, 60
PLN 282, 291
PU/PD 229

S
SBA 53
SIBO 62, 182, 186
SUCA 185

T
TLI 58, 59, 60

| 小動物の消化器疾患 | 定価（本体 22,000 円＋税） |

2011 年 7 月 25 日　第 1 刷発行　　　　　　　　　　　　　　　＜検印省略＞

編　者	Jörg　M.　Steiner
監 訳 者	遠　藤　泰　之
発 行 者	永　井　富　久
印　　刷	株式会社平河工業社
製　　本	田中製本印刷株式会社
発　　行	**文永堂出版株式会社** 〒 113-0033 東京都文京区本郷 2 丁目 27 番 18 号 TEL 03-3814-3321　FAX 03-3814-9407 振替 00100-8-114601 番

© 2011 遠藤泰之

ISBN　978-4-8300-3235-6

文永堂出版の小動物獣医学書籍

Rhea V. Morgan/Handbook of Small Animal Practice, 5th ed.
モーガン 小動物臨床ハンドブック 第5版
武部正美ほか訳
A4判変形　1528頁
定価 45,150円（税込み）送料 730円〜（地域によって異なります）
世界中の小動物臨床獣医師に圧倒的に支持される書の最新第5版の日本語版。犬と猫の診療において不可欠な実践的な情報が一定のフォーマットで記述され，簡潔に分かりやすく解説されています。

Withrow & MacEwen's Small Animal Clinical Oncology 4th ed.
小動物臨床腫瘍学の実際
加藤 元 監訳代表
A4判変形　882頁
定価 45,150円（税込み）送料 650円
腫瘍診断学，とくに生検と細胞診，病理組織学の実施臨床における重要性に詳しく言及しています。小動物の腫瘍学書の最高峰で，臨床家必携の1冊です。

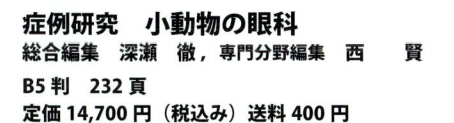

症例研究　小動物の眼科
総合編集　深瀬 徹，専門分野編集　西　賢
B5判　232頁
定価 14,700円（税込み）送料 400円
本書は，動物の疾病の症例解析のために個々の症例の集積をめざしたものです。小動物の日常的な診療から専門領域に及ぶ診療まで眼科疾患に関する全48報告を収載しています。読みやすい文章，統一した記載，充実した薬剤情報など，これからの症例報告のスタンダードとなるべき仕上がりとなっています。

Dziezyc & Millichamp/
Color Atlas of Canine and Feline Ophthalmology
カラーアトラス 犬と猫の眼科学
斎藤陽彦　監訳
A4判変形　264頁
定価 18,900円（税込み）送料 510円
頻繁に遭遇する眼病変と同様に数多くの正常所見，さらにまれにしか遭遇しない病態の写真など，臨床に必要な眼の写真を網羅したアトラスです。

犬の臨床診断のてびき
町田 登 監修　苅谷和廣・山村穂積 編集
B6判　263頁
定価 9,240円（税込み）送料 350円
診察室で手軽にチェック。診断の補助に役立つ1冊です。158疾患を網羅し，診断に役立つ豊富な写真と文（診断のポイント，確定診断，治療のポイント）でわかりやすく解説しています。

Kirk N. Gelatt/ Color Atlas of Veterinary Ophthalmology
獣医眼科アトラス
太田充治　監訳
B5判　426頁
定価 25,200円（税込み）送料 510円
実際の診療の場においてのリファレンスとして，また記録した写真や画像を分類したり，整理したりする折のリファレンスとして大いに活用できる眼科の実践書です。

Birchard & Sherding/Saunders Manual of Small Animal Practice, 3rd ed.
サウンダース 小動物臨床マニュアル 第3版
長谷川篤彦 監訳
A4判変形　1970総頁　Vol.1・Vol.2 セット
定価 60,900円（税込み）送料 990円〜（地域によって異なります）
第1版から12年ぶり，待望の第3版。臨床の現場で遭遇する疾患を網羅し，その診断および内科療法・外科療法のノウハウのすべてを簡明に解説した動物病院に必備の臨床マニュアルの決定版です。

Penninck & d'Anjou/Atlas of Small Animal Ultrasonography
小動物の超音波診断アトラス
茅沼秀樹 監訳
A4判変形　528頁
定価 29,400円（税込み）送料 650円
小動物臨床における超音波診断を膨大な高画質の超音波画像により体系的かつ視覚的にサポートする1冊。超音波検査の方法と技術が実践的に解説されています。

Alex Gough/Differential Diagnosis in SmallAnimal Medicine
伴侶動物医療のための鑑別診断
竹村直行 監訳　三浦あかね 訳
B5判　433頁
定価 12,600円（税込み）送料 510円
日常的に実施する各種検査から得られる所見に関する鑑別リストを1冊にまとめてあります。この1冊で鑑別リストを作成するための情報が網羅されています。

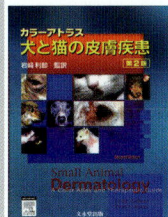

Medleau & Hnilica/Small Animal Dermatology
A Color Atlas and Therapeutic Guide 2nd ed.
カラーアトラス 犬と猫の皮膚疾患 第2版
岩﨑利郎　監訳
A4判変形　532頁
定価 29,400円（税込み）送料 650円
各皮膚疾患の治療方法から予後にいたるまで分かりやすく解説。1300点以上に及ぶカラー写真は正しく犬と猫の皮膚疾患カラーアトラスの決定版と言えるものです。臨床獣医師必携の1冊。

Macintire, Drobatz, Haskins & Saxon/
Manual of Small Animal Emergency and Critical Care
小動物の救急医療マニュアル
小村吉幸・滝口満喜 監訳
B5判　592頁
定価 15,750円（税込み）　送料 510円
小動物の救急医療において重要な事項を箇条書きで分かりやすく解説。犬および猫の臨床において出会う緊急ならびに重篤な問題のすべてが600頁に近いボリュームで解説されています。

Raskin & Meyer/Atlas of Canine and Feline Cytology
カラーアトラス 犬と猫の細胞診
石田卓夫　監訳
B5判　392頁
定価 24,150円（税込み）送料 510円
犬と猫の臨床において細胞診の診断的価値が高い疾患を中心に各器官別に解説。細胞診による顕微鏡所見が，800点以上の異常像・正常像のカラー写真を掲載。

●ご注文は最寄りの書店，取り扱い店または直接弊社へ

文永堂出版
〒113-0033　東京都文京区本郷 2-27-18
http://www.buneido-syuppan.com
TEL 03-3814-3321
FAX 03-3814-9407